EXPOSÉ

DES APPLICATIONS

DE L'ÉLECTRICITÉ

BIBLIOTHÈQUE SCIENTIFIQUE INDUSTRIELLE ET AGRICOLE
Des Arts et Métiers.

EXPOSÉ

DES APPLICATIONS

DE L'ÉLECTRICITÉ

PAR

LE Cᵗᵉ TH. DU MONCEL

Membre de l'Institut (Académie des sciences)

3ᵉ ÉDITION ENTIÈREMENT REFONDUE

TOME CINQUIÈME

APPLICATIONS INDUSTRIELLES DE L'ÉLECTRICITÉ

PARIS
LIBRAIRIE SCIENTIFIQUE INDUSTRIELLE ET AGRICOLE
EUGÈNE LACROIX
IMPRIMEUR-ÉDITEUR
Du *Bulletin officiel de la marine* et de plusieurs Sociétés savantes
54, Rue des Saints-Pères, 54
(Près le boulevard Saint-Germain).

1878

QUATRIÈME PARTIE

APPLICATIONS MÉCANIQUES

DE L'ÉLECTRICITÉ A L'INDUSTRIE, AUX SCIENCES ET AUX ARTS

TROISIÈME SECTION

APPLICATIONS DE L'ÉLECTRICITÉ A LA SÉCURITÉ ET AUX SERVICES DES CHEMINS DE FER

CHAPITRE II

SYSTÈMES ÉLECTRIQUES NON ENCORE APPLIQUÉS ET BASÉS SUR L'ÉTABLISSEMENT D'UNE LIAISON ÉLECTRIQUE ENTRE LES STATIONS ET LES CONVOIS CIRCULANT SUR LA VOIE.

Les systèmes que nous allons maintenant étudier et qui ont été proposés dès le commencement de l'organisation du service télégraphique sur les chemins de fer, n'ont pas encore été adoptés, bien que leur dépense d'installation, du moins pour plusieurs d'entre eux, eût été beaucoup moindre que celle du *Block-System*. La principale cause du dédain dont ces systèmes ont été l'objet vient de ce que les ingénieurs des chemins de fer avaient toujours douté que les frotteurs adaptés aux locomotives pour établir les liaisons électriques entre les stations et les trains en mouvement, fussent susceptibles de fournir des contacts assez sûrs et assez durables pour qu'on dût se fier entièrement aux indications qu'ils pouvaient fournir. Il est certain que quand il s'agit d'une question de vie ou de mort pour les voyageurs, on ne saurait apporter trop de précautions dans le service des signaux donnés aux convois en mouvement, et se fier aveuglément sur les indications fournies par un élément aussi capricieux que le fluide électrique, eût été une grave imprudence; d'ailleurs l'exécution matérielle de ces liaison électriques n'était pas chose si aisée qu'on le croyait à l'époque où les systèmes dont nous allons parler ont été proposés. Les expériences de M. Lartigue ont bien, il est vrai, démontré que le problème pouvait être résolu dans certaines conditions; mais il a fallu pour cela qu'il disposâ

ses appareils de manière à n'être pas influencés par tous les effets vibratoires qui peuvent résulter de la rencontre ou du frottement de deux
pièces métalliques dont une est animée d'un mouvement de translation
très-rapide, mouvement auquel s'ajoutent des trépidations plus ou moins
irrégulières. Ainsi il ne faudrait pas croire que le balai métallique dont
M. Lartigue fait usage pour son sifflet automoteur frotte d'une manière
continue sur la bande métallique qui lui sert de contact; il saute au moment
de sa rencontre avec cette bande, et accomplit plusieurs oscillations avant
de la toucher d'une manière continue. Or, on comprend aisément que si,
dans de pareilles conditions, on cherche à établir des communications électriques, elles manqueront la plupart du temps ou seront fautives. La
condition essentielle pour que des communications de ce genre puissent
être établies est donc que les appareils, mis en rapport avec ces sortes de
conjoncteurs de circuits, ne soient susceptibles que de fournir un seul
signal, et que ce signal, une fois produit, ne puisse plus être impressionné
par des fermetures de courant ultérieures, du moins pendant le temps que
les effets vibratoires dont nous avons parlé pourraient se manifester.
C'est en résolvant, dans son sifflet automoteur, cette condition essentielle,
que M. Lartigue a pu obtenir les effets avantageux que nous avons
signalés.

Dans les systèmes dont nous allons parler, on n'a pas tenu compte, il est
vrai, de ces considérations, mais, en les modifiant un peu, on pourrait
évidemment les rendre applicables, et ils pourraient présenter des avantages
que le block-system serait dans l'impossibilité de fournir. C'est pour cette
raison que nous avons cru devoir consacrer un chapitre à ces systèmes, et,
d'ailleurs, nous avons vu souvent par nous-même qu'une invention qui
peut paraître chimérique à une certaine époque, peut devenir parfaitement
pratique quand les progrès de la science ont résolu certaines difficultés qui
s'opposaient dans l'origine à son application. Toutefois, parmi tous les
systèmes proposés, nous ne parlerons que des anciens, car tous les nouveaux n'en sont guère que des dérivations plus ou moins imparfaites, et
comme ils ne sont pas assez perfectionnés eux-mêmes pour être appliqués,
il nous a paru plus simple de nous en tenir aux aînés, jusqu'à ce que le
problème soit définitivement résolu.

Les systèmes dont nous avons à parler dans ce chapitre peuvent se
répartir en trois catégories distinctes : 1º les systèmes indicateurs et télégraphiques; 2º les systèmes contrôleurs; 3º les systèmes automatiques par
avertissement.

I. SYSTÈMES INDICATEURS ET TÉLÉGRAPHIQUES.

Système de M. Tyer de Dalton. — M. Tyer est le premier qui ait cherché à établir une relation électrique entre les stations et les trains en mouvement. Son premier système date de 1851. C'était une belle idée à développer; mais à l'époque où M. Tyer chercha à l'appliquer, il n'avait en vue que de remplacer les disques à signaux qui précèdent les stations par des signaux électriques, pouvant être reçus *par les convois eux-mêmes* à une distance suffisante de ces stations pour prévenir toute rencontre.

Ce système, réalisé aujourd'hui par le sifflet automatique de M. Lartigue dont nous avons parlé dans notre premier chapitre, avait déjà de grands avantages; car les disques à signaux ordinaires, qui sont si difficiles à faire manœuvrer à cause du détirement des fils de traction, et qui reçoivent difficilement leur mouvement, quand le chemin présente des courbures, ont de plus le défaut capital de ne pas être toujours visibles en temps de brouillard. En faisant parvenir ces signaux sur le convoi lui-même, devant les yeux du mécanicien, on évitait tous les inconvénients des signaux mécaniques, et on pouvait de plus, par une réaction électrique très-simple, indiquer à la station l'approche du convoi. Pour obtenir ce double résultat, M. Tyer disposait, 500 ou 1000 mètres avant et après chaque station, quatre interrupteurs ou conjoncteurs de courant, reliés d'une part avec la pile de la station, et de l'autre avec un appareil enregistreur d'une construction particulière. Ces interrupteurs conjoncteurs consistaient dans des bandes métalliques, de 1m,50 à 2 mètres, placées sur des dés de bois. L'auteur ne s'était pas préoccupé d'un meilleur isolement, en raison de la brièveté du circuit, et parce qu'il n'avait pas pris la terre comme conducteur. Par cette disposition, on obtenait donc deux circuits, l'un qui pouvait servir à transmettre les signaux d'alarme de la station au convoi, l'autre pouvant transmettre des signaux du convoi à la station. Pour mettre les convois en rapport avec ces circuits, M. Tyer adaptait sous la locomotive ou son tender deux frotteurs métalliques (il en désigne de plusieurs sortes dans son brevet), et ces frotteurs étaient tellement disposés, que, quand le convoi venait à passer au-dessus des bandes conjonctrices, ils les touchaient forcément. On comprend d'après cela que, si une liaison métallique dans laquelle aurait été interposé un appareil à signaux réunissait ces deux frotteurs, un circuit pouvait être complété au moment du passage du convoi sur les interrupteurs, et dès lors l'appareil à signaux pouvait réagir. Tel est le principe du système de M. Tyer, en ce qui concerne la transmission des signaux aux trains en mouvement.

Le complément du deuxième circuit s'obtenait de la même manière; seulement les frotteurs ne jouaient plus que le rôle de simples interrupteurs.

Pensant que des signaux fugitifs n'auraient aucune valeur, d'abord parce que le mécanicien occupé à d'autres soins pourrait ne pas les voir, en second lieu parce qu'il était important à la station qu'on sût toujours quand un convoi circulait dans l'intervalle de 2 ou 4 kilomètres, réservé comme champ de manœuvres en amont et en aval de la station, M. Tyer combina un système de signaux permanents, que nous représentons fig. 1 et qui était composé de deux électro-aimants A et B, l'un vertical, l'autre horizontal, dont les fils étaient en rapport, l'un avec l'interrupteur en amont de la station, l'autre avec l'interrupteur en aval de cette même station. Sous l'influence du premier interrupteur, l'armature du premier électro-aimant, articulée à une bascule CD portant l'aiguille indicatrice, était abaissée; mais en accomplissant ce mouvement, elle repoussait le crochet d'encliquetage E, porté par l'armature du deuxième électro-aimant, qui venait ensuite la brider et l'empêchait de se relever sous l'effort de son ressort antagoniste, alors même que le courant se trouvait interrompu. Nous avons représenté un système de ce genre, fig. 94, (tome IV).

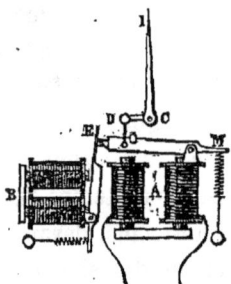

Fig. 1.

Il résultait de cette disposition, que l'aiguille indicatrice CI, qui s'était trouvée pointée vers le signal d'alarme, devait rester dans cette position, et ne pouvait plus se relever que sous l'influence d'une réaction secondaire qui, en repoussant le crochet d'encliquetage, permît à l'armature de l'électro-aimant A de se relever. C'est à cet effet qu'a dû être placé l'interrupteur d'aval de la station. Effectivement, quand le convoi venait à passer sur cet interrupteur, il pouvait fermer un courant à travers l'électro-aimant B, lequel en attirant le crochet d'encliquetage E, rendait libre l'armature OM, et par suite l'aiguille CI, qui revenait au signal de la voie libre.

Le récepteur de l'appareil aux signaux était plus compliqué, car il devait fournir deux signaux différents, le signal d'arrêt *stop*, et le signal de circulation *allright*. Ces deux signaux étaient fournis par deux électro-aimants réagissant sur deux aiguilles, par l'intermédiaire de deux armatures aimantées. Ces deux électro-aimants, interposés dans le même circuit, pouvaient faire réagir l'une ou l'autre de ces deux aiguilles, suivant le sens du courant, ou plutôt suivant qu'on faisait naître des pôles contraires ou semblables à ceux des armatures correspondantes.

Quand donc on voulait envoyer de la station le signal *stop*, on tournait un commutateur dans le sens voulu, et l'aiguille correspondant à ce signal était déviée, sur le convoi, au moment du passage de celui-ci sur l'interrupteur de la voie, et se trouvait maintenue dans sa position par un encliquetage analogue à celui de l'appareil récepteur des stations. Cet encliquetage, par exemple, pouvant être débridé à la main par le mécanicien, aurait pu ne pas être commandé par un électro-aimant; mais M. Tyer a mieux aimé qu'il en fût ainsi pour que les signaux transmis ne pussent être déplacés que par la volonté seule de celui qui les envoyait. Quand on voulait envoyer le signal *allright*, on tournait à la station le commutateur en sens opposé, et aussitôt la seconde aiguille de l'appareil aux signaux était déviée vers le signal *allright*.

Maintenant, voici comment M. Tyer organisait son système : Le récepteur de la station portait extérieurement un cadran visible à distance, sur lequel étaient écrits d'un côté les mots *voie ouverte*, de l'autre les mots *voie fermée*. A son état de repos, l'aiguille indicatrice était toujours tournée vers le premier de ces deux signaux; mais aussitôt qu'un convoi avait dépassé le premier interrupteur placé en amont de la station, l'aiguille se tournait vers le second signal et y restait, par l'effet du mécanisme que nous avons décrit, tout le temps que le convoi circulait entre l'interrupteur d'amont et l'interrupteur d'aval. Quand l'aiguille indiquait que la voie était fermée, le surveillant de la station devait immédiatement tourner son commutateur de manière à envoyer le signal *stop* aux convois qui pourraient s'approcher de la station. Le moment précis où il devait exécuter cette manœuvre lui était indiqué par le tintement d'une sonnerie annexée à l'appareil indicateur, et qui se trouvait mise en action par suite de l'inclinaison de l'aiguille elle-même. Quand, au contraire, l'aiguille de l'indicateur montrait que la voie était libre, le surveillant de la station devait tourner le commutateur en sens opposé pour faire parvenir le signal *allright*. De cette manière, comme on le voit, la rencontre des trains aux stations était rendue impossible. Ce système a été le point de départ du block-system de M. Tyer, dont nous avons parlé dans notre premier chapitre.

Après la prise de ses premiers brevets, M. Tyer avait donné plus d'extension à son système et avait cherché à utiliser d'une manière plus complète le mode de transmission électrique entre les stations et les trains en mouvement. Ainsi il divisait la voie en un certain nombre de sections, où les signaux pouvaient être reçus et d'où partaient en même temps d'autres signaux. Ces stations étaient plus ou moins nombreuses, plus ou moins rapprochées, suivant l'importance du trafic ou le nombre de locomotives à la fois en mouvement. Leur distance devait être rarement moindre d'un kilomètre. « En les supposant espacées de kilomètre en kilomètre, dit M. Tyer, les convois marchant avec une vitesse de huit lieues à l'heure recevront un signal toutes les deux minutes, ce qui suffit surabondamment pour procurer une sécurité absolue, ou rendre toute collision impossible entre deux trains qui se suivent, à la seule condition que jamais le conducteur du convoi ou le mécanicien ne dépassera une des stations de signaux, s'il n'y reçoit l'avis que le train qui le précède sur la même ligne a passé la station de signal la plus prochaine ou que la voie est libre. »

Dans ce nouveau système, les bandes métalliques conjonctrices avaient 6 mètres de longueur et étaient installées sur des traverses de bois verni. Elles étaient mises en communication avec la station et le fil conducteur de la voie, par un fil recouvert de gutta-percha. Les frotteurs étaient des arcs métalliques convexes en dehors, et qui étaient bandés à la manière des ressorts, à une hauteur telle qu'ils ne pussent passer au-dessus des barres métalliques de la voie sans appuyer contre elles, et établir par conséquent un contact métallique sinon sur la totalité, du moins sur une partie de leur longueur.

En définitive, voici comment M. Tyer résume le dispositif de ce système :

1° Dans les circonstances ordinaires, sur les parties de la voie qui ne sont pas encombrées, il suffit de placer en avant de chaque station deux barres conjonctrices, l'une à 2 kilomètres, l'autre à 1 kilomètre de la station, sur lesquelles la locomotive signale son passage et reçoit deux signaux;

2° Là où le nombre des convois est plus grand, la locomotive signale en outre son passage sur les indicateurs, à la station en arrière, pour avertir qu'on peut laisser partir une seconde locomotive;

3° Si après le passage d'un train il survient quelque accident au convoi, si le chef du poste télégraphique le plus voisin ne le voit pas arriver : à l'aide d'un appareil à deux aiguilles, on signale le danger aux deux stations en avant et en arrière;

4° Sur les points où l'encombrement est plus grand encore, la station n'est plus seulement un poste télégraphique, mais devient une station de signal, munie d'un appareil à quatre aiguilles au moyen duquel on règle parfaitement la marche des convois entre la station en avant et la station en arrière, c'est-à-dire sur la portion de la voie comprenant trois stations;

5° Enfin là où l'encombrement est au maximum auprès des grandes gares, la station devient une station sentinelle d'où part, envoyé par un nouvel appareil, le signal de danger ou d'arrêt immédiat par l'introduction de la vapeur dans le sifflet d'alarme ou le retentissement d'un timbre.

Système de M. Bonelli. — Le dispositif du système de M. Bonelli, imaginé en 1856, est à peu près le même que celui du système précédent. Comme dans ce dernier, le courant transmis à une barre de fer isolée au milieu de la voie se trouve reçu par le convoi en mouvement par l'intermédiaire d'un frotteur mobile. Seulement cette barre de fer au lieu de n'avoir que 6 mètres de longueur et d'être répétée plusieurs fois entre les stations, est continue d'un bout de la voie à l'autre, ce qui permet d'établir une relation métallique continue non-seulement entre les stations et les trains en mouvement mais encore entre les trains eux-mêmes. Cette relation métallique étant une fois établie, une correspondance complète peut en être la conséquence, et, à l'aide de cette correspondance, la position respective des trains peut toujours être constatée d'un convoi à l'autre.

L'idée de la bande continue n'était certainement pas nouvelle, même en 1856, et bien des inventeurs y avaient songé avant M. Bonelli; mais cette idée ne pouvait être maintenue après un examen mûri de la question, tant à cause des frais considérables que devait entraîner l'installation d'une pareille bande, que de la difficulté de son isolement, des vibrations du frotteur sur cette bande et des embarras qu'elle devait créer pour la réparation de la voie. M. Bonelli en mettant son système à exécution avait donc été plus hardi que ses devanciers, et c'est là le secret de sa réussite momentanée; car, je dois le dire, ses premiers essais avaient assez bien réussi :

Malheureusement l'expérience ne tarda pas à démontrer que ce système était presque impossible dans la pratique. En effet, au bout d'un mois d'essais, la bande continue établie entre Argenteuil et Saint-Cloud avait été brisée cinq fois par suite du soulèvement des traverses d'appui des rails lors de la réparation de la voie, des dérivations du courant s'étaient établies de tous côtés, enfin cette bande, étant devenue un véritable embarras pour le service du chemin de fer, a dû être mise de côté. Quelques mots maintenant sur la disposition de ce système.

La bande de fer installée entre Argenteuil et Saint-Cloud n'avait guère que 3 centimètres au plus de largeur et 1 centimètre d'épaisseur; elle était portée et fixée de deux en deux mètres sur des champignons en porcelaine placés à l'extrémité supérieure de petits poteaux en bois d'environ 35 centimètres de hauteur. Ces champignons formant parapluie comme les cloches de suspension des fils télégraphiques, l'isolement de la bande était aussi parfait que possible dans les conditions où s'était placé M. Bonelli.

Le frotteur appuyant sur cette bande était une grande tringle horizontale munie de quatre ressorts arqués qu'on pouvait élever ou abaisser de l'intérieur du wagon télégraphique au moyen de leviers articulés. Ce frotteur était d'ailleurs relié métalliquement au télégraphe de manière à pouvoir conduire le courant venant des autres trains ou des stations ainsi que le. courant qui devait être transmis.

La transmission par le sol était opérée par le seul contact de l'une des roues du wagon avec le rail. En cela encore, M. Bonelli avait été plus hardi. que M. Breguet, qui, au moment de l'organisation de son télégraphe portatif avait rejeté ce système de transmission comme n'étant pas suffisamment sûr ; ces craintes, toutefois, étaient exagérées.

Dans le système de M. Bonelli, chaque convoi et chaque station devait avoir les appareils suivants :

1° Une pile de Daniell d'une vingtaine d'éléments ;

2° Un télégraphe à aiguille aimantée de Wheatstone (1) avec son manipulateur et un système de relais propre à la transmission simultanée de deux dépêches en sens contraire ;

3° Un frotteur et ses accessoires ;

4° Un système d'alarme soit sonnerie, soit système vaporo-électrique.

La transmission des signaux dans ce système se faisait exactement de la même manière qu'à travers une ligne télégraphique ordinaire ; seulement le courant pouvait être plus ou moins bifurqué suivant le nombre de convois en circulation sur la voie, et suivant la proximité des stations. Mais de ces courants dérivés, un seul ou deux, tout au plus, suivant M. Bonelli, pouvait être efficace pour la marche des appareils ; c'était celui qui correspondait au poste télégraphique le plus rapproché, et par conséquent au convoi avec lequel on avait le plus d'intérêt à entrer en correspondance. Pour connaître la position réciproque de deux trains sur la ligne, il suffisait donc d'envoyer de l'un de ces trains, par le télégraphe, la demande *où êtes-vous?* Le convoi le plus rapproché recevant cette demande, répondait par le lieu où il se trouvait, et alors on pouvait juger, par la distance réciproque des deux points occupés par les deux trains au moment de la correspondance, de leur situation mutuelle.

Système de M. Gay. — Ce système n'est qu'une copie compliquée du système Bonelli. Voulant éviter les inconvénients et les dépenses qu'aurait entraînés la création d'un personnel spécial pour le service des télégraphes des convois, M. Gay dispose les appareils récepteurs de manière à

---

(1) M. Bonelli a dû avoir recours à ce télégraphe à cause des trépidations des convois, qui dérangeaient tous les autres télégraphes. Encore fallait-il que les écarts de l'aiguille fussent plus grands que dans les télégraphes anglais ordinaires.

exprimer, par certains signaux simples et facilement visibles, celles des phrases qui sont les plus nécessaires pour la sécurité des convois.

Ces récepteurs sont des appareils à cadran partagés en deux grands segments, l'un pour le service des trains montants, l'autre pour les trains descendants, et divisés en compartiments annulaires et en secteurs, renfermant les signes conventionnels et les phrases toutes faites, au moyen desquels les conducteurs de trains peuvent converser ensemble ou avec les stations, par le simple jeu d'aiguilles indicatrices.

Les aiguilles de ces cadrans sont au nombre de trois. Les deux premières, en relation avec deux conducteurs continus, placés latéralement à la voie, servent, l'une à transmettre les signes conventionnels, l'autre à les recevoir. La troisième aiguille sert à indiquer, à chaque instant, sur un limbe annulaire du cadran, la position précise du train sur la ligne; elle est mise en mouvement par un mécanisme compliqué que l'auteur a désigné sous le nom de *compteur*, et dont il a cherché à faire dépendre directement et avec le plus de précision possible le mouvement de celui du train qu'il est chargé de représenter. Cette troisième aiguille est spéciale aux appareils des trains. Le limbe sur lequel se lisent les indications fait connaître non-seulement la situation kilométrique du train, mais sa position relativement aux stations, aux ouvrages d'art, tranchées, courbes, etc. Ce limbe, en raison de sa destination, n'a qu'une durée très-limitée de service dans chaque voyage, et doit être enlevé et remplacé par un autre tous les 25 kilomètres.

L'auteur a placé cet appareil dans un *cabinet d'observation*, situé à l'arrière du tender, avec une sonnerie d'alarme.

Le même appareil (sauf l'aiguille du compteur spécial à chaque train) est placé à toutes les stations et à tous les postes qui doivent entrer en correspondance avec les trains.

Le compteur dont nous venons de parler devait d'abord recevoir son mouvement mécanique de celui de l'essieu du tender. L'auteur avait cru pouvoir supposer que les roues de ce tender se développeraient régulièrement sur les rails, sans patinage, sans glissement et sans déplacements brusques, et il avait basé sur cette régularité toute fictive celle du mouvement de sa troisième aiguille, qui n'en devait être qu'une réduction très-exacte. Forcé bientôt d'abandonner cette supposition, il dut prendre sur la ligne même parcourue par le train le principe du mouvement de son compteur, au moyen de taquets placés en des points fixes (à des distances égales de 50 mètres), et qui agissaient par percussion sur la roue à échappement de l'appareil auquel il donna désormais le nom de *compteur à percussion*.

Il plaça ces taquets sur les isolateurs de ses fils conducteurs, et il fut bientôt amené encore à transformer ces fils eux-mêmes en deux petites lignes de rails, pour permettre d'introduire plus de solidité dans le système, et par suite plus de régularité dans le jeu des taquets.

Pour peu qu'on réfléchisse à la manière compliquée dont doivent fonctionner les divers appareils de ce système, on ne tarde pas à reconnaître qu'il est encore moins pratique que celui de M. Bonelli.

II. SYSTÈMES CONTROLEURS.

MM. Mauss et Steinheil, dès l'année 1845, avaient proposé d'enregistrer aux stations les différents points de la ligne successivement parcourus par les trains, au moyen de pointages effectués sur des chronographes par les gardes-barrières et les surveillants des lignes ; mais ces systèmes exigeaient beaucoup de travail pour n'obtenir en définitive qu'un simple contrôle à la station, et ne présentaient pas assez d'avantages pour être acceptés d'une manière générale ; ils durent donc céder le pas au *Block-System*. Néanmoins cette idée a été reprise à plusieurs époques, et nous allons passer rapidement en revue les systèmes principaux qui ont été proposés et surtout ceux qui se rapportent aux modes de transmission que nous étudions dans ce chapitre.

Système de M. Breguet. — Pensant que si on pouvait s'affranchir de l'intervention humaine dans l'enregistration chronographique des différents points de la voie successivement atteints par les convois on pourrait obtenir un système télégraphique réellement utile pour le contrôle de leur marche, M. Breguet, en 1847, eut l'idée de faire réagir sur des interrupteurs les convois eux-mêmes. Ses expériences furent faites sur la partie du chemin de Saint-Germain-en-Laye parcourue par le tube atmosphérique, et avec cette disposition du chemin, rien ne lui fut plus facile que de réaliser le but qu'il s'était proposé. Il lui suffisait en effet de se servir du piston propulseur des convois sur cette partie du chemin de fer, pour faire appliquer, de vingt en vingt mètres, l'une contre l'autre deux lames en rapport, l'une avec le sol, l'autre avec une dérivation faite sur la ligne correspondant à son chronographe à pointage. De cette manière, le passage du convoi au-dessus de chaque interrupteur était accusé sur le chronographe, sans aucune intervention humaine. Nous avons décrit tome IV, p. 207 à l'article des chronographes, celui dont M. Breguet s'est servi dans cette circonstance. Cette invention de M. Breguet a été le point de départ de la plupart des systèmes qui ont été proposés vers 1855. Voici les quelques mots qui ont été imprimés à ce sujet dans les *Comptes-rendus de l'Académie des sciences* du 15 mars 1847 :

« M. Arago a présenté, de la part de M. Breguet, et fait fonctionner sous les yeux de l'Académie un instrument à l'aide duquel les chefs de gare d'arrivée et de départ, dans les chemins de fer, pourront être avertis instantanément du moment du passage des trains devant chacun des poteaux kilométriques de la ligne, et pourront connaître très-exactement la vitesse avec laquelle les divers intervalles auront été parcourus. »

Système de M. Maigrot. — En novembre 1852, M. Maigrot, géomètre à Bar-sur-Seine, complétant l'idée première de M. Breguet, eut l'idée de faire enregistrer sur un cadran compteur, à chaque station, les différents kilomètres parcourus par les convois; et pour qu'on pût distinguer dans quel sens venaient ces convois, deux aiguilles marchant en sens contraire l'une de l'autre et de couleur différente, furent adaptées au cadran. De cette manière, on pouvait suivre à chaque station le mouvement d'un train, et savoir s'il ne parcourait pas la voie dans un sens anormal. De plus chaque mouvement de l'une ou de l'autre des deux aiguilles était accompagné d'une fermeture de courant, qui, en réagissant sur un timbre, pouvait indiquer à l'oreille, sans l'examen du cadran, les différents kilomètres parcourus par les convois.

Un avantage que présentait ce système était de permettre aux conducteurs des trains express à grande vitesse, d'apprécier exactement à leur passage devant chaque station, le point de la ligne où se trouvait le convoi qui les précédait, quand la distance séparant les deux convois était moindre que l'intervalle entre deux stations consécutives. Dès lors le mécanicien pouvait calculer en conséquence la vitesse à donner au convoi. En revanche, ce système présentait un grand inconvénient auquel j'ai obvié dans celui que j'imaginai quelques mois plus tard, en mai 1853 (1). On comprendra immédiatement cet inconvénient dès lors qu'on examinera que deux convois circulant simultanément entre deux stations dans un même sens, l'aiguille du cadran-compteur pouvait être affectée par les deux convois à la fois et se trouvait dès lors dans l'impossibilité de constater leur marche. Ce même inconvénient se retrouve dans le système que M. Vérité avait proposé en janvier 1854, et qui était exactement semblable à celui de M. Maigrot, sauf que le cadran-compteur n'avait qu'une aiguille

---

(1) A cette époque je n'avais pas eu connaissance du système de M. Maigrot et je ne m'étais inspiré que de l'idée de M. Breguet.

au lieu de deux. Nous verrons bientôt comment j'ai résolu cette difficulté dans mon système.

Un an après la prise de son premier brevet, M. Maigrot imagina d'ajuoter à ses appareils un système télégraphique analogue à celui que M. Tyer avait inventé longtemps avant lui pour envoyer des signaux aux convois en mouvement. Ce système ne différant guère de celui que j'ai employé dans mon moniteur électrique, je ne ferai que le mentionner ici pour l'historique de la question, aussi bien que le chronographe à pointage que M. Maigrot a également cru devoir ajouter à son système primitif, et qui n'est que la copie exacte de ceux de MM. Steinheil et Breguet. Enfin, comme accessoire de son système, le même inventeur a imaginé un système de freins qu'il appelle vaporo-électriques, dans lesquels la vapeur est la puissance motrice et l'électricité la cause déterminante. Cette dernière partie du système de M. Maigrot aurait été difficile à bien établir.

Dans le système de M. Maigrot, les touches métalliques placées sur la voie pour la transmission des courants, devaient être de simples cylindres de fer ou de cuivre isolés convenablement, et les frotteurs consistaient dans une longue tige métallique à trois articulations, disposée horizontalement au-dessous du wagon transmetteur, et pressée dans son milieu par un ressort afin que son contact avec les tiges rigides fût plus parfait.

Système de M. Bellemare. — Le système que M. Bellemare avait présenté à l'Institut en février 1856 avait exactement le même but que les systèmes que nous venons de passer en revue;

Fig. 2.

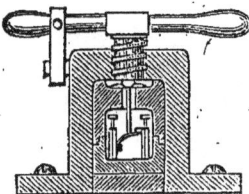

seulement, les interrupteurs kilométriques qui devaient faire enregistrer aux stations les différents points de la voie successivement parcourus par les convois, avaient une disposition particulière. Ces interrupteurs, que nous représentons fig. 2 ci-contre, consistaient dans une boîte de fonte à l'intérieur de laquelle étaient placés, dans une seconde boîte de porcelaine, les deux conjoncteurs. Au-dessus de la boîte de fonte se trouvait un trou taraudé dans lequel se mouvait une vis à balancier, et cette vis se terminait par une petite tige qui traversait la boîte de porcelaine et se trouvait à portée de l'un des deux ressorts conjoncteurs. Une forte lame de ressort contre laquelle venait appuyer le balancier de la vis quand il était poussé par une cause quelconque, ramenait toujours cette vis dans sa position initiale. Ce système d'interrupteur pouvait être employé indifféremment comme conjoncteur ou disjoncteur; dans le premier cas les deux ressorts étaient séparés l'un de l'autre, et la tige de la vis en appuyant sur l'un d'eux, quand la vis était détournée, établissait un contact qui cessait aussitôt que le ressort avait éloigné le balancier de cette vis. Dans le second cas, les deux ressorts devaient être en contact à l'état normal ; alors la tige de la vis en s'abaissant les séparait l'un de l'autre.

Les avantages de ce système d'interrupteur étaient :

1° De permettre un isolement beaucoup plus parfait ;

2° De fournir un contact relativement sûr et assez prolongé pour que l'action électro-mécanique qu'ils étaient appelés à déterminer eût le temps de se faire ;

3° De pouvoir être manœuvré facilement par les cantonniers, si on avait à les employer pour transmettre des signaux de détresse.

C'était par l'intermédiaire d'un taquet porté par la locomotive que les trains réagissaient sur ces interrupteurs. En effet, au moment de leur passage, ce taquet rencontrant le balancier de la vis, le repoussait avec force contre son ressort d'arrêt, et l'interrupteur par ce seul fait était mis en action ; une fois l'effet produit, le ressort d'arrêt ramenait le balancier à sa position normale.

III. SYSTÈMES AUTOMATIQUES PAR AVERTISSEMENT.

Les systèmes que nous avons jusqu'à présent étudiés permettent de donner des avis aux trains en mouvement, de signaler les différents points de la voie où se trouvent les convois ; enfin de permettre un échange de correspondance entre les convois eux-mêmes. Mais tous ces systèmes exigent pour être mis en fonction l'intervention d'employés ou de gardiens, dont la négligence peut compromettre la sécurité des voyageurs. Pour être à l'abri de cette négligence et de ce défaut de vigilance que bien souvent on a eu à déplorer, on a voulu faire en sorte que les trains pussent par un mécanisme automatique se prévenir *eux-mêmes* de leur trop grand rapprochement, des obstacles qu'ils pouvaient rencontrer aux stations, enfin de leur marche anormale ; car c'est toujours à ces causes qu'il faut rapporter la plupart des accidents qui arrivent. Plusieurs systèmes ont été proposés dans ce but et ce sont eux qui vont maintenant nous occuper.

Système de M. Th. du Moncel. — Mes premières recherches sur cette question remontent au mois de mai 1853, époque à laquelle je publiai dans le journal de l'arrondissement de Valognes un article sur les moniteurs électriques des chemins de fer. Toutefois mon système n'a été complété d'une manière définitive qu'en janvier 1854. Quelques mois plus tard j'en fis construire un modèle de grande dimension qui a fonctionné devant l'Académie des sciences en décembre 1854, et pendant toute la durée de l'Exposition universelle de 1855.

Ce système avait pour but :

1° D'établir, entre les stations et les trains en mouvement, une liaison télégraphique qui permît de prévenir ces derniers des encombrements qui pouvaient exister sur la voie ou aux stations, de leur donner des ordres en cas de besoin, et de leur fournir la facilité de demander des secours aux stations en cas d'accident ;

2° De faire en sorte que l'envoi d'un signal fut suivi d'une réponse faite automatiquement par le convoi, afin que celui qui envoyait le signal fut prévenu de sa réception et fut assuré, par là, du bon état de la ligne ;

3° De faire enregistrer à chaque station, sur un compteur électro-chrono-métrique à double aiguille et visible à distance, les différents kilomètres parcourus par deux convois consécutifs ;

4° De faire en sorte que deux convois, venant à la rencontre l'un de l'autre ou s'entre-suivant de trop près, se prévinssent mutuellement des dangers qui pourraient résulter de leur trop grand rapprochement ;

5° De faire en sorte que le chef de la station fût en même temps prévenu de ce trop grand rapprochement.

Pour obtenir ces résultats, je plaçais devant chaque borne kilométrique, et entre les deux rails, deux conjoncteurs de courant, constitués par des barres métalliques isolées, comme le *crocodile* du sifflet automoteur de M. Lartigue. Ces barres étaient placées à quelques mètres l'une de l'autre, et deux frotteurs placés sous la locomotive et qui pouvaient être constitués par des balais métalliques, devaient appuyer successivement sur ces interrupteurs, mis isolément en rapport par un fil télégraphique avec un appareil spécial placé à chaque station.

Cet appareil était une sorte de compteur kilométrique, mis en action par un double mécanisme d'horlogerie, et qui avait pour fonction de faire marcher deux aiguilles indicatrices, dont les axes, adaptés l'un dans l'autre comme ceux des aiguilles d'une horloge, leur faisait parcourir sur le cadran le même chemin circulaire. Chacun des mécanismes d'horlogerie était commandé par un électro-aimant, dont l'armature étant une fois attirée, permettait au mécanisme non-seulement de faire avancer l'aiguille de l'intervalle d'une division du cadran, mais encore de ne laisser se reproduire le renclanchement qu'après un intervalle de temps donné et qui était au moins de dix secondes. De cette manière, si plusieurs fermetures de courant étaient produites à l'interrupteur pendant le passage du frotteur, une seule était effective, et l'action sur le compteur se produisait comme si le contact eût été unique et parfait. Les deux armatures étaient d'ailleurs polarisées en sens contraire l'une de l'autre par l'action de forts aimants permanents, comme dans les systèmes télégraphiques à doubles réactions. On comprend que des électro-aimants Eughes auraient encore mieux rempli ces diverses fonctions, mais ils n'étaient pas encore imaginés en 1854.

Les électro-aimants des mécanismes précédents étaient interposés sur le même circuit de ligne, et se trouvaient par conséquent reliés à ceux des interrupteurs échelonnés sur la ligne qui se trouvaient touchés par un même frotteur. Dans ces conditions, et en raison de la polarisation inverse des armatures, il arrivait que les fermetures de courant effectuées par le même frotteur ne pouvaient réagir que sur un seul des deux mécanismes du compteur, pour un sens donné du courant, et pour faire fonctionner l'autre mécanisme, il fallait que ces fermetures fussent effectuées avec le courant dirigé dans un sens contraire; toutefois, comme on pouvait disposer la pile sur les convois de manière à ce que le frotteur correspondant fût en rapport avec le pôle positif pour les convois pairs et avec le pôle négatif pour les convois impairs, on pouvait faire en sorte que les fermetures de courant déterminées par les premiers fissent avancer successivement la première aiguille de l'appareil, et que les fermetures produites par les seconds n'eussent action que sur la seconde aiguille. De cette manière, la marche des différents trains se trouvait constamment marquée aux différentes stations, et en suivant de l'œil la position réciproque des aiguilles, on pouvait s'assurer de la position relative des différents trains. Un petit compteur particulier disposé dans le magasin des piles à la station de départ et mis en action par chaque train au moment de son départ, indiquait d'ailleurs au surveillant si le train en circulation sur la voie était pair ou impair, et il pouvait disposer en conséquence le train qui devait suivre.

Pour obtenir qu'en cas d'un trop grand rapprochement des trains l'un de l'autre un avertissement pût être envoyé automatiquement aux mécaniciens conduisant ces trains, un interrupteur particulier avait été adapté aux axes des aiguilles du compteur de chaque station, et c'est à cet interrupteur que se trouvaient reliées, par le second fil télégraphique, les barres métalliques composant la seconde série des conjoncteurs échelonnés sur la voie, conjoncteurs que devaient rencontrer les seconds frotteurs des locomotives des trains. Ces seconds frotteurs communiquaient à un appareil d'alarme placé sur la locomotive, lequel aurait pu être constitué par un sifflet électrique, si cet appareil eût été imaginé, alors, et cet appareil était tellement disposé que, si, au moment du passage du train sur l'un ou l'autre de ces conjoncteurs un courant se trouvait fermé par l'appareil-compteur de la station d'aval, il se trouvait immédiatement mis en action, et pouvait en conséquence avertir du trop grand rapprochement des trains. Le train impair devait donc ralentir sa marche et le train pair devait augmenter la sienne jusqu'au premier interrupteur qu'ils devaient rencontrer après cet avertissement, et qui devait leur donner un nouveau signal. En effet, si le train qui était en avant était en détresse et ne pouvait avancer, le train en arrière recevait alors un second signal d'arrêt, et cette fois ce signal lui indiquait qu'il devait définitivement s'arrêter. S'il n'en recevait aucun, c'est que le train en avant devait avoir gagné du terrain et se trouvait au-delà de la distance minima assignée.

Pour obtenir que l'interrupteur du compteur de la station d'aval pût réaliser les avertissements automatiques, il m'avait suffi de le disposer sur les axes des aiguilles de telle manière que, quand ces aiguilles étaient éloignées l'une de l'autre *de deux divisions*, le contact fût produit. Ce résultat pouvait être obtenu de plusieurs manières, mais la plus simple était de disposer à l'extrémité de l'axe creux de l'aiguille des trains impairs (au dedans de l'appareil), un petit bras métallique muni d'une cheville horizontale de platine, lequel bras était disposé de manière à former avec l'aiguille correspondante un angle répondant à deux divisions du cadran. Un second bras métallique fixé sur l'axe de la seconde aiguille parallèlement à elle, et terminé par un ressort légèrement arqué, était disposé de manière que le ressort passât au-dessous de la cheville de platine de l'autre aiguille en y déterminant un léger frottement; mais ce frottement ne devait se produire que sur une étendue moindre que l'angle correspondant à une division du cadran, sans quoi l'on aurait pu avoir deux signaux d'arrêt au lieu d'un. L'exécution d'un pareil interrupteur n'avait d'ailleurs rien de difficile ni de délicat.

Si l'on fait aboutir le circuit correspondant à l'interrupteur précédent à un interrupteur à manette mis à la disposition de l'agent des stations, on comprend aisément qu'il devient facile, avec l'appareil précédent, d'expédier des ordres d'arrêt aux trains en circulation sur la voie. Il suffit de mettre sur contact l'interrupteur en question, et l'ordre arrive aussitôt que le train rencontre le conjoncteur en rapport avec le circuit. Avec un commutateur inverseur et des appareils d'alarme disposés en conséquence, on pourrait même faire en sorte que l'ordre pût être donné à volonté aux trains pairs et aux trains impairs.

Avec les dispositifs indiqués précédemment, on peut faire en sorte que deux trains s'entresuivant de trop près puissent s'avertir mutuellement de leur trop grand rapprochement, mais on ne peut obtenir ces avertissements dans le cas où ils viendraient à la rencontre l'un de l'autre. Ce cas ne peut, il est vrai, se présenter que sur les chemins de fer à voie unique et seulement dans le voisinage des stations, puisque c'est là où ils doivent se garer en suivant une dérivation faite à la voie. Pour obtenir dans ce cas des avertissements automatiques, il faut que les deux cadrans placés aux stations et qui correspondent, l'un aux trains montants, l'autre aux trains descendants, soient reliés électriquement l'un à l'autre, et que les axes des aiguilles de chacun d'eux agissent sur un second commutateur interposé dans le circuit appelé à faire fonctionner les appareils d'alarme. Ce commutateur consiste dans un simple frotteur qui se meut circulairement avec l'aiguille à laquelle il correspond, et qui rencontre deux contacts métalliques placés l'un devant le zéro du cadran, l'autre deux divisions avant. Si les compteurs sont disposés de manière à ce que les aiguilles se meuvent dans le sens des trains, ces seconds contacts seront l'un à gauche, l'autre à droite du zéro, et ils seront reliés d'un appareil à l'autre au contact correspondant au zéro, au moyen d'un fil qui correspondra au circuit des signaux d'alarme, dont il constituera une dérivation. Par ce moyen, si un convoi se trouve dans la section correspondante à la station, l'aiguille du compteur correspondant sera sur le contact du zéro de ce compteur, et quand le train marchant en sens contraire se trouvera distant de deux kilomètres de cette station, l'aiguille de son compteur sera sur le second contact dont nous avons parlé, ce qui déterminera, avec l'aiguille de l'autre compteur, la fermeture d'un circuit qui sera complété au moment de l'arrivée du premier convoi devant la station et au moment où l'autre convoi arrivera sur l'interrupteur kilométrique qui la précède. Les deux trains se trouveront donc alors avertis de leur position réciproque, comme s'ils avaient circulé dans le même sens. En compliquant les contacts de ces derniers commutateurs, on pourrait obtenir les avertissements dont nous venons de parler aux différents points de la voie, mais comme des rencontres de ce genre ne peuvent se présenter que dans le cas très-rare où l'on expédierait des locomotives à la découverte, et en dehors du service ordinaire, on peut ne pas se préoccuper de ce complément du système.

Il va sans dire que, dans ce système, les interrupteurs kilométriques doivent être toujours au nombre de quatre devant chaque borne kilométrique, et que leur liaison avec les compteurs doit être effectuée par quatre fils télégraphiques. Quand la voie est double, ces interrupteurs sont placés deux par deux entre les rails de chaque voie et d'une manière symétrique par rapport à ces rails; quand la voie est unique, ils doivent être rangés par couples les uns à côté des autres et à une distance suffisante pour empêcher les dérivations.

La réponse automatique aux signaux d'alarme envoyés sur les convois était, dans mon système, la conséquence de l'émission du courant alors transmis et qui réagissait sur un indicateur à armature polarisée placé à la station. Lorsque le train en passant sur les interrupteurs kilométriques recevait le signal d'alarme, l'appareil indicateur de la station fonctionnait en même temps, et son signal persistait jusqu'au moment du passage du convoi devant la station; alors l'aiguille du compteur, par l'émission d'un courant de sens inverse, effaçait le signal de l'indicateur, et si cet appareil était placé dans le cabinet du chef de gare, celui-ci pouvait surveiller lui-même les incidents survenus sur la voie.

D'après la description qui précède, il est facile de voir qu'avec ce système, dont les organes n'ont rien que de très-simple, le problème de la sécurité des trains sur les chemins de fer est réduit à sa plus simple expression; car l'appareil-compteur qui n'existe qu'aux stations, coûte moins cher qu'un seul des postes sémaphoriques employés dans le block-system, et ne nécessite aucuns frais de personnel, puisque toutes les fonctions sont effectuées automatiquement et qu'elles peuvent même être contrôlées par la position des aiguilles sur les compteurs quand les trains arrivent aux stations. Ces fonctions sont d'ailleurs aussi certaines que celles du siffiet automoteur, puisqu'elles sont exactement les mêmes, et les objections qu'on pourrait faire relativement aux frotteurs, doivent nécessairement être considérées comme non avenues depuis les expériences réitérées faites au chemin de fer du Nord avec les appareils de MM. Lartigue, Forest et Digney, expériences qui ont amené l'adoption définitive de ce système sur tout le réseau des chemins de fer du Nord.

Système de M. Manuel Fernandez de Castro. — Le système de M. Manuel Fernandez de Castro a été breveté en Angleterre et en France, en octobre 1853. Il avait été combiné, dans l'origine, pour fonctionner sous l'influence des courants statiques de l'appareil de Ruhmkorff; mais M. de Castro ne tarda pas à reconnaître que l'emploi de l'électricité dynamique était préférable. Du reste, comme aucune fonction électromécanique n'est en jeu dans ce système, il peut comporter aussi bien l'emploi de l'électricité statique que de l'électricité dynamique.

La base de ce système est la fermeture automatique d'un courant électrique en temps opportun, lorsque deux convois sont menacés d'une collision. Pour l'obtenir, M. de Castro n'emploie qu'une combinaison de circuits interrompus, qui ne peuvent être complétés que par les convois eux-mêmes, dans une position déterminée.

A cet effet, un conducteur que l'auteur appelle *conducteur général* est disposé, non plus au milieu de la voie, comme celui de M. Bonelli, mais sur le côté. Il est constitué par deux fils métalliques placés parallèlement l'un à côté de l'autre, et interrompus de distance en distance, de telle manière que les solutions de continuité se trouvent alternées dans les deux fils comme on le voit ci-dessous. Ces fils sont isolés, soit au moyen de

supports de porcelaine ou de terre, comme dans le système Bonelli, soit en les couchant sur un lit de gutta-percha ou de caoutchouc durci fixé sur une bande de bois, soit par tout autre moyen qui permette à la partie supérieure du fil d'être entièrement dégagée de tout obstacle au passage d'un frotteur. La longueur de chaque tronçon doit être calculée d'après la formule :

$$L = 2v + a,$$

L étant la longueur de chaque fil, v le double de la distance qu'un train peut parcourir après que la locomotive ne reçoit plus de mouvement de la machine et que les freins sont serrés, a la distance minimum qui est jugée nécessaire entre deux convois supposés arrêtés pour parer aux éventualités qui peuvent survenir.

Le circuit, comme dans tous les systèmes que nous avons précédemment étudiés, est complété par l'un des rails de la voie ferrée.

Les frotteurs destinés à établir une communication métallique entre le conducteur général et les appareils d'alarme, placés sur les convois, ont été combinés de plusieurs manières par M. de Castro. Tantôt c'est un pinceau ou une frange de fils métalliques suspendu à l'extrémité d'une tige isolée avec des supports de porcelaine ; tantôt c'est une tringle métallique portée par deux forts ressorts bandés et renfermés dans des tubes métalliques ; tantôt c'est une tringle traînante. Quels que soient du reste ces frotteurs, ils se trouvent toujours disposés de manière à pouvoir être soulevés ou abaissés, au moyen d'un levier, et même être retirés de côté pour pouvoir réagir dans le cas où le conducteur général, par une circonstance forcée, tel que le passage d'un tunnel, d'un pont, serait obligé d'être établi au milieu de la voie.

La fig. 3 peut donner une idée de la disposition du système de M. de
Castro. *ii* sont les deux séries de fils interrompus placés sur un support
isolant; *rrfg* représente le frotteur; E est le support des deux conducteurs
généraux pour les deux voies; DD
sont les traverses soutenant les
rails.

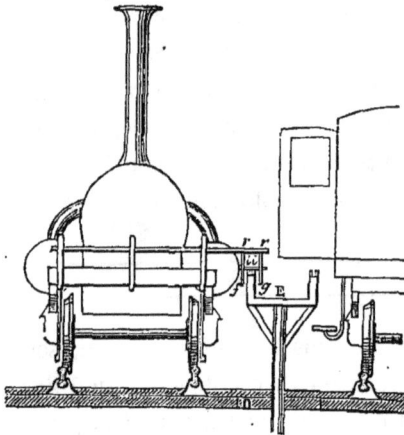

Les organes générateurs de l'électricité, soit piles, soit machines
d'induction, sont portés par les
convois; chaque convoi a son générateur, mais il faut, pour une cause
que nous signalerons à l'instant,
que ces générateurs soient en rapport avec le circuit d'une manière
inverse, pour les trains qui vont en
amont et en aval, et que leur courant soit, ou alternativement ren-

Fig. 3.

versé au moyen d'un commutateur, ou d'une intensité différente. C'est
par l'intermédiaire d'un relais que l'appareil d'alarme est mis en fonction,
et celui-ci d'ailleurs peut être un timbre, un pétard, un pistolet de Volta,
ou un appareil électro-magnétique réagissant sur le sifflet de la locomotive.

Le conducteur général est toujours mis en relation avec l'un des pôles
de la pile des convois par le frotteur qui le relie métalliquement à ces
convois, et par l'intermédiaire des appareils avertisseurs; mais le circuit ne
peut être complété que quand, par un moyen quelconque, la partie du
conducteur général qui est ainsi frottée est mise en communication avec la
terre. Or cette communication peut être établie de deux manières, soit à la
main, au moyen d'un fil qui communique aux rails, soit par l'intermédiaire
d'un second système frotteur faisant partie d'un circuit mis en rapport
avec le sol. C'est ce dernier cas qui se présente quand deux trains circulent
en même temps sur le même tronçon du conducteur général, et c'est précisément par ce moyen que, dans le système dont nous parlons, les trains
peuvent se trouver prévenus des dangers qui pourraient résulter de leur
trop grand rapprochement, soit en venant à la rencontre l'un de l'autre,
soit en s'entresuivant de trop près. Supposons, en effet, le dernier cas : il
arrivera forcément que les deux trains se trouveront alors circuler sur un
même tronçon appartenant soit à la série de gauche, soit à la série de droite
du conducteur général; dès lors les deux courants circuleront à travers les
relais des deux convois. Il est vrai qu'ils marcheront dans ce cas en sens

contraire l'un de l'autre; mais comme ils ont une intensité différente ou qu'ils se trouveront alternativement renversés d'une manière non concordante, car ce sont les roues des locomotives elles-mêmes qui feront marcher le commutateur, il s'ensuivra que les relais fonctionneront sous l'influence d'un courant différentiel ou d'un courant alternatif. Supposons maintenant qu'ils viennent à la rencontre l'un de l'autre, le même effet se reproduira, mais d'une manière plus énergique, car alors les deux courants s'ajouteront.

Le signalement d'un obstacle sur la voie s'obtiendrait dans le système de M. de Castro, en mettant en communication avec le sol les deux tronçons du conducteur général les plus voisins de cet obstacle, ce qui serait fait par l'un des garde-voies. Cette communication compléterait le circuit à travers les appareils d'alarme du convoi qui serait en marche, au moment où celui-ci atteindrait le tronçon non isolé. Le même moyen pourrait même être employé pour établir entre le garde-train et le mécanicien une liaison télégraphique au moyen de laquelle le premier pourrait donner au second le signal d'arrêt. Dans ce cas, il suffirait d'un second frotteur qui serait mis à la disposition du garde-train et qui serait en communication métallique avec l'un des essieux du dernier wagon.

Aux points de croisement de deux lignes différentes, il devient essentiel, dans le système de M. de Castro, de donner aux fils du conducteur général une disposition particulière pour que les signaux d'alarme soient aussi bien échangés entre les convois qui doivent croiser, qu'entre ceux qui doivent suivre la même voie. Il suffit du reste qu'un des fils du conducteur général d'une voie soit mis en communication avec un des fils de l'autre, et que le croisement s'effectue au milieu des deux tronçons ainsi joints. Alors la longueur de chaque tronçon depuis ce point de croisement doit être

$$\frac{2v+a}{2}.$$

La disposition par tronçons des conducteurs le long de la voie, permet d'avertir le conducteur d'un train qui s'approche d'une barrière ou d'un pont tournant dont la manœuvre n'a pas été faite, qu'il y a danger, et en même temps de donner spontanément l'avertissement de l'approche du train au garde-barrière ou au préposé au service du pont tournant. Il suffit pour cela, que ces barrières ou ces ponts tournants établissent, lorsqu'elles sont ouvertes, un contact métallique entre le sol et le conducteur général; ce qui est très facile, puisque le contact de deux ressorts poussés l'un contre l'autre peut produire ce résultat. Une barrière ouverte ou un pont tournant ouvert joue donc vis-à-vis du convoi en marche le rôle que jouerait un second convoi, et si une sonnerie d'alarme se trouve installée dans la guérite du garde-barrière, celui-ci se trouve alors prévenu qu'il doit la fermer au plus tôt. De même, l'interruption du courant aussitôt après la fermeture de la barrière, indique au mécanicien que désormais la voie est libre.

M. de Castro indique encore dans son mémoire plusieurs dispositions imaginées en vue de parer aux dangers que pourrait amener, soit une erreur ou un oubli de l'aiguilleur dans le jeu des aiguilles aux points de bifurcation des voies ferrées, soit la circulation simultanée de deux convois sous un même tunnel à une voie.

Dans le premier cas, l'auteur adapte au levier qui commande le jeu des aiguilles une longue fourchette réagissant sur un commutateur conjoncteur et disjoncteur, qui a pour objet : 1° de continuer la relation électrique entre la partie du chemin située avant le point de bifurcation, et celle de ces bifurcations que le convoi doit suivre; 2° de déterminer une communication avec le sol dans le cas où le jeu des aiguilles étant mal exécuté, la partie mobile des aiguilles ne serait pas exactement dans la direction des rails des bifurcations, ce qui pourrait être une cause de déraillement. Ce cas, il est vrai, ne pourrait se présenter qu'aux points de croisement de trois bifurcations, cas qui est très-rare aujourd'hui. Nous ne décrirons pas ce commutateur, car il est facile à deviner; il n'est d'ailleurs que très-accessoire dans le système de M. de Castro.

Quand un tunnel construit pour une seule voie doit servir à l'exploitation d'un chemin à deux voies, ce qui nécessite par conséquent deux systèmes d'aiguilles de croisement à ses deux extrémités, il devient indispensable d'avoir un système électrique particulier qui puisse empêcher la circulation simultanée de deux trains sous ce tunnel.

Pour résoudre ce problème, M. de Castro propose de faire réagir les convois avant leur entrée sous le tunnel sur une pédale mise en relation électrique avec un électro-aimant relais qui, en ce moment, établirait une communication entre le conducteur-général de son système et le sol. L'auteur n'indique pas, il est vrai, comment se prolonge l'action de cet électro-aimant relais pour que le signal soit persistant pendant toute la durée du passage du convoi sous le tunnel; mais il est facile de comprendre qu'avec un système rhéotomique analogue à celui que nous avons décrit, page 4, ou un relais à armature polarisée, le but serait complétement atteint.

Dans le cas où une locomotive partirait seule et marcherait sans guide, M. de Castro prétend qu'il serait possible de la faire arrêter automatiquement, en employant en guise d'appareil d'alarme un appareil détonant tel que le mortier électrique, dont le bouchon, en réagissant sur un levier, pourrait désencliqueter une roue. Cette roue, sous l'action d'un contre-poids, empêcherait à son tour l'introduction de la vapeur sur les freins par l'effet de l'ouverture d'une soupape. On pourrait encore mettre pour cela à contribution des électro-aimants puissants, disposés dans le circuit fermé par le relais des appareils d'alarme, ou tout autre moyen.

Nous avons déjà eu occasion de parler des freins électriques, mais je dois constater ici que dès le premier moment de son invention, M. de Castro avait imaginé plusieurs systèmes à l'aide desquels ces freins pouvaient être serrés automatiquement, par leur substitution aux appareils d'alarme sur les trains. Toutefois M. de Castro ayant reconnu que ceux de M. Achard étaient préférables, il n'a pas donné suite à son idée (1).

Le système de M. de Castro a été expérimenté en grand en Espagne, et il paraît que les résultats en ont été satisfaisants, puisque les cortez espa-gnols lui ont voté des remercîments publics.

Système du capitaine Guyard. — Le système du capitaine Guyard, imaginé en juillet 1854, par conséquent huit mois après celui de M. de Castro, est *identiquement* semblable à ce dernier. Il est réellement curieux de voir un rapprochement aussi complet d'idées entre deux per-sonnes n'appartenant pas au même pays et dont l'absence complète de rapports ne peut faire supposer une inspiration de l'un ou de l'autre. Pourtant il est quelques points de priorité à cet égard que nous nous per-mettrons de discuter. Sans nul doute, c'est bien à M. de Castro que revient la priorité du système de relation électrique entre les trains, tel que nous l'avons précédemment exposé. Mais est-ce bien lui qui a eu la première idée d'appliquer au générateur d'électricité le commutateur mobile? est-ce bien lui qui a démontré le parti qu'on pouvait tirer de la disposition de ce système pour le signalement de l'ouverture des barrières des ponts tour-nants, etc.? Si je me reporte aux premiers articles qui ont été publiés sur le système de M. de Castro, je ne vois pas qu'il soit fait mention de ces dispositions, accessoires, il est vrai, mais qui sont pourtant ingénieuses. Au contraire, je vois que dès le premier moment où M. Guyard a publié son invention, il signale toutes ces dispositions et plusieurs autres encore dont nous allons parler. Je ne prétends pas par là ôter du mérite à l'un et à l'autre de ces deux messieurs, mais il arrive souvent qu'on perfectionne

---

(1) Voir pour les détails de ce système la longue description que M. de Castro en a faite dans son ouvrage, intitulé : l'*Electricité et les chemins de fer*, tome II, pages 188-267.

un système qu'on a imaginé en prenant ailleurs des accessoires que l'on trouve bons, et l'on n'en est pas moins pour cela l'inventeur du système.

Voici, du reste, comment le rapport de la commission d'enquête sur les chemins de fer, établie alors au ministère des travaux publics, a rendu compte du système du capitaine Guyard :

» L'auteur s'est posé le programme suivant : 1° faire en sorte que, lorsque deux trains marchent à la rencontre l'un de l'autre sur un chemin de fer à simple voie, chacun d'eux soit spontanément averti de l'approche de l'autre à une distance à peu près double de celle qui est nécessaire pour arrêter un train et prévenir un choc.

2° Avertir le conducteur d'un train qui s'approche d'une barrière ou d'un pont tournant dont la manœuvre n'a pas été faite, qu'il y a danger ; faire en même temps, donner spontanément l'avertissement de l'approche du train au garde-barrière ou au préposé au pont tournant ; enfin, quand le danger a disparu, informer spontanément le conducteur du train qu'il peut reprendre sa marche.

« 3° De donner à tout employé de la voie ou des trains un moyen de transmettre instantanément au conducteur d'un train qui s'avance l'annonce d'une cause quelconque de danger, telle que rupture de rails, éboulement, et lui faire connaître même spontanément la nature de ce danger.

« 4° Faire enfin qu'une surveillance spontanée s'exerce incessamment sur toute la ligne, et que toutes les fautes des agents ayant pu compromettre la sûreté des trains se trouvent enregistrées d'elles-mêmes.

« La base du système du capitaine Guyard consiste à diviser, au moyen de conducteurs métalliques, la ligne que doivent parcourir les trains en tronçons très-courts, isolés les uns des autres d'une longueur égale au double de celle qui est nécessaire pour arrêter deux convois, lancés à toute vitesse, à la rencontre l'un de l'autre, et à mettre les appareils électriques placés sur les trains en communication permanente avec cés conducteurs métalliques, pour ouvrir des circuits électriques qu'une cause quelconque de danger n'aura plus qu'à fermer pour se faire immédiatement connaître.

« Les conducteurs métalliques sont doubles et établis parallèlement aux rails, de telle sorte que les interruptions de chacun d'eux ayant lieu de quatre en quatre kilomètres, par exemple, soient alternatives, c'est-à-dire que la coupure du conducteur de droite se trouve correspondre exactement à la partie médiane du conducteur de gauche placé en regard et vice versa. C'est là la condition indispensable à l'application du système.

« L'auteur a proposé deux systèmes de conducteurs entre lesquels l'expérience en grand aurait à déterminer la préférence.

« Le premier consisterait dans l'emploi de fils métalliques tendus parallèlement à la voie, soit au niveau des rails, soit à la hauteur du toit des wagons, supportés par des isolateurs de porcelaine et recevant le contact d'un pinceau, ou plutôt d'une brosse métallique en communication avec les appareils électriques du train.

» Le second, qui dès aujourd'hui lui paraît préférable, emploierait pour conducteur un ruban métallique placé dans un plan vertical, à l'intérieur de la voie, un peu au-dessus du niveau des rails, lequel serait saisi et en quelque sorte laminé entre deux brosses cylindriques en fil d'acier, à axe vertical, recevant de l'essieu du wagon un mouvement de rotation sur elles-mêmes, calculé de manière à produire le développement de la surface des brosses sur le ruban avec le moins de frottement possible.

» Ces moyens sont évidemment plus compliqués et probablement moins efficaces et moins admissibles dans la pratique que ceux présentés dans les projets de M. le chevalier Bonelli et de M. Du Moncel.

Les appareils électriques portés par le wagon spécial de chaque train consisteraient en une pile en action, une sonnerie d'alarme et un télégraphe alphabétique ; l'auteur y ajouterait enfin, comme nous le verrons plus loin, un appareil spécial auquel il donne le nom de distributeur.

» L'un des pôles de la pile placée sur chaque convoi serait mis en communication avec le conducteur métallique correspondant, par l'intermédiaire du fil des électro-aimants de la sonnerie et du télégraphe ; l'autre pôle serait en communication avec la terre, par les roues et les rails ; il y aurait d'ailleurs interversion dans les pôles de la pile en communication avec le conducteur, suivant le sens dans lequel s'avancerait le train : à cette condition, tant qu'un train cheminerait seul sur un tronçon électrique, le circuit serait ouvert et il ne recevrait aucun avertissement ; mais dès que deux trains viendraient à cheminer sur le même tronçon, le circuit électrique serait subitement fermé, les sonneries d'alarme entreraient par conséquent en jeu, les mécaniciens seraient prévenus du danger, et les chefs de train pourraient entrer en conmmunication par leurs télégraphes.

» Dans ce système, les barrières de passage à niveau sont disposées de telle sorte que lorsqu'elles sont ouvertes elles établissent un contact métallique entre le sol et les conducteurs isolés de l'appareil de la voie ; ce contact cesse au contraire dès qu'on vient à les fermer. Une barrière ouverte joue donc, vis-à-vis d'un convoi en marche, le rôle que jouerait un second convoi, et la sonnerie d'alarme y est mise immédiatement en mouvement. Une sonnerie pareille, attenant à la guérite du garde-barrière, avertit celui-ci de l'approche du train et le rappelle à l'ordre. De même, l'interruption du courant, aussitôt après la fermeture de la barrière, indique au mécanicien que désormais la voie est libre.

» Une disposition identique s'applique aux ponts tournants,

» De même, un cantonnier, en cas de rupture de rail ou de tout autre accident fortuit de la voie, n'a qu'à établir, à l'aide d'un coin de fer et d'une chaînette, une communication du conducteur avec les rails, pour fermer le circuit électrque de tout train arrivant sur le même tronçon, et prévenir ainsi ce train à distance qu'il existe une cause d'arrêt.

» Un aiguilleur peut de même rectifier une fausse direction qu'il aurait laissé prendre à un train.

» L'auteur indique, enfin, qu'en adjoignant aux appareils placés sur la machine un marqueur chronométrique, dont le crayon donnerait une trace chaque fois que le courant aurait fonctionné, on aurait un moyen de contrôler exactement le nombre et le lieu des accidents auxquels le train aurait été exposé pendant la durée du trajet.

» Le système que nous venons d'analyser exige, comme nous l'avons vu plus haut, pour que deux trains engagés sur un même tronçon électrique puissent fermer entre eux le circuit et s'avertir mutuellement de leur présence, que les deux courants, prenant naissance dans les piles des deux trains, ne soient pas de sens à se neutraliser.

» Pour réaliser en toute sûreté cette condition, et faire en sorte que les trains puissent indifféremment se prévenir de leur rapprochement, soit qu'ils se suivent, soit qu'ils viennent à la rencontre l'un de l'autre, M. Guyard a imaginé de placer sur chaque train l'ingénieux appareil dont nous [avons prononcé plus haut le nom, qu'il appelle un *distributeur*.

» L'emploi de ce distributeur est d'inverser à intervalles réguliers et très-courts, par le jeu d'une excentrique mise en mouvement par un mécanisme d'horlogerie, et agissant sur un système de leviers auxquels elle communique un mouvement de va-et-vient, le sens du courant de la pile sur chaque train. Il en résultera donc désormais que, quel que soit le sens initial du courant de la pile d'un convoi lancé sur la voie, deux trains ne pourront pas se rapprocher sans s'influencer, à une distance moindre que celle que permettra de franchir la période d'action des distributeurs, qu'on peut régler à quelques secondes, et rendre, par conséquent, toujours utile.

» Cet instrument présente, il est vrai, le désavantage d'introduire ici un mouvement d'horlogerie, sujet par conséquent à dérangements, mais qui n'aurait d'inconvénient grave que dans le cas extrêmement peu probable, où les distributeurs de deux convois en présence viendraient à s'arrêter simultanément.

» Au reste, l'objection capitale à faire à ce système et à tous ceux du même genre est plutôt dans les perturbations qu'éprouverait bien plus fréquemment le système électrique, et dont le moindre inconvénient serait de donner à un train des signaux d'alarme par le fait seul des déperditions accidentelles de courants, et d'arrêter la marche sans motif plausible. »

Système de M. de Lafollye. — Le système de M. de Lafollye, imaginé en 1857, est fondé sur le même principe que le *Block-System*, seulement les effets produits sont automatiques, et les moyens employés pour relier électriquement les convois aux appareils fixes sont analogues en principe à ceux que j'ai employés moi-même en 1854, dans le système que j'ai décrit précédemment. Comme dans ce système, en effet, M. de Lafollye emploie, pour établir la liaison télégraphique entre les trains en mouvement et le circuit de ligne, des frotteurs adaptés aux convois et agissant sur le circuit par l'intermédiaire de bandes métalliques placées sur la voie de distance en distance; comme dans mon système encore, M. de Lafollye emploie des appareils fixes sur lesquels réagissent les trains, et qui, en réagissant à leur tour sur des appareils mobiles portés par les convois, servent d'intermédiaires pour fournir les signaux automatiques. Il est vrai que M. de Lafollye emploie à cet effet un beaucoup plus grand nombre d'appareils que moi; mais je ne sais si on peut regarder cela comme un perfectionnement, surtout si l'on considère que les appareils fixes ne sont pas placés aux stations, et exigent par conséquent, pour être préservés, une installation toute particulière en différents points de la voie. Quoi qu'il en soit, voici en quoi consiste le système en question :

Tout le long de la voie, à des distances alternativement de 5 et de 1 kilo-

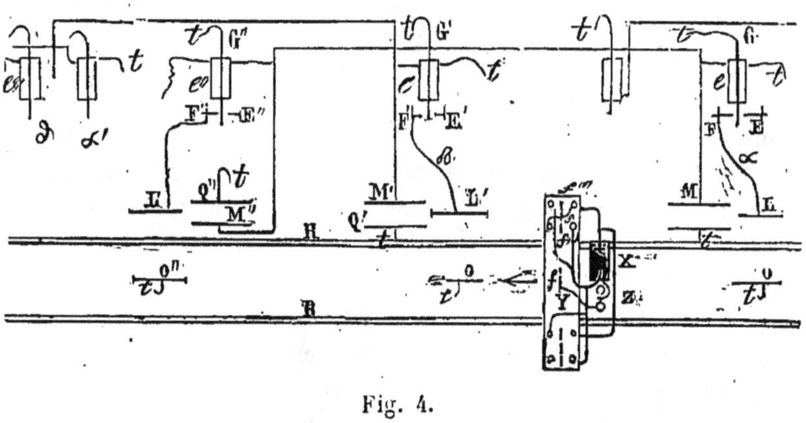

Fig. 4.

mètres, se trouvent échelonnés des systèmes de conjoncteurs composés de quatre bandes métalliques, dont deux, L et M, fig. 4, sont isolées au moyen de champignons de porcelaine, comme dans le système Bonelli; les deux autres Q et O communiquent avec le sol. Elles sont d'ailleurs toutes infléchies vers leurs extrémités de manière à former des rampes, comme dans mon système. En face de chacun de ces systèmes de conjoncteurs se trouve placé sur un poteau, à côté de la voie, un système électro-magnétique que nous décrirons et qui se trouve relié soit directement, soit indirectement, avec le sol, le circuit de la ligne et l'un des conjoncteurs L. Les liaisons de ces appareils avec le circuit de la ligne sont établies d'une manière particulière; au lieu de se correspondre directement de l'un à l'autre, le fil de ligne joint ensemble sucessivement tous les appareils pairs et tous les appareils impairs; de telle sorte que si un courant est envoyé à travers le système e, ce même courant réagit sur l'appareil e″ sans pénétrer à travers l'appareil e′. Nous verrons plus tard les motifs de cette disposition.

Les appareils mobiles portés par les trains se composent 1º d'une pile à sable X, d'une sonnerie électrique à mouvement d'horlogerie Z et d'un inverseur Y, qui est relié aux appareils précédents, et qui porte en même temps les frotteurs qui doivent mettre les trains en rapport avec le circuit de la ligne.

Cet inverseur consiste dans une espèce d'auge en bois renversée, revêtue à l'extérieur de zinc ou de tôle peinte, et dont la figure 5 représente la coupe perpendiculairement à la longueur. Cette auge est placée au-dessous des wagons, transversalement par rapport à la voie, de manière que ses extrémités dépassent les barres métalliques de la voie formant conjoncteurs. Au fond de l'auge, et dans le plan des conjoncteurs, sont suspendues par des charnières des lames de ressorts R garnies d'une couche pesante de cuivre à leur extrémité libre. Enfin, de chaque côté de ces lames de ressort, sont fixées

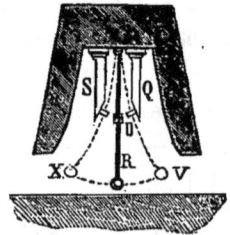

Fig. 5.

également au fond de l'auge deux tiges Q, S, terminées par des couches de platine et communiquant chacune avec un pôle de la pile placée sur le même véhicule, et avec la sonnerie.

Il résulte de cette disposition que, quand le train vient à passer au-dessus des conjoncteurs échelonnés sur la voie, les lames de ressort de l'inverseur se trouvent repliées et appuient, suivant le sens du mouvement du convoi, soit sur la tige Q, soit sur la tige S, et si les liaisons électriques avec ces tiges sont établies, comme l'indique en Y la figure 4, les effets électriques se passeront de la manière suivante : 1º quand le train passera au-dessus des conjoncteurs L et O, les frotteurs de l'inverseur f, f' qui les rencontreront mettront la sonnerie Z en rapport momentané avec un circuit correspondant à l'appareil électro-magnétique e. Si ce circuit est complété par cet appareil et le sol, comme le frotteur f est en rapport avec le pôle + de la pile, et le frotteur f' avec le pôle — par l'intermédiaire de la sonnerie, celle-ci se mettra à sonner. Si, au contraire, ce circuit n'est pas complété, la sonnerie se taira. 2° Quand le train passera au-dessus des conjoncteurs M et Q, les frotteurs f', f'' seront mis en rapport, le premier avec le pôle + de la pile, le second avec le pôle —, et un courant pourra être envoyé de M dans les appareils électro-magnétiques e, e' par le fil de ligne; car ce courant sera complété par le sol, avec lequel les appareils précédents sont en communication, et par le conjoncteur Q mis en rapport avec le frotteur f'''. Sous l'influence de ce courant, une action pourra être produite sur les appareils indicateurs électro-magnétiques, et ceux-ci, en réagissant à leur tour sur le cicuit en rapport avec les premiers conjoncteurs L et O, L', O', pourront exercer, comme nous l'avons vu, une action sur la sonnerie électrique du prochain convoi qui passera, soit que ce convoi vienne de gauche à droite, soit qu'il vienne de droite à gauche; car on peut remarquer qu'à la station e' les conjoncteurs L' et O', au lieu de précéder les conjoncteurs Q' et M', comme à la station e, les suivent au contraire. Voici maintenant en quoi consistent les appareils électro-magnétiques e, e', e'', etc. :

Ce sont de simples relais conjoncteurs adaptés à un système électro-magnétique combiné par M. de Lafollye, mais qui a un grand rapport avec celui du R. P. Cecchi. Ce système électro-magnétique n'est rien autre chose
qu'un électro-aimant A (fig. 6), dont
les branches de fer B, B' (une seule
est visible sur la figure), au lieu d'être
fixes à l'intérieur des bobines, sont
mobiles et articulées sur la culasse de
fer C, qui les réunit. Ces branches
oscillent entre les pôles de deux aimants permanents K, K, placés en
face l'un de l'autre, et se trouvant polarisées par le passage du courant à

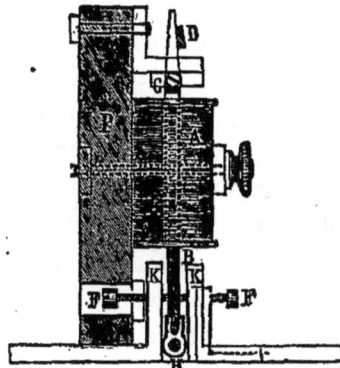

Fig. 6.

travers les bobines, jouent le rôle d'une armature aimantée placée entre les pôles de deux électro-aimants. Elles peuvent donc être inclinées soit d'un côté, soit de l'autre, suivant le sens du courant qui agit sur elles, et rester dans la dernière position qu'elles ont prise, tant à cause du magnétisme rémanent qui maintient l'action exercée, qu'en raison de la réaction du magnétisme des aimants sur le fer doux qui les constitue. Ces palettes oscillantes, d'ailleurs reliées ensemble par une traverse de cuivre et mises en communication avec la terre, ont leur course limitée par deux vis de cuivre F et F dont l'une forme le contact du relais et doit être mise en rapport avec les conjoncteurs de la voie L, L', L'', etc. Enfin, dans leur jeu, ces palettes réagissent sur une fourchette H, montée sur un axe horizontal qui porte une aiguille. Cette aiguille se meut sur un cadran et, suivant qu'elle est inclinée à droite ou à gauche, elle indique que la voie est *libre* ou *fermée*.

Les liaisons de cet appareil avec le circuit de la ligne, les conjoncteurs de la voie et le sol sont très-simples. Une des extrémités du fil des bobines est reliée avec le fil de ligne et le conjoncteur M; et l'autre extrémité communique avec le sol et la vis F, mise en rapport avec le conjoncteur L. Nous remarquerons seulement que la disposition des conjoncteurs de la voie est renversée aux deux extrémités de chaque liaison télégraphique, c'est-à-dire d'une station paire à une station paire et d'une station impaire à une station impaire; nous en verrons à l'instant les motifs.

Si on a bien saisi la description précédente, on pourra facilement comprendre que toutes les fois qu'un convoi passe devant un des appareils télégraphiques échelonnés sur la voie, il fait fonctionner en même temps deux de ces appareils, celui devant lequel il passe et celui avec lequel ce dernier est relié, qui est situé à cinq kilomètres. Ces deux appareils indiquent, par la situation de leur aiguille, le signal de la voie fermée. Par conséquent tout le temps qu'un convoi circulera entre ces deux appareils, il sera certain qu'un signal d'alarme le protégera; mais, avant d'arriver au second appareil, il aura rencontré un appareil intermédiaire qui, en réagissant de la même manière que précédemment, couvrira sa marche pendant quatre nouveaux kilomètres, et, lorsqu'il arrivera à l'appareil primitivement affecté par le courant, il pourra réagir de nouveau sur lui, mais cette fois pour envoyer le signal de la voie libre. Il suffira, pour cela, que l'émission du courant soit faite en sens inverse de ce qu'elle avait été primitivement; et c'est pour cela que les conjoncteurs Q' et M' sont placés en sens inverse des conjoncteurs Q et M. De cette réaction, il résultera donc que les deux premiers appareils mis en mouvement fourniront le signal de la voie libre, et le convoi ne sera plus dès lors protégé que par les deux derniers qui changeront de signe après un nouveau parcours de quatre kilomètres, et après avoir été remplacés eux-mêmes par les indications de deux autres appareils, etc. Ainsi, au moyen de ce système, un convoi, par les signaux qu'il fournit, couvre perpétuellement sa marche sur un espace de quatre kilomètres.

Voyons maintenant ce qui arriverait si le mécanicien d'un convoi, ne tenant pas compte des indications des appareils électro-magnétiques, continuait sa marche sur la section de la voie couverte par ces appareils. Supposons d'abord que le train aille de gauche à droite : au moment où il passerait sur les conjoncteurs L et O, fig. 4, le circuit à travers la sonnerie électrique serait fermé. En effet, les palettes de l'appareil électro-magnétique *e* seraient alors mises en contact avec la vis du relais qui communique avec le conjoncteur L. et le courant irait de F en L, de L en F, de F à la terre par les palettes de l'électro-aimant *e*, puis reviendrait par le conjoncteur O en F. La sonnerie électrique serait donc mise en mouvement, et le mécanicien serait prévenu qu'un train circule à moins de cinq kilomètres en avant de lui ; il ralentirait donc sa vitesse en conséquence.

Si le train dont nous venons d'analyser la marche, au lieu de se diriger de gauche à droite, se dirigeait de droite à gauche, c'est-à-dire en sens contraire de celui qui a fourni les indications, un effet analogue à celui que nous venons de décrire se manifesterait. Supposons, en effet, que ce train passant devant l'appareil *e'* ne tienne pas compte de l'avertissement donné par l'aiguille : au moment où il passera sur les conjoncteurs L' et O', le circuit à travers la sonnerie sera complété, et le courant suivra la direction suivante : *f*, L', F', *t*, O', *f*. La sonnerie tintera donc comme dans le premier cas, et l'on sera prévenu. D'un autre côté, le train qui vient en sens contraire sera également prévenu au moment de son passage devant l'appareil *e'*, de sorte que les deux convois auront un kilomètre pour s'arrêter.

Il est facile de comprendre, d'après l'inspection de la figure, que si au lieu d'avancer les trains reculaient, les effets précédents ne seraient pas changés, car les communications entre les appareils électro-magnétiques et les pôles de la pile se trouveraient renversées par suite du changement d'inclinaison des frotteurs. On obtiendrait donc dans ce cas, comme dans celui d'une marche normale, des indications correspondantes. Il en serait de même si l'inverseur était retourné bout pour bout, ou si le train était retourné sur lui-même.

Si les trains en passant sur les conjoncteurs L et O peuvent réagir sur les appareils électro-magnétiques *e*, *e'*, *e''*, de manière à leur faire fournir des signes automatiques, à plus forte raison, les employés des gares peuvent-ils obtenir les mêmes effets au moyen de transmetteurs qu'ils ont à leur portée. On remplacerait alors de cette manière les disques signaux destinés à indiquer si la voie est libre ou encombrée aux stations.

Système de M. Lenoir. — Ce système, qui n'est qu'une réminiscence de celui de M. de |Lafollye, a pour but, non-seulement d'indiquer que les gares sont dégagées et qu'on peut y entrer impunément, mais encore d'obtenir que la distance entre deux trains cheminant sur la même voie soit partout et toujours de cinq ou au moins deux kilomètres. Voici la description de ce système, publiée dans le *Cosmos* du 19 février 1858 :

« Les signaux se donnent toujours par le moyen de disques installés sur des poteaux, mais les disques n'ont plus deux surfaces peintes, l'une en blanc, l'autre en rouge. Le disque en tôle, immobile, toujours placé transversalement, ou dont la surface regarde la voie, est percé en son centre d'une ouverture de dix centimètres environ de diamètre; le ciel, vu par le mécanicien à travers cette ouverture, remplace la surface blanche des disques actuels. Un verre rouge, engagé dans une monture de lunettes en métal léger, portée par un bras de levier qui tourne autour d'un point fixe, et maintenue en équilibre au moyen d'un contre-poids placé à l'autre extrémité du levier, vient au moment voulu recouvrir l'ouverture circulaire du disque; et ce verre, éclairé pendant le jour par la lumière de la région opposée du ciel, pendant la nuit par une lampe, fait l'effet de la face rouge des disques ordinaires. Les poteaux-disques, tels que nous venons de les décrire, sont installés le long de la voie de deux en deux kilomètres, ou de cinq en cinq kilomètres, suivant la distance minimum à laquelle on veut maintenir les convois. Avec ce système, il s'agit d'obtenir : 1° que tout train qui passera devant un premier poteau A, dont le disque ouvert au centre ou sans verre rouge indique que la voie est libre, fasse que la monture de lunette et le verre rouge qu'elle porte, viennent recouvrir le trou central, et indiquer aux trains suivants que le premier train circule entre le poteau A et le poteau suivant B; 2° que ce même premier train, en passant devant le poteau B, et en même temps qu'il couvre l'ouverture du disque de ce poteau B du verre rouge, découvre l'ouverture du disque du poteau A, en faisant tourner le bras de levier qui porte le verre rouge.

« L'agent de transmission de mouvement choisi par M. Lenoir est l'électricité. Le levier qui entraîne la lumière et le verre rouge est porté vers son milieu par un autre levier soudé à angle droit, dont le bras inférieur, armé sur ses deux faces d'un morceau de fer doux, oscille entre deux électro-aimants placés à droite et à gauche, vers le sommet du poteau indicateur. Si c'est l'électro-aimant de droite qui est actif, et si le bras du levier est attiré à droite, la lunette et le verre rouge viennent couvrir l'ouverture du disque. Si c'est l'électro-aimant de gauche qui agit, et si le bras du levier est attiré à gauche, la lunette et le verre rouge cessent de couvrir l'ouverture. Reste donc à obtenir que 1° le train, en passant devant le poteau A, ferme un circuit et fasse naître un courant qui rende actif l'électro-aimant de gauche; 2° que ce même train, en passant devant le poteau B, ferme de nouveau le circuit et excite un courant tel qu'il rende actif à la fois l'électro-aimant de droite du poteau B et l'électro-aimant de gauche du poteau A. Pour résoudre ce problème, on a fixé sous le marchepied de la locomotive et du tender, deux lames métalliques en acier formant ressorts convexes en dessous, et qui doivent, dans le passage du train, toucher et presser une tige de fer horizontale portée par un support en bois installé en dehors de la voie et à gauche, c'est-à-dire du côté des poteaux indicateurs. Une seule lame de contact suffirait à la rigueur, mais il est plus prudent d'en mettre deux, afin que, si la première fait défaut, la seconde établisse le contact avec la tige horizontale. Sur la locomotive ou le tender, on a disposé une pile de Bunsen de quatre éléments de petites dimensions, communiquant par un de ses pôles avec la jante de l'une de ses roues, par l'autre pôle avec la lame du ressort de contact. Deux fils tendus le long de la voie, et qui n'ont pas besoin d'un isolement parfait, parce que l'action du courant s'exerce à de faibles distances, communiquent par leurs deux extrémités, l'un avec une des bobines de l'électro-aimant et la tige horizontale, l'autre avec l'autre bobine de l'électro-aimant et le rail. Nous ne nous arrêterons pas à décrire en détail la marche du courant; nous dirons simplement que, dès que la lame-ressort arrive vers le poteau B au contact de la tige horizontale, les effets que nous avons décrits sont produits, c'est-à-dire que le verre rouge cesse de couvrir l'ouverture sur le poteau A et commence à couvrir l'ouverture du disque sur le poteau B.

« En résumé, en chaque station B, le passage de la locomotive ou du train ferme deux circuits, établit deux courants : l'un rend actif l'électro-aimant de gauche du poteau indicateur de cette station B, et par là même couvre du verre rouge l'ouverture centrale du disque; l'autre rend actif l'électro-aimant de droite de la station précédente A, et par là même écarte le verre rouge ou découvre l'ouverture centrale du disque de cette station. »

Système de M. Bergeys. — M. Bergeys, en s'inspirant des systèmes que nous avons décrits précédemment, a présenté, le 7 mars 1857, à l'Académie de Bruxelles, un système qui a été l'objet du rapport suivant fait par M. Mauss.

« Au lieu d'une lame conductrice fixée entre les rails près du sol, M. Bergeys propose d'établir, le long de la voie, un fil conducteur traversant une série d'appareils sur lesquels les convois agissent en passant, de manière à interrompre le courant électro-magnétique vis-à-vis de la place qu'ils occupent successivement dans leur marche; ces convois divisent ainsi le conducteur en autant de sections ou de tronçons qu'il y a d'intervalles entre les locomotives qui se suivent et entre les locomotives extrêmes et entre la station d'arrivée et celle de départ. Les pièces métalliques, fixées au convoi, qui agissent sur les appareils du fil conducteur, complètent le circuit entre les appareils de deux convois qui se suivent ou d'un convoi et d'une station extrême, et permettent une correspondance entre chacun de ces bureaux télégraphiques mobiles et celui qui précède et celui qui suit, quel que soit le nombre des convois engagés sur la même voie.

« Au lieu d'une correspondance par dépêche, M. Bergeys place sous les yeux du mécanicien-conducteur de la locomotive un cadran pourvu de deux aiguilles, appareil qu'il a nommé *stadiomètre différentiel*. Cet instrument indique à chaque instant l'intervalle qui sépare sa locomotive de la précédente. A cet effet, le cadran porte, à sa circonférence, des divisions égales qui correspondent chacune à un parcours connu, tel que 50 mètres, par exemple. La première aiguille, commandée par l'appareil de la locomotive qui précède, indique le nombre de divisions qui correspond à l'espace parcouru par cette locomotive, depuis la station de départ. Cette aiguille avance d'une division chaque fois que cet espace parcouru s'accroît de 50 mètres. La seconde aiguille commandée par l'appareil de la locomotive qui porte le stadiomètre que nous considérons, marque, sur le même cadran, la distance parcourue par cette locomotive, à partir de la même station. Cette seconde aiguille avance comme la première d'une division pour chaque longueur de 50 mètres parcourue. L'intervalle compris entre ces deux locomotives est égal à la différence entre les deux distances parcourues à un instant donné et mesurées à partir d'une même station. Cette différence est indiquée par le nombre de divisions comprises entre la première et la seconde aiguille du stadiomètre.

« La station de départ est aussi munie d'un stadiomètre à une seule aiguille, qui indique la distance parcourue par la dernière locomotive engagée sur la voie. Lorsqu'une nouvelle locomotive part de cette station, le mécanicien qui la dirige place la première aiguille de son stadiomètre sur la même division que l'aiguille du stadiomètre de la station, et la seconde aiguille sur le zéro. Le convoi de cette locomotive divise le fil conducteur, et reçoit de la locomotive qui le précède le courant qui fait marcher la première aiguille de son stadiomètre. Le courant de la pile qu'elle porte fait avancer la seconde et, de plus, l'aiguille unique du stadiomètre de la station, aiguille que l'on a eu soin de ramener au zéro du cadran au moment où la dernière locomotive a quitté la station.

« Les mêmes dispositions, prises au départ successif de toutes les locomotives, font connaître à tous les mécaniciens l'intervalle qui les sépare de la locomotive qui les précède; ils peuvent donc ralentir leur vitesse à un moment convenable, pour éviter une collision si le convoi précédent était retardé dans sa marche.

« Pour donner une idée des moyens que M. Bergeys emploie pour réaliser le système de communication télégraphique qui vient d'être décrit, nous indiquerons comment chaque convoi peut interrompre le courant, dans le fil de la ligne, pour le faire passer dans les appareils moteurs des aiguilles des stadiomètres, et comment les deux aiguilles d'un même stadiomètre sont mues la première par le courant de la pile du convoi qui précède et la seconde par le courant de la pile de son convoi.

« L'interruption du courant dans le fil conducteur est produit, par M. Bergeys, à l'aide d'une série d'appareils contenus dans un égal nombre de petites boîtes de bois posées dans la terre, isolées et disposées sur une ligne parallèle à la voie, en dehors et près des rails. L'appareil contenu dans une boîte se compose essentiellement de deux tiges verticales en fer, qui traversent la paroi supérieure et horizontale de la boîte, et la dépassent de la moitié environ de leur longueur. La partie inférieure de ces tiges, contenues dans la boîte, est entourée d'un ressort héliçoïdal qui soulève ces tiges mobiles dans des coulisses, et est munie d'un talon que le ressort maintient en contact avec une petite pièce en fer horizontale fixe, laquelle établit la communication entre elles (1). Les deux tiges d'une même boîte sont situées dans un plan perpendiculaire à l'axe de la voie, de sorte que les extrémités saillantes de ces tiges sont disposées sur deux lignes parallèles à la voie et distantes de l'intervalle qui existe entre deux tiges d'une même boîte.

« Un fil conducteur isolé s'étend d'une boîte à l'autre; il est fixé, par ses extrémités, à deux tiges contenues dans deux boîtes voisines; mais ces tiges appartiennent, l'une, celle du côté de la station d'arrivée, à la ligne des tiges les plus rapprochées de l'axe de la voie, l'autre à la ligne parallèle des tiges plus éloignées, de sorte que la communication, entre deux de ces fils conducteurs qui se suivent, a lieu par le contact des talons des deux tiges d'une même boîte contre la pièce métallique intermédiaire qu'elle renferme.

---

(1) En réalité, la communication s'établit d'une manière un peu différente, mais moins facile à exposer et qui a pour objet de n'avoir de contact qu'entre l'une des tiges et la pièce fixe. Cette disposition, préférable au point de vue pratique, ne l'est pas sous le rapport théorique.

« La même disposition étant prise pour toutes les boîtes, le courant passe d'un fil à l'autre et parcourt toute l'étendue qui sépare les stations d'arrivée et de départ ; mais il est interrompu aussitôt qu'en abaissant l'une des tiges, on fait cesser le contact entre le talon qu'elle porte et la pièce métallique qui établit la communication entre les deux tiges d'une même boîte.

» Pour produire mécaniquement cette interruption pendant le passage du convoi, les voitures qui le composent portent deux tringles métalliques, fixés sur le côté, à une distance de l'axe de la voie et à une élévation convenables pour comprimer successivement, en passant, toutes les tiges disposées sur les deux lignes parallèles à la voie. Pour faciliter l'action de ces tringles sur les tiges qu'elles doivent abaisser, celles-ci se terminent à leur partie supérieure en forme de T ou de champignon, ce qui permet aux tringles de s'éloigner un peu de la ligne des tiges qu'elles doivent comprimer sans cesser d'agir sur elles. Chacune de ces tringles est composée d'autant de pièces qu'il y a de voitures, et pour maintenir le contact entre toutes ces pièces, malgré les variations que subit l'écartement des voitures pendant le mouvement, les deux tringles de chaque voiture se terminent d'un côté en fourche, et de l'autre en lame simple. Les voitures sont disposées de manière que les fourches de l'une embrassent les lames de la suivante. Les extrémités des fourches et des lames sont arrondies inférieurement, pour ne point présenter de saillie qui pourrait heurter les champignons des tiges. Les extrémités de ces deux séries de tringles sont relevées, afin de comprimer graduellement et sans choc les champignons des tiges qu'elles doivent abaisser.

» La longueur des convois, et, par conséquent, des deux séries de tringles dépassant constamment 50 mètres, il s'ensuit que les tiges d'une boîte et quelquefois de deux seront comprimées à la fois, de sorte que le convoi produira toujours l'interruption du courant, au moins dans une boîte, et que cette interruption aura successivement lieu entre les tiges contenues dans les boîtes vis-à-vis desquelles le convoi passe.

« Les tringles étant métalliques et en contact avec les champignons également métalliques des tiges qu'elles compriment, établissent en glissant la communication entre l'appareil du stadiomètre du convoi ou la pile qu'il porte et la tige comprimée, et par suite, avec la partie du conducteur de la ligne qui est fixée à cette tige.

» Rappelons que les tiges contenues dans les boîtes sont disposées sur deux lignes parallèles à l'axe de la voie, et que le fil conducteur entre deux boîtes relie les tiges appartenant à ces deux lignes, en suivant toujours le même ordre, c'est-à-dire que l'extrémité du fil du côté du départ sera toujours fixée à la tige la plus éloignée de la voie et l'autre à la tige de la boîte suivante qui en est la moins éloignée; d'où il résulte que la tringle qui abaisse la tige la plus voisine de la voie divise le conducteur en deux sections, et communique avec la portion qui s'étend vers la station de départ, tandis que la tringle qui comprime les tiges les moins rapprochées communique, par l'autre section du conducteur, avec la locomotive qui précède ou avec la station d'arrivée.

» L'on conçoit qu'à l'aide de ces dispositions, et en installant une pile sur tous les convois, le courant fourni par la pile d'une locomotive passe dans l'appareil de la suivante ou de la station de départ, et que le stadiomètre de cette même locomotive reçoit le courant de la locomotive qui précède ou de la station d'arrivée.

» Les aiguilles des stadiomètres sont mises en mouvement par un appareil connu, composé d'un électro-aimant et d'un ressort qui agissent alternativement sur une petite masse de fer, laquelle remplit les fonctions d'un balancier d'horloge, et fait avancer une aiguille d'une division à chaque oscillation complète. Le balancier est attiré par l'électro-aimant, lorsque le courant traverse l'appareil, et par le ressort lorsque ce courant est interrompu. Il suffit donc d'interrompre ce courant chaque fois que le convoi a parcouru un intervalle de 50 mètres, pour faire avancer l'aiguille d'une division.

» Cette interruption est produite à l'aide d'un petit levier ou pédale qui est soulevé ou dévié par un obstacle, convenablement disposé sur la voie, à chaque intervalle de 50 mètres, et qui peut être la boîte elle-même contre laquelle le levier s'appuiera en passant.

» Le levier, en déviant, écarte deux pièces métalliques, dont le contact est nécessaire pour la communication entre les appareils, et interrompt le courant qui se rétablit aussitôt que le levier a dépassé l'obstacle, et repris, sous l'action d'un ressort, la position convenable pour établir le contact et la continuité dans le conducteur. »

Système de M. E. Vincenzi. — Ce système, imaginé en 1861 et mis à l'essai sur le chemin de fer de Florence à Arezzo, n'est qu'une combinaison de celui de M. de Castro et du mien, et les expériences qui en ont été faites ont été, suivant l'auteur, assez satisfaisantes pour que la direction du chemin de fer de la Toscane centrale ait demandé au gouvernement italien l'autorisation d'en faire l'application sur sa ligne, autorisation qui a été accordée par lettre officielle du Ministère des travaux publics du 16 avril 1862.

» Ce système, dit M. Vincenzi, consiste à établir sur la ligne, à chaque kilomètre de distance, une barre de fer horizontalement placée près d'un des rails et soutenue par deux poteaux à la hauteur des wagons. Ces barres de fer sont en rapport direct entre elles au moyen d'un fil que l'on met sur les poteaux télégraphiques, et qui communique à chaque station avec un appareil nommé *distributeur* et avec une pile dite *pile locale*.

« Sur le tender de la locomotive, à une hauteur correspondante aux barres de fer dont il vient d'être question, sont placés quatre ressorts d'acier qui doivent toucher les barres au passage du convoi devant elles, et que nous nommerons *ressorts de contact*. Ces ressorts sont en communication avec un des pôles d'une seconde pile dite *mobile* qui se trouve placée sur le tender de la locomotive, et qui envoie son autre pôle à la terre, en communiquant avec les roues et les rails. Dans le circuit de cette pile est établie une sonnerie à détente électrique, laquelle avertit par son tintement les mécaniciens si un incident est arrivé sur la ligne, et cet avertissement leur parviendra sitôt que les ressorts de contact auront touché la barre de fer, et en voici la raison.

« Tous les convois partant de la station centrale pour se rendre à l'extrémité de la ligne, devront avoir le pôle positif de leur pile en communication avec le ressort de contact et le pôle négatif à la terre; les stations devront mettre de la même manière le pôle positif de leur pile en communication avec le fil de la ligne et le pôle négatif à la terre. Les convois, au contraire, partant de l'extrémité de la ligne et se dirigeant vers la station centrale, devront établir les communications des pôles de leurs piles d'une manière inverse à celle des premiers.

« Les choses étant ainsi disposées, il arrivera que le convoi parcourant la ligne rencontrera de distance en distance les barres de fer qui correspondent au fil de ligne; mais cette rencontre ne déterminera aucun effet à l'état normal, car les courants des piles de la station et du convoi se trouveront alors en opposition l'un avec l'autre. Toutefois, si pendant que le convoi est en marche, la station renverse le sens du courant de sa pile ou que l'on mette le fil de ligne en rapport avec les rails, ou bien encore si un autre convoi venant de l'extrémité de la ligne s'engage sur la même voie que le premier, il n'en sera plus de même, et il arrivera qu'à peine l'une des barres de fer en communication avec le fil correspondant à la station d'où est parti le premier convoi aura été touchée, la sonnerie d'alarme fonctionnera sous l'influence du courant des deux piles alors réunies en tension et qui réagiront dans le même sens. Par cette combinaison, on peut obtenir les résultats suivants :

1° Établir une communication instantanée entre les convois en marche et les stations *et vice versá* ;

2° Pouvoir donner des avertissements à la station de quelque point de la ligne où un accident est survenu ;

3° Lorsque deux trains parcourant la ligne dans le même sens, il arrive que le premier est obligé de s'arrêter, il pourra en donner immédiatement avis à celui qui le suit;

4° Deux convois venant à la rencontre.l'un de l'autre sur la même voie et avec risque de se rencontrer, seront avertis immédiatement, afin de pouvoir s'arrêter à temps ;

5° Quand sur une ligne à double voie un convoi se trouve lancé sur une autre voie que celle qu'il doit parcourir, il en sera immédiatement averti;

6° Chaque garde-voie restant à la place qui lui est assignée sur la ligne, pourra avertir la station, ainsi que le convoi qui se trouve en route, lorsque la voie sera dérangée ou qu'un accident quelconque sera de nature à entraver la marche des trains;

7° Si un convoi est parti de la station par suite d'une erreur, et se trouve déjà engagé sur la ligne, la station même pourra lui faire des signaux, afin qu'il s'arrête ou rétrogade suivant les cas;

8° A chaque station, avant que le convoi se mette en marche, toutes les parties qui composent le système seront contrôlées par un moyen simple et prompt afin de garantir avec certitude l'action de l'électricité. »

Système de M. D. Salomon. — Malgré les nombreuses publications qui ont été faites à différentes époques des systèmes précédents, on retrouve encore souvent dans les journaux des descriptions de systèmes tout à fait semblables, qu'on présente toujours comme une nouveauté. De ce nombre est celui de M. D. Salomon, décrit dans le *Telegraphic Journal* du 1er mai 1875 et du 15 février 1876.

Ce système, comme ceux de MM. de Castro, Guyard, etc., met à contribution un troisième rail isolé qui est coupé en sections d'une longueur suffisante pour l'arrêt d'un train, et dont chacune des sections se recourbe à une de ses extrémités, de manière à envelopper sans le toucher le bout droit du rail qui précède, comme on le voit ci-dessous :

Sous chaque locomotive sont adaptés deux forts galets isolés, soutenus par des ressorts, et qui sont disposés de manière à rouler sur le rail additionnel et les appendices coudés qui en ressortent à chaque section. Ils jouent, en conséquence, le rôle des frotteurs conjoncteurs des systèmes précédents, et quand ils viennent à passer sur les extrémités de chaque section, ils peuvent, si un convoi circule déjà dans la section où ils vont s'engager, fermer un circuit à travers un appareil d'alarme qui prévient les deux trains de leur trop grand rapprochement. Pour obtenir ce résultat, la machine est munie d'une pile portative et d'une sonnerie tremblouse d'alarme, et ces deux appareils, qui sont en communication continue avec la terre par les roues de la machine sont mis en rapport, d'autre part, avec les deux galets isolés dont nous avons parlé ; de sorte que le galet de droite communiquant à la pile peut transmettre successivement le courant aux diverses sections du rail, pendant que le galet de gauche, en rencontrant à chaque coupure du rail l'appendice en rapport avec la section suivante, peut mettre cette section en rapport avec l'appareil d'alarme. On comprend maintenant que si un train vient à s'engager sur une section du rail déjà occupée par un autre train, il en sera prévenu par la sonnerie d'alarme, précisément au moment où il arrivera sur cette section, car le courant de la pile portée par le convoi déjà engagé pénétrera alors dans cette sonnerie d'alarme, et comme la longueur de la section est calculée pour que les trains aient le temps de s'arrêter, il pourra prendre des mesures en conséquence.

Afin que les trains puissent être prévenus en arrière comme en avant et que l'on sache de quel côté est le danger, M. D. Salomon accompagne ses sonneries d'alarme d'un *appareil indicateur*, muni de deux systèmes électro-magnétiques qui correspondent à l'appareil d'alarme et à la pile de chaque convoi, de manière à fournir trois sortes de signaux. Lorsque l'aiguille de cet indicateur est inclinée à gauche, le train dont la présence est signalée est en arrière ; lorsqu'elle est inclinée à droite, ce train est en avant, et enfin la position verticale de l'aiguille annonce la présence de deux trains, l'un en avant, l'autre en arrière. Ces positions différentes de l'aiguille indicatrice sont la conséquence de ce que le courant qui agit sur elles pénètre dans les hélices électro-magnétiques de l'indicateur par un bout différent, suivant la position respective des trains. En effet, le train qui est en arrière reçoit avis de la présence de celui qui est en avant par l'action du courant transmis par ce dernier, lequel pénètre dans l'indicateur par le frotteur du rail. Au contraire, le train en avant ne reçoit avis de la présence du train qui est en arrière, que par l'action du courant de sa propre pile, qui entre dans son indicateur du côté opposé à la communication de celui-ci avec le frotteur, et qui n'agit sur l'autre indicateur qu'après avoir passé à travers le premier et les deux appareils d'alarme. Naturellement, si trois trains se trouvent assez rapprochés pour que celui du milieu ait à craindre une collision avec celui qui le précède ou celui qui le suit, l'action produite sur l'indicateur du train intermédiaire sera annulée, car cet appareil se trouve alors soumis à l'action de deux courants de sens contraire et de même force.

Comme complément de ce système, M. Salomon dispose sur le tender des convois un appareil enregistreur analogue au Morse qui, étant introduit dans le circuit des appareils précédents, permet d'enregistrer non-seulement le nombre des signaux reçus et envoyés et le moment où ils ont été produits, mais encore les temps d'arrêt des convois aux stations ou sur la ligne; il permet, de plus, d'entrer en correspondance avec les stations ou avec les gardes de la voie en cas d'encombrement ou d'accidents.

Aux points de croisement des lignes, des dispositions spéciales permettent de faire en sorte qu'il ne s'engage pas plus d'un train à la fois sur un espace donné, et d'indiquer la voie par laquelle les signaux reçus sur l'appareil d'alarme ont été transmis.

Système de MM. Delebecque et Banderali. — Ce système a pour but de faire serrer automatiquement tous les freins d'un convoi, quand celui-ci, passant devant un poteau à signaux, le signal indiqué est au rouge c'est-à-dire à l'arrêt.

Ce système très-ingénieux et qui va être probablement appliqué au chemin de fer du Nord est fondé sur l'application aux freins Smith (*Vacuum-Breack*) du système automoteur de MM. Lartigue, Forest et Digney.

Les freins Smith sont fondés comme on le sait sur les effets de la pression atmosphérique, laquelle, en réagissant sur un récipient susceptible de contraction, permet à celui-ci d'exercer un effort puissant sur le levier de serrage des freins. Tous les wagons pourvus de ces freins sont munis, en dessous, d'un tuyau d'aspiration qui parcourt le convoi dans toute sa longueur, et dont les tronçons sont raccordés d'un wagon à l'autre par des tubes de caoutchouc disposés en conséquence. Ce tuyau aboutit à la locomotive où il va s'emmancher sur un injecteur à vapeur Giffard, qui joue le rôle d'appareil pneumatique. Sous l'influence du jet de vapeur introduit dans cet appareil, l'air placé dans le voisinage se trouve entraîné, et détermine un vide assez complet pour faire réagir efficacement sur les récipients des freins la pression atmosphérique. Toutefois, pour provoquer cette action, il faut l'ouverture d'une valve adaptée [sur le tuyau de vapeur de l'injecteur, et c'est la clef de cette valve qui, étant mise en action électriquement, détermine en temps opportun le fonctionnement automatique des freins précédents. A cet effet, cette clef est reliée mécaniquement au levier de détente du sifflet automoteur que nous avons décrit, tome IV, p. 470, et l'entrée de la vapeur s'effectue conséquemment dans l'injecteur au moment même où le sifflet est mis en action, c'est-à-dire, quand en passant devant le poteau aux signaux qui précède les stations, le signal envoyé est à l'arrêt. Le convoi se trouve donc de cette manière arrêté automatiquement et dans des conditions analogues à celles où le frein Achard pourrait être lui-même arrêté, s'il était appliqué dans le même but.

A propos de ce frein, nous devons dire que depuis l'impression de notre quatrième volume, une modification importante et ingénieuse a été apportée au dispositif qui le met en action. La force électrique dont on pouvait disposer n'étant pas toujours suffisante, M. Achard a eu l'idée d'ajoindre à son générateur électrique une batterie de polarisation de M. Planté. De cette manière il pouvait multiplier la puissance de ce générateur dans une énorme proportion, et comme en définitive l'action qui est exigée pour le serrage des freins n'est pas de longue durée et ne se renouvelle pas souvent, la batterie Planté se trouve appliquée, dans ces conditions, de la manière la plus heureuse. Elle se charge en effet pendant le temps d'inaction des freins, et peut toujours fournir pendant 10 minutes, quand besoin en est, une force plus considérable qu'il n'est nécessaire.

Coup d'œil rétrospectif. — Nous n'avons pas la prétention, dans le travail que nous venons de faire sur l'application de l'électricité aux chemins de fer, d'avoir décrit tous les systèmes qui ont été proposés; il en existe une foule d'autres, mais nous n'avons étudié que les principaux. Ceux que cette question pourra intéresser d'une manière spéciale pourront trouver des renseignements détaillés dans l'ouvrage de MM. F. de Castro, intitulé : l'*Électricité et les chemins de fer* (deux volumes, Lacroix 1859) et dans une série d'articles publiés dans le *Telegraphic Journal* (tome IV, pages 21, 33, 54, 82, 115,129, 172, 208, 328; tome III, pages 217, 247, 280, 289; tome I, pages 125, 175) et dans le *l'électrical News* (tome I, pages 28, 43, 50). La plupart de ces articles se rapportent au *block-system* et spécialement aux systèmes de MM. Bartholomew, Spagnoletti et Preece; mais nous croyons avoir assez insisté sur cette question pour ne pas y revenir ici, et nous terminerons ce chapitre déjà bien long, en donnant quelques renseignements complémentaires sur l'application de l'électricité comme moyen d'augmenter l'adhérence des roues des locomotives aux rails.

Dans notre tome IV, nous avons parlé des expériences de M. Nicklès et de celles qui ont été faites en Amérique sur les chemins de fer du New-Jersey; mais nous avons omis de dire que les expériences faites avec les convois lancés à toute vitesse, ont donné des résultats très-différents de ceux fournis quand la locomotive était forcée de patiner sur les rails en ne bougeant pas de place. Une partie de l'effet avantageux que nous avons signalé s'est trouvé, en effet, disparaître quand on en est arrivé à l'application pratique. Ceci n'a du reste rien qui puisse surprendre au point de vue scientifique, si l'on considère que quand un train est lancé à toute vitesse sur une voie, les points d'adhérence des roues des locomotives avec les rails se déplacent avec une extrême rapidité, et il arrive alors que l'induction magnétique développée en ces points n'a pas le temps de s'effectuer dans ses conditions de maximum; l'attraction développée par les roues magnétisées doit donc être considérablement diminuée dans un convoi en marche, et elle est d'autant plus faible que la vitesse de ce train est plus grande. Par conséquent, elle ne peut plus être comparée à celle qui se produit quand la locomotive, restant en place, la force d'adhérence est mesurée par la résistance qu'elle peut opposer au patinage des roues.

On a pu s'assurer d'une manière parfaitement certaine de cet effet lors des expériences faites, en 1867, au chemin de fer du Nord avec un système de ce genre, dû à M. Vescovali, et qui avait été patronné par le R. P. Secchi. L'aimantation des roues, dans ce système, était produite par l'enroulement de l'hélice magnétisante sur les essieux de fer réunissant ces roues, lesquelles constituaient alors les deux pôles d'un électro-aimant droit dont les rails formaient les armatures. Afin de réagir sur les rails avec deux pôles magnétiques différents, deux paires de roues voisines étaient aimantées, de cette manière, mais en sens contraire l'une de l'autre.

Quand le système était essayé isolément, il fournissait un effet d'adhérence énorme; mais aussitôt qu'il était installé sur la locomotive, il perdait déjà de son énergie par suite des réactions des roues aimantées sur les diverses parties en fer de la machine, et quand celle-ci était mise en marche, cette adhérence magnétique tombait de plus des deux tiers. Toutefois, nous ne croyons pas pour cela que les essais doivent être abandonnés, car ce qu'il reste d'action peut être employé avantageusement, et les expériences faites au New-Jersey sont là pour le démontrer. Voici, du reste, quelques renseignements que nous extrayons d'un article inséré dans le *Telegraphic Journal*, tome III, p. 280.

D'après l'auteur de cet article, M. Dreyfus, le coefficient de friction d'une roue ordinaire de locomotive contre les rails serait 0,17 et souvent il n'atteindrait pas 0,1; or, l'application de l'électro-magnétisme à cette roue peut le porter à 0,22, du moins avec le système de M. Nicklès.

Voici l'historique que M. Dreyfus fait de cette invention.

« La première idée de ce genre d'application de l'électro-magnétisme doit être rapportée à M. Eisenlohr, de Carlsruhe, qui fit de l'un des essieux d'une locomotive, une sorte d'électro-aimant en fer à cheval dont les roues constituaient les branches et sur lequel étaient enroulés 500 mètres de fil de cuivre de quatre millimètres et demi de diamètre, que traversait un courant de 30 éléments de Grove ; cet électro-aimant pouvait fournir une attraction de 5000 kilog. En 1846, le docteur Wright proposa de magnétiser isolément les roues des locomotives, et il pensait pouvoir faire produire à chacune une force d'adhésion avec les rails de 1000 kilog. ; toutefois, il avait remarqué que cette force était très-variable, suivant que la locomotive était en repos ou en mouvement. En 1851, M. Nicklès s'occupa de cette question, et ses premiers essais furent faits avec un fort électro-aimant en fer à cheval, qu'il disposait sous la locomotive entre deux paires de roues et dont les pôles étaient à 4 millimètres des deux rails. Il substitua ensuite à ce système électro-magnétique des roues dont la circonférence était aimantée par l'action directe du courant ; de bons résultats furent obtenus par ce moyen avec de petits modèles et sur des pentes d'une inclinaison diffé- rente, et on répéta ces expériences sur une pente de 20 % avec une paire de roues de locomotive de 1m,50 de diamètre. Le courant employé résultait d'une pile de 18 éléments, et l'on constata que la force due au frottement étant de 350 kilog. par un temps sec, celle qui résultait de l'action électro- magnétique était représentée par 450 kilog. Il est vrai que, par un temps humide, cette force diminuait de 50 kilog., mais celle du frottement s'affai- blissait de 100 kilog. Une couche de graisse déposée sur les roues réduisait à 400 kilog. l'adhérence magnétique. Il est même résulté d'une de ces expé- riences que l'adhérence magnétique pouvait être estimée à environ 1000 kilog., et la dépense en acides et en zinc pendant les 10 heures qu'avaient duré les expériences était à peu près de 11 fr. On pouvait supposer que ces résultats avantageux se retrouveraient dans la mise en pratique du système ; mais les expériences qui furent faites alors montrèrent qu'il était loin d'en être ainsi ; car pour un train pesant marchant à petite vitesse sur une rampe ne dépassant pas 1 %, l'augmentation de force de traction due à l'action électro-magnétique atteignait à peine 9 %. Il est vrai que ces expériences n'avaient pas alors été faites avec les électro-aimants circulaires que M. Nicklès imagina depuis, mais il est probable, d'après les considérations que nous avons exposées en commençant, que les résultats n'auraient pas été aussi avantageux qu'on pouvait le demander. »

En 1865, on essaya sur le chemin de fer de New-Jersey la combinaison dont nous avons parlé dans notre précédent volume, et, d'après M. Dreyfus, les hélices magnétisantes, dans cette combinaison, étaient fixées autour du moyeu à l'intérieur des roues, de sorte que les deux roues ne formaient avec leur essieu qu'un seul et même aimant. « Les expériences, dit

M. Dreyfus, furent continuées pendant plus d'une année et donnèrent une augmentation d'adhérence d'à peu près 40 %; toutefois ces expériences furent interrompues, parce qu'à cette époque on ne connaissait pas les machines dynamo-électriques qui pouvaient fournir un courant électrique énergique sans grande dépense, et que les piles puissantes sur les convois étaient considérées comme un inconvénient sérieux.

« Dans un système combiné par M. Bürgin, continue M. Dreyfus, les essieux des locomotives avec leurs roues constituaient aussi des électro-aimants à pôles fixes, mais il enveloppait les essieux eux-mêmes avec le fil constituant l'hélice magnétisante en ayant soin d'augmenter le nombre dès tours des pires du côté des roues, du moins, quand les locomotives avaient leurs bielles à l'extérieur. Quand ces bielles étaient intérieures, les hélices étaient enroulées uniformément. Enfin quand les roues étaient accouplées, l'enroulement des hélices sur les essieux était fait de telle manière que les roues voisines pussent constituer avec le rail un électro aimant fermé à deux pôles contraires. Cette disposition permettait d'augmenter considérablement le nombre des tours de spires et par conséquent de développer une force électro-magnétique beaucoup plus grande. Les essais faits de ce système avec un petit modèle ont très-bien réussi, même quand le petit modèle de locomotive sur lequel il était installé était mis en mouvement; mais ces expériences ne pourront être concluantes que quand on les aura répétées pendant longtemps sur les voies ferrées. »

Pour qu'on puisse se faire une idée de tous les systèmes qui ont été proposés pour résoudre le problème de la sécurité des chemins de fer par les moyens électriques, il nous suffira de faire la nomenclature de ceux qui sont décrits par M. de Castro dans son ouvrage, publié en 1859 (1) et qu'il répartit ainsi qu'il suit :

1er GROUPE. — *Systèmes électriques destinés à signaler d'une station à une autre la sortie et l'arrivée des trains, et où la transmission a lieu par la main de l'homm*

1º. Système de M. Cooke ; 2º Système de M. Tabourin (1854).

2º GROUPE. — *Systèmes électriques destinés à prévenir les effets de la séparation d'une partie du train ou à établir des communications entre le mécanicien et les employés qui se trouvent dans le dernier wagon.*

1º Système de M. Breguet pour signaler la disjonction d'un train (1852);

---

(1) Cet ouvrage a été publié trois ans après la 2º édition de notre *Traité des applications de l'électricité*, auquel il réfère souvent.

2° Système de M. Hermann (1853); 3° Système de M. Bouteiller; 4° Système de M. L. Gluckmann (1854); 5° Système de M. Mirand (1854); 6° Système de M. Fuchs (1852).

3° GROUPE. — *Systèmes de signaux électriques non automatiques transmis aux stations par un garde-ligne ou tout autre employé et vice versâ;*

1° Système de M. Steinheil; 2° Système de M. Regnault; 3° Système de M. Breguet; 4° Système de M. Walker (1854); 5° Système de M. Dujardin.

4° GROUPE. — *Systèmes de signaux électro-magnétiques transmis aux stations au moyen d'appareils fixés sur la voie et mis en action par les trains eux-mêmes à leur passage.*

1° Système de M. Mauss (1845); 2° Système de M. David Lloyd Price (1853); 3° Système de M. Bordin (1853); 4° Système de M. Bianchi (1853); 5° Système de M. Allouis; 6° Système de M. Bellemare (1855).

5° GROUPE. — *Systèmes de signaux électro-automatiques que les trains font produire aux disques et autres appareils fixes qui se trouvent sur la voie, et que le mécanicien ou le conducteur du train peut apercevoir au passage.*

1° Système de M. James Godfrey Wilson (1852); 2° Système de M. Crowley (1852); 3° Système de M. Fragneau (1853); 4° Système de M. Réville; 5° Système de M. Dumoulin (1856); 6° Système de M. Marqfoy (1857); 7° Système de M. Lenoir (1858).

6° GROUPE. — *Systèmes de signaux électro-magnétiques pour faire communiquer les trains avec les stations, et réciproquement, et qui sont produits par le passage des trains sur certaines parties de la voie.*

1° Système de M. Tyer (1852); 2° Système de MM. Maigrot et Faitot (1852); 3° Système de M. C. Farrington (1853); 4° Système de M. Vérité (1854); 5° Système de M. Erckmann (1855).

7° GROUPE. — *Systèmes de signaux électro-automatiques entre deux trains parcourant la même voie au passage de certains endroits, préparés au moyen d'interrupteurs.*

1° Système de M. Magnat (1854); 2° Système de M. Th. du Moncel (1854); 3° Système de M. de Lafollye (1857); 4° Système de M. Bergeys (1857).

8° GROUPE. — *Systèmes de signaux électriques non automatiques, mais qui se produisent sur un point quelconque de la voie, soit entre les trains et les stations, soit entre les différents trains parcourant la même voie.*

1° Système de M. Coghland (1854); 2° Système de M. Bonelli (1855); 3° Système de M. Gay; 4° Système de M. Mat (1856).

9° GROUPE. — *Systèmes de signaux électro-automatiques qui se produisent dans les trains sur un point quelconque de la voie par le fait même qu'ils se trouvent à une distance minima, déterminée d'avance.*

1° Système de M. de Castro (1853); 2° Système de M. Guyard (1854); 3° Système de M. Guillot; 4° Système de M. Cheneusac; 5° Système de M. Crestin (1854); 6° Système de M. Achard (1855); 7° Système de M. Scias (1856); 8° Système de M. Peudefer (1856).

QUATRIÈME SECTION

APPLICATIONS MÉCANIQUES DE L'ÉLECTRICITÉ A L'INDUSTRIE, AUX ARTS, AUX SCIENCES ET A L'ÉCONOMIE DOMESTIQUE.

Si les mécaniciens qui construisent les machines employées dans l'industrie connaissaient à fond les principes de la science électrique et les moyens importants qu'elle met entre nos mains, ou bien si les physiciens connaissaient suffisamment les détails de ces machines pour leur appliquer l'élecricité, bien des fonctions mécaniques pourraient être notablement simplifiées, et le prix de ces machines elles-mêmes pourrait être considérablement réduit. Malheureusement il n'en est pas ainsi, car l'industriel et le savant qui ont une spécialité n'en sortent que rarement. Cependant, depuis quelques années, les connaissances de la physique, en se vulgarisant, ont fait éclore un certain nombre d'inventions importantes, que nous allons enregistrer dans cette partie de notre ouvrage et qui montreront tout le parti qu'on peut tirer de l'application de la science électrique à l'industrie et aux arts. Nous allons en effet nous trouver en présence d'inventions très-diverses se rapportant au tissage, à la mécanique, aux instruments de musique et de précision, et à une foule d'autres appareils venant en aide à nos besoins journaliers. Pour mettre de l'ordre dans la description que nous aurons à en faire dans cette partie de notre ouvrage, nous l'avons divisée en quatre chapitres, comprenant : 1º les applications aux arts industriels et aux sciences; 2º les applications aux usages domestiques ; 3º les applications comme force motrice; 4º les applications diverses de la télégraphie électrique.

Le premier de ces chapitres comprendra lui-même quatre sous-chapitres dans lesquels seront passées en revue : 1º les applications à l'industrie des textiles; 2º les applications aux instruments musicaux ; 3º les applications comme moyen automatique de réglage et d'avertissement; 4º les applications à diverses industries. Le second chapitre se rapportera : 1º aux sonneries électriques d'appartement et à leurs accessoires; 2º aux avertissements d'incendie; 3º aux machines à voter; 4º aux marqueurs, bijoux et trucs électriques. Enfin le quatrième chapitre comprendra les applications de la télégraphie aux besoins privés, aux opérations militaires, aux études météorologiques, à la navigation, etc., etc.

CHAPITRE PREMIER

APPLICATIONS AUX ARTS INDUSTRIELS

I. APPLICATION DE L'ÉLECTRICITÉ A L'INDUSTRIE DES TEXTILES.

1° **Tissage électrique.**

Exposé de la question. — Des différentes applications de l'électricité, aucune n'a eu plus de retentissement que celle qui en a été faite il y a plus de 20 ans aux métiers de tissage. Tous les journaux des années 1855 et 1856 étaient, en effet, remplis des effets merveilleux fournis par ces métiers qui devaient, selon eux, renverser sans nul doute les métiers Jacquart. C'était M. Bonelli qui, avec le talent de mise en scène qu'il savait déployer pour faire valoir ses inventions, avait provoqué tout ce tapage. Malheureusement pour lui, l'électricité n'avait pas été appliquée en cette occasion dans les conditions qui convenaient à sa nature, et qui pouvaient en faire préférer l'emploi aux moyens mécaniques ordinairement employés; [dès lors cette invention n'avait pas sa raison d'être. Il s'agissait, en effet, de remplacer les cartons des métiers Jacquart par des espèces d'interrupteurs électriques qui exigeaient, par conséquent, pour produire les effets mécaniques fournis directement par le métier, des électro-aimants et une pile assez énergique. Or, à quoi bon employer un intermédiaire aussi coûteux et aussi capricieux que l'électricité pour produire une action mécanique que le seul mouvement du métier pouvait remplir d'une manière plus certaine? C'était, suivant la locution proverbiale, prendre un cric pour déboucher une bouteille, et cette application était d'autant plus inintelligente dans ces conditions, que l'économie qu'on devait réaliser, suivant M. Bonelli, dans la construction du commutateur, était tout à fait illusoire d'après les hommes de l'art. Quoiqu'il en soit, cette invention n'a pas eu le succès définitif qu'en attendait son auteur, et après avoir encore fait parler d'elle pendant quelques années, et avoir même figuré à l'exposition de Londres de 1862, elle a fini par sombrer pour ne plus se relever, en entraînant avec elle tous les appareils perfectionnés qu'elle avait fait surgir.

En raison du bruit qu'elle a fait, et pour désabuser les personnes qui seraient tentées d'appliquer l'électricité dans des conditions semblables, nous avons cru devoir lui consacrer quelques pages. Nous nous dispenserons, toutefois, de rapporter la polémique que cette question avait soulevée dans le temps dans les journaux industriels, et que nous avons rapportée dans la seconde édition de cet ouvrage (tome III, p. 12 et suiv.).

Métiers à la Jacquart. — Pour bien comprendre la disposition du mécanisme Bonelli, il faudrait se rendre compte du principe des métiers à la Jacquart; or, c'est une question assez difficile et assez longue à expliquer. Je vais néanmoins tâcher d'en donner une légère idée.

Un tissu ordinaire comme la toile se compose, ainsi que tout le monde le sait, de fils croisés alternativement les uns sur les autres. Or, pour que ce croisement s'effectue d'une manière prompte et exacte, il faut que par un moyen mécanique les fils qui sont tendus sur toute la longueur de l'étoffe et que l'on appelle *fils de la chaîne,* se trouvent séparés deux à deux, de manière que moitié soit en haut et moitié en bas, afin qu'on puisse en faire passer un en travers. Il faut de plus qu'à chaque *duite* ou à chaque passage de ce dernier fil appelé *fil de la trame,* les fils soulevés se croisent pour être séparés de nouveau, mais dans un ordre inverse, car alors le fil de la trame, en se repliant et en repassant en travers des fils de la chaîne, forme une nouvelle duite qu'il devient facile de serrer contre sa voisine à l'aide d'un peigne à bascule qu'on manœuvre à chaque révolution de la navette.

Tel est l'objet et le principe des métiers de tissage quand ils ne doivent être employés que pour la confection d'étoffes à tissu croisé; mais quand il s'agit d'étoffes façonnées et particulièrement d'étoffes à couleurs variées, la question n'est plus aussi simple: il faut non-seulement que des crochets saisissent en temps opportun ceux des fils de la chaîne qui se rapportent par leur couleur et leur position au dessin, mais encore que les navettes changent elles-mêmes et qu'une trame, qu'on pourrait peut-être appeler trame de résistance, vienne réunir tous ces fils entre eux après qu'ils ont été tissés suivant le dessin.

Avant Jacquart, les étoffes façonnées, les tissus à dessins se faisaient en Europe comme on les fait encore aujourd'hui dans l'Inde. Pour chaque métier il fallait trois ouvriers : un *liseur de dessins,* un *tireur de lacs ou de fils,* et un *tisserand* ou *tisseur.* Voici comment le travail s'exécutait.

On représentait le modèle du dessin à reproduire sur un grand tableau divisé en une multitude de petits carrés comme une table de Pythagore. Les lignes horizontales de ce tableau répondaient à la chaîne du tissu, les autres à la trame. Les petits carrés figuraient les points que les fils de l'étoffe forment en s'entrecroisant. Un signe placé sur ce tableau indiquait s'il fallait élever ou abaisser le fil de la chaîne.

Quand tout se trouvait ainsi disposé, le *liseur* se plaçait debout devant le tableau et commandait la manœuvre.

Assis devant le métier, le tisserand avait sous la main les navettes chargées des différentes couleurs qui devaient servir à former la trame. Le tireur de lacs ou de fils se tenait prêt à élever ou à abaisser les fils de la chaîne.

Alors le liseur, suivant de gauche à droite une des rangées horizontales du tableau, disait au tireur de lacs : levez tel ou tel fil. Quand le fil indiqué avait été levé, il disait au tisseur : lancez telle couleur, et le tisseur lançait la navette chargée de la couleur désignée.

Dans la fabrique lyonnaise, le travail du liseur était confié à une femme; quand au tireur de lacs c'était toujours un enfant.

Déjà, avant la découverte de Jacquart, le célèbre Vaucanson avait inventé et proposé une machine qui abrégeait considérablement le travail du tissage; mais les corporations ouvrières de Lyon, par suite de préjugés et de craintes que l'ignorance du vulgaire entretenait alors contre l'emploi des machines, s'étaient fortement opposées à son adoption, de sorte que son usage s'était fort peu étendu; elle avait d'ailleurs l'inconvénient de ne pouvoir produire que de très-petits dessins, des fleurs ou des figures uniformes et de médiocre dimension.

Voici, suivant M. Figuier, auquel nous empruntons ces détails historiques, quelle était la disposition de la machine de Vaucanson, qui existe encore au Conservatoire des Arts et Métiers :

« Vaucanson attacha tous les fils de la chaîne, à l'aide d'un petit œil de verre appelé *maillon*, à une mince ficelle, et chacune de ces ficelles fut fixée à une aiguille de fer. Il réunit par le haut toutes ces aiguilles, qui formèrent une sorte de parallélogramme allongé au-dessus duquel il plaça un cylindre de même dimension, qui se trouvait percé de trous régulièrement disposés. Ces trous correspondaient aux fils de la chaîne qui devaient être levés pour former le dessin, et le cylindre lui-même pouvait tourner d'une quantité constante après chaque coup de navette, par l'intermédiaire d'un encliquetage mis en mouvement, à l'aide d'une pédale, par le tisseur. Les aiguilles de fer étaient sollicitées de bas en haut par des ressorts à boudin, de sorte qu'elles pouvaient toutes appuyer contre la surface du cylindre. Quand elles ne rencontraient que les *pleins* de cette surface cylindrique, elles ne bougeaient pas de place; mais quand un trou venait à se présenter devant elles, elles s'y enfonçaient, et, par ce mouvement, elles obligeaient les têtes de crochet soutenant les fils de la chaîne à se présenter à des traverses de fer soulevées de bas en haut par la pédale du tisseur. Les fils étaient donc ainsi soulevés d'après les trous du cylindre qui formaient le dessin, et c'était alors que la navette portait la trame au travers de ces fils, les uns soulevés, les autres droits, qu'elle s'y enchevêtrait et qu'elle traçait sur l'étoffe les dessins dont on voulait l'enrichir.

« Le cylindre percé de trous, imaginé par Vaucanson pour faciliter lè tissage des étoffes façonnées, était, comme on le voit, une invention fort remarquable en elle-même; mais il présentait un grave inconvénient; c'est que ne pouvant dépasser certaines dimensions, il ne permettait qu'un certain nombre de coups de navette, et l'on ne pouvait par conséquent former en l'employant que de petits dessins. C'est pour obvier à cet inconvénient, que Jacquart eut l'idée admirable de remplacer le cylindre dont les dimensions sont nécessairement limitées, par une série de bandes de carton sur lesquelles devait être tracée la représentation ou la traduction du dessin à exécuter et dont le développement indéfini permettait de composer des dessins de toutes dimensions. »

La fig. 1, pl. I, peut donner une idée de la disposition de ces cartons dans un métier à la Jacquart : le maillon sur lequel est accroché chaque fil de la chaîne, et qui peut du reste en porter trois ou cinq, suivant la grosseur des entrelacements que l'on veut faire, est attaché à un crochet A dont la tige passe à travers l'œil B d'une aiguille horizontale c d, convenablement maintenue.

Du mouvement de cette tige A dépend donc le soulèvement ou l'abaissement du fil qui lui correspond. Pour produire ce mouvement, le crochet a, qui termine la partie supérieure de cette tige, repose sur une lame transversale L que l'on voit en coupe transversale sur la figure. En soulevant cette dernière lame, on soulèvera donc la tige A, à moins que, par une circonstance quelconque, le crochet a ne soit retourné de côté. Dans ce cas, la lame L serait seule soulevée. Pour obtenir ce retournement du crochet a, il suffit que l'aiguille horizontale c d soit un peu avancée vers c, car alors un guide placé dans l'œil B communique à la tige A un mouvement de rotation sur elle-même, dont l'amplitude correspond à la distance dont s'est déplacée l'aiguille c d.

Imaginons maintenant, circulant devant l'aiguille c d, un chapelet de cartons percés M N P, réunis bout à bout par des brins de ficelle et enroulés sur un treuil carré N auquel est communiqué un mouvement saccadé de rotation au moyen d'une pédale. On comprendra facilement que si un ressort à boudin R sollicite l'aiguille c d vers c, cette aiguille sera entraînée par ce ressort toutes les fois qu'un trou se présentera devant elle. Toutes les fois, au contraire, que ce sera un plein qui passera, elle ne subira aucun dérangement. Or, comme chaque mouvement de cette aiguille a pour effet l'inertie du crochet A, il arrivera que tous les coups de pédale donnés à L n'auront d'action sur le fil de la chaîne correspondant à A, qu'autant qu'un trou ne se présentera pas devant l'aiguille c d, c'est-à-dire que la disposition du dessin n'exigera pas la superposition du fil de trame à ce fil de la chaîne.

. D'après cette disposition, on comprend qu'il faudra, pour chaque espèce de dessin, avoir un nombre de crochets égal au nombre de fils de la chaîne divisé par le nombre des fils des maillons, et un nombre de cartons égal à celui des coups de trame. Il y a des dessins qui exigent plus de 3000 aiguilles, 3000 crochets et plus de 100000 cartons. Pour prendre moins de place, les crochets et les aiguilles sont disposés sur plusieurs rangs parallèles, les premiers verticalement et les seconds horizontalement. En les projetant sur des surfaces planes correspondantes, on obtient une série de points en quinconce dont on trouvera les figures dans les ouvrages spéciaux tels que celui de M. Alcan.

Pour obtenir à bon marché des cartons percés, d'après la mise en carte, on a construit des machines particulières qui permettent de les fournir à bon compte. Un industriel de talent, M. Acklin, a même depuis quelques années substitué le papier au carton pour cette fonction délicate du tissage mécanique. Or, ce sont ces cartons percés que M. Bonelli a voulu remplacer par un mécanisme électro-magnétique dont nous allons donner la description.

. *Premier système de M. Bonelli.* — Dans le premier système Bonelli, la partie inférieure du métier Jacquart subsiste; seulement les crochets se terminent par une tête de fer doux reposant sur une tringle de bois correspondant à la pédale. Cette tringle, ou ces tringles, car il peut y en avoir plusieurs; se trouve, par le mouvement communiqué à cette pédale, élevée à la hauteur d'une ou de plusieurs séries d'électro-aimants droits, rangés les uns à côté des autres et en nombre égal à celui des crochets. C'est alors que se fait le triage de ceux de ces crochets qui doivent rester élevés et de ceux qui doivent se trouver abaissés. Voici comment :

. Un cylindre métallique ou une toile sans fin métallique enroulée sur deux cylindres, est fixé derrière le métier, de manière à participer par l'intermédiaire d'une relation mécanique au mouvement des tringles précédentes. Cette participation à ce mouvement a pour but de faire tourner le cylindre d'une quantité constante, un millimètre environ pour chaque mouvement, et peut s'obtenir, comme on le comprend aisément, à l'aide d'une roue à rochet et d'un encliquetage. Ce cylindre, qui représente celui du métier de Vaucanson, joue le rôle d'interrupteur ou de distributeur du courant. A cet effet, il porte, appuyées contre sa surface, une série de pointes métalliques à contre-poids, qui communiquent chacune avec un des électro-aimants dont nous avons parlé. Ces pointes étant rangées sur une seule et même ligne droite, faciliteraient l'exécution de l'interrupteur; mais comme en raison de leur nombre, elles pourraient exiger du cylindre une trop grande longueur, on peut les disposer par étages. C'est une complication pour le dessinateur, il est vrai, mais cet inconvénient, suivant M. Bonelli, est largement compensé par les avantages qu'on obtient. Les électro-aimants du métier communiquent d'autre part avec l'un des pôles de la pile, tandis que l'autre pôle est en rapport avec un frotteur qui appuie sur le cylindre ou la toile sans fin métallique servant de commutateur.

Sur ce cylindre ou cette toile se trouve le dessin composé en langage de tissage, c'est à dire en parties isolantes et en parties conductrices disposées d'après l'ordre des fils et des *duites*. Il y a donc, pour chacune des lignes ou génératrices du cylindre, éloignées l'une de l'autre de un millimètre, des parties conductrices alternées de parties non conductrices qui, venant à passer sous les pointes en rapport avec les électro-aimants du métier, peuvent rendre ceux-ci actifs ou inertes, suivant que c'est une partie conductrice ou une partie isolante qui se présente. Ces électro-aimants représentent donc en force magnétique ce que représente en conductibilité chaque ligne du cylindre, et, par conséquent, maintiennent soulevés dans l'ordre voulu les crochets qui leur correspondent.

Pour obtenir ces espaces isolants du transmetteur, M. Bonelli employait le vernis copal, de sorte qu'il suffisait de les peindre avec le pinceau en façon carlée, pour que les caprices de leurs formes soient reproduites par le tissage. Quand le dessin n'a que deux couleurs, ce travail est extrêmement facile, puisqu'il ne s'agit que de peindre au vernis les parties qui sont occupées par une couleur, et de laisser à leur brillant métallique celles qui doivent être occupées par l'autre couleur. Mais, dans les dessins plus chargés, comme les dessins de cachemires, le travail est plus compliqué, et pour le ramener à une mise on train facile, M. Bonelli a adapté à l'appareil un transmetteur particulier que nous allons décrire et qui se dispose comme une forme d'imprimerie.

Cette partie de l'appareil se compose de deux appareils indépendants l'un de l'autre, d'une *grille-composteur* et d'un *peigne à dents mobiles*. Il y a de plus un casier où sont rangés, suivant les différentes nuances des couleurs et les espaces qu'elles doivent occuper, de petits morceaux de métal de différentes longeurs (variant suivant l'ordre des couleurs), et de différentes largeurs (variant suivant l'espace qu'elles doivent occuper sur le dessin). Ces petits morceaux de métal ont une tête qui leur permet d'entrer dans les vides de la grille sans qu'ils puissent tomber, et, comme ils sont tous de même épaisseur, ils peuvent être assemblés les uns à côté des autres, bien qu'ils représentent des couleurs différentes et occupent en largeur des espaces différents. Quand on a ainsi traduit le dessin et composé les différentes lignes présentées par les vides de la grille, on fixe sur cette grille une planche qui maintient au même niveau toutes les têtes de ces parties métalliques; de telle sorte que, du côté opposé, on se trouve avoir une surface inégale, sur laquelle il suffit d'appliquer successivement ligne par ligne les dents mobiles du peigne, pour obtenir une nouvelle traduction susceptible d'être appropriée à l'interrupteur.

A cet effet, les dents mobiles du peigne, qui ne sont autre chose que de petits lames métalliques maintenues par des coulisses entre deux pièces de bois parallèles, sont vernies sur leur surface supérieure, à l'exception d'un seul point qui est le même pour toutes. Quand toutes ces dents sont à la même hauteur, les parties conductrices forment sur toute la longueur du peigne une ligne droite; mais si on les applique sur la grille-composteur après qu'elle a été composée, elles sont refoulées plus ou moins, et les parties conductrices se trouvent alors distribuées par échelons, suivant les couleurs, quoique appartenant à la même duite.

Comme les différentes dents de ce peigne sont chacune en rapport avec l'un des électro-aimants du métier, et qu'un frotteur en rapport avec la pile se trouve, à chaque coup donné à la pédale, appliqué transversalement sur toutes ces dents, il arrive que tous les électro-aimants qui doivent soulever les crochets en rapport avec chaque couleur sont soulevés en même temps, et que l'on peut, par conséquent, faire circuler successivement les navettes correspondant à ces différentes couleurs pour une même duite.

Pour les fils de la trame supplémentaire qui, comme nous l'avons déjà dit, sont destinés à relier tous les fils, après qu'ils ont satisfait aux exigences du dessin, et à lustrer l'étoffe, comme il n'exigent que douze cartons avec les Jacquart ordinaires, on peut, dit M. Bonelli, laisser subsister ce mécanisme. Cependant, dans les métiers nouveaux, on pourrait le disposer comme les autres; seulement il faudrait que les électro-aimants fussent beaucoup plus puissants. C'est cette partie du mécanisme des métiers Jacquart à laquelle on a donné le nom d'armures.

Système de M. Maumené. — Dans son système, M. Maumené, au lieu de faire réagir les électro-aimants sur les crochets des fils de la chaîne, les fait réagir sur les aiguilles qui, dans la Jacquart ordinaire, soutiennent ces crochets. Par cette disposition, la machine ordinaire est conservée presque intacte. Elle nécessite seulement l'espacement plus grand des aiguilles, l'agrandissement de leur étui et le changement de la structure des élastiques. Ainsi, les aiguilles seraient d'inégale longueur pour être à portée des différentes rangées des électro-aimants, et les élastiques, au lieu d'agir par extension et pour repousser les aiguilles, seraient disposées de manière à les ramener par contraction. Les mouvements s'exécuteraient ainsi qu'il suit :

En partant du point de repos, c'est-à-dire du moment où les crochets sont descendus, le châssis des électro-aimants se trouverait en contact avec les têtes d'aiguilles ; le coup de pédale du tisseur ferait, comme à l'ordinaire, monter la griffe, mais le ressort extérieur, guide du battant dans la machine ordinaire, agirait sur le châssis des électro-aimants pour l'éloigner dès le premier moment et le porter à une distance où les crochets ne peuvent plus être saisis par la griffe. Tous les électro-aimants à travers lesquels passera le courant, entraîneront leur aiguille, malgré les élastiques, et la griffe, en montant, ne saisira que les crochets dont les aiguilles ne se trouveront pas déplacées. Le tisseur, ayant donné son coup, abandonnera la pédale, la griffe et les crochets redescendront, et le ressort permettra au châssis de revenir en son point de repos. A ce moment, le cylindre commutateur, par l'intermédiaire d'un encliquetage, tournera d'une dent, et offrira de nouvelles issues au courant pour pénétrer dans les électro-aimants. De cette manière, un nouveau coup de pédale amènera le déplacement d'autres aiguilles, etc., etc. « Les avantages de ce système, dit M. Maumené, sont faciles à saisir : moins de fatigue pour l'ouvrier, qui n'aura plus à soulever, comme dans le métier à la Jacquart, qu'une certaine quantité de plombs, moins de dépense pour l'appareil électro-magnétique, les électro-aimants devant être plus petits que ceux du métier Bonelli, puisqu'ils ont moins de force à exercer. »

Quant au cylindre commutateur, M. Maumené, le dispose de la manière suivante :

Au lieu de présenter à sa surface un carrelé ou canevas gravé sur lequel on doit distribuer le vernis, d'après les exigences du dessin, comme dans le système Bonelli, ce cylindre est percé de trous correspondant aux différentes mailles du carrelé, et c'est en introduisant dans ces trous des goupilles saillantes, qu'il fixe avec de l'alliage fusible de Darcet, que M. Maumené compose son dessin de tissage. Ces goupilles jouent donc le même rôle que les espaces non vernis dans le système Bonelli. Elles ont l'avantage d'être pour le compositeur du dessin d'une manipulation facile, d'une grande sûreté pour l'action électrique, et d'une correction aisée et prompte. Sous ces différents rapports, ce commutateur est préférable à celui de M. Bonelli ; pourtant, M. Maumené en a préféré un autre dont l'installation serait beaucoup plus difficile et plus compliquée. Il s'agirait, en effet, de remplacer le cylindre troué par une planche de cuivre également trouée, qui serait fixée au plafond, et qui serait mise en mouvement par une crémaillère commandée par un engrenage. Ce serait alors sur une roue à rochet faisant partie de cet engrenage, que réagirait le châssis aux électro-aimants à chaque mouvement qu'il opérerait. Il va sans dire que le dessin serait composé avec des goupilles sur cette planche métallique, comme il l'aurait été sur le cylindre, et que les ressorts frotteurs du commutateur se trouveraient à portée de cette planche.

Ce système a été l'objet de réclamations de la part de M. Bonelli, et, il faut l'avouer, ce dernier était dans son droit; car le châssis aux électro-aimants, se mouvant latéralement, est indiqué dans le brevet de M. Bonelli comme une des dispositions à donner à son appareil; les commutateurs précédents, qui n'ont, d'ailleurs rien de nouveau, avaient été également indiqués, du moins quant au principe, par M. Bonelli. En définitive, il n'y a donc que l'idée de la réaction des électro-aimants sur les aiguilles des crochets qui appartienne à M. Maumené. Est-ce un progrès ou un perfectionnement?... C'est d'après M. Gand plus que contestable.

Système de MM. Pascal et Mathieu. — « Dans ce système, dit M. Tisserant, la lame de cuivre qui a reçu le dessin est placée dans une situation verticale, et latéralement par rapport aux crochets qui soutiennent les fils. Elle tourne sur un cylindre, sans déplacement total. Le *dégriffement* a lieu, sous l'influence du courant électrique, par un petit mouvement de rotation des crochets sur leur axe, mouvement qui les fait échapper de la bouche du collet par laquelle ils sont retenus dans l'état de repos. Les fils dont les crochets sont restés en place se trouvent alors enlevés par les pédales. Les électro-aimants n'ont d'autre office ici que de faire exécuter, à chaque coup de pédale, aux crochets correspondant aux divisions de la plaque qui ne sont pas recouvertes par le vernis, un léger mouvement de bascule, ce qui n'exige qu'une puissance minime. On ne saurait disconvenir que ce soit là une application très-ingénieuse de la force électrique dans un appareil où il s'agit de réunir la simplicité et la régularité à l'économie. »

Système de M. E. Gand. — M. Gand est un des industriels qui se sont le plus occupés de tissage, et à ce titre aussi bien qu'à celui de dessinateur sur étoffes, il lui appartenait plus qu'à personne de faire la critique du système de M. Bonelli; c'est ce qu'il a fait dans une série d'articles que nous avons reproduits, tome III, p. 16, 23, 44 de notre seconde édition.

Toutefois, tout en démontrant l'impossibilité pratique des métiers Bonelli, M. Gand a recherché les conditions dans lesquelles ces métiers devraient être construits pour satisfaire aux exigences de la fabrication, et il a combiné dans ce but un système que nous allons maintenant étudier, quoiqu'il ne soit pas encore, comme l'auteur le fait remarquer lui-même, à l'abri de toute objection.

Dans la critique qu'il avait faite du système Bonelli, M. Gand avait émis cette pensée, que l'électricité ne pouvait être applicable à la fabrication des tissus qu'autant qu'on trouverait un système qui mît le fluide électrique en rapport direct avec les fils de la chaîne, *ou tout au moins avec chacune des arcades qui servent à faire lever les fils.* Pour réaliser cette pensée, il réunit dans une seule machine les éléments nécessaires à l'exécution complète du tissu ; il place dans la machine même les électro-aimants, et les fait agir *directement* sur les tiges à crochet, qu'il appelle alors crochets-griffes. De cette manière, des fils conducteurs fixes sont substitués aux aiguilles mobiles de la Jacquart, qui sont, comme on le sait, sujettes à des dérangements continuels. Enfin, il emploie pour distributeur du courant le système même des cartons percés de Jacquart, auxquels il substitue, par exemple, du papier. Voici du reste la description que M. Gand donne de son système.

« Dans ce système, j'ai surtout cherché à placer le papier commutateur dans des conditions telles qu'il pût exercer une très-grande résistance avec le moins de fatigue possible. L'application du papier sur une surface plane et polie résout ce problème. En effet le papier, *dont l'épaisseur n'offrirait isolément qu'une résistance insuffisante, deviendra, par suite de son application sur cette surface inflexible, capable de repousser la pointe émoussée d'une aiguille métallique très-mobile d'ailleurs.*

« C'est un cylindre de métal, K, à huit pans (fig. 2, pl. I), qui reçoit successivement chaque division du papier X, lequel doit être *continu* et *isolant* ; toute division (fig. 5) correspond à un coup de navette. Ces divisions ont environ 18 $^m/_m$ de haut sur 15 cent. de large, en grandeur naturelle pour 400 trous.

« Le cylindre dépend d'un battant, semblable à celui qui met en jeu le cylindre d'un métier Jacquart ordinaire. Ce battant imprime donc au cylindre octogone un mouvement alternatif de recul et de retrait.

« Une planchette J, fig. 2, contre laquelle vient battre l'octogone, est traversée par des petits clous disposés de telle sorte qu'ils correspondent parfaitement aux positions qu'occupent tous les trous que peut contenir la bande de papier (fig. 5).

« Ces clous, dont la pointe dépasse d'un millimètre environ le côté de la planchette J qui fait face au cylindre K (fig. 2), ont au contraire, de l'autre côté, des têtes (fig. 6) qui sont d'autant plus allongées que ces clous sont placés plus bas dans la planchette J.

« Contre ces têtes, en saillie et échelonnées, viennent s'appliquer des tiges métalliques verticales *t*, adaptées au support en forme de pupitre S, fig. 2.

« A ces tiges aboutissent les fils conducteurs H' qui passent par les électros E, sortent en H, et descendent vers l'un des pôles de la pile. D'autres fils conducteurs H'', vont du pôle opposé de cette pile au cylindre métallique K.

« Les tiges verticales *t* agissent comme ressort sur les têtes *x* des clous, en sorte que, quand le papier interposé entre un pan métallique et la pointe des clous vient s'appliquer contre la planchette J, celles des pointes qui font face aux *pleins* du papier, reculent d'une quantité égale à l'épaisseur de ce papier, ce qui permet, et c'est là surtout le point capital, aux pointes placées en regard des *vides* de ce même papier, de plonger jusqu'au métal et de se mettre en contact parfait avec lui.

« Les tiges D sont munies à leur extrémité supérieure d'un axe de suspension *g*, et à leur partie inférieure d'un crochet-griffe *d* placé en regard d'une entaille *b* (fig. 4) pratiquée dans la pièce ascensionnelle *e*; Ces tiges D sont soulevées à volonté par un châssis ascensionnel A, au moyen d'une poulie R, communiquant à la pédale de l'ouvrier par un arbre de couche et une corde, comme dans les métiers à tisser ordinaires.

« Les pièces *e* destinées à soulever les arcades *i*, reposent sur la planche horizontale *cc*; une barre-guide F maintient les 4 crochets *d* d'une rangée parfaitement en regard des entailles *b*.

« Lorsque la machine est au repos, ainsi que l'indique la figure 2, c'est-à-dire, lorsque les tiges D sont au bas de leur course, les chevilles *h*, dépendant d'un châssis-propulseur B qu'un mécanisme spécial fait mouvoir alternativement de droite à gauche, poussent ces tiges D contre les électros E, et les forcent à prendre la position verticale qu'elles ont sur la figure. Alors l'extrémité inférieure *d* ou le crochet-griffe de chaque tige, pénètre dans l'entaille *b* qui lui fait face.

« Dans cette position, le cylindre K et le papier X sont maintenus contre les pointes des clous. Conséquemment, les *trous* du papier permettent, comme nous l'avons dit plus haut, aux pointes des clous de se mettre en contact avec le métal d'un des pans de l'octogone.

« Le circuit s'établit, et les électros dont les fils conducteurs aboutissent à ces pointes, agissent comme *aimants* sur leurs tiges respectives D.

« Il y a, au contraire, rupture du circuit partout où les *pleins* isolants du papier viennent s'interposer entre le métal du cylindre et les pointes des clous. Alors les électros dont les fils conducteurs aboutissent à ces pointes, n'ont aucun pouvoir attractif sur les tiges D, et par conséquent sur les crochets-griffes *d* qui leur correspondent.

« Si, maintenant, l'ouvrier fait lever le châssis A au moyen de la poulie R, ce châssis enlève avec lui *tous* les crochets-griffes *indistinctement*. Le châssis propulseur B est aussitôt repoussé vers la *droite* par un mécanisme opposé à celui qui primitivement le poussait vers la gauche. Les chevilles *h* entraînées vers la droite (fig. 3), cessent d'agir sur les tiges D et les abandonnent toutes à elles-mêmes.

« Mais parmi celles-ci, les unes, adhérant aux électros *aimantés*, restent dans leur position verticale et glissent contre ces électros, dans le mouvement ascensionnel, jusqu'à ce que leurs crochets *utiles d* (1), commencent à soulever les pièces *e*. Les autres, abandonnées à elles-mêmes par les électros *non-aimantés*, sont poussés par les ressorts *v* contre les butoirs *y* fixés au châssis ascensionnel A. Leurs crochets *utiles*, *d*, s'écartent alors des entailles carrées *b* (fig. 4) assez à temps et à une distance suffisante pour ne pas s'y engager.

« Par une disposition spéciale, le battant n'écarte l'octogone de la planchette J que lorsque cette division en crochets *utiles* et en crochets *inutiles* (2) a eu le temps de s'effectuer, c'est-à-dire, lorsque les uns ont déjà commencé à soulever les pièces *e* tandis que les autres sont passées à côté sans pouvoir les prendre.

« C'est alors que le battant entraîne le cylindre K et l'écarte des pointes des clous. En cet instant, l'action magnétique est détruite *partout*. Les tiges des crochets utiles engagées dans les entailles *d* peuvent évidemment cesser de glisser contre les électros, ce glissement n'ayant plus en effet raison d'être, *puisque la prise des pièces e, qui doivent lever les arcades i et les fils de chaîne qui correspondent aux maillons suspendus à ces arcades, est accomplie.*

« Le problème est donc résolu.

« Les avantages économiques et pratiques de ce système peuvent se résumer ainsi :

1° Le papier coûte dix fois moins que les cartons ordinaires...

2° Au moyen du papier on pourra *au moins*, exécuter tous les articles possibles, qu'ils soient composés de chaînes multiples ou de plusieurs navettes juxtalancées.

3° Le translatage de la mise en carte est inutile. »

---

(1) Dans la figure 2, toute la partie de droite est tiers de proportion avec le corps de la machine placé à gauche. Le dessinateur a dû procéder ainsi pour faire mieux ressortir le détail de la planche J.

(2) L'auteur appelle *utiles* les crochets qui doivent prendre ou faire lever les fils de la chaîne, et *inutiles* ceux qui doivent les laisser.

Système de M. Regis. — Ce système imaginé en 1859 par un compatriote de M. Bonelli, n'est qu'une modification de celui de M. Gand que nous venons de décrire. Dans cette nouvelle disposition, en effet, les électro-aimants agissent latéralement sur les crochets, par l'intermédiaire de tiges armatures horizontales qui se meuvent devant des traverses également horizontales commandant le déplacement des crochets, et ces tiges armatures, suivant que le courant anime tels ou tels des électro-aimants qui agissent sur elles, écartent de la verticale les crochets auxquels elles correspondent.

La figure 7, ci-dessous, représente ce dispositif : Les électro-aimants sont en C, et leurs tiges armatures en *b*. Celles-ci sont portées par un châssis *ff* qui, en prenant un mouvement de va-et-vient à chaque coup de trame,

Fig 7.

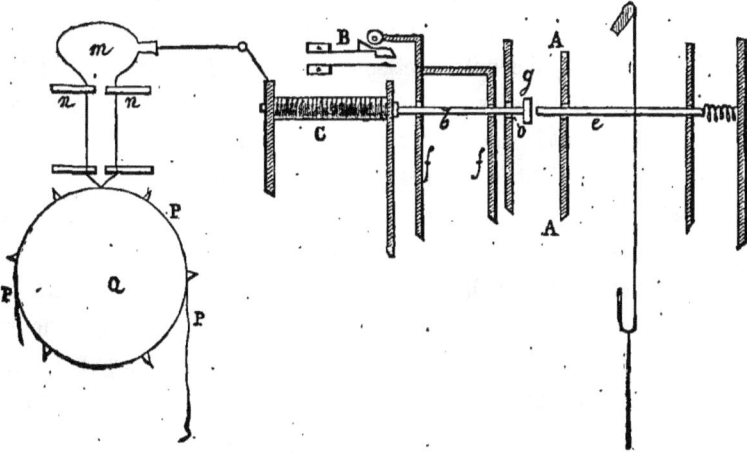

les rapproche tantôt des électro-aimants C, tantôt des aiguilles de la Jacquart *e*, sur lesquelles elles réagissent par l'intermédiaire d'une tête *g*, Ces tiges armatures glissent bien entendu librement dans les trous qui les soutiennent; mais entre leur tête et le châssis *f*, elles traversent des ouvertures assez grandes *o* pratiquées dans une plaque mobile avec le châssis, et qui joue le rôle des cartons Jacquart.

En effet cette plaque est susceptible, à chaque mouvement du châssis *ff* de gauche à droite, d'être légèrement déplacée de haut en bas et d'obstruer par conséquent le passage de la tête *g* des tiges à travers les ouvertures *o*, et il arrive alors que si les têtes *g* sont en dehors de la plaque mobile, elles se trouvent appuyées contre les bords de cette plaque et en état, par conséquent, de repousser les tiges *e* de la Jacquart. Si, au contraire, ces têtes g sont de l'autre côté de la plaque mobile, parce que les électro-aimants C étant devenus actifs au moment du mouvement de droite à gauche du châssis ff auront maintenu les tiges b appuyées contre leurs pôles, le mouvement de haut en bas de la plaque mobile n'aura d'autre effet que d'obstruer les orifices o, sans provoquer aucune réaction sur les tiges e. De cette manière, il suffira donc, pour soulever telle ou telle aiguille de la Jacquart, de faire passer à propos le courant à travers l'un ou l'autre des électro-aimants C, et ce résultat est obtenu, d'une part à l'aide de l'interrupteur général du circuit B, qui est mis en action par une pièce à galet adaptée au châssis mobile ff, et d'autre part au moyen du commutateur Bonelli qui est en Q m.

Ce commutateur se compose d'une série de lames métalliques m mises en rapport électrique avec les différents électro-aimants, et qui, se terminant en pointe à leur partie inférieure, peuvent appuyer, à un moment donné, sur le papier préparé où se trouve le dessin. Ces lames sont rangées parallèlement les unes à côté des autres, et sont séparées par les dents n, n d'un peigne isolant. Le papier dessiné est enroulé sur un cylindre Q, placé au-dessus des lames dont il vient d'être question, et se trouve disposé d'une manière différente suivant le nombre des couleurs de l'étoffe.

Si le dessin n'a que deux couleurs, on peut métalliser le tracé du dessin en maintenant isolante la surface du papier, ou bien on peut faire l'inverse, c'est-à-dire couvrir le tracé du dessin d'une couche isolante et métalliser la feuille de papier. Mais si le dessin a plusieurs couleurs, M. Regis recommande l'emploi du premier système, et alors les effets sont obtenus par la superposition successive des dessins métallisés appartenant à chaque couleur. Dans ce cas, chaque dessin est séparé de son voisin par une couche isolante, et communique à une bande métallique disposée sur le bord de la feuille dans toute sa longueur. Chaque dessin, sur la feuille, a donc une bande métallisée qui la représente, et la communication de la pile avec ces bandes se fait successivement, ce qui permet de passer tour à tour les navettes de chaque couleur. Le métallisage des dessins s'obtient facilement, d'après M. Regis, par des moyens galvanoplastiques.

C'est l'interrupteur B, mis en mouvement par le châssis ff, qui établit et interrompt en temps convenable le courant, c'est-à-dire au moment de chaque duite.

Par une disposition particulière donnée à la machine, on peut changer instantanément le sens, la vitesse et la course du cylindre Q, ce qui permet de tisser un dessin quelconque avec toutes les réductions que l'on veut.

Dernier système de M. Bonelli. — Nous avons vu que le commutateur employé par M. Bonelli consistait dans un cylindre ou une surface métallique sur lequel appuyaient des pointes fixes en rapport avec les électro-aimants, et dont les parties isolantes étaient obtenues au moyen de vernis copal. L'expérience ne tarda pas à lui démontrer que ce système était complétement mauvais. En effet les pointes en frottant sur le vernis s'imprégnaient de matière isolante, et ne transmettaient plus le courant quand elles étaient sur une partie métallique, ou bien elles écorchaient cette légère couche de vernis et produisaient des fermetures anormales de courant. Pour remédier à cet inconvénient, M. Bonelli a cherché à combiner son commutateur d'une manière tout à fait inverse à ce qu'il était. Ainsi ; au lieu de rendre isolante une surface conductrice, il s'est imaginé de métalliser une surface isolante, et de ne faire réagir les pointes sur le commutateur qu'au moment même de chaque battement du métier. Voici comment ce problème a été résolu.

Le dessinateur trace sur une simple feuille de papier et à l'aide d'un vernis gras, le dessin qui doit être reproduit sur l'étoffe. Il recouvre ensuite ce dessin d'une mince feuille d'étain qui est laissée en contact avec lui pendant une demi-heure environ, de manière à la faire adhérer avec le dessin, c'est-à-dire avec les parties recouvertes de vernis. On frotte alors le papier avec un tampon de coton. Sur le papier ainsi frotté, l'étain reste adhérent au vernis, et disparaît au contraire des parties qui n'en ont point reçu, On obtient donc sur le papier la reproduction du dessin en une légère couche métallique, et par conséquent conductrice de l'électricité ; au contraire le fond demeure simplement formé de papier, c'est-à-dire d'une substance isolante.

« Ce n'est pas, dit M. Figuier, la seule différence qui existe entre les deux appareils de M. Bonelli. Dans son premier métier, ce savant employait les électro-aimants à développer une force mécanique. Ces électro-aimants soulevaient directement les fils de la chaîne, ce qui exigeait une force électrique considérable. Dans le modèle actuel, M. Bonelli revenant au métier Jaquart, a très-heureusement perfectionné ce mécanisme. Les aiguilles qui doivent soulever les fils de la chaîne ne sont plus attirées isolément par les électro-aimants, comme dans le métier Jacquart, elles sont poussées toutes à la fois par une action mécanique indépendante du reste du système, c'est-à-dire par une pédale manœuvrée par l'ouvrier. Dans ce mouvement, toutes les aiguilles butent contre un arrêt. Ce sont ces arrêts, petits leviers d'une grande mobilité, qui constituent l'armature des électro-aimants. Quand le fluide électrique les attire vers l'électro-aimant, ils éprouvent un léger déplacement, et dès lors, par suite de ce changement de position, l'aiguille du crochet auquel ils correspondent tire le fil de la chaîne suivant l'exigence du dessin (1). »

Application du système Bonelli à la fabrication des cartons percés des Jacquart.—Si les avantages de l'application de l'électricité au tissage sont plus que contestables, il n'en serait peut-être pas de même de cette application à la fabrication des cartons employés dans les métiers Jacquart ordinaires, laquelle permettrait d'opérer les perforations de ces cartons sans lecture préalable. Un industriel, dont le nom m'échappe, avait imaginé il y a une quinzaine d'années un appareil de ce genre très-ingénieux, qu'il a fait fonctionner devant moi, et qui réalisait sur les procédés généralement employés une économie considérable. Ainsi d'après lui, des cartons de 400 qui coûtent de 22 fr. à 25 fr. le mille, plus la lecture qui est de 7 fr., ne reviendraient qu'à 3 fr. 50, par suite de la suppression de la lecture et de l'emploi de bandes de papier qui sont alors substituées aux cartons.

Il est facile de comprendre comment un pareil système peut être établi, car on n'a qu'à supposer le système Bonelli adapté à des poinçons ou à des emporte-pièces au lieu d'être adapté à des crochets, et on pourra concevoir que, pour chaque mouvement de l'appareil correspondant à une duite, il sera possible de faire arriver successivement sous le peigne du commutateur une partie différente du dessin, d'où pourra résulter la mise en action de tels ou tels des électro-aimants qui lui correspondront; ces électro-aimants, en abaissant les poinçons auxquels ils sont reliés, pourront ensuite mettre ceux-ci en position d'être enfoncés simultanément à travers la bande de papier au moment où on fera manœuvrer le mécanisme perforateur. Le dispositif de l'appareil était très-ingénieux, et je regrette que l'oubli du nom de son inventeur ne m'ait pas permis d'en donner une description plus détaillée et des dessins.

2° Casse-fils électriques.

Application aux métiers à filer la soie. — *Système de M. A. Achard.* — Pour pouvoir apprécier le but que s'est proposé M. Achard dans cet appareil, il est important de dire quelques mots sur la manière dont on file la soie et sur les difficultés que présente ce filage.

La soie peut être filée à 6, 8, 10 ou 12 brins et même plus. Pour cela, on place les 6, 8, 10 ou 12 cocons qui la fournissent, dans une bassine remplie

---

(1) Un perfectionnement du même genre avait été proposé longtemps avant par MM. Mathieu et Pascal, de Lyon.

d'eau chaude, et après avoir réuni les brins ensemble, on les fait passer à travers un système particulier de poulies qui a pour but de serrer fortement les brins les uns avec les autres avant leur enroulement définitif sur le dévidoir. Ce système de serrage consiste simplement dans deux petites poulies ou tavelles placées parallèlement l'une à côté de l'autre et sur lesquelles passe le fil qu'on dévide. Après avoir circulé autour de ces poulies comme une courroie d'engrenage, le fil vient s'entortiller sur lui-même, et, par ce seul fait, se trouve considérablement serré au moment où il est tiré par le dévidoir.

Les métiers à filer la soie sont donc assez simples en apparence, mais dans la pratique il n'en est plus de même; car ils nécessitent, pour chacun d'eux, la présence de deux personnes, l'une occupée à faire marcher le dévidoir, l'autre à remplacer les cocons dont les brins se cassent. Pour opérer cette substitution, l'ouvrière qui a devant elle un certain nombre de cocons pendus par leur brin et convenablement mouillés, lance le brin d'un de ces cocons, qu'elle tient d'avance dans la main, contre le faisceau qui se dévide, et par l'action de la substance gommeuse dont le cocon ainsi humecté est imprégné, ce brin se trouve suffisamment collé. Or, il est facile de comprendre combien ce soin est minutieux et combien il exige de dextérité de la part de l'ouvrière qui en est chargée; aussi le plus souvent il arrive que les brins cassés ne sont pas remplacés spontanément, ce qui entraîne des défauts dans le tissu, qui se traduisent par des peluches du plus déplorable effet. M. Achard, se rappelant que par l'intermédiaire de l'électricité on pouvait produire, à l'aide d'une force initiale infiniment petite, une force considérable, a pensé qu'on pourrait opérer mécaniquement cette substitution, et il a en effet construit dans ce but un métier excessivement ingénieux qui a réalisé complètement ses espérances.

Le jeu de cet appareil est fondé sur une réaction électrique particulière, qui s'obtient au moyen d'un embrayeur à mouvement alternatif analogue à celui dont nous avons déjà parlé, tome IV, p. 542.

Dans le métier de M. Achard, représenté fig. 7, pl. I, les cocons sont placés dans une bassine de cuivre A A divisée en 6, 8, 12 compartiments, suivant la grosseur qu'on veut donner au fil de soie, et contenant de l'eau chauffée à une température convenable. Les brins s'élèvent verticalement pour passer à travers une filière c, fixée juste au-dessus du centre de la bassine, et à travers l'axe creux d'une petite roue d'engrenage E; c'est à leur passage à travers cette filière qu'ils se collent les uns contre les autres pour ne former qu'un seul et même fil qui se dirige, au sortir de l'axe creux, sur les tavelles ou lissoirs, dont nous avons parlé, et où s'opère la croisade à la manière ordinaire.

Chaque brin de cocon, en se dévidant, appuie sur une petite bascule verticale D, placée dans une position très-voisine de l'équilibre instable, de sorte que le brin forme un angle très-ouvert du côté du centre de la bassine. Chaque bascule D, peut tourner autour d'un axe horizontal F, et retomber en avant en s'éloignant du centre de la bassine pendant que son bras inférieur tombe en arrière du côté du centre.

Les cocons qui doivent remplacer ceux qui se dévident au fur et à mesure que leurs brins se rompent, sont étalés sur une chaîne sans fin horizontale GG. Chacun de leurs brins est entortillé à un crochet faisant corps avec une autre chaîne sans fin également horizontale HH, laquelle, au moment de la réaction, s'avance en même temps et d'une même quantité que la première.

Lorsque l'un des brins de cocons qui se dévident vient à se rompre, la bascule qu'il tenait droite, tombe en avant dans la position D'. Le petit bras D' de cette bascule tombe en arrière et va appuyer contre le contact I, ce qui établit un courant électrique et met en jeu l'embrayeur électrique.

Celui-ci est articulé en B_2 et reçoit son mouvement par l'intermédiaire d'un système de leviers F_2, G_2, mis en rapport avec le moteur et réagissant sur le levier D_2 de l'embrayeur. Ce levier D_2 est précisément celui des deux leviers de cet organe électrique qui porte l'armature E_2 de l'électro-aimant. L'autre levier A_2, sur lequel ce dernier est fixé, se continue en O pour s'articuler d'un côté à un levier mobile H_2, et, d'un autre côté, à une tige P, dont nous verrons bientôt la fonction. Il résulte de cette disposition que, quand par l'effet de la fermeture du courant, l'électro-aimant $C_1 C_2$ se trouve collé sur l'armature E_2, les leviers O et P participent au mouvement du levier D_2, le premier, en donnant à une règle K à laquelle il est relié par le levier H_2, un mouvement de va-et-vient de gauche à droite et de droite à gauche; le second, en faisant opérer un mouvement semblable à la règle Q.

C'est la règle K qui porte le système mécanique L d_3, c_3, h_3, f_3, g_3, qui est destiné à saisir le brin de cocon entortillé au crochet M, à le couper, à le porter contre ceux qui se dévident, à le mettre en contact avec eux par la pointe, à lâcher ce brin, et à revenir à la position L après avoir collé ce nouveau brin aux autres. Ce système que l'on voit développé en K' L' au moment où le cocon de rechange est collé et qui est figuré sur le dessin en pointillé, sera décrit plus tard.

Lorsque la règle K, après s'être transportée en avant, revient à sa position de repos, son extrémité K" fait tourner d'un sixième de révolution une roue à rochet N, ce qui fait avancer la chaîne sans fin H, de manière à amener en M un nouveau crochet et le brin de cocon qui s'y trouve suspendu. En même temps, un bras articulé à la tige O fait avancer de la même quantité la chaîne G; de sorte qu'un nouveau cocon se trouve suspendu par son brin au crochet M et trempe dans sa bassine, en attendant qu'une nouvelle rupture ait lieu parmi ceux qui se dévident ; auquel cas il sera saisi à son tour, coupé, transporté et collé contre les autres, comme nous l'avons déjà expliqué.

Pendant que la règle K accomplit son mouvement en retour, la règle Q qui porte un cliquet d'impulsion à son extrémité Q', fait tourner d'un sixième la roue à rochet R, laquelle transmet son mouvement à la roue d'engrenage S qui fait, à son tour, faire un tour entier au pignon E, et par suite au chariot T. Celui-ci entraîne alors le nouveau brin collé pendant qu'il se dévide, et le lâche à la place du cocon dont le brin vient de se rompre.

D'un autre côté, en même temps que la règle Q fait tourner la roue à rochet R, la pièce U, fixée à cette règle Q, pousse le bras V qui fait baisser le segment à engrenage X. Celui-ci, à son tour, abaisse la crémaillère Z et, par suite, le contact I, qui fait relever le bras D' de la bascule et la ramène à sa position d'équilibre instable. Le brin de cocon appuyant sur la bascule relevée ne doit produire que la force nécessaire pour la tenir dans une position très-voisine de cet équilibre instable. La pièce U, continuant son mouvement horizontal, ne tarde pas à appuyer sur le bras V' du cliquet V" qui lâche la crémaillère et lui permet de remonter. Par suite, le contact qui était à la position I' remonte à la position I. Les choses se trouvent ainsi rétablies dans leur état primitif.

Nous allons maintenant étudier avec détails les différentes parties de cette machine.

D'abord pour que l'embrayeur, une fois son effet mécanique accompli, puisse revenir au repos dans sa position initiale, un système rhéotomique est indispensable. Ce système peut être combiné de la manière suivante :

L'armature E_2 doit décrire une oscillation un peu plus grande que celle que peut parcourir l'électro-aimant. Ce dernier, un peu avant la fin de son oscillation, bute contre la pièce I_2, et la repousse jusque contre la pièce K_2 qui est fixe. Le mouvement de la pièce I_2 fait abaisser le segment X et par suite la crémaillère Z et le contact I, qui ne touchera plus qu'une partie de la bascule D', cette partie étant isolée par un petit morceau d'ivoire qui lui est adapté depuis le point a jusqu'au point b ; ce circuit se trouve ainsi interrompu au moment même où l'électro-aimant est retenu par les deux pièces I_2 et K_2 qui lui opposent une résistance invincible. L'armature continuant son oscillation lâchera nécessairement l'électro-aimant, malgré la force d'adhérence qui subsiste ordinairement après l'interruption du circuit électrique.

Lorsque l'armature a fini son oscillation en arrière, elle en recommence une autre en sens inverse ; elle atteint bientôt l'électro-aimant qui était retenu contre la pièce K_2 et le pousse devant elle (avec toute la force du moteur qui lui est appliqué) jusqu'à sa position de repos. C'est pendant ce second mouvement de l'électro-aimant que la règle K revient à sa position de repos et que tous les mouvements que nous avons indiqués s'effectuent; savoir : celui des deux chaînes, celui du chariot qui porte le cocon à la place de celui dont le brin s'est rompu, celui de la crémaillère qui fait abaisser le contact I pour relever la bascule qui était tombée.

Lorsque l'armature a repoussé l'électro-aimant jusqu'à sa position de repos, cette armature recommence une nouvelle oscillation et laisse l'électro-aimant à sa place, car il n'y a plus d'adhérence entre ces deux pièces, puisque le circuit électrique n'existe plus.

Examinons maintenant comment la chute d'une des bascules D suffit pour rétablir le circuit électrique.

M_2 et N_2 sont les deux fils métalliques qui aboutissent à la pile, laquelle peut être placée, soit à proximité, soit à distance. Le fil M_2 est soudé à une rondelle de cuivre emmanchée sur l'arbre B_2. Cette rondelle appuie contre une autre à laquelle est soudée l'extrémité du fil $B_2 C_2$ aboutissant à l'une des bobines de l'électro-aimant; l'extrémité du fil en quittant la seconde bobine se rend à un bouton métallique Q_2 posé sur un morceau d'ivoire adapté au bras A_2, suit le fil qui aboutit au contact I, pénètre dans le bras D' de la bascule, parcourt l'arbre horizontal, puis le support et le fil qui lui est soudé, jusqu'au point S_2 où il est mis en contact avec le fil N_2 qui aboutit à l'autre pôle de la pile.

On comprend que lorsque la bascule D est relevée et que la tension du fil qui se dévide la maintient dans la position d'équilibre instable, le contact I ne touche pas le bras D', et le circuit électrique est interrompu entre le point I et le bras D'.

On comprend aussi, par l'inspection de la partie $S_2 U_2 X_2 T_2$, que lorsque le fil de soie formé de l'ensemble des brins réunis vient à se rompre, la bascule $T_2 U_2$, basée aussi sur le principe de l'équilibre instable, retombe en arrière et que son petit bras U_2 fasse cesser le contact entre le fil $B_2 S_2$ et le fil $N_2 S_2$, ce qui interrompt le circuit, et empêche la machine de fonctionner, bien que toutes les bascules soient tombées et appuient sur leurs contacts. Cet effet aura lieu jusqu'à ce que l'ouvrière fileuse ait rétabli le bout principal et fait marcher l'asple ou dévidoir, qu'on n'a pas figuré ici parce qu'il est construit comme tous les autres déjà connus.

Il est temps de décrire le mécanisme qui saisit le brin du cocon, le coupe, le transporte contre ceux qui se filent, et le colle à leur ensemble.

Au bout de la règle de fer K qui glisse dans les deux coulisses a_3, et perpendiculairement à la longueur de cette règle, se trouve établi un arbre de rotation b_3 (fig. 8, pl. I). A l'une des extrémités de cet arbre, en dehors de la règle, est adapté solidement un morceau de cuivre de forme cylindrique représenté en L (fig. 7), qui est creusé comme la gorge d'une poulie, et surmonté de deux appendices en forme de fourche dont l'angle aboutit à la gorge de la poulie. Dans la fig. 7, l'une des branches de la fourche efface l'autre; dans la fig. 8, elles sont vues par-dessus, et sont indiquées par la lettre c_3. Cette pièce cylindrique ou fourche peut tourner avec l'arbre b_3 sur lequel elle est solidement fixée. A l'arbre b_3 se trouve adapté un bras d_3 articulé avec un autre bras e_3 articulé à son tour sur un troisième f_3 pouvant tourner autour d'un axe fixe. Le bras e_3 se prolonge et vient s'engager dans une rainure courbe au moyen d'un petit tourillon rivé ou vissé à son extrémité. La partie de cette rainure comprise entre h_3 et h'_3 est formée d'un arc de cercle décrit du centre g_3. $g_3 h_3$ est une autre rainure courbe. Lorsque la règle K s'avance pour prendre la position K', le petit tourillon de l'extrémité de e_3 commence par parcourir la rainure h_3, h'_3, et pendant ce premier mouvement, le bras d_3 imprime un mouvement de rotation à la fourche L. Mais sitôt que le tourillon est engagé dans la rainure $h'_3 g_3$, ce mouvement de rotation cesse, et la fourche continue à avancer sans tourner, cette dernière rainure étant construite en conséquence.

Reste à expliquer les mâchoires qui, pendant les mouvements de translation et de rotation simultanés de la fourche L, doivent saisir le brin de soie, le couper, le porter contre ceux qui se filent et le lâcher.

Sur l'arbre b_3, fig. 8, et en dehors de la règle K, on a fixé une rondelle b_2 pouvant glisser longitudinalement sur l'arbre tout en tournant avec lui; cette rondelle est percée d'un trou carré pour donner passage à une pièce aussi carrée k_3 qui traverse aussi, par un trou carré, le cylindre de la fourche en cuivre L. L'une des extrémités de cette pièce carrée k_3 est taillée en forme de mâchoire fendue par le milieu, comme on le voit dans la fig. 7; l'autre extrémité est armée d'une articulation pouvant s'ouvrir seulement pendant le mouvement de rotation en arrière. Pendant le mouvement en avant, elle reste fermée et appuie contre un excentrique fixe n_3 qui force la pièce k_3, tout en tournant, à s'avancer parallèlement à la longueur de l'arbre b_3 jusqu'au milieu de la gorge de la partie cylindrique de la pièce L. Un ressort à boudin, fixé contre la face intérieure de la pièce L, tient cette première mâchoire ouverte à distance de la gorge, lorsque la pièce L est à son état de repos.

Une autre mâchoire f_3 peut aussi s'avancer jusqu'au milieu de la gorge du cylindre en décrivant un arc de cercle autour de l'arbre b_3. La tige inférieure de cette deuxième mâchoire est articulée en dessous avec la rondelle traversée par la pièce carrée k_3, de sorte que lorsque cette dernière s'avance vers le centre de la gorge de la pièce L, la mâchoire f_3 s'avance aussi d'une même quantité, et toutes les deux viennent se serrer juste au milieu de la gorge. La petite pièce en saillie de la mâchoire f_3 s'avance dans la fente de la mâchoire de la pièce k_3 pendant que le fil est tenu des deux côtés, et le fait casser ou couper au milieu. La pièce carrée continuant à tourner contre l'excentrique n_3, finit par l'échapper; alors les deux branches de la mâchoire s'ouvrent simultanément par l'effet des ressorts à boudin.

Le mouvement en retour de la pièce L s'effectuant, la pointe articulée de la pièce k_3 bute contre la face extérieure de l'excentrique et s'ouvre en avant; elle repasse ainsi, toute ouverte, sur l'excentrique n_3 sans faire serrer les mâchoires, et revient se placer dans la position indiquée fig. 8, où elle se referme sous l'action d'un petit ressort o_3.

Reste enfin à indiquer comment le chariot T transporte le cocon nouvellement collé avec les autres, tout autour de la bassine, et le lâche dans le compartiment de celui dont le brin s'est rompu.

La fig. 9 représente ce mécanisme vu en plan par-dessous; p_3 est un petit levier qu'un petit ressort tient levé; ce levier est relié avec un autre q_3 par une double articulation; lorsque l'on appuie sur le levier q_3 en avant, il cède et fait abaisser le premier p_3. Quand le chariot commence sa rotation, le levier p_3 entraîne le brin de cocon tout autour de la bassine, et lorsqu'il est parvenu en face du compartiment dont le brin est rompu et la bascule renversée, le levier q_3 rencontre cette bascule et, en s'infléchissant, fait infléchir à son tour le levier p_3 qui lâche le brin, lequel se rend dans ce compartiment avec le cocon, tout en continuant de se dévider; le levier q_3 échappe ensuite la bascule, continue sa rotation entière et revient se placer contre le brin nouveau qu'a amené la chaîne sans fin, le petit ressort r_3 ayant amené le levier p_3 à sa position de repos.

Application aux métiers de tissage et de bonneterie. — Si l'application des casse-fils aux métiers à filer la soie a une certaine utilité, celle qui peut en être faite aux métiers de tissage et de bonneterie est encore beaucoup plus importante, car elle permet d'éviter bien des défauts dans les tissus, économise beaucoup de temps et permet à un ouvrier de surveiller plusieurs métiers sans fatiguer son attention. On peut même dire que ce n'est qu'avec un pareil système que les métiers de bonneterie peuvent être mis en mouvement par une machine à vapeur.

Le problème à résoudre par le casse-fil dans son application au tissage est assez complexe, car il doit faire en sorte d'arrêter le métier, nonseulement quand l'un des fils se casse, mais encore quand il présente des grosseurs qui pourraient produire un défaut dans la trame, ou que les bobines sur lesquelles il est enroulé sont épuisées. Avec les métiers de bonneterie, le problème-est encore plus complexe, car il faut que l'arrêt se produise aussi, soit quand le tricot s'échappe partiellement ou totalement du métier, soit quand il se produit des mailles coulées, des hachures ou des aiguilles chargées, soit quand une aiguille vient à être faussée, soit enfin quand le fil ayant été pris dans les engrenages, se trouve rompu après sa sortie du casse-fil. Tous ces problèmes ont été résolus de nos jours de la manière la plus complète dans les métiers de M. Richard; mais avant d'atteindre ce résultat, cette invention a dû, comme beaucoup d'autres, passer par bien des phases diverses.

Avant de résoudre électriquement le problème, on avait cherché à en obtenir la solution par des moyens mécaniques; mais il est facile de comprendre que pour provoquer l'arrêt d'un métier sous l'influence d'une force aussi minime que celle qui résulte d'une différence dans la tension d'un fil en œuvre, il fallait employer des moyens fondés sur la chute de leviers assez lourds pour développer une action mécanique, et la pression de ces leviers sur le fil, en augmentant inutilement sa tension, pouvait même souvent en provoquer la rupture. Ce système présentait d'ailleurs un inconvénient assez grave, c'est que quand, par suite de la rupture d'un fil ou de l'épuisement d'une bobine, une des tiges de détente venait à tomber, les autres se trouvaient entraînées dans ce mouvement; et ce n'était pas chose aisée que de les tenir toutes relevées pour remettre le métier en marche. Ces appareils, du reste, étaient impuissants contre les nœuds, impuretés du fil et excès de tension, qui pouvaient amener la rupture de toutes les aiguilles d'un métier sans que les casse-fils eussent agi. Si l'on considère qu'en faisant intervenir les moyens électriques on peut, avec une force initiale extrêmement faible, développer une action mécanique aussi forte qu'on peut le désirer, on comprend immédiatement que l'emploi de l'électricité en cette occasion, était tout à fait justifié et qu'il rentrait dans une des trois conditions où les effets électriques peuvent être appliqués avantageusement.

Système de MM. Radiguet et Le Cène. — Ce sont MM. Radiguet et Le Cène qui paraissent être les premiers à avoir songé à l'application de l'électro-magnétisme aux casse-fils des métiers de bonneterie.

Jugeant avec raison que la chute des tiges articulées des casse-fils méca-niques ne pouvait opérer avec une grande sûreté le fonctionnement de l'embrayeur, en raison de la faiblesse de l'action mécanique produite, et entraînait d'ailleurs des complications mécaniques assez grandes, quand le métier comportait plusieurs de ces systèmes, ils pensèrent à employer l'élec-tricité comme intermédiaire, et, au lieu de faire réagir directement ces tiges sur l'embrayeur, ils utilisèrent leur chute à la fermeture d'un courant qui, en animant un électro-aimant, pouvait mettre en action l'embrayeur lui-même sans aucun organe de transmission de mouvement, et quel que fût d'ailleurs le nombre des systèmes de casse-fils.

Dans le dernier modèle qu'ils ont établi, les tiges appelées à fournir les contacts électriques étaient fixées, au nombre de trois, sur un même axe horizontal, sollicité à tourner sur lui-même par un ressort en spiral renfermé dans une sorte de boîte de barillet. Elles se terminaient par des crochets, et les fils introduits dans ces crochets les maintenaient soulevés à peu près ver-ticalement, par suite de la tension qu'ils exerçaient sur eux. En face de ces tiges et placée parallèlement à l'axe qui les portait, était adaptée une traverse métallique sur laquelle venaient tomber les tiges quand le fil qui les soutenait venait à se rompre, et, comme cette traverse ainsi que l'axe des tiges étaient en rapport avec les deux branches du circuit, la fermeture de celui-ci avait lieu aussitôt que l'un ou l'autre des trois fils venait à se rom-pre. Il y avait généralement quatre systèmes de ce genre sur chaque métier.

L'embrayeur électrique était placé au-dessus de l'axe de rotation du système moteur, et il était constitué par une détente électro-magnétique, qui, en réagissant sur une boîte d'engrenage, pouvait faire participer ou non l'axe moteur du métier au mouvement de la poulie motrice.

Un second interrupteur adapté à la mailleuse permettait encore d'arrêter le métier quand une maille coulée se produisait.

Cet appareil fonctionnait sous l'influence d'une pile à bi-sulfate de mer-cure de quatre éléments.

Systèmes de M. Richard. — Les casse-fils électriques de M. Richard sont de deux espèces et sont disposés pour être appliqués aux métiers de tis-sage et aux métiers de bonneterie ; leur principe toutefois est le même, et ils ne diffèrent que par le mode d'application de la partie mobile de l'inter-rupteur.

Dispositif pour les métiers de bonneterie. — Si l'on étudie avec soin le dis-positif adopté par MM. Radiguet et Le Cène, on reconnaît bien vite que les interrupteurs appelés à déterminer l'embrayage du métier, sont loin de présenter une sécurité absolue dans les contacts produits. En effet, des contacts résultant de la simple chute d'une tige métallique sur une traverse, peuvent non-seulement être incertains, par suite des vibrations déterminées à la suite de cette chute, et des oxydations qui ne peuvent manquer de se produire aux points de contact, mais ils sont le plus souvent dans l'impossibilité matérielle d'être effectués, à cause des peluches et des poussières qui existent toujours autour des métiers de tissage, et qui forment une couche plus ou moins épaisse sur toutes les parties saillantes qui les constituent. Cet inconvénient est certainement moins grand dans les métiers de bonneterie que dans les métiers de tissage, mais il existe néanmoins, et exigeait, évidemment, que des perfectionnements fussent apportés aux interrupteurs. D'un autre côté, il était à désirer que la tension exercée sur les fils fut moins grande. Or, ce sont ces perfectionnements que M. Richard a introduits dans le dispositif que nous allons maintenant décrire.

Dans ce système, représenté fig. 8, chaque interrupteur est constitué par

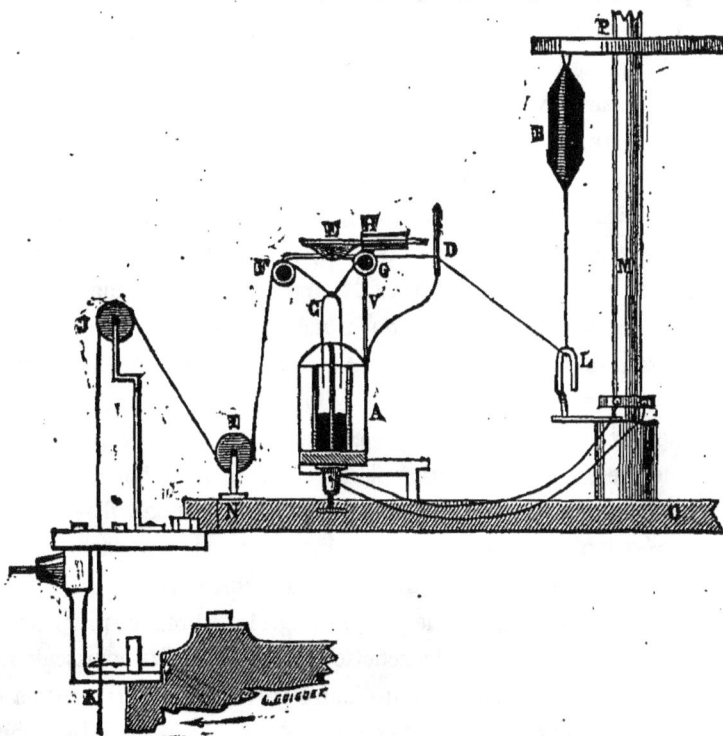

Fig. 8..

une petite caisse A, vue en coupe transversale, et qui est divisée longitudinalement en deux compartiments isolés l'un de l'autre au moyen d'une cloison de verre, au-dessus de laquelle est enfourché un cavalier en fil de platine C. Ce cavalier est soutenu par un des fils du tissu, et il y a par conséquent autant de cavaliers que de fils. D'un autre côté, une certaine quantité de mercure est versée dans chaque compartiment, et ces deux nappes liquides sont mises en rapport métallique avec les deux branches du courant. On comprend aisément qu'avec cette disposition, le circuit reste ouvert tant que les cavaliers sont maintenus au-dessus des deux surfaces liquides, c'est-à-dire tant que les fils ne sont pas cassés, mais aussitôt que l'un d'eux vient à manquer, le cavalier correspondant tombe et établit une communication métallique entre les deux réservoirs, ce qui complète le circuit et détermine l'action de l'embrayeur. Afin qu'on puisse surveiller l'état de la surface du mercure dans les deux compartiments de chaque caisse, les parois latérales de celle-ci sont en verre.

Les accessoires de cet interrupteur sont d'abord : une pièce D, vue de champ, qui est une lame métallique percée d'une fente, à travers laquelle passe le fil et qui, tout en lui servant de guide, arrête les nodosités qui peuvent s'y trouver. Le fil se rompt alors et détermine par sa rupture l'arrêt du métier. La pièce E que l'on voit en coupe, est une sorte de couvercle placé au-dessus des cavaliers et qui les empêche de sauter au-dessus de la cloison de l'interrupteur. Cette pièce est articulée en H. Les pièces F, G et L sont des guides dont deux, F et L, sont constitués par des tubes de verre. Enfin, les poulies I, J servent à renvoyer verticalement les fils devant les aiguilles à crochet du métier qui sont en K, et où s'effectue le tissage. Les bobines des fils sont disposées autour d'une plate-forme P, comme on le voit en B. M. est la tige de suspension du métier, ON la couverture en bois sur laquelle sont montés les différents interrupteurs, qui sont généralement au nombre de cinq.

L'interrupteur destiné à embrayer le métier, quand il se produit des mailles coulées, est représenté, vu en plan, fig. 9. Il est placé horizontalement devant la partie cylindrique du tambour où se tisse le tricot. Il se compose comme le précédent d'une petite caisse d'ébonite à deux compartiments B, dans laquelle peut plonger un cavalier en platine, porté par un compas articulé, disposé verticalement, comme on le voit fig. 11. La branche inférieure de ce compas est engagée dans une fourchette F, appartenant à une bascule LF, qui oscille en C, et sur laquelle réagit d'autre part une tige DH, reliée à un système IAH articulé en A. Ce système terminé par un ressort IA, appuie constamment sur le tissu au-dessous des aiguilles, et c'est lui qui, en réagissant sur l'interrupteur B, par l'intermédiaire de la tige HD et de la bascule LF, arrête le métier quand il se produit une maille coulée ou une rupture des fils, après les interrupteurs dont il a été question précédemment. La pointe I ne se trouvant plus alors soutenue, s'enfonce derrière le tissu, et provoque l'abaissement du cavalier dans la caisse B. La bascule LF, de son côté, étant terminée par une sorte de bec L qui rase les aiguilles à crochet

Fig. 9.

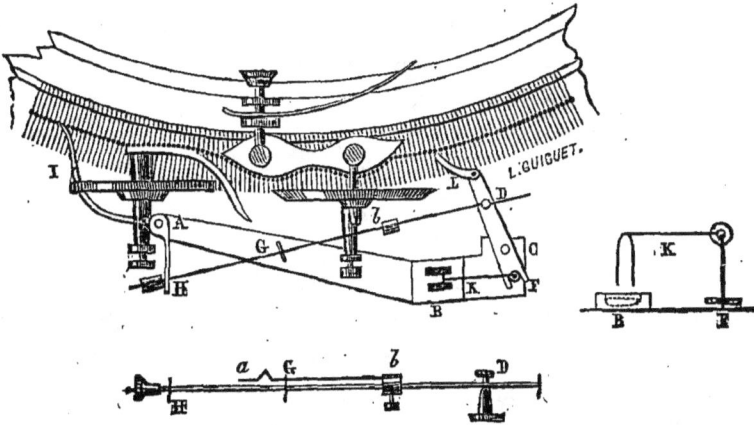

Fig. 10.   Fig. 11.

par dessous, se trouve elle-même mise en action, quand une aiguille étant faussée se trouve repoussée au-dessous des autres, et par le mouvement qu'elle accomplit alors, elle fait également plonger le cavalier de l'interrupteur dans la caisse B. Par ce moyen, la seconde partie du problème dont nous avons parlé, se trouve résolue.

Pour obtenir un bon effet de ce système d'interrupteur, la tige HD doit présenter une disposition particulière que nous représentons fig. 10. Cette disposition consiste dans une sorte d'encliquetage a, porté par une lame de ressort adaptée à la tige HD, par l'intermédiaire d'un curseur b, et qui en passant d'un côté ou de l'autre d'une sorte de boucle G, *maintient* le cavalier de l'interrupteur dans la position que lui a fait prendre le mouvement de la tige HD.

L'embrayeur électrique de M. Richard que nous représentons, fig. 12, est placé sur le côté du métier et au-dessous de la poutre qui soutient l'appareil. Il se compose essentiellement d'une longue bascule DD, articulée en a, dont l'extrémité supérieure est retenue dans une position fixe, par un butoir contre lequel appuie l'extrémité prolongée de l'armature d'un électro-aimant CC, mais qui tend à s'en écarter sous l'effort d'un fort ressort à boudin F. L'autre extrémité de cette bascule est terminée par une fourchette dans laquelle s'engage la courroie de transmission de mouvement et qui, au moment où l'électro-aimant devient actif, fait passer cette courroie de la poulie de transmission de mouvement P sur une poulie folle P', placée à côté. En même temps que cet effet s'opère, une cheville portée également par le bras DD à sa partie inférieure et qui soutient un fort ressort RR, dégage celui-ci en tombant dans une coche pratiquée sous la pièce de retenue de ce ressort, et ce ressort, en faisant appuyer fortement un sabot de bois S sur la partie ouvrière du métier, forme frein sans produire aucun soubresaut. Il arrête par conséquent le métier avant même que le transport de la courroie d'une poulie sur l'autre soit opéré. La pièce de retenue du ressort RR est d'ailleurs terminée par un manche, afin qu'on puisse tourner le métier à la main pour vérifier ou réparer quelque défaut.

Le passage du courant dans l'électro-aimant embrayeur, dépend essentiellement de la position du levier DD, qui peut être placé de trois manières différentes indiquées en 1, 2 et 3 par des lignes pointillées. Dans la position verticale qui correspond à la marche du métier et à l'embrayage du levier par l'armature de l'électro-aimant CC, l'action de celui-ci est entièrement subordonnée à celle des interrupteurs, et aucun courant ne traverse le système à l'état normal. Dans la position n° 2 qui correspond au débrayage déterminé par l'action de l'électro-aimant CC, la cheville qui termine inférieurement le levier DD, s'engage dans un premier cran de la poignée du ressort RR, et le circuit se trouve coupé à travers l'électro-aimant, par suite de l'éloignement du prolongement n de son armature, du butoir d'arrêt mis en rapport avec le circuit, éloignement qui est maintenu par le soulèvement de l'armature par le levier DD, agissant sur la pièce en plan incliné E. Enfin dans la position n° 3 que le levier doit avoir pour permettre la manœuvre à la main du métier, position qui correspond à l'engagement de la cheville du levier DD dans la seconde coche de la poignée du ressort RR, le courant peut passer de nouveau dans l'électro-aimant CC, afin de prévenir des fautes qui auraient pu passer inaperçues. A cet effet, un timbre O et un marteau n adaptés à l'armature de l'électro-aimant, ont été ajoutés au système. Le passage du courant, dans ce cas, résulte de ce que la pièce E n'est plus alors assez saillante pour maintenir soulevée l'armature, et de ce que le prolongement n de celle-ci se trouve mis de nouveau en contact avec le butoir d'arrêt; il se produit alors une fermeture de courant suivie d'une interruption, qui donne lieu à un mouvement vibratoire analogue à celui des sonneries trembleuses.

Dans la figure 12, les casse-fils sont placés sur une plate-forme en bois adaptée au-dessus du ressort RR et qui est représentée, fig. 8, en ON. La tige J que l'on distingue au bout de la partie supérieure du ressort R est le support de la poulie J de la fig. 8, et les aiguilles s'aperçoivent à gauche du frotteur S. L'axe B de la fig. 12 représente l'axe M de la fig. 8. Nous

Fig. 12.

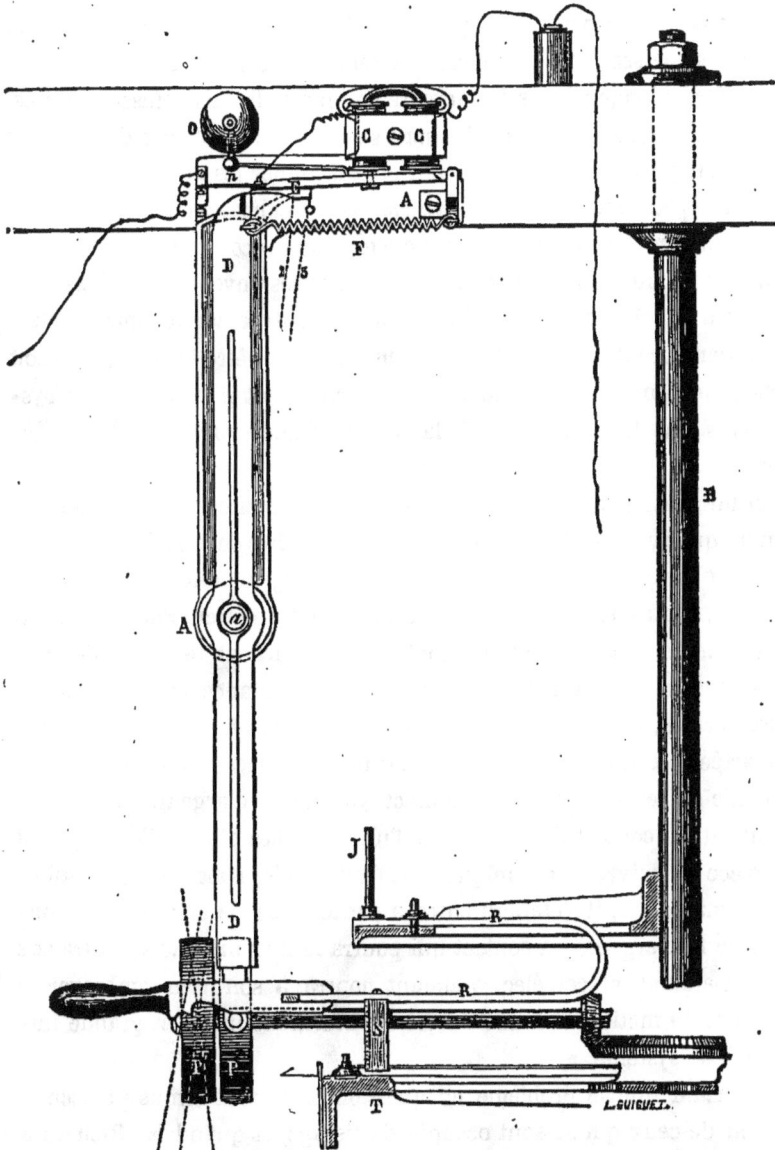

n'avons pas indiqué sur la fig. 12, de crainte de confusion, les casse-fils ni leur liaison avec la pile et l'électro-aimant CC, mais il est facile de comprendre que les deux fils que l'on aperçoit sur cette figure correspondent aux deux boutons d'attache fixés à l'axe M. de la fig. 8.

M. Richard a encore imaginé un dispositif, au moyen duquel le métier peut être arrêté, lorsque les fils, par suite d'un mauvais enroulement sur la bobine, se trouvent assez tendus pour faire craindre leur rupture. Ce moyen consiste à disposer les supports du fil, près des cavaliers, de manière à pouvoir s'affaisser sous l'influence de cet accroissement de tension. Alors les cavaliers plongent dans le mercure comme si les fils se fussent cassés. Jusqu'à présent, cependant, M. Richard s'en est tenu au dispositif que nous avons décrit plus haut, qui lui a suffi pour façonner les draps légers.

Dispositif pour les métiers de tissage. — L'application de l'embrayeur électrique aux métiers de tissage avait été mise au concours, dès l'année 1862, par la Société industrielle d'Amiens, et parmi les inventeurs qui se sont présentés à ce concours, M. André Herman, constructeur d'appareils électriques, demeurant alors rue Saint-Anne, 67, paraît être le seul qui se soit occupé sérieusement de la question. Voici comment il décrivait son système, dans une lettre adressée à la Société d'encouragement, le 21 décembre 1863.

« Sur un châssis en bois sont disposées autant de petites pièces ou touches en cuivre qu'il y a de fils dans le métier. Les touches de trois à quatre centimètres de longueur, sur 2 à 3 millimètres de largeur, ont, sur leur partie supérieure, une rainure destinée à recevoir le fil du métier. Elles sont sollicitées par un ressort, à aller buter contre un fil d'argent tendu au-dessus ; mais la tension des fils suffit pour vaincre la résistance des ressorts ; en d'autres termes, quand le métier est garni de tous ses fils, les petites pièces sont écartées du fil d'argent, mais quand une des pièces est dépourvue de son fil, elle se relève et entre en contact avec le fil d'argent. Or, si le fil d'argent est en contact d'un côté avec l'un des pôles d'une pile et que la petite pièce de cuivre communique avec l'autre pôle, il arrivera qu'aussitôt qu'un fil manquera, il s'établira entre la petite pièce de cuivre correspondante et le fil d'argent, un contact qui pourra fermer un courant à travers un électro-aimant, et cet électro-aimant pourra à son tour embrayer le mouvement du métier. Les manufacturiers attachent une très-grande importance à ce système. »

Il est certain que le problème en question a de tout temps préoccupé l'attention de ceux qui se sont occupés de tissage, et quand M. Richard a présenté à la Société d'encouragement son système d'embrayeur électrique appliqué aux métiers de bonneterie, M. Alcan, dont tout le monde connaît l'autorité en matière de tissage, l'engagea à s'occuper surtout de l'application de son système aux métiers de tissage; c'est sur cet avis que M. Richard combina, dès l'année 1870, un système dont j'ai parlé dans un rapport fait en 1872 à la Société d'encouragement sur ce genre d'appareils. Toutefois, la solution qu'il avait alors donnée était plutôt théorique que pratique, et ce n'est qu'en 1874, alors qu'il imagina ses interrupteurs à mercure, que l'on put considérer son invention comme susceptible d'application.

Nous avons indiqué précédemment les difficultés que rencontre le fonctionnement d'interrupteurs métalliques dans leur application à l'industrie. Dans les métiers à ouvrer les fils et à fabriquer les tissus, la difficulté est encore grandement augmentée à cause des peluches et des poussières qui se détachent continuellement pendant le travail, et qui s'amassent en telle quantité, qu'au bout de peu de temps elles forment au-dessus des surfaces de contact une couche assez épaisse pour ne pouvoir même pas être pénétrée par les tiges destinées à les toucher. Avec les cavaliers légers dont nous avons parlé et les caisses ouvertes où se trouve versé le mercure dans les interrupteurs des appareils précédents, on ne

Fig. 13.   Fig. 14.

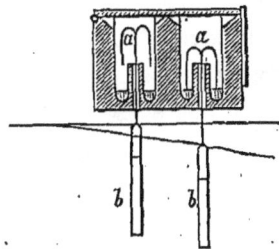

pouvait donc pas espérer obtenir des contacts parfaits, et l'expérience qui en a été faite à Blackburn et à Mulhouse, n'a pas en effet tardé à démontrer que ce système était insuffisant, surtout avec des fils non peignés. M. Richard combina alors la disposition d'interrupteur que nous représentons fig. 13 et 14, et qui cette fois semble réunir toutes les conditions désirables.

Dans cette disposition, les augets contenant le mercure sont recouverts d'une couverture hermétique, et la cloison qui sépare les deux compartiments est munie sur toute sa longueur d'une rainure à travers laquelle sont introduits les cavaliers destinés à établir les communications métalliques entre les deux compartiments. A cet effet, ces cavaliers sont disposés en T, et leur tige est munie d'un crochet qui vient s'enfourcher sur les fils, de sorte que ceux-ci, au lieu d'être suspendus par les fils, sont soutenus verticalement par eux de bas en haut. Naturellement, une des branches du T est introduite dans un compartiment, l'autre dans le second compartiment, et la hauteur de l'appareil est calculée de manière que quand les fils sont tendus, les deux branches de chaque cavalier soient de un centimètre au moins au-dessus de la surface du mercure ; ce n'est que quand ils rompent que les cavaliers peuvent alors tomber de tout leur poids dans les rigoles de mercure. On comprend aisément que, de cette manière, les peluches ne peuvent pénétrer facilement dans l'appareil.

Pour appliquer ce système d'interrupteur aux métiers à tisser, il suffit de l'adapter au-dessus des fils de chaîne, et de faire passer ces fils de chaîne, avant leur point de croisement, au-dessous des crochets des cavaliers dont nous avons parlé.

Naturellement ces interrupteurs ont une longueur suffisante pour que tous les fils de la chaîne puissent être munis chacun d'un cavalier ; mais ils peuvent être composés d'un nombre quelconque d'augets ou de rigoles. Deux suffisent ordinairement pour les métiers autres que ceux de tissage ; mais pour ces derniers, le nombre en varie suivant la multiplicité des fils, dont le nombre atteint quelquefois dix mille.

Pour ce nombre, il faut pratiquer au moins dix rigoles, et les cavaliers en forme de T sont alors placés sur les fils de la manière suivante : le premier cavalier est soutenu par le premier fil de la chaîne et plonge dans les deux premières rigoles, le deuxième fil reçoit le deuxième cavalier, et ses extrémités plongent dans les troisième et quatrième rigoles ; il en est de même des autres fils dont les cavaliers sont disposés dans le même ordre. De cette façon, les crochets ne peuvent se gêner dans leur action, puisqu'ils sont éloignés les uns des autres. On comprendra dès lors comment le nouvel interrupteur de M. Richard peut s'appliquer aux métiers ouvrant, sur un espace restreint, un très-grand nombre de fils, sans que pour cela cet interrupteur devienne trop compliqué. Le nombre des augets augmente en raison du nombre de fils, voilà tout.

« Au moyen de cet interrupteur, dit M. Richard, les tissus les plus fins et les plus précieux peuvent être fabriqués au métier à grande vitesse et avec une grande économie de main-d'œuvre ; d'un autre côté il supprime toutes les pertes de matière première, puisqu'il empêche les accidents d'arriver. »

Quant à l'embrayeur électrique destiné à arrêter le métier, il ne diffère guère de celui que nous avons décrit, et peut d'ailleurs être combiné d'une foule de manières ; le problème ne présente d'ailleurs aucune difficulté. Nous n'insisterons donc pas davantage sur cette question.

Navette moniteur électrique. — Si la rupture des fils de chaîne peut entraîner de grands défauts dans le tissage des étoffes, défauts qui peuvent être évités par les systèmes décrits précédemment, la rupture des fils de trame en présente également, surtout pour le tissage des rubans. Dès

l'année 1856, M. Peyrot avait imaginé, dans le but de parer à cet inconvénient, un système auquel il avait donné le nom de *navette moniteur électrique*, et qui pouvait être à cet égard d'une certaine utilité, en donnant à
temps des avertissements. Ce système consistait à faire passer le fil de la
navette, au sortir de la bobine, sur une poulie adaptée à l'extrémité d'un
levier un peu long, sollicité dans un sens déterminé par un ressort antagoniste. Ce ressort était suffisamment fort pour résister à la traction ordinaire
du fil; mais quand cette traction devenait assez considérable pour que la
rupture du fil pût s'ensuivre, il cédait, et le levier venait rencontrer une
lame métallique en rapport avec un circuit, complété par une sonnerie.
Celle-ci se mettait alors à tinter, et l'ouvrier pouvait arrêter la navette
pour la dégager de l'obstacle opposé au déroulement du fil.

Dans le premier système d'embrayeur électrique des métiers de tissage
de M. Richard, une diposition du genre de celle que nous venons de décrire
avait été appliquée aux fils de trame ; mais comme l'industrie ne semblait
pas y attacher une grande importance, M. Richard, dans son dernier système, ne s'en est pas préoccupé davantage, et il s'est borné au dispositif
décrit plus haut. Voici comment je décrivais cette partie de l'invention de
M. Richard dans le premier rapport que j'ai fait à ce sujet à la Société
d'encouragement, en 1872 :

« Pour les fils de trame, M. Richard arme la navette de l'interrupteur
que nous avons décrit (il était à cette époque entièrement métallique), et
qui est réduit à un seul chevalet. Deux lames métalliques incrustées sur
les deux faces opposées de la navette, et isolées l'une de l'autre, sont reliées métalliquement avec les deux parties isolées de l'interrupteur, et à
chaque coup de navette, quand celle-ci arrive à la fin de sa course, elles se
trouvent prises entre deux lames métalliques communiquant avec les deux
extrémités du circuit voltaïque correspondant à l'embrayeur, ce qui met
celui-ci en rapport direct avec l'interrupteur de la navette. Alors les effets
que nous avons étudiés pour les métiers de bonneterie, se renouvellent et
permettent l'action préventive dont nous avons parlé. »

M. Cazal a appliqué l'électricité à la navette, d'une autre manière ; il la
fait mouvoir par l'action électro-magnétique, ce qui évite l'emploi du
lanceur employé dans les fabriques, et les inconvénients qu'il occasionne.
L'appareil électro-moteur est d'ailleurs le même que celui que le même inventeur a appliqué aux machines à coudre (voir le chapitre des *électro-
moteurs*), mais son emploi dans le tissage offre, suivant M. Cazal, des avantages particuliers, tels que la faculté de tisser sur une largeur indéfinie, de

ralentir la vitesse de la navette sans diminuer la quantité de travail produit, et d'apporter plus de continuité dans la main-d'œuvre.

II. — Application de l'électricité aux instruments musicaux.

Dès l'époque des premières applications mécaniques de l'électricité, on eut l'idée de mettre à contribution la force qui peut être développée à distance par les moyens électro-magnétiques, pour faire fonctionner mystérieusement des orgues et des pianos électriques. M. Froment avait même construit, vers 1850, des pianos et orgues électriques qui ont pu fonctionner sur une petite échelle, et voici ce que j'écrivais, à cet égard, dans la première édition de mon *Exposé*, tome I, p. 168 (publié en 1853) :

« Si l'électro-magnétisme est employé comme intermédiaire entre le clavier et la partie de ces instruments qui doit produire les sons, on comprend que le problème de leur jeu à distance devient facile à résoudre ; il suffit pour cela de faire agir sur les marteaux du piano ou sur les soupapes des tuyaux de l'orgue, des électro-aimants susceptibles de reproduire les effets de la pression exercée par les doigts. Le clavier transmetteur n'agit alors que comme interrupteur de courant. Il va sans dire qu'il faut autant de fils que de notes, mais comme tous ces fils peuvent être réunis et ne former qu'un câble, ils sont peu encombrants. M. Froment a construit plusieurs instruments de cette nature et même un piano à timbres, dans lequel les sons étaient produits par des coups secs, frappés sur des timbres de différents diapasons. On conçoit d'ailleurs, qu'avec ce système, plusieurs instruments peuvent être joués à la fois par le même artiste, et il ne s'agit pour cela que d'établir autant de dérivations du courant qu'il y a d'instruments à faire mouvoir. »

Toutefois, ce système, pour être appliqué d'une manière pratique, surtout aux grandes orgues, a nécessité beaucoup de recherches et beaucoup d'études, et ce n'est guère qu'en 1868 qu'il a pu fournir des effets assez satisfaisants dans son application aux grandes orgues de Saint-Augustin, pour faire croire à l'avenir de cette invention.

Depuis l'installation de cet orgue par M. Barker, un autre du même genre a été établi à l'église de Montrouge par le même facteur, et présentait déjà quelques perfectionnements sur le premier. Malheureusement, les bombes lancées pendant le siége de Paris, l'ont atteint et l'ont entièrement mis hors de service ; on n'a pas encore, jusqu'à l'heure où nous écrivons ces lignes, songé à le réparer. Quant à l'orgue de Saint-Augustin, il présentait tant de vices de construction électrique, qu'après un certain nombre d'années, son jeu était devenu impossible, et il a fallu procéder, en 1876, à une réparation sérieuse qui a entraîné une réorganisation complète du système électrique. J'ai été chargé de diriger cette réorganisation, et grâce au talent de M. Férat, l'habile contre-maître de M. Barker qui avait exécuté l'orgue, elle a pu être faite dans de bonnes conditions.

L'application de l'électro-magnétisme aux pianos a eu moins de succès, et bien que de bons instruments aient été construits par MM. Speess et Hipp, comme cette application n'avait pas en définitive sa raison d'être, pas plus que celle qui en avait été faite aux métiers à tisser, et de plus comme elle devait présenter infailliblement tous les inconvénients des pianos mécaniques, elle est restée sans écho; aussi n'en parlerons-nous que pour mémoire.

Application de l'électricité aux grandes orgues. — Dans l'orgue où les sons sont indépendants du mode d'attaque des touches du clavier, et ne sont produits que par la simple ouverture de soupapes plus ou moins dures à faire mouvoir, l'action mécanique destinée à le mettre en jeu peut être déterminée indifféremment par tel moyen qu'il conviendra, sans que la nature des sons en soit altérée ; conséquemment, que l'action des touches du clavier soit effectuée par l'intermédiaire de tirants et de vergettes agissant sur ces soupapes, ou par l'intermédiaire d'électro-aimants, qu'elle soit même le résultat d'une disposition mécanique qui permette de les faire fonctionner automatiquement sous l'influence de planchettes notées, comme avec l'antiphonel de M. Debain, les résultats, au point de vue des sons produits, seront exactement semblables ; mais il pourra bien ne pas en être de même au point de vue de la simplicité de construction des mécanismes, de la stabilité de l'instrument et même de la facilité de son jeu. On comprend, en effet, toute la complication qui doit résulter, pour un orgue ordinaire, de cette multiplicité de tirants, de compas articulés et de renvois de mouvements qui, pour établir une relation mécanique entre les différentes touches de l'orgue et les différents tuyaux, encombrent tout l'espace vide entre ces tuyaux, et exigent un soin extrême, non-seulement pour ne pas être gênés dans leurs mouvements, mais pour être toujours en état de faire fonctionner les soupapes. De plus, comme toutes les vergettes servant à ces transmissions de mouvement varient de longueur suivant l'humidité et la température de l'air, on est obligé de les régler perpétuellement, ce qui entraîne des dépenses assez considérables ; elles sont d'ailleurs quelquefois une cause d'incendie lors des réparations qu'on a à faire à ces orgues, réparations qui exigent le transport d'une lumière artificielle dans les différentes parties de l'instrument. On peut citer plus d'un exemple d'incendies ainsi provoquées, et celle des premières orgues de Saint-Eustache n'a pas eu d'autre cause. D'un autre côté, la résistance fournie par ces tirants et les différents mécanismes qui contribuent à l'ouverture des soupapes étant relativement considérable, le jeu des claviers est rendu excessivement dur et difficile. Cet inconvénient était si grand dans les anciennes orgues, que bien peu d'organistes étaient en état de les toucher. Il est vrai que, grâce à l'admirable invention du *levier pneumatique* de M. Barker, ce défaut a pu être en partie conjuré ; néanmoins on pouvait exiger quelque chose de plus, et l'application des moyens électriques au jeu des grandes orgues, en réalisant ce desideratum, a pu annuler d'un seul coup tous les inconvénients que nous venons d'énumérer, tout en permettant de simplifier le mécanisme des accouplements, l'un des dispositifs les plus compliqués de ce genre d'appareils.

Comme nous l'avons dit, l'idée de l'application des moyens électriques aux orgues n'est pas nouvelle, bien que dernièrement encore le *Scientific american journal* l'ait donnée comme une invention de date récente (voir le *Telegraphic Journal* du 15 mars 1876) ; mais, quand on a voulu la faire aux grandes orgues, on s'est trouvé arrêté tout d'abord par la difficulté de faire ouvrir simultanément un certain nombre de soupapes qui exigeaient toujours une certaine force pour être déplacées et une certaine course pour être suffisamment ouvertes. M. Stein, constructeur d'orgues, qui, en 1852, avait eu l'idée de cette application, n'a pu lui donner suite en raison de cette difficulté qu'il n'avait pu vaincre, et ce n'est qu'en 1862, que M. Peschard, alors organiste de Saint-Étienne, à Caen, pensa à changer les conditions du problème en appliquant à des systèmes à contre-pression ou aux leviers pneumatiques eux-mêmes, l'action électro-magnétique, laissant à ceux-ci le soin de faire fonctionner les soupapes de distribution des courants d'air, comme ils le font du reste dans les orgues ordinaires que l'on construit aujourd'hui. Par ce moyen, un effort qui exigeait au moins 300 grammes, pouvait se trouver remplacé par un effort n'exigeant que 40 à 50 grammes. Rempli de cette idée, il s'adressa à l'ingénieux inventeur du levier pneumatique, à M. Barker lui-même, pour la mettre à exécution, et celui-ci ayant justement à cette époque à construire les orgues de Saint-Augustin, demanda à la ville de Paris de les établir dans ce système. Sur l'avis favorable d'une Commission nommée à cet effet, en 1863, et qui était composée de MM. Dumas, de Baltard, Ambroise Thomas, Baptiste, Du Moncel, Lissajous, Séguier, cette demande fut accordée, et à partir de ce moment, M. Barker se mit à étudier sérieusement la question qui entra dès-lors dans sa période d'exécution. Toutefois, les expériences et les essais durent être longs, car M. Barker n'était pas électricien, et il rencontra, surtout dans les bifurcations des circuits, de nombreuses difficultés qui retardèrent long-temps la construction de l'orgue. Ce ne fut qu'au bout de cinq ans, c'est-à-dire en 1868, qu'il put livrer à l'appréciation de la Commission, son ins-trument qui, je dois le dire, avait tout d'abord fourni de bons effets; mais au bout de peu de temps, ces effets, comme nous l'avons vu, furent de moins en moins satisfaisants, et en 1876, l'instrument marcha si mal qu'il fallut songer à une restauration complète.

Nous verrons à l'instant les causes qui amenèrent ce fâcheux résultat et qui, il faut en convenir, ne tenaient aucunement au système, mais bien à la mauvaise disposition des organes électriques. Toutefois, cet échec ébranla un peu la confiance qu'on avait eue dans ce genre d'application de l'électricité, et il est probable que si M. Barker fut resté en France, on l'eût mis en demeure de rétablir ces orgues dans le système ordinaire, clause qui lui avait été imposée en cas de non-réussite. Toujours est-il qu'une nou-velle Commission (1) fut nommée en 1876 pour avoir à décider quel parti on devait prendre en cette circonstance, et après s'être enquise de l'état de l'orgue, elle décida qu'on devait maintenir le système électrique, mais en disposant les commutateurs dans de meilleures conditions. Ces réparations comme on l'a vu, ont été entreprises par M. Férat, aujourd'hui facteur d'orgues, et semblent jusqu'à présent ne laisser rien à désirer. En sera-t-il toujours de même ? C'est que l'avenir dira.

Systèmes de MM. Peschard et Barker. — Pour qu'on puisse bien compren-dre le rôle que joue l'électro-magnétisme dans le fonctionnement des grandes orgues, il est essentiel que nous entrions dans quelques détails sur la dispo-sition de ces sortes d'instruments.

On sait qu'un orgue se compose de plusieurs séries de tuyaux plus ou moins longs, plus ou moins gros, en bois et en métal, en nombre plus ou moins grand, et à travers lesquels on fait passer à volonté des courants d'air comprimé. Cette introduction d'air comprimé s'effectue sous l'influence de l'abaissement des touches d'un ou de plusieurs claviers mis à la disposition de l'organiste, et qui sont reliés mécaniquement aux conduits des courants d'air, par les tirants et vergettes dont nous avons parlé précédemment.

Dans les orgues de Saint-Augustin, les claviers sont au nombre de quatre;

(1) Cette commission était composée de MM. Lagarde, grand vicaire de la cathé-drale, Train, architecte, Bazin, membre de l'Institut, Baptiste, organiste de Saint-Eustache; Du Moncel, Davioud et Taillandier, curés de Saint-Augustin.

trois sont des claviers de piano ordinaire, échelonnés les uns au-dessus des autres, et le quatrième est un clavier de pédales qui fonctionne sous l'action des pieds de l'organiste. Chacun de ces claviers correspond à une série particulière de tuyaux, composée elle-même de plusieurs jeux, et les courants d'air se trouvent distribués à travers les tuyaux de chacune de ces séries dans deux sens différents, afin de pouvoir se distribuer aux différents tuyaux représentant les différentes notes d'un même jeu, et afin de réagir sur ceux de ces tuyaux qui correspondent à tels ou tels jeux que l'on veut faire résonner. En conséquence, les tuyaux de ces différents jeux fournissant la même note, sont plantés les uns à côté des autres sur un même conduit carré en bois, et ces conduits, que l'on appelle *gravures*, en terme du métier, et qui sont placés les uns à côté des autres, sont en nombre égal à celui des notes du clavier, c'est-à-dire au nombre de 54. Chacun d'eux est muni d'une soupape pour l'introduction de l'air comprimé, qui est conduit par un grand tuyau de distribution auquel on a donné le nom de *laye*. Toutefois, cette introduction de l'air ne peut se faire dans telle ou telle rangée de tuyaux que d'après le jeu d'une vanne ou *registre*, qui ouvre ou ferme l'accès de l'air dans l'une ou l'autre de ces rangées. Or, ce sont ces registres qui, étant reliés mécaniquement aux *tiroirs des jeux* placés des deux côtés des claviers, permettent à l'organiste de faire fonctionner tels ou tels des jeux de tuyaux qui lui convient, et même plusieurs en même temps, et ce sont les soupapes, au nombre de 54, qui donnent accès à l'air dans chacune des conduites transversales ou gravures, qu'il s'agissait de faire ouvrir électriquement. Pour cela, il fallait vaincre, comme on l'a vu, une résistance de 300 grammes environ.

Ce que nous venons de dire ne s'applique qu'à un clavier, et comme il y en a quatre dans l'orgue de Saint-Augustin, il y a naturellement autant de systèmes électro-magnétiques que de groupes de jeux, c'est-à-dire trois fois 54, plus ceux qui se rapportent au clavier de pédales, et qui sont au nombre de 27 ; on a donc en tout 189 systèmes électro-magnétiques.

Nous avons vu que, par suite de la course exigée pour l'ouverture des soupapes de distribution de l'air dans ces différents jeux et de la force nécessaire à leur fonctionnement, l'application directe à ces soupapes des moyens électriques était insuffisante ; on le comprendra facilement, dès lors que l'on considérera que, souvent, 10 notes par clavier sont mises en jeu à la fois, ce qui, avec les accouplements, peut porter quelquefois à plus de 33 le nombre des électro-aimants qui doivent être animés simultanément. Mais si on applique les moyens électriques à des organes intermédiaires, qui, pour une faible force électrique, peuvent déterminer une action mécanique puissante, le problème pourra être résolu facilement, et ce sont précisément les leviers pneumatiques de M. Barker qui peuvent constituer ces organes intermédiaires. Examinons en effet, comment est constitué chacun de ces organes.

C'est un petit soufflet V que nous représentons en coupe, fig. 15 et 16, ci-contre, et qui reçoit le courant d'air appelé à le faire gonfler, par l'intermédiaire d'un tuyau dont l'orifice est bouché par une double soupape S,I. L'air arrive à ce tuyau par un conduit que l'on distingue au-dessus de la soupape S et qui se trouve ne faire qu'un avec le tuyau du soufflet quand la double soupape est soulevée ; en revanche, quand celle-ci est abaissée, la communication en question est interrompue, et le tuyau du soufflet V se trouvant mis en rapport avec l'air extérieur, décharge celui-ci et le dégonfle. On comprend aisément qu'avec cette disposition, il suffira d'adapter au côté mobile du soufflet une tige T, accrochée à la soupape de distribution de l'air dans les gravures, pour abaisser celle-ci, et permettre l'introduction du courant d'air. Un ressort antagoniste R pourra, d'ailleurs, ramener la soupape à sa position normale quand le levier pneumatique n'agira pas, et ce ressort pourra en même temps le dégonfler en provoquant l'expulsion de l'air. Si on considère que, comme dans la presse hydraulique, l'air comprimé introduit dans le soufflet ne présente sur la soupape qu'une faible résistance, en raison de la petitesse de sa surface, alors qu'il peut exercer une action très-forte en réagissant sur toute la partie mobile du soufflet, on pourra comprendre que l'armature A d'un électro-aimant E, adaptée à la double soupape S I, pourra, sans grand effort, donner issue au courant d'air entrant dans le soufflet V, et déterminer, par l'intermédiaire de celui-ci, une action assez puissante pour faire fonctionner facilement les soupapes des gravures. Cette puissance des leviers pneumatiques est beaucoup plus grande qu'on ne serait porté à le croire tout d'abord, et elle est telle qu'on a pu appliquer avec beaucoup d'avantages ces leviers à des pianos mécaniques pour le jeu des touches. En armant, en effet, ces leviers de tiges articulées à des marteaux, on a pu, sous l'influence de l'ouverture de petites soupapes, provoquer l'abaissement de ces touches avec une force supérieure à celle des doigts d'un fort pianiste, et cette force peut du reste être graduée à volonté au moyen d'une pédale qui appuie sur le réservoir d'air comprimé, ce qui permet de moduler les sons, comme le ferait un artiste exercé. Cet appareil très-ingénieux, imaginé par M. Thibouville, est connu sous le nom de *pianista* et constitue encore une des applications les plus intéressantes du levier pneumatique.

La fig. 16 représente bien entendu le levier pneumatique ouvert, et la fig. 15 le levier pneumatique fermé.

Nous avons dit que chaque clavier correspondait à une série de tuyaux composée elle-même de plusieurs jeux. Pour les distinguer les uns des autres, on les a désignés sous plusieurs noms.

Le clavier du haut s'appelle *clavier du récit*. C'est celui qui correspond à la série des jeux qui fournissent les effets de chant et de solos. Comme ces jeux comprennent des séries de tuyaux qui, pour fonctionner convenablement, exigent des pressions d'air assez différentes, on a dû faire de ces tuyaux deux groupes distincts, et ces groupes étant disposés sur deux layes différentes, peuvent être mis en rapport avec deux réservoirs où l'air est maintenu à des pressions aussi diffé-rentes qu'on le désire, et qui sont généralement de 9 et de 13 centimètres. L'un de ces groupes correspond aux jeux de solos, l'autre aux gros jeux d'anches, et, comme ils doivent toujours fonctionner ensemble, note pour note, les leviers pneumatiques qui correspondent aux diffé-rentes gravures, dans les deux systèmes, sont placés par couple l'un à côté de l'autre, et commandés par un même électro-aimant; de sorte que quand celui-ci de-vient actif, il fait arriver l'air comprimé dans les deux leviers à la fois. C'est, en un mot, le système représenté fig. 16 doublé. Les interrup-teurs qui les mettent en action sont des plus simples, et ne mettent à contribution, comme on le verra à l'instant, que deux rangées de contacts.

Fig. 15.

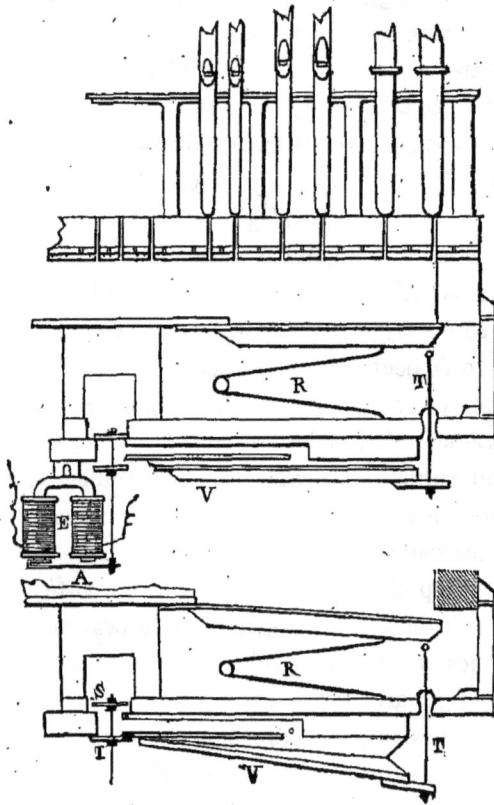

Fig. 16.

Le clavier du milieu se nomme *clavier de grand orgue*. C'est lui qui four-nit les effets les plus compliqués et les accouplements des claviers entre eux. Ses jeux, comme ceux du récit, sont répartis en deux groupes, et ses interrupteurs, en raison des accouplements, comportent quatre rangées de contacts, plus une qui correspond à l'octave aiguë sur le récit.

Le troisième clavier est appelé *positif* et correspond aux jeux d'accompagnement; il doit, comme le précédent, fournir un système d'interrupteurs pour l'accouplement, mais ce système est unique; aussi ce clavier ne présente-t-il que trois rangées de contacts à l'interrupteur.

Enfin, le clavier de pédales, quoique réagissant sur un moins grand nombre de notes que les autres, doit fournir un certain nombre d'accouplements, et est muni, comme le clavier de grand orgue, d'un interrupteur à cinq rangées de contacts.

Les accouplements s'effectuent au moyen de pédales qui s'accrochent de côté quand elles sont abaissées, et qui, en réagissant par l'intermédiaire de tirants et de compas sur huit systèmes de conjoncteurs, établissent les liaisons des électro-aimants des différents jeux avec les interrupteurs des claviers.

La fig. 19 représente la disposition générale de toutes ces liaisons électriques, mais pour qu'on puisse en comprendre le mode d'action, nous devons donner quelques renseignements sur la disposition des interrupteurs, et nous prendrons comme spécimen le type qui correspond au clavier de grand orgue. La fig. 17 représente du reste, vu en coupe, cet interrupteur, et l'on en voit la liaison avec les touches du clavier correspondant, fig. 18.

Puisque l'abaissement de chaque touche doit faire parler une note différente, appartenant à tel ou tel jeu, suivant le numéro du registre ouvert, il doit faire agir isolément un interrupteur électrique. Or cet interrupteur se composait, dans l'origine, de deux coupes isolées remplies de mercure, dans lesquelles venaient plonger deux tiges de cuivre réunies métalliquement, et ces tiges étaient portées par une bascule reliée mécaniquement à la touche correspondante. L'un des pôles de la pile communiquait avec l'une de ces coupes, et l'autre coupe était reliée directement à l'électro-aimant qui devait agir sur la note correspondante à la touche. Cet électro-aimant était relié d'ailleurs à l'autre pôle de la pile. Naturellement, le courant était fermé à travers l'électro-aimant, quand la touche étant abaissée, les deux coupes se

Fig. 17.

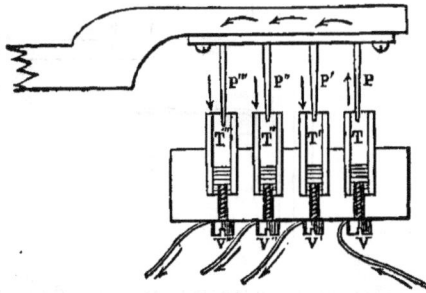

trouvaient réunies métalliquement par les deux tiges placées au dessus. Comme les touches d'un clavier sont rangées les unes à côté des autres, ces interrupteurs devaient présenter la même position relative, et, pour en simplifier la construction, M. Barker avait constitué les coupes en question en creusant dans un morceau de bois de chêne deux séries parallèles de trous correspondant, par couples, à chacune des touches du clavier. Ces trous étaient remplis de mercure, et les contacts de ce liquide avec le circuit étaient établis au moyen de vis de fer qui pénétraient dans chacun des trous après avoir traversé la planche. Les tiges elles-mêmes étaient formées avec des bouts de fil de cuivre, taraudés à une des extrémités et vissées à fond dans

Fig 18.

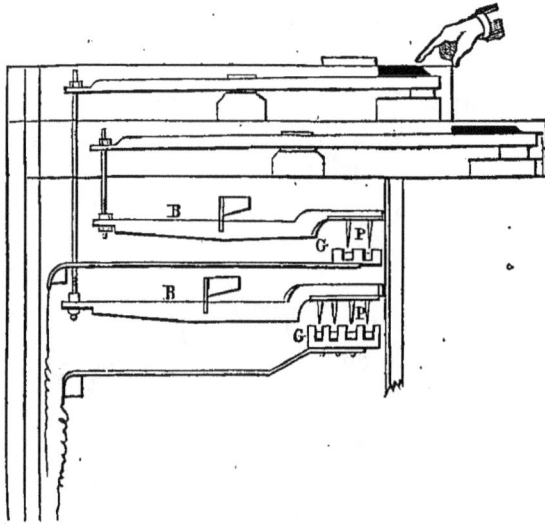

une pièce de cuivre commune aux deux tiges. De cette manière, on pouvait, quand les tiges venaient à s'user par suite de leur dissolution dans le mercure, les rallonger facilement. D'un autre côté, comme le mouvement produit par l'abaissement des touches n'était pas suffisant pour séparer les tiges des surfaces mercurielles, en raison des gouttes adhérentes qu'entraînaient ces tiges au sortir du mercure, on a dû augmenter cette course, et c'est à cet effet qu'on s'est trouvé conduit à faire réagir les touches sur des bascules dont les bras étaient calculés de manière à fournir un mouvement d'une longueur de 3 à 4 centimètres, comme on le voit, fig. 18. Néanmoins, cette disposition, par sa mauvaise exécution, a failli compromettre l'invention, et c'est au peu de soin qu'on a apporté à la construction de ces interrupteurs, qu'il faut rapporter tous les défauts qui se sont produits, et qui ont fait douter un instant de l'efficacité de l'application de l'électricité aux grandes orgues. Il arrivait, en effet, que non-seulement le bois était devenu conducteur sous l'influence de tous ces trous remplis de mercure, mais encore que les étincelles produites au-dessus des surfaces mercurielles déterminaient des éclaboussures qui couvraient toute la surface de la planche, et les gouttelettes qui en résultaient étaient souvent assez nombreuses pour fournir des dérivations de courant capables de faire parler deux ou plusieurs notes au lieu d'une seule. D'un autre côté, les tiges de cuivre en s'usant promptement et inégalement, exigeaient des réparations continuelles. J'ai obvié à ces inconvénients en faisant paraffiner les planches de ces interrupteurs, en introduisant dans les trous des bouts de tubes de verre gommelaqués, et en constituant les tiges métalliques avec des fils de fer amalgamés par le procédé décrit dans notre tome I, p. 306. De cette manière, les dérivations devenaient impossibles, la planche était rendue tout à fait isolante, et les tiges ne se sont plus usées. Jusqu'à présent cette disposition a parfaitement réussi, et c'est elle dont nous avons représenté, fig. 17, le dispositif sur une grande échelle.

Les interrupteurs des autres claviers sont disposés d'une manière semblable, mais les contacts sont moins nombreux, et l'action électrique qu'ils déterminent varie suivant la manière dont est effectué l'accouplement. Ici nous sommes obligé, pour faire comprendre leur mode d'action, de nous reporter à la fig. 19 qui donne la disposition générale du système électrique; mais nous devons faire remarquer tout d'abord qu'il y a eu, pour la simplification du système, interversion des interrupteurs, qui ne sont pas placés dans le même ordre que les claviers. Le clavier de grand orgue est, en effet placé, comme on l'a vu, entre le clavier du récit et le clavier positif.

On remarquera d'abord dans la fig. 19, que la pile qui réagit sur l'appareil est composée de quatre groupes affectés séparément à un clavier. Chacun de ces groupes est constitué par trois grands éléments Delaurier (avec liquide excitateur non acidulé) réunis en tension, et les dimensions de ces éléments sont de 40 centimètres en hauteur, sur 32 centimètres en largeur, avec des charbons doubles (1). Tous les pôles négatifs sont réunis à un fil commun qui correspond à un premier commutateur C, lequel n'est mis en action que quand la soufflerie de l'orgue est elle-même mise en jeu. A cet effet, les tiges qui doivent réunir les deux godets remplis de mercure sont portées par un soufflet dépendant de la soufflerie de l'orgue, et ce soufflet, naturellement, ne produit la fermeture du circuit que quand l'appareil fonc-

---

(1) Une pile ainsi disposée peut fonctionner pendant six mois consécutifs sans qu'on s'en occupe, du moins si on l'isole convenablement.

tionne. Ce commutateur n'intervient, d'ailleurs, nullement dans le jeu de l'instrument et n'a été adopté que pour éviter les pertes de courant qui pourraient résulter de contacts insolites faits en différents points du réseau conducteur. Au sortir de ce commutateur, le circuit se divise entre les quatre claviers, et pour peu qu'on suive les circuits, qui sont indiqués en lignes pleines fines pour le circuit du récit, en lignes ponctuées pour le clavier positif, en lignes ponctuées alternées de traits pour le clavier de grand orgue et en lignes composées de traits pour le clavier de pédales, on verra que chaque

Fig. 19.

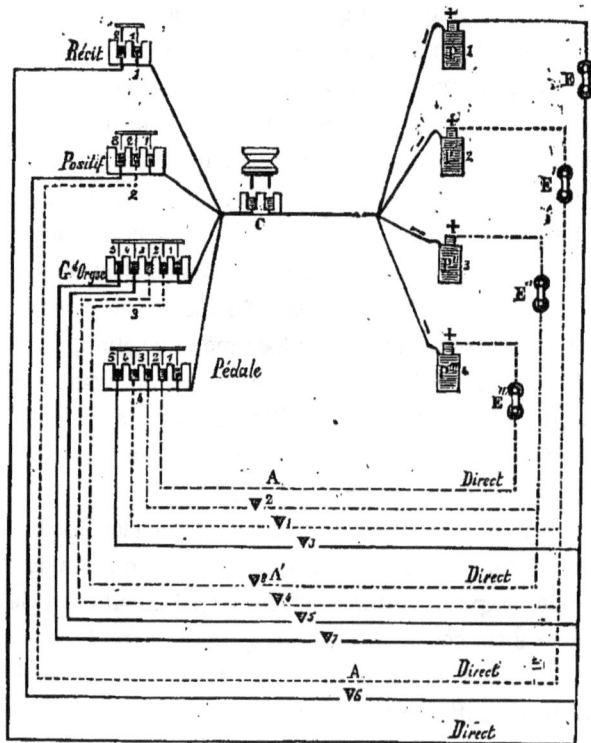

circuit de clavier est toujours isolé et possède sa pile particulière, même quand les accouplements reportent ces circuits d'un clavier sur l'autre.

Les interrupteurs d'accouplement sont représentés en A, A′, A′, sur la figure 19, et les conjonctions des circuits sont effectuées au moyen de pièces métalliques en forme de coins qui s'enfoncent isolément entre deux lames de ressort terminant les deux bouts disjoints de chacun des fils qui réunissent les interrupteurs d'accouplement des claviers aux électro-aimants des jeux. Ces pièces, au nombre de 54 pour chaque accouplement, sont fixées sur une traverse de bois articulée horizontalement, qui est mise en mouvement par les pédales d'accouplement et qui, en décrivant un petit arc de cercle, opère la réunion métallique de tous les couples de ressorts placés devant elle. Il existe huit traverses de ce genre, et elles sont placées ainsi que les ressorts qui leur corespondent, dans des compartiments hermétiquement fermés, à l'intérieur de la cage de l'orgue et derrière l'organiste. On aurait pu aussi bien et même mieux employer des contacts mercuriels au lieu de lames de ressort.

Grâce à ce système d'accouplements, on peut faire en sorte : 1° d'accoupler ensemble tout ou partie des jeux correspondants aux différents claviers, tout en leur permettant de fonctionner séparément ; 2° de faire réagir les jeux d'un clavier sous l'influence d'un autre, soit isolément, soit en accouplement. Ainsi, on pourra faire fonctionner les jeux du récit ou du clavier positif avec le clavier de grand orgue, et on pourra obtenir l'accouplement du récit et du positif entre eux. Il suffira, dans le premier cas, d'abaisser la pédale n° 4 ou la pédale n° 5, et dans le second cas, d'abaisser la pédale n° 6. En raison de ces combinaisons, le clavier de grand orgue ne peut faire fonctionner les jeux qui lui correspondent que par l'abaissement d'une pédale spéciale qui n'est plus alors une pédale d'accouplement. Cette pédale porte le n° 8. Les autres claviers étant en rapport avec des systèmes de circuits non interrompus, peuvent toujours réagir directement sur les jeux qui leur correspondent, et les pédales que l'on abaisse et qui sont au nombre de 3 pour le clavier de pédales et de 1 pour le clavier positif, n'ont d'autre effet à produire que des accouplements. Pour peu qu'on suive sur la figure les combinaisons des circuits, on peut voir aisément ce qui doit arriver quand on abaisse telle ou telle de ces pédales. Supposons, en effet, que l'on ait abaissé les pédales n° 5 et 8, comme ces pédales appartiennent l'une aux circuits du récit, l'autre aux circuits du grand orgue, toutes les notes qui seront touchées sur le clavier de grand orgue feront parler simultanément les jeux correspondants du récit et du grand orgue, lesquels fonctionneront sous l'influence des piles 1 et 3 et des interrupteurs 1-2, 1-4 du clavier n° 3.

La pédale n° 7 sert à l'accouplement de celles des notes du récit qui sont à une octave plus haut que les notes touchées au grand orgue, et cet effet est produit par la liaison des interrupteurs n° 5 du clavier n° 3, avec les notes du récit, liaison qui a lieu 13 notes au-dessus de celles qui correspondent aux interrupteurs n° 4 du clavier n° 3.

L'orgue de Saint-Augustin possède quarante-deux jeux et près de deux mille tuyaux.

Les orgues de l'Église de Saint-Pierre de Montrouge, construites peu de temps après celles de Saint-Augustin, également par M. Barker, présentaient quelques perfectionnements de détails dont nous ne parlerons pas ici, puisque la pratique ne les a pas en somme justifiés ; mais, comme disposition, elles offraient une particularité que n'ont pas les orgues de Saint-Augustin et qui avait son intérêt, car elle permettait de faire fonctionner l'orgue à telle distance qu'on pouvait le désirer. Cette particularité consistait dans la mise en action, par des moyens électriques, des tiroirs des registres des différents jeux.

Pour obtenir ce résultat, il fallait faire en sorte que la traction des tiroirs eût pour effet de faire mouvoir à distance les registres des jeux, et ce mouvement ne pouvait être obtenu électriquement, que par l'intermédiaire d'une action analogue à celle que nous avons exposée précédemment pour le jeu des soupapes. A cet effet, M. Barker a adapté aux registres des différents jeux, des leviers pneumatiques, et a fait réagir sur ces leviers des électro-aimants commandés par des commutateurs adaptés aux tiroirs. Mais pour obtenir que l'action provoquée par le courant put se maintenir après sa disparition, condition essentielle pour ne pas multiplier les piles, M. Barker avait employé un système électro-magnétique à armature enclanchée, analogue à celui que nous avons décrit p. 4 et dont on peut voir du reste la disposition fig. 1 ; pour obtenir que l'effet exercé par le tiroir fût différent, suivant qu'il était attiré ou repoussé, il disposait celui-ci de manière à réagir sur un commutateur à double action. Ce commutateur était d'ailleurs constitué par deux sortes de fléaux de balance bien équilibrés, dont les bras pouvaient établir une fermeture de courant sur un circuit différent, en plongeant dans un godet rempli de mercure. Suivant le sens du mouvement communiqué à ces bascules, le courant était fermé dans un circuit ou dans l'autre, et cette action mécanique était déterminée par deux dents de rochet adaptées aux tiroirs des registres et réagissant sur ces fléaux. Suivant donc que le tiroir était tiré ou repoussé, le courant pouvait être fermé à travers l'un ou l'autre des électro-aimants du levier pneumatique correspondant. Quand il était tiré, l'électro-aimant commandant le jeu du levier pneumatique, était mis en action, et le registre était ouvert, et comme sous cette influence son armature se trouvait enclanchée sur le second électro-aimant, l'action électro-magnétique pouvait être interrompue à travers le premier sans changer la disposition du registre. Quand, au contraire, le tiroir venait à être repoussé, le second électro-aimant était mis en action et déclanchait l'armature du premier ; alors celui-ci en ramenant les soupapes du levier pneumatique, interrompait son action, et le registre était refermé.

Système de M. Hilborne L. Roosevelt de New-York. — L'orgu de M. Hile-

borne L. Roosevelt, n'est, comme nous l'avons déjà dit, qu'une copie de
celui de M. Barker que nous venons de décrire, et il est même un peu
moins important, car il n'a que 33 jeux, 29 touches au clavier de pédales, et
trois claviers de 58 touches. Toutefois, les systèmes de jeux qui répondent
à ces claviers et qui sont répartis en trois groupes distincts, sont distribués sur un espace beaucoup plus grand, car nous voyons dans la description qu'en fait le journal américain, que l'une des parties étant placée sur
un des côtés du local réservé à ces orgues, la seconde partie est située à
60 pieds de l'autre côté, et la troisième qui correspond au grand orgue
et qui surmonte tout le système, se trouve à 175 pieds des claviers.

Dans ce système comme dans celui de MM. Peschard et Barker, l'action
électrique destinée à faire fonc-
tionner les soupapes des différents jeux s'exerce par l'intermédiaire de leviers pneumatiques; mais le jeu de ceux-ci
s'effectue dans d'autres conditions. Ainsi, ces leviers au lieu
d'être placés au-dessous des
layes et d'agir sur les soupapes
des jeux par l'effet de leur gonflement, ne produisent cette
action que sous l'influence de
leur dégonflement ; de sorte que
l'action des électro-aimants, au

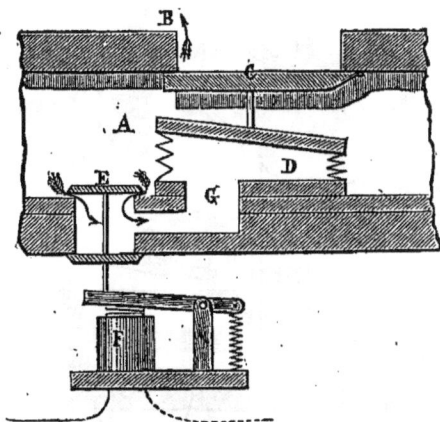

Fig. 20.

lieu d'avoir pour effet de donner issue à l'air comprimé dans les soufflets,
quand ils sont actifs, ne fait qu'ouvrir une voie à son écoulement. Pour
obtenir cet effet, ces leviers pneumatiques, représentés en D, fig. 20, sont
placés à l'intérieur même de la laye A ou du tuyau de distribution de l'air
comprimé, et les petites soupapes E de ces leviers, conduites par des
électro-aimants F, établissent en temps normal une communication entre
cet air comprimé et l'intérieur des soufflets, ce qui rend ceux-ci incapables de produire aucun effet mécanique, puisque la pression est la même à
l'extérieur qu'à l'intérieur. Toutefois, la partie mobile de ces soufflets étant
accrochée à la soupape C des gravures des jeux, elle peut être maintenue
soulevée, soit par un ressort antagoniste, soit par un contre-courant
d'air, et pour la faire abaisser ainsi que la soupape qui lui correspond,
il suffit de donner issue à l'air comprimé introduit à l'intérieur du soufflet, car la pression déterminée extérieurement, peut dès lors exercer son

effet. Or, c'est précisément cette évacuation de l'air de l'intérieur du soufflet, que produit l'électro-aimant F du levier quand il devient actif.

D'après le journal américain, il paraîtrait que six éléments Leclanché suffiraient pour le jeu de la partie de cette orgue qui est la plus éloignée des claviers. Toutefois, les dimensions de ces éléments ne sont pas précisées, et pour peu que ces dimensions soient celles des éléments Delaurier dont nous avons parlé pour l'orgue français, on pourrait en conclure que l'orgue américain exige le double de force électro-motrice.

Dans le système de M. Hilborne Roosevelt, les distances entre les claviers et les jeux de l'orgue étant considérables, et cet inventeur voulant d'ailleurs faire fonctionner son instrument à distance, on s'est trouvé conduit à appliquer les moyens électriques au jeu des tiroirs ou des registres, et on a encore, pour cela, mis à contribution les moyens employés par M. Barker dans l'orgue de Montrouge. Comme dans ces orgues, en effet, on a dû employer des systèmes électro-magnétiques à enclanchement, analogues à ceux dont il a été question précédemment, et ces systèmes avaient comme ceux-ci pour effet, lors de la traction des tiroirs, de maintenir l'action produite par le courant, tout le temps que les tiroirs devaient rester ouverts, et cela sans que le courant continuât à passer.

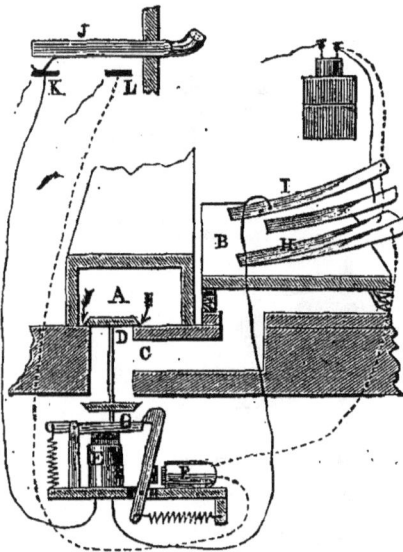

Fig. 21.

Dans ce système, comme du reste dans l'autre, chaque tiroir correspond à un levier pneumatique muni d'un système électro-magnétique de cette espèce, et celui-ci est disposé de manière que sa partie mobile fasse fonctionner le registre du jeu qui lui correspond. En même temps, un commutateur adapté à cette partie mobile et qui se compose de deux couples de lames disposées d'une manière inverse, d'un couple à l'autre, permet au courant de réagir sur l'électro-aimant de déclanchement du levier pneumatique quand il est dégonflé, et sur l'électro-aimant d'enclanchement quand il est gonflé. La fig. 21, représente cette disposition : B est le levier pneumatique ; A le conduit de distribution d'air comprimé, D la soupape d'introduction de cet air dans le soufflet, C le tuyau de communication, E l'électro-aimant d'enclanchement qui en fermant la soupape D vient embrider son armature sur le crochet G, F l'électro-aimant de déclanchement qui, en débridant l'armature de l'autre électro-aimant, ouvre la soupape D; J est le tiroir, K et L des contacts en rapport avec les électro-aimants E et F et les commutateurs I et H, lesquels sont mis en jeu par le soufflet B.

Dans ces commutateurs, l'une des lames est fixe, l'autre est attenante à la partie mobile du soufflet. Cette dernière est placée en dessous pour le commutateur I, et en dessus pour le commutateur H; de sorte que quand le soufflet est abaissé, c'est le commutateur H qui établit la jonction du circuit de l'électro-aimant F avec le contact L, et quand il est relevé, c'est le commutateur I qui établit la communication entre l'électro-aimant E et le contact K. Pour peu qu'on suive la direction du courant dans ces deux circuits, on reconnaît facilement qu'en temps ordinaire aucun courant ne peut passer à travers le système, puisque le tiroir appuie alors sur le contact K et que le soufflet est dégonflé; mais il suffit de tirer ce tiroir pour faire agir le soufflet, car la fermeture du circuit est effectuée en L, et c'est elle qui provoque le débridement de l'armature de l'électro-aimant E et l'ouverture de la soupape D. D'un autre côté, on comprend aisément qu'en repoussant alors le tiroir, on pourra faire taire le jeu de tuyaux mis en action, car le soufflet B étant alors soulevé, l'interrupteur I complète le circuit de l'électro-aimant E, à travers le contact K, et cet électro-aimant, en fermant la soupape D par l'intermédiaire de son armature, et en embridant celle-ci en G, a replacé le système dans ses conditions normales.

Le journal américain ne donne du reste aucun détail sur la disposition des interrupteurs appliqués aux claviers, ni sur ceux destinés aux accouplements. Après avoir donné des renseignements sur la disposition électro-magnétique des leviers pneumatiques, il dit : « à l'exception de ces combinaisons pneumatiques, toutes les autres fonctions de l'orgue sont effectuées mécaniquement, et du moment où l'appareil rentre dans les conditions ordinaires, nous n'avons plus à nous en occuper. » Un peu plus loin il ajoute que l'appareil est très-sensible et que sa promptitude d'action dépasse celle d'un piano; de sorte que l'on peut exécuter les traits les plus rapides avec une netteté et un brillant que l'on ne pourrait obtenir avec les systèmes anciens.

Il existe aussi à Londres des orgues électriques, mais elles ne me sont pas assez connues pour que je puisse en parler.

Application de l'électricité au pyrophone de M. Kastner. — Le pyrophone de M. Kastner est fondé sur la propriété que pos-

sèdent certaines dispositions de flammes de produire des sons, quand elles
sont placées à l'intérieur d'un tube et en un certain point de ce tube qui
dépend de sa longueur et de son diamètre. Naturellement la valeur de ces
sons dépend des dimensions de ces tubes, et en les choisissant convenablement, on peut arriver à obtenir toutes les notes de la gamme dans plusieurs
octaves. Ces sons se rapprochent de ceux de l'orgue, mais ils sont plus
suaves et plus harmonieux, et leur excès de douceur finit même par être
énervant. Néanmoins, M. Kastner, fils de l'ancien membre de l'Académie
des beaux-arts, est parvenu à en faire un instrument agréable, au moyen
duquel il a pu accompagner d'une manière charmante la voix humaine, et
auquel il a donné le nom de *pyrophone*. Nous n'entrerons dans aucun
détail sur la théorie de cet instrument, ni sur les bonnes conditions de son
installation qui ont exigé beaucoup de recherches de la part de son inventeur; nous dirons seulement que, pour produire des sons au moyen des
flammes du gaz d'éclairage, il a fallu imaginer une disposition particulière
de becs de gaz et certaines combinaisons mécaniques propres à établir une
relation de mouvement entre eux et le clavier destiné à les mettre en jeu.
On a réalisé ce problème au moyen d'une série de becs de gaz recourbés et
articulés, rangés circulairement, qui, étant soumis au mouvement de va et
vient d'une vergette, peuvent se réunir de manière à former une couronne
à peu près continue ou à s'écarter les uns des autres d'une distance d'environ 15 millimètres. Quand ces becs sont réunis, les différents jets de gaz ne
forment qu'une seule et même flamme cylindrique qui ne produit aucun
son; mais quand ils se trouvent séparés au moyen d'une traction exercée
sur la tringlette, il se produit un son dont le degré d'acquité est en rapport
avec la grosseur et la longueur du tube dans lequel ces becs sont renfermés.
Toutefois, ces sons ne se développent pas instantanément, et c'est ce qui
fait qu'on a dû composer, pour ce genre d'instrument, une musique particulière dont la mesure est par conséquent fort lente.

Étant en possession, par les moyens précédents, d'une série de notes musicales susceptibles d'être mises à volonté en vibration par un moyen mécanique quelconque, on pouvait, comme on le comprend facilement, relier
ces notes à un clavier de piano, et effectuer cette liaison, soit mécaniquement au moyen de tirants et de compas articulés comme dans un orgue,
soit électriquement, et alors l'appareil pouvait être joué à distance. M. Kastner a employé les deux moyens et ils ont très-bien réussi. Nous ne nous
occuperons naturellement que du dernier.

Pour frapper davantage l'attention, M. Kastner a donné à son pyrophone
électrique, la forme d'un lustre dont les verres des becs constituent les

tuyaux sonores. Ces verres sont, il est vrai, un peu grands et de dimensions différentes ; mais ils sont rangés de manière à se grouper assez agréablement à l'œil. Les tubes les plus longs surmontent les branches les plus longues et les plus basses de l'appareil, et les plus petits la partie centrale. L'organe électro-magnétique appelé à réagir sur les becs et qui a été construit avec une grande habileté par M. Deschiens, consiste dans un électro-aimant à trois pôles, de la forme que nous avons décrite, t. II, p. 78, et dont l'armature est adaptée à la tringlette réagissant sur les becs. La fig. 22 ci-contre représente ce dispositif. P, P sont les becs de gaz qui sont mis en communication avec le tuyau de distribution KK qui leur est commun, par des petits conduits OQ dont la partie inférieure Q est constituée par des tubes de caoutchouc. Ces becs sont au nombre de neuf, mais nous n'en avons représenté que deux sur la figure, pour ne pas la compliquer. Les conduits] O qui sont métalliques, sont soudés par leur partie inférieure sur des pièces C,C qui sont échancrées et articulées à des pièces rigides d, d, fixées au-dessous d'un disque N. Ce disque est fixé à l'extrémité d'une tige verticale L qui termine le tuyau de distribution KK, et sur laquelle glisse une douille M munie de deux disques S et b,b, à l'aide desquels on détermine le mouvement des becs P,P. En effet, le disque S étant engagé dans les échancrures des pièces C,C, et le disque bb étant adapté à l'extrémité de deux petites tringlettes a,a reliées elles-mêmes au système électro-magnétique par l'intermédiaire d'une lamelle II et de deux tirants HH, H'H' fixés à la culasse cc de l'électro-aimant E; il devra arriver, si l'électro-aimant est susceptible de se mouvoir de bas en haut, que les pièces CC oscilleront sur leur pivot d'articulation, et rejetteront en arrière les becs P, P qui se trouveront par cela même éloignés les uns des autres. Au contraire, ces becs se rapprocheront si l'électro-aimant se meut de haut en bas. Or, pour obtenir ce

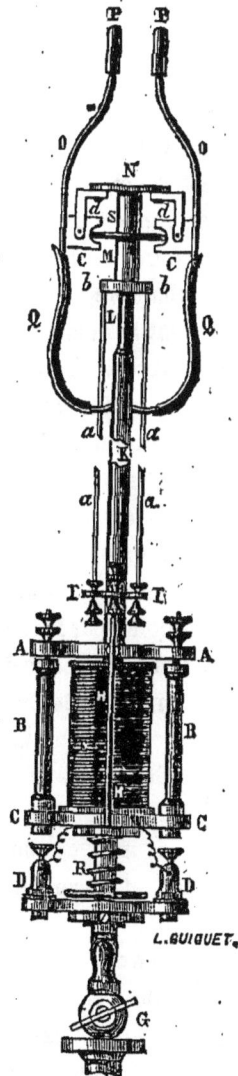

Fig. 22.

L. GUIGUET.

double mouvement de l'électro-aimant E, il suffira que son armature AA
se trouve fixée sur le tuyau de distribution KK, et que son poids, qui constitue alors la force antagoniste opposée à son action, soit réglé convenablement au moyen d'un boudin R. Dans ces conditions, le passage du courant
à travers l'électro-aimant, aura pour effet de provoquer le soulèvement de
celui-ci sous l'influence de l'action qu'il exercera sur son armature qui est
fixe, et lorsque le courant cessera, l'effet inverse sera produit sous l'influence
de l'excès de poids du même électro-aimant. Conséquemment, pour obtenir
des sons de là part des différents systèmes électro-magnétiques ainsi établis,
il suffira de les animer par l'envoi d'un courant, et comme cette transmission peut être faite par l'intermédiaire de fils dissimulés dans le plafond et
mis en rapport avec un clavier à interrupteurs, qui pourra être placé à une
distance quelconque de l'instrument, on pourra mettre en jeu le pyrophone,
d'une chambre éloignée, sans qu'au premier abord on puisse comprendre
d'où vient la musique que l'on entend.

Application de l'électricité aux pianos. — L'idée de mettre
en jeu un piano au moyen de la force électro-magnétique n'est pas nouvelle, comme nous l'avons déjà dit, mais ce n'est guère qu'en 1867 que ce
système s'est trouvé placé dans d'assez bonnes conditions pour fournir quelques résultats satisfaisants. Et d'abord, commençons par dire que cette
application ne peut réellement présenter d'avantages qu'au point de vue du
fonctionnement automatique de ces instruments. Des pianos de ce genre
ne sont donc, par le fait, que des pianos mécaniques dans le genre de ceux
de M. Debain, à cette différence près qu'ils permettent de nuancer un morceau, comme on le fait avec le pianista de M. J. Thibouville.

Les premières tentatives fructueuses qui ont été entreprises dans cet
ordre d'idées, doivent être rapportées à M. Andrea, de Sindelfengen (Wur-
temberg), qui, en 1861, avait pris dans ce pays un brevet pour un piano
électrique; mais ce sont MM. Hipp et Spiess qui ont pu mener à bonne fin
cette idée, et encore n'ont-ils pu réussir à détrôner le piano simplement
mécanique.

Système de M. Hipp. — Au premier abord rien ne semble plus facile que
l'application des moyens électriques au jeu des pianos, mais quand on en
arrive à la mise à exécution, on se heurte contre des difficultés nombreuses
qui ont découragé les premiers inventeurs.

L'idée qui se présente à première vue, est, en effet, celle de placer sous
les touches du piano, des électro-aimants dont l'armature constituerait la
touche elle-même; mais il résulterait d'une semblable disposition, un bruisse-
ment assourdissant qui, non-seulement altèrerait les sons produits, mais les

dominerait souvent. D'un autre côté, l'attaque de la note ne pourrait être facilement obtenue, puisque la force électro-magnétique serait au minimum à son début, et qu'en augmentant à mesure que l'armature se rapprocherait de l'électro-aimant, elle produirait un effet diamétralement opposé à celui qui est déterminé par les doigts.

Pour obtenir un résultat qui, à ce point de vue, pût être satisfaisant, il fallait trouver un système électro-magnétique capable de réagir en sens contraire des électro-aimants ordinaires, c'est-à-dire commencer son action avec sa plus grande force et la terminer avec sa plus faible. Or, c'est ce à quoi est parvenu M. Hipp au moyen de l'électro-aimant dont nous avons parlé, t. II, p. 91, et que nous représentons fig. 23. Avec des électro-aimants de cette nature, il suffisait, en effet, de faire réagir directement les armatures sur les mécanismes des marteaux, pour produire les coups secs nécessaires à leur jeu, et de cette manière, on pouvait se servir du piano comme d'un piano ordinaire.

Dans le sytème de M. Hipp, il y a autant d'électro-aimants que de touches sur le clavier, et ces électro-aimants sont placés à l'intérieur de l'instrument, au-dessus des mécanismes des marteaux, auxquels leur armature est reliée par l'intermédiaire d'une légère tige de bois. Cette disposition peut d'ailleurs être appliquée à toute espèce de pianos sans nécessiter une construction particulière.

Chaque électro-aimant se compose, comme on le voit fig. 23, d'un fer à cheval à deux bobines dont les pôles sont munis d'un pont de laiton S, sur lequel est articulée en *t* l'armature A, et celle-ci est disposée de manière à pouvoir osciller entre les pôles de l'électro-aimant et à décrire un arc de cercle *cc*. Un tampon en buffle paralyse le bruit que causerait l'attraction de cette armature quand elle revient à sa position normale. Comme l'action électro-magnétique s'exerce sur cette armature au moment où elle est presque en contact avec les pôles magnétiques, qu'elle se continue jusqu'à ce que sa ligne médiane se trouve dans le plan des axes magnétiques, pour diminuer après et s'éteindre au bout opposé de l'arc *cc*, le problème que s'était posé M. Hipp se trouvait ainsi complètement résolu.

Fig. 23.

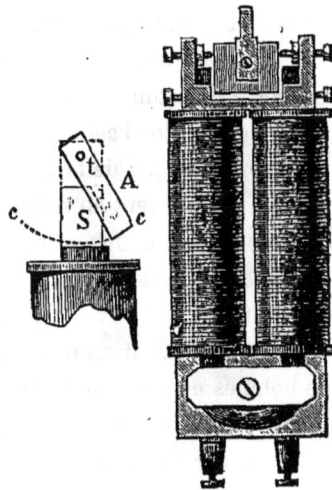

Quant à l'appareil transmetteur, il constitue un petit meuble indépendant du piano et qui peut être placé en tel endroit qu'il convient et même à n'importe quelle distance. Il se compose essentiellement d'un mouvement d'horlogerie mu par un poids qui fait tourner un cylindre métallique mis en rapport avec la pile, et sur lequel appuie un râteau armé d'autant de pointes à ressort qu'il y a de touches au clavier. Chacune de ces pointes est en rapport par un fil avec un des électro-aimants dont nous avons parlé; et peut en touchant la surface du cylindre, compléter le circuit à travers cet électro-aimant.

La musique est notée sur une bande de carton mince ou de toile d'une longueur plus ou moins grande, suivant l'étendue du morceau que l'on veut jouer, et d'une largeur égale à celle du râteau ; elle y est représentée par de petits trous carrés plus ou moins longs, suivant la valeur des notes qu'ils représentent, et ces trous sont pratiqués à l'aide d'un perforateur comme dans le système de transmission automatique de MM. Digney. La bande ainsi perforée représente donc, en quelque sorte, celle qui, dans les métiers Jacquart, fournit les dessins des étoffes. Elle est d'ailleurs roulée en provision sur un rouleau de bois et doit passer entre le cylindre métallique dont nous avons parlé et le râteau qui appuie sur lui. Ce cylindre est disposé de manière à pouvoir entraîner cette bande avec une vitesse suscesptible d'être réglée, et en rapport avec la mesure dans laquelle le morceau doit être joué.

Il est facile de comprendre ce qui arrive quand l'appareil est mis en action ; quand une partie pleine se présente devant une pointe du râteau, aucun contact électrique n'est produit, et aucun marteau du piano n'est mis en jeu ; mais aussitôt que l'une quelconque des pointes rencontre une perforation du carton, la pointe correspondante frotte sur le cylindre métallique, et détermine l'action de l'électro-aimant correspondant, lequel provoque la mise en jeu de l'un des marteaux du piano. S'il y a plusieurs pointes qui rencontrent en même temps le cylindre, plusieurs notes se font entendre en même temps, et comme la pile est disposée de manière à fournir de l'électricité de quantité, la division du courant n'exerce pas une grande influence.

Pour obtenir le renforcement ou l'affaiblissement des sons produits, un jeu de bobines de résistances est établi sur la partie du circuit, commune à tous les électro-aimants, et, suivant qu'on tourne un commutateur, disposé ad hoc, sur tel ou tel des contacts en rapport avec ces différentes résistances, on peut obtenir les effets de forté, de piano et de mezzo piano, qui sont indiqués sur la musique. Suivant M. Hipp, une pile électrique de dix éléments Bunsen de 16 centimètres ou à bichromate de potasse, suffît largement pour faire fonctionner son appareil.

Système de M Spiess. — Ce système ne paraît en rien différer de celui de M. Hipp, que nous avons décrit précédemment. Voici ce qui en est dit dans le *Bulletin de la Société d'encouragement*, t. XV, p. 640.

« M. Spiess, à Sumiswald en Suisse, présente à la Société, un piano droit qui peut être joué comme un piano ordinaire, ou fonctionner mécaniquement par l'électricité.

« L'appareil entier qui produit cette exécution mécanique, se compose de deux parties qui peuvent être séparées par une assez grande distance. La première, l'organe directeur, est formée d'un mécanisme d'horlogerie, dont le mouvement uniforme peut être modifié à volonté et qui fait passer une bande de papier fort, d'un rouleau de bois sur lequel elle est enroulée, sur un autre rouleau pareil. Entre les deux, le papier est tendu sur un rouleau de cuivre auquel aboutit l'un des fils d'une pile électrique. Au-dessus de ces trois rouleaux, on trouve un peigne dont les dents sont en communication avec l'autre pôle de la pile, par l'intermédiaire des organes électriques destinés à faire fonctionner le piano. La bande de papier empêche le passage du courant électrique, mais elle ressemble aux cartons du métier Jacquart, et elle est percée de trous de longueurs différentes, correspondant aux notes du morceau de musique qui doit être exécuté sur le piano.

« Cet instrument, le piano, est la deuxième partie du système. Chacun de ses marteaux peut être conduit de deux manières ; d'une part, par la touche du clavier pour l'usage du pianiste, et d'autre part, par une petite tige verticale en bois, qui peut soulever le levier et faire parler la note lorsqu'elle est tirée de bas en haut. Dans l'exécution mécanique de la musique, cette traction est opérée par des électro-aimants en nombre égal à celui des notes, lesquels entrent en action aussitôt que, sur l'organe directeur, la présence d'un trou du papier sous la dent correspondante du peigne, permet au courant électrique de s'établir. Ainsi, chaque note écrite par des trous sur la bande de papier percée dans le système Jacquart, donne lieu au passage du courant, quand cette ouverture permet le contact de la dent du peigne sur le cylindre de cuivre, et ce courant anime l'électro-aimant correspondant à cette dent, qui soulève la tige de bois et fait parler la note. Quelques autres dispositions de détails fondées sur le même principe mettent en fonction des pédales de forté ou de sourdine, de manière à nuancer convenablement le jeu de l'instrument.

« M. Spiess, après avoir décrit cet appareil, a fait exécuter plusieurs morceaux de musique par le piano qu'il avait établi dans la salle. La prestesse du jeu, sa netteté dans les passages rapides ont été remarquées, et la pile, qui n'était composée que de 36 éléments de Daniell, a donné cependant une force suffisante pour que le son de l'instrument fût au moins égal à ce qu'il aurait été sous la main d'un bon pianiste. (Extrait du procès-verbal de la séance de la *Société d'encouragement*, du 24 juillet 1868.) »

M. Spiess avait encore annoncé, que des dispositions du même genre avaient été appliquées par lui à l'orgue, et il exprimait le désir qu'il aurait eu, d'en faire entendre les effets sur l'orgue d'une des églises de Paris. Son désir a du reste été accompli, car nous lisons dans les *Mondes*, t. XVIII, p. 163, un compte-rendu d'expériences faites par lui, sur l'orgue de Saint-Sulpice, et qui ont été, paraît-il, très-satisfaisantes.

Application de l'électricité à la transmission des sons musicaux. — Il y a déjà longtemps, MM. Page, Henry et Wertheim, avaient observé que si on magnétise et on démagnétise rapidement un fil de fer, on le fait entrer en vibration, et il peut dès lors produire des sons plus ou moins aigus suivant la rapidité des actions magnétisantes qui l'animent. Si on emploie pour produire ces effets de magnétisation, des courants électriques, ces vibrations sont isochrones avec celles qui sont produites par l'interrupteur du courant, et l'on comprend dès lors, que si, à une station, on s'arrange de manière à faire vibrer un interrupteur à l'unisson d'un son musical quelconque, on pourra transmettre à un fil de fer placé à une seconde station et enveloppé par une hélice électro-magnétique, un mouvement de vibration qui pourra représenter le son musical reproduit par l'interrupteur. Tel est le principe sur lequel sont fondés les appareils destinés à la transmission des sons musicaux et auxquels on a donné le nom de *téléphones*.

Téléphone de M. Reuss. — Le téléphone de M. Reuss se compose, comme les systèmes télégraphiques, de deux parties distinctes, d'un transmetteur et d'un récepteur. La fig. 24 représente le premier, qui est par conséquent placé à la station où se trouve l'instrument de musique dont on doit transmettre les sons, et le second appareil destiné à répéter à l'autre station les sons transmis, est représenté, fig. 25. Naturellement, la distance séparant les deux stations peut être aussi grande que l'on veut, pourvu que le générateur électrique ait une force convenable et en rapport avec cette distance. La liaison des deux appareils entre eux est d'ailleurs faite comme dans les systèmes télégraphiques ordinaires.

Le transmetteur se compose d'une boîte sonore K, qui porte à sa partie supérieure une large ouverture circulaire, à travers laquelle est tendue une membrane, et au centre de celle-ci, se trouve adapté un léger disque de pla-

tine o, au-dessus duquel est fixé une pointe métallique b qui constitue avec
lui l'interrupteur. Sur une des faces de cette boîte sonore K, se trouve une
sorte de porte-voix T, qui est destiné à recueillir les sons et à les diriger à
l'intérieur de la boîte K, pour les faire réagir ensuite sur la membrane. Une
partie de la boîte K a été brisée sur la figure, pour qu'on puisse distinguer
les différentes parties qui la composent. Les tiges a,b,c qui portent la pointe
de platine b sont réunies métalliquement avec une clef Morse t, placée sur

Fig. 24.   Fig. 25.

le côté de la boîte K, et avec un électro-aimant A qui appartient à un
système télégraphique destiné à échanger les signaux nécessaires à la mise
en action des deux appareils aux deux stations.

Le récepteur est constitué par une caisse sonore B, portant deux cheva-
lets d,d sur lesquels est soutenu un fil de fer dd de la grosseur d'une aiguille
à tricoter. Une bobine électro-magnétique g enveloppe ce fil, et se trouve
enfermée par un couvercle D, qui concentre les sons déjà amplifiés par
la caisse sonore ; cette caisse est même munie, à cet effet, de deux ouvertures pratiquées au-dessous de la bobine.

Le circuit de ligne est mis en rapport avec le fil de cette bobine, par les
deux bornes d'attache 3 et 4, et une clef Morse t se trouve placée sur le côté
de la caisse B pour l'échange des correspondances.

Pour faire fonctionner ce système, il suffit de faire parler l'instrument
dont on veut transmettre les sons devant l'ouverture T, et cet instrument
peut être une flûte, un violon ou même la voix humaine. Les vibrations de
l'air déterminées par ces instruments, font vibrer à l'unisson la membrane
téléphonique, et celle-ci, en approchant et éloignant rapidement le disque
de platine o de la pointe b, fournit une série d'interruptions de courant qui

se trouvent répercutées par le fil de fer *dd* et transformées en vibrations métalliques, dont le nombre est égal à celui des sons successivement produits.

D'après ce mode d'action, on comprend donc qu'il soit possible de transmettre les sons avec leur valeur relative; mais l'on conçoit également que ces sons ainsi transmis n'auront pas le timbre de ceux qui leur donnent naissance, car le timbre est indépendant du nombre des vibrations, et il faut même le dire ici, les sons produits par l'appareil de M. Reuss avaient un timbre de flûte à l'ognon qui n'avait rien de séduisant; toutefois, le problème de la transmission électrique des sons musicaux était bien réellement résolu, et on pouvait dire en toute vérité qu'un air ou une mélodie pouvait être entendu à une distance aussi grande qu'on pouvait le désirer.

L'invention du téléphone paraît antérieure à l'année 1866, car le professeur Heisler en parle dans son *Traité de physique technique,* publié à Vienne en 1866, et prétend même dans l'article qu'il lui consacre, que, quoique dans son enfance, cet appareil était susceptible de transmettre non-seulement des sons musicaux, mais encore des mélodies chantées. Ce système fut ensuite perfectionné par M. Vander Weyde qui, après avoir lu la description publiée par M. Heisler, chercha à rendre la boîte de transmission de l'appareil Reus plus sonore, et les sons produits par le récepteur plus forts.

Voici ce qu'il dit à ce sujet dans le *Scientific american journal :*

« Ayant fait construire en 1868, deux téléphones du genre de celui décrit précédemment, je les montrai à la réunion du club polytechnique de l'Institut américain. Les sons transmis étaient produits à l'extrémité la plus éloignée du Cooper Institut, et tout à fait en dehors de la salle où se trouvaient les auditeurs de l'association, et l'appareil récepteur était placé sur une table, dans la salle même des séances. Il reproduisait fidèlement les airs chantés, mais les sons étaient un peu faibles et un peu nasillards. Je songeai alors à perfectionner cet appareil, et je cherchai d'abord à obtenir dans la boîte K des vibrations plus puissantes en les faisant répercuter par les côtés de cette boîte au moyen de parois creuses. Je renforçai ensuite les sons produits par le récepteur, en introduisant dans la bobine plusieurs fils de fer au lieu d'un seul. Ces perfectionnements ayant été soumis à la réunion de l'association américaine pour l'avancement des sciences, qui eut lieu en 1869, on exprima l'opinion que cette invention renfermait le germe d'une nouvelle méthode de transmission télégraphique, qui pourrait conduire à des résultats importants. »

S'il est vrai, comme l'a assuré sir W. Thomson, qu'à l'exposition de Philadelphie de 1876 se trouvait un système télégraphique transmettant la

parole, on pourra reconnaître que cette prédiction de l'association améri-
ricaine a été justifiée au-delà même des prévisions. Nous verrons du reste
qu'on a fondé sur ce principe plusieurs systèmes de transmissions simultanées qui ont évidemment leur mérite.

Téléphone de MM. Cecil et Léonard Wray. — Ce système n'est qu'un simple perfectionnement de celui de M. Reuss, imaginé en vue de rendre les
effets produits plus énergiques. Ainsi le transmetteur est muni de deux
membranes au lieu d'une, et son récepteur, au lieu d'être constitué par un
simple fil de fer recouvert d'une bobine magnétisante, se compose de deux
bobines distinctes placées dans le prolongement l'une de l'autre, et à l'intérieur desquelles se trouvent deux tiges de fer. Ces tiges sont fixées par une
de leurs extrémités à deux lames de cuivre maintenues elles-mêmes dans
une position fixe au moyen de deux piliers à écrous, et les deux autres extrémités de ces tiges, entre les bobines, sont disposées à une très-petite distance l'une devant l'autre, mais sans cependant se toucher. Le système est
d'ailleurs monté sur une caisse sonore, munie d'un trou dans l'espace correspondant à l'intervalle séparant les bobines, et celles-ci correspondent à
quatre boutons d'attache qui sont mis en rapport avec le circuit de ligne,
de telle manière, que les polarités opposées des deux tiges soient de signes
contraires, et ne forment qu'un seul et même aimant coupé par le milieu.
Il paraît qu'avec cette disposition les sons produits sont beaucoup plus
accentués.

La forme du transmetteur est aussi un peu différente de celle que nous
avons décrite précédemment; la partie supérieure, au lieu d'être horizontale, est un peu inclinée, et l'ouverture par laquelle les sons doivent se
communiquer à la membrane vibrante, occupe une grande partie du côté
le plus élevé de la caisse, qui à cet effet se présente sous une certaine obli-
quité. La seconde membrane qui est en caoutchouc, forme une sorte de
cloison qui divise en deux la caisse, à partir du bord supérieur de l'ouverture, et d'après l'inventeur, elle aurait pour effet, tout en augmentant l'amplitude des vibrations produites par la membrane extérieure, comme dans
un tambour, de protéger celle-ci contre les effets de la respiration et plusieurs autres causes nuisibles. L'interrupteur lui-même diffère aussi de celui
de l'appareil de M. Reuss. Ainsi le disque de platine appelé à fournir les
contacts, n'est mis en rapport métallique avec le circuit, que par l'intermédiaire de deux petits fils de platine ou d'acier qui plongent dans deux petits
godets remplis de mercure et reliés à ce circuit. Par ce moyen, la membrane
se trouve libre dans ses mouvements et peut vibrer plus facilement.

L'interruption est d'ailleurs effectuée par une petite pointe de platine portée par un levier à ressort articulé qui se trouve au-dessus du disque, et dont l'extrémité étant fixée au-dessous d'une sorte de clef Morse, permet d'effectuer à la main les fermetures de courant nécessaires à l'échange des correspondances pour la mise en train des appareils. On peut voir les dessins et la description de cet appareil dans le *Telegraphic journal* du 15 février 1877.

Téléphone de M. Elisha Gray, de Chicago (1). — Ce système téléphonique est encore une modification de celui de M. Reuss, que nous avons décrit précédemment. Il se compose d'abord d'une bobine d'induction à deux hélices superposées, dont l'interrupteur, qui est à trembleur, est multiplé et disposé de manière à produire des vibrations assez nombreuses pour émettre des sons. Ces sons, comme on le sait, peuvent être modifiés suivant la manière dont l'appareil est réglé, et s'il existe à côté les uns des autres un certain nombre d'interrupteurs de ce genre, dont les lames vibrantes seront réglées de manière à fournir les différentes notes de la gamme sur plusieurs octaves, on pourra en mettant en action tels ou tels d'entre eux, exécuter sur cet instrument d'un nouveau genre, un morceau de musique dont les sons se rapprocheront de ceux produits par les instruments à anches, tels que, harmoniums, accordéons, etc. La mise en action de ces interrupteurs pourra d'ailleurs être effectuée au moyen du courant primaire de la bobine d'induction qui circulera à travers l'un ou l'autre des électro-aimants de ces interrupteurs, sous l'influence de l'abaissement de l'une ou l'autre des touches d'un clavier commutateur, et les courants secondaires qui naîtront dans la bobine sous l'influence de ces courants primaires interrompus, pourront transmettre les vibrations correspondantes, à distance, sur un récepteur qui pourra être de la nature de ceux des systèmes précédents.

Toutefois, M. Elisha Gray dispose ce récepteur d'une manière un peu différente. Au lieu d'un fil de fer ou de deux tiges de fer entourées de bobines magnétisantes, il emploie un simple électro-aimant renversé, sous les pôles duquel est adaptée une caisse cylindrique en métal, laquelle étant percée comme les violons de deux trous en S, joue le rôle de caisse sonore. Il prétend que les mouvements moléculaires déterminés au sein du noyau magnétique sous l'influence des alternatives d'aimantations et de désaimantations, suffisent pour déterminer des vibrations en rapport avec la rapidité de ces alternatives, et ces vibrations sont amplifiées par la caisse sonore.

S'il faut en croire M. Elisha Gray, les vibrations transmises par des cou-

---

(1) Voir le *Télégraphic journal*, t. III, p. 286.

rants secondaires, seraient capables de faire résonner à distance et à *travers même le corps humain*, des lames conductrices susceptibles d'entrer facilement en vibration et disposées sur des caisses sonores. Ainsi, on pourrait faire produire des sons musicaux à des cylindres de cuivre placés sur une table, à une plaque métallique tendue sur une boîte de violon, à une feuille de clinquant tendue sur un tambour ou à toute autre substance résonnante, en touchant d'une main ces différents corps et en prenant de l'autre le bout du fil du circuit; ces sons qui pourraient avoir un timbre différent suivant la nature de la substance touchée, reproduiraient la note transmise avec le nombre exact de vibrations qui lui correspond (1).

On comprend aisément que les mêmes effets pourraient être reproduits, si au lieu d'interrupteurs ou de rhéotomes électriques, on employait à la station de transmission des interrupteurs mécaniques disposés de manière à fournir le nombre d'interruptions de courant en rapport avec les vibrations des différentes notes de la gamme. On pourrait encore, par ce moyen, se dispenser de la bobine d'induction, et faire réagir directement sur le récepteur le courant ainsi interrompu par l'interrupteur mécanique.

Dans une autre disposition décrite dans le *Télégrapher* du 7 octobre 1876, l'appareil transmetteur est un peu modifié; l'action électrique qui détermine la vibration des lames, est fournie par une pile locale, et pour éviter les irrégularités d'action qui pourraient résulter des variations d'intensité de cette pile, M. Gray emploie un système électro-magnétique à double électro-aimant. Les lames vibrantes fournissant les différentes notes et qui sont en acier, sont alors placées entre les pôles de deux électro-aimants de résistance très-différente, interposés sur le circuit local de la pile, et ce circuit est combiné de manière à former avec la lame vibrante un rhéotome à trem-

---

(1) M. Gray, dans un article inséré dans le *Télégrapher* du 7 octobre 1876, et dont on trouvera une traduction dans les *Annales télégraphiques* de mars-avril 1877, p. 97-120, entre dans de longs détails sur ce mode de transmission des sons par les tissus du corps humain, et voici suivant lui les conditions dans lesquelles il faut être placé pour obtenir de bons résultats :

1° Les émissions électriques doivent avoir une tension considérable pour rendre l'effet perceptible à l'oreille ;

2° La substance employée pour toucher la plaque métallique, doit être douce, flexible et conductrice jusqu'au point de contact ; là, il faut interposer une résistance très-mince, ni trop grande, ni trop petite ;

3° La plaque et la main, ou autre tissu, ne doivent pas seulement être en contact, il faut que ce contact résulte d'un frottement ou d'un glissement ;

4° Les parties en contact doivent être sèches, afin de conserver le degré voulu de résistance.

bleur, dans lequel les interruptions du courant sont déterminées par la constitution du système électro-magnétique en circuit court. A cet effet, chaque lame vibrante est mise directement en rapport avec l'un des pôles de la pile locale, et le ressort contre lequel elle appuie pour constituer le trembleur, est relié au circuit des deux électro-aimants, à leur point de liaison. L'électro-aimant le plus résistant qui a 30 ohms, est placé du côté de ce ressort, c'est-à-dire de manière que l'attraction déterminée par lui ait pour effet de produire le contact de la lame avec le ressort. Le second électro-aimant qui n'a que 4 ohms, est placé du côté opposé, et c'est de ce même côté qu'est placé l'interrupteur destiné à transmettre les courants sur la ligne. Avec cette disposition, on comprend aisément que quand, par suite de l'abaissement de l'une des touches du manipulateur le courant est fermé à travers le circuit électro-magnétique de la lame correspondante, l'action de l'électro-aimant le plus résistant étant prépondérante, l'attraction s'effectue sur la lame de manière à la mettre en contact avec le ressort du trembleur, et il en résulte une dérivation en court circuit, qui reporte la presque totalité de l'action électrique sur le second électro-aimant dont la force passe de 1 à 4, tandis que celle de l'autre tombe de 5 à 0. Il en résulte donc alors une répulsion de la lame vibrante qui se change immédiatement après en attraction, comme dans les trembleuses ordinaires; seulement, avec cette disposition, le centre de vibration coïncide avec le centre de la languette quand elle est au repos, ce qui est une condition indispensable pour la soustraire aux variations ordinaires de la pile.

Le contact destiné aux transmissions est, comme nous l'avons dit, disposé du côté opposé à celui qui fournit les vibrations, et le courant qui est en rapport avec lui, tout en passant à travers la lame vibrante comme le premier, provient d'une pile de ligne naturellement plus forte que celle dont il a été question précédemment.

Le récepteur a été aussi combiné d'une autre manière. Au lieu d'une caisse sonore, on en emploie un certain nombre, une pour chaque lame vibrante. Ces caisses sont de dimensions variables et accordées de manière à correspondre au clavier de l'organe transmetteur. Elles sont rangées les unes à côté des autres, à un pouce environ de distance, et sont solidement fixées à une barre en bois qui les traverse toutes. Sur cette barre est monté un électro-aimant semblable à celui employé dans le premier système, et qui reçoit l'action des courants transmis. Cet arrangement conserve toutes les qualités sonores de la caisse unique, combinées avec le renforcement de chaque note par résonnance, ce qui donne au son plus de clarté.

Suivant M. Gray, on peut obtenir avec cette disposition, non-seulement la reproduction du son émis par une touche isolée du transmetteur, mais encore la reproduction simultanée des sons émis par toute une série de touches, *pourvu que l'opérateur agisse sur toutes en même temps*, que le résultat de la combinaison soit en accord ou en discordance.

Quand le récepteur agit seul, le son résultant de la transmission de plusieurs notes musicales est une sorte de résultante de toutes les vibrations produites, et aucune d'elle ne prédomine sur l'autre; de sorte qu'il est difficile pour une oreille peu exercée de les distinguer les unes des autres; mais si on approche de l'instrument un *résonnateur* tel que celui qu'Helmholtz a imaginé pour analyser les sons musicaux transmis par l'air (1), le son correspondant en hauteur à celui du résonnateur, sera renforcé de telle sorte qu'on l'entendra très-distinctement au-dessus des autres. Or, imaginons, placés devant le récepteur dont nous avons parlé, une série de résonnateurs disposés de manière à amplifier isolément chacun des sons transmis par les différentes lames vibrantes : on comprendra aisément que, si à la station de transmission, plusieurs touches sont abaissées simultanément, chacun des résonnateurs de l'autre station, en rapport avec les lames vibrantes de ces touches, fera ressortir la note qui lui est propre, et si les sons émis par chaque touche abaissée sont combinés de manière à fournir un langage télégraphique, on peut concevoir qu'il sera possible de transmettre simultanément plusieurs dépêches, puisque chaque résonnateur ne fera entendre distinctement que les sons qui lui correspondent. Tel est le principe du système des transmissions simultanées de M. Gray, dont nous aurons occasion d'étudier plus tard la disposition pratique, ainsi que celle de M. P. de Lacour, de Copenhague, qui paraît antérieure (2).

Harmonica électrique de M. Petrina. — La partie du système précédent appelée à transmettre les sons musicaux par l'intermédiaire d'interrupteurs électro-magnétiques vibrants, constitue par le fait un harmonica électrique : or, cette disposition avait été combinée dès l'année 1852, et en 1856, M. Petrina, de Prague, la désignait sous ce nom, quoiqu'à proprement parler elle ne constituât pas dans sa pensée un instrument de musique. Voici ce que

---

(1) Le résonnateur d'Helmholtz repose sur ce principe qu'un volume d'air contenu dans un vase ouvert, émet une certaine note quand il est mis en vibration. La hauteur de cette note dépend de la dimension du vase et de celle de l'ouverture découverte. La forme employée par M. Helmholtz était celle d'un globe, avec une ouverture large sur un côté et petite sur l'autre; c'est c'est dernière qu'on approche de l'oreille. S'il y a dans l'air ambiant une série de sons musicaux, c'est celui qui est d'accord avec la note fondamentale du globe qui est renforcé et qui est perçu parmi tous les autres.

(2) Voir les *Annales télégraphiques* de mars-avril 1877, p. 97-120.

j'en disais dans le tome IV de la seconde édition de cet ouvrage, publié en 1859 :

« Le principe de cet appareil est le même que celui du rhéotome de Neef, au marteau duquel on a substitué une baguette dont les vibrations transversales produisent un son. Quatre de ces baguettes, différentes en longueur, sont placées l'une à côté de l'autre et étant mises en mouvement au moyen de touches, puis arrêtées par des leviers, produisent des sons de combinaison dont il devient facile de démontrer l'origine. »

Dans la première édition de mon *Exposé des applications de l'électricité*, tome I, p. 168, publié en 1852, j'avais décrit un appareil analogue à celui qui précède ; mais j'y avais attaché si peu d'importance, que je n'en ai même pas parlé dans ma seconde édition. Il est vrai qu'au lieu d'en faire un appareil de démonstration, je voulais en faire un véritable harmonica.

Transmission électrique de la parole. — A l'exposition de Philadelphie de 1876, les appareils téléphoniques ont joué un certain rôle, et on a fait même beaucoup de bruit autour d'un certain télégraphe dit *parlant*, qui pouvait transmettre la parole. Si un homme aussi sérieux que M. W. Thomson ne l'avait pas assuré, on aurait pu croire cette nouvelle de la nature de celles qui nous arrivent souvent du Nouveau-Monde ; mais en raison de l'autorité si considérable du célèbre électricien anglais et des affirmations qui ont été données depuis par S. M. l'Empereur du Brésil et M. Hugues, nous devons nous y arrêter un instant.

Voici ce que M. W. Thomson a dit à ce sujet à l'Association britannique pour l'avancement des sciences, lors de sa réunion à Glascowe en septembre 1876 :

« Au département des télégraphes des Etats-Unis, j'ai vu et entendu le téléphone électrique de M. Elisha Gray, merveilleusement construit, faire résonner en même temps quatre dépêches en langage Morse, et avec quelques améliorations de détails, cet appareil serait évidemment susceptible d'un rendement quadruple... Au département du Canada, j'ai entendu : « to be or not to be. — There's the rub, » articulés à travers un fil télégraphique, et la prononciation électrique ne faisait qu'accentuer encore l'expression railleuse des monosyllabes ; le fil m'a récité aussi des extraits au hasard des journaux de New-York... Tout cela, mes oreilles l'ont entendu articuler très-distinctement par le mince disque circulaire formé par l'armature d'un électro-aimant... C'était mon collègue du jury, le professeur Watson qui, à l'autre extrémité de la ligne, proférait ces paroles à haute et intelligible voix, en appliquant sa bouche contre une membrane tendue, munie d'une petite pièce de fer doux, laquelle exécutait près d'un électro-aimant introduit dans le circuit de la ligne, des mouvements proportionnels aux vibrations sonores de l'air. Cette découverte, la merveille des merveilles du télégraphe électrique, est due à un de nos jeunes compatriotes, M. Graham Bell, originaire d'Édimbourg et aujourd'hui naturalisé citoyen des États-Unis.

« On ne peut qu'admirer la hardiesse d'invention qui a permis de réaliser avec des moyens si simples, le problème si complexe de faire reproduire par l'électricité, les intonations et les articulations si délicates de la voix et du langage, et pour obtenir ce résultat, il fallait trouver moyen de faire varier l'intensité du courant dans le même rapport que les inflexions des sons émis par la voix. »

Voici du reste la description et les dessins de ce système téléphonique, tels qu'ils ont été publiés dans l'*Engineering* du 22 décembre 1876 :

« Le téléphone articulant de M. Graham Bell, comme ceux de MM. Reuss et Gray, comporte deux appareils, un transmetteur et un récepteur, et ces appareils sont si simples, que sans la haute autorité de sir W. Thomson, on serait tenté de mettre en doute les effets merveilleux qu'on leur attribue.

« Le transmetteur, représenté fig. 26, consiste dans un électro-aimant *à noyau aimanté*, fixé horizontalement sur un petit pilier d'environ deux

Fig. 26.

pouces, lequel est monté lui-même sur un socle d'acajou. Devant les pôles de cet électro-aimant, ou pour parler plus exactement, de ce système magnéto-électrique, car c'est un appareil d'induction magnéto-électrique, est fixé dans un plan vertical un cadre circulaire en cuivre sur lequel est tendue une membrane portant à son centre une petite armature de fer doux, de forme oblongue, et cette armature en vibrant avec la membrane, peut, par son mouvement accompli devant l'appareil d'induction, déterminer des courants induits dont l'intensité est en rapport avec les divers mouvements vibratoires de la membrane. Cette membrane peut d'ailleurs être tendue plus ou moins comme la peau d'un tambour, au moyen des trois vis de serrage que l'on voit dans le dessin au devant de l'appareil. Les deux bouts du fil des bobines d'induction aboutissent à deux boutons d'attache que l'on aperçoit à droite de la figure, et auxquels est relié, par le fil de ligne, l'appareil récepteur. La partie antérieure de l'appareil est constituée par une cavité cylindrique qui sert de porte-voix, et c'est devant elle que l'on parle pour transmettre.

L'appareil récepteur, représenté fig. 27, n'est autre chose qu'un électro-aimant tubulaire de M. Nicklès, sur le pôle circulaire duquel est fixée, par

Fig. 27.

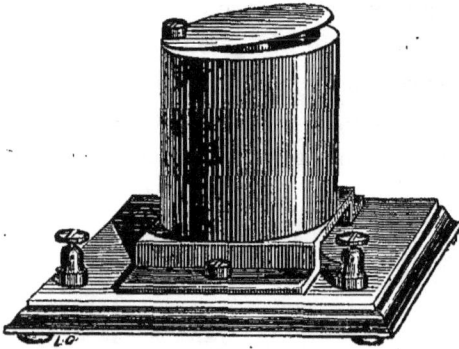

une vis, une lame de fer très-mince (de l'épaisseur d'un papier de cartouche), qui sert à la fois d'armature vibrante et d'appareil résonnant ; cette disposition électro - magnétique a l'avantage de concentrer l'action magnétique dans un champ limité, et d'accroître en même temps l'énergie de l'électro-aimant. Cet électro-aimant est d'ailleurs monté sur un pont en cuivre qui est lui-même fixé sur un socle d'acajou.

« Voici maintenant comment fonctionne l'appareil : Quand on émet un son ou qu'on profère un mot devant l'ouverture béante ou la bouche de l'appareil transmetteur, sa membrane entre en mouvement et vibre à l'unisson du son émis. L'armature de fer dont elle est munie, la suit dans ses mouvements, et en réagissant sur l'appareil d'induction, provoque une série de courants induits dont le nombre et l'intensité sont en rapport avec le nombre et l'étendue des vibrations correspondantes au son produit. Ces courants induits sont alors transmis à l'électro-aimant du récepteur qui, en réagissant sur son armature vibrante, lui fait accomplir le même nombre de vibrations que la membrane et les mêmes inflexions de sons, ce qui permet de distinguer clairement les mots.

« Dans tous les essais tentés avant M. Bell, les vibrations étaient produites au moyen de fermetures et d'interruptions de courants, qui étant transmises sur le récepteur y déterminaient exactement le nombre de vibrations, par seconde, correspondant au son qui les avait provoqués ; mais la force de ce courant restant toujours la même, la qualité du son ne pouvait être modifiée. Les sons musicaux pouvaient donc bien être transmis ainsi que les accords résultant de leur combinaison ; mais pour arriver à reproduire les articulations et les inflexions de la voix humaine, il fallait quelque chose de plus, et c'est précisément ce qu'a trouvé M. Bell.

« Dans son appareil, en effet, non-seulement les vibrations du transmetteur et du récepteur peuvent être synchronisées de manière à reproduire les sons musicaux, mais elles peuvent être semblables sous le rapport de la qualité des sons produits, et cela parce que les vibrations transmises étant exécutées directement par la voix, leurs différences d'amplitude peuvent donner lieu à des émissions de courants plus ou moins intenses, qui traduisent fidèlement sur le récepteur ces différences, par des impulsions plus ou moins fortes communiquées à la lame vibrante, lesquelles impulsions peuvent alors donner lieu à des sons articulés analogues à ceux proférés par la voix humaine. »

Il y aurait beaucoup à dire sur cette manière d'établir la différence entre les sons musicaux et les sons articulés de la voix humaine ; et d'un autre côté on pourrait se demander si les courants induits créés par l'éloignement et le rapprochement de l'armature, représentent bien, par leur différence d'intensité, les inflexions de la voix ; mais comme il n'y a pas à discuter avec un fait, il s'agit d'examiner ce qu'aurait après tout de si extraordinaire une pareille transmission. Si on considère que deux membranes réunies par une simple ficelle peuvent transmettre distinctement à une distance de cinq à six mètres, et sans qu'on puisse les entendre extérieurement, des paroles prononcées à voix basse dans des espèces de tubes adaptés à ces membranes (1), on peut bien admettre que toutes les inflexions des vibrations sonores qui constituent les sons articulés et qui sont ainsi transmises mécaniquement par le fil, puissent être reproduites par les mouvements d'une armature, et si les courants induits résultant de ces mouvements avaient

_____

(1) Nous avons tous pu voir sur les boulevards cet hiver à Paris, des instruments de ce genre qu'on vendait aux passants pour la modeste somme de 25 centimes. C'étaient des espèces de cornets acoustiques réunis par un simple cordon qui transmettaient distinctement la parole comme l'aurait fait un conduit acoustique et sans qu'on pût entendre extérieurement celui qui parlait. Ces cornets étaient formés de tubes de carton dont un bout était fermé par une membrane de parchemin au centre de laquelle était fixée, par un nœud, le cordon qui les réunissait. En mettant la partie ouverte de ces tubes l'une devant la bouche de celui qui parlait, l'autre sur l'oreille de celui qui écoutait, on établissait entre ces deux personnes une communication qui pouvait permettre aux vibrations vocales d'être transmises mécaniquement par

une intensité assez différente pour déterminer des nuances correspondantes dans les vibrations électro-magnétiques qu'ils provoquent, ce genre de transmission électrique n'aurait rien d'invraisemblable.

Le *Télégraphic journal*, dans son numéro du 15 mars 1877, p. 65, assure du reste qu'une conversation a été échangée de cette manière entre les villes de Boston et de Salem (Massachusett), éloignées l'une de l'autre de 18 milles, et, cette fois, si la chose est vraie, il n'y a plus qu'à s'incliner devant un résultat aussi merveilleux. Pour que le lecteur sache à quoi s'en tenir à cet égard, nous allons rapporter ce qu'en dit le *Télégraphic journal* :

« M. Graham Bell, l'inventeur de ce que M. W. Thomson a appelé la merveille des merveilles, poursuit activement le perfectionnement de son téléphone, et, dans une conférence faite par lui à Salem le 12 mai dernier, on a pu non-seulement entendre clairement à Boston la lecture faite à Salem, mais encore reconnaître la voix du lecteur et distinguer les applaudissements du public. Dans la soirée du 23, des expériences plus étendues furent encore entreprises. M. Bell était encore à Salem, et son aide, M. Watson, était à Boston. On joua des airs sur l'orgue et sur le cornet à piston à Boston, et la réunion de Salem les entendit parfaitement. Toutefois, les résultats obtenus à Boston ne furent pas aussi satisfaisants, en raison des dépêches échangées à travers la ligne, lesquelles dépêches troublaient la transmission téléphonique. On entendait, en effet, au milieu de ces transmissions comme le tic-tac d'un instrument étranger. M. Watson trouva pourtant moyen d'y remédier en prenant une membrane qui agissait alors, comme un manipulateur télégraphique, en éliminant les communications télégraphiques nuisibles. De cette manière, les sons entendus et les mots prononcés devinrent assez distincts. »

Quoiqu'il en soit des résultats plus ou moins parfaits de cet appareil curieux, nous devons dire que l'idée de la transmission électrique de la parole n'est pas nouvelle, et voici ce que j'en disais dans la première édition de mon *Exposé des applications de l'électricité*, tome II, p. 225, publié en 1854.

. . . .

l'intermédiaire des deux membranes et du fil. Ces fils avaient généralement une longueur de quatre à cinq mètres.

Avec un pareil système la transmission des vibrations complexes qui correspondent aux sons articulés, peut se comprendre, puisque les solides peuvent les transmettre aussi bien et même mieux que les gaz, et encore faut-il pour cela que la corde soit tendue et entièrement libre; mais quand il s'agit de les transmettre par l'intermédiaire d'un agent immatériel qui doit donner lieu à trois manifestations physiques ne pouvant fournir que des effets d'un ordre déterminé, la chose devient beaucoup plus extraordinaire.

« Après les merveilleux télégraphes qui peuvent reproduire à distance l'écriture de tel ou tel individu, et même des dessins plus, ou moins compliqués, il semblerait impossible, dit M. B***, d'aller plus en avant dans les régions du merveilleux. Essayons cependant de faire quelques pas de plus encore. Je me suis demandé, par exemple, si la parole elle-même ne pourrait pas être transmise par l'électricité; en un mot, si l'on ne pourrait pas parler à Vienne et se faire entendre à Paris. La chose est praticable. Voici comment :

« Les sons, on le sait, sont formés par des vibrations et appropriés à l'oreille par ces mêmes vibrations que reproduisent les milieux intermédiaires.

« Mais l'intensité de ces vibrations diminue très-rapidement avec la distance; de sorte qu'il y a, même en employant des porte-voix, des tubes et des cornets acoustiques, des limites assez restreintes qu'on ne peut dépasser. Imaginez que l'on parle près d'une plaque mobile, assez flexible pour ne perdre aucune des vibrations produites par la voix, que cette plaque établisse et interrompe successivement la communication avec une pile : vous pourrez avoir à distance une autre plaque qui exécutera en même temps les mêmes vibrations.

« Il est vrai que l'intensité des sons produits sera variable au point de départ où la plaque vibre par la voix, et constante au point d'arrivée où elle vibre par l'électricité; mais il est démontré que cela ne peut altérer les sons.

« Il est évident d'abord que les sons se reproduiraient avec la même hauteur dans la gamme.

« L'état actuel de la science acoustique ne permet pas de dire *à priori*, s'il en sera tout à fait de même des syllabes articulées par la voix humaine. On ne s'est pas encore suffisamment occupé de la manière dont ces syllabes sont produites. On a remarqué, il est vrai, que les unes se prononcent des dents, les autres des lèvres, etc., mais c'est là tout.

« Quoiqu'il en soit, il faut bien songer que les syllabes ne reproduisent, à l'audition, rien autre chose que des vibrations des milieux intermédiaires; reproduisez exactement ces vibrations, et vous reproduirez exactement aussi les syllabes.

« En tout cas, il est impossible de démontrer dans l'état actuel de la science que la transmission électrique des sons soit impossible. Toutes les probabilités, au contraire, sont pour la possibilité.

« Quand on parla pour la première fois d'appliquer l'électro-magnétisme à la transmission des dépêches, un homme haut placé dans la science, traita cette idée de sublime utopie, et cependant aujourd'hui on communique directement de Londres à Vienne par un simple fil métallique. — Cela n'était pas possible, disait-on, et cela est.

« Il va sans dire que des applications sans nombre et de la plus haute importance surgiraient immédiatement de la transmission de la parole par l'électricité.

« A moins d'être sourd et muet, qui que ce soit pourrait se servir de ce mode de transmission, qui n'exigerait aucune espèce d'appareil. Une pile électrique, deux plaques vibrantes et un fil métallique suffiraient.

« Dans une multitude de cas, dans de vastes établissements, par exemple, on pourrait par ce moyen transmettre à distance tel ou tel avis, tandis qu'on renoncera à opérer cette transmission par l'électricité, dès lors qu'il faudra procéder lettre par lettre, et à l'aide de télégraphes exigeant un apprentissage et de l'habitude.

« Quoi qu'il arrive, il est certain que dans un avenir plus ou moins éloigné, la parole sera transmise à distance par l'électricité. J'ai commencé des expériences à cet égard, elles sont délicates et exigent du temps et de la patience ; mais les approximations obtenues font entrevoir un résultat favorable. »

Application de l'électricité au métronome. — Lorsqu'un chef d'orchestre doit conduire plusieurs orchestres assez éloignés les uns des autres, comme cela a souvent lieu dans les grandes cérémonies de cathédrale et lors de certaines fêtes publiques ou d'inauguration, il devient nécessaire, pour obtenir de l'ensemble, de les diriger au moyen de métronomes fonctionnant électriquement et mis en action par le chef d'orchestre lui-même. L'emploi de ces appareils a été souvent mis à contribution, et la première idée de ce genre d'application de l'électricité semble appartenir à M. Tassine, luthier à Bayeux, qui dès l'année 1855 la mit à exécution à la cathédrale de cette ville, afin de faire accompagner les choristes par l'organiste. Voici du reste comment M. Tassine décrit son appareil.

« Ce n'est rien autre chose, dit-il, qu'un électro-aimant surmonté d'une petite barrette de fer qui lui sert d'armature et qui se termine par une baguette plus ou moins longue. La barrette de fer est relevée par un ressort qui s'écarte de 5 à 10 millimètres du pôle de l'électro-aimant le plus éloigné de son axe, et c'est elle qui bat la mesure sous l'influence d'un courant électrique transmis par un manipulateur mis à la disposition du chef d'orchestre. Ce manipulateur qui est placé soit par terre pour être touché avec le pied, soit sur le pupitre pour être touché par la main ou l'archet du chef d'orchestre, complète avec des fils conducteurs le système.

« Dans l'application que j'ai faite de cet instrument, l'électro-aimant métronome était placé en face de l'organiste, et le manipulateur se trouvait dans le chœur de la cathédrale. Ces deux appareils étaient par conséquent séparés par toute la longueur de l'église; mais des conducteurs dissimulés à la vue établissaient une relation entre eux et une pile de Daniell de 8 éléments ; de sorte que chaque mesure marquée sur le manipulateur avait pour effet un coup sec frappé sur l'électro-aimant par la barrette de fer, lequel était aussi bien entendu que perçu par l'organiste accompagnateur. »

A la fin de l'exposition de 1855, lors d'un grand concert qui fut donné dans la salle même de l'exposition et où se trouvaient réunis plusieurs orchestres, un appareil de ce genre fut employé, et on en avait alors attribué l'invention à M. Werbrugghe, mécanicien belge; mais cette invention était postérieure à celle de M. Tassine. Ce système d'appareils est maintenant souvent employé dans les concerts-monstre à plusieurs orchestres et sur les théâtres; mais les applications électriques sont aujourd'hui tellement répandues, qu'on ne fait plus guère attention à des systèmes électriques aussi peu importants. Néanmoins nous croyons devoir donner quelques détails sur celui qu'a combiné pour l'Opéra M. J. Duboscq, et qui a toujours fonctionné d'une manière satisfaisante, à ce qu'il paraît.

Métronome électrique de M. J. Duboscq. — Ce système a été combiné principalement en vue d'établir, dans les représentations théâtrales, une relation musicale entre l'orchestre et les chœurs qui sont souvent placés dans les coulisses et par conséquent hors de la vue du chef d'orchestre. On avait bien tenté à diverses époques d'employer à cet effet les métronomes électriques décrits précédemment; mais les inconvénients résultant de l'intervention d'un ressort antagoniste pour ramener la vergette à sa position normale, ont dû faire renoncer à ce système. Il arrivait en effet, d'un côté, que le ressort opposant une résistance à l'action magnétique, faisait subir des retards et par suite s'opposait à l'instantanéité des battements qui est essentielle, d'autre part, que l'action magnétique et le ressort antagoniste développaient dans la vergette, des vibrations assez fortes pour rendre les mouvements difficiles à suivre. M. J. Duboscq a fait disparaître ces inconvénients dans le métronome que nous allons décrire.

Le transmetteur de ce métronome est installé à l'orchestre, et le récepteur est placé sur le théâtre, en vue des chœurs qu'il doit diriger. Ce dernier qui constitue le métronome proprement dit, est constitué par un véritable fléau de balance sur les bras duquel réagissent deux électro-aimants, et dont l'aiguille centrale, très-rudimentaire, est disposée de manière à réagir sur l'extrémité inférieure de la vergette du métronome, à une très-petite distance de son point d'oscillation. De cette manière, les oscillations communiquées au balancier par les électro-aimants peuvent être notablement amplifiées sur la vergette, et les mouvements de celle-ci sont encore rendus plus perceptibles au moyen d'un disque d'aluminium adapté à sa partie supérieure. Un contre-poids qui termine sa partie inférieure la maintient dans une position verticale lorsque l'action électrique est interrompue.

Le transmetteur est un peu plus compliqué et se trouve renfermé dans une caisse placée sous le pupitre du chef d'orchestre, à hauteur convenable pour qu'une pédale qu'il touche avec le pied, puisse réagir sur une tige verticale à ressort ayant action sur un interrupteur mécanique. Celui-ci se compose d'une roue à rochet sur l'axe de laquelle se trouve une roue à contours sinueux, analogue à celle des premiers manipulateurs à cadran de Breguet, et les sinuosités de cette roue communiquent à une sorte de godille articulée qui appuie sur elles, un mouvement d'oscillation susceptible de fermer alternativement deux circuits différents correspondant aux deux électro-aimants du métronome. Un encliquetage avec cliquet de retient et butoir de sûreté, commandé par la tige à ressort de la pédale, réagit sur la roue à rochet, et suivant que celle-ci est abaissée ou relevée, le courant est envoyé à travers l'un ou l'autre des deux électro-aimants du métronome ; de sorte que la vergette de celui-ci est inclinée dans un sens ou dans l'autre sous une influence énergique et définie qui ne laisse aucune prise aux vibrations résultant de l'élasticité d'un ressort de rappel, et qui peut déterminer par le choc des armatures contre les électro-aimants un bruit suffisant pour que l'oreille saisisse la mesure.

Application aux instruments d'acoustique à effets musicaux. — On a encore appliqué les effets électro-magnétiques pour mettre en action le grand appareil d'acoustique de M. Kœnig, destiné à montrer la composition artificielle des différents timbres de sons, et notamment, celle des timbres des voyelles, par la production simultanée d'une série de notes simples qui forment la suite harmonique. Cet appareil se compose de huit diapasons donnant respectivement les notes ut_2, ut_3, sol_3, ut_4, mi_4, sol_4, ut_5. Les diapasons sont fixés verticalement entre les branches de 8 électro-aimants horizontaux que traverse un courant intermittent, et les intermittences sont produites par un diapason interrupteur à 128 vibrations doubles.

Chaque diapason est muni d'un tuyau renforçant, que l'on peut ouvrir plus ou moins à l'aide d'un clavier en communication avec les orifices. Lorsque les tuyaux sont fermés, les diapasons s'entendent à peine ; mais on fait résonner chacun avec une intensité voulue, en appuyant sur les touches du clavier.

Phono-électroscope de M. E. Smith. — Cet instrument est formé, 1° d'une caisse rectangulaire en bois de dix pouces sur cinq, portant deux fils d'acier ou de platine, tendus d'une extrémité à l'autre, 2° d'un cylindre tournant muni de deux dents, et 3° d'une roue excentrique pour établir ou interrompre le courant dans l'un des fils. La roue tourne sous l'effort d'un ressort en cuivre qui frotte sur un bouton. Le ressort communique avec un des pôles de la pile, le bouton avec le fil le plus proche, et le fil avec l'autre pôle. Voici la manière de se servir de l'instrument : D'abord on tend les fils, au moyen de vis à tête molletée, pour les mettre à l'unisson et leur faire rendre à peu près l'*ut* ; puis on fait tourner le cylindre de manière à faire résonner successivement les deux notes *avant* que la roue excentrique ait établi le circuit. Après que les deux fils ont résonné à l'unisson, on tourne le cylindre un peu plus ; le courant est établi par la roue et le ressort, et les dents rencontrant alors une seconde fois les fils, ceux-ci résonnent avec un intervalle d'un ton ou plus, suivant la quantité d'électricité qui a passé par l'un de ces fils. En mesurant le temps écoulé entre l'instant où les fils résonnaient à l'unisson et l'instant où ils ont résonné de nouveau, et en prenant note de l'intervalle musical produit, intervalle qui résulte de ce que l'un des fils, en se détendant, a rendu un son plus grave, on a un moyen de mesurer par l'ouïe la dilatation du fil qui communique avec la pile, la température à laquelle il a été élevé, et la quantité d'électricité qui a dû le traverser pour produire cet effet. En continuant le mouvement, l'intervalle entre les notes augmente, et à la fin, le fil par lequel passe le courant devient trop détendu pour pouvoir résonner. Si, alors, l'on interrompt la communication avec la pile, et qu'on laisse refroidir le fil échauffé, on entendra le son qu'il rend s'élever par degrés jusqu'à sa hauteur primitive. L'instrument marche très-bien avec un seul couple. Dans une salle de cours, l'expérience est frappante, très-instructive et facile à faire (*chemical news*).

Phonographe électrique. — Les enregistreurs des improvisations musicales exécutées sur un piano, se rapportant à une application de l'électricité aux instruments musicaux, devraient figurer dans ce chapitre ; mais comme, en raison des résultats qu'ils fournissent, ils se rattachent aux enregistreurs électriques, nous les avons déjà fait figurer, dans notre tome IV, au chapitre des *Enregistreurs*. Néanmoins, comme nous avons omis dans notre description un système dont nous n'avons eu connaissance que dernièrement, nous profitons de l'occasion que nous offre le sujet que nous traitons dans ce chapitre, pour en dire quelques mots. Ce système auquel on a donné le nom de *phonographe* n'est d'ailleurs autre chose, sauf des annotations musicales tout à fait accessoires, que celui qui a été décrit, t. IV, p. 446.

Dans ce système, en effet, comme dans le mien, le laps de temps exigé par une note pour être jouée, s'indique par la longueur de l'espace parcouru par la bande de papier. Elle est donc représentée par une ligne noire horizontale, d'une longueur proportionnée à sa durée. Le reste de la notation, s'il faut en croire *les Mondes* auquel nous empruntons ces détails, demeure à tous égards identique à celui dont on fait journellement usage.

« Notre attention, dit ce journal, doit se porter sur les procédés mécaniques employés pour produire la notation. D'abord, quant au toucher du piano, il demeure absolument le même que si ce piano n'avait pas de phonographe; car le pouvoir mécanique dérive; non du gouvernement des touches, mais d'une batterie voltaïque. Le rôle de la touche se borne à mettre un petit bouton d'airain placé à sa partie inférieure, en contact avec un petit ressort, ce qui fait qu'un électro-aimant ramène un *traceur* contre le papier, qui se meut continuellement avec une vitesse déterminée, et marque ainsi la note. Quand on cesse d'appuyer sur la touche, le traceur cesse d'agir, et la tige glisse en arrière. Ce mécanisme peut écrire sous le jeu le plus lent comme sous le plus rapide. Les accidents sont imprimés par un type roulant sur lequel agissent la même tige glissante et le même aimant. Ces accidents s'appliquent à chaque touche, de sorte que, bémols et dièzes, quelqu'en soit le nombre, sont exactement enregistrés. L'appareil, en effet, distingue les accidents, les bémols et les dièzes, et les notes naturelles, de ceux qui sont particuliers à la clef, c'est-à-dire que, si un morceau est écrit dans le ton de *ré* naturel, *fa, do* et *sol* dièzes n'auront pas dans l'impression le signe du dièze ; tandis que si l'on touche le *fa,* le *do* et le *sol* naturels ou les dièzes des autres notes, des accidents conformes seront imprimés.

« Des notes et des signes qui leur sont affectés, passons aux barres. Le barrage de la musique s'effectue d'une manière si simple et si exacte qu'elle suit exactement l'accentuation du morceau le plus compliqué. Quand un *rallentando* se présente, la barre ou les barres à travers lesquelles le mouvement s'avance, sont allongées dans une proportion telle, que l'on a exactement le caractère et l'expression du morceau. Il en est de même pour les *staccato* et les *legato.*

« La machine n'exige que du papier blanc ; elle règle la portée et imprime la barre simultanément. L'inventeur fournit avec son phonographe une petite pile de forme simple et élégante. On la charge simplement avec du sulfate de cuivre et de l'eau ; une charge peut durer plusieurs mois. Le tout est renfermé dans un tiroir au fond de l'appareil et ne cause aucun embarras ; on n'a à y mettre la main que quand la provision d'eau a besoin d'être renouvelée. »

III. — Application de l'électricité comme moyen automatique de réglage et d'avertissement.

Ce genre d'applications électriques se rapporte à tant d'industries et à tant d'usages domestiques, qu'il nous sera bien difficile de décrire toutes les inventions qui ont été proposées dans cet ordre d'idées. Elles sont d'ailleurs souvent l'accompagnement inséparable d'autres applications plus nettement définies, que nous avons dû faire figurer dans d'autres chapitres. Ainsi, les casse-fils électriques dont nous avons parlé, sont des appareils de réglage automatique qui auraient pu figurer dans le chapitre que nous allons traiter, aussi bien que dans celui où nous l'avons placé; mais comme nous faisions l'histoire des applications se rapportant à l'industrie des textiles, nous avons dû le ranger parmi les inventions de cette catégorie. Il en est de même de certains baromètres, réveils, appareils, d'alarme, etc. que nous avons décrits dans notre tome IV, et qui sont encore fondés sur des actions automatiques. On devra donc considérer ce chapitre comme ne se rapportant qu'à toutes les applications de ce genre, qui n'ont pu trouver place dans nos autres chapitres. Elles sont comme on va le voir encore très-nombreuses, et tous les jours on en voit éclore de nouvelles.

Avertisseurs et régulateurs électro-automatiques de la température d'un appartement quelconque. — Il est souvent important dans certaines industries, particulièrement pour les magnaneries, les minoteries, certains établissements de construction d'appareils de précision, ou certaines usines de produits chimiques, et même pour les serres chaudes, de maintenir à un degré déterminé la température d'un milieu de grandeur limitée. Dans ce cas, l'électricité peut être utilisée avec avantage. C'est alors le thermomètre qui est l'organe régulateur, l'électricité, l'organe électro-moteur ou avertisseur, et la fonction de ces deux organes est de faire réagir convenablement des bouches de chaleur ou au besoin des bouches réfrigérantes disposées en conséquence. Si le degré de chaleur déterminé n'est pas atteint, la bouche de chaleur s'ouvre sous l'influence d'un électro-aimant en rapport avec le thermomètre. Ce degré vient-il au contraire à être dépassé, la bouche de chaleur se referme et la bouche réfrigérente peut s'ouvrir ensuite si besoin en est.

L'idée de cette application est tellement simple, qu'elle est venue à l'esprit de presque tous les inventeurs, et on trouve à chaque instant des brevets pris pour en revendiquer la possession; mais ce qui est le plus curieux, c'est que les uns et les autres se disputent une priorité qu'ils seraient dans l'impossibilité de prouver, car l'invention du thermomètre avertisseur appartient à M. Wheatstone, qui la mit au jour dès l'année 1846, et je crois être le premier qui ait appliqué ce système à l'ouverture et à la fermeture automatique des bouches de chaleur. Mon système, en effet, date de 1852; il a figuré à l'exposition de 1855 et a été décrit avec détails dans les deux premières éditions de mon *Exposé* (publiées en 1853 et en 1857) (1), ce qui n'a pas empêché M. J. Maistre de publier à différentes reprises qu'il en était l'inventeur, bien que ses appareils ne datent que de 1854.

Voici du reste comment je décrivais mes appareils dans l'ouvrage dont je viens de parler :

« Les figures 28 et 29 représentent la disposition des différents organes de ce système.

« A B C D, A′B′C′D′, fig. 28, sont deux thermomètres à air libre recourbés

Fig. 28.

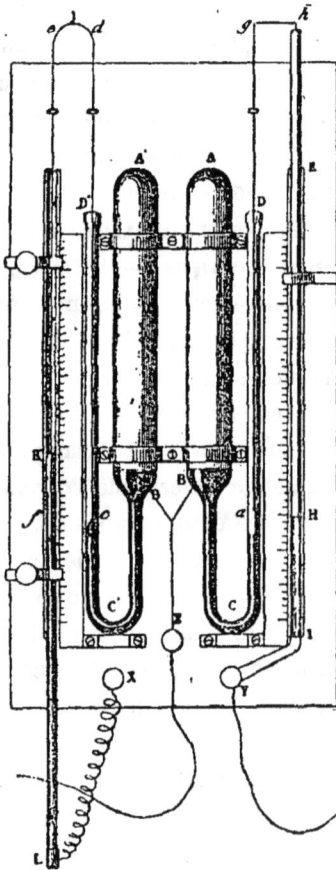

et remplis moitié avec de l'alcool, moitié avec du mercure; ils sont réglés de manière à marcher le plus possible d'accord; toutefois dans cette application leur marche synchronique n'est pas exigée, car ils ont chacun une échelle thermométrique spéciale à laquelle doit être rapportée la disposition des pièces régulatrices. Ces pièces consistent dans deux fils de platine $a\,g\,h$ E, $c\,d\,e\,f$ portés l'un par une tige en cuivre HE mobile à frottement dur dans une rigole de cuivre EI en communication avec la borne Y, c'est-à-dire avec un circuit correspondant à la bouche calorifique; l'autre, par un flotteur c soutenu à la surface du mercure du thermomètre A′B′C′D′. Ce dernier système est équilibré d'une manière analogue à celui d'un baromètre à cadran, et les extrémités f et a de ces fils de platine doivent être coupées de manière à correspondre l'une a à l'extrémité H de la tige EH, l'autre à la hauteur de flottaison du flotteur c. A portée du fil $c\,d\,d\,e\,f$ se trouve fixé un tube de verre KL mobile comme la

(1) Voir tome III, p. 63 et tome IV, p. 532 de la seconde édition.

tige H E dans une rigole isolante, et dont le mercure qui le remplit se trouve relié par un fil extensible à la borne X, qui est en rapport avec le circuit de la bouche réfrigérante. La borne Z en communication avec l'un des pôles de la pile communique par des fils de platine avec le mercure des deux thermomètres.

« Pour obtenir avec cet appareil le règlement de la température, il suffit de pousser plus ou moins la tige E H et le tube K L, jusqu'à ce que l'extrémité H de la tige E H et le niveau _g_ du mercure du tube soient placés devant le degré des échelles thermométriques qui a été assigné. Il se manifeste alors les réactions suivantes : tant que le mercure du thermomètre A B C D n'a pas atteint la pointe _a_ du fil de platine _a g h_ E, c'est-à-dire tant que ce thermomètre n'a pas atteint le degré devant lequel on a placé l'extrémité H de la tige H E, aucun courant n'est fermé à travers la bouche de chaleur, et la température s'élève successivement dans le milieu où se trouve placé l'appareil ; mais aussitôt que le mercure de ce même thermomètre rencontre la pointe _a_, le courant électrique est établi, et la bouche de chaleur est fermée. Alors de deux choses l'une, ou la température continuera à monter, ou elle redescendra ; si elle redescend, le courant qui a provoqué la fermeture de la bouche calorifique se trouvera interrompu, et celle-ci se rouvrira de nouveau. Si elle continue de monter, le fil _f c d c_ sortira du mercure, et par cette rupture du courant, ouvrira la bouche réfrigérante. On comprend qu'en adaptant au thermomètre A′B′C′D′ un système régulateur analogue à celui du thermomètre A B C D, on arriverait peut-être plus simplement au même résultat ; mais j'ai mieux aimé avoir recours à la disposition que je viens d'indiquer, afin que le courant ne soit pas bifurqué et n'ait pas à réagir en même temps sur les électro-aimants des deux bouches.

« Pour obtenir une réaction électrique susceptible de mettre en jeu des bouches de chaleur d'un grand diamètre, ce qui est nécessaire dans les établissements industriels dont j'ai parlé, il m'a fallu combiner un mécanisme particulier qui est représenté fig. 29. La bouche à laquelle est adapté ce mécanisme, dans le modèle que j'ai exposé en 1855, a 30 centimètres de diamètre. Elle consiste dans deux grands disques de cuivre percés de sept trous dont l'un est fixé à l'extrémité du tuyau du calorifère, et dont l'autre est mobile sur un axe auquel est adaptée une roue A ; trois autres roues intermédiaires de même diamètre B, C et D montées sur la traverse de cuivre E F, communiquent à cette roue A le mouvement d'un mécanisme d'horlogerie à 3 mobiles, commandé par un électro-aimant M et un échappement G H I d'une forme analogue à celui des télégraphes imprimeurs. Cet échappement correspond au troisième mobile. Pour chaque fermeture

et pour chaque interruption du courant, le disque I fait un tour complet sur
lui-même, et comme ce disque tourne sept fois plus vite que la roue intermédiaire A D avec laquelle elle est en rapport de mouvement au moyen d'un
pignon fixé sur son axe, il arrive que chaque échappement de ce disque
fait tourner la bouche de chaleur d'un septième de sa circonférence, c'est-

Fig. 29.

à-dire d'une quantité suffisante pour que les trous placés les uns en face des
autres sur les deux disques de la bouche se trouvent mutuellement cachés
par l'intervalle qui les sépare. Quoique le mécanisme qui commande le jeu
de cette bouche ne soit mis en mouvement que par un simple barillet H
(muni, il est vrai, d'un ressort de tourne-broche), il a assez de force pour
faire tourner le disque mobile, attendu que les roues A, B, C et D correspondent au second mobile.

« La bouche réfrigérante est construite exactement de la même manière;
seulement elle communique soit avec les caves, soit avec l'air extérieur,
soit avec des appareils où peuvent être introduits des mélanges réfrigé-
rants.

« Il va sans dire que ces bouches avec leur encadrement, doivent être incrustées dans le mur des appartements où elles doivent être installées. Une

pile de Daniell de 8 éléments suffit pour mettre en marche ces appareils. »

Quelque temps après cette description, et sur les indications que m'avait fourni l'usage de ce système, je fus conduit à simplifier ma disposition thermométrique, et voici comment je décrivais ce perfectionnement dans le IV⁰ volume de mon *Exposé*, publié en 1859 :

« Frappé des inconvénients qui résultaient de l'irrégularité de marche des deux thermomètres du transmetteur de mon appareil, j'ai cherché à le combiner de manière à n'employer qu'un seul thermomètre, et pour cela j'ai substitué au fil *ag* porté par la tige mobile H *h* (voir fig. 28), deux fils de platine recouverts de soie et tordus ensemble de manière à ne faire qu'un seul fil, fixé comme le premier en *h*, mais sur de l'ivoire. Les bouts libres de ces deux fils se trouvent éloignés de deux millimètres environ l'un de l'autre, et plongent dans le tube du thermomètre A B C D, tandis que les bouts fixés en *h* communiquent par des fils tournés en spirale, l'un avec la bouche réfrigérante, l'autre avec la bouche de chaleur. Ce dernier correspond à celui des deux fils tordus dont le bout libre dépasse l'autre. Le jeu de l'appareil s'effectue de la manière suivante :

« Tant que le mercure du thermomètre n'a pas atteint le plus long fil de platine, la bouche de chaleur reste ouverte ; la chaleur pénètre dans l'appartement et fait monter le mercure ; mais au moment où celui-ci touche le premier fil, le courant est établi à travers l'électro-aimant M (fig. 29) de la bouche et détermine sa fermeture. Si le mercure baisse, cette bouche est de nouveau ouverte ; mais s'il continue à monter, il rencontre bientôt le second fil qui renvoie le courant à travers l'électro-aimant de la bouche réfrigérante et la fait ouvrir.

« S'il s'agissait d'obtenir l'ouverture ou la fermeture d'orifices plus grands que des bouches de chaleur, on pourrait employer à cela l'embrayeur électrique de M. Achard ; mais ce moyen ne serait avantageux que dans les usines où se trouverait déjà un moteur, à moins que la force exigée pour la manœuvre de ces orifices de chaleur ne dépassât pas celle que peuvent fournir les mécanismes d'horlogerie. »

Le système de M. J. Maistre ne diffère de celui que j'avais imaginé qu'en ce que son thermomètre est fermé à la lampe au lieu d'être ouvert ; mais si je l'ai maintenu ouvert, c'était pour faire varier à volonté les indications des maxima et minima qui, suivant les applications, doivent être différentes. Quand on emploie des thermomètres fermés, il faut avoir autant d'appareils que d'indications. Du reste, comme ces appareils ne sont pas chers, on peut se donner le luxe, si besoin en est, d'une collection de ther-

momètres ayant le fil de platine interrupteur placé à différents degrés (1).
Plusieurs personnes ont pris ce parti et s'en sont très-bien trouvées.

Si M. J. Maistre a marché sur mes brisées, beaucoup d'autres inventeurs,
en revanche, ont marché sur les siennes, et nous trouvons dans la description des brevets, dans le *Bulletin de la Société d'encouragement*, ainsi que
dans le journal *les Mondes*, une foule de systèmes de ce genre qui ne diffèrent que fort peu les uns des autres, et parmi lesquels nous signalerons
ceux de MM. Fastré, Lemaire et Fournier, Morin, Redslob, Baudry, Finger,
Read, etc., dont on pourra prendre connaissance dans *les Mondes*, tome X,
p. 271, t. VII, p. 62 et 520; t. I, p. 497; t. XIV, p. 203; t. XIII, p. 355 et
dans la description des brevets d'invention.

Parmi tous ces systèmes, nous en distinguerons un fondé sur l'emploi des
thermomètres métalliques, qui paraît le plus pratique de tous. Nous le
représentons fig. 30.

Dans cet appareil, le thermomètre est constitué par une lame métallique T
composée de deux métaux différents soudés ensemble et qui se trouve fixée
par un bout sur une planche d'ébonite. Cette lame est disposée de manière

Fig. 30.

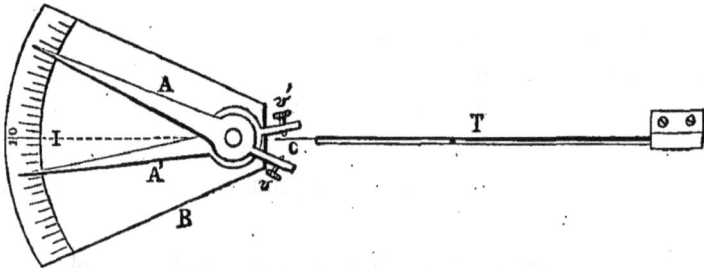

à pouvoir réagir par le bout opposé C sur deux vis de contact *v,v'* placées
des deux côtés, et qui sont adaptées à l'extrémité de deux leviers A et A'
articulés à frottement dur sur un axe commun. Ces leviers constituent à leur
bout opposé deux aiguilles indicatrices, et ces aiguilles se meuvent autour
d'un arc divisé B qui a pour centre l'articulation des leviers; or les divisions de
cet arc correspondent à des degrés thermométriques. Avec cette disposition,
on conçoit facilement qu'il suffit de placer les deux aiguilles aux degrés
maxima et minima de température entre lesquels on veut maintenir la pièce
chauffée, pour que le thermomètre, en touchant l'une ou l'autre des vis

(1) Voir le rapport fait à la Société d'encouragement, le 14 juin 1854, par M. Clerget,
tome I du *Bulletin*, p. 361 et 385.

correspondantes à ces aiguilles, sous l'influence d'une chaleur trop forte ou trop faible, détermine la fermeture du courant appelé à réagir sur l'avertisseur ou le régulateur de chaleur.

Suivant M. P. Germain, les thermomètres avertisseurs fondés sur l'emploi de thermomètres à mercure, sont loin de fournir des indications précises quand ils doivent s'appliquer à des températures un peu élevées ; nonseulement la surface du mercure s'oxyde, mais la cuvette elle-même change de dimensions par suite de rétractions irrégulières. Pour obvier à ces inconvénients, il a disposé l'appareil de la manière suivante :

« Le thermomètre, dit-il, se compose de deux tubes et de deux cuvettes concentriques à peu près de même poids, et le mercure est placé entre les deux systèmes. Si la cuvette extérieure s'agrandit à la longue, et que le zéro de l'échelle tende à s'abaisser par suite de cet agrandissement, cet abaissement se trouve compensé par suite de l'exhaussement que tend à prendre le mercure sous l'influence de l'agrandissement de la cuvette intérieure qui éprouve les mêmes variations. D'un autre côté, pour éviter l'oxydation du mercure par l'étincelle, un petit disque annulaire creux, en platine, enveloppe le tube intérieur et surnage à la surface du mercure, et c'est lui qui établit les fermetures du courant. ».

M. J. Maistre a étendu à la régularisation de la chaleur fournie par les réchauds au gaz, le système appliqué ordinairement aux bouches de chaleur. Il suffit alors de faire réagir l'extrémité d'une tige terminant l'armature d'un électro-aimant sur le bec de gaz qui se trouve de cette manière plus ou moins couché et hors de portée de la bassine qui en reçoit l'effet calorifique. Si le système calorifique est plus développé, ce moyen n'est pas suffisant, et voici comment M. J. Maistre dispose alors les appareils :

« On a un tube en caoutchouc de grand diamètre, qui donne passage au courant de gaz. Ce tube débouche sous l'étuve ou dans la cheminée qu'on veut chauffer, et il se termine par plusieurs becs à une certaine distance de la cheminée ; sur le trajet de ce tube se trouve un compteur à gaz ou un robinet armé d'une longue tige.

« A côté de ce compteur ou de ce robinet, on place un électro-aimant, lequel est en communication avec le thermomètre transmetteur et une pile, et cet électro-aimant fait fermer le robinet toutes les fois que le courant est fermé. En avant de ce compteur on embranche un second tube. Celui-ci est d'un diamètre très-faible et permet à un très-petit jet de gaz qui reste toujours allumé, d'arriver constamment dans l'intérieur de la cheminée ; or ce petit jet peut rallumer les autres quand le robinet du grand tube se trouve de nouveau ouvert par suite de l'ouverture du circuit du thermomètre.

Avertisseurs électro-automatiques en cas d'incendie.

— L'une des premières applications qu'on ait faite des thermomètres avertisseurs électriques a été leur emploi comme moyen d'avertissement en cas
d'incendie. Il arrive le plus souvent, comme on le sait, que les incendies se
développent sans qu'on s'en aperçoive dans les premiers moments, et quand
le malheur devient flagrant, il est souvent trop tard pour qu'on puisse en
arrêter les progrès. On pouvait donc désirer qu'un avertisseur automatique
put suppléer à la vigilance humaine et que par l'accroissement même de
la température développé par le feu, une sonnerie d'alarme fut mise en
action. Or, rien n'était plus facile que de satisfaire à ce desideratum en
employant un système thermométrique analogue à ceux dont il a été question précédemment, et plusieurs inventeurs entre autres, MM. Lanzillo,
Labbé, Barbier et Joly, Baudry, Frécot, ont proposé des systèmes de ce
genre qu'ils ont décorés de noms plus ou moins pompeux, tels qu'*électro-
vigiles, thermo-révélateurs,* etc. Toutefois, le problème n'est pas aussi simple qu'on le croit à première vue, car l'appareil ne doit fournir d'indication
que sous l'influence d'un changement brusque de température, et son action
doit être assez prompte pour ne pas laisser à l'incendie le temps de se propager. Il fallait de plus que cette action, tout en s'effectuant dans ces conditions, put se produire quel que fût le degré de la température ambiante,
et que l'appareil pût servir à un besoin journalier, non-seulement pour en
rendre la présence utile en temps ordinaire dans les différentes pièces d'une
maison, mais encore pour maintenir toujours en bon état les contacts électriques de l'appareil et permettre un contrôle facile de l'état de la pile et
des communications électriques. Or, ce n'est que dernièrement que ce problème a été résolu d'une manière satisfaisante dans l'avertisseur électrique
d'incendies de MM. de Gaulne et Ch. Mildé.

Système de MM. de Gaulne et Ch. Mildé. — Pour satisfaire aux conditions
énoncées précédemment, MM. de Gaulne et Ch. Mildé font simplement de
l'appareil un transmetteur de sonnerie électrique ordinaire, et disposent en
conséquence ce transmetteur de manière que les pièces de contact appelées à faire tinter la sonnerie par leur rapprochement, soient précisément
celles qui doivent fournir les contacts électriques en cas d'un échauffement
trop grand de la pièce où l'appareil est installé. Ils ont en conséquence
donné à ce transmetteur la forme que nous représentons fig. 31; mais cette
forme a dû être un peu modifiée pour obtenir une plus grande sensibilité
de la part de l'appareil ; toutefois, la disposition des organes est restée toujours la même dans les deux systèmes.

Comme on le voit sur la fig. 31, cet appareil se compose de deux thermomètres métalliques constitués par des lames minces d'acier, de cuivre et de zinc soudées ensemble, et disposés l'un en face de l'autre, de manière que les lames les plus dilatables (celles de zinc), soient en dehors du système et les moins dilatables en dedans. Ces lames sont terminées supérieurement par deux ressorts armés de contacts, que l'on peut placer à telle distance que l'on veut l'un de l'autre, à l'aide d'une vis de rappel. Ce réglage doit être effectué de telle manière que, pour un accroissement donné de température au-dessus de la température normale, ces deux ressorts soient mis en contact ; et ce contact résulte de ce que, sous l'influence de l'augmentation de la température, les deux thermomètres métalliques se recourbent l'un vers l'autre. Avec cette simple disposition, on se trouve donc avoir un thermomètre avertisseur qui peut mettre en action une sonnerie d'alarme, quand la température de l'appartement est arrivée au point de provoquer le contact des deux thermomètres. Pour faire de ce thermomètre un transmetteur ordinaire de sonnerie, il a suffi de placer derrière les deux thermomètres une tige à ressort glissant verticalement à travers deux

Fig. 31.

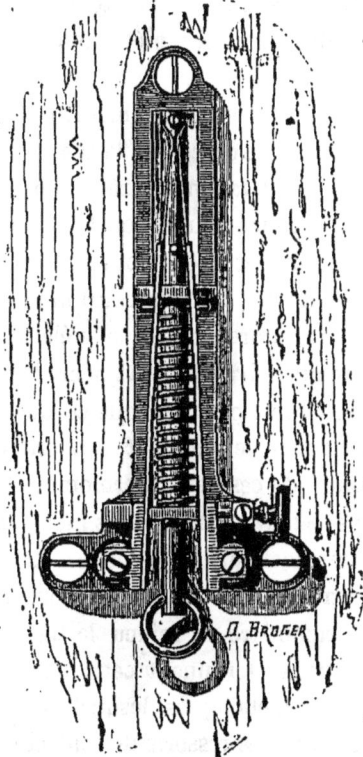

guides et portant supérieurement une cheville métallique disposée de façon à s'introduire entre les deux ressorts des thermomètres, quand la tige à ressort est tirée de haut en bas. De cette manière, en effet, la cheville établit une communication métallique entre les deux ressorts, comme si ceux-ci étaient venus directement en contact l'un avec l'autre, et, par conséquent, la sonnerie fonctionne comme sous l'influence d'un bouton transmetteur ordinaire. On comprend maintenant que le frottement continuel exercé par la cheville sur les contacts des deux thermomètres, les maintient toujours dans un état de décapage parfait et assure le fonctionnement de l'avertisseur. Inutile de dire que le cordon de sonnette s'attache à l'anneau qu'on aperçoit au bas de la tige à ressort, et que l'appareil est placé au haut de l'appartement, puisque c'est toujours dans cette partie que l'air échauffé est transporté.

Avec la disposition que nous venons d'étudier, le contact produit par les deux thermomètres ne peut pas être le résultat d'une élévation brusque de la température, parce que la distance des deux ressorts doit être calculée (en raison des différences de température des saisons) de manière à correspondre à un écart assez grand entre la température moyenne du milieu ambiant et la température exigeant l'avertissement ; mais on peut en augmenter considérablement la sensibilité, en composant le système thermométrique de trois thermomètres métalliques différents dont l'un, celui du milieu, est plus épais que les deux autres. Si l'un de ces thermomètres, celui de gauche, est disposé de manière à présenter les métaux qui le composent dans le même ordre que le thermomètre du milieu, on comprendra que les effets de dilatation qui résulteront d'une élévation lente de la température auront pour résultat de faire incliner les deux thermomètres dans le même sens, et le contact électrique ne pourra se faire que sur le troisième thermomètre, dont la courbure s'effectuera en sens contraire. Mais si la température du milieu s'élève brusquement, le thermomètre le plus mince qui suivait tout à l'heure le gros thermomètre dans ses mouvements, se recourbera plus vite que ce dernier, et établira avec lui un contact qui déterminera le jeu de la sonnerie et qui s'effectuera promptement, car la distance de ces deux thermomètres ne peut jamais être très-grande, puisqu'ils se suivent dans leurs mouvements lents (1). Pour faire de ce système un transmetteur de sonnerie, MM. de Gaulne et Mildé ont employé un moyen analogue à celui que nous avons déjà décrit. Ils établissent derrière le thermomètre du milieu la tige à ressort à laquelle est fixé le cordon de sonnette, et terminent cette tige par une petite traverse munie de deux chevilles métalliques, lesquelles sont placées de manière à pouvoir s'introduire entre les ressorts de contact qui terminent les trois thermomètres ; or cette introduction a pour résultat, comme dans l'autre système, d'établir les contacts électriques nécessaires au fonctionnement de la sonnerie, et en même temps de décaper les ressorts.

Dans ces deux systèmes, le mode de tintement de la sonnerie peut indiquer de quelle nature est l'avertissement, car dans le cas d'un simple appel, ce tintement est passager, tandis qu'il est continu dans le cas d'un accroissement anormal de température.

----

(1) On a vu dans notre tome IV, p. 474, qu'une disposition analogue avait été déjà employée par MM. Coupan et Hardy dans leur contrôleur des feux de nuit des chemins de fer.

Comme dans les services de sonneries électriques bien organisés chaque appartement qui appelle fait apparaître un signal sur un tableau indicateur, on peut, avec le système précédent, savoir immédiatement, en cas d'incendie, dans quel appartement le feu s'est déclaré.

Si on suppose maintenant que, dans la dernière disposition que nous avons décrite, les trois thermomètres soient de mêmes dimensions et que les métaux de même nature se trouvent opposés l'un à l'autre des deux côtés du thermomètre du milieu, on comprendra qu'on pourra faire de ce système un thermomètre indicateur à maxima et à minima qui jouera le même rôle que celui que nous avons décrit p. 128, et qui aura l'avantage d'avoir ses contacts toujours décapés par l'usage qu'on en peut faire comme transmetteur de sonnerie. Il faudra seulement un dispositif adapté aux vis de réglage des thermomètres, qui réagisse sur deux aiguilles indicatrices mobiles sur un arc de cercle gradué, afin de préciser par la position des aiguilles sur le cadran, les deux points maxima ou minima où l'appareil doit fournir des avertissements. Ce système toutefois est moins simple que celui représenté fig. 30, et M. Mildé compte appliquer à ce dernier le mode de nettoyage des contacts qui constitue la partie originale des systèmes que nous venons de décrire.

Système de M. Hellesen, de Copenhague. — Comme dans les systèmes avertisseurs non utilisés au fonctionnement des sonneries, les contacts des pièces qui doivent fournir l'alarme sont presque toujours en mauvais état, M. Hellesen a imaginé une disposition originale de résoudre le problème, en effectuant ce contact au moyen d'un mélange fusible. Ce mélange, en coulant entre les deux pièces de contact quand la température voulue est atteinte, peut, en effet, constituer une excellente liaison métallique.

Pour obtenir ce résultat, l'interrupteur est constitué par deux lames métalliques maintenues à une petite distance l'une de l'autre par un morceau de bois dans lequel est évidée une petite rigole allant d'une lame à l'autre ; ce système est adapté à l'intérieur d'un cylindre de zinc au-dessus duquel est fixée une traverse munie d'une broche tombant verticalement. Cette broche est terminée par une pince qui soutient entre les deux lames de l'interrupteur, au-dessus de la rigole, un morceau d'alliage fusible réglé pour ne fondre qu'à une température donnée qui est celle où l'on peut supposer un commencement d'incendie, ou qui a été jugée maxima. Cet alliage se compose des cinq métaux suivants : cadmium, bismuth, étain, plomb, mercure, qui entrent dans le mélange dans les proportions suivantes, quand il doit fondre à 16° Réaumur.

Cadmium.	3 parties.
Bismuth.	8 —
Étain.	3 —
Plomb.	2 —
Mercure.	0,1 —

En augmentant ou en diminuant la proportion de mercure, on rend le mélange plus ou moins fusible et tel qu'on peut le désirer.

Le jeu de l'appareil est bien simple, car quand le degré de température voulu pour la fusibilité de l'alliage est atteint, celui-ci tombe dans la rigole et réunit les deux lames, et pour le faire servir de nouveau, il suffit de transporter l'appareil dans un endroit relativement froid ; alors il se solidifie dans la rigole, et dès lors, il peut de nouveau être placé dans l'appareil et servir à une nouvelle indication si la température, toutefois, s'est abaissée.

Système de MM. Barbier et Joly. — Ce système consiste à disposer le circuit dans lequel sont interposées les sonneries d'alarme, de manière que les deux conducteurs en rapport avec les pôles de la pile se trouvent juxtaposés dans tout leur parcours, sans néanmoins communiquer métalliquement l'un avec l'autre en temps normal. Ces deux conducteurs étant isolés avec une substance capable de fondre ou de se brûler facilement, il arrivera qu'au moment ou un incendie se déclarera, les parties de ce système conducteur les plus voisines pourront avoir leur enveloppe isolante fondue ou brûlée, et la communication métallique étant dès lors établie entre les fils, les sonneries d'alarme seront mises en action.

Système de M. Frécot. — Dans ce système destiné principalement à prévenir les incendies résultant des fuites de gaz, l'avertisseur réagit en opérant automatiquement la fermeture des conduites de gaz.

Jusqu'à présent les commissions de salubrité publique et même la Société d'encouragement, se sont montrées hostiles à ces systèmes, et les ont déclarés plus dangereux qu'utiles, en raison de la fausse sécurité qu'ils peuvent donner. Suivant elles, les incendies se déclarent souvent sans élévation préliminaire de température. Une poutre peut brûler dans un plancher d'une manière latente, et ne donner lieu à un incendie que lorsqu'elle ne peut plus supporter le poids dont elle est chargée. Un courant d'air peut maintenir une température basse dans l'air d'une partie de la pièce, tandis que des tentures peuvent brûler ailleurs ; il y a donc danger à se confier à des avertisseurs automatiques, qui peuvent ne pas fonctionner au moment opportun et qui donnent ainsi une fausse sécurité.

Application à la cuisson des vitraux peints, par M. Ger-

main. — Pour obtenir de bons résultats dans cette industrie, il faut faire monter progressivement et régulièrement la température des fours à moufles jusqu'au rouge cerise diffus et la faire cesser en cet instant, afin qu'à la suite d'un refroidissement progressif, les couleurs fondues puissent s'y fixer. Ce n'est qu'à cette condition que l'on peut obtenir des vitraux brillants, homogènes de teinte et de surface, et pouvant résister à différents états hygroscopiques de l'air. Or, pour obtenir de pareils résultats, il était nécessaire d'avoir un pyromètre avertisseur, car l'opération ne peut être faite qu'à vase clos, et c'est cet appareil que M. Germain a imaginé pour les grands ateliers de peinture sur verre de MM. Desgranges, de Carbonel et Cie, à Clermont.

« Cet appareil, dit M. Germain, se compose d'une potence en fer fixée à un socle de même métal. L'extrémité supérieure de la potence est terminée par un serre-lame où l'on peut fixer une baguette en verre de un centimètre de largeur. Cette baguette découpée dans le vitrail à cuire, supporte par son extrémité inférieure un cylindre de fonte d'un poids rigoureusement déterminé et que l'on peut du reste modifier facilement. Or, ce cylindre en fonte constitue la partie mobile d'un interrupteur de courant électrique, dont le circuit correspond à un tableau indicateur, à une pile et à un embrayeur électrique adapté à la grille du foyer qui est articulée à cet effet.

« Lorsque le verre arrive à la température qui lui donne la couleur rouge brun, il cesse d'être complètement rigide ; mais quand il devient rouge cerise, il se ramollit dans toutes ses parties et peut s'allonger plus ou moins facilement si on le soumet à une traction plus ou moins forte. Or, dans l'appareil précédent, cette traction est effectuée par le poids suspendu à la baguette de verre, et il en résulte un mouvement de descente de celui-ci, qui en rencontrant après un parcours d'environ 8 millimètres, un double contact placé au-dessous de lui, ferme le circuit, et tout en réagissant sur l'appareil indicateur, met en action l'embrayeur ; celui-ci, en dégageant la grille du foyer lui permet de s'affaisser et d'éteindre le feu, en le laissant tomber à un mètre de profondeur au-dessous de la moufle. En même temps le courant se trouve renvoyé dans un autre circuit correspondant à un refroidisseur, lequel étant mis en action quand la température continue à monter, donne accès à l'air extérieur autour de la moufle et la refroidit forcément. La cuisson se fait d'ailleurs à la houille et ne doit guère excéder six heures.

« L'appareil indicateur se compose d'une sorte de cadran autour duquel se meuvent trois aiguilles de couleur différente qui correspondent, l'une à un mouvement d'horlogerie qui indique le temps, les deux autres à deux galvanomètres reliés avec deux piles thermo-électriques disposées des deux côtés de la moufle et qui peuvent indiquer si la température est la même dans les différentes parties de l'appareil. Ces piles thermo-électriques se composent simplement de 15 demi-spires de fil de fer et de 15 demi-spires de gros fil de cuivre, tournées en spirales opposées et renfermées chacune dans un tube de caoutchouc durci, qui est placé sur un côté différent de la moufle, dans un conduit métallique inséré dans un tube en terre réfractaire. Un côté de la spirale est exposé à une température constante, l'autre à la température variable de la moufle, et naturellement le courant produit est d'autant plus énergique que la différence des deux températures est plus grande, ce qui permet à l'aide des aiguilles des galvanomètres correspondants, de connaître à chaque instant la température de la moufle en ses différents points.

« L'aiguille du mouvement d'horlogerie indique l'heure de la cuisson, et les aiguilles des deux galvanomètres doivent la suivre le plus régulièrement possible, et ne jamais rétrograder. C'est sur leurs indications qu'on distribue la houille dans le foyer. »

Application à la régularisation de la température de la vapeur surchauffée dans la fabrication de la bougie stéarique. — MM. Leroy et Durand ont appliqué le principe des systèmes thermométriques dont nous avons parlé précédemment à la régularisation de la température de la vapeur surchauffée dont ils font usage pour la fabrication de la bougie stéarique.

Pour transformer en bougies le suif, l'huile de palme ou les graisses formées de glycérine et d'acides gras, il faut, comme on le sait, d'abord les dessécher ; puis on les agite pendant un certain temps avec une petite quantité d'acide sulfurique concentré qui sépare la glycérine de l'acide gras. On lave, l'on dessèche les corps gras acidifiés et on les distille dans les cornues chauffées à 250° environ, sous l'influence d'un courant de vapeur surchauffée. Les acides gras distillent parfaitement blanc ; on les lave, on les presse à froid et à chaud, et l'on obtient d'une part l'acide oléïque ou oléïne du commerce, de l'autre la stéarine, mélangée de plusieurs acides gras concrets.

La distillation est une opération éminemment délicate, parce qu'il est difficile de maintenir à la température convenable les matières à traiter et surtout la vapeur surchauffée. Cette température doit être telle que la distillation s'opère rapidement et sans décomposition des acides gras, car la décomposition entraîne infailliblement l'altération des produits et le déchet dans le rendement ; or c'est pour l'obtenir d'une manière régulière et constante que MM. Leroy et Durand ont imaginé d'appliquer au système de distribution de la vapeur surchauffée le régulateur électro-thermique dont nous parlons en ce moment.

Le système thermométrique se compose alors d'un récipient cylindrique rempli d'azote, mis en communication avec un tube manométrique placé en dehors du système régulateur, et ce tube est gradué en degrés thermométriques répondant aux déplacements successifs qu'a pris la colonne mercurielle de ce tube sous l'influence de la pression déterminée par le gaz du récipient, lequel est soumis à un accroissement successif et connu de température. Au-dessus de la surface mercurielle de ce tube manométrique, est disposé un système mobile composé de deux fils de platine isolés l'un de l'autre et présentant, comme dans mon système thermométrique, une différence de longueur. Ce système mobile est disposé de manière que l'extrémité du fil le plus court corresponde exactement au degré où l'on veut maintenir la température de la vapeur, et ce degré est comme on l'a vu, 250°. Si l'un des fils est mis en rapport avec une pile et que l'autre fil corresponde à un circuit dans lequel est interposé un régulateur électro-magnétique de température, on comprendra aisément que tant que le mercure n'aura pas atteint le fil le plus court, le courant ne sera pas fermé, et la chaleur pourra continuer sans difficulté à élever la température de la vapeur ; mais quand ce fil se trouvera immergé dans le mercure par suite de l'élévation progressive de la colonne mercurielle, le régulateur électro-magnétique se trouvera mis en jeu et pourra arrêter l'action calorifique.

Dans les appareils de MM. Leroy et Durand, le système régulateur se compose de trois parties : 1° d'un système thermique composé de deux courants de vapeur à des degrés de température différents ; 2° d'un appareil hydraulique qui fournit la force motrice nécessaire pour faire fonctionner les robinets donnant issue aux courants de vapeur ; 3° d'un électro-aimant réagissant sur cet appareil hydraulique.

Le système thermique est constitué par deux tuyaux munis de robinets qui communiquent avec le récipient dans lequel est placé le système thermométrique et qui sont munis chacun, avant d'arriver au récipient, d'un robinet dont la clef porte une roue dentée. Ces deux roues engrènent l'une avec l'autre, et leur mouvement est commandé par une crémaillère à contre-poids qui engrène avec l'une d'elles. Or, cette crémaillère correspondant à l'appareil hydraulique par une corde et des poulies de renvoi, monte ou baisse suivant l'influence électro-magnétique, ouvrant ou fermant les robinets, qui sont tellement disposés, que quand l'un est ouvert l'autre est fermé. L'un des tuyaux de vapeur passe au-dessus d'un réchaud qui en élève la température au point de la porter à un degré supérieur à 250° ;

l'autre, au contraire, conduit cette vapeur sous une tension beaucoup moindre, et il résulte du mélange de ces deux courants de vapeur dans le récipient thermométrique, un nouveau courant de vapeur qui peut être plus ou moins chaud, suivant la position relative des robinets des tuyaux d'introduction. Si le robinet de la vapeur surchauffée est plus ouvert que celui de la vapeur moins chaude, la vapeur du récipient augmente de température. Si au contraire, ce robinet est moins ouvert, c'est l'action inverse qui se produit. Or, c'est la vapeur ainsi mélangée dans le récipient thermométrique, qui en s'échappant par un tuyau ménagé à la partie inférieure de celui-ci, produit la réaction calorifique dont nous avons parlé en commençant.

Le système hydraulique se compose d'un réservoir d'eau à double fond, dans la partie inférieure duquel se meut un flotteur pesant, relié au système thermique par la corde et les poulies de renvoi dont il a été question précédemment. Chacune des parties de ce réservoir est pourvue d'un trop plein et de deux conduits d'écoulement munis de soupapes ; mais l'un de ces conduits, celui du réservoir supérieur, écoule l'eau dans le réservoir inférieur. Ces conduits sont horizontaux et surmontés d'un tube vertical ouvert de la hauteur du compartiment auquel il correspond, et c'est au bas de ces tubes que se trouvent les soupapes, qui sont soutenues, par des fils métalliques, aux deux extrémités d'une bascule disposée comme un fléau de balance. C'est sur l'aiguille de ce fléau de balance que réagit l'armature de l'électro-aimant, et celle-ci en inclinant ce fléau sous l'influence de l'attraction magnétique, détermine d'un même coup la fermeture de la soupape du réservoir supérieur et l'ouverture de la soupape du réservoir inférieur, laquelle en laissant écouler l'eau, abaisse le flotteur et par cela même détermine la fermeture du robinet de la vapeur surchauffée. Quand au contraire, l'armature électro-magnétique est repoussée, l'effet inverse se produisant, l'eau du réservoir supérieur s'écoule dans le réservoir inférieur et provoque l'ouverture du même robinet, en faisant monter le flotteur. Or, comme l'action électro-magnétique dépend de la température de la vapeur dans le récipient thermométrique, cette température se trouve de cette manière forcément maintenue au degré voulu (1).

· Comme le travail de la pression des acides gras distillés et lavés exige une pression déterminée et constante, MM. Leroy et Durand ont accompagné le manomètre qui indique le degré de cette pression, d'un avertisseur électrique qui prévient d'arrêter la pression dès qu'elle a atteint le degré voulu.

---

(1) Voir le dessin de ces appareils dans le journal *les Mondes*, tome XIV, page 192.

Le timbre de la sonnerie varie d'une presse à l'autre, et chaque ouvrier reconnaît sans peine le sien.

Application aux manomètres et aux flotteurs. — Dès le commencement de l'année 1854, j'avais signalé, dans le journal de l'arrondissement de Valognes, l'importance de cette application électrique et la manière dont elle pouvait être mise à exécution. Voici, du reste, ce que je dis à cet égard dans le deuxième volume, p. 193, de mon *Exposé des applications de l'électricité*, 1re édition (publié en sept. 1854) à propos du manomètre de M. Chenot :

« Si l'on ajoute au manomètre de M. Chenot une sonnerie électrique, on pourrait faire en sorte que l'aiguille de l'indicateur, par son ascension trop grande ou par sa descente, établisse un courant électrique à travers deux butoirs disposés en conséquence, et avertisse du danger qui pourrait résulter *de la trop grande pression de la vapeur* ou de la trop grande dépense d'eau qui s'est faite dans la chaudière. »

Une note, publiée par M. Meunier dans l'un des feuilletons scientifiques de *la Presse*, prouve encore que cette question avait été étudiée par M. Reville, qui avait même ajouté à son système plusieurs accessoires ingénieux.

Cette application a été réalisée et mise en pratique en 1856 par M. Breguet, qui a utilisé à cet effet les manomètres de MM. Siry et Lizars, construits pour les usines à gaz, et ceux de MM. Bourdon et Desbordes établis dans le but de s'adapter aux machines à vapeur.

La fig. 32 représente le système de M. Breguet.

L'appareil se compose de trois parties : du manomètre à aiguilles de MM. Siry et Lizars qu'on voit à gauche, d'une pile électrique, et au-dessus de la pile, de l'avertisseur proprement dit.

On voit que le manomètre se compose d'un socle surmonté de deux larges tubes réunis qui reçoivent, l'un un flotteur, l'autre un contre-poids suspendu au fil qui soutient le flotteur, après avoir passé dans la gorge d'une roue poulie à l'axe de laquelle est fixée une aiguille indicatrice.

Le tube dans lequel se trouve le flotteur contient de l'eau sur laquelle le gaz opère une pression, lorsque l'instrument est mis en rapport avec une conduite de gaz au moyen d'un tuyau quelconque. Suivant la pression, le flotteur s'élève ou s'abaisse et fait ainsi mouvoir la roue *f*, ce qui détermine l'inclinaison ou l'élévation de l'aiguille.

Le socle de l'appareil supporte, en outre, deux colonnes M M qui ont pour fonction de soutenir la traverse sur laquelle se meut l'axe de la roue *f*, et de maintenir dans une position verticale un arc de cercle, gradué de manière qu'un centimètre de pression prend des proportions telles que les fractions de millimètre sont très-facilement appréciables.

Tel est le manomètre de MM. Siry et Lizars ; l'addition de l'appareil élec-trique a nécessité quelques modifications. Ainsi les colonnes MM ont dû être isolées de la traverse du cadran par des rondelles d'ivoire ; de plus, derrière le cadran gradué, on a dû établir un second arc de cuivre, isolé également du premier, et sur lequel on a adapté un appendice mobile de

Fig. 32.

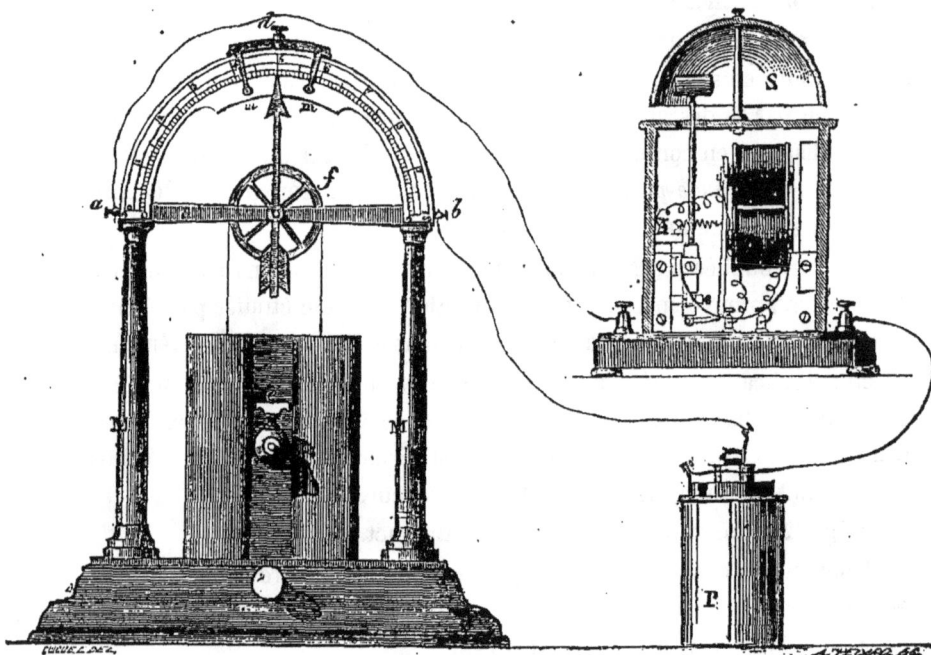

cuivre d, portant deux branches qui enjambent par-dessus le cadran sans le toucher, et se terminent par deux aiguilles de platine mm placées dans une position horizontale. Aux deux extrémités du cadran en a et en b sont deux petites vis de pression dont l'emploi est de recevoir les fils électriques, de manière que le fil, retenu par la vis b, communique avec le cadran, et celui qui est fixé en a communique avec l'arc de derrière.

Lorsqu'on règle la pression du gaz au degré nécessaire, on dispose l'appen-dice d de façon que les deux aiguilles mm soient à égale distance de l'ai-guille indicatrice, dont la pointe est également garnie en platine.

La pile P employée par M. Bréguet est une pile de Daniell, dont le pôle positif est mis en rapport avec le manomètre au point b, et le pôle négatif va joindre l'une des vis de communication placées sur le soc de la sonnerie.

L'avertisseur électrique n'est autre chose qu'une sonnerie électrique de petite dimension, analogue à celles que nous avons déjà décrites. Cette sonnerie est, d'un côté, en rapport avec le manomètre, de l'autre avec la pile.

L'appareil étant ainsi disposé, et le degré de pression ayant été fixé, on met le manomètre en rapport avec le tuyau de gaz. Tant que l'aiguille indicatrice oscille entre les deux aiguilles *m m*, aucun avertissement n'est donné par la sonnerie ; mais si la pression vient à être plus faible ou plus forte, le contact opéré entre cette aiguille indicatrice et les aiguilles de platine *m m*, détermine une fermeture de courant qui met en tintement la sonnerie. Les employés de l'usine se trouvent ainsi prévenus de la variation qui s'est opérée dans la pression, et l'un deux vient rétablir les choses dans leur état normal.

On comprend aisément que la même disposition pourrait être adaptée aux manomètres Bourdon et Desbordes.

Quant aux flotteurs des chaudières des machines à vapeur, l'application en est plus délicate. Le moyen le plus simple est d'adapter à l'intérieur de cette chaudière un tube en matière isolante portant à l'intérieur et à hauteur convenable deux pointes de platine en rapport, par un fil soigneusement isolé, avec la sonnerie électrique ; un piston métallique facilement mobile à l'intérieur de ce tube serait, par un fil métallique extensible, mis en rapport avec la pile, et serait relié au flotteur de la chaudière. Il arriverait alors que, quand ce piston rencontrerait l'une ou l'autre des pointes de platine, la sonnerie serait mise en mouvement, ce qui préviendrait que le niveau de l'eau dans la chaudière serait trop bas ou trop haut. M. Berjot, à Caen, paraît être le premier qui se soit occupé de cette application.

M. Deschiens a appliqué dernièrement un système du même genre aux manomètres employés par la Compagnie du gaz parisien, dans certaines usines qu'elle dirige. Ces appareils sont des manomètres à cadran de Bourdon, auxquels est adjoint un appareil enregistreur des pressions. Ce petit enregistreur placé à côté du manomètre, se compose, comme tous les appareils de ce genre, d'un cylindre mis en mouvement par une petite horloge et d'un système traceur mis en mouvement par l'aiguille même du manomètre. Ce système traceur n'est d'ailleurs rien autre chose qu'un curseur muni d'un petit crayon qui se meut horizontalement sur un guide et parallèlement à l'axe du cylindre. Or, c'est ce curseur que M. Deschiens a utilisé pour produire les avertissements électriques. Il lui a suffi pour cela de lui adapter un ressort frotteur et de placer devant lui, sur une lame d'ébonite, deux contacts mobiles mis en rapport avec les deux circuits des avertisseurs. En plaçant ces contacts dans des positions telles que le flotteur ne

puisse les rencontrer que quand l'aiguille du manomètre marque les pressions limites entre lesquelles on doit maintenir· le générateur, on peut obtenir avec des avertisseurs de timbre différent, deux indications (qui pré-
viennent quand ces limites sont outrepassées et dans quel sens on doit
réagir sur le générateur de pression. Ordinairement ces limites correspondent à cinq ou six atmosphères.

**Application à la régularisation de la pression du gaz
d'éclairage dans les tuyaux de distribution.** — Le gaz d'éclairage, comme on le sait, s'écoule à travers des tuyaux de distribution sous
l'influence d'une pression exercée à l'usine par les gazomètres et qui est
réglée sur la moyenne de la consommation. Cette pression restant la même,
il arrive nécessairement que la force avec laquelle le gaz s'échappe des
tuyaux de distribution est d'autant plus grande que le nombre des orifices
d'écoulement est moins grand. Or, comme ce nombre peut varier, soit qu'un
certain nombre d'établissements qui consomment du gaz allument ou
n'allument pas, soit qu'il se déclare dans un quartier des fuites ou que les
compteurs fonctionnent mal, soit même qu'il y ait irrégularité dans le service de l'éclairage public dans les différents quartiers d'une ville, il peut en
résulter, pour le consommateur et même pour la Compagnie du gaz, de
nombreux inconvénients dont le moindre est une dépense de gaz inutile (1).
On comprend en effet que si, ayant réglé une première fois l'ouverture des
becs de manière à obtenir une bonne lumière, la pression vient à augmenter, le gaz qui s'échappe en trop grande abondance brûle imparfaitement,
et en se répandant dans les appartements, non-seulement les enfume, mais
encore peut occasionner la détérioration des marchandises qui y sont dépo-
sées, altérer la santé de ceux qui les habitent et provoquer même des accidents les plus déplorables. D'après le témoignage des hommes compétents,
il paraîtrait que plusieurs incendies, entre autres celle des Deux-Magots, des
magasins de Pygmalion, du Grand-Opéra, de la rue Monge, de la filature
de MM. Vilinot, père et fils, et un grand nombre d'explosions de magasins,
auraient eu pour origine la cause dont nous parlons, et on y rapporte même
la mort du frère de l'école de Saint-Nicolas qui, d'après les constatations
médicales, aurait été asphyxié par le gaz.

Ce qui est le plus fâcheux c'est que souvent on ne se rend pas compte de

---

(1) Dans un article intéressant publié par M. Servier dans le journal *le Gaz* du
20 mars 1859, on montre que sur 100 mètres cubes qui sont envoyés de l'usine, il
n'y en a que 80 ou 90 d'utilisés, ce qui rend le prix de revient du gaz au lieu de consommation de 10 à 20 % plus élevé qu'aux gazomètres.

cet accroissement de pression, car la lumière au lieu de devenir plus brillante s'assombrit, et l'on serait plutôt tenté d'ouvrir davantage le robinet d'alimentation des becs que de le fermer. On comprend qu'en présence de ces inconvénients, on pouvait désirer l'invention d'un révélateur et d'un régulateur automatique de la pression du gaz, et depuis une vingtaine d'années plusieurs solutions ont été proposées dans ce but par MM. Servier, Giroud et Launay, sans parler de celles dont il a été question précédemment. Nous allons examiner successivement ces différents systèmes.

Système de MM. Giroud et Breguet. — Ce système, breveté dès l'année 1855 et qui a été perfectionné successivement en 1856 et 1857, conjointement avec M. Breguet, a été d'abord décrit avec détails dans le journal l'*Éclairage au gaz*, du 5 août 1856, et voici la description qu'en donne M. J. Thevenet dans le numéro de ce journal du 20 avril 1859 :

« Ce système a non-seulement pour effet d'indiquer les variations de pression qui peuvent survenir dans les tuyaux de distribution du gaz, mais encore de régler automatiquement cette pression en ouvrant ou fermant plus ou moins, à l'aide d'une vanne mue sous l'influence électro-magnétique, l'orifice d'écoulement du gaz à partir des gazomètres.

« L'ensemble du système comprend deux groupes d'appareils. Le premier se compose d'un manomètre à flotteur, installé à un bureau de ville situé en un point central et mal alimenté du périmètre éclairé, qui indique la pression du gaz. L'aiguille de cet instrument, comme dans l'appareil de MM. Siry et Lizars, est construite de telle sorte que l'une de ses branches vient plonger dans un petit vase contenant du mercure, dès que la pression s'écarte de la plus petite quantité du degré où on veut la maintenir.

« Deux fils télégraphiques liés à ces vases à mercure, se rendent à l'usine à gaz. L'aiguille du manomètre étant en communication avec l'un des pôles d'une pile dont l'autre pôle est en relation avec la terre, il en résulte que chaque fois que la pression tend à s'écarter du degré déterminé, l'une des branches de l'aiguille, en plongeant dans l'un des petits vases à mercure, ferme un circuit et lance dans l'un des fils télégraphiques un courant qui se rend à l'usine à gaz.

« Le second groupe d'appareils situé à l'usine à gaz, consiste en une valve hydraulique placée sur la conduite par laquelle le gaz s'échappe du gazomètre, et manœuvrée par un moteur à poids assez analogue au vulgaire tourne-broche, commandé lui-même par un engrenage double.

« Deux électro-aimants reliés chacun à l'un des fils conducteurs partant du manomètre placé au lieu de consommation, sont disposés dans l'appareil de manière à agir sur le levier de l'embrayage. Suivant que l'un ou l'autre des électro-aimants reçoit le courant électrique, ou que tous les deux restent inertes, le levier d'embrayage occupe trois positions différentes, et la valve hydraulique reste immobile, monte ou descend.

« Il est bon d'observer qu'une légère modification apportée à la disposition du manomètre transforme cet appareil en un commutateur, et permet de n'employer qu'un seul fil télégraphique au lieu de deux, dans le cas où l'usine à gaz serait assez éloignée du centre du périmètre pour que cette simplification puisse diminuer les frais de premier établissement. Il résulte de la disposition des appareils et de la vitesse de transmission de l'électricité, que chaque variation de pression dans la canalisation, change instantanément et automatiquement, les conditions d'écoulement du gaz au sortir de l'usine. Des expériences répétées, exécutées dans les ateliers de M. Nicolle, l'un des grands appareilleurs de Paris, ont prouvé qu'à l'aide du régulateur électrique de pression, la combustion se faisait régulièrement sous une pression de 14 millimètres par exemple, alors que l'on faisait varier entre 15 et 65 millimètres, la pression au gazomètre et même alors que l'on diminuait ou que l'on augmentait de moitié et même des trois quarts le nombre des brûleurs.

« Ce régulateur, par le fait même de son action automatique, peut être employé non-seulement pour les usines à gaz, mais encore pour les gares de chemins de fer, les ateliers, les théâtres et les grands établissements publics de tout genre, car son installation est facile par suite de son petit volume ; son entretien est insignifiant et son prix peu élevé comparativement aux avantages qu'il peut procurer. En effet, son prix serait de 300 à 400 francs pour un consommateur très-important, et pour les usines à gaz il n'excéderait pas 600 francs, non compris 42 francs par hectomètre de fil conducteur. Or, une diminution de 5 millimètres seulement dans la pression moyenne du gaz, amènerait une économie de 15 % dans la quantité de gaz consommé, et lui permettrait en outre de brûler dans des conditions de régularité dont nous avons déjà signalé les avantages. »

On pourra voir dans le numéro du 20 avril 1859 du journal l'*Éclairage au gaz* les dessins de ces appareils.

Système de M. Servier. — Le système de M. Servier, postérieur de 3 ans à celui de M. Giroud, n'en est qu'un diminutif, comme l'indique lui-même son auteur dans une réponse faite à M. Giroud dans le journal l'*Éclairage au gaz*, du 5 mai 1859 : « Je n'ai pas la prétention, dit-il, de régler automatiquement la pression, comme pense le faire M. Giroud, mais simplement d'indiquer, au moyen de signaux différents, le moment où les limites entre lesquelles doit varier cette pression sont atteintes. » Voici, du reste, comment M. Servier décrit lui-même son invention dans le journal le *Gaz*, du 20 mars 1859.

« Un indicateur de pression ordinaire, soit à mouvement vertical, soit à cadran, étant placé à l'endroit le plus mal alimenté du périmètre desservi par une usine, j'adapte à cet indicateur un *commutateur* de mon invention, disposé de telle sorte qu'un maximum et un minimum de pression étant déterminés à l'avance, l'appareil puisse fournir, quand ce maximum ou ce minimum sont atteints par l'indicateur, une fermeture de courant à travers un fil réunissant l'indicateur à un appareil avertisseur placé à l'usine, et pour que ce courant agisse différemment sur l'avertisseur suivant que c'est le maximum ou le minimum qui est indiqué, le commutateur en question est disposé de manière à fournir des courants de sens contraire. L'appareil avertisseur placé à l'usine dans le bureau du préposé à la valve de sortie du gaz, se compose d'un électro-aimant agissant sur une aiguille aimantée et qui est en communication avec le fil conducteur partant de l'indicateur; suivant le sens du courant transmis, cette aiguille aimantée s'incline à droite ou à gauche et indique par là la nature du signal transmis.

» Le préposé à la valve de sortie du gaz sait donc, par ces deux signaux différents, s'il doit forcer ou diminuer la pression, et par les signaux ainsi transmis par l'indicateur, il peut régler la pression au sortir de l'usine de manière à la maintenir constante. Dans toutes les positions intermédiaires entre le maximum et le minimum, l'aiguille n'est pas déviée et reste verticale.

» En outre de ces signaux, visibles à l'œil de l'employé, l'aiguille aimantée elle-même, par une disposition assez simple, fait sonner, suivant le sens dans lequel elle est déviée, deux timbres de sons différents mis en action électriquement et qui peuvent être placés dans le bureau du directeur de l'usine, lequel est ainsi prévenu que le préposé à la valve est à son poste et suit les indications de l'aiguille. »

A la suite de la description du système précédent dans les journaux spéciaux de l'époque, il est survenu une polémique entre MM. Servier et Giroud, de laquelle il est résulté que M. Servier, non-seulement n'était pas le premier en date dans les différentes parties de son invention, mais que sa solution était moins complète que celle de son prédécesseur. Si M. Servier eut été plus familiarisé avec les applications électriques, il n'aurait certainement pas entamé une polémique qui ne pouvait tourner qu'à son désavantage (1).

_____

(1) Voir le journal le *Gaz,* nᵒˢ du 10, 20, 30 avril et du 10 mai 1859 et le journal l'*Éclairage au gaz* du 20 avril, 5 mai 1859.

Nous verrons plus tard comment M. Servier a appliqué son système à la distribution des eaux et aux fours à coke.

Système de M. Launay. — Le système de M. Launay, qui est de date récente, est, comme le précédent, un système avertisseur; mais, au lieu de fournir des avertissements aux usines à gaz, ce qui n'a jamais été bien goûté, en raison du mauvais vouloir des administrations contre lequel les nouvelles inventions viennent toujours se heurter, M. Launay les fournit aux intéressés eux-mêmes pour les prévenir d'avoir à modérer l'introduction du gaz dans les tuyaux de distribution de leur établissement, quand la

Fig. 33.

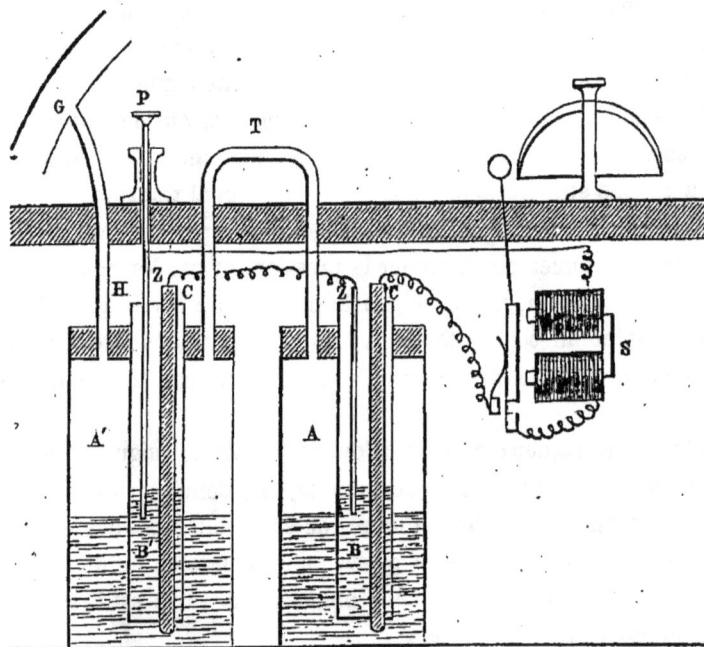

pression du gaz dépasse la limite correspondante au bon fonctionnement des becs. Dans ces conditions, M. Launay a pu réussir à faire adopter son système qui, du reste, fonctionne parfaitement.

Ce système, représenté fig. 33, est d'une simplicité extrême. Il consiste dans une sonnerie d'alarme que met en action, sous l'influence d'une pression déterminée du gaz, une pile qui ne se trouve chargée qu'au moment même où cette pression atteint le degré voulu. Cette pression peut, d'ailleurs, être réglée suivant les conditions où l'on se trouve placé, et ce réglage est extrêmement facile.

La pile employée par M. Launay est une pile à sulfate de bioxyde de mercure composée de deux éléments réunis en tension, et chacun de ces éléments est formé de deux vases A, B, A', B', emboîtés l'un dans l'autre de manière à donner lieu à une pression hydrostatique. A cet effet, le plus grand des deux vases A, A' qui est une sorte de récipient, est hermétiquement fermé, et on verse dedans la solution excitatrice; l'autre, B, B', est un tube de verre ouvert par les deux bouts, dans lequel plongent une lame de charbon C et un crayon de zinc Z. Ce tube passe à travers le couvercle du récipient sur lequel il est convenablement luté, et est immergé dans le liquide excitateur. Le charbon C plonge également dans ce liquide, mais le zinc de l'un des éléments, terminé par un bouton P, glisse à frottement gras dans un trou pratiqué dans la planche supérieure de la boîte qui enveloppe tout l'appareil, et peut par conséquent être placé à telle hauteur qu'il convient au-dessus du niveau du liquide. Le couvercle du récipient lui-même est percé de deux ouvertures dans lesquelles sont introduits, d'abord un tube de caoutchouc G H que l'on met en communication avec le tuyau G de distribution de gaz au sortir du compteur; en second lieu un système de siphon T qui établit une communication entre les récipients A, A' des deux piles.

Avec cette disposition, il est facile de comprendre que si la hauteur du zinc PZ dans le tube B' est calculée de manière à être à un ou deux millimètres seulement au-dessus du liquide, quand la pression est suffisante pour l'alimentation convenable des becs de gaz en temps ordinaire, il suffira d'une légère augmentation dans cette pression, pour élever le liquide dans les tubes B, B', et déterminer l'immersion des zincs. La pile se trouve alors chargée, et son courant peut réagir sur la sonnerie d'alarme S qui tinte jusqu'à ce qu'on ait fermé le robinet du compteur, ou, du moins, jusqu'à ce qu'on ait diminué suffisamment l'orifice d'écoulement. Cette sonnerie, qui n'a du reste rien de particulier, peut faire partie de l'appareil ou être placée à distance; la seule précaution qu'on ait à prendre est de maintenir toujours l'eau au même niveau dans les deux éléments.

L'appareil que nous venons de décrire peut également constater les fuites de gaz, mais cette constatation ne peut être faite que le jour et alors que tous les becs de gaz sont fermés. On ouvre d'abord le robinet du compteur, et le gaz en se répandant dans l'appareil révélateur sous une pression relativement forte, ne tarde pas à le mettre en action. On ferme alors le robinet du compteur et on attend quelque temps. S'il n'y a pas de fuite, il est bien certain que la pression se maintenant, la sonnerie marchera indéfiniment; mais si, au contraire, le gaz s'écoule par une fuite, au bout de quelques instants sa pression deviendra assez faible pour permettre à la pile de se décharger, et la sonnerie ne tintera plus. Dans ce dernier cas, un second appareil de M. Launay permet de déterminer facilement le lieu de la fuite.

Avec le système de M. Launay, on peut donc non-seulement prévenir les accidents qui peuvent résulter des variations de pression du gaz et des fuites, mais encore régler sa consommation de manière à produire le plus d'effet possible avec le moins de dépense possible. Suivant lui, l'économie qu'on pourrait réaliser de cette manière pourrait atteindre de 25 à 30 %. On peut d'ailleurs s'assurer du bon état de l'appareil en se servant du zinc PZ comme d'interrupteur; il suffira de l'abaisser et de l'immerger dans le liquide.

Système de M. Raupp. — Ce système, publié dans le *Telegraphic journal* du 15 octobre 1876, est fondé exactement sur le même principe que le système précédent qui lui est antérieur de plusieurs années. Nous devons dire, toutefois, que ce nouveau système est moins simple que celui de M. Launay, car, au lieu de faire de la pile même l'interrupteur avertisseur, M. Raupp sépare ces deux organes, et en fait deux appareils différents. La pile est alors constituée par deux éléments Leclanché, et l'interrupteur avertisseur, par un récipient en fer forgé contenant du mercure et dans lequel plonge un tube de verre ouvert par les deux bouts. Ce récipient est hermétiquement fermé par un couvercle à travers lequel passe un conduit qui le réunit au tuyau de distribution du gaz, et une tige d'acier dont la position peut être réglée, plonge dans le tube de verre. Avec cette disposition, on comprend aisément que les variations de pression du gaz dans le tuyau de distribution se traduisant par une élévation plus ou moins grande de la colonne mercurielle dans le tube de verre, on pourra obtenir aisément l'indication d'une trop grande pression de ce gaz par la fermeture d'un courant électrique, qui aura lieu quand le mercure rencontrera la tige d'acier placée au-dessus. Il suffira, pour cela, de mettre le récipient de fer en rapport avec l'un des pôles de la pile et de faire communiquer la tige d'acier à la sonnerie d'alarme qui sera elle-même réunie à l'autre pôle de la pile.

Application à l'indication des fuites de gaz. — Cet appareil est fondé sur le principe de la diffusion des gaz à travers les corps poreux, établi par M. Graham, et qui est celui-ci : lorsque deux gaz différents se trouvent séparés par une cloison poreuse, ils tendent à se mélanger en filtrant à travers les pores de la matière, mais la *vitesse de passage* est différente pour les deux gaz. Il en résulte que le milieu se charge en excès du gaz qui passe le plus rapidement; d'où un excès de pression sur la paroi qui limite ce milieu et qui peut être une membrane ou une surface

liquide. En admettant que cette surface commande un indicateur quelconque, on pourra noter le degré de proportion du passage du gaz dans le
milieu qui lui est contigu. M. Ansell a imaginé de traduire ce mouvement
de diffusion par une action électrique déterminée sur un avertisseur, et de
prévenir ainsi les ouvriers mineurs de l'approche du *grisou*.

L'indicateur de ce système, construit par M. Salleron, consiste dans un
tube dont l'extrémité supérieure M, fig. 34, est terminée en entonnoir et fermée par une plaque de terre poreuse, et dont l'autre extrémité communique
avec un récipient *t* muni supérieurement d'une tige de platine placée à hauteur convenable. Ces deux tubes sont remplis de mercure jusqu'à un certain niveau, et la tige de platine est interposée, ainsi que le mercure, dans

Fig. 34.

un circuit correspondant à une sonnerie d'alarme et à une pile P. L'appareil est réglé de telle sorte que le niveau du mercure n'atteigne pas, à l'état
normal, le fil de platine.

Si l'appareil est introduit dans un milieu qui contient de l'hydrogène
carboné, ce gaz passera à travers la cloison, et il en résultera un excès de
pression qui agira sur la masse mercurielle et la poussera de manière à
rencontrer la tige de platine *t*, et alors la sonnerie se mettra à tinter tout le
temps que le gaz existera dans le milieu où l'appareil est installé.

L'application de cet appareil n'a pas été limitée à l'annonce de l'arrivée
du grisou dans les mines; sa sensibilité est telle, que les fuites de gaz dans
les salles et les amphithéâtres peuvent en être en quelque sorte mesurées
par l'adjonction à l'appareil d'un système manométrique, et si ce gaz s'y
trouve en proportion assez grande pour faire craindre une explosion,
l'avertisseur pourra prévenir de l'imminence du danger.

**Application aux conduits de distribution des eaux
pour avertir des fuites qui peuvent se produire.** — « Les
distributions d'eau, dit M. Servier, sont dans le même cas que celles de
gaz, et la réduction des fuites y présente un intérêt de plus. En effet, outre

la perte de l'eau elle-même, elles occasionnent des tassements dans le sol et par suite des disjonctions dans les joints et quelquefois des dégâts considérables dans les habitations riveraines. Régler les pressions au strict nécessaire pour l'alimentation, est donc, pour cette industrie, de la plus haute importance, et on peut y arriver en employant le système avertisseur que j'ai imaginé pour régler la pression du gaz. Voici comment :

» Je suppose un petit réservoir analogue à une borné-fontaine branché à l'endroit de la conduite principale sur lequel on veut obtenir une pression déterminée. Ce réservoir sera muni d'un orifice réglé une fois pour toutes et de telle manière que le niveau restera constant, dans ce réservoir, lorsque la pression qu'on aura voulu obtenir à l'endroit où il est branché sera obtenue. Si la pression devient plus faible, le niveau baissera ; si elle est plus forte, il s'élèvera ; de telle sorte que, si l'on imagine un flotteur placé dans ce réservoir, il montera ou descendra suivant la pression exercée dans la conduite. On se trouve alors ramené au cas de l'indicateur à mouvement vertical du système que j'ai employé pour la régularisation de la pression du gaz et, au moyen de mes appareils, on pourra maintenir à un endroit déterminé d'une conduite d'eau la pression qu'on voudra. Il ne reste donc plus qu'à choisir le point le plus convenable du périmètre pour brancher l'indicateur, de manière à exercer sur l'ensemble de ce périmètre la pression la plus considérable possible tout en satisfaisant aux besoins du service. »

Application aux fours à coke. — « On sait, dit M. Servier, qu'on ne peut recueillir la totalité du gaz produit dans des fours dits fours à coke, qu'à la condition expresse et *sine quâ non* de maintenir la pression aussi voisine que possible de zéro sur ces appareils. Voici dans ce cas, comment il faudrait opérer : brancher l'indicateur de pression muni de mon commutateur (réglé entre $-\frac{1}{2}$ $^m/_m$ et $+\frac{1}{2}$ $^m/_m$) sur le tuyau de sortie de ces fours ; puis, l'aiguille aimantée dont la déviation est déterminée par le jeu de l'indicateur, étant placée dans le bâtiment de la machine à vapeur qui fait mouvoir l'exhausteur, le mécanicien sera averti à chaque instant si la pression sur les fours est comprise entre $-\frac{1}{2}$ $^m/_m$ et $+\frac{1}{2}$ $^m/_m$, et il pourra régler la vitesse de sa machine en conséquence. Mais l'aiguille aimantée elle-même peut, par la disposition au moyen de laquelle elle fait sonner deux sonneries électriques, régler l'entrée de la vapeur, et voici comment :

» Qu'on imagine un petit régulateur à gaz dont la cloche, par son mouvement d'ascension et de descente, ouvre et ferme le papillon de la machine à vapeur par l'intermédiaire d'un système de leviers. L'entrée de ce régulateur est branchée sur une conduite de gaz de l'usine, et la sortie sur une autre conduite où la pression sera moindre que dans la précédente. Les orifices d'entrée et de sortie de ce petit régulateur sont réglés de manière que, pour une marche déterminée de la machine, il sorte de la cloche autant de gaz qu'il en entre; en outre, à l'entrée et à la sortie des mêmes régulateurs, se trouve une soupape pouvant être mue par le moyen d'électro-aimants. L'un de ces électro-aimants agit pour un sens de l'aiguille aimantée, et l'autre pour le sens contraire; de cette manière, si la pression vient à être supérieure à zéro dans les fours, l'aiguille aimantée sera déviée d'un côté et ouvrira, au moyen de l'électro-aimant mis en action, la soupape d'entrée du régulateur; le gaz y affluera en plus grande quantité, et la cloche sera soulevée; le papillon de la machine à vapeur s'ouvrira de plus en plus, et la vitesse de celle-ci devra augmenter; si au contraire la pression devient inférieure à zéro dans les fours, ce sera la soupape de sortie du régulateur qui s'ouvrira, et le papillon de la machine tendra à se fermer par la descente de la cloche du régulateur. On obtiendra ainsi les mêmes résultats qu'avec les régulateurs employés aujourd'hui pour les fours à coke, mais qui doivent être de grande dimension et ne sont pas toujours faciles à installer, tandis que le système que je propose a des dimensions très-réduites. »

Application à la régularisation de la vitesse des moteurs. — Les régulateurs à force centrifuge employés pour régulariser la vitesse des moteurs sont généralement peu sensibles, en raison de la résistance qu'ils rencontrent dans la manœuvre de l'appareil destiné à modérer la force motrice. Plusieurs inventeurs ont pensé qu'on pourrait augmenter considérablement cette sensibilité et surtout leur instantanéité d'action en faisant intervenir l'action électrique et, pour obtenir ce résultat, il suffit, comme on le comprend aisément, de faire réagir l'appareil régulateur sur un commutateur de courant qui, en commandant à distance l'action d'un mécanisme particulier, peut faire ouvrir ou fermer plus ou moins l'orifice par lequel s'introduit le fluide appelé à déterminer la force motrice. Ce problème a été résolu de diverses manières et nous allons décrire les principales.

Système de M. E. Mouline. — Dans ce système, imaginé en 1863, le régulateur à force centrifuge du moteur est établi à l'extrémité d'un axe vertical mis en rapport de mouvement avec le moteur, et qui réagit par l'intermédiaire de son collier sur une bascule à fourchette terminée par une godille de commutateur. Cette godille oscille entre deux contacts qui correspondent à deux électro-aimants circulaires de Nicklès adaptés sur l'axe même de rotation du régulateur, et ceux-ci étant mis en action suivant que la vitesse du moteur est trop grande ou trop faible, peuvent réagir par l'intermédiaire de deux cylindres de fer doux placés à portée, sur un mécanisme particulier qui peut ouvrir ou fermer plus ou moins la valve ou la vanne d'introduction du fluide. Nous avons décrit tome II, p. 79, des systèmes électro-magnétiques de ce genre.

Pour obtenir de la part de deux électro-aimants circulaires tournant dans le même sens une action inverse sur le mécanisme destiné à augmenter ou à affaiblir la puissance de l'agent moteur, les cylindres de fer qui leur servent d'armature et qui sont mis, en temps ordinaire, hors de contact avec leurs pôles annulaires par de forts ressorts à boudin, sont disposés de manière à ne communiquer le mouvement à la roue de manœuvre de la valve qu'en deux points diamétralement opposés de sa circonférence. Ce système est du reste extrêmement simple et très-analogue à celui de M. Achard, que nous décrirons. M. Mouline croit, du reste, qu'on pourrait le faire fonctionner sans aucuns frais de pile en employant le moyen indiqué par M. Lamy et que nous avons rapporté tome II, p. 237.

Système de M. Courtin. — Pour permettre aux régulateurs de vitesse d'effectuer leurs fonctions dans des limites plus étendues et avec une plus grande efficacité, M. Courtin ne se contente pas d'un simple régulateur à force centrifuge, il adapte au-dessous et sur l'axe même qui le met en mouvement, un régulateur auquel il donne le nom de *régulateur parabolique électrique* et qui combine son action avec celle du premier. Ce régulateur parabolique consiste dans une sorte de *conduit recourbé en parabole* dans un plan vertical et qui tourne avec le régulateur à force centrifuge. Au fond de ce conduit et sur une de ses branches seulement, sont disposées deux lames conductrices isolées l'une de l'autre, et qui forment en quelque sorte deux rails inclinés sur lesquels glisse plus ou moins loin, soit dans un sens soit dans l'autre, suivant la vitesse de l'appareil, un mobile en forme de fuseau, composé de deux cônes métalliques réunis par leur base.

L'une de ces lames a sa conductibilité métallique interrompue régulièrement de distance en distance par des plaques d'ébonite qui en forment une sorte d'interrupteur, et il résulte de cette disposition que, si les deux lames ou rails sont reliées à un circuit électrique, le mobile en roulant et en s'élevant depuis le point le plus bas de la parabole, pourra fermer et interrompre plus ou moins de fois le courant, suivant l'étendue de la course qu'il aura accomplie et par conséquent suivant la vitesse plus ou moins grande du moteur. Ces fermetures pourront alors réagir sur un système électro-magnétique qui, en mettant en jeu le mécanisme de la valve ou de la vanne, pourra modérer convenablement l'introduction du fluide dans le moteur.

Afin que les mouvements du mobile du régulateur parabolique sur l'interrupteur ne puissent produire le ralentissement du moteur que dans le sens de son ascension, et qu'ils déterminent son accélération quand ces mouvements se font en sens opposé, M. Courtin emploie deux électro-aimants à réaction contraire pour commander le mécanisme d'ouverture de la valve, et met à contribution, comme organe commutateur du courant destiné à animer ces électro-aimants, le régulateur à force centrifuge lui-même, dont le collier est muni à cet effet d'une pièce métallique oscillant entre deux ressorts de contact. La pile et les deux électro-aimants sont mis en rapport avec ce double système commutateur, par l'intermédiaire de trois ressorts frotteurs qui appuient sur un manchon de bois adapté à l'axe du régulateur et qui est muni de contacts circulaires. Comme les mouvements du régulateur à force centrifuge s'effectuent en même temps que ceux du mobile dans le régulateur parabolique, il arrive que toutes les fermetures de courant effectuées quand ce mobile s'élève, sont transmises par le contact supérieur du régulateur à force centrifuge à travers celui des électro-aimants qui doit abaisser la valve, et que toutes les fermetures effectuées quand le mobile s'abaisse, sont transmises à l'autre électro-aimant par le contact inférieur du même régulateur à force centrifuge, ce qui détermine l'ouverture de la valve.

La courbe du conduit du régulateur parabolique est d'ailleurs calculée d'après la vitesse de régime de l'appareil, et M. Courtin prétend que cette disposition parabolique est celle qui permet le plus sûrement de réaliser les conditions d'un bon régulateur, car elle permet à un corps de ne rester en repos que quand la vitesse de régime est exactement conservée; aussitôt que cette vitesse vient à augmenter ou à diminuer, le mobile se déplace dans un sens ou dans l'autre.

Système de M. Meynard. — En 1864, M. C. Meynard a présenté à la Société d'encouragement, un régulateur de vitesse dans lequel il employait un moyen analogue à celui que nous avons décrit en commençant, mais moins perfectionné, pour fermer le courant sous l'influence d'une vitesse trop grande du moteur. L'action mécanique destinée à fermer ou à ouvrir la valve était déterminée au moyen d'un dispositif auquel il avait donné le nom de *levier électrique* et qui n'était qu'une réminiscence de l'embrayeur électrique de M. Achard que nous avons décrit déjà plusieurs fois. En somme rien n'est nouveau dans ce système, et par le titre pompeux de régulateur universel qu'il avait donné à son invention, ainsi que par les applications qu'il en avait faites, M. Meynard a montré qu'il était peu au courant des applications électriques imaginées avant lui.

Application au maintien du niveau de l'eau dans les chaudières des machines à vapeur de M. Achard. — On sait que la plupart des explosions des chaudières à vapeur proviennent de l'abaissement anormal du niveau de l'eau. Les parois, n'étant plus couvertes de liquide et recevant l'action directe du feu sans pouvoir la transmettre, ne tardent pas à rougir, et, dans ces conditions, l'introduction d'une nouvelle quantité de liquide détermine tout à coup une très-grande vaporisation contre laquelle les soupapes et tous les moyens de sécurité connus sont impuissants. Pour écarter ces causes d'accidents, il ne s'agit donc que de maintenir toujours le niveau de l'eau des chaudières à vapeur à une hauteur constante. Or, ce résultat n'est pas réalisé, tant s'en faut, par les pompes alimentaires qui, marchant toujours avec une vitesse uniforme, ne

Fig. 35.

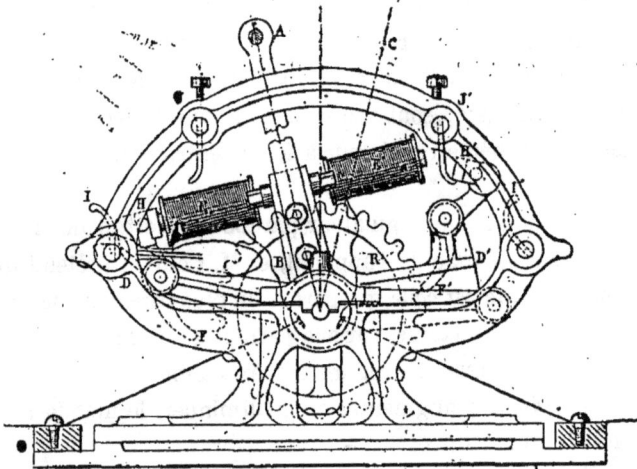

peuvent faire varier la quantité d'eau qu'elles introduisent suivant les différents degrés d'échauffement de la chaudière, et suivant une foule d'autres circonstances qui réagissent pour faire varier la quantité de vapeur produite dans un temps donné. Sans doute, les flotteurs adaptés à ces chaudières pourraient indiquer la hauteur de l'eau qu'elles contiennent; mais fait-on la plupart du temps attention à ces indications? On a déjà, il est vrai, adapté à ces flotteurs des avertisseurs électriques; mais avant qu'on n'ait satisfait à l'avertissement donné, des accidents peuvent survenir, et c'est pour les prévenir définitivement, que M. Achard, a adapté aux pompes alimentaires le nouvel appareil dont nous nous occupons, et qui est représenté fig. 35. Au moyen de cet appareil, en effet, tout abaissement ou toute élévation de l'eau dans les chaudières à vapeur, au delà ou en deçà de la ligne de niveau, produit une réaction électro-magnétique qui a pour effet d'augmenter ou de diminuer le jet d'eau fourni par la pompe alimentaire, et cela sans aucune intervention humaine. Voici comment M. Achard a résolu le problème :

Sur l'un des organes mécaniques, mis en mouvement par la machine à vapeur dans le voisinage de la pompe alimentaire, est adapté un transmetteur quelconque de mouvement qui communique à un levier AB, un mouvement d'oscillation de A en C. Sur ce levier sont fixés deux électro-aimants EE' opposés l'un à l'autre, et deux bras BD, BD' qui portent chacun à leur extrémité un système d'encliquetage composé d'un cliquet articulé F, F' muni d'une armature H, H'. Ces systèmes d'encliquetage, en oscillant entre deux butoirs à ressort I, I', se trouvent alternativement déviés de leur position normale et inclinés de manière à présenter devant les électro-aimants EE', au moment où ils s'abaissent, les armatures HH' qui se trouvent dès lors en contact avec eux, comme on le voit en EI. Lorsque le courant ne passe pas à travers l'un ou l'autre des électro-aimants EE', ce contact établi avec les armatures HH' reste sans effet; celles-ci, en rencontrant deux autres butoirs à resssort J J', au moment de leur oscillation ascendante, sont même replacées à leur position première, c'est-à-dire de manière à pouvoir réagir sur une roue R placée au-dessous du système oscillant; mais si le courant anime l'un des électro-aimants, l'armature correspondante reste collée sur lui et ne peut plus être ramenée à sa position normale. Le cliquet auquel elle est reliée se trouve écarté et reste dans cette position tout le temps que le courant est maintenu fermé. Pendant ce temps l'autre cliquet, demeuré libre, peut réagir sans opposition sur la roue R qui, étant adaptée à la clef d'un robinet établi sur le tuyau d'alimentation de la chaudière, permet ou empêche l'introduction de l'eau dans celle-ci suivant qu'elle est tournée à gauche ou à droite. Comme le sens de cette rotation dépend de l'action de celui des deux cliquets qui est demeuré libre ou qui échappe à l'effet électro-magnétique, il en résulte qu'il suffit de fermer le courant à travers l'un ou l'autre des deux électro-aimants EE', pour obtenir une élévation ou une stagnation du niveau de l'eau dans la chaudière. Or cette fermeture de courant peut être produite par le flotteur lui-même avec l'intermédiaire de son aiguille indicatrice et de contacts électriques dont il est facile de deviner la disposition.

Lors donc que le niveau baisse dans la chaudière, le robinet s'ouvre; il se ferme au contraire, lorsque le niveau monte, et le jeu précis de cet appareil ne permet pas au niveau de varier de plus d'un millimètre entre ses deux limites extrêmes.

Toutefois, l'auteur ne s'est pas contenté d'assurer l'alimentation de la chaudière; il a voulu rendre les accidents tout à fait impossibles, et pour cela il a relié son appareil avec une sonnerie qui avertit non-seulement quand le niveau baisse ou s'élève au-delà d'une certaine limite, mais encore dans le cas où la pile viendrait à cesser de fonctionner.

« Ce qui est digne de remarque, dit M. Lorenti dans un rapport fait par lui à la société d'histoire naturelle de Lyon, c'est que l'appareil fournit pour ainsi dire le remède en même temps que l'avertissement. Lorsque le niveau s'abaisse au-delà de la limite inférieure, le robinet d'alimentation *s'ouvre entièrement, et il reste ouvert* tant que la sonnerie avertit qu'il y a danger. La pompe alimentaire cesse-t-elle de fonctionner par suite de dérangement ou de manque d'eau, immédiatement l'appareil ouvre le robinet et agite violemment la sonnette d'alarme. Le robinet s'ouvre encore complétement lorsque le courant vient à s'interrompre, et aussi lorsque le flotteur, cessant de fonctionner, s'arrête au bas de sa course. Mais *il se ferme et reste fermé* si, pour une cause quelconque, la chaudière se remplit outre mesure; et toujours la sonnerie fait connaître que quelque chose d'anormal vient de se produire. »

L'appareil que nous venons de décrire et qui n'est, en définitive, qu'une application nouvelle de l'embrayeur électrique du même auteur, a été établi à Lyon et à Paris dans cinq usines, où il a fonctionné de la manière la plus satisfaisante. Mais l'injecteur Giffard lui a fait un tort considérable.

Comme la force électro-magnétique n'intervient dans cet appareil que pour maintenir des cliquets éloignés de leur position normale, la pile appelée à le faire réagir peut être très-faible et consister simplement dans deux éléments de Daniell.

Application à l'arrêt ou à la mise en train des différentes machines industrielles. — Beaucoup de machines employées dans l'industrie peuvent être arrêtées ou mises en jeu par l'ouverture ou la fermeture d'une valve ou d'un robinet, et depuis longtemps on a cherché à produire cette ouverture ou cette fermeture par l'emploi de moyens électriques. Le système de M. Achard, que nous venons de décrire, en est un exemple frappant. Toutefois, il est assez difficile, en raison de la résistance souvent très-considérable qui est opposée par ces organes de clôture, de les faire mouvoir électriquement et, pour obtenir ce résultat, plusieurs inventeurs ont cherché à tourner la difficulté en ayant recours à des actions intermédiaires. M. Achard y est parvenu, comme on vient de le voir, au moyen de son embrayeur électrique à mouvement continu; mais comme on n'a pas toujours la possibilité de disposer d'une force motrice,

MM. Lartigue et Forest ont eu l'idée d'employer pour la solution de ce problème, le système de détente à électro-aimant Hughes qu'ils avaient appliqué
à leur sifflet automoteur. Seulement, en raison de la résistance considérable
qui est souvent produite sur les valves, ils ont dû le disposer d'une manière
particulière, de façon à ce que son mouvement fût solidaire d'une autre valve
ou d'un piston à contre-pression sur lesquels l'action de pression pût s'effectuer
en sens contraire de celle produite sur la valve principale. Si cette valve accessoire a des dimensions convenables par rapport à la première, et si la pression
qui agit sur elle est modérée de manière à ne laisser à celle qui est exercée sur
l'autre qu'un excédant ne dépassant pas 15 kilog., c'est-à-dire la résistance
opposée à l'action magnétique dans le sifflet, le dispositif que nous avons
décrit tome IV, p. 468, peut être alors parfaitement appliqué, et la manœuvre
de la valve principale peut être effectuée à distance. Ce système a été appliqué
par MM. Lartigue et Forest aux appareils de râperie des fabriques de sucre.

D'un autre côté M. Renesson a combiné une disposition électro-magnétique du même genre pour obtenir à distance l'arrêt d'une machine à
vapeur de la force de 25 chevaux. Ce résultat a été obtenu par la fermeture
électro-magnétique d'un robinet adapté au tuyau de distribution de la
vapeur dans les tiroirs. Ce robinet tend à être fermé par l'action d'un contre-
poids enroulé sur une poulie adaptée sur sa partie mobile, mais il ne peut
en temps ordinaire céder à cette action, car cette poulie porte une cheville
qui est butée contre une détente électro-magnétique, et ce n'est que quand
le courant est fermé à travers le système électro-magnétique, que l'action
du contre-poids devient effective.

**Flotteur magnétique des machines à vapeur de M. Le-
thuillier-Pinel.** — Les indications exactes de la hauteur du niveau de
l'eau, dans les chaudières des machines à vapeur, sont, comme nous l'avons
vu précédemment, de la plus haute importance, non-seulement pour assurer
la régularité du jeu de la machine, mais encore pour prévenir les accidents;
on a vu même que dans certaines circonstances, quand, par exemple, elles
devaient provoquer une réaction de la part d'avertisseurs ou de régulateurs,
soit électriques, soit mécaniques, ces indications devaient être fournies par
des aiguilles ou appendices mobiles sur un cadran. Or, comment obtenir
un pareil résultat lorsque, entre l'extérieur et l'intérieur d'une chaudière il
ne peut y avoir aucun intermédiaire mobile ? Tel était le problème difficile
qu'il fallait résoudre, et c'est ce à quoi est parvenu M. Lethuillier-Pinel en
employant un flotteur muni d'un aimant, et en faisant réagir à distance cet
aimant sur une aiguille de fer qui en suit forcément tous les mouvements.
Certainement cette idée était ingénieuse et féconde, mais la manière dont

elle a été réalisée fait de ce système de flotteur le plus parfait qui puisse être employé.

Dans l'origine, c'est-à-dire en 1851, cet appareil se composait d'un simple tube métallique adapté à l'avant de la chaudière et mis en communication avec l'eau et la vapeur de cette chaudière au moyen de deux tubes munis de robinets; le flotteur magnétique, muni d'un aimant en fer à cheval, pouvait se mouvoir dans le tube formant le corps de l'appareil et y prendre un mouvement ascensionnel ou descensionnel.

Le cylindre indicateur était aplati sur l'une de ces faces et portait un cadre dans lequel s'enchâssait une glace recouvrant un espace vide dans lequel pouvait se mouvoir une aiguille de fer ou d'acier dont les extrémités s'engageaient dans des rainures verticales. Cette aiguille attirée par l'aimant, montait et descendait avec lui, et accusait ainsi le niveau de l'eau du tube et par suite de la chaudière.

Tel était donc, dans l'origine cet appareil, appelé à juste titre : *flotteur magnétique*. Depuis, l'auteur, au moyen d'additions successives, l'a rendu propre aux fonctions, essentiellement distinctes, d'indicateur du niveau des chaudières (avec sifflet avertisseur dans le cas d'un niveau trop restreint) et d'appareils de sûreté. Le *Génie industriel* donne l'aperçu suivant des améliorations dont il s'agit :

« Tout en conservant le principe fondamental d'attraction de l'aiguille aimantée sous l'influence du flotteur muni de son aimant, M. Lethuillier-Pinel en fait un appareil tout nouveau; les frottements de l'aiguille et du flotteur ont disparu; le flotteur, placé sur la masse même du liquide de la chaudière, agit directement sur la tige conductrice de l'aimant moteur.

« Au-dessus du tableau indicateur des niveaux, est placé un sifflet d'alarme dont la soupape s'ouvre par suite du mouvement descensionnel de la tige du flotteur, et accuse ainsi l'abaissement du niveau dans la chaudière. Enfin une tubulure ajoutée au corps principal de l'appareil, est surmontée d'une soupape de sûreté.

« L'appareil ainsi amélioré est placé sur le corps même de la chaudière au lieu d'être appliqué à l'avant comme dans l'origine.

« Enfin, non content des améliorations notables qui viennent d'être mentionnées, l'inventeur a voulu apporter à son appareil un dernier perfectionnement, c'est-à-dire lui adjoindre l'indicateur de la pression de la vapeur dans la chaudière, le manomètre enfin. A cet effet, il a ajouté au tube principal de l'appareil une deuxième tubulure placée en face de celle qui porte la soupape de sûreté, et c'est dans cette tubulure qu'a été placé le sifflet avertisseur occupant précédemment la partie supérieure de l'appareil; c'est à cette partie supérieure qu'il a placé le manomètre.

« L'appareil ainsi composé nous paraît arriver à son dernier degré de perfection; il est de forme gracieuse, d'une composition aussi simple que bien entendue, au point de vue des divers objets qu'il est appelé à remplacer. »

Embrayeur électrique pour les treuils des puits profonds. — Dans certaines localités situées sur des hauteurs, il arrive souvent que les puits atteignent une profondeur de 180 à 200 pieds. Alors les treuils destinés à monter les seaux doivent avoir un diamètre assez considérable, et, pour en faciliter la manœuvre, on adapte sur leur axe un volant très-pesant, accompagné de deux roues à rochet avec encliquetage. D'un autre côté, on emploie pour le tirage des seaux deux cordes disposées de telle façon que l'une s'enroule sur le treuil alors que l'autre se déroule, ce qui permet de descendre un seau à mesure qu'on en monte un autre. Au commencement de l'opération, la mise en mouvement du treuil exige une certaine force; mais une fois l'inertie du volant vaincue, l'ascension du seau rempli d'eau s'effectue assez facilement, et il arrive même un moment où elle se fait trop facilement, car le poids de la corde qui se déroule, joint à celui du seau qui descend, finit par devenir assez considérable pour entraîner le volant. Alors, si l'on n'y prend pas garde, le seau arrivé au haut du puits peut se trouver emporté sans qu'on puisse l'arrêter. En effet, en raison de son inertie, le volant ne peut pas passer instantanément du mouvement au repos, et il en résulte que la main de fer qui soutient ce seau se trouve rompue quand toutefois le seau lui-même n'est pas mis en pièces. Dans tous les cas, brisé ou non brisé, le seau tombe au fond du puits, ce qui cause un arrêt plus ou moins long dans le service de ce puits.

Rien n'est plus commun que ces accidents, et dans la commune que j'habite, où se trouve un puits de ce genre, ils se sont renouvelés plus de trente fois en trois ans. Or, comme l'établissement d'un puits de 200 pieds de profondeur n'est pas fait dans les communes rurales sans une nécessité impérieuse, un arrêt quelque momentané qu'il soit dans son service, ne laisse pas que d'être très-préjudiciable, surtout par les temps de sécheresse; il était donc à désirer que l'on pût trouver un moyen mécanique qui opérât automatiquement l'arrêt du mécanisme moteur, précisément au moment où le seau rempli arrive au haut du puits, et c'est ce problème que j'ai résolu dans le système que je vais décrire.

Avant de songer à l'emploi des moyens électriques, j'avais cherché à résoudre le problème mécaniquement pour éviter l'emploi et l'entretien d'une pile; mais je n'ai pas tardé à reconnaître que des difficultés ou des complications sans nombre en seraient la conséquence. Ainsi, j'avais pensé à terminer l'axe de mon treuil, du côté opposé au volant, par un manchon muni d'un filet de vis et portant un écrou mobile conduit par deux tringles de fer. Ce manchon en venant buter contre un arrêt à ressort, un peu avant la sortie du seau du puits, devait, suivant ma pensée, amortir successivement le mouvement de rotation du treuil. J'avais encore pensé à faire réagir le seau lui-même sur un levier articulé qui aurait réagi sur un frein appliqué au volant, au moment où le seau aurait dépassé la limite de hauteur à lui assignée. En réfléchissant aux conséquences qui seraient résultées de l'emploi

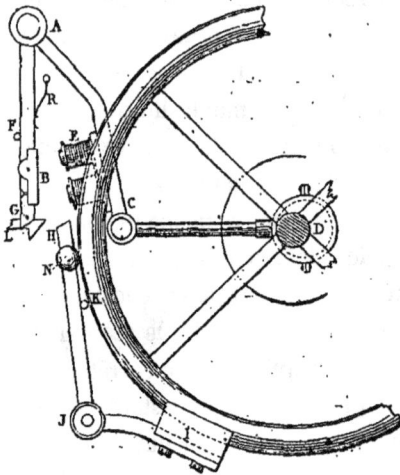

Fig. 36.

de ces moyens, j'ai dû, comme je l'ai dit, les rejeter définitivement : le premier à cause de la dépense élevée qu'il entraînait et du peu de sûreté d'un arrêt provoqué par la simple résistance d'un filet de vis de très-petit rayon par rapport au volant ; le second par l'embarras que pouvait occasionner pour le service du puits la présence d'un levier barrant celui-ci par le milieu. Je me suis donc trouvé forcé, à la suite de ces considérations, d'avoir recours à des moyens électriques, et c'est l'embrayeur de M. Achard que j'ai mis à contribution dans le système que j'ai adopté, et qui est représenté fig. 36 ci-dessus.

On comprendra immédiatement les avantages que me présentait l'emploi de l'électricité dans la disposition mécanique que j'avais à prendre, dès lors que je dirai qu'un simple conjoncteur de courant adapté sur le treuil du puits pouvait me fournir, au moment précis où les seaux arrivaient à une hauteur déterminée et variable à volonté, une fermeture de courant prolongée susceptible de mettre en action l'embrayeur électrique. De cette manière rien n'encombrait le puits, et je pouvais agir sur le volant lui-même.

Le conjoncteur que j'ai adopté consiste dans quatre lames de laiton étamé *a*, *b*, *c*, *d*, fig. 37, vissées deux par deux aux deux extrémités de la surface cylindrique du treuil et placées parallèlement à l'axe de celui-ci, à une distance l'une de l'autre assez considérable. Ces lames communiquent métalliquement deux à deux d'une extrémité à l'autre du treuil et ont une longueur suffisante pour être enveloppées par les derniers tours des deux cordes sur le treuil. Celles-ci portent à la hauteur de deux mètres environ au-dessus de leur point d'attache avec leur seau une gaîne métallique de un mètre de longueur constituée par un fil de laiton étamé enroulé autour d'elles. Quand cette partie métallique vient à s'enrouler sur le treuil, le seau se trouve à quelques décimètres seulement du point le plus élevé auquel il doit arriver. Mais, en s'enroulant sur le treuil, elle réunit métalliquement, soit à une extrémité, soit à l'autre, suivant la corde, deux des lames métalliques dont nous avons parlé; et si ces lames communiquent les unes avec le pôle positif d'une pile les autres avec le pôle négatif, il en résulte une fermeture de courant précisément au moment où le seau attiré atteint la hauteur voulue pour que l'embrayeur opère son effet.

Fig. 37.

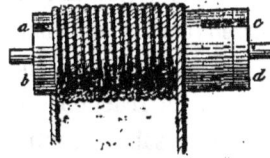

On comprend d'après cela pourquoi les deux lames métalliques de chaque extrémité du treuil doivent être écartées l'une de l'autre, et pourquoi elles ne doivent pas se prolonger sur toute la longueur de ce treuil; car la corde mouillée pourrait, avec une grande surface de contact métallique et une petite résistance à vaincre, provoquer inopportunément une fermeture de courant. Quant aux liaisons de ces lames conductrices avec le circuit de la pile, elles se font naturellement au moyen de frotteurs appuyant sur des bandes circulaires adaptées aux extrémités du treuil.

L'enrayeur représenté fig. 36 se compose de deux leviers mobiles A B, A C, pivotant librement sur le même axe A et portant, l'un une armature articulée B, l'autre un électro-aimant E; ce dernier levier est relié par une articulation avec une bielle CD adaptée à une excentrique D, qui communique à l'électro-aimant E un mouvement de va-et-vient dans lequel il rencontre à chaque tour de volant de l'appareil moteur, l'armature B. Le levier AB, maintenu à l'état normal suivant la verticale par un buttoir d'arrêt F et un ressort de rappel R, est terminé par un bec à charnière G qui peut se replier en dehors du mécanisme, c'est-à-dire du côté du butoir F. Enfin, à portée de ce bec se trouve adapté un fort levier HI basculant en J, qui porte le sabot de bois I constituant le frein. Ce sabot est entaillé de manière à emboîter le volant, et peut être facilement remplacé en cas d'usure, puisqu'il n'est que boulonné sur le levier HI.

Le jeu de cet appareil est facile à saisir : à l'état normal, le levier HI, entraîné par le poids du sabot, appuie contre un butoir K, et la semelle du sabot se trouve environ à deux centimètres de la circonférence du volant.

Le mouvement de celui-ci peut donc s'exécuter sans obstacle, et l'électro-aimant E accomplit librement ses oscillations; mais aussitôt que, sous l'influence du conjoncteur établi sur le treuil, le courant circule à travers cet électro-aimant, l'armature B entre en adhérence magnétique avec lui au moment de son prochain contact, et en faisant alors pour ainsi dire corps avec le levier A C, elle en partage tous les mouvements en entraînant avec elle le levier A B lui-même. Sous l'influence de l'oscillation de l'électro-aimant E, le levier A B quitte donc sa position verticale, et venant se placer en arrière de l'extrémité H du levier H I, se trouve en mesure de réagir sur lui par son bec G au moment du retour de l'excentrique D. Comme cette réaction qui a pour effet de faire basculer le levier H I et d'appuyer le sabot I contre le volant, est commandée par une force dépendante de la vitesse de ce volant, elle est d'autant plus énergique que cette vitesse est plus grande, et le degré de serrage du frein se trouve ainsi proportionné à la force qu'il s'agit d'éteindre, laquelle s'éteint forcément en effet sous sa propre influence après quelques décimètres de parcours du volant.

J'ai ajouté à ce mécanisme une clanche L pour maintenir l'embrayage dans certains cas et une poignée N pour qu'on puisse faire fonctionner le frein à la main sans électricité.

Une fois l'arrêt du volant opéré par les moyens que je viens d'indiquer, il faut, pour qu'on puisse le faire marcher de nouveau, replier le bec G du levier A B et le faire passer de l'autre côté de l'extrémité H du levier H I. Cette opération pourrait être faite automatiquement par des moyens mécaniques ou électro-magnétiques : mais j'ai pensé qu'il valait mieux la laisser au soin de ceux chargés de la manœuvre du puits, afin d'empêcher les gamins et les passants de jouer avec ces mécanismes. En effet le bec G restant toujours derrière le levier H I, il est impossible de faire tourner le volant sans que le frein soit mis en action.

Pour compléter le système précédent et avertir du moment de la sortie des seaux hors du puits, j'ai introduit une sonnerie électrique qui peut suppléer à l'enrayeur en cas de dérangement de celui-ci.

Application à la manœuvre du gouvernail des navires.
— M. Achard a songé à appliquer son embrayeur électrique au gouvernail des navires pour permettre leur manœuvre à distance, de la chambre du capitaine par exemple.

Je ne sais jusqu'à quel point cette application est opportune, mais en raison de son originalité, nous allons exposer en quelques mots la manière dont elle pourrait être réalisée.

Ce serait surtout à bord des navires à vapeur à hélice que l'installation d'un pareil gouvernail pourrait le plus facilement se faire. En effet, le moteur agissant alors jusqu'à l'extrémité du navire peut, au moyen d'une transmission de mouvement très-simple, communiquer un mouvement de va-et-vient à un levier ayant action sur un appareil analogue à celui que nous avons décrit p. 154 pour le règlement du niveau de l'eau dans les chaudières à vapeur. Seulement la roue à dents rondes sur laquelle réagissent les cliquets oscillants, au lieu d'être placée sur la clef d'un robinet, serait placée sur le gouvernail lui-même ou sur des mobiles en rapport de mouvement avec lui. Alors suivant qu'on tournerait dans un sens ou dans l'autre un commutateur mis en rapport avec cet appareil, on ferait tourner le gouvernail dans un sens ou dans l'autre.

Du reste, une foule d'autres applications de l'embrayeur électrique à la grosse mécanique peuvent être faites avec avantage, et M. Achard en a proposé déjà un certain nombre ; nous-même nous en avons déjà fait quelques-unes, et il est probable que d'ici à peu de temps ce système si ingénieux sera introduit dans la plupart des usines, ne serait-ce que pour obtenir d'une manière facile et instantanée des transmissions de mouvements en sens contraire. L'appareil gouverneur du niveau des chaudières suffit en effet pour produire ce genre de réaction. Enfin nous croyons que l'embrayeur électrique est un des éléments électro-mécaniques qui ont le plus d'avenir.

Parachute et avertisseur électrique pour puits de mine, de M. Matthieu. — Ce système se compose de deux parties bien distinctes. La première est un parachute formé de deux paires de fortes griffes en fer dont la cage d'ascension est armée, et qui restent ouvertes tant que son poids comprime un fort ressort à boudin par lequel il est attaché au câble d'extraction. Si la traction de ce câble vient à cesser, par suite de rupture ou autrement, la cage n'étant plus soutenue serait précipitée dans le puits, mais l'action du ressort à boudin dont la compression a cessé, puisque la cage n'appuie plus sur lui, fait fermer les griffes qui, dès lors, serrent deux guides en bois par les faces opposées, et s'opposent à la chute ; la cage reste ainsi suspendue à ses guides qui sont solidement soutenus par la charpente du puits.

La seconde partie est un appareil électrique qui se compose de deux barreaux de fer galvanisé installés dans le puits parallèlement aux guides. Ces deux barreaux isolés par le bas sont en communication avec une pile électrique placée dans la chambre de la machine. La cage porte une boîte dans laquelle sont placées deux fourches, que l'action du ressort à boudin pousse automatiquement contre les barreaux lorsque ce ressort se détend après la rupture du câble, et ces fourches servent alors d'intermédiaire pour fermer le circuit de la pile, livrer passage au courant et avertir ainsi le conducteur de la machine. Lorsque la cage porte des hommes, leur chef peut aussi à volonté établir le courant et donner des signaux au machiniste.

Explorateur chirurgical électrique de M. Trouvé. — Une des grandes difficultés qui se présentent dans le traitement chirurgical des blessures produites par les armes à feu, est non-seulement de bien préciser l'endroit où se trouve le projectile qui a occasionné la blessure, mais encore d'avoir des données certaines sur sa nature et sur les conditions organiques dans lesquelles il se trouve placé. Les avertisseurs électriques ont pu être pour ce genre de recherches d'un secours très-précieux, et les sondes exploratrices de M. Trouvé ne semblent laisser rien à désirer à ce point de vue.

Ce système d'appareils est fondé sur la différence considérable de résis-

Fig. 38.

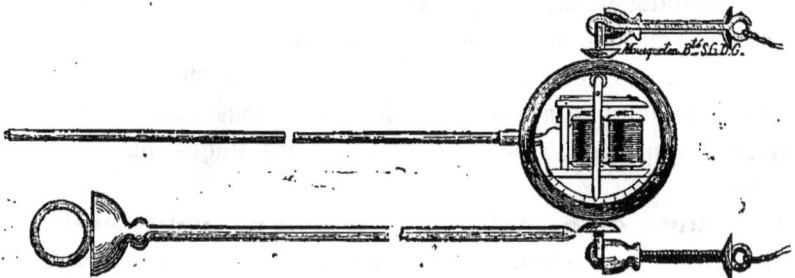

tance qui existe entre la conductibilité des corps humides et des corps métalliques. Si l'on imagine qu'une sonde composée de deux fils métalliques isolés, mis en rapport avec une pile et un avertisseur, soit introduite dans la blessure sur le parcours du projectile, on pourra, pour un réglage convenable de l'avertisseur, faire en sorte qu'il ne fonctionne que quand la sonde en touchant le projectile aura joué le rôle de conjoncteur du circuit ; conséquemment le fonctionnement de l'avertisseur indiquera le moment où la sonde exploratrice aura atteint le projectile en question.

Nous représentons fig. 38 ci-dessus, de grandeur naturelle, cet intéressant appareil dont l'avertisseur se voit à droite de la sonde. Cet avertisseur assez semblable à une petite montre fermée par deux glaces transparentes, est constitué, comme on le voit, par un très-petit électro-aimant, disposé pour fonctionner en trembleur, et sa sensibilité peut être graduée suivant l'intensité de la pile au moyen d'une aiguille qui se meut devant un arc divisé.

Les communications avec la pile se font au moyen de deux petites tiges placées en dehors de l'instrument et sur lesquelles on adapte les porte-mousquetons des rhéophores de la pile. L'appareil qu'on voit au-dessous de l'explorateur est une canule rigide ou souple qui sert à faire l'exploration préalable de la plaie et à faciliter, si ce premier sondage ne donne pas des indications suffisantes, l'introduction de l'autre appareil, qui étant muni de deux pointes pénétrerait difficilement si le chemin n'était préparé d'avance. Cette sonde exploratrice est mise en action au moyen de la petite pile que nous avons décrite dans notre tome I, p. 269.

Quand le projectile se présente directement à la première sonde, le système électrique devient le plus souvent inutile, car on reconnaît facilement dans ce cas sa présence ; mais il arrive souvent que ce projectile est enveloppé dans des tissus ou dans des morceaux d'étoffe qui ont pénétré avec le projectile, et c'est alors que l'intervention de la sonde électrique devient nécessaire. Les deux pointes terminales des conducteurs traversent alors les tissus qui enveloppent le projectile, et, rencontrant le métal, font vibrer l'avertisseur que non-seulement l'on entend, mais qui frémit sous les doigts.

Il s'agit de reconnaître ensuite à quel métal on a affaire, et sur le champ de bataille on ne peut guère hésiter qu'entre le plomb, le cuivre et le fer.

Si c'est du plomb et qu'on fasse balancer la sonde électrique, ses deux pointes pénètrent dans le métal et ne pouvant en sortir par suite de ce léger balancement, le courant est maintenu fermé et fait vibrer l'avertisseur d'une manière continue. Si c'est du cuivre ou du fer, les deux pointes n'entrant pas dans le métal, le balancement donne lieu à des courants discontinus et par conséquent à des vibrations interrompues de l'avertisseur. Dans ce cas, il devient même facile de reconnaître si le projectile est en fer ou en cuivre, en approchant du point sondé une petite aiguille aimantée.

Enfin, si le corps qui fait obstacle à la sonde, ne fait pas fonctionner l'avertisseur, c'est qu'on est tombé sur un os ou sur une esquille, ou bien que l'objet de la recherche est un morceau de bois ou de pierre. Avant de songer à l'extraire, il sera souvent intéressant de déterminer sa nature et M. Trouvé a disposé pour cela une petite tarière à l'aide de laquelle, par un mouvement de rotation, on détache et ramène, si la substance est friable, quelques petits éclats emprisonnés dans le pas de vis, et très-suffisants pour renseigner le chirurgien. Si d'ailleurs la tarière ne pénètre pas et ne ramène rien, on est fondé à conclure qu'elle a rencontré un silex.

M. Trouvé a complété son système par un appareil extracteur où l'action électrique intervient encore. Quand il ne s'agit que de balles de plomb, la petite tarière dont nous venons de parler et que nous représentons fig. 39,

peut suffire. Mais si la tarière ne pénètre pas, on est obligé d'avoir recours
à une longue pince (fig. 40), dont les branches étant isolées électriquement
et jouant le rôle des fils de la sonde décrite précédemment, permettent de

Fig. 39.

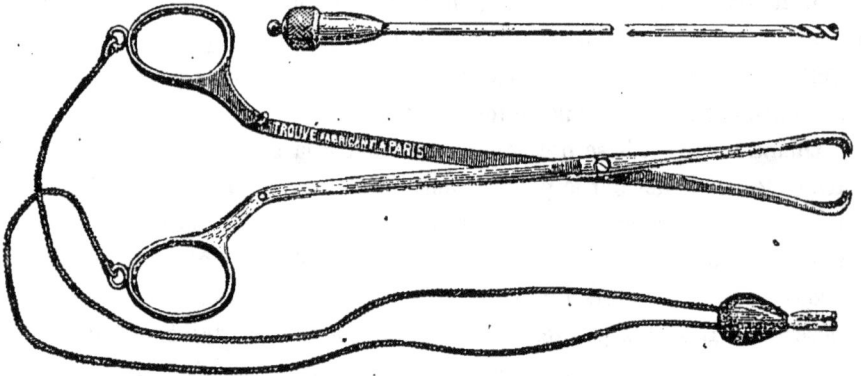

Fig. 40.

reconnaître au moyen de l'avertisseur si le corps dur qu'on a saisi est bien
le projectile qu'il faut extraire.

Dans la fig. 40, l'avertisseur n'est représenté que par l'agrafe qui le joint
au circuit de la pince, mais on comprend facilement qu'à cette agrafe
s'adapte l'appareil électro-magnétique représenté fig. 38, et que nous avons
décrit précédemment.

**Applications à l'horlogerie, à la navigation, aux pêche-
ries, aux manipulations chimiques et photographiques,
à la fermeture des portes et des meubles à secret.** — On
a encore proposé l'emploi de l'électricité pour prévenir quand les horloges
ou pendules d'une maison ont besoin d'être remontées. Cette application,
d'ailleurs, n'a rien que de très-simple, puisqu'il ne s'agit que d'adapter au
barillet des pendules ou au treuil des contre-poids des horloges, un petit
pignon engrenant avec une roue dont le diamètre, eu égard à celui de ce
pignon, est en rapport avec le nombre de tours dont il faut tourner ce barillet
ou ce treuil, pour remonter entièrement le ressort ou le poids. Une cheville
adaptée à cette roue en réagissant sur un interrupteur une fois la révolution
accomplie, peut alors mettre en action la sonnerie d'avertissement qui tinte
jusqu'à ce qu'on ait remonté la pendule.

Du reste, les applications de ce genre sont tellement nombreuses, que
nous ne devons signaler que les plus importantes. Et de ce nombre nous
citerons celles qu'on a proposées pour préserver les navires des dangers des

ensablements, pour prévenir de l'ouverture faite subrepticement des coffres-forts et des meubles à secret, de la déclaration d'une voie d'eau à bord des navires. Du moment où l'action qu'on veut signaler est susceptible de déterminer un mouvement quelque faible et quelque petit qu'il puisse être, on comprend aisément qu'il sera possible de le faire réagir sur un interrupteur de courant et de mettre en action un avertisseur. Pour la déclaration d'une voie d'eau à bord des navires, on peut employer à cet effet un flotteur placé à fond de cale ou simplement des éléments zinc et cuivre disposés de manière à réagir sur un galvanomètre lorsqu'ils viennent à être mouillés par suite de la voie d'eau, et alors le galvanomètre peut fonctionner comme relais en mettant en action la sonnerie d'alarme.

Quant aux avertissements pour signaler à un navire la présence de hauts fonds, la question est plus complexe, et le procédé le plus simple est d'employer une ligne de sonde, munie d'un poids très-lourd, au-dessous duquel pendrait une tige métallique articulée sphériquement, laquelle, en se pliant à angle droit par rapport à la ligne de sonde, pourrait réagir sur un interrupteur de courant disposé à l'intérieur du poids. La ligne de sonde aurait une longueur en rapport avec le tirant d'eau nécessaire à la marche de navire, et quand ce tirant d'eau ne serait plus suffisant, la tringle suspendue venant à s'incliner plus que de coutume, pourrait provoquer une fermeture de courant qui agirait sur la sonnerie d'alarme. Ce système, toutefois, ne pourrait présenter une grande sécurité en raison des mouvements de la mer, pas plus que le système fondé sur l'emploi d'un tube, à l'intérieur duquel se mouverait une tringle réagissant sur un interrupteur (1). Il n'en est pas de même d'un petit système du même genre qui a été appliqué avec succès aux pêcheries, par M. E. Gervais, et que nous avons représenté fig. 12, pl. I. Cette application avait été faite dans le but d'avertir du moment où le poisson vient à entrer dans une pêcherie. Les pêcheries auxquelles cet appareil a été adapté consistent dans des compartiments entièrement fermés par des grilles de fer, et dont l'ouverture est constituée par une espèce d'entonnoir A B C D, garni de pointes en dedans. Quand le poisson, en remontant la rivière, entre par l'un de ces entonnoirs, il ne peut plus ressortir de la pêcherie à moins d'un hasard extraordinaire ; alors en parcourant les différents coins de l'espace fermé, il rencontre la grande fourchette E F G H qui se trouve placée en travers et qui, en oscillant autour de son point de suspension H, fait

---

(1) Voir la description de ce système, dans le tome III, de la 2e édition de notre *Exposé*, page 80.

heurter la tête sphérique I contre un anneau métallique K fixé sur une équerre de bois et en rapport avec la sonnerie électrique.

Comme la tige G I se trouve en rapport avec la pile par la platine H, il arrive que, toutes les fois que la fourche est dérangée de sa position verticale, soit dans un sens, soit dans l'autre, la sonnerie électrique est mise en mouvement.

Les régulateurs électro-automatiques peuvent être employés souvent avec avantage pour produire une action mécanique après des périodes de temps déterminées, soit pour retirer d'un bain chimique des corps qui ne doivent y séjourner qu'un temps déterminé, soit pour retirer à temps du feu une bassine, soit même pour la cuisson des œufs. Dans ce cas, on peut employer le dispositif représenté fig. 16, pl. I.

A B est un levier de fer ou de bois articulé en B, et portant un contrepoids mobile P assez lourd pour entraîner dans sa chute le petit panier en fils de fer étamés K, dans lequel sont placés les objets à immerger, et qui se trouve disposé au-dessus du fourneau au moyen de cordes et de poulies I, J. Ce levier, et son support coudé E E, peut être placé en tel point du laboratoire qu'il convient. Sur ce levier A B est fixé un arc de cuivre C denté assez finement pour engrener avec un pignon D, de très-petit diamètre, et muni d'ailettes. L'armature d'un électro-aimant M, placée au-dessus de ce système d'ailettes, enclanche, au moment de l'immersion, c'est-à-dire au moment où l'on a abaissé le panier K dans la cuve, ce système mécanique ; mais, quand cette armature est soulevée, le poids P entraîne le levier A B, et, par suite, le panier K, jusqu'à ce que le système soit arrêté par la cheville Q. Cette position est celle de l'appareil en temps ordinaire.

Sur une planche E G, adaptée au support E E, est fixé un de ces métronomes que les musiciens emploient pour battre la mesure, et qui ont pour organe régulateur un pendule dont la masse oscillante peut être plus ou moins éloignée de l'axe d'oscillation ; l'un des rouages de ce métronome, celui qui accomplit sa révolution environ dans le temps voulu, porte une cheville de platine qui, en rencontrant une lame de ressort mise en communication avec l'électro-aimant M, ferme un courant à travers cet électro-aimant. Sous l'influence de cette fermeture du courant, le levier A B tombe et détermine l'élévation du panier K ; mais, dans ce mouvement, une petite queue, que le levier A B porte, vient saisir le pendule du métronome et arrête son mouvement jusqu'à ce que l'opérateur ayant de nouveau abaissé le panier K, ait fait relever le levier A B ; alors, au bout d'un nombre plus ou moins grand de minutes, suivant la manière dont a réglé le pendule du métronome, une nouvelle fermeture de courant est opérée, et le panier K se trouve retiré de la cuve.

Ce système électro-mécanique peut être employé pour retirer les plaques daguerriennes de la boîte à iode ou au brome, ou bien pour fermer l'objectif des daguerréotypes eux-mêmes. On peut encore l'employer pour retirer hors d'un bain galvanoplastique des objets que l'on dore ou que l'on argente au trempé ; j'avais même, pour cette dernière application, combiné un système particulier dont la première idée m'avait été suggérée, je dois le dire, par M. Delamotte, habile ouvrier chimiste. Voici comment je disposais alors ce système, auquel j'avais donné le nom de *distributeur électrique pour la galvanoplastie* :

Au-dessus de chaque compartiment de la grande cuve, où doivent être immergés les objets qui doivent subir une même préparation, se trouvent tendues horizontalement et à une certaine distance en dehors de la cuve (d'un côté seulement) des cordes métalliques sur lesquelles peuvent glisser un certain nombre de petites roulettes à gorge, dont l'axe pivote entre deux épaulements d'une pince de cuivre à laquelle sont attachés les objets qui doivent être immergés. De cette manière, si les cordes, par un effet mécanique quelconque, se trouvent inclinées, ces objets sont transportés latéralement et par leur propre poids en dehors de la cuve.

A l'extrémité de la cuve, du côté opposé aux points d'attache fixes des cordes, sont adaptés des montants de bois à coulisse, à l'intérieur desquels peut se mouvoir de bas en haut une pièce métallique portant à sa partie inférieure une roulette. Cette roulette appuie de bas en haut sur la corde qui lui correspond, tandis que la pièce métallique elle-même est sollicitée à un mouvement ascensionnel par un poids disposé en conséquence, et qui réalise son effet par l'intermédiaire de poulies de renvoi. Quand les pièces sont immergées, les cordes doivent être à peu près horizontales. Alors, un butoir à ressort, fixé sur l'un des côtés de chacun des montants en bois, empêche la pièce mobile d'être entraînée par le poids et ne lui permet pas de soulever la corde correspondante engagée sur la roulette qu'elle porte.

Tant que cette pièce mobile est butée, les objets restent donc immergés; mais aussitôt que le butoir est retiré, le poids faisant son office soulève ces objets hors du bain, et comme la corde est alors inclinée, ils glissent, comme je l'ai déjà dit, en dehors de la cuve. Les éléments du problème étant ainsi fixés, il ne s'agit plus, pour en obtenir la solution, que de trouver un moyen de faire soulever mécaniquement les butoirs d'arrêt, après un laps de temps plus ou moins long et qui doit pouvoir être réglé. Or, c'est là qu'intervient l'action électro-magnétique.

D'abord, pour le soulèvement des butoirs, rien de plus simple : il suffit, comme on l'a déjà deviné, d'un électro-aimant adapté à chacun des montants des cuves et dont l'armature est liée au butoir correspondant. Mais pour l'interrupteur du courant à travers cet électro-aimant, le problème est plus complexe, car les temps d'immersion peuvent varier depuis cinq minutes jusqu'à quatre, cinq, six et même douze heures. Dans ce dernier cas pourtant, le fonctionnement mécanique est moins important.

Pour obtenir ces fermetures variables du courant, j'adapte au cadran d'une horloge deux cercles métalliques concentriques sur lesquels sont soudés douze butoirs métalliques à charnière, correspondant aux différents chiffres du cadran ; les aiguilles de l'horloge sont elles-mêmes munies de leviers à ressorts comme ceux que j'ai indiqués pour l'horloge de mes réveils électriques. Celle de ces circonférences métalliques qui correspond à l'aiguille des minutes, est en rapport avec les électro-aimants qui ont action sur l'enlèvement des pièces qui doivent rester dans le bain moins d'une heure. L'autre circonférence est, au contraire, en rapport avec les électro-aimants correspondant aux objets qui doivent être immergés plus d'une heure.

Les aiguilles sont mises ensuite en rapport électrique avec l'un des pôles de la pile, tandis que l'autre pôle correspond aux divers électro-aimants. Quand on veut que les objets ne restent immergés que pendant cinq minutes ou une heure, on laisse tous les butoirs redressés. Mais quand on veut que l'action électrolytique dure plus longtemps, par exemple dix minutes ou deux heures, on abaisse la moitié des butoirs, en les alternant. En un mot, on abaisse le nombre nécessaire de ces butoirs (qui sont, comme nous l'avons dit, à charnière) pour qu'il y ait un espace libre correspondant à la durée d'action électrolytique qu'on a jugée convenable. Pendant ce temps, on prépare d'autres objets, et, comme le courant électrique, avant d'arriver aux électro-aimants passe par une sonnerie, on est prévenu de l'ascension hors du bain des objets qui s'y trouvaient plongés. Alors on peut leur en substituer d'autres sur les cordes, et il suffit de soulever les poids pour les faire immerger à leur tour, en les mettant en état de subir une nouvelle action de la part de l'horloge régulatrice.

L'application des avertisseurs électriques à la sûreté des coffres-forts et des meubles à secret, a été combinée de différentes manières par beaucoup d'inventeurs. L'idée en est très-ancienne, et dès l'année 1856, dans le t. III, p. 78 de la 2ᵉ édition de cet ouvrage, je la signalais comme telle en l'attribuant à M. Aristide Dumont qui l'avait fait breveter sous le nom d'*électro-ferme*, et en avait énuméré les nombreuses applications. La manière seule dont le problème est posé peut en indiquer la solution, qui ne présente du reste rien de difficile, car du mouvement même de la partie mobile du meuble, soit porte, soit tiroir, soit fenêtre, peut résulter le contact de deux pièces métalliques réagissant sur la sonnerie d'alarme. Ces pièces pourront être constituées par des lames de ressorts, des ressorts à boudin ou à piston, des vis ou des pièces rigides, elles pourront même réagir sur la sonnerie d'alarme par rupture ou fermeture du circuit, pourvu qu'elles soient reliées à la fois par un fil, à la pile, au meuble à secret et à la sonnerie, les effets seront produits, et des signaux d'alarme pourront résulter d'un mouvement aussi petit qu'on peut le désirer. C'est ainsi qu'on a pu utiliser ces moyens à la fermeture des appartements, des coffres-forts et à la garde même des espaliers. Le plus souvent les interrupteurs appliquées à la fermeture des portes sont adaptés au pène ou au ressort des serrures.

Applications des avertisseurs aux instruments de précision. — On a encore appliqué l'électricité aux appareils de précision pour prévenir du moment où une action que l'on désire obtenir d'eux est produite. Nous avons déjà parlé dans notre tome IV, p. 359 d'une application de ce genre aux baromètres à cuvette du système Fortin, pour indiquer quand le mercure de la cuvette, dont la hauteur varie par suite du foisonnement, atteint exactement la pointe servant de repère. On a même vu, dans la description de ce système, comment on pouvait faire réagir le courant électrique, qui se trouve alors alternativement fermé ou ouvert, sur un appareil régulateur capable de maintenir toujours à la hauteur de cette pointe, le niveau du mercure dans la cuvette. Enfin on a vu qu'en employant un système du même genre, M. Masson était parvenu à faire des baromètres dont la lecture pouvait être faite d'après des avertissements donnés électriquement. Dans ces conditions, les observations au lieu d'être faites par des visées, se trouvent effectuées par le contact du mercure avec une pointe métallique fixée dans la chambre vide du baromètre et contre laquelle on amène la colonne mercurielle au moment de l'observation. Il en résulte le tintement d'une sonnerie qui ne cesse que quand on a relevé la pointe servant de repère d'une hauteur suffisante pour que le contact n'existe plus entre elle et la surface du mercure ; la hauteur dont on a relevé cette pointe permet d'apprécier la différence de la pression barométrique qui peut, de cette manière, être mesurée à moins d'un centième de millimètre, au moyen d'une vis micrométrique.

J'avais dès l'année 1855 disposé le sphéromètre d'une manière analogue pour mesurer des épaisseurs extrêmement petites, et voici comment je décrivais cet appareil dans le tome II de mon *Exposé des applications de l'électricité*, 2° édit., p. 466.

Sphéromètre électro-magnétique. — « Les sphéromètres sont, comme on le sait, des instruments à l'aide desquels on peut apprécier des épaisseurs excessivement petites. Ils consistent dans une vis micrométrique terminée par une pointe, et munie d'un cercle divisé mobile devant une règle également gradée dans un sens perpendiculaire au plan du cercle. L'inconvénient immense de ce genre d'instrument est l'impossibilité dans laquelle on se trouve, d'apprécier exactement l'instant où la pointe de la vis micrométrique touche la surface supérieure de l'objet que l'on soumet à l'expérience. Si on serre la vis plus qu'il ne convient, ce dont on ne s'aperçoit pas en raison de la puissance de l'action du serrage, comparativement à la résistance qui lui est opposée, on fait pénétrer la vis dans l'objet, ou tout au moins on l'affaisse ; on n'obtient donc pas une mesure exacte. J'ai pensé qu'en faisant intervenir l'électricité, cet agent si docile, et en même temps si sensible, on pourrait apprécier exactement le point où se fait ce contact. Voici comment je dispose l'appareil :

« L'extrémité de la vis micrométrique est munie d'un manchon d'ivoire portant, articulée sur pointes, une petite lame d'acier trempé légèrement bombée. Cette petite lame est] destinée à être appuyée sur l'objet, et son épaisseur a été préalablement déterminée d'une manière rigoureuse.

« Un fil en rapport avec cette plaque aboutit à un électro-aimant, dont l'armature fait mouvoir une détente d'embrayage ayant pour but d'enrayer, à un moment donné, une roue à dents pointues. Cette roue est en rapport de mouvement avec la vis micrométrique ; mais quand celle-ci a fait un tour, la roue d'embrayage en a fait au moins dix. De plus, la détente se trouve tellement rapprochée de cette dernière roue que le moindre mouvement opéré par l'armature suffit pour la faire enrayer ; enfin, l'un des pôles d'une pile de Daniell très-faible aboutit à la monture de la vis micrométrique tandis que l'autre pôle est en rapport direct avec l'électro-aimant.

« D'après cette description, on comprend facilement le jeu de l'appareil ; quand la plaque d'acier articulée sur le manchon d'ivoire de la vis micrométrique est appuyée sur l'objet à mesurer, on tourne la vis, et au moment même où sa pointe bien trempée vient rencontrer la lame métallique, un courant électrique est fermé à travers l'électro-aimant qui commande la détente d'embrayage ; alors la vis micrométrique se trouve arrêtée dans son mouvement, et le chiffre du cercle divisé situé vis-à-vis la règle perpendiculaire, donne la valeur de l'épaisseur de l'objet, plus l'épaisseur de la lame de platine. Il devient donc facile par une simple soustraction de résoudre ce problème.

« Ce système peut s'adapter aux comparateurs et à tous les instruments du même genre. »

On peut naturellement employer une sonnerie au lieu de l'enrayeur électrique, mais le tact n'est pas aussi délicat que l'action électrique, et la déformation résultant d'une pression plus ou moins grande ne serait pas évitée.

Depuis la description de cet appareil, plusieurs systèmes de ce genre ont été proposés, et l'on peut voir dans le journal *les Mondes*, tome II, p. 269, la description de celui qu'a imaginé M. J. Giordano.

Application à la régularisation de l'action des courants électriques. — L'affaiblissement que subit l'intensité d'un courant électrique quand il circule pendant longtemps à travers un circuit peu résistant est une cause perturbatrice qui, non-seulement rend difficiles les expériences de longue haleine, mais encore s'oppose à la mise en pratique de beaucoup d'applications électriques. On a donc dû se préoccuper de cet inconvénient et rechercher des moyens d'y obvier.

La première idée qui vient à l'esprit pour résoudre ce problème, est de baser l'action du courant sur l'action minima qu'il doit fournir dans des conditions données, et par conséquent de l'affaiblir tout d'abord en intercalant dans le circuit un appareil de résistance soit à liquides, soit à fils métalliques. En développant sur cet appareil une résistance suffisante pour faire arriver le courant à son intensité minima, il devient facile, à mesure que le courant s'affaiblit, de diminuer successivement la résistance interposée jusqu'à ce qu'elle soit réduite à zéro. Jusqu'en 1854, ces résistances compensatrices étaient réglées à la main, et on avait donné à ce système le nom de *gouverneur des courants*. J'en ai décrit un modèle imaginé par M. Jaxon dans le tome I de la première édition de mon exposé, et, si je n'en parle pas ici, c'est que la disposition en est tellement simple qu'elle doit nécessairement venir à l'esprit de tous ceux qui ont à appliquer ce système. Mais, dans ces conditions, le problème était très-imparfaitement résolu, et il était à désirer que le réglage se fît automatiquement sans aucune intervention humaine; or, c'est ce problème qu'a résolu le premier M. Wartmann, en 1854, dans l'appareil qu'il fit construire alors et auquel il donna le nom de *régulateur de l'intensité des courants*. Cet instrument qui, comme je l'ai déjà dit dans mon dernier volume, a été perfectionné en 1873 par M. Mascart, avait une disposition analogue, quant à ses fonctions, aux régulateurs de lumière électrique; mais comme ces appareils exigent pour fonctionner une certaine force et la présence d'un courant toujours fermé, et comme ils ne peuvent, d'ailleurs, être appliqués pendant un long espace de temps, j'avais imaginé vers 1855 un système avertisseur qui n'était mis en action qu'à des moments déterminés et qui faisait retentir une sonnerie électrique lorsque le courant envoyé avait une intensité inférieure à celle

considérée comme limite minima. Ce sont ces différents appareils dont
nous allons maintenant nous occuper.

Régulateur de courants de M. Wartmann. — Ce régulateur, que nous
représentons fig. 19, pl. I, se compose essentiellement d'un rhéostat R et
d'une cuve électrolytique C munie d'une électrode mobile sur lesquels
réagit, par l'intermédiaire d'un mécanisme d'horlogerie, un électro-aimant E·
interposé dans le circuit du courant qu'il s'agit de régler. Des interrupteurs
et des commutateurs I, I', I″, D permettent de disposer les fils enroulés sur
l'électro-aimant, et qui sont au nombre de 4, en tension ou en quantité, avec
ou sans l'interposition de la cuve électrolytique, avec ou sans l'interposition
du rhéostat. Quand on emploie des courants très-énergiques, on place les
interrupteurs I et I″ dans la position qu'ils ont sur la figure ; alors le courant
passe à travers la cuve électrolytique avec une intensité proportionnée à la
distance séparant les deux électrodes. Quand le courant est moins énergique, l'interrupteur I est placé sur le contact de droite, et alors il est dirigé
sur le rhéostat qu'il traverse pour rejoindre le circuit au-delà de la cuve.

L'électro-aimant employé par M. Wartmann est un électro-aimant tubulaire, et c'est pour cela qu'il est représenté par une surface cylindrique.
Ce genre d'électro-aimant fournit, comme on l'a vu dans notre tome II,
p. 78, un pôle central enveloppé par un pôle circulaire, de sorte qu'il
peut agir par les deux pôles à la fois sur une armature en forme de
disque, et c'est elle qu'on voit en A. Cette armature circulaire, munie aux
deux extrémités d'un même diamètre de deux leviers L et B, est articulée
en G, et oscillant entre deux vis butoirs placés en B, elle peut déclancher
ou maintenir enclanché, par suite de l'action du levier L, le mouvement
d'horlogerie, suivant que l'électro-aimant agit plus ou moins énergiquement ; les vis butoirs placées en B permettent d'ailleurs d'en régler à
volonté la sensibilité. Avec cette disposition, on comprend aisément que si
l'électro-aimant et les résistances développées en C ou en R sont combinés
de manière à fournir, pour une intensité minima donnée, l'arrêt du mouvement d'horlogerie N I, le courant traversera le circuit dans des conditions
d'intensité parfaitement déterminées, et il le traversera sans modification
tant qu'il restera constant ; mais aussitôt que son intensité faiblira, le
mouvement d'horlogerie sera déclanché et réduira la résistance développée
sur le rhéostat ou à travers la cuve électrolytique, jusqu'à ce qu'il ait repris
une intensité suffisante pour provoquer de nouveau l'arrêt du mécanisme
moteur.

Régulateur de M. X. — A l'Exposition universelle de 1855, un inventeur
dont j'ai oublié le nom avait exposé un régulateur de courants dont le

principe était assez ingénieux, mais qui ne pouvait s'appliquer qu'à de
forts courants. Il consistait dans un vase hermétiquement fermé et rempli
d'eau légèrement acidulée, dans laquelle plongeaient deux lames de platine
en rapport avec les deux pôles de la pile. Ces deux lames étaient fixées à
un couvercle isolant disposé comme le piston de la pompe des prêtres,
c'est-à-dire enclavé dans une espèce de calotte de caoutchouc fortement
ficelée sur le vase. Un tuyau de décharge permettait aux gaz de s'échapper,
mais dans une proportion constante et susceptible d'être réglée. Quand le
courant qui traversait le liquide par l'intermédiaire des électrodes de platine
était trop fort, la quantité des gaz dégagés dans un temps donné était plus
considérable que ne le comportait l'orifice d'écoulement, et le couvercle du
vase se trouvait soulevé; mais celui-ci, en s'élevant, entraînait les plaques
de platine, et leur surface étant diminuée, la transmission du courant
devenait plus difficile. La quantité de gaz produit devenait alors moindre,
et le couvercle s'abaissait, entraînant par là un renforcement du courant.
De cette manière, la force du courant électrique se trouvait toujours maintenue à un même degré d'énergie, que l'on pouvait du reste faire varier en
modifiant les conditions d'ouverture du tuyau d'écoulement.

Il y avait dans cet appareil plusieurs accessoires dont je ne me suis pas
rendu parfaitement compte, mais qui, je crois, étaient destinés à réagir sur
le tuyau d'écoulement ou pour mettre l'appareil en rapport avec les différentes intensités du courant.

Régulateur de M. Froment. — Pour régler l'intensité des courants réagissant sur ses moteurs électro-magnétiques, M. Froment a employé un
système de régulateur à force centrifuge, analogue à celui dont on se sert
dans les machines à vapeur pour modérer ou augmenter la quantité de
vapeur transmise au piston.

Dans ce système, les boules du régulateur à force centrifuge, en s'écartant ou en se rapprochant faisaient réagir, par l'intermédiaire des bielles et
du collier qui en dépendaient, une bascule à l'un des bras de laquelle était
adaptée une traverse portant suspendus tous les charbons de la pile. Quand
le courant avait toute son intensité, ces charbons ne plongeaient que fort
peu dans le liquide, mais à mesure que cette intensité diminuait, la bascule provoquait une immersion plus grande de ces charbons, et l'action
efficace du régulateur se prolongeait jusqu'à ce que ces charbons fussent
arrivés au fond des vases des piles.

Régulateur de M. Régnard. — Cet appareil se compose de deux parties :
la première est un galvanomètre construit d'après les principes de la boussole à *sinus*. Suivant la force du courant qu'on veut régulariser, on peut

substituer à l'aiguille un barreau d'acier aimanté; on peut aussi ajouter à
l'action du magnétisme terrestre celle du ressort; le courant sur lequel
l'appareil doit agir circule autour du cadre de ce galvanomètre. Le mécanisme est conduit par une pile spéciale, et son courant négatif arrive au
pivot qui porte l'aiguille aimantée; une aiguille de platine, disposée en croix
avec celle-ci, le distribue à deux contacts isolés disposés au point de
repère, comme je l'ai déjà dit pour le galvanométraphe tome IV, p. 445;
enfin un cercle divisé mobile mesure la force du courant de la même manière que dans la boussole à sinus.

_La seconde partie de l'appareil est le régulateur proprement dit; il se
compose d'un vase rempli d'un liquide convenablement conducteur dans
lequel plongent deux plaques métalliques; le courant qu'on doit régulariser
passe par ces deux plaques et par le liquide qui les sépare; elles immer-
gent en se rapprochant plus ou moins par l'action qu'exercent sur elles la vis
micrométrique et la roue R des appareils décrits tome IV p. 446.

On place la boussole au degré d'intensité qu'on veut donner au courant.
Si, dans la position des plaques immergées, cette intensité surpasse le degré
voulu, l'aiguille tendra à dévier au delà du point où l'on aura placé les
contacts qui remplacent le repère; elle touchera le contact qui fait embrayer
le cliquet disposé pour faire remonter la vis micrométrique et les plaques
immergées : la force du courant diminuera avec les surfaces d'immersion,
et ce mouvement ne s'arrêtera que lorsque cette force sera arrivée au degré
voulu; alors l'aiguille de la boussole quittera le contact qui a déterminé la
réaction, et la roue R restera en repos. S'il survient une variation dans
l'intensité du courant, si elle diminue, par exemple, l'aiguille de la boussole
tendra à revenir en deçà du point fixé, elle touchera le second contact qui
fait embrayer le cliquet disposé pour faire descendre la vis micrométrique, et
augmentera ainsi les surfaces immergées.

On comprend par là que la force du courant se placera et se maintiendra
automatiquement au point marqué d'avance par la boussole.

Ainsi que nous l'avons déjà dit, on peut employer pour ce genre d'appareils la balance rhéométrique que nous avons décrite tome II p. 326 en la
sustituant à la boussole des sinus. On place alors dans le bassin de la
balance rhéométrique le poids correspondant à l'intensité du courant
qu'on veut obtenir. Si le courant est trop faible, le poids du bassin enlève
le contre-poids qui, touchant un butoir d'arrêt supérieur, ferme le circuit
de la pile et anime ainsi le mécanisme qui agit sur la roue-écrou du régulateur et la fait tourner dans le sens voulu pour abaisser les deux plaques
immergées. Si, au contraire, le courant est trop énergique, le bassin

est enlevé, et le contre-poids, en tombant sur un butoir d'arrêt inférieur, anime l'autre mécanisme qui agit en sens contraire sur la roue-écrou. Cette roue ne cessera de fonctionner pour faire écarter ou rapprocher les plaques immergées, que quand le courant ayant l'intensité correspondante aux poids du bassin, le fléau se maintiendra à son point d'équilibre sans toucher ni l'un ni l'autre des deux butoirs d'arrêt.

On peut aussi mettre ces butoirs en rapport avec un système de sonnerie qui avertit simplement des variations du courant.

Régulateur de M. Kohlrausch. —Le système de M. Kohlrausch se compose d'un cadre ordinaire de galvanomètre entouré de son fil; seulement il n'y a pas de trou dans la partie supérieure pour laisser passer le fil qui soutient l'aiguille au centre du cadre. Un étrier enveloppe les fils supérieurs et est soutenu par un fil de soie. L'aiguille est portée par la branche inférieure de l'étrier, dont le bras supérieur se termine par deux petites électrodes qui plongent dans deux augets circulaires remplis de sulfate de cuivre. Le courant passe du galvanomètre dans l'un des augets et revient à la pile par l'étrier et le second auget. Supposons maintenant que l'appareil soit orienté de manière que le plan des spires du multiplicateur soit perpendiculaire au méridien magnétique et que le courant le traverse de manière à tourner vers le Sud le pôle Nord de l'aiguille; on pourra regarder le moment de rotation que le courant développera sur l'aiguille, comme proportionnel au sinus de l'angle d'écart de l'aiguille par rapport à la position d'équilibre. D'autre part, le moment de rotation du magnétisme terrestre agit en sens contraire, et on peut l'accroître ou l'affaiblir, au moyen d'un aimant qu'on placera dans le méridien magnétique au-dessous de l'aiguille du galvanomètre, à une distance et dans un sens convenables. Sous ces deux actions, il est facile de voir que l'aiguille n'aura une position d'équilibre stable que dans la position Nord Sud; avec le pôle Nord ou Sud si la force électro-magnétique est la plus forte. Si les deux forces sont égales, l'aiguille reste en équilibre dans toutes les positions. Si pour un certain courant qui sera par exemple celui qu'on veut maintenir constant, l'aimant a été placé de façon qu'on ait cet équilibre, aussitôt que le courant augmentera ou diminuera d'intensité, l'aiguille tournera dans un sens ou dans l'autre, et il suffira que dans ce mouvement une certaine résistance s'ajoute au circuit ou s'en retranche, pour ramener le courant à sa première valeur et rétablir l'équilibre entre les deux forces agissant sur l'aiguille, forces dont l'une est

Erratum. — A la page 174, 4ᵉ ligne en descendant *lisez* fig. 19, pl. IV, *au lieu de* fig. 19, pl. I.

constante. Or cette augmentation ou cette diminution de résistance est précisément produite par l'éloignement plus ou moins grand des électrodes
portées par l'étrier de l'appareil, quand elles viennent à s'éloigner ou à se
rapprocher de celles qui établissent la communication du circuit avec le
liquide des deux augets.

Pile plongeante de M. Robert Houdin. — Dans beaucoup
d'applications de l'électricité, il est certaines fonctions mécaniques qui nécessitent, dans un moment donné, une force électrique beaucoup plus considérable que celle qui est fournie par les piles à faibles courants que l'on
emploie ordinairement. Dans ces cas, on ne peut substituer à ces faibles
courants des piles à acides, car outre la dépense considérable d'entretien
que ces dernières entraîneraient, elles ne présenteraient pas une régularité
d'action assez grande pour le jeu des appareils, et exigeraient pour leur
entretien un soin beaucoup trop assujettissant. D'ailleurs, dans la plupart des
cas dont nous parlons, cette grande force électrique n'est nécessaire que
momentanément, et à des intervalles plus ou moins éloignés. En employant
donc, comme pile ordinaire, une pile à acides toujours chargée, on ferait
une dépense en pure perte.

Dans le but d'éviter cette dépense, M. Robert Houdin s'est imaginé de
combiner un mécanisme au moyen duquel une pile de Smée, aussi puissante qu'on peut le désirer, pourrait se charger elle-même en temps opportun, et se décharger également elle-même, après que la fonction mécanique qu'elle aurait été appelée à produire se serait effectuée. Ce mécanisme,
que M. Robert Houdin a appliqué à la marche de fortes sonneries d'horloges
électriques, est représenté fig. 5, pl. II.

Il se compose de deux appareils : l'un, un simple interrupteur de courant,
est en correspondance avec le mécanisme qui doit provoquer l'action électrique énergique, par exemple avec la roue de compte de la pendule régulatrice, dans l'application qu'en a faite M. Robert Houdin ; le second, l'appareil régulateur, est destiné à effectuer la décharge de la pile.

Le second appareil consiste essentiellement dans une grande bascule A B,
à l'un des bras de laquelle se trouve attachée, par l'intermédiaire d'une
corde, une traverse de bois C D, munie des plaques métalliques des différents éléments de la pile de Smée. Cette traverse est mobile dans deux
coulisses C E, D F, qui font partie de la caisse de la pile, et peut, étant
abaissée suffisamment, faire plonger toutes les lames métalliques des éléments de la pile dans leurs auges respectives remplies d'eau acidulée. En
ce moment, la pile est chargée ; mais quand, par l'intermédiaire de la bascule, la traverse est soulevée, la pile se trouve déchargée. Pour obtenir

mécaniquement et sous une influence minime ce double effet, un limaçon L, dont le plus grand diamètre correspond à la course que doivent accomplir les plaques pour être immergées, a été adapté au-dessous du bras A O du levier A B. Ce limaçon est mis en mouvement par un contre-poids P, mais il est commandé par deux longues ailettes I H et I J qui, tout en tempérant la vitesse de la chute de la bascule, servent en même temps de détente. Ces ailettes, en effet, sollicitées à tourner sur elles-mêmes par le butoir K porté par le-limaçon, se trouvent engagées alternativement entre deux butoirs H et N portés par l'armature d'un électro-aimant. Quand cet électro-aimant est inerte, l'une des ailettes est bridée contre la tête H, de son armature ; alors le limaçon est maintenu au point le plus élevé de sa course, et par suite la pile reste soulevée. Quand au contraire, l'électro-aimant devient actif, l'ailette I H est débridée, le mouvement du limaçon s'opère, et la cheville Q du levier A B, contre laquelle frotte le spirale du limaçon, tombe dans la coche Q R. Les lames métalliques de la pile plongent dans leurs auges respectives, et cette immersion est assurée par la batterie N, qui arrête l'ailette I H aussitôt qu'elle a été débridée. Tant qu'un courant électrique circule à travers l'électro-aimant, la pile demeure chargée ; mais aussitôt que ce courant est interrompu, le butoir N en s'écartant, débride de nouveau l'ailette I H, et le limaçon, en accomplissant sa révolution, soulève successivement la cheville Q jusqu'à ce que le butoir K, qui s'est alors dégagé de l'ailette I H, soit retombé sur l'ailette I J, placée en ce moment dans une position voisine de I H. Alors l'arrêt complet du limaçon se trouve effectué par le butoir H, et la pile demeure complètement déchargée, jusqu'à ce qu'une nouvelle fermeture de courant réagissant sur l'électro-aimant M ait motivé un nouveau dégagement du limaçon.

C'est pour soulager l'action du limaçon et diminuer le poids P, qu'on a adapté au levier A B le contre-poids S, qui équilibre la pièce C D chargée de ses lames métalliques.

D'après cette description, il est facile de comprendre que, pour obtenir dans un temps donné la charge ou la décharge de la pile à acides, il suffit de lancer en ce moment là à travers l'électro-aimant M le courant d'une pile de Daniell ; ce qui peut être fait par l'appareil transmetteur lui-même, à l'aide d'un interrupteur ou d'un rhéotome.

Dans l'application que M. Robert Houdin a faite de cet instrument, c'est le mouvement de la sonnerie de son horloge régulatrice qui met l'appareil en action. Seulement, comme le temps de la charge de la pile de Smée peut être plus ou moins long pour correspondre aux différentes heures qui doivent être sonnées, un rhéotome spécial a dû lui être adapté. Voici en

quoi il consiste : A, fig. 6, pl. II, est la roue de compte de la pendule régulatrice, M. le marteau de la sonnerie, et R la détente du mouvement de la
sonnerie. Deux lames de cuivre B C, D E isolées sur une plaque d'ivoire,
sont disposées parallèlement l'une devant l'autre, de manière à ce que l'une
d'elles BC, étant rencontrée par l'ergot en ivoire H, porté par l'axe du marteau M, se trouve poussée contre l'autre, et établisse alors un contact métallique réagissant sur l'électro-aimant M. Si cette disposition eût existé seule,
il en serait résulté que chaque coup frappé par le marteau M aurait eu pour
effet la charge et la décharge de la pile à acides. Or, cette double fonction
n'aurait pas eu le temps de s'accomplir pendant l'intervalle si court qui
sépare les coups du marteau dans les sonneries ; il fallait donc un système
rhéotomique qui put prolonger la fermeture du courant tout le temps
employé par le marteau M à frapper sur le timbre. Pour cela, M. Robert
Houdin a adapté au ressort B C une prolongation métallique G K en forme
de crochet, et a muni l'axe S du levier S Q, portant la détente R, d'un second
levier d'ivoire L S, terminé par une cheville L. Il résulte de cette disposition
que, quand le levier S Q étant soulevé reporte la détente R sur la came de
la roue de compte, le levier S L est incliné vers la droite, tandis que le crochet C G K, poussé vers la gauche par l'ergot H du marteau, vient s'accrocher sur la cheville L ; il arrive par conséquent que, quand le marteau
retombe à chaque coup qu'il frappe, le ressort BC est maintenu appuyé
contre le ressort D E, et continue la fermeture du courant à travers l'électro-
aimant M (fig. 5). Ce n'est que quand la détente R, fig. 6, retombe dans une
coche de la roue de compte, que la cheville U L dégage le crochet C G K,
et provoque la rupture du circuit allant à l'appareil de la fig. 5.

Comme à chaque fermeture de courant opérée à travers l'électro-aimant
M fig. 5, le poids P descend d'une longueur égale au développement de la
circonférence de la poulie U G, il arriverait que, pour une faible hauteur
d'appartement, l'appareil réagissant sur la pile à acides serait bien vite
arrêté. Pour éviter cet inconvénient, M. Robert Houdin s'est imaginé d'en
faire opérer le remontage par l'ouverture d'une porte. A cet effet, il adapte
le poids P à une poulie Z mobile sur une corde, repliée en L Z Y X L, autour
de trois poulies Y, U G, X, et dont l'extrémité, après s'être enroulée en Y,
va s'attacher à la partie supérieure du battant de la porte en question.
Chaque ouverture de cette porte ayant pour effet la traction du poids P et
le déploiement de la poulie X à laquelle est attaché un petit contre-poids,
l'appareil se trouve ainsi successivement remonté.

Pile plongeante de M. Barker. — M. Barker ayant à faire fonctionner une pile énergique à des intervalles de temps plus ou moins espacés

pour le fonctionnement des grandes orgues de Saint-Augustin, a cherché comme M. Robert Houdin à ne mettre cette pile en action qu'au moment même où il en était besoin, et dans le cas où il se trouvait placé, le problème était facile à résoudre, car la soufflerie de l'orgue mettait à sa disposition une force motrice qu'il pouvait appliquer à l'immersion des électrodes de sa pile. Il lui suffisait en effet de placer sur un réservoir d'air mis en rapport avec la soufflerie, les vases de sa pile, pour qu'au moment du fonctionnement de cette soufflerie, l'immersion des électrodes eût lieu sous l'influence du gonflement du réservoir. La pile qu'il employait alors était une pile à bichromate de potasse à écoulement continu, et le système qui fournissait cet écoulement continu était disposé de telle manière qu'il ne pût se produire qu'au moment où la pile devenait active.

Pour obtenir ce résultat, un grand réservoir rempli du liquide excitateur était placé sur un fort bâti en bois à une certaine hauteur au-dessus du système. Ce réservoir, fermé par le haut, communiquait par le bas à l'aide d'un tube à robinet, avec un vase ouvert placé sur une planche mobile, lequel au moyen d'un autre tube à robinet disposé horizontalement, se trouvait mis en rapport avec un ballon à filtre placé au-dessus de la pile. A cet effet, ce ballon ouvert par le haut, se terminait inférieurement par une tubulure conique remplie de verre pilé et tassé, à travers laquelle s'écoulait goutte à goutte le liquide. Après ce filtrage, le liquide tombait dans une sorte de récipient conique dont l'orifice d'écoulement était placé près du bord supérieur, pour s'écouler de là goutte à goutte dans les vases de la pile munis à cet effet d'un déversoir de trop plein. Comme par suite de cette diposition le liquide conservait un niveau constant dans les trois vases où il se déversait successivement, l'écoulement était tout à fait constant.

Pour obtenir la suspension de cet écoulement quand la pile ne fonctionnait pas, la partie mobile du réservoir d'air ou soufflet sur laquelle était placée la pile, était munie d'une tringle qui, en réagissant sur une bascule reliée au plancher sur lequel était établi le système des vases communiquants, faisait incliner ce système et déchargeait dans le premier vase d'alimentation le liquide du ballon qui se trouvait alors dépourvu de liquide, et cet effet se produisait quand le réservoir se trouvait à peu près dégonflé et par conséquent quand la pile était déchargée.

Ce système a très-bien fonctionné dans les premiers moments de son installation ; mais il était si compliqué et si délicat, en raison de la multiplicité des pièces de verre employées, qu'il s'est trouvé bien vite mis hors de service, et c'est alors qu'on installa la pile à grands éléments Delaurier qui fonctionne encore aujourd'hui. Néanmoins, confié à des mains expérimen-

tées, ce système pourrait être d'un grand secours, surtout pour certaines
expériences de physique de longue haleine.

**Contrôleur automatique de l'intensité des courants, de
M. Th. du Moncel.** — Cette application que j'ai imaginée en vue d'entretenir d'une manière régulière la marche des différents appareils électro-
magnétiques qui étaient installés chez moi, consiste dans l'adjonction d'un
simple galvanomètre peu sensible à une pendule ordinaire. Les fig. 10 et
et 11, pl. I, représentent cet appareil.

L'aiguille A B, fig. 11, du galvanomètre porte, soudée perpendiculairement à son axe, une autre aiguille C D de platine parfaitement équilibrée
et terminée du côté E par un crochet. Cette aiguille se meut au-dessus
d'un cadran de cuivre ou de carton F F divisé, et ce cadran porte lui-même
une rainure circulaire à travers laquelle le crochet de l'aiguille de platine
peut s'enfoncer quand elle se trouve, pour une cause que nous signalerons
à l'instant, inclinée de haut en bas. Si au-dessous de cette rainure se trouve
adaptée une petite coupe pleine de mercure que l'on pourra, au moyen
d'une pince à vis I, placer en tel ou tel point de l'arc divisé qu'on voudra,
on comprendra facilement qu'il suffira de fixer cette coupe au point minimum de la déviation jugée convenable pour la force électrique qu'on désire
obtenir, et de faire basculer l'aiguille, pour fermer un courant à travers
une sonnerie électrique très-sensible. On sera donc ainsi prévenu que la
pile a besoin d'être rechargée.

Pour obtenir cet effet mécanique de la part de l'aiguille du galvanomètre,
une bascule doit être adaptée sur le bord du galvanomètre opposé à celui
où doit se faire l'immersion de l'aiguille de platine. Cette bascule se termine, d'un côté, par une traverse semi-circulaire horizontale G H qui peut
saisir le bout D de l'aiguille de platine dans toutes ses positions ; de l'autre
côté, elle est reliée à une petite tige verticale A B, fig. 10, qui se trouve à
portée de la roue de compte de la sonnerie de la pendule. Quand cette tige
est dans une coche de cette roue, poussée qu'elle est par un petit ressort r,
l'aiguille de platine du galvanomètre est parfaitement libre de se mouvoir,
et peut être déviée par le courant qui se trouve fermé un peu avant la sonnerie de l'heure par la pendule ; mais quand la tige A B se trouve repoussée
par l'une des cames de la roue de compte, elle incline la bascule G H, et fait
abaisser le crochet de l'aiguille de platine. Si le crochet ne rencontre pas le
mercure de la coupe, le courant est suffisamment fort et la sonnerie se tait,
mais l'indication galvanométrique persiste en l'absence même du courant,
car dans son mouvement ascensionnel, la tige A B s'est trouvée arrêtée par
un petit crochet à ressort C, dont elle n'est dégagée que quelques minutes

avant que l'heure sonne, par une petite dent fixée sur la chaussée de la minuterie, et qui, au moyen d'un levier coudé M, écarte ce crochet ; en même temps deux ressorts K, I qui avaient été séparés au moment de l'abaissement de la tige A.B, se trouvent mis en contact, et ferment le courant à travers le galvanomètre pour fournir une nouvelle indication. Quand le crochet de l'aiguille de platine du galvanomètre rencontre le mercure de la petite coupe de platine, la sonnerie est mise en activité et prévient qu'il faut recharger la pile.

Il résulte de cette disposition : 1° que toutes les heures une indication galvanométrique indiquant la force du courant est fournie ; 2° que cette indication persiste sans que le courant soit fermé ; 3° que quand la déviation est au minimum, la sonnerie électrique prévient de la faiblesse du courant.

On comprend qu'avec la même disposition de l'appareil, on pourrait obtenir un régulateur automatique des courants ; car au lieu de faire réagir ce courant sur une sonnerie, on pourrait l'employer à opérer une liaison entre la pile dont on se sert et une pile supplémentaire. Dans ce cas, il faudrait au galvanomètre une deuxième capsule remplie de mercure correspondant au maximum de déviation du galvanomètre, afin de diminuer le courant quand il serait trop fort. Ce système de régulateur aurait sur les autres l'avantage de ne pas exiger une fermeture continue du courant, et de ne pas affaiblir celui-ci par son passage forcé à travers un électro-aimant. Il pourrait donc être employé avec avantage dans l'horlogerie électrique, et les applications ou les circuits seraient exposés à des déperditions, soit lors des temps humides, soit par suite de bifurcations accidentelles provenant de la marche simultanée et régulière de plusieurs appareils soumis à la même pile.

IV. APPLICATION DE L'ÉLECTRICITÉ A DIVERSES INDUSTRIES ET ARTS DE PRÉCISION.

1° Application au triage des limailles et poussières métalliques.

Électro-trieuse de M. Chenot. — Si l'on considère que certains oxydes métalliques peuvent devenir magnétiques par le *grillage* ou la réduction et que, dans cet état, ils peuvent être séparés mécaniquement des corps plus ou moins composés auxquels ils sont unis, on peut comprendre de quelle importance devient alors l'action électro-magnétique appliquée comme un réactif chimique, et combien il devient facile de simplifier les opérations métallurgiques, surtout pour les minerais dits en *grain* qui sont les plus riches en métal.

Pour établir en grand ce système de triage, M. Chenot a imaginé deux appareils auxquels il a donné le nom d'électro-trieuses et qu'il a fait breveter.

L'un de ces appareils consiste dans une roue verticale dont la circonférence est garnie d'électro-aimants en rapport avec un commutateur fixé sur son axe. Ce commutateur est tellement disposé, que trois de ces électro-aimants, au plus, reçoivent en même temps le courant, et cela, quand ils se trouvent dans une position donnée. Aussitôt qu'ils ont abandonné cette position, ils deviennent inactifs et, par conséquent, peuvent abandonner les corps magnétiques qu'ils ont attirés. (Voir la fig. 17, pl. I.)

Cette roue, ainsi munie d'électro-aimants, tourne au-dessus d'une toile métallique enroulée sur deux cylindres, sur laquelle vient tomber le minerai en poudre qu'on veut exposer à l'action électro-magnétique et qui est en provision dans une trémie A. Au moment où cette poudre vient à passer à portée des électro-aimants actifs, ceux-ci attirent toutes les matières magnétiques, les transportent au-dessus d'un plan incliné de décharge, et, comme ils deviennent alors inertes, ils les laissent retomber, tandis que les matières non magnétiques ont été rejetées dans une seconde trémie placée en arrière. De cette manière, la séparation des parties magnétiques du minerai s'effectue d'une manière continue et très-prompte.

Dans l'autre système de M. Chenot, la séparation magnétique ne s'opère que sous l'influence d'aimants fixes à travers lesquels le courant électrique est toujours en activité; c'est alors un ramasseur que l'on fait tourner qui se charge du transport des substances magnétiques attirées.

On comprend facilement que ces systèmes d'appareils peuvent être appropriés à la séparation des limailles métalliques mélangées, par exemple à la séparation de la limaille de fer ou de fonte d'avec la limaille de cuivre; de sorte que ce procédé peut être considéré comme un moyen de séparation, de purification et de classification d'un certain nombre de corps.

Système de M. Deleuil. — Ce système, spécialement affecté à la séparation des limailles de fer et de cuivre dans les ateliers d'ajusteurs, consiste dans un simple électro-aimant auquel on a donné une forme cylindrique, afin de pouvoir, en le roulant au milieu de ces limailles, en retirer successivement toutes les particules ferrées qui s'attachent fortement sur toute la surface cylindrique. Pour obtenir un électro-aimant de ce genre, M. Deleuil a eu recours à un système déjà employé par M. Nicklès pour la construction de ses électro-aimants circulaires. Il enroule sur une barre de fer d'environ 20 centimètres de longueur une hélice magnétisante, de manière à en faire un électro-aimant droit, et visse sur ses deux extrémités polaires deux calottes hémisphériques en fer sur les bords desquelles sont fixées à leur tour deux bouts de tubes cylindriques de fer, susceptibles d'envelopper l'électro-aimant dans son entier et ne laissant entre eux qu'un intervalle de quatre à cinq millimètres qui se trouve rempli par une bague de cuivre. De cette manière, l'électro-aimant se présente sous la forme d'un boudin à l'intérieur duquel se trouve l'hélice magnétisante, et dont chaque moitié de la surface représente un pôle magnétique différent. Deux trous pratiqués dans cette enveloppe ferrée et par lesquels ressortent les extrémités du fil de l'hélice magnétisante, permettent d'animer l'électro-aimant qui agit de cette manière par ses deux pôles à la fois. Quand on regarde cet électro-aimant qui est recouvert d'un vernis noir, on croirait voir un poids d'horloge, et quand il est retiré des limailles, il ressemble à un hérisson. Pour le dépouiller de cette enveloppe de particules ferrées, il suffit d'interrompre le courant à travers l'électro-aimant et de le brosser.

Système de M. Vavin. — Ce système ne met pas à contribution l'action électrique, mais simplement l'action magnétique, et les appareils sont disposés de manière à effectuer l'opération mécaniquement et en grand.

La machine se compose de deux cylindres munis d'aimants devant lesquels se meuvent deux systèmes de brosses tournantes destinées à détacher les limailles attirées. Une trémie dans laquelle on jette les limailles est placée au-dessus du premier cylindre, et un distributeur animé d'un mouvement de translation horizontal étend la limaille à traiter sur la surface de ce cylindre, puis sur celle du second, qui achève l'opération commencée par le premier. De cette manière, les particules ferrées qui ont échappé à l'action du premier cylindre sont reprises par le second, et les limailles arrivent au bas de l'appareil parfaitement séparées.

Les cylindres sont en bronze; ils portent à leur surface et en saillie, le premier quatre et le second cinq bagues en fer doux montées au moyen de vis et mises en communication avec de forts aimants artificiels en forme de fer à cheval, pouvant supporter 5 kilog. et disposées suivant le rayon du cylindre. Chaque bague est évidée par quatre cannelures de 3 millimètres, de manière à multiplier les surfaces. Les branches des aimants sont mises en rapport avec les bagues par les pôles de même nom, de manière que la première porte tous les pôles nord et la seconde tous les pôles sud. L'écartement de chaque bague est très-faible, $0^m,03$ environ, de telle sorte que la limite d'action de chaque bague étant supérieure à la moitié de la distance qui les sépare, toute la surface du cylindre travaille et ne présente pas de parties inactives. Il n'y a pas non plus de points neutres, comme dans certains autres modèles de ce genre de machines.

Le cylindre supérieur porte, comme on l'a vu, quatre bagues et 15 aimants, le cylindre inférieur cinq bagues et 20 aimants, et ils sont disposés de manière que les bagues de fer de l'un correspondent aux parties de cuivre de l'autre, afin de réaliser le complément d'action magnétique que doit fournir le second cylindre.

L'ensemble de l'appareil, peu volumineux et bien construit, occupe peu de place ($0^m,80$ en surface horizontale et $1^m,60$ en hauteur). Il peut marcher à bras ou à la vapeur et a été adopté dans les grands ateliers de construction de l'État. Celui qui fonctionne dans les ateliers de la maison Cail traite environ 2000 kilogrammes de limaille par jour et marche à leur entière satisfaction.

M. Vavin a aussi appliqué sa machine, comme M. Chenot, au traitement des minerais magnétiques pour en opérer la séparation. Les essais entrepris par lui sur les sables ferrugineux de l'île de la Réunion ont été, à ce qu'il paraît, très-heureux, et il fonde sur ce genre d'invention de grandes espérances.

On pourra voir dans le *Bulletin de la Société d'encouragement* de janvier 1876 le rapport de M. Bouilhet sur cet appareil et les plans de cette machine.

Pour être juste, nous devons dire qu'avant M. Vavin, MM. Vennin et Deregneaux de Lille, avaient établi une machine du même genre, mais elle était beaucoup moins perfectionnée ; elle n'avait qu'un tambour, et les armatures en rapport avec les aimants, au lieu de constituer des pôles annulaires alternativement de noms contraires, étaient disposées suivant les générateurs du cylindre, à une distance assez grande les unes des autres, ce qui rendait leur action intermittente et leur rendement peu considérable. L'enlèvement des particules ferrées attachées au cylindre s'effectuait d'ailleurs comme dans l'appareil de M. Vavin au moyen d'un tambour muni de brosses en poils de sanglier, tournant en sens contraire du tambour séparateur.

Système de M. Anduze. — Ce système, bien que breveté du 13 juillet 1873, est tellement primitif qu'il faut croire que l'inventeur n'était pas au courant des inventions du même genre combinées avant lui. Voici, du reste, ce qu'il en dit dans son brevet :

« On jette les matières que l'on veut trier dans une sorte de trémie à distributeur, et sous ce distributeur se trouve placé un tic-tac qui le soulève et fait tomber sans discontinuité les matières qui, glissant sur une surface inclinée, viennent se mettre en contact avec les armatures d'un fort électro-aimant qui arrêtent au passage tout ce qui est fer, fonte ou acier, laissant passer le reste. Ce trieur est constitué essentiellement par un électro-aimant en fer à cheval de grandes dimensions. Aux pôles sont adaptées de longues armatures de fer doux disposées dans le plan du fer à cheval et qui donnent un champ d'adhérence de 30 à 90 centimètres de longueur. Les dimensions et le nombre des tours de spires de l'hélice magnétisante ont été calculés de manière à obtenir avec cinq ou six éléments de Bunsen le maximum d'aimantation des armatures. »

2° **Application aux machines à écrire et à imprimer.**

Les machines à écrire, dont on parle beaucoup maintenant, et dont plusieurs modèles, surtout celui de M. Remington, ont eu un certain succès, ne sont pas de date récente, même celles qui mettent à contribution les effets électriques. Il y a une trentaine d'années, M. Wheatstone avait conçu et exécuté un appareil de ce genre, et, à différentes époques, on en a vu surgir des types plus ou moins parfaits. Nous allons passer en revue ceux des types les plus intéressants dans lesquels les effets électriques sont mis à contribution.

Machine à écrire (Writing-Ball) de M. Malling-Hansen. — Cette machine, dont nous donnons fig. 41 une perspective, a été essayée avec succès à Newcastle et permet d'écrire avec une vitesse trois fois plus grande que l'écriture courante. Voici ce qu'en dit le *Telegraphic journal* dans son numéro du 15 février 1873 :

« L'instrument est essentiellement constitué par un système de clavier alphabétique sur lequel les touches sont disposées régulièrement autour d'une calotte hémisphérique de métal et suivant le rayon de cette hémisphère. Ces touches, au nombre de 52, sont à piston et peuvent, étant abaissées, présenter en un même point, qui est le centre de l'hémisphère, leur extrémité inférieure, laquelle porte les différents caractères de l'alphabet et autres accessoires gravés en relief. La calotte hémisphérique elle-même est appuyée sur un châssis horizontal fixé sur le bâtis de l'appareil, et au-dessous d'elle, peut se mouvoir dans deux sens rectangulaires un plateau roulant sur un petit chemin de fer, lequel plateau porte la feuille de papier destinée à recevoir les impressions. Ce petit chemin de fer étant porté lui-même par un châssis qui peut se déplacer perpendiculairement à ses rails, permet à la feuille de papier d'avancer d'un intervalle de lignes, quand une

ligne est imprimée, pendant que le plateau avance, après chaque impres-
sion de lettres, sous l'influence d'une action électro-mécanique déterminée à la suite de l'abaissement de chacune des touches. Pour obtenir ce résultat, le plateau est muni, en dessous, d'une crémaillère sur laquelle réagit une roue à encliquetage, portée par un arbre horizontal commandé par un mécanisme d'horlogerie à déclanchement électro-magnétique. D'un autre côté, le châssis qui porte ce plateau est muni d'une autre crémaillère que l'on avance à la main d'un cran après chaque terminaison de ligne, terminaison dont on est prévenu par un coup frappé automatiquement sur un timbre. Ce timbre s'aperçoit à gauche de la fig. 41, ainsi que le mécanisme d'horlogerie et l'électro-aimant qui en commande le jeu. La roue qui communique le mouvement à l'arbre horizontal est combinée de manière que chaque tour accompli par elle représente la longueur d'une ligne, de sorte que l'action sur le timbre est effectuée par une cheville adaptée en un point de la circonférence de cette roue.

Pour obtenir les impressions, il suffit d'appuyer sur les touches, et celles-ci, en rencontrant la feuille de papier tendue sur le plateau et au-dessus de laquelle se trouve une feuille de papier plombaginé, laissent sur la feuille

Fig. 41.

des traces noires suffisamment visibles. En même temps, un ressort isolé que rencontre chaque touche en s'abaissant, ferme un courant à travers l'électro-aimant déclancheur, et la feuille de papier avance à chaque impression de l'intervalle nécessaire pour placer les lettres les unes à la suite des autres, comme dans les impressions faites télégraphiquement. La vitesse de l'opération est grandement augmentée par l'arrangement des touches qui sont groupées de manière à être à la portée des 10 doigts des mains. Avec un peu d'habitude, on peut faire fonctionner cet appareil avec une vitesse d'impression de 10 lettres par seconde, c'est-à-dire avec une vitesse 3 ou 4 fois plus grande que celle de l'écriture ordinaire à la plume. On peut employer avec cette machine toute espèce de papier, quelle que soit son épaisseur, et si on superpose 10 feuilles en ayant soin d'interposer entre elles des feuilles de papier plombaginé, on peut obtenir 10 exemplaires de la feuille imprimée, et on peut même rendre ces reproductions indéfinies, si on emploie comme papier marqueur des papiers imprégnés d'encre autographique; car on peut alors les décalquer sur une pierre par les procédés de la lithographie, et en obtenir un aussi grand nombre d'exemplaires qu'on peut le désirer.

Avec la machine de M. Hansen, les lignes peuvent être arrêtées, continuées, espacées ou soulignées comme avec les impressions ordinaires. Les cinquante-deux touches employées suffisent pour reproduire toutes les lettres, figures et signes de ponctuation en usage, et une pile de 3 ou 4 éléments Leclanché est parfaitement suffisante pour faire fonctionner l'appareil pendant 6 mois.

Dans l'origine, l'appareil de M. Hansen était disposé de manière à présenter son papier enroulé sur un cylindre, mais l'expérience a montré que la disposition précédente est bien préférable, car elle permet de lire ce que l'on écrit tout en imprimant, et l'on économise du temps dans la pose du papier sur l'appareil. On a également l'avantage de pouvoir obtenir plusieurs copies en même temps, ce que ne produisait pas le premier système.

Composteur électro-magnétique des reports typographiques. — L'inventeur, M. Henri Fontaine, a désigné de cette manière une machine électrique à écrire que l'on trouve ainsi décrite dans le tome XX *des Mondes*, p. 570.

« Cet appareil, fondé sur le principe des caractères fixes, comme la composition télégraphique, est d'une grande simplicité par suite de l'application des moyens électriques. Dans les systèmes de ce genre, deux problèmes à résoudre se présentent tout d'abord : 1° recueillir successivement les empreintes des types; 2° ménager un écartement proportionnel entre les lettres, résultant de leur différence de largeur.

» Le premier problème a été résolu par M. Fontaine au moyen de types d'acier répartis au nombre de 240 sur la circonférence de deux disques horizontaux superposés. Au-dessus de ces disques se trouve une couronne métallique dont la circonférence présente 40 crans; chacun de ces crans correspond successivement à 6 types, suivant que l'on a besoin de majuscules, de minuscules ou d'italiques, etc. Autour de cette couronne se trouve une bague isolée par une bande de caoutchouc durci et supportant 240 goupilles. Une manette également isolée et placée au centre de l'appareil est destinée à s'abaisser dans chacun des crans de la couronne suivant les besoins de la composition. Or, lorsque cette manette s'abaisse dans un cran, son extrémité vient en contact avec la goupille correspondante; le circuit est fermé, un électro-aimant attire une palette ou marteau imprimeur qui, par suite d'un choc, fait abaisser le type appelé sur une feuille de papier enroulée autour d'un cylindre placé au-dessus des types. Aussitôt que la manette n'est plus en contact, le marteau se relève et permet au type de reprendre sa position. Cette opération très-simple se fait dans des conditions si rapides que l'on peut facilement imprimer 100 lettres à la minute.

« L'écartement proportionnel des lettres a lieu au moyen de l'évolution du cylindre porte-papier, qui tourne sur lui-même de la quantité nécessaire à l'impression de chaque lettre, et cette évolution est obtenue de la manière suivante :

« Les 240 goupilles sont de hauteur inégale et proportionnelles à la largeur des lettres correspondantes. La manette, en s'abaissant sur ces goupilles, fait mouvoir, à l'aide de leviers, une roue au centre de laquelle est ajusté l'axe du cylindre. On conçoit donc que la manette fera décrire à cette roue des arcs de cercle plus ou moins grands, suivant qu'elle s'abaissera sur une goupille plus ou moins courte.

« Tels sont les organes essentiels de l'appareil dont les dimensions sont très-restreintes, et qui présente, suivant l'auteur, les avantages suivants : rapidité trois fois plus grande que celle des autographes, cinq fois plus grande que celle des compositeurs typographes, économie de prix, facilité de faire la justification à l'aide des blancs, facilité de correction par suite du *piquage* d'un mot, d'une ligne ou d'un paragraphe, sur le mot, la ligne ou l'alinéa à changer; netteté d'impression par l'emploi de types d'acier et d'encre typographique permettant un tirage sur pierre à plusieurs milliers d'exemplaires. Cet appareil a été construit par M. Hardy en 1869. »

Application aux presses d'imprimerie. — Ce genre d'application, dont on a vu un spécimen à l'Exposition de Londres de 1862 et que nous représentons fig. 42 et 43 ne paraît pas avoir fourni de résultats bien satisfaisants, car, depuis 1862, il n'a plus été question de cette invention; néanmoins nous allons repro_ duire ici ce qui en a été dit dans les *Études sur l'Exposition de* 1867, de M. Lacroix.

« La particularité principale de cette machine consiste dans la substitution de la pression électro-magnétique à la pres- sion ordinaire, et cette pres- sion s'exerce alternativement sur les deux formes, c'est-à-

Fig. 42.

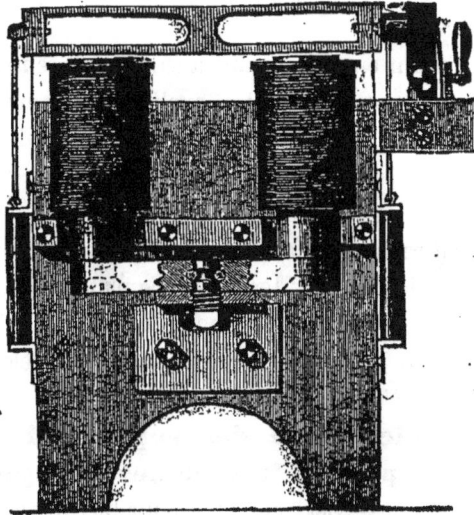

dire que la première forme, après avoir reçu l'encre, va recevoir l'impression pendant que la seconde forme est encrée à son tour. Les avantages qui résultent de ce mode d'impression consistent dans la diminution des frais

Fig. 43.

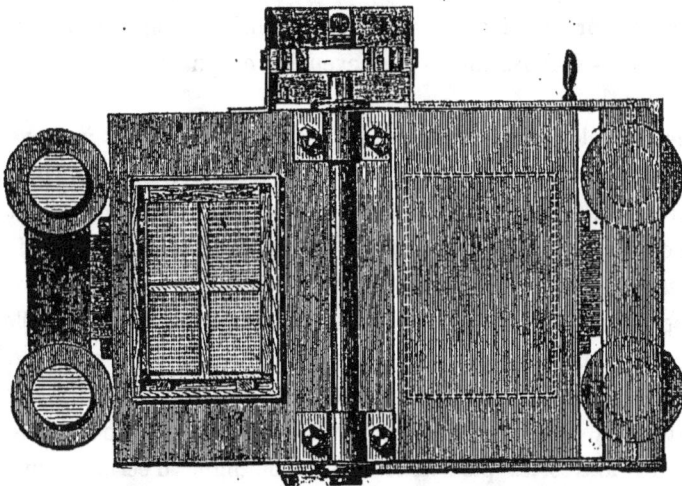

de construction, dans la facilité, la rapidité et l'économie du travail, puisque cette presse, qui est d'ailleurs portative, peut être manœuvrée par des femmes et des enfants.

» L'auteur de cette presse est M. Harisson. Nous avons eu entre les mains des épreuves de petite dimension tirées en notre présence, mais nous répétons que nous ignorons si des essais ont été tentés sur une plus grande échelle et si la presse électro-magnétique est entrée dans le domaine industriel. »

N'ayant entre les mains aucun autre renseignement sur cette invention, nous ne pouvons guère expliquer comment fonctionne cette machine. Cependant, d'après les dessins, on pourrait croire que la plate-forme sur laquelle les formes sont placées est fixe, et que le plateau de pression, muni de ses coussins et de ses hausses, est articulé autour d'un axe central pour s'abattre tantôt sur une forme tantôt sur l'autre, et ce serait une large bande de fer doux terminant ce plateau qui, se trouvant placée au-dessus des pôles de l'électro-aimant, en recevrait l'action et déterminerait l'impression. La fig. 44 reproduit toutefois quelques dispositifs assez difficiles à interpréter.

Application à des reproductions typographiques en relief, pour la lecture des aveugles de M. Recordon, de Genève. — Cet appareil a pour but de permettre aux aveugles la lecture de toutes espèces de livres ou de manuscrits, à la condition que ces ouvrages auront été imprimés ou écrits sur un papier conducteur (papier d'étain ou papier doré) ou rendu conducteur de l'électricité. En réalité, l'électro-lecteur n'est autre chose qu'un télégraphe autographique ayant pour résultat de *reproduire en relief* les différents caractères imprimés ou écrits sur une surface plane, et de suppléer ainsi aux impressions en relief usitées dans les établissements des aveugles et qui reviennent à des prix considérables.

Comme les télégraphes autographiques et les machines à graver, cet appareil se compose d'un récepteur et d'un transmetteur, seulement ces deux parties du système sont réunies dans un même appareil et sont reliées mécaniquement l'une à l'autre de manière que les reproductions en relief soient amplifiées dans le rapport de 6 à 1.

La disposition générale du système se rapproche assez de celle que M. Bonelli a donnée à son typo-télégraphe et que nous avons décrite tome III, p. 334; seulement, au lieu d'un peigne à 5 dents employé comme transmetteur, M. Recordon en emploie un à 12 dents afin de se prêter aux hauteurs des lettres les plus usitées. Chaque ligne d'écriture ou d'impression passe successivement sous les dents de ce peigne, et il résulte de la rencontre de celles-ci avec les parties isolantes de ces lignes, constituées par les différents caractères de l'écriture, une série d'interruptions de courant qui, en réagissant sur une série de types mobiles disposés sur une planchette, peuvent dessiner en relief par le groupement différent de ces types les caractères successivement transmis, et avec des dimensions amplifiées de six fois.

Le récepteur de cet appareil qui fournit ce résultat se compose, comme celui du télégraphe Bonelli, d'un chariot mobile qui roule sur une sorte de petit chemin de fer et qui porte le mécanisme destiné à réagir sur les types mobiles dont nous avons parlé. Ces types, rangés sur 12 lignes droites parallèles, sont éloignés les uns des autres de deux millimètres environ et sont constitués par des boutons légèrement bombés dont les tiges qui leur servent de support sont mobiles dans des trous traversant de part en part une planchette assez longue pour correspondre à une ligne entière d'écriture. Ces types sont en fer doux et peuvent s'élever facilement au-dessus de la planchette qui leur sert de support, sous l'influence d'aimants permanents adaptés au chariot mobile dont il a été question.

Au-dessus de chacune des rangées de ces types, se trouve disposée une lame de fer qui porte à ses deux extrémités deux échancrures latérales assez larges pour permettre aux types de passer. Ces lames, dont la longueur ne dépasse pas le tiers de celle de la planchette et qui constituent une sorte de composteur, se trouvent entraînées avec le chariot, et celui-ci est manœuvré de gauche à droite par la main droite de l'aveugle qui, de la main gauche, peut suivre les différents effets produits en arrière du chariot, c'est-à-dire sentir les reliefs déterminés par les types. Le chariot est muni de trois systèmes électro-mécaniques : 1° d'un système électromagnétique composé de 12 électro-aimants agissant isolément sur un système de leviers ayant action sur les différents types d'une même rangée, 2° d'un système magnétique composé de 12 aimants permanents destinés à élever successivement les types au-dessus de la planchette à mesure qu'ils passent au-dessus d'eux; 3° d'un système de leviers articulés commandé par chacune des armatures des électro-aimants et ayant pour effet d'empêcher le soulèvement des types, quand le courant anime l'électro-aimant correspondant. Avec cette disposition, il est facile de concevoir le mode de fonctionnement du système : supposons en effet que le courant circule à travers les 12 électro-aimants à la fois, ce qui suppose le transmetteur appuyé sur un espace non écrit, tous les types placés en ce moment devant les parties échancrées des règles de fer qui les surmontent ne pourront pas passer à travers sous l'influence des aimants permanents qui les sollicitent, parce qu'ils en sont empêchés par les leviers des armatures des électro-aimants; ils ne détermineront donc aucunes saillies sur les 12 lames de fer que le chariot traîne à sa suite. Supposons maintenant que les 12 électro-aimants se trouvent inactifs parce que le peigne du transmetteur aura passé à travers le jambage vertical d'une majuscule, d'un E par exemple : les types qui se présenteront alors devant la partie échancrée des lames de fer pourront alors s'élever sous l'influence des aimants, et y resteront adhérents jusqu'à ce que le chariot, en avançant, les ait détachés ; mais alors ils ne pourront plus redescendre, parce qu'ils seront arrêtés par le rebord des lames correspondantes qui les soutiendra par dessous. Dès lors, ils forme-ront saillie au-dessus du système des 12 lames, et dessineront la partie droite de l'E. Suivons le mouvement du chariot et voyons ce qui va arriver quand les dents du transmetteur vont avoir dépassé la partie droite de l'E : cette fois le courant ne cessera seulement de passer qu'à travers les électro-aimants nos 1, 6 et 12. Par conséquent, les types des rangées 1, 6 et 12 seront seuls à passer au-dessus des lames du composteur, et commenceront à former les trois bras de l'E. Les mêmes effets se reproduisant un peu plus loin, ces bras s'allongeront, et finalement la lettre E se trouvera nettement reproduite en relief. Le chariot continuant son mouvement, une autre lettre se formera de la même manière à côté de la première, et ainsi de suite pendant le tiers de la course de ce chariot, et pendant ce temps, l'aveugle aura pu lire avec les doigts de sa main gauche les mots qui auront été ainsi formés. Après cette lecture, les types soulevés au-dessus du composteur rencontrant la seconde échancrure des lames et n'étant plus retenus, tombent sur la planchette où ils se trouvent mis en position de fournir de nouvelles indications à la ligne suivante.

Pour obtenir que les lettres ainsi reproduites soient six fois plus grandes que celles qui sont écrites ou imprimées, ce qui a été jugé nécessaire pour leur perception tactile par les aveugles, le mouvement du peigne à 12 dents du transmetteur qui est, comme on l'a vu, solidaire de celui du chariot, est effectué par l'intermédiaire de parallélogrammes articulés disposés comme dans le pantographe. Toutefois, comme l'appareil ne doit fournir aucune transmission quand le chariot, ayant accompli sa course entière, doit commencer une nouvelle ligne, il a fallu adapter à ce système un méca-nisme particulier qui put non-seulement empêcher les dents du peigne de frotter sur la feuille imprimée ou écrite au moment du retour du chariot, mais encore empêcher les aimants permanents de réagir sur les types mobiles. Ce mécanisme a été combiné assez simplement par M. Recordon, mais il peut être disposé de toute autre manière, et le problème ne présente d'ailleurs aucune difficulté.

L'étendue du mouvement du chariot dans le système que nous venons de décrire ayant paru à M. Recordon trop considérable pour la commodité des aveugles, il a combiné, conjointement avec M. Furettini, un autre système moins volumineux auquel il donne la préférence et dans lequel la planchette aux types mobiles est remplacée par une surface cylindrique. Il en résulte que le chariot-composteur étant obligé d'accomplir une course circulaire, les dispositions ont dû être changées. Nous n'entrerons pas toutefois dans les détails de construction de ce nouveau système, qui sont moins faciles à saisir sans figures que celui dont nous venons de parler. Ceux que cette question pourrait intéresser trouveront tous ces détails dans le brevet de M. Recordon, qui est du 10 juin 1874 et porte le n° 103822. D'après ce brevet, il paraîtrait que l'invention remonte à une date plus ancienne, qui devrait être fixée à l'année 1871.

3° Application aux machines à graver.

La possibilité de reproduire par la télégraphie électrique des dessins à la plume compliqués et de les obtenir dans des proportions plus ou moins grandes, a fait naître l'idée d'appliquer le principe du système de M. Backwell à des machines capables de produire des gravures. On comprend, en effet, que cette faculté de réduction permettant d'atténuer les imperfections des originaux, on pouvait avec des types grossiers obtenir des reproductions finies, et l'habileté de main du graveur pouvait être remplacée par une action purement mécanique. D'un autre côté, on pouvait obtenir de cette manière des fac-simile tout à fait exacts des dessins de nos grands maîtres, à la seule condition de les leur faire exécuter sur du papier métallisé. En dehors de ces avantages, ce système de gravure pouvait être d'un secours précieux pour la gravure des cylindres d'impression des indiennes et autres cylindres employés dans diverses industries.

Suivant quelques articles insérés dans des journaux anglais, ce serait M. Hansen, de Gotha, qui aurait eu le premier l'idée de cette application, et ce serait à l'année 1854 qu'il faudrait la faire remonter; mais M. Élie Gaiffe qui s'en est le plus occupé, assure dans une réclamation de priorité adressée à la Société d'encouragement, qu'il l'avait conçue dès l'année 1852. Quoiqu'il en soit, c'est incontestablement ce dernier inventeur qui a poussé le plus loin cette invention, car il a construit plusieurs types de ces machines qui ont été exposés, et celle de M. Hansen n'est connue que par la simple description qu'en a donnée le *Mechanics magasine* dans son numéro de juin 1854, et celle que j'en ai donnée moi-même dans le troisième volume de la seconde édition de mon *Exposé*, p. 12.

Système de M. W. Hansen, de Gotha. — Voici la description que fait de cet appareil, le journal anglais dont nous venons de parler.

« Cette machine a quelque analogie avec celle qui dans les ateliers de constructions est employée à planer les métaux.

« Le dessin que l'on veut copier et la planche sur laquelle on se propose de le graver, sont placés côte à côte sur le plateau de la machine. Ce plateau est mobile, et tous les traits du dessin reproduit sur une surface métallique avec une encre non conductrice, passent successivement sous une pointe à calquer, susceptible de transmettre facilement le fluide électrique.

« Au-dessus de la planche qui doit être gravée, un levier porte un burin vertical dans une situation analogue à celle de l'outil de la machine à planer. Ce burin est soumis à l'action de deux électro-aimants dont l'un le presse contre le métal, quand un premier courant est établi, et dont l'autre le relève, lorsque le courant est rompu. Sauf ces mouvements d'élévation et d'abaissement, le burin est d'ailleurs stationnaire, et c'est la translation du plateau qui en promène le taillant sur la planche, tandis que la pointe à calquer parcourt les traits du dessin. Or, lorsque cette pointe passe sur l'encre résineuse, le courant qui maintient le burin élevé se rompt ; mais un appareil commutateur en établit aussitôt un autre dans le second électroaimant destiné à presser l'outil contre la planche, et le force de tracer une ligne pour laquelle l'égalité de pression assure l'égalité de profondeur.

« Lorsque le dessin est achevé, on en prend le cliché que l'on emploie comme une gravure sur bois. »

Systèmes de M. Élie Gaiffe. — Les machines à graver de M. E. Gaiffe, brevetées en 1857, ont été combinées de plusieurs manières, pour s'approprier à la gravure des cylindres d'impression sur étoffes, à la gravure des planches planes destinées aux estampes, et à celle de surfaces cylindriques et coniques de petite dimension. Les unes et les autres permettent d'ailleurs la réduction ou l'amplification du dessin original, et ne sont en somme qu'une dérivation des appareils autographiques usités en télégraphie.

Premier système. — L'impression des étoffes s'opère comme on le sait à l'aide de rouleaux de cuivre sur lesquels sont gravés les dessins qui doivent être reproduits. Le plus souvent ces dessins consistent dans des fleurons ou ornements plus ou moins grands, plus ou moins compliqués, plus ou moins enchevêtrés les uns dans les autres, mais qui se répètent symétriquement d'une manière ou d'une autre, une ou plusieurs fois, soit sur la longueur du cylindre, soit sur le développement de sa surface. Quand ces fleurons ou ornements sont de très-petites dimensions, on peut à l'aide du

poinçon et de la molette, les reproduire d'un seul coup sur la planche cylindrique aussi souvent qu'il est nécessaire, et en faire varier à volonté le
mode de groupement et la disposition ; mais avec des ornements d'un dessin
un peu grand et un peu capricieux, et dans les cas où la gravure à la main
est exigée, il était désirable qu'on pût trouver un système simple et économique qui pût dispenser de l'intervention du graveur. Or, dans ce cas, la
machine de M. E. Gaiffe peut être d'un grand secours, car elle permet
d'exécuter d'un même coup tous les ornements destinés à couvrir les
cylindres.

Cette machine, comme tous les systèmes électro-magnétiques du même
genre, comporte trois mécanismes : 1° un mécanisme transmetteur ou distributeur, qui s'applique au-dessus du modèle à graver; 2° un mécanisme
traceur employant comme organes graveurs des électro-aimants dont
l'armature est munie d'une pointe de diamant; 3° un mécanisme moteur.

Ce dernier consiste dans un système de rouages qui a pour effet de faire
tourner d'un mouvement excessivement lent les deux autres parties de la
machine, et d'établir entre elles une solidarité de marche dont le rapport
peut être varié à volonté, ce qui permet d'amplifier et de réduire les reproductions.

Le cylindre à graver est mis directement en mouvement par ce système
de rouages et tourne horizontalement sur ses tourillons. Devant lui est
disposé le système traceur dont le support participe aussi au mouvement
du système, mais après chaque révolution du cylindre et seulement pour
être avancé d'une quantité très-minime (un vingtième de millimètre tout
au plus) suivant l'axe de celui-ci. Ce résultat est obtenu au moyen d'un
encliquetage adapté à l'axe moteur du système traceur et qui le fait tourner
d'un nombre plus ou moins grand de dents, par l'intermédiaire de bielles
et d'une excentrique adaptée à l'arbre moteur du cylindre.

Un moteur électro-magnétique, en raison de la lenteur du mouvement
du cylindre, suffit parfaitement pour mettre en marche le système aussi
bien que les autres parties de la machine.

Le système traceur se compose d'un support rectangulaire allongé et
mobile, sur lequel sont fixés un certain nombre d'électro-aimants boiteux,
dont les armatures, articulées sur les branches sans bobine, oscillent dans
un plan vertical normal à l'axe du cylindre. Ces armatures portent des
leviers qui, eux-mêmes, sont munis de porte-diamants et de tiges sur
lesquelles réagissent des ressorts antagonistes destinés à pousser les diamants contre le cylindre au moment de la rupture du courant à travers les
électro-aimants. Tous ces électro-aimants sont échelonnés les uns à la suite

des autres devant le cylindre, et peuvent être animés deux à deux, trois à trois, quatre à quatre, etc., par le courant, suivant la disposition du dessin sur le transmetteur [ou distributeur ; comme leur support se trouve animé d'un mouvement de translation à chaque tour accompli par le cylindre, les traces laissées par les pointes de diamant peuvent se placer parallèlement les unes à côté des autres, et, en raison de leur très-grand rapprochement, elles peuvent enlever le vernis dont le cylindre est couvert sur une surface aussi grande que peut le comporter les motifs du dessin original.

Le transmetteur ou distributeur placé à côté du système précédent, se compose essentiellement d'un cylindre relié au mécanisme moteur, sur lequel est gravé en creux le dessin qu'il s'agit de reproduire en plusieurs exemplaires sur le grand cylindre. Deux styles de platine portés par deux pièces mobiles (dans des coulisses) en rapport avec la pile et placés en regard l'un de l'autre, appuient sur ce cylindre, et sont reliés, l'un aux électro-aimants qui doivent servir à reproduire le nombre de fois voulu le dessin dans le sens de la longueur du cylindre à graver, l'autre aux électro-aimants qui doivent le fournir sur une seconde rangée dans une position alternée. Comme ces aiguilles peuvent être éloignées plus ou moins l'une de l'autre et que le cylindre transmetteur tourne exactement avec la même vitesse que le cylindre à graver, les rangées de dessins peuvent être plus ou moins espacées, suivant qu'on le juge convenable, et les grandeurs relatives des dessins reproduits et des dessins originaux dépenderont des diamètres des deux cylindres et du rapport de mouvement du système traceur et du système qui porte les transmetteurs, rapport qui est souvent le même que celui des diamètres des cylindres. Ordinairement les supports des styles transmetteurs et des électro-aimants traceurs sont mis en mouvement par deux vis sans fin dont le pas est très-différent et qui appartiennent à un même axe de rotation, et c'est précisément du rapport d'épaisseur de ces deux pas de vis, que dépendent les grandeurs relatives du dessin et de sa reproduction.

Avec cette disposition le jeu de l'appareil se comprend facilement. Quand les styles de platine du transmetteur appuient sur le métal du cylindre correspondant, le courant est fermé à travers les électro-aimants, et aucun trait n'est marqué sur le cylindre qu'il s'agit de graver ; mais sitôt que ces styles ne sont plus en contact avec le métal du cylindre, les armatures des électro-aimants s'abaissent, et laissent des traces plus ou moins longues, suivant le temps plus ou moins prolongé que cette absence de contact a duré et suivant le diamètre relatif des deux cylindres. A chaque révolution du cylindre, il y a donc une série de traits isolés, gravés par les différents électro-aimants, et ces traits représentent, en différents points du grand cylindre, une petite fraction du dessin qu'il s'agit de graver ; de sorte qu'après une série de révolutions, tous ces traits juxta-posés à une distance de $1/_{20}$ de millimètre les uns des autres, finissent par dessiner des surfaces ombrées, des contours, et finalement des dessins alternés qui sont tous la reproduction exacte du dessin original. On ne peut se figurer sans l'avoir vu, la perfection de ce mode de reproduction.

Quand la gravure du cylindre est ainsi effectuée sur le vernis, M. Gaiffe en opère la morsure par des moyens galvano-plastiques, c'est-à-dire en faisant du cylindre l'électrode soluble d'un électrolyte à sulfate de cuivre. Par ce moyen, le creusement du métal s'effectue normalement à sa surface et sur une assez grande profondeur.

On comprend aisément qu'au lieu d'employer pour cylindre transmetteur, un cylindre de cuivre gravé au burin, M. Gaiffe aurait pu se servir, comme M. Caselli et autres, d'une feuille de papier argenté sur laquelle le dessin aurait été seulement reproduit à l'encre et qui aurait été collée sur un cylindre uni ; mais les nombreux inconvénients qu'on a rencontrés avec un système de ce genre employé dans les métiers de tissage électrique, ont effrayé M. Gaiffe, et il a mieux aimé avoir recours à un procédé sans doute plus dispendieux mais beaucoup plus sûr selon lui. Nous pensons toutefois que devant les résultats si satisfaisants fournis par les télégraphes autographiques, les craintes de M. Gaiffe sont un peu exagérées, et qu'on aurait pu donner sans crainte à cette invention plus de relief, en ne montrant pas la gravure préalable d'un cylindre transmetteur comme une condition indispensable au succès de l'appareil (1). Cette invention a été brevetée en 1857.

Dans un autre modèle de ce genre que je possède actuellement, M. Gaiffe a disposé le système traceur de manière à pouvoir se prêter à la gravure de surfaces cylindriques et coniques de petite dimension. Je suppose qu'il a eu en vue, d'exécuter avec cette disposition d'appareil, de la gravure sur surface plane applicable surtout aux éventails, abat-jour et autres objets entraînant une disposition arquée des dessins. En coupant, en effet, suivant leur génératrice, les surfaces métalliques ainsi gravées et les développant suivant une surface plane, il pouvait obtenir des planches rectangulaires ou circulaires sur lesquelles les dessins pouvaient être reproduits suivant les génératrices de ces surfaces et par conséquent régulièrement par rapport aux axes de figure.

---

(1) Cette description est extraite d'un rapport fait par moi à la Société d'encouragement le 15 janvier 1862. (Voir t. X, p. 137 du *Bulletin*).

Pour obtenir ce résultat, l'axe donnant le mouvement aux deux vis sans fin des systèmes traceur et transmetteur, est brisé au point de séparation des deux systèmes, et les deux parties sont réunies par une articulation Cardan à deux mouvements rectangulaires. D'un autre côté, le bâtis du système traceur est disposé de manière à pouvoir osciller autour d'un pivot adapté à son extrémité la plus rapprochée de l'articulation Cardan, et son autre extrémité, guidée par une coulisse circulaire, peut être fixée au moyen d'un écrou, dans telle position qui convient, c'est-à-dire de manière à s'adapter à telle base de cône qu'on a choisie. De cette manière, la vis sans fin qui commande ce système, tourne comme si les deux vis étaient dans le prolongement l'une de l'autre, et le dessin se trouve reproduit comme dans le système ordinaire, mais avec une déformation proportionnelle aux rapports des deux bases du tronc de cône.

Deuxième système. — Le second système de M. Gaiffe, disposé pour la gravure des planches planes, a été particulièrement remarqué à l'Exposition de 1867, et a été combiné de deux manières ; d'abord pour s'appliquer aux planches de cuivre ou d'acier, et en second lieu pour s'adapter aux pierres lithographiques. Les appareils dans les deux cas sont d'ailleurs fondés sur le même principe que les systèmes qui précèdent. Nous commencerons par le plus simple dont nous donnons le dessin fig. 1, pl. II, et dont les dimensions sont plus ou moins grandes suivant la grandeur des planches.

Le modèle que j'ai en ma possession est de la taille d'une machine à coudre ordinaire.

Il se compose essentiellement de deux plateaux circulaires P P, *pp*, de dimensions très-différentes, sur lesquels on fixe au moyen de griffes mobiles la planche à graver et le dessin original exécuté sur une surface métallique. Ces deux plateaux tournent dans un plan vertical sous l'influence d'engrenages R, R' à vis tangente, disposés de manière à leur donner exactement la même vitesse. Un renvoi de mouvement effectué par une autre vis tangente V adaptée à l'axe du plateau *pp* et par une roue fixée sur l'axe *aa*, réagit sur les systèmes traceur et interrupteur, au moyen de deux systèmes de triples roues B, C, D, B', C', D', combinées de manière à communiquer aux deux vis sans fin, *v, v'* des mouvements différents dont le rapport de vitesse, combiné à celui du pas des deux vis, représente le rapport de grandeur du dessin original et de sa reproduction. Les deux plateaux tournent d'ailleurs en sens contraire l'un de l'autre pour obtenir que la reproduction soit effectuée à l'envers de l'original. Comme la machine en question, est disposée pour que la reproduction gravée soit le quart de l'original ; le rapport des mouvements des deux vis et celui de leur pas sont comme 1 est à 2. On obtient ce résultat en donnant aux deux pas de vis trois et un et demi millimètres, et aux roues des deux systèmes, les nombres de dents qui suivent : 43 pour les roues R et R' ; 36 pour la roue qui engrène avec la vis tangente V, et pour les roues D, B et B', 56 pour la roue C', 72 pour la roue D' et pour la roue C. Il en résulte que quand le plateau PP a fait un tour, la vis v n'a accompli que $\frac{1}{36}$ de tour, et que, quand celle-ci a effectué sa révolution entière, la roue motrice en a exécuté 1548. Par suite, quand le plateau pp a achevé son tour, la vis v' n'a accompli que $\frac{1}{72}$ de tour, et pour un tour de celle-ci, le moteur en a accompli 3096.

Les systèmes traceur et interrupteur sont constitués par deux chariots M, M' conduits par deux tringles, et mis en mouvement par un écrou adapté à leur partie inférieure lequel écrou circule sur chacune des vis sans fin. Le premier de ces chariots M auquel est adapté l'interrupteur, porte en avant une pièce articulée S placée dans une position à peu près verticale et qui se termine par un bec pointu recourbé à angle droit et fendu en deux parties comme un tire-ligne. C'est ce bec qui constitue le style interrupteur. Une bascule à contre-poids m en appuyant par l'un de ses bras sur la pièce articulée, assure la pression de ce style contre le plateau PP, et peut la produire avec une force plus ou moins grande, car le contre-poids m court sur un pas de vis adapté au bras de la bascule sur lequel il est placé. Comme ce style avance dans le sens horizontal sous l'influence de la vis v en même temps que le plateau PP tourne, il décrit sur celui-ci une spirale continue qui, en raison du mouvement excessivement lent de la vis, a ses différentes spires assez rapprochées les unes des autres pour couvrir la surface entière du cercle déterminé par elle. Le style S, en effet, n'avance guère que de $0^m/^m,0833$ pour chaque tour du plateau PP. Or, l'on comprend que quelque soit la position et la finesse d'un trait exécuté sur le dessin original, il arrivera un moment où il sera touché en ses différents points par le style, et où il pourra, par conséquent, avoir sa reproduction sur la planche gravée.

Le second chariot M' porte le système traceur qui est constitué essentiellement par un électro-aimant E dont l'armature réagit sur le style traceur. Ce style, en raison de la précision qu'il doit avoir dans les traces qu'il détermine, ne doit présenter aucun jeu, et sa disposition a dû être en conséquence assez compliquée. Il se compose d'une tige horizontale glissant dans deux coussinets adaptés à deux piliers verticaux et qui se termine, d'un côté, par le porte diamant, de l'autre par un pas de vis qui permet de régler convenablement la position de ce porte-diamant, par rapport à l'élec-tro-aimant et à l'armature de celui-ci. Devant la partie antérieure du porte diamant, vient s'adapter, d'abord, une lame de ressort verticale, qui tend à pousser le porte-diamant contre le plateau et dont la tension peut être réglée par une vis, en second lieu, une fourchette dépendant de l'armature arti-culée de l'électro-aimant et qui se trouve prise entre deux écrous mobiles sur la tige horizontale. Ces écrous, au moyen desquels on peut conjointe-ment avec la vis de rappel de cette tige, régler convenablement l'écartement de l'armature de l'électro-aimant, permettent à cette armature de réagir sur la tige en sens contraire de l'action du ressort et de déterminer avec celui-ci le mouvement de va et vient du porte-diamant nécessaire à la pro-duction des traces. Ce système est d'ailleurs monté sur une plate-forme introduite dans une glissière, et peut être plus ou moins rapproché du pla-teau pp au moyen d'une vis de rappel d. La vis v' ayant $1^m/^m,5$ de pas et n'accomplissant que $\frac{1}{72}$ de tour quand le plateau pp en a exécuté un, les différentes spires de la spirale traçante ne sont éloignées les unes des autres que de $0^m/^m,02083$, et cet espace représentant le quart de celui qui sépare les spires décrites par le style traceur, le dessin reproduit par la pointe de diamant sera bien le quart de l'original. Avec un rapprochement si grand des différentes spires, les traits provoqués par la rencontre des différents points d'une ligne avec le style interrupteur sont tellement rapprochés les uns des autres, qu'ils constituent une ligne continue au milieu de laquelle il serait impossible de distinguer la moindre solution de continuité.

Le fonctionnement de l'appareil est du reste facile à comprendre, car il est exactement le même que celui des télégraphes autographiques et des autres machines que nous avons décrites précédemment; seulement le dessin, au lieu de présenter au style interrupteur ses différents points sui-vant une ligne droite, les présente suivant une ligne courbe, et le dessin, au lieu d'être reproduit successivement de gauche à droite ou de droite à gauche, est reproduit de ses bords au centre ou du centre aux bords.

M. Gaiffe avait exposé en 1867 une autre machine du même genre un peu plus compliquée, avec laquelle on pouvait obtenir à la fois quatre réductions différentes d'un même type. Cette machine était disposée exactement comme celle que nous venons de décrire, seulement il y avait cinq plateaux au lieu de deux, et les vis animant les différents chariots des systèmes traceurs, quoique disposées sur le même arbre moteur, avaient des pas différents. Tous ces systèmes fonctionnaient en même temps.

La machine disposée pour la gravure des pierres lithographiques ne m'est pas assez connue pour que j'en parle. Je crois qu'elle se rapprochait, comme disposition, des télégraphes autographiques, et en particulier du premier système de M. Caselli, qui fut construit par M. Froment, vers 1859. Le burin et le style interrupteur étaient animés d'un mouvement longitunal de va et vient qui se déplaçait perpendiculairement après chaque mouvement accompli. Il est du reste facile de concevoir un dispositif de ce genre, et le problème ne présente rien de nouveau ni de difficile.

Les appareils de M. Élie Gaiffe ont à ce qu'il paraît fonctionné d'une manière satisfaisante aux différentes expositions où ils ont figuré, notamment aux expositions de 1862 et de 1867, car ils ont été pour leur auteur l'objet de plusieurs récompenses élevées, et de nombreux rapports élogieux. Malheureusement ces distinctions n'ont pas réussi à les faire répandre dans le commerce, et je crois être aujourd'hui le seul à en posséder des spécimens; encore ne les ai-je eus que par occasion. Quoiqu'il en soit, le malheureux inventeur est sans doute mort à la peine, car nul n'en a plus entendu parler depuis 1870. C'est une victime de plus à ajouter au martyrologe des inventeurs.

4° Application aux compteurs.

Nous avons déjà parlé de cette application dans notre tome IV, au chapitre des chronographes et des enregistreurs, mais nous devons y revenir ici pour mentionner certains dispositifs ingénieux imaginés par MM. Loup et Koch et qui ne pouvaient figurer aux chapitres dont nous venons de parler. Ils ne se rattachent d'ailleurs aux applications électriques que par des effets magnétiques. L'un de ces appareils est un *compteur à eau* dit *magnétomoteur*, l'autre un *sillomètre magnétique*. Le premier est destiné au service de la distribution des eaux dans les villes, l'autre à mesurer la vitesse des cours d'eau ou des navires en mer.

Le compteur à eau est constitué par une sorte de turbine placée dans un cylindre vertical mis en communication par ses extrémités supérieure et inférieure avec les deux bouts disjoints de la conduite d'eau dont on veut mesurer le débit. Cette turbine tourne naturellement d'autant plus vite que la quantité d'eau déversée sur les palettes est plus grande, et pour éviter les effets des remous, cette turbine est protégée dans sa partie centrale par un tambour directeur qui ne permet à l'eau de réagir qu'à l'extrémité des palettes; de plus afin de modérer l'action de l'eau et de permettre la mesure de son débit avec des écoulements presque nuls, l'orifice d'écoulement est pourvu d'une soupape à contre-poids qui ne s'ouvre que sous l'effort d'une

quantité d'eau assez notable, mais qui laisse cependant passer par un tube
dirigé sur les palettes de la turbine, un filet d'eau suffisant pour agir sur
cette dernière quand la quantité d'eau n'est pas assez forte pour soulever la
soupape. Dans ces conditions, cette petite quantité d'eau n'agissant que sur
une seule directrice de la turbine, lui communique un mouvement sensible
qui est même exagéré sur le compteur, mais qui a l'avantage d'éviter la
fraude que pourraient commettre les abonnés en donnant au courant un
écoulement très-lent.

Le compteur sur lequel réagit l'axe de la turbine est disposé dans une
chambre à part, placée à la partie supérieure de l'appareil et hermétiquement fermée, afin que l'humidité ne puisse en altérer les mécanismes, et
c'est précisément pour mettre en fonction cet appareil sous l'influence du
mouvement de la turbine, qu'intervient l'action magnétique. Cet axe en
effet, transmet par l'intermédiaire de deux vis sans fin et de deux roues,
son mouvement à un barreau aimanté argenté, qui tourne horizontalement
au-dessous de la cloison séparant les deux parties de l'instrument, et un
second barreau aimanté placé exactement au-dessus du premier, peut en
suivant celui-ci dans ses mouvements, réagir sur le mécanisme du compteur
auquel il est adapté, absolument comme si les deux mécanismes n'étaient
pas séparés par une cloison. Ce compteur, très-délicatement construit, porte
quatre aiguilles marquant sur leurs cadrans respectifs, les unités, dizaines,
centaines et milles.

On comprend qu'un appareil de ce genre a besoin d'être étalonné ; cependant l'unité mesurée pour un instrument est sensiblement le même pour
ceux de même dimension fabriqués en même temps. Cet appareil a fourni
de bons résultats et il a été appliqué pour le service de Lyon.

Le sillomètre de MM. Loup et Koch n'est en principe autre chose qu'un
loch électrique dans lequel le mécanisme compteur et le mécanisme indicateur sont, comme dans l'appareil précédent, séparés par une cloison à fermeture hermétique, et mis en rapport de mouvement par l'intermédiaire de
deux barreaux aimantés.

Les sillomètres comme les lochs électriques ont eu des formes très-variées
et l'on conçoit facilement qu'un système analogue à celui dont nous avons
parlé dans notre tome IV, p. 432, et que nous représentons fig. 15, pl. I,
puisse parfaitement être disposé dans le système de MM. Loup et Koch, ce
qui permettrait d'obtenir une action plus sûre et plus efficace sur l'interrupteur appelé à faire fonctionner électriquement le compteur ou l'enregistreur. Du reste, la forme que MM. Loup et Koch ont donnée à leur appareil
est très-ingénieuse. C'est comme on le voit fig. 2, pl. II, une lame métallique

découpée en forme de queue de poisson, qui est traversée dans sa partie médiane par une tubulure dans laquelle se meut un arbre soutenu par deux paliers. A son bout le plus étroit, cette plaque est munie d'une ouverture dans laquelle se meut une petite turbine dont les aubes sont en hélice et qui est adaptée à l'arbre dont nous venons de parler. Enfin, à l'extrémité de la plaque, du côté opposé à la turbine, est adaptée la' boîte à deux compartiments renfermant le double système magnétique, le compteur et l'interrupteur. Cette boîte est cylindro-conique, et son axe est traversé, jusqu'au compartiment clos, par l'arbre de la turbine qui transmet par l'aimant qui le termine le mouvement dont il est animé, au mécanisme du compteur. Un interrupteur fixé sur ce compteur permet ensuite de transporter les indications de celui-ci sur un autre compteur placé à terre ou sur le navire, d'une manière analogue à celle que nous avons étudiée dans notre tome IV. On peut voir le détail de cet ingénieux instrument, dans le tome LXVIII, de la *Description des brevets*, de l'année 1858.

5° Application aux instruments de précision.

Thermomètres et pyromètres électriques.— L'idée d'appliquer l'électricité à la mesure' de la température n'est pas nouvelle, et les piles thermo-électriques ont été surtout employées dans ce but dès l'origine de leur découverte. Nous aurons occasion de parler bientôt de cette intéressante application à l'occasion des expériences curieuses de MM. Becquerel faites à l'intérieur des terres; mais en dehors de ces appareils, on en a imaginé d'autres qui peuvent fournir des indications comparables à celles des thermomètres ordinaires et sur lesquels nous nous arrêterons un peu, car ils sont moins connus, et ont fourni des résultats réellement intéressants.

En tête de ces appareils, nous citerons les thermomètres et pyromètres à balance de M. Siemens, et nous commencerons tout d'abord par dire qu'ils sont fondés sur la conductibilité différente que prennent les différents métaux sous l'influence d'un changement dans leur température.

Thermomètre à balance de M. Siemens. — Les premiers appareils de ce genre furent imaginés dès l'année 1860 par M. Siemens et appliqués par lui pendant la construction du câble de Malte à Alexandrie, pour reconnaître certains effets calorifiques déterminés au sein du câble, et que ne justifiaient pas les variations de la température ambiante accusées par le thermomètre. Ces appareils basés sur ce principe que la résistance d'un fil de cuivre varie dans un rapport constant avec la température, étaient composés d'une hélice de fil soigneusement isolé, enveloppée dans un cylindre de fer et dont la résistance à une température donnée était déterminée exactement. En mettant cette hélice en rapport avec des rhéomètres sensibles, on pouvait mesurer, par les déviations fournies, les différences de résistance observées à des températures différentes, et en déduire la différence elle-même de ces températures. Cette influence de la chaleur sur la conductibilité d'un fil de cuivre enroulé en spirale est si grande, que, dans les expériences que j'ai entreprises en 1861 à l'administration des lignes télégraphiques sur la détermination d'un étalon de résistance, la simple application des doigts sur mon hélice de fil provoquait des différences de résistance équivalentes à près d'un tour de Rhéostat. Ce système de mesure de la température, comme du reste celui où l'on met à contribution des éléments thermo-électriques, présente l'immense avantage de pouvoir fournir à distance les indications de la température et dans des conditions où il serait impossible à l'homme d'aller la mesurer. C'est ainsi que M. Siemens a appliqué cet appareil non-seulement à la mesure de la température des différentes parties d'un câble immergé pendant sa construction, mais encore pour connaître la température au fond des mers, données très-importantes pour les constructeurs de câbles sous-marins, en raison de la grande fussibilité de la gutta-percha.

Dans ses meilleures conditions d'installation, ce système thermométrique comporte deux sortes d'appareils : le thermomètre proprement dit avec son fil conducteur et son appareil de sonde, et un pont de Wheatstone servant de balance thermométrique. Le thermomètre consiste dans une hélice de fil de fer fin recouvert de soie et ayant une résistance totale de 500 ohms. Cette hélice est renfermée dans un tube de métal dont elle est isolée métalliquement par l'intermédiaire d'une couche de paraffine qui remplit hermétiquement tous les espaces vides, et le tube lui-même est introduit dans un autre percé de nombreux trous afin que l'eau puisse aisément y pénétrer. La ligne de sonde a bien entendu, une longueur qui doit être calculée sur les profondeurs maxima que l'on a à explorer, et elle contient les deux fils qui doivent servir de conducteurs. Ces fils sont isolés avec de la gutta-percha et enveloppés d'une épaisse couche de chanvre que recouvre encore une enveloppe de lames minces de cuivre, présentant une surface extérieure la plus unie possible. Un de ces fils sort par le bas du câble et est réuni à l'enveloppe extérieure de celui-ci ; l'autre est relié à l'un des bouts de l'hélice thermométrique, dont l'autre bout communique avec l'enveloppe extérieure du câble, précisément à l'endroit où se trouve effectuée la liaison du premier fil avec cette enveloppe, et nous en verrons à l'instant la raison.

L'indicateur thermométrique est constitué, comme on l'a vu, par un pont de Wheatstone. Il est placé à bord du vaisseau qui effectue les sondages, et sa disposition par rapport au circuit du thermomètre est indiquée dans la fig. 44. La bàtterie est réunie aux bobines de résistance A et B qui forment les branches égales du pont, et les deux autres branches sont constituées, l'une par le thermomètre fixé à la ligne de sonde E, l'autre par un thermomètre exactement semblable, immergé dans un vase rempli d'eau, dont la température est mesurée au moyen d'un thermomètre à mercure et que l'on peut refroidir plus ou moins au moyen d'un mélange réfrigérant introduit par un tube. Un agitateur permet d'ailleurs de

Fig. 44.

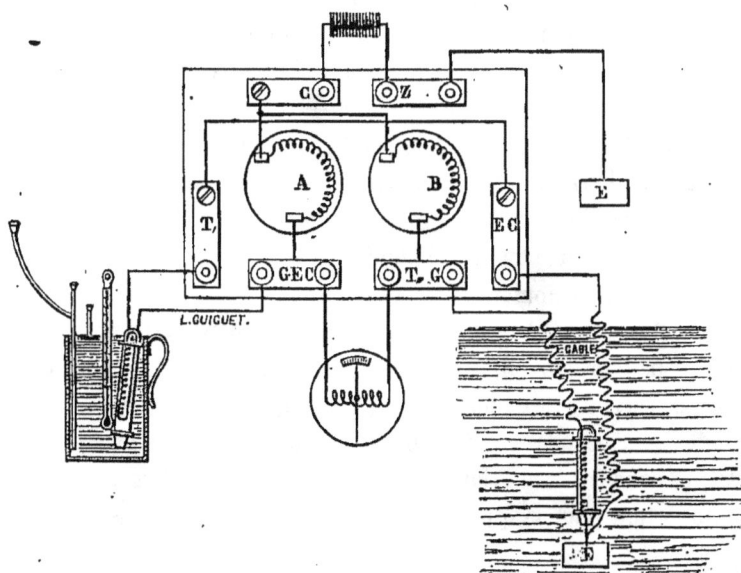

L.GUIGUET.

faire arriver promptement le liquide à une température uniforme. C'est ce dispositif qui constitue, dans le système du pont, l'appareil Rhéostatique, et on va voir à l'instant comment. Nous ajouterons que le galvanomètre indicateur est en G, et que la liaison avec la pile des deux branches du pont constituées par les deux thermomètres, est effectuée par la terre; c'est pour cette raison que l'extrémité du thermomètre immergé avec la ligne de sonde, est en communication avec l'armature extérieure du câble, et que le second fil de celui-ci est relié également à cette armature pour communiquer ensuite par son extrémité opposée au second thermomètre.

Avec cette disposition, il est facile de concevoir, que si, avant l'immersion du thermomètre indicateur, on a équilibré les résistances de manière à ce qu'à la température normale les deux thermomètres immergés dans le

même liquide ne déterminent aucune déviation du galvanomètre G, il suffira d'enfoncer le thermomètre indicateur dans la mer pour que les conditions de température changent pour les deux thermomètres, et pour
provoquer une déviation de l'aiguille du galvanomètre ; mais on pourra
ramener successivement à zéro cette déviation, en refroidissant l'eau du
récipient où est immergé le thermomètre d'épreuve, et la température indiquée par le thermomètre à mercure quand la déviation est devenue nulle,
indiquera précisément celle du milieu liquide où est en ce moment le thermomètre indicateur. La sensibilité de ces thermomètres est si grande, qu'une
variation d'un dixième de degré (farenheit) peut être constatée, surtout si
l'on a soin de refroidir successivement le liquide à mesure que l'on voit l'aiguille dévier. L'avantage de ce système est de permettre de suivre les variations de la température de la masse liquide aux différentes profondeurs, à
mesure que l'appareil descend.

Quand la température à mesurer est plus élevée que celle du récipient où
se trouve le thermomètre mesureur, le procédé reste encore le même, seulement au lieu de verser dans le réservoir de l'eau refroidie par un mélange
réfrigérant, on verse de l'eau chaude.

Ce système thermométrique peut suivant M. Siemens être encore employé
dans les usages médicaux, car le thermomètre pouvant être réduit aux
dimensions d'un crayon, peut être introduit dans les différentes cavités du
corps. Il peut être aussi appliqué aux brasseries pour indiquer la température des cuves pendant la fermentation sans qu'on soit obligé d'être sur les
lieux ; et dans ces conditions, il peut rendre de grands services, car il est
très-important pour la qualité de la bière que l'on connaisse cette température.

Système de M. R. Sabine. — Suivant M. R. Sabine, un thermomètre électrique du genre de celui dont il a été question précédemment, doit pour
être un véritable instrument de physique, réunir les conditions suivantes :

1° Sa graduation doit être indépendante de celle d'un autre appareil thermométrique, et faite par conséquent comme si les autres thermomètres
n'existaient pas ;

2° Les observations de l'appareil doivent être faites directement et sans
qu'on ait à se reporter au coëfficient de conductibilité des métaux employés
dans sa construction ;

3° Ses indications doivent provenir uniquement de l'appareil mesurant la
température.

A la suite d'un grand nombre d'expériences, M. Sabine croit être parvenu
à établir un système d'appareils réunissant ces diverses conditions et dont

la sensibilité serait en même temps supérieure à celle de tous les thermomètres à mercure.

Dans ce système, le thermomètre destiné à fournir les indications, et double et disposé de manière à constituer avec les deux fils qui y aboutissent, les deux branches du pont de Wheatstone qui correspondent aux résistances variables, et les deux autres branches sont représentées par des bobines de résistance égale, dont la jonction métallique est constituée par une lame divisée sur laquelle est établie la communication à la pile. La fig. 45 peut donner une idée de cette disposition.

Le thermomètre au lieu d'être formé par une simple hélice de fil isolé, est pourvu de deux hélices de même longueur, mais dont les fils sont en métal différent et choisis de manière à présenter les différences les plus grandes possibles dans leur conductibilité, tout en fournissant individuellement les écarts les plus grands possibles dans leur pouvoir conducteur calorifique sous l'influence des variations de la température. Ces deux hélices c et d sont enroulées ensemble sur une bobine commune, et étant mises en communication l'une avec l'autre en e, au sortir de leur enveloppe tubulaire, elles sont reliées à la batterie voltaïque, soit par la terre ou la masse liquide dont on veut mesurer la température, soit par un fil de jonction. Les deux fils isolés qui correspondent aux deux bouts libres des deux hélices communiquent avec l'appareil mesureur, et achèvent à leurs points de contact avec les bornes d'attache du galvanomètre G, les deux premières branches du pont de Wheatstone dont les deux autres branches sont représentées par les bobines a et b réunies en W.

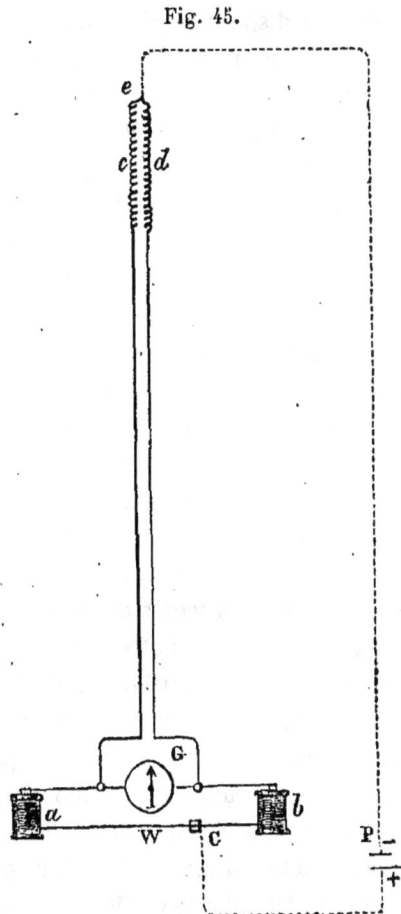

L'appareil mesureur est constitué par le pont de Wheatstone lui-même, et c'est sur la pièce de jonction W des bobines a et b que se fait, comme

Fig. 45.

nous l'avons déjà dit, la lecture des observations. A cet effet, cette pièce est munie d'une échelle divisée et d'une pièce de contact divisée elle-même et qui est susceptible de se déplacer. Cette pièce est naturellement reliée au pôle positif de la pile et permet, par son déplacement sur l'échelle divisée, de ramener à zéro le galvanomètre, quand il se trouve dévié sous l'influence d'une rupture d'équilibre électrique dans le système. On a vu tome II, p. 346 une disposition rhéostatique de ce genre, et quand on l'emploie, l'évaluation des résistances additionnelles que l'on introduit dans le circuit pour rétablir l'équilibre, se déduit des positions occupées par le contact mobile sur l'échelle divisée. Si les hélices c et d sont construites comme M. Sabine le conseille, avec du platine pur et un alliage de platine et d'argent, la position du contact mobile est bien voisine du milieu de l'échelle quand le thermomètre est exposé à une température ambiante rapprochée de la température moyenne de l'air. Dans ces conditions, en effet, les résistances présentées par les deux hélices sont assez voisines, et le rapport des distances du contact mobile aux deux extrémités de l'échelle, en a et b, est comme celui des nombres 3 ³/₄ et 3; mais si le thermomètre est plongé successivement dans de la glace fondante et dans de l'eau bouillante, les positions de ce contact mobile correspondent aux deux extrémités de l'échelle et représentent par conséquent 0 et 100 degrés.

Ces deux points étant marqués sur l'échelle W, il ne reste plus qu'à subdiviser en 100 parties égales l'intervalle qui les sépare, pour obtenir la représentation des degrés centigrades, qui se trouvent ainsi marqués indépendamment de tout autre appareil thermométrique, et il suffira par conséquent d'examiner quel degré de l'échelle le contact mobile aura atteint dans une expérience faite au moment du rétablissement de l'équilibre électrique dans la balance rhéostatique, pour connaître exactement le degré de la température autour du thermomètre.

En donnant à chacune des hélices de son thermomètre 1000 ohms de résistance à 0° centigr., M. R. Sabine montre que la conductibilité et la résistance des deux fils aux différents degrés de température accusés par son thermomètre, varient de la manière suivante :

1° Pour l'hélice de platine.

	Conductibilité.	Résistance.	Accroissement %.
0°	11,708	1000,0	»
25	10,953	1068,9	6,89
50	10,283	1141,2	14,12
75	9,698	1207,3	20,73
100	9,197	1273,1	27,31

2° *Pour l'hélice en alliage de platine et d'argent.*

0°	6,7032	1000,0	»
25	6,6487	1008,2	0,82
50	6,5951	1016,3	1,62
75	6,5448	1024,2	2,42
100	6,4954	1032,0	3,20

Pyromètre électrique de M. Siemens. — Le pyromètre électrique de M. Siemens, représenté fig. 46, est fondé sur le même principe que son thermomètre. Il se compose essentiellement d'une hélice de platine d'environ 3 mètres de longueur, enroulée sur un cylindre en terre de pipe de 3 pouces de longueur, qui est muni à cet effet d'une rainure héliçoïdale assez profonde pour maintenir séparées les unes des autres les spires de cette hélice, au moment de leur échauffement. Un capuchon cylindrique en fer ou en platine recouvre cette hélice, et se trouve adapté à un long tube de fer de 4 pieds de longueur, à l'intérieur duquel sont maintenus isolés, au moyen d'isolateurs en terre de pipe, les trois fils conducteurs XX, XX, CC qui doivent relier cet appareil à l'instrument mesureur. Le point de jonction de ce tube avec le capuchon est constitué par une pièce métallique un peu massive, afin que la chaleur de la partie affectée au pyromètre puisse se maintenir plus constante.

Les fils qui traversent le

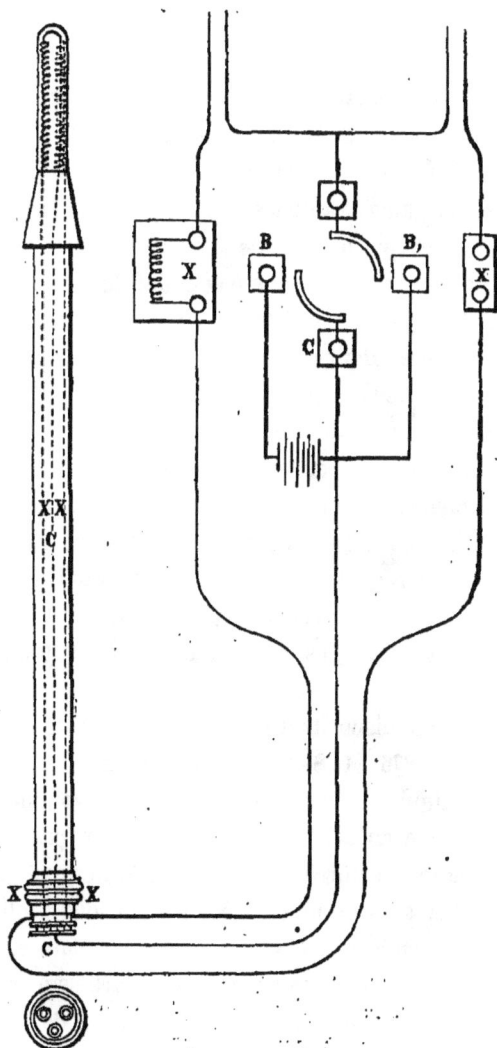

Fig. 46.

tube sont en cuivre et sont reliés à la spirale de platine par des lames de ce
métal de 18 pouces de longueur, qui les éloignent assez de la partie
chauffée pour ne pas être altérés par la chaleur. Ils aboutissent, à l'extrémité
opposée du tube de fer, à des boutons d'attache adaptés sur un couvercle
en bois qui termine le tube de ce côté, et c'est à ces boutons d'attache que
sont fixés les fils de jonction qui vont à l'appareil mesureur.

Pour déterminer la température d'une source calorifique énergique, il
suffit d'y enfoncer la partie supérieure du tube de fer jusqu'au renflement,
et de l'y maintenir un temps suffisant pour que toute la masse correspondante à la spirale de platine soit pénétrée par la chaleur. Si cette source
calorifique ne dépasse pas 1000 degrés cent., le capuchon du pyromètre
peut être fait en fer; mais pour une chaleur plus grande, il doit être en platine, et M. Siemens en a construit de cette manière des modèles qui ont pu
mesurer des températures atteignant 2000 degrés. Pour des températures
modérées, un capuchon en cuivre peut être employé, et il peut même présenter certains avantages; mais il faut alors qu'il soit plus épais du côté du
tube de fer que du côté de la spirale de platine.

L'appareil mesureur a été combiné de plusieurs manières par M. Siemens.
Dans l'origine il consistait dans un simple pont de Wheatstone dont le
pyromètre et une résistance additionnelle constituaient deux des côtés, tandis que les deux autres côtés, réunis par une lame métallique graduée, permettaient, par le déplacement du point de contact de la pile sur cette lame
graduée, de mesurer les accroissements de résistance résultant de l'action
de la chaleur sur le pyromètre. Une table déduite des accroissements de
résistance avec l'augmentation successive de la température, permettait
d'apprécier à quel degré cent. correspondait telle ou telle position du contact de la pile sur l'échelle graduée du pont, et l'on pouvait en se repor-
tant à cette table, estimer immédiatement la chaleur accusée par le pyromètre.

Dans une disposition plus nouvelle décrite dans le *Télégraphic journal*,
d'octobre 1876, M. Siemens a basé son système mesureur sur les effets électro-chimiques déterminés au sein d'un voltamètre différentiel. Cet appareil consiste en deux longs tubes dont la partie supérieure est graduée et
parfaitement calibrée, et dans chacun desquels une solution acidulée avec
de l'acide sulfurique est décomposée sous l'influence d'un courant électrique transmis par deux électrodes de platine. Les gaz résultant de cette
décomposition sont transportés à la partie supérieure de ces tubes, et peuvent avoir leur volume mesuré au moyen de la graduation qu'ils portent.
Des réservoirs à compresseurs élastiques communiquant avec ces tubes,

permettent d'ailleurs de régler la hauteur du liquide dans ces tubes et de le faire arriver au zéro de la graduation. Un des pôles de la batterie est relié, par un commutateur B C et l'un des trois fils du tube pyrométrique, avec l'extrémité la plus éloignée de la spirale de platine constituant le pyromètre proprement dit, et l'autre pôle est en rapport, par la partie B'C' du commutateur, avec les deux voltamètres, au moyen d'un fil qui réunit les deux électrodes homologues de ces organes. Les deux autres électrodes sont reliées, d'autre part, par l'intermédiaire des bobines de résistance XX, avec les deux fils libres du pyromètre qui correspondent aux deux extrémités de la spirale de platine. Il résulte de cette disposition que le courant de la pile destinée à actionner l'appareil, se bifurque entre deux circuits complétés l'un, par un des systèmes voltamétriques à la suite duquel est introduite une résistance connue, l'autre, par le second système voltamétrique et la résistance de la spirale de platine du pyromètre qui est à mesurer.

Les quantités de gaz développés dans les deux voltamètres, étant en raison inverse de la résistance des circuits dans lesquels ils sont interposés, et cette résistance étant connue pour l'un des circuits, il devient facile d'en déduire la résistance de l'autre et par suite la température de la spirale. Le commutateur disposé près de là et pile qui est inverseur, permet de mettre l'appareil en action à un moment donné, et d'effectuer l'inversion du courant toutes les dix secondes.

L'opération doit durer jusqu'à ce que le niveau de l'eau ait atteint 50° dans le voltamètre le plus résistant. On lit alors l'indication de l'autre qui donne la mesure de la température au moyen d'une table calculée à cet effet. Cette table est d'ailleurs disposée de manière à éviter le calcul des résistances, et il suffit de connaître la différence des volumes de gaz décomposés, pour trouver immédiatement sur cette table l'indication cherchée.

Les expériences faites avec cet instrument par M. Williamson, ont démontré que la résistance du fil de platine du pyromètre se trouve dans les premiers temps un peu altérée, par suite du passage de la température rouge à la température normale et *vice versa*. Ainsi cette résistance étant représentée par 9,920 à une température de 10°, est devenue après que le pyromètre a été chauffé au rouge deux fois de suite, 10,462 à cette même température de 10°; mais il serait possible qu'à la suite d'un usage prolongé, cette résistance fût plus stable. On ne s'est pas encore, toutefois, prononcé d'une manière définitive à cet égard; mais on croit que cet effet est dû à une altération chimique du platine, sous l'influence des silicates entrant dans la composition de l'isolateur de la spirale de platine et dans la réduction de l'air renfermé dans le tube protecteur de fer.

Thermomètre électrique de M. Becquerel. — Le thermomètre électrique de M. Becquerel est fondé sur les actions thermo-électriques ; mais afin d'en rendre les indications comparables à celles des
thermomètres ordinaires, M. Becquerel ramène à zéro les déviations qu'elles
produisent en abaissant ou élevant la température de la soudure opposée
à celle qui doit fournir les indications. Nous représentons fig. 47, ce système.

Fig. 47.

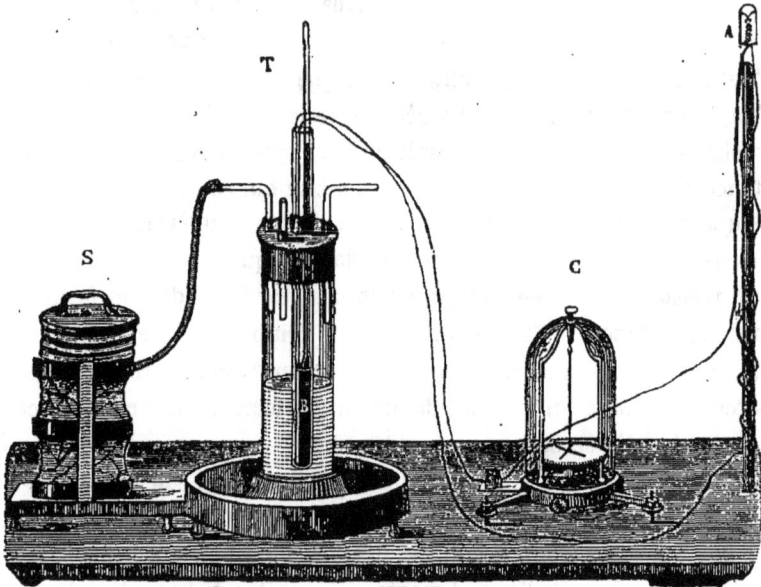

Le thermomètre en lui-même consiste dans deux fils, l'un en fer, l'autre
en cuivre, parfaitement récuits et soudés bout à bout en A, sans soudures
intermédiaires, sans jonctions quelconques qui détruiraient l'uniformité
du système. Ces fils doivent être entourés de gutta-percha pour empêcher
leur contact, les préserver de toute altération et diminuer autant que possible l'influence du milieu ambiant.

Pour mettre l'appareil en expérience, on place le thermomètre électrique
constitué ainsi que nous venons de l'indiquer, sur le point dont il s'agit de
mesurer la température, et après l'avoir réuni à un autre système thermo-
électrique du même genre par des fils conducteurs qui peuvent être aussi
longs qu'on le désire, on plonge ce dernier système avec un thermomètre
à mercure T dans un tube fermé B rempli aux deux tiers de mercure, et
le tout est plongé dans une éprouvette hermétiquement fermée contenant
de l'éther rectifié. Un tuyau communiquant à un soufflet S, est immergé

dans l'éther, et un tuyau de dégagement d'air est adapté à la partie supérieure de l'éprouvette. Enfin le galvanomètre C qui ne doit pas avoir une grande résistance, est interposé sur le trajet de l'un des fils qui relient ensemble les deux thermomètres.

L'expérience étant ainsi disposée, il arrive, si la température du milieu où sont placés les deux thermomètres électriques est différente, qu'il se produit un courant thermo-électrique plus ou moins énergique qui affecte le galvanomètre, et pour mesurer cette différence de température, il suffit de soumettre l'éther renfermé dans l'éprouvette à l'action d'une source calorifique ou réfrigérante, suivant que la température à mesurer est au-dessus ou au-dessous de la température de l'éprouvette, et d'en continuer l'action jusqu'à ce que la déviation fournie sur le galvanomètre soit réduite à zéro. On obtient ce résultat soit en insufflant un courant d'air à travers l'éther au moyen du soufflet, soit en chauffant l'éprouvette au moyen de la main, de linges échauffés ou d'une immersion dans un récipient rempli d'eau qui peut être traversé par un courant de vapeur.

Quand l'annulation de la déviation galvanométrique est obtenue, l'indication fournie par le thermomètre à mercure T immergé dans le tube de l'éprouvette, indique la véritable température du milieu avoisinant le thermomètre électrique explorateur.

Les fils de fer et de cuivre qui composent le thermomètre électrique doivent avoir un diamètre proportionné à leur longueur, attendu que les courants thermo-électriques provenant d'une source électrique à faible tension, diminuent rapidement d'intensité à mesure qu'augmente la longueur du circuit. Le diamètre doit être tel que le courant produise une déviation du galvanomètre représentée par 10°, au moins, pour une différence de température de 0°,1. Ces fils, soit qu'on les suspende en l'air, soit qu'on les mette en terre, doivent, comme nous l'avons déjà dit, être recouverts de gutta-percha, puis de filasse goudronnée, et doivent être tordus ensemble comme les fils d'une amorce électrique. Quand il est nécessaire de réunir deux bouts de fils de cuivre ou de fer, il faut bien se garder d'employer du mercure, mais les réunir simplement par des serre-fils. Pour éviter l'influence de l'humidité sur les fils dans des expériences prolongées, on les recouvre dans le voisinage de leur point de soudure d'un petit tube en verre mince.

Il y a certaines précautions à prendre dans les observations pour que les résultats soient comparables, surtout quand on veut les obtenir à un dixième de degré près, selon que la température de l'observatoire est plus ou moins élevée que celle du lieu où se trouve le thermomètre appelé à fournir les indications. Si elle est plus élevée, on abaisse, comme on l'a déjà dit, la température, jusqu'à ce qu'elle soit inférieure de 1 ou 2 degrés à celle que l'on cherche, puis on laisse échauffer très-lentement la soudure jusqu'à ce que l'aiguille soit revenue à zéro, et y reste pendant une minute ou deux ; on observe alors la température sur le thermomètre à mercure. Si, au contraire, la température de l'observatoire est inférieure, il faut opérer inversement, chauffer et laisser la soudure se refroidir avec beaucoup de lenteur.

Le thermomètre électrique est employé utilement toutes les fois qu'il s'agit d'observer la température de la terre à diverses profondeurs, celle de 'air au-dessus ou au-dessous du sol, et celle de l'intérieur des corps organisés, dans les cas surtout où le thermomètre ne peut servir ou n'est employé qu'avec difficulté. Une condition indispensable pour le succès des observations, est qu'il n'y ait point de changement sensible dans l'état calorifique des corps sur lesquels on opère dans un instant très-court.

Lorsque la soudure extérieure du thermomètre électrique est placée à une certaine hauteur au-dessus du sol, on la recouvre de trois réflecteurs en fer blanc faisant système, et entre lesquels peut circuler l'air.

Dernièrement, M. Claude Bernard a employé le système thermométrique que nous venons de décrire pour l'étude de la température du sang veineux et du sang artériel chez les animaux. Comme il ne s'agit dans ce cas que de constater des différencés de température, les deux thermomètres sont employés solidairement comme organes mesureurs, sans que l'un serve à déterminer la température de l'autre en degrés centigrades. Ils sont alors constitués par deux fils très-fins de maillechort et de fer, soudés l'un à l'autre et repliés en spirale à partir de leur point de soudure, tout en étant isolés l'un de l'autre. Ces deux fils ainsi tortillés sont ensuite introduits à l'intérieur d'une sonde en caoutchouc qui n'a guère plus d'un millimètre et demi de diamètre, et ce sont ces sondes qui, étant introduites l'une dans l'un des conduits veineux principaux du corps, l'autre dans une artère voisine, indiquent par le sens de la déviation produite sur le galvanomètre, quel est le sang le plus chaud. Les expériences curieuses entreprises par M. C. Bernard, de cette manière, ont montré que le sang veineux aux extrémités du corps est plus froid que le sang artériel, mais que l'inverse a lieu au centre du corps, dans le voisinage du cœur. Si on fait l'expérience sur un chien, en introduisant les sondes dans la veine et l'artère crurales de l'un des membres, au-dessous des reins, la déviation galvanométrique indique une différence assez sensible de température entre les deux conduits, qui montre que le sang veineux est le plus froid ; mais si on enfonce les sondes plus avant dans ces conduits, on voit la déviation diminuer successivement, devenir nulle quand les sondes arrivent au-dessous du foie, et passer du côté opposé, quand elles atteignent le voisinage du cœur. En les enfonçant encore plus loin, la déviation change bientôt de sens, et finit après que les sondes ont dépassé le cœur, par fournir des indications dans le même sens qu'au commencement de l'expérience.

Pyromètre électrique de M. Ed. Becquerel. — Le pyromètre électrique de M. Ed. Becquerel est fondé comme le thermomètre électrique de son père, sur l'action de deux couples thermo-électriques; mais pour obtenir des courants thermo-électriques réguliers augmentant d'une manière continue avec l'élévation de la température et ne s'altérant pas à des températures très-élevées, il a fallu avoir recours à des métaux particuliers dont on a dû étudier avec un grand soin le mode d'action aux diverses températures, et ceux auxquels M. Ed. Becquerel s'est arrêté, sont le platine et le palladium. Un couple thermo-électrique construit avec ces deux métaux, non-seulement présente une intensité assez grande pour être mesurée dans le genre d'application auquel on l'a soumis, mais détermine des effets croissant régulièrement avec la température.

L'installation du pyromètre de M, Ed. Becquerel est très-simple, comme on le voit fig. 48 (1). Les deux fils sont reliés par un fil de platine à l'une de leurs extrémités, sur une longueur de 1 centimètre; l'un, en *palladium*, passe à travers un tube de porcelaine, de façon à ne pas déterminer d'autre point de jonction entre les deux métaux, et tout le système plonge dans un second tube de porcelaine qui alors forme *moufle*. Les deux autres extrémités du couple se prolongent suffisamment pour ne pas être influencées par la source de chaleur; on les réunit aux fils du circuit, et les points de jonction, qui constituent la seconde soudure du circuit thermo-électrique, sont situés dans un milieu à la température constante. Ce serait la glace fondante pour des déterminations rigoureuses ; ce sera un bain d'eau, ou le sol à 1 mètre de profondeur, pour les observations courantes. Les fils du circuit aboutissent aux pôles d'une boussole G, dont la graduation est telle, que les degrés de déviation puissent être transformés en degrés de température, au moyen d'une table de rapports établie une fois pour toutes.

« L'industrie, dit M. de Saint-Edme, ne demande pas tant l'estimation absolue, de la température d'un foyer, que l'indication précise du *moment calorifique* qui correspond à une opération. Le pyromètre électrique de M. Ed. Becquerel satisfait on ne peut mieux à la question. En effet, pour la même

---

(1) Cette figure, ainsi que la fig. 47, est extraite de l'ouvrage de M. de Saint-Edme, intitulé : l'*Electricité appliquée aux arts mécaniques, etc.*

température, l'aiguille de la boussole dévie du même angle sur le cadran. Si l'intensité du courant est trop considérable pour la température à indiquer, il suffit d'interposer dans le circuit une ou plusieurs bobines de résistance. Celles-ci restant toujours identiques comme conductibilité, les observations resteront aussi concordantes. La boussole est placée dans un cabinet ou dans un endroit organisé pour la préserver de tout danger de trouble. On peut, pour connaître les limites de la température par lesquelles on passe, graduer le cercle de la boussole par rapport à des températures fixes et

Fig. 48.

aisées à vérifier ; telles sont celles de la vapeur d'eau, de l'ébullition du mercure, de la fusion du zinc, de l'ébullition du soufre, de celle du zinc, de la fusion de l'argent et de celle du cuivre, dont voici les valeurs en degrés centigrades, d'après le travail de M. Ed. Becquerel.

Ébullition de l'eau.	100°,0
Ebullition du mercure.	358 ,5
Fusion du zinc.	395 ,6
Ébullition du soufre.	448 ,2
Ébullition du zinc. . . . ;	891 ,0
Fusion de l'argent.	916 ,0
Fusion du cuivre.	1157 ,0

Dans la fig. 48, le pyromètre est en P ; on en voit les détails de construction en S. A et C sont les deux fils qui y aboutissent; E est le récipient d'eau où plonge le second ou les seconds couples thermo-électriques; G la boussole.

Psychromètre électrique de M. Becquerel. — Le psychromètre ordinaire, on le sait, se compose de deux thermomètres, l'un à boule sèche, l'autre à boule humide. Pour calculer, par ce moyen, la force élastique de la vapeur, il suffit de connaître les températures données par les deux thermomètres avec la pression atmosphérique, au moment de l'observation; les tables de M. Regnault donnent le reste. A la rigueur, s'il s'agit de déterminer le degré d'humidité à une certaine hauteur dans l'atmosphère, on peut installer le psychromètre à cette hauteur et lire, à l'aide d'une lunette assez puissante, la hauteur des colonnes thermométriques. Mais pour obtenir des indications continues à distance, M. Becquerel a cru devoir faire pour le psychromètre, ce qu'il avait fait déjà pour le thermomètre. Aux deux thermomètres, il substitue deux fils ou soudures métalliques, en rapport avec un galvanomètre à fil court, dont l'aiguille accuse les différences de température. L'une des soudures est à la portée de l'observateur, qui élève ou abaisse sa température pour régler l'appareil ou ramener l'aiguille à zéro au début de l'observation ; l'autre est installée au lieu dont on veut connaître l'état hygrométrique, et elle est disposée de telle sorte qu'on puisse l'humecter à volonté.

Hygromètre électrique de M. Th. du Moncel. — Les nombreuses recherches que j'ai entreprises pendant plusieurs années, sur la conductibilité électrique des corps médiocrement conducteurs, m'ont conduit à faire avec certaines pierres très hygrométriques, telles que certains silex, des hygromètres électriques qui sont d'une sensibilité assez remarquable et qui peuvent être appliqués dans certains cas particuliers dans l'industrie.

Un appareil de ce genre se compose simplement d'un silex taillé sur ses deux faces et dont les extrémités sont enveloppées avec des lames de platine serrées fortement à l'aide de pinces en bronze. Ces pinces sont munies de boutons d'attache, auxquels sont fixés les deux fils d'un circuit complété par un galvanomètre très-sensible, et il suffit d'une pile de sonnerie d'appartement pour obtenir des indications plus que suffisantes. Pour qu'on puisse juger de la sensibilité de ce genre d'appareils, il me suffira d'indiquer les variations que subit, aux différentes heures du jour, l'intensité du courant traversant la pièce ainsi disposée. Il est vrai que le galvanomètre employé avait 30,000 tours de spires et que la pile se composait de 12 éléments Daniell.

	9 h. matin.	midi.	3 h. soir.	6 h. soir.	9 h. soir.	minuit.
Silex noir.	69°	47°	21°	23°	48°	52°
Hygromètre à cheveu.	43	20	18	27	40	43

La marche de ces hygromètres est comme on le voit moins brusque que celle des hygromètres à cheveu, parce que la masse de la matière hygrométrique est plus considérable dans un cas que dans l'autre, mais elle est plus régulière, et représente mieux les variations hygrométriques de l'air dans leur ensemble.

Toutefois, ce n'est pas comme instrument météorologique que ce système peut présenter des avantages ; c'est comme moyen de contrôle des *charges* qu'on fait subir aux soies pour augmenter leur poids. On sait que la plupart des soies et particulièrement les soies noires, sont au moment de leur teinture plongées dans certaines solutions dont les bases, qui sont généralement du tannin et des sels de fer, peuvent en se combinant à la matière soyeuse, augmenter son poids dans un rapport considérable, susceptible même d'atteindre 300 %. Quand cette opération à laquelle on donne le nom de *charge* n'est pas exagérée, elle peut donner certaines propriétés utiles à la soie, et elle permet de vendre les tissus à meilleur marché ; mais elle devient nuisible quand elle dépasse 60 %, et il importe alors qu'on puisse connaître d'une manière facile, si cette charge est trop grande. Or, le système galvanométrique permet d'obtenir immédiatement cette indication, car la soie, dans ces conditions, au lieu d'être isolante devient conductrice, et même d'autant plus conductrice que la charge est plus grande. Il suffit donc d'introduire entre les deux mâchoires d'un étau en ébonite, un échantillon de l'étoffe en question, d'interposer entre les deux côtés de cet échantillon et les mâchoires, deux lames de platine mises en rapport avec le circuit, et d'examiner les déviations produites. Si dans les conditions d'expérimentation dont il a été question précédemment, la déviation dépasse 30°, on peut être certain que la charge est considérable, et que l'étoffe ne présente pas les qualités voulues pour être solide.

Les indications galvanométriques sont si précises pour les différentes espèces de tissus qu'il devient possible par ce moyen de distinguer les étoffes de laine et de soie dans lesquelles il entre du coton ou du fil ; car comme les toiles et les cotonnades sont beaucoup plus conductrices que la soie et la laine, les étoffes laine et coton ou soie et coton donneront des déviations beaucoup plus fortes que les étoffes où il n'entre que de la laine ou de la soie.

Photomètres électriques de M. Siemens. — Ce système photométrique est fondé sur une propriété toute particulière du sélénium dont la conductibilité électrique varie sous l'influence de la lumière. Comme l'action ainsi déterminée est indépendante de la couleur, on peut, au moyen de ce système photométrique, comparer plus exactement qu'avec les autres photomètres les intensités des sources lumineuses de différente nature, qui étant presque toujours de couleur différente, rendent les observations très-difficiles et le plus souvent incertaines.

Le sélénium est un métal qui par sa nature chimique tient le milieu entre les métaux et les métalloïdes, et quand, étant à l'état amorphe, il est chauffé à une température de 80 à 100 degrés, sa masse se cristallise sous l'action de la chaleur, et acquiert une propriété conductrice qu'il ne possédait pas avant. Or, cette propriété est liée essentiellement ainsi que l'a découvert M. Sale, à l'action de la lumière, car elle est plus développée quand la matière est éclairée, que quand elle se trouve dans l'obscurité, et augmente avec l'intensité de la source lumineuse (1). Il paraîtrait même que ce seraient les rayons du spectre qui agissent le plus énergiquement sur la rétine de l'œil, qui impressionneraient le plus vivement cette conductibilité, ce qui rendrait encore cette substance plus précieuse dans son application à la photométrie, puisque en définitive, les photomètres sont surtout appliqués à la mesure de la puissance des éclairages. La manière de préparer le sélénium pour le rendre le plus sensible possible à l'action de la lumière et soustraire ses effets aux actions calorifiques, a été étudiée avec beaucoup de soin par M. Siemens, qui a reconnu qu'il fallait pour cela chauffer le sélénium amorphe presque jusqu'au point de fusion, et déterminer la cristallisation par un refroidissement lent de la masse liquide. Il est certain que l'état physique dans lequel doit se présenter cette matière pour obtenir ses meilleures conditions de sensibilité est difficile à obtenir, car sa conductibilité diminue, comme celle de tous les autres métaux, sous l'influence de la chaleur, et d'un autre côté, elle augmente sous la même influence, comme celle des métalloïdes auxquels ce corps se rapporte quelque peu, ainsi qu'on l'a déjà vu.

Si on dispose entre deux lames de mica, deux spirales plates de fil métallique séparées par une couche de sélénium ainsi préparé, et qu'on mette ces deux spirales en rapport avec les deux pôles d'un élément Daniell, ou même simplement thermo-électrique, on obtient à travers le sélénium un courant suffisamment fort pour qu'on puisse apprécier avec exactitude, par la mesure des variations de son intensité, les différences même assez faibles qui peuvent exister entre les pouvoirs éclairants de deux sources lumineuses.

Dans l'appareil de M. Siemens, la préparation de sélénium est placée au

(1) D'après des expériences faites par M. W. Adams, ce changement dans la résistance du sélénium serait directement proportionnel à la racine carrée du pouvoir éclairant. (*Mondes*, t. XLIII, p. 42).

fond d'un petit tube de verre horizontal monté sur pied à pivot, et enveloppé d'une boîte à couvercle qui peut le soustraire à l'action de la lumière.
Cette préparation constitue alors un petit disque qui est interposé entre les
deux spirales plates dont il a été question précédemment, et qui sont mises
en communication avec la pile et un galvanomètre. Si on retire alors le
couvercle de l'appareil et qu'on expose celui-ci à la lumière d'un bec de
gaz dont l'intensité lumineuse est connue, la déviation galvanométrique
augmente et atteint bientôt un degré qui peut servir de terme de comparaison pour les intensités des autres sources lumineuses. En effet, si après
avoir fait cette première expérience on tourne l'appareil devant la flamme
d'une bougie placée à la même distance que le bec de gaz, la déviation
diminuera, mais on pourra la ramener au degré primitivement obtenu en
rapprochant la bougie de l'appareil, et quand on y sera parvenu, on pourra
déterminer l'intensité relative des deux lumières par le rapport de leur
distance au disque de sélénium. Naturellement ces intensités seront en
raison inverse des carrés de ces distances.

M. Siemens croit que cet appareil pourra devenir très-pratique, car il est
en mesure de le rendre plus ou moins sensible suivant les usages auxquels
on veut l'appliquer, et il croit même pouvoir en faire un appareil enregistreur des variations d'une source lumineuse, ce qui serait précieux pour les
études météorologiques et actinométriques.

Photomètre électrique de M. Masson. — Le photomètre électrique de M. Masson est fondé sur ce principe : qu'un disque de papier sur
lequel on a tracé des secteurs noirs et blancs d'égale dimension, paraît
d'une teinte uniforme et grisâtre lorsqu'on le fait tourner avec une rapidité
suffisante devant une lumière blanche permanente. Au contraire, tous les
secteurs noirs et blancs paraissent distincts quand, étant mis en mouvement, on les éclaire avec une lumière instantanée, l'étincelle électrique, je
suppose.

Ce principe étant établi, voyons comment M. Masson a pu l'utiliser à la
mesure des intensités lumineuses.

« Admettez, dit M. Masson, que le disque déjà éclairé par une lumière fixe,
se trouve subitement illuminé par une lumière instantanée (l'étincelle électrique), on verra, pour une intensité convenable de cette dernière, apparaître les secteurs au milieu de la teinte grisâtre. Si l'on affaiblit successivement la lumière instantanée, il arrivera un moment où les secteurs disparaîtront, et le disque paraîtra éclairé d'une manière uniforme. Dans ce
cas, la lumière instantanée est une fraction de la lumière permanente
variable avec l'œil de l'opérateur, mais invariable pour un même œil, les

circonstances de vision restant les mêmes. Quant au rapport entre l'intensité de la lumière de l'étincelle et celle de la lumière fixe, il dépendra des dimensions des secteurs noirs et blancs ».

Maintenant, qu'on suppose constante l'intensité de la lumière électrique fournie par l'étincelle, et la chose est possible, comme nous le verrons bientôt : il résultera des principes précédents, que pour apprécier l'intensité d'une lumière, il suffira de l'exposer devant le disque photométrique et de la disposer, par rapport à l'étincelle, jusqu'à ce que l'apparition des secteurs noirs et blancs, due à la lumière de celle-ci, ait cessé complètement. Comme cette disparition est subite, il ne peut y avoir d'incertitude à cet égard, et c'est ce qui fait encore un des avantages de cet appareil. En ce moment-là l'intensité des deux lumières est égale, comme on le comprend aisément. Par conséquent, il suffit de voir les rapports de position entre les deux lumières, eu égard au disque, pour avoir le chiffre du rapport photométrique qui existe entre la lumière dont on veut apprécier l'intensité et celle de l'étincelle électrique supposée d'une valeur constante. Voici comment M. Masson a disposé son appareil :

Dans une première chambre est installée la machine électrique qui doit fournir l'étincelle. Elle est mise à portée d'un condensateur à surface plane, lequel est interposé entre deux armures ou plateaux métalliques dont les supports suffisamment garnis de matière isolante traversent la cloison de la chambre pour aboutir dans une seconde chambre tendue tout entière en noir mat. Ces supports, par l'intermédiaire de conducteurs, peuvent donc transmettre dans cette chambre l'étincelle du condensateur, sans qu'aucunes causes accidentelles (soit réflexions, soit dérivations) puissent en troubler la valeur lumineuse.

A portée de ces supports qui représentent ainsi les deux armures du condensateur, se trouve disposé un établi sur lequel sont montés, directement l'un au-dessous de l'autre, deux longs cylindres mis en communication avec les deux armures du condensateur et traversés dans leur longueur par une rigole remplie de mercure. Entre ces cylindres peut circuler, sur un chemin à rainure et devant une règle graduée en millimètres, un chariot qui est mis en mouvement par une chaîne de Vaucanson engrenée à une manivelle. Ce chariot porte lui-même un excitateur, et les deux branches de cet excitateur, montées sur des colonnes de verre, sont en rapport avec les rigoles remplies de mercure, par un conducteur recourbé. Il résulte de cette disposition de l'appareil, que l'étincelle du condensateur peut être portée d'un bout à l'autre de l'établi, et que son déplacement peut être apprécié à une petite fraction de millimètre près.

Des deux branches de l'excitateur, l'une est mobile et fait partie d'un système *mycrométrique* au moyen duquel on peut estimer, de la manière la plus rigoureuse, la distance d'explosion de l'étincelle.

Le photomètre proprement dit consiste dans un disque de papier épais, de huit centimètres de diamètre, sur lequel ont été tracés soixante secteurs noirs et blancs, et qui peut, au moyen d'un mécanisme d'horlogerie, exécuter deux cents à deux cent cinquante tours par seconde. Il est placé diagonalement à l'une des extrémités de l'établi, de manière à se présenter à la fois sous le même angle à l'étincelle électrique et à la lumière fixe qui est placée dans une boîte obscure, et qui peut être, comme l'étincelle avancée ou reculée sur un chemin à rainure, placé perpendiculairement au premier.

Il va sans dire que toutes les parties de cet appareil doivent être soigneusement recouvertes de peinture d'un noir mat, afin d'éviter la réflexion et que, dans l'expérience, il faut qu'on ait soi-même la tête enveloppée dans un capuchon de laine noire.

La manœuvre de l'appareil est facile à exécuter. Il ne s'agit pour cela que d'avancer ou de reculer le chariot de l'excitateur ainsi que celui de la lumière fixe dont on veut apprécier l'intensité, jusqu'à ce qu'on ait atteint la limite d'apparition des secteurs sur le photomètre. Cette double course est nécessaire, car une lumière dont la position serait fixe, et qui serait trop vive pourrait empêcher l'illumination par l'étincelle, même quand celle-ci est la plus rapprochée possible du photomètre. En éloignant alors la lumière on rend possible l'expérience; et, comme les distances sont marquées, il est facile de les faire intervenir dans le calcul. Quand donc la limite d'apparition des secteurs a été obtenue, il ne s'agit plus que d'examiner les distances des deux foyers lumineux par rapport au photomètre, et l'on obtient un rapport qui, comparé à l'unité photométrique, donne le véritable chiffre de l'intensité lumineuse que l'on cherche.

Dans ce système, l'unité peut être arbitraire, mais le terme de comparaison est toujours fixe, car il est évident que les secteurs disparaîtront toujours pour une même quantité de lumière fixe. Les rapports exprimés en millimètres pourront donc être réduits à un même dénominateur et exprimer, sans qu'il soit besoin d'un type de lumière, une quantité plus ou moins grande d'une même fraction.

En opérant dans les conditions d'exactitude les plus avantageuses, et en prenant pour lumière fixe celle d'une lampe carcel bien réglée, M. Masson s'est assuré que l'intensité de la lumière d'une étincelle électrique, produite par la décharge d'un condensateur dans des conditions constantes, était invariable, quelque temps d'ailleurs, qu'on fût à le charger.

C'est à l'aide de ce photomètre que M. Masson a pu reconnaître les lois suivantes, qui sont très-importantes :

1º L'intensité de la lumière électrique varie en raison inverse du carré des distances de cette lumière aux surfaces éclairées ;

2º L'intensité de l'étincelle varie proportionnellement aux surfaces des condensateurs et en raison inverse de leur épaisseur.

Les applications du photomètre électrique sont nombreuses. Possédant une lumière électrique constante, on pourra étudier, comme nous l'avons dit, les rapports des intensités des lumières fixes et aborder la question économique de l'éclairage, question non moins importante pour une grande ville que celle de la distribution des eaux. Ayant déterminé l'unité photo-métrique, la solution des grandes questions de photométrie météorolo-gique, telle que la mesure des intensités lumineuses des astres, des éclairs, des étoiles filantes, des bolides, etc., deviendra possible; on pourra com-parer les intensités de la lumière solaire à diverses époques du jour, de l'année, et trouver le pouvoir absorbant de l'atmosphère. On pourra encore calculer l'absorption de la lumière par les différents milieux, ainsi que l'in-tensité des lumières réfléchies ou transmises. Enfin, les modifications que peut facilement subir le photomètre, donnent l'espoir de mesurer les inten-sités des différents rayons de la lumière décomposée par les prismes de différente nature.

Actinomètre électrique de M. Ed. Becquerel. — « Cet appa-reil, dit M. Ed. Becquerel (1), a pour objet de manifester les courants électriques dus à l'action chimique de la lumière, et est fondé sur ce prin-cipe que, si l'on place sur une lame de platine ou d'or un composé tel que du chlorure d'argent, de l'iodure d'argent, etc., qui se décompose par l'action des rayons solaires, la réaction chimique qui a lieu donne naissance à un courant électrique accusé par un galvanomètre, si l'appareil est convena-blement disposé.

« J'ai étudié de cette manière, continue M. Becquerel, les effets élec-triques obtenus, en prenant différentes substances impressionnables ; mais celle qui a le plus souvent servi à mes expériences est précisément celle qui reproduit les couleurs des rayons lumineux actifs. Comme cette subs-tance (qui n'est autre chose que du chlorure d'argent ou chlorure violet) est une espèce de *rétine* artificielle, j'ai pensé que dans l'actinomètre, elle serait sensible dans les mêmes conditions que la rétine et pourrait servir à étudier les actions des rayons différemment réfrangibles.

_____

(1) Extrait d'une lettre de M. E. Becquerel à M. Th. Du Moncel.

En effet cet appareil, pour les rayons lumineux, est analogue à la pile thermo-électrique pour les rayons calorifiques. La substance sensible est aussi impressionnable entre les mêmes réfrangibilités que la rétine, et dans le spectre lumineux, le maximum d'action a lieu au point où se trouve le maximum de lumière; seulement l'intensité des courants électriques produits n'est pas proportionnelle à l'intensité de l'action lumineuse, et ce n'est que par des moyens purement physiques que l'on peut se servir de l'appareil comme de photomètre. Ces moyens physiques sont de plusieurs genres : par exemple, on peut au moment des différentes expériences faire varier l'intensité du faisceau lumineux actif jusqu'à ce que le courant électrique ait acquis la même intensité; alors les rapports des faisceaux lumineux dans leurs conditions propres, peuvent facilement s'en déduire.

« Ainsi, dans certaines conditions, on peut employer cet appareil pour étudier les effets du rayonnement lumineux, de même qu'on emploie la pile thermo-électrique pour étudier le rayonnement calorifique. Mais il ne faudrait pas croire qu'il puisse être appliqué immédiatement à l'étude des variations diurnes de la lumière du jour, car il est d'une manœuvre délicate; c'est plutôt un instrument destiné à des recherches scientifiques très-précises qu'un appareil de météorologie. Cependant peut-être pourra-t-on plus tard en faire l'application à cette partie importante de la physique que vous étudiez avec tant de persévérance. »

Application aux sondages des mers. — Depuis l'adoption des câbles électriques sous-marins pour les transmissions télégraphiques, les sondages des mers sont devenus d'une très-grande importance pratique, puisque c'est d'après les sondages exécutés sur la ligne que doit parcourir un câble, que sont calculées sa longueur et ses conditions de construction. Ce n'est, toutefois, que dans ces derniers temps qu'on s'est préoccupé des moyens de les obtenir d'une manière à la fois précise et prompte. Le problème est en effet plus délicat qu'on peut le supposer à première vue, car, outre les variations que peuvent subir les mesures constatées sur la ligne de sonde, par suite des courants sous-marins et du mouvement du navire d'où l'on jette la sonde, le moment précis où le poids de sonde atteint le fond de la mer n'est pas facilement constaté par les procédés ordinaires, et il arrive qu'on peut laisser défiler inutilement une certaine quantité de corde que l'on impute alors à tort à la profondeur de l'eau. Or, c'est précisément pour constater cet instant où la sonde atteint le fond de la mer, que les moyens électriques peuvent être employés avantageusement. Quel est celui qui a eu pour la première fois cette idée ? Il serait difficile de le dire : ce qui est certain, c'est qu'en 1870, M. P. Hédouin a publié sur cette question une brochure intéressante intitulée : l'*Électricité appliquée aux sondages des mers*, dans laquelle il décrit sous le nom d'*électro-bara-thromètres*, cinq systèmes de sondes électriques dont nous allons donner un léger aperçu :

Dans un premier système, le plomb de sonde qui est très-volumineux, est piriforme et composé de deux parties essentiellement distinctes, mises chacune et séparément en communication avec un des pôles d'une pile placée sur le navire et réunies entre elles par une rondelle isolante sur laquelle elles sont solidement attachées. De la partie supérieure, partent un certain nombre de ressorts recourbés de façon que leur extrémité se trouve placée en face de contacts de platine soudés sur la partie inférieure, et ces deux parties communiquent par des fils recouverts de gutta-percha avec la pile et un avertisseur électrique placés sur le bateau ; le tout est recouvert d'une enveloppe en caoutchouc dans laquelle on a versé une assez grande quantité d'alcool pour remplir l'espace compris entre elle et les parois du plomb de sonde. Comme les liquides sont incompressibles, la pression extérieure de l'eau de mer ne peut produire l'affaissement de cette enveloppe et changer la position relative des ressorts et des pièces de contact. Toutefois, quand cet appareil atteint le fond de la mer, l'enveloppe en question se déforme sous le poids du plomb de sonde, l'alcool est refoulé à la partie supérieure, et les ressorts se trouvant mis en contact avec les lames en face desquelles ils sont placés, déterminent une fermeture de courant qui met en action l'avertisseur ou même réagit directement sur un embrayeur électrique, qui arrête instantanément le défilement de la ligne de sonde ; on peut alors juger par la longueur dépliée de la corde, de la profondeur de l'eau, et des compteurs adaptés à la machine de défilement, permettent de l'apprécier assez exactement.

Dans un autre modèle, le plomb de sonde est constitué par une pièce de fonte cylindro-conique, percée à son centre d'un trou de deux diamètres différents et à l'intérieur duquel est suspendue une tige terminée inférieurement par un plateau horizontal ; ce est plateau muni en son point central d'un renflement cylindrique qui glisse librement dans l'ouverture centrale du plomb de sonde. La suspension de ce système est effectuée au moyen d'une enveloppe imperméable qui est liée sur la tige du plateau et à l'extrémité de la corde de sonde, ce qui permet de disposer à son intérieur, un interrupteur de circuit constitué par le bout de la tige de suspension du plateau et par une pièce métallique rigide, adaptée à l'extrémité de la corde de sonde. Les deux parties de cet interrupteur étant isolées l'une de l'autre et mises en communication avec les deux fils de l'avertisseur, il arrive qu'au moment où le plateau de la sonde touche le fond de la mer, la tige qui lui correspond vient rencontrer la pièce métallique placée au-dessus, et ferme le courant à travers l'avertisseur.

Dans un troisième modèle, le dispositif interrupteur est combiné à peu près comme précédemment, seulement il a été calculé de manière à fonctionner avec un seul fil conducteur au lieu de deux.

Le quatrième modèle a été disposé pour les sondes destinées à mesurer de très-grandes profondeurs et où par conséquent il devient impossible de remonter le plomb de sonde. Dans ce cas, la corde de sonde est munie d'un système de déclic qui la dégage de son poids une fois arrivé au fond de l'eau, et celui-ci y reste abandonné. Pour obtenir alors l'avertissement, le plomb de sonde est traversé de part en part par un trou vertical dans lequel est introduit un tube cylindrique où est renfermé l'interrupteur. Cet interrupteur est composé d'une partie fixe et d'une partie mobile terminées toutes les deux par deux pièces de contact en forme de festons et isolées métalliquement l'une de l'autre. Quand le poids est suspendu, les deux pièces se trouvent séparées, mais une fois que le contact avec le fond de la mer a lieu, la partie supérieure à laquelle est fixé le déclic s'affaisse, le contact électrique se produit, et le déclic en s'ouvrant laisse échapper les griffes qui retenaient le poids suspendu. Quand on vient à remonter la sonde, le tube de l'interrupteur se trouve dégagé du poids, et remonte alors aisément avec la corde. Le cinquième modèle est disposé à peu près dans les mêmes conditions, mais il se trouve compliqué de l'adjonction d'une hélice tournante, afin de maintenir verticale la direction de chute, et d'aider le plomb de sonde à vaincre plus facilement la résistance des couches liquides et des courants interposés. L'hélice est fixée à la partie inférieure du tube et reçoit son mouvement d'un mécanisme d'horlogerie qui se trouve arrêté par suite de la pression exercée sur l'hélice lorsqu'elle arrive au fond de la mer, laquelle pression détermine en même temps la fermeture du courant et l'action du déclic.

La mesure de la longueur de la corde de sonde s'effectue au moyen d'un treuil à compteurs sur lequel la corde se déroule et qui peut, comme je l'ai déjà dit, être arrêté au moment où l'avertisseur est mis en action, par un embrayeur électrique animé directement par le courant.

M. Siemens a résolu récemment ce problème d'une autre manière et au moyen d'un appareil très-ingénieux dont nous croyons devoir dire quelques mots, bien que l'électricité n'y intervienne qu'assez indirectement.

Pour obtenir la mesure des profondeurs de la mer, M. Siemens est parti de l'idée que la gravitation totale de la terre mesurée à sa surface, se compose des attractions séparées de toutes ses parties, et que l'influence attractive des diverses matières varie en raison directe de leur densité et en raison inverse du carré de la distance au point où se prend la mesure.

L'appareil consiste simplement dans une colonne de mercure verticale contenue dans un tube d'acier ayant à ses deux extrémités des lèvres en forme de coupe, de façon à augmenter la surface terminale du mercure. La coupe inférieure est fermée par un diaphragme, et, le poids de la colonne de mercure est contre-balancé au centre du diaphragme par la force élastique de quatre ressorts d'acier en spirale, trempés convenablement et de même longueur que la colonne de mercure. Le problème revient à mesurer les variations légères de longueur qu'éprouvent les ressorts d'acier, lorsque la pesanteur varie et détermine une augmentation ou une diminution de poids de la colonne de mercure. La lecture s'effectue au moyen d'un courant électrique que l'on établit entre l'extrémité d'une vis micrométrique et le centre du diaphragme. Le pas de vis et les divisions de la circonférence sont calculés de manière que chaque division représente la diminution de la pesanteur correspondante à une brasse de profondeur de mer.

Comme la densité de l'eau de mer est en moyenne 1,026 environ, tandis que la densité moyenne des roches qui constituent l'écorce terrestre est environ 2,763, la couche plus ou moins épaisse de l'eau de mer à un point considéré de sa surface, doit exercer une certaine influence sur l'attraction totale, et on pourra l'apprécier à l'aide de l'appareil précédent, si on le place dans des conditions convenables, et si on apporte aux résultats constatés certaines corrections dépendant de la latitude du lieu d'observation. En effet, lorsque l'appareil se trouve placé au-dessus d'une certaine profondeur d'eau, la pression du mercure diminuant sur le diaphragme, les ressorts d'acier se détendent et s'allongent, et en mesurant cet allongement comme il a été dit plus haut, on peut reconnaître immédiatement, par le numéro de la division de la vis micrométrique, à combien de brasses de profondeur de mer correspond cet allongement.

Dans un autre modèle de son appareil, M. Siemens emploie pour mesurer les variations de poids de la colonne mercurielle un autre moyen ; il ferme la coupe supérieure de la colonne de mercure par un couvercle percé d'un trou qui fait communiquer l'intérieur du tube d'acier avec un tube de verre d'environ deux millimètres de diamètre intérieur, enroulé en une spirale horizontale un peu au-dessus du couvercle et présentant une échelle dont les divisions indiquent des brasses ou des mètres. D'un autre côté, l'extrémité du tube d'acier est munie d'un bouchon percé d'un trou de $0^{mm}2$ seulement, par lequel l'intérieur du tube communique avec la coupe supérieure, de façon à limiter autant que possible les oscillations de la colonne de mercure dues aux mouvements du bateau. Sur la surface du mercure est versée une certaine quantité d'eau, qui pénètre dans le tube en spirale, et c'est elle qui en atteignant (lorsque l'instrument est à terre au niveau de la mer), une certaine division marquée zéro, peut, par sa pénétration plus ou moins grande dans le tube, indiquer les variations de l'allongement des ressorts et par conséquent les variations du poids de la colonne mercurielle en rapport avec la profondeur d'eau. La sensibilité de l'appareil dépend comme on le comprend aisément, du rapport de la surface des coupes terminales à la section du tube spiral, et dans les appareils construits par M. Siemens, il est tel, qu'à une élévation de un demi-millimètre de la surface supérieure du mercure, correspond un avancement de l'eau dans le tube de 1000 millim.

Une des particularités de l'instrument est qu'il est parathermal, et le rapport des sections du tube d'acier et de ses coupes terminales est tel que la diminution de la force élastique des ressorts (par suite d'une élévation de température), est compensée par une diminution correspondante de l'énergie de la colonne de mercure. Pour éviter les influences des variations de la pression atmosphérique, M. Siemens renferme l'instrument dans une caisse fermée hermétiquement et rendue insensible aux variations de la température par une double enveloppe isolante.

La graduation de l'échelle en fonction des différentes hauteurs d'eau, pourrait, si la densité de la croûte terrestre était égale à la densité moyenne du globe, être calculée mathématiquement d'après les formules de la mécanique, car l'on trouverait que l'attraction à la surface de la mer, diminue à peu près dans le rapport de la profondeur au rayon terrestre ; mais comme il n'en est pas ainsi, M. Siemens gradue empiriquement ses instruments en comparant leurs indications à celles d'une ligne de sonde (1).

Appareils contrôleurs du niveau de l'eau de M. Hardy. — M. Hardy vient de construire pour la ville de Saint-Étienne un appareil indicateur du niveau de l'eau fondé à peu près sur le même principe que mon mesureur électrique à distance des niveaux d'eau, décrit tome IV, p. 424. Le problème que lui avait posé M. Jollois, ingénieur en chef des ponts et chaussées, n'avait du reste rien de nouveau, et nous avons vu qu'en dehors de mon système, il en existait d'autres simplement indicateurs, entre autres celui de MM. Jousselin et Gaussin que nous avons décrit tome IV, p. 528.

La ville de Saint-Étienne est alimentée d'eau au moyen de canalisations

(1) Voir les *Annales télégraphiques*, 3° série, t. III, p. 574.

allant capter des sources à de grandes distances, et aussi par un immense réservoir formé par un barrage de 50 mètres de hauteur, dont la maçonnerie n'a pas moins de 45 mètres d'épaisseur à la base. Pour la bonne distribution de l'eau dans la ville, les eaux sont dirigées dans un réservoir vouté et souterrain placé à 2800 mètres de la ville et à environ 100 mètres au-dessus d'elle, et ce sont les variations assez rapides du niveau de l'eau dans ce réservoir, qu'il était important de constater aux différentes heures du jour, afin de faire exécuter, au barrage les manœuvres nécessaires pour alimenter suffisamment le réservoir sans perdre l'eau par le trop-plein. Dans le système appliqué par M. Hardy, ces indications sont fournies toutes les heures dans le bureau de l'ingénieur en chef et dans celui de l'ingénieur ordinaire, et il met pour cela à contribution, comme tous les systèmes du même genre, deux appareils : un récepteur et un transmetteur.

Voici, du reste, la description que M. Hardy fait de son système :

« *Transmetteur*. — Dans la chambre des robinets, sur le tuyau de décharge du réservoir, est établi un manomètre à mercure et à air libre qui, étant en communication avec l'eau du réservoir, reproduit fidèlement toutes les variations du niveau de cette eau, par la hauteur plus ou moins grande de la colonne mercurielle qui suit ces fluctuations. Une horloge est disposée au-dessus de ce manomètre, et c'est elle qui, en faisant abaisser dans le tube manométrique toutes les heures un fil métallique de contact, permet de mesurer les différences de hauteur, de la même manière à peu près que dans certains baromètrographes électriques. A cet effet, cette horloge porte sur la roue des minutes faisant un tour en une heure, un disque métallique I muni d'une entaille A, fig. 3 et 4, pl. II. Un cadre B mobile autour de pivots, s'appuie toujours sur ce disque par l'effet d'un contre-poids, et c'est un appendice en acier porté par le cadre B, qui frotte sur le disque et entre dans l'entaille A lorsqu'elle vient à se présenter devant lui; il y entre par conséquent une fois par heure. L'appendice d'acier est plus court que l'entaille A, de telle sorte qu'il s'écoule 183 secondes à partir du moment où le cadre remonte dans l'entaille, jusqu'à celui où il est de nouveau abaissé par l'effet d'un deuxième cadre avec contre-poids tombant à ce moment, et qui le fait entrer dans l'entaille d'un autre disque I'.

« Le cadre mobile B porte un axe avec pignon qui engrène avec l'une des roues de l'horloge lorsque le cadre est remonté dans l'entaille A, mais qui est débrayé dans tout autre moment. Quand il est embrayé il fait un tour en 200 secondes. Cet axe porte aussi une roue métallique C, avec couronne d'ébonite. Une gorge est pratiquée dans cette couronne, et l'on y enroule une chaîne d'argent dont l'une des extrémités est attachée à la couronne, comme nous le verrons tout à l'heure, tandis que l'autre, libre et pendante, porte un fil de platine P de $0^m,40$ environ de longueur et de $0^m,001$ de diamètre, auquel est vissé un autre cylindre de platine d'environ $0^m,06$ de long sur $0^m,006$ de diamètre. Cet ensemble constitue la sonde ou plongeur, et est placé directement au-dessus du manomètre, de telle sorte que pendant la marche de la roue C, ce plongeur descend dans le manomètre.

« D'après ces dispositions, on voit que le cadre B venant à entrer dans l'entaille A, le pignon de la roue C est embrayé, et cette roue fait un peu moins d'un tour, puisque le pignon ne reste embrayé que pendant 183 secondes. Pendant ce temps, la sonde-plongeur descend dans le manomètre toujours de la même quantité, mais rencontre le mercure plus ou moins tôt, suivant la hauteur de l'eau dans le réservoir.

« La chaîne d'argent est attachée à la couronne d'ébonite et communique électriquement avec un disque isolé D porté par la roue C. Une pièce H isolée, porte un ressort venant donner contact au centre de ce disque D. La pièce H vient buter lors du soulèvement du cadre B, sur une vis isolée et limite ainsi la course de ce cadre tout en donnant une communication électrique. A cet effet, la vis isolée est en relation directe avec le pôle négatif de la pile de marche. Il s'en suit que si le cadre B est soulevé et que la sonde touche le mercure, le pôle négatif est mis à la terre. Le mercure étant en contact avec la fonte de la conduite d'eau, constitue une excellente terre.

« Un ressort isolé de contact G en relation directe avec le pôle + de la pile de marche, est installé de telle façon qu'il donne contact sur l'une des dents de l'échappement toutes les deux secondes. L'horloge battant la seconde, et son bâti étant relié à la ligne, il y aura donc un courant positif envoyé sur la ligne chaque deux secondes, mais seulement lorsque le cadre B sera élevé, et que la sonde touchera le mercure.

« L'axe à pignon du cadre B porte, outre la roue de chaîne, une roue à rochet M sur laquelle agit un cliquet d'impulsion et un cliquet de retenue. Lorsque le cadre est abaissé, le rochet se trouve en prise avec ces cliquets, mais ceux-ci sont débrayés lorsque le cadre est remonté. Les cliquets impriment alors à cet axe un mouvement en sens inverse de celui que nous avons déjà vu, et par conséquent ont pour effet de remonter la sonde. Le rochet M a une dent enlevée à une place convenable, de sorte que les cliquets font tourner le rochet jusqu'à cette dent qu'ils ne peuvent franchir, et de cette façon, la sonde est toujours relevée exactement à une hauteur constante. Le cliquet de marche du rochet M est mis en mouvement par l'horloge elle-même et fonctionne environ chaque demi-minute, de sorte qu'en somme la sonde descend en 183 secondes en transmettant 90 courants, si le réservoir est plein, où un autre nombre proportionnel à la hauteur de l'eau dans le réservoir, tandis qu'elle remonte en 50 minutes environ sans envoyer un seul courant sur la ligne.

. « *Appareil récepteur.* — Cet appareil est analogue à un cadran électrique. Un axe porte d'un côté une aiguille marquant la hauteur de l'eau sur un cadran divisé, et d'un autre côté une roue à rochet de 100 dents. Il y a une goupille d'arrêt au zéro du cadran, sur laquelle l'aiguille vient se reposer dans son mouvement rétrograde.

« Un électro-aimant polarisé (électro-aimant Hughes) fait marcher un levier avec cliquet à chaque courant positif qui le traverse, et au contraire reste inerte lors du passage d'un courant négatif.

« Le cliquet poussant à chaque fois une dent du rochet, l'aiguille partant de zéro avance sur le cadran proportionnellement au nombre de courants positifs circulant sur la ligne, nombre que nous avons vu être proportionnel à la hauteur de l'eau. L'aiguille marquera donc exactement cette hauteur à 5 centimètres près, puis s'arrêtera dans cette position pendant 55 minutes environ.

« Pendant sa marche, l'aiguille enroule autour de son axe la corde d'un petit contre-poids qui, par conséquent, sollicite l'aiguille à revenir en arrière; mais elle est arrêtée par le cliquet de retenue et par le cliquet de marche.

« Un deuxième électro-aimant polarisé est traversé de même par tous les courants venant de la ligne; il est disposé de façon que son armature ne fonctionne que sous l'action des courants négatifs. Lorsque cette armature fonctionne, elle soulève, par l'intermédiaire de leviers, les cliquets de retenue et d'impulsion, et par cela même, rend la roue à rochet, libre d'obéir à l'action du petit contre-poids qui ramène ainsi l'aiguille à zéro. Cet effet a lieu de la manière suivante : une minute avant que la sonde ne descende, un ressort isolé, en relation avec le pôle négatif d'une deuxième pile, vient donner contact avec une goupille portée par l'une des roues de l'horloge. Un courant négatif est donc envoyé à travers la ligne et les récepteurs et ramène les aiguilles à zéro. Elles y restent quelques secondes, puis arrivent les courants positifs qui donnent la cote du réservoir, et l'aiguille s'arrête sur cette cote jusqu'à l'observation suivante, c'est-à-dire pendant environ 55 minutes.

« Il y a chez chacun des ingénieurs un appareil identique à celui que nous venons de décrire, et ces appareils sont mis en dérivation sur la ligne. Un télégraphe à cadran communique directement (installation municipale) avec le réservoir supérieur, de sorte que les ingénieurs peuvent de suite ordonner les manœuvres à faire d'après les indications du contrôleur et éviter ainsi manque ou perte d'eau. »

Dans un autre système que M. Hardy a construit pour Saint-Chamond, la disposition mécanique du système précédent est considérablement simplifiée; mais les indications ne sont plus automatiques, et pour les avoir, il faut interroger télégraphiquement les appareils qui consistent alors dans deux récepteurs exactement semblables, comme mécanisme, à celui que nous avons décrit précédemment, et qui sont placés, l'un au bureau des eaux à la mairie, l'autre, au réservoir d'eau de la ville.

L'appareil placé au bureau des eaux de la ville est en tout semblable au récepteur du système précédent, et son aiguille indicatrice fournit par conséquent l'indication des hauteurs d'eau représentées par la hauteur plus ou moins grande du mercure dans le tube manométrique; mais l'appareil placé au réservoir d'eau, au lieu d'avoir une aiguille indicatrice, porte une roue en ébonite sur laquelle est fixée la chaîne articulée portant la sonde interruptrice. Cette chaîne se meut à l'intérieur du tube manométrique e permet par conséquent à la sonde, en atteignant le mercure du tube, de fermer par une dérivation à la terre, un courant électrique, capable de réagir sur le premier récepteur.

Une clef Morse établie au bureau de la mairie, est reliée à la fois avec les deux appareils, et permet, au moyen de contacts électriques successifs effectués par son intermédiaire, de réagir à la fois sur l'aiguille indicatrice de l'un, et sur la roue de sonde de l'autre, de manière à les faire avancer proportionnellement et par sauts successifs, jusqu'à ce que la sonde arrive au mercure. Comme le nombre de ces fermetures de courant pourra être plus ou moins grand suivant la hauteur du mercure dans le tube manométrique, la rencontre de la sonde avec le mercure s'effectuera plus ou moins tôt, et si cette rencontre a pour effet d'embrayer les mécanismes des appareils par l'envoi d'un courant électrique à travers les seconds électro-aimants dont ils sont munis, l'aiguille indicatrice s'arrêtera, au bureau de la mairie, sur le chiffre qui représentera la hauteur d'eau, et il suffira de renverser ce courant à travers les deux appareils, pour que les contre-poids dont ils sont munis les replacent dans leur position initiale. Un simple commutateur suffira pour cela.

Avec cette disposition, on comprend facilement que pour connaître le niveau de l'eau à un moment donné, il suffira d'effectuer au bureau de la mairie une série de fermetures de courants, jusqu'à ce que l'aiguille du contrôleur s'arrête. On lit alors l'indication, et on renverse le courant, ce qui rétablit les appareils dans leurs conditions normales. On n'a plus alors besoin d'horloge régulatrice, et les mécanismes coûtent beaucoup moins cher.

Boussole de marine de M. Duchemin. — Bien que les boussoles ne soient pas du domaine des applications électriques, elles y touchent de si près par le principe physique sur lequel elles sont fondées, que nous pouvons sans trop nous écarter de notre sujet, dire quelques mots d'un perfectionnement important que vient de leur apporter M. Duchemin, perfectionnement qui a reçu la sanction de l'expérience. Jamais, en effet, les rapports faits sur une invention par des fonctionnaires de l'État, n'ont été plus unanimes et plus satisfaisants, et ces rapports que M. Duchemin rapporte dans une brochure intéressante qu'il a publiée sur cette boussole et qui sont au nombre de dix, ont pour signatures : MM. les capitaines de vaisseau, Le Helloco, Pouzolz, Meyer, Caillet, les capitaines de frégate Réveillère, West, Gervais les lieutenants de vaisseau, Ribes, Vranken, Lelanchon, Robert ; les enseignes Fustier, Malapert, Martial, Guione, Ponty et l'ingénieur de Gasquet. Nous sommes heureux nous-mêmes d'avoir entrevu dès l'origine l'importance de cette invention, et d'avoir encouragé M. Duchemin dans ses recherches.

Il résulte de tous les rapports qui ont été faits, que dans toutes les mers et par tous les temps, cette boussole s'est montrée beaucoup plus sensible, beaucoup plus stable et beaucoup moins susceptible de dérangements que les autres boussoles, et qu'elle s'est surtout fait distinguer par la fixité de sa ligne des pôles.

La boussole de M. Duchemin se compose de trois systèmes magnétiques combinés, d'un barreau aimanté, comme dans les boussoles ordinaires, et de deux cercles également aimantés appliqués sur le barreau, de manière que les pôles de même nom se trouvent superposés. Au besoin, on pourrait se passer du barreau aimanté, mais son action contribue à la fixité de la ligne nord-sud, et on a tenu à le conserver. Nous représentons fig. 49 ce système ; A et B sont les aimants circulaires, C une traverse métallique réunissant les deux cercles.

Au premier abord on comprend difficilement qu'un cercle d'acier puisse constituer un aimant à deux pôles, tant sont fausses les idées qu'on nous a inculquées dans notre enfance sur le magnétisme ; mais rien n'est plus simple à expliquer, puisqu'en définitive la formation d'un aimant n'entraîne nullement l'idée d'un axe de figure. Une sphère peut constituer un aimant à deux pôles, et le globe terrestre en est une preuve éclatante. Il ne s'agit pour cela que de disposer convenablement le système magnétique au moyen duquel on développe l'aimantation.

Pour peu qu'on considère la répartition du magnétisme dans un aimant circulaire, on ne tarde pas à reconnaître qu'il représente, par le fait, la réunion par leurs pôles semblables de deux aimants courbes, qui ne diffèrent individuellement des barreaux aimantés que par une courbure plus ou

Fig. 49.

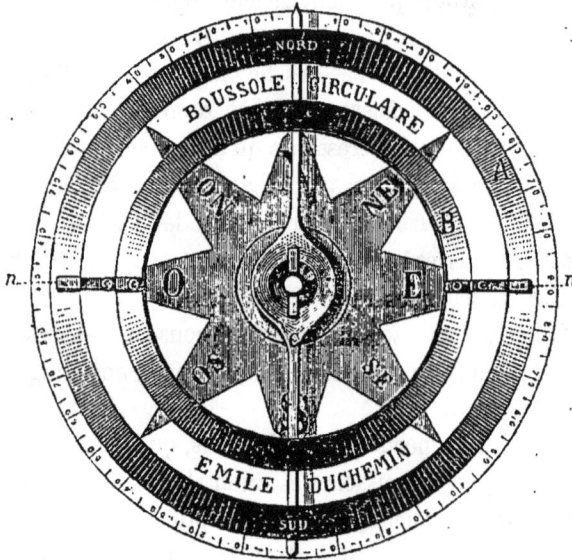

moins prononcée, mais qui en conservent tous les caractères et toutes les propriétés, et en particulier la ligne neutre centrale qui se trouve alors sur une même horizontale nn. Entre cette ligne et les pôles, les effets magnétiques se produisent exactement comme avec des aimants ordinaires, comme le démontre le fantôme magnétique du système que nous représentons fig. 50. Or, ceci étant admis, un aimant circulaire n'est, par rapport à l'action exercée par les pôles magnétiques du globe, qu'un faisceau magnétique composé de deux aimants superposés, mais ayant certains avantages que celui-ci ne possède pas et que nous allons maintenant discuter.

Pour qu'on puisse comprendre l'importance du système de M. Duchemin, il faut qu'on sache qu'avec les procédés ordinaires d'aimantation, la ligne nord-sud dans les barreaux de compas, est loin d'être définie, et elle l'est d'autant moins que le barreau est plus large. Les pôles sud et nord sont en effet

épanouis à travers toute la masse magnétique formant les extrémités du
barreau, et ne présente pas de points où l'action magnétique soit maximum.
Il résulte de cette diffusion des pôles magnétiques, que les réactions extérieures peuvent aisément déplacer les centres d'action, et finir par donner
à la ligne nord-sud du barreau, une direction capricieuse qui est loin de
correspondre à une ligne droite. Pour qu'on puisse se faire une idée des
altérations que peut subir un barreau aimanté ordinaire sous l'influence
des actions extérieures, il me suffira de dire que, ayant laissé pendant près

Fig. 50.

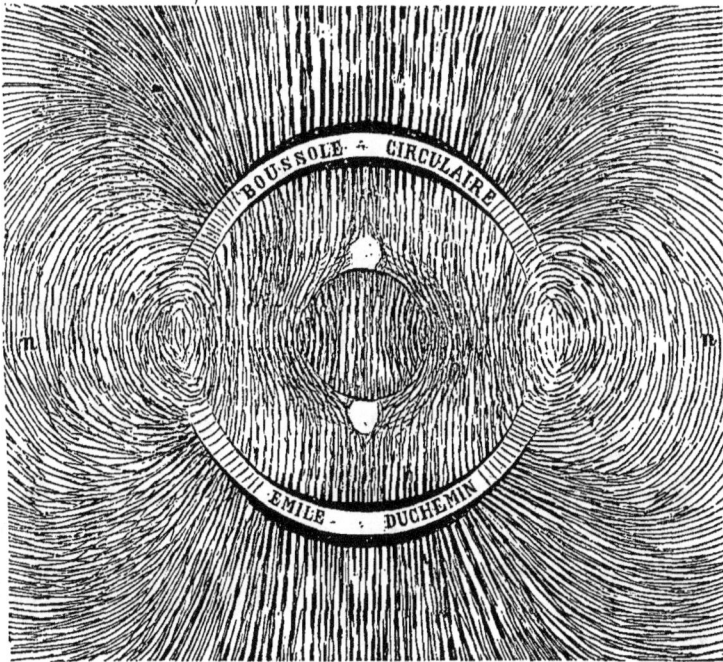

d'une année un barreau aimanté de 10 centimètres de longueur sur 2 centimètres de largeur en contact latéral avec une tige de fer, le maximum
magnétique des pôles du barreau s'était reporté tout à fait sur le côté
touché par la pièce de fer doux, et il y avait une différence de près de moitié entre les forces attractives développées sur les deux côtés du barreau.
De plus, comme le contact des deux pièces n'avait pas été fait d'une
manière uniforme, la différence était beaucoup plus grande à un bout du
barreau qu'à l'autre, de sorte que, dans ces conditions, la ligne nord-sud
était légèrement courbe et très-inclinée par rapport à l'axe de figure du
barreau.

Pour obtenir l'aimantation de ses cercles, M. Duchemin emploie un moyen tout à fait particulier ; il les applique suivant un de leurs diamètres, sur l'arête vive d'une règle prismatique triangulaire en fer, qui est divisée en deux parties par une pièce de cuivre de quelques millimètres, et qui est appliquée sur les deux pôles d'un fort électro-aimant. Puis il opère par dessus le cercle les frictions nécessaires à la bonne répartition du magnétisme, qui se trouve de cette manière concentré autour d'une ligne parfaitement droite à laquelle correspondent tous les maxima magnétiques ; or cette ligne est très-difficile à déplacer latéralement, en raison de la symétrie de la réparti tion du magnétisme des deux côtés de l'axe de figure et des actions cons- pirantes de trois systèmes magnétiques différents.

La disposition de l'appareil ne présente d'ailleurs aucune différence avec celle des anciens compas de marine, seulement la chappe en est faite avec une certaine onyx d'Allemagne excessivement dure, qui en rend l'usure beaucoup plus difficile.

Afin d'éviter les effets de l'oxydation, M. Duchemin recouvre ses cercles aimantés d'une couche de nickel. Cette opération est effectuée avant l'aiman- tation, et M. Duchemin a reconnu qu'elle n'empêchait, en aucune façon, les aimants d'acquérir tout le pouvoir magnétique dont ils sont susceptibles. Des cercles ainsi nickelés sont revenus des voyages les plus lointains, aussi intacts et aussi polis qu'ils l'étaient en partant, tandis que des cercles en acier nu ayant fait le même voyage, ont été complètement attaqués par la rouille.

Pour donner une idée de la force magnétique de cet instrument, il suffira de dire que l'action d'une rose circulaire, d'un diamètre de $0^m,20$, mesurée comme on le fait aujourd'hui, par l'action exercée sur une aiguille aimantée placée à distance, est représentée par une déviation de cette aiguille de 45 à 70 degrés, tandis que, dans les mêmes conditions, la rose à aiguille ordi- naire ne donne qu'une déviation de 17 à 20 degrés.

Comme l'ensemble des deux cercles, dans ce système, forme une figure symétrique autour du point de suspension, la stabilité mécanique y est nécessairement plus grande que dans les autres systèmes : la masse entraî- née par l'action terrestre étant ainsi augmentée, l'oscillation de la boussole circulaire est moins gênante sous les coups de lame que les oscillations correspondantes de la boussole à aiguille. C'est du reste ce qui résulte de ces quelques paroles de l'amiral Pâris à l'Académie des sciences, dans la séance du 24 janvier 1876 : « La boussole circulaire a beaucoup plus de stabilité que l'ancienne ; l'aiguille de la boussole ordinaire oscille tellement par les gros temps, qu'on ne peut plus gouverner qu'au juger ; or la boussole Duchemin pourrait presque servir dans un canot, car l'aiguille munie de ses cercles s'écarte très-peu du méridien magnétique. »

Indicateur du sens des courants dans les circuits de M. Ducretet. — Il est souvent nécessaire dans les applications électriques, surtout pour l'organisation des circuits, de connaître la direction des courants qui les parcourent. On obtient généralement ce résultat au moyen d'un galvanomètre, mais il faut se rappeler de quel côté se produit la déviation pour un sens donné du courant, et avec les galvanomètres de poche on oublie le plus souvent cette relation. Au moyen d'un appareil beaucoup plus simple, on peut obtenir ce résultat sans aucune confusion. M. Ducretet met pour cela à contribution une propriété assez curieuse des électrodes d'aluminium, découverte en 1859 par M. Planté, et qu'il a mise en application, en 1875, dans divers systèmes d'appareils électriques. Cette propriété est la suivante :

Si les électrodes d'un électrolyte liquide sont constituées par deux lames d'aluminium, le courant est dans l'impossibilité de passer à travers l'électrolyte, par suite des effets de polarisation déterminés, et surtout par suite de la mauvaise conductibilité de l'oxyde formé à l'électrode positive. Il en résulte que si on interpose dans un circuit un électrolyte dont une des lames sera en platine, l'autre en aluminium, le courant ne pourra passer que quand l'électrode d'aluminium sera négative et par conséquent en rapport avec la branche négative du circuit, ce qui indiquera immédiatement le sens du courant.

M. Ducretet indique, du reste, d'autres applications d'un rhéotome ainsi constitué. Ainsi en accouplant deux appareils de ce genre par les lames de noms contraires, on peut obtenir deux actions électriques différentes sur un même appareil électrique, système qui, comme on a déjà eu occasion de le voir, est susceptible de nombreuses applications, et en particulier pour les appels de nuit des stations, la liaison (en guise de parafoudre) des lignes télégraphiques à la terre à l'entrée des stations, les transmissions simultanées et même les télégraphes imprimeurs.

M. Caël, dans un travail intéressant inséré dans les *Annales télégraphiques* de juin et de décembre 1876 (1), a indiqué les résultats des nombreuses expériences qu'il a faites avec ces sortes de rhéotomes et desquelles on peut conclure :

1° Que la résistance opposée au courant par le rhéotome, quand la lame

_____

(1) Voir t. III, p. 250 et 600. Voir aussi t. II, p. 502.

d'aluminium est positive, dépasse 2000 kilomètres de fil télégraphique, tandis qu'elle varie de 15 à 20 kilomètres seulement, quand cette lame est négative ;

2° Que c'est une solution légère de bi-chromate de potasse (4 à 5 grammes dans de l'eau pure remplissant les deux tiers d'un vase de verre de $^1/_3$ litre), qui donne les meilleurs résultats ;

3° Que ce rhéotome pourrait être employé avec succès, par inversions de courant, dans les postes secondaires desservis par dérivation ;

4° Qu'il peut également être utilisé, comme moyen de préservation, à la place des parafoudres à bobines.

Les électrodes employées dans les expériences de M. Caël étaient représentées par des fils de 1 millimètre de diamètre, plongés dans le liquide sur une longueur de 5 millimètres.

Le rhéotome de M. Ducretet me rappelle un système électrolytique qui, bien que produisant des effets d'un autre genre, pourrait peut-être aussi avoir ses applications. Il s'agit d'un électrolyte dont les électrodes étant en platine et en palladium, celle-ci se recourbe sous l'influence du passage du courant quand elle est négative. Cet effet provient de l'absorption considérable que peut faire le palladium du gaz hydrogène, lequel gaz en pénétrant le métal et peut-être même en s'y alliant, augmente le volume de la lame du côté où l'hydrogène se dépose en plus grande abondance ; aussi la courbure de la lame se fait-elle d'abord dans la partie qui fait face à l'électrode positive de platine ; mais comme au bout d'un certain temps cette face se trouve saturée, la seconde face, en se pénétrant à son tour, tend à courber la lame en sens contraire, et celle-ci se redresse. On peut s'assurer que ces effets sont bien dus à l'absorption de l'hydrogène, en chauffant la lame à la lampe à alcool aussitôt qu'elle a été recourbée. On la voit alors prendre une courbure en sens contraire.

Cette propriété pourrait être appliquée dans les cas où l'on aurait besoin, au moment du passage d'un courant, d'une indication ou d'un effet passager qui devrait cesser sans qu'on interrompe l'action électrique. La lame de palladium serait alors fixée par une de ses extrémités au fond de l'électrolyte, et sa partie supérieure pourrait agir sur un interrupteur de pile locale.

Régulateurs des interrupteurs de courants de M. Trouvé. — Les appareils électro-médicaux sont aujourd'hui fréquemment employés en médecine et constituent une branche de commerce importante exploitée en France par plusieurs constructeurs, mais principalement par MM. Gaiffe et Trouvé. Nous avons déjà parlé au sujet des générateurs électriques et des appareils d'induction, des principaux modèles de ces appareils (voir t. I et II) ; mais à mesure que les progrès de la science électro-médicale se font jour, les exigences des praticiens se multiplient, et aujourd'hui, les appareils électro-médicaux doivent être accompagnés d'appareils régulateurs susceptibles de permettre au médecin d'appliquer les courants interrompus *avec un nombre donné d'interruptions par seconde.* Il paraît, d'après les recherches de MM. Onimus et Legros, que la fréquence plus ou moins grande des interruptions du courant exerce une très-grande influence dans certaines maladies et notamment dans les asphyxies, et qu'une trop grande rapidité d'intermittences est bien plus nuisible qu'une intensité trop grande de courant, quand on agit sur les phénomènes cardiaques et respiratoires. Si les appareils d'induction sont employés aujourd'hui

Fig. 51.

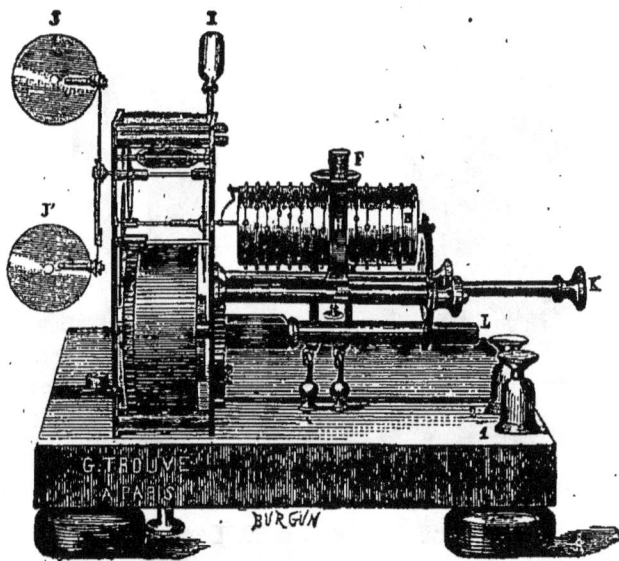

pour rappeler les noyés à la vie, comme l'ont proposé MM. Hallé et Sue, et font partie des appareils des postes de secours aux noyés, il est certain que ces appareils devront être munis de régulateurs, car en limitant le nombre d'intermittences qui doivent être effectuées par l'instrument, des mains même non exercées pourraient s'en servir sans danger.

Au moyen de ces régulateurs, les physiologistes eux-mêmes peuvent expérimenter dans des conditions électriques parfaitement déterminées et qui peuvent être maintenues, car au moyen des graducteurs de pile, on peut arriver à obtenir toujours une intensité électrique donnée, et l'action physiologique résultant de la fréquence des interruptions, peut être également obtenue au moyen de ces appareils.

Nous représentons fig. 51 et 52, les deux systèmes de régulateurs que M. Trouvé a combinés dans ce but.

Le premier se compose : 1° d'une bobine inductrice, indépendante des bobines induites ; 2° de deux bobines induites (ou d'un plus grand nombre), s'adaptant successivement au chariot, et formées de fils de différentes grosseurs ; 3° d'un interrupteur spécial qui constitue la partie principale de l'appareil.

Cet interrupteur que l'on voit en H fig. 52, se compose d'un cylindre E divisé en vingt parties dont chacune contient des contacts disposés succes-

Fig. 52.

sivement en progression croissante de 1 à 20. Devant ce cylindre mu par un mouvement d'horlogerie muni d'un volant J J' à résistance variable, peut glisser un système de frotteur F dont nous représentons, fig. 51, le dernier modèle, et qui a pour fonction, étant placé devant telle ou telle série des contacts du cylindre, de réagir sur le courant, soit primaire, soit secondaire de la bobine d'induction. Comme au moyen du volant du mécanisme d'horlogerie on peut donner au cylindre des vitesses de 1, 2, 3, 4 tours par seconde, on peut obtenir, en combinant ce réglage avec celui de l'interrupteur, depuis 1 jusqu'à 80 interruptions de courant en une seconde.

La graduation de l'intensité du courant dans cet appareil s'obtient à l'aide du chariot de Siemens, qui permet de partir d'un effet nul pour arriver à l'effet maximum en passant par tous les intermédiaires. Il est représenté en M D fig. 52. Enfin, les courants sont obtenus au moyen de la pile à fermeture hermétique (grand modèle) de M. Trouvé, que nous avons décrite tome I, page 269.

Dans la fig. 52, K est le bouton au moyen duquel on fait avancer le style de l'interrupteur devant telle ou telle série de contacts ; L est le carré du mouvement d'horlogerie pour le remonter, M la bobine inductrice, C son tube graduateur, BB' des bobines induites dont l'une à gros fil de 100 mètres de long, et l'autre à fil fin de 200 mètres. D est le chariot, E le cylindre interrupteur, H le style interrupteur qui est dans cette figure du système Foucault, J J' les ailettes du volant, I et G le levier de déclanchement du mouvement d'horlogerie dans ses positions d'arrêt et de déclanchement. Les rhéophores de la pile s'attachant aux boutons 1 et 2, fournissent des courants continus ; s'attachant aux bou-

Fig. 53.

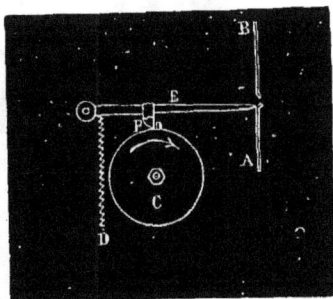

tons 3 et 4, ils fournissent des courants d'induction que l'on recueille aux boutons 5, 6 et 7, savoir : les courants induits, aux boutons 6 et 7, les extra-courants, aux boutons 5 et 6 et les courants induits réunis, aux boutons 5 et 7.

Nous devons insister ici sur la disposition de l'interrupteur indiquée sur la fig. 53, car elle donne beaucoup plus de précision au jeu de l'appareil que les autres systèmes primitivement employés.

Dans ce système, le levier E de l'interrupteur réagit sur deux lames de platine A, B légèrement recourbées à leur extrémité les plus voisines et isolées sur une plaque d'ébonite. Ces lames peuvent être mises à volonté en communication avec l'un des rhéophores de la pile, et le circuit est complété par le ressort antagoniste D qui sollicite le levier E.

Quand le ressort B communique avec la pile, chaque touche du cylindre C le soulève et détermine un contact en B qui ferme le courant pour opérer immédiatement après une rupture ; mais comme la force antagoniste est toujours la même ainsi que l'étendue des frottements, les durées des fermetures sont toujours sensiblement les mêmes, ce qui n'a pas lieu avec les interrupteurs à mercure. D'un autre côté, quand c'est le ressort A qui communique à la pile, le courant reste fermé tout le temps que la came F' n'appuie pas sur le levier E, et alors on obtient des courants intermittents sur circuit fermé au lieu de les avoir sur circuit ouvert ; mais ces courants ont une durée variable avec le nombre des intermittences, ce qui constitue un mode d'électrisation qui peut avoir ses applications.

L'appareil que nous représentons fig. 54, n'est qu'un appareil d'induction de poche, analogue à celui que nous avons décrit tome II, p. 260, et qui est pourvu d'un régulateur d'intermittences de courant, d'une précision réellement étonnante pour la simplicité de sa disposition. Ce régulateur met à contribution le trembleur à graducteur que nous avons décrit tome II, p. 261, et de plus un système de lame vibrante extensible qui modère dans un rapport connu les vibrations du trembleur. Ce trembleur étant cette fois articulé sur un pivot vertical, peut recevoir à son extrémité libre, l'adjonction de tiges H qui augmentent sa longueur à volonté. De là résulte un véritable pendule horizontal qui ralentit la durée des oscillations proportionnellement à sa longueur. Au moyen de trois rallonges de même longueur, on peut donc, de cette manière, ralentir la vitesse de l'interrup-

Fig. 54.

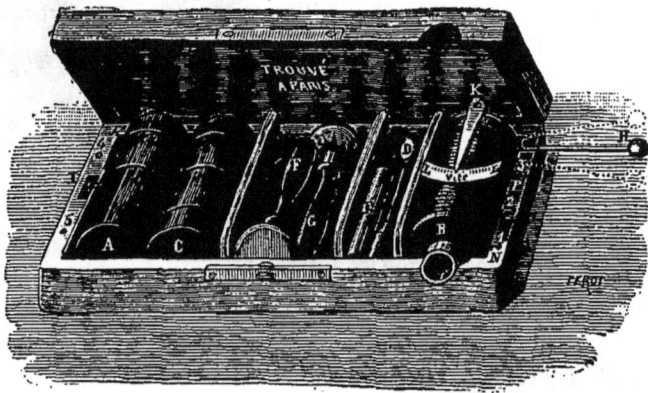

teur dans les rapports de 1 jusqu'à 4. Voilà un premier moyen de faire varier à volonté le nombre des vibrations du trembleur. Le second consiste à rapprocher plus ou moins de l'électro-aimant l'armature du trembleur au moyen du levier à came K, dont nous avons expliqué le fonctionnement tome II, p. 261.

En combinant ces deux systèmes de régulateurs, on peut donc graduer le nombre des intermittences dans un rapport très-étendu ; mais il s'agissait de connaître exactement le nombre des intermittences dans telle ou telle position du levier K et avec telle ou telle longueur de la verge vibrante H. Pour cela M. Trouvé a eu recours aux indications d'un chronographe, et il a commencé par compter le nombre de vibrations par seconde que donnait le trembleur avec son prolongement le plus grand, dans les diverses positions du levier K, c'est-à-dire suivant les différents écartements de l'ar-

mature de ce trembleur; il marquait alors sur un cercle L placé au-dessous
de ce levier, un trait pour les écarts correspondant à une, deux, trois, etc.,
vibrations, jusqu'à 10, et, comme les autres prolongements constituant le
pendule étaient des sous-multiples exacts de sa longueur, et en représen-
taient la moitié et le quart, il pouvait, en enlevant un ou deux de ces prolongements multiples, doubler ou quadrupler le nombre de vibrations
correspondant à chacun des degrés marqués sur le cercle, ce qui lui donnait un nombre de réglages suffisant dans les cas ordinaires.

Perfectionnements nouveaux apportés au téléphone. —
Depuis l'impression de notre notice sur le téléphone, de nouveaux renseignements nous sont parvenus, et nous ont fait voir que non-seulement *le
téléphone transmetteur de la parole*, réalisait bien le but que s'était proposé son auteur, mais encore que plusieurs perfectionnements lui ont été
apportés par différents inventeurs, entre autres par MM. Edison, Varley,
Richemond, etc. Cet appareil est même aujourd'hui appliqué à New-York,
à Boston et à la Providence, pour remplacer les télégraphes domestiques
de ville, et on vient d'en faire récemment en Angleterre un essai très-
heureux dans les mines de Cornouailles. Le *Télégraphic journal* dans son
numéro du 15 septembre 1877, consacre un long article aux expériences
entreprises dans ces mines par M. Foster, et montre que dans ces conditions d'application, le téléphone remplace très-avantageusement le télégraphe
électrique qui exige de la part de ceux qui en font usage une certaine
habitude, difficile à rencontrer chez la plupart des ouvriers mineurs, et
l'emporte sur les tubes acoustiques qui ne peuvent fournir d'indications
bien nettes au-delà d'une certaine distance très-limitée.

Les perfectionnements qu'on a apportés au téléphone de Bell se rapportent
principalement au système de la transmission électrique. On a déjà vu que
les courants appelés à reproduire la parole, provenaient, dans l'appareil de
Bell, des modifications apportées à l'état magnétique d'un système magnéto-
électrique par suite des mouvements d'une armature ou d'une lame
en fer vibrant dans le champ magnétique. Comme ces mouvements sont
en somme assez restreints, les courants d'induction qui en résultent sont
naturellement faibles, et ne peuvent fournir d'effets bien nets, surtout pour
les sons un peu élevés et à une distance un peu grande. M. Edison, de New-
York, a cherché à parer à cet inconvénient en employant un générateur
électrique un peu intense, et en provoquant les interruptions du courant
par l'intermédiaire d'un corps susceptible d'avoir sa résistance modifiée
suivant l'amplitude des vibrations produites. Le corps qui, sous ce rapport,
lui a fourni les meilleurs résultats, a été la plombagine, qui jouit de la pro-

priété d'être plus ou moins conductrice suivant le degré de la pression exercée sur elle, et pour l'appliquer à son appareil, il lui a suffi d'en composer un petit cylindre et de le disposer de manière à pouvoir être adapté à la lame vibrante. Ce cylindre en rencontrant sous des pressions plus ou moins fortes, en rapport avec l'amplitude des vibrations, un disque de platine communiquant à la ligne, pouvait en effet produire, de cette manière, les effets de renforcement et d'affaiblissement que M. Bell obtenait avec ses courants induits plus ou moins intenses, et le problème était résolu avec une source électrique aussi énergique qu'on pouvait le désirer.

D'un autre côté, afin d'éviter dans l'appareil de réception les lenteurs de désaimantation et les extra-courants qui, dans le récepteur de Bell, empêchaient souvent les sons élevés d'être entendus, M. Edison a dû abandonner les organes électro-magnétiques, et s'est trouvé conduit à mettre en application le principe du relais qu'il avait imaginé en 1874, et que nous avons décrit dans notre tome III, p. 419, sous le nom d'*électro-motograph*. Dans ce système, l'action électrique a, comme on l'a vu, pour effet, de déterminer à la surface d'une bande de papier préparée avec certaine solutions chimiques et disposée comme dans les télégraphes électro-chimiques, des espèces de gaufrages assez prononcés pour donner lieu, même sous l'influence de faibles courants, à de petits mouvements de descente de la pointe de platine sous laquelle l'effet se produit, et qui n'existent pas quand le courant ne passe pas. Il en résulte que, quand des émissions de courant se succèdent avec une certaine vitesse, la pointe exécute une série de mouvements vibratoires, qui étant communiqués à la lame de ressort qui la soutient, et qui est fixée sur une caisse sonore, peuvent déterminer des sons en rapport exact avec le nombre des interruptions de courant déterminées par le transmetteur et variant avec l'intensité électrique; car l'action produite sur le papier est plus ou moins énergique suivant que cette intensité est plus ou moins forte. On se trouve donc de cette manière dans les mêmes conditions qu'avec le récepteur ordinaire de M. Bell, mais seulement avec plus de sensibilité et de netteté dans les effets produits.

Quand, au lieu de la parole, l'appareil de M. Edison est appelé à transmettre simplement des sons musicaux, le cylindre de plombagine est remplacé par une pointe de platine, et les effets se produisent comme dans les téléphones de Reuss et de Gray.

Dans le téléphone de M. J. Richemond, appelé par lui *électro-hydrotéléphone*, les variations d'intensité des courants, suivant l'étendue des sons, sont produites par l'intermédiaire d'un milieu liquide dans lequel sont immergées deux pointes de platine mises en rapport avec le circuit de ligne et la plaque vibrante du transmetteur. Ces pointes sont assez rapprochées l'une de l'autre pour que les variations de leur écartement réciproque, sous l'influence des vibrations de la plaque vibrante, puissent fournir des différences d'intensité électrique capables de représenter les inflexions des sons.

Un résultat analogue a été obtenu par M. Varley, en faisant varier le potentiel électrique au moyen d'un condensateur dont l'une des armures adaptée à la lame vibrante peut, par l'amplitude plus ou moins grande des vibrations de celle-ci, diminuer plus ou moins la tension du courant appelé à réagir sur le récepteur.

Maintenant que l'attention des savants est portée sur ce genre d'appareils, il est probable que beaucoup d'autres systèmes seront encore proposés ; jusqu'ici cependant il n'y a guère que celui de M. Bell qui soit mis en usage mais on lui a déjà apporté quelques modifications ; ainsi le récepteur et le transmetteur, au lieu d'avoir une disposition différente, comme nous l'avons indiqué p. 112, ont exactement la même forme ; de sorte que le transmetteur peut servir de récepteur *et vice versa*. Il est vrai qu'alors la membrane est remplacée par une large lame vibrante en fer, qui peut tout aussi bien qu'une membrane d'origine organique transmettre les vibrations. Le système magnéto-électrique lui-même n'est autre qu'un électro-aimant Hughes (no 38 de la gauge anglaise), dont les bobines sont recouvertes de fil assez fin pour fournir des courants d'induction d'une plus grande tension, et c'est la lame vibrante qui sert d'armature à cet électro-aimant. On comprend que de cette manière cette lame peut vibrer sous deux influences différentes, car, en arrière d'elle, se trouve le porte-voix qui la fait vibrer sous l'influence de la voix, et en avant, se trouve le système électro-magnétique qui la fait vibrer sous l'influence des impulsions magnétiques déterminées par les courants transmis. L'appareil d'ailleurs ressemble aux embouchures des tubes acoustiques, et nous le représentons vu en coupe fig. 6, pl. II. On l'emploie généralement disposé en double, afin de pouvoir, pour la réception, l'appliquer aux deux oreilles. Les sons produits sont alors, à ce qu'il paraît, plus nets et plus intenses (Voir le *Telegraphic journal* du 1er octobre 1877.)

CHAPITRE II

APPLICATIONS AUX USAGES DOMESTIQUES.

I. — SONNERIES D'APPARTEMENT AVEC LEURS ACCESSOIRES.

Il est inutile ici de faire ressortir l'importance des sonneries d'appartement. Leur besoin s'en est fait sentir de tout temps, et tous les jours leur
emploi trouve de nouvelles applications. Toutefois, ce n'a pas été sans
peine que l'usage des sonneries électriques s'est répandu dans l'économie
domestique. On a renoncé difficilement aux anciens systèmes de sonnettes
à tirants, et encore aujourd'hui, dans plusieurs provinces, on trouve des
personnes qui préfèrent l'ancien système au nouveau. Si on racontait toutes
les stupidités que ces partisans de l'arriéré débitent pour justifier leur préférence, il y aurait de quoi s'égayer, et je n'en veux pour preuve que cette
croyance qu'ils ont généralement que les fils des sonneries électriques doivent attirer le tonnerre !!! et ce sont des personnes ayant une certaine
éducation qui vous disent de pareilles énormités !!! Ce qui a nui beaucoup
dans l'origine à la mise en pratique des sonneries électriques, c'était d'une
part la disposition des piles qui exigeaient un entretien trop assujettissant
et trop dispendieux pour qu'on voulut s'y soumettre, et d'autre part la
mauvaise installation des communications électriques qui, étant faites avec
des fils beaucoup trop fins et de mauvaise qualité, se coupaient soit sous
une influence électrique résultant des dérivations à travers les murs
humides, soit par l'effet de la rouille des pitons ou clous autour desquels
on les entortillait, soit du mauvais recouvrement des fils. Heureusement
ces inconvénients ont disparu à la suite de la découverte de la pile Leclanché et des précautions que l'on a prises dans la pose des fils, et aujour-
d'hui les sonneries électriques fonctionnent de la manière la plus régulière
et la plus satisfaisante. On pourra voir, du reste, dans notre tome II, p. 382,
comment doivent être établies ces communications pour être dans de
bonnes conditions. Sous ce rapport, les constructeurs de ces sortes d'appareils ont fait de grands progrès, et il est bien rare aujourd'hui que l'on ait
à s'en plaindre.

Si l'on considère qu'avec le système électrique les fils de communication
peuvent être aussi longs et aussi contournés que les circonstances l'exigent,

sans nécessiter de renvois de mouvements, que ces fils peuvent être dissimulés à la vue, et que l'on peut placer en quelques heures des communications de ce genre dans toutes les pièces d'une maison, on peut comprendre que l'installation des sonneries électriques est non-seulement la
plus facile, mais encore la plus économique et la moins dérangeante
de toutes les installations de ce genre, et comme la pile peut rester chargée
deux ans sans qu'on s'en occupe, il n'existe plus aucune raison qui puisse
militer en faveur des anciens systèmes. On peut d'ailleurs prendre maintenant des abonnements avec les constructeurs qui se chargent, moyennant
une somme assez peu élevée, de maintenir en bon état toute l'installation.

Nous avons fait dans notre tome III, p. 496, l'histoire des sonneries élec-

Fig. 55.

Fig. 56.

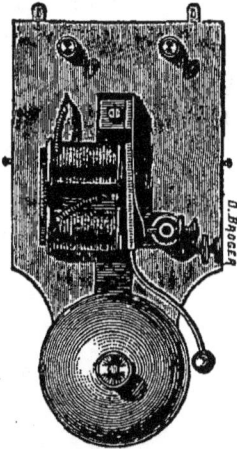

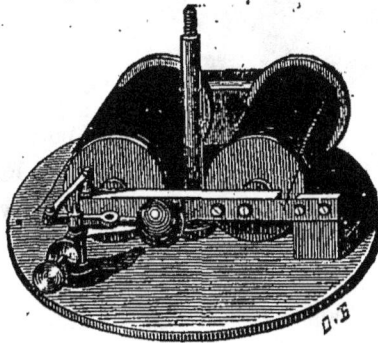

triques, et nous avons étudié les différentes dispositions qui leur avaient
été données. Toutefois, dans leur application aux usages domestiques, on
n'emploie guère que les sonneries trembleuses à petite résistance, du
modèle que nous reproduisons fig. 55. Quelquefois cependant on complique
le mouvement du marteau d'une articulation, pour en rendre la course plus
grande et les coups plus forts. Nous représentons fig. 56, le dispositif adapté
dans ce but par M. Mildé fils, et qui est du reste très-simple. Il se compose,
comme on le voit, d'une bascule horizontale à bras très-inégaux, articulée
au pilier où est adaptée la vis de contact du ressort interrupteur, et au petit
bras de laquelle est reliée, au moyen d'une bielle, l'armature. Le système
est placé à l'intérieur d'un grand timbre dont le support s'élève entre les
bobines de l'électro-aimant, et le tout est recouvert d'une enveloppe circulaire percée de trous que nous représentons fig. 57. Ce système prend très-

peu de place, est très-portatif, et peut s'accrocher en tel endroit qu'il convient. La sonnerie de M. Breguet représentée fig. 32 est du reste une sonnerie du même genre.

Quelquefois on emploie des sonneries à coups isolés dont nous représentons un dispositif, fig. 13, pl. I. Comme

Fig. 57.

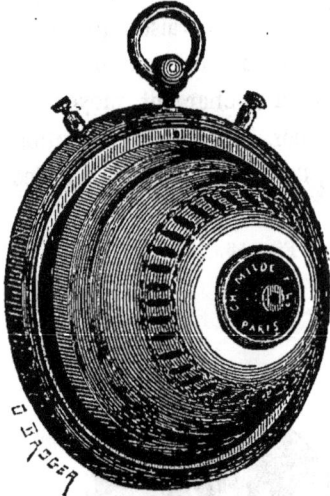

ces sonneries peuvent servir à une transmission en quelque sorte télégraphique, les coups doivent être forts et sonores, et c'est pour cela que, comme dans le système précédent, on a dû amplifier la course du marteau. Le dispositif de la figure 13 est celui qu'avait combiné, vers 1845, M. Froment, et il avait été disposé de manière à produire l'effet des timbres employés encore dans certaines maisons.

Dans la figure en question, A est l'armature de l'électro-aimant ; elle est articulée en E à une tige E d qui réagit sur le levier coudé P C D dont la branche P porte le marteau, et est rappelée contre un butoir B par un ressort à boudin F. Un autre butoir G placé devant le tige du marteau, fait arrêt pour relever celui-ci aussitôt qu'il a frappé sur le timbre T.

On comprend que cette disposition des leviers P C, D E, C D amplifiant considérablement la course de l'armature, provoque un coup d'autant plus énergique que la croissance de la force électro-magnétique, à mesure que l'armature A s'approche de l'électro-aimant M M, est plus considérable.

On a obtenu des effets encore plus forts, en faisant réagir, comme nous l'avons déjà indiqué, tome III, p. 509, l'armature de l'électro-aimant mise en vibration, sur une roue à rochet commandant la levée du marteau. On comprend en effet que cette levée étant effectuée sur un arc qui peut être considérable et en sens opposé de l'action d'un ressort antagoniste, on peut faire en sorte qu'une excentrique adaptée à l'axe du rochet écarte les cliquets de la roue à rochet à un moment donné, et fasse retomber le marteau vigoureusement sur le timbre. Ce système imaginé par M. Froment en 1853, a été souvent réinventé depuis cette époque, et un des meilleurs modèles est celui qu'a construit M. Devos.

Quelquefois, dans différentes fonctions d'avertisseurs électriques, on met à contribution des sonneries trembleuses à mouvement continu, dont nous avons décrit les différents types dans notre tome III. Ces appareils n'ayant rien de particulier, nous n'en parlerons pas davantage ici, pas plus que des sonneries à mouvement d'horlogerie qui ne peuvent être d'aucune utilité dans les applications dont nous nous occupons en ce moment. Je dirai seulement que la fabrication des sonneries électriques constitue aujourd'hui une industrie assez importante, qui est exploitée avec succès en France par MM. Breguet, Mors, Deschiens, Mildé, Jarriant, Biloret, Grenet, Boivin, Pelletier et Messager, etc. etc. Chacun de ces constructeurs a voulu apporter une petite variante à la disposition et à la forme des pièces qui les composent; mais le principe est toujours le même. Il est toutefois résulté de cette concurrence, que les sonneries électriques qui dans l'origine coûtaient de 15 à 25 francs, sont tombées de 6 à 7 francs, et sont tout aussi bonnes.

Les sonneries électriques, quant aux sons produits, ont été disposées de différentes manières; le plus souvent ce sont des timbres qui sont employés; mais quelquefois on met à contribution des clochettes, des grelots et même des timbres en bois de Gaïac. Ces derniers sont surtout employés pour les sonneries de bureau. Pour obtenir avec ces sortes de timbres de bons résultats, il faut prendre certaines précautions que M. Mirand a étudiées d'une manière particulière au moment où il a complété son invention. Il a en effet reconnu que pour obtenir de la part de ces timbres des sons un peu forts, il fallait que leurs bords fussent très-rapprochés de la planche qui leur sert de support, et comme par suite de ce rapprochement il était nécessaire de donner issue aux vibrations de l'air emprisonnées à l'intérieur du timbre, il dut pratiquer sur le bord de celui-ci une petite ouverture.

Dans ces derniers temps, on a imaginé de rendre électriques les timbres d'appel que l'on place ordinairement sur les tables, et pour cela on les a montés sur une petite boîte cylindrique de quelques centimètres de hauteur dont ils forment en quelque sorte le recouvrement. Le bouton transmetteur est alors adapté à la partie supérieure du timbre, au-dessus de la tige qui lui sert de support et qui est alors creuse, et le mécanisme de la trembleuse avec sa pile est introduit dans le socle de l'appareil. Des timbres assez petits fournissent dans ces conditions un tintement assez fort, et il paraît que la pile peut durer longtemps chargée, quoique de petite dimension. Je n'ai pu avoir de renseignements sur cette pile, mais MM. Gaiffe et Trouvé en construisent qui pourraient être parfaitement appliquées dans ce cas. Ces appareils sont bien montés et on les vend boulevard des Italiens, n° 30.

Nous avons vu au chapitre des applications de l'électricité aux chemins de fer que, dans le système d'avertissement électrique de M. Prudhomme adapté aux trains en mouvement, la sonnerie d'alarme avait dû être munie d'un mécanisme susceptible d'empêcher la vibration du marteau, déterminée par les mouvements de trépidation produits sur les wagons. Ce mécanisme avait été imaginé dès l'origine par M. Mirand, et voici en effet comment je le décrivais dans la seconde édition de cet ouvrage, tome III, p. 91 :

« Quant au mécanisme destiné à empêcher les sonneries électriques de tinter lorsqu'elles sont mises accidentellement en mouvement, il consiste simplement dans une petite détente de liége fixée à l'extrémité d'un long levier, dont le mouvement est commandé par un petit électro-aimant annexé à celui de la sonnerie. La tige du marteau de cette sonnerie bute en temps ordinaire contre cette détente, qui l'empêche d'atteindre le timbre; mais, quand le courant réagit, cette détente est écartée, et le marteau devient libre dans ses mouvements. Quand la longueur du circuit n'est pas considérable, une bifurcation du courant suffit pour faire marcher séparément les deux électro-aimants; mais, quand cette longueur devient plus grande, l'électro-aimant additionnel devient relais, tout en faisant fonctionner la détente de liége. »

Fig. 58.

Fig. 59.

Les transmetteurs employés pour faire fonctionner les sonneries électriques, consistent généralement dans deux lames de ressort munies de contacts en argent ou en platine, dont l'une étant abaissée sur l'autre, détermine une fermeture de circuit passagère qui cesse aussitôt que l'on n'appuie plus sur le ressort. Pour donner plus de raideur au ressort tout en lui conservant son élasticité, on contourne en spirale plate le ressort supérieur. Ordinairement ces interrupteurs sont adaptés à de petits disques de bois qui sont recouverts d'une enveloppe hémisphérique de bois ou de porcelaine, et un petit bouton d'ivoire légèrement creusé, adapté au ressort supérieur, permet en passant librement dans un trou pratiqué dans la couverture, d'effectuer avec le doigt l'abaissement du ressort, comme on le voit fig. 58. Cependant on emploie assez souvent des transmetteurs en forme de poire qui s'adaptent alors à l'extrémité de petits câbles semi-métalliques fixés à la partie supérieure des appartements, comme les anciens pendants de sonnettes. Cette disposition, que nous représentons fig. 59, présente de grands avantages pour les malades, qui, de cette manière et par le moyen d'un long câble, peuvent se faire suivre du bouton de sonnerie en quelque point de l'appartement où trouvent.

On a encore disposé ces transmetteurs pour s'adapter aux tirants des portes-cochères et même aux avertisseurs d'incendie, comme on l'a vu p. 130. Naturellement on leur a donné toutes les formes en usage dans le commerce, et comme ces formes n'ont rien qui puisse intéresser, nous n'en parlerons pas davantage, et nous nous bornerons à indiquer dans la fig. 60 le modèle le plus usuel.

Les transmetteurs peuvent encore être multiples, c'est-à-dire pourvus de plusieurs boutons de contacts. Ces boutons se trouvent alors rangés les uns

Fig. 60.

Fig. 61.

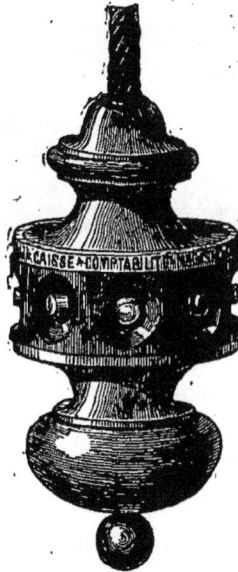

Fig. 62.

à côté des autres sur une petite planchette d'acajou ou de palissandre su laquelle sont gravées les indications des sonneries auxquelles ils correspondent. Cette disposition est particulièrement employée pour les chefs de bureau, et alors l'appareil est disposé de manière à en faire un presse-papier. En conséquence, il est muni d'un câble extensible qui permet de le changer de place. D'autres fois, les boutons sont rangés autour d'un appareil cylindrique suspendu au plafond par le câble même renfermant les fils de communication, comme on le voit fig. 61.

Enfin on a encore disposé ces transmetteurs sous des pédales adaptées à portée des pieds du maître de maison, dans les salles à manger, afin qu'il puisse diriger le service sans se déranger et sans qu'on s'en aperçoive. La fig. 62 est un transmetteur de ce genre.

Les accessoires des sonneries d'appartement sont assez nombreux. Ce sont d'abord des *cadres indicateurs* destinés à indiquer l'appartement où l'on a sonné ; en second lieu des *transmetteurs à réponse* sur lesquels la personne appelée prévient que le signal a été entendu ; en troisième lieu

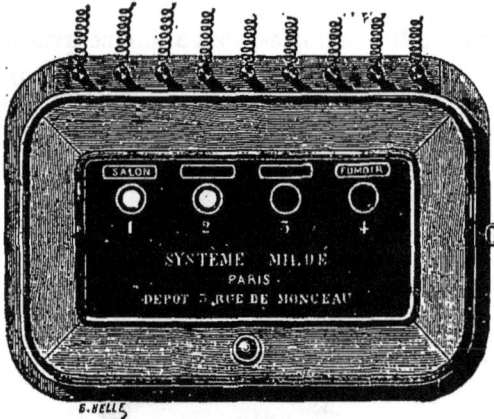

Fig. 63.

des *avertisseurs de concierge* pour leur dire si l'on reçoit ou si l'on ne reçoit pas ; enfin des *transmetteurs d'ordres de service* qui permettent de télégraphier un certain nombre d'ordres sans qu'on ait à s'occuper d'aucune manœuvre télégraphique. Nous allons passer successivement en revue ces différents systèmes d'appareils qui ont été combinés de différentes

manières, mais qui se rattachent presque tous aujourd'hui au type primitif imaginé par M. Mirand et qui est certainement le plus simple.

Tableaux indicateurs. — Des différents systèmes dont nous venons de parler, le plus utile est bien certainement celui au moyen duquel les numéros des différents appartements ou chambres qui doivent être mis en communication avec la sonnerie, se trouvent désignés en même temps que se fait entendre le signal. Aujourd'hui tous les grands hôtels en sont pourvus, et on en est fort satisfait. La fig. 63 en indique l'aspect extérieur.

D'après les renseignements qui m'ont été fournis, il paraîtrait que c'est M. Froment qui aurait imaginé le premier dispositif de ce genre. Son système remonterait à l'année 1845. Il consistait dans un cadre muni d'autant d'électro-aimants qu'il y avait de numéros à faire paraître, et par conséquent d'appartements ou de chambres à désigner. Ces électro-aimants étaient rangés verticalement les uns à côté des autres, et chacun d'eux réagissait sur un mécanisme que nous représentons fig. 14, pl. I, et qui se composait essentiellement d'un tube T à l'intérieur duquel pouvait se mouvoir une tige V sollicitée par un ressort à boudin V. Cette tige munie d'une échancrure a, portait à sa partie supérieure la plaque P, sur laquelle était inscrit le numéro de la chambre avec laquelle l'électro-aimant M était mis en rapport. Un levier coudé A B C fixé sur l'armature de cet électro-aimant, embridait en temps ordinaire cette tige U par son bras A B ; mais, quand l'armature venait à être attirée, la tige A C, basculant en C, se trouvait rejetée en arrière et dégageait la tige U qui, sollicitée par le ressort à boudin, s'élevait spontanément en faisant apparaître la plaque P au-dessus du cadre. Le numéro se trouvait donc ainsi désigné, et, pour le faire disparaître, il suffisait de repousser la plaque à l'intérieur du cadre. Le ressort G, servant de ressort antagoniste à l'armature de l'électro-aimant, permettait en même temps de renclancher la tige U. Dans cet appareil, la traverse horizontale H, que l'on voit en coupe sur la figure, servait de butoir d'arrêt à toutes les armatures, et la traverse I, de distributeur de courant à tous les électro-aimants.

Le système de M. Mirand est encore plus simple que le précédent, et permet certaines combinaisons qui peuvent être très-importantes dans beaucoup de circonstances.

Dans ce système, chaque mécanisme est en rapport avec les différentes chambres. Il se compose uniquement d'un électro-aimant M, fig. 18, pl. I, dont l'armature est une bascule aimantée oscillant entre ses pôles ou plutôt entre ses bobines, et portant une carte sur laquelle est inscrit, d'un côté seulement, le numéro de la chambre à laquelle elle correspond. Avec cette disposition d'appareil, le magnétisme rémanent suffit pour maintenir la bascule aimantée inclinée du côté où l'a fait dévier la dernière fermeture de courant. Par exemple, il faut que ces électro-aimants soient assez petits, et que l'armature bute contre le fil, et non contre les pôles, car alors la réaction de l'aimant sur le fer empêcherait l'action du courant. En temps ordinaire, les bascules aimantées doivent se trouver toutes inclinées du même côté, de manière à ne présenter que la partie noire de la carte qu'elles portent ; mais, quand on ferme le courant dans l'une ou l'autre des chambres mises en rapport avec l'appareil, et cela à l'aide d'un conjoncteur à inverseur, la bascule correspondante à ce conjoncteur dévie du côté opposé, et fait apparaître le numéro dans un guichet ménagé en place convenable sur le cadre. Dès lors, ce numéro reste visible jusqu'à ce qu'une inversion du courant fasse de nouveau tourner la bascule. Or, cette inversion du courant est produite par un second commutateur placé au-dessous du cadre, et que celui qui a été appelé doit toucher avant que de se rendre à l'invitation qui lui a été faite.

Comme ce genre d'appareils est plus spécialement susceptible d'application dans les auberges, et, comme dans ces sortes d'établissements c'est un même domestique qui est chargé d'un certain nombre de chambres voisines, M. Mirand a disposé son cadre à numéros de manière à ce que tous les numéros apparus disparaissent, sous l'influence d'une seule pression exercée sur un bouton commutateur placé au bas de ce cadre. La fig. 19, pl. I, représente la disposition de ce commutateur et des liaisons électriques ; A,B,C, sont les électro-aimants du cadre en rapport avec trois chambres, dont les transmetteurs sont en a, b et c. Le commutateur est en K, et la sonnerie électrique en S.

Le commutateur K se compose d'un levier de articulé en e et maintenu élevé par un ressort gh placé sous une pièce fg fixée à l'extrémité libre du levier de. Cette pièce fg appuie supérieurement contre une petite équerre fm en rapport avec la sonnerie S ; mais, étant abaissée, elle peut rencontrer une lame de ressort n en rapport avec le pôle $+$ de la pile. Une lame métallique ij, fixée sous le levier cd dont elle est pourtant isolée métalliquement, complète, avec les lames de ressort o, p, q, r, le commutateur. Ces dernières lames sont en rapport chacune avec un des électro-aimants du cadre à numéros, moins la dernière, qui correspond avec le pôle $-$ de la pile.

Le jeu de l'appareil est facile à comprendre. Supposons qu'on appuie sur le transmetteur a, le courant ira de a en A, de A en B, puis en C par les dérivations x, x'. Il arrivera au ressort gh, et, par les contacts f et g, à l'équerre m, d'où il pénétrera dans la sonnerie S pour en ressortir par le fil y et aboutir à la pile ; le numéro de l'électro-aimant A apparaîtra donc seul dans le cadre, et la sonnerie fonctionnera.

Supposons maintenant qu'on touche le transmetteur b, le courant ira de b en B, de B en C, etc., et accomplira le même trajet que précédemment. Le numéro de l'électro-aimant B apparaîtra donc, et la sonnerie fonctionnera de nouveau. Les deux numéros resteront toujours visibles dans le cadre jusqu'à ce que le domestique se soit aperçu de leur apparition. Alors, pour les faire disparaître, il appuiera sur le commutateur K. Voyons, en effet, ce qui a lieu dans ce cas : le courant va alors de la pile au ressort n, entre dans la pièce fg qui se trouve en ce moment en contact avec elle, pénètre dans le ressort gh, et de là se dérive dans les électro-aimants C, B, A, dont il ressort par les ressorts opq pour regagner la pile par la traverse ij et le ressort r. Le courant se trouve donc renversé dans tous les électro-aimants à la fois, et, partant, les bascules sont immédiatement déviées.

Par une combinaison un peu plus compliquée de fils, M. Mirand est parvenu à faire en sorte : 1° que l'apparition d'un numéro sur le cadre indicateur provoque toujours la disparition de celui qui l'a précédé ; 2° que la désignation de 55 numéros différents puisse être fournie par un cadre de 10 numéros seulement en employant deux numéros à la fois.

Pour résoudre le premier problème, M. Mirand emploie des transmetteurs à trois contacts disposés comme on le voit fig. 20 pl. I. L'un de ces contacts est relié au pôle positif de la pile; les deux autres *a* et *b* ont leur point de liaison placé différemment, selon que les transmetteurs auxquels ils appartiennent sont pairs ou impairs, par rapport aux numéros sur lesquels ils sont destinés à réagir. Pour les transmetteurs impairs, le contact *a* correspond au contact *b'* des transmetteurs pairs, et le contact *b* est relié directement à la bobine de gauche de l'électro-aimant correspondant du cadre aux numéros. Pour les transmetteurs pairs, ce contact *a'* correspond au pôle négatif de la pile, et le contact *b'* est relié aux bobines de gauche des électro-aimants correspondants du cadre aux numéros. Dans tous les cas, les bobines de droite de tous ces électro-aimants, pairs ou impairs, sont reliées ensemble. Pour peu qu'on suive la marche du courant sur la figure, on pourra s'assurer que le courant envoyé par l'un des transmetteurs réagit à la fois sur trois électro-aimants ; mais le sens du courant à travers l'électro-aimant correspondant à ce transmetteur, est différent de celui qui traverse les deux autres électro-aimants, d'où il résulte la destruction de l'effet primitivement produit.

Pour résoudre le second problème dont nous avons parlé, M. Mirand emploie des transmetteurs à quatre contacts ; mais les combinaisons en sont tellement complexes, qu'il faudrait une grande figure pour les expliquer. Du reste, en se pénétrant de la disposition précédente, et en faisant intervenir le quatrième contact du transmetteur dans les liaisons électriques, on peut comprendre comment doivent être combinées les communications électriques pour réaliser l'effet voulu.

Il est facile de comprendre que les différents problèmes dont nous venons de donner la solution la plus ingénieuse, peuvent être résolus de beaucoup d'autres manières. Ainsi l'on peut, par exemple, remettre en place mécaniquement les numéros tombés, sous l'influence d'une traction exercée sur un cordon qui réagit, au moyen d'une tige munie de bascules ou de plans inclinés, sur les tiges des numéros. On peut d'un autre côté faire en sorte que le déplacement du numéro s'effectue sous l'influence d'un déclanchement électro-magnétique, ayant pour effet de laisser tomber la plaque, soit de haut en bas, soit en avant du tableau. Dans ce dernier cas, la plaque passe à travers une fente pratiquée dans le tableau, et le numéro est vu de côté, ou lu au-dessous de la fente. Pour la remettre en place, il suffit de la relever à la main, ce qui la renclanche sur l'armature et sur le crochet de détente (1). On peut encore employer le système électro-magnétique repré-

---

(1) Voir un petit opuscule publié par M. Breguet sur *la pose et l'entretien des sonnettes électriques*, page 33.

senté fig. 25, t. II, système dont l'armature cylindrique en décrivant un arc
de cercle, peut fournir au levier du numéro une course assez grande pour
que le numéro paraisse et disparaisse du guichet. M. Breguet a employé
quelquefois, pour ses cadres à numéros, une disposition de ce genre que
nous représentons fig. 64. Les électro-aimants sont alors placés normalement à la planche du fond du cadre, et leur armature cylindrique, placée
excentriquement, fait en tournant, relever devant le guichet la plaque numérotée, laquelle, est, à l'état normal, repliée (sous l'influence d'un léger
ressort) le long des bobines de l'électro-aimant correspondant. M. Breguet

Fig. 64.

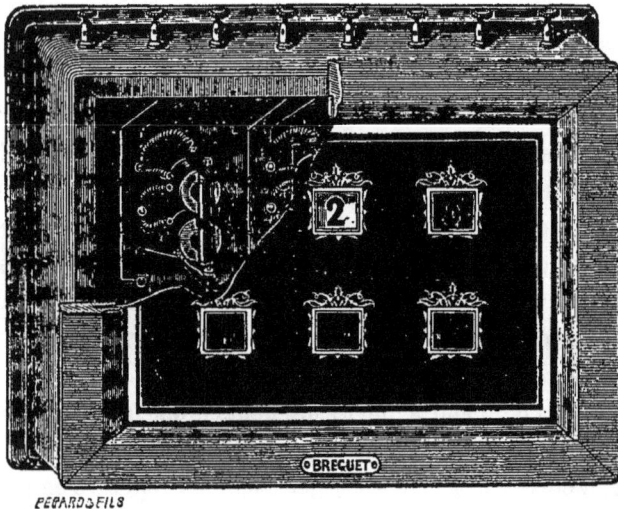

emploie du reste, le plus souvent, pour effacer les signaux de ses indicateurs, l'action mécanique, et cette action est provoquée au moyen de plusieurs tirants qui réagissent chacun sur toute une rangée verticale.

On peut encore employer pour les cadres à numéros, et c'est même le
système adopté par MM. Hipp et Deschiens, le système électro-magnétique
représenté fig. 23, et que M. Hipp avait appliqué à ses pianos; ce système
permettant d'obtenir une grande course circulaire de la part d'une armature, est tout à fait propre au relèvement d'une plaque à numéros, inclinée
en arrière du tableau sous un angle de 45°. Cette disposition présente
l'avantage de permettre de rapprocher les uns des autres les guichets des
numéros, et d'en placer un beaucoup plus grand nombre sur une même
surface. Dans ce système, le numéro relevé par l'action magnétique, est
arrêté contre un fil métallique tendu en avant de tous ces numéros sur

un châssis articulé, et il suffit de faire pivoter mécaniquement celui-ci au moyen d'un bouton, pour les reporter en arrière et effacer tous les appels. Naturellement les électro-aimants, dans ce système, se présentent debout, les pôles en avant.

Transmetteur à réponse. — Le transmetteur à réponse représenté fig. 21, pl. I, tel que l'avait combiné dans l'origine M. Mirand, consiste dans un mécanisme exactement semblable à celui de chaque numéro dans le cadre indicateur du même auteur décrit précédemment ; seulement, quand il doit être mis en rapport avec ce cadre, les combinaisons électriques des fils doivent être telles, que l'abaissement du commutateur K, fig. 19, pl. I, ait pour effet une fermeture de courant dans le sens voulu, pour faire apparaître dans le guichet du transmetteur, ces mots : *on vient* ou *c'est compris.* De plus, comme le courant envoyé dans ce cas à la sonnerie et au cadre indicateur est obligé de passer par l'électro-aimant de cet appareil à réponse, il en résulte que chaque fois qu'on fait un appel, le signal de réponse disparaît. Inutile de dire que la réaction qui peut se faire pour un de ces transmetteurs, s'effectue également dans le cas où il y en a plusieurs.

Avertisseur des concierges. — Il est souvent nécessaire pour les personnes qui ont à s'occuper de nombreuses affaires, de faire savoir, plusieurs fois dans la journée, à leur concierge, si elles peuvent recevoir ou si elles veulent fermer leur porte. Or, pour peu que l'on demeure à un étage élevé, ce soin devient tellement fatigant, qu'on préfère la plupart du temps ne rien dire au concierge, au risque de rendre inutile la peine prise par les visiteurs de monter plusieurs étages. Au moyen d'un appareil fondé sur le principe du transmetteur à réponse dont nous venons de parler, le concierge peut être prévenu sans qu'on ait à se déranger ; et comme le signal qui est fourni reste immobile jusqu'à ce qu'on le remplace, on a l'avantage de laisser au concierge un indice certain qui peut suppléer à sa mémoire. Par exemple, il faut ne pas être distrait, et on doit avoir soin, quand on veut recevoir, de faire arriver le signal de *Monsieur est rentré,* signal représenté par la lettre R. La lettre S indique au contraire que Monsieur est sorti.

Le transmetteur de cet appareil tel que l'a combiné M. Mirand, consiste dans un double bouton analogue à ceux des sonneries électriques, mais dont les ressorts sont tellement combinés entre eux, que le courant passe directement à travers l'appareil ou se trouve renversé, suivant qu'on touche le bouton de gauche ou le bouton de droite. Bien plus même, il suffit de les toucher instantanément pour que le signal soit transmis, quand bien même celui-ci ne serait pas arrivé à son point de repos au moment de l'action du courant. J'ai représenté fig. 10, pl. IV, du tome Ier de la seconde édition de cet ouvrage, le détail de ce commutateur qui est très-simple et très-ingénieux. Le problème du reste ne présente rien de difficile et peut être résolu d'une foule de manières différentes.

Indicateur télégraphique pour le service des hôtels. — Ce système imaginé par M. Debayeux, est en quelque sorte un petit télégraphe capable de transmettre les ordres de service les plus usités dans les hôtels ou dans les grands établissements industriels, sans qu'on ait à faire l'apprentissage de la manipulation télégraphique. Ordinairement ces appareils sont combinés pour quinze transmissions d'ordres; mais on pourrait les disposer pour un plus grand nombre, et d'ailleurs comme les ordres sont indiqués sur une petite carte que l'on peut changer à volonté, on peut non-seulement faire un choix des ordres les plus utiles, mais encore multiplier le nombre de ces ordres dans une grande proportion, en combinant entre eux leurs numéros, et en interprétant ces combinaisons d'après les indications d'un vocabulaire spécial établi par les intéressés.

Le transmetteur de cet appareil a pour organe principal un écrou mobile dans une rainure qui, en poussant sur un interrupteur un frotteur à galets, à mesure qu'il descend dans la rainure, détermine successivement les quinze fermetures de courant nécessaires à la transmission successive des différents ordres qu'on a à donner. Cette descente s'effectue sous l'influence même du poids de l'écrou, et se trouve régularisée par un mécanisme d'horlogerie à ailettes, composé de trois mobiles. Une carte sur laquelle sont inscrits les uns au-dessous des autres les différents ordres à transmettre, est introduite entre deux rainures à coulisses, en avant de l'écrou mobile, et chacune des lignes sur lesquelles sont écrits les différents ordres, correspond comme espacement à celui des contacts métalliques de l'interrupteur. Un index se mouvant verticalement le long de cette carte, et pouvant se fixer devant tel ou tel des ordres qui y sont inscrits, est muni en dedans de l'appareil d'un butoir que vient rencontrer l'écrou mobile au moment de sa chute, et qui l'arrête devant l'ordre à transmettre; comme le nombre des contacts est en rapport avec les différentes hauteurs de chute de l'écrou mobile, on peut obtenir que l'index du récepteur, en occupant sur un tableau indicateur la même position relative, désigne le même ordre à donner. Pour rendre la course de l'écrou mobile plus douce, on le fait rouler sur quatre galets, et le frotteur lui-même est pourvu d'un galet molleté.

En temps ordinaire, l'écrou mobile est crocheté sur un cliquet de détente dont le jeu est commandé par une petite pédale, placée à la partie supérieure de l'appareil, et pour le remettre en position après qu'il a accompli sa course, on appuie sur un levier qui passe dans une rainure sur le côté droit de la boîte, et qui a pour effet de remonter le mécanisme d'horlogerie au moyen d'un cordon enroulé sur un treuil adapté au premier mobile ; de plus, comme par suite de cette ascension de l'écrou, le frotteur pourrait établir inopportunément de nouveaux contacts en rétrogradant, on a disposé le levier remonteur de manière à faire écarter du frotteur l'interrupteur lui-même. A cet effet, cet interrupteur, constitué par une simple planchette en buis ou en ivoire, est articulé sur le côté comme la porte d'un meuble, et se trouve sollicité à s'incliner en dedans de l'appareil sous l'influence d'un ressort ; mais il ne peut, en temps ordinaire, céder à cette action ; par suite de l'effet du levier remonteur qui porte une came disposée à hauteur convenable pour remonter une dent adaptée au-dessous de la planchette de l'interrupteur, et qui soulève par conséquent cette planchette ; comme ce levier est lui-même sollicité par un ressort spiral qui le maintient soulevé, la planchette de l'interrupteur se trouve donc à hauteur convenable pour être rencontrée par le frotteur, et dès lors l'effet de celui-ci s'effectue comme il a été dit plus haut. Ce n'est que quand on remonte l'écrou et que le levier remonteur est abaissé, que la planchette de l'interrupteur, n'étant plus soutenue, s'incline en dedans de l'appareil et échappe au frotteur, au moment où il vient reprendre sa position normale. Puis, quand l'écrou est renclanché et que le levier a repris sa position normale, l'interrupteur se trouve de nouveau disposé de manière à fournir des contacts.

Pour que le levier remonteur puisse revenir à sa position initiale après avoir remonté l'écrou mobile, la corde qui réagit sur le mouvement d'horlogerie n'est reliée au levier que par l'intermédiaire d'une boule qui la maintient suivant la verticale et qui vient s'engager dans un trou pratiqué dans le levier, au moment où l'écrou est tout à fait descendu ; à cet effet le cordon passe à travers ce trou, et quand on abaisse le levier, celui-ci rencontre toujours la boule à un point plus ou moins éloigné de sa course, suivant le degré d'abaissement de l'écrou.

Le récepteur de l'appareil est fondé sur le même principe que le récepteur ; c'est également un écrou qui descend longitudinalement sous l'influence de son propre poids et d'un système d'échappement, auquel il est relié par l'intermédiaire d'un cordon enroulé sur un treuil adapté à la roue d'échappement. Cet écrou porte sur le côté une aiguille indicatrice qui se meut avec lui devant une carte semblable à celle du transmetteur et où se trouvent inscrits les mêmes ordres.

L'échappement est d'ailleurs analogue à celui des télégraphes à cadran de démonstration, et se trouve commandé par un électro-aimant interposé dans le circuit de l'interrupteur et de la sonnerie, laquelle est à mouvement continu. Les dimensions du treuil sur lequel est enroulé le cordon de suspension de l'aiguille indicatrice sont d'ailleurs [calculées de manière que, pour chaque quinzième de sa révolution, l'aiguille descende de l'intervalle séparant deux ordres consécutifs. Cette descente s'effectue, il est vrai, en deux fois par suite du mode d'échappement adopté, lequel fournit un double mouvement pour chaque fermeture de courant effectuée, mais les indications sont tout aussi précises. Quand le courant passe à travers ce récepteur, il déclanche donc la sonnerie et fait ensuite descendre successivement l'aiguille indicatrice jusqu'à ce qu'elle ait atteint la position en rapport avec le nombre de fermetures produites au transmetteur. Pour effacer le signal et remettre l'appareil en position de fournir un nouvel appel, on tire sur un cordon à poignée qui pend au-dessous de l'instrument, et comme ce cordon réagit sur un levier qui commande le mouvement du treuil sur lequel est enroulé le cordon de l'aiguille, on peut, en l'abaissant suffisamment, ramener l'aiguille à sa position initiale. Ce mouvement du treuil peut d'ailleurs s'effectuer sans réagir sur l'échappement, par l'intermédiaire d'une roue à rochet et d'un encliquetage.

Quant au mouvement continu de la sonnerie, il résulte de la mise en contact de deux ressorts, contact qui a lieu quand l'écrou de l'aiguille indicatrice a quitté sa position de repos pour descendre d'un ou de plusieurs degrés, et ce contact ne peut cesser que quand, en remettant l'aiguille indicatrice en place, l'écrou a éloigné l'un de l'autre ces deux ressorts.

Dans un modèle que construit M. Debayeux, l'appareil transmetteur est pourvu d'un système à réponse disposé de la même manière que dans le transmetteur à réponse dont nous avons parlé précédemment. Dans ce cas, le récepteur porte un interrupteur de plus, et cet interrupteur, constitué par un simple ressort en communication avec l'appareil à réponse, est mis en action par le levier articulé qui remet en place l'aiguille indicatrice.

Ces appareils sont fort bien exécutés et fonctionnent très-régulièrement. Ils sont maintenant appliqués dans plusieurs grands établissements, et on leur a donné, particulièrement au transmetteur, des formes très-différentes. La plus prisée est celle qui a permis de faire de ce transmetteur un presse papier. L'appareil est alors monté sur une plaquette de marbre, et se trouve légèrement incliné en arrière, afin qu'on puisse lire plus facilement les ordres inscrits sur la carte. L'appareil est alors renfermé dans une boîte en bronze d'un agréable coup d'œil. Quant au récepteur, il est renfermé dans un cadre qu'on pend au mur et qui ressemble aux tableaux indicateurs dont il a été déjà question.

M. Finger, dans un brevet pris récemment, a décrit un système du même genre, mais qui paraît dans de, moins bonnes conditions. Le problème, comme on le comprend aisément, ne présente aucune difficulté dans sa solution, et la réussite de semblables appareils dépend uniquement de leur bonne exécution et du prix auquel on peut les livrer dans le commerce.

Transmetteur de sonnerie à appel continu de M. de Vigand. — Avant les sonneries trembleuses à mouvement continu dont nous avons parlé dans notre tome III, on avait imaginé dans le même but des transmetteurs à appel continu qui réalisaient le même effet, et dont le modèle le plus ingénieux était celui de M. de Vigand que nous représentons fig. 65 et 66. « Le système des transmetteurs à réponse, dit M. de Vigand, ne peut servir que pour les maisons où il y a constamment une personne occupée dans les environs de la sonnerie d'appel. Dans les petites maisons où un seul domestique doit tout faire et peut, par conséquent, se trouver en tout autre endroit du logis qu'à celui où est installée la sonnerie, ceux qui font usage d'un appareil transmetteur simple, s'exposent à sonner inutilement, dans les moments où le domestique est éloigné, et à ne pas sonner dans les moments où il pourrait entendre. Pour obvier à ces inconvénients, j'ai, continue-t-il, imaginé un transmetteur qui, une fois touché, remonte lui-même la plaque de réponse et met la sonnerie en mouvement jusqu'à ce que le domestique ait répondu en provoquant l'abaissement de la plaque de réponse qui avait été remontée.

Le mécanisme de cet appareil se compose essentiellement d'un rhéotome à encliquetage, réagissant à la fois sur une sonnerie et un système de poulies auquel est adaptée la plaque à réponse. Ce rhéotome est constitué par un électro-aimant E, soutenu sur un pont doublement coudé et dont l'armature $r\,s\,t$, pivotant en t, est terminée en s par un crochet. Cet électro-aimant communique d'une part avec un petit ressort de contact p, qui peut être facilement abaissé, et de l'autre avec un relais réagissant sur un circuit de pile locale dans lequel est interposée la sonnerie. Le transmetteur proprement dit, consiste dans une espèce de clef adaptée extérieurement à l'appareil, sur l'axe de la poulie F qu'elle doit faire tourner d'un quart de cercle. Cette poulie porte un doigt flexible f et se trouve mise directement en rapport avec la pile par l'intermédiaire d'un fil t' et d'un ressort spiral g,

Fig. 65.

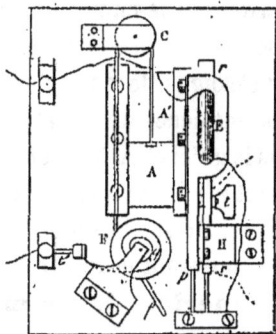

destiné à la rappeler toujours dans une position fixe. Enfin, sur cette poulie, est fixée l'extrémité d'un fil qui, après s'être enroulé sur une poulie de renvoi C, soutient la plaque à réponse A, laquelle est représentée abaissée sur la figure. Cet appareil fonctionne de la manière suivante :

Au moment où l'on tourne la clef du transmetteur, le doigt *f* tourne avec la poulie F et rencontre bientôt le ressort *p* qui complète le circuit] à tra-

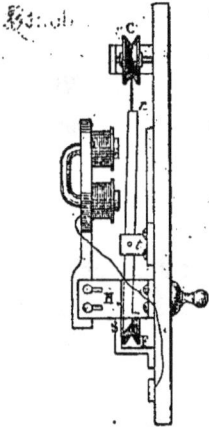

Fig. 66.

vers l'électro-aimant de la sonnerie. Celle-ci se met donc à tinter, et le crochet *s* de l'armature *r s t*, se trouvant abaissé par suite de l'attraction de l'électro-aimant E, enclanche le doigt *f*, aussitôt qu'il est arrivé en H. Mais en même temps que ce mouvement s'est opéré, la poulie F a réagi sur le fil qui soutient la plaque A, de sorte que celle-ci se trouve soulevée devant le guichet A' quand l'enclanchement du doigt *f* a lieu.

Tant que le circuit complété par l'électro-aimant E, le ressort *p*, le doigt *f* et le relais n'est pas interrompu, la sonnerie continue de tinter, et la plaque A reste soulevée; mais quand la personne appelée ayant fini par entendre l'avertissement qui lui a été donné, vient interrompre le circuit sur un disjoncteur établi en conséquence près de la sonnerie, celle-ci se tait, l'électro-aimant E devient inactif, l'armature *r s t* s'éloigne, le doigt *f* se trouvant déclanché revient à sa position initiale sous l'influence du spiral *g*, et la plaque A s'abaisse pour laisser apparaître dans le guichet A' les mots : *on vient*. Comme le contact du doigt *f* avec le ressort *p* a cessé par le fait même de son déclanchement, le courant ne peut réagir sur la sonnerie, quand bien même le disjoncteur aurait rétabli le circuit avant le retour de la poulie F à sa position normale.

Sonneries des cimetières. — On a appliqué il y a quelques années au service de certains cimetières, notamment à celui du cimetière Montmartre à Paris, des sonneries électriques de grande dimension qui permettaient au conservateur de ces lieux funèbres d'avertir les gardiens de service de l'arrivée des convois.

« Grâce à cette innovation, disait le *Cosmos* du 8 septembre 1854, on n'entendra plus dorénavant le long et lugubre coup de sifflet qui retentissait jusqu'ici à l'entrée de chaque convoi amenant un mort à sa dernière demeure. »

Pour obtenir des coups de sonnerie assez énergiques pour être entendus des différents points des cimetières, on a dû employer un système particu-

lier dont nous représentons, fig. 67, la disposition, et qui a été combiné par
M. Breguet. Dans ce système, c'est une masse de laiton M de forme cylindrique qui, en tombant, déclanche le rouage destiné à soulever le marteau
du timbre. A cet effet, cette masse est percée d'un trou dans le sens vertical,
et dans ce trou, passe librement une tige d'acier qui oblige la pièce M à ne
se mouvoir que selon la verticale. Au repos, la masse M est accrochée à
l'extrémité R du bras de levier R O S. Quand le passage du courant dans
l'électro-aimant E fait basculer l'armature A et la tige t, le levier R O S est
dégagé, et, en basculant, permet à la masse M de tomber. Or, celle-ci acquiert

Fig. 67.

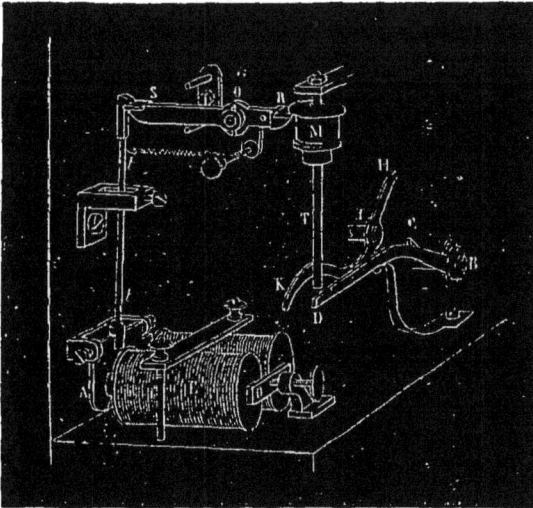

dans une chute de neuf centimètres, une vitesse et par suite une force vive
suffisantes pour opérer le déclanchement du rouage qui s'effectue de la
manière suivante : ·

La masse M tombant sur l'extrémité D du levier B C D qui est mobile
autour du point D, l'ergot C qui retient le rouage fait un petit mouvement
de haut en bas et le laisse échapper. Un des mobiles du rouage soulève
alors le marteau et le laisse retomber un certain nombre de fois sur le timbre, tandis qu'un autre mobile, après une révolution complète, soulève le
levier H I K qui pivote en I, et sa branche I K fait remonter la masse M
à son point de départ, où elle se renclanche sur le levier R O S. ·

Serrures électriques. — Dès l'année 1856, j'avais eu l'idée d'appliquer l'action électro-magnétique à l'ouverture des serrures des portes-
cochères, et comme je pensais que la force nécessaire au jeu du pêne ne

pourrait être obtenue avec un système électro-magnétique, je songeai à appliquer celui-ci à la gâche de la serrure. Depuis, plusieurs inventeurs, entre autres MM. Lontin et Fortin, ont construit des modèles d'après ce principe, mais le plus pratique est celui de M. Fortin que nous représentons, fig. 68 et 69, et dont la construction a été confiée à M. Breguet. Voici comment je décrivais le système que j'avais imaginé, dans le tome III, p. 101, de la seconde édition de cet ouvrage.

« Les serrures électro-magnétiques ne peuvent avoir d'emploi utile que dans le cas assez rare où une porte, une grille, etc., doivent être ouvertes de fort loin. Elles ont alors pour accompagnement indispensable une sonnette électrique et même un électro-ferme. Supposons, par exemple, qu'il s'agisse d'un parc fermé, dont le château ou la maison d'habitation soient très-éloignés de la porte d'entrée, et admettons qu'on ne veuille pas avoir de concierge à cette porte : il devient urgent, pour éviter des dérangements trop fréquents, de pouvoir ouvrir cette porte à distance, et c'est alors que les serrures électro-magnétiques peuvent être d'un grand secours. En effet, étant prévenus par la sonnette électrique, les domestiques du château n'ont qu'à toucher le bouton transmetteur en rapport avec la serrure électro-magnétique, pour que celle-ci permette l'ouverture de la grille.

« Ce système de serrure est excessivement simple ; il ne diffère des serrures ordinaires qu'en ce que le pêne, au lieu d'être mobile, est fixe, et que c'est une clavette mobile, sous l'influence électrique, qui sert de point d'arrêt à ce pêne. A cet effet, cette clavette taillée en biseau du côté où le pêne rigide doit la rencontrer quand on ferme la porte, est fixée à angle droit à l'extrémité de l'armature d'un électro-aimant. Cet électro-aimant est disposé sur le vantail dormant de la porte, de manière que le propre poids de son armature (modifié pourtant par un contre-poids) serve de ressort antagoniste et abaisse la clavette à une hauteur suffisante pour buter le pêne rigide au moment où les deux vantaux sont fermés. Afin d'offrir un point d'arrêt plus sûr, la clavette passe au travers d'une petite plaque de tôle disposée horizontalement au-dessus du pêne. Enfin, deux lames métalliques, faisant légèrement ressort, sont disposées dans la feuillure de chaque vantail de la porte, de manière qu'elles se touchent quand la porte est fermée. Une des extrémités du fil de l'électro-aimant correspond à l'une de ces lames, tandis que l'autre lame est en rapport avec le bouton transmetteur, et il résulte de cette disposition que le circuit n'est complété au travers de l'électro-aimant que quand la porte est fermée. Par conséquent, au moment où l'on ouvre la porte, le circuit est rompu, quand bien même le bouton transmetteur continuerait d'envoyer le courant. On verra à l'instant l'importance de cette disposition. Quant au jeu de la serrure, il se devine aisément, puisque la clavette qui bute le pêne se trouve abaissée ou soulevée suivant que le courant passe ou ne passe pas dans le circuit.

« Si, dans ce genre de serrure, je m'étais contenté de faire agir le courant par un simple effet de fermeture, il en serait résulté : 1° que cette fermeture] étant [faite promptement, la porte aurait bien pu ne pas être poussée assez vite pour que le pêne fût dégagé à temps de la clavette ; 2° que si une lame de ressort avait été employée pour séparer les deux vantaux au moment du soulèvement de cette clavette, l'électro-aimant n'aurait jamais eu assez de force, sous l'influence seule du courant d'une pile de Daniell, pour opérer ce soulèvement. Voici donc comment j'ai disposé mon bouton transmetteur :

« Deux lames métalliques, placées l'une au-dessus de l'autre, comme dans le bouton transmetteur des sonneries électriques, sont disposées devant un très-petit électro-aimant dont l'armature forme crochet d'encliquetage. Le ressort supérieur qui porte le bouton, étant poussé, peut se trouver buté contre ce crochet, et, par conséquent, reste collé sur l'autre ressort, Le courant se trouve donc alors fermé d'une manière permanente jusqu'à ce que l'encliquetage soit levé, et il suffit pour cela que le courant passe au travers de l'électro-aimant qui lui correspond.

« Ainsi, au moyen de ce transmetteur, on ferme le courant dans l'électro-aimant de la serrure, et cette fermeture a pour effet le soulèvement permanent de la clavette jusqu'à ce que la porte soit ouverte. En ce moment-là le circuit est rompu, comme nous l'avons vu, par la disjonction des deux lames métalliques qui se trouvent dans les feuillures des vantaux. Mais, un instant après, le vantail qui s'ouvre, met en contact deux ressorts métalliques en rapport avec le circuit de l'électro-aimant du transmetteur, et le circuit de la serrure se trouve alors rompu, quand bien même la porte étant fermée de nouveau, les deux lames des feuillures seraient en contact. Il va sans dire que le second circuit dont nous venons de parler, c'est-à-dire celui du transmetteur et 'son système de fermeture à chaque ouverture de la porte, peuvent constituer un *électro-ferme*. Il suffit, pour cela, d'interposer dans ce circuit la sonnerie électrique ; on serait alors averti, par ce moyen, du passage des personnes qui voudraient forcer la porte. »

Système de M. Fortin. — Le système de M. Fortin a été combiné pour s'appliquer à toutes les portes cochères et même aux portes d'entrée d'appartement qui peuvent s'ouvrir à la suite d'un déclanchement.

On sait que les portes sont munies d'un ressort d'acier d'une force proportionnée au poids de la porte ; ce ressort est comprimé et tendu quand la

porte est fermée, et, quand au moyen d'un cordon de tirage on dégage le
pêne pendant un instant même très-court, le ressort agit et ouvre la porte
de quelques centimètres.

Pour obtenir électriquement ce résultat, M. Fortin dispose la gâche comme
on le voit en G fig. 68 et 69, et substitue au mécanisme de la serrure le
système électro-magnétique que l'on voit en E A et qui est placé à l'intérieur
même de la pièce qui porte
la gâche. Ce système se
compose de trois parties,
savoir :

Fig. 68.

Fig. 69.

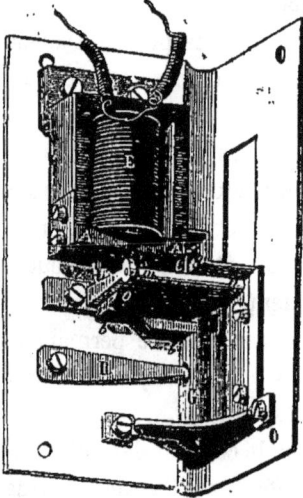

1º La gâche proprement
dite G, montée sur deux
pivots et pouvant tourner
autour d'un axe vertical ;
cette gâche est ramenée
dans sa position normale
(celle représentée sur la
figure) par le ressort R. La
gâche porte en outre un
bras *b b* qui s'accroche à un
arrêt *o* et qui maintient la
gâche dans la position figu-
rée tant qu'elle n'est pas dégagée électriquement.

Supposons la porte fermée : le grand ressort d'ouverture dont nous avons
parlé en commençant, pousse la porte et par conséquent agit sur la gâche
en tendant à la faire tourner ; mais aucun mouvement n'est produit, parce
que le bras *b b* est retenu par son arrêt *o*, et cet arrêt *o* ne maintient le
bras *b b* que parce que nous supposons inerte l'action électro-magnétique.
Pour que la porte s'ouvre, il faut que le bras *b b* soit dégagé de son arrêt ;
alors la gâche tourne sous l'effort du grand ressort de la porte, et la porte
s'ouvre ; mais aussitôt le ressort R ramène la gâche à sa position normale,
le bras *b b* se réengage derrière son arrêt, et si l'action électro-magnétique
a cessé d'agir, la porte peut être refermée avec sûreté.

2º Une pièce intermédiaire entre la gâche et l'électro-aimant ; c'est une
pièce qui peut pivoter autour d'un arbre horizontal *m m*. Elle porte, en
dessous, une sorte de renflement *o* qui constitue l'arrêt dont nous avons
parlé et, en dessus, un crochet *c* qui peut être soulevé par la goupille *g* portée
par l'armature A A de l'électro-aimant. Un ressort plat que ne montre pas
la figure, ramène cette pièce dans sa position normale inférieure, aussitôt
que l'électro-aimant cesse de la soulever.

3° Un électro-aimant E composé de trois branches dont la branche centrale porte une bobine. Les deux autres renforcent l'action électro-magnétique, comme cela a lieu dans les électro-aimants trifurqués ou tubulaires de
Nicklès. L'armature AA de cet électro-aimant est portée par un ressort plat
adapté à la branche de gauche de l'électro-aimant contre laquelle elle appuie
légèrement, et la goupille g, adaptée à cette armature, soulève comme on
l'a vu le crochet c et par suite dégage la gâche. Dès que le courant cesse de
passer, l'armature AA est ramenée vers le bas par le ressort qui agit sur
la pièce m n.

Grâce à l'heureuse proportion qui a été donnée aux leviers dans cet appareil, il suffit d'une aimantation assez peu énergique pour dégager la gâche
et déterminer l'ouverture de la porte, malgré la force considérable du
grand ressort qui la presse, force qui ne peut être diminuée à cause de la
masse considérable qu'elle doit déplacer. Le pêne appuie, en effet, sur le
fond de la gâche, presque sur l'axe, tandis que le dégagement du bras b b
se fait au contraire à une grande distance du même axe. Il suffit de six ou
huit éléments Daniell ordinaires pour faire fonctionner cet appareil, même
quand il est appliqué à une porte cochère énorme.

On comprend aisément que quand l'appareil est posé, tout le mécanisme
représenté sur la figure est caché et noyé dans le bois de la porte, et se
trouve ainsi abrité contre la poussière et les chocs extérieurs.

Avec ce système de serrure, on peut faire en sorte, par un dispositif très-
simple qu'il est facile de deviner, d'ouvrir une porte en même temps qu'on
sonne. Cet arrangement est commode pour les visiteurs dans la journée,
parce qu'il évite tout retard dans l'ouverture de la porte. La nuit venue, le
simple mouvement d'un commutateur chez le concierge remet les choses
dans l'état ordinaire, et alors le visiteur sonne le concierge qui, à son tour,
fait fonctionner la gâche électrique et ouvre la porte.

Quelques constructeurs, entre autres M. Caumont, ont cherché à résoudre le problème en faisant réagir l'effet électro-magnétique sur le pêne
lui-même ; mais ces serrures exigeaient pour fonctionner une pile de Bunsen,
et il va sans dire qu'elles n'ont pu être appliquées.

Serrures magnétiques de sûreté. — M. Chevassu a appliqué
d'une manière assez ingénieuse la propriété attractive des aimants à la
sûreté des serrures, en adaptant au-dessus d'un des crans d'arrêt du pêne,
une petite bascule horizontale en fer, disposée transversalement de manière
à former arrêt par un excès de poids que posséderait son extrémité antérieure. L'autre bout de cette bascule est placé à portée de l'entrée de la
serrure et à une petite distance de l'extrémité de la clef lorsqu'elle y est

introduite, et il résulte de cette disposition, que, si le canon de la clef est aimanté, il dégage par le seul fait de son introduction dans la serrure, le pêne de son arrêt de sûreté qui se trouve alors soulevé sous l'influence de l'attraction magnétique. Naturellement quand la clef est retirée, le pêne se trouve de nouveau embrayé, puisque l'attraction de la bascule ne subsiste plus. Ce système n'exclut d'ailleurs aucune des combinaisons que l'on peut apporter à une serrure ; c'est une sûreté de plus, et cette sûreté est encore augmentée si la branche postérieure de la bascule, celle qui est attirée, présente des entailles et des évidements pour le passage du panneton, qui est double quand il agit pour ouvrir ou pour fermer. De cette manière, les serrures sont incrochetables, car l'action du crochet ne pourrait que renforcer encore l'abaissement du crochet d'arrêt sur le pêne.

II. — Systèmes pour les annonces d'incendies.

Les effets désastreux provenant des incendies, viennent le plus souvent comme nous le disions encore p. 130, de ce que les postes de secours ne sont pas prévenus à temps ; il est certain que si dès le moment où un incendie est aperçu, les postes des sapeurs-pompiers en étaient avertis et surtout étaient fixés sur le lieu du sinistre, on pourrait étouffer le feu dès son origine et en éviter les terribles suites. La télégraphie électrique pouvait évidemment prêter dans ce but un concours très-efficace ; mais soit insouciance des administrations municipales, soit calcul de la part des compagnies d'assurance qui croient que le nombre de leurs clients diminuerait du moment où ils seraient rassurés, aucun essai sérieux n'a été tenté en France dans cet ordre d'idées, bien que de nombreux systèmes aient été proposés.

L'Amérique pourtant a été moins indifférente, et l'application du télégraphe autokinétique dont nous parlerons à l'instant, a résolu en partie le problème. Quand secouerons-nous donc la torpeur qui nous engourdit et qui fait que des inventions, souvent toutes françaises, ne peuvent être appliquées dans notre pays que quand elles sont déjà appliquées ailleurs ! ! !

Déjà, dans la seconde édition de cet ouvrage, je publiais (t. III, p. 113) un système proposé en 1856 par M. A Paysant, chef des sapeurs-pompiers de Caen, pour résoudre la question ; et on espérait alors qu'il serait prochainement établi dans cette ville ; aujourd'hui il n'en est même plus question. Quoique ce système soit maintenant un peu en arrière de ceux qui ont été proposés depuis, je crois devoir en dire quelques mots, car il peut s'appliquer encore dans les cas très-nombreux où le corps des pompiers n'est composé que de volontaires. Voici ce que j'écrivais à cet égard en 1857.

« Dans les villes de province où le corps des sapeurs-pompiers n'est pas enrégimenté comme à Paris et dans les grandes capitales, il arrive souvent qu'on ne peut réunir les hommes qui le composent que longtemps après l'annonce des sinistres, et alors, non-seulement les dégâts sont aggravés, mais encore le feu devient plus difficile à éteindre. Pour remédier à cet inconvénient, M. Antonio, capitaine des sapeurs-pompiers à Caen, a proposé d'établir des communications électro-télégraphiques : 1° entre l'hôtel de ville, où l'annonce des sinistres doit être faite, et sa maison; 2° entre sa maison et la demeure de ceux des chefs des sapeurs-pompiers qui habitent des quartiers différents de la ville. Ayant été consulté pour l'établissement de ce système télégraphique, j'ai conseillé, par mesure d'économie et comme étant bien suffisant, puisque les signaux dont on a besoin pour ce service peuvent se réduire à huit ou dix, le système des sonneries télégraphiques de M. Mirand, avec un système particulier de conjoncteur pour éviter l'emploi d'un trop grand nombre de fils. Voici alors comment s'effectuerait le service :

« Au moment de l'annonce d'un sinistre à l'hôtel de ville, le gardien de cet établissement préviendrait le capitaine des sapeurs-pompiers par un coup de sonnette. Celui-ci, en répondant qu'il a entendu, demanderait, par un signal de convention, de quelle nature est le sinistre et dans quelle direction de la ville il s'est manifesté. Sur la réponse du gardien de l'hôtel de ville, réponse qui n'exigerait que deux sortes de signaux, le capitaine jugerait immédiatement de la quantité d'hommes qui lui seraient nécessaires, et par sa communication électrique avec les chefs les plus voisins du lieu du sinistre, il les avertirait de faire mettre tant d'hommes sur pied et de se diriger dans telle direction. Il suffirait encore de deux sortes de signaux pour la transmission de cet ordre. Voici comment pourraient être combinés ces signaux, en représentant, comme nous l'avons fait, les roulements de la sonnerie par le signe — et les coups isolés par le signe .

—   Avertissement. — Réponse.

— .   Incendie de peu d'importance. — Petit nombre d'hommes.

. — —   Incendie de grande importance. — Tout le monde sur pied. .

. .   Nord.

. . —   Nord-est.

. — .   Est.

— . .   Sud-est.

. . .   Sud.

. . . —   Sud-ouest.

. — . .   Nord-ouest.

Dans les villes où le service des sapeurs-pompiers est organisé et où par conséquent il est procédé à des rondes de nuit faites assez fréquemment, le problème est plus facile, et, avec des appareils assez simples, les postes de surveillance peuvent être toujours mis en état de recevoir avis des sinistres dès le moment où ils sont constatés. Les systèmes proposés sont nombreux, mais nous ne nous occuperons que de ceux qui semblent avoir le plus d'importance, et de ce nombre sont ceux de MM. Hermann, Collin, Devos et le système dit autokinétique, appliqué en Amérique et dans certaines villes de l'Angleterre.

Système de M. Hermann. — Ce système comporte trois appareils, quelque soient le nombre des rondes à faire dans les 24 heures, le nombre d'endroits à visiter, et le trajet à parcourir ; ces appareils sont :

1° Un tableau indicateur.

2° Une pendule à cadran tournant ou compteur.

3° Des boutons transmetteurs.

Le tableau indicateur et le compteur sont placés dans le bureau du chef de service ou de l'agent chargé de la surveillance générale du service, et les boutons transmetteurs dans les différents endroits qui doivent être successivement visités.

Le tableau indicateur n'est autre chose qu'un cadre à numéros, analogue à ceux déjà employés dans les hôtels, pourvus de sonneries électriques pour indiquer les numéros des chambres qui ont appelé ; chaque numéro correspond à un des endroits qui doivent être visités, et tous les numéros sont placés les uns à la suite des autres sur une même rangée horizontale, dans l'ordre où les endroits auxquels ils correspondent sont visités. S'il n'y a qu'une ronde, une seule rangée de numéros peut suffire, mais s'il y en a deux ou plusieurs, il doit y avoir autant de rangées que de rondes à effectuer dans les 24 heures.

Le mécanisme qui fait apparaître ces numéros dans les ouvertures correspondantes du cadran indicateur est des plus simples ; c'est un électro-aimant dont l'armature porte une dent sur laquelle vient s'accrocher la plaque numérotée. Quand celle-ci se trouve soulevée, le numéro est caché, mais aussitôt que l'électro-aimant devient actif, elle tombe, et le numéro apparaît. Il ne s'agit donc que de toucher successivement les différents boutons transmetteurs pour faire apparaître successivement tous les numéros, et comme pour fournir de nouvelles indications il faut que les plaques soient renclanchées, deux ou plusieurs émissions de courant, produites successivement sur un même bouton transmetteur n'ont aucun effet sur l'appareil indicateur.

La solution du problème pour le cas où une seule ronde est à effectuer, est donc ainsi obtenue de la manière la plus simple. Mais quand deux ou plusieurs rondes doivent être faites dans les 24 heures, le mécanisme précédent doit être compliqué d'un rhéotôme conjoncteur et disjoncteur, afin que les mêmes boutons transmetteurs étant de nouveau touchés, puissent fournir de nouvelles indications sur le tableau indicateur. Pour cela, la dernière plaque de la première rangée de numéros, porte un butoir taillé en plan incliné, ayant pour fonction, au moment de la chute de cette plaque, de pousser de côté une tige horizontale reliée à des conjoncteurs à bascule qui correspondent à chaque électro-aimant de la rangée. Par l'intermédiaire de ces conjoncteurs et de cette tige, la communication électrique entre ces électro-aimants et les boutons transmetteurs se trouve interrompue au moment de l'abaissement de la plaque en question; mais grâce à l'intervention d'une bascule qui tombe en même temps sur un contact métallique, cette communication des boutons transmetteurs se trouve rétablie avec les électro-aimants de la seconde rangée; de sorte que les nouvelles émissions de courant, fournies par les boutons transmetteurs, n'ont plus d'effet que sur les numéros de cette rangée. La dernière plaque de cette 2° rangée étant pourvue d'un mécanisme analogue à celui que nous venons de décrire, la communication des boutons transmetteurs se trouve établie au moment où elle tombe, avec les électro-aimants de la troisième rangée, et cet effet se reproduit jusqu'à la dernière rangée de numéros, qui peu se passer de mécanisme rhéotomique. Une simple pédale placée en dehors de l'appareil permet de replacer d'un seul coup, toutes les plaques sur leurs crochets, et de mettre l'appareil en état de fournir de nouvelles indications.

Le compteur se compose d'une pendule dont le cadran est tournant, et sur lequel on fixe toutes les 12 heures un disque de papier divisé en heures et en minutes. Un porte-crayon placé devant un repère et sur lequel réagit, un électro-aimant, peut fournir une trace en s'abaissant sur le cadran, au moment où l'électro-aimant devient actif; de sorte qu'il suffit d'interposer cet électro-aimant dans le circuit correspondant au tableau indicateur, pour que chaque émission de courant qui fait apparaître un numéro, laisse en même temps une trace sur le cadran, et la position de cette trace par rapport aux divisions du cadran, donne l'heure à laquelle le numéro est tombé.

M. Hermann avait établi plusieurs de ces appareils dans des prisons et es établissements industriels.

Système de M. Collin. — Le système de M. Collin paraît l'un des plus complets et des plus pratiques qui ont été proposés, et se rattache à tout un grand système de distribution de l'heure dans les villes, et en même temps, aux systèmes de contrôleurs de rondes qu'on a déjà introduits à Paris dans le service des sapeurs pompiers.

Ce système de contrôleur consiste, comme on le sait, dans une sorte de boîte en fonte fixée en certains points choisis par lesquels doivent passer

Fig. 70.

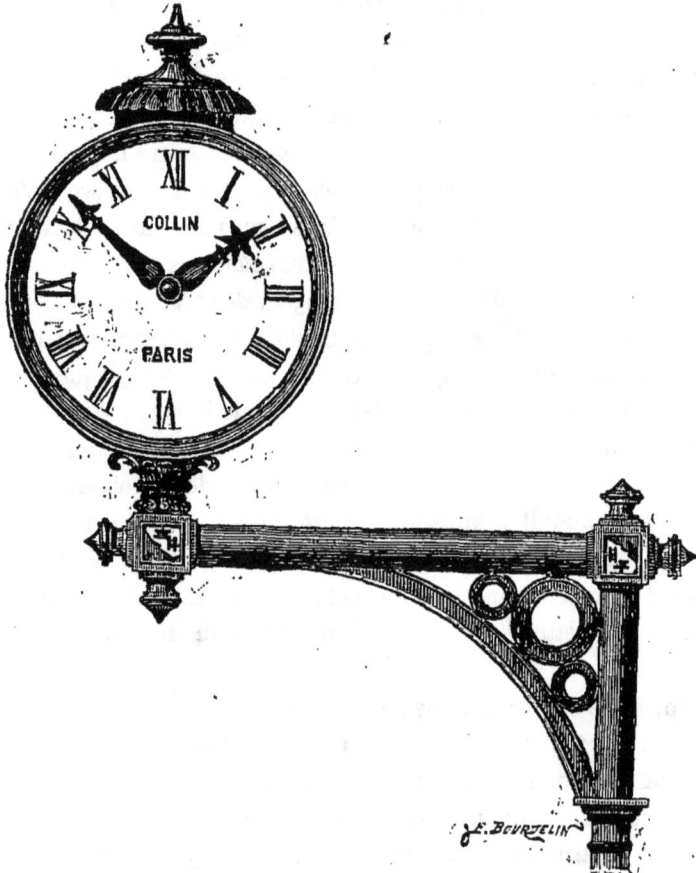

les veilleurs de nuit dans les rondes qu'ils sont obligés de faire tous les jours, et qui permet, par l'introduction dans cette boîte d'un chronomètre enregistreur, de constater non-seulement si les points en question ont été visités, mais encore à quelle heure le veilleur a passé. A cet effet, la boîte en fonte qui est d'ailleurs fermée par une porte également en fonte, est pourvue d'une cavité cylindrique de la grandeur exacte du chronomètre, et au fond de laquelle est fixé un poinçon portant gravé en relief le nom de la rue,

et le numéro de la station correspondante.
Le chronomètre qui est confié au veilleur
de ronde, est un chronomètre dont les
aiguilles sont remplacées par un cadran
mobile sur lequel est placé un petit disque
de papier qu'on renouvelle tous les jours.
Ce cadran fait un tour en 12 heures, et les
disques de papier sont divisés en heures et
en quarts d'heure, ce qui permet de voir
immédiatement, par la position qu'occupent sur ces divisions les impressions produites, à quelle heure la visite a été faite.
Pour distinguer facilement l'ordre dans
lequel se sont faites les différentes rondes
et les suivre d'un seul coup d'œil, le poinçon qui fournit les impressions, a une position différente dans les divers contrôleurs
d'une même circonscription ; de sorte que
la ligne tracée par ces impressions successives, décrit une courbe allant de la circonférence au centre du disque avec autant
de ressauts successifs et également espacés
qu'il a de stations dans la circonscription.

Afin que ces impressions puissent se faire
régulièrement, le chronomètre est muni
de trois appendices servant de repère,
lesquels étant introduits dans trois raînures
pratiquées latéralement dans l'ouverture
cylindrique, font arriver précisément devant
le poinçon marqueur, une ouverture pratiquée dans le couvercle du chronomètre,
ouverture à travers laquelle s'effectue le
poinçonnage sur le disque enr0gistreur,
quand on vient à pousser le chronomètre
dans la boîte. L'impression s'effectue d'ailleurs par l'intermédiaire d'une feuille de papier
à décalquer noircie, qui recouvre le disque.

Les contrôleurs sont naturellement répartis entre les différents postes de sapeurs-
pompiers installés dans les différents quartiers de la ville ; ils sont appliqués dans les
murs des maisons, et n'ont jusqu'à présent

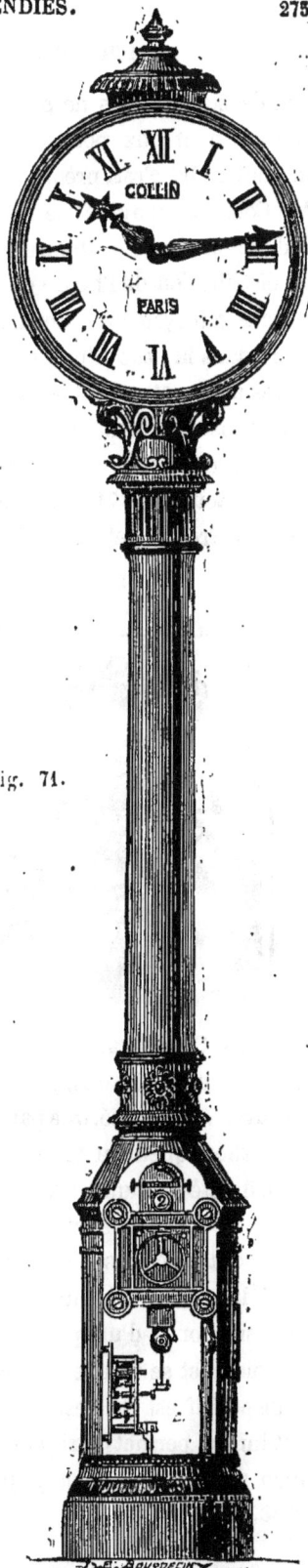

Fig. 71.

lien d'électrique. Ils ne permettent pas, par conséquent, de signaler instantanément aux postes de pompiers correspondants la déclaration d'un
incendie. Or, c'est précisément pour permettre ces avertissements, que
M. Collin a imaginé de leur adjoindre un système électrique, et pour
utiliser en temps ordinaire cette disposition, il a pensé à en faire un moyen
de distribution de l'heure dans les villes.

Dans son système, l'appareil contrôleur que nous venons de décrire est
placé dans la base d'une colonne en fonte analogue à celle de nos candélabres à gaz, et qui est surmontée d'un double cadran d'horloge. Ce cadran
est disposé de manière à constituer deux faces d'une lanterne, comme dans
les lanternes horloges dont nous avons parlé dans notre tome IV. Nous en
représentons fig. 71 le dispositif pour les candélabres droits fixés sur le
bord des trottoirs et fig. 70 le dispositif pour les candélabres placés le long

Fig. 72.   Fig. 73.

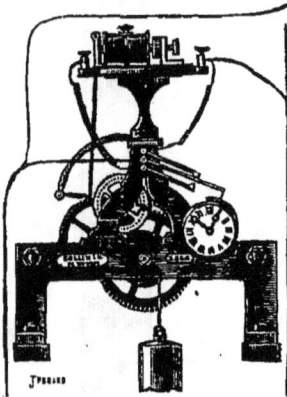 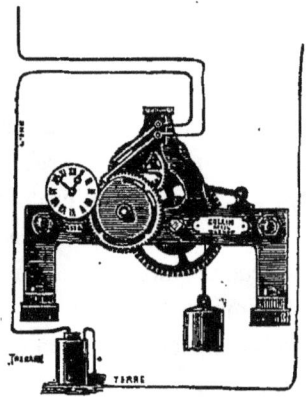

des murs. Ces cadrans, hâtons-nous de le dire, sont mis en mouvement par
des horloges ordinaires, placées dans la base du candélabre, et n'ont de rapport avec l'électricité, que par le système de remise à l'heure que nous avons
décrit théoriquement tome IV p. 70, et que nous représentons fig. 72 et 73
tel qu'il a été appliqué. Dans la fig. 71 on a supposé ouverte la porte fermant
la base de la colonne, afin de montrer la disposition des différents appareils
qui y sont placés, et l'horloge dont nous venons de parler y est vue de
côté à la partie inférieure. L'appareil contrôleur est au-dessus, seulement
il est surmonté d'un petit mécanisme à manette, portant le numéro du
contrôleur, et se trouve accompagné, en dessous, d'une sonnerie électrique.
Ce dispositif est du reste représenté sur une plus grande échelle, fig. 74;
c'est lui qui permet de signaler au poste de pompiers le plus voisin la déclaration d'un incendie, et le point où elle se monter mais comme on le

comprend aisément, ce dispositif ne peut fournir ce résultat qu'autant qu'il est relié par des fils au poste de pompier dont il dépend, et qu'un appareil récepteur ou indicateur se trouve mis en communication électrique avec lui à ce poste. Ce n'est donc qu'un simple transmetteur, mais un transmetteur disposé de manière à fonctionner régulièrement, et avec les conditions de sécurité qui ont été si recherchées pour les signaux transmis sur les chemins de fer.

Ce transmetteur en effet se compose de trois dispositifs dépendant les uns des autres : 1° d'un mouvement d'horlogerie mis en action par une manette, qui accomplit un mouvement de rotation d'un quart de cercle, comme on le voit sur la figure 74. C'est un mécanisme de réveil qui a pour mission de faire fonctionner un interrupteur à la manière des transmetteurs des télégraphes à cadran, et de lui faire produire un nombre d'émissions de courants correspondant au numéro de l'appareil de contrôle; 2° d'un bouton remonteur sur lequel est inscrit le numéro du contrôleur ou de la station, et qui se trouve toujours incliné de côté dès que l'appareil a fonctionné. C'est au moyen de ce bouton, qu'on remonte le mécanisme d'horlogerie du transmetteur, et pour que le veilleur soit forcé au

Fig. 74.

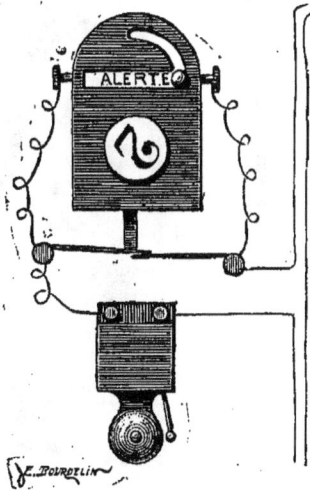

moment de sa ronde de le remonter, ce mécanisme fait descendre une petite languette de fer qui traverse la boîte du contrôleur et vient se placer devant l'ouverture cylindrique où doit être introduit le chronomètre. Dès lors celui-ci ne peut pas y pénétrer, et pour avoir son contrôle, le veilleur est bien obligé de tourner le bouton du transmetteur; 3° d'un interrupteur de courant mis en action par la languette dont il vient d'être question et qui, après le fonctionnement complet du transmetteur, ferme le courant à travers la sonnerie placée au-dessous du contrôleur, et la fait tinter indéfiniment, jusqu'à ce que le poste ait, en effaçant le signal au récepteur, répondu que celui-ci a été entendu. Si la sonnerie ne fonctionne pas, c'est que le circuit aura été interrompu, et celui qui aura fait fonctionner l'appareil, saura que le signal n'est pas parvenu pour cause de dérangement, et devra prendre des mesures en conséquence.

Comme il importe qu'on sache à quelle heure un incendie a commencé,

afin qu'on puisse juger de l'empressement qui aura été apporté à la mise
en action des moyens de sauvetage, M. Collin a encore adapté au mécanisme
dont nous venons de parler, un système particulier ayant pour effet, soit de

Fig. 75.   Fig. 76.

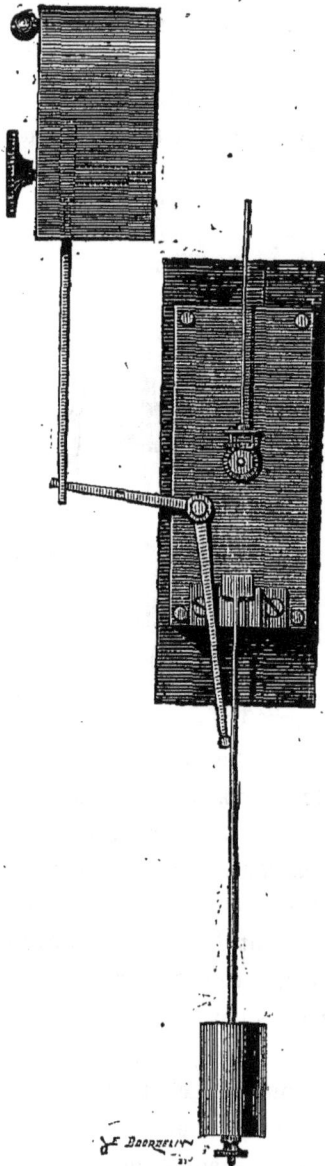

faire un pointage sur un cadran de papier divisé, adapté à l'horloge du
candélabre et marchant avec elle comme celui des chronomètres dont il a

été déjà question, soit d'arrêter les mouvements du balancier de cette horloge, afin, que sous l'influence de la mise en action de l'appareil d'appel, l'heure de cet appel se trouve enregistrée sur l'horloge elle-même de la station où il a été fait. Les figures 75 et 76 montrent les dispositifs mécaniques imaginés dans ce but.

Le récepteur, dans le système de M. Collin, consiste dans une sorte de télégraphe à cadran que nous représentons fig. 78, et qui est dirigé par un mécanisme d'horlogerie à échappement. Ce mécanisme fait avancer une aiguille indicatrice autour d'un cadran dont les divisions, en nombre égal à celui des stations avec lesquelles il est en correspondance, portent gravés les noms et les numéros de ces stations. Un appareil de ce genre est

Fig. 77.

Fig. 78.

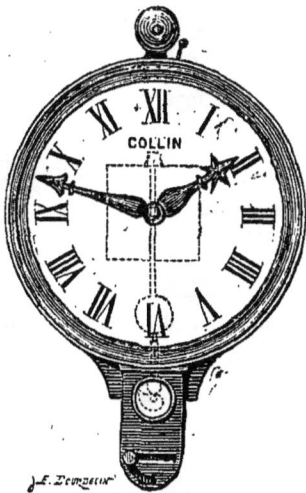

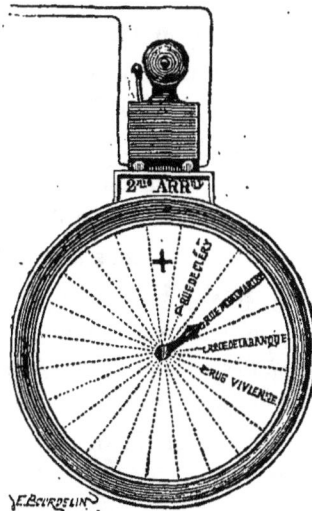

installé dans chaque poste de pompiers, et se trouve accompagné d'une sonnerie d'alarme qui est interposée dans le circuit du récepteur lui-même; de sorte que l'avertissement est accompagné immédiatement de l'indication du lieu où le signal a été envoyé, et c'est quand les pompiers de service ont coupé le courant à travers cette sonnerie d'alarme, et ont, par ce seul fait, ramené l'aiguille du récepteur au repère, que la sonnerie du poste transmetteur cesse également de tinter. Cette rupture du circuit peut d'ailleurs se faire au moyen d'une pédale de mise au repère.

Si l'on ne voulait pas employer de candélabres à gaz, on pourrait résoudre le problème d'une autre manière, en plaçant chez les concierges des maisons voisines des points où on voudrait fournir des avertissements, une horloge qui serait reliée aux fils télégraphiques du récepteur du poste, et qui pourrait donner l'heure gratis à la maison, à la condition que, en cas d'incendie dans le voisinage, le concierge ferait marcher le petit dispositif que nous avons représenté fig. 74, lequel serait installé à la partie inférieure de l'horloge commeon le voit fig. 77. La petite languette agirait alors de bas en haut pour arrêter l'horloge au moment précis où le signal d'alarme aurait été envoyé, et une sonnerie serait placée au haut de l'horloge pour donner avis, comme dans le système précédent, que le signal est parvenu.

Comme on le voit, ce système est bien complet, fort simple et d'une application facile. Espérons que les administrations municipales en tiendront compte, et réaliseront enfin un vœu qui est exprimé depuis si longtemps dans les divers pays.

Pour terminer avec ce système, nous devrons dire que le transmetteur devant être mis en action par toute personne qui s'aperçoit d'un incendie, devrait être placé en dehors des candélabres où sont installés les appareils ; mais comme plus d'un mauvais plaisant pourrait abuser de ce moyen de donner l'alarme, M. Collin a préféré le renfermer à l'intérieur de la base du candélabre, quitte à confier la clef de la porte qui ferme cette base, soit à une personne de confiance demeurant dans le voisinage et qui serait désignée à cet effet, soit aux gardiens municipaux de service, qui auraient tous une clef commune à tous les candélabres.

Système de M. A. de Bergmuller. — A l'Exposition universelle de 1867, on remarquait dans la section Autrichienne, un système pour l'annonce des incendies, qui avait quelque rapport avec celui que nous venons de décrire et qui, disait-on, avait été déjà appliqué. Voici comment je décrivais ce système dans mon article sur la télégraphie à l'Exposition de 1867 (1) :

« Ce système comporte plusieurs sortes d'appareils : d'abord des bornes télégraphiques en fonte, placées aux points les plus importants des grandes voies publiques ; en second lieu, un poste télégraphique établi au bureau central de [police ; en troisième lieu, une voiture télégraphique munie d'un câble électrique de communication, qui se déroule à mesure que la voiture marche, et qui est destiné à relier les différentes bornes aux différents points où se déclare un incendie et où se produit un accident.

« Les bornes télégraphiques sont des espèces de colonnes creuses en fonte, qui portent à hauteur de la main une espèce de transmetteur télé-

---

(1) Voir *Etudes sur l'Exposition de* 1867, Librairie E. Lacroix, t. I, p. 44.

graphique composé de dix touches ; chacune de ces touches étant poussée, produit un signal automatique qui correspond aux indications suivantes :

Feu de chambre ou de cheminée ;	Encombrement de rue ;
Incendie de magasin ;	Écroulement de maison ;
Grand incendie ;	Inondation ;
Secours aux blessés ;	Appareil de sauvetage ;
Chevaux blessés ;	Appel de troupes.

« Ces indications sont inscrites en face des différentes touches, et sont reproduites par des combinaisons de points et de traits déterminées par le frottement de la touche abaissée contre un contact découpé en conséquence. Une petite porte ferme en temps ordinaire ce transmetteur, afin que les passants n'envoient pas de faux avis ; de sorte qu'il n'y a que les hommes de police qui sont en possession de faire fonctionner ces appareils. Toutes ces bornes télégraphiques sont, bien entendu, reliées télégraphiquement avec le poste central où se trouvent, en réserve, toutes les ressources néces- saires pour parer aux accidents.

« L'installation du poste central n'a d'ailleurs rien de particulier ; elle se compose d'un télégraphe Morse, d'un relais, d'un manipulateur, d'une alarme, et de deux galvanomètres. Celle de la voiture électrique ne com- prend qu'un télégraphe Morse, un manipulateur, une sonnerie, un galva- nomètre et un niveau à bulle d'air pour bien poser les appareils. Cette installation est disposée en avant de la voiture, qui n'est autre qu'un petit char-à-bancs, et le câble est enroulé en arrière sur un cylindre. Ce câble est composé de deux fils recouverts de gutta-percha et enveloppés dans une gaîne de cuivre du genre de celle que M. Siemens avait appliquée à ses câbles. Les deux bouts du câble sont fixés à deux boutons d'atta- che placés derrière le transmetteur de chaque borne télégraphique. Voici maintenant comment ce système est utilisé.

« Aussitôt qu'un agent de police constate un accident du genre de ceux dont il a été question, il se rend à la borne télégraphique la plus voisine et appuie sur la touche correspondante du transmetteur. Les agents du poste central envoient alors la voiture télégraphique à cette borne, d'où elle repart après y avoir attaché son câble, pour aller sur le lieu du sinistre. En même temps des secours sont envoyés, et tout le matériel nécessaire se trouve successivement demandé au fur et à mesure des besoins, par l'intermédiaire du poste électrique ainsi établi. »

Système de M. Ch. Devos. — Ce système, comme les précédents, a pour objet de permettre à toute personne, même complètement étrangère à la télégraphie, de transmettre instantanément à un bureau central, l'annonce d'un incendie ou d'un accident quelconque survenu dans un rayon donné. Il ne met à contribution qu'un simple appareil télégraphique, avec transmetteur, récepteur et fils de jonction.

Le transmetteur est contenu dans une boîte en fer ayant une fermeture spéciale. Cette boîte se fixe dans un endroit fréquenté, sur les murs des maisons, sur les candélabres éclairant les rues ou encore dans un local occupé d'une façon permanente par un poste de pompiers, d'agents de police, de veilleurs, etc. Il se compose essentiellement : 1° d'un mouvement d'horlogerie muni d'une disposition réglant l'envoi des courants qui doivent être transmis au poste de réception ; 2° d'un cadran sur lequel sont inscrites les indications à donner à ce dernier ; 3° d'une manivelle placée devant le cadran, et dont le bouton peut être amené sur chacune des indications ou divisions du cadran. « La manœuvre de transmission dit M. Devos, est très-simple et à la portée de tout le monde ; il suffit en effet d'ouvrir la boîte contenant l'appareil et de tourner la manivelle jusqu'à ce que son bouton arrive sur l'indication à transmettre. Dès qu'on abandonne la manivelle à elle-même, elle revient à son point de départ, et, dans ce mouvement, les courants fournis par la pile sont envoyés automatiquement vers l'appareil de réception.

« La boîte contenant les transmetteurs ne peut s'ouvrir que par une clef spéciale qui est déposée entre les mains d'une personne que ses occupations obligent à séjourner d'une façon constante dans le voisinage du poste d'appel.

« Une disposition simple et nouvelle évite l'inconvénient du remontage de cet appareil. Lorsqu'on amène la manivelle sur l'indication à transmettre, on tend par ce fait le ressort moteur qui actionne le mouvement d'horlogerie. C'est ce ressort qui, en se détendant, rappelle la manivelle en arrière jusqu'à ce qu'elle ait atteint sa position de repos. »

Le récepteur est composé d'une boîte en bois contenant un mouvement d'horlogerie à échappement électro-magnétique. Sur la face antérieure de cette boîte est ménagé un cadran, présentant suivant le rayon, les mêmes indications que celles inscrites sur les appareils transmetteurs, et disposées dans le même ordre. Lorsque les courants arrivent dans l'appareil, une aiguille qui se meut devant le cadran avance d'une division pour chaque émission, et s'arrête précisément sur l'inscription à laquelle a été arrêtée, au poste transmetteur, la manivelle indicatrice. Pendant le mouvement de cette aiguille, un timbre résonne appelant l'attention du personnel chargé de donner suite à ces avertissements.

De même que l'appareil transmetteur, le récepteur se remonte de lui-

même de la manière suivante : L'aiguille ayant été amenée sur l'indication voulue, reste dans cette position jusqu'à ce que, en pressant un bouton
en saillie sur la boîte, on lui permette de retourner à sa position verticale.
C'est pendant ce mouvement en arrière, qu'un ressort se remonte de la
quantité nécessaire pour que l'aiguille, sous l'action de cette force, puisse
faire au moins une fois le tour du cadran lorsque les courants animent de
nouveau l'appareil.

: Le fil de transmission ainsi que la pile peuvent d'ailleurs être disposés
de telle manière qu'il convient et par les procédés ordinaires.

« Les applications de ce système, dit M. Devos, peuvent être très-variées.
Le nombre des indications différentes qu'il est possible de lui faire fournir
peuvent s'élever jusqu'à trente. Pour ce qui regarde le service de la police,
un transmetteur serait par exemple installé au centre de chaque section de
surveillance, et les avis transmis par chacun d'eux, parviendraient au bureau
de police de la division.

« Dans les localités où un personnel spécial n'est pas constitué pour le
service des incendies et où l'annonce d'un sinistre s'effectue par la sonnerie
du tocsin, on peut, au moyen d'un dispositif assez simple, faire en sorte
que toute personne qui s'aperçoit d'un incendie, puisse faire sonner le
tocsin à telle distance qu'elle peut se trouver de l'église ou du beffroi.

« Pour obtenir ce résultat, on installe en des endroits déterminés, au
centre des principales agglomérations de la commune, par exemple, des
appareils transmetteurs fixés sur la façade des maisons. Ces transmetteurs
sont contenus dans une boîte dont la clef est déposée chez l'habitant le plus
voisin, et sont reliés à la tour de l'église par des fils. Près de l'horloge, dans
le clocher, est disposé un mécanisme dont le moteur est constitué par un
poids et muni d'une détente électro-magnétique. Dès qu'un certain nombre
de courants sont transmis à cet appareil, le mouvement d'horlogerie entre
en action, et un marteau spécial frappe la cloche aussi longtemps que le
poids moteur peut agir sur le mécanisme. La durée de ces coups dans les
appareils que je construis, est au moins de dix minutes. Pour obtenir le
fonctionnement de cet appareil, il suffit que le transmetteur soit pressé
plusieurs fois de suite par le doigt, et cette particularité fait que les courants atmosphériques ne peuvent exercer aucune action sur lui. »

Système dit télégraphe autokinétique. — Ce système déjà
employé en Amérique et dont a parlé à plusieurs reprises le *Télégraphic
Journal,* dans ses numéros des 15 septembre, 1er août, 1er novembre et
1er décembre 1876 (1), peut être non-seulement appliqué pour signaler les

(1) V. t. IV de ce journal, p. 241, 264, 287, 310.

incendies, mais encore pour appeler du secours et signaler les vols, etc., etc. Il comporte, en conséquence, une liaison électrique avec une station située au centre d'un certain nombre de postes de pompiers ou de police, soit même de certaines maisons choisies à cet effet, qui permet de concentrer les avis et de combiner les moyens d'action. Dans certains systèmes usités jusqu'ici, on a dû employer un fil spécial pour chaque station afin qu'il n'y eût pas de confusion dans les transmissions. Il est vrai qu'on aurait pu réduire le nombre des fils en interposant plusieurs appareils dans le même circuit; mais dans ce cas on n'aurait pu transmettre à la fois qu'un seul avis, et une station ne pourrait entrer en correspondance que quand les autres auraient terminé. Un pareil système n'est évidemment pas pratique quand il s'agit, par exemple, d'annoncer un incendie; car alors peu de personnes ont assez de présence d'esprit pour attendre patiemment que la ligne soit libre, et pour donner seulement alors le signal d'alarme. Avec le système dont nous allons parler il n'en est pas ainsi :

« Quand il s'agit, dit le *Télégraphic Journal*, de prévenir d'un incendie ou d'un vol, toute manipulation doit consister dans le mouvement d'une manette ou la pression d'un bouton, chose que les personnes même les plus nerveuses peuvent exécuter facilement. Le problème était donc de trouver un appareil qui, par le simple mouvement d'une manette, pût indiquer le genre d'assistance que l'on voulait réclamer, et le lieu où l'on avait besoin de cette assistance; or c'est ce problème qu'a résolu le télégraphe autokinétique avec deux fils seulement, en faisant en sorte que deux signaux transmis simultanément de plusieurs stations différentes, ne pussent se produire à la station de réception que successivement.

« L'appareil se compose de trois parties : le récepteur, le transmetteur et le commutateur. Chaque circuit (de deux fils) a un récepteur placé à la station centrale à laquelle il s'agit de donner l'alarme, et un transmetteur avec un commutateur à manette, à chacune des stations d'où le signal doit partir.

« Le transmetteur est un appareil à mouvement d'horlogerie. Sur l'axe de l'une des roues sont fixés des disques dont la circonférence est munie d'entailles. Un petit levier appuie contre la circonférence de ces disques et entre dans les entailles où en sort, pendant que le disque tourne, produisant ainsi une série de contacts courts ou longs, suivant que les entailles sont rapprochées ou éloignées les unes des autres. En disposant convenablement ces entailles, il est clair qu'on pourra faire en sorte que la rotation des disques transmette constamment les signaux voulus. C'est un électro-aimant qui produit le déclanchement du mouvement d'horlogerie.

« Le commutateur à manette manœuvré par la personne qui donne
le signal d'alarme, est muni d'un ou de plusieurs boutons de contact correspondant aux disques du transmetteur. Si l'on place, par exemple, la
manette sur un des contacts marqué *feu*, le disque correspondant à ce
contact tournera, et transmettra en lettres Morse la lettre *f*, suivie d'un
numéro indiquant la station, les entailles du disque étant disposées de
manière à produire ce signal.

« La pile est placée à la station centrale, et quand on manœuvre le commutateur à l'une des stations, son circuit est mis à la terre par le commutateur et l'un des disques. Dans le circuit de la pile se trouve le récepteur,
qui est un Morse ordinaire, dont le mouvement d'horlogerie est déclanché
par le courant. Quand la manette du commutateur est arrêtée sur un contact,
elle y est maintenue par un électro-aimant, tant que le signal ainsi envoyé
n'est pas achevé; mais à l'aide du second fil, dès que le signal est achevé,
l'action de cet électro-aimant cesse, et la manette revient à sa position
initiale, indiquant ainsi que le signal est bien terminé et reçu. Ce mouvement de retour de la manette, replace tout l'appareil transmetteur dans sa
position normale, et met en action le transmetteur de celle des autres
stations qui a déplacé la manette de son commutateur.

« Le récepteur est disposé de telle sorte, que le courant fait fonctionner
tout d'abord une sonnerie, et ne passe dans l'électro-aimant du Morse que
quand la sonnerie a marché quelques instants.

« Les commutateurs peuvent être placés dans de petites colonnes placées
dans les principales rues où les policemen peuvent les faire manœuvrer
quand besoin en est. »

D'après M. H. Davies, directeur-gérant de la Compagnie télégraphique
d'échange, ce système aurait parfaitement réussi dans les différentes villes
d'Amérique où il est appliqué, notamment à New-York et à San-Francisco,
et suivant M. Moir, grâce à l'intervention du second fil, l'on peut envoyer
simultanément les signaux en aussi grand nombre que l'on veut et sans
qu'ils soient mêlés en aucune façon. « En rendant possible, dit-il, la réunion
de toutes les maisons de Londres et même de vingt villes semblables dans
un vaste circuit, on pourrait, par un moyen analogue, envoyer des signaux
de différents genres à une ou plusieurs stations. Ainsi on pourrait envoyer
un signal pour le feu à la station des pompiers, et envoyer un signal pour vol
à la station de police; on pourrait même faire en sorte, par une modification apportée à l'appareil, d'envoyer en même temps les signaux à toutes
les stations. Le télégraphe autokinétique n'est pas d'ailleurs limité à la
transmission de trois ou quatre signaux. En adaptant ce système à d'autres

appareils combinés en conséquence, on pourrait l'employer à l'envoi automatique d'un nombre infini de signaux qui pourraient même constituer des phrases toutes faites. »

III. — Machines a voter.

, Ceux qui ont assisté aux réunions des assemblées délibérantes ou qui en ont fait partie, ont pu reconnaître combien est long et minutieux l'émission et surtout le dépouillement d'un vote. Pour rendre cette opération moins longue, on a, à diverses reprises, combiné des mécanismes ingénieux qui pouvaient, à la manière des machines à calculer, compter les votes et indiquer les résultats ; mais ces machines ne présentaient pas des conditions d'exactitude et de commodité suffisantes, et ce n'est que quand on a pu leur appliquer les moyens électriques, qu'on pût entrevoir les avantages sérieux qu'elles pouvaient fournir. Toutefois, les caprices de l'électricité ont effrayé un peu les assemblées, et jusqu'à présent, ces machines n'ont été adoptées que dans des cas assez restreints, bien que plusieurs des systèmes proposés sembleraient devoir satisfaire les esprits les plus scrupuleux.

Les systèmes qui ont été proposés jusqu'ici peuvent se répartir en deux catégories : 1° les systèmes dans lesquels chaque votant a son transmetteur et son récepteur de vote, et dans lesquels la récapitulation des votes est fournie par un appareil qui réagit d'après les indications fournies sur les récepteurs ; 2° les systèmes dans lesquels les votes ne sont exprimés que sur les transmetteurs et ne sont recueillis qu'au moment même du dépouillement du vote, au moyen d'une machine qui se trouve mise successivement en rapport avec ces transmetteurs; alors les votes se trouvent inscrits en face dès noms des votants en même temps qu'ils se trouvent additionnés. Dans ces deux catégories d'appareils, une disposition assez simple permet, du reste, de rendre les votes secrets.

S'il faut en croire une réclamation récente de M. Martin de Brettes, ce serait lui qui, dès l'année 1849, aurait eu la première idée des machines à voter, et son projet qui aurait été autographié et présenté au président de l'assemblée nationale, aurait été mentionné et partiellement reproduit par les journaux de l'époque. Plus tard, en 1860, M. Saigey, inspecteur des lignes télégraphiques, a également combiné un appareil de ce genre, mais sans en donner la description. Ce n'est qu'en 1862, que l'on a pu voir pour la première fois en France, une machine à voter exécutée et susceptible de fonctionner d'une manière satisfaisante, et cette machine, brevetée en 1861, a été imaginée par M. Gallaud. Aujourd'hui, par suite d'une méprise dont je ne me suis pas rendu compte, cette machine est attribuée à M. Morin ; mais par le fait, ce dernier n'en a été que le constructeur, et, quand elle a été présentée à la Société des ingénieurs civils en 1862, et à la Société d'encouragement en 1864, on n'a eu à s'occuper que de M. Gallaud, et le rapport de M. Molinos, fait le 10 août 1864, à la Société d'encouragement, ne relate que le nom de cet inventeur. Depuis cette invention, un grand nombre de projets ont été proposés, et les plus importants d'entre eux ont été combinés par MM. Clérac, Jacquin, de Gaulne, Daussin, Lalloy, Debayeux. Nous allons les passer successivement en revue :

1° Machines à indicateurs séparés et en nombre égal à celui des votants.

A cette première catégorie se rapportent les systèmes de MM. Martin de Brettes, Gallaud, Clérac, Jacquin.

Système de M. Martin de Brettes. — « Le problème que je m'étais proposé de résoudre, dit M. Martin de Brettes, était le suivant :

« Trouver le moyen de faire voter, d'indiquer, d'autographier et de contrôler les votes.

« L'appareil, depuis perfectionné et simplifié, au moyen duquel j'ai résolu ce problème, en 1849, comprenait : *un manipulateur, un indicateur, un appareil autographique, un contrôleur mécanique, des piles et circuits électriques.*

« *Le manipulateur*, au moyen duquel s'opère le vote, se compose de deux boutons placés dans le pupitre de chaque député. L'un est blanc, pour voter *pour*, l'autre noir, pour voter *contre*. Les pupitres sont tous numérotés et ferment à clef. Il suffit d'exercer une pression sur le bouton relatif au vote, pour l'exprimer. On ferme ainsi un circuit électrique spécial qui aboutit à l'indicateur.

« *L'indicateur* se compose de deux tableaux, placés l'un à droite du président, pour les votes pour, et l'autre à gauche pour les votes contre. Chaque tableau contient autant de petites fenêtres qu'il y a de députés. Ces fenêtres sont habituellement fermées par de légers écrans, qui se déplacent sous l'influence de courants électriques, et laissent voir les numéros des pupitres qui ont produit ces courants. Les circuits électriques de chaque tableau vont ensuite respectivement à un appareil d'impression.

« *L'appareil autographique* se compose de deux espèces particulières d'appareils d'impression : un pour les votes pour et un pour les votes contre. Chacun d'eux est disposé de manière que les courants électriques, déterminés par la pression des boutons des pupitres, produisent l'impression, sur une feuille de papier divisée comme le tableau indicateur correspondant, d'une marque indiquant les numéros ou les noms des votants. Les circuits retournent ensuite aux piles.

« *Piles électriques, circuits.* — Il est probable qu'une seule pile électrique d'un petit nombre d'éléments pourrait suffire, si l'on employait des courants dérivés dont les circuits auraient la même résistance. Elle serait disposée de manière que tous les couples, zinc et charbon, plongeassent à la fois dans le liquide excitateur, le bi-chromate de potasse, et en sortissent de même.

« *Contrôleur mécanique.* — Ce contrôleur consiste en un appareil qui permet à une boule de la couleur du bouton, de se mettre en mouvement et de se rendre dans un *récepteur compteur* qui reçoit toutes les boules d'une même couleur.

« *Fonctionnement de l'appareil.* — Avant de prononcer l'ouverture du scrutin, le président fait abaisser les stores sur les tableaux indicateurs, fait mettre la pile en activité et préparer les appareils autographiques.

« Chaque député se rend à sa place, agit sur le bouton de la couleur du vote qu'il veut émettre, et le vote est terminé.

« Quand le président prononce la clôture du scrutin, les courants sont interrompus, et de nouveaux votes sont impossibles.

« Les stores sont alors levés, si le vote est public, et les numéros qui apparaissent sur les tableaux indicateurs, donnent le nombre des votants pour et contre, et l'on en déduit les noms au moyen d'un livret où ils sont inscrits près de leurs numéros.

« Les feuilles imprimées automatiquement donnent aussi le nombre des votants pour et contre, ainsi que leurs noms : c'est un premier contrôle.

« Enfin, le contrôleur mécanique des boules numérotées donne aussi le nombre des votants pour et contre, ainsi que leurs noms : c'est un second contrôle.

« La suppression de l'indicateur dont l'utilité ne se fait pas sentir, et du contrôleur mécanique qui est superflu quand les votes sont enregistrés automatiquement, réduirait l'appareil à voter à un appareil autographique des votes. »

Système de M. Gallaud. — Ce système, dont le spécimen présenté à la Société d'encouragement a été exécuté par M. Morin, constructeur d'appareils électriques, devait satisfaire aux trois formes sous lesquelles un scrutin peut être fait, savoir :

1º Le vote par assis et levé, dans lequel il s'agit d'apprécier le nombre des votants pour et contre, sans indication de personnes, et qui suppose une majorité évidente et incontestable ;

2o Le vote nominatif dans lequel on constate le nom du votant en même temps que la nature de son vote ;

3o Enfin le vote secret, dans lequel il faut compter le nombre des votants pour et contre, en enlevant tout moyen de rechercher l'opinion de chacun.

Toutefois, dans le modèle présenté, la machine ne correspondait qu'au troisième de ces systèmes, et voici comment M. Molinos la décrit dans le rapport dont il a été question.

« Le principe de l'appareil est facile à saisir. Chaque votant a devant lui, sur sa table, et à la place qui lui est attribuée dans l'assemblée, deux boutons agissant chacun sur deux lames métalliques, naturellement écartées, et que la pression met en contact.

« Chacun de ces boutons fait partie d'un circuit particulier, qui ordinairement est interrompu, mais qui peut être complété par la pression du bouton. Un fil conducteur partant d'une pile vient aboutir à une des deux lames dont nous venons de parler ; un autre fil est relié avec la seconde lame et va s'enrouler autour d'une bobine placée sur un tableau dont nous décrirons le rôle plus loin ; au sortir de la bobine, le fil retourne à la pile. En poussant le bouton, on détermine le passage du courant dans le circuit et l'aimantation de l'axe en fer doux de la bobine, c'est-à-dire qu'on peut ainsi produire à volonté une force qu'il s'agit d'employer à traduire le vote.

« Le tableau de vote, placé dans l'endroit le plus apparent de la salle, porte autant de couples de bobines qu'il y a de votants. L'appareil destiné à mettre le vote en évidence étant le même pour chaque votant, il nous suffira de décrire la disposition d'une seule couple de bobines, comme s'il ne s'agissait que de recueillir un seul vote. Cet appareil est répété autant de fois qu'il y a de votants.

« Les deux bobines qui correspondent aux deux boutons placés devant un membre, sont fixées sur le tableau, à peu près l'une au-dessus de l'autre. Entre elles on aperçoit du dehors un disque vert, à travers une petite lucarne ménagée à cet effet. A côté de la bobine supérieure, se trouve un disque tournant autour d'un arbre excentrique, et maintenu en place par un cliquet, de manière que, si on enlève ce cliquet, le disque tombe naturellement sur le disque vert et devient apparent dans la lucarne ; ce disque est blanc. De même, à côté de la bobine inférieure, se trouve un disque maintenu par un rochet agissant sur son axe de rotation, qui est également excentrique, de manière qu'en enlevant le cliquet, le disque se relève sous l'action d'un contre-poids et vient se poser sur le disque vert ; ce disque est noir.

« En pressant le bouton correspondant à la bobine supérieure, bouton qui sera blanc comme le disque, le votant complète un circuit et détermine l'aimantation du fer doux de la bobine ; le cliquet est attiré, et le disque blanc apparaît; le vote est affirmatif. De même, en pressant l'autre bouton, on fait apparaître le disque noir ; le vote est négatif.

« Lorsque chaque votant a fait la même opération, il y a autant de disques tombés qu'il y a de votes exprimés. On conçoit très-bien, par la disposition même de l'appareil, qu'il est impossible de voter dans le même scrutin deux fois dans le même sens. Mais il faut, en outre, que chaque votant ne puisse revenir sur son vote, pour réparer une erreur par exemple, et voter dans le même scrutin, avec les deux boutons. Ce serait une cause d'erreur dans la sommation des votes non nominatifs, qu'il ne faut pas laisser introduire, et une disposition très-simple s'y oppose en effet.

« Lorsque le disque noir, par exemple, est en place, il maintient au contact deux petites lames de ressort qui sont placées sur le circuit conduisant au disque blanc ; par la chute même du disque noir, ces lames se séparent, et le circuit conduisant au disque blanc est forcément interrompu. De même, lorsqu'on a fait tomber le disque blanc, une disposition identique empêche d'agir sur le disque noir.

« Lorsque le scrutin est terminé, et qu'il faut procéder à la sommation des votes, l'appareil ne doit plus en admettre de nouveaux. A cet effet, un bouton interrupteur est placé devant le président. Ce bouton pressé, met en action les compteurs, rompt en même temps la communication de la salle avec le tableau, et empêche ainsi tout vote ultérieur.

« Les compteurs sont au nombre de deux ; ils fonctionnent de la manière suivante : un contre-poids soutenu par la palette d'un électro-aimant est mis en liberté sous la pression du bouton du président. Il donne, au moyen d'une transmission, le mouvement à deux roues d'un diamètre égal, dont la face antérieure porte une dent faisant saillie sur leur circonférence. Par cette dent, l'une de ces roues compte les disques blancs tombés, l'autre les disques noirs.

« A cet effet, sur une circonférence concentrique à chacune des deux roues, sont disposées autant de lames de ressorts qu'il y a de disques : ces lames se trouvent dans un courant qui n'est complété que par la chute d'un disque ; elles se présentent comme autant de génératrices contiguës d'un cylindre, que viendra toucher intérieurement la dent saillante de la roue.

« Le courant, passant alors par cette dent, agit sur la palette d'un nouvel électro-aimant et lui donne un mouvement d'oscillation, transformé, à l'aide d'un échappement à ancre, en un mouvement de rotation, qui se transmet à un cercle de carton portant sur la circonférence autant de numéros qu'il y a de votants. Chaque fois que la dent saillante donne passage à un courant, c'est-à-dire rencontre une lame correspondant à un disque tombé, le carton numéroté tourne d'un cran et fait passer devant une lucarne du tableau un nouveau chiffre, c'est-à-dire ajoute une unité au nombre déjà indiqué. Lorsque la dent a parcouru toute la circonférence, le résultat définitif du vote apparaît à la lucarne de chaque compteur.

« Voici maintenant comment le résultat du vote nominatif est constaté, et pour ainsi dire, imprimé par l'appareil même, sans erreur possible :

« Sur la face postérieure du tableau se trouvent autant de lames de ressorts qu'il y a de disques. Elles sont disposées comme les disques, suivant deux rangées horizontales, et portent, à leurs extrémités, des pointes. Lorsque l'appareil ne fonctionne pas, en pressant avec une barre métallique, par exemple, sur une rangée de ces pointes, on peut faire fléchir les ressorts et les faire tous rentrer dans le tableau ; mais, si un disque vient à tomber, une petite masse s'interpose derrière la lame de ressort correspondante, en empêche la rentrée dans le tableau et maintient la pointe en saillie : en sorte qu'après le vote, les deux rangées de lames sont hérissées d'autant de pointes qu'il y a de disques tombés.

« Pour traduire sur le papier le résultat de ce vote nominatif, il suffit de prendre une feuille de même longueur que les rangées de lames de ressorts, partagée par des lignes verticales en autant de colonnes qu'il y a de couples de disques, et par conséquent de couples de pointes ; ces colonnes sont elles-mêmes partagées par des lignes horizontales en trois cases : dans la première sont inscrits le nom du votant et le numéro de sa place ; la seconde doit se superposer à la pointe correspondant au disque noir ; la troisième, à la pointe du disque blanc. Cette feuille, placée entre deux planches de cuivre repérées, percées de trous correspondant à l'emplacement des pointes, est appliquée sur la face postérieure du tableau au moyen d'un levier. Les pointes saillantes percent alors le papier aux cases convenables, et la feuille porte ainsi l'empreinte indélébile du vote ; ce procédé est donc aussi sûr que rapide.

« L'emploi de cette machine suppose évidemment que chaque votant a, sur le tableau indicateur, une case déterminée, correspondant à la place qu'il occupe dans l'Assemblée. Il s'ensuit que l'œil s'habituera vite, par la seule inspection du tableau, à mettre le nom du votant sur le disque apparu, ce qui présenterait un inconvénient sérieux pour les votes secrets ; on l'a ait disparaître dans l'appareil mis sous les yeux de la société, par une disposition ingénieuse.

« A la partie supérieure du tableau sont placés deux peignes horizontaux, l'un fixe, l'autre mobile, suivant sa longueur ; le peigne fixe porte autant de dents qu'il y a de boutons de vote, et chacun des fils venant de ces boutons aboutit à une dent. Le peigne mobile porte un plus grand nombre de dents, dix par exemple ; chacune de ces dents est reliée au fil des disques par l'intermédiaire d'un boudin flexible ; en déplaçant le peigne mobile, on intervertit l'ordre des bobines, de manière qu'il est impossible de reconnaître les votants.

« Enfin il faut, après un vote, remettre tout l'appareil en état de fonctionner de nouveau, ce qui se fait très-facilement au moyen d'un levier extérieur manœuvrant deux tiges qui relèvent les disques tombés en agissant sur de petits taquets qu'ils portent à cet effet. Le même levier relève le contrepoids des compteurs, pousse latéralement chaque ancre en dehors de son rochet et abandonne le cadran à lui-même. Ce dernier, convenablement équilibré, revient au zéro, et l'appareil est prêt à fonctionner de nouveau.

« Les modifications que M. Gallaud se propose d'apporter à l'appareil existant, en vue d'une application importante, ont toutes pour objet d'en simplifier l'exécution et d'en assurer encore mieux le fonctionnement

« Il compte d'abord remplacer les deux disques indépendants d'une même couple, par deux disques, fixés aux extrémités d'un levier coudé, équilibré, pouvant osciller autour d'un axe horizontal et dans un plan perpendiculaire à celui du tableau. Les deux bobines seraient placées derrière le levier, l'une au-dessus, l'autre au-dessous de l'axe ; en laissant passer le courant dans la bobine supérieure, le disque inférieur sortirait complétement de la lucarne correspondante et réciproquement. Un petit volet soulevé par le disque au moment de sa sortie et tombant derrière lui, l'empêchera de rentrer et, par suite, s'opposera matériellement à ce que le même votant émette deux votes différents dans le même scrutin ; tous ces volets seront attachés à une même tringle, et en la tirant parallèlement au plan du tableau, après l'opération, on fera rentrer tous les disques équilibrés, qui seront ainsi prêts à fonctionner de nouveau. Cette disposition a l'avantage de simplifier la construction de l'appareil et de réduire la place nécessaire à l'établissement d'une couple de disques ; de plus, elle est d'un fonctionnement plus sûr que la disposition actuelle. Dans l'appareil existant, le courant allant à la bobine du disque noir, passe, ainsi que nous l'avons dit, par deux petites lames de ressorts qui sont écartées par la chute du disque blanc, et réciproquement. Il pourrait arriver avec cette disposition que les deux lames restassent en contact, et dans ce cas rien n'empêcherait de voter deux fois dans le même scrutin ; cette cause d'erreur ne peut se produire dans la nouvelle disposition.

« Pour le scrutin secret, le peigne mobile pourra être plus simplement remplacé par un rideau qui, en tombant sur le tableau, le cachera entièrement et remplira le but cherché.

« Une modification également importante portera sur le système des compteurs.

« Dans l'appareil actuel, chaque disque est relié par un fil aux lames qui entourent la roue du compteur. Dans une machine construite pour 300 votants, par exemple, il faudrait donc placer, seulement pour faire fonctionner les compteurs, 600 fils, ce qui ne laisserait pas que d'entraîner une certaine complication. Au moyen d'une disposition très-ingénieuse, M. Gallaud se propose de faire disparaître cet inconvénient.

« Les axes de tous les disques seront confondus en une seule tige qui pourra livrer passage à un courant; un appendice métallique faisant saillie sur la face de chaque disque sera relié à l'axe par un fil conducteur.

« Entre les deux rangées de disques se trouvent deux bandes métalliques, formant un plan incliné, sur lequel se meut une paire de roues montées sur un essieu, mais isolées électriquement par un manchon en ivoire. Cet essieu portera à ses extrémités deux lames de ressort : l'une s'élevant verticalement sera maintenue dans sa position par un contre-poids, l'autre tombera naturellement sous l'action de son propre poids.

« Ces deux lames doivent, par la manœuvre de la paire de roues, rencontrer tous les appendices des disques sortis; l'une rencontrant les appendices des disques à votes positifs et les mettant en communication avec le rail du compteur *oui;* l'autre rencontrant les appendices des disques à votes négatifs et les mettant en communication avec le rail du compteur *non.*

« Lorsqu'on voudra procéder à la sommation des votes, il suffira d'abandonner à lui-même ce petit appareil; il se mettra en mouvement sur le plan incliné, et, chaque fois qu'il rencontrera un disque sorti, le circuit sera complété, et le courant agira sur les compteurs. La paire de roues sera mise en liberté par la pression du bouton du président.

« Enfin le mécanisme des compteurs sera contenu dans un tableau dont la face antérieure, percée de trois lucarnes, laissera voir les chiffres des unités, des dizaines et des centaines.

« Le mouvement initial sera donné par les oscillations d'un levier à peu près horizontal, qui, attiré à chaque rétablissement de courant, retombera par son poids pour être attiré de nouveau et faire chaque fois avancer d'une division la première roue du système.

« Les autres parties sont mises en action à la manière ordinaire. »

On pourra voir dans le tome XI (2ᵉ série, page 723) du *Bulletin de la Société d'encouragement* (année 1864), les dessins de l'appareil de M. Gallaud, avec une légende explicative suffisante pour en donner une idée bien complète.

Système de MM. Clérac et Guichenot. — Dans ce système, les appareils sont chargés de fonctions multiples; ils doivent :

1° Permettre à l'assemblée tout entière de suivre des yeux les phases du scrutin, et, par suite, d'en pressentir le résultat avant même qu'il soit proclamé;

2° Recueillir les votes et les totaliser instantanément;

3° Les enregistrer;

4° Enfin, donner à chaque député le moyen de s'assurer, de sa place, que son suffrage a bien été recueilli et enregistré.

Voici comment ce système est décrit dans les *Annales télégraphiques* de l'année 1875.

« *Description des appareils.* — Pour résoudre un problème aussi complexe, les inventeurs ont dû faire appel aux ressources qu'offrent l'électro-magnétisme et l'électro-chimie. De chaque côté de la tribune, ils disposent deux grands tableaux divisés en autant de compartiments que l'assemblée compte de membres. L'un de ces cadres est destiné à recevoir les votes affirmatifs, l'autre, les votes négatifs; chaque député possède ainsi deux cases, l'une dans le tableau des *pour*, l'autre dans celui des *contre*. Sur son

Fig. 79.

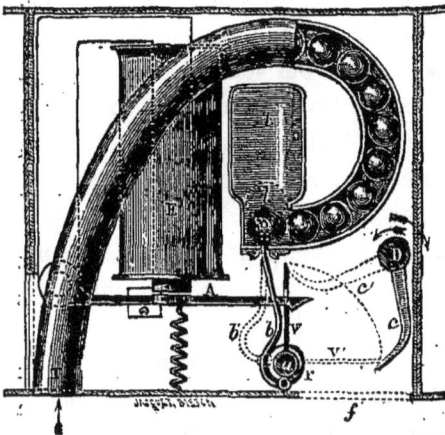

pupitre sont placées deux touches que nous représentons en t, t' fig 82, et qui sont reliées respectivement à ces cases par des fils électriques, lesquels permettent d'y conduire le courant d'une pile installée dans une salle voisine.

« La fig. 79 ci-contre représente l'intérieur d'un compartiment; il se compose : 1° d'un électro-aimant E, dont l'armature A retient un petit volet V de couleur voyante, et un bras b, tous deux solidaires et mobiles autour d'un axe a; 2° d'un tube *incliné* T, contenant des boules en ivoire, et dont l'extrémité inférieure l percée latéralement, ne laisse sortir qu'une seule de ces boules par scrutin; 3° enfin, d'une came c implantée dans un arbre D, traversant toutes les cases d'une même rangée verticale. Une petite fenêtre *f* est ménagée dans la face du compartiment qui regarde l'assemblée.

« *Fonctionnement de l'appareil. Apparition et dénombrement des votes.* — Cela dit, le fonctionnement de l'appareil est facile à saisir. — Dès que le membre auquel appartient ce compartiment pose le doigt sur la touche correspondante, l'électro-aimant, animé par le courant, attire l'armature A qui laisse échapper le volet V; celui-ci se ferme alors sous l'action d'un ressort en spirale *r*, et *devient visible* du dehors. En même temps le bras *b* obéissant aussi à l'impulsion du ressort *r*, pousse hors du compartiment la boule la plus engagée; cette dernière tombant dans le conduit vertical *t*, arrive dans un tube collecteur où viennent s'empiler toutes les boules échappées d'un même tableau.

« Ces diverses fonctions s'accomplissent pour ainsi dire simultanément dans les différentes parties des deux tableaux; de sorte que l'ensemble du scrutin se manifeste aux yeux de l'assemblée par *l'apparition des volets fermés*, en même temps que le vote *se totalise automatiquement* dans les tubes collecteurs gradués, où la dernière boule tombée indique, par sa position, le nombre de suffrages exprimés (1).

« L'appareil que nous décrivons avait été conçu en 1869, c'est-à-dire à une époque où la chambre ne se composait que de deux-cent-soixante-dix députés. Un seul collecteur suffisait alors pour recevoir toutes les boules d'un même tableau; mais l'assemblée comptant aujourd'hui sept-cent-cinquante membres, chaque cadre devrait avoir trois de ces tubes. Cette modification n'aurait d'ailleurs d'autre inconvénient, que de forcer les scrutateurs à faire une addition de trois nombres pour obtenir le total des boules de chaque couleur.

« Les auteurs du projet indiquaient également dans leur brevet, (2) un autre moyen moins élégant, mais presque aussi rapide de totaliser le vote; il consistait à *peser* les boules tombées.

« *Dispositions accessoires.* — Après le scrutin, les volets et les bras de toutes les cases qui ont fonctionné sont ramenés d'un seul coup dans leur position primitive à l'aide des arbres verticaux D, armés de cames *c*, que l'on manœuvre de l'extérieur. L'appareil est alors prêt pour un nouveau vote.

« Les boules en ivoire introduites à l'avance dans chaque compartiment par l'orifice T du tube incliné, sont au nombre de vingt, ce qui est plus que suffisant pour une séance. Elles sont toutes exactement de même diamètre,

---

(1) La face antérieure des tubes collecteurs est formée d'une glace épaisse graduée.
(2) Le brevet a été pris le 28 janvier 1870.

et chacune d'elles porte le numéro de la case, ou mieux encore le nom d'un député; cette indication est reproduite sur la face apparente du compartiment. Ajoutons que toutes les cases sont indépendantes, ce qui permet d'en enlever une quelconque sans déranger les autres.

« Comme il importe que les touches ne soient à la disposition que du député auquel elles appartiennent, elles devraient être placées dans son pupitre ou dans une boîte fixée à ce pupitre, et fermée par un bouton à combinaisons de lettres.

« *Enregistrement du scrutin. Presse électro-chimique.* — Tel qu'il vient d'être décrit, l'appareil est déjà complet, puisque le dénombrement des votes *pour* et *contre* s'effectue instantanément et qu'il suffirait d'enlever après chaque scrutin les boules tombées des tableaux et de les dépouiller à l'issue de la séance pour dresser la liste des votants; mais les inventeurs ont tenu à supprimer également ce travail qui, si bien fait qu'on le suppose, laisserait encore subsister des chances d'erreur; ils ont voulu, en conséquence, que l'appareil fixât lui-même sur le papier les résultats de chaque opération qui a déjà provoqué l'apparition du volet et la chute de la boule, en lui confiant le soin *d'imprimer le nom du député* et *d'indiquer la nature de son vote* sur la feuille d'enregistrement du scrutin. Ils obtiennent ce dernier résultat par l'emploi d'une *presse électro-chimique* d'une grande simplicité.

« Sur un tablier métallique T (fig. 81), on étend avant le vote une feuille de papier sensibilisé par un sel facilement décomposable par l'électricité, le cyanoferrure de potassiun (1) par exemple; puis on rabat ce tablier sur une plaque en caoutchouc durci C, dans laquelle sont incrustées des tiges ou plots métalliques *t* (fig. 80), portant gravé à leur extrémité en contact avec le papier le nom d'un député. De même que pour les tableaux, chaque membre possède ici deux compartiments ou plutôt deux tiges à son nom, l'une en *fer* et l'autre en *cuivre*, lesquelles communiquent respectivement avec les touches *pour* et *contre*.

« La marche du courant est combinée de telle sorte que le fluide électrique émis par une touche, traverse la feuille sensibilisée au point même où elle est en contact avec le *plot* correspondant à cette touche. Sous l'influence de ce courant, le sel qui imprègne le papier est décomposé, et il se forme *instantanément* avec le métal de la tige, une nouvelle combinaison chimique de couleur bleue ou rouge foncé, selon que celle-ci est en fer ou en cuivre.

---

(1) Afin de maintenir le papier dans un état hygrométrique convenable, on ajoute à cette solution une petite quantité d'azotate d'ammoniaque.

L'empreinte résultant de cette combinaison est celle du nom que porte le plot; sa couleur indique la nature du vote.

« On pourrait ainsi recevoir sur une même feuille les votes affirmatifs et ceux négatifs; mais il semble-rait préférable d'avoir deux presses distinctes l'une enre-gistrant les *pour*, l'autre les *contre*. Telle est la dernière disposition à laquelle on s'est arrêté.

Fig. 80.

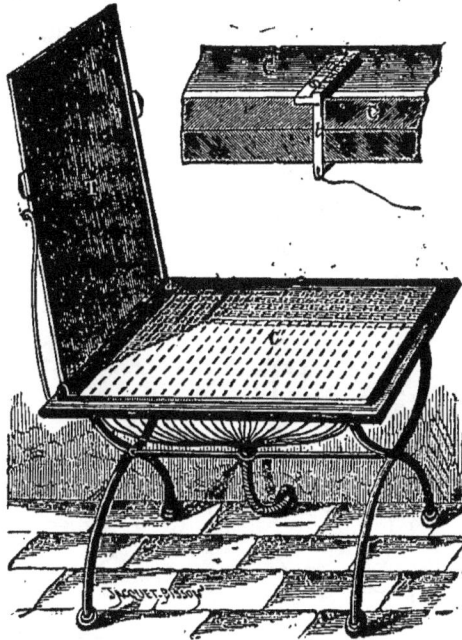

« La *presse électro-chimique* constitue donc à elle seule un télégraphe à voter, répondant à tous les besoins. Avec cet appareil, un scrutin n'exigerait que quelques minutes, si nom-breuse que fût l'assemblée.

« Cette presse pourrait encore servir à faire l'appel nominal, à vérifier si l'assem-blée est en nombre, à enregis-trer les abstentions volontai-res, à élir les membres du bureau, etc. La première per-sonne venue serait apte à la manœuvre.

Fig. 81.

« Le papier sensibilisé peut, comme on le sait, se conserver plusieurs mois sans altération; il pourrait donc être préparé longtemps à l'avance. Il suffirait de l'humecter légèrement au moment de l'employer.

« *Contrôle individuel du vote.* — Désirant prévenir jusqu'à la possibilité d'une erreur, les auteurs du système ont placé sur chaque pupitre, entre les touches servant à voter, une petite boussole différentielle *b* (fig. 82), dont l'aiguille s'incline à droite ou à gauche, selon que le vote est affirma-tif ou négatif, et qui ne fonctionne qu'autant que le volet est fermé, la boule tombée et le scrutin enregistré par la presse électro-chimique. Si par une cause accidentelle, le vote ne parvenait pas à destination, le député inté-ressé en serait averti par l'immobilité de son aiguille galvanométrique, et il pourrait y remédier en remettant un bulletin au scrutateur.

« *Piles, marche du courant.* — Les piles sont installées dans une salle spéciale. Un commutateur C (fig. 82), placé sur le bureau du président, permet de ne les mettre à la disposition de l'assemblée que pendant la durée du scrutin.

« La figure théorique n° 82 montre la marche du courant dans les deux circuits desservant une même place. Le fluide positif partant de la batterie B arrive aux touches t, t' ; lorsqu'on abaisse l'une d'elles, ce courant est dirigé d'abord dans la case correspondante dont il traverse l'électro-aimant, puis

Fig. 82.

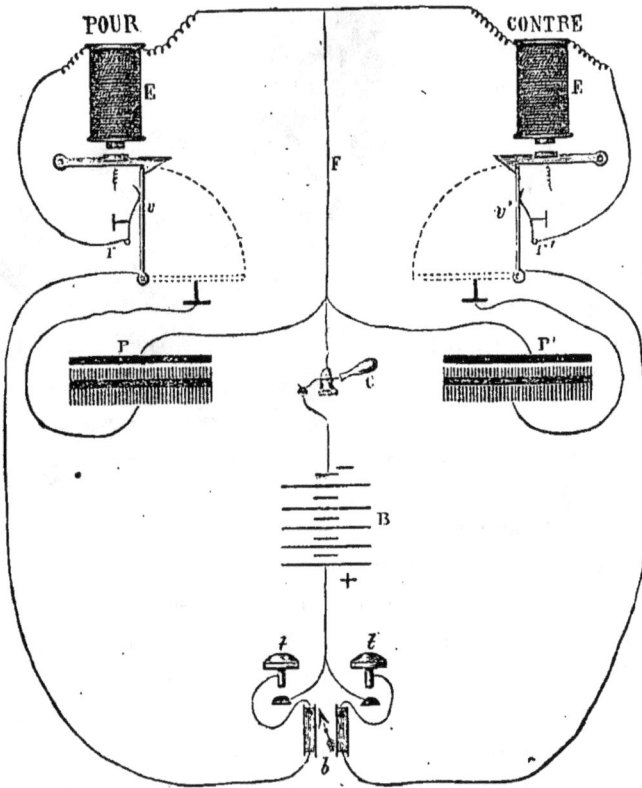

revient à la pile par le fil du retour F et le commutateur C qui est alors fermé ; mais à peine l'armature a-t-elle fonctionné, que le volet venant frapper contre le butoir qui limite sa course, le fluide détourné de sa route revient à la batterie en traversant la feuille électro-chimique en face de la tige correspondante à la touche abaissée.

« La boussole b n'ayant que quelques tours de fil, son aiguille bouge à peine tant que le courant parcourt les spires de l'électro-aimant, dont la résistance est relativement grande (100 à 150 unités B A) ; mais dès que le courant s'établit à travers la feuille sensibilisée, son intensité augmente subitement, et l'aiguille indicatrice dévie fortement, indiquant ainsi que le vote est recueilli et enregistré.

« On n'a fait passer le courant que successivement dans l'électro-aimant et à travers le papier sensibilisé, afin qu'il pût concentrer son action sur chacun de ces points, au lieu de la diviser en les parcourant simultanément.

« Une pile de six éléments Marié-Davy, grand modèle, suffit pour desservir six places; chaque député n'emploie donc en réalité qu'un seul élément, soit 750 vases pour l'assemblée tout entière, ce qui n'a rien d'excessif.

« *Scrutins secrets*. — Avec les appareils que nous venons de décrire, on peut également pratiquer les scrutins secrets. Dans ce cas, on masque les tableaux par des stores, et les boules tombées sont mêlées au sortir des tubes collecteurs. Dans la presse, on substitue de simples tiges sans indications à celles portant les noms des députés. Une disposition spéciale permet d'opérer instantanément cette substitution. Le secret du vote est ainsi assuré.

« *Suppression des votes par assis et levés*. — Les votes par assis et levés donnent souvent lieu à des constestations; ils pourraient être remplacés avec avantage par les procédés ci-dessus qui les égalent en rapidité et les surpassent infiniment en précision. »

Système Jacquin. — L'appareil proposé par M. E. Jacquin (1) offre une grande analogie avec celui de MM. Clérac et Guichenot. Il en diffère toutefois quant au mode d'enregistrement du scrutin qui est remplacé ici par un pointage individuel sur autant de feuilles qu'il y a de rangées de cases. L'opération du vote ne se manifeste pas non plus aux yeux de l'assemblée.

Nous extrayons des *Annales industrielles* et nous reproduisons ci-après la description de ce système faite par l'auteur lui-même.

« Ce système donne instantanément les résultats des scrutins : épreuve, contre-épreuve et indications des abstentions. En plus, un pointage nominal se fait sur des feuilles spéciales qui servent à établir, après chaque séance, un tableau complet et détaillé de toutes les opérations individuelles (même des opérations erronées), relatives aux divers scrutins de cette séance.

« *Exposé du système*. — Deux boutons analogues aux boutons des sonnettes électriques sont placés devant chaque député; pour exprimer son vote, il

---

(1) Ce système a été présenté à l'assemblée par voie de pétition le 8 mars 1874.

appuie sur le bouton placé à gauche ou à droite, selon qu'il veut voter affir-
mativement ou négativement. Ces boutons transmetteurs peuvent être
placés dans un pupitre fermé à clef.

 « A chaque bouton transmetteur correspond, au fond de la salle, à
proximité du bureau de l'assemblée, un petit appareil qui renferme une
provision de boules et qui en laisse échapper une lorsqu'on appuie sur le
bouton qui lui correspond.

 « Les appareils qui renferment les boules blanches sont échelonnés dans
un cadre spécial, et ceux renfermant les boules bleues dans un autre cadre.
Les boules tombent des appareils dans des entonnoirs et parviennent dans
deux urnes, au moyen d'un système de tubes ramifiés et par l'effet seul de
la pesanteur.

 « Les boules étant toutes exactement du même poids (1), il suffit de peser
les deux urnes aussitôt le vote terminé, pour obtenir immédiatement les
nombres des voix exprimées dans les deux sens (affirmatif et négatif).

 « On opère ensuite mécaniquement, d'un seul tour de manivelle, la
décharge des appareils qui n'ont pas fonctionné, ce qui donne le nombre
des absents et abstentionnistes.

 « Afin d'éviter l'emploi d'un barème pour convertir en nombre de
boules les poids fournis par les pesées, on peut adopter pour type du poids
d'une boule une unité décimale, par exemple 10 grammes, ce type donnant
des boules d'une dimension convenable. Alors, en lisant le poids d'une
urne, on pourra énoncer immédiatement le nombre des boules qu'elle
contient. Ainsi une urne pesant 1500 grammes contient 150 boules et
indique, par conséquent, 150 voix émises. Nous entendons par poids d'une
urne, le poids des boules qu'elle renferme ; quant à l'urne elle-même, elle
est tarée d'avance et n'influe pas sur les pesées.

 « En plus des indications fournies par les boules, un pointage automatique se fait dans chaque appareil sur de petites bandes de papier qu'on y
introduit avant la séance. A la fin de la séance, les feuilles pointées, retirées
des récepteurs et collées les unes à côté des autres par ordre numérique,
forment un tableau complet et détaillé de tous les scrutins de cette séance.
Chaque député est représenté au tableau par deux feuilles portant son
numéro d'ordre; sur l'une sont inscrits les votes affirmatifs, et, sur l'autre,
les votes négatifs.

---

(1) Il est possible de fabriquer des billes en ivoire et en verre dans ces conditions
de précision.

On pourra trouver la description complète de ce système dans les *Annales télégraphiques*, tome II, p. 65.

Système de M. Laloy. — Ce système ne présente de particulier que son compteur des votes, qui est composé de deux appareils identiques, correspondant à chacun des tableaux *pour et contre*. Chaque appareil comprend un mouvement d'horlogerie et un électro-aimant. Sur la face antérieure, est placé un cadran en émail, dont la circonférence est divisée en autant de parties qu'il doit y avoir de votants. L'aiguille du cadran est mise en mouvement à chaque émission de courant, et parcourt à chaque fois une division. Lorsque le vote est terminé, l'aiguille est ramenée à sa position normale, afin que l'appareil soit prêt pour un nouveau scrutin. Il suffit pour cette opération de presser un bouton placé sur la boîte de l'appareil, comme dans les récepteurs télégraphiques à cadran pour le rappel à la croix. Cet appareil est, suivant l'auteur, d'une manipulation simple, facile et peu susceptible de dérangement; voici comment il fonctionne :

Lorsque le votant a émis son vote, c'est-à-dire lorsqu'il a appuyé sur l'un des boutons de son manipulateur, un des effets produits est de précipiter une boule dans un entonnoir et de là dans le tube collecteur de chacun des tableaux. Ce tube, fermé à l'une de ses extrémités, est garni à l'orifice par où doivent sortir toutes les boules, de deux pièces semi-circulaires en matière isolante, ivoire ou ébonite. Dans chacune des pièces isolantes, sont enchâssées deux lames métalliques mises en communication, l'une avec le pôle positif d'une pile, l'autre avec le pôle négatif; la lame métallique supérieure est armée de cinq ou six fils de platine formant ressort et plantés en brosse. La plaque inférieure peut être légèrement granulée ou cannelée pour établir un meilleur contact de frottement. Le tube collecteur ayant une inclinaison suffisante, la boule entraînée par son poids arrive à l'orifice de sortie; étant en métal, elle réunit à son passage les deux pôles de la pile dans le circuit de laquelle se trouve placé le compteur, et fait fonctionner l'électro-aimant, qui, agissant sur l'échappement du mouvement d'horlogerie, fait avancer l'aiguille d'une division. Il en est de même à la sortie de chaque boule, quel qu'en soit le nombre.

Cent six votes peuvent être émis simultanément au même tableau sans changer le résultat; car le tube collecteur destiné à emmagasiner les boules ne les laisse échapper qu'une à une par son unique sortie, et la plaque métallique supérieure armée de ses ressorts en platine donne forcément une émission de courant au passage de chaque boule, émission suivie nécessairement d'une interruption de circuit, à cause de la forme sphérique de la boule. En effet, si l'on admet que les boules aient un centimètre et demi de diamètre, le frottement sera réglé de manière à agir sur la surface pendant un demi-centimètre ; il restera donc un demi-centimètre à parcourir sur la boule pendant sa sortie, sans qu'il y ait contact avec les ressorts, et autant sur la boule qui suivra, ce qui sera plus que suffisant pour établir l'intermittence des contacts et des courants qui en sont la suite, quelque rapide que soit l'écoulement des boules, c'est-à-dire quelle que soit l'inclinaison du tube collecteur. Chaque contact ayant pour résultat invariable de faire avancer d'une division l'aiguille du compteur, il en résulte que ces appareils sont la représentation automatique fidèle et incontestable de l'opération.

Pour indiquer au votant que son vote est parvenu au tableau, que l'appareil a fonctionné et que conséquemment son vote est enregistré, il suffit de modifier la marche du courant et d'établir un galvanomètre dans le circuit près du manipulateur. Le galvanomètre fonctionnera lors de l'émission du vote, mais l'aiguille restera immobile ensuite, jusqu'à ce que l'appareil correspondant ait été réarmé. L'opérateur, après son vote, pourra appuyer sur le bouton de son manipulateur, et si l'aiguille reste immobile, il en concluera que son vote est enregistré. En effet, si l'on fait passer le courant dans la tige de l'armature et de là dans la bobine, le circuit se trouve rompu dès que le déclanchement s'est produit; d'où il résulte l'immobilité absolue de l'aiguille au contact du manipulateur.

Pour rétablir ou plutôt pour réarmer les appareils de chaque votant, on imprimera, au moyen d'une manivelle, une demi-révolution à un arbre horizontal principal muni d'une came en regard de chaque appareil; comme il y aura autant d'arbres horizontaux que de rangées de récepteurs et qu'ils seront rendus solidaires du premier au moyen de bielles, le mouvement imprimé sera simultané pour tous. Pour éviter de dépasser la limite nécessaire, il sera placé un diviseur en fer recevant l'arbre à son centre et muni de deux arrêts limitant d'une manière exacte l'espace à parcourir par la manivelle.

En outre du chéneau placé dans la case de chaque député et qui contient le nombre de billes ou boules nécessaires aux votes d'une séance, on peut, au moyen de cases mobiles adaptées à chaque appareil et percées d'un trou correspondant au chéneau, en préparer un nombre plus considérable, pour une semaine ou une quinzaine, si c'était jugé convenable. Les casiers mobiles, légèrement inclinés seraient garnis de boules qui remplaceraient au fur et à mesure celles qui seraient employées pour les votes.

2° **Systèmes dans lesquels les votes sont maintenus exprimés sur les transmetteurs et ne sont recueillis et inscrits que successivement, au
moment du dépouillement, par l'action d'une machine que l'on tourne
à la main et par l'intermédiaire de compteurs électro-magnétiques.**

Système de M. Daussin. — « Dans ce système destiné aux
chambres législatives, dit M. Daussin, la machine compte et inscrit les
députés présents, les votes affirmatifs, les votes négatifs et les abstentions.

« Le système comprend de petits commutateurs placés aux bancs
des députés, un appareil compteur-enregistreur installé sur le bureau
de l'assemblée, une pile et des fils conducteurs mettant en communication
les commutateurs et l'appareil. Les fig. 83, 84 et 85 représentent ces différents dispositifs.

« Chaque député dispose d'un commutateur. Ces instruments (la fig. 83

Fig. 83.

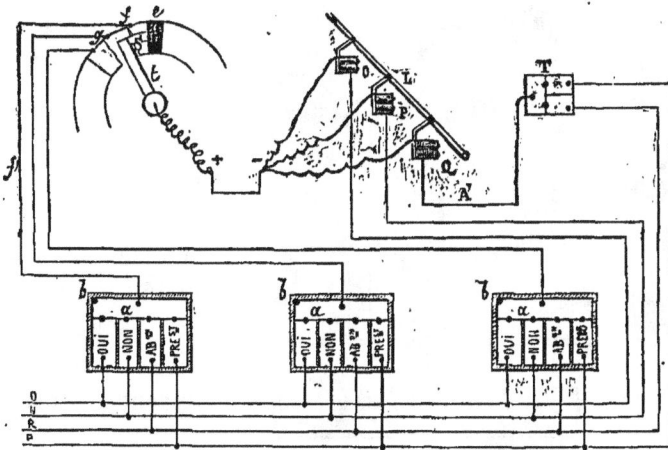

en représente trois) comprennent quatre plaques conductrices portant respectivement les mots *oui, non, abstention* et *présent*. Chacune de ces plaques,
reliée à un fil spécial auquel aboutissent également les plaques semblables
des autres commutateurs, peut-être mise en communication avec une
plaque *a* au moyen d'une cheville.

« L'appareil se compose de trois formes typographiques B, C et D
(fig. 84 et 85), de trois mécanismes imprimeurs B', C' et D', de trois compteurs marqués *oui, non* et *abstention*, et d'un commutateur E.

« Les formes sont circulaires et portent, gravées en relief sur la circonférence extérieure de leur limbe, les noms de tous les membres de l'assemblée.

Ces trois roues sont semblables; elles portent les mêmes noms disposés dans le même ordre et suivant la même génératrice, et elles sont calées sur un manchon F entourant à frottement doux une partie de l'axe G. Des tampons, dont un est visible en ponctué sur la fig. 85, appuient sur les caractères et les garnissent d'encre.

« Chaque mécanisme imprimeur est formé d'un petit rouleau porté par un levier à ressort H, qui fait corps avec une armature en fer doux K, mobile autour de l'axe L et qu'un ressort M tend à maintenir au repos contre la vis N. Une bande de papier passe sur le rouleau, et l'axe L, commun aux trois armatures mobiles, porte aussi trois électro-aimants O, P et Q qui y sont fixés par les pièces o, p et q.

« Le commutateur est fixe; il se compose d'un disque isolant muni d'une série de plaques conductrices disposées circulairement, isolées l'une de l'autre et reliées chacune, par un fil spécial, à la plaque a d'un des petits commutateurs. Ces plaques conductrices sont réunies au commutateur qui leur est propre, dans un ordre tel, que quand le ressort s, fig. 84 et 83, entraîné par le bras t, frotte sur l'une des plaques, cette plaque est précisément celle qui corcirespond au commutateur du député dont le nom,

Fig. 84.

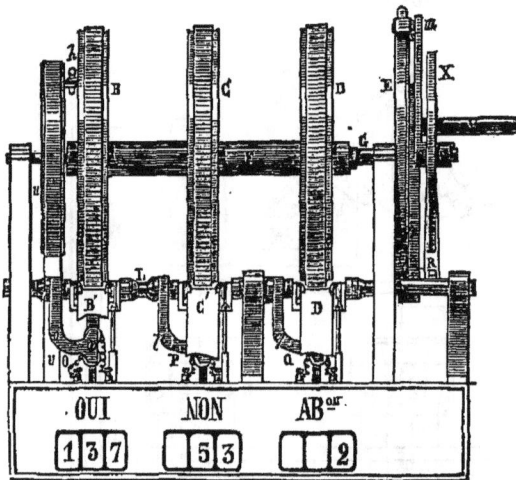

gravé sur les roues types, se trouve alors exactement au-dessus des rouleaux imprimeurs.

« L'appareil est commandé par la manivelle et la roue à gorge sinueuse V, fig. 85, qui font osciller le levier y fixé à l'axe L, lequel porte les électro-aimants et les armatures. Le levier y fait avancer, au moyen d'un cliquet R, le rochet X d'un nombre de dents égal à celui des divisions des roues types et du commutateur E. Un embrayage h, fig. 84, permet de faire tourner le rochet avec ou sans les roues B, C et D.

« Pendant l'absence d'un député, la cheville de son commutateur est placée dans le trou de repos b, fig. 83. Quand ce membre arrive à la séance, il place la cheville dans le trou de la plaque « *présent*. »

« Pour faire l'appel, le bureau embraye les roues avec le rochet en
plaçant le tenon *h*, fig. 84, dans les mortaises fixées à la poulie *u* et à la
roue B; il établit ensuite la communication, au moyen du commutateur T,
entre le fil P, fig. 83, et le fil A′ passant par l'électro-aimant Q; il relève
le levier *m*, fig. 85, retenant le bras *t*, et il fait tourner la roue à gorge
sinueuse V. Les sinuosités de la rainure de cette roue font osciller le
levier *y*. Chaque mouvement de bas en haut de ce levier fait avancer d'une
dent le rochet X et amène en contact avec les armatures, les électro-
aimants fixés sur l'axe L,
lesquels, par suite du mouvement du levier *y*, oscillent de haut en bas.

Fig. 85.

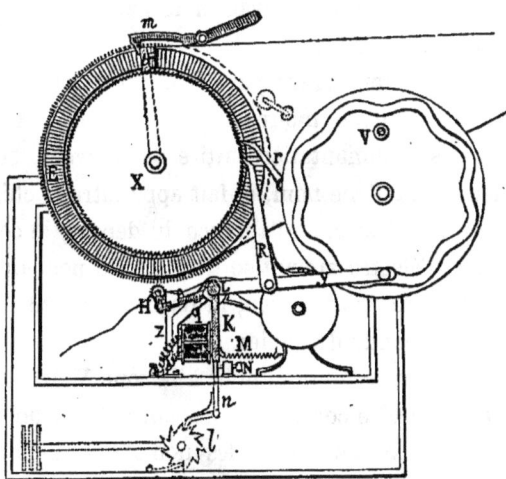

« Le premier mouve-
ment ascendant du levier *y*
a pour effet de faire passer
le ressort *s*, fig. 83, de la
plaque isolante *e* du commutateur à la première
plaque conductrice *f* reliée
au premier petit commu-
tateur. Si la cheville de ce
commutateur est placée
dans le trou de la plaque
« *présent* « le circuit de la
pile se trouve établi de la
manière suivante : pôle positif, bras *t*, ressort *s*, plaque *f*, fil *f*′, premier
commutateur, fil P, commutateur T, électro-aimant Q et pôle négatif.
De sorte qu'aussitôt que le ressort *s* arrive sur la plaque *f*, le courant
passe dans l'électro-aimant Q et l'aimante pendant qu'il descend pour venir
en contact avec son armature.

« Le mouvement suivant du levier *y* est descendant; il produit le relèvement des électro-aimants et le glissement du cliquet R, fig. 85, sur le
rochet X maintenu alors immobile par le cliquet *r* et par un poids
attaché à la courroie *v* enroulée sur la poulie *u*, fig. 84. L'électro-aimant Q,
traversé par le courant, remonte en entraînant son armature fortement
attachée à ses pôles, fait buter le rouleau contre la roue D et imprime le
premier nom sur la bande de papier D′. Les deux électro-aimants O
et P, fig. 83, n'étant pas traversés par le courant, suivent le mouvement du
premier sans soulever leur armature laquelle est retenue par leur ressort

antagoniste. Mais en même temps que se produit l'impression du premier nom, le chiffre 1 apparaît dans la première case du compteur des *abstentions*. Cet effet est produit par des roues dentées mises en mouvement par un rochet *l*, fig. 85, que fait avancer une tige *n* fixée à l'armature K.

« Au deuxième mouvement ascendant du levier *y*, le rochet X avance de nouveau d'une dent; le ressort *s* passe de la plaque *f* à la plaque *g*, et les électro-aimants redescendent une deuxième fois.

« Pendant que l'armature qui vient d'imprimer le premier nom, redescend, poussée par son électro-aimant et attirée par son ressort antagoniste, le cliquet Z fait tourner un petit rochet H relié au rouleau imprimeur, et fait ainsi avancer le papier de la quantité nécessaire à une nouvelle impression.

« Si le courant passe par la plaque *g*, sur laquelle appuie le ressort *s* après le deuxième mouvement ascendant du levier, l'électro-aimant Q conserve son aimantation, attire de nouveau son armature, lui fait imprimer le deuxième nom, et fait apparaître le chiffre au compteur.

« Si au contraire, en l'absence du député, le courant ne passe pas par la plaque *g*, l'électro-aimant se désaimante pendant sa descente et se relève sans produire d'impression, ni de changement au compteur, ni d'avancement de la bande de papier.

« Quand on a fait accomplir à la roue V le nombre de tours nécessaire, le bras *t* s'arrête contre le levier *m*, après avoir parcouru toute la circonférence du commutateur : les noms des membres présents se trouvent imprimés sur la bande, et les chiffres nécessaires à l'indication du nombre des présents se trouvent visibles au compteur.

« Pour rendre l'appareil propre à une autre opération, on fait disparaître les chiffres apparus aux compteurs, et on fait faire un tour en arrière au bras *t*, de manière à ramener à son point de départ le poids porté par la courroie *v*.

« Pour les votes nominaux, chaque membre place, suivant le vote qu'il veut émettre, la cheville de son commutateur dans le trou d'une des plaques *oui*, *non* ou *abstention*; le bureau met le fil A en communication avec le fil A', et obtient, en faisant faire un tour entier au rochet X, le fonctionnement des trois compteurs et l'impression des votes et des abstentions sur les bandes B', C' et D. Ces effets sont obtenus par les oscillations simultanées des trois électro-aimants, qui produisent chacun le relèvement de l'armature qu'ils commandent, quand ils sont actionnés par le courant.

« Pour les votes secrets, on retire le tenon *h* de ses mortaises; les roues types n'étant plus solidaires de l'axe G, le rochet X tourne sans les faire mouvoir, et les compteurs fonctionnent seuls.

« La disposition d'attraction au contact, imaginée pour le fonctionnement des armatures de cet appareil, permet d'obtenir une vitesse et une puissance d'impression bien supérieures à celles qu'on obtiendrait si les armatures étaient attirées à distance par des électro-aimants fixes. Avec la disposition employée, l'action du courant se borne, en effet, à lier l'électro-aimant à son armature, et les oscillations de cette dernière sont produites mécaniquement avec toute la rapidité et la force nécessaires. »

Système de MM. de Gaulne et Mildé. — Ce système est surtout remarquable par son transmetteur qui réunit toutes les conditions voulues pour assurer la sincérité du vote. En effet, grâce à la manière dont il est disposé, le votant ne peut changer son vote une fois le scrutin fermé, et il lui est même matériellement impossible d'ouvrir la boîte qui le renferme, tant que duré le dépouillement. Ce n'est qu'après que le président a ouvert les circuits en rapport avec ces appareils, que le votant est mis de nouveau en possession de son transmetteur.

Transmetteur. — Pour obtenir ce résultat, l'appareil destiné à effectuer les fermetures du circuit sur tel ou tel des trois contacts qui correspondent aux trois genres de votes, est renfermé dans une petite boîte à deux couvertures, fixée sur la table en face le votant, et le contact n'est produit que quand la première couverture de cette boîte est fermée. Un petit mécanisme enclancheur adapté à cette couverture, qui est métallique, la maintient fermée, et elle ne peut être ouverte que quand la première couverture qui porte un butoir déclancheur vient à être fermée à son tour; mais cette première couverture ne peut se fermer que quand le scrutin étant déclaré clos, un courant est envoyé à travers un petit électro-aimant qui commande le mécanisme enclancheur.

La figure 86 représente le dispositif de cet ingénieux appareil, vu en coupe et de côté. Les contacts communiquant avec la machine et qui sont au nombre de trois sont en C; on n'en voit qu'un sur la figure. Le frotteur qui doit appuyer dessus est en F; il est soutenu par un curseur BB qui est mobile sur la tringle A que l'on voit en coupe. Cette tringle elle-même est mobile de haut en bas, et se trouve à cet effet adaptée à deux colonnes verticales munies de rainures, dans lesquelles elle est introduite, et dont une se voit en A C. Un ressort à boudin placé au-dessous de cette tringle à l'intérieur de chaque colonne, tend à maintenir cette tringle élevée, et par conséquent à empêcher en temps normal le contact du frotteur F avec l'une ou l'autre des plaques C; mais on comprend que, pour produire ce contact, il

suffit d'appuyer sur le curseur BB, et c'est précisément ce que fait la première couverture de la boîte T W O, quand on vient à la fermer. Il faut
seulement, auparavant, placer le curseur BB de manière que le frotteur F
soit placé au-dessus du contact correspondant au vote qu'on veut émettre.
Le compas à crochet D G H qui est articulé en G, produit l'enclanchement
de cette couverture quand elle est abaissée, et il est facile de comprendre
comment cela a lieu, quand on sait que sur la goupille Z adaptée à ce
compas, appuie une lame de ressort, et que la pièce X en limite la course.
En effet, quand l'ouverture O pratiquée dans le bord de cette couverture,
vient se présenter devant le crochet D, celui-ci s'y introduit et maintient la
boîte fermée, tout en prolongeant le contact du frotteur F avec la plaque C.
Dans cette situation, il est bien évident que la boîte ne peut plus être

Fig. 86.

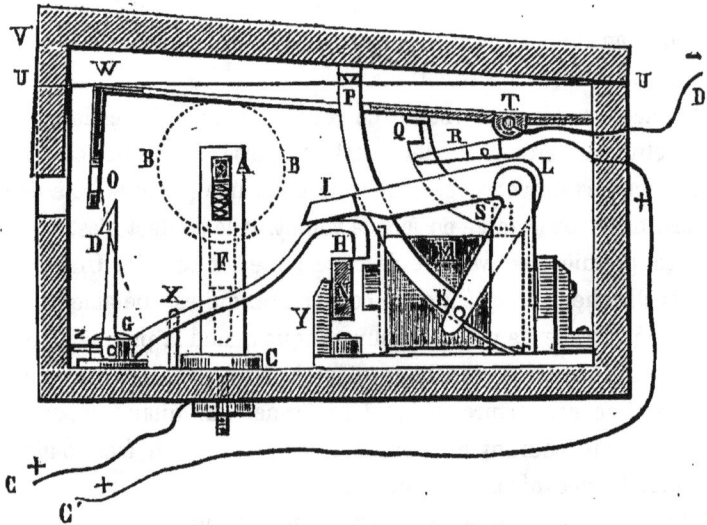

ouverte sans un dispositif particulier, car on ne peut atteindre d'aucun
côté l'encliquetage. Cependant si la couverture en question porte une
entaille longitudinale W P, et qu'une pièce arquée P K adaptée à la seconde
couverture U V de la boîte s'y trouve introduite, cette pièce arquée étant
terminée en K par une coche, pourra rencontrer une cheville adaptée à un
second compas K L I qui, par son bras I pourra réagir sur le compas D G H,
et écarter en arrière le crochet D, et pour peu qu'un ressort sollicite la
couverture à s'ouvrir, (et ce ressort est celui qui sollicite le frotteur à se maintenir élevé), elle pourra être aisément désencliquetée. Si les choses restaient
ainsi, le votant se trouverait donc en possession d'un moyen d'ouvrir la

couverture de sa boîte après sa fermeture, et il pourrait par conséquent changer son vote après l'avoir émis; pour le mettre dans l'impossibilité de faire ce changement après la clôture du scrutin, on a adapté à l'appareil le petit électro-aimant M dont l'armature N est placée de telle manière, par rapport à une pièce H qui termine le bras H G du compas D G H, que quand elle est attirée par l'électro-aimant M, elle vient se placer au-dessous de la saillie H et l'empêche de s'abaisser. Or, dans ces conditions, on aura beau fermer le premier couvercle de la boîte, on n'ouvrira pas pour cela le second, car le compas I L K ne peut plus alors réagir sur l'encliquetage. Cette action de l'armature N est déterminée par la fermeture d'un courant que provoque le président de l'assemblée au moment où il déclare le scrutin clos.

Pour éviter que le courant de la pile passe d'une manière permanente à travers le circuit correspondant au vote exprimé, la communication du transmetteur avec la pile est effectuée par l'intermédiaire d'un frotteur, contre lequel appuie l'arc de cercle métallique P K, au moment où le second couvercle de la boîte est fermé. D'un autre côté, comme dans ce système les absences sont constatées séparément, un contact spécial est disposé à cet effet, et il est représenté par un frotteur R, qui appuie sur un second arc de cercle S Q soudé au premier couvercle de la boîte. Quand la boîte est ouverte, c'est-à-dire quand le votant est absent au moment du vote, le contact est produit entre S Q et R; mais quand la boîte est fermée, une échancrure Q que porte l'arc de cercle S Q, se présente devant le ressort R, et le courant ne pouvant plus réagir sur le circuit des absents, est reporté aux contacts des votes, car c'est le premier couvercle qui étant mis en communication avec la pile, transmet le courant, soit au ressort R, soit aux trois contacts C, par l'intermédiaire] du curseur B B contre lequel il appuie au moment de la fermeture de la boîte.

On remarquera que de même qu'il est impossible avec la disposition précédente de modifier le vote une fois le scrutin commencé, de même il est impossible de voter une fois le scrutin fermé, car alors la boîte ne peut plus se fermer, par suite de la présence de l'armature N sous l'appendice saillant H; et cette impossibilité de fermer la boîte entraîne par conséquent l'enregistration des absences, car quand les boîtes restent ouvertes, il se produit un contact qui réagit sur l'enregistreur des absences.

Avec ce système, on voit que jusqu'au moment de la fermeture du scrutin, le votant peut ouvrir ou fermer son appareil, et modifier son vote à sa volonté; mais une fois clos, la boîte ne peut plus être ouverte ni fermée.

Il s'agit maintenant d'examiner comment les fermetures de courant effectuées par le transmetteur, peuvent réagir sur l'enregistreur des votes, et quels sont les effets produits par celui-ci.

Enregistreur des votes. — Nous avons vu que le transmetteur porte trois contacts de vote, et un contact d'absence. De ces quatre contacts partent quatre fils, qui aboutissent chacun à un compteur particulier correspondant l'un aux *oui*, l'autre aux *non*, l'autre à l'*abstention*, et enfin le dernier aux *absences*. Ces compteurs sont munis d'électro-aimants avec lesquels ces fils sont en correspondance et qui sont tous reliés à l'un des pôles de la pile. De chaque manipulateur part un fil distinct qui aboutit au ressort R. Ce fil vient se fixer à l'aide de bornes isolées sur un appareil auquel on a donné le nom de *distributeur*, lequel permet, au moyen d'un système de frotteur tournant, de mettre successivement le second pôle de la pile en rapport avec les différents manipulateurs. Or, il résulte de cette disposition, que si chaque manipulateur est sur tel ou tel des quatre contacts dont il a été parlé, il y en a toujours forcément un de touché ; le courant pourra donc être ainsi transmis successivement à travers tels ou tels des compteurs dont nous avons parlé, et pourra additionner par conséquent les votes. Le mouvement de ce système de frotteurs pourra d'ailleurs être déterminé au moyen d'un mouvement d'horlogerie, dégagé au moment de la fermeture du scrutin.

Suivant MM. de Gaulne et Mildé, quand le nombre des votants ne dépasse pas 100, ce système peut suffire, et il ne faut pas plus de 104 fils, dont 100 correspondent au distributeur, et 4, communs à tous les manipulateurs, se trouvent reliés aux 4 compteurs. Mais pour un nombre plus considérable de votants, par exemple pour 500, la disposition devrait être nécessairement modifiée, et il faut diviser le vote par sections de 100 votants. Alors les quatre fils communs des manipulateurs, avant d'arriver à leurs compteurs respectifs, aboutissent par séries à des contacts isolés, disposés autour d'un commutateur, qui les relie ensuite successivement aux compteurs au moyen de 4 fils distincts. Les fils allant au distributeur, doivent passer successivement par les différentes séries de 100 manipulateurs.

Quand on ne veut obtenir que les résultats des votes secrets, le système que nous venons de décrire est suffisant ; mais pour les votes nominatifs, le système doit être complété par un appareil imprimeur qui s'adapte à la dernière disposition que nous venons de décrire.

Telle est la disposition générale du système. Nous allons maintenant étudier la manière dont ont été combinés les différents mécanismes qui en font partie. Nous ne parlerons pas naturellement des manipulateurs ou transmetteurs qui ont été décrits précédemment, et qui sont tout à fait distincts de la machine. Tous les autres dispositifs sont groupés ensemble, de manière à constituer une seule et même machine que nous représentons fig. 7, pl. II, vue en coupe. La partie droite de cet appareil se rapporte au mécanisme du distributeur; la partie gauche au commutateur.

La première se compose d'abord d'un plateau d'ébonite ST, sur lequel sont incrustés circulairement une série de contacts, dont le nombre représente celui des manipulateurs qui compose chaque série reliée au commutateur. Dans l'appareil construit par MM. de Gaulne et Mildé, ces séries étant au nombre de quatre et comportant chacune 15 manipulateurs, le distributeur se trouve donc muni de 15 contacts. Ces contacts sont naturellement reliés, par séries de quatre, aux manipulateurs, c'est-à-dire que le contact no 1, je suppose, sera relié par un fil muni de 4 dérivations aux manipulateurs no 1 des quatre séries de 15 ; le contact no 2 sera relié de la même manière aux manipulateurs no 2 des mêmes séries et ainsi de suite. Cette liaison, comme nous l'avons dit, s'effectue par la charnière articulée T de la couverture métallique de chaque manipulateur. Au-dessus de ces contacts tourne un frotteur à piston C, mis en mouvement de rotation par un mécanisme d'horlogerie, lequel est commandé par le poids P et régularisé par un modérateur à volant qui n'est pas représenté sur la figure, mais qui est conduit par la roue FG. Le bras qui porte ce frotteur est lui-même pourvu d'un doigt d'encliquetage, ayant pour fonction d'arrêter le mécanisme après un nombre déterminé de révolutions du frotteur C, nombre qui correspond à celui des séries entre lesquelles ont été répartis les manipulateurs. Ce nombre, dans le modèle que nous avons reproduit, est comme on l'a vu, de quatre.

Le mécanisme *commutateur*, disposé à gauche de l'appareil, se compose d'un cylindre A'B'C'D' en matière isolante, à la surface intérieure duquel sont fixés 8 contacts, disposés quatre par quatre sur deux rangées et sur lesquels viennent s'appuyer, à chaque quart de la révolution d'un arbre E'F' mu par un second mécanisme d'horlogerie K' p, deux frotteurs a,b. Ces contacts correspondent aux *oui* et aux *non* des compteurs. Il en faudrait naturellement deux rangées de plus pour correspondre aux *abstentions* et aux *absences*. Il y en a quatre pour chaque frotteur, afin de séparer les votes des quatre séries de manipulateurs qui doivent être enregistrés sous l'influence du même distributeur. En conséquence, les frotteurs sont mis en rapport avec les électro-aimants des compteurs par des bagues c et d, sur lesquelles appuient des ressorts communiquant à ces électro-aimants, et les contacts de chaque rangée du cylindre sont reliés avec tous les

contacts des manipulateurs de chaque série qui expriment le même vote.
Ainsi le contact n° 1 de la première rangée de gauche du commutateur,
correspondra par un fil, pourvu de dérivations, avec tous les contacts *oui*
des manipulateurs de la 1re série ; le contact n° 2 correspondra aux mêmes
contacts *oui* de la 2e série du manipulateur, et ainsi de suite. Il en sera de
même des contacts des 2e, 3e et 4e rangées du commutateur.

Le mécanisme qui fait tourner l'arbre E'F' n'ayant pas de modérateur,
peut entraîner brusquement les frotteurs *a, b* ; mais il est gouverné par une
pièce de déclanchement G'F', dont le jeu dépend du mouvement de l'arbre
A B du premier mécanisme, et qui est disposé de manière à ne faire
tourner l'arbre E'F' que d'un quart de tour à la fois. Ce déclanchement
s'effectue immédiatement après chaque révolution du frotteur C autour du
distributeur T S, et par conséquent les frotteurs *a, b* appuient sur les contacts correspondants du cylindre commutateur, tout le temps que le frotteur C accomplit sa révolution autour des contacts du distributeur. On
comprend, d'après cela, qu'il faut que celui-ci ait accompli quatre révolutions entières pour que le vote soit entièrement dépouillé. Or, pour obtenir
l'arrêt du mécanisme après ces quatre révolutions accomplies, on a dû
adapter à l'appareil le dispositif particulier, dont nous avons parlé précédemment, et dont nous allons maintenant indiquer le mode de fonctionnement.

A la partie supérieure du distributeur, est disposée une sorte d'étoile en
croix de Malte entre les rayons de laquelle vient s'engager un doigt d'encliquetage qui termine le bout du levier du frotteur C, après chaque révolution de ce frotteur. L'un des rayons de cette croix de Malte a une largeur
double de chacun des trois autres, et cette roue est tellement disposée par
rapport au doigt d'encliquetage qui réagit sur elle, qu'après trois révolutions successives de ce doigt qui l'ont fait tourner des trois quarts de sa
révolution, le mouvement du frotteur se trouve arrêté par l'effet du rayon
le plus large de la croix de Malte qui vient alors former butoir devant le
doigt d'encliquetage.

Le mécanisme des compteurs n'a rien de particulier ; c'est, comme nous
l'avons déjà dit, celui des compteurs électro-chronométriques, seulement il
est à déclanchement, pour que les effets soient mieux assurés.

Disposition pour les votes nominatifs. — Le mécanisme destiné à l'enregistrement des votes nominatifs est disposé à la suite de l'appareil précédent.
Sur le prolongement de l'arbre A B se trouve fixé un second arbre Q J qui
peut participer ou non au mouvement du premier, par l'intervention
d'une clef d'engrenage O. Sur cet arbre est montée une roue des types N P,

sur laquelle sont gravées en relief et sur deux rangées, les lettres O et N répétées quinze fois, c'est-à-dire aux différents points de la roue correspondants aux positions du frotteur C sur les divers contacts du distributeur. Au-dessous de ces deux rangées de lettres, se trouvent disposées deux molettes imprimantes, adaptées aux armatures de deux électro-aimants qui sont interposés dans le circuit des compteurs; et une bande de papier entraînée par un laminoir, comme dans un télégraphe Morse, circule entre la roue des types et les molettes imprimantes.

Avec cette disposition, on comprend aisément que tous les *oui* ou tous les *non* successivement transmis aux compteurs, se trouvent en même temps imprimés sur la bande de papier, et cela dans l'ordre des manipulateurs mis successivement en rapport avec le circuit; de sorte qu'il suffit de rapprocher la bande de papier imprimée d'une maquette divisée, où sont inscrits dans leur ordre les noms des votants, pour qu'immédiatement le vote nominatif soit connu; car en face de chacun de ces noms, se lira la lettre O ou N, c'est-à-dire *oui* ou *non*. Pour obtenir l'indication des abstentions et des absents, il faudrait que la roue des types eût deux rangées de lettres de plus, et qu'il y eût quatre molettes imprimantes au lieu de deux. Pour rendre le travail de report plus facile, MM. de Gaulne et Mildé ont ajouté aux caractères en relief de la roue des types, une rangée de traits en relief qui correspondent exactement aux positions des lettres gravées. Le cylindre du laminoir entraîneur de la bande de papier, étant d'ailleurs exactement du même diamètre que la roue des types, la bande de papier se déroule de manière que les impressions se trouvent toujours équidistantes et séparées par un intervalle égal à celui des lettres sur la roue. La maquette étant établie d'après ces conditions, il ne peut y avoir erreur dans les interprétations et les attributions des votes. La séparation des séries qui se fait sur la bande imprimée par un plus grand espacement des impressions, permet d'ailleurs de contrôler les résultats obtenus et de savoir, en cas de défaut d'alignement des votes, comment les votes doivent être interprétés.

Système de M. Debayeux. — Dans ce système, le transmetteur de chaque votant se compose d'un commutateur à signaux persistants, et comporte en conséquence l'emploi d'une manette, se mouvant circulairement autour d'un axe, et susceptible d'être transportée sur les trois contacts correspondants aux *oui*, *non* et *blanc*. De plus, un mécanisme électro-magnétique adapté à la manette elle-même, permet, quand le vote est terminé, de la ramener au repère, afin que l'appareil soit toujours prêt à fonctionner, quand bien même le votant oublierait de la ramener dans cette position. Cette disposition ne présente rien de difficile ni d'important à signaler. Nous y reviendrons du reste plus tard.

Il n'en est pas de même de la machine à voter qui, malgré sa simplicité, remplit toutes les fonctions que l'on peut demander à ces sortes d'appareils. Ce système comporte trois sortes de mécanismes : 1° Un appareil imprimeur qui imprime les noms des votants présents et leur vote, avec les totaux des oui, des non et des billets blancs, et qui fournit de plus le total général des votes. 2° Un mécanisme compositeur qui fait arriver devant le mécanisme imprimeur, les indications qui doivent être imprimées. 3° Un mécanisme commutateur qui fait fonctionner le mécanisme précédent, en mettant successivement le transmetteur de chaque votant en rapport avec le dernier mécanisme. Comme ce dernier mécanisme est le trait d'union entre les votants et les indications qu'ils veulent transmettre, nous devons commencer par en faire la description.

Commutateur. — Ce commutateur se compose d'un cylindre construit avec une matière isolante et dont la grandeur est en rapport avec le nombre des votants. Il porte en effet sur sa circonférence intérieure, un nombre de contacts égal à celui des votants, et, comme chacun des votants peut émettre trois votes différents, ces contacts doivent être divisés eux-mêmes en trois parties. Ce cylindre est fixe, et c'est un axe muni de frotteurs à piston, qui, en tournant à l'intérieur du cylindre, établit successivement les communications électriques destinées à réagir sur le mécanisme compositeur. A cet effet, ces frotteurs qui sont composés chacun de trois pièces frottantes, sont distribués sur l'axe moteur sur trois rangs, et sont isolés métalliquement d'un rang à l'autre ; les contacts sont incrustés à la partie interne de la surface cylindrique, et sont reliés isolément par des fils aux contacts du transmetteur, suivant leur numéro d'ordre. Il en résulte que, suivant la position de la manette du transmetteur sur l'un ou l'autre de ces contacts, le courant de la pile sera transmis au contact correspondant du commutateur; mais il ne sera fermé que quand les frotteurs, étant arrivés devant ces contacts, auront complété le circuit à travers le mécanisme compositeur. Si c'est un *non* qui est transmis par le cinquième votant, je suppose, et que les *non* occupent la deuxième rangée circulaire des contacts, le mécanisme compositeur transmettra un *non* à l'imprimeur, au moment où les frotteurs du commutateur arriveront devant la cinquième série de contacts du commutateur, parce qu'alors la pile ne sera mise en communication avec le circuit que par les contacts de là seconde rangée circulaire. Les frotteurs sont au nombre de trois pour chaque rangée de contacts circulaires, parce que l'un est destiné à appuyer sur les contacts incrustés, en rapport avec les fils du transmetteur, et que les deux autres, en appuyant sur une bague métallique adaptée parallèlement à côté de la rangée de contacts, établissent la communication électrique entre eux et les circuits du compositeur qui correspondent à ces bagues.

L'axe qui porte tous les frotteurs, est d'ailleurs pourvu d'une roue dentée, disposée de manière à engrener avec une vis sans fin dont est muni l'arbre qui transmet le mouvement aux mécanismes compositeur et imprimeur, et le nombre des dents de cette roue est tel que les frotteurs ne doivent se déplacer que de l'intervalle d'un contact à l'autre, pour chaque tour accompli par l'arbre moteur.

Mécanisme compositeur. — Le mécanisme compositeur dont nous représentons l'un des éléments, fig. 87, occupe la partie inférieure de l'appareil qui porte horizontalement sur sa partie supérieure le mécanisme imprimeur; de sorte que les deux mécanismes ne sont séparés que par la plaque sur laquelle est monté ce dernier. Ces deux mécanismes ont d'ailleurs plusieurs organes qui leur sont communs, et en particulier l'arbre moteur qui est placé horizontalement au-dessous de la plaque dont il vient d'être question.

Cet arbre moteur est mis en mouvement à la main avec une manivelle, et porte en outre de la vis sans fin appelée à agir sur le commutateur, quatre disques de cuivre reliés par des chevilles à des excentriques en limaçon qui, étant mobiles sur l'arbre lui-même, sont susceptibles d'être déplacées latéralement. Ces excentriques dont on voit la disposition en BE, fig. 87, pour un système, sont prises chacune entre les branches d'une fourchette F, commandée par un électro-aimant M; de sorte que celui-ci peut, suivant qu'il est actif ou inerte, laisser dans son plan ou déplacer latéralement l'excentrique qui lui correspond, et qui tourne d'ailleurs d'une manière continue, sous l'influence de l'arbre moteur (représenté en coupe en A), et des trois petites chevilles a, a, a dont nous avons parlé et qui sont plantées sur le disque D. Dans la figure 87, le disque D, fixé à l'arbre A, est supposé en avant, et l'excentrique à limaçon en arrière avec sa fourchette, et quand l'appareil est inactif, ces deux pièces sont séparées par un intervalle d'environ quatre millimètres; mais quand l'électro-aimant réagit, elles arrivent presqu'au contact, et alors l'excentrique peut rencontrer dans son mouvement circulaire deux taquets G et K appartenant à des leviers LK, HI qui constituent les parties actives des mécanismes imprimeur et compositeur.

Comme nous l'avons dit, la figure 87 ne représente qu'un des éléments du système, et il y en a dans l'appareil quatre semblables qui sont rangés horizontalement les uns à côté des autres. Pour économiser de la place, les électro-aimants qui commandent les excentriques sont disposés sur deux étages en M et M'. L'un des systèmes correspond aux contacts des *oui*, un autre aux contacts des *non*, le troisième aux contacts des *bulletins blancs* et le quatrième aux contacts des *totaux*. Il y en a bien un cinquième, mais qui ne correspond à aucun électro-aimant et qui n'a d'autre fonction à remplir que de faire avancer le système mobile de l'imprimeur ou la forme qui porte les noms des votants. Il se compose seulement de l'excentrique B E et du levier H I, et fonctionne naturellement à chaque tour de l'arbre A.

La forme sur laquelle sont imprimés les noms des votants et les numéros des votes, se compose d'un grand châssis carré, porté sur quatre roulettes.

Fig. 87.

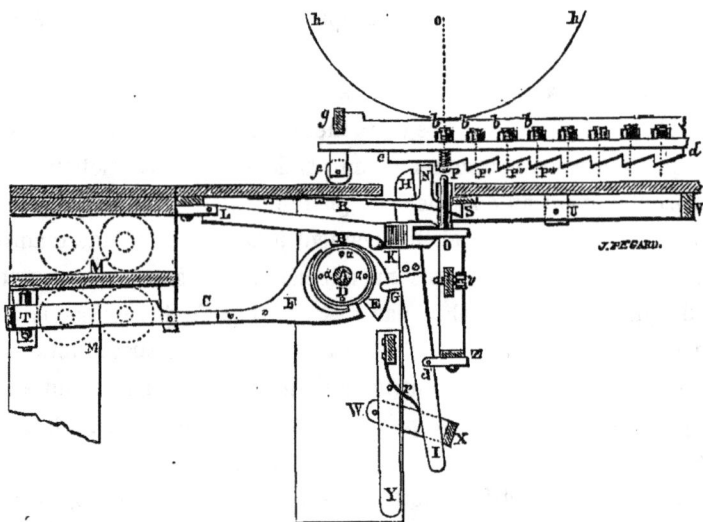

et disposé un peu comme un gril, c'est-à-dire avec une surface composée d'une série de lames parallèles, dont trois sont maintenues dans une position fixe par les traverses du châssis. Ces trois lames portent une série de pièces mobiles sur lesquelles sont gravés en relief les noms des votants. Ces noms se correspondent d'une lame à l'autre. Avec cette disposition, l'on comprend déjà que, si l'une de ces lames est munie en dessous d'une cré-maillère, on pourra faire en sorte qu'à chaque tour de l'arbre A, le châssis avance de l'intervalle séparant deux noms consécutifs et présente par consé-quent au mécanisme imprimeur un nom nouveau. Or, cette fonction est précisément remplie par le levier H I dont nous avons parlé et dont nous étudierons à l'instant le mode d'action. Pour en finir avec la forme destinée à préparer les impressions, nous dirons qu'entre les trois lames fixes portant les noms des votants, et à droite de chacune de ces lames, existent quatre autres petites lames mobiles munies en dessous, de crémaillères cd, dont le nombre des dents est égal à celui des votants et qui peuvent glisser, indépendamment, sous l'influence des leviers H I, lesquels réagissent sur leur crémaillère comme un cliquet d'impulsion. Ces lames portent également gravées en relief les séries de chiffres b, b, b, etc., dont le nombre est égal à celui des votants et qui se trouvent placés dans l'alignement des noms gravés sur les lames fixes. Pour faciliter leur mouvement, elles sont portées, comme le châssis lui-même, sur des roulettes dont une se voit en f, fig. 87. Ces chiffres, toutefois, comme du reste les noms des votants sur les lames fixes, sont mobiles de bas en haut dans des rainures pratiquées à cet effet, et se terminent par des tiges b P, entourées d'un ressort à boudin qui les maintient abaissées en temps normal. La disposition de ces différentes lames est indiquée dans le diagramme ci-dessous, et pour peu qu'on l'étudie,

NOMS	OUI	NOMS	NOM	NOMS	BLANCS	TOTAUX
....	»	N	1	....	»	1
....	»	....	»	....	»	»
N***......	1	....	»	....	».	2
....	»	....	»	N****........	1	3
N*****.....	2	....	»	....	»	4
....		....		....		
....		....		....		
A	D	B	E	C	F	G

on ne tarde pas à reconnaître ce qui doit arriver quand tel ou tel votant ferme son transmetteur sur un *oui*, un *non* ou un blanc. En effet, supposons que M. N. commence la liste au vote *non*, que M. N** ait été absent, que M. N*** ait voté oui et que M. N**** ait voulu mettre un billet blanc : Quand on viendra à tourner l'appareil et que les contacts du commutateur auront transmis le courant, fermé par le transmetteur du votant N, à l'électro-aimant des *non*, la quatrième lame E aura avancé d'un cran, et présentera au mécanisme imprimeur le chiffre 1 en même temps que le nom du votant sera arrivé devant le même mécanisme, sous l'influence de l'avancement du châssis. D'un autre côté, l'électro-aimant des totaux aura fait également avancer d'un cran la septième lame G, car cet électro-aimant est placé dans la partie du circuit commune aux trois autres électro-aimants; or, le mécanisme imprimeur étant mis en action ainsi qu'on le verra à l'instant, pourra imprimer sur une feuille de papier, divisée comme on le voit plus haut, le nom du votant à la colonne des *non*, avec le numéro d'ordre de ce nom et celui du total qui apparaîtra à la colonne des totaux. Ces chiffres seront naturellement 1 et 1. Quand les contacts du votant N** arriveront sous les frotteurs des commutateurs, il ne pourra se produire aucune fermeture de courant, car le votant étant absent, son transmetteur sera resté au repère. Toutefois l'axe de la machine en tournant aura fait échapper le nom du votant qui ne pourra être imprimé ; mais les quatre lames mobiles resteront alors en arrière du châssis d'un intervalle de nom. Quand le tour des contacts du votant N*** sera venu, comme son transmetteur sera sur un *oui*, ce sera l'électro-aimant des *oui* qui sera actif, et la seconde lame sera avancée en même temps que le nom du votant N***, et dès lors l'impression pourra être faite à la colonne des oui, en même temps que l'électro-aimant des totaux aura provoqué l'impression du chiffre 2. Enfin, quand le commutateur en arrivant aux contacts du votant N**** aura animé l'électro-aimant des bulletins blancs, le chiffre 1 de la sixième lame F arrivera devant le mécanisme imprimeur, en même temps que le nom de ce votant, et il en résultera l'impression du chiffre 1 à la colonne des blancs, et du chiffre 3 à la colonne des totaux. Si maintenant le cinquième votant transmet un *oui*, la lame des *oui* qui était restée en arrière de quatre divisions, par rapport au châssis et dont le chiffre n° 2 est placé alors à côté du nom de ce cinquième votant, va se trouver poussé d'un cran en avant, et se présentera devant l'imprimeur en même temps que le nom du cinquième votant et le chiffre 4 des totaux ; il en résultera une nouvelle impression qui indiquera qu'il y a eu deux *oui*, un *non* et un bulletin blanc de votés. Il en aurait été de même, si au lieu du *oui*, c'eût été un *non* ou un bulletin blanc, et comme les mêmes effets peuvent se renouveler de la même manière tant qu'on tourne la machine, on obtient ainsi et à chaque votant, la totalité des oui, des non, des bulletins blancs et des votes, avec les noms des votants placés à côté de leur vote.

Mécanisme imprimeur. — Le mécanisme imprimeur est constitué : 1° par un cylindre *o* sur la circonférence *h h* duquel est tendue la feuille de papier où doivent être imprimés les votes et qui est, comme nous l'avons vu, rayée d'avance en colonnes, afin que les oui, les non, les blancs et les totaux se trouvent immédiatement mis en place, 2° par un marteau imprimeur O P mis en action par le levier L K, et par conséquent par l'excentrique E, 3° par l'encliquetage à double cliquet H N qui réagit sur la crémaillère *cd*, avant chaque impression, 4° par un double mécanisme déclancheur V U S, X W qui permet de ramener les lames de la forme et la forme elle-même, à son point de départ, 5° d'un mécanisme agissant sur le rouleau *o*, pour faire avancer d'une certaine quantité le papier après chaque impression, 6° d'un système encreur pour encrer la forme.

Le marteau imprimeur ou plutôt les marteaux imprimeurs, car ils sont au nombre de sept, sont placés devant chacune des queues P, des types en relief placés sur la ligne d'impression. Ils se composent chacun d'une tige qui glisse dans un tube adapté à la plate-forme de l'appareil et qui est fixée sur une lame horizontale O, prise entre les branches d'une four-chette terminant le levier L K. Cette lame horizontale est, pour les six premiers marteaux, commune à deux tiges à la fois, et c'est en raison de cette disposition, que le mouvement accompli par elle, peut déterminer l'impression simultanée du nom du votant et du numéro de son vote. La lame correspondante au marteau des totaux n'a qu'une tige, puisqu'il n'y a pas de nom à imprimer en regard des chiffres de cette colonne. Le jeu de ce système est d'ailleurs facile à comprendre; car sous l'influence de l'électro-aimant M, l'excentrique B E se trouve ramenée dans le plan du levier L K, et la partie saillante E venant rencontrer le butoir K, repousse en haut l'extrémité du levier L K, et par suite la lame O, qui, en poussant les deux tiges qu'elle porte contre les queues P des types placés au-dessus, déter-mine leur impression sur le papier du rouleau *o*. Quand l'excentrique B E a accompli son effet excentrique, le mécanisme imprimeur retombe, et ne peut être remis en action que si le vote transmis à la suite de celui qui vient d'être imprimé est dans le même sens; mais alors l'excentrique a réagi sur l'encliquetage H N, et a changé la position et la valeur du chiffre, en même temps que le nom du votant a été lui-même changé par l'action mécanique de l'arbre. Si au contraire le vote transmis n'est pas de même nature, c'est un autre système qui est mis en jeu, et le premier devient inerte.

Il s'agit de voir maintenant comment s'effectue le jeu de l'enclique-tage H N. Le levier H I qui joue le rôle de cliquet d'impulsion est articulé en J sur une pièce J Z qui est, ainsi que celles des autres leviers, fixée sur une traverse horizontale qu'on voit en coupe en Z. Une vis butoir *v* et une autre traverse X faisant partie d'un système articulé en W, en règlent la course, qui doit être telle que pour chaque mouvement produit par l'excen-trique E, quand elle vient à rencontrer le taquet G, une dent de la crémail-lère *c d* puisse échapper. Un ressort antagoniste *r* rappelle d'ailleurs le levier à sa position normale après le passage de l'excentrique. L'enclique-tage de retenue est constitué par une sorte de compas N S, adapté à l'exté-

rieur d'une forte lame de ressort R, et qui appuie par son bras S contre une
traverse placée au-dessus de lui, laquelle est vue en coupe; l'autre bras N
constitue le cliquet de retient proprement dit, et sa position doit être telle,
que quand la dent de la crémaillère a été repoussée par le cliquet H, elle
puisse buter cette dent pendant que le dernier cliquet retourne en arrière.
La traverse contre laquelle bute le bras S, est portée par une bascule S V
oscillant en U, et c'est cette bascule qui étant abaissée par un bouton à
plan incliné, agissant sur la traverse V, peut désencliqueter les différents
systèmes de la forme, et permet de les ramener à leur position initiale.
Toutefois, pour que ce désencliquetage soit complet, il faut que les leviers
constituant les cliquets d'impulsion, soient un peu renversés en arrière, et
c'est pour cela que ces leviers butent contre la traverse articulée X, que l'on
pousse en même temps que la bascule S V, quand on veut désencliqueter
le système. A cet effet, un second poussoir est adapté extérieurement à
l'appareil.

D'après ce qui a été dit précédemment, il est inutile d'expliquer le fonctionnement général de l'appareil; l'inspection de la figure suffit d'ailleurs
pour le comprendre facilement. Nous ajoûterons seulement que pour obtenir
les traces des impressions sur le papier, on doit encrer la forme à chaque
voteve c un rouleau encreur analogue à ceux des imprimeries ordinaires.

En désencliquetant le châssis mobile, on peut, comme on le comprend
aisément, supprimer sur la liste imprimée les noms des votants, et n'avoir
que la récapitulation successive des votes.

Transmetteur. — Jusqu'ici nous n'avons fait qu'exposer le principe des
transmetteurs destinés à réagir sur le récepteur des votes. Mais pour que
ces appareils puissent présenter les garanties qu'on est en droit d'exiger
d'eux pour qu'on soit certain de la sincérité des votes, il a fallu leur
ajouter certains petits mécanismes accessoires dont nous allons maintenant
nous occuper.

La figure 88 représente la disposition réelle d'un ¦de ces transmetteurs,
qui est placé dans une boîte particulière se fermant à clef et qui est adaptée
sur la table en face de chaque votant.

A M est la manette de l'interrupteur, qui se meut comme celle des manipulateurs des télégraphes à cadran, et qu'on fixe dans trois positions différentes, correspondantes aux trois votes à émettre. Ces positions sont
marquées sur un arc de cercle O P avec les mots *oui, non, nul,* et une
aiguille B, fixée sur la manette, indique le point exact où celle-ci doit être
arrêtée. Pour que cette position soit maintenue, un second arc de cercle L N,
mobile d'avant en arrière, présente trois crans dans l'un ou l'autre desquels

peut s'engager un butoir fixé au-dessous de la manette, quand elle se trouve dans la position correspondante au vote exprimé. Mais pour pouvoir se mouvoir, cet arc L N doit être repoussé de la main gauche, au moyen d'un poussoir T. Un ressort R adapté à la manette, et trois contacts en rapport avec le commutateur du récep-

teur, lesquels contacts sont in- crustés sur un arc en matière isolante Q S, complètent l'inter- rupteur de ce transmetteur.

Fig. 88.

Pour obtenir que les manettes de tous les transmetteurs revien- nent à leur position normale, une fois le dépouillement du vote terminé, un ressort u appuyant contre une came V adaptée à la manette, rappelle celle-ci dans la position qu'elle occupe sur la figure et qui est limitée par un butoir d'arrêt, et l'arc L N est porté par l'armature d'un électro- aimant E E qui repousse cet arc en avant sous l'influence de son ressort antagoniste. Or, il résulte de cette disposition, que si le

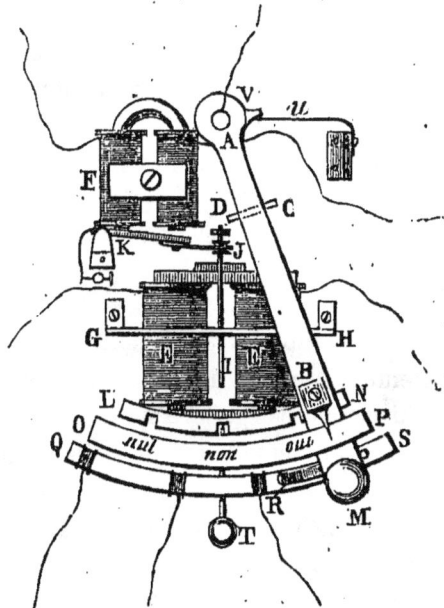

commutateur du récepteur est muni d'un quatrième système de frotteurs, ayant pour effet de fermer le courant à travers l'électro-aimant E E, la manette se trouvera rappelée automatiquement à sa position initiale, aussitôt que le vote se trouvera enregistré. On pourrait d'ailleurs opérer cette remise au repère de la manette de plusieurs autres manières, soit après le vote, en continuant à tourner l'appareil et après avoir changé ses communications avec le transmetteur, soit au moyen d'un conjoncteur de courant manœuvré par l'un des scrutateurs après le vote.

Enfin pour obtenir que le votant ne puisse pas altérer son vote, une fois le scrutin fermé, M. Debayeux ajoute à son appareil un second électro- aimant F dont l'armature K réagit par l'intermédiaire d'une fourchette J sur une tige D I qui, étant soutenue horizontalement par deux traverses G H et D, permet à son extrémité D de jouer le rôle du pêne d'une serrure. A cet effet, la manette A M porte une pièce D C munie de trois échancrures, lesquelles sont disposées de manière que la tige D I puisse passer à travers l'une ou l'autre d'entre elles, quand la manette est dans l'une ou l'autre des trois positions qu'elle peut prendre sur le limbe O P. Mais cette tige ne peut ainsi traverser ces échancrures, que quand l'électro-aimant F est devenu actif; quand cela a lieu, il devient impossible de changer la manette de place puisqu'elle se trouve alors enclanchée par la tige DI. Or, cette immobilité de la manette dans la position que lui a donnée le votant, dépend de la fermeture d'un courant à travers l'électro-aimant F, fermeture effectuée par le président une fois le scrutin déclaré fermé.

Ce système, comme on le voit, résout à peu près les mêmes problèmes que celui de MM. de Gaulne et Mildé.

١IV. APPLICATIONS DIVERSES.

Marqueurs électriques. — Les marqueurs électriques se rapprochent beaucoup des compteurs, mais comme ils ont une disposition différente suivant les usages auxquels ils sont destinés, ils constituent, en définitive, une catégorie d'appareils particuliers que nous groupons ensemble, et qui seront un jour en assez grand nombre pour justifier cette classification. Aujourd'hui nous ne nous occuperons que des plus importantes qui se rapportent aux cibles de tir, aux marqueurs de billards, aux marqueurs de courses et aux marqueurs de bourses.

Cibles télégraphiques. — L'objet de la cible télégraphique est de faire connaître au tireur, sans qu'il se déplace, la position du point de la cible que la balle a frappé, quelle que soit la distance du but. Cette cible peut être surtout utile dans le tir des armes à longue portée, car, par ce moyen, le tireur connaîtra à chaque coup le point de la cible touché par la balle, et pourra alors rectifier le pointage de son arme.

Cet appareil repose sur les principes suivants : 1° la détermination par l'électricité des points de la cible qui recevront le choc des balles, 2° la reproduction homologue de leur position sur un petit tableau placé près de l'observateur, laquelle peut être faite par le tireur ou, mécaniquement, sans aucun aide.

« Pour résoudre ce problème, dit M. Martin de Brettes, on divise en zones verticales ou horizontales d'égale largeur la surface de la cible, qui se trouve ainsi divisée en carrés égaux, dont chacun peut être considéré comme appartenant à la fois à deux zones, l'une verticale, l'autre horizontale.

« Les zones horizontales sont numérotées de gauche à droite, et les verticales de haut en bas, de sorte que la position d'un carré est déterminée quand on connaît le numéro de chacune des deux zones auxquelles il appartient.

« La grandeur de ces carrés étant arbitraire, on peut réduire leurs côtés à des dimensions aussi petites qu'on voudra, et, par conséquent, l'erreur que l'on commettrait en considérant tous les points de leur surface comme ayant les mêmes coordonnées que le centre, aurait pour limite *maxima*, la moitié du côté même que l'on adopterait. En adoptant un carré dont le côté serait de $0^m,04$, l'erreur maxima que l'on pourrait commettre serait le diamètre environ de la balle. »

Pour obtenir la désignation télégraphique de celui des carrés de la cible qu'a rencontré la balle, M. Martin de Brettes rend tous ces carrés mobiles, ou plutôt, il place au milieu d'eux des boulons à tête large, sans cesse repoussés en avant par des ressorts antagonistes, soit métalliques, soit en caoutchouc. Lorsque ces boulons sont repoussés à l'intérieur de la cible par la balle, ils ferment deux circuits en relation chacun avec un appareil électro-magnétique adapté au tableau placé près du tireur; l'un de ces appareils sert à indiquer le numéro ou les numéros des zones verticales qui contiennent le boulon abaissé, et l'autre remplit un objet analogue à l'égard des zones horizontales : Ces boulons forment donc le transmetteur du système télégraphique.

Chacun des appareils électro-magnétiques avec lesquels la cible est en rapport télégraphique, se compose d'un système de détentes électro-magnétiques en nombre égal à celui des lignes (soit verticales, soit horizontales) de la cible, et ayant pour effet de dégager en temps opportun des roues en limaçon sollicitées par un poids. Ces roues, construites en matière isolante, sont disposées de façon à servir elles-mêmes d'interrupteurs de courant; et, à cet effet, elles portent incrustées sur l'une des faces latérales, une série de plaques métalliques mises en rapport avec leur axe de rotation. Le nombre de ces plaques, pour chacune des roues, est indiqué par le numéro d'ordre de la ligne de la cible à laquelle correspondent les roues elles-mêmes. Un frotteur, en rapport avec une pile spéciale, appuie sur ces roues et peut transmettre, par leur intermédiaire, le courant à un système de télégraphe à cadran, sur lequel se trouvent inscrits les différents numéros des lignes de la cible. Comme ces lignes sont horizontales et verticales, il y a deux télégraphes à cadran, de même qu'il y a deux appareils commutateurs en rapport avec la cible.

Le jeu de ces appareils s'explique aisément. Au moment où l'un des boulons transmetteurs de la cible se trouve affaissé par le choc de la balle, un double courant est envoyé à travers les deux appareils commutateurs du récepteur; une roue à limaçon de chaque appareil est dégagée, et ce dégagement, en provoquant une double série d'interruptions de courants, fait marcher les aiguilles des deux télégraphes. L'une de ces aiguilles indique le numéro d'ordre de la ligne horizontale correspondante au boulon frappé, et l'autre le numéro d'ordre de la ligne verticale correspondante à ce bouton.

Si les balles frappaient toujours exactement sur les têtes des boulons transmetteurs, le problème serait, comme on le voit, résolu par la disposition précédente; mais il n'en est pas ainsi, et il peut arriver, soit que la balle s'applique entre deux boulons séparés par une des lignes horizontales, soit entre deux boulons séparés par une ligne verticale. Alors quatre circuits se trouveraient fermés, et, comme il n'y a que deux télégraphes, les indications ne pourraient plus être fournies. Pour éviter cet inconvénient, M. Martin de Brettes munit de deux aiguilles ses deux télégraphes, et répète deux fois les mécanismes, afin que chaque aiguille marche indépendamment l'une de l'autre. L'une de ces aiguilles correspond aux lignes paires, l'autre aux lignes impaires. De cette manière, les quatre indications se trouvent fournies à la fois sans se confondre, et, avec ces indications, il est facile de trouver sur le tableau indicateur la position du point frappé sur la cible.

M. Martin de Brettes a disposé ce système de cible télégraphique de plusieurs manières; mais nous croyons inutile de les décrire, parce qu'elles ne varient que dans les détails de l'exécution. L'une d'entre elles permet, au moyen de chaînes de renvoi ou de crémaillères, de faire indiquer sur le tableau indicateur le point exact de la cible qui a été touché par la balle, ce qui évite toute combinaison de chiffres. Je crois que ce perfectionnement est plus intéressant sur le papier qu'en réalité, car les appareils de cette nature sont déjà assez compliqués dans leurs fonctions essentielles, sans leur ajouter un mécanisme de précision exigeant pour fonctionner une certaine force que l'électricité ne peut guère produire. Je renverrai du reste, les personnes que cette question intéresse, au travail de M. Martin de Brettes, inséré dans le *Journal des armes spéciales* (année 1856).

Marqueurs de courses. — M. Bréguet a construit, pour l'hippodrome de Longchamps, un marqueur électrique assez important par ses dimensions, et ayant pour but de faire apparaître successivement les numéros d'ordre des jockeys sur le Turf, aussitôt que leur pesage est fait. Cet appareil a été construit pour 24 numéros, et comme ces numéros doivent être d'assez grandes dimensions, afin d'être vus de loin, il a fallu combiner un système électrique particulier pour les faire mouvoir, et les faire apparaître dans le guichet correspondant. Ce système consiste dans l'application à la plaque de tôle portant le numéro, d'un appareil électro-moteur assez fort pour lui faire accomplir un mouvement de rotation sur elle-même d'environ 90 degrés, et disposé de telle manière qu'une fois ce mouvement de la plaque accompli, celle-ci put revenir à sa position initiale sous l'influence d'un contre-poids, quand le courant animant l'électro-moteur était interrompu. Ce problème a été résolu : 1° au moyen d'une roue verticale, munie d'une série d'armatures de fer doux sur sa circonférence, et interposée entre deux électro-aimants, 2° d'un rhéotome électro-magnétique gouvernant l'action de l'électro-moteur, et 3° d'une poulie à contre-poids fixée, ainsi que la plaque du numéro, sur l'axe même de la roue électro-motrice.

Le rhéotome électro-magnétique n'est autre chose qu'un double électro-aimant, entre les pôles duquel oscille une armature aimantée, dont le levier réagit à la fois comme relais et détente électro-magnétique. Pour une certaine position de ce levier qui correspond à la position normale de la plaque, c'est-à-dire à celle du numéro effacé, aucun courant ne circule dans les électro-aimants du moteur, ni dans ceux du rhéotome ; la plaque portant le numéro d'ordre est dans la position horizontale, et le contre-poids est abaissé, faisant appuyer contre un butoir d'arrêt, l'extrémité d'une traverse fixée sur l'axe du moteur, perpendiculairement à l'axe de la plaque. Mais quand on fait passer un courant à travers les électro-aimants du rhéotome dans un sens convenable, le levier de celui-ci se trouve incliné en sens contraire de sa première position, et en rencontrant un ressort de contact, ferme un courant à travers les électro-aimants du moteur qui se met à tourner, entraînant avec lui la plaque du numéro. Quand celle-ci a décrit un arc de 90 degrés, elle se présente devant le guichet, et se trouve maintenue dans cette position malgré l'action du moteur ; car la traverse de la roue dont nous avons parlé vient alors buter sur le levier de détente du rhéotome qui est en ce moment placé au-dessous, et qui constitue pour elle un obstacle infranchissable. Si maintenant, on renverse le sens du courant à travers le rhéotome, le levier de détente, qui bute l'électro-moteur, se dégage, abandonne le ressort de contact contre lequel il était appuyé, et les électro-aimants de l'électro-moteur n'étant plus animés, le contre-poids remplit son office, et en ramenant la plaque à sa position normale, efface le signal.

Pour faire apparaître ou disparaître le numéro dans son guichet, il suffit donc d'envoyer le courant dans un sens ou dans l'autre, et cette action s'effectue au moyen d'un inverseur à double frotteur et à manette, que l'agent préposé à l'ordonnancement des jockeys manœuvre soit à droite,

soit à gauche, et de l'enceinte même du pesage. Il va sans dire que chacun des
numéros possède un mécanisme semblable à celui que nous venons de
décrire, et qu'il y a autant d'inverseurs que de numéros.

Marqueurs de Bourses. — Dans plusieurs établissements publics, et notamment dans les Bourses, il importe de faire apparaître instantanément les
différents nombres représentant les cotes des valeurs, en caractères suffi-
.samment grands pour être visibles à distance. Pour obtenir ce résultat,
MM. Mirand et Prudhomme avaient combiné dès l'année 1858 un appareil
qui, bien que n'ayant pas encore été appliqué d'une manière générale, peut
bien résoudre le problème.

Cet appareil, qui marche avec des courants faibles et sans mécanisme
d'horlogerie, se compose comme le marqueur de courses de M. Bréguet, de
systèmes électro-moteurs et enclancheurs, en nombre égal à celui des
chiffres qui composent les nombres qu'il s'agit de signaler. Voici comment
je décrivais cet appareil dans le tome IV, p. 605 de la 2ᵉ édition de cet
ouvrage (publié en 1859).

« Chacun des systèmes électro-moteurs, est constitué par un électro-
moteur de la forme de celui de M. Marié Davy (voir le chapitre suivant), sauf
qu'au lieu d'avoir deux électro-aimants tournants, il en a dix, et qu'au
lieu de marcher avec des courants de Bunsen, il marche avec des courants
de Daniell. Cet électro-moteur fait tourner un disque portant une coche
ou un butoir d'arrêt, qui peut être embrayé par dix cliquets placés tout
autour de lui ; chacun de ces dix cliquets forme bascule et porte une armature qui correspond à un électro-aimant spécial, disposé à cet effet au-
dessus du disque. Enfin, ce disque lui-même porte un tambour sur lequel
se trouvent gravés les dix chiffres, ayant une hauteur de dix centimètres.
Inutile de dire que, devant ce tambour, se trouve un guichet à travers lequel
le chiffre désigné apparaît.

« Le transmetteur qui doit réagir sur le mécanisme précédent, se compose d'autant de séries de boutons conjoncteurs qu'il y a de chiffres dans
le nombre le plus élevé qu'il s'agit de transmettre, et chacune de ces séries
renferme 10 boutons. L'une d'elles représente donc les chiffres des unités, la
seconde les chiffres des dizaines, la troisième les chiffres des centaines, etc.
Comme les électro-moteurs du récepteur doivent être mis en mouvement
par une pile spéciale, et les électro-aimants d'arrêt par une seconde pile,
chacun des boutons en question est à double contact, de telle sorte que,
quand on appuie le doigt sur l'un ou l'autre d'entre eux, le moteur est
mis en mouvement et arrêté du même coup, en temps opportun, pourvu
qu'on maintienne le bouton abaissé un temps suffisant pour que le chiffre
transmis ait le temps d'arriver devant le repère. »

. *Marqueurs de billards.* — Les marqueurs de billards construits par M. Bréguet, ne sont autre chose que des cadrans compteurs à deux aiguilles dont le mécanisme est exactement semblable à celui de la minuterie d'une horloge ou d'une pendule ; seulement comme le nombre des divisions du cadran est différent, le nombre des dents des roues est également différent. Ordinairement ce genre de cadrans est divisé en 10 parties, et chacune des divisions a une valeur de 1 ou de 10, suivant qu'elle est désignée par la grande ou la petite aiguille. On peut de cette manière marquer jusqu'à 100, ce qui est un nombre bien suffisant. Naturellement, chaque joueur a son compteur, et la touche qui le met en action, est placée sur la bande même du billard en deux points opposés. De plus, pour empêcher les fraudes, chaque marque produite est accompagnée d'un coup frappé sur un timbre, et le son de ce timbre est différent pour chaque compteur.

Application à la manœuvre des rideaux de théâtre. — La manœuvre du rideau de la scène dans les grands théâtres, n'est pas chose si aisée qu'on peut le croire à première vue. Elle s'effectue en effet au moyens de tambours, de contre-poids et de poulies de renvoi qui exigent pour être mis facilement en action, certains dispositifs mécaniques auxquels l'action électro-magnétique peut prêter un secours précieux, comme on va pouvoir en juger.

Le rideau de scène se lève, comme on le sait, au moyen d'un câble qui s'attache à une grande tringle fixée horizontalement au milieu du rideau et qui s'enroule sur un grand tambour conduit par un fort contre-poids. Dans les grands théâtres, ce contre-poids n'agit pas directement sur le tambour en question, mais sur un second tambour placé à côté de celui qui doit relever le rideau, et auquel on l'enclanche quand le poids, étant arrivé au point le plus haut de sa course, a eu sa corde entièrement enroulée sur ce second tambour. Pour que les mouvements s'effectuent uniformément, un frein à collier est adapté sur ce dernier tambour, et ce frein doit être dirigé de manière à remplir certaines fonctions que nous allons analyser ; mais auparavant nous devons dire que le contre-poids se meut à l'intérieur d'une espèce de cheminée, où il se trouve conduit par une poulie de renvoi.

Le frein en question doit réaliser les effets suivants : 1° arrêter en temps voulu le contre-poids tombant avec une vitesse déterminée, 2° ne produire cet arrêt que dans les mouvements ascensionnels, 3° ne pas produire d'arrêt quand le contre-poids descend lentement, 4° ne réagir que quand le contre-poids se trouve dans les conditions voulues pour motiver son action. Or, c'est précisément pour obtenir automatiquement ces différents effets, que M. Lartigue a eu l'idée d'appliquer à ce frein les moyens électriques, et pour cela il a mis à contribution l'électro-aimant Hughes et l'interrupteur à mercure que nous avons décrit dans notre tome IV, p. 466 et 525.

Dans ces conditions d'application, l'interrupteur à mercure n'est muni que de deux contacts qui occupent le grand compartiment près de la cloison de séparation. L'un de ces contacts est placé près de l'orifice d'écoulement, l'autre vers la partie supérieure de la cloison, comme on le voit fig. 8, pl. II. Cet interrupteur est fixé au-dessus de la partie centrale d'une bascule dont un des bras est muni d'un contre-poids, l'autre d'une longue lame d'acier, et le tout est placé dans la cheminée de descente du contre-poids, en un point où la vitesse de chute de ce contre-poids doit être modérée. En temps normal, la bascule est inclinée de manière que le mercure se trouve refoulé dans la partie du compartiment de l'interrupteur qui est dépourvue de contacts; mais quand le contre-poids passe devant elle, il rencontre la lame de ressort et fait incliner le système en sens contraire. Si le mouvement est rapide, le mercure de l'interrupteur n'a pas le temps de s'écouler par l'orifice qui lui donne accès dans le petit compartiment, et les contacts sont immergés, ce qui entraîne une fermeture de courant dont nous allons voir à l'instant l'effet; mais au bout d'un instant, le mercure s'est écoulé dans le second compartiment, et le circuit se trouvant de nouveau rompu, l'action électrique cesse. Si le mouvement du contre-poids s'était effectué au contraire lentement, le mercure de l'interrupteur aurait eu le temps de s'écouler avant d'atteindre le second contact, et aucune fermeture de circuit n'aurait eu lieu. D'un autre côté, comme le contre-poids en remontant rencontre la bascule de bas en haut, celle-ci se trouve remise dans sa position normale sans entraîner davantage de fermeture de circuit, ce qui fait que l'action électrique n'est, en définitive, produite qu'au moment où le contre-poids atteint une trop grande vitesse. Or, cette action électrique a pour effet de déclancher un fort contre-poids qui agit sur le frein à collier et qui est buté, à l'état normal, contre l'armature d'un électro-aimant Hughes.

La vitesse de chute du contre-poids se trouve donc alors modérée, et les quatre conditions du problème se trouvent donc ainsi résolues d'une manière assez souple. Grâce à ce dispositif, on peut remonter le contre-poids pendant que le rideau est abaissé, enclancher le tambour où se trouve enroulée la corde sur le tambour du rideau, et mettre celui-ci en état de lever le rideau au moment où le chef d'orchestre le juge convenable, sans réagir sur le frein; ce n'est que quand la détente du contre-poids a été dégagée mécaniquement, que le rideau se lève automatiquement, ayant pour organe

·régulateur, l'action électrique. Cette détente peut d'ailleurs se faire électriquement au moyen d'un interrupteur spécial, agissant sur l'électro-aimant
·Hughes.

Il va sans dire que la descente du rideau se fait sous l'influence de son
·propre poids, modéré dans sa chute comme celui du contre-poids entraîneur.

On peut encore, au moyen de ce système, arrêter le rideau en un point
quelconque de sa course si un accident venait à se présenter. Il suffirait
pour cela de réagir sur un second interrupteur qui, en effectuant la mise
.en action de l'électro-aimant du frein, ferait fonctionner celui-ci, comme si
·l'interrupteur à mercure aurait réagi lui-même.

· **Application au lancement des navires.** — Les journaux de
·l'année 1877 ont parlé d'une nouvelle application de l'électricité au lancement
des navires, et voici ce qu'en dit le *Journal officiel* : « Le lancement du *Témé-
raire* ainsi que celui de l'*Inflexible* a eu lieu à l'aide d'un appareil électrique
fort minutieux et employé pour la première fois dans de pareilles opérations. On n'a plus besoin de couper avec une hache le câble qui retient les
.poids destinés à tomber sur les étais et à mettre le navire en liberté. Cet
effet se produit en interrompant un courant électrique, de sorte que l'on
supprime le pouvoir magnétique d'un électro-aimant empêchant une poulie
de fer de tourner.

« Les appareils sont disposés de telle manière, qu'en tournant, cette
poulie laisse dérouler le câble qui empêche le navire d'obéir à l'action de
·la gravité. L'électricité sert même à baptiser le vaisseau ; au lieu de lancer
·la bouteille de champagne contre le bordage à tour de bras, on la brise
avec un levier qui s'abaisse automatiquement, quand le courant voltaïque
·d'une pile puissante a fendu le fil qui retenait l'appareil suspendu. »

Plume électrique de M. Edison. — Cette plume destinée à faire
des fac-simile d'écriture est décrite de la manière suivante dans le
Journal of the Society of arts, et dans *les Mondes* (tome 40, p. 90, 277).

« Cette invention consiste dans une petite machine électrique qui se
trouve au haut d'un porte-plume dont on se sert pour écrire. Cette machine
met en mouvement une aiguille qui perce le papier en faisant de 5000 à
6000 trous par minute. Le papier ainsi percé et qui fait fonction de patron,
est placé dans un châssis, et l'on passe par dessus un rouleau imbibé d'encre.
Ce rouleau recouvre d'encre les places qui sont perforées, de sorte qu'en
plaçant une feuille de papier au-dessous du papier écrit ou patron, et en
·passant le rouleau sur lui une ou deux fois, on obtient un fac-simile parfait
de l'écriture. On a reconnu que ces fac-simile peuvent être obtenus au

nombre de quatre ou cinq par minute, et qu'une feuille d'écriture ou un patron peut suffire pour imprimer mille exemplaires. »

Voici maintenant la description que les *Annales industrielles* du 17 décembre 1876 font de ce système.

« L'outillage pour ce mode d'écriture et de reproduction, comporte trois parties distinctes qui, par leurs faibles dimensions, peuvent prendre place sur une table ou un bureau. Ce sont : 1° une pile, 2° le porte-plume, ou le poinçon électrique, 3° la presse ou le cadre à tirer les épreuves.

« La pile se compose de deux éléments au bichromate de potasse dont les zincs et les charbons attachés au couvercle peuvent être sortis du liquide, lorsqu'on ne se sert pas de l'appareil. Une corde en gutta-percha contenant deux fils conducteurs, conduit l'électricité fournie par ces deux éléments à la plume ou au poinçon électrique. Ce petit instrument, partie essentielle du système, se compose d'une tige au sommet de laquelle est fixée une petite machine, électro-motrice en miniature, formée d'un électro-aimant devant lequel tourne à une vitesse très-grande une armature en fer doux. Sur l'arbre qui porte cette armature, est adaptée une excentrique qui donne un mouvement alternatif à un style logé dans l'axe du porte-plume. On ne saurait donner une idée plus exacte de cet instrument, qu'en le comparant à un crayon Faber dont la mine serait remplacée par une aiguille rentrant et sortant avec une vitesse de plusieurs mille coups par minute et avec une course très-petite. Cette aiguille est d'ailleurs terminée par une pointe extrêmement fine. On conçoit dès lors aisément que si l'on se sert de cet instrument pour tracer un dessin quelconque, de l'écriture, etc., sur un papier qu'on aura eu soin de poser sur un coussin un peu mou, drap ou papier buvard, il se produira sur cette feuille de papier, non par un trait continu, mais une suite de petits trous excessivement rapprochés, le poncif ou transparent ainsi obtenu sert alors à tirer les épreuves de la manière suivante. On fixe cette feuille dans un petit cadre mobile à charnière autour d'une de ses arêtes. Ce cadre étant soulevé, une feuille de papier blanc est placée sur la tablette de la presse; on rabat le cadre et l'on passe sur la feuille ajourée, un rouleau encré avec de l'encre d'imprimerie ordinaire. Pour la première épreuve, il est utile de passer cinq ou six fois le rouleau; pour les suivantes, un passage aller et retour peut suffire. On arrive à une rapidité très-grande de reproduction. L'encre passant à travers les milliers de trous qui constituent le tracé de l'écriture ou du dessin, le reproduit sur la feuille de papier blanc; on retire cette feuille pour la remplacer par une autre et ainsi de suite. Si le papier primitivement employé est de bonne qualité, on peut tirer de cette manière un nombre considérable d'exemplaires, plusieurs centaines, et même jusqu'à mille nous a-t-on assuré. »

Avant cette invention, M. Martin de Brettes avait résolu, dès 1858, le même problème, en mettant à contribution les perforations produites par l'étincelle des bobines d'induction de Ruhmkorff; il était arrivé à produire de cette manière des modèles de dessins de broderies qui se trouvaient tracés en pointillé, comme s'ils avaient été déterminés par l'intervention de la molette à pointes traçantes employée par les dessinateurs de broderies.

Application à la physique amusante. — L'électricité joue actuellement un grand rôle dans beaucoup de tours de physique amusante. Tantôt au moyen d'électro-aimants habilement dissimulés au regard, on fait devenir instantanément lourde une boîte qui ne l'était pas ; tantôt on fait sortir de l'une des parois, d'une boîte de cristal suspendue à une corde et mise en mouvement d'oscillation, plusieurs pièces de monnaie qui ont été empruntées ; tantôt on fait marcher des hommes au plafond la tête en bas. Tous ces tours ne sont dus qu'à des combinaisons d'électro-aimants bien faciles à deviner ; aussi n'en parlerai-je pas, préférant envoyer le lecteur au livre si intéressant de M. Robert Houdin intitulé : *Comment on devient sorcier, les secrets de la prestidigitation.*

Toutefois nous ne pouvons résister à l'envie de reproduire ici quelques pages écrites par cet habile et savant prestidigitateur, sur l'organisation électrique et mystérieuse qu'il avait établie à sa maison de campagne; car cette organisation renferme tout un monde d'applications électriques basées sur l'observation de nos mœurs et coutumes.

« Une promenade, droite comme un I majuscule, relie Saint-Gervais à ma bonne ville natale, Blois. Sur l'extrémité de cet I tombe à angle droit un chemin communal longeant notre village et conduisant au *Prieuré*.

« Le Prieuré, c'est mon modeste domaine, que mon ami Dantan jeune a nommé, par extension, l'abbaye de l'*Attrape*. Lorsqu'on arrive au Prieuré, on a devant soi : 1° une grille pour l'entrée des voitures; 2° une porte sur la gauche, pour le passage des visiteurs ; 3° une boîte, sur la droite, avec ouverture à bascule, pour l'introduction des lettres et des journaux. La maison d'habitation est située à 400 mètres de cet endroit; une allée large et sinueuse y conduit à travers un petit parc ombragé d'arbres séculaires.

« La porte des visiteurs est peinte en blanc. Sur cette porte immaculée apparaît, à hauteur d'œil, une plaque en cuivre et dorée, portant le nom de Robert Houdin.

« Au-dessous de cette plaque, est un petit marteau également doré. Le visiteur soulève le marteau selon sa fantaisie, mais, si faible que soit le

coup, là-bas, à 400 mètres de distance, un carillon énergique se fait
entendre dans toutes les parties de la maison, sans blesser, pour cela,
l'oreille la plus délicate, et ne cesse son appel que lorsque la serrure a fonctionné régulièrement. Pour ouvrir cette serrure, il a suffi de pousser un
bouton placé dans le vestibule. C'est presque le cordon du concierge. Par
la cessation de la sonnerie, le domestique est donc averti du succès de son
service. En même temps que fonctionne la serrure, le nom de Robert
Houdin disparaît subitement, et se trouve remplacé par une plaque en
émail, sur laquelle est peint, en gros caractères, le mot : *Entrez !* le visiteur
entre en poussant la porte, qu'il n'a pas même la peine de refermer, un
ressort se chargeant de ce soin. La porte une fois fermée, on ne peut plus
sortir sans certaines formalités.

« La porte, en s'ouvrant, anime, sous deux angles différents de son
ouverture, deux sonneries bien distinctes; lesquelles sonneries résonnent
aux mêmes angles par la fermeture. Ces quatre petits carillons, bien que
produits par des mouvements différents, arrivent au Prieuré espacés par
des silences de durée égale.....

« Un seul visiteur se présente-il ; il sonne, on ouvre, il entre en poussant
la porte qui se referme aussitôt. C'est ce que j'appelle l'ouverture normale :
les quatre coups se sont suivis à distances égales : drin.... drin.... drin....
drin.... on a jugé au Prieuré qu'il n'est entré qu'une seule personne.

« Supposons maintenant qu'il nous vienne plusieurs visiteurs : Le premier
visiteur entre en poussant la porte, et, selon les règles prescrites par la
politesse la plus élémentaire, il la tient ouverte jusqu'à ce que chacun soit
passé; puis la porte se referme lorsqu'elle est abandonnée. Or, l'intervalle
entre les deux premiers et les deux derniers coups a été proportionnel à la
quantité des personnes qui sont entrées ; le carillon s'est fait entendre ainsi :
drin..... drin.....   drin..... drin..... et, pour une oreille exercée, l'appréciation du nombre est des plus faciles. L'habitué de la maison, lui, se
reconnaît aisément : il frappe et, sachant ce qui doit se produire devant
lui, il ne s'arrête pas, comme l'on dit, aux bagatelles de la porte; on ne lui
a pas plutôt ouvert que les quatre coups équidistants se font entendre, et
annoncent son introduction. Il n'en est pas de même pour un visiteur
nouveau : lorsque paraît le mot *entrez*, sa surprise l'arrête; ce n'est qu'au
bout de quelques instants qu'il se décide à pousser la porte. Sa démarche
est lente, et les quatre coups sont comme sa démarche, drin..... drin.....
drin..... drin.....; on se prépare au Prieuré pour recevoir ce nouveau
visiteur.

« Le mendiant voyageur soulève timidement le marteau, il craint une indiscrétion, il hésite à entrer, et s'il le fait, ce n'est qu'après quelques instants d'attente et d'incertitude. En entrant le carillon fait d...r...i...n... d...r...i...n... d...r...i...n... d...r...i...n..., et il semble aux gens de la maison qu'ils voient entrer ce pauvre diable; on va à sa rencontre avec certitude. On ne s'est jamais trompé.

« Supposons maintenant, qu'on vienne en voiture pour me visiter : l'automédon descend de son siége, il se fait d'abord ouvrir la petite porte; il entre. Il trouve appendue à l'intérieur, la clef de la grille qu'une inscription lui désigne; il n'a plus qu'à ouvrir les portes à deux battants. Ce double mouvement s'entend et se voit, même dans la maison, au moyen d'un tableau placé dans le vestibule et sur lequel sont peints ces mots : les *portes des grilles sont*......, à la suite desquels viennent se présenter successivement les mots *ouvertes* ou *fermées*, selon que les grilles sont dans l'un ou l'autre de ces deux états : Avec un tel tableau, je puis, chaque soir, vérifier à distance la fermeture des portes de la maison.

« — Passons maintenant au service de la boîte aux lettres. Elle est fermée par une petite porte à bascule disposée de telle sorte que, lorsqu'elle s'ouvre, elle met en mouvement, au Prieuré, une sonnerie électrique. Le facteur a reçu l'ordre de mettre d'abord d'un seul coup dans la boîte tous les journaux et d'y joindre les circulaires pour ne pas produire de fausses émotions; après quoi, il introduit les lettres, l'une après l'autre. On est donc averti à la maison de la remise de chacun de ces objets, de sorte que si l'on n'est pas matinal, on peut de son lit, compter les diverses parties de son courrier.

« Pour éviter d'envoyer porter les lettres à la poste du village, on fait la correspondance le soir; puis, en tournant un index nommé *commutateur*, on transpose les avertissements, c'est-à-dire que le lendemain matin le facteur en mettant son message dans la boîte, au lieu d'envoyer le carillon à la maison, entend près de lui une sonnerie qui l'avertit d'y venir prendre des lettres; il se sonne ainsi lui-même.....

« Mon *concierge électrique* ne me laissé donc plus rien à désirer. Son service est des plus exacts, sa fidélité est à toute épreuve, sa discrétion est sans égale; quant à ses appointements, je doute qu'il soit possible de moins donner pour un employé aussi parfait.

« — Voici maintenant certains détails sur un procédé à l'aide duquel je parviens à assurer à mon cheval l'exactitude de ses repas et l'intégrité de ses rations. Le cheval est une jument, bonne et douce fille quasi majeure, qui répondrait au nom de Fanchette si la parole ne lui faisait défaut. Fanchette est affectueuse et même caressante; nous la regardons *presque* comme une amie de la maison, et c'est à ce titre que nous lui prodiguons toutes les douceurs qu'il lui est donné de goûter dans sa condition chevaline. Fanchette a une personne affectée à son service de bouche; c'est un garçon fort honnête qui, en raison même de sa probité, ne se formalise aucunement de mes procédés... électriques. Mais, avant ce serviteur, j'en avais un autre. C'était un homme actif, intelligent, et qui s'était passionné pour l'art cultivé jadis, par son patron. Il ne connaissait qu'un seul tour, mais il l'exécutait avec une rare habileté. Ce tour consistait à changer mon avoine en pièces de cinq francs.

« L'écurie est distante d'une quarantaine de mètres de la maison. Malgré cet éloignement, c'est de mon cabinet de travail que se fait la distribution. Une pendule est chargée de ce soin, à l'aide d'une communication électrique. Ces fonctions ont lieu trois fois par jour et à heure fixe. L'instrument distributeur est de la plus grande simplicité : c'est une boîte carrée en forme d'entonnoir, versant le picotin dans des proportions réglées à l'avance.

« — Mais, me dira-t-on, ne peut-on pas enlever au cheval son avoine aussitôt qu'elle vient de tomber? Non, car la détente électrique qui fait verser l'avoine ne peut avoir son effet qu'autant que la porte de l'écurie est fermée à clef. — Mais le voleur ne peut-il pas s'enfermer avec le cheval? cela n'est pas possible, attendu que la serrure ne se ferme que de dehors. — Alors on attendra que l'avoine soit tombée pour venir la soustraire. — Oui, mais alors on est averti de ce manège par un carillon disposé de manière à se faire entendre au logis, si on ouvre la porte avant que l'avoine soit entièrement mangée par le cheval.

« — La pendule dont je viens de parler est chargée, en outre, de transmettre l'heure, par un même fil électrique, à deux grands cadrans placés, l'un au fronton de la maison, l'autre au logement du jardinier; le premier, dans le but d'indiquer l'heure à toute la vallée; le second, parce que le logement du jardinier, qui est en face de toutes nos fenêtres, donne aux gens une heure unique et régulatrice. Cette heure se communique, par le même procédé, à plusieurs cadrans placés dans différentes pièces de l'habitation.

« A tous ces cadrans, il fallait une sonnerie unique, une sonnerie pouvant être entendue des habitants du Prieuré, ainsi que de tout le village. Sur le faîte de la maison est une sorte de campanile abritant une cloche d'un certain volume dont on se sert pour l'appel aux heures des repas. Je plaçai au-dessous de cette cloche un rouage suffisamment énergique pour soulever le marteau en temps voulu. Mais comme il eût fallu remonter chaque jour le poids de cette machine, je me servis d'une force perdue, ou, pour mieux dire, non utilisée, pour remplir automatiquement cette fonction. A cet effet, j'établis entre la porte battante de la cuisine, située au rez-de-chaussée, et le remontoir de la sonnerie placé au grenier, une communication disposée de telle sorte qu'en allant et venant pour leur service, et sans qu'ils s'en doutent, les domestiques remontent incessamment le poids de ce rouage. C'est presque un mouvement perpétuel dont on n'a jamais à s'occuper. Un courant électrique, distribué par mon régulateur, soulève la détente de la sonnerie et fait compter le nombre de coups indiqués par les cadrans. Cette distribution d'heure me permet d'user, dans certains cas, d'une petite ruse qui m'est fort utile. Lorsque pour une cause ou pour une autre, je veux avancer ou retarder l'heure de mes repas, je presse secrètement sur certaines touches électriques placées dans mon cabinet, et j'avance ou je retarde à mon gré les cadrans et la sonnerie de la maison. La cuisinière a trouvé que le temps passe souvent bien vite, et moi j'ai gagné, en plus ou en moins, un quart d'heure que je n'eusse pas obtenu sans cela.

« C'est encore ce même régulateur qui, chaque matin, à l'aide de transmissions électriques, réveille trois personnes à des heures différentes, à commencer par le jardinier, et force mon monde à se lever lorsqu'il est réveillé. Le réveil sonne d'abord assez bruyamment pour que le dormeur le plus apathique soit réveillé, et il continue à sonner jusqu'à ce qu'on aille déranger une petite touche placée à l'extrémité de la chambre. Il faut pour cela se lever; alors le tour est fait.

« — Ce pauvre jardinier, je le tourmente bien avec mon électricité. Croirait-on qu'il ne peut pas chauffer ma serre au-delà de dix degrés de chaleur ou laisser baisser la température au-dessous de trois degrés de froid, sans que j'en sois averti. Le lendemain matin, je lui dis : « Jean, vous avez trop chauffé hier au soir, vous grillez mes géraniums; » ou bien : « Jean, vous risquez de geler mes orangers, le thermomètre est descendu cette nuit à trois degrés au-dessous de zéro. » Jean se gratte l'oreille, ne répond pas, mais je suis sûr qu'il me regarde un peu comme sorcier.

« Cette disposition thermo-électrique est également placée dans mon bûcher, pour m'avertir du moindre commencement d'incendie.

« — Si modeste que soient mes objets précieux, je tiens à les conserver, et, dans ce but, j'ai cru devoir prendre mes précautions contre les voleurs. Les portes et les fenêtres de ma demeure ont toutes une disposition électrique qui les relie avec le carillon et sont organisées de telle sorte que lorsque l'une d'elles fonctionne, la cloche résonne tout le temps de son ouverture. Quel grave inconvénient si le carillon résonnait chaque fois qu'on se mettrait à la fenêtre ou qu'on voudrait sortir de chez soi. Il n'en est point ainsi : la communication se trouve interrompue toute la journée et n'est rétablie qu'à minuit (l'heure du crime) et c'est encore la pendule au picotin qui est chargée de ce soin.

« Lorsque nous nous absentons de la maison, la communication électrique est permanente, et le cas d'ouverture échéant, la grosse sonnerie de l'horloge, dont la détente est soulevée par l'électricité, sonne sans cesse et produit à s'y méprendre, la sonnerie du tocsin. Le jardinier et les voisins même ainsi avertis, le voleur serait facilement pris au trébuchet...

« — Nous nous plaisons souvent à tirer au pistolet. Nous avons pour cela un emplacement fort bien organisé. Mais, au lieu de la renommée traditionnelle, le tireur qui fait mouche voit soudain paraître, au-dessus de sa tête, une couronne de feuillage. La balle et l'électricité luttent de vitesse dans ce double trajet; ainsi bien qu'on soit à 20 mètres du but, le couronnement est instantané.

« — Dans mon parc se trouve un chemin creux qu'on se voit, quelquefois, dans la nécessité de traverser. Il n'y a, pour cela, ni pont ni passerelle. Mais sur le bord de ce ravin, l'on voit un petit banc; le promeneur y prend place, et il n'est pas plutôt assis, qu'il se voit subitement transporté à l'autre rive. Le voyageur met pied à terre, et le petit banc retourne de lui-même chercher un autre passager. Cette locomotion est à double effet : il y a une même voie aérienne pour le retour. »

Bijoux électriques. — Les moyens si simples et si peu apparents que fournit l'action électrique pour déterminer un mouvement ou un effet mécanique quelconque, n'ont pas été seulement mis à contribution pour venir en aide aux tours de la physique amusante : on a cherché à les appliquer encore aux bijoux pour leur donner une apparence de vie et exciter la curiosité. Rien n'est plus curieux à voir, en effet, que les bijoux de M. Trouvé qui sous la forme d'épingles de cravate, de broches ou de médaillons, vous montrent des lapins frappant sur un timbre, des grenadiers battant du tambour, des singes faisant des grimaces ou qui jouent du violon, des têtes de turcos qui agitent les yeux et la mâchoire, des oiseaux qui remuent leurs ailes et leur queue, des papillons qui battent des ailes, et tout cela de dimensions microscopiques et fonctionnant sous l'influence de la pile si exiguë que nous avons décrite dans notre tome I, p. 269. Pour obtenir de pareils résultats, il fallait construire des électro-aimants bien petits, et M. Trouvé y est parvenu avec un grand bonheur; car ses électro-aimants ont une force relative tellement grande, que M. M. Deprez, l'auteur du chronographe dont nous avons parlé dans notre tome IV, n'a pas hésité à lui confier la construction des électro-aimants de cet appareil.

Nous représentons fig. 89 ci-dessous l'ensemble de ces bijoux, et nous donnons fig. 90, 91, 92 et 93 les détails mécaniques de deux d'entre eux, afin qu'on puisse en saisir les combinaisons ingénieuses.

Fig. 89.

Les fig. 90 et 91, représentent l'épingle du lapin. Elle se compose de trois parties : d'un socle en or rectangulaire surmonté d'un petit timbre et du lapin placé au sommet de l'électro-moteur et du mécanisme du mouvement. Le moteur est un électro-aimant boîteux avec culasse sur laquelle l'armature est articulée. Un petit ressort antagoniste droit I, qui est sur le côté, sert à relever l'armature; il prend son point d'appui sur une petite goupille au bas de la culasse de l'électro-aimant en G. Le commutateur qui lui fait pendant, du côté opposé, est disposé de telle manière que, dès que l'armature arrive au con-

Fig. 90. Fig. 91.

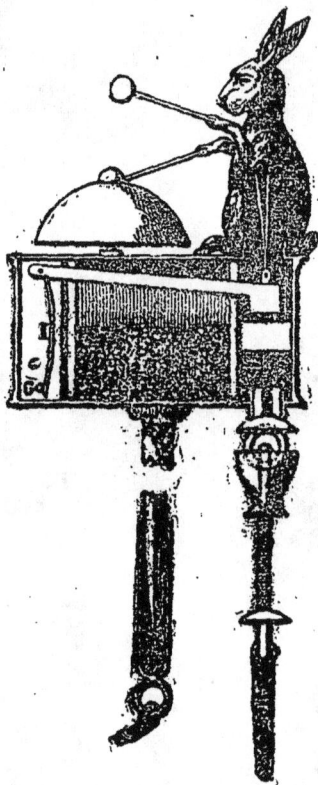
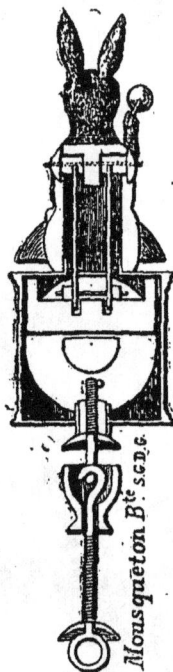

tact, le courant se trouve interrompu jusqu'à ce qu'elle retourne à son plus grand éloignement, pour être attirée de nouveau par une action contraire du commutateur qui a rétabli le courant dans les conditions où il l'avait interrompu. De cette façon, on obtient un mouvement de va et vient qu'il est facile de communiquer aux bras du lapin, au moyen de deux petites bielles articulées à la tête de l'armature et fixées l'une en avant du bras, l'autre en arrière, afin de décomposer chaque mouvement simple de l'armature en deux mouvements contraires des baguettes, l'un ascendant, l'autre descendant. Cette disposition est extrêmement simple : le fer et la culasse règlent le jeu sur la longueur, la bobine dans tous les autres sens; elle représente une circonférence inscrite dans un carré.

Le turcos représenté fig. 92 et 93, se compose également de trois parties : d'une partie en or constituant l'épingle (figure et calotte), de l'électro-moteur et de la partie mécanique des yeux et de la mâchoire, qui se meuvent en sens contraire, c'est-à-dire les yeux horizontalement et la mâchoire verticalement. Les fig. 92 et 93 représentent ces deux mouvements.

L'électro-moteur agissant sur l'équerre Q, fig. 92, dans la petite chappe

Fig. 92. Fig. 93.

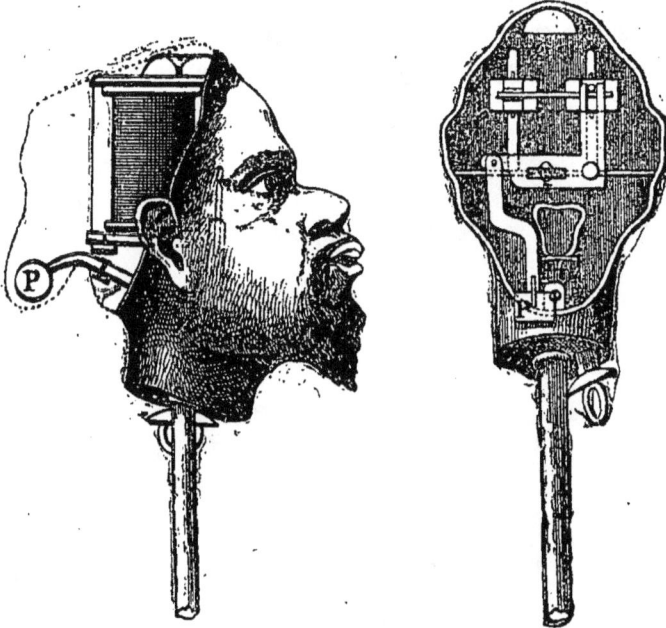

placée au-dessous de cette lettre, détermine le mouvement ascensionnel de la bielle tordue P; cette bielle sollicite le levier L, fig. 92, fixé à la mâchoire en son centre de mouvement, et qui est terminé par un contre-poids P faisant office de ressort antagoniste pour faire obstacle à sa trop grande vitesse, une des plus grandes difficultés de ces mécanismes qui manquent de masse et d'inertie. Tandis que l'un des bras de l'équerre fait mouvoir la mâchoire, comme nous venons de le voir, l'autre bras fait mouvoir les yeux par l'intermédiaire d'une petite goupille fixée sur la bielle qui les réunit, et qui est engagée dans une fente à l'extrémité de ce bras (voir fig. 93). L'électro-aimant soulève le levier de la mâchoire avec son contre-poids, et celui-ci fait le reste, c'est-à-dire ramène les pièces au point de départ, toujours par la fonction d'un commutateur.

L'oiseau en diamants remuant les ailes et la queue a été assez délicat à exécuter. Pour équilibrer les ailes, il a fallu suspendre aux petits leviers intérieurs abaissés par l'électro-moteur, un poids de 100 grammes. L'attraction à 1 millimètre d'un électro-aimant pesant deux grammes, lui donna la vie au moins pendant une heure. Arrivé là, M. Trouvé n'espérait guère aller plus loin; mais après bien des essais infructueux, il est parvenu non-seulement à imprimer du mouvement à ses oiseaux, mais à donner aux ailes un déplacement de deux centimètres avec cinq mouvements par seconde, et cela pendant quatre heures de suite. Ce résultat était obtenu avec un seul de ses éléments à charbon circulaire qui était placé dans la chevelure ou le corsage de la personne portant ce bijou.

CHAPITRE III

I. CONSIDÉRATIONS GÉNÉRALES

On a cherché, depuis une trentaine d'années, à employer l'effet attractif des électro-aimants ou les effets dynamiques des courants comme force motrice. Cette question occupe encore aujourd'hui bien des têtes, et à l'ardeur que l'on déploie pour résoudre ce problème, on dirait qu'il ne s'agit rien moins que de la découverte de la pierre philosophale en mécanique.

Sans doute la création d'un moteur inexplosible qui n'aurait besoin de personne pour avoir sa marche entretenue, que l'on pourrait placer en tel endroit qu'il conviendrait, sans nécessiter un emplacement particulier, que l'on pourrait faire fonctionner avec plus ou moins de force, suivant les divers travaux auxquels on voudrait le soumettre, enfin dont le matériel serait peu encombrant; sans doute la découverte d'un pareil moteur serait très-importante, surtout pour les petites industries. Mais il ne faut pas se faire trop d'illusions à cet égard; ce n'est pas dans les perfectionnements et les combinaisons mécaniques qu'il faut chercher la solution du problème, c'est bien plutôt dans l'affranchissement des inconvénients qui sont inhérants à la force électro-motrice elle-même. Or, ces inconvénients sont tellement complexes, et les effets qui en sont la conséquence tellement contradictoires, qu'on peut presque dire que les moteurs qui réussissent le mieux en petit sont précisément ceux qui donnent les plus mauvais résultats en grand, quand toutefois ils en donnent, ce qui n'arrive pas toujours. Une foule de personnes, tant en France qu'en Allemagne, en Angleterre et en Amérique, ont dépensé beaucoup d'argent pour la construction de ces moteurs, et sont arrivés à cette conclusion : que la force électro-motrice n'est susceptible d'application que dans des limites très-restreintes, qui ne doivent pas dépasser celles de l'horlogerie.

Tous les effets du fluide électrique susceptibles d'imprimer à un corps une direction ou de développer une force attractive ou répulsive, peuvent être combinés mécaniquement, de manière à former un moteur électrique. Ainsi, les effets des courants électriques les uns sur les autres, l'action des courants sur les aimants, et réciproquement l'action des aimants sur les courants, l'action des aimants temporaires sur les corps magnétiques non-aimantés, peuvent, si l'on augmente suffisamment la force électrique et la grosseur des pièces qui en subissent l'action, donner lieu à des moteurs électro-dynamiques. On conçoit, en effet, que possédant, par l'intermédiaire de l'électricité, une force susceptible d'être détruite dans un instant donné, puisqu'il ne s'agit pour cela que d'interrompre le courant, il suffit d'un mécanisme bien simple pour traduire l'impulsion à laquelle elle donne lieu en mouvement circulaire continu.

Si la force électro-motrice était, comme la vapeur, susceptible de croître avec les éléments qui la font naître, si l'action dynamique pouvait s'exercer à une certaine distance avec la même intensité, si le fluide électrique ne réagissait pas par induction de manière à exercer un effet contraire à celui qu'il est appelé à produire, (1) si le courant se transmettait dans toute son énergie pendant un temps très-court, si enfin la cessation de l'action magnétique correspondait exactement à l'interruption du courant, le problème des électro-moteurs serait depuis longtemps résolu, car jamais combinaisons plus ingénieuses n'ont été imaginées. Mais il est bien loin d'en être ainsi, et, en outre de ces obstacles, sont venus s'en ajouter d'autres qui tiennent à la nature même des corps : d'abord leur défaut de *rigidité*, qui est la conséquence naturelle de leur élasticité, en second lieu l'oxydation

---

(1) M. Matteucci a fait sur l'action nuisible de ces courants d'induction ou *extra-courants*, des expériences intéressantes dont nous allons indiquer les résultats, afin qu'on puisse juger de l'importance de cette cause de non-réussite des électro-moteurs.

Les appareils dont M. Matteucci s'est servi pour ces recherches, se composaient : 1° d'une pile formée tantôt de cinq éléments de Grove, tantôt de dix éléments de Daniell ; 2° de deux bobines à deux fils bien isolés entre eux, formant un gros électro-aimant dont le cylindre de fer pesait 100 kilog., et enfin d'un commutateur à six dents de platine pareil à celui des électro-moteurs ordinaires de M. Froment. Ce commutateur était mis en mouvement par un fort mécanisme d'horlogerie auquel on pouvait imprimer des vitesses différentes avec des poids variables, et ces vitesses pouvaient être appréciées à l'aide d'un chronomètre et d'un compteur semblable à celui de la *Sirène*. M. Matteucci introduisait dans le circuit une boussole des sinus avec un circuit dérivé et un voltamètre.

Avec cette disposition, on conçoit qu'en faisant tourner le commutateur pendant un certain temps avec une vitesse uniforme, on obtenait dans le circuit un certain nombre d'interruptions et de fermetures de courant, d'autant plus rapprochées entre elles, que les poids animant le moteur étaient plus considérables. En tenant le circuit fermé avant et après chaque expérience, on pouvait s'assurer de la constance du courant, dont les petites variations pouvaient être corrigées à l'aide du rhéostat ; et il ne s'agissait plus, pour connaître l'influence des extra-courants induits, que de répéter l'expérience, tantôt en ayant les bobines du gros électrode l'interrupteur par l'étincelle électrique, qui détériore ce mécanisme et empêche la parfaite continuité des communications métalliques, enfin la stabilité de l'effet à distance pour un puissant aimant comme pour un faible. Tous ces obstacles qui s'opposent à la marche des électro-moteurs de grande dimension n'existent pas pour les petits, car les éléments d'action électro-magnétique restent à peu près les mêmes; or, ce qui peut être une grande course pour un petit moteur, en est une très-faible pour un grand; ce défaut de rigidité qui détruit le bénéfice des effets à petite distance, ne se fait pas sentir pour de faibles forces et de petits bras de levier; enfin l'étincelle d'un faible courant ne détruit aucunement les communications métalliques; c'est pourquoi les électro-moteurs de petit modèle ont toujours réussi et que les grands ont toujours été pour leurs inventeurs un sujet de déception.

La conclusion de tout ceci; c'est qu'on devra d'ici à longtemps, si ce n'est pour toujours, se tenir en garde contre les annonces pompeuses de certains constructeurs et de certains journaux, qui viennent affirmer qu'on peut établir des moteurs électriques de la force de plusieurs chevaux. Ce qui est certain, c'est que, *jusqu'à présent, aucun moteur électrique n'a atteint la force d'un cheval,* et ceux qui donnent le problème comme résolu, nous rappellent ce chasseur de la fable qui vend la peau de l'ours avant de l'avoir tué.

---

aimant dans le circuit, tantôt en substituant à ces bobines un fil de laiton de la même résistance. Voici les résultats auxquels est parvenu M. Matteucci.

1° Dans les expériences faites sans les bobines de l'électro-aimant dans le circuit, la force électro-magnétique du courant est approximativement la même quel que soit le nombre des interruptions.

2° Lorsque les bobines de l'électro-aimant entrent dans le circuit, la force électro-magnétique du même courant devient beaucoup moindre, et cela proportionnellement à la vitesse de rotation du commutateur ou au nombre des interruptions dans un temps donné. En comparant les résultats obtenus avec les mêmes vitesses du commutateur, on trouve même que la force électro-magnétique subit une diminution plus grande dans son action électrolytique, et que ces différences sont d'autant plus marquées, que la vitesse du commutateur est plus grande.

3° En tenant fermé le circuit des bobines induites, la force électro-magnétique et les produits électrolytiques augmentent ; et à mesure qu'on diminue la vitesse de rotation du commutateur, le courant tend à se rapprocher du courant obtenu dans le circuit sans bobines.

4° Lorsqu'on emploie dans un électro-moteur des électro-aimants formés de deux bobines superposées et bien isolées, et qu'on réunit les deux extrémités du fil de la bobine, à travers laquelle ne passe pas le courant inducteur, l'axe du moteur a sa vitesse de rotation grandement diminuée et peut même se trouver littéralement arrêté. En même temps les étincelles disparaissent à l'interrupteur. La machine reprend ensuite son mouvement de rotation aussitôt que le circuit, d'abord fermé, est disjoint.

Bien que les causes que nous avons citées précédemment réagissent
d'une manière fàcheuse sur le développement de la force électro-motrice,
elles ne sont pourtant pas toutes insurmontables. Ainsi, par des moyens que
nous allons étudier à l'instant, on est parvenu à atténuer les effets contraires des courants d'induction, l'action détériorante de l'étincelle, les effets
nuisibles du magnétisme rémanent. D'un autre côté, on a cherché à
tourner la difficulté de la diminution rapide de la force magnétique avec la
distance, par des réactions au contact, et en utilisant les forces directrices des
organes magnétisés. Malgré tous ces perfectionnements, le problème n'est
pas encore résolu, et jusqu'ici les seuls résultats qu'on ait obtenus, ont été
de faire marcher des machines à coudre, des pianos mécaniques, des
petits tours, des compteurs de grande dimension, des miroirs à allouettes,
des machines à diviser et à graver, des appareils d'expérimentation, des
machines à recouvrir les fils de cuivre, de soie et de coton, etc.

Jusqu'à présent nous n'avons considéré la question qu'au point de vue
purement mécanique et sans tenir compte de la dépense. Ce point de vue
est pourtant très-important, et nous verrons à la fin de ce chapitre que,
d'après les expériences faites sur le travail produit par de bons électro-
moteurs, les dépenses qu'entraînerait l'emploi de ce système moteur
seraient tellement élevées, qu'il n'y a pas à penser à les employer dans la
pratique; mais je crois que quand même ces dépenses ne seraient pas
exagérées, le problème de produire de la force de cette manière serait
encore loin d'être résolu. Je sais qu'on me dira que quand bien même un
électro-moteur ne produirait que la force d'un huitième d'homme, huit
électro-moteurs semblables attelés à une même machine pourraient fournir
la force d'un cheval; mais quel emplacement il faudrait pour contenir une
pareille agglomération de machines! quelles dépenses de premier achat en
seraient la conséquence! et encore, avec tous les frottements produits par
tous ces organes agissant isolément, il n'est pas dit que le problème pourrait être résolu. S'il faut en croire M. Trouvé, on pourrait cependant arriver
à obtenir une forcé déterminée en faisant réagir directement les électro-
aimants les uns sur les autres, et cela en les plaçant aux points d'articulation
d'une longue grenouillette composée d'autant de doubles parallélogrammes
articulés qu'il y a d'électro-aimants échelonnés. Cette disposition, en effet,
permettant d'adapter un nombre d'électro-aimants aussi grand qu'on peut
le désirer, permettrait non-seulement de multiplier la force proportionnellement au nombre des électro-aimants et à leur puissance respective, mais
encore d'augmenter l'amplitude du mouvement déterminé par eux dans une

très-grande proportion (1). Cette idée avait du reste été déjà émise sous une autre forme par M. Perrin, en mettant pour cela à contribution les électro-aimants à chapelet qu'il avait inventés, et que nous avons représentés tome II, page 124; mais les essais tentés par ce dernier inventeur ont été aussi infructueux que ceux de ses devanciers, et nous ne croyons pas, en conséquence, la solution du problème plus assurée par ces sortes de moyens que par les autres. Ce qui est certain, c'est que beaucoup d'inventeurs intelligents, tels que MM. Grenet, Carbonnier, le comte de Molin et M. Froment lui-même, ont succombé à la peine, après avoir dépensé des sommes d'argent considérables, et avoir épuisé des combinaisons mécaniques sans nombre, qu'ils croyaient toujours devoir aboutir.

En attendant la solution de ce problème qui pourra encore longtemps se faire attendre, nous allons indiquer les perfectionnements qui ont été apportés aux divers organes mis en jeu dans ces diverses machines.

1° Moyens employés pour diminuer les effets de l'étincelle sur les interrupteurs.

Nous avons déjà énuméré dans notre tome II, p. 111, les moyens employés pour atténuer les effets de l'étincelle sur les interrupteurs, en général, et particulièrement les effets résultant de l'étincelle de l'extra courant des électro-aimants. Nous avons vu en effet comment l'étincelle des interrupteurs pouvait être affaiblie par la division des points de contact avec les frotteurs, ou par l'interposition, dans le circuit, d'un condensateur de grande surface, ou par l'immersion de l'interrupteur dans de l'alcool, ou enfin par une disposition d'interrupteur par laquelle le courant ne se trouve jamais interrompu.

Ce dernier système présente évidemment de grands avantages, et nous avons vu qu'il avait été souvent employé dans l'horlogerie électrique et les appareils pour la détermination des différences de longitude. Appliqué aux électro-moteurs, il peut être disposé comme l'indique la fig. 94. Ce système, comme on doit se le rappeler, consiste à déterminer les interruptions à travers les électro-aimants par une fermeture plus directe du circuit dans lequel ils sont interposés. Ainsi, en admettant que le circuit ABCD représente celui dans lequel sont interposés les électro-

---

(1) M. Trouvé a eu l'ingénieuse idée d'appliquer cette disposition d'électro-moteur à un modèle de muscle artificiel, pour montrer comment l'action nerveuse peut en déterminer la contraction ou l'allongement.

aimants du moteur, lequel circuit sera toujours fermé, il suffira, pour interrompre le courant qui le traversera, d'établir au moyen d'une excen-trique F ou de tout autre système d'interrupteur, une dérivation de E en G. Le courant, en effet, passera de préférence par cette dérivation, pourvu toutefois que les points E et G soient suffisamment éloignés de la pile, et que la partie EBCG du circuit présente une grande résistance par rapport à EG. Il résultera de cette disposi-tion, que l'étincelle de l'interrupteur sera dimi-nuée de celle provenant de l'extra courant.

Fig. 94.

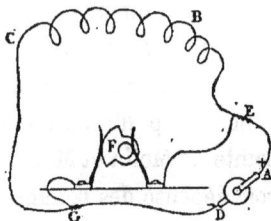

Bien que par le moyen qui vient d'être indiqué le courant passe en presque totalité par la dérivation EG, une petite partie se dérive néan-moins à travers le circuit EBCG et contribue à renforcer le magnétisme rémanent si nuisible dans les réactions mécaniques des électro-aimants. Pour empêcher cette dérivation, on peut employer le dispositif représenté fig. 95 ; au lieu d'un frotteur F, on en emploie deux F et I, et en face de ces frotteurs on place deux pièces en cuivre EJ, GK mises en rapport direct avec les deux pôles de la pile et le circuit EBCG. Enfin des points A et D, on fait partir des dérivations qui unissent le ressort I au pôle A, et le ressort F au pôle D. Avec cette disposition, quand la double excentrique X qui est de matière isolante fait toucher les ressorts I et F contre les pièces EJ et GK, le courant se dérive à travers trois circuits : 1° l'un qui est complété par l'équerre EJ et le ressort F, 2° un autre qui est complété par le ressort I et l'équerre GK, 3° un autre qui correspond à la déri-vation EBCG et qui peut être parcouru par deux courants de sens contraire, ayant pour parcours ; l'un le circuit GEBCGD, l'autre le circuit GLBEFD. Or, c'est ce troisième circuit ainsi parcouru par deux courants égaux et de signes con-traires, au moment où les excentriques doivent interrompre le courant à travers le système électro-magnétique, qui correspond aux électro-aimants, et par conséquent ceux-ci deviennent inertes comme si le courant eût été réellement interrompu.

Fig. 95.

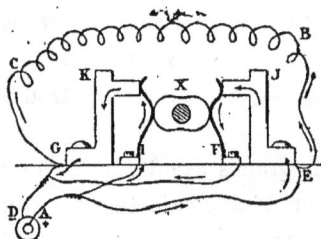

La disposition des frotteurs dans les commutateurs des électro-moteurs n'est pas indifférente ; on en a employé de bien des formes depuis le galet cylindrique ou conique, jusqu'au pinceau ou balai composé d'un faisceau de fils métalliques; c'est encore ce dernier système auquel on revient toujours, parceque, en l'employant, on est toujours sûr, au milieu des contacts multiples qui sont produits, d'en obtenir toujours quelques-uns de réellement bons. Ils divisent d'ailleurs l'étincelle et s'usent moins vite que les frotteurs à simples lames divisées, et ils peuvent, au moyen d'une disposition assez simple, être rallongés au fur et à mesure de leur usure.

2° Améliorations nouvelles apportées aux organes électriques des électro-moteurs.

Dans ces derniers temps, on a apporté quelques améliorations à la construction des électro-moteurs, en disposant les électro-aimants et leurs armatures de manière à présenter moins de magnétisme rémanent et à s'aimanter ou à se désaimanter plus rapidement. On les a pour cela composés de plusieurs pièces de fer juxta-posées. Dans ces conditions, les armatures ont pris le nom d'*armatures multiples*, et les électro-aimants celui d'*électro-aimants à noyaux multiples*. Cette importante amélioration a été combinée pour la première fois par M. Camacho en 1872.

Armatures multiples. — Les armatures multiples se composent d'une série de lamelles de fer juxta-posées et isolées magnétiquement les unes des autres. S'il faut en croire M. Camacho, leur application aux électro-moteurs augmenterait à elle seule de 20 pour cent l'effet utile. Quelles sont les causes de cet avantage?... C'est ce que je vais essayer de discuter.

J'ai le premier étudié les armatures multiples, et dès l'année 1857, je publiais dans mon étude du magnétisme, p. 99, les déductions suivantes, que j'avais tirées d'expériences nombreuses faites avec ces sortes d'armatures.

« Lorsqu'on fait réagir sur un même électro-aimant plusieurs armatures soit au contact, soit à distance, l'induction magnétique se divise; l'attraction exercée sur chacune d'elles diminue à mesure que leur nombre augmente, et l'attraction totale, au lieu de correspondre à la somme des attractions partielles exercées sur chacune d'elles agissant isolément, est de beaucoup inférieure à cette somme, mais pourtant supérieure au maximum d'attraction fourni par l'une quelconque de ces armatures, quand elle ne présente pas une masse considérable. Cette réaction qui est aussi bien commune aux électro-aimants simples qu'aux électro-aimants circulaires et aux aimants fixes, vient d'abord, de ce que la force magnétique augmente jusqu'à une certaine limite avec la masse des armatures, et en second lieu de ce que l'énergie des polarités magnétiques déterminant la force inductive de l'électro-aimant, est une quantité déterminée pour une force donnée et un maximum de masse d'armature correspondant à cette force. Il en résulte que, si cette énergie se trouve distribuée entre plusieurs armatures, chacune d'elle devra être attirée avec moins de force qu'étant isolée, et cette répartition de force s'effectuera suivant le plus ou moins d'aptitude que ces armatures différentes présenteront à l'induction magnétique. »

Si on compare maintenant la force de deux armatures de même volume constituées l'une par la réunion de lamelles de fer isolées magnétiquement, l'autre par une masse unique de fer, on trouve que cette dernière donne lieu à des attractions plus énergiques que l'autre, mais provoque en revanche des effets de magnétisme rémanent beaucoup plus marqués. Cela tient à ce que la conductibilité magnétique de la masse de fer étant interrompue ou amoindrie en plusieurs endroits avec les armatures multiples, les polarités magnétiques qui se trouvent développées en elles, sont alors affaiblies, ce qui diminue par conséquent la faculté qu'elles possèdent d'être attirées; mais précisément à cause des mêmes effets, ces polarités peuvent plus facilement disparaître, et le magnétisme rémanent qu'elles fournissent est notablement diminué. Or, l'expérience montre que cet avantage l'emporte de beaucoup sur les inconvénients qui résultent de leur moindre énergie, et c'est ce qui fait que leur application aux électro-moteurs a donné les résultats que M. Camacho a trouvés.

On peut se convaincre de la vérité de l'explication que nous venons de donner dans les effets produits par les appareils d'induction. Le noyau magnétique de ces appareils est, comme on le sait, composé d'un faisceau de fils de fer vernis, et, si on mesure la force attractive d'un pareil faisceau, on reconnaît qu'elle est beaucoup moindre que si ce faisceau avait été remplacé par un cylindre de fer. En revanche, les courants induits que ces noyaux déterminent, sont beaucoup plus énergiques avec le faisceau qu'avec le cylindre. Or, la *tension* des courants induits déterminés par une action magnétique dépend surtout, comme on le sait, de la promptitude de désaimantation des noyaux magnétiques, et comme elle est d'autant plus grande que ce temps de désaimantation est plus petit, on peut en conclure que des faisceaux de fils de fer, ou ce qui revient au même des armatures multiples, doivent se désaimanter plus vite que des cylindres ou des armatures en fer massif.

L'isolement magnétique des différentes pièces de fer qui concourrent à la formation de ces organes, ne paraît pas d'ailleurs exercer une notable influence sur les résultats que nous venons d'exposer ; car les disques de fer doux qui, dans les bobines d'induction, terminent les noyaux magnétiques, et qui réunissent métalliquement les bouts de tous les fils qui les composent, ne diminuent pas sensiblement la tension des courants induits qu'ils provoquent, et beaucoup de ces noyaux magnétiques, surtout dans les petites machines, n'ont pas leurs fils recouverts de vernis. Toutefois, dans les armatures multiples appliquées par MM. Chutaux et Camacho à leurs électro-moteurs, les différentes lames de fer sont séparées les unes des autres, soit par l'intermédiaire de petites lames de carton mince, soit par une couche d'étain résultant d'un simple étamage de ces lames. Ces lames sont naturellement placées dans le sens de l'axe magnétique de l'armature, et forment par leur juxta-position un prisme plus large qu'épais.

Si la vitesse de désaimantation des armatures multiples est la principale cause de l'accroissement de leur travail utile, leur aimantation plus prompte y contribue aussi dans une certaine proportion, surtout dans le cas de leur application aux électro-moteurs. Dans ces sortes d'appareils, en effet, les armatures se présentent généralement aux électro-aimants, de côté, et l'induction qui est exercée sur elles, ne s'effectue que successivement. Il en résulte que chacune des lames qui les composent peut s'aimanter individuellement dans un temps très-court, en raison de sa faible masse, et les attractions successives qui en résultent s'exerçant d'une manière plus directe, donnent un effet utile plus considérable. On a vu, du reste, p. 186, tome IV, que, d'après les recherches de M. Marcel Deprez, le temps d'aimantation d'une lame de fer est beaucoup plus long que celui de sa désaimantation, et varie avec l'intensité de l'action aimantante, ce qui n'a pas lieu pour la désaimantation, et il paraîtrait même que la fonte grise fournirait, sous ce rapport, des effets plus favorables que le fer doux.

Electro-aimants à noyaux multiples. — Ces électro-aimants ont leurs noyaux magnétiques constitués par une série de tubes de fer, introduits les uns dans les autres et réunis d'une branche à l'autre par une culasse assez épaisse. Chacun de ces tubes possède une hélice magnétisante, et toutes ces hélices sont réunies en tension de manière à constituer une seule et même hélice. J'ai fait sur ces sortes d'électro-aimants un grand nombre d'expériences que j'ai résumées dans deux notes présentées à l'académie des sciences les 7 et 15 juillet 1875, et desquelles il résulte que la force considérable de ces électro-aimants, résulte non-seulement de ce que l'action magnétisante de l'hélice est mieux utilisée, mais surtout de ce que les noyaux tubulaires, en réagissant les uns sur les autres, augmentent

réciproquement leur force individuelle, et déterminent une force totale, qui,
au lieu d'être représentée par ces actions individuelles simplement addition-
nées, est la résultante de ces actions multipliées l'une par l'autre. Dans ces
sortes d'électro-aimants, les extrémités polaires ne doivent pas être garnies
de semelles de fer doux, comme dans les électro-aimants tubulaires ordinaires, car leur force en serait diminuée. Comme dans ces sortes d'électro-
aimants toute la force magnétique est concentrée sur le noyau central,
leur action sur les armatures s'effectue jusqu'à leur ligne axiale, bien plus
énergiquement qu'avec les électro-aimants ordinaires, ce qui donne à l'effet
attractif une zone plus large pour s'effectuer efficacement. D'un autre côté,
le magnétisme rémanent s'y trouve notablement amoindri par suite de

Fig. 96.

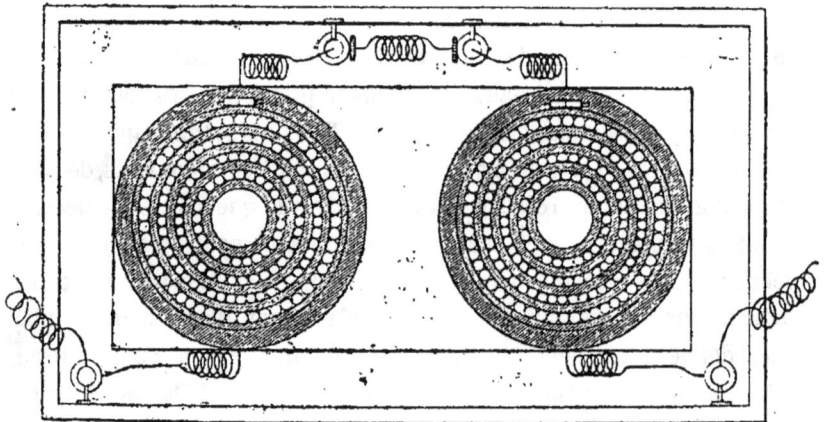

la réduction de la masse de fer et de sa division en tubes peu épais. Grâce
à l'emploi de ces électro-aimants et des armatures multiples dont nous
avons parlé précédemment, un électro-moteur d'assez petite dimension a
pu, avec six éléments Bunsen de moyen modèle, faire fonctionner un piano
mécanique de Debain et des machines à coudre. Nous aurons occasion de
parler plus tard de la disposition générale de cet électro-moteur.

Dernièrement M. Cance a rendu la construction de ces sortes d'électro-
aimants beaucoup plus facile, et leur action plus favorable dans leur application aux électro-moteurs, en constituant les noyaux tubulaires entourant
le noyau central, avec des petites tiges de fer doux rangées circulairement
les unes à côté des autres, et mises en contact avec la culasse de l'électro-
aimant, comme on le voit fig. 96 et 97. Il est facile de comprendre que ces
électro-aimants sont aussi faciles à construire que les électro-aimants ordinaires, puisque, en définitive, ces petits bâtons de fer peuvent être appliqués

sur les différentes rangées de spires au fur et à mesure de leur enroulement, et l'hélice magnétisante n'a pas besoin pour cela d'être interrompue
à chaque noyau tubulaire ainsi formé. La seule précaution à prendre, est
de serrer fortement avec un collier de cuivre le système à sa base contre la
culasse. L'avantage de cette disposition, au point de vue physique, est de
diminuer considérablement le magnétisme rémanent par la division de la

Fig. 97.

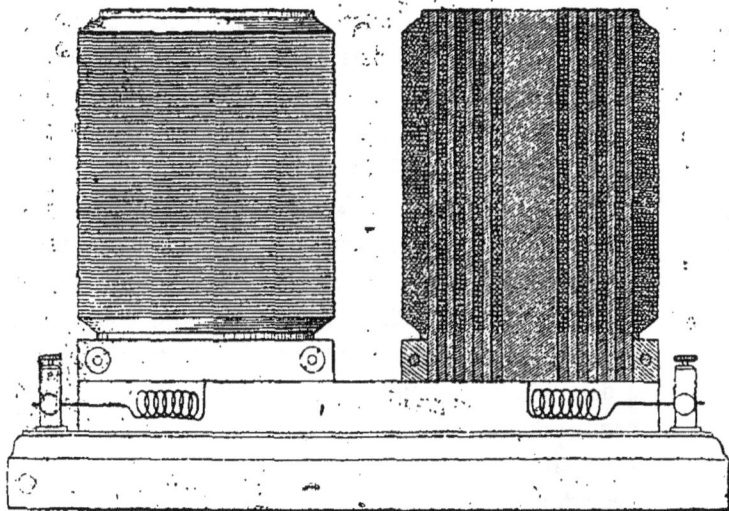

masse de fer du noyau en une infinité de petits aimants individuels, qui,
comme on l'a vu plus haut, se désaimantent beaucoup plus rapidement que
s'ils ne formaient qu'une seule et même masse.

Électro-aimants à rondelles de fer doux. — Dès l'origine de
mes *Études sur l'électricité*, en 1851, j'avais employé des électro-aimants à
rondelles de fer doux, afin d'augmenter l'étendue de leur sphère d'attraction sur des armatures appelées à se déplacer latéralement par rapport au
plan de leurs branches ; mais, n'ayant pas reconnu à cette disposition des
avantages sérieux, je ne m'en suis pas préoccupé davantage. Dernièrement
cependant, deux inventeurs ont étudié de nouveau la question, et ont
obtenu, à ce qu'il paraît, des résultats plus favorables, car je vois dans
les *Annales télégraphiques*, tome III, p. 175, un article de M. Fridblatt
qui les prône, et d'un autre côté je vois M. Niaudet qui en a essayé l'emploi sous une forme particulière, il est vrai, dans une machine dynamo-
électrique qu'il avait construite. Sous cette nouvelle forme, imaginée par

M. Jabloschkoff, l'action magnétique produite serait, sinon très-énergique, du moins assez curieuse dans ses effets, et je crois intéressant d'en dire ici quelques mots.

Dans les expériences que j'avais faites avec les électro-aimants à rondelles de fer, j'avais observé que toute la surface de chaque rondelle présentait la même polarité, et que ces rondelles n'étaient en quelque sorte que l'épanouissement des pôles magnétiques du noyau de fer enveloppé par l'hélice. Il est vrai que j'employais pour ces électro-aimants du fil ordinaire qui était assez gros, et qui ne présentait qu'un nombre assez restreint de rangées. M. Jabloschkoff guidé par d'autres considérations théoriques, a pensé que les hélices magnétisantes dans les électro-aimants de cette nature devaient réagir, non-seulement normalement sur le noyau de fer, à la manière des électro-aimants ordinaires, mais encore latéralement sur les rondelles de fer elles-mêmes, et voici son raisonnement :

Si un fort courant rectiligne, croise à angle droit, une tige de fer, il l'aimante en déterminant à sa droite et à sa gauche deux polarités inverses. Supposons que ce courant rectiligne se recourbe à une distance assez éloignée de la tige de fer pour ne pas l'influencer, et revienne ensuite croiser celle-ci à quelque distance au-dessous du point où il l'avait croisée en premier lieu : il se déterminera de nouveau une action magnétique qui aura pour résultat, comme dans le premier cas, de créer à droite et à gauche de ce courant deux polarités contraires; mais, comme le courant marche en sens contraire dans les deux cas par rapport à la tige de fer, les polarités déterminées se trouvent placées d'une manière inverse, eu égard à la ligne équatoriale de cette tige, devenue un aimant. Or, il en résultera que des polarités de même nature occuperont la partie de la tige comprise entre les deux points où cette tige sera coupée par le courant, et qu'une polarité inverse se développera aux deux extrémités de la tige. Supposons maintenant que la tige soit représentée par un grand nombre d'aiguilles croisées en un même point et développant une surface circulaire dont elles constituent les rayons; si le courant rectiligne devient circulaire, il coupera chacune de ces aiguilles en deux points opposés, normalement à son axe, et les effets analysés précédemment se répétant, il se développera aux extrémités de toutes ces aiguilles, c'est-à-dire sur la circonférence engendrée par elles, une polarité uniforme qui sera nord par exemple, tandis qu'une autre polarité également uniforme, mais qui sera sud, occupera la partie correspondante au point de croisement de toutes ces aiguilles, c'est-à-dire le centre du cercle constitué par elles. Naturellement, cet effet se trouvera considérablement augmenté, si, au lieu d'un seul courant circulaire, il y en a un grand nombre, et si la surface constituée par toutes ces aiguilles croisées est représentée par un disque de fer. Conséquemment, si deux disques de fer placés parallèlement l'un au-dessus de l'autre, sont séparés par une spirale magnétique plate, faite avec un ruban métallique isolé, large et mince, enroulé sur lui-même, les deux disques auront à leur circonférence et à leur centre deux polarités différentes qui seront inverses d'un disque à l'autre; de plus, si ces disques sont réunis par un noyau de fer joignant leur centre, le système se trouvera non-seulement dans le cas de deux électro-aimants droits réunis magnétiquement par un de leurs pôles, ce qui en fera un électro-aimant circulaire à deux pôles distincts, mais aura son magnétisme considérablement augmenté par suite de l'action polaire développée par l'hélice sur le noyau lui-même. S'il faut en croire M. Jabloschkoff, l'expérience aurait justifié complétement cette manière de voir, car il aurait obtenu, de cette manière, des électro-aimants relativement énergiques avec de simples rondelles de fer réunies par une tige de cuivre, et ces rondelles auraient présenté chacune les deux polarités dont il a été question précédemment; toutefois les expériences que j'ai entreprises à cet égard avec des électro-aimants ordinaires dont je pouvais démonter les diverses parties, ne m'ont pas conduit aux mêmes conclusions, et j'ai pu m'assurer que, dans les conditions ordinaires et avec une force électrique peu énergique, la réaction latérale des hélices magnétisantes sur les rondelles de fer est à peu près nulle; car je n'ai pas même pu constater avec les rondelles seules, les deux polarités contraires signalées par M. Jabloschkoff et propres à chacune d'elles, j'ai bien, il est vrai, reconnu qu'une aiguille aimantée suspendue verticalement par l'une de ses extrémités, semblait être *attirée* sur la circonférence de l'une des rondelles et *repoussée* de cette même rondelle au trou central, mais *cette action provenait uniquement de celle de la spirale magnétisante qui tendait à attirer l'aiguille vers son centre, en raison de l'attraction qu'exercent l'un sur l'autre deux courants parallèles.* D'un autre côté, aucune action magnétique sensible n'était produite sur le fer doux par ces rondelles, même quand elles agissaient ensemble sur une même armature. Il est possible, et j'en suis même aujourd'hui convaincu, qu'avec la disposition de M. Jabloschkoff et une force électrique considérable, les effets qu'il signale puissent se manifester; mais on peut certainement les considérer comme nuls avec les électro-aimants disposés dans les conditions ordinaires et animés par une faible pile. Ce n'est donc pas *en raison de l'action exercée latéralement par les hélices magnétisantes sur leurs rondelles que les électro-aimants de M. Fridblatt ont pu lui fournir des résultats avantageux comme force attractive normale, mais simplement, parce que ces rondelles, eu égard à l'armature, jouaient le rôle des appendices polaires que l'on place maintenant sur les électro-aimants Hughes, et qui, ainsi que je l'ai démontré dans mes recherches sur les électro-aimants Camacho (voir ma note à l'Institut du 15 juillet 1875), augmentent le pouvoir attractif des électro-aimants dans un rapport considérable, qui peut atteindre 35 pour cent dans de bonnes conditions.*

Du reste, si l'existence de deux polarités contraires au sein de chaque rondelle était bien manifeste pour de faibles actions magnétiques, il devrait s'ensuivre que la polarité magnétique des électro-aimants à rondelles de fer, devrait être annulée au centre de ces rondelles, et ne subsister que sur leur bords. (1) Car cette polarité centrale se trouverait alors de sens contraire à celle développée par la polarité de la partie du noyau magnétique, en contact avec ces rondelles; et en admettant même que cette dernière action serait prépondérante, il devrait toujours résulter de cette concentration de deux effets contraires en un même point, un affaiblissement du pouvoir magnétique en ce point. Or, l'expérience démontre que *c'est le contraire qui a lieu*, car l'aiguille aimantée ou même un morceau de fer doux suspendu, est toujours plus vigoureusement attiré au centre de la rondelle qu'à sa circonférence. Il ne faut donc pas se faire trop d'illusions sur les avantages de ces systèmes, et j'étais je crois dans le vrai, en ne considérant l'addition de rondelles de fer aux électro-aimants que comme un moyen d'augmenter les champs d'attraction magnétique, dans le sens latéral. Or, à ce point de vue, les électro-aimants à noyaux tubulaires multiples, soit du système Camacho, soit du système de M. Cance me paraissent préférables.

Les expériences que j'ai eu occasion de faire dans les ateliers de M. Bréguet avec la spirale plate de M. Jabloschkoff et une force électrique considérable, m'ont prouvé que je ne m'étais pas trompé dans mes interprétations, et m'ont fait constater plusieurs faits intéressants que je crois devoir rapporter. J'ai d'abord reconnu que l'action exercée sur l'aiguille aimantée suspendue comme il a été dit plus haut, est plus énergique sous l'influence seule de la spirale que sous celle des disques de fer qui la recouvrent; en second lieu, j'ai reconnu que *l'aimantation de ces plaques provenait bien plutôt de l'action exercée vers le centre de la spirale, que de son action latérale.* En effet, en substituant au disque de fer un anneau de même métal, ne recouvrant la spirale que près de ses bords extérieurs,

---

(1) L'expérience démontre que la polarité des bords extérieurs des rondelles est la même que celle de la partie du noyau magnétique à laquelle elles sont fixées.

l'aimantation produite sur cet anneau était presque nulle. Ainsi un morceau de fer qu'on en approchait n'y restait pas adhérent lorsqu'il était placé de manière à ne le toucher que suivant la corde d'un segment, c'est-à-dire de manière à ne pas être aimanté lui-même; mais quand ce morceau de fer était dirigé suivant le rayon de la spirale, c'est-à-dire dans une position où il pouvait *être influencé et polarisé par l'action exercée vers le centre de la spirale*, l'attraction devenait manifeste, et elle acquérait une puissance relativement grande quand le morceau de fer réunissait deux points opposés d'un même diamètre de l'anneau de fer, qui ne jouait alors que le rôle d'une simple armature. Il suffit d'ailleurs pour s'assurer de la différence d'action de la spirale à son centre et sur ses faces latérales, de comparer la force magnétique déterminée par une plaque de fer recouvrant la spirale entière, et par un petit disque de fer appliqué seulement sur sa partie centrale. Alors que dans le premier cas on n'obtient qu'une très-faible action, on obtient dans le second un effet si énergique que le disque tend à se dresser sur champ pour entrer à l'intérieur de la spirale; et cela vient précisément de ce que l'action aimantante s'effectuant seulement vers le centre de la spirale, le petit disque peut recevoir l'influence convergente de toutes les spires de la spirale, qui l'aimantent, à la manière d'un noyau magnétique, et de ce que l'effet ainsi produit ne se trouve pas alors dissimulé par une réaction latérale sur une masse de fer, comme cela a lieu dans le cas de la plaque, dont les parties non influencées qui circonscrivent la partie magnétisée, jouent le rôle d'armature, et en détruisent extérieurement la polarité magnétique.

Si on considère que, d'après la théorie d'Ampère, le solénoïde d'un noyau magnétique terminé par des rondelles de fer, n'est autre chose qu'un solénoïde ordinaire dont les extrémités sont évasées en tronc de cône à base infiniment grande, et si l'on se rappelle que chaque partie de ce solénoïde peut constituer un aimant dynamique individuel ayant son pôle nord et son pôle sud, on peut comprendre que les parties extérieures des spirales constituant les deux extrémités du solénoïde pourront, si elles sont isolées de la partie cylindrique de ce solénoïde, constituer deux pôles différents, alors que les parties centrales primitivement en rapport avec cette partie cylindrique, constitueront deux autres pôles respectivement contraires; mais, de même que dans un aimant droit composé de trois aimants réunis par leurs pôles contraires, les points de jonction de l'aimant du milieu avec les deux autres aimants n'ont pas une polarité extérieure différente de celle qu'aurait l'aimant entier en ces points, de même les rondelles de fer ne peuvent avoir en leur point de contact avec le noyau magnétique, une polarité autre que celle qu'aurait en ces points, le noyau magnétique lui-même, si au lieu d'être épanoui il était prolongé en dehors de l'hélice magnétisante, et comme dans ce cas, cette polarité serait la même que celle de l'extrémité du barreau qui leur correspond, seulement avec plus d'énergie, on comprend de suite les différences de polarité que l'on constate sur les rondelles, suivant qu'elles sont isolées magnétiquement l'une de l'autre ou réunies magnétiquement. Toutefois, comme dans le cas où elles ne sont pas réunies, l'action dynamique de la spirale est beaucoup plus énergique que celle des polarités magnétiques, on ne peut constater la double polarité de chacun des disques que par leur magnétisme rémanent, ou en produisant le fantôme magnétique de la spirale elle-même. Dans ce dernier cas, on voit les agglomérations de limailles de fer dirigées suivant les rayons de la spirale, et séparées en deux zones par une bande blanche où la limaille fait défaut. Or, cette bande blanche représente précisément la région neutre qui sépare les deux polarités contraires.

Electro-aimants dont le magnétisme rémanent est notablement amoindri. — Nous avons déjà étudié dans notre tome II, au chapitre des électro-aimants, les divers systèmes qui ont été proposés pour rendre les effets du magnétisme rémanent beaucoup moins nuisibles. Depuis la publication de ce volume, plusieurs recherches importantes ont été faites à ce sujet, et comme le magnétisme rémanent est une des grandes causes d'insuccès des électro-moteurs, nous avons cru devoir rapporter à ce chapitre l'exposition de ces recherches.

A l'époque où j'ai dû m'occuper du relais translateur de M. d'Arlincourt pour en étudier les effets, c'est-à-dire en 1872, je me suis trouvé conduit à rapporter le magnétisme rémanent qui survit à la séparation d'un électro-aimant et de son armature, à une condensation magnétique, produite au contact des branches de l'électro-aimant avec sa culasse, et voici ce que je disais à cet égard dans un mémoire sur le magnétisme que j'ai lu à l'Académie des sciences, le 1er mars 1875.

« Dès l'année 1856, j'avais signalé que la force d'un électro-aimant qui n'a pas encore servi est plus considérable, pour une force électrique donnée, que celle du même électro-aimant qui a subi préventivement une forte aimantation, et que pour obtenir de ce même électro-aimant une force à peu près égale à celle qu'il produisait primitivement, il fallait renverser le sens du courant; encore cette plus grande puissance n'existait-elle que pour la première fermeture du courant. J'avais attribué cet effet au magnétisme rémanent, mais sans en préciser le mode d'action. Depuis, j'ai étudié la question plus sérieusement, et je me suis assuré qu'en réalité le magnétisme rémanent, même en le considérant indépendamment de l'action condensante, c'est-à-dire après un premier détachement de l'armature, est beaucoup moins grand qu'on ne le croit généralement; je pourrais même dire qu'il est presque nul et réduit à celui que l'on constate dans un simple électro-aimant droit après un premier détachement de l'armature.

« Pour qu'on puisse se faire une idée bien nette du phénomène, il faut considérer que, dans un système magnétique composé d'un électro-aimant à deux bobines uni à son armature, les actions magnétiques donnant lieu à la condensation dont j'ai si souvent parlé, se produisent d'une manière double; car l'armature se trouve, par rapport aux deux noyaux recouverts par les bobines magnétisantes, exactement dans les mêmes conditions que la traverse qui réunit ces noyaux, et qu'on désigne vulgairement sous le nom de *culasse*. Par conséquent, s'il y a une condensation magnétique déterminée aux surfaces de jonction de l'armature et des pôles de l'électro-aimant, *il doit également s'en produire une aux surfaces de jonction de la culasse et des deux noyaux magnétiques.* Il est vrai que, quand on enlève l'armature, le magnétisme condensé aux extrémités polaires de l'électro-aimant, se trouvant libre, doit diminuer considérablement l'action des polarités développées dans le dernier cas; mais cette action ne peut être complétement annulée, et c'est à la condensation qui subsiste aux surfaces de jonction des branches de l'électro-aimant avec la culasse, qu'il faut, selon moi, attribuer en grande partie l'action magnétique rémanente que l'on constate après un premier arrachement de l'armature, action qui est si minime avec les électro-aimants droits n'ayant qu'un pôle actif. Cette condensation s'effectue toutefois dans des conditions assez particulières qu'il est intéressant d'examiner.

« Au moment de l'aimantation, les extrémités de chacun des noyaux de l'électro-aimant se polarisent dans un sens différent. Un pôle sud se développant, je suppose, à l'extrémité libre de la branche de droite, un pôle nord se produira vers la culasse, et il en sera de même, mais en sens inverse, pour l'autre branche. *Les fluides magnétiques de la culasse qui sont attirés vers les pôles des noyaux en contact avec elle, se trouveront alors dissimulés aux points de jonction, et les fluides magnétiques repoussés manifesteront seuls leur présence extérieurement, comme si les deux moitiés de la culasse étaient des épanouissements des pôles avec lesquels elles sont en contact et dont l'action est alors prépondérante.* Mais, au moment de la désaimantation de l'électro-aimant, cette dissimulation des fluides attirés n'ayant plus lieu, puisque les polarités des extrémités libres des noyaux ne

sont plus maintenues, ces fluides manifestent leur présence en dehors, et
donnent lieu à ce renversement de polarités que nous avons constaté
tome II, p. 103, dans le relais de M. d'Arlincourt. Toutefois ce renversement de polarités doit être immédiatement après sa naissance considérablement atténué, sinon détruit; car le courant induit direct qui naît alors
dans les bobines magnétisantes, et qui résulte de la désaimantation des
noyaux, se trouve être de même sens que celui qui avait provoqué l'aimantation et tend à rétablir le premier effet, c'est-à-dire à inverser de nouveau
les polarités; mais, comme il est de bien moindre énergie que le courant
voltaïque, il ne produit par le fait que l'annulation momentanée de ces
polarités, *lesquelles reparaissent après, sans doute très-affaiblies, mais per-*
sistantes, et ce sont elles qui représentent précisément ce magnétisme
rémanent qui survit aux premiers arrachements de l'armature dans un
système magnétique fermé. Pour le faire disparaître, il faut, comme pour
l'armature, détacher la culasse de l'électro-aimant et la replacer ensuite.

« A première vue, on pourrait se demander pourquoi, au moment de la
désaimantation, l'action du magnétisme dissimulé de la culasse exerce par
rapport à celui des noyaux directement magnétisés par l'hélice une action
prépondérante, mais on le comprend aisément quand on considère que la
culasse, étant en contact permanent avec les deux noyaux, les polarités
qu'elle présente à ses deux extrémités se trouvent maintenues par leur
réaction sur les noyaux eux-mêmes, qui jouent alors, par rapport à elle, le
rôle d'armatures, tandis qu'il n'en est pas de même pour ceux-ci, dont
l'une des polarités est rendue libre au moment des désaimantations.

« D'après ces effets, il est facile de comprendre pourquoi un électro-
aimant qui n'a pas encore servi est plus énergique au moment où on le
surexcite pour la première fois que les fois subséquentes. »

La conclusion de ces recherches était naturellement que, pour placer un
électro-aimant dans ses meilleures conditions relativement au magnétisme
rémanent, il fallait non-seulement empêcher leur armature d'arriver au
contact de leurs pôles, comme on le fait ordinairement, mais encore
amoindrir les effets de condensation magnétique provoqués sur leur
culasse, en isolant magnétiquement celle-ci des noyaux magnétiques.
C'est ce qu'a précisément fait M. Héquet dans le système d'électro-aimant
qu'il a décrit dans les *Annales télégraphiques* d'octobre 1875, et qui produit
paraît-il, d'excellents résultats. Dans ces électro-aimants, en effet, les deux
noyaux sont séparés de la culasse par des rondelles de cuivre, et la vis qui
les y réunit est également en cuivre. Il est vrai que, dans une autre disposition, la culasse est liée aux noyaux à la manière ordinaire, mais elle

présente une solution de continuité en un point quelconque de sa longueur, et M. Héquet a observé que le magnétisme rémanent était d'autant moins énergique que cette solution était plus grande; mais la théorie que j'ai donnée précédemment peut aussi bien s'appliquer à ce cas de construction des électro-aimants qu'à celui qui a été discuté auparavant. Car la déduction logique qu'on peut tirer du dernier paragraphe de ma note à l'Académie, est que, si l'on place la culasse d'un électro-aimant dans les mêmes conditions que les noyaux dépourvus de leur armature, c'est-à-dire si l'on coupe la culasse en l'un de ses points, les polarités magnétiques de cette culasse (développées aux points de jonction avec les noyaux) *étant alors sans liaison magnétique, deviennent libres comme celles des noyaux magnétiques eux-mêmes, et la condensation disparaît.*

M. Héquet a prétendu qu'en imaginant les dispositions électro-magnétiques précédentes, il n'avait eu en vue que de satisfaire à ce principe : *rompre le circuit magnétique par une ou plusieurs interruptions pratiquées dans la culasse, pour empêcher la condensation de se prolonger lorsque le courant a cessé.* Mais si tel a été le motif qui l'a guidé, il aurait dû logiquement pratiquer les coupures longitudinalement, comme l'avait fait dès l'année 1849 M. Siemens, et non transversalement. D'ailleurs la condensation magnétique n'a rien à faire avec le courant magnétique, et la seule manière d'expliquer l'effet observé est celle que j'ai donnée. Une chose assez curieuse à constater et qui ne se rencontre pas souvent, c'est que dans les recherches que j'ai faites à cet égard, c'est le raisonnement qui a précédé l'expérience.

Nous devrons toutefois ajouter que, si la disposition dont nous venons de parler est avantageuse au point de vue de la diminution du magnétisme rémanent, elle est désavantageuse au point de vue de la force attractive; de sorte qu'il doit exister une limite pour le degré d'isolation magnétique qu'on doit donner aux noyaux des électro-aimants, et cette limite dépend des dimensions de l'électro-aimant et de l'intensité électrique qui doit agir sur lui; l'expérience est alors le meilleur guide à suivre pour connaître l'épaisseur à donner aux rondelles dans telles ou telles conditions données.

Moyens proposés pour éviter les effets des courants d'induction dus aux alternatives d'aimantation et de désaimantation. — L'une des causes qui empêche les électro-aimants de réagir avec toute leur puissance, est d'une part l'action des courants induits inverses qui prennent naissance, au moment de la fermeture du circuit à travers l'électro-aimant, et qui atténuent la force du courant principal; d'autre part, l'action des courants induits directs, qui se

produisent au moment de l'interruption du circuit, et qui prolongent l'action
de ce même courant principal. Pour éviter ces inconvénients MM. d'Arlincourt, Lenoir et A. Billet ont eu l'idée de composer l'hélice magnétisante
des électro-aimants de deux hélices distinctes, disposées de manière que
les courants induits réagissent en sens contraire de leur action ordinaire. Nous avons décrit, tome II, p. 101, le système de M. Lenoir qui
paraît n'être qu'une dérivation de celui de M. d'Arlincourt, et nous allons
dire ici quelques mots de celui de M. A. Billet, qui, au premier abord,
paraît le plus complet. Mais nous allons démontrer que ces systèmes ne
résolvent qu'en partie le problème que se sont proposé leurs auteurs, et
ne peuvent présenter d'avantages que pour l'atténuation des extra-courants
de désaimantation seulement.

Dans le système de M. A. Billet, les deux hélices de chacune des bobines
des électro-aimants font suite l'une à l'autre, mais elles sont enroulées en

Fig. 99.   Fig. 98.

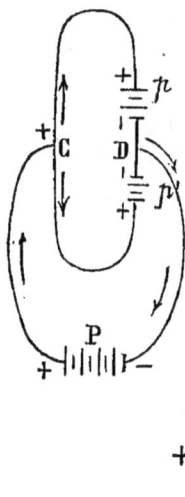
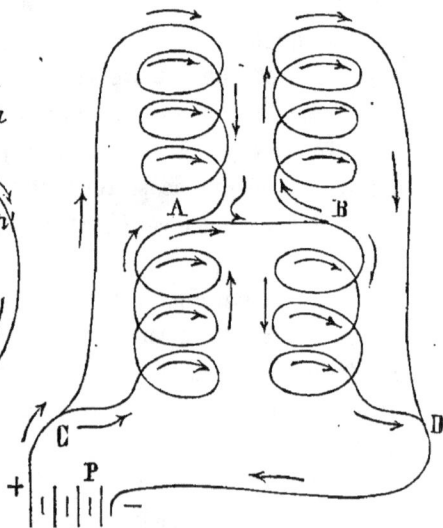

sens inverse, et la jonction de ces hélices avec la pile, s'effectue d'un côté
sur la partie du fil qui réunit les deux hélices, et de l'autre côté sur un fil
de jonction qui réunit les deux bouts extrêmes de ces mêmes hélices. Si les
bobines sont doubles, comme cela a lieu dans les électro-aimants à deux
branches, les deux jonctions intermédiaires des doubles hélices sont, comme
on le voit fig. 98, réunies directement par un fil A B, et les deux bouts libres
de chacune des bobines, réunis en C et en D, aboutissent aux deux pôles de

la pile P. Il en résulte que le courant se bifurquant en C, en A, en B et en D, traverse les deux hélices dans un sens convenable pour leur donner une aimantation uniforme, puisque, par le fait, il réagit sur chacune des deux branches dans un même sens; mais ce courant, par rapport aux effets d'induction, détermine deux actions égales et de sens contraire qui, en s'annulant devraient supprimer les inconvénients des extra-courants. Toutefois pour peu qu'on étudie la question, on voit qu'il n'en est pas ainsi du moins *pour les extra-courants inverses*, car les effets produits en cette circonstance, peuvent être analysés comme l'indique la fig. 99, dans laquelle nous avons supposé le système réduit à une seule bobine et les deux sources d'induction représentées par deux générateurs p, p'. Il est évident, puisque les courants induits de fermeture sont en sens inverse des courants qui les ont provoqués, que les pôles de ces deux générateurs seront placés par rapport à ceux de la pile P, comme l'indique la figure, et par conséquent comme si ces deux générateurs étaient réunis en quantité. Il se développera donc au point de bifurcation C, une tension positive, et au point de bifurcation D, une tension négative qui tenderont à diminuer la tension des pôles de la pile correspondants, et affaibliront la force électro-motrice du courant de la pile P; de sorte que les courants induits, quoique ne pouvant pas circuler dans le circuit des bobines, exerceront une influence aussi fâcheuse que s'ils pouvaient y circuler, et on n'aura fait, par cette disposition, que rendre le circuit des bobines moitié moins résistant, ce qui entraîne d'autres conditions de résistance à donner aux électro-aimants.

Il est vrai que pour *les extra-courants directs* il n'en sera plus de même, car le circuit étant interrompu avant les points C et B, ces courants induits ne pourraient se développer qu'à travers le circuit des hélices magnétiques qui est toujours fermé sur lui-même; mais leur action se trouverait annulée, puisqu'ils ne pourraient se propager que dans une direction diamétralement contraire. *On éviterait donc toujours de cette manière les effets dus à la prolongation de l'action des courants interrompus* (1). Cette action est du reste plus importante qu'on ne croit ordinairement, comme le démontrent les expériences de M. Preece que nous croyons devoir résumer ici.

---

(1) Ce système d'enroulement en sens inverse des fils d'une hélice est appliqué depuis longtemps dans les Rhéostats fabriqués en Angleterre; mais il n'a pas été appliqué aux électro-aimants parce que, comme le dit M. Preece, il aurait empêché l'aimantation de se produire dans les noyaux de fer. On a vu que grâce à la disposition de M. Billet, il n'en était pas ainsi.

Pour étudier expérimentalement les conditions relatives aux maxima et aux minima des effets des électro-aimants, M. Preece se sert d'un relais de Stroh qui est disposé de façon à envoyer, quand il est au repos, un courant normal à travers la bobine ou les bobines de l'électro-aimant que l'on étudie; mais en abaissant une clef, on envoie dans le relais le courant d'une seconde pile qui déplace l'armature et la fait appuyer contre le butoir opposé. Ce déplacement interrompt le circuit du courant primitif, et met l'électro-aimant dans le circuit d'un galvanomètre Thomson sur lequel on peut observer l'extra-courant ainsi produit. Or, voici les résultats qu'on a obtenus.

Prenant comme unité l'extra-courant provenant d'une seule bobine et de son noyau de fer doux, deux bobines et deux noyaux distincts reliés en série, donnent un extra-courant représenté par dix-sept divisions. Ces deux bobines placées bout à bout et superposées de manière à former un long noyau entouré par les deux bobines reliées en série, donnent un extra-courant de 184 divisions. Les deux noyaux réunis à leur base par une plaque de fer de manière à ressembler à un électro-aimant en fer à cheval, donnent, les communications restant les mêmes, un extra-courant de 304 divisions. Dans les mêmes conditions, la base des noyaux étant réunie par une culasse et les autres extrémités par une armature, l'extra-courant a atteint 2238 divisions. Ces résultats sont du reste conformes à ceux que j'ai signalés, dès 1859, et dont j'ai parlé dans le tome II, p. 144 de cet ouvrage. Maintenant voici les conclusions de M. Preece et les moyens qu'il propose pour détruire les effets nuisibles des extra-courants.

1° Plus la forme du noyau magnétique se rapproche d'un anneau ou d'une courbe fermée de fer, et plus la surface de fer recouverte par une couche de fil d'épaisseur donnée est considérable, plus est grande l'intensité de l'extra-courant.

2° Si la jonction des fils des hélices fournissant l'extra-courant est faite en quantité et non en tension, comme dans les expériences dont il a été déjà question, l'intensité de l'extra-courant est moindre. Elle tombe de 2238 à 502.

3° L'induction statique et l'induction dynamique tendant à prolonger la durée des courants électriques, si on s'arrange de manière à les opposer l'une à l'autre, l'introduction d'un électro-aimant dans un circuit, donnera comme résultat un gain de vitesse et non plus une perte de vitesse.

4° Lorsqu'un électro-aimant placé dans un circuit est mis en communication par une dérivation avec un Rhéostat, ce Rhéostat tend à offrir un passage à la décharge des extra-courants, et l'aimantation est alors assez prolongée pour que, si le circuit est alternativement ouvert et fermé avec une certaine vitesse, l'armature reste attirée d'une façon permanente, et le retard atteint son maximum quand la résistance de la dérivation est égale à celle de l'électro-aimant. Mais si l'on emploie un second électro-aimant, ou si l'on veut, une dérivation électro-magnétique, alors l'extra-courant formé dans cette dérivation est opposé à celui formé dans l'électro-aimant, et tous deux renverront à travers le circuit un courant qui tend à le décharger. Mais l'extra-courant de la dérivation peut être augmenté au point de neutraliser, et même de dépasser l'extra-courant de l'électro-aimant lui-même ; *de telle sorte qu'en disposant convenablement une dérivation électro-magnétique, le retard magnétique dans l'électro-aimant lui-même peut être réduit à un minimum, et en même temps ce courant est renvoyé dans le circuit qu'il décharge après chaque fermeture du courant, tendant ainsi à augmenter la vitesse du travail électrique.*

Un moyen analogue, avait été déjà indiqué depuis longtemps je dois le dire, par MM. Dujardin, Poitevin et Trouvé, et j'ai eu occasion de l'employer avec succès. (Voir le tome II, p. 115).

Moyens d'amplifier la course des pièces qui subissent les effets de l'attraction. — Nous avons longuement traité cette question dans un chapitre spécial, tome II, p. 117, et nous avons décrit, avec tous les détails nécessaires, les systèmes imaginés dans ce but par MM. Robert-Houdin, Froment, Roux, Pellis et Henry, Perrin, Colombet. Nous avons même exposé précédemment un système de M. Trouvé qui paraît ingénieux ; mais l'expérience a montré que, pour les électro-moteurs, les effets attractifs successifs exercés aux différents points de la roue motrice étaient préférables, et on a cherché, en conséquence, à amplifier le champ attractif, en combinant à l'attraction latérale l'action des résultantes magnétiques. On en verra de nombreux exemples dans les appareils que nous allons décrire. Toutefois, des différents moyens d'amplification dont nous avons parlé précédemment, c'est encore celui de MM. Froment et Roux qui ont fourni les meilleurs résultats, et ces résultats seraient encore meilleurs, si les points des armatures où s'exerce l'induction magnétique ne se déplaçaient pas par suite de leur mouvement à la fois normal et tangentiel. Il en résulte, en effet, des changements continuels de polarités qui sont préjudiciables à la force attractive développée, et auxquels s'ajoute l'impossibilité de faire atteindre, de cette manière aux différentes parties des armatures, leur maximum magnétique ; c'est précisément le même défaut que celui qui se produit dans l'action exercée sur les rails des chemins de fer par des roues aimantées.

Conditions de bon établissement des organes électro-magnétiques par rapport au générateur électrique. —

Nous nous sommes longuement étendus sur cette question dans le premier chapitre de notre tome II, et surtout dans nos trois brochures sur les meilleures conditions de construction des électro-aimants, sur la détermination des éléments de construction qui s'y rapportent, et sur les maxima électro-magnétiques. Nous avons d'ailleurs donné tome III, p. 396, les formules que l'on doit employer pour obtenir ces organes dans leurs conditions de maximum, suivant les différents cas qui peuvent se présenter. Toutefois, considérée au point de vue des électro-moteurs, la question a besoin d'être traitée d'une manière toute particulière, et, pour commencer, je devrai indiquer comment doivent être faites les expériences comparatives, quand on veut mesurer la force d'électro-aimants de forme et de disposition différentes. La plupart des inventeurs et des constructeurs ont à cet égard les idées les plus fausses. Ainsi, pour savoir si un électro-aimant nouveau est plus fort qu'un électro-aimant disposé dans le système ordinaire, ils choisissent parmi ceux-ci celui dont les dimensions et la grosseur du fil se rapprochent le plus de celles de l'électro-aimant qui leur est apporté; ils l'adaptent à une même pile, soit à un élément Bunsen ou à bichromate de potasse (pour les électro-aimants à gros fil) soit à une pile de Daniell ou de Leclanché (pour des électro-aimants à fil fin), et ils mesurent dans les deux cas la force d'arrachement d'une même armature appliquée sur leurs pôles. Ce système est évidemment absurde, car tel électro-aimant qui pourra être dans des conditions de maximum, par rapport à un générateur disposé convenablement, ne le sera plus pour un autre générateur qui conviendra beaucoup mieux à l'électro-aiment servant de terme de comparaison. Ainsi pour n'en citer qu'un exemple, je suppose qu'on prenne un électro-aimant Camacho dont les hélices entourant chaque noyau tubulaire peuvent être disjointes; je suppose qu'on essaye cet électro-aimant avec un élément Bunsen, tantôt avec toutes les hélices réunies, tantôt avec une seule, celle entourant le noyau extérieur : on trouvera le plus souvent que la force de l'électro-aimant sera plus forte avec une seule hélice qu'avec toutes les hélices réunies, et si on se contentait de cette simple expérience, on pourrait dire que ce genre d'électro-aimants ne vaut pas un électro-aimant simple. Or cette conclusion serait tout simplement fausse, car dans les conditions de cette expérience, il est facile de voir que l'électro-aimant avec une seule hélice se trouvait par rapport à la pile employée dans ses conditions de maximum, tandis que, dans l'autre cas, ces conditions n'étaient pas remplies. Pour qu'on puisse juger avec connaissance de cause, il faut qu'on expérimente toujours avec une intensité de courant invariable; ainsi, dans l'expérience précédente, on doit, quand on essaie l'électro-aimant avec toutes les hélices, interposer dans le circuit une boussole des Sinus et un Rhéostat, et noter la force correspondante à une déviation convenable sur la boussole; puis, quand l'électro-aimant se trouve réduit à une seule hélice, introduire dans le circuit une résistance assez grande pour fournir sur la boussole la même déviation. Dans ces conditions, on reconnaît la supériorité incontestable de l'électro-aimant à noyaux multiples sur l'électro-aimant simple, supériorité que j'ai trouvée être, pour une seule bobine, dans le rapport de 104 à 45, alors que dans la première expérience, ce rapport n'était représenté que par celui de 167 à 162. Comme d'après les lois de maxima des électro-aimants leur résistance doit être égale à celle du générateur augmentée de la résistance du circuit extérieur, il faut donc commencer par disposer le générateur de manière à satisfaire à cette donnée dans les deux expériences comparatives, et si les dimensions des deux électro-aimants étant à peu près les mêmes, l'un des électro-aimants donne de meilleurs résultats que l'autre, on peut conclure en sa faveur. Nous avons du reste cité tome II, p. 72, un exemple du genre de celui que nous avons exposé précédemment, et qui montre que, faute d'avoir disposé le générateur convenablement par rapport à deux électro-aimants introduits en dérivation dans le circuit, les électro-aimants donnaient à eux deux une force moindre que celle résultant d'un seul, et pourtant les dérivations étaient faites à partir des pôles de la pile. Si on eût placé la pile convenablement, les deux forces réunies auraient pu dépasser d'un tiers celle d'un seul de ces électro-aimants.

Ces considérations montrent que, dans les électro-moteurs où la résistance du circuit (en dehors des électro-aimants) peut-être considérée comme nulle, on peut prendre indifféremment pour point de départ un électro-aimant de résistance et de disposition données, ou un générateur de force et de disposition déterminées, à la condition de faire en sorte que la résistance des deux parties constituantes du système soit égale. Le mode de groupement des éléments du générateur se prête facilement comme on l'a vu tome I, p. 145, à ce réglage, et, d'ailleurs, le choix de la pile elle-même y contribue aussi. Toutefois nous croyons que, pour les électro-aimants, il vaut mieux, autant que possible, disposer la pile en tension; car, par suite de cette disposition, le circuit est plus résistant, et la pile s'use moins vite, tout en donnant des effets de polarisation moindres. Il vaut mieux augmenter la force par le nombre de spires que par la grandeur des éléments du générateur, du moins jusqu'à une certaine limite qui est fonction de l'extra-courant, de la chaleur développée dans le circuit, de la masse magnétique, et de la nature du générateur.

Nous ne reviendrons pas sur les calculs que l'on doit faire pour déterminer les dimensions d'un électro-aimant, la longueur et la grosseur de son fil, pour obtenir une force attractive donnée, ou pour le placer dans ses conditions de maximum de force par rapport à un générateur et à un circuit extérieur également donnés. Nous avons rapporté des exemples de ces calculs, tome III, p. 401, et ces calculs permettent en même temps de connaître le nombre d'éléments que la pile doit avoir, ainsi que leur mode de groupement le plus convenable. Nous ajouterons ici que ces calculs sont très simples, qu'ils n'exigent pas de connaissances mathématiques approfondies, et qu'en les employant, les inventeurs et les constructeurs éviteraient bien de fausses manœuvres et des essais inutiles. C'est en effet toujours par le côté scientifique que pêchent la plupart des inventions se rapportant aux effets électriques (1).

Parmi les déductions que j'ai formulées dans le passage du tome III auquel je renvoie, il en est une sur laquelle je dois donner quelques renseignements, car elle n'a jamais été élucidée d'une manière bien nette, et j'ai dû, dans ma brochure sur les maxima électro-magnétiques, m'en occuper d'une manière toute particulière. Il s'agit du rapport qui doit exister entre la longueur du noyau magnétique d'un électro-aimant et son diamètre. Nous avons dit que ce rapport devait être représenté théoriquement par 11 et pratiquement par 12, ce qui revient à dire que la longueur de chaque bobine, dans un électro-aimant à deux branches, doit être égale à six fois le diamètre du noyau. Cette déduction répond-elle à des conditions de maxima nettement définies, comme par exemple celles qui montrent que l'épaisseur d'une hélice magnétisante doit être égale au diamètre du noyau, ou que la résistance de l'hélice doit être égale à celle du circuit extérieur?... Nous pouvons dire immédiatement *non*, car si on enroule une même longueur de fil sur plusieurs électro-aimants de différents diamètres dont la longueur des noyaux sera calculée de manière que l'épaisseur de l'hélice reste égale au diamètre du noyau, leur force sera proportionnelle à la longueur des noyaux, du moins tant que le point de saturation magnétique de ces noyaux ne sera pas dépassé, et pour trouver des conditions

---

(1) Voir surtout ma brochure intitulée : *Détermination des éléments de construction des électro-aimants* suivant les applications auxquelles on veut les soumettre, 1 vol. gr. in-8°, 1874. 1 fr. 50.

de maximum, il faut admettre que le noyau étant égal à onze fois son diamètre, là résistance de son hélice ait une résistance onze fois plus grande que celle du circuit extérieur, ce qui est incompatible avec les conditions de maximum admises, quand on part d'un électro-aimant de dimensions déterminées. L'expérience démontre, du reste, que les dimensions des noyaux magnétiques doivent dépendre de l'intensité électrique destinée à réagir sur eux, et de la résistance du circuit sur lequel l'électro-aimant doit être interposé. *Quand le circuit est résistant et la source électrique peu énergique, il doit être long et de petit diamètre; quant au contraire le circuit est court et la force électrique intense, il doit être surtout d'un fort diamètre.* On peut d'ailleurs être fixé pour la valeur à

donner à ce diamètre, en partant de la formule $c = \dfrac{E}{\sqrt{R}} . 0{,}172$ dans la-

quelle c représente le diamètre cherché, E, la force électro-motrice de la pile, R la résistance du circuit. Comme en définitive le facteur 11 par lequel ont doit multiplier le diamètre du noyau pour avoir sa longueur, correspond à certaines conditions de maximum, et se rapproche de celui que M. Hughes a établi à la suite d'expériences nombreuses, on peut l'admettre d'une manière générale et même le porter à 12 à cause de l'épaisseur des rondelles des bobines, des saillies polaires et des évidements pour le passage des extrémités du fil de l'hélice. Or, ce coefficient suppose, pour les électro-aimants à deux branches, que chacune d'elles a une longueur égale à six fois son diamètre.

Il est encore une remarque sur laquelle nous devons attirer l'attention du lecteur, c'est l'influence que peut exercer sur les conditions de maxima que nous avons posées, la saturation incomplète des électro-aimants. Ces différentes conditions de maxima ont été établies dans l'hypothèse que les forces attractives étaient proportionnelles aux carrés de l'intensité du courant et du nombre des tours de spires, au diamètre des noyaux de fer et aux racines carrées de leur longueur; mais cette hypothèse n'est vraie que quand l'aimantation développée est voisine du point de saturation des noyaux magnétiques; quand elle ne l'atteint pas, *comme cela arrive avec des noyaux d'un trop fort diamètre ou des fermetures de courant trop courtes,* cette force attractive varie dans un tout autre rapport qui peut atteindre la troisième et même la quatrième puissance de l'intensité électrique qui est employée. Or, dans ce cas, les conditions de maximum ne répondent plus à celles que nous avons posées, et si on discute les formules en supposant la variation de la force proportionnelle aux cubes des intensités du courant, on trouve que la résistance de l'hélice magnétisante, au lieu d'être égale à la résistance du circuit extérieur, n'en doit plus être que la moitié; l'épaisseur des couches de spires peut alors être supérieure au diamètre du noyau de fer, et les dimensions des noyaux magnétiques doivent être inférieures à celles qui résultent des calculs de détermination que nous avons posées. Il est vrai qu'en général cette proportionnalité aux cubes des intensités ne se rencontre pas, mais comme elle est supérieure à celle des carrés, on peut toujours en conclure, qu'avec des électro-aimants trop gros pour être saturés, *ou avec des électro-aimants soumis à des interruptions de courant très-multipliées, on a avantage à diminuer beaucoup la résistance de l'hélice magnétisante, de même qu'on a avantage à le faire, quand le circuit extérieur est soumis à des dérivations.* Comme les électro-moteurs sont précisément dans ce cas à cause des commutateurs qui les mettent en action, on peut sans danger réduire d'un quart au moins la résistance qu'ils devraient avoir d'après les lois établies. C'est en raison du double effet que nous venons de signaler que M. Lenoir, dans les expériences qu'il a faites avec son télégraphe autographique entre Paris et Bordeaux, a eu avantage à diminuer considérablement la résistance de ses électro-aimants qui s'est trouvée ainsi réduite de 200 kilomètres à 20 seulement.

Avant de terminer avec ces considérations générales, je dois faire ressortir un fait assez intéressant auquel on n'a prêté un peu d'attention qu'en 1873, à la suite d'expériences faites avec la machine de Gramme par MM. Planté et Niaudet Bréguet, mais qui avait été, à ce qu'il paraît, signalé longtemps auparavant par M. Paccinotti, de Pise. Ce fait est celui-ci : C'est que si une machine d'induction magnéto-électrique est susceptible de fournir par elle-même et sans commutateur des courants redressés, elle peut fournir un très-bon électro-moteur, quand, au lieu de lui faire produire des courants électriques, on la soumet à l'action d'une pile énergique. Cet effet qui démontre de la manière la plus frappante la transformation réciproque des forces physiques les unes dans les autres, se conçoit d'ailleurs facilement si l'on examine que, dans les deux cas, il se développe une réaction commune et intermédiaire qui sert de trait d'union entre les deux actions, et cette réaction commune est représentée par la force magnétique. En effet quand la machine magnéto-électrique est mise en mouvement, le système induit subit de la part de ce système magnétique une réaction d'induction qui se traduit par la production d'un courant. Quand au contraire la machine est immobile et qu'on fait traverser le système induit par un courant, ce courant réagissant sur le système magnétique, le met forcément en mouvement. C'est ce que l'on observe toujours quand on soumet alternativement un corps aux effets d'une action mécanique et de sa réaction.

Cette propriété des machines Gramme, permet de résoudre un problème qui peut avoir certaines applications, celui de la transmission de la force à distance. « Celle-ci, dit M. Hervé Mangon, étant employée par un appareil Gramme à produire un courant électrique, le flux transporté par un câble à une distance voulue et appliqué à un appareil du même genre, pris en sens inverse, reproduira de la force. Il y a nécessairement dans cette double opération, une perte, et l'expérience seule pouvait en faire reconnaître l'importance. Or, les expériences entreprises dans les ateliers de M. Sautter ont fait connaître cette quantité, et on a reconnu qu'elle était *loin d'être aussi importante qu'on l'avait imaginé. Elle est tout à fait comparable et même inférieure à celle que d'autres dispositions mécaniques pourraient produire.* Ce nouveau dispositif sera certainement utilisé dans plus d'une circonstance où, sans lui, le transport de la puissance à de grandes distances deviendrait impossible. On peut dès à présent entrevoir de nombreuses et importantes applications d'une source nouvelle, mises ainsi à la disposition des mécaniciens. »

II. MOTEURS ÉLECTRO-MAGNÉTIQUES

Historique des moteurs électro-magnétiques. — A qui revient l'honneur d'avoir appliqué pour la première fois l'électricité à la marche d'un moteur mécanique? C'est une question qu'il est bien difficile de décider d'une manière parfaitement certaine. Depuis les tourniquets électriques construits en vue de rendre manifestes les réactions du fluide électrique, soit par l'effet de son écoulement à travers des pointes, comme les tourniquets des machines électriques, soit par l'effet d'attractions successives, comme le tourniquet à piles sèches de Zamboni, bien des savants ont dû chercher à diriger dans le même but les réactions dynamiques des courants, surtout lorsqu'ils purent constater la force considérable d'aimantation que peuvent développer ces sortes de réactions. Suivant M. Figuier, qui a publié une notice intéressante sur les électro-moteurs, ce serait l'abbé Salvator del Negro, savant ecclésiastique de Padoue, qui aurait fait en 1831 la première tentative pour utiliser la force électro-magnétique comme force motrice. Suivant plusieurs savants allemands, M. Jedlick, l'un des auteurs de la pile dont nous avons parlé dans notre premier volume, aurait construit, dès l'année 1829, un électro-moteur des plus perfectionnés qui aurait une analogie complète avec celui de MM. Wheatstone et Froment, que nous décrirons plus tard. Enfin, à entendre les anglais et les américains, les électro-moteurs auraient pris naissance chez eux. Comme on le voit, la question est bien difficile à éclaircir; du reste, elle n'a qu'un intérêt bien secondaire, puisque cette application de l'électricité est loin d'avoir réalisé encore ce qu'on en avait attendu.

Quoi qu'il en soit, le premier travail sérieux qui ait été fait sur l'application de l'électro-magnétisme au mouvement des machines, remonte à l'année 1834, et c'est ce travail, entrepris par M. Jacobi, savant professeur de Saint-Pétersbourg, qui provoqua de la part du gouvernement Russe le premier essai en grand des électro-moteurs.

Cet essai qui coûta plus de 60,000 fr., fut fait à Saint-Pétersbourg en 1839. On l'appliqua à mettre en marche une petite barque chargée de douze personnes, et munie à cet effet de roues à palettes. On put, il est vrai, naviguer pendant plusieurs heures sur les eaux de la Néva; mais la force développée, bien que provenant d'une pile de 128 grands éléments de Grove, ne put jamais dépasser les trois quarts d'un cheval-vapeur. Un si faible effet mécanique déterminé par un courant si énergique découragea complètement l'inventeur, qui depuis lors a toujours considéré cette application de l'électricité comme impraticable pour les travaux industriels.

L'appareil de M. Jacobi se composait de deux disques métalliques placés verticalement l'un au-dessus de l'autre, portés sur un axe commun et munis tous les deux de barreaux de fer doux disposés sur leurs pourtours. Ces barreaux de fer, placés en regard et presque en contact l'un avec l'autre par leur extrémité libre, étaient disposés de telle sorte que les extrémités libres des barreaux d'un même disque constituaient alternativement des pôles magnétiques de sens contraire. L'un de ces disques était fixe, et l'autre mobile autour de l'axe. Il résultait de cette disposition que, par suite de l'attraction électro-magnétique qui s'exerçait entre les pôles opposés des électro-aimants, lorsque les barreaux de fer du disque mobile occupaient le milieu des intervalles qui séparaient les barreaux de fer du disque fixe, les attractions et les répulsions mutuelles qui s'établissaient entre les pôles opposés de tous ces aimants faisaient tourner le disque mobile. L'axe du disque, ainsi mis en mouvement, pouvait donc servir à mettre en action un arbre moteur.

En 1840, MM. Patterson présentèrent à l'Académie des sciences de Paris une machine qui devait être consacrée, au dire des inventeurs, à l'impression d'un journal hebdomadaire. C'était, comme le fait judicieusement observer M. Figuier, promettre beaucoup à une époque où les applications de l'électro-magnétisme étaient encore enveloppées de tant d'obscurité et d'incertitude. Ce moteur appartenait à la classe de ceux que nous avons désignés sous le nom d'électro-moteurs à mouvement direct. Bien que cette machine n'ait pas fourni les avantages que leurs inventeurs en espéraient, un appareil du même genre, expérimenté à la même époque en Amérique par M. Taylor, put être utilisé à mettre en marche un petit tour de bois.

Si l'on devait s'en rapporter aux assertions des journaux et aux illusions des inventeurs qui, dans leur amour de leur conception, croient voir ce qui n'est pas, on pourrait penser que le problème des électro-moteurs aurait été plus avancé dans sa solution, dès l'année 1842, qu'il ne l'est maintenant; car le *Civil Engineer's Journal*, du mois d'octobre 1842, prétend que M. Davidson a pu mettre en mouvement, sur le chemin de fer d'Edimbourg à Glascow, une locomotive traînant huit tonnes avec une vitesse de deux lieues à l'heure. Mais nous savons le cas qu'il faut faire de ces sortes de réclames, si bien connues maintenant sous le nom de *canards*, et je m'étonne que des personnes sérieuses aient pu y ajouter foi. Nous en dirons autant de cet autre *canard*, encore mieux nourri parce qu'il vient d'Amérique, que l'on a pu lire en 1850, dans le *National Intelligencer* des Etats-Unis; et qui fait de la machine électro-motrice de M. Page, une machine *de la force de cinq chevaux*, marchant sous l'influence d'une pile contenue *dans un espace d'un mètre cube* et fournissant au piston *une course de deux pieds*, dans toute l'étendue de laquelle agissait *une force équivalente à six cents livres.* Ce moteur était fondé sur l'attraction qu'exercent les uns sur les autres les solénoïdes. Or, toute personne qui a pu expérimenter ces sortes de réactions, pourra juger par *ce chiffre de six cent livres !* de la valeur des allégations du journal américain.

Parmi tous les physiciens et les constructeurs qui se sont adonnés à la construction des électro-moteurs, M. Froment doit être placé en première ligne, tant par la manière ingénieuse dont il les a combinés, que par la manière dont marchent tous ses appareils. Cet habile constructeur a utilisé accessoirement plusieurs d'entre eux dans ses ateliers; toutefois, il est loin de prétendre que ces sortes de moteurs puissent être appliqués avantageusement dans l'industrie, comme plusieurs personnes ont voulu le lui faire dire. En cela, je dois en convenir, M. Froment était d'une franchise qui devrait être imitée non-seulement par tous les inventeurs, mais encore par ceux qui écrivent sur les questions scientifiques, car c'est en débarrassant les applications des sciences de tout charlatanisme, qu'elles pourront se populariser et se répandre. Avis à ceux qui battent la grosse caisse dans les journaux.

Bien que les systèmes imaginés jusqu'ici soient extrêmement nombreux, ils peuvent se rattacher à quelques types principaux dont nous allons décrire les plus importants, et pour mettre de l'ordre dans nos descriptions, nous les répartirons d'abord en trois grandes catégories que nous devrons ensuite subdiviser elles-mêmes. Ces trois catégories comprennent

1° Les électro-moteurs fondés sur les réactions dynamiques des courants tant magnétiques qu'électriques.

2° Les électro-moteurs fondés sur l'attraction du fer par les électro-aimants ou sur les réactions réciproques des électro-aimants.

3° Les électro-moteurs dans lesquels la force de la pesanteur intervient comme source de puissance.

1° Electro-moteurs fondés sur les réactions dynamiques des courants.

La roue de Barlow, les tourniquets de Faraday, l'appareil à pile sèche de Zamboni et une foule d'autres instruments de ce genre sont dans l'acception véritable du mot, autant d'électro-moteurs fondés sur les réactions dynamiques des courants, tant magnétiques qu'électriques. Cependant comme ils ne sont pas capables de produire une force appréciable, et que les combinaisons mécaniques n'entrent en rien dans leur construction, nous les distinguerons essentiellement des électro-moteurs dont nous allons parler, et dont les plus intéressants sont ceux qui sont fondés sur les attractions qu'exercent entre eux les solénoïdes à travers lesquels un courant circule dans un même sens.

Electro-moteurs fondés sur l'attraction des solénoïdes. — Dans ces électro-moteurs, l'un des solénoïdes est constitué par une bobine magnétique, l'autre par le courant magnétique qui naît dans un cylindre de fer doux que l'on approche du tube de la bobine. Au moment où celle-ci est traversée par un courant, il se détermine une action attractive qui tend à faire entrer le cylindre dans le tube de la bobine jusqu'à ce que ses deux extrémités soient symétriquement placées par rapport à celles de la bobine. Nous avons donné tome II, p. 132, les lois de ce genre d'attraction qui, s'il n'est pas très-énergique, présente l'avantage de fournir une course attractive assez grande. Le premier moteur de ce genre a été construit par M. Page en Amérique, et la fig. 100, représente un modèle que j'ai fait construire en 1851, et qui a eu à cette époque un certain succès, en raison de sa disposition qui se rapprochait beaucoup de celle des machines à vapeur à cylindre oscillant, et parce que la force attractive ne résultant pas d'électro-aimants, on ne se rendait pas un compte bien exact des effets électro-mécaniques qui étaient produits. Cependant rien n'est plus simple à concevoir que cette machine.

Qu'on se figure deux bobines recouvertes de gros fil et reliées entre elles de manière à constituer un seul et même cylindre, dans lequel puisse circuler librement un cylindre de fer; on comprendra que le courant se trouvant distribué à propos et alternativement dans l'une et l'autre de ces bobines, le cylindre mobile de fer se trouvera tour à tour attiré, en vertu de la réaction que nous avons signalée tome II, p. 132, et entrera dans un mouvement oscillatoire que l'on pourra rendre assez étendu par l'allongement ou la succession des bobines. Ce cylindre formera donc comme le piston d'une machine à vapeur, dont il suffira d'articuler la tige à une

Fig. 100.

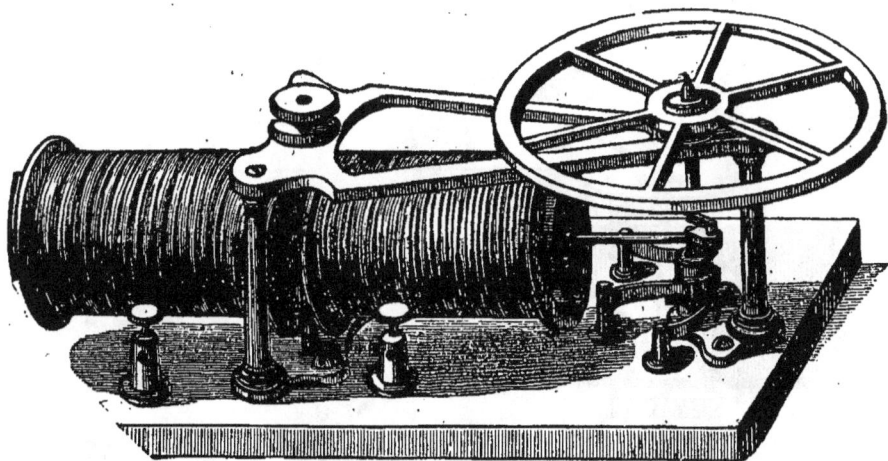

manivelle, pour transformer son mouvement de va et vient en mouvement circulaire continu.

Pour mettre le système moteur en rapport avec cette transformation de mouvement, la mécanique fournit plusieurs moyens : celui que j'ai préféré est la suspension équilibrée du système sur deux pointes. Alors les bobines peuvent osciller et suivre la manivelle dans ses écarts, en dehors de leur axe, ce qui donne à l'instrument l'apparence d'une machine à vapeur à cylindre oscillant.

L'axe de la manivelle porte un volant destiné à entretenir le mouvement, et un mécanisme appelé *commutateur*, composé de deux excentriques isolées métalliquement l'une de l'autre, pour le renvoi alternatif du courant dans les bobines. A cet effet, ces excentriques, mises en rapport avec l'un des pôles de la pile par l'intermédiaire des fils des bobines, sont placées en sens inverse l'une de l'autre; mais un frotteur d'argent assez large pour s'appliquer sur les deux à la fois, en les supposant tournés du même côté, est en rapport direct avec l'autre pôle de la pile. Or, si ce mécanisme est tellement disposé que ce frotteur commence à toucher l'excentrique en rapport avec le fil de la bobine inférieure, quand la manivelle est au point le plus élevé de sa course, il arrive que le courant réagit sur le cylindre-piston, et l'attire jusqu'à ce que la manivelle ait accompli une demi-révolution ; mais en ce moment le frotteur touche l'autre excentrique, qui reporte le courant dans la bobine supérieure, et le piston remonte pour redescendre après, et ainsi de suite.

Pour favoriser cette réaction mécanique des courants sur le fer, j'ai adapté aux deux extrémités de l'ensemble des deux bobines, deux ron-

Fig. 101.

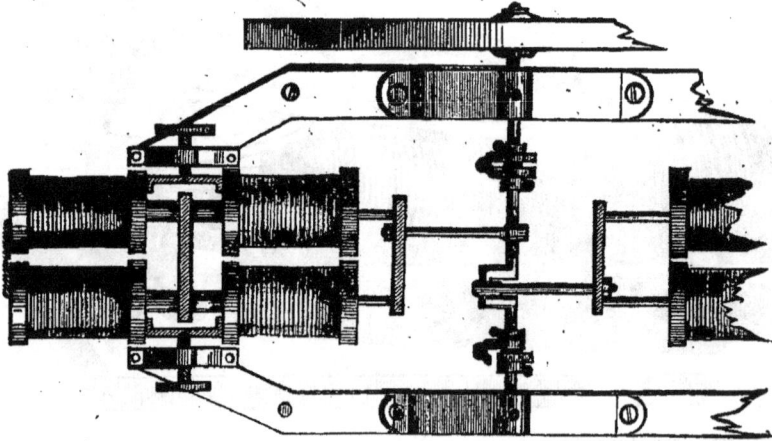

delles de fer doux qui réagissent magnétiquement sur le fer piston, devenu aimant sous l'influence du courant, et l'action est alors beaucoup plus vive, car les deux effets sont concurrents.

Dans un autre système à double effet et à quatre pistons, j'ai encore tiré un meilleur parti de ces dernières réactions magnétiques, en coupant en deux les pistons et en réunissant les bouts deux à deux par une rondelle épaisse de cuivre ; alors chaque bobine, au lieu de n'avoir qu'une rondelle de fer doux, en a deux. Il en résulte que les cylindres-piston, non-seulement ne sont plus gênés dans leurs mouvements par leur réaction magnétique, lorsqu'ils vont d'une bobine à l'autre, mais qu'ils peuvent encore réagir par leurs deux pôles à la fois sur les rondelles de la bobine vers laquelle ils marchent. La figure 101 représente cette disposition.

Electro-moteur à une seule bobine de M. Siemens. — Ce moteur, d'ailleurs d'une très-faible puissance, est fondé sur l'attraction de deux courants électriques marchant dans le même sens, et sur leur répulsion quand ils marchent en sens contraire. Qu'on suppose, dans le moteur décrit précédemment, les deux bobines réunies en une seule, et le cylindre en fer remplacé par un tube de cuivre dans lequel aura été introduite une hélice métallique suffisamment isolée, et l'on aura une idée assez exacte de ce genre de moteur ; car le même commutateur peut être employé, sauf qu'au lieu d'un ressort appuyé sur les deux excentriques, il y en a quatre qui rencontrent chacun d'eux à chaque demi-révolution. Alors, les extrémités de l'hélice intérieure aboutissent aux boutons en rapport avec ces quatre ressorts frotteurs, et l'hélice extérieure communique directement, ainsi que les deux excentriques, aux pôles de la pile. Ce mécanisme constitue un commutateur à renversement de pôles.

Moteur galvanométrique de M. Dering. — Pour éviter les effets contraires du magnétisme rémanent, M. Dering a voulu former un moteur par la réunion d'un nombre considérable de puissants galvanomètres, dont les barreaux aimantés, réagissant par séries sur un même arbre, devaient produire un mouvement de rotation continu. Reste à savoir si ce système peut fournir une force appréciable, ce qui me paraît fort douteux. Du reste, les réactions dynamiques des courants sont tellement faibles, que c'est tout au plus si les moteurs dont nous venons de parler peuvent entretenir leur mouvement. La machine de M. Page appartient à cette catégorie de moteurs; c'est assez dire que les faits qui ont été rapportés par les journaux américains sont complétement faux.

Moteurs fondés sur les réactions réciproques des aimants temporaires et des aimants persistants. — L'idée d'économiser la force électrique par les réactions des aimants temporaires sur les aimants persistants, dont le courant magnétique est sans cesse en activité, n'est pas nouvelle, bien que plusieurs personnes croient trouver dans cette combinaison une mine inexploitée. L'électro-moteur de Richtie, qui est de date très-ancienne, est précisément fondé sur ce principe.

Dans cet instrument, l'aimant persistant est dissimulé; il se trouve fixé dans le socle ou la planchette qui soutient le mécanisme. Au-dessus des pôles de cet aimant est placé un électro-aimant qui, en raison de sa monture sur un pivot, peut tourner sur lui-même. Un commutateur à renversement de pôles est fixé sur la broche qui sert de pivot, et se trouve tellement disposé que, quand les pôles de l'électro-aimant s'approchent des pôles de l'aimant persistant, ils se trouvent de nom contraire à ceux-ci, et que, quand ils doivent s'en éloigner, ils sont de même nom.

Dans le premier cas, il y aura donc une attraction échangée entre les deux aimants; puis une répulsion lui succèdera, et comme l'une fait suite à l'autre dans le même sens, il en résultera un mouvement de rotation continu.

On conçoit qu'en remplaçant l'aimant persistant par un électro-aimant, on devra obtenir une action plus forte.

Electro-moteur de M. Weare. — Nous avons déjà décrit les horloges électriques de M. Weare. Celle dont le pendule oscille entre les pôles d'un aimant fixe est précisément le principe de l'électro-moteur en question. Nous supposerons seulement que, au lieu d'un aimant il y en a deux, et qu'entre ces deux aimants oscille, à l'extrémité d'une tige verticale, un double système d'*électro-aimants droits*.

Avec cette disposition, il est facile de comprendre qu'une bielle articulée à la tige oscillante et à la manivelle d'un volant, pourra transformer en mouvement circulaire continu le mouvement oscillatoire de cette espèce de balancier. De plus, l'axe du volant pourra porter lui-même le commutateur qui doit changer alternativement les pôles des aimants temporaires, pour que ceux-ci étant de noms contraires, puis de mêmes noms que les pôles des aimants fixes vers lesquels ils se dirigent, il y ait une répulsion faisant suite à une attraction.

On a fait depuis cette époque, beaucoup de systèmes analogues, mais ils pèchent tous par leur base : d'abord par la faiblesse de l'action magnétique des aimants persistants, et, en second lieu, parce que les pôles des aimants temporaires droits, en devenant de mêmes noms que ceux des aimants fixes lorsqu'ils sont rapprochés, réagissent statiquement sur eux et les désaimantent. Ce serait donc une erreur de chercher la solution du problème des électro-moteurs dans cette disposition électro-magnétique.

2° Electro-moteurs fondés sur l'attraction du fer par les électro-aimants.

Cette catégorie de moteurs est celle qui a fourni le plus de modèles et les appareils les plus ingénieux. On peut la diviser en trois classes : 1° les moteurs à mouvements oscillatoires alternatifs; 2° les moteurs à mouvement de rotation directe; 3° les moteurs à mouvements combinés.

Moteurs à mouvements oscillatoires alternatifs. — Dans ces moteurs, la force électro-magnétique résulte de la simple attraction d'armatures articulées au-dessus des pôles d'un ou de plusieurs électro-aimants et qui, après avoir subi leur action, se relèvent par suite d'une interruption du courant et sous l'action d'une force antagoniste, pour recommencer leur mouvement en sens contraire, après une nouvelle fermeture de courant. Il résulte de cette double action un mouvement de va et vient qui est ensuite transformé en mouvement circulaire par divers moyens plus ou moins bien appropriés, qui constituent les seules différences entre tous les systèmes proposés.

Moteur de M. Froment, à simple effet. — Une armature de fer étant placée à portée d'un électro-aimant se trouve attirée aussitôt que le courant passe dans cet aimant; mais si l'on fait en sorte que cette armature, en s'abaissant, réagisse sur la manivelle d'un volant, et que l'axe de ce volant porte un commutateur qui interrompe le courant au moment où elle sera abaissée, il en résultera que le volant, en raison de sa vitesse acquise,

Fig. 102.

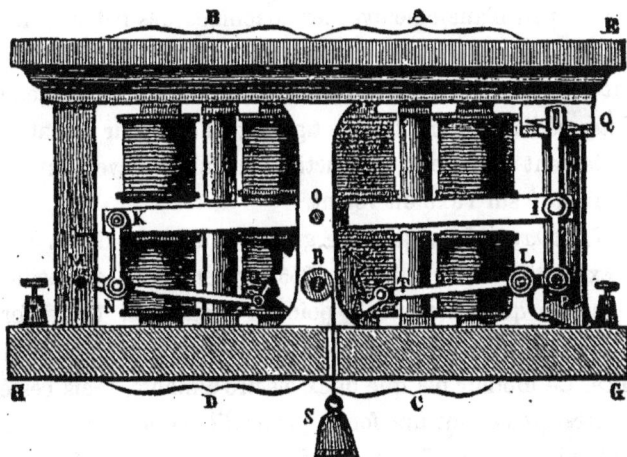

relèvera l'armature, et celle-ci pourra se retrouver bientôt en position d'être de nouveau attirée. Mais comme l'attraction des armatures ne peut avoir d'effet profitable qu'à une petite distance, et comme, d'un autre côté, la transformation du mouvement exige une bielle suffisamment développée, force est donc d'amplifier l'écart des pièces qui subissent l'attraction par des systèmes de leviers que l'on peut combiner de mille façons différentes (1). Dans l'appareil de M. Froment, la partie libre de l'armature est articulée à une tige verticale. Cette tige appuie sur un petit levier soudé

---

(1) Cette amplification de l'écart par les leviers diminue, à la vérité, la force, mais cette diminution est bien plus que compensée par l'accroissement de la force électro-magnétique.

sur un axe horizontal qui porte lui-même un autre levier cinq fois plus grand. C'est à cé levier, retourné en dedans de l'appareil, que se trouve articulée la bielle du volant dont l'axe passe au-dessus de la ligne équatoriale de l'éléctro-aimant.

En disposant au-dessus de l'armature de cet appareil un autre électroaimant, on pourrait obtenir un moteur alternatif à double effet qui aurait plus d'énergie.

Il va sans dire que plusieurs systèmes d'électro-aimants peuvent être ajoutés les uns à côté des autres, et même combinés, non-seulement de manière à faire un moteur à double effet, comme le précédent, mais même un moteur à quadruple effet. Dans ce cas, l'armature constitue un véritable balancier, et la roue à rochet peut être employée, si l'on veut, pour la transformation du mouvement, comme on le voit fig. 102.

Moteur à double effet et à deux manivelles. — Cet instrument, par sa disposition, a un peu d'analogie avec les machines des bateaux à vapeur. Comme dans ceux-ci, en effet, les deux manivelles de l'axe du volant sont à mouvement contrarié, et les électro-aimants qui agissent directement sur elles, par l'intermédiaire d'une longue tige articulée à leur armature, sont placés parallèlement entre eux et fonctionnent alternativement. Le commutateur est disposé sur l'axe du volant.

Moteur de M. Roux. — Le moteur de grande dimension de M. Roux, qui a figuré à l'Exposition universelle de 1855, présente une disposition trèsavantageuse, en ce qui concerne le point d'application de la force des aimants artificiels, et l'heureuse transformation de mouvement qui en est la conséquence. Ce moteur n'a que deux électro-aimants, mais ces électroaimants sont très-gros et ont une forme particulière que nous avons représentée fig. 21, pl. I, tome II. A portée de ces organes électriques se trouvent suspendues à plat, par deux tiges articulée A B, C D, fig. 103, deux grandes plaques de fer doux E F, E' F', auxquelles sont fixés deux longs leviers F G, F' G' en rapport avec une double manivelle G, G' adaptée à un même axe vertical H I. C'est sur cet axe que se trouvent l'interrupteur et le volant. Quand le moteur est dans l'inaction, l'une des plaques se trouve soulevée d'environ 2 centimètres au-dessus de l'électro-aimant correspondant, tandis que l'autre plaque est complétement abaissée. Aussitôt que le courant passe dans l'appareil, la plaque soulevée se trouve attirée; mais les tiges qui la soutiennent décrivant pendant ce trajet un arc de cercle, cette plaque se trouve, tout en accomplissant son mouvement d'abaissement, repoussée de côté. Or, c'est cette composante de la force attractive qui est utilisée pour agir sur la manivelle de l'arbre moteur.

Quand la fonction mécanique de cette plaque de fer est terminée, le courant se trouve dirigé dans le second électro-aimant, qui jusque-là avait été inerte, et celui-ci, en opérant les mêmes effets que le premier, continue le mouvement.

Comme on peut en juger par cette simple description, ce moteur n'est autre chose qu'un double système d'électro-aimants dont les armatures sont munies chacune du répartiteur électrique de M. Froment, que nous avons décrit p. 120, tome II. C'est une combinaison d'autant plus heureuse que l'amplification de la course des bielles F G, F' G' ne s'opère qu'à l'avantage de la régularisation de l'action électrique. Cette amplification est d'ailleurs très-considérable, puisqu'elle est, eu égard à la distance d'attraction

Fig. 103.

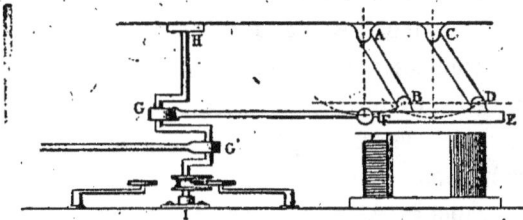

des armatures, dans le rapport des flèches des arcs décrits par les tiges D C, A B à leur sinus. Ce moteur est celui qui a fourni les meilleurs résultats lors des expériences qui ont été faites à l'Exposition universelle de 1855, pour constater la force comparative des divers moteurs exposés.

Moteur de MM. Fabre et Kunemann. — MM. Fabre et Kunemann ont aussi exposé, en 1855, un moteur d'assez grande dimension, auquel ils avaient appliqué leurs électro-aimants tubulaires.

Ces électro-aimants, au nombre de deux, étaient adaptés à l'extrémité de deux tiges verticales reliées par l'intermédiaire de deux bielles aux manivelles de l'arbre moteur; ils avaient leurs pôles en bas, et étaient articulés par deux goujons sur deux fortes plaques de fer doux qui leur servaient d'armature. Ces plaques étaient maintenues fixes à la partie inférieure de la machine, de sorte que c'étaient les électro-aimant eux-mêmes qui constituaient les pièces électro-magnétiques mobiles. A l'état de repos, un des cylindres électro-aimants devait se trouver dans une position verticale, tandis que l'autre devait être incliné, en faisant charnière sur ses deux goujons. Mais quand le courant venait à animer la machine, et, par conséquent, à circuler à travers ce dernier électro-aimant, la pièce fixe de fer tendait à rappeler celui-ci dans la position verticale, et de ce mouvement résultait une impulsion qui réagissait sur l'arbre moteur. En même temps, le second électro-aimant se trouvait incliné, et le commutateur, en transportant alors le courant sur ce second électro-aimant, provoquait une nouvelle impulsion qui continuait le mouvement de la machine. La disposition de ce système d'électro-moteur n'est pas très-favorable au développement de la force produite.

Electro-moteurs de M. Dezelu. — Les électro-moteurs exposés par M. Dezelu en 1855 n'ont de particulier que la disposition des armatures de leurs électro-aimants. Cette disposition est représentée fig. 29, 30 et 31, pl. I, tome II; elle offre l'avantage de faire réagir par ses deux pôles un électro-aimant droit sur une même armature ou sur deux armatures différentes. En effet, supposons que la tige commune aux deux armatures en forme de T, fig. 29, traverse par le milieu l'électro-aimant et soit articulée à une bielle réagissant sur la manivelle d'un arbre à volant; on comprendra qu'un commutateur pourra distribuer le courant à travers l'électro-aimant, de manière à rendre celui-ci actif au moment de l'approche de l'une ou de l'autre des deux armatures, et comme ces armatures sont recourbées du côté des deux pôles de l'électro-aimant droit, elles peuvent subir doublement la réaction magnétique, comme si l'électro-aimant avait deux branches. Ainsi, quoique cet électro-moteur ne possède qu'un seul électro-aimant droit, il subit les mêmes effets attractifs que si deux doubles électro-aimants réagissaient sur deux armatures droites.

Dans la disposition représentée fig. 30 et 31, le même effet est produit, mais avec une seule armature droite. Pour en comprendre le jeu, il faut savoir que le canon de forme prismatique de la bobine sur laquelle est enroulée l'hélice magnétisante, est en fer doux, et que l'armature se trouve soutenue à l'intérieur de ce canon par une tige qui traverse de part en part l'électro-aimant. Quand le courant traverse l'hélice magnétisante, deux pôles contraires sont créés aux deux extrémités du canon de fer, et si l'armature est alors plus voisine de la paroi gauche de ce canon que de la paroi droite, elle se trouve entraînée, sous l'influence de ces deux pôles, vers la gauche, avec une force d'autant plus grande que la distance qui la sépare de la paroi vers laquelle elle marche est moindre. Quand, au contraire, le courant circule dans l'électro-aimant au moment où l'armature se rapproche de la paroi droite, celle-ci se trouve attirée de ce côté. Or, un commutateur établi sur l'arbre de rotation du moteur, peut facilement distribuer le courant de manière à réaliser ce double effet pour chaque double oscillation de la tige soutenant cette armature.

Ces systèmes d'électro-moteurs sont plutôt ingénieux qu'avantageux, car les attractions qui se manifestent sont toujours différentielles.

Moteur de M. Gérard de Liége. — Ce système n'est autre chose que l'application aux électro-moteurs de la disposition électro-magnétique que le même inventeur avait appliquée aux horloges, et que nous avons décrite tome IV, p. 151. Cette disposition consiste, comme on l'a vu, dans un électro-aimant droit dont les extrémités polaires se prolongent et se recourbent de manière à se présenter l'une devant l'autre et à constituer une sorte d'O allongé, interrompu par une fente de 1 ou 2 millimètres. Considérée d'après son mode d'action, cette disposition revient à celle d'un électro-aimant dont les pôles seraient munis de semelles de fer très-rapprochées l'une de l'autre et réagissant sur l'armature par les parties voisines de l'extrémité de ces semelles. Dans un mémoire que j'ai présenté à l'Académie, le 15 juillet 1875 au sujet des électro-aimants Camacho, j'ai montré que la force attractive résultant de cette disposition était avantageuse, et à ce point de vue, M. Gérard est dans le vrai. Mais nous ne pouvons en dire autant des théories qu'il émet dans son mémoire sur les électro-moteurs et dont ne parlerons pas. Nous nous contenterons de dire que son électro-moteur est constitué par deux électro-aimants du genre de celui dont nous venons de parler, lesquels se trouvent fixés horizontalement sur un bâtis métallique dans deux plans différents, déterminant entre eux un angle de 30°. Une armature de fer doux constituée par un anneau de fer allongé de même forme et de mêmes dimensions que les électro-aimants, se trouve interposée entre leurs extrémités polaires et disposée de manière à osciller suivant son petit axe de figure. Cette armature est d'autre part articulée à une bielle adaptée à la manivelle de l'axe du moteur, de manière que le mouvement d'oscillation qu'elle peut accomplir, soit transformé en mouvement circulaire. Enfin un commutateur adapté à cet axe moteur, du côté opposé au volant, permet de distribuer alternativement le courant dans les deux électro-aimants. Grâce à l'inclinaison en sens inverse de ceux-ci, il n'existe pas de point mort dans le jeu de l'appareil, et l'impulsion produite résulte de l'attraction exercée par les deux pôles de chaque électro-aimant, attraction qui se manifeste quand le plan de l'armature se présente angulairement par rapport à celui de l'un ou de l'autre des électro-aimants, et qui se continue jusqu'à ce que les deux plans coïncident. Comme cette coïncidence ne peut exister que pour un seul des électro-aimants à la fois, et qu'elle a pour effet de placer l'armature angulairement par rapport à l'autre, la commutation du courant qui a lieu alors, a pour effet de provoquer des attractions successives de sens inverse, qui entretiennent le mouvement du moteur.

Moteur de M. Gautier. — Ce système a été combiné pour obtenir que les

électro-aimants tout en agissant à une très-petite distance sur leurs armatures, puissent fournir néanmoins une course suffisante pour faire fonctionner énergiquement le moteur. Il emploie à cet effet une série de
systèmes de doubles électro-aimants rangés par couples les uns à côté des
autres, et ayant action, couple par couple, sur des roues à rochet adaptées à
l'axe de rotation du moteur. Les électro-aimants de chaque système sont
placés l'un devant l'autre par rapport à la roue à rochet sur laquelle ils
doivent avoir action, et leur armature est portée par un cadre articulé
qui réagit par son extrémité sur la roue à rochet au moyen d'un
cliquet. Ces armatures sont disposées librement dans deux entailles pratiquées sur les côtés de ce cadre, et peuvent par conséquent être soulevées,
si le cadre continuant son mouvement de descente, un obstacle rigide se
présente devant elles. Or, c'est précisément cette disposition qui réalise le
problème que s'était posé M. Gautier. Il résulte en effet de la position des
deux électro-aimants l'un devant l'autre et de l'articulation du cadre
portant les armatures, que, si la première de celle-ci est à 2 millimètres, je
suppose, de l'électro-aimant correspondant, l'autre armature pourra être à
une distance double, et si des ressorts commutateurs sont disposés convenablement par rapport aux dents du rochet, on pourra faire en sorte que,
dans le premier moment, le courant anime le premier électro-aimant, et
n'arrive au second que quand l'armature de celui-ci se trouvera assez
abaissée, par suite de l'inflexion du cadre provoquée par la première armature, pour réagir d'une manière utile et doubler l'angle de chute de ce
cadre, ce qui pourra déterminer l'échappement d'une dent du rochet
correspondant. Si on suppose maintenant qu'après cette action accomplie,
le système électro-magnétique voisin réagisse de la même manière, on
pourra comprendre que le mouvement se trouvera continué, et de plus que
le premier rochet pourra, au moyen d'un encliquetage, relever le cadre
abaissé du premier système, et le remettre en position convenable pour
recommencer son action, du moins quand les commutateurs lui auront envoyé
le courant. On peut, comme on le comprend aisément, multiplier indéfiniment
ces systèmes électro-magnétiques, mais M. Gautier estime que trois
suffisent pour fournir des effets mécaniques bien définis. Pour détruire les
effets du magnétisme rémanent, M. Gautier dispose une seconde pile et des
commutateurs convenables pour lancer un faible courant de sens contraire
à travers les électro-aimants qui ont accompli leur action attractive.

Electro-moteur de M. Roussilhe. — Pour vaincre la grande difficulté du
peu de course fournie aux pièces mobiles qui subissent les effets de
l'attraction électro-magnétique, M. Roussilhe adapte à l'une de ces pièces,

qui sera, je suppose, une traverse horizontale, une série de tige de longueur progressivement décroissante et mobiles à l'intérieur des trous à travers lesquels elles passent. Ces tiges portent d'un côté une armature de fer doux, de l'autre une tête qui les soutient lorsque la traverse horizontale est soulevée ; de sorte que, dans cette position, toutes les armatures sont disposées entre elles comme les marches d'un escalier. Au-dessous de cette série d'armatures, se trouve une série d'électro-aimants interposés chacun dans une dérivation particulière du courant issue de la source électrique elle-même, « de manière, dit M. Roussilhe, que la pile puisse donner à chacun d'eux la même force que s'il eût agi isolément. » Avec cette disposition, l'armature la plus basse se trouvant dans la sphère d'attraction de l'électro-aimant qui lui correspond, la tige qui la supporte provoque un abaissement de la traverse, égal à la distance qui sépare l'armature de l'électro-aimant (3 millimètres, je suppose) ; mais de cet abaissement résulte le rapprochement de la seconde armature qui, en agissant dès lors comme la première, abaisse de nouveau la traverse, refoule la tige de la première armature à travers le trou qui lui sert de gaîne, et reporte la troisième armature dans la sphère d'attraction du troisième électro-aimant. Ces mêmes effets se reproduisant pour toute la série des électro-aimants, il en résulte que le mouvement de la traverse, qui n'était dans l'origine, que de 3 millimètres, se trouve porté, pour 100 électro-aimants, à 30 centimètres, distance qui est plus que suffisante pour obtenir un mouvement de va et vient à peu près égal à celui du piston dans les petites machines à vapeur ordinaires.

Pour obtenir une plus grande force sous un moindre volume, M. Roussilhe dispose les électro-aimants précédents sur plusieurs lignes circulaires concentriques, ce qui entraîne pour chaque série d'électro-aimants occupant chaque circonférence, une traverse circulaire munie de ses tiges à armatures. Mais comme l'attraction devant se répartir également autour de l'axe central qui commande le mouvement de la machine aurait exigé que les tiges à armatures fussent de même longueur pour chaque traverse circulaire, et ne pussent décroître que suivant le rayon commun de ces traverses, l'inventeur a préféré faire de ces traverses elles-mêmes des armatures annulaires soutenues chacune par quatre tiges, lesquelles pouvaient dès lors être adaptées à une croix rigide soutenue par la bielle du moteur. Ces tiges décroissant de la circonférence au centre de cet ensemble d'anneaux concentriques, il arrive que, quand le système est soulevé, ces anneaux forment, les uns par rapport aux autres, une espèce de figure conique qui surmonte le groupe des électro-aimants, et qui peut être repliée comme une spirale en limaçon. Au moment de l'attraction initiale, c'est donc le premier anneau qui se trouve attiré, puis le second, le troisième, etc., jusqu'à ce qu'ils se trouvent tous appliqués dans le même plan sur les électro-aimants. Or, de cette succession d'attractions résulte une course considérable de la croix à laquelle est fixée la bielle, et, par suite, un mouvement communiqué au balancier de la machine que supporte cette bielle. Ce mouvement étant produit de la même manière de l'autre côté de ce même balancier, par l'adjonction d'un second système électro-magnétique analogue à celui que nous venons de décrire, et qui fonctionne alternativement avec celui-ci, il en résulte un mouvement de va et vient qui peut être transformé en mouvement circulaire, comme celui des machines à vapeur établies dans le même système.

Electro-moteur de MM. Pellis et Henry. — On a beaucoup parlé à une certaine époque de ce moteur, dans lequel l'amplification du jeu des pièces mises en action sous l'influence électro-magnétique, était obtenue au moyen de cornets en fer doux adaptés aux armatures des électro-aimants, et de pôles magnétiques coniques; mais outre que ce système d'amplifications n'était pas nouveau, puisqu'il avait été combiné dès l'année 1849, par M. Hjorth, il ne présentait pas encore d'avantages bien marqués, à cause de la décomposition de la force attractive qui a lieu dans ce cas, et du déplacement continu des polarités surexcitées. Cet appareil, pas plus que les autres, n'a donc résolu la question des électro-moteurs. (Voir tome II, p. 122).

Moteur de l'abbé Poitevin. — « Qu'on se figure, dit l'abbé Moigno dans les *Mondes* du 4 avril 1867, une série d'électro-aimants rangés autour d'un axe vertical, à une distance proportionnée à la force des organes. Les armatures, suspendues comme des pendules, peuvent osciller avec la plus grande facilité, quelle que soit leur masse. Pour s'appliquer contre les pôles de son électro, chaque armature s'écarte de la verticale, d'une certaine quantité. Quand l'électro cesse d'agir, l'armature tend à regagner la verticale, puis à s'en éloigner en sens inverse, par la vitesse acquise. Un anneau embrasse la manivelle de l'axe, et de cet anneau, comme autant de rayons, partent des bielles flexibles qui aboutissent chacune à l'extrémité inférieure d'une armature. Cette dernière disposition constitue la partie la plus originale du moteur, et c'est pour cela que ce moteur est désigné sous le nom de moteur électro-magnétique à *bielles flexibles*. Cette flexibilité a pour but d'utiliser la plus grande énergie des électros, l'impulsion du choc dans le moment le plus efficace, c'est-à-dire quand la bielle est perpendiculaire à la manivelle. Toute la force vive du choc est ainsi communiquée à l'arbre de couche et au volant; ce n'est qu'après une demi-révolution que la manivelle entraîne à son tour la bielle pour la ramener à son point de départ. Mais durant cette demi-révolution, l'armature par un procédé spécial, a eu le temps de se soustraire à l'influence du magnétisme rémanent, et loin d'être un obstacle à la marche, elle la favorise par son retour vers la verticale. La flexibilité des bielles peut être directe en employant des courroies, ou indirecte en se servant de tiges rigides, comme l'a fait l'inventeur, mais dont la course à un moment donné, est indépendante de l'armature.

« Pour éviter les inconvénients du magnétisme rémanent, l'abbé Poitevin se sert d'armatures environnées d'un solénoïde, comme les électros; seulement le courant ne les anime que par le fait même et pendant la durée seule du contact. Un instant avant le contact, le courant cesse dans l'électro; le magnétisme rémanent est utilisé en partie pour activer l'action, en partie pour repousser l'armature, qui, par le fait même du contact, prend un magnétisme contraire à celui d'induction. C'est ainsi que même avec de puissants électros, la chute de l'armature peut se faire en temps utile, puisque la manivelle peut opérer une demi-révolution, avant que cette armature soit sollicitée en sens inverse. »

Moteur de M. de Sars. — Ce système est une modification de celui de M. Roux avec une combinaison électro-magnétique qui, suivant l'auteur, évite les inconvénients du magnétisme rémanent. Cette combinaison magnétique consiste dans un électro-aimant à deux branches d'assez grandes dimensions dont les bobines agissent séparément sous l'influence du commutateur, ce qui fait que l'électro-aimant ne fonctionne jamais que comme un électro-aimant boiteux. Entre les branches de cet électro-aimant est articulée sur la culasse une pièce de fer qui joue le rôle d'un troisième noyau magnétique, et qui porte à son extrémité libre et également articulées, deux armatures de fer doux soutenues au-dessus des deux pôles magnétiques, du côté opposé à leur articulation, par deux bielles : Ces bielles maintiennent le mouvement des armatures à peu près parrallèle à lui-même quand l'attraction magnétique s'exerçant normalement sur elles, les force à se déplacer latéralement. Les bobines de l'électro-aimant sont d'ailleurs enroulées de manière à fournir deux pôles de même nom, et la pièce de fer intermédiaire qui soutient les armatures, se termine par un levier qui réagit sur la manivelle du moteur et le commutateur. Celui-ci est à mercure et disposé de manière que le courant traverse alternativement les bobines après chaque inclinaison à gauche ou à droite de la branche intermédiaire. Or, il résulte de cette disposition, que, bien que l'électro-aimant n'agisse que sous l'influence d'une seule bobine à la fois, la force attractive développée sur l'armature, résulte d'une réaction produite par deux polarités magnétiques contraires; car la branche oscillante et les deux armatures qui s'y trouvent articulées, sont polarisées ainsi que la culasse elle-même d'une manière opposée au pôle actif de la bobine. Il se produit, donc, comme dans le système de M. Roux, une attraction normale qui force l'armature à se déplacer de côté, et à incliner la pièce oscillante qui la porte en sens contraire de sa position initiale; d'où il résulte sur la manivelle du moteur et sur le commutateur, une action qui se traduit par le renvoi du courant dans la seconde bobine. Mais comme le pôle développé sur cette bobine est de même nom que sur l'autre bobine, la culasse et le noyau magnétique de la première bobine se trouvent polarisés en sens contraire de ce pôle, aussi bien que la branche oscillante qui ne change pas de polarité; et la polarité contraire que possédait le noyau magnétique de la première bobine se trouve, par cela même, avoir son magnétisme rémanent complétement détruit, au moment même où il pourrait exercer une action nuisible sur le relèvement de l'armature primitivement attirée.

Moteurs à mouvement de rotation direct. — Dans ce genre de moteurs, les armatures sont généralement disposées autour de la circon-férence d'une roue ou d'un cylindre, et reçoivent successivement l'action d'électro-aimants rangés circulairement en dehors de cette roue, lesquels exercent par conséquent le même effet que l'eau d'une chute, tombant dans les augets d'une roue hydraulique. Les moteurs les plus intéressants de ce système sont ceux de MM. Froment, Larmenjeat, Camacho, Cance, Trouvé, Cazal, Allan.

Moteurs à mouvement direct de M. Froment. — M. Froment a construit une foule de modèles de ce genre de moteurs; d'autres l'ont imité plus ou moins; mais, quelle que soit la disposition mécanique qu'on leur donne, ils se composent toujours d'une roue armée de palettes de fer plus ou moins larges, plus ou moins espacées, à portée desquelles se trouvent des électro-aimants simples ou à pôles multiples. Ces électro-aimants, en nombre plus ou moins grand, se trouvent disposés tangentiellement à la roue, et reçoivent le courant, soit successivement et chacun en particulier, soit plusieurs à la fois et par séries. La position des palettes sur la roue et leur écart des électro-aimants sont intimement liés à cette distribution. Mais, dans tous les cas, il faut que les palettes qui doivent être attirées ne soient guère plus distantes d'un centimètre des électro-aimants qui doivent agir sur elles, et que le courant soit interrompu au moment où ces palettes passent devant ces électro-aimants. Le commutateur est placé sur l'axe de

la roue et il peut être plus ou moins compliqué. En général, il consiste dans
des roues dentées, en correspondance avec chaque série d'électro-aimants
qui doivent agir en même temps, et le nombre de dents de ces roues est
précisément le même que celui des plaques; il faut seulement que chacune
de ces dents soit, à l'égard de l'intervalle qui les sépare, dans le rapport de
la distance d'attraction des palettes de fer à l'espace dont elles sont écartées
l'une de l'autre, car les ressorts frotteurs qui appuient sur ces roues,
n'établissent le courant que quand ils touchent la dent. Nous avons décrit
déjà des commutateurs de ce genre. On comprend d'après cela, que
les dents des différentes roues commutateurs ou les ressorts frotteurs
ne doivent pas se correspondre, et que, pour que les attractions des différents systèmes attractifs
puissent se succéder, il
faut qu'elles soient disposées de manière que,
quand l'un des frotteurs
abandonne une dent, le
suivant en reprenne une
autre sur la roue qui lui
correspond. Par la même
raison, les intervalles des
électro-aimants doivent
être calculés de telle sorte
que, quand une des palet-
tes de la roue motrice
passe devant le système

Fig. 105.

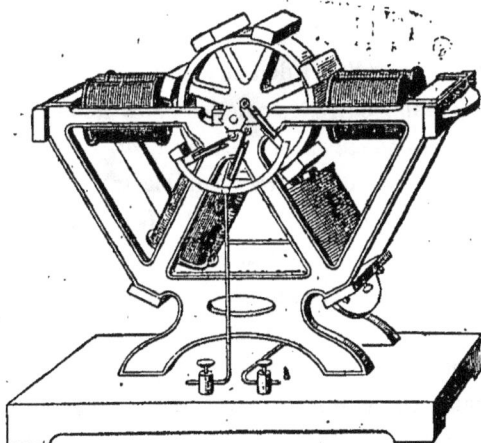

attractif qui vient d'agir, le système suivant soit à portée d'attraction de la
palette qui se présente en ce moment. La fig. 105 représente un modèle
d'électro-moteur de ce genre construit par M. Froment.

Dans un grand électro-moteur que j'ai fait construire dans ce système,
j'ai rendu la course attractive des palettes beaucoup plus considérable
qu'on ne le fait ordinairement, par une disposition particulière dont voici le
principe. Si vous présentez à un électro-aimant fixe une armature plate de
manière que l'attraction se fasse dans le sens de la ligne équatoriale de
l'aimant, et si cette armature est tellement disposée qu'elle ne puisse céder
à l'attraction normale, il arrivera que celle-ci sera entraînée avec force
jusqu'à ce que sa ligne moyenne coïncide avec la ligne axiale des pôles de
l'aimant. Si donc les pôles d'un électro-aimant et son armature ont une
surface considérable, cette dernière étant libre de se mouvoir dans le

sens équatorial, pourra acquérir, par ce moyen, une course attractive très-étendue.

En conséquence de ce principe, au lieu d'enrouler le fil des électro-aimants sur une bobine, je l'ai enroulé directement sur le fer, en ayant soin de souder à l'extrémité de chaque branche un rebord épais, également en fer. Or, ce rebord, tout en augmentant la surface de ses pôles, pouvait donner à l'aimant une action attractive, latérale et directe. De plus, comme cette action pouvait s'exercer sur la partie de l'armature posée de champ, elle devenait plus efficace. Avec cette disposition, j'ai obtenu quatorze centimètres de sphère d'attraction pour chaque électro-aimant de mon moteur. Par conséquent, au lieu d'interrompre le courant au moment où l'armature devait passer devant les pôles des aimants, je ne faisais cette interruption qu'au moment où elle se trouvait symétriquement placée par rapport à leurs bords. L'inconvénient de ce système est la flexion des supports des électro-aimants sous l'effet de l'attraction normale, ce qui nécessite un écart plus considérable entre les palettes et les électro-aimants.

Electro-moteur de M. Larmenjeat. — M. Larmenjeat a appliqué d'une manière très-intelligente à son électro-moteur le système d'électro-aimants circulaires à trois pôles, de M. Nicklès, que nous avons représenté fig. 28, pl. I, tome II. Dans cette machine, représentée fig. 106, les armatures [et les électro-aimants sont mobiles. Les armatures M, M, M, sont formées par six cylindres de fer doux qui peuvent tourner sur leur axe à l'aide des tourillons *t t*. Ces cylindres sont placés symétriquement autour des électro-aimants circulaires qui sont au nombre de trois et fixés les uns à la suite des autres sur un même axe de rotation A. Un seul de ces électro-aimants F est représenté sur la figure. Ils sont, comme on le sait, composés chacun de trois disques de fer taillés sur leur circonférence de manière à présenter six points de contact en fer et six parties en cuivre, remplissant les intervalles jusqu'à une profondeur d'environ un centimètre. Ces parties de cuivre ont une étendue double des parties de fer, et la rondelle du milieu, conformément aux recherches de M. Nicklès, a une épaisseur double des rondelles extrêmes.

Les trois électro-aimants présentant ensemble une longueur d'environ un mètre, sont disposés, par rapport aux divisions de leurs disques, de telle manière que les surfaces de contact en fer de chacun d'eux ne soient pas sur une même ligne droite, afin que l'action magnétique, échangée entre les cylindres de fer doux et les parties de fer qui représentent les pôles de ces électro-aimants circulaires, se manifeste en des points différents de l'arc correspondant aux parties de cuivre.

Le commutateur que nous avons représenté en K, à gauche de la figure, se compose d'une partie mobile avec l'axe, qui constitue la roue R, et d'une partie fixe, représentée par les cercles C C et C′C′. La roue R est formée de six parties métalliques. Le cercle C′C′ concentrique à CC qui porte les armatures, soutient les galets $r, r′, r″$, qui appuient continuellement sur la roue R pendant sa rotation.

Les galets $r, r′, r″$ sont chacun en rapport avec un des électro-aimants circulaires, et le courant est conduit aux plaques conductrices de la roue R, par un frotteur P.

Pour bien régler la position des galets $r, r′, r″$, par rapport aux parties conductrices de la roue R, un petit levier S a été adapté au cercle C′C′, et ce levier, portant une vis de pression mobile dans une rainure pratiquée

Fig. 106.

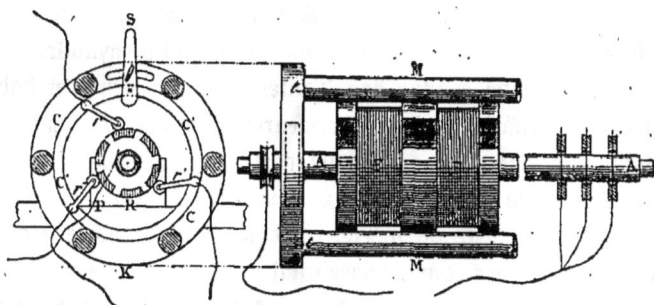

dans le cercle CC, permet d'avancer ou de reculer plus ou moins le système des trois galets et même de le déplacer suffisamment pour changer complétement le sens de rotation de la machine. Il devient donc facile avec ce système de commutateur, de régler convenablement l'introduction du courant dans les trois électro-aimants, et de les faire réagir successivement.

Il sera maintenant facile de comprendre la marche de l'appareil : quand les armatures MM se trouveront à distance convenable pour l'attraction des parties de fer de l'électro-aimant E, le courant circulera à travers cet électro-aimant, et les six attractions échangées entre ces parties de fer et les six armatures, auront pour effet de faire tourner l'électro-aimant et par suite l'arbre A d'un tiers de l'arc correspondant à l'intervalle de séparation entre les parties de fer. Mais ce mouvement a reporté les parties de fer du second électro-aimant à distance convenable des armatures MM, d'où il résulte un nouveau mouvement qui en provoque de la même manière un troisième de la part du dernier électro-aimant. Alors revient le tour de l'électro-aimant E, et les réactions précédentes se renouvellent indéfiniment tant que le courant circule à travers le commutateur K.

M. Larmenjeat aurait pu rendre fixes les armatures MM; mais en les faisant roulantes il n'a pas eu à craindre leur flexion et a pu réagir de plus près sur les disques des électro-aimants. Ce système est, comme on peut en juger, extrêmement simple, et a fourni de bons résultats, surtout sous le rapport de la vitesse de rotation produite.

Electro-moteur de M. Cazal. — Ce moteur qui a été disposé pour être adapté aux machines à coudre, a d'après les *Mondes* (1) pour organe essentiel une bobine électro-magnétique ou un électro-aimant à pôles multiples et de grande surface, formé de fonte brute et de tôle découpée, pour que son prix de revient soit aussi bas que possible. Le moteur qui peut être fixe ou mobile, comprend à la fois une bobine et une armature, s'attirant l'une l'autre, et se mettant en mouvement quand elles sont rendues actives par le passage du courant. Tantôt c'est la bobine qui tourne à l'intérieur de l'armature alors annulaire; tantôt c'est l'armature de forme cylindrique qui tourne autour de la bobine rendue fixe. Toutes deux, armature et bobine, portent à leur circonférence des échancrures que l'on remplit d'une matière isolante du magnétisme, de telle sorte qu'à chaque passage du courant une moitié de leur surface seulement soit aimantée, l'autre moitié restant à l'état neutre ou inerte. Un commutateur portant aussi à sa surface autant de parties conductrices qu'il y a de divisions à la circonférence de la bobine et de l'armature, fait les fonctions de distributeur du courant. Le mouvement de rotation du moteur peut se produire à volonté de droite à gauche ou de gauche à droite, suivant la position que l'on donne au distributeur, ou la direction dans laquelle on le fait fonctionner. Mais une fois déterminé, le mouvement de rotation s'effectue toujours dans le même sens, ce qui est indispensable pour les machines à coudre. « L'électro-moteur de M. Cazal, continue l'abbé Moigno, est vraiment simple, efficace et économique autant qu'il peut l'être; les attractions électro-magnétiques s'effectuent à une distance très-petite et constante (1 millim.) sans jamais arriver au contact, de sorte que son travail utile est aussi maximum qu'il peut l'être. En outre le magnétisme rémanent, si nuisible dans les moteurs ordinaires, ne peut exercer ici aucun effet fâcheux; il aide au contraire au bon fonctionnement de la machine en maintenant constamment les molécules de fer polarisées, et assurant ainsi la continuité presque absolue du travail. »

---

(1) Voir tome XVII des *Mondes*, p. 71.

J'avoue que je ne comprends guère cette appréciation. Quoiqu'il en soit cet appareil a été remarqué à l'Exposition de 1867, et il paraît que la machine à coudre à laquelle il était adapté fonctionnait avec le courant d'une pile de quatre éléments Bunsen.

Moteur de M. Camacho. — Le modèle auquel M. Camacho semble avoir donné la préférence est celui que nous avons représenté fig. 105 Seulement les électro-aimants qu'il a adoptés et qui sont au nombre de quatre, sont les électro-aimants à noyaux tubulaires multiples que nous avons décrits précédemment p. 349, et qu'il a fait carrés pour agir plus régulièrement; les armatures de leur côté, sont composées d'un grand nombre de lames de fer isolées magnétiquement les unes des autres au moyen de lames de carton. Ces armatures dont nous avons fait ressortir p. 347, les avantages, sont d'assez grande largeur et se trouvent en conséquence un peu arquées. Leur emploi dans ce système d'électro-moteur est d'autant mieux justifié que l'électro-aimant, en raison de la multiplication de ses noyaux tubulaires, peut agir sur elles plus longtemps par attraction latérale, puisque chaque noyau peut exercer son effet attractif individuellement sur des armatures distinctes et que, en raison de la forme carrée de ces noyaux, les côtés qui font face aux armatures, exercent leur effet parallèlement aux lames composant ces dernières. Le commutateur de cet appareil présente lui-même une disposition excellente, en ce qu'il permet de modifier à volonté les durées relatives des fermetures et des interruptions du courant. Il est muni à cet effet de lames de contact taillées en biais, comme celles du commutateur de l'appareil de M. Guillemin que nous avons représenté tome I, p. 54 et au moyen duquel il modifiait les durées de transmission d'un courant afin d'en étudier les lois. Avec deux frotteurs disposés sur des vis de rappel, les contacts peuvent être effectués plus ou moins près de la partie la plus étroite de ces lames, et conséquemment déterminer des frottements plus ou moins longs. Avec des électro-moteurs du genre de celui dont nous parlons, il est difficile, à priori, de savoir quand doivent commencer et finir les fermetures du courant ; or, cette disposition permet facilement, par quelques expériences préalables, de disposer le commutateur dans les meilleures conditions possibles. Ces appareils, comme nous l'avons déjà dit, ont fourni de bons résultats ; ils ont pu faire marcher des machines à coudre et des pianos mécaniques d'une manière satisfaisante à l'Exposition des Champs-Elysées de 1875.

Afin d'éviter l'emploi des piles de Bunsen qui sont si dispendieuses et si désagréables par les émanations qui en résultent, M. Camacho emploie des piles à bichromate de potasse à deux liquides et à écoulement continu, qu'il dispose comme l'indique la fig. 107, et dont le liquide dépolarisateur se déverse successivement d'un élément dans l'autre au moyen de siphons en caoutchouc, qui partent de la partie inférieure du vase poreux d'un élément, pour aboutir à la partie supérieure du vase poreux de l'élément suivant. Ces vases poreux sont d'ailleurs remplis de charbon concassé au milieu duquel est plongée l'électro de polaire de charbon. Le vase extérieur est rempli d'eau acidulée, et le zinc enveloppe le vase poreux comme dans les éléments de Bunsen construits par Ruhmkorff et que nous avons décrits tome I, p, 303. Une pile ainsi disposée est assez constante pour entretenir

Fig. 107.

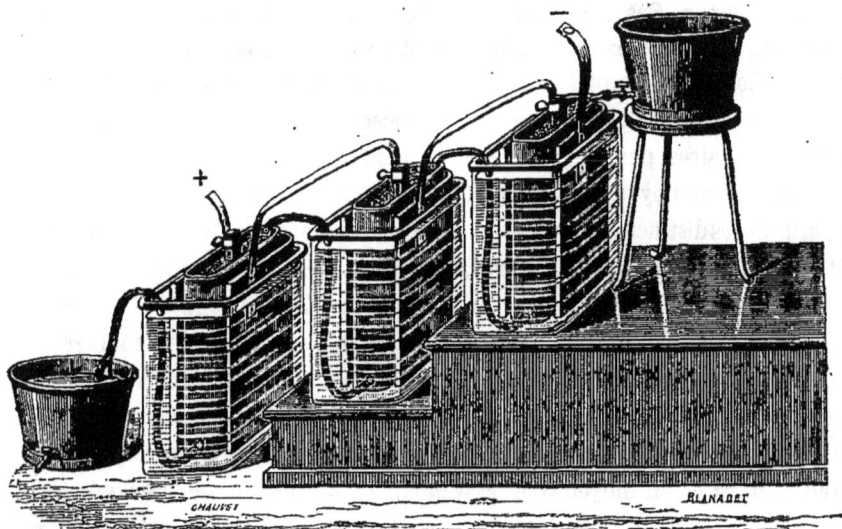

longtemps la marche du moteur. On peut d'ailleurs augmenter plus ou moins la vitesse de l'écoulement, au moyen d'un robinet adapté au vase alimentateur.

Moteur de M. Chutaux. — Le système de M. Chutaux, sauf les électro-aimants qui sont ordinaires, ressemble assez à celui de M. Camacho. Comme lui, il a employé des armatures multiples, seulement les lames de fer qui les composent, au lieu d'être isolées magnétiquement au moyen de lames de carton, sont isolées par un étamage préventif des lames, et cet étamage est assez épais pour obtenir une isolation suffisante. En raison de la similitude des deux moteurs, il est résulté un procès entre les deux inventeurs qui a montré que, si M. Camacho avait eu la première idée de l'application des armatures multiples aux moteurs, M. Chutaux l'avait le premier brevetée. Du reste il paraîtrait que M. Froment lui-même avait construit des armatures de ce genre, qu'on a retrouvées au milieu d'une foule d'organes électriques de toutes espèces qu'il avait abandonnés avant sa mort.

Le commutateur du moteur de M. Chutaux n'a rien qui le distingue des autres, si ce n'est deux vis de rappel adaptées aux frotteurs et qui permettent de déplacer les points de frottement à mesure que les étincelles les détériorent. Ce système avait du reste été déjà employé dans d'autres appareils. Les essais qu'on a faits de l'électro-moteur de M. Chutaux à l'exposition de 1875 ont été également assez satisfaisants, et il paraît, d'après plusieurs lettres de M. Debain, qu'il aurait également fait fonctionner des pianos mécaniques. Néanmoins, la quantité de travail produit par lui a été moindre, pour une intensité électrique donnée, que celle du moteur de M. Camacho.

Moteur de M. Cance. — M. Cance met à contribution dans son moteur les électro-aimants à noyaux multiples que nous avons décrits p. 350. Ces électro-aimants sont seulement au nombre de deux, et disposés l'un à la suite de l'autre sur une même ligne horizontale. Les armatures au nombre de cinq, sont disposées sur les rayons d'une espèce d'étoile dont le centre est traversé par l'arbre moteur, lequel, par cette disposition, est forcément vertical. Cet arbre traverse le bâti de l'appareil entre les deux électro-aimants, et le noyau servant de moyeu aux rayons de l'étoile qui doivent être en bois ou en bronze, a une disposition telle que, quand les armatures arrivent dans le voisinage de la ligne axiale des électro-aimants, leurs faces latérales se trouvent coïncider avec cette ligne. Il résulte de cette disposition que, quand une armature se présente devant l'un des électro-aimants, elle se trouve d'abord attirée par la branche de cet électro-aimant la plus rapprochée de l'arbre, et comme cette attraction est effectuée successivement par les différents noyaux magnétiques de cette branche, elle se trouve bientôt placée à portée de l'autre branche, qui réagit alors sur elle avec ses divers noyaux comme la première, jusqu'à ce que sa face latérale antérieure ait atteint la ligne axiale de l'électro-aimant. Alors le courant se trouve interrompu, et comme avec ces sortes d'électro-aimants le magnétisme rémanent est à peu près nul, le moteur continue sa course jusqu'à ce que le second électro-aimant placé du côté opposé ait commencé de la même manière son action attractive, ce qui a lieu du reste presqu'instantanément, en raison de la multiplicité des armatures. Par cette disposition, chaque électro-aimant réagit comme s'il représentait par le fait deux électro-aimants placés l'un à côté de l'autre, et, comme avec les électro-aimants à noyaux multiples le champ de l'attraction est très-étendu, puisqu'il est en rapport avec le nombre des noyaux, on peut obtenir de cette manière, avec un seul électro-aimant, une course attractive considérable qui atteint près de 10 centimètres dans le modèle construit par M. Cance.

Ce modèle avec dix éléments de Bunsen, moyen modèle, a pu fournir une force suffisante pour faire marcher un tour et permettre de tourner un morceau de bois de 10 centimètres de diamètre.

Moteur de M. de Sars. — Ce système est fondé sur le même principe, quant à la disposition du système électro-magnétique, que celui du même auteur que nous avons décrit précédemment. Comme dans celui-ci, en effet, le magnétisme rémanent des électro-aimants inactifs est à peu près supprimé au moment où il pourrait exercer une action fâcheuse.

Ce système se compose essentiellement d'une couronne d'électro-aimants tubulaires, légèrement elliptiques, sur lesquels roulent, portés par un croisillon en fer, des galets cylindro-coniques également en fer, dont le nombre est moindre que celui des électro-aimants, afin qu'ils soient tous, à un moment quelconque, dans une position différente par rapport aux électro-aimants. De cette manière, ces galets qui servent d'armatures aux électro-aimants, ne restent jamais inactifs, il y en a toujours au moins deux qui subissent les effets de l'attraction. De plus, comme ces galets roulent sur les enveloppes de fer des électro-aimants qui sont toujours polarisées de la même manière, car les pôles développés sont toujours de même nom, le système entier des armatures, y compris le croisillon qui les soutient, partage la polarité de ces enveloppes et communique aux noyaux portant les hélices magnétisantes, quand le courant ne les traverse plus, une polarité inverse à celle que leur avait donnée ce courant, laquelle polarité détruit comme nous l'avons dit leur magnétisme rémanent.

Le commutateur est placé sur l'axe du croisillon qui porte les galets et les poulies de transmission de mouvement; il ne présente rien de particulier; c'est un cylindre de bois sur lequel est adapté un balai de fils métalliques qui tourne autour d'une série de contacts en rapport avec les différents électro-aimants.

On comprend aisément qu'en disposant la couronne d'électro-aimants dont il a été question précédemment de manière à opposer par leur fond ou leur culasse, deux électro-aimants tubulaires semblables, et qu'en plaçant d'un côté et de l'autre de la double couronne d'électro-aimants ainsi formée deux croisillons munis de galets de fer, disposés comme il a été dit plus haut, on pourrait avoir un moteur à double effet qui doublerait l'action exercée.

Nous ajouterons encore que les galets cylindro-coniques, adoptés par

M. de Sars, sont creux afin de fournir moins de force d'inertie magnétique et mécanique.

Moteurs de M. Trouvé. — M. Trouvé a combiné à une certaine époque
un certain nombre de modèles d'électro-moteurs dont plusieurs sont aujour-
d'hui assez répandus dans le commerce, sous une forme ou sous une autre,
pour faire tourner certains appareils de physique et notamment les tubes
de Gaisseler.

Le type le plus simple de ces moteurs consiste dans une bague de fer
pourvue intérieurement de deux renflements en forme de dents de rochet, et
à l'intérieur de laquelle pivote un système électro-magnétique composé de
deux électro-aimants droits placés dans le prolongement l'un de l'autre. Un
courant étant lancé à travers le fil de ces deux électro-aimants au moment
où ils approchent des parties renflées de la bague, et se trouvant ensuite
interrompu au moment où il dépasse la sommité de ce renflement,
l'appareil continue sa marche, absolument comme si les deux renflements
constituaient des armatures séparées.

En rendant mobile la bague de fer elle-même, comme on le voit dans la
figure 108, on peut obtenir deux mouvements de sens contraire, l'un
provenant de l'action, l'autre de la réaction, et qui peuvent démontrer cette
loi de la mécanique que la réaction est égale à l'action. En maintenant fixe
le système électro-magnétique, la bague tourne seule avec une vitesse qui
peut être estimée par le nombre de tours qu'elle accomplit en une minute.
Or, en arrêtant cette bague, et laissant libre le système électro-magnétique, celui-ci tourne avec une vitesse qu'on reconnaît être la même que
celle de la bague, si les deux masses sont égales en inertie.

M. Trouvé a appliqué très-ingénieusement cette disposition d'électro-
moteur au gyroscope de Foucault, dans le but d'entretenir assez longtemps
son mouvement pour le rendre propre à démontrer d'une manière bien
nette le mouvement de rotation de la terre. Dans cet appareil, le tore
destiné à entrer en mouvement rapide, est constitué par un système magnétique du genre de celui dont nous venons de parler, mais muni de
huit électro-aimants droits réunis sur une même culasse cylindrique. Ces
électro-aimants constituent, par conséquent, une sorte de disque qui, pour
former un tore, n'a besoin que d'être noyé dans une masse de matière
isolante, moulée dans cette forme ; et pour rendre l'illusion complète, il
suffit de recouvrir le tore ainsi formé d'une enveloppe de cuivre, ce que
l'on obtient facilement au moyen de la galvanoplastie. Quand la pièce a été
de cette manière bien tournée, bien équilibrée au moyen de vis par
rapport à son centre de gravité, et que les huit pôles magnétiques ont été

Fig. 108.

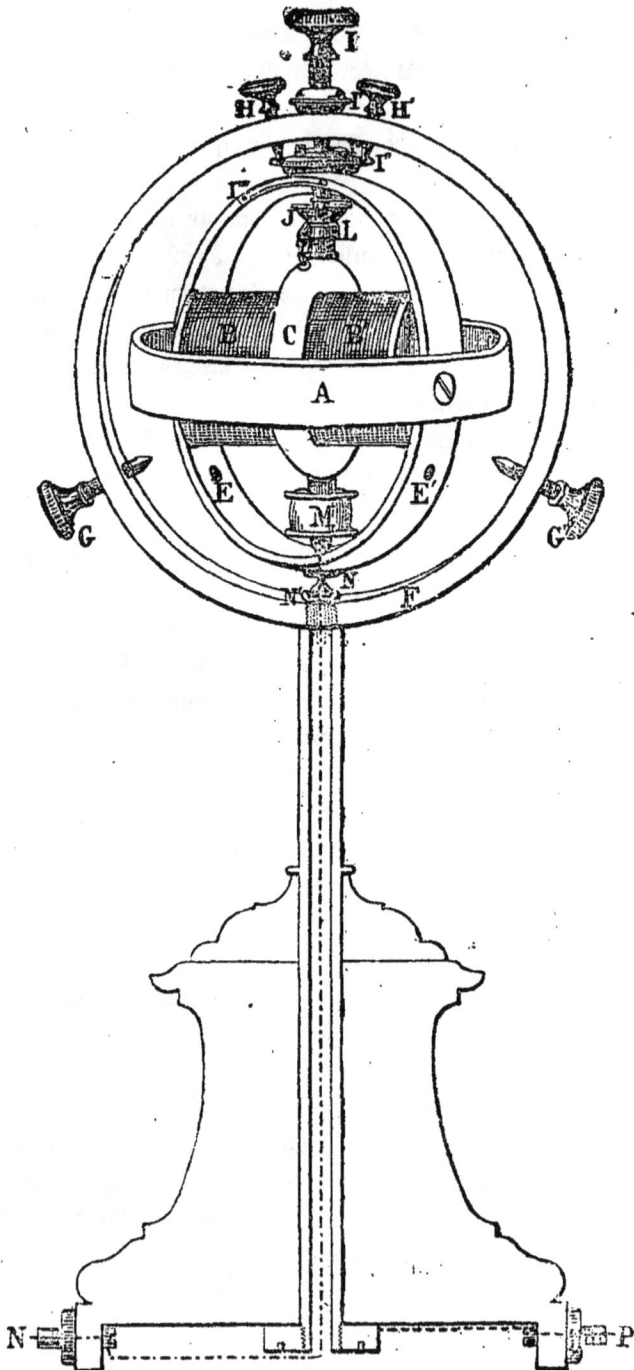

mis à nu pour ne pas voiler leur action, il suffit de la placer à l'intérieur de la bague de fer dont nous avons parlé pour les autres électro-moteurs, pour en faire, avec l'intermédiaire d'un commutateur dont nous allons indiquer la disposition, un électro-moteur dont la partie mobile sera le tore, si la bague de fer est suspendue, comme celle des gyroscopes ordinaires, à une potence fixe. Comme cette bague ainsi que le tore se trouvent dans un plan parfaitement vertical, on comprend que l'appareil étant mis en mouvement pendant un temps assez long, et le plan du système mobile ne pouvant se déplacer dans l'espace, par l'effet même de son mouvement, il arrivera que le support de la potence se déplacera par rapport à ce plan sous l'influence de la rotation de la terre, et l'arc dont il se sera déplacé, pourra indiquer celui que la terre a accompli pendant l'espace de temps constaté. On comprend seulement qu'il faut, pour obtenir ce résultat, une grande précision de construction de l'instrument, et il paraît que cette précision a été obtenue dans deux appareils construits par M. Trouvé, et qui ont été livrés à M. Jacobi et au musée de Kensington.

Le commutateur de cet électro-moteur est placé sur l'une des joues du noyau central du tore, et se trouve constitué, d'un côté par huit contacts rangés circulairement et qui sont reliés aux électro-aimants, d'un autre côté par un disque de platine porté par un ressort et qui présente en l'un de ces points un renflement. Comme ce renflement doit toujours buter entre deux chevilles afin qu'il ne réagisse pas mécaniquement sur le moteur, le disque de platine est relié au ressort qui le porte par l'intermédiaire d'un disque de cuivre et de deux vis qui, pouvant se mouvoir dans deux rainures circulaires pratiquées dans le disque de cuivre, permettent de fixer le disque de platine dans la position voulue.

Les contacts eux-mêmes sont disposés de manière que les électro-aimants fonctionnent par couples aux deux extrémités d'un même diamètre du tore, et avant qu'ils atteignent la partie la plus élevée des deux renflements de la bague de fer qui sert de support au système mobile. De plus, comme les contacts déterminés par le disque de platine s'effectuent sur deux des pointes du commutateur à la fois, ces deux pointes sont reliées métalliquement entre elles pour ne donner issue au courant qu'à travers un seul couple d'électro-aimants; de sorte qu'il n'y a par le fait de produites que quatre fermetures et interruptions de courant par tour du système mobile, et ces fermetures donnent lieu à quatre impulsions successives qui peuvent provoquer une vitesse très-grande de rotation du système mobile, si les interruptions sont faites en temps voulu. L'expérience a montré que pour provoquer le maximum de vitesse, il fallait qu'elles se fissent un peu avant l'arrivée des électro-aimants devant la partie la plus saillante des renflements de la bague de fer; mais pour obtenir le maximum de force, on a reconnu que ces interruptions devaient être faites immédiatement après l'effet attractif le plus énergique.

Comme pour dévier sous l'influence du mouvement de rotation de la terre, le système entier avec son commutateur doit être suspendu à un fil sans torsion, il a fallu, pour conduire le courant au ressort frotteur et aux contacts du commutateur à travers les électro-aimants, employer un système de liaison métallique constitué par du mercure. M. Trouvé a, en conséquence, muni, suivant la verticale passant par son centre, la bague de fer de l'appareil d'une petite tige de platine immergée dans une coupe de mercure; et le ressort du commutateur porté par cette bague, mais isolé d'elle métalliquement, s'est trouvé mis en rapport avec une seconde tige de platine plongée dans une rigole circulaire également remplie de mercure et entourant la coupe. Les deux pôles de la pile étant mis en communication avec ces deux capacités pleines de mercure, le courant pouvait être de cette manière facilement transmis au système mobile sans l'empêcher de se déplacer librement dans son plan.

On pouvait craindre qu'un système électro-magnétique de ce genre fut susceptible d'être impressionné par le magnétisme terrestre; mais comme les pôles extérieurs des électro-aimants sont tous de même nom et réagissent simultanément sur la bague de fer aux deux extrémités de son diamètre, il n'existe pas dans ce système de ligne nord-sud, et l'appareil se trouve toujours, par rapport au magnétisme terrestre, dans une position d'équilibre instable qui ne peut empêcher les effets dus au mouvement de rotation de la terre de se produire.

Les autres électro-moteurs de M. Trouvé se rapprochent de ceux que nous avons décrits p. 395. Dans l'un, le système électro-magnétique est constitué comme celui du gyroscope que nous venons de décrire, mais avec un plus grand nombre d'électro-aimants; ce système forme donc en quelque sorte une roue magnétique qui, comme dans le moteur de MM. Wheatstone et Froment, est soutenue par son centre à la manivelle du moteur, et roule à l'intérieur d'un anneau de fer doux sous l'influence de fermetures et d'interruptions de courant, faites à propos à travers les différents électro-aimants. Ces fermetures et interruptions de courant sont effectuées par un commutateur ingénieux dont nous devons dire quelques mots, car il est d'une simplicité extrême. Il consiste dans un disque isolant à travers lequel passent tous les bouts des fils des électro-aimants lesquels bouts s'y trouvent rangés circulairement; ces bouts étant reliés mécanique-

ment en un point de la manivelle du moteur, le disque peut décrire un mouvement gyratoire conique. Au-dessous de ce disque isolant, se trouve un autre
disque de platine soutenu par un ressort à boudin, et qui se trouve toujours
en contact avec l'un ou l'autre des fils du premier disque, quelle que soit la
position de celui-ci. Or, il résulte de cette disposition que si le disque de
platine et les électro-aimants sont mis en rapport avec la pile, le disque
d'ivoire, sous l'influence du mouvement du système magnétique, mettra
successivement les bouts du fil des électro-aimants en contact avec les
différents points de la surface du disque de platine, et les électro-aimants
se trouveront ainsi animés successivement.

Dans un autre modèle, l'action électro-magnétique s'effectue normalement sur les armatures, et c'est une longue bielle adaptée à celles-ci qui,
en réagissant sur une manivelle, met en marche le moteur. Toutefois
l'action électro-magnétique ne s'exerce pas sur ces armatures dans les
conditions ordinaires; ces armatures ne sont pas en effet articulées à une
pièce voisine des électro-aimants, elles ne sont maintenues que par un
goujon enfoncé librement dans une pièce rigide placée entre les deux pôles
magnétiques, et chaque électro-aimant n'agit sur elles que sous l'influence
d'une seule bobine, c'est-à-dire à la façon des électro-aimants boîteux. Il
arrive alors que, sous l'influence du mouvement de la bielle, ces armatures
se trouvent soulevées, tantôt au-dessus du pôle nord des électro-aimants,
tantôt au-dessus des pôles sud, et fonctionnent comme si elles étaient
actionnées par deux électro-aimants distincts. Ordinairement M. Trouvé
n'adapte à ces moteurs que deux systèmes magnétiques de ce genre, mais
il dispose le système moteur et les bielles de manière à pouvoir être
déplacées à volonté, par rapport aux électro-aimants qui restent fixes, et il
peut de cette manière trouver les conditions de longueur de bielles les plus
favorables pour fournir le maximum d'effet.

Une particularité intéressante des électro-moteurs de M. Trouvé, c'est
qu'ils peuvent être mis en marche avec des générateurs peu encombrants,
et disposés de manière à fournir des intensités très-différentes. La plupart,
en effet, peuvent fonctionner avec la petite pile au bisulfate de mercure et à
fermeture hermétique dont nous avons parlé dans notre tome I, p. 269, et
que nous représentons ci-contre fig. 109, avec ses véritables dimensions.
Quand cette force n'est pas suffisante et qu'il a besoin d'une forte intensité
électrique, il a recours à la batterie de polarisation de M. Planté que nous
avons décrite dans notre tome I, p. 385, et qu'il charge d'une manière
permanente avec une batterie de piles sèches au sulfate de cuivre dont
nous croyons devoir dire quelques mots, car elle peut rendre, dans ces
conditions, et même appliquée à la médecine, de grands services.

Nous représentons fig. 112, un élément de cette batterie et fig. 113, la
batterie tout entière avec tous ses graduateurs, et nous montrons fig. 110
et 111, comment la batterie de polarisation de Planté est alors disposée

Fig. 109.

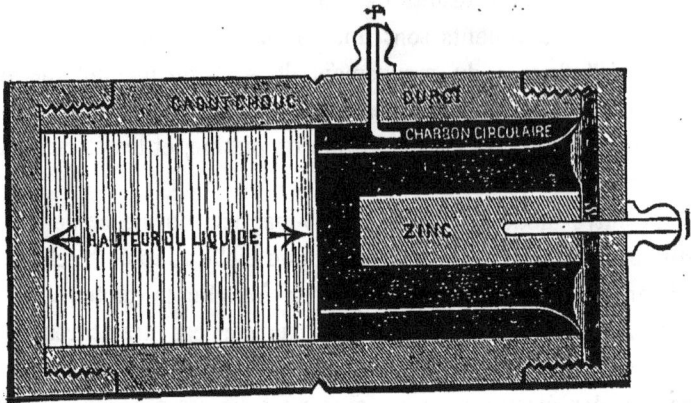

pour s'adapter à ces piles. Cette batterie comme on le voit est renfermée
dans une petite caisse en bois qui laisse passer extérieurement deux boutons d'attache A et B où l'on fixe les pôles de la pile de charge, et deux

Fig. 110.   Fig. 111.

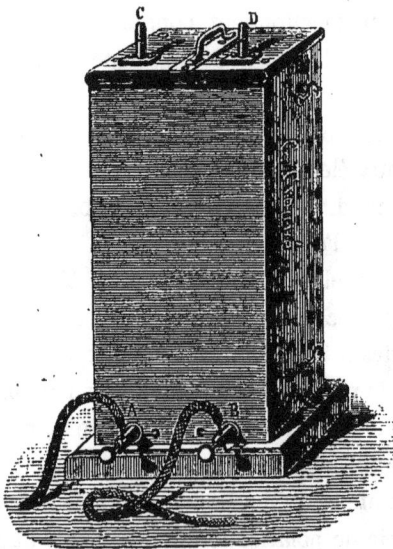
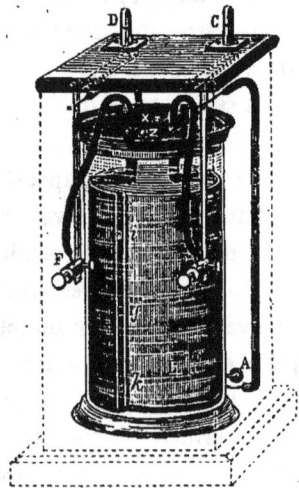

autres boutons à porte-mousqueton C et D où l'on recueille le courant de polarisation. Les deux lames de plomb servant d'électrodes et qui sont séparées
l'une de l'autre par trois jarretières en caoutchouc que l'on distingue en

i,j et *k*, communiquent en E et F par des fils recouverts de gutta-percha avec des lames qui aboutissent aux boutons C et D, et ces lames sont elles-mêmes en communication avec les boutons d'attache A et B. Deux petits trous très-exigus X et Z, donnent issue aux gaz résultant de la décomposition du liquide acidulé dans lequel plongent les lames de plomb.

Chacun des éléments de la batterie voltaïque dont nous avons parlé se compose comme on le voit fig. 112 de deux disques, l'un en zinc, l'autre en cuivre, séparés par une pile de disques de papier d'un diamètre un peu moindre. Cette pile se trouve imprégnée d'une solution de sulfate de zinc et d'une solution de sulfate de cuivre dans la partie qui avoisine les deux disques. Ces sels

Fig. 112.

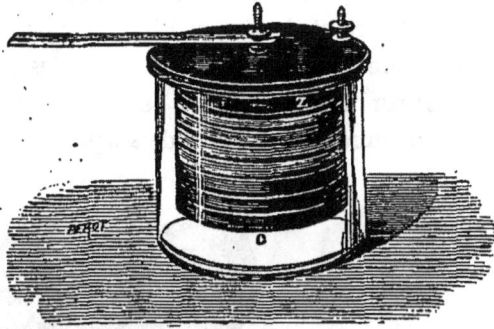

étant hygrométriques maintiennent toujours la pile dans un état d'humidité convenable, et celle-ci ne travaille que quand le circuit est fermé. Il faut seulement que la tige qui communique au disque de cuivre qui est en dessous, soit isolée des disques de papier afin de ne pas provoquer de courants locaux, et que le tout soit introduit dans un vase de verre avec un couvercle d'ardoise pour empêcher le dessèchement résultant de l'évaporation. Ainsi constitué l'élément peut fonctionner pendant plus d'une année sans qu'on ait à s'en occuper en aucune façon.

Il va sans dire qu'après un temps plus ou moins long et variable suivant l'activité du travail qu'on fait faire à la pile, elle finit par s'épuiser, et,

Fig. 113.

pour la remettre en état, il suffit de tremper dans une solution chauffée et saturée de sulfate de cuivre, la partie inférieure de l'élément. On prépare cette solution dans une cuvette de cuivre faite exprès; elle s'élève jusqu'à un niveau marqué, et comme le couvercle porte sur le bord de cette cuvette, le papier s'imbibe jusqu'à hauteur voulue sans qu'on ait à la chercher. Quant au sulfate de zinc, il se forme constamment par l'action de la pile, et il n'y a jamais à en remettre. Des deux électrodes, il n'y a que le disque de zinc qui s'use, celui de cuivre peut servir indéfiniment. Cet élément a la même force électro-motrice que l'élément de Daniell dont il ne diffère que par la forme; sa résistance varie avec le diamètre des rondelles de cuivre et de zinc et l'épaisseur de la pile de disques de papier intermédiaire. Pour un diamètre donné des rondelles, on ne pourrait pas diminuer par trop la quantité de papier sans faire perdre à la pile ses qualités de durée qui font l'un de ses principaux mérites.

Fig. 114.

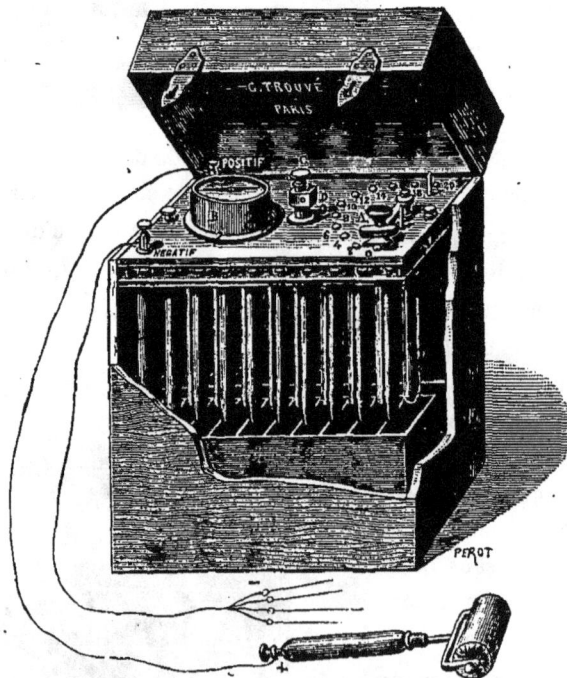

La batterie représentée fig. 113 qui est appliquée pour la télégraphie militaire, aussi bien que pour charger la batterie de polarisation, se compose de trois boîtes superposées renfermant chacune trois éléments. Ces boîtes sont en caoutchouc durci, et le tout est renfermé dans une boîte très-facilement transportable à dos d'homme. Elle peut facilement faire fonctionner des appareils télégraphiques à 15 kilomètres de distance.

La seconde batterie que nous avons représentée fig. 114, peut encore mieux que la précédente charger la batterie de polarisation de Planté, car elle est à bichromate de potasse ou à bisulfate de mercure. Elle a été néanmoins, spécialement disposée pour les usages médicaux, et se rapproche de celles que nous avons décrites dans notre tome I, p. 283.

Quel que soit du reste ces générateurs électriques, ils peuvent à la longue développer dans la batterie de polarisation représentée fig. 110 et 111, une assez grande force électrique pour animer les moteurs qui exigent des éléments à acides, et on a l'avantage, en employant ce système, d'avoir un générateur électrique qui est toujours prêt à fonctionner et qui n'exige pas qu'on le charge au moment où l'on veut s'en servir. M. Trouvé a, du reste, combiné en conséquence ses moteurs qui peuvent, de cette manière, fonctionner à tout moment quand on lui en exprime le désir.

Électro-moteur de M. Allan. — On a fait beaucoup de tapage il y a quelque vingt ans au sujet de cet électro-moteur, qui n'a pas eu du reste un meilleur sort que les autres. Bien que les effets produits par lui dans les expériences faites en 1857 au Conservatoire n'aient eu rien de bien satisfaisant, nous croyons devoir en dire quelques mots par acquit de conscience, et voici du reste la description qu'en faisait à cette époque le *Cosmos.*

« La machine de M. Allan est construite sur un principe tout à fait nouveau. Une chaîne, sorte de câble sans fin, est armée, suivant sa longueur, de séries d'armatures ou morceaux de fer doux; les électro-aimants sont distribués en séries sur un cylindre; ils attirent les armatures de la chaîne, et font avancer par pas successifs, et toujours dans le même sens, la chaîne sans fin qui communique le mouvement au moteur quelconque qu'il s'agit de faire fonctionner. On amène d'abord la première série d'armatures de la chaîne à une distance assez petite de la première série d'électro-aimants pour que l'attraction puisse s'exercer, puis on fait passer le courant; les électro-aimants deviennent actifs; la chaîne avance, sa progression amène une nouvelle série d'armatures en présence d'une nouvelle série d'électro-aimants qui deviennent actifs au moment où la première série est devenue inerte par la cessation du courant qui les animait; le mouvement continue par conséquent dans le même sens, et il continue incessamment tant que la pile est en action. Au lieu d'une chaîne sans fin, M. Allan emploie quelquefois une simple barre à laquelle les électro-aimants impriment un mouvement de va et vient que l'on transforme par les moyens connus en mouvement continu et de même sens. »

Électro-moteur de M. Pulver-Macher. — M. Pulver-Macher a aussi combiné un système de moteur à mouvement de rotation direct dans lequel il a employé les plaques électro-aimants, que nous avons représentées tome II, pl. I, fig. 23, et pour empêcher le développement des courants induits et la production de l'étincelle au commutateur, il lui a appliqué un système de commutateur à charbon que nous avons décrit p. 262, tome I, fig. 3, 4, 5, p. 263 de notre 2e édition. Il prétend que cet appareil a très-bien marché ; reste à savoir la force qu'il a pu développer.

Les plus grands moteurs électro-magnétiques de M. Froment ont été construits dans le système de la rotation directe ; il en a fait usage pour mettre en mouvement les petits tours de ses ateliers et ses machines à diviser (1). Un de ceux qu'il a construits pour la Sorbonne, a été approprié, sur la demande de M. Pouillet, aux expériences d'acoustique. Mais, pour ces différents usages, la régularité parfaite du mouvement était une condition indispensable, et, comme la pile, en s'usant, était loin de la fournir, il a fallu ajouter à ces instrument des régulateurs de vitesse analogues à ceux des machines à vapeur.

On a souvent pensé et on a même essayé de faire marcher des barques et des petites voitures par l'intermédiaire des électro-moteurs. Aucun de ces essais n'a complétement réussi ; mais quand bien même on arriverait à trouver dans l'électro-magnétisme une force économique, elle ne pourrait être employée dans ce but, à cause du poids énorme qu'il faut donner aux machines pour développer une grande quantité de magnétisme ; le grand moteur que j'ai fait construire, et dont j'ai parlé précédemment, pesait plus de cinq cents kilog., et à peine produisait-il la force d'un enfant.

L'application la plus utile qui ait été faite des électro-moteurs, a été leur emploi pour mettre en marche des ventilateurs et certains métiers pour les travaux de passementerie. Avec un petit modèle mis en mouvement par deux éléments de Bunsen, j'ai pu recouvrir de soie ou de coton quatre-vingt-dix mètres de fil de cuivre dans une heure. C'est déjà, comme on le voit, un résultat avantageux, surtout pour les expériences de physique où l'on a besoin à chaque instant de ces sortes de fils. Les électro-moteurs ont encore été employés par M. Mouilleron à remplacer les mécanismes d'horlogerie dans les télégraphes Morse, et par M. Becquerel à mettre en mouvement ses appareils dépolarisateurs. Enfin nous avons vu qu'ils avaient été employés à mettre en mouvement des machines à coudre, des pianos mécaniques et des miroirs à alouettes. M. Pascalis de Lyon est l'auteur de cette dernière invention qui a figuré à l'Exposition de 1867.

---

(1) Ces machines sont tellement parfaites, que M. Froment a pu diviser un milli-mètre en mille parties égales, et écrire son nom et son adresse dans un espace encore plus limité. Ces divisions sont d'un usage fréquent pour les recherches mi-croscopiques et astronomiques ; elles se font en général sur verre.

Moteurs à mouvements combinés. — Plusieurs constructeurs, entre autres, MM. Froment, Page, Bourbouze, etc., ont essayé d'amplifier la force électro-motrice en combinant entre elles les différentes actions dynamiques et statiques auxquelles elle donne lieu. C'est ainsi que M. Bourbouze a réuni l'attraction des hélices à l'attraction des électro-aimants, en faisant entrer dans deux longues bobines enroulées de fil métallique deux doubles fers d'électro-aimants dont l'un étant mobile *sert de piston et agit sur un balancier pour la transformation du mouvement.* C'est encore ainsi que M. Froment, voulant utiliser la force perdue par la résistance des électro-aimants fixes de ses appareils à mouvement de rotation directe, les a disposés eux-mêmes sur un tambour mobile, pour tourner en même temps que le tambour portant les armatures. Alors les mouvements peuvent se trouver combinés ensemble, par l'intermédiaire d'un engrenage. Cette disposition lui a permis d'agir sur 3 et même sur 4 systèmes de tambours à armatures avec un seul système électro-mobile comme on le voit fig. 115. Mais, de tous ces systèmes à mouvements combinés, le plus ingénieux est celui dans lequel M. Froment a combiné le système d'attraction normale à petite distance avec le système de mouvement de rotation directe.

Fig. 115.

Pour s'en faire une idée, qu'on imagine, l'une dans l'autre, deux circonférences ou cerceaux concentriques de cuivre A et B, fig. 116, formant un système fixe, et portant, dans leur intervalle de séparation, une série d'électro-aimants disposés suivant le rayon des cercles. Ces électro-aimants dont les pôles se font jour au travers de la plus petite des deux circonférences, se trouvent échelonnés deux à deux, transversalement, au dedans du système. A l'intérieur de cette espèce de couronne d'électro-aimants, est disposée la roue mobile qui porte les armatures de fer doux, en nombre égal à celui des électro-aimants. Cette roue est destinée à tourner à l'intérieur de la circonférence interne, et se trouve liée à l'arbre moteur par une manivelle dont la partie excentrique passe par son centre. Le commutateur est sur l'arbre moteur et renvoie successivement le courant d'un électro-aimant au suivant. Or, voici ce qui arrive quand l'appareil fonctionne : l'armature de la roue mobile qui a subi l'effet de l'électro-aimant possédant le courant, a rapproché cette roue de la partie correspondante de la circonférence intérieure, de telle sorte que l'armature en prise occupe le point de tangence. Mais en ce moment le

courant est rompu, et l'électro-aimant suivant, en attirant l'armature correspondante placée alors presque normalement au-dessus de lui, fait tourner
la roue de l'arc de cercle compris entre deux électro-aimants consécutifs;
le point de tangence se trouve donc déplacé. Mais, comme le courant se
trouve alors réagir plus loin, un nouvel arc de cercle est décrit et ainsi de
suite. On voit donc que la roue mobile, en tournant ainsi autour de la
couronne d'électro-aimants, entraîne la manivelle et communique à l'arbre
moteur un mouvement circulaire qui s'opère sans transformation, bien

Fig. 116.

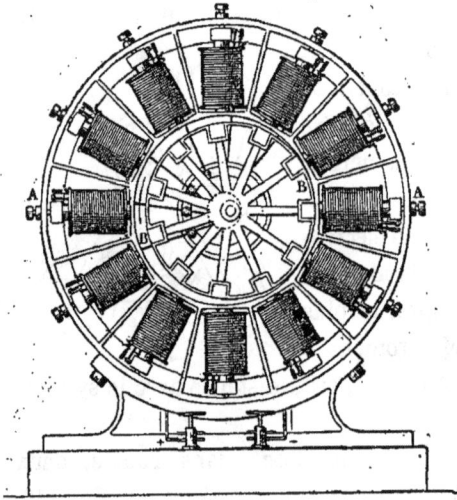

que les attractions soient toutes
normales entre les électro-aimants et leurs armatures.

L'inconvénient de ce genre de
moteur, qui a d'ailleurs une
grande force, est d'ébranler
toute la monture des différentes
pièces qui le composent, ce qui
est une cause de détérioration
rapide.

M. Froment avait cru sur-
monter cet inconvénient en éta-
blissant son moteur sur le principe précisément inverse, c'est-
à-dire en rendant fixe la roue
intérieure, en la garnissant
d'électro-aimants, et en rendant mobile la circonférence externe qui se
trouvait alors munie des armatures; mais un inconvénient bien plus grave
s'est manifesté; il n'en résultait rien moins que la *déformation* de la circonférence portant les armatures. Celle-ci, en effet, s'infléchissait sous l'action
des électro-aimants, et l'on perdait ainsi tout le bénéfice de l'attraction
normale.

M. Wheatstone avait imaginé en 1841 un moteur analogue à celui
que nous venons de décrire. Ce moteur est non-seulement décrit dans
la deuxième édition du *Chemical philosophy*, de M. Daniell, publiée
en 1841, mais encore dans ses brevets de 1840. M. Wheatstone n'est du
reste pas le seul qui se soit rencontré avec M. Froment dans la combinaison
de ce genre de moteurs. Nous avons déjà dit que M. Jedlick prétendait
l'avoir inventé dès l'année 1829, et dernièrement M. Marié Davy l'a présenté
sous une forme un peu plus compliquée devant la Société d'Encouragement et l'Académie des sciences. N'est-ce pas le cas de dire que les beaux
esprits se rencontrent?

Electro-moteur de M. Marié Davy. — « Cet électro-moteur, dit
M. Becquerel, se compose de soixante-trois électro-aimants disposés à
égale distance autour d'un cercle de bois garni intérieurement d'un cercle
de cuivre; tous les électro-aimants ont leur axe dirigé vers le centre de la
roue, et leur surface coïncide avec la surface concave du cercle de cuivre.
Dans l'intérieur de cette grande roue, il s'en trouve deux autres dont le
rayon est le tiers de celui de la première, et qui sont garnis intérieurement d'un cercle de cuivre; ces roues portent chacune vingt et un électro-
aimants équidistants, qui sont dirigés vers leur centre réciproque,
et dont les surfaces polaires coïncident avec les surfaces concaves des
roues de cuivre. Les petites roues peuvent donc rouler sans glissement
dans l'intérieur de la grande roue, et entraîner dans leur mouvement
l'arbre de la machine, qui coïncide avec l'axe de la grande roue. Les
électro-aimants mobiles viennent se mettre successivement en contact avec
les électro-aimants fixes. Les grandes et petites roues sont munies d'un
engrenage destiné à maintenir la coïncidence une fois établie.

« La machine est pourvue de pièces destinées à mettre successivement
chacun des électro-aimants en communication avec la pile, et à donner une
aimantation différente aux deux électro-aimants en présence, à l'instant où
ils agissent l'un sur l'autre.

« M. Marié a également remplacé les roues inférieures garnies d'électro-
aimants, par d'autres qui sont munies seulement d'armatures de fer doux;
la partie mobile est ainsi plus légère et les engrenages deviennent inutiles.
Les roues de fer doux roulent donc comme des galets sur la surface intérieure de la roue enveloppante, de façon à venir successivement en
contact des électro-aimants au moment de leur aimantation. »

Quoique la machine de M. Marié Davy n'ait été qu'une copie compliquée
de celle de M. Froment, une somme de 2000 francs a été accordée à son
auteur pour faire des expériences en grand. Nous n'avons pas entendu
dire que ces essais aient abouti, et je doute qu'ils aient produit des
résultats plus avantageux que ceux dont nous avons parlé précédemment.
Toujours est-il que, si le moteur de M. Marié Davy ne présente rien de nouveau dans ses combinaisons électro-mécaniques, le Mémoire qu'il a présenté
à ce sujet renferme des considérations d'un ordre élevé sur les électro-
moteurs, et c'est sans doute ce mémoire qu'on a voulu récompenser. Parmi
les conclusions de ce mémoire, il en est une que je crois intéressant de
rappeler ici, et nous allons l'extraire du rapport même fait à l'Académie.

« M. Marié Davy a pensé, et avec raison, que pour obtenir le maximum
d'effet dans les machines électro-magnétiques, il fallait que les électro-

aimants et les armatures pussent agir jusqu'au contact attendu, que la force électro-magnétique, comme il l'a prouvé par le calcul et l'expérience, décroît si rapidement avec la distance, qu'en employant deux électro-aimants, lorsque ceux-ci approchent de l'infini jusqu'au contact, ils déve-loppent une quantité de travail telle que les cinq sixièmes le sont dans le dernier millimètre et moitié du reste dans l'avant-dernier. En remplaçant le deuxième électro-aimant par une armature de fer doux, les trois quarts de la quantité de travail sont produits dans le dernier millimètre de par-cours de l'armature et plus de la moitié du reste dans l'avant-dernier. Or, dans la plupart des machines électro-magnétiques rotatives construites jusqu'à présent, les armatures mobiles passent rapidement devant les électro-aimants fixes suivant une ligne perpendiculaire à l'axe, sans arriver jusqu'au contact. Ainsi on n'utilise pas toute la quantité de travail que l'on pourrait obtenir. »

Moteur de M. le comte de Molin. — M. le comte de Molin est de ceux qui ont conservé le plus longtemps des illusions sur la solution du problème des électro-moteurs, et, par le fait il les a toujours conservées, car la mort est venue le surprendre au milieu de ses recherches et au moment ou il était parvenu à faire marcher, avec sa machine, sur l'un des lacs du bois de Boulogne, une petite barque chargée de quatorze personnes. Il est vrai que les expériences faites au Conservatoire des arts et métiers sur la puis-sance de cette machine, avaient montré qu'elle ne développait pas une force supérieure au septième de celle d'un homme, mais sur l'assurance qui lui fut donnée que, pour faire marcher sa barque chargée de quatorze per-sonnes, il fallait deux bons rameurs, il a cru le problème en partie résolu, et il s'est éteint dans cette persuasion. On peut voir dans le journal les *Mondes* (tome VIII, p. 161, tome X, p. 332 et 590, tome XI, p. 417 et tome XII, p. 391) les différents essais qu'il entreprit pendant les an-nées 1865 et 1866, essais qui ont eu à ces époques un certain retentisse-ment. Voici la description que M. de Molin fait de son appareil dans un mémoire envoyé en octobre 1866 à l'Académie des sciences.

« On connaît, dit-il, l'énergie des attractions électro-magnétiques, et je me suis souvent demandé pourquoi les moteurs basés sur ce principe produisaient si peu d'effet, un huitième d'homme pour trente grands éléments Bunsen; et toujours je l'ai attribué au magnétisme rémanent.

« J'ai donc pensé que ce genre de moteurs devait fonctionner à petite vitesse, pour donner au fluide le temps de s'accumuler et de disparaître, et qu'il fallait faire réagir jusqu'au contact les puissances d'action, en évitant le choc toutefois, et en produisant le mouvement circulaire direct.

« Voici les dispositions que j'ai adoptées : sur deux plans parallèles, j'ai disposé en cercle, concentriquement à un même axe, deux rangées d'électro-aimants, savoir seize sur chaque plan. Sur le même axe, entre les deux plans, j'ai disposé une roue en bronze avec un arbre fixé dans son noyau, mais ne tournant pas et pouvant osciller dans tous les sens autour de son centre immobile. Pour cela, elle pivote dans un anneau concentrique pivotant lui-même, les deux axes d'oscillation étant perpendiculaires entre eux. Si le courant est lancé dans les électro-aimants, la zone médiane sera attirée en sens inverse par deux pôles diamétralement opposés, qui viendront s'appuyer contre l'aimant correspondant, et si l'on neutralise successivement de chaque côté les électro-aimants placés en arrière, la roue se portera de même et sans secousse sur le barreau qui suit, et cela successivement sur tout son pourtour, et l'arbre aura décrit un cône dans l'espace.

« La plus grande distance entre la zone et l'armature est de trente-quatre millimètres et la plus petite de un demi-millimètre, hormis le contact; la roue a quatre-vingt-quinze centimètres de diamètre. Il y a toujours seize électro-aimants en exercice, huit à chaque pôle. J'ai pu, en serrant progressivement le frein, ramener la vitesse de vingt à trois tours par minute, sans diminuer le travail disponible, ce qui m'a paru une précieuse qualité dans un moteur; et j'en ai conclu que le travail, dans les limites d'une certaine vitesse, est proportionnel à la quantité d'électricité produite. J'ai de plus appliqué cet appareil, avec vingt éléments Bunsen, à la propulsion d'un bateau-omnibus du lac du bois de Boulogne, par le moyen de roues à aubes, avec une charge de quatorze personnes et vent debout; les mariniers ont estimé ce travail à celui de deux rameurs.

« La dépense a été de quinze centimes par heure. Elle est moindre que celle du moteur Lenoir, qui coûte beaucoup plus cher, occupe beaucoup plus de place et fonctionne moins bien. On parviendra certainement à produire de l'électricité à meilleur marché, mais déjà tel qu'il est, mon moteur peut rendre de grands services à toutes les petites industries. »

Cette description n'étant pas très-claire, nous croyons devoir rapporter ici celle qu'en donne M. l'abbé Moigno dans le tome XI des *Mondes*, p. 417.

« Ce moteur simple et massif, dit-il, est une roue verticale en bronze, armée sur chacun de ses flancs de seize armatures qui cèdent tour à tour à l'attraction de deux séries de seize électro-aimants fixés sur deux cercles parallèles à la roue, et placés verticalement l'un à droite, l'autre à gauche. La roue métallique ne tourne pas; elle oscille seulement autour de son centre, de telle sorte que chacune des armatures arrive successivement au contact d'un électro-aimant après s'en être rapprochée successivement, entraînée par l'attraction magnétique qui est la force motrice du système. Si l'on considère un groupe de ces armatures successives : la première, la plus éloignée sera à un millimètre et demi de l'électro-aimant correspondant, la seconde à un millimètre, la troisième à un demi millimètre, la quatrième au contact. Aussitôt le contact arrivé, le courant qui rendait l'électro-aimant actif est interrompu ; cet électro-aimant correspondant devient inerte ; l'armature bientôt débarrassée du magnétisme rémanent se détache, et s'éloigne pour revenir de nouveau au contact quand son tour sera venu.

« Le bon fonctionnement de l'appareil dépend du jeu régulier du commutateur dont les contacts, mis à l'abri de la destruction par les étincelles de rupture du courant, doivent rester parfaitement nets. Pour que cette dernière condition, la plus délicate de toutes, soit remplie, le commutateur fonctionne au sein d'une auge remplie d'eau et dans laquelle on fait dissoudre un peu de potasse, qu'on renouvelle en la faisant écouler par un robinet quand elle est trop sale. Le courant qui anime le moteur est fourni par une pile de Bunsen de 20 éléments.

« La force vive engendrée dans la roue par l'exercice de l'attraction est reçue par un arbre qui, à l'aide de deux chaînes de Vaucanson, fait tourner les deux roues à aubes du bateau. »

D'après cette description on peut croire que le moteur en question est du genre de ceux de MM. Wheatstone, Froment et Marié Davy que nous avons décrits précédemment.

Electro-moteurs fondés sur les réactions réciproques des électro-aimants. — Les électro-aimants, pouvant réagir entre eux comme aimants et comme armatures, ou pour parler plus scientifiquement, pouvant agir dynamiquement et statiquement, on a pensé souvent à remplacer dans les moteurs précédents les armatures de fer doux par ces organes électriques. Le premier moteur de M. Marié Davy avait été, comme nous l'avons vu, construit dans ce système. Celui de M. Ed. Becquerel, qui est au Conservatoire des arts et métiers, est également un appareil de ce genre. Toutefois, on n'a pas obtenu de ces électro-moteurs tous les avantages qu'on en espérait ; car, aux inconvénients que j'ai signalés dès le commencement de ce chapitre, se joignaient ceux des courants d'induction produits par les réactions réciproques des électro-aimants les uns sur les autres. Aussi, un électro-moteur de grande dimension, établi dans ce système et armé de 288 gros électro-aimants, n'a-t-il pu être mis en mouvement, quelque forte que fût la pile qu'on lui appliquât.

Electro-moteur de M. Ed. Becquerel. — Ce système, qui a précédé celui de M. Larmenjeat, que nous avons décrit, est fondé sur le même principe que ce dernier; seulement, n'étant pas destiné à produire une grande force, il n'est muni que d'un électro-aimant circulaire au lieu de trois, et encore cet électro-aimant n'a que deux pôles ou deux rondelles. Dans ce système, les cylindres de fer doux servant d'armatures, sont remplacés par des électro-aimants fixés à l'intérieur d'une circonférence de fer comme ceux du moteur de M. Froment, représenté fig. 116. La réaction électrique est du reste exactement la même que dans le moteur de M. Larmenjeat. Seulement, le commutateur a dû être compliqué en raison de la double action qu'il avait à produire.

M. Becquerel, à l'aide de cet appareil, a pu démontrer la vérité du raisonnement que nous avons exposé relativement aux effets contraires des courants induits. Ainsi, il a reconnu que le maximum de vitesse du moteur était obtenu quand l'électro-aimant circulaire était à l'état naturel, et quand les extrémités du fil entourant cet électro-aimant n'étaient pas jointes ensemble, ce qui, comme on le comprend facilement, empêchait le courant d'induction de se développer.

3° **Electro-moteurs dans lesquels la pesanteur intervient comme source de puissance.**

Bien des chercheurs de mouvement perpétuel se sont creusé la tête pour obtenir, par des allongements et raccourcissements de bras de levier, la destruction d'équilibre d'une roue munie de contre-poids. Malgré toutes leurs combinaisons, il fallait toujours en venir à réagir d'une manière quelconque soit sur ces poids, soit sur les leviers qui les soutenaient. Ce problème, tant caressé par certains mécaniciens, a été repris dernièrement par plusieurs personnes, en faisant intervenir, comme agent auxiliaire, l'électricité. Les unes ont voulu employer l'électrité à remonter les poids dont la chute avait provoqué la rotation du moteur; les autres, avec beaucoup plus de raison, ce me semble, ont cherché simplement à faire réagir l'électricité pour modifier les conditions de longueur des bras de levier supportant ces poids moteurs. Parmi les moteurs de ce genre, je vais décrire celui que M. J. Ménant avait combiné il y a quelque vingt ans.

Electro-moteur de M. J. Ménant. — Imaginons, fixés sur un axe horizontal mobile M, fig. 117, de forts rayons équidistants de forme rectangulaire et construits en matière non magnétique; concevons que,

sur ces rayons, puissent glisser librement, dans le sens de leur longueur, de fortes gaînes ou étuis de cuivre terminés à leur extrémité
libre par un fort tourillon servant de pivot à une roue très-pesante de
fer A, A'A', etc.; enfin, supposons qu'à partir du point B soient disposés
sur une ligne droite BC une série d'électro-aimants E, E', E", etc., rangés
les uns à côté des autres. On concevra facilement que si les roues A, A'A',
ont leur circonférence taillée comme les disques de fer des électro-aimants
circulaires du moteur de M. Larmenjeat, c'est-à-dire composées alternative-

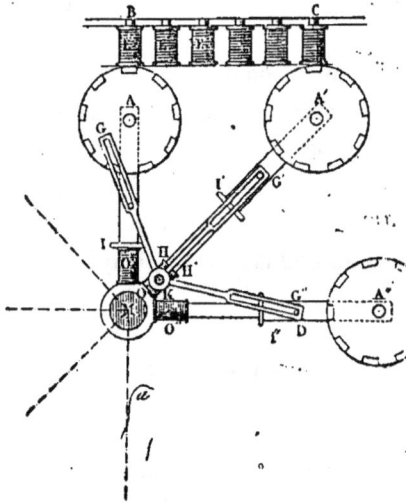

Fig. 117.

ment de parties de cuivre et de
parties de fer, elles pourront (par
l'intermédiaire d'un commutateur
renvoyant successivement le courant d'un électro-aimant à l'autre)
être entraînées du point B au
point C, en faisant glisser leur support sur les rayons de l'arbre M, et
être ensuite abandonnées à elles-
mêmes à partir du point C. Le
poids de ces roues étant alors inégalement réparti des deux côtés
du système moteur, par suite de
l'inégale longueur des leviers
auxquels ces poids sont appliqués,
ce système sera mis en mouve-
ment; mais pour que ce mouvement continue, il faut que ces bras de levier
sur lesquels réagissent par leur poids les roues A, A'A'. etc., se raccourcis-
sent immédiatement après leur chute de C en D.

Pour cela, les gaînes ou glissières de cuivre servant de support aux
roues A, A', sont munies de fortes chevilles sur lesquelles sont articulées
des bielles G H, G'H', etc., pivotant sur un même tourillon fixe placé latéralement et excentriquement en K à côté de la roue. Ces bielles portent
en G une petite rainure dont nous verrons à l'instant l'utilité; enfin, ces
mêmes glissières de cuivre sont munies à leur partie inférieure d'une forte
pièce de fer I, I', servant d'armature à des électro-aimants O, O', O", etc.,
fixés sur les rayons de l'arbre moteur.

Avec cette disposition, on concevra facilement que les bielles G H, G'H',
ayant leur centre de mouvement en dehors de l'arbre moteur et du côté C,
ne tendront pas à raccourcir les bras de levier M A, M'A', etc., tant que
ceux-ci seront développés du côté C; mais quand ils se trouveront reportés

du côté opposé, ces bielles tireront à elles les glissières des roues A, A', etc., et par cela même raccourciront ces bras de levier. Au moment où ce raccourcissement sera complétement effectué, le commutateur dirigera un courant à travers les électro-aimants O, O', O", qui se trouveront alors en contact avec les armatures I, I', I'; alors les bras de levier M A, M' A', etc., se trouveront maintenus à leur minimum de longueur, jusqu'à ce que les roues A, A' soient arrivées successivement devant l'électro-aimant E. En ce moment seulement, le commutateur rompt le courant à travers les électro-aimants O, O' pour le reporter dans les électro-aimants E, E', E", etc., qui rallongent de nouveau les bras de levier M A, M A', etc. C'est pour permettre aux bielles G H, G' H' de se développer, lorsque les rayons M A, M A' s'approchent des électro-aimants E, E', etc., qu'une rainure a été adaptée à l'articulation des bielles G H, G' H' avec les glissières des roues A, A', etc. Inutile de dire que toutes les réactions dont nous venons de parler sont successives et se répètent pour chacune des roues A, A', A'. Il en résulte que, quand une de ces roues ne réagit plus pour faire tourner le moteur, il s'en trouve toujours derrière elle deux autres qui exercent leur action.

4° **Appareils électro-mobiles.**

Dès l'année 1851, j'avais eu l'idée de faire courir sur une tringle composée de parties alternativement magnétiques et non magnétiques, un système de bobines disposé de manière à être successivement attiré de proche en proche par les parties magnétiques de la tringle. A cet effet, ces bobines qui étaient au nombre de trois, étaient soutenues par un système de galets, pour faciliter leur glissement, et portaient un commutateur qui ne fermait le courant à travers l'une ou l'autre d'entre elles, que quand l'action attractive des hélices sur les tronçons magnétiques, pouvait être effectuée efficacement. J'ai publié la description de cet appareil dans la première édition d'une brochure sur les électro-moteurs, qui a paru en 1852, et je l'ai fait exécuter chez MM. Breton frères; mais les résultats en ont été si peu satisfaisants, que je n'ai plus parlé de cette invention dans mes autres publications (1). Néanmoins, cette idée a été reprise en 1864 par M. Bonelli dans le but de réaliser le transport d'objets pondérables au moyen de l'électricité, but qui du reste avait été également le

---

(1) Je donne fig. 118 ci-contre le dessin que j'avais publié de ce système dans la brochure dont il a été question.

mien, quand j'imaginai le système précédent. Pour obtenir ce résultat,
M. Bonelli établissait entre le point de départ et celui de la destination, un
tube cylindrique divisé en sections et pourvu de multiplicateurs électriques
sur toute la longueur de son parcours. En dedans de ce tube, une hélice de
fils métalliques de moindre diamètre que la partie creuse du tube, devait
recevoir une impulsion progressive, par l'attraction électro-dynamique que
le tube électrisé par sections devait exercer sur les spires de l'hélice mobile
parcourue par le même courant.

Depuis ces systèmes, plusieurs inventeurs, entre autres, MM. Militzer,
Bellet et Rouvre, Gaiffe, ont cherché à résoudre le même problème en en

Fig. 118.

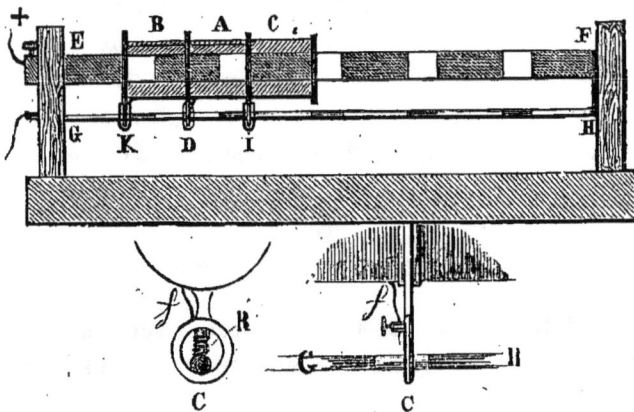

disposant les éléments de manière à constituer un véritable chemin de fer,
ayant pour partie mobile une véritable locomotive électro-magnétique. Nous
allons décrire, seulement à titre de renseignements, les divers systèmes qui
ont été proposés dans cet ordre d'idées ; car nous ne croyons guère que
l'application qu'on avait voulu en faire comme moyen de transport des
dépêches, soit réalisable ; ils ne peuvent constituer selon nous que des appareils de démonstration intéressants.

Locomotive électro-magnétique de M. Militzer. — Voici la description
que donne de cet appareil M. le comte Marschall dans le compte-rendu
qu'il a fait, pour le journal les *Mondes* (du 31 mai 1866), de l'une des séances
de 1865 de l'Académie des sciences de Vienne.

« Douze petits électro-aimants en fer à cheval sont fixés verticalement
aux bras d'une étoile à six rayons, de telle manière que les lignes joignant
leurs pôles soient situées dans la direction des rayons, les plans polaires

étant alternativement dirigés vers les deux côtés de la base commune. Le système entier repose sur un axe qui le traverse librement par son centre et sur une petite roue servant de guide. Le plan de l'étoile servant de base aux électro-aimants est vertical à l'horizon, et reste toujours parallèle à lui-même. Les deux bouts de cet axe sont fixés en permanence à deux roues dont les raies sont les électro-aimants. Dès qu'une moitié de ces aimants est excitée par le courant électrique, les armatures correspondantes sont soumises à une attraction latérale, et les roues, de même que leur axe commun, exécutent un tour jusqu'à ce que les armatures se trouvent en face de leurs plans polaires; le système entier progresse en conséquence le long de rails métalliques adaptés à cet effet. Ce mouvement accompli, un commutateur adapté à l'axe interrompt le courant dans les six premiers électro-aimants et le rétablit dans les six autres, de sorte qu'un nouveau mouvement progressif a lieu dans la même direction et est de la même valeur que le premier. Le courant est fourni par un générateur dont les pôles communiquent avec les rails. Chacune des parties de l'appareil est convenablement isolée, de sorte que le passage de l'électricité d'une ligne de rails à l'autre, ne peut avoir lieu chaque fois que par une des séries de multiplicateurs attachés aux électro-aimants. » Il est facile de voir que ce système n'est autre, en définitive, qu'une locomotive électrique, et nous allons voir que, comme appareil, il est moins simple que plusieurs autres que nous allons décrire.

Locomotive électrique de MM. Bellet et Ch. Rouvre. — Ce système imaginé en 1864 et destiné par leurs auteurs au service de la poste, est décrit de la manière suivante par M. Cazin, dans les *Mondes* du 15 décembre 1864.

« Sur deux rails en fer roule un chariot portant dans un coffre la correspondance; les deux roues postérieures sont en cuivre, et chacune d'elles porte vingt électro-aimants en fer à cheval, équidistants. Leurs plans moyens se coupent suivant l'axe de la roue, et leurs surfaces polaires affleurent extérieurement la jante, de sorte que le rail sert d'armature successivement à tous les électro-aimants pendant la rotation du chariot. Pour mettre ce chariot en mouvement, il faut faire passer le courant voltaïque dans la bobine la plus rapprochée du rail; alors son noyau de fer est attiré par le rail, et la roue tourne. La force attractive croît très rapidement à mesure que la distance du rail à la surface polaire diminue, et elle atteint son maximum au contact; à cet instant il faut ouvrir le circuit voltaïque et faire passer le courant dans la bobine suivante; les ouvertures et fermetures successives du courant sont produites par un interrupteur disposé sur l'axe des roues motrices et qui est essentiellement formé d'un

anneau métallique isolé et d'un disque isolant portant sur son contour
vingt plaques de métal pour distribuer le courant.

« L'anneau glisse sur un ressort de métal auquel est adapté un des rhéophores de la pile, tandis que le disque distributeur glisse sur un autre
ressort auquel est adapté l'autre rhéophore. A chaque plaque de métal de
ce disque est soudée l'extrémité du fil de l'un des électro-aimants, et l'autre
extrémité est soudée à l'anneau isolé, de sorte que le circuit voltaïque est
fermé quand il y a contact entre une plaque du disque et son ressort. Le
même anneau sert pour les deux roues motrices; mais chacune d'elles a
son disque distributeur, et comme les plaques de métal de l'un sont en
face des intervalles des plaques de l'autre, le courant ne traverse qu'un

Fig. 119.

électro-aimant à la fois, tantôt d'un côté, tantôt de l'autre. Enfin les
électro-aimants de l'une des roues sont en face des intervalles de ceux de
l'autre, de sorte qu'il y a attraction par le rail à chaque quarantième de
tour.

« La pile peut être portée par le chariot, mais les auteurs préfèrent une
pile fixe, à cause de la difficulté du maniement d'un grand nombre de
piles et des frais de transport d'un poids mort relativement considérable, et
aussi pour éviter le voisinage des piles et de la correspondance. Alors
entre les deux rails sont posés deux fils de métal isolés, sur lesquels
roulent des galets de métal communiquant avec les ressorts de l'interrupteur; ces deux fils sont les rhéophores de la pile. Il est évident que pour
arrêter la locomotive il suffit d'ouvrir le circuit. »

Locomotive électro-magnétique de M. Gaiffe. — Cette locomotive n'est
qu'un modèle d'électro-moteur qui se rapporte à la classe des moteurs à

à mouvement de rotation directe et dont les armatures réagissent sur une roue à rochet par l'intermédiaire d'un cadre qui peut se mouvoir de droite à gauche et de gauche à droite au moyen de deux leviers articulés S, S' qui le maintiennent suspendu. Ce cadre porte deux encliquetages R et R qui, en réagissant sur la roue à rochet, la fait tourner d'une dent à chacun des mouvements du cadre vers les électro-aimants. Le commutateur, comme dans tous les appareils de ce genre, est fixé sur l'axe de la roue motrice et se voit en D.

Un petit dispositif adapté au cadre oscillant et que nous représentons

Fig. 120.

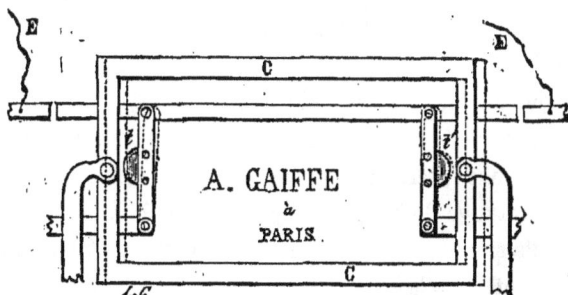

fig. 120, permet de changer le sens de la marche de l'appareil ; il se trouve mis en action quand la locomotive arrive à l'extrémité de sa course sur le petit chemin de fer simulé sur lequel il roule.

Quantité de travail produit par quelques électro-moteurs

Il n'est pas sans intérêt de placer ici les résultats des expériences faites devant le jury de l'Exposition universelle de 1855, pour constater la puissance mécanique et la dépense de quelques-uns des électro-moteurs présentés à cette exposition. On a choisi les quatre appareils qui, d'après leurs dimensions, ont permis d'y adapter un frein dynamométrique. Ces appareils étaient : 1° la machine de M. Larmenjeat; 2° une machine construite par M. Loiseau et analogue à la machine rotative de M. Jacobi; 3° la machine oscillante de M. Roux; 4° la machine oscillante de MM. Fabre et Kunémann. Voici d'après M. Ed. Becquerel, l'un des membres du jury, comment on a procédé pour la mesure du travail de ces moteurs :

« La quantité de travail a été donnée à l'aide du frein dynamométrique. Afin de connaître la dépense en électricité, on a fait passer le courant élec-

trique circulant dans la machine, dans un voltamètre à sulfate de cuivre; le
sel a été décomposé, et du cuivre métallique s'est précipité au pôle négatif
pendant que l'électrode positive se rongeait. Il y a, il est vrai, une petite
différence entre le poids du dépôt au pôle — et la perte de poids au pôle +;
mais pour des expériences de cette nature, elle est insignifiante, et on
prend la moyenne des deux déterminations. Or, comme dans chaque
élément de pile le travail chimique est le même que dans le voltamètre, il
est donc facile d'évaluer la quantité de zinc dissous dans chaque couple
d'après la quantité de cuivre déposé dans le voltamètre. En multipliant ce
nombre par le nombre des éléments de la pile, on en déduit la consommation totale du zinc. On peut donc, dans un temps donné, avoir par cette
méthode, et la quantité de travail donné par le frein, et la dépense par la
consommation du zinc.

« Des quatre machines soumises à l'expérience, deux seulement, celle de
M. Larmenjeat et celle de M. Roux, ont donné des résultats susceptibles de
fournir des déductions intéressantes.

« La machine rotative de M. Larmenjeat a donné, comme minimum de
dépense, 4 k. 5 de zinc de consommation par cheval de force et par heure.
Si l'on ne fait attention qu'au prix de revient du zinc supposé de 0 fr. 70 c.
le kilog., et qu'on néglige même le prix des acides employés, celui de
l'usure des couples, etc., on trouve que cette consommation correspondrait
encore à 3 fr. 15 c. par cheval et par heure.

« La machine oscillante de M. Roux, qui, avec la même surface d'éléments que la précédente, a consommé 6 k. 6 par cheval et par heure, a
donné une consommation qui s'est abaissée au tiers, soit 2 k. 2, avec
des éléments de piles à grandes surfaces; le prix en zinc seul du cheval
serait, d'après ces derniers nombres, de 1 fr. 50 par heure. Il est vrai que
M. Roux avait employé pour ses électro-aimants du très-gros fil. En tout
cas, la dépense, même portée au minimum de 2 k. 2 de zinc par cheval et
par heure, soit de 1 fr. 50 pour une machine qui ne donne pas plus
d'un demi-kilogrammètre, est encore trop forte pour qu'on puisse considérer actuellement les électro-moteurs comme susceptibles d'application. »

Les expériences faites en 1865 au Conservatoire avec la machine de M. le
comte de Molin ont conduit aux conclusions suivantes :

1° Le plus grand travail développé par la machine en une seconde, doit
être évalué à 1,112 kilogrammètres, c'est-à-dire, en estimant le travail de
l'homme à 8 kilogrammètres, elle peut fournir environ la septième partie
du travail d'un homme.

2° La consommation la plus favorable s'élève à plus de 17 kilog. de zinc par force de cheval et par heure.

A ce double point de vue, la nouvelle machine, simple d'ailleurs dans sa construction, ne s'éloigne donc pas beaucoup des autres électro-moteurs; elle ne pourrait, comme eux, être applicable qu'au cas particulier dans lequel on aurait besoin d'une très-petite quantité de travail, et où l'on n'aurait à tenir aucun compte du prix de revient.

Les expériences également faites au Conservatoire avec l'électro-moteur de M. Allan dont les journaux de 1857 avaient fait beaucoup de bruit, n'ont pas donné des résultats plus satisfaisants. Ils ont même été inférieurs à ceux obtenus avec l'électro-moteur de M. Roux. Ainsi celui-ci n'usait que 2 kilogrammes de zinc par heure et par force de cheval, tandis que le moteur de M. Allan en usait 26 kilog.

De tous les électro-moteurs essayés jusqu'ici, ce sont les machines Gramme et les machines Lontin qui ont fourni les meilleurs résultats.

Avec une machine Gramme de petit modèle, celui qui sert comme machine de démonstration au collége de France et qui a pour inducteur un aimant Jamin, M. Mascart a pu obtenir avec 8 éléments Thomson (1) au sulfate de cuivre, assemblés en tension, un travail estimé par lui à 4 kilogrammètres. La machine marchait jour et nuit et le prix de revient de la force ainsi obtenue ne dépassait pas 5 centimes par heure et par kilogrammètre.

Quant aux machines Lontin, que nous décrirons dans l'un des chapitres suivants, on comprendra immédiatement pourquoi elles ont fourni un travail moteur considérable, si l'on considère que, dans ces machines, les électro-aimants sont toujours aimantés à saturation, et que le courant passant continuellement, il n'y a pas de ruptures et par suite d'étincelles d'extra-courant. La totalité du courant se trouve donc, de cette manière, utilisée sans perte.

Pour comprendre la supériorité de ces machines comme moteurs, il faut

---

(1) Chaque élément de la pile de Thomson employée se compose d'une large cuvette carrée et évasée de cuivre, ayant 40 centimètres de côté dans et laquelle repose, sur 4 cales en bois de 4 centimètres de hauteur, une grille carrée de zinc de la même dimension. Le tout est rempli d'une solution saturée de sulfate de cuivre qui, par suite du poids plus grand du sulfate de cuivre, se sépare en deux couches, l'une chargée de sulfate qui occupe le fond du vase, l'autre ne renfermant guère que de l'eau pure qui se charge bientôt de sulfate de zinc. Quand cette pile est en activité, sa résistance ne représente guère que 10 mètres de fil télégraphique. Sa force électromotrice est à peu près la même que celle de Callaud et un peu supérieure à celle de Daniell.

d'abord se rendre compte de leur fonctionnement dans ces nouvelles conditions. Si dans la machine dynamo-électrique, telle que nous la décrirons
plus tard, on fait arriver un courant électrique provenant d'une source
quelconque, mais proportionné bien entendu au poids et à la nature de
cette machine, que l'on fasse passer ce courant par les fils des électro-
aimants et de là par le commutateur dans les bobines du pignon, on voit
que l'on aura pour l'électro-aimant deux pôles de sens contraire, et pour le
pignon deux moitiés aimantées également en sens inverse, de sorte que la
moitié supérieure étant positive, la moitié inférieure sera négative. Le pôle
positif de l'électro-aimant repoussera donc les bobines positives du pignon
et attirera les bobines négatives. L'autre pôle produira l'effet contraire et le
résultat sera le mouvement de rotation du pignon, mouvement continu
puisque le collecteur maintiendra la direction du courant; en outre, l'intensité du courant ne varie pas, et l'aimantation est constamment à son
maximum; le travail de la machine est donc uniforme.

La continuité du passage d'un même courant dans le moteur permet de
faire une expérience intéressante. En plaçant dans le circuit du courant, à
sa sortie du moteur, un régulateur de lumière électrique, ce régulateur
fonctionne aussi régulièrement que s'il n'y avait pas de moteur interposé
dans son circuit, mais en nécessitant une augmentation dans la quantité
d'électricité employée. Si pendant la marche de cette expérience on
empêche le moteur de tourner, on voit immédiatement la lumière du
régulateur augmenter de toute la quantité due à l'électricité qu'absorbait le
travail du moteur, et qui n'étant plus employée par lui va augmenter
d'autant la lumière.

CHAPITRE IV

APPLICATIONS DE LA TÉLÉGRAPHIE.

Considérée au point de vue des relations de peuple à peuple, de gouvernement à gouvernement, de famille à famille, d'individu à individu, la télégraphie électrique, en annulant les distances, comble un vide immense et devient un bienfait vraiment providentiel et humanitaire d'une portée tellement incommensurable qu'on peut la considérer maintenant comme une institution inséparable de la civilisation moderne. « Le télégraphe électrique, dit M. Walker, a une existence à part; il ne peut être remplacé par rien, il fait ce que la poste ne peut pas faire; il distance les pigeons voyageurs, il va plus vite que le vent, il arrache le sablier de la main du temps, et efface les limites de l'espace. Si nous pouvions soulever le voile des secrets que nos rapports avec le public nous obligent de garder sur la correspondance dont on nous fait les dépositaires, il y aurait de quoi remplir plusieurs volumes d'anxiétés domestiques calmées par la télégraphie électrique. C'est surtout dans les circonstances graves et soudaines que le public a recours à nous, comme on a recours au médecin en cas de maladie. Ces anxiétés ont quelquefois un côté comique; d'autres fois, elles sont excessivement pénibles. Nous avons été chargés de commander en même temps un turbot et un cercueil, un dîner et un médecin une nourrice au mois et une jaquette de course, une machine industrielle et une chaîne-câble, un uniforme d'officier et des glaces du lac de Weham, un ecclésiastique et une perruque d'avocat, un étendard royal et un panier de vins, etc. Que d'objets divers les voyageurs des chemins de fer ont retrouvés au moyen des télégraphes! que de criminels découverts, que de vols prévenus, que de spéculations mauvaises arrêtées à temps, que de marchés conclus, que d'accidents évités!

« La liste dressée par catégories de sujets aux bureaux télégraphiques peut seule donner quelque idée des diverses espèces et de la multiplicité des services rendus par le télégraphe.

« En jetant les yeux sur cette liste, n'est-on pas frappé de la confiance du public dans le télégraphe? Pour adresser à notre ami le plus cher une lettre remplie des plus secrètes pensées de notre cœur, et pour confier un tel document à des mains étrangères, à des hommes que nous n'avons jamais vus, dont nous n'avons aucune idée personnelle, il faut avoir une grande confiance, une grande foi dans les institutions de notre pays. Le facteur de la poste ignore les joies ou les douleurs qu'il porte ; il en est tout autrement avec le télégraphe ; nous sommes dans la confidence du public, nous connaissons la nouvelle que nous portons. La preuve que cette confiance est bien placée, c'est l'augmentation toujours croissante dans le nombre et la valeur des dépêches qui nous sont confiées. »

En dehors de ces services que l'on peut considérer comme individuels, il en est d'autres d'un intérêt général ou collectif dont on peut apprécier tous les jours l'importance ; de ce nombre sont ceux qui résultent de l'application qu'on a faite de la télégraphie au service des chemins de fer, aux opérations militaires, à la prévision du temps, au service des sapeurs-pompiers en cas d'incendie, au service nautique dans les grands vaisseaux. au service sémaphorique, à la transmission du midi vrai et du midi moyen dans les ports, au règlement des horloges publiques, aux annonces des inondations sur le parcours des fleuves sujets à des débordements, aux opérations scientifiques pour la détermination des différences de longitude, à la pêche du hareng dans les fiords de la Norvége, à la correspondance des ouvriers occupés aux travaux sous-marins, enfin à une foule de cas particuliers de la vie domestique qu'il serait trop long d'énumérer.

Pour qu'on puisse se faire une idée bien nette et bien précise de ces différentes applications de la télégraphie, nous allons entrer dans quelques détails sur la manière dont les principales d'entre elles ont été combinées. Nous ne parlerons pas toutefois de l'application qui en a été faite aux chemins de fer et à la détermination des différences de longitude, ayant déjà traité cette question d'une manière spéciale dans la troisième section de cette partie de notre ouvrage.

Application de la télégraphie aux opérations militaires. — Des différentes applications de la télégraphie, la plus important·tante, dans un moment donné, est bien certainement celle qu'on peut en faire aux opérations militaires. Quand on réfléchit que le télégraphe électrique donne à un général en chef, non-seulement la facilité de transmettre instantanément ses ordres aux différents corps d'armée qu'il commande, mais encore la possibilité d'être renseigné à chaque moment sur les mouvements de l'ennemi ; quand on pense qu'une armée peut se trouver de cette manière reliée directement avec ses bases d'opérations et la mère patrie, on se demande si, avec de pareils moyens, le hasard ou l'imprévu joueront encore un rôle dans les guerres futures. Dans tous les cas, la partie pourra être jouée savamment sans que des circonstances accidentelles viennent déranger les combinaisons, et le général pourra déployer alors toute sa tactique et son habileté.

Dans notre campagne d'Italie de 1859, la télégraphie électrique militaire, bien qu'à son premier essai, a joué un rôle important, non-seulement pour les renseignements qu'elle a transmis continuellement au quartier général, mais surtout pour le ravitaillement de l'armée. Assurer toujours les communications télégraphiques du grand quartier général avec la France et les bases d'opérations, c'est-à-dire Turin, Alexandrie et Gênes, relier entre eux, autant que pouvait le permettre la rapidité de leurs mouvements, les différents corps des armées alliées, tel était le problème qu'il s'agissait de résoudre, et on peut dire que la solution fut presque toujours remplie et souvent même dépassée.

Dans l'origine on avait pensé que des supports volants pourraient suffire au soutien des fils dans ce genre de télégraphie, et en conséquence on n'avait songé à employer que des espèces de perches de 4ᵐ,50 fendues par un bout, taillés en pointe par l'autre, que l'on devait ficher en terre comme des échalas. C'est même ainsi qu'avait été installée la télégraphie militaire des Autrichiens et des Piémontais ; mais on n'a pas tardé à reconnaître que, pour ces sortes de communications télégraphiques, comme pour la télégraphie permanente, il fallait une organisation solide de poteaux, qui pût non-seulement résister au choc des voitures et des mulets chargés qui encombrent toutes les routes à la suite des armées, mais qui fut dans des conditions telles que la cavalerie pût passer sous les fils avec armes et bagages, et que les soldats ne pussent pas les enlever facilement pour en faire des supports à leurs tentes ou du combustible pour leurs feux. D'après le rapport de M. Lair, chef du service télégraphique de l'expédition d'Italie, ce seraient des poteaux de 6 mètres ayant pour diamètres extrêmes 0ᵐ,10 et 0ᵐ,05 qui devraient être choisis pour cet usage, et ces poteaux devraient porter à leur sommet une petite tige de fer afin qu'on pût y fixer immédiatement après la pose, et sans le secours d'aucun outil, le support isolateur. Celui-ci devrait être en caoutchouc et disposé comme dans le système autrichien. Cette disposition n'est du reste autre que celle du support à champignon que nous avons décrit tome II, à cette différence près que la tige de fer qui doit le soutenir, au lieu d'être scellée d'une manière fixe dans la tête du champignon, n'y est simplement qu'enfoncée et retenue par la force élastique du caoutchouc. Ce système d'isolateur a l'avantage d'être très-léger, incassable et d'un maniement extrêmement facile.

Les fils de fer les plus convenables pour la télégraphie militaire sont des fils recuits de 2 millimètres de diamètre; on peut les dérouler facilement et les tendre à la main; ils sont de plus d'une pose facile et d'un raccorde-mement qui n'exige pas d'outil spécial; il suffit pour les fixer, de les enrouler deux fois autour de la tête des supports isolateurs, ce qui dis-pense des tendeurs, cloches d'arrêt, etc.

Quant aux appareils télégraphiques eux-mêmes, le point important est qu'ils soient solides et facilement transportables. Plusieurs modèles ont été proposés dans ce but par MM. Hipp, Digney, Siémens, etc., les uns fonc-tionnant avec des courants magnéto-électriques, les autres avec des piles à sulfate de mercure. Ils paraissent tous dans de bonnes conditions, et on n'a que l'embarras du choix. Ceux dont on s'est servi à la campagne d'Italie, pour l'armée française, sont des télégraphes Morse, système Digney, fonctionnant avec une pile à sulfate de mercure de 10 éléments. L'appareil avec tous ses accessoires, savoir : le manipulateur, le rouet, l'encre oléique, les rouleaux de papier, les clefs, etc., était disposé à demeure dans une boîte de 38 centimètres de longueur sur 17 centimètres de largeur et de hauteur, et la pile était renfermée dans une boîte à part de mêmes dimensions en longueur et largeur, mais n'ayant pas plus de 14 centimètres en hauteur. Bien entendu, le tout était enveloppé dans une espèce de sac en cuir, analogue aux havre-sacs de nos soldats, et suscep-tible d'être porté facilement à dos d'homme. M. Lair croit que ces boîtes devraient contenir en plus un parafoudre et des galvanomètres de rechange, car ces instruments ont été les seuls qui se soient dérangés pendant la campagne.

« La plus grande difficulté que nous ayons eue à surmonter pendant toute la campagne, dit M. Lair, a été celle du transport de notre matériel sur des charrettes de toutes formes nullement appropriées à nos besoins et ne pouvant prendre que de très-faibles chargements; il était en outre très-difficile de faire marcher les voituriers, qui, n'étant soumis à aucune discipline, n'obéissaient que contraints par la force, et se sauvaient avec leurs voitures quand ils n'étaient pas bien surveillés, laissant sur la route nos poteaux et nos fils. La main-d'œuvre pour la plantation des poteaux a été souvent aussi un obstacle à la prompte exécution des lignes. Il fallait perdre un temps précieux pour recruter directement ou réclamer des municipalités des manœuvres qu'elles étaient elles-mêmes très-embar-rassées de nous fournir, et toujours en nombre insuffisant. »

Ces diverses considérations ont engagé M. Lair à demander que le service télégraphique militaire fut organisé de la manière suivante :

1° Un chef de tout le service disposant d'autant de brigades que devrait l'exiger l'extension des opérations militaires;

2° Chaque brigade comprendrait un inspecteur expérimenté, ayant sous ses ordres un adjoint inspecteur d'une classe inférieure, ou un directeur faisant fonction d'inspecteur, quatre stationnaires qui seraient renouvelés par le chef de service à mesure que le nombre des stations s'accroîtrait, six surveillants pour la distribution du matériel, la surveillance de la plantation, le déroulement du fil, sa pose et celle des supports, un détachement de planteurs (quinze hommes environ) commandés par un sous-officier, un détachement du train des équipages avec dix chariots dont huit chargés de poteaux et de fils, supports et outils.

Depuis ce rapport, l'administration des lignes télégraphiques a établi des fourgons spéciaux pour ce genre de transports qui paraissent être dans de bonnes conditions ; Ce sont des espèces de chariots couverts dont la partie du devant formant une espèce de coupé renferme tout installés, les appareils télégraphiques. C'est en quelque sorte un bureau ambulant qui porte en même temps avec lui un matériel suffisant pour une installation volante, c'est-à-dire des câbles solides et légers.

Le Gouvernement français, à la suite de la guerre d'Italie, avait été disposé à confier beaucoup des manœuvres télégraphiques aux armes spéciales de l'armée; mais les résultats déplorables qu'on a eus à constater lors de notre désastreuse campagne de 1870, ont changé complètement les idées à cet égard, et c'est l'administration télégraphique qui est aujourd'hui chargée de ce service, mais avec une organisation tout à fait militaire, du moins, pour les employés de cette administration qui seraient appelés à faire partie des corps expéditionnaires. Avec la nouvelle loi de recrutement de l'armée, cette organisation est assez simple puisque tout le monde est soldat jusqu'à quarante ans, et que ceux qui font partie de l'administration télégraphique peuvent faire aussi bien leur service militaire dans la télégraphie militaire, que dans les manœuvres auxquelles on assujettit ordinairement les soldats. Les essais qu'on a faits de cette nouvelle organisation lors des différentes manœuvres qui se font chaque année en automne, ont montré que ce système était satisfaisant et qu'on pouvait en espérer de bons résultats dans l'avenir. Nous donnons, du reste, plus loin quelques détails sur cette organisation.

Nous avons, dans la partie de notre ouvrage consacrée à la télégraphie électrique, donné des détails suffisants sur les télégraphes militaires ordinairement employés, et même sur certains appareils de poche disposés tout exprès dans ce but; le téléphone va trouver encore là une application très-importante et avantageuse; mais en attendant que des expériences décisives soient entreprises à cet égard, nous croyons devoir appeler ici l'attention sur un petit système très-simple dit *parleur* qui est d'une extrême simplicité, et qui, confié à des employés intelligents et exercés, peut être même préférable aux appareils plus ou moins compliqués jusqu'ici en usage. On doit se rappeler, en effet, que la simple action du passage du courant à travers la langue d'un de ces employés, a pu lui permettre, pendant le siége de Paris, de recevoir un message transmis à travers un câble immergé dans la Seine, et nous voyons souvent dans nos bureaux télégraphiques, que les dépêches peuvent être lues par les employés, rien que par le bruit produit par les oscillations de l'armature de l'électro-aimant de leur appareil. Le *parleur* qui n'est autre chose qu'un électro-aimant à armature frappante, est d'ailleurs souvent employé, comme nous l'avons vu, dans le service télégraphique, et l'on conçoit que son emploi à l'armée, dans les conditions actuelles, puisse être d'un grand secours pour la télégraphie volante.

Système de télégraphie militaire volante proposé par M. Trouvé. — Nous représentons fig. 123, le modèle du parleur en question construit par M. Trouvé, et les fig. 122 et 121 montrent la manière dont il peut être appliqué. « Voici du reste comment le journal la *Nature* rend compte de ce système.

« L'ensemble se compose d'un câble à deux fils destiné à réunir deux stations, et, pour chaque station, d'une pile et d'un appareil de correspondance. La figure 121 représente la ligne et les deux stations, ou, pour parler un langage moins technique, les deux correspondants. L'officier qu'on voit à droite a choisi son point d'observation. Il porte en bandoulière une pile qu'on voit à son côté et un appareil télégraphique, gros comme une montre, qu'il peut mettre dans sa poche ou accrocher à son épaulette dans les intervalles de la correspondance.

« Le soldat qu'on voit s'éloignant à gauche porte sur le dos un crochet, analogue à ceux dont se servent les commissionnaires à Paris; sur ce crochet on voit d'abord, à la partie supérieure, une grosse bobine sur laquelle est enroulé le câble, et ensuite, à la partie inférieure, la pile; il a en outre le petit appareil télégraphique, qui est, au moment considéré, accroché en haut et à gauche du crochet.

« A mesure que le soldat marche en avant, le câble se déroule derrière lui sur le sol, et la bobine tourne sur son axe; le moment venu de correspondre, il décrochera le petit appareil télégraphique, et, le prenant à la main, commencera l'envoi ou la réception des dépêches qui se présen-

teront. Cette correspondance pourra avoir lieu sans même qu'il arrête sa
marche et sans que tout le câble soit déroulé ; il y a un kilomètre de câble
sur la bobine ; on sera donc obligé de s'arrêter après avoir parcouru mille

Fig. 121.

mètres, mais on pourra aussi bien correspondre à une distance moindre, à
500 mètres, par exemple, parce que la communication a toujours lieu au
travers du câble entier, qu'il soit enroulé sur la bobine ou déroulé sur le sol.

. Le câble est à deux conducteurs isolés; chacun d'eux est recouvert de gutta-percha, et tous deux ensemble sont réunis sous une enveloppe de ruban caoutchouté; avec cette protection, il peut être étendu sur un sol sec ou humide, il peut même être exposé à la pluie ou traverser un ruisseau sans que la communication en soit troublée. Nous ferons remarquer ici, par parenthèse, que, vu le peu de résistance électrique de la ligne, une petite perte serait de peu de conséquence.

Les deux conducteurs sont attachés à la pile de l'officier stationnaire avant la séparation des deux télégraphistes; des boutons spéciaux, désignés par des lettres, ne laissent place à aucune erreur. Avant de se quitter, ils vérifieront leurs appareils en transmettant dans les deux sens une courte phrase. Après avoir repris sa position, le télégraphiste mobile en avisera son correspondant par l'envoi du mot d'ordre, et l'échange des dépêches pourra commencer.

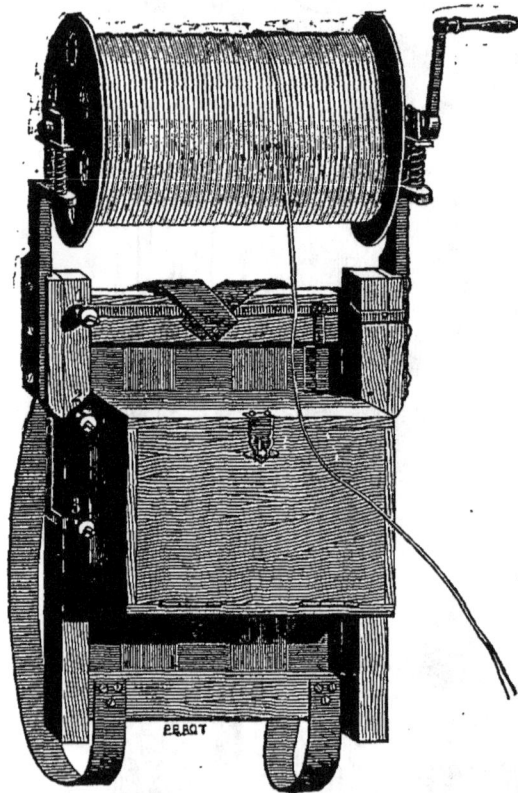

Fig. 122.

« Le soldat porteur du crochet recherche les sentiers inaccessibles aux voitures; s'il a une route à traverser, il choisit de préférence un endroit où des arbres lui permettent de monter le fil à une hauteur suffisante pour laisser passer par-dessous les voitures et les canons; car on comprend, du reste, que si ce fil était étendu au travers du chemin, il courrait chance d'être écrasé et coupé par les roues qui passeraient dessus. A vrai dire, pour ce cas et d'autres analogues, il faudra adjoindre au télégraphiste un compagnon chargé d'enlever le câble sur les branches des arbres et de divers soins de ce genre. D'ailleurs, le moment venu de cesser la communication, le télégraphiste reçoit l'ordre de revenir à son point de départ, et là encore un compagnon lui est nécessaire pour enrouler le câble sur la bobine; l'aide se sert alors d'une manivelle qui s'emmanche sur le bout de droite de l'axe de la bobine fig. 122; il la tourne et enroule le fil pendant que le porteur marche au petit pas pour faciliter l'opération.

« Nous avons montré ici deux télégraphistes, l'un stationnaire, l'autre mobile, séparés par une distance maximum de mille mètres. Mais le second peut être accompagné d'un troisième, porteur d'un crochet et d'une bobine identiques; quand l'un des porteurs aura épuisé son câble, le second commencera à dérouler le sien, non sans avoir établi la liaison entre les deux câbles, au moyen de petits mousquetons. Il sera donc possible d'établir la correspondance entre deux points distants de deux ou plusieurs kilomètres, sans rien changer au système.

« Pour faire comprendre toute l'utilité de cet ensemble si simple, il faut insister sur ce point que, dans un cas de grande urgence, une ligne d'un kilomètre peut être établie sur un terrain découvert, en dix minutes, c'est-à-dire dans le temps nécessaire pour parcourir à pied cette distance.

« On aura remarqué dans ce qui précède que nous avons parlé d'un câble à deux fils, tandis que le télégraphe ordinaire n'emploie qu'un seul fil et se sert de la terre pour suppléer au fil de retour. En y réfléchissant, on verra que cette télégraphie volante ne peut pas fonctionner dans les conditions ordinaires; l'établissement d'une bonne terre est en effet indispensable à chaque station; or, les télégraphistes militaires ne peuvent pas toujours choisir un terrain convenable à cette communication avec la terre, qui d'ailleurs ne peut que bien rarement être établie d'une manière instantanée. Dans les plaines de sable brûlées par le soleil, en Algérie par exemple, on n'arriverait pas à établir un fil de terre; dans une plaine gelée à plusieurs pieds d'épaisseur, comme ont été nos campagnes pendant une notable partie du temps qu'a duré la dernière guerre, on n'y arriverait pas davantage. Ces raisons ont déterminé M. Trouvé à employer deux conducteurs et à s'écarter des habitudes du service télégraphique ordinaire; et nous sommes convaincu qu'il a eu raison, sans vouloir dire que la télégraphie militaire doive dans tous les cas procéder ainsi.

« Si on avait à employer le télégraphe Trouvé à de grandes distances, il serait à propos de faire usage des deux conducteurs comme d'un seul, ce qui réduirait de moitié la résistance de la ligne, et permettrait d'employer la terre pour le retour.

« L'appareil de correspondance dit Parleur est représenté en demi-grandeur dans la figure 123. Il a la dimension d'une grosse montre et peut être porté dans un gousset. La boîte est en métal; on la fait habituellement en laiton nickelé à la pile. On a figuré l'instrument avec l'un des fonds enlevé pour laisser voir le mécanisme, qui est d'ailleurs très-simple. Un électro-aimant en est le principal organe; son armature, placée au-dessous, a un mouvement peu étendu autour d'un axe placé du côté du spectateur; cette armature vient par un petit appendice frapper un bouton monté sur le fond de la boîte qui est en arrière. Ces petits coups font un bruit suffisant avec une pile convenable pour permettre facilement la lecture, sans même qu'il soit nécessaire de mettre l'appareil près de l'oreille; on comprend que la boîte du Parleur sert de caisse de résonnance et contribue notablement à la netteté de la perception.

Fig. 123.

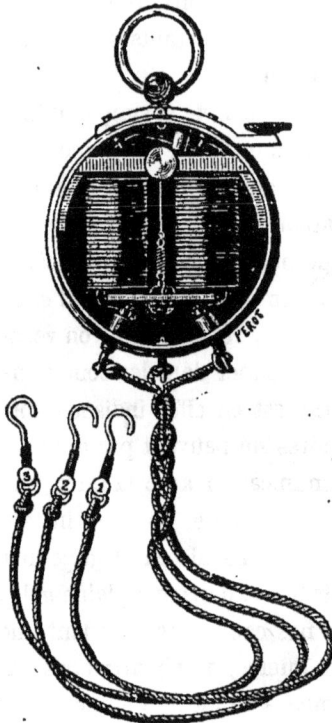

« Le manipulateur, ou clef Morse, est placé à l'extérieur de la boîte; c'est un petit levier qui pivote autour d'un axe, et dont l'extrémité est relevée; la manipulation peut se faire avec le bout de l'index de la main droite, la boîte étant tenue dans la main gauche.

« Depuis l'invention du téléphone, et surtout depuis le téléphone *à 4 lames vibrantes* qu'il a imaginé, M. Trouvé croit que son parleur pourrait être remplacé avantageusement par cet instrument qui permet, par l'action simultanée des 4 lames vibrantes, d'obtenir des effets renforcés, ou de parler dans quatre directions à la fois. (Voir la description de ce téléphone dans les comptes-rendus de décembre 1877.

Trois fils conducteurs isolés sont attachés à l'appareil et servent à le relier à la pile et aux deux lignes. Ces conducteurs sont formés chacun de plusieurs fils de cuivre très-fins, tressés, ce qui donne une souplesse extrême à l'ensemble; ils sont recouverts chacun de soie d'une couleur spéciale; d'ailleurs le petit crochet qui les termine est numéroté; et ces numéros correspondent à ceux des boutons de la caisse à pile auxquels ils doivent être attachés; de telle sorte que malgré la hâte fiévreuse avec laquelle toutes ces liaisons peuvent être faites quelquefois, il ne paraît pas possible de commettre d'erreur.

La pile employée n'est autre que celle nous avons déjà décrite plusieurs fois et que nous avons représentée fig. 112 et 113.

Organisation actuelle de la télégraphie militaire en France. — Aujour-
d'hui la télégraphie militaire, en France, fait partie de l'armée, et relève,
comme nous le disions, à la fois du ministre de la guerre et de l'administration des lignes télégraphiques. A chaque corps d'armée, est adjointe
une section télégraphique dont le personnel est composé de quarante-six
hommes avec un chef qui, sous la désignation de chef de section, a un grade
équivalent à celui de capitaine. Ce chef a sous ses ordres; 1º trois chefs de
poste, 2º dix télégraphistes, 3º six chefs d'équipe, 4º vingt ouvriers (y compris quatre ordonnances). La section se subdivise en deux ateliers, et en un
groupe de réserve, et chaque atelier comprend dix ouvriers qui remplissent
les fonctions de marqueurs, de distributeurs, de dérouleurs de fils, et de
monteurs. Le parc de télégraphie de chaque section se compose de deux
voitures postes, de quatre chariots et de trois voitures régimentaires.

Les chariots contiennent des bobines de câbles et de fil nu, des assortiments de cordages, de grosse toile, de rubans goudronnés, de gutta-percha,
de tubes de caoutchouc, de fils à ligatures, des piles portatives, des
parleurs, des commutateurs, des serre-fils, du fil recouvert pour poste, des
galvanomètres, des piquets de haubans, des brouettes, des perches de
différentes hauteurs, généralement munies de rallonges et d'isolateurs en
ébonite, et de tous les outils nécessaires à la pose d'une ligne volante ou
durable. Il y a aussi une cantine pour les deux chariots de réserve, et cette
cantine possède un morse et une pile portative.

Les câbles employés sont enroulés sur de grandes bobines par bouts de
1 kilomètre, et leur enveloppe portative est une sorte de gaîne en filin
tressé et goudronné, qu'on recouvre souvent d'un ruban en caoutchouc ou
de rubans goudronnés enroulés en sens inverse.

Les bobines sont munies de joues assez larges pour contenir le bout de
câble qu'elles portent, et dont le bout intérieur ressort par l'intérieur du
canon de la bobine. Au centre de ce canon, est fixé un axe de forme particulière qui permet de placer la bobine sur la brouette de manière à opérer
le déroulement d'une manière facile. Comme cette brouette est faite à peu
près comme les brouettes pour saisir les sacs dans les moulins, on peut
aisément enlever et disposer ces bobines.

Les isolateurs sont, comme nous l'avons déjà dit, en ébonite, et leur tête
porte une rainure courbe qui permet de fixer le câble ou le fil à mesure
qu'on le pose; leur ajustement sur les perches est préalablement fait
d'après le système ordinaire.

Les perches qui peuvent être doubles et triples, se composent de tubes
glissant les uns dans les autres, et pouvant être maintenus à des hauteurs

variables, à l'aide de vis de pression ; elles se terminent inférieurement par une pointe que l'on enfonce en terre au moyen d'un avant-trou fait avec une pièce de fer pointue qu'on enfonce à coups de masse.

Les fonctions spéciales de chacun des employés préposés dans chaque section à la construction d'une ligne, sont les suivantes :

1° Le *chef d'atelier* reconnaît le terrain et étudie le tracé de la ligne, ainsi que ses conditions de construction ; il donne ses instructions au marqueur, surveille le travail général, et inspecte la ligne, même en arrière du bout qui est en construction ; il requiert, quand besoin en est, du commandant des troupes les plus voisines, des secours pour assurer la protection du travail de la ligne, et procède aux essais de la ligne à chaque kilomètre construit ; s'il y a discontinuité du circuit en arrière, il calcule à peu près en quel endroit est le défaut et il fait procéder à sa réparation.

2° Le *sous-chef d'atelier* s'occupe des détails de la construction de la ligne et surveille les monteurs, la pose des fils et des poteaux. Si le perforateur pour planter les poteaux ne peut fournir un trou convenable, il fait utiliser pour la consolidation des perches, les ressources locales, les grilles, les troncs d'arbres, les tas de pierres, etc. ; il fait l'essai de la ligne aux points des raccordements, et doit renseigner le chef d'atelier après avoir fini le travail.

3° Les *télégraphistes* ont diverses fonctions ; les uns doivent examiner les lignes abandonnées par l'ennemi, au point de vue de leur isolement et de leur conductibilité, et comme généralement elles sont plus ou moins en mauvais état, on les étudie par sections de 1 kilomètre, et on procède à la repération des solutions de continuité, au moyen de simples ligatures, et des moufles dont nous avons parlé dans notre tome II. Les autres sont appelés à organiser les postes télégraphiques et à échanger les correspondances ; nous en parlerons plus tard.

Le *marqueur* indique sur le sol ou sur les murs la nature du matériel à employer et la direction à suivre ; il plante une fiche de piquetage à la place même que doit occuper la perche, surveille et aide le déroulement du câble, indique le tracé de la tranchée, s'occupe de l'enroulement du câble lors du relèvement. Ce déroulement et cet enroulement s'effectuent d'ailleurs à la brouette ou au chariot comme nous le verrons à l'instant.

Le *distributeur* s'occupe, sous sa responsabilité, du matériel contenu dans le chariot, et de ce qui concerne la marche de celui-ci ; il passe au marqueur les différents objets dont il a besoin, et les replace quand celui-ci les lui rapporte ; il prépare les appareils d'essai, et conduit le chariot qui doit suivre les monteurs à une distance d'environ 150 mètres. Il est aidé dans ce service qui s'applique aux différentes phases de la construction ou du relèvement de la ligne, par deux aides distributeurs. Ces trois distributeurs portent sur eux un sac où se trouvent une lime en tiers point, une pince plate et 150 mètres de fil de ligature.

Le *dérouleur* range à terre les bobines de fil conducteur et les objets nécessaires à leur déroulement, les monte successivement sur leur axe en tenant compte du sens de l'enroulement, les place sur les brouettes et surveille le déroulement, prépare les bouts du câble, surveille leurs raccordements, guide leur déroulement dans les sentiers ou les tranchées, et procède à la manœuvre de la manivelle de la bobine, lors du relèvement; son rôle est le même pour la réparation d'une ligne mauvaise. Il est aidé dans ses fonctions par un aide dérouleur qui fait la partie matérielle de la besogne.

Il arrive quelquefois qu'on déroule et qu'on relève le fil au chariot aussi bien qu'à la brouette, alors les dérouleurs sont aidés par les marqueurs.

Les *monteurs* prennent eux-mêmes sur le chariot les échelles et les perches dont ils ont besoin pour le montage de la ligne, lesquelles sont disposées en dehors du chariot. Ils doivent ensuite les replacer quand le travail est fini. Ces monteurs sont chargés de la plantation des perches, de la fixation des isolateurs et de la fixation du fil sur ces isolateurs; ils effectuent ensuite la tension du fil par le redressement de la perche. Quand la ligne est dans une tranchée, ce sont les monteurs qui referment la tranchée sur le câble, et qui l'ouvrent en cas de relèvement de celui-ci. Les monteurs sont au nombre de quatre, deux monteurs et deux aides.

Nous allons maintenant nous occuper des postes télégraphiques et de leur service.

Les postes volants sont installés dans le coupé des deux voitures-postes dont nous avons parlé. Ils sont pourvus, d'une suspension de montre et d'une montre, de deux appareils d'éclairage, d'une sonnerie, d'un commutateur Suisse, et de trois commutateurs Bavarois, de deux parleurs à translation, d'un paratonnerre à stries pour deux fils, d'une planchette à translation, de deux appareils morse, portatifs et de tous les accessoirs de la télégraphie, tels que quatre bouteilles à encre oléique, pinceaux, timbres à caractères mobiles, bandes de papier, fils recouverts, bobines de petits câbles, imprimés, etc. Les parleurs pourraient être remplacés par des téléphones. Les piles employées sont composées d'éléments Leclanché de moyen modèle et il y en a quatre pour chaque bureau.

L'arrière de la voiture renferme six bobines de câbles, trois piquets de terre, quatre bobines vides, quatre piles portatives, des appareils de rechange, tels que commutateurs, appareils morse portatifs, serre-fils, etc. puis des outils, des tubes de caoutchouc, de la cordelette, de la grosse toile, des assortiments d'imprimés.

Enfin à l'intérieur de la voiture on trouve des lanternes, des écrous d'essieu, des piquets de terre, un réservoir d'eau, un sceau à graisse, des perches doubles, des échelles, un axe de déroulement, etc., etc.

Les piquets de terre sont destinés à établir les communications à la terre, et ils doivent être enfoncées dans les terrains les plus humides. Des ouvertures pratiquées dans les deux faces latérales du coupé permettent l'introduction des fils qui sont reliés à ces piquets, et de ceux qui correspondent à la ligne. Ces fils sont au nombre de trois de chaque côté, deux correspondant aux fils de ligne, un au fil de terre. Le fil de terre de gauche dessert les piles et l'appareil de gauche, celui de droite communique aux parleurs et à l'appareil de droite.

L'une des piles correspond aux parleurs, la deuxième à l'appareil de droite, la troisième à l'appareil de gauche, la quatrième est une pile de secours, destinée à remplacer une des trois autres, ou à les renforcer à l'aide du commutateur suisse; on amène les fils de ligne sur l'un quelconque des appareils ou parleurs. Le commutateur bavarois sert à relier la sonnerie à la masse de l'appareil et aux parleurs.

Le câble léger dont est pourvue la voiture-poste peut être déroulé à bras d'hommes à l'aide d'un piquet de terre servant d'axe.

Application de la télégraphie à la prévision du temps. — Dès la seconde moitié du siècle dernier, des observations météorologiques régulières avaient été instituées en quelques points de l'Europe, et notamment en France, et Lavoisier, dans le troisième volume de ses œuvres, indique dans deux notes l'importance que pouvaient présenter ces observations pour la prévision du temps, et la manière dont cette prévision pouvait en être déduite (1). Il conclut en ces termes : « La prédiction des changements qui doivent arriver au temps est un art qui a ses principes et ses règles, et qui exige une grande expérience et l'attention d'un physicien très-exercé. Les données nécessaires pour cet art sont : l'observation habituelle et journalière des variations de la hauteur du mercure dans le baromètre, la force et la direction des vents à différentes élévations, l'état hygrométrique de l'air.

« Avec toutes ces données, il est presque possible de prévoir un jour ou

---

(1) Voir un ouvrage intéressant sur cette question de M. Marié Davy intitulé des *Mouvements de l'atmosphère.* — V. Masson 1866.

deux d'avance avec une très-grande probabilité, le temps qu'il doit faire ; on pense même qu'il ne serait pas impossible de publier tous les matins un journal de prédictions qui serait d'une très-grande utilité pour la société. »

« A l'époque où Lavoisier procédait à cette organisation, dit M. Marié Davy, il ne pouvait user d'aucun des moyens de communication rapide mis à notre disposition. Ses idées avaient cependant assez frappé l'opinion publique pour que quelques années après, en 1793, Romme, député à la Constituante, chargé de présenter à cette assemblée un rapport sur le télégraphe aérien de Chappe, n'oubliât pas de mentionner au nombre des avantages présentés par la nouvelle invention, la possibilité pour les physiciens de prévoir l'arrivée des tempêtes et d'en donner avis aux ports et aux cultivateurs.

« Cinquante ans après, Piddington appela de nouveau l'attention sur ce point, et dans un mémoire qu'il publia en 1842, il montra les avantages que la navigation pourrait retirer de l'emploi du télégraphe pour donner avis aux ports de l'approche des ouragans. Ce désir s'est trouvé réalisé en partie en Amérique, et c'est au professeur Espy qu'il faut rapporter cette heureuse initiative. »

Toutefois, ce service était loin d'être organisé d'une manière régulière, et les avertissements n'étaient le plus souvent fournis que par des dépêches privées. En Angleterre, dès l'origine de l'établissement des lignes télégraphiques, certaines localités communales demandaient bien au télégraphe quelques indications sur l'état du temps en différents points du royaume, mais c'était plutôt dans un but spéculatif et commercial que dans un intérêt général et d'utilité publique.

C'est en définitive à la France qu'il faut rapporter la première application de la télégraphie météorologique. Dès l'année 1855, en effet, l'administration des lignes télégraphiques françaises, de concert avec M. Le Verrier, avait posé les bases d'un service météorologique qui devait fournir chaque matin à l'Observatoire de Paris, non-seulement l'état du temps en différents points de la France, mais encore les hauteurs barométriques et les températures de ces points. Ce service, d'abord appliqué à quatorze villes choisies en divers endroits du territoire français, fut successivement étendu aux villes étrangères les plus voisines, et aujourd'hui l'Observatoire de Paris concentre journellement les observations météorologiques d'un très-grand nombre de villes parmi lesquelles nous citerons Paris, Strasbourg, Mézières, Dunkerque, Boulogne, le Havre, Cherbourg, Brest, Lorient, Napoléon-Vendée, Rochefort, Limoges, Montauban, Bordeaux, Montpellier, Cette, Marseille, Toulon, Antibes, Avignon, Lyon, Besançon,

Bruxelles, Greencastle, Penzance, Naïrn, Greenwick, Porto, Barcelone, Bilbao, Turin, Ancône, Livourne, Florence, Vienne, Berne, Leipzig, Le Helder, Groningue, Stockolm, Hermand, Haparanda, Skudesnoës, Saint-Pétersbourg, Moscou, Helsingfords, Libeau, Riga et surtout Valentia en Irlande qui fournit les plus utiles indications ; car maintenant qu'il est démontré que les cyclones viennent presque tous de l'Océan Atlantique, selon la ligne du sud-ouest, quand une dépression se fait sentir à Valentia, il est plus que probable qu'elle indique l'approche d'un cyclone se dirigeant vers nous et le nord de l'Europe.

En 1860, l'amiral anglais Fitz Roy, pensant que des observations météorologiques ainsi concentrées simultanément dans un même lieu pourraient permettre à un météorologiste habile de suivre dans leur marche les diverses fluctuations atmosphériques, et par suite de pronostiquer le beau et le mauvais temps, proposa au gouvernement anglais, dans un but d'utilité maritime, l'établissement sur divers points de l'Angleterre, de vingt stations météorologiques, annonçant qu'il se faisait fort, par l'étude comparative des indications ainsi fournies et de celles venant de Paris, d'annoncer quelque temps à l'avance les coups de vent et les tempêtes sur les différentes côtes du Royaume-Uni. Sa proposition ne fut pas tout d'abord accueillie, et souleva beaucoup d'incrédulité. Cependant il finit par triompher, et, après avoir organisé les stations qu'il avait demandées, il put établir son système de prévision du temps. Ce système, nous devons le dire tout d'abord, a réussi au delà de toute espérance, et a fourni en peu d'années des renseignements tellement utiles, que quatre ans après, tous les ports de l'Angleterre et même les compagnies d'assurances les plus importantes de ce pays les réclamaient avec avidité.

Devant de pareils résultats, l'Observatoire de Paris, qui avait eu l'initiative de la création des stations météorologiques, ne pouvait rester inactif, et vers 1864, il a établi un système de prévision du temps tout à fait analogue. Les journaux nous ont appris à diverses époques que, en plusieurs circonstances, les prédictions qui avaient été annoncées s'étaient réalisées et avaient empêché dans plusieurs de nos ports de grands désastres. Il est probable qu'à mesure qu'on se familiarisera davantage avec l'interprétation des données météorologiques, cette science deviendra de moins en moins obscure, et alors la télégraphie jouera non-seulement le rôle de messager actif de nos pensées et de nos volontés, mais sera encore la sauvegarde de notre sûreté individuelle et de nos intérêts.

Depuis la réussite du système de l'amiral Fitz Roy, il a surgi comme par enchantement une foule de prophètes qui, malheureusement, au lieu d'aider à consolider cette science nouvelle, tendent à la déconsidérer, en la faisant confondre, aux yeux du public, avec une espèce de nécromancie, digne tout au plus des Nostradamus et des Mathieu-Lansberg. Il y a pourtant tout un monde entre les indications fournies par M. Fitz Roy ou l'Observatoire de Paris, et les prophéties que nous voyons tous les jours étalées, avec un aplomb réellement comique, dans nos journaux politiques. Les unes sont basées sur des principes scientifiques incontestables, les autres ne reposent sur rien que le caprice. Pour qu'on puisse en apprécier la différence, il nous suffira d'exposer en quelques mots la base du système sur lequel elles sont appuyées.

Tous les météorologistes savent que tous les vents de nos contrées dérivent du grand courant équatorial du sud-ouest qui est le contre-courant de l'Alizé, et qui s'abat sur nos côtes à une latitude plus ou moins élevée, mais qui varie de la 35° à la 60° parallèle. Tantôt ce courant s'écoule paisiblement, tantôt brusquement, et il en résulte, avec les couches d'air qui bordent ce grand courant, des espèces de grands remous circulaires ou cyclones, analogues à ces tourbillons de poussière que l'on observe souvent dans les rafales, et qui fournissent des courants d'air plus ou moins rapides, et des directions de vent qui varient, par rapport aux points géographiques sur lesquels ils passent, suivant la partie de la courbe du cyclone qui se présente au-dessus d'eux. Or, les mouvements de tous ces courants, leur grandeur et leur intensité peuvent se révéler à nous à quelque hauteur d'ailleurs qu'ils se produisent dans l'atmosphère, par les variations de la colonne barométrique; et, suivant la hauteur plus ou moins grande de celle-ci, suivant la manière plus ou moins prompte dont s'effectuent ces variations, un météorologiste habile peut reconnaître non-seulement la nature du vent qui va prédominer, mais encore la vitesse dont il est animé. D'après les hauteurs relatives du baromètre aux différentes localités où l'on observe, on peut même reconnaître s'il y a formation d'un cyclone, et déterminer les points au-dessus desquels il passe. Il ne s'agit dès lors que de suivre les déplacements de ce cyclone et la marche des courants dans le sens que l'expérience indique, pour savoir les points terrestres qui recevront l'influence des vents dont on a reconnu la présence, et, comme leur vitesse peut être calculée approximativement, ainsi qu'on l'a vu à l'instant, on peut reconnaître ceux de ces points qui auront un vent fort ou un vent faible, surtout si on fait entrer en ligne de compte les influences qui peuvent résulter de l'état du ciel et de la température des localités. En examinant ensuite les effets qui devront résulter de la présence des vents, ainsi prévus, par rapport à l'état météorologique de la contrée où on les suppose arriver, on pourra reconnaître aisément s'il y aura pluie ou beau temps dans cette localité.

« Connaissant l'état météorologique aux extrémités et au centre de nos îles, dit M. Fitz Roy, nous pouvons être avertis de tout grand changement qui doit survenir, car les grandes perturbations atmosphériques se calculent par jours et non par heures. Il n'est pas question, bien entendu, des perturbations locales; celles-ci, quelque dangereuses qu'elles puissent être, précisément à cause de leur soudaineté, n'exercent leur influence que sur un petit nombre de milles carrés. »

Sans doute les réactions qui résultent des variations physiques de l'atmosphère sont extrêmement nombreuses, et il faut certainement beaucoup de tact et d'habitude pour prévoir celles qui doivent prédominer, mais on peut comprendre que la solution du problème est possible, du moins en ce qui concerne des contrées assez étendues; aussi l'amiral Fitz Roy n'appliquait-il ses prédictions qu'à six régions qui sont :|

1° Le nord du Moray Firth, au milieu du Northumberland, le long de la côte ;

2° L'Irlande tout entière en suivant la côte ;

3° Le centre du pays de Galles jusqu'à la Solway ;

4° L'est du Northumberland jusqu'à la Tamise ;

5° Du sud de la Tamise au pays de Galles ;

6° L'Écosse tout entière.

Le temps probable était publié chaque jour pour le lendemain et le surlendemain; c'est, suivant M. Fitz Roy, la limite habituelle des prévisions auxquelles on peut se fier, quoique à certains moments une prédiction plus étendue puisse être donnée.

« Comme les instruments météorologiques signalent ordinairement les changements importants plusieurs jours d'avance, dit M. Fitz Roy, nous examinons quel temps et quel vent on doit attendre d'après les observations du matin, comparées à celles des jours précédents, et nous en concluons, pour chaque lieu, le temps probable du lendemain et du surlendemain. Nous prenons une moyenne de ces indications locales pour former celle de la région, et nous calculons alors les effets qui doivent se produire. Nous plaçons sur une carte des fiches mobiles qui indiquent le sens du courant et la possibilité des cyclones, et nous notons la direction, l'étendue et la marche de ces vents autour de leur centre, suivant qu'ils se rencontrent, se combinent ou se succèdent.

Quand l'état probable du temps avait été ainsi établi pour les cinq régions dont nous avons parlé, on envoyait par le télégraphe, en cas de coups de vent présumés, un avis aux différents ports qui en étaient menacés, et immédiatement le signal d'alarme était hissé au mât des signaux, ce qui voulait dire : *faites attention, soyez sur vos gardes, l'atmosphère est troublée.* Les marins se trouvaient ainsi avertis et pouvaient agir en conséquence.

Les bulletins journaliers publiés par l'amiral Fitz Roy étaient disposés comme il suit :

TEMPS PROBABLE.

Ecosse.

MERCREDI.	JEUDI.
O.N.O. à N.N.E. fort.	N.O. à N.E. frais, neigeux.

Irlande.

Comme le jour précédent ; avec un peu de pluie ou de neige.	N.N.O à E.N.E. modéré.

Pays de Galles.

O. à N. et E. modéré; beau temps	Comme le jour précédent.

Sud-ouest de l'Angleterre.

N.O. à N.E. modéré; beau temps.	Comme le jour précédent.

Sud-est de l'Angleterre.

N.N.E. à E.N.E. modéré; beau temps.	N. à E. modéré; beau temps.

Côte orientale.

O. à N. et E. modéré; beau temps.	N.N.O. à E.N.E. frais; beau temps.

L'organisation française du service électro-météorologique pour la prévision du temps, est plus complète que celle qui précède, car elle permet de suivre aisément la marche des cyclones et de donner des indications sur le temps pluvieux et orageux.

Dans l'origine, le travail de la prévision du temps était fait séparément pour cinq grandes régions dans lesquelles on avait divisé la France et qui comprenaient l'espace compris :

1° Pour le nord-est. . . de Groningue à Dunkerque.
2° Pour le nord. . . . . de Dunkerque à Cherbourg.
3° Pour le nord-ouest. de Cherbourg à Saint-Nazaire.
4° Pour l'ouest. . . . . de Saint-Nazaire à Bayonne.
5° Pour le sud. . . . . de Barcelone à Antibes.

Depuis, ce travail a été modifié, et il s'est étendu à beaucoup de localités du centre et de l'est de la France.

Le but de l'Observatoire de Paris dans la centralisation des observations météorologiques, est en effet aujourd'hui, non-seulement la prévision des tempêtes et le signalement de leur approche dans les différents ports, mais encore la transmission d'avertissements sur l'état probable du temps aux différents points du territoire français, afin de venir en aide aux agricul‑ teurs dans l'intérêt de leurs récoltes. Ce dernier service, toutefois, n'a été réalisé d'une manière suivie que dans ces dernières années, et chaque localité peut aujourd'hui, moyennant une faible indemnité, recevoir tous les matins aux divers centres météorologiques, l'état probable du temps. Un pareil service a été institué également en Amérique, et les avis transmis par les câbles transatlantiques ont fourni plus d'une fois en Europe, et plusieurs jours d'avance, d'utiles renseignements qui se sont presque toujours réalisés. C'est qu'en effet, les américains, par leur situation géographique, peuvent voir se former dans le golfe du Mexique, ces grands cyclones qui, poussés dans telle ou telle direction, doivent arriver sur l'Europe dans des conditions qui peuvent jusqu'à un certain point être calculées, et il **est arrivé** souvent que le jour de leur apparition s'est trouvé parfaitement correspondre au jour prédit en Amérique.

Pour obtenir ces résultats, toutes les données météorologiques trans‑ mises télégraphiquement à l'Observatoire de Paris, sont pointées sur une carte, avec des signes de convention particuliers pour indiquer à quels phénomènes météorologiques elles se rapportent, et l'intensité de ceux-ci. Les documents étant ainsi transportés sur la carte, on trace des lignes d'égale pression barométrique, en se guidant sur les chiffres inscrits près de chaque station, et ces lignes correspondent toujours à des pressions de 5 en 5 millimètres à partir de la pression 760, afin de rendre les compa‑ raisons plus faciles d'une carte à l'autre. On obtient de cette manière des séries de courbes d'égale pression qui sont le plus souvent fermées et con‑ centriques, et qui, provenant des déplacements du lit du grand courant aérien venu de l'Atlantique et du passage des mouvements tournants qui s'y produisent, constituent les cyclones dont nous avons parlé ; ces cyclones, ayant un centre de dépression qui se déplace avec le système, permettent de suivre facilement la direction de leurs déplacements. Or, ce sont ces déplacements qu'il s'agit d'épier pour avoir quelques données sur la prévision du temps. En saisissant les premiers signes de l'arrivée de chacun de ces cyclones ou mouvements tournants, en déterminant leur étendue et l'intensité des mouvements qui l'accompagnent, en calculant la distance à laquelle il doit passer dans la région considérée, la direction qu'il suit et la vitesse avec laquelle il se transporte, on peut annoncer aux pays, placés dans la direction suivie par le météore, non-seulement son approche, mais encore l'époque où il arrivera à tel ou tel endroit. Sans doute ces prédictions ne seront pas toujours réalisées à cause des perturbations locales, mais, dans les conditions ordinaires, il est rare qu'on se trompe, surtout pour les forts cyclones qui engendrent les tempêtes, et comme je le disais, les avis de l'Observatoire aux différents ports ont évité bien des malheurs.

Quant aux services que l'Observatoire peut rendre à l'agriculture au moyen des transmissions télégraphiques, ils sont tout autres que ceux qui s'adressent à la marine. Pour celle-ci, la force et la direction du vent sont les points essentiels, l'état du ciel est secondaire. Pour l'agriculture, au contraire, l'état du ciel est le point capital. Les récoltes ne redoutent guère les tourmentes de l'hiver, mais les allures du grand courant équatorial qui descend dans nos régions tempérées, peuvent exercer sur elles une assez fâcheuse influence, si ce courant se rapproche trop près de nos côtes sur l'Atlantique; s'il se prolonge trop avant dans l'est et avec une persistance trop durable, l'hiver est doux et pluvieux; s'il remonte trop vers le nord, l'hiver est sec et froid; s'il reste dans une position intermédiaire et que des bourrasques descendues du nord traversent l'Europe moyenne, le temps se couvre, le sol s'imprègne d'eau, les sources s'avivent, les animaux nuisibles disparaissent.

« Le printemps, dit M. Marié Davy, est une saison critique particulièrement dans les premiers jours de mai. Un été trop sec est défavorable à la plupart des produits du sol. Un été pluvieux est encore plus fâcheux. Dans cette saison comme dans l'hiver, le courant équatorial ne doit être ni trop près ni trop loin de nous, car c'est lui qui dispense les pluies sur son parcours.

« Tant qu'une récolte est pendante, le cultivateur subit le temps d'une manière passive, à de rares exceptions près; mais à l'époque des labours et des semailles, et particulièrement lorsque les fruits de la terre sont prêts à être recueillis, l'avis des changements du temps, de l'arrivée des beaux jours et des pluies, et surtout de l'approche des orages, peut être pour lui d'une incontestable utilité.

« Mais ces avis, pour être efficaces, doivent pénétrer jusque dans les hameaux. Ils doivent être assez clairs et assez simples, non pour indiquer aux cultivateurs ce qu'ils doivent faire, mais pour aider à leur expérience des signes du temps, et pour mieux asseoir leur jugement en en élargissant les bases; enfin ils doivent gagner assez d'avance sur le temps réel pour parvenir utilement aux intéressés, soit qu'ils aient à se mettre en garde, soit qu'ils aient à choisir l'époque la plus favorable pour entreprendre des travaux de quelque durée. »

Application de la télégraphie aux services sémaphoriques. — Dans un but militaire comme dans un but d'intérêt maritime, on a créé il y a une douzaine d'années, en France, un service électro-sémaphorique qui relie télégraphiquement (par des lignes latérales issues de nos grands réseaux départementaux) les différents points de nos côtes aux chefs-lieux de nos cinq arrondissements maritimes, et qui est sous la dépendance du ministère de la marine.

Ce service a pour but, en temps de guerre, de signaler la présence des navires ennemis sur nos côtes et de transmettre aux navires de nos escadres en mer les ordres et les avis nécessaires. En temps de paix, il a pour mission de signaler les dangers que peuvent courir les navires sur nos côtes, de prévenir des sinistres qui peuvent survenir, d'échanger avec les navires qui passent ou qui reviennent d'un long cours, certaines correspondances destinées à être transmises télégraphiquement en divers points, et de faciliter les services des divisions navales sur le littoral, entre autres, la surveillance de la pêche. En outre, les postes électro-sémaphoriques reçoivent chaque matin de l'Observatoire le bulletin du temps probable, et doivent fournir les renseignements qu'il donne aux marins des diverses localités où ils sont établis; plusieurs de ces postes sont même appelés à transmettre directement, deux fois par jour, les observations météorologiques intéressant la navigation, au ministère de la marine, qui les transmet, à son tour, aux diverses stations qui peuvent en faire le plus utile usage. Le nombre des postes qui transmettent ainsi ces bulletins météorologiques avait été jusqu'en 1864 limité à neuf, et celui des stations qui les recevaient à quatorze. Mais ces nombres ont été augmentés à mesure qu'on a apprécié davantage les effets heureux qui pouvaient résulter, pour la marine, de cette organisation.

On a pensé encore à utiliser le service électro-sémaphorique à la transmission des dépêches privées qui, quelque rares qu'elles puissent être, pourraient avoir néanmoins une certaine importance au point de vue commercial. Mais les difficultés résultant de l'immixtion de deux administrations différentes dans un même service ont fait quelque temps ajourner la réalisation de ce projet. Cependant il est aujourd'hui en partie établi.

Les postes électro-sémaphoriques sont sous la direction immédiate du major général de la marine de l'arrondissement maritime auquel ils appartiennent; toutefois, ils tiennent à l'administration des lignes télégraphiques au point de vue du matériel et des questions d'entretien et d'établissement des lignes; en conséquence, ils relèvent aussi d'un inspecteur des lignes télégraphiques accrédité, à cet effet, dans chacun des cinq ports militaires auprès du préfet maritime.

Les employés préposés au service de chaque poste électro-sémaphorique sont au nombre de deux et sont désignés sous le nom de *guetteurs*. L'un a le pas sur l'autre et porte en conséquence le nom de *guetteur chef*. Le service d'inspection est d'ailleurs confié à des capitaines de frégate qui relèvent du major général de la marine et qui prennent, dans cette circonstance, le nom d'*inspecteurs des électro-sémaphores.*

Les emplois de guetteurs ne sont accordés qu'à la suite d'examens auxquels sont admis seulement les capitaines au long cours, les officiers mariniers, les maîtres au cabotage, les quartiers-maîtres et marins de toute profession, soit de la marine impériale, soit de la marine marchande.

L'installation d'un poste électro-sémaphorique se compose de deux parties : du bureau télégraphique proprement dit, qui n'est autre qu'un poste ordinaire desservi par des appareils à cadran, et du sémaphore, qui consiste dans une espèce de télégraphe aérien constitué par un mât muni de trois bras mobiles. Ces bras, pouvant prendre six positions différentes, sont susceptibles de fournir un assez grand nombre de combinaisons pour les besoins du service ; toutefois, comme ces signaux ne correspondent pas exactement à ceux du code Reynolds, aujourd'hui adopté par les marines des différents pays, on n'a pu encore utiliser les électro-sémaphores aux correspondances nautiques. Mais on espère qu'en modifiant quelque peu le code Reynolds on pourra obtenir, d'ici à peu de temps, ce résultat.

C'étaient les électro-sémaphores de Belle-Isle qui signalaient vingt-quatre heures avant leur arrivée à Saint-Nazaire, les navires qui venaient du Mexique.

Application de la télégraphie électrique aux annonces des inondations. — Si la télégraphie électrique a pu être utilisée avantageusement pour prévenir les ports maritimes de l'approche des tempêtes, elle peut l'être d'une manière peut-être encore plus utile, pour avertir les contrées en aval des fleuves sujets aux inondations, des crues d'eau anormales qui se manifestent en amont et qui pourraient causer des désastres incalculables si on ne prenait pas les précautions nécessaires. On a pu en avoir la preuve lors des dernières grandes inondations qui ont eu lieu.

Le gouvernement ayant été prévenu en octobre 1857, que l'on prévoyait à Blois, Tours et Angers des crues de la Loire qui pouvaient amener de grands désastres, attendu que des dépêches du Haut-Allier et de la Haute-

Loire annonçaient une élévation tout à fait anormale du niveau de ces deux rivières, le ministre de la guerre a aussitôt envoyé à Tours et à Blois deux compagnies du génie et deux bataillons d'infanterie pour diriger les travaux en cas de danger et pour maintenir l'ordre. On expédiait en même temps plusieurs milliers d'outils de terrassiers pour augmenter les ressources des localités. Les troupes et les outils sont arrivés à destination longtemps avant que la crue d'eau se produisît, et celle-ci eut lieu précisément au moment indiqué quatre jours auparavant par les dépêches télégraphiques. L'arrivée de ces renforts en bras et en outils, eut les conséquences les plus heureuses.

Dans ces dernières années, ce service a été fort bien organisé en France grâce aux soins de deux ingénieurs distingués, M. de Mardigny, ingénieur en chef du département de la Meuse, et M. Poincaré alors ingénieur de la navigation dans le même département, qui en avaient pris l'initiative. Aujourd'hui on peut avertir les riverains menacés par l'inondation assez de temps à l'avance pour qu'ils puissent prendre les premières mesures les plus urgentes. La commission hydrométrique du Rhône et de la Saône présidée par M. Fournet, est arrivée sur cette question d'un grand intérêt à des résultats remarquables. Nous citerons encore les travaux de M. Belgrand sur les cours d'eau du nord et du nord-ouest de la France. L'inondation de la Seine de 1876 a révélé les services rendus par cet ingénieur. Nous en dirons encore autant de l'Observatoire du pic du midi qui avait annoncé plusieurs jours d'avance les affreuses inondations qui ont ravagé tout le bassin de la Garonne en 1875.

Application de la télégraphie à la pêche du hareng. — Pendant la saison de la pêche, les bancs de harengs entrent dans les fiords de la Norvége à des intervalles tout à fait inattendus, et dans des endroits où il ne se trouve souvent pas plus d'un ou de deux bateaux pêcheurs. Avant que les bateaux des baies et des fiords environnants aient pu être appelés à prendre part au butin, les harengs ont déjà presque tous déposé leur frai et ont regagné la pleine mer. Pour prévenir ces désappointements souvent répétés et les pertes qui en résultent pour les pêcheurs, le gouvernement norvégien a établi, sur une étendue de 200 kilomètres, le long de la côte fréquentée par les bancs de harengs, un câble sous-marin, avec des stations à terre, à des intervalles suffisamment rapprochés et communiquant avec les villages habités par les pêcheurs. Dès que le banc de harengs est aperçu au large, et on peut toujours le reconnaître à une certaine distance par le flot qu'il soulève, une dépêche télégraphique, expédiée le long de la côte, annonce à chaque village le fiord ou la baie dans lequel le hareng a pénétré.

Application de la télégraphie aux affaires privées et aux usages domestiques. — Tous ceux qui ont parcouru dans ces dernières années les rues de Londres, ont pu apercevoir au-dessus des maisons et sillonnant les différents quartiers de cette ville, un petit câble, soutenu de distance en distance par deux fils métalliques, lesquels sont supportés eux-mêmes sur des espèces de poteaux en trépied placés sur les toits des maisons. Ce câble que nous avons décrit, tome II p. 446, et qui contient en ce moment cinquante fils, est la ligne de la compagnie qui exploite la télégraphie au point de vue des affaires privées. Chacun des fils est loué, pour une somme annuelle assez modique aux particuliers qui veulent être en communication télégraphique dans les divers quartiers de Londres. C'est ainsi que les offices des grands industriels de la capitale anglaise se trouvent reliés soit avec les demeures particulières de ces derniers, soit avec les docks, soit avec les grandes usines des faubourgs de Londres. C'est encore par leur intermédiaire que les bureaux des grands journaux anglais sont reliés aux agences télégraphiques et au Parlement. Cette heureuse application, due à l'initiative de M. Wheatstone, est devenue aujourd'hui une excellente affaire pour la compagnie qui s'est chargée de son exploitation, et les avantages qu'elle procure sont de jour en jour appréciés davantage. Espérons que le peuple français sera un jour assez sage pour jouir de cette prérogative qui lui est aujourd'hui refusée. Nous devons ajouter que ce sont les télégraphes magnéto-électriques de M. Wheatstone, que nous avons décrits, tome III p. 46, qui desservent les différents fils de cette organisation télégraphique; ils ont l'avantage de ne pas nécessiter l'entretien d'une pile et d'être par conséquent dans les meilleures conditions pour être confiés à des personnes étrangères au métier de télégraphiste. Pourtant les téléphones de M. Graham Bell seraient d'un emploi encore plus avantageux, puisqu'ils n'exigeraient aucun apprentissage, et qu'on s'en servirait comme des tubes acoustiques. Déjà trois villes d'Amérique, New-York, Boston et La Providence l'ont appliqué dans ces conditions, et il est probable que d'ici à peu de temps, toutes les villes du monde organiseront de semblables systèmes. Ce sera un véritable service rendu, non-seulement au commerce et à l'industrie, mais encore à l'humanité.

Il y a deux ans, on avait essayé d'appliquer à Paris à l'instar de plusieurs villes d'Amérique et d'Angleterre, des systèmes télégraphiques de Bourses et Marchés dont les appareils étaient les imprimeurs du système d'Arlincourt; mais bien que les appareils marchassent assez bien, la compagnie qui avait fait cette entreprise était si mal dirigée, qu'elle a fait faillite au bout de peu de temps, et aujourd'hui tout est arrêté. Pourtant, ce système a réussi fort bien dans beaucoup de villes, et même plusieurs systèmes télégraphiques imprimeurs ont été imaginés à cet effet. Ils fonctionnaient généralement avec deux fils, et même, dans un système américain qui a figuré à l'exposition de Vienne, et qui a été expérimenté en France à l'administration des lignes télégraphiques, ces appareils pouvaient fonctionner au nombre de huit dans un même circuit, mais sous l'influence de piles à acides. Ces appareils étaient spécialement destinés aux affaires de Bourse.

Application de la télégraphie aux annonces d'incendie. — Nous avons déjà traité un peu cette question dans le chapitre consacré aux systèmes proposés pour les annonces d'incendies; toutefois nous croyons devoir revenir ici sur cette question, parce que nous ne l'avons pas suffisamment traitée au point de vue de la télégraphie.

A l'une des dernières réunions de la Société des ingénieurs des télégraphes, M. Rvon Fischer Treuenfeld a discuté d'une manière intéressante cette question, et nous allons analyser cette communication qui a été insérée d'ailleurs dans les *Annales Télégraphiques* du 7 octobre 1877.

Suivant M. Treuenfeld, le premier objet qu'on doit se proposer pour prévenir les désastres des incendies, est d'avoir un télégraphe automatique afin de diminuer le temps qui s'écoule entre la découverte de l'incendie et l'arrivée de la brigade de pompiers sur le lieu du sinistre. En conséquence, les postes doivent être en nombre suffisant, placés dans des endroits d'un accès facile, et être munis d'appareils convenables, au moyen desquels l'apparition du feu puisse être signalée par toute personne aux stations les plus rapprochées des pompiers ou des agents de police; ce signalement doit être fait à l'aide d'un appareil automatique, et de manière que le signal indiquant la rue et le quartier d'où est partie l'alarme du feu, puisse être télégraphié par une main non exercée à un point donné.

Bien que par les moyens employés en Angleterre pour prévenir les effets désastreux des incendies leur nombre, d'après les statistiques, se soit abaissé de 50 %, M. Treuenfeld pense que, malgré cette diminution, il existe encore 10 % d'incendies sérieux dont on pourrait diminuer le nombre au moyen du télégraphe automatique; car grâce à cet appareil employé en Allemagne, la proportion des incendies graves atteint à peine 3 % à Berlin 1,77 % à Hambourg, 2,79 % à Amsterdam et 5 % à Francfort.

M. Treuenfeld donne ensuite un tableau des différents systèmes. Hambourg possède deux stations centrales où se trouvent la brigade centrale d'incendie et la brigade centrale de police. Toutes les deux sont reliées par sept lignes qui rayonnent de ces centres aux faubourgs, et chacune de ces lignes est reliée avec un certain nombre de stations de police et de pompiers au moyen d'appareils automatiques. L'objet de ces sept lignes est de faire connaître immédiatement aux postes de la brigade, l'endroit où le feu est découvert. En outre, une communication télégraphique peut être maintenue entre les différentes stations, de sorte que l'on peut organiser convenablement l'assistance réclamée. Ainsi tous les incendies sont d'abord signalés à la station centrale qui prend les mesures nécessaires pour organiser les secours, et cette station centrale règle et contrôle tout le système.

L'appareil télégraphique est d'une simplicité extrême, et se rapproche du télégraphe autokinétrique. L'avertisseur ou interrupteur du courant est placé dans une boîte en verre aux coins des rues principales et aux stations des chemins de fer, et il a pour effet de produire, à la station centrale sur un récepteur Morse, un certain nombre de signaux, qui se trouvent préparés d'avance sur le pourtour du disque interrupteur de l'avertisseur. Dès qu'un incendie éclate, on doit d'abord courir à la boîte de l'avertisseur le plus voisin, l'ouvrir ou briser le verre, et tirer une manivelle placée là dans ce but. Cette manœuvre met en action un disque de contacts qui transmet le signal plusieurs fois de suite. A Hambourg il y a quarante-sept stations avec appareils Morse, et cinquante avertisseurs automatiques. Les lignes sont en partie souterraines et en partie aériennes. Toutes les stations, sauf la station centrale, ont leur Morse en dehors du circuit, et n'ont dans le circuit qu'une sonnerie d'alarme très-bruyante. Un signal envoyé par une des stations à avertisseur ou à Morse, est enregistré à la station centrale sur un Morse à déclanchement automatique. La station envoie alors le signal d'alarme d'incendie à toutes les stations du district, ou si cela est nécessaire, à toutes les stations des sept districts, au moyen d'un commutateur ad hoc.

Le système d'Amsterdam est connu sous le nom de système circulaire. La ville est divisée en trois grands cercles principaux qui ont chacun leurs bureaux en communication avec une station centrale. Il n'y a dans ces cercles principaux que des brigades d'incendies et des postes de police, et les stations sont reliées de telle sorte que les postes de police sont placés dans une moitié, et les brigades d'incendies dans l'autre moitié des cercles. Par suite de cet arrangement, les deux séries de stations peuvent être divisées, et peuvent communiquer séparément avec leur bureau central propre. A chacun de ces trois cercles principaux, est rattaché un certain nombre de circuits secondaires ayant leur centre dans une des stations de la brigade d'incendie. En règle générale, ces cercles secondaires contiennent seulement des avertisseurs automatiques ; cette règle n'est pas cependant tout à fait absolue. Il y a aussi un cercle suburbain qui est formé de fils de fer, tandis que les cercles principaux et les cercles secondaires sont tous formés de fils souterrains. Le système comprend en somme trois cercles principaux, treize cercles secondaires, un cercle suburbain, cinquante appareils Morse, et cent trente-cinq avertisseurs automatiques d'incendie. Toutes les lignes fonctionnent par le système à circuit fermé. Les appareils Morse sont fixés de la même façon qu'à Hambourg, et le travail se fait de la même manière. Sur les bords des canaux et des rivières, on se sert d'une grande sonnerie pour avertir, en cas d'incendie, les bateaux qui y sont amarrés. A la station centrale, se trouve un inducteur magnétique qui peut faire marcher les sonneries d'alarme de toutes les stations, et à l'aide de combinaisons conventionnelles de sonneries, la station centrale peut appeler une station séparément ou toutes les stations ensemble. Le mécanisme de la cloche d'alarme est mis en mouvement par un poids et le courant n'a qu'à opérer un simple déclanchement.

Le troisième type de télégraphe d'incendie ressemble au premier en ce qu'il est rayonnant, mais il en diffère en ce que les lignes de section sont munies d'embranchements ; c'est celui de Francfort sur le Mein. Il a été présenté par M. Vogel et comprend huit circuits principaux et trente-deux circuits de ramification. Les premiers relient des stations pourvues d'avertisseurs ou d'appareils de transmission ; les autres comprennent des stations munies seulement de signaux d'alarme. Il y a en tout vingt-cinq stations Morse avec trente et un instruments et cinquante avertisseurs automatiques.

Aucune maison ne se trouve éloignée de plus de 600 mètres d'un avertisseur. Toutes les stations ont un personnel en faction la nuit comme le jour. Toutes les lignes principales reliant le poste central aux appareils Morse et aux avertisseurs, présentent un développement de 95234 pieds ; elles sont souterraines et construites en câbles armés de fils de fer. Outre les lignes souterraines il y a (55938 pieds de lignes aériennes ou branches secondaires pourvues seulement de sonneries, qui sont placées dans les maisons des chefs et des hommes des brigades régulières ou volontaires, et dans les postes de police. Les lignes exploitées, comme à Hambourg et à Amsterdam, d'après le principe du circuit fermé.

Le mécanisme du télégraphe d'incendie américain ressemble à ceux que nous venons de décrire, mais avec une petite différence cependant.

Dans quelques villes, un arrangement automatique fonctionne en un point central. Quand une alarme arrive, le signal traverse ce point central, et le département du feu tout entier reçoit directement ce signal du point même qui l'a transmis. De cette façon, il ne peut y avoir de retard dans la transmission de l'alarme, puisque tout le département du feu est directement avisé sans aucune espèce d'intermédiaire. On a calculé qu'avec le système qui emploie l'intermédiaire de la station centrale, il s'écoule 40 ou 50 secondes entre le moment où l'avertisseur est mis en action et celui ou le département du feu reçoit l'alarme définitive; mais il faut observer que ce système permet à la station centrale de donner tous les ordres.

La meilleure preuve de la valeur du télégraphe d'incendie américain; c'est qu'il est en service actuellement dans soixante-dix-neuf villes des États-Unis et du Canada, et en construction dans plusieurs autres, et que son usage n'a pas encore été abandonné un seul instant ni même suspendu.

M. Treuenfeld a fait la statistique de tous les incendies qui se sont produits dans les villes où les systèmes d'avertisseur électrique ont été établis, et montre : 1° qu'avec les systèmes perfectionnés comme ceux dont il a été question précédemment, les incendies graves ont été réduits à 4 %, 2° qu'avec les systèmes où les stations sont pourvues de télégraphes alphabétiques avec des lignes aériennes dépourvues d'avertisseurs ou du moins n'en ayant que très-peu, ces incendies graves atteignent encore 17 %, 3° enfin que sans télégraphes d'incendies, le nombre des incendies graves atteint 29 %.

D'après les calculs de M. Saxton, directeur du télégraphe d'incendie de Saint-Louis, il paraîtrait que l'emploi du système télégraphique d'incendie aurait économisé 548.955 dollars par an.

M. Treuenfeld conclut finalement.

1° Que les villes sans télégraphes d'incendies sont exposées à une grande proportion d'incendies graves, causés par le retard que met la brigade de pompiers à arriver sur les lieux du sinistre.

2° Que l'emploi des télégraphes d'incendies tend à diminuer cette proportion des incendies graves, et que plus le système est parfait, plus cette proportion diminue.

M. Treuenfeld appelle *incendie grave* celui qui exige plus de deux pompes pour l'éteindre.

Le télégraphe dit autokinétique est un des systèmes les plus perfectionnés, et nous en avons donné la description sommaire p. 283; mais on pourra en trouver une description plus complète avec dessins dans les *Annales télégraphiques* de septembre-octobre 1877, soit tome IV, p. 461.

Application de la télégraphie aux recherches de police. — Les signalements des criminels que l'on envoie télégraphiquement aux différents agents de police de la frontière pour procéder à leur arrestation, sont le plus souvent insuffisants, de sorte que l'on a eu l'idée, dans ces derniers temps, d'utiliser à la reproduction des traits de ces criminels le télégraphe autographique. Des expériences ont été faites en 1876 et 1877 à la Préfecture de police de Paris avec le télégraphe de M. d'Arlincourt, et l'on a obtenu, paraît-il, de bons résultats. S'il en était ainsi, cette application utiliserait cette classe si intéressante d'appareils, que nous sommes étonnés de ne pas voir plus recherchés.

Application de la télégraphie à la navigation. — En dehors des électro-sémaphores, on s'est peu occupé jusqu'ici d'appliquer la télégraphie à la marine ou du moins à la transmission des ordres à bord des navires de grandes dimensions. Pourtant il doit exister une communication de tous les instants entre l'officier de quart, le mécanicien et le timonier, et certainement un service télégraphique serait fort utile dans ce cas. Si les téléphones produisaient des sons plus forts, ce seraient les appareils indiqués pour ce genre de service; mais comme il n'en est pas ainsi, c'est surtout entre les navires en rade et le port que l'on pourrait obtenir de ces instruments le plus d'avantages. « Les essais faits entre la préfecture maritime de Cherbourg, les sémaphores et les forts de la digue, dit M. Pollard, ont fait ressortir les avantages qu'il y aurait à munir ces postes de téléphones, ce qui assurerait une communication facile entre les bâtiments d'une escadre et la terre ou entre ces navires eux-mêmes. En mouillant de petits câbles qui viendraient à la surface de la mer le long des chaînes des corps-morts et aboutiraient aux bouées ou coffres disposés en permanence dans la rade, les navires de guerre, en s'amarrant, se mettraient de cette manière en relation avec la préfecture maritime, et en mouillant temporairement des câbles légers d'un bâtiment à l'autre, l'amiral entrerait en communication intime avec les bâtiments de son escadre. » Avec le système de M. G. Bell, l'inconvénient des piles à bord n'existerait plus, et ce serait déjà une grande difficulté de vaincue.

Sur certains bâtiments, on avait fait à une certaine époque l'essai d'indicateurs électriques pour indiquer de la passerelle au timonier le sens de la manœuvre du gouvernail, mais ces systèmes ont paru moins sûrs que la simple indication de la main, et on ne s'en est plus occupé davantage.

Application du téléphone dans les services publics. —

Nous avons déjà fait ressortir les avantages du téléphone pour le service télégraphique des armées et de la navigation. Cet appareil est déjà mis en application dans différents pays, et en ce moment même il est employé en Russie dans leur guerre avec la Turquie. Mais ce qu'il y a de curieux, c'est qu'il constitue actuellement en Allemagne un service annexe du service télégraphique, alors que beaucoup de personnes demandent encore en France si cette invention est réelle, et semblent la considérer comme inutile. Voici quelques-unes des dispositions contenues dans la circulaire du directeur des postes et des télégraphes de l'Allemagne du Nord.

« Les bureaux qui seront ouverts au public pour le service des dépêches téléphoniques en Allemagne seront considérés comme des établissements indépendants; mais ils seront en même temps rattachés aux bureaux télégraphiques ordinaires, lesquels se chargeront de la transmission, sur leurs fils, des télégrammes envoyés au moyen du téléphone.

» La transmission aura lieu de la manière suivante : le bureau qui aura un télégramme à expédier invitera le bureau de destination à mettre l'appareil en place. Dès que les cornets auront été ajustés, le bureau de transmission donnera le signal de l'envoi de la dépêche verbale.

» L'expéditeur devra parler lentement, d'une manière claire et sans forcer la voix; les syllabes seules seront nettement séparées dans la prononciation; on aura soin surtout de bien articuler les syllabes finales et d'observer une pause après chaque mot, afin de donner à l'employé récepteur le temps nécessaire à la transcription.

» Lorsque le télégramme a été reçu et transcrit, l'employé du bureau de destination vérifie le nombre des mots envoyés; puis il répète, à l'aide du téléphone, le télégramme entier rapidement et sans pause, afin de constater qu'aucune erreur n'a été commise.

» Pour assurer le secret des correspondances, les instruments téléphoniques sont installés dans des locaux particuliers, où les personnes étrangères au service ne peuvent entendre celui qui envoie la dépêche verbale, et il est interdit aux employés de communiquer à qui que ce soit le nom de l'expéditeur ou celui du destinataire.

» Les taxes à percevoir pour les dépêches téléphoniques sont calculées à tant par mot, comme sur les lignes télégraphiques ordinaires. »

Dernièrement M. Edison a adapté au téléphone un système enregistreur afin d'obtenir sur une feuille d'étain les traces des vibrations produites par la lame vibrante, sous l'influence de la voix. En soumettant cette feuille adaptée sur un cylindre tournant, à l'action d'un second téléphone dont la laine vibrante est munie d'une pointe à ressort appuyant sur les traces laissées sur la feuille d'étain, on reproduit les paroles qui ont provoqué ces traces, et même le ton sur lequel elles ont été dites, si la vitesse du cylindre récepteur est la même que celle du cylindre enregistreur. *On peut par ce système obtenir les effets de la translation télégraphique.* Ce système d'enregistration de la parole avait été déjà combiné il y a une vingtaine d'années par M. Scott.

Nous reproduisons du reste dans la figure 124 le modèle de téléphone le plus généralement employé et qui est représenté vu en coupe et en élévation.

Fig. 124.

Légende de la figure.

EE est la plaque vibrante qui est en tôle mince et placée au fond de l'embouchure ; elle est disposée perpendiculairement à l'axe de l'appareil en face du pôle du barreau aimanté A.

A est le barreau aimanté destiné à provoquer les courants induits et que maintient une vis traversant l'extrémité de l'appareil opposée à l'embouchure.

B est une bobine induite en fil fin entourant l'extrémité supérieure du barreau A.

CC sont des fils de gros diamètre attachés aux extrémités du fil de la bobine B et qui, après avoir traversé l'appareil dans sa longueur, viennent aboutir aux bornes DD.

DD sont les boutons d'attache des fils qui relient les téléphones entre eux.

CINQUIÈME PARTIE

APPLICATIONS CALORIFIQUES
DE L'ÉLECTRICITÉ

Les applications électriques qui vont faire l'objet de cette dernière partie de notre ouvrage, sont basées sur les effets calorifiques produits par l'électricité. Ces applications sont nombreuses et importantes, car elles comprennent toutes celles qui mettent à contribution la lumière électrique et les effets d'ignition déterminés par le passage des courants. Nous aurons donc à nous occuper non-seulement des diverses applications de la lumière électrique et des appareils qui la produisent, mais encore des torpilles sous-marines, du tir des mines, des instruments électro-cautérisants, des allumoirs électriques, des machines électro-calorifiques, et même des paratonnerres.

Pour mettre de l'ordre dans nos descriptions, nous diviserons cette partie de notre ouvrage en trois chapitres.

Dans le premier qui se rapporte à la lumière électrique et aux appareils qui la produisent, nous discuterons d'abord son mode de génération le plus perfectionné, les appareils régulateurs ou lampes électriques qui peuvent fixer le point lumineux, les essais tentés jusqu'ici pour obtenir la division de ce genre de lumière et le côté économique de la question. Dans le second chapitre nous étudierons les diverses applications qui ont été faites de la lumière électrique, à l'éclairage des phares, à la navigation, à la pêche, à l'éclairage des galeries de mines, à l'éclairage des parties obscures du corps humain, à la production de signaux sémaphoriques, à la défense des places de guerre, à la projection des principales expériences de physique, à la photographie, à la reproduction et à la lecture de dépêches microscopiques, au théâtre, à l'éclairage des convois de chemins de fer, aux recherches sous-marines, etc., etc.

Dans le troisième chapitre nous passerons en revue les différents systèmes de tir électrique des mines, l'organisation des torpilles sous-marines, les allumoirs électriques, les appareils électro-caustiques, etc.

CHAPITRE PREMIER

LUMIÈRE ÉLECTRIQUE (1).

Depuis que les piles à acides ont fourni le moyen d'obtenir une très-grande quantité d'électricité avec des éléments producteurs peu multipliés et d'un petit volume, on a pu répéter souvent, soit dans les cours de physique, soit pour satisfaire la curiosité publique, la belle expérience de la lumière électrique. Aucune lumière artificielle ne peut égaler l'éclat de l'étincelle électrique ainsi dégagée, et son rayonnement, qui lui donne l'apparence de la lumière solaire, est tel, qu'il est impossible de la fixer. Il est peu de personnes qui n'aient eu occasion de voir, soit à l'Opéra, soit sur les grands travaux de nuit, à Paris, les effets merveilleux de cette lumière, et de juger de sa puissance d'éclairage. Non-seulement les lumières des lampes placées à côté disparaissent, mais on ne les distingue que par une petite lueur rougeâtre qui semble être une ombre au milieu de l'illumination générale.

Les effets auxquels donne lieu ce genre de production de lumière sont excessivement variés et très-curieux, non-seulement à voir, mais encore à étudier, et ils ont été l'objet de travaux remarquables de la part de nos plus grands savants. Moi-même, dans un travail spécial sur la machine d'induction de Ruhmkorff, je les ai longuement décrits et discutés. Mais parmi ces effets, il en est qui ont pu être utilement appliqués dans les arts, et ce sont de ceux-là dont nous allons actuellement nous occuper.

I. CONSIDÉRATIONS GÉNÉRALES SUR LES MOYENS EMPLOYÉS POUR DÉVELOPPER LA LUMIÈRE ÉLECTRIQUE.

La lumière électrique, à proprement parler, n'est que le résultat de la chaleur énorme développée par une décharge électrique, lorsqu'elle traverse un conducteur d'une insuffisante conductibilité dont les particules se trouvent alors chauffées au rouge blanc. Ces conducteurs d'insuffisante

---

(1) Voir à ce sujet un ouvrage très-intéressant publié récemment par M. H. Fontaine et intitulé *éclairage à l'électricité*, et ma notice sur la machine de Ruhmkorff, 5ᵉ édition.

conductibilité peuvent être constitués par un corps aériforme liquide ou solide. Quand ce corps est solide et bon conducteur, la réduction de sa conductibilité est obtenue en rendant son diamètre très-petit eu égard à celui des rhéophores qui lui amènent le courant; quand ce corps est liquide, les points de contact des rhéophores avec le liquide doivent être de très-petite surface, et l'intervalle interpolaire le plus petit possible, afin que la décharge puisse se faire au sein du milieu gazeux, résultant de la décomposition du liquide. Enfin si le conducteur est gazeux, il faut disposer les électrodes de manière que les particules matérielles qui les composent, puissent se détacher aisément sous l'influence de la décharge, et constituer dans l'intervalle interpolaire un conducteur non-seulement meilleur que l'air, mais encore doué d'une propriété éclairante par suite de la présence des particules matérielles enlevées aux rhéophores, qui s'y trouvent en suspension, et qui sont chauffées au rouge blanc.

On peut encore dans le cas des conducteurs gazeux, obtenir de leur part une meilleure conductibilité, en les raréfiant au moyen d'une machine pneumatique. Ces différents systèmes de produire la lumière électrique ont tous été appliqués, et nous aurons occasion d'en constater les effets dans la suite de ce travail; mais pour pouvoir déterminer une force électrique assez énergique pour vaincre cette résistance nécessaire à la production des effets calorifiques, il faut un générateur électrique qui ait à la fois une grande tension et une certaine aptitude à fournir de l'électricité de quantité. Les piles à acides, telles que les piles de Bunsen et à bichromate de potasse, peuvent résoudre parfaitement le problème, mais l'on peut obtenir les mêmes résultats dans des conditions infiniment plus économiques, au moyen des machines magnéto-électriques et même des machines d'induction électro-statique.

« Nous devrons toutefois faire remarquer que l'action déterminant le phénomène n'est pas la même avec ces différents générateurs. Quand le générateur a une grande tension, comme les machines d'induction de Ruhmkorff, l'action qui détermine le passage du courant à travers le conducteur aériforme interposé, est l'*étincelle* proprement dite qui éclate par suite d'un excès de tension et qui n'a pas besoin d'un conducteur pour se manifester. Cette étincelle constitue un filet de feu très-délié, et c'est elle qui en élevant instantanément la température du milieu qu'elle traverse, le rend assez conducteur pour permettre à la décharge de le traverser en grande partie, ce qui constitue ce que l'on a appelé *l'auréole électrique* quand ce milieu est gazeux. Quand le générateur a une tension beaucoup moindre, comme celle qui résulte de cinquante éléments Bunsen accouplés en tension, la décharge ne peut se produire à travers le mauvais conducteur, qu'à la suite d'un contact effectué entre les rhéophores. Ainsi, si le milieu à travers lequel doit se produire le point lumineux est l'air ambiant, on devra approcher au contact les deux rhéophores, puis les éloigner; car du contact de ces rhéophores, est résulté un échauffement considérable de l'air avoisinant qui l'a rendu conducteur, et dès lors l'arc voltaïque se forme et se continue jusqu'à ce que les rhéophores, en s'usant, aient augmenté assez la résistance interpolaire pour rendre la conductibilité gazeuse insuffisante. Pour continuer la lumière, il faut alors rapprocher les rhéophores, et c'est pour obtenir automatiquement ce rapprochement, qu'ont été imaginés les *régulateurs* ou *lampes électriques* qui ont été combinés de bien des manières différentes et dont nous parlerons plus loin.

On peut néanmoins substituer à ce conducteur gazeux un conducteur solide, s'il est un peu résistant. L'on dispose alors ce dernier de manière à être traversé difficilement par le courant, et dès lors il rougit comme un fil métallique fin de petite longueur qu'on interposerait entre les deux rhéophores; si ce médiocre conducteur est une baguette de charbon très-menue, elle produit en se désagrégeant sous l'influence de la température élevée à laquelle elle est soumise, une lumière aussi éclatante que si celle-ci s'échangeait entre deux charbons. On peut même obtenir cette illumination de la part de substances réfractaires, quand les courants ont une grande tension, et qu'on a disposé ces corps de manière à fournir, par la fusion, un conducteur semi-liquide qui conduit suffisamment la décharge pour être rendu lumineux. Nous aurons occasion d'entrer plus tard dans des détails circonstanciés sur ce moyen très-curieux d'éclairage, imaginé par M. Jablochkoff et qui peut avoir quelques applications.

Du reste, de quelque manière que la lumière électrique soit produite, les conditions essentielles pour qu'elle puisse fournir le plus grand éclat possible, est que le milieu médiocrement conducteur parcouru par la décharge, contienne le plus de particules susceptibles de s'illuminer par la chaleur, sans néanmoins être accompagnées de vapeurs assez conductrices pour donner lieu à une flamme ou à une décharge trop facile. Avec les courants de la machine de Ruhmkorff, c'est le charbon de braise employé pour constituer les électrodes, qui fournit les meilleurs résultats, et dans ces conditions, le conducteur gazeux est devenu tellement chargé de particules charbonnées, que l'étincelle proprement dite n'existe plus; l'auréole seule est produite, et quand les charbons sont suffisamment rapprochés, ils fournissent un point de lumière électrique rayonnante, analogue à celui que l'on obtient avec la pile.

Généralement la lumière employée industriellement a pour générateur de forts courants de quantité, et pour organe excitateur, deux charbons adaptés à une lampe électrique. Les courants peuvent être continus ou alternativement renversés, et nous discuterons plus tard les avantages de l'un et de l'autre de ces systèmes. Ils peuvent être produits par des piles ou des machines magnéto-électriques, mais on a déjà vu tome II, p. 233, qu'on avait beaucoup plus d'avantages à employer les machines magnéto-électriques. Toutefois, pour certaines applications, on peut employer un troisième moyen qui consiste à utiliser l'extra-courant résultant de la lampe électrique elle-même, qui est alors disposée en trembleur. M. Maiche a fait à cet égard quelques expériences dont je dois dire ici quelques mots.

La disposition qui lui a le mieux réussi a été d'employer un électro-aimant droit d'environ 1^m,50 de longueur, enroulé de 600 mètres de fil de cuivre de 3 millimètres de diamètre, lequel fil fournissait une épaisseur d'hélice à peu près égale au diamètre du noyau, c'est-à-dire de 2 centimètres de diamètre. Cette disposition lui a permis d'obtenir dix étincelles par seconde entre deux charbons et sous l'influence d'une pile de Bunsen de dix éléments. Ce courant qui sans l'intervention de l'électro-aimant donnait une étincelle insignifiante entre les deux pointes de charbon, devenait assez puissant, en passant à travers la bobine, pour rendre les charbons incandescents sur une longueur de 8 millimètres. Ces charbons étaient placés verticalement et disposés de manière à constituer avec leurs supports un trembleur. Lorsque les charbons étaient nouvellement taillés, la lumière était beaucoup plus brillante que quand ils servaient depuis dix ou quinze minutes et qu'ils se trouvaient durcis. Le maximum d'effet était d'ailleurs produit quand le fer était aimanté à saturation, et cet effet était obtenu d'autant plus promptement, que la longueur du fil de l'hélice était moins grande, et que le nombre des éléments de la pile était plus considérable. Avec l'appareil dont il a été question et une pile de dix éléments, le courant devait être fermé un quart de seconde.

« Il résulte de ces expériences, dit M. Maiche, qu'un faible courant principal employé convenablement dans un fil conducteur assez gros et interrompu entre deux pointes de charbon, produit des étincelles suffisantes pour former un arc voltaïque dont l'éclat peut être utilisé; toutefois cette lumière étant scintillante, ne saurait être employée à autre chose qu'à des signaux de nuit, et grâce à cette particularité, elle serait plus facile à reconnaître qu'une autre à une grande distance. »

Quand il ne s'agit que d'éclairages locaux de peu d'intensité et de peu de durée, on peut employer la lumière électrique sous un forme plus simple.

Dans ce cas, l'illumination d'un fil de platine ou la lumière de l'étincelle d'induction produite à travers un tube vide contourné en spirale peuvent suffire, et on peut les obtenir dans de bonnes conditions d'éclat pendant quelques instants, au moyen des batteries de polarisation de Planté que l'on maintient toujours chargées avec une pile d'éléments Daniell ou Leclanché, comme on l'a vu p. 400. On a employé ces systèmes pour l'éclairage des cavités obscures du corps humain, pour l'éclairage des réticules des lunettes astronomiques et pour la visite intérieure des pièces d'artillerie.

De tous ces moyens de production de la lumière électrique, le seul qui puisse être appliqué pratiquement est en définitive celui qui résulte de l'arc voltaïque produit entre deux charbons, et c'est lui qui nous occupera spécialement ainsi que ses applications.

L'éclat et la couleur de la lumière produite dans les conditions dont il a été question précédemment, dépend de la nature des rhéophores entre lesquels la décharge électrique s'effectue et du milieu dans lequel elle se produit; elle est bleuâtre avec le zinc, verdâtre avec l'argent, rouge avec le platine, etc., et elle est plus intense avec les métaux facilement oxydables, comme le potassium, le silicium ou le sodium qu'avec les métaux inoxydables, tels que l'or et le platine. L'aspect du foyer dépend, comme je l'ai indiqué dans ma notice sur l'appareil de Ruhmkorff, de la forme des électrodes et de leur polarité; entre une pointe et une surface conductrice, elle a la forme d'un cône, et celle d'un globe entre deux pointes de charbon. La longueur maxima de l'arc dépend surtout de l'intensité du courant et peut atteindre, avec un fort courant, un et deux centimètres une fois l'arc formé. D'après M. Despretz, cette longueur croît plus vite que le nombre des éléments qui la produisent, et cet accroissement est plus manifeste pour les petits arcs que pour les grands; il est par conséquent plus grand avec les piles en tension qu'avec les piles en quantité. D'un autre côté, l'arc voltaïque est plus développé quand le charbon positif est en haut que quand il est en bas, et quand les charbons sont horizontaux, les arcs sont moins longs que quand ils sont placés verticalement; en revanche, la disposition de la pile en quantité devient alors plus favorable que la disposition en tension.

Avec les courants voltaïques échangés entre deux électrodes de charbon, l'électrode positive a une température beaucoup plus élevée que l'autre électrode, ce qui n'a pas lieu quand on emploie, pour produire la lumière, des courants d'induction de haute tension. Pour une intensité électrique peu considérable et avec des charbons bien purs, le foyer lumineux est bleuâtre et rayonnant, mais quand cette intensité est plus grande, une véritable flamme accompagne toujours ce foyer lumineux, et elle est d'autant plus considérable que les charbons sont moins purs.

Quand l'arc voltaïque se produit dans l'air, les deux électrodes de charbon s'usent assez promptement en brûlant; mais dans le vide cette combustion n'a pas lieu, et l'on voit simplement la pointe positive se creuser et la pointe négative s'allonger par suite du transport des particules charbonnées enlevées au charbon positif. L'usure est donc pour ainsi dire insignifiante.

La lumière électrique a une grande analogie avec celle du soleil, mais elle renferme plus de rayons chimiques, ce qui la rend dangereuse pour la vue. On a bien proposé à diverses époques des moyens pour éviter cet effet dangereux et, entre autres, l'emploi de globes fluorescents capables d'absorber ces rayons chimiques; mais c'était au détriment de la puissance de cette lumière que ce perfectionnement était obtenu, ce qui rendait les avantages de la lumière électrique beaucoup moins grands.

En comparant entre elles diverses sources lumineuses, MM. Foucault et Fizeau ont trouvé que la lumière de l'arc voltaïque est moitié moindre que celle du soleil, tandis que la lumière Drumond (oxy-hydrogène) n'en est que la cent-cinquantième partie. Or, le soleil répand sur une surface donnée autant de clarté que 5774 bougies placées à $0^m,33$ de distance de cette surface.

Quand l'arc voltaïque est formé, les charbons brûlent successivement, comme on l'a vu, du moins s'ils sont exposés à l'air; mais en raison des conditions physiques différentes des deux électrodes et du transport matériel des particules charbonnées par le courant, l'un des charbons, le positif, brûle beaucoup plus vite que l'autre, et cela, dans le rapport de 2 à 1. Cette usure inégale entraîne plusieurs inconvénients : d'abord le déplacement du point lumineux, puis une déformation des extrémités polaires des deux électrodes, dont l'une s'appointit, tandis que l'autre se creuse en entourant le point lumineux d'une sorte de rebord plus ou moins saillant qui agit à la façon d'un écran. Les effets de polarisation (1) déterminés sur les électrodes

---

(1) D'après M. Edlund, la chaleur développée par un courant électrique doit en être considérée comme l'effet direct et immédiat, et chaque fois que le courant produit un travail mécanique ou chimique quelconque, l'effet obtenu est accompagné d'une diminution proportionnelle dans la chaleur développée. Cette loi que l'expérience a vérifiée est aussi la conséquence de la théorie, ainsi que Clausius l'a nettement démontré. Or, si l'on considère que dans l'arc voltaïque qui se produit quand le courant passe à travers un gaz, d'un conducteur solide sur un autre conducteur solide, il arrive que les particules matérielles entraînées d'un pôle à l'autre *déterminent, malgré l'action mécanique produite, une élévation de chaleur au lieu d'un abaissement*, on pourrait croire à une anomalie, et c'est pour l'expliquer que

donnent lieu eux-mêmes à des effets assez complexes que nous décrivons dans la note ci-dessous et qui doivent aussi être pris en considération. Avec des courants alternativement renversés, tels que ceux que fournissent les machines de la compagnie l'*Alliance* et de la compagnie Lontin, ces inconvénients n'existent pas; l'usure des deux charbons est égale et régulière et leur pointe étant toujours parfaitement formée, dégage complétement la lumière. Sous ce rapport, ce que l'on soupçonnait dans l'origine être un défaut dans les machines magnéto-électriques, défaut qu'on avait voulu corriger au moyen de commutateurs inverseurs, est au contraire un avantage, non-seulement par la suppression des pertes de courant qui se manifestaient à travers ces commutateurs, mais par les meilleures conditions dans lesquelles le travail produit est placé. Du reste, on s'est fait beaucoup d'illusions sur l'action électro-magnétique des courants alternativement renversés, et M. J. Van Malderen a montré que leur pouvoir aimantant n'est pas très-différent de celui des courants redressés; on y gagne même d'avoir beaucoup moins de magnétisme rémanent et d'obtenir par conséquent des réactions mécaniques plus promptes. Les noyaux magnétiques qui en

---

M. Edlund a entrepris à ce sujet une série de recherches desquelles il résulte que, dans l'arc voltaïque, la dispersion mécanique des pôles solides produit une force électromotrice qui donne naissance à un courant de sens contraire, lequel n'est que le résultat d'un effet de polarisation. Toutefois, cette force électro-motrice inverse se traduit, en fait, par un accroissement de résistance dans le circuit, et si on étudie cet accroissement avec soin, on reconnaît qu'en représentant par D la force électro-motrice contraire de l'arc en fonction de celle E de la pile, cette force D est indépendante de l'intensité du courant, tandis que la résistance propre de l'arc est proportionnelle à sa longueur, et augmente quand l'intensité du courant diminue; de sorte que le travail mécanique développé par le courant pour désagréger les pointes polaires est mesuré par la diminution dans la chaleur totale produite par le courant, et c'est cette perte qui se transforme en force électro-motrice D. En effet, quand il n'y a pas d'arc lumineux pour une force électro-motrice E et une résistance L, la quantité de chaleur développée sera mesurée par $\frac{E^2}{L}$. S'il y a un arc lumineux, ce sera $\frac{(E-D)^2}{L}$, et le travail développé dans l'arc aura donc pour équivalent : $\frac{E^2-(E-D)^2}{L}$ ou $\frac{D(2E-D)}{L}$. Si la résistance devient L', et par conséquent si l'intensité du courant change, le travail développé sera équivalent à $\frac{D(2E-D)}{L'}$, D restant invariable d'après i'expérience; mais comme les intensités sont inversement proportionnelles aux résistances, le travail développé dans l'arc lumineux est proportionnel à l'intensité du courant tant que la force électro-motrice reste constante.

D'après les expériences de M. Edlund, cette constance de la force électro-motrice contraire D n'existe que pour les courants forts. Pour les courants faibles, elle diminue quand le courant a une faible intensité.

subissent l'action, sont toutefois un peu plus échauffés par suite des transformations rapides de l'état physique de leurs molécules.

Les effets que nous venons d'analyser n'ont pas, toutefois, été considérés de la même manière que nous en Angleterre, et dans un rapport fait dans ce pays par une commission d'électriciens et de physiciens distingués, tels que MM. Tyndall, Douglas, Sabine, etc., il est dit que la concavité déterminée sur l'électrode positive peut, si on place convenablement le charbon négatif, fournir une lumière, qu'ils appellent *condensée*, qui augmente dans un rapport assez considérable l'intensité de la lumière émise *dans une direction donnée ;* par conséquent, suivant eux, la lumière fournie par les courants redressés est de beaucoup préférable à celle qui résulte de courants alternativement renversés. Nous donnons du reste plus loin, dans un tableau dressé par M. Douglas, la différence d'intensité des deux lumières avec ou sans redressement de courants. Pour obtenir le meilleur effet possible, il faut, suivant M. Douglas, que le charbon inférieur, qui est négatif, soit placé de manière que son axe soit dans le prolongement du côté du charbon supérieur faisant face à la partie de l'horizon que l'on veut éclairer ; la concavité dont le fond est la partie la plus lumineuse de l'arc, agit alors comme un réflecteur, et son éclat n'est pas voilé par les bords de la partie creusée qu'ils appellent *les bords du cratère du foyer lumineux.* « A cause des pertes de courant et de leur plus faible action, dit M. Douglas, les machines de l'Alliance et de Holmes sont loin d'équivaloir aux nouvelles machines à courants redressés, et pour l'application de la lumière électrique aux phares, il vaut mieux employer ces dernières, car l'angle sous lequel la lumière électrique doit être projetée dépasse rarement 180°, et si on dispose les charbons comme il a été dit plus haut, la lumière est encore augmentée dans un rapport qui est en moyenne comme 130 est à 60,3. Il faut naturellement que le charbon positif soit au haut de la lampe et le charbon négatif au-dessous. »

Quand le générateur électrique employé pour la lumière électrique fournit des courants continus de même sens, qu'ils proviennent d'ailleurs d'une pile ou d'une machine magnéto-électrique, les formules d'Ohm et de Joule s'appliquent parfaitement, comme on l'a vu tome II, p. 170, aux intensités électriques et aux quantités de chaleur qui peuvent se trouver développées aux différents points du circuit ; il faut seulement remarquer, quand le courant résulte d'une machine magnéto-électrique, que la résistance de ses bobines doit être considérée comme représentant une valeur beaucoup plus grande que celle qu'elles présentent réellement. Il en résulte que le maximum de l'effet utile fourni par le générateur, c'est-à-dire le maximum de lumière dans le cas qui nous occupe, est obtenu quand l'arc voltaïque présente une résistance égale à celle de ce générateur augmentée de celle des fils de communication. M. Ed. Becquerel a vérifié cette loi pour l'arc voltaïque déterminé par des générateurs voltaïques, et comme la pile employée dans ses expériences se composait de 60 éléments Bunsen, (moyen modèle) dont la résistance était 2479 mètres de fil télégraphique de 4 millimètres, on peut conclure que le maximum de lumière correspondait à un arc présentant ce chiffre de résistance. Il serait difficile de traduire en millimètres de distance interpolaire une pareille résistance, car l'écartement des charbons doit nécessairement varier suivant leurs dimensions et leur état d'ignition; mais on peut admettre que pour un écartement de 2 à 3 millimètres, l'arc voltaïque, produit dans de bonnes conditions, présente bien à peu près cette résistance (1). Si elle devient plus grande, c'est que l'espace interpolaire est devenu trop bon conducteur, et la sensibilité du régulateur doit être diminuée.

Un fait intéressant que M. Leroux signale dans une note insérée dans les *Mondes*, tome XVI, p. 62, c'est que si l'arc voltaïque ne se forme pas à froid quand les charbons sont séparés par une couche d'air, quelque petite qu'elle soit (2), il peut se développer spontanément d'un charbon à l'autre à travers un espace atteignant presque 3 millimètres, après que l'on a interrompu le courant pendant un temps qui peut s'élever jusqu'à un vingt-cinquième de seconde environ. Ceci explique pourquoi les courants alternativement renversés de certaines machines magnéto-électriques peuvent fournir une lumière continue, quoique discontinue par le fait, car le courant, dans les machines de l'Alliance, peut être interrompu de un à deux dix-millièmes de seconde.

A la suite de cette découverte, M. Leroux avait conçu l'espérance de pouvoir diviser la lumière électrique. Ainsi, au moyen d'une roue distributrice, il pouvait lancer le courant d'une pile de Bunsen alternativement dans deux régulateurs de lumière électrique de manière à ce qu'il passât dans chacun d'eux pendant le même nombre de fractions de seconde, $\frac{50}{100}$ par exemple. Dans ces conditions, dit-il, les deux lumières peuvent être parfaitement égales. On peut voir le détail de ces expériences dans les *Mondes*, tome XVI, p. 196.

---

(1) D'après les recherches faites en Angleterre, la résistance de l'arc voltaïque varie de 30 à 40 ohms, c'est-à-dire de 3000 à 4000 mètres de fil télégraphique; ces chiffrés se rapportent assez bien à celui fourni par les expériences de M. E. Becquerel.
(2) Il n'y a qu'avec une pile de 3500 éléments parfaitement isolés, telle que celle de M. Gassiot, que l'arc peut jaillir spontanément à froid entre deux charbons.

M. Leroux croit, du reste, qu'un jet de gaz oxygène accompagnant l'arc voltaïque pourrait fournir des avantages marqués, non-seulement comme lumière plus vive, mais encore pour la fixité de l'arc entre les pointes de charbon.

II. DES CONDUCTEURS A TRAVERS LESQUELS SE DÉVELOPPE LA LUMIÈRE ÉLECTRIQUE.

Charbons servant au développement de l'arc voltaïque. — C'est Davy qui a eu le premier l'idée d'employer des charbons comme électrodes pour développer l'arc voltaïque ; mais ces charbons étaient des baguettes de charbon de bois éteint dans de l'eau. Toutefois leur usure était si prompte, que d'autres physiciens cherchèrent à substituer au charbon de bois un charbon plus durable, et c'est M. Foucault qui, le premier, pensa à utiliser dans ce but les produits de la houille déposés sur les parois des cornues où on brûle ce combustible pour en tirer le gaz, et il obtint de cette manière un arc voltaïque d'une durée beaucoup plus longue.

Néanmoins, le charbon de cornue laissait encore beaucoup à désirer, car sa compacité n'étant pas uniforme et se trouvant mélangé à des matières terreuses et particulièrement à des matières siliceuses, la lumière produite était loin d'être stable; elle était vacillante et présentait des différences d'éclat considérables. Les charbons, d'un autre côté, se désagrégeant à la suite de la fusion de ces matières siliceuses, éclataient souvent et se trouvaient même la plupart du temps accompagnés de vapeurs qui, étant plus conductrices que l'arc, écoulaient une partie du courant à l'état de décharge obscure. En choisissant, il est vrai, convenablement ces charbons et en les découpant dans les parties homogènes des dépôts, ce que l'on peut aujourd'hui distinguer plus facilement qu'autrefois, on pouvait néanmoins parvenir à obtenir de bons charbons; mais ce système d'excitateur de l'arc voltaïque a été longtemps décrié, et a été souvent un obstacle à l'extension des applications de la lumière électrique, bien qu'aujourd'hui, et malgré les progrès qui ont été faits dans ces derniers temps dans la fabrication des charbons à lumière, on trouve encore des personnes qui donnent toujours la préférence aux charbons de cornue.

Les inconvénients des charbons de cornue (à lumière électrique) que nous venons de signaler, n'ont pas tardé, comme on devait s'y attendre, à engager les industriels et les physiciens à trouver des moyens de les fabriquer de toutes pièces et de telle façon que, étant aussi durs que les charbons de cornue, ils pussent être beaucoup plus purs dans leur composition chimique et plus homogènes dans leur composition physique. On y est jusqu'à un certain point parvenu par certains procédés dont nous allons parler; mais on s'est aussi demandé si on n'aurait pas un plus grand avantage à allier à ces charbons fabriqués certains sels métalliques qui, sous la triple influence de l'action électrolytique, de l'action calorifique et de l'action réductrice du carbone, pourraient donner lieu à une précipitation à l'électrode négative des métaux entrant dans leur composition, lesquels métaux pouvaient être choisis de manière à brûler en présence de l'air au fur et à mesure de leur production et qui devaient ainsi ajouter leur lumière à celle de l'arc voltaïque. MM. Carré, Gauduin, Archereau ont fait à cet égard des expériences que nous rapportons plus loin; mais les résultats n'ont été qu'à moitié satisfaisants, car il est rare que l'introduction de ces sels dans les charbons n'entraîne pas la formation de vapeurs, et comme ces vapeurs rendent, ainsi qu'on l'a vu, la lumière vacillante et instable, on a préféré généralement employer le carbone seul.

Dès l'année 1846, MM. Staite et Edwards avaient fait breveter, pour former des électrodes pour la lumière électrique, un mélange de coke pulvérisé et de sucre qui, étant moulé, malaxé et fortement comprimé, était soumis à une première cuisson après laquelle on ajoutait une dissolution concentrée de sucre, puis à une seconde cuisson à la chaleur blanche. Trois ans plus tard, en 1849, M. le Molt fit breveter dans le même but des charbons composés de 2 parties de charbon de cornue, de 2 parties de charbon de bois, de 1 partie de goudron liquide. Ces substances, réduites en pâte, étaient ensuite soumises à une forte compression, puis recouvertes d'un enduit de sirop de sucre et cuites pendant 20 ou 30 heures à une haute température. Elles étaient ensuite purifiées par des immersions successives dans des acides. En 1857, MM. Lacassagne et Thiers eurent l'idée de purifier les baguettes de charbon de cornue en les faisant tremper dans un bain composé d'une certaine quantité de potasse ou de soude caustique, fondue par voie ignée. Cette opération, suivant les auteurs, avait pour but de transformer en silicates de potasse ou de soude solubles la silice contenue dans les charbons, et il ne restait pour les purifier qu'à les tremper dans de l'eau bouillante pendant quelques instants, puis à les soumettre dans un tube en porcelaine ou en terre réfractaire chauffé au rouge, à un courant de chlore, pour faire passer les différentes terres que la potasse ou la soude n'avaient pas attaquées à l'état de chlorures volatils de silicium, de calcium, de potassium, de fer, etc. Peu après ces expériences, M. Curmer voulut constituer les charbons de toutes pièces par la calcination d'un mélange de noir de fumée, de benzine et d'essence de térébenthine, le tout moulé sous forme de cylindre. La décomposition de ces matières laissait un charbon poreux qu'on imbibait de résine et de matières sucrées et qu'on calcinait de nouveau; ces charbons étaient peu denses et peu conducteurs, mais ils étaient très-réguliers et exempts de toute impureté.

C'est M. Jacquelain, ancien chimiste de l'école centrale, qui, aux époques dont nous parlons, avait le mieux réussi, et les expériences de lumière électrique faites avec ses charbons à l'administration des phares avaient été si concluantes qu'on croyait le problème résolu. Je ne puis m'empêcher de reproduire ici, à propos de ces expériences, une lettre que m'avait écrite, en 1858, M. Berlioz, alors directeur de la compagnie l'Alliance, homme positif et éclairé qui s'était montré jusque-là peu enthousiaste des résultats produits par ses machines.

« J'aurais désiré vous écrire plus tôt pour vous donner des nouvelles de la machine : elle va bien, parfaitement bien; sa force augmente, et nous avons une *lumière admirable*. C'est là ce à quoi je tenais et ce que je voulais vous apprendre; car c'est à vous, comme toujours, que nous devons cette circonstance si importante. Vous m'avez, en effet, engagé à aller voir M. Jacquelain pour son charbon de carbone pur, et ce charbon donne une *lumière fixe, sans flamme*, et d'un éclat bien remarquable. Je regrette que vous ne soyez pas ici, car vous avez été assez bon pour donner à notre machine des soins paternels. Ce soir, je fais de la lumière en présence de mon conseil de surveillance. Nous lisons une écriture très-fine à 60 mètres de distance, et nous lirions sans doute à près d'un kilomètre, si l'espace nous l'avait permis. Nous avons aussi illuminé magnifiquement le dôme des Invalides, qui est à environ 300 mètres de notre appareil; mais nous ferons bientôt, je l'espère, l'expérience sur la Seine, à bord d'un bateau à vapeur, ainsi que vous nous l'avez conseillé.

» Ainsi, avec notre machine remplaçant la pile de Volta, avec le charbon Jacquelain, avec un mécanisme régulateur adapté à des courants alternativement contraires, et avec un bon réflecteur, le problème de la lumière électrique à bord des navires en mer sera complétement résolu.

» Agréez, etc. » Berlioz. »

Système Jacquelain. — Pour obtenir un carbone pur, M. Jacquelain a eu recours aux carbures d'hydrogène représentés soit par les goudrons résultant de la distillation des houilles, des schistes, des tourbes, etc., soit par les nombreux produits qui prennent naissance pendant la carbonisation de ces combustibles en vase clos; soit des huiles lourdes de houille, de schiste ou de tourbe, soit toute matière organique volatilisable.

« Ces matières organiques emmagasinées dans un réservoir en fonte,
sont introduites dans une chaudière en fonte, qui est à un niveau inférieur,
par un tube de communication muni d'un robinet, pour y entrer en ébullition. Cette chaudière est pourvue d'un. robinet de vidange. De là les
vapeurs se dirigent, par un tuyau en fonte, dans une cornue horizontale
en terre réfractaire munie d'un écran susceptible de retarder le mouvement
du produit gazeux, et mise en communication avec deux récipients en fonte
formant un U renversé et qui sont destinés à recueillir le noir de fumée.
On désobstrue la cornue au moyen d'un ringard. Enfin, sur le dernier
récipient qui fait la seconde branche de l'U renversé, vient s'embrancher
un tube recourbé qui dirige sous une grille le gaz hydrogène ainsi que le
carbone et les produits volatils qui auraient échappé à la décomposition
par la chaleur (1). »

Malheureusement, ce procédé était très-incomplet et ne présentait aucune
sûreté dans la qualité des produits ; à côté de charbons excellents, qui
donnaient des résultats très-satisfaisants, on en avait d'autres très-mauvais
qui étaient quelquefois même inférieurs à ceux provenant des charbons de
cornue ; c'est ce qui a décidé en 1868 M. Carré à étudier de nouveau le
problème, et voici ce qu'il en dit dans les comptes-rendus de l'Académie
des sciences du 19 février 1877, p. 346.

Système de M. Carré. — « La supériorité des charbons factices pour les
diverses expériences, dit M. F. Carré, la possibilité de purifier les poudres
charbonneuses qui les composent par des lavages alcalins, acides, à l'eau
régale, etc., m'amenèrent alors à chercher des moyens de les produire éco-
nomiquement. En humectant les poudres soit avec des sirops de gomme, de
gélatine, etc., soit avec des huiles fixes épaissies avec des résines, j'arrivai
à en former des pâtes suffisamment plastiques et consistantes pour s'étirer
en baguettes cylindriques dans une filière placée sur le fond d'une puissante presse à piston et sous la pression d'environ 100 atmosphères
l'industrie tire aujourd'hui parti de ce procédé et produit les charbons que
j'ai présentés à diverses époques à l'Académie des sciences et à la Société
d'encouragement.

» Ces charbons sont 3 à 4 fois plus tenaces et surtout bien plus rigides
que ceux de cornue ; on les obtient de longueur illimitée, et des cylindres
de 10 millimètres de diamètre peuvent être employés sur une longueur de
50 centimètres, sans crainte de les voir fléchir ou se croiser pendant les
ruptures de circuit, comme cela arrive trop souvent avec les autres ; on les

---

(1) Voir *Description des brevets*, t. 72, p. 421 (28 octobre 1859).

obtient aussi facilement aux diamètres les plus réduits (2 millimèt.) qu'aux plus gros.

» Leur homogénéité chimique et physique donne une grande stabilité au point lumineux ; leur forme cylindrique, jointe à la régularité de leur composition et de leur structure, fait que leurs cônes se maintiennent aussi parfaitement taillés que s'ils étaient usés au tour ; dès lors plus d'occultations du point lumineux maximum, comme celles qui sont produites par les cornes saillantes et relativement froides des charbons de cornue ; ils n'ont pas l'inconvénient d'éclater à l'allumage comme ceux-ci par la dilatation énorme et instantanée des gaz renfermés dans leurs cellules closes, quelquefois de plus de 1 millimètre cube. En leur donnant une même densité moyenne, ils s'usent d'une même quantité à section égale ; ils sont beaucoup plus conducteurs, et même sans addition de matières autres que le carbone, ils sont plus lumineux dans le rapport de 1,25 à 1. »

La préparation que M. Carré préfère est une composition de coke en poudre, de noir de fumée calciné et d'un sirop de sucre formé de 30 parties de sucre de canne et de 12 parties de gomme. La formule suivante est indiquée dans son brevet du 15 janvier 1876.

> Coke très-pur en poudre fine. . . . .   15 parties.
> Noir de fumée calciné.   5   —
> Sirop de sucre. . . . .   7 à 8   —

Le tout est fortement trituré et additionné de 1 à 3 parties d'eau pour compenser les pertes par évaporation et selon le degré de dureté à donner à la pâte. Le coke doit être fait avec les meilleurs charbons pulvérisés et purifiés par des lavages. La pâte est alors comprimée et passée par une filière, puis les charbons sont étagés dans des creusets et soumis pendant un temps déterminé à une haute température. On peut trouver dans l'ouvrage de M. H. Fontaine, p. 54, le détail des opérations qu'il y a à faire pour la préparation de ces charbons.

Nous ajouterons que M. Carré, voulant donner aux projections de la lumière électrique les teintes les plus favorables, surtout dans les effets de théâtre, est parvenu à disposer ses charbons de manière à fournir eux-mêmes cette teinte qui, au lieu d'être d'un blanc bleuâtre, devient d'un jaune rosé très-favorable pour faire valoir le teint des actrices.

Système de M. Gauduin. — Suivant M. Fontaine, les charbons fabriqués par M. Gauduin sont supérieurs à tous les autres. Ils sont en carbone pur, et c'est le noir de fumée qui en est la base, mais comme le prix de ce corps est relativement élevé, que son maniement est difficile, M. Gauduin a dû chercher ailleurs une meilleure source de carbone, et il l'a trouvée dans la décomposition, par la chaleur en vase clos, des brais secs, gras ou liquides, des goudrons, résines, bitumes, essences et huiles naturelles ou artificielles, des matières organiques susceptibles de laisser du carbone suffisamment pur après leur décomposition par la chaleur.

Ces produits déposés dans des creusets, sont chauffés au rouge clair, et les produits volatils sont conduits dans une chambre de condensation, d'où ils sont dirigés, par un serpentin en cuivre, avec les produits liquides, tels que goudrons, huiles, essences et carbures d'hydrogène, dans un autre serpentin où on les recueille pour être utilisés à la fabrication des charbons. Il reste dans la cornue du charbon plus ou moins compacte qu'on pulvérise aussi finement que possible et qu'on agglomère soit seul, soit mêlé à une certaine quantité de noir de fumée, au moyen des carbures d'hydrogène obtenus comme produits secondaires.

Ainsi préparés, ces carbures sont complétement exempts de fer et sont bien préférables à ceux qu'on trouve dans le commerce. L'inventeur se sert pour le moulage de ses charbons, de moules en acier capables de résister aux plus hautes pressions d'une forte presse hydraulique. Ces moules sont disposés en filières, et leur disposition a été très-perfectionnée par M. Gauduin, car, par son procédé, les crayons sont constamment soutenus sur toute leur longueur et ils ne cassent plus sous leur propre poids, comme cela leur arrive souvent avec les filières ordinaires.

D'après les expériences faites par M. Fontaine avec une machine Gramme construite par M. Breguet, une lumière qui, avec des charbons de cornue, était égale à 103 becs, devenait équivalente à 150 becs avec les crayons de MM. Archereau et Carré, et à 205 becs avec les crayons Gauduin.

Ramenée à une section uniforme de $0^{m²},0001$, l'usure des charbons était :

Avec les charbons de cornue. . . . . 51 millim.
—   Archereau. 66   —
—   Gauduin.. 73   —
—   Carré. 77   —

Par rapport à la lumière produite, cette usure était :

Pour les charbons Gauduin. . . . . 35 mill. p. 100 becs.
—   Archereau. 44   —
—   Carré. 51   —
—   de cornue. 49   —

Dans une autre série d'expériences faites avec une machine plus puissante, on a trouvé des résultats un peu différents. Ainsi l'usure des charbons ramenée à une section uniforme de $0^{m²},0001$ était :

Pour les charbons Carré . . . . 44 millim.

      —   de cornue. 49   —

      —   Archereau. 53   —

      —   Gauduin (charbon de bois). . . 61   —

      —   Gauduin n° 1. 78   —

Par rapport à la lumière produite, cette usure était :

Pour les charbons Gauduin (charbon de bois). . 32 mill. p. 100 becs.

      —   Archereau. 39   —.

      —   Carré. 40   —

      —   Gauduin n° 1. 40   —

      —   de cornue. 50   —

Dernièrement, M. Gauduin a perfectionné son procédé. Au lieu de carboniser du bois, de le réduire en poudre et de l'agglomérer ensuite, l'inventeur prend du bois sec convenablement choisi, auquel il donne la forme du crayon définitif; puis il le convertit en charbon dur et l'imbibe finalement comme dans la fabrication que nous avons décrite. La distillation du bois se fait lentement, de manière à chasser les corps volatils, et le séchage final est obtenu dans une atmosphère réductrice d'une température très-élevée. Un lavage préalable dans les acides et les alcalis, enlève au bois les impuretés qu'il possède.

M. Gauduin indique également le moyen de boucher les pores du bois, en le faisant chauffer au rouge et en le soumettant à l'action du chlorure de carbone et de divers carbures d'hydrogène. Il espère ainsi produire des charbons électriques s'usant peu et donnant une lumière absolument fixe.

Effets résultant de l'addition de sels métalliques aux charbons préparés pour la lumière électrique. — Comme nous l'avons vu p. 464, on a cherché si on pourrait avoir avantage à allier aux charbons des sels métalliques pouvant fournir, indépendamment de l'arc voltaïque, une lumière propre à la combustion des métaux transportés à l'électrode négative. Voici les expériences qui ont été entreprises à cet égard par MM. Gauduin, Carré, Archereau.

Les substances introduites dans le carbone pur par M. Gauduin afin d'augmenter la puissance lumineuse de l'arc voltaïque ont été : le phosphate de chaux des os, le chlorure de calcium, le borate de chaux, le silicate de chaux, la silice précipitée pure, la magnésie, le borate de magnésie, le phosphate de magnésie, l'alumine, le silicate d'alumine. Les proportions étaient calculées de manière à introduire 5 % d'oxyde après la cuisson des crayons. Ceux-ci étaient soumis à l'action d'un courant électrique toujours de même sens, fourni par une machine Gramme assez puissante pour entretenir un arc voltaïque de 10 à 15 millimètres de longueur. Or, voici les résultats obtenus :

1° Le phosphate de chaux a été décomposé, et le calcium réduit ayant brûlé au contact de l'air avec une flamme rougeâtre, la lumière mesurée au photomètre a été double de celle qui est produite par des charbons de même section taillés dans des résidus de cornues à gaz. La chaux et l'acide phosphorique se sont, il est vrai, répandus dans l'air en produisant une fumée assez abondante;

2° Le chlorure de calcium, le borate et le silicate de chaux se sont également décomposés. Mais les acides borique et silicique ont paru échapper par la volatilisation à l'action de l'électricité. La lumière fournie a été moindre qu'avec le phosphate de chaux;

3° La silice a rendu les charbons moins conducteurs et a diminué la lumière; elle fond d'ailleurs et se volatilise sans être décomposée;

4° La magnésie, le borate et le phosphate de magnésie ont été décomposés, et le magnésium en vapeur se rendant au pôle négatif, a brûlé au contact de l'air avec une flamme blanche qui a augmenté beaucoup la lumière, mais moins cependant qu'avec les sels de chaux. La magnésie, les acides borique et phosphorique se sont répandus dans l'air à l'état de fumée;

5° L'alumine, le silicate d'alumine ont été difficiles à décomposer; il a fallu, pour y arriver, un fort courant et un arc voltaïque considérable. Dans ces conditions, on voit l'aluminium en vapeur sortir du pôle négatif comme un jet de gaz et brûler avec une flamme bleuâtre peu éclairante.

De son côté, M. Archereau a reconnu que l'introduction de la magnésie dans les charbons préparés pour la lumière électrique, peut augmenter leur pouvoir éclairant dans le rapport de 1 à 1;34.

Enfin, suivant M. Carré, qui, le premier après M. Jacquelain, a fabriqué des charbons pour la lumière électrique, il paraîtrait :

1° Que la potasse et la soude doubleraient au moins la longueur de l'arc voltaïque, le rendraient muet, et qu'en se combinant à la silice qui existe toujours dans les charbons de cornue, ils l'éliminent en la faisant fluer, à 6 ou 7 millimètres des pointes, à l'état de globules vitreux, limpides et souvent incolores. La lumière serait augmentée par cette réaction dans le rapport de 1,25 à 1;

2° Que la chaux, la magnésie et la strontiane augmenteraient cette lumière dans le rapport de 1,30 ou 1,50 à 1 en la colorant diversement;

3° Que le fer et l'antimoine porteraient cette augmentation à 1,60 et 1,70.

4° Que l'acide borique augmenterait la durée des charbons, en les enveloppant d'un enduit vitreux qui les isole de l'oxygène, mais sans augmenter la lumière;

5° Qu'enfin l'imprégnation des charbons purs et régulièrement poreux avec des dissolutions de divers corps, est un moyen commode et économique de produire leurs spectres, mais qu'il est préférable de mélanger les corps simples aux charbons composés.

Charbons métallisés. — Suivant M. E. Reynier, les charbons s'usant un peu par leur combustion sur leurs faces latérales, qui sont souvent rougies en pure perte pour la lumière sur une longueur de 7 ou 8 centimètres au-dessus et au-dessous du point lumineux, on aurait avantage à les recouvrir d'une enveloppe métallique afin d'éviter cette combustion latérale. Il résulte en effet des expériences faites par lui dans les ateliers de MM. Sautter et Lemonier avec une machine Gramme du modèle de 1876, que les charbons métallisés s'usent sensiblement moins que les charbons ordinaires, et voici les résultats de ces expériences.

Dimension des charbons.	Etat de la surface des charbons.	Longueur des charbons dépensés en une heure.		Mesures photométriques en becs carcel.	
		Au pôle +	Au pôle —	Total	Becs
$d = 7^{mm}$ $S = 0^{cc},3846$	Nue	166^{mm}	68^{mm}	234^{mm}	947
	Cuivrée	146	40	186	»
	Nickelée . . .	106	38	144	947
$d = 9^{mm}$ $S = 0^{cc},6358$	Nue	104	50	154	528
	Cuivrée	98	34	132	553
	Nickelée . . .	68	36	104	516

Ces expériences ont été faites avec des charbons Carré et une lampe Serrin. On a remarqué d'un autre côté qu'avec les charbons *nus*, c'étaient ceux du plus petit diamètre qui avaient la taille la plus longue, ce qui est rationnel, mais qu'avec les charbons *métallisés*, c'était l'inverse qui avait lieu, ce qui est difficile à expliquer :

On peut toujours conclure de ces expériences :

1° Qu'indépendamment de l'amélioration apportée à la taille du charbon positif, le nickelage des charbons prolonge de 50 % la durée des charbons de 9mm, et de 62 % la durée des charbons de 7mm. Le cuivrage l'augmente aussi, mais d'une quantité qui est intermédiaire entre la durée des charbons nus et des charbons nickelés.

2° Qu'à section égale, la métallisation des charbons ne semble pas modifier le rendement lumineux qu'ils fournissent à l'état naturel.

3° Que le pouvoir lumineux des charbons de petit diamètre est de beaucoup supérieur, pour une même intensité électrique, à celui des charbons de grand diamètre, ce qui tient d'un côté à ce que le corps conducteur interposé dans un circuit composé de conducteurs de grosse section ou de bonne conductibilité, s'échauffent d'autant plus qu'ils ont un plus faible diamètre; d'un autre côté, à ce que la polarisation étant d'autant plus énergique que les charbons sont plus petits, concentre davantage l'effet calorifique qui en résulte et dont nous avons parlé p. 459; enfin à ce que pour obtenir le maximum de lumière, il faut que la résistance du circuit de l'arc voltaïque se rapproche le plus possible de celle du générateur.

4° Que la métallisation en permettant d'employer des charbons de petite section au lieu de gros, pour une même durée d'action, donne des résultats avantageux. Cette métallisation s'effectue d'ailleurs galvaniquement.

Il va sans dire que ces deux dernières conclusions ne s'appliquent qu'au cas de l'emploi d'une machine magnéto-électrique pour produire le courant; on comprend en effet qu'avec ces machines les éléments générateurs étant invariables dans leur disposition, la résistance de la machine reste toujours la même, mais avec une pile, il serait facile, par l'arrangement convenable des couples, de rendre égaux en intensité les arcs voltaïques produits par de gros ou de petits charbons.

Lumière produite au moyen de conducteurs d'insuffisante conductibilité. — Nous avons dit au commencement de ce chapitre, qu'un des moyens de produire la lumière électrique était l'échauffement que prenait, sous l'influence du passage d'un courant énergique, un corps solide d'une conductibilité insuffisante interposé entre deux rhéophores de bonne conductibilité. Nous avons également vu que des baguettes de charbon et des corps réfractaires pouvaient constituer ce corps de conductibilité insuffisante, et que M. Jablochkoff d'un côté et MM. Lodygine et Kosloff de l'autre, avaient fait à cet égard des expériences très-intéressantes. C'est de ce nouveau système de production de la lumière électrique dont nous allons maintenant nous occuper, et nous commencerons par le système de M. Jablochkoff, qui est le plus curieux.

Système de M. Jablochkoff. — Dans ce nouveau système, ce sont les courants d'induction résultant d'une bobine de Ruhmkorff de médiocre dimension, qui sont mis à contribution, et c'est un morceau de kaolin peu cuit, d'une épaisseur de deux millimètres et d'un centimètre de largeur qui constitue le corps demi-conducteur appelé à fournir le point incandescent ou plutôt le foyer lumineux, car toute la masse semble alors illuminée. Avec une seule bobine, on peut facilement obtenir 2 foyers lumineux dans un même circuit, mais en augmentant le nombre des bobines d'induction et la force du générateur, on peut augmenter indéfiniment le nombre de ces foyers, ce qui pourrait résoudre jusqu'à un certain point le problème si difficile de la division de la lumière électrique. Nous nous occuperons du reste plus tard de cette question.

La disposition de ce système est du reste fort simple : le petit morceau de kaolin est introduit entre deux petits becs de fer qui constituent les électrodes polaires, et qui sont eux-mêmes portés par deux pinces susceptibles de se mouvoir horizontalement au moyen de vis de rappel. Ces petits becs saisissent le morceau de kaolin, placé sur champ, par son arête supérieure légèrement amincie, et dépassent même un peu cette arête pour qu'on puisse plus facilement allumer l'appareil; car cet appareil doit être allumé, et cela se comprend aisément, puisque cette matière n'est pas assez conductrice par elle-même, même pour des courants induits, pour pouvoir laisser passer un courant capable de produire de la lumière électrique. Pour suppléer à ce défaut de conductibilité, il faut que la plaque de kaolin soit échauffée dans le voisinage des électrodes, et on obtient ce résultat d'une manière très-simple, en joignant à la main les deux becs de fer dont nous avons parlé par un crayon de charbon de cornue. En provoquant d'abord l'étincelle sur l'un des becs, le charbon rougit, transmet sa chaleur à la partie du kaolin la plus voisine qui entre en fusion et donne passage à l'effluve électrique, d'abord sur un très-petit parcours (1 ou 2 millimètres), puis sur une longueur de plus en plus grande à mesure qu'on fait glisser successivement le charbon sur le kaolin, et qui finit par occuper toute la longueur de celui-ci quand la pointe rougie du charbon a atteint le second bec de fer. Alors le courant suit un sillon de matière fondue qui se creuse successivement et qui dessine à la vue, un ruban de lumière éblouissante paraissant beaucoup plus large qu'il n'est réellement, en raison de l'irradiation. Il faut, par exemple, avoir soin de concentrer la chaleur développée par le charbon au moyen d'un réflecteur en matière réfractaire, lequel peut n'être, du reste, qu'une lame de kaolin. La lumière ainsi fournie est, comme je l'ai dit déjà, très-stable, très-brillante et beaucoup plus douce que la lumière des charbons. Sa puissance dépend naturellement de la résistance du circuit et du nombre de foyers lumineux interposés, mais avec une faible force électrique, elle équivaut à un ou deux becs de gaz.

Le kaolin est la substance qui a paru la meilleure parce que, étant préparée en pâte, elle peut être rendue très-homogène; mais d'autres matières peuvent produire les mêmes effets; la magnésie, la chaux, ont fourni en effet de très-bons résultats (1).

Une chose assez intéressante à constater dans les expériences entreprises par M. Jablochkoff, c'est que les courants fournis par l'appareil d'induction destiné à produire la lumière, gagnent beaucoup, dans ce genre d'application, à être excités par un générateur magnéto-électrique à courants alternativement renversés, tels que ceux que fournit la compagnie l'Alliance ou la compagnie Lontin. Avec un pareil générateur, l'appareil d'induction n'a plus besoin, en effet, de condensateur ni d'interrupteur, et l'intensité du courant induit gagne considérablement à cette suppression. En revanche, sa tension est notablement diminuée, car dans les expériences dont j'ai été témoin, l'étincelle n'avait guère plus de 2 millimètres de longueur; mais pour obtenir des effets calorifiques, c'est l'intensité qui est surtout nécessaire, et nous avons vu que, sous ce rapport, les résultats fournis ne laissaient rien à désirer. Grâce à ce système, une machine d'induction de Ruhmkorff peut donc fournir de la lumière électrique, et c'est un résultat d'autant plus important qu'il n'est pas besoin d'un régulateur de lumière électrique pour la fixer et que l'usure du kaolin est pour ainsi dire insignifiante (1 millimètre par heure). Le générateur magnéto-électrique lui-même n'a pas besoin d'être énergique, et on peut d'ailleurs, comme nous l'avons dit, le proportionner au nombre de becs lumineux qu'on veut avoir, en ayant soin d'y adjoindre un nombre convenable de bobines d'induction dont le fil induit ne soit pas trop fin.

Quand on veut obtenir l'illumination d'une longue lame de kaolin sous l'influence d'un courant très-énergique, il devient nécessaire, pour l'allumage, de tracer à la mine de plomb sur l'arête supérieure du mauvais conducteur, une ligne allant d'une électrode à l'autre et servant d'amorce. Le courant d'abord conduit par cette ligne, n'est pas longtemps à échauffer le kaolin et à produire les effets que nous avons indiqués. Cette disposition permet d'obtenir, sur un espace assez restreint, une grande quantité de

(1) La conductibilité de ce kaolin, étudiée au moyen du procédé employé dans mes recherches sur les corps médiocrement conducteurs, n'a révélé quelques traces du passage d'un courant voltaïque résultant de 12 éléments Leclanché, que quand l'échantillon avait séjourné à la cave pendant plus d'un jour. Maintenu dans un appartement habité, il n'a fourni aucune déviation, et quand on l'a chauffé au rouge à la lampe à esprit-de-vin, il n'a fourni qu'une déviation, de 1 degré. Il faut donc, pour obtenir les effets importants qui ont été signalés, que l'électricité de tension, par suite de la résistance qu'elle rencontre dans son passage, s'accumule au sein même de la substance du mauvais conducteur et se transforme en chaleur, ne pouvant pas écouler suffisamment vite la charge électrique.

lumière, car il suffit de replier la lame plusieurs fois sur elle-même pour accumuler les effets à la manière d'un multiplicateur électrique.

Suivant M. Jablochkoff, l'intensité lumineuse de ces différents foyers varie suivant la disposition et les dimensions de la bobine et le nombre des becs interposés sur chacun des circuits de ces bobines. On a pu, en conséquence, les disposer de manière à fournir des lumières de diverses intensités, depuis une lueur minimum de 1 ou 2 becs de gaz jusqu'à une lumière équivalente à une quinzaine de becs.

« Dans ce système, dit M. Jablochkoff, le mode de distribution des courants se réduit, en définitive, à une artère centrale représentée par la série des fils antérieurs correspondant aux hélices inductrices des différentes bobines, et à autant de circuits partiels qu'il y a de bobines; ces derniers circuits correspondent aux fils induits des bobines et aboutissent séparément aux différents foyers lumineux qu'il s'agit d'entretenir. Chacun de ces foyers est donc alors parfaitement indépendant, et peut être éteint ou allumé séparément. Dans ces conditions, la distribution de l'électricité devient très-analogue à celle du gaz, et j'ai pu obtenir jusqu'à 50 foyers illuminés simultanément avec des intensités lumineuses variables. »

Dernièrement M. Jablochkoff a rendu plus pratique le système que nous venons de décrire, en faisant réagir directement le courant fourni par le petit modèle de machine magnéto-électrique de la compagnie l'Alliance. Pour donner aux courants plus de tension, il adapte sur l'un des fils allant de la machine à chaque appareil à lumière, un condensateur d'une assez grande surface, composé de feuilles d'étain, de feuilles de caoutchouc et de feuilles de taffetas gommé, alternées et repliées comme dans les condensateurs anglais pour les câbles sous-marins. De cette manière, il peut avec une surface totale de condensateur de 200 mètres carrés, obtenir sept foyers de lumière au lieu de deux, et, ce qui est plus curieux, l'accroissement de l'effet s'effectue même avec des courants alternativement renversés. La disposition du système est d'ailleurs des plus simples : l'une des armures de chaque condensateur aboutit à un des deux fils de la machine, et le second fil de cette machine aboutit à l'une des griffes de chaque appareil à lumière dont l'autre griffe correspond à la seconde armure de chaque condensateur. Il se produit alors au sein du condensateur des flux successifs d'électricités contraires qui, pour opérer la charge de ces condensateurs, fournissent l'illumination des lames de kaolin sur lesquelles sont empreintes des traces plombaginées d'une griffe à l'autre.

Système de MM. Lôdygine et Kosloff. — Des différents systèmes employés pour obtenir des effets lumineux par l'amoindrissement de la section d'un bon conducteur, celui combiné par MM. Lodygine et Kosloff a fourni les résultats les plus intéressants. Ces résultats ont même eu, en 1874, beaucoup de retentissement, car les effets étaient à peu près semblables à ceux dont nous venons de parler; mais il fallait, pour les produire, une force électrique beaucoup plus considérable, et les organes appelés à rougir au blanc, qui étaient des charbons de cornue de petite section, ne présentaient pas les conditions de solidité et de stabilité désirables.

Dans ce système, ces petites aiguilles de charbon étaient évidées dans des prismes de charbon de un centimètre au moins de côté, et étaient fixées entre deux pinces isolées mises en rapport avec les deux branches du circuit, comme dans le système Jablochkoff (1); pour empêcher leur combustion, on les renfermait dans des récipients vides d'air ou simplement hermétiquement fermés, afin que l'oxygène de l'air emprisonné ne fût pas renouvelé. Avec une forte machine de l'Alliance, on a pu, dit-on, obtenir de cette manière jusqu'à 4 foyers lumineux' qui avaient un- pouvoir éclairant assez satisfaisant. Malheureusement, ces charbons se rompaient fréquemment et c'était tout un travail que de les remplacer. On imagina alors, pour obvier à cet inconvénient, plusieurs dispositifs ingénieux dont nous parlerons plus tard; mais en somme on n'a guère obtenu de tous ces systèmes rien de bien satisfaisant au point de vue pratique.

III RÉGULATEURS DE LUMIÈRE ÉLECTRIQUE OU LAMPES ÉLECTRIQUES.

Les régulateurs de lumière électrique sont d'une date beaucoup plus ancienne qu'on ne le croit généralement. En 1844 ils consistaient dans une sorte d'excitateur de Lannes dont les boules étaient remplacées par des baguettes de charbon qu'on avançait à la main au fur et mesure de leur usure. Un peu plus tard, on chercha à rendre l'avancement des charbons *automatiques*, en assujettissant les porte-charbons à des mécanismes d'hor-

---

(1) Il paraît que la communication, avec les fils du circuit, des charbons destinés à rougir, a été l'une des difficultés qui ont le plus arrêté MM. Lodygine et Kosloff. En effet, en faisant pénétrer les fils dans le charbon, celui-ci se rompait, en raison de la différence de dilatation du métal et du charbon, et d'autre part ce métal, en touchant le charbon chauffé au blanc, fondait aux points de contact. M. Kosloff, après de nombreuses expériences, a évité à ce qu'il paraît ces difficultés en employant un métal spécial pour former les supports des tiges de charbon.

logerie, ou à des effets électro-magnétiques capables de réagir à la manière d'une balance.

Dans cet ordre d'idées, les uns cherchèrent à résoudre le problème, soit en agissant sur de simples baguettes de charbon, soit sur des disques de charbon que l'on faisait tourner afin de faire durer plus longtemps leur action. Ce qui est curieux, c'est que, suivant M. Fontaine, le premier régulateur automatique a été construit dans ces dernières conditions, et c'est à ce système que plusieurs inventeurs tendent à revenir aujourd'hui. Quoiqu'il en soit, voici la liste des principaux régulateurs qui ont été imaginés depuis 1845 dans l'un ou l'autre de ces deux systèmes. Régulateurs de M. Thomas Wright (1845), de MM. Staite et Edwards (1846), de MM. Staite et Pétrie (1848), de M. Foucault (1848), de MM. Lemolt et Archereau (1849), de M. Duboscq (1850), de MM. Jaspar, Loiseau, Breton, Deleuil, Harisson, Degrand, Reynier, Lacassagne et Thiers, Pascal, Serrin, Gaiffe, Foucault et Duboscq, Siemens, Girouard, Marçais, Way, Lontin, Carré, de Baillache, de Mersanne, van Malderen, Martin de Brettes, etc.

Avant de décrire ces différents régulateurs, nous devons rappeler qu'un incident s'est présenté à l'Académie des sciences, en 1851, à l'occasion d'une réclamation présentée par M. Foucault. Ce savant prétendait avoir le premier construit un régulateur de lumière électrique, tandis qu'on en attribuait l'invention à MM. Staite et Pétrie. Le fait est que les deux appareils ont été construits à peu près à la même époque, c'est-à-dire en 1848; mais comme les régulateurs de MM. Staite et Pétrie étaient déjà dans le commerce lorsque Foucault n'avait pu présenter que son appareil tout démonté à l'Académie, on peut en conclure que les inventeurs anglais avaient le pas sur notre célèbre physicien français; mais d'après les dates qui précèdent, on voit que cette invention remonte même beaucoup plus loin.

Pour mettre de l'ordre dans les descriptions des régulateurs de lumière électrique que nous aurons à faire, nous les répartirons entre six catégories. Savoir : 1° les régulateurs fondés sur l'attraction des solenoïdes, 2° les régulateurs fondés sur le rapprochement des charbons par l'effet de déclanchements successifs opérés électro-magnétiquement, 3° les régulateurs à charbons circulaires, 4° les régulateurs à réactions hydrostatiques, 5° les régulateurs de démonstration, 6° les bougies électriques et les régulateurs à charbons incandescents.

1° Régulateurs fondés sur l'attraction des solenoïdes.

Régulateur de M. Archereau. — Le régulateur de M. Archereau est le plus simple de tous les régulateurs, et confié à des mains expérimentées, il a pu fonctionner d'une manière assez satisfaisante; nous verrons plus loin qu'il a donné naissance à plusieurs autres régulateurs dont on a eu beaucoup à se louer, et le premier modèle du régulateur de M. Serrin qu'on regarde généralement comme le plus pratique, a été disposé un peu d'après les mêmes principes.

Ce régulateur est fondé sur l'attraction exercée par un solenoïde sur une barre de fer à demi enfoncée dans le canon de la bobine sur laquelle est enroulée l'hélice; cette barre de fer étant disposée verticalement et soutenue par un contre-poids en sens inverse de l'action exercée par le solenoïde, pouvait étant terminée par un charbon, et placée en face d'un autre charbon fixe, tous les deux introduits dans le circuit du solenoïde et de la pile, être soumis à deux forces susceptibles de s'équilibrer et dépendantes de la résistance opposée par l'arc voltaïque. C'était une sorte de balance que la moindre différence dans l'intensité du courant pouvait faire trébucher, et qui pouvait, par conséquent, maintenir constant l'écart entre les charbons au fur et mesure de leur usure. En effet, quand le courant était trop affaibli par suite de la distance trop grande des charbons, la force attractive du solenoïde qui maintenait les deux charbons éloignés l'un de l'autre devenait plus faible, et le contre-poids en soulevant le charbon mobile, diminuait l'écart des charbons, tout en augmentant par ce fait l'intensité du courant et par suite la force du solenoïde. Celui-ci s'opposait alors à un plus grand rapprochement des charbons, et les ramenait, par conséquent, à la distance d'écartement qu'ils devaient conserver.

Nous avons représenté, fig. 3, pl. III, la disposition adoptée par cet habile praticien. Le solenoïde est en I H, la branche de fer en K J; mais la moitié inférieure de cette branche était en cuivre afin que la partie supérieure seule put subir les effets de l'attraction du solenoïde; le contre-poids est en Q, il consistait dans une espèce de gobelet de fer blanc dans lequel on mettait de la grenaille de plomb en quantité convenable, et réagissait sur la tige par l'intermédiaire d'une corde enroulée sur deux poulies J et P. Le tout était soutenu par deux colonnes de cuivre A B, E O munies de traverses F G, D E, A C dont la dernière était en cuivre, et transmettait le courant au charbon supérieur. Un tube à articulation Cardan J, permettait de placer exactement ce charbon au-dessus du charbon inférieur, adapté dans un autre tube *i* terminant l'extrémité supérieure de la tringle de fer K J. Un disque métallique K empêchait les fragments détachés des charbons pendant leur combustion de tomber sur la traverse D E qui, ainsi que la traverse F G était en bois. L'un des pôles de la pile aboutissait à l'une des colonnes, l'autre à l'une des extrémités du fil du solenoïde qui, par suite du contact de l'autre extrémité de ce fil avec le canon de la bobine, se trouvait par cela même introduit dans le courant de la pile passant à travers les charbons.

Plusieurs précautions devaient néanmoins être prises pour obtenir une bonne marche de l'appareil. Il fallait d'abord régler l'action du contre-poids, afin qu'étant opposé à l'action du solenoïde, il ne put fournir qu'un intervalle assez petit entre les deux charbons. Il fallait aussi placer les charbons dans l'appareil à une hauteur qui dépendait de l'intensité du courant. Quand celui-ci était très-énergique, les charbons devaient être placés un peu haut, car, comme on l'a vu, l'attraction des solenoïdes augmente jusqu'à moitié environ de leur longueur à mesure que le fer s'y enfonce. Au contraire, et par la même raison, les charbons devaient être placés un peu bas si la pile était faible.

D'un autre côté, comme la pile elle-même s'affaiblit toujours assez promptement avec de courts circuits, il fallait avoir soin d'alléger de temps en temps le contre-poids afin de maintenir l'équilibre primitivement déterminé, et c'est pour cela que M. Archereau avait choisi de la grenaille de plomb comme contre-poids.

Régulateur de M. Jaspar. — Ce régulateur, que nous avons représenté fig. 6, pl. III, ne diffère de celui de M. Archereau, qu'en ce que les deux charbons sont mobiles, et peuvent avoir leur marche réglée proportionnellement à leur usure, par la combinaison de poulies de renvoi d'inégal diamètre.

Cette modification fait que le système d'Archereau qui, comme nous l'avons vu, ne nécessite aucun mécanisme d'horlogerie, jouit des avantages des autres régulateurs en présentant un point lumineux fixe et invariable.

Dans cet appareil, l'hélice magnétisante est placée dans le support ou le socle du régulateur, et la tige de fer, au lieu d'être sollicitée à monter par l'effet d'un contre-poids spécial agissant sur sa partie inférieure, se trouve soulevée par l'intermédiaire d'une chaîne et de cinq poulies de renvoi sous l'influence même du contre-poids qui tend à abaisser le charbon supérieur. Il en résulte donc, de la part des charbons, un double mouvement qui peut être transporté d'un côté et de l'autre, suivant le diamètre qu'on donne à la poulie de traction, et qui doit correspondre à l'usure plus grande de l'un ou de l'autre des deux charbons.

Extérieurement cet appareil ne présente qu'un socle surmonté d'une seule colonne de cuivre, à l'intérieur de laquelle circule la chaîne du porte-charbon lui-même. Celui-ci, maintenu par un guide et circulant entre deux galets, ainsi que le porte-charbon inférieur, est muni d'un épaulement sur lequel on place les disques de plomb ou de cuivre destinés à servir de contre-poids au double système.

Régulateur de M. Loiseau. — Ce régulateur ne diffère du précédent que par la disposition des charbons qui est horizontale au lieu d'être verticale. On sait que d'après M. Foucault cette position est la meilleure pour donner à la lumière électrique plus de fixité, parce que la flamme qui accompagne toujours l'arc voltaïque s'élevant alors en haut, dégage toujours le point de lumière rayonnante. C'est pour satisfaire à ce principe que M. Loiseau a adopté cette disposition; les porte-charbons fonctionnent d'ailleurs comme les précédents, par l'intermédiaire de poulies; l'appareil est en plus muni d'un réflecteur et d'une coupe pour recueillir les cendres des charbons et les empêcher de s'introduire dans l'hélice.

Régulateur de M. A. Gaiffe. — Ce régulateur, comme les deux précédents, n'est qu'un régulateur d'Archereau perfectionné et disposé de manière à maintenir le point lumineux fixe; il est des plus simples et présente les mêmes avantages que ceux qui sont plus compliqués. En voici la description faite par M. Gaiffe lui-même, et la fig. 125 en donne la représentation.

« Les porte-charbons H H' sont parfaitement équilibrés quant à leur poids qui n'entre pour rien dans le fonctionnement de l'appareil; leur glissement est rendu seulement plus facile au moyen de quadruples systèmes de galets U qui empêchent toute espèce de frottement direct. L'avancement des charbons est produit par la détente d'un ressort contenu dans un barillet O et par l'intermédiaire de deux roues d'inégal diamètre M M' (afin de rendre le point lumineux stable) et de deux tiges à crémaillères K et I solidaires des porte-charbons H, H'. Dans son mouvement, la tige de fer doux sur laquelle est fixé le porte-charbon H' pénètre plus ou moins profondément dans la bobine L qui porte un fil isolé enroulé en hélice. C'est comme dans les régulateurs de ce genre, l'attraction exercée par cette hélice sur la tige de fer doux, qui détermine l'écartement des charbons nécessaire à la production du point lumineux.

« L'hélice et le ressort du barillet O sont disposés de telle sorte que leurs puissances antagonistes restent dans le même rapport pendant toute la course du porte-charbon. Il en résulte que si l'arc voltaïque a 3 millimètres de longueur, par exemple, au moment où on allume le régulateur, il les a encore lorsque les crayons de charbon, étant usés, sont près de s'éteindre. Le ressort pouvant être tendu plus ou moins, permet d'approprier à des intensités de courant très-différentes l'appareil, qui fonctionne ainsi très-régulièrement avec des batteries variant de quinze petits couples de Bunsen n° 16 à soixante couples n° 19,

« Ce régulateur dont la marche est indépendante de l'action de la pesanteur, fonctionne également bien dans toutes les positions, verticales, inclinées, horizontales et même entièrement renversées.

« Un autre avantage très-important résulte d'un petit dispositif qui permet de déplacer à son gré le point lumineux, sans être obligé d'éteindre et sans aucun réglage ultérieur des porte-charbons ni de l'appareil. Ce dispositif consiste dans un système de pignons R R' R'' qui, en temps ordinaire, se trouve repoussé en dehors des roues M M', mais qui, venant à s'engrener avec ces roues par suite d'une légère pression, permet à l'aide d'une clef de hausser ou de baisser simultanément les porte-charbons sans changer en rien leur écartement. On peut ainsi centrer facilement le point lumineux, chose indispensable dans les expériences d'optique et les projections. Voici le jeu de l'appareil :

« Le courant entre par la borne P, suit le chemin XJIVHH'K, passe dans la bobine L et sort par la borne N. Quand il ne circule pas, les deux charbons sont maintenus l'un contre l'autre par l'action du ressort du barillet O; mais

Fig. 125.

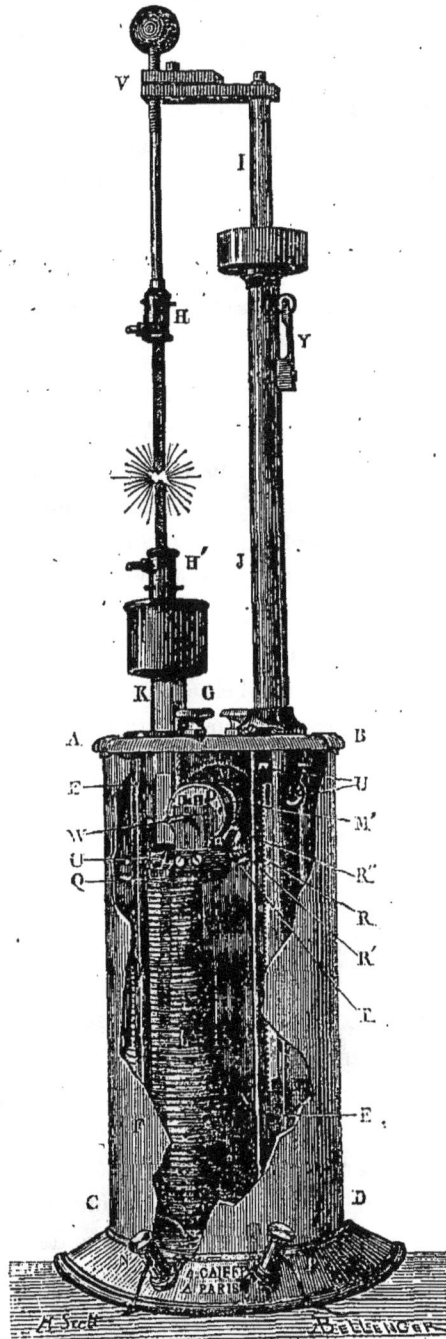

aussitôt que le circuit électrique est fermé, la bobine attire la tige. K dont le mouvement combiné avec celui de l'autre tige I, détermine l'écart des charbons et la production de l'arc voltaïque. Il faut toujours que la force attractive de la bobine soit un peu supérieure à l'action du ressort antagoniste, ce que l'on obtient en tendant plus ou moins ce dernier. »

Je possède un régulateur de ce genre et j'en ai été toujours très-satisfait dans toutes les expériences auxquelles je l'ai employé.

2° Régulateurs fondés sur le rapprochement des charbons, par l'effet de déclanchements successifs opérés électro-magnétiquement.

1° Régulateur de M. Foucault. — M. Foucault est, comme nous l'avons vu, l'un des premiers qui aient conçu le régulateur à point lumineux fixe et fonctionnant sous l'influence de déclanchements successifs effectués électro-magnétiquement. Voici comment il décrit lui-même son appareil dans un mémoire adressé à l'Académie des sciences.

« Les deux porte-charbons sont sollicités, l'un vers l'autre par des ressorts; mais ils ne peuvent aller à la rencontre l'un de l'autre qu'en faisant défiler un rouage dont le dernier mobile est placé sous la domination d'une détente. C'est ici qu'intervient l'électro-magnétisme : le courant qui illumine l'appareil passe à travers les spires d'un électro-aimant dont l'énergie varie avec l'intensité du courant; cet électro-aimant agit sur un fer doux sollicité d'autre part à s'en éloigner par un ressort antagoniste. Sur ce fer doux mobile est montée la détente qui enraie le rouage ou le laisse défiler à propos, et le sens du mouvement de la détente est tel, qu'elle presse sur le rouage quand le courant se renforce, et qu'elle le délivre quand le courant s'affaiblit. Or, comme précisément le courant se renforce ou s'affaiblit quand la distance interpolaire diminue ou augmente, on comprend que les charbons acquièrent la liberté de se rapprocher au moment même où leur distance vient à s'accroître, et que ce rapprochement ne peut aller jusqu'au contact, parce que l'aimantation croissante qui en résulte leur oppose bientôt un obstacle insurmontable, lequel se lève de lui-même aussitôt que la distance interpolaire s'est accrue de nouveau.

« Le rapprochement des charbons est donc intermittent, mais, quand l'appareil est bien réglé, les périodes de repos et d'avancement se succèdent si rapidement qu'elles équivalent à un mouvement de progression continu. »

M. Foucault n'explique pas comment il a réglé le rapprochement plus ou moins grand des charbons; il est probable que c'est en donnant aux poulies sur lesquelles s'enroulent les fils qui les sollicitent, un diamètre inégal et en rapport avec les quantités dont ils s'usent. Il ne décrit pas non plus la manière dont agit la détente; mais il paraîtrait, d'après sa description, que c'est par une simple pression contre un tambour fixé sur l'axe des deux poulies sur lesquelles s'enroulent, en sens inverse, les cordes des porte-charbons.

Quoi qu'il en soit, cet appareil a été le point de départ de tous ceux dont nous allons parler et qui nécessitent tous une place déterminée pour chaque pôle de la pile.

Régulateur de M. Jules Duboscq. — M. Jules Duboscq, bien connu des savants par ses appareils d'optique si bien faits et si ingénieusement combinés, a imaginé plusieurs systèmes de régulateurs électriques qu'il avait destinés, dans l'origine, à la projection des principales expériences de l'optique. Avant d'arriver à l'excellent régulateur auquel il se tient aujourd'hui et qu'il a construit sur les indications de M. Foucault, il a passé par différents modèles que j'ai décrits avec détails dans la seconde édition de cet ouvrage, mais dont je ne dirai ici que quelques mots pour laisser plus de place à la description de son dernier modèle.

Le principe de ces différents systèmes est à peu près le même que celui de l'appareil de M. Foucault, et la fig. 4, pl. III, représente celui auquel il donnait la préférence en 1856. Dans ses premiers modèles, c'étaient des chaînes de Vaucanson assez fines qui réagissaient sur les porte-charbons et servaient d'intermédiaires entre eux et le mécanisme d'horlogerie régulateur. Mais ayant reconnu que ces chaînes se cassaient quelquefois ou s'enroulaient dans un mauvais sens sur leurs poulies quand l'expérimentateur n'était pas familiarisé avec ces sortes d'appareils, M. Duboscq a cherché à remplacer ces chaînes par des crémaillères, et cette substitution l'a forcé de changer le système régulateur pour l'avancement des charbons qu'il avait adopté dans l'origine.

Si l'on se reporte à la fig. 4, pl. III, on voit de suite la disposition du modèle en question.

E est l'électro-aimant droit qui commande le mécanisme; il est renfermé dans le socle de l'appareil et est constitué par une simple bobine dont le canon est en fer doux. Cette disposition a été commandée par la nécessité de faire passer l'une des crémaillères à travers l'électro-aimant.

A est l'armature de cet électro-aimant; elle consiste dans un disque de fer doux évidé et vissé à l'extrémité d'une pièce articulée B, à laquelle est fixé le long levier C, qui fait fonctionner la détente d'embrayage du mécanisme d'horlogerie.

M est le mouvement d'horlogerie composé de quatre mobiles, et commandé par un petit barillet adapté à la roue N, laquelle engrène avec la crémaillère G H. L'axe de cette roue est muni d'une clef pour remonter le système et en même temps le barillet.

O est la roue qui met en mouvement la crémaillère I J. Cette roue est adaptée à un canon qui est monté à frottement dur sur l'axe de la roue N, et qui correspond à un bouton au moyen duquel on peut soulever ou abaisser la crémaillère I J.

V est la vis sans fin qui porte le modérateur à ailettes du mouvement d'horlogerie et la roue d'embrayage à rochet R. Cette vis reçoit son mouvement d'une autre roue à rochet Q, qui le reçoit, par l'intermédiaire d'un pignon, d'une roue P dont l'axe, portant également un pignon, engrène avec la crémaillère doublement dentée G H. Celle-ci sert alors d'intermédiaire de mouvement entre la roue N et le mécanisme d'horlogerie proprement dit.

D est la détente d'embrayage placée à l'extrémité d'un petit levier articulé, sur lequel réagit le long levier C. Cette détente, en s'introduisant dans les dents du rochet R ou en s'en retirant, arrête ou rend libre le mouvement des deux crémaillères, mouvement qui n'est pas égal de part et d'autre, puisque les roues N et O sont d'inégal diamètre et dans le même rapport entre elles que les quantités dont s'usent les deux charbons.

S I est une traverse qui soutient le porte-charbon supérieur. Ce porte-charbon est ajusté sur une partie sphérique, de manière à pouvoir être incliné dans tous les sens.

Enfin T est le porte-charbon inférieur adapté à l'extrémité de la crémaillère G H.

Une petite détente articulée, qui n'est pas figurée sur le dessin, permet d'embrayer la roue R lorsque le mécanisme électro-magnétique ne fonctionne pas ou lorsqu'on veut régler l'appareil.

Pour suppléer au système régleur du mouvement des charbons, M. Duboscq recommande de prendre dans un même morceau les deux charbons que l'on place ensemble dans l'appareil; si on n'oublie pas cette précaution, l'appareil ne fait jamais défaut de ce côté.

Voici maintenant comment on se sert de cet instrument :

On commence d'abord par éloigner les porte-charbons l'un de l'autre au moyen de la clef adaptée à l'axe de la roue N. Comme le frottement du canon de la roue O sur l'axe de la roue N est très-dur, on met facilement les deux crémaillères en mouvement, et on tend par cela même le ressort du barillet. Quand la crémaillère inférieure est arrivée à l'extrémité de sa course, on arrête le mécanisme au moyen de la détente articulée qui se manœuvre à la main. On place alors le charbon, qui est de forme carrée, dans une cavité, également carrée, pratiquée dans un petit cylindre de cuivre composé de deux parties semi-cylindriques. On fixe ce cylindre dans le porte-charbon inférieur T, soit avec les mains quand l'appareil n'est pas échauffé, soit avec des pinces quand on fait cette opération au milieu des expériences. On en fait autant pour le porte-charbon supérieur, et on laisse ensuite les charbons se rapprocher l'un de l'autre jusqu'à ce que la pointe du charbon inférieur soit arrivée devant une ligne de repère tracée sur la colonne support X. Alors on arrête de nouveau le mécanisme au moyen de la détente articulée. Si le charbon supérieur est trop éloigné du charbon inférieur, on le rapproche au moyen du bouton monté sur l'axe de la roue O, qui alors ne peut entraîner l'axe de la roue N, puisque le mécanisme est embrayé. On l'éloignerait de la même manière s'il était trop près du charbon inférieur. Si, au contraire, il s'agissait de déplacer le charbon inférieur, on ferait usage de la clef adaptée sur l'axe de la roue N.

Quand le charbon supérieur, au moyen de l'articulation de son porte-charbon, est placé exactement dans la position qui lui convient par rapport au charbon inférieur, c'est-à-dire un peu en avant, afin que le charbon le plus lumineux soit tout à fait découvert, on ferme le courant, et on dégage le mouvement. Au premier moment, aucune lumière n'apparaît, parce que les charbons étant en contact, le courant les traverse sans passer par le milieu aériforme qui est nécessaire au développement de la lumière électrique. Toutefois le mécanisme se trouve alors de nouveau embrayé, mais cette fois par la détente D du mécanisme électro-magnétique, qui fonctionne avec d'autant plus d'énergie que le courant n'éprouve alors aucune résistance. Pour faire apparaître la lumière, il suffit de détacher les deux charbons l'un de l'autre au moyen du bouton de la roue O. Alors on doit procéder au règlement de l'appareil :

Régulateur de MM. Foucault et Duboscq. — Nous ne croyons pouvoir mieux faire que de rapporter ici l'intéressante notice que M. Duboscq a publiée sur cet appareil :

« Léon Foucault s'est proposé de combiner un système de régulateur électique qui résolût le plus absolument possible les conditions de la question : — élimination de toutes les causes d'extinction ; — fixité du point lumineux. — Les deux causes principales d'extinction qui sont à annihiler, sont : l'éloignement trop grand des charbons ; leur arrivée accidentelle au contact. — Il faut, pour qu'elles soient absolument anéanties, que les charbons puissent être indépendants l'un de l'autre, et cependant se commander mutuellement à un moment donné.

« La figure 126 représente le nouveau régulateur dans son ensemble; elle est coupée de façon à permettre l'examen des organes dans leurs fonctions.

Fig. 126.

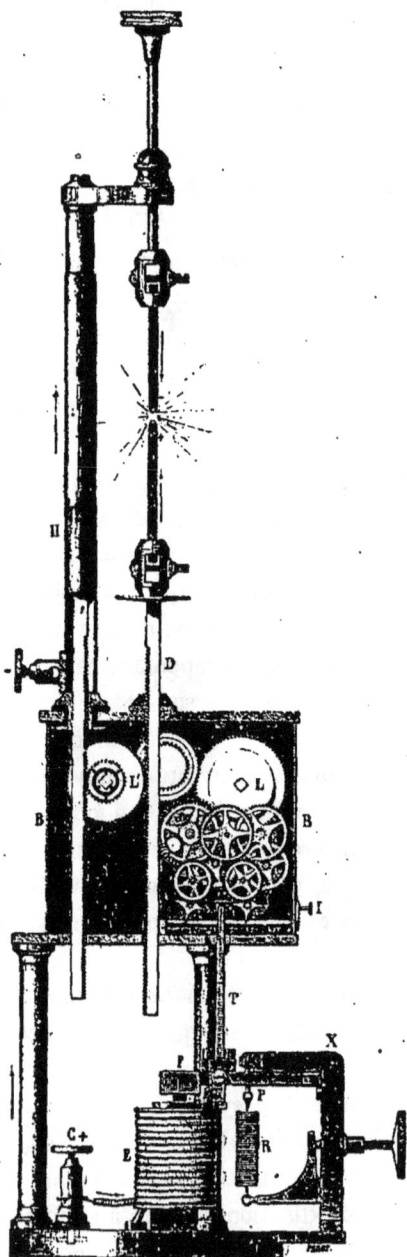

« Le courant, entrant par la borne positive C, gagne les fils de l'électro-aimant E, puis toute la partie métallique B de l'appareil, pour arriver enfin au porte-charbon positif D. Le pôle négatif du circuit étant en H, on voit que le courant se ferme quand l'arc lumineux se forme entre les deux pointes des charbons. Il faut comprendre maintenant, d'abord, le jeu de l'électro-aimant régulateur; ensuite, le mode mécanique qui régit, d'après lui, la fonction des charbons.

« Le défaut commun aux divers modèles de régulateurs usités jusqu'ici est que l'armature disposée en regard de l'électro-aimant, se trouve, à l'égard des forces qui la sollicitent (magnétisme développé dans l'électro-aimant par le passage du courant générateur de la lumière, et ressort antagoniste dont la force mécanique doit établir l'équilibre), dans un état d'équilibre instable, et, par suite, obligée de se précipiter sur l'un ou sur l'autre des arrêts qui limitent sa course, sans jamais pouvoir séjourner entre eux deux. Cet inconvénient, déjà très-grave dans les autres appareils, aurait encore compromis davantage la fonction de celui-ci, car il eût été soumis à une oscillation perpétuelle, comme on en jugera d'après l'organisation du mécanisme moteur des charbons.

« Le ressort antagoniste R n'agit plus directement sur l'armature, mais il est appliqué à l'extrémité P d'une pièce articulée en un point fixe X, et dont le bord, façonné suivant une courbe particulière, presse, en roulant, sur un prolongement qui représente ainsi un levier de longueur variable. L'armature doit donc toujours rester *flottante* entre les deux positions limites; car, à chaque instant, la force antagoniste opposée par l'action du ressort à la puissance attractive de l'électro-aimant, est compensée par l'*effet de levier* ainsi produit (1). La position de l'armature est, autrement dit, à chaque instant, l'expression de l'intensité du courant de la source électrique. Tant que cette intensité conserve la valeur voulue et corrélative de la distance gardée entre les charbons, l'armature est équilibrée de façon à empêcher tout mouvement d'approche ou de recul; mais dès que le courant devient ou trop fort ou trop faible, il y a recul ou rapprochement. C'est ce qu'il faut comprendre en examinant comment la tête *t*, du marteau oscillant T, fixée à la branche du *levier-armature*, commande le jeu du mécanisme encastré dans la boîte B. — L' est le barillet dont le ressort détermine le mouvement des roues dentées qui s'engrènent avec les crémaillères des porte-charbons; le rapport de leur diamètre étant 1 : 2, il en est de même de la vitesse relative des charbons eux-mêmes. Ce mouvement se transmet à cinq mobiles dont le dernier terme est le volant *o'* qui arrive au contact possible de la tête du marteau T. Par conséquent, si le volant *o'* est lâché par l'obstacle *t*, le jeu de tout ce système est de *faire marcher* les deux charbons l'un vers l'autre.

« En L, il y a un second barillet qui anime un second système de mobiles dont le dernier terme aboutit au volant *o* qui, lui, sera arrêté par la tête *t* du marteau oscillant, lorsque *o'* sera débrayé par lui, et *vice versa*. Une roue satellique S est disposée entre les deux systèmes de mobiles, de façon à les reprendre *alternativement*, en sens inverse l'un de l'autre; c'est-à-dire que, *o'* étant *embrayé*, *o* est *lâché*. Le rôle de la roue satellite S est donc alors de déterminer le mouvement inverse, c'est-à-dire *de recul*, des roues qui animent les crémaillères porte-charbons. — Ceci étant compris, nous n'avons plus qu'à considérer la fonction générale de l'appareil.

« L'arc étant établi entre les deux charbons, l'action attractive de l'électro-aimant est contre-balancée par l'effet du ressort antagoniste, de façon à ce que la tête du marteau T embraye le volant *o'*. Les charbons s'usant, l'armature F est d'autant moins attirée que l'arc s'allonge davantage; mais aucun mouvement brusque ne se produit; l'armature, sollicitée

---

(1) C'est le répartiteur de M. Robert-Houdin que nous avons décrit tome II, p. 118.

par l'appel du ressort antagoniste, coule sur la courbe articulée X, et, au
dernier instant, le marteau T désembraye le volant o′ et embraye celui o ;
les charbons se rapprochent, jusqu'à ce que l'intensité du courant soit
suffisante pour rétablir la puissance de l'électro-aimant. Si les charbons sont
trop rapprochés, l'armature F est plus attirée, et la tête du marteau lâchera
alors le volant o, effet qui déterminera le mouvement de recul des charbons.

« Ajoutons que les charbons peuvent recevoir deux sortes de mouvements à la main, à l'effet d'établir de prime abord la position du point
lumineux : 1° le charbon supérieur est indépendant ; 2° le système combiné
des deux charbons peut monter et descendre d'un commun accord à volonté.

« Un perfectionnement important a été récemment apporté à cet

Fig. 127.

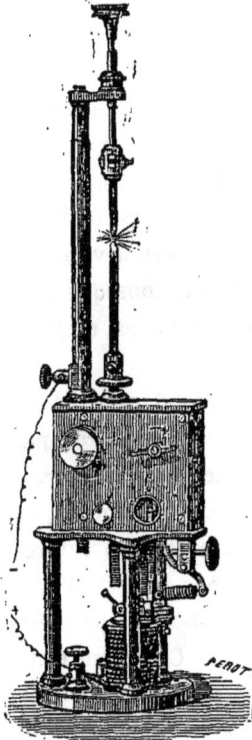

appareil. On a remarqué que les changements
d'intensité du courant modifiaient l'état magnétique du noyau de l'électro-aimant ; par suite, la
puissance magnétique persistait plus ou moins.
Le ressort antagoniste, réglé à l'aide de la vis de
rappel que l'on aperçoit à droite de la figure, ne
pouvait donc pas, pour une intensité électrique
déterminée, maintenir l'équilibre, et si on venait à
lui donner une trop grande tension, la marche de
l'appareil devenait trop saccadée.

« On supprime cet inconvénient en maintenant au ressort une tension moyenne et en disposant l'armature (à laquelle on donne une forme
courbe) de façon à faire varier sa distance aux
pôles de l'électro-aimant ; ce mouvement est
déterminé par la friction d'un levier excentrique.
Cette petite modification est indiquée fig. 127,
qui représente l'aspect extérieur de l'appareil.
Comme la moindre variation change sensiblement la puissance effective de l'attraction, on
peut donc graduer aisément et très-rigoureuse-
ment l'action de l'électricité, selon que, à un
moment donné, le générateur d'électricité est accru ou affaibli en puissance.

« Dans ce nouveau modèle, disons enfin que l'on peut adapter le pôle +
soit en haut, soit en bas, selon les nécessités du service. Le pôle + correspond au charbon supérieur pour les effets d'éclairage, et au charbon inférieur
pour les expériences d'optique, telles que la combustion des métaux, etc.

« Le nouveau régulateur remplit donc toutes les conditions exigées pour l'application de la lumière électrique aux expériences scientifiques et à l'éclairage des phares, des vaisseaux, des ateliers, des théâtres, etc.

« Dans l'état actuel de la science, on produit la lumière électrique tant avec la machine magnéto-électrique qu'avec la pile ; on peut même dire que le *générateur industriel* de la lumière électrique est la source magnétique : témoin l'éclairage électrique des phares, des navires, des chantiers, etc. Il était donc indispensable d'approprier le *régulateur* à ces deux sources électriques. Lorsque l'arc qui jaillit entre les charbons provient de la pile, ceux-ci s'usent dans le rapport de 1 à 2 ; s'il provient, au contraire, de la machine magnéto-électrique, l'usure est égale de part et d'autre, puisque le courant est alternatif. Dans le premier cas, il faut donc combiner la marche des charbons dans le rapport 1 à 2 ; et dans le second, la rendre égale. Une addition permet d'opérer immédiatement le changement des vitesses relatives des charbons, selon que l'on opère avec l'une ou l'autre des deux sources d'électricité.

« Ainsi perfectionné, ce nouveau régulateur est rigoureusement apte à toutes les applications de l'éclairage électrique. »

Régulateur de M. Deleuil. — Dans le régulateur de M. Deleuil, l'un des charbons est fixe et par conséquent le point lumineux se déplace. L'autre charbon (charbon inférieur) est adapté à l'extrémité d'une crémaillère dentée très-fin sur laquelle réagit un cliquet d'impulsion ; ce cliquet est adapté à l'extrémité d'un long levier qui porte près de son point d'articulation l'armature de l'électro-aimant régulateur. Quand le courant passe avec force à travers les deux charbons en produisant la lumière électrique, cette armature se trouve attirée, et par conséquent le cliquet ne réagit pas sur la crémaillère du porte-charbon ; mais quand le courant est devenu assez faible pour permettre au ressort antagoniste d'agir, le porte-charbon avance d'une dent, c'est-à-dire de l'intervalle d'un demi-millimètre. Nous avons représenté fig. 7, pl. III, le mécanisme de ce régulateur.

Deux mots vont maintenant suffire pour montrer les inconvénients de ce régulateur. Puisque pour chaque intermittence de courant le charbon avance d'un demi-millimètre seulement, il en résultera que si la solution de continuité correspondante à l'usure des charbons est plus considérable, l'appareil se trouvera arrêté. Or, il arrive le plus souvent que les solutions de continuité que provoque la marche du régulateur, varient de 1/4 de millimètre à 2 et 3 millimètres ; cela tient au défaut de pureté des charbons qui, quand ils contiennent beaucoup de silicates, se désagrègent par morceaux entiers. Quand ces effets arrivent, et ils arrivent souvent, il faut donc qu'on rapproche à la main les deux charbons.

Régulateur de M. Serrin. — De tous les régulateurs imaginés jusqu'ici, celui de M. Serrin est celui qui est le plus appliqué et qui semble le mieux et le plus régulièrement fonctionner, quand il s'agit d'un éclairage prolongé. Nous avons eu le plaisir de suivre les différentes phases par lesquelles cet appareil a passé depuis son origine, et nous avons été le premier à en faire une description complète dans le t. IV de la seconde édition de cet ouvrage, publié en 1859. Plus tard, M. Pouillet, dans un rapport fait à l'Académie des sciences, en montra les ingénieuses combinaisons ; enfin, les expériences faites avec les machines de la compagnie l'*Alliance*, montrèrent que c'était le seul appareil qui pût alors fonctionner avec les courants alternativement renversés. Depuis cette époque, ce régulateur a été constamment employé dans les différentes expériences qu'on a faites de la lumière électrique, et c'est lui qui est employé pour l'éclairage des phares.

Fig. 128.

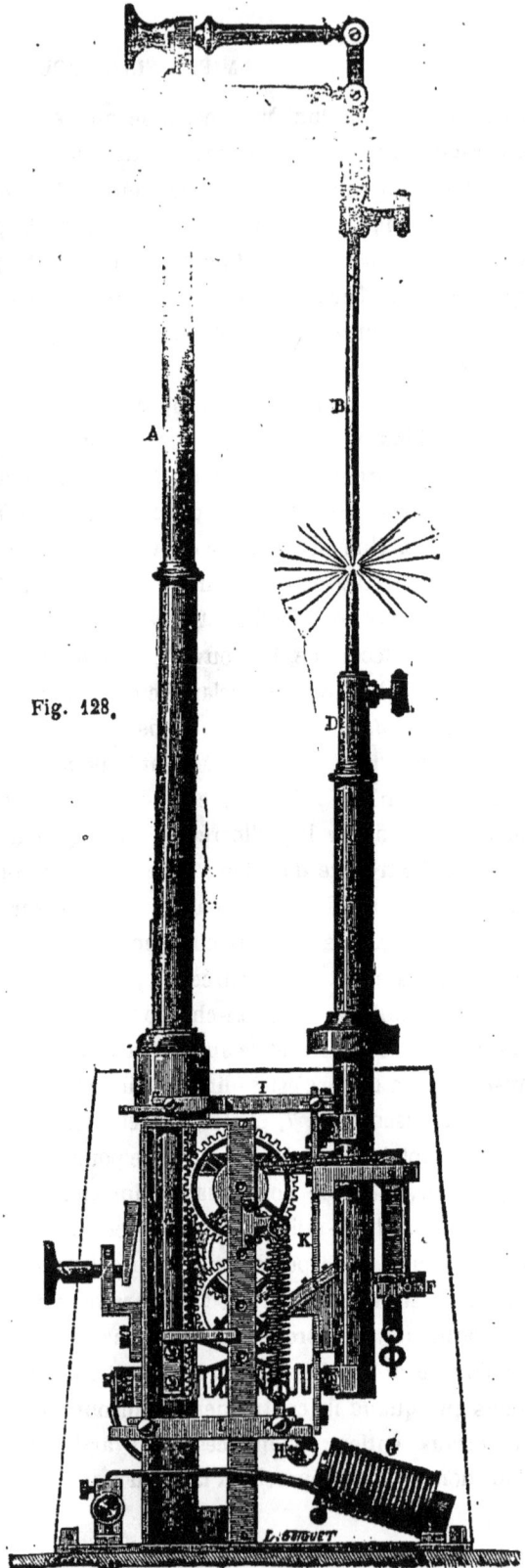

Nous devrons donc nous étendre un peu sur cet ingénieux appareil, qui est tellement sensible qu'une bague de caoutchouc interposée entre les deux charbons suffit pour arrêter son défilement, sans que la bague en soit déformée. La fig. 128 en représente le dispositif.

Cet appareil qui peut d'ailleurs, comme celui de M. Duboscq, maintenir fixe le point lumineux, se compose essentiellement de deux mécanismes reliés l'un à l'autre, mais exerçant chacun une action propre sur la marche des charbons ; l'un de ces mécanismes, en rapport direct avec le système électro-magnétique, forme un *système oscillant,* constitué par une sorte de double parallélogramme articulé auquel est adapté le tube E et les accessoires du porte-charbon inférieur. Ce système est composé de quatre bras parallèles horizontaux I et L pivotant sur le tube du porte-charbon supérieur et reliés par deux traverses verticales K.

L'autre mécanisme que nous appellerons *mécanisme de défilage* qui est relié aux porte-charbons, est constitué par les rouages que l'on voit au milieu de la figure, la crémaillère A, et une chaîne de traction qui vient s'attacher en F. Le premier mécanisme tout en réagissant directement sur le porte-charbon inférieur ED, comme nous allons le voir, commande l'action du second mécanisme, et celui-ci réalise définitivement l'effet mécanique commencé par le premier, en régularisant le rapprochement des charbons suivant leur usure. A cet effet, le tube E du charbon inférieur qui fait partie du système oscillant, porte un butoir d'arrêt en forme d'équerre qui réagit sur les branches d'un moulinet, lequel constitue, avec un volant à ailettes, le dernier mobile du mécanisme du défilage. Le système oscillant, relié par deux traverses verticales K, porte en H une armature cylindrique qui, étant placée à portée d'un électro-aimant G agissant tangentiellement sur elle, peut l'abaisser plus ou moins suivant l'intensité du courant traversant le système, et ce sont deux ressorts antagonistes adaptés aux bras inférieurs H du système oscillant, lesquels ressorts sont fixés aux supports des rouages, qui relèvent le système quand le courant ne réagit pas assez énergiquement pour combattre leur action. Il résulte donc de cette disposition que, pour une intensité électrique suffisante, le système oscillant est assez abaissé pour arrêter le système du défilage et que pour une intensité insuffisante, ce dernier système, étant mis en liberté, permet aux charbons de se rapprocher sous la seule influence du porte-charbon supérieur, qui est assez lourd pour provoquer le mouvement du système. Examinons maintenant comment est disposé le système du défilage.

Il se compose d'abord, comme on le voit, d'un système de rouages com-

posé de quatre mobiles dont le premier qui engrène avec la crémaillère du
porte-charbon supérieur A, est muni sur son axe d'une poulie autour de
laquelle est enroulée une chaîne de Vaucanson ; cette chaîne, après avoir passé
sur une seconde poulie, vient s'accrocher sur une pièce F adaptée au porte-
charbon inférieur E. Il en résulte que quand le système oscillant par suite
de l'inaction de l'électro-aimant G a dégagé le mécanisme des rouages, le
porte-charbon supérieur est libre de s'abaisser, et, en s'abaissant, fait
tourner non-seulement tous les rouages, mais encore relève par l'intermédiaire de la chaîne de Vaucanson le porte-charbon inférieur. Cette action
se continue jusqu'à ce que le courant, étant devenu suffisamment fort,
provoque une action plus forte de l'électro-aimant G qui embraye alors,
par l'intermédiaire du système oscillant, le moulinet des rouages. L'appareil
se trouve alors arrêté, jusqu'à ce que l'énergie manque de nouveau à
l'électro-aimant G. Un second ressort antagoniste qu'on voit au-dessus de
la pièce F et qu'on manœuvre au moyen de la vis et du levier que l'on
aperçoit sur la gauche de l'appareil, permet d'augmenter ou de diminuer à
volonté la sensibilité de l'instrument. Enfin une chaîne pendante que l'on
aperçoit au-dessous de la pièce F, joue le rôle de contre-poids, et est
destinée, en s'élevant, à compenser, dans le système oscillant, la perte de
poids que subit le charbon inférieur en s'usant.

Le courant est d'ailleurs transmis au charbon inférieur au moyen d'une
lame repliée et flexible qui peut suivre celui-ci dans ses mouvements, et au
charbon supérieur par le massif de l'appareil et l'électro-aimant G dont
l'extrémité libre de l'hélice aboutit à un bouton d'attache que l'on aperçoit
en bas à gauche de l'appareil.

Le porte-charbon inférieur n'a rien de particulier : c'est une douille D
munie d'une vis de pression dans laquelle on introduit le charbon ; mais
le porte-charbon supérieur est plus compliqué pour lui faire fournir deux
mouvements rectangulaires susceptibles de fixer bien exactement les deux
charbons dans la position relative qu'on veut leur donner. Le charbon
positif, en effet, est maintenu au-dessus du charbon négatif au moyen d'un
tube supporté par deux bras horizontaux articulés, commandés par deux
vis. L'une de ces vis, celle du haut, permet d'imprimer au porte-charbon un
déplacement dans un plan parallèle au plan du dessin. L'autre vis, au
moyen d'une excentrique, déplace le charbon dans un plan vertical perpendiculaire au plan de la figure.

M. V. Serrin a établi plusieurs modèles de son régulateur pour s'adapter
aux intensités électriques plus ou moins fortes qui doivent agir sur lui ;
son plus grand modèle est disposé pour brûler des charbons de 15 millimè-

tres de côté, soit de 225 millimètres carrés de section, et, malgré ses grandes
dimensions, il est aussi sensible que les plus petits modèles. Dans ce
modèle, construit pour les phares, l'auteur a apporté plusieurs modifications
importantes. Ainsi, au moyen d'un petit dispositif adapté aux chaînes des
porte-charbons, M. Serrin a pu faire en sorte de déplacer le point lumineux
sans éteindre la lumière, ce qui est très-important pour l'application de
ces appareils aux phares, afin de donner la possibilité de bien centrer le
point lumineux par rapport aux lentilles.

D'un autre côté, comme ces régulateurs doivent agir avec des courants
extrêmement énergiques, et que la chaleur développée dans le circuit serait
capable de brûler l'enveloppe isolante de l'hélice de l'électro-aimant, ce qui
pourrait annuler ses effets, M. Serrin a composé les spirales électro-magnétiques avec des hélices métalliques dépourvues de toute couverture isolante
et disposées de manière que les spires ne puissent se toucher. Pour que
ces hélices puissent être adaptées aux noyaux magnétiques, et aux rondelles de l'électro-aimant avec un isolement suffisant, M. Serrin a recouvert
d'une couche assez épaisse d'émail vitreux les noyaux en question, ainsi
que les parties internes des rondelles; et pour obtenir le plus grand
nombre de tours de spires possible avec le maximum de section, il a évidé
ses hélices dans un cylindre de cuivre d'une épaisseur égale à celle des
bobines. De cette manière, les hélices électro-magnétiques sont représentées
par une sorte de filet de vis à pas assez serré, d'une saillie égale à celle des
rondelles, et dont la partie centrale est représentée par les noyaux magnétiques et leur enveloppe d'émail.

On comprend aisément qu'avec cette disposition, les hélices peuvent être
portées à une température très-intense sans que les spires cessent d'être isolées
les unes des autres, puisqu'elles ne se touchent pas et qu'elles sont séparées
de la carcasse de l'électro-aimant par une substance qui ne peut être
altérée que par les chaleurs les plus élevées. Du reste, la grande section des
spires ainsi formées en rend l'échauffement plus difficile qu'avec les dispositions ordinaires, et ce n'est pas un des moindres avantages de cette sorte
d'électro-aimant.

Pour être juste, je dois dire que, avant M. Serrin, M. Duboscq avait combiné pour son régulateur un électro-aimant de ce genre, mais il n'avait
pas pris soin d'émailler les parties en contact avec les hélices, regardant
cette précaution comme inutile, en raison de la grande section des spires
de l'hélice qui les empêchait d'être portées au rouge. Il ne construisait pas
non plus ses spires de la même manière, c'était simplement une bande de
cuivre qu'il martelait de manière à fournir une spirale.

Les accessoires de l'appareil Serrin sont très-nombreux et nous les décrirons successivement à mesure que nous exposerons les applications de la lumière électrique.

Régulateur de MM. Siemens et Hafner-Alteneck. — Ce régulateur assez employé en Allemagne et en Angleterre et que nous représentons fig. 9, pl. II, ressemble assez, comme mode de disposition générale, à ceux de MM. Serrin et Duboscq. La position des charbons est réglée comme dans l'appareil Serrin par le poids du porte-charbon supérieur, lequel tend à rapprocher les charbons au fur et à mesure de leur usure, tandis que le courant électrique, en réagissant sur un petit mécanisme électro-magnétique, les écarte. A cet effet, le support supérieur qui peut se mouvoir librement du haut en bas, est relié au porte-charbon inférieur par l'intermédiaire de deux crémaillères et d'une double roue dentée avec laquelle ces crémaillères engrènent. L'axe de cette double roue dont les diamètres sont dans le rapport de 2 à 1, porte une plus grande roue dentée qui engrène avec un pignon portant une autre roue R, engrenée avec le pignon d'un volant W. Sur l'axe de cette seconde roue est adaptée une roue à rochet à dents très-fines sur laquelle appuient des cliquets de retenue *t* fixés sur la surface de la roue R placée parallèlement derrière elle, et un cliquet d'impulsion U qui est disposé à l'extrémité d'un levier A A' faisant partie du système électro-magnétique. Ce levier bascule, en effet, sous l'effort d'un ressort antagoniste *f* ou de l'attraction d'un électro-aimant E interposé dans le circuit de la lumière; un butoir fixe *b*, convenablement placé, dégage le cliquet de la roue à rochet quand l'électro-aimant est inactif, et alors cette roue se trouve entraînée sous l'influence du poids du porte-charbon supérieur et des engrenages qui lui correspondent, de manière à permettre aux deux charbons de se rapprocher avec une vitesse qu'on peut régler au moyen du volant W. Quand au contraire l'électro-aimant devient actif par suite d'un trop grand rapprochement des charbons, il réagit sur le cliquet U qui, en poussant la roue à rochet, écarte le système des deux charbons ; mais le courant se trouve alors interrompu dans l'électro-aimant par une ferme-ture du circuit exercée par le levier du cliquet d'impulsion, lequel ouvre alors au courant, par le contact de deux ressorts *c, d* disposés sur une déri-vation établie sur le fil aboutissant au porte-charbon inférieur, une voie plus directe qu'à travers l'électro-aimant E. Le cliquet se trouve donc alors ramené à sa position de repos, tout prêt à recommencer la manœuvre, si le courant, devenu trop faible par suite de l'éloignement des charbons qui a eu lieu, a provoqué une nouvelle action de l'électro-aimant E.

Ce système est disposé pour fonctionner avec des courants continus ou renversés, et on opère la commutation au moyen de l'écrou F qui, par l'intermédiaire d'une vis, permet d'engrener la crémaillère du porte-charbon inférieur avec la petite ou la grande roue du système moteur des deux crémaillères. On prétend que ce système se fait remarquer par la régularité de son fonctionnement. « Cette précision, dit M. Fontaine, est obtenue principalement par l'emploi d'un seul point d'appui pour l'armature au lieu de deux, correspondant à la période d'attraction et à la période de relâchement. De plus, il n'entre dans la construction aucun mouvement d'horlogerie nécessitant des remontages réguliers.'» (Voir le *Telegraphic journal*, tome II, p. 392.)

Régulateur de M. Girouard. — Ce système de régulateur présente cette

Fig. 129.

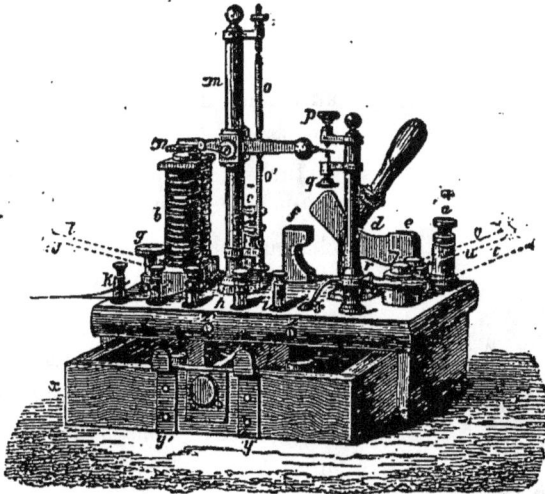

particularité qu'ayant pour organe réglant un régulateur placé à telle distance que l'on veut de l'appareil où se produit le point lumineux, il peut être manœuvré à distance et rendu aussi sensible qu'il convient. Ce système comporte donc deux appareils que nou srepraésentons fig. 129 et 130, et qui sont reliés par deux circuits différents donnant passage à deux courants distincts : l'un très-fort, qui détermine l'arc voltaïque, après avoir passé à travers l'électro-aimant du relais régulateur ; l'autre assez faible, qui n'a à produire que des déclanchements de mouvements d'horlogerie pour l'avancement et le recul des charbons de la lampe.

Le relais régulateur se compose essentiellement d'un électro-aimant à gros fil *b* dont l'armature *n* adaptée à un levier basculant, sollicité par deux ressorts antagonistes *o* et *o'*, peut occuper une position déterminée et placer, par conséquent, un ressort de contact que porte le levier, entre deux vis de contact p et q, en rapport avec les systèmes électro-magné-

Fig. 130.

tiques commandant la marche des char-bons de la lampe. La tension des ressorts o et o' étant calculée de manière que, pour une intensité de courant capable de four-nir une belle lumière, l'armature en ques-tion ne détermine aucun contact sur les vis p et q, il arrive que si le courant devient trop fort ou trop faible, le levier basculant appuie sur l'une ou l'autre de ces vis et détermine un déclanchement, qui fait avan-cer ou reculer les charbons de la lampe. Il est clair que, si les charbons sont en con-tact, le courant appelé à fournir la lumière aura une intensité supérieure à celle qui correspond à la position normale de l'ar-mature du relais, et un contact sera établi sur la vis p, d'où résultera le recul des charbons; au contraire, si la distance des charbons devient trop grande, le contact s'effectuera sur la vis q, et entraînera une fermeture du courant qui provoquera le rapprochement de ces charbons. Pour un réglage convenable des deux ressorts o et o', et un écart plus ou moins grand des vis q et p, on pourra donc rendre l'appareil aussi sensible qu'on peut le désirer, et cette régularisation pourra s'effectuer à distance, sans qu'on ait besoin de toucher à l'appa-reil producteur de la lumière. Un inter-rupteur d permet d'ailleurs de fermer ou d'interrompre le courant destiné à pro-duire la lumière.

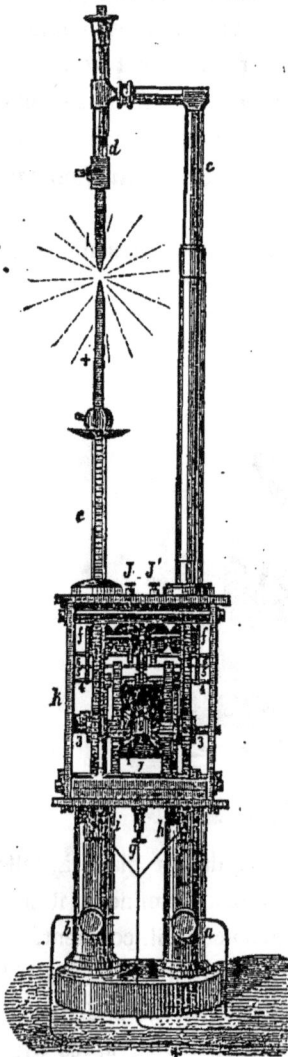

La lampe se compose, comme les lampes électriques ordinaires, de deux longs crayons de charbon portés par des crémaillères convenablement équilibrées et mises en action sous l'influence de deux mouvements d'horlo-gerie distincts, bien que commandés par un même barillet. Le dernier mobile de chacun de ces mouvements est embrayé par une détente dépendant d'un système électro-magnétique particulier, qui correspond électriquement, l'un à la vis p, l'autre à la vis q du relais, et les rouages des deux mécanismes sont calculés de manière que, au moment de l'avance ou du recul, le mouvement relatif des charbons s'effectue dans les conditions voulues pour maintenir fixe le point lumineux.

La disposition de cet appareil qui permet son fonctionnement dans toutes les positions le rend apte à un certain nombre d'applications, par exemple aux opérations militaires, à la navigation, aux représentations théâtrales, aux recherches sous-marines et même à la projection des expériences de physique, car un petit mécanisme adapté aux deux crémaillères permet de déplacer verticalement le point lumineux, sans éteindre la lumière et par conséquent de le bien placer au foyer des lentilles de projection.

Dans le modèle représenté fig. 129 et 130, la pile destinée à faire fonctionner les électro-aimants de la lampe est renfermée dans le socle du relais. C'est une petite pile portative composée d'éléments à sulfate de mercure; mais, suivant l'auteur, on pourrait s'en passer en employant les courants d'induction que pourraient développer, sur des bobines d'induction entourant les bobines de l'électro-aimant du relais, les variations de l'intensité du courant de la pile appelée à produire la lumière électrique.

Régulateur de M. Lontin. — Nous extrayons d'une notice publiée sur les machines Lontin la description suivante qui est donnée de ce régulateur :

« Le premier et le principal avantage de ces régulateurs, c'est que les organes de mouvement et de réglage sont tels que le régulateur peut fonctionner dans toutes les positions, debout, couché et même renversé, sans que les plus fortes oscillations puissent arrêter ni modifier sa marche.

« L'application entièrement nouvelle qui a été faite dans ces régulateurs d'un fil métallique par l'échauffement que produit le passage du courant afin de produire l'écart des charbons et de le maintenir rigoureusement constant, a permis de supprimer l'emploi des électro-aimants, dont la résistance interposée dans le circuit était la cause d'une augmentation notable dans la dépense d'électricité, et de régler d'une manière absolument fixe la longueur de l'arc, afin d'obtenir une lumière plus régulière.

« Le rapprochement des charbons au fur et mesure de la combustion est obtenu par une autre application non moins heureuse de l'emploi d'un courant de dérivation pris sur le courant de lumière même et qui fonctionne de la manière suivante :

« Dans l'appareil se trouve un solénoïde formé d'un bobine garnie de fil assez fin et en quantité suffisante pour offrir au passage du courant une très-grande résistance. Cette bobine renferme une tige de fer mobile, qui, au repos, tient en arrêt le moteur destiné à opérer le rapprochement des charbons. Tant que les charbons se trouvent à la distance réglée pour l'écart nécessaire à la production d'une bonne lumière, tout le courant passe par les charbons, à cause de la grande résistance qu'il rencontre dans la bobine; mais dès que l'écart augmente, une petite partie du courant passe par le fil fin de la bobine et la rend active; dans ce cas, la tige de fer mobile est attirée, et le moteur, se trouvant dégagé de son arrêt, rapproche les charbons de la quantité nécessaire pour maintenir la longueur de l'arc; à ce moment le solenoïde cesse de fonctionner, et la tige de fer vient de nouveau arrêter le moteur; ce moteur n'ayant qu'à opérer le rapprochement des charbons est d'une très-grande simplicité. »

Cet emploi d'une dérivation prise sur le courant de lumière peut s'appliquer également avec avantage à tous les régulateurs qui produisent d'eux-mêmes l'écart des charbons et rend leur fonctionnement sûr et régulier, quelles que soient les variations d'intensité du courant.

Régulateur de M. de Mersanne. — Le régulateur de M. de Mersanne a été combiné pour permettre, avec des charbons droits, de fournir une lumière électrique pendant seize heures consécutives au moins.

Ce système se compose essentiellement de deux boîtes à glissières fixées sur un fort bâtis vertical en fonte et à travers lesquelles glissent, sous l'influence d'une action motrice et régulatrice, deux charbons cylindriques ayant chacun 75 centimètres ou plus de longueur. Comme ces charbons doivent pouvoir être déplacés, pour avoir leurs pointes placées exactement l'une au-dessus de l'autre, les boîtes à travers lesquelles ils glissent peuvent osciller autour d'un pivot sous l'influence d'une crémaillère circulaire et d'une vis tangente qui devient alors vis de réglage. Le système de glissière des deux boîtes consiste d'ailleurs dans quatre galets évidés, dont deux adaptés aux deux extrémités d'une bascule et poussés contre les charbons par un ressort à boudin servent de guide, et dont les deux autres d'un diamètre plus grand et armés de crans servent d'organes moteurs des charbons. A cet effet, ces galets sont mis en mouvement par une roue adaptée à un axe qui est relié dans chacune des deux boîtes par un système d'engrenage à roues d'angle, à un arbre vertical qui, pouvant tourner dans deux sens différents, suivant l'action de l'appareil régulateur, peut faire avancer l'un vers l'autre les charbons, ou les éloigner l'un de l'autre. Les charbons sont d'ailleurs soutenus en dehors des boîtes par des tubes qui les protègent et qui sont disposés de manière à constituer des colonnes.

L'appareil régulateur est fixé dans un boîtier au-dessus de la boîte à glissière du charbon supérieur. Il se compse d'une sorte d'électro-moteur, composé de quatre ou six électro-aimants, dont une moitié, celle du haut, est interposée dans un circuit qui correspond à une dérivation du courant prise sur les deux charbons et disposée d'une manière analogue à celle que M. Lontin a introduite dans son régulateur, et dont l'autre moitié correspond à une dérivation analogue mais disposée d'une autre manière. La première dérivation réagit sur les charbons pour leur rapprochement, l'autre sur les mêmes charbons pour leur écart et voici comment :

Quand le courant est bien réglé, et que la distance entre les deux charbons est convenable, la portion du courant passant par les électro-aimants du haut de l'électro-moteur n'est pas assez forte pour mettre l'arbre vertical en mouvement; mais si cette distance des charbons devient trop considérable, le courant passe alors en plus grande quantité dans la dérivation, et le moteur marche dans le sens voulu pour faire tourner l'axe vertical qui relie les deux porte-charbons, de manière à faire avancer l'un vers l'autre les deux charbons. Afin que cette action du moteur prenne le moins de force possible, ce n'est que par l'intermédiaire de trois roues que le mouvement se trouve communiqué à l'arbre commandant le mouvement des charbons, et c'est sur celle de ces roues qui constitue le dernier mobile que réagit le moteur.

Quand, au contraire, la distance des charbons est très-faible et que le courant ne passe presque pas à travers les trois électro-aimants du haut du moteur, le courant se trouve alors assez énergique pour passer par la dérivation correspondante aux électro-aimants du bas du moteur, et ceux-ci, mettant l'appareil en marche en sens opposé du premier mouvement, réagissent sur l'arbre commandant le mouvement des charbons d'une manière inverse, en déterminant leur recul. Comme les fluctuations du courant résultant d'une lumière électrique soumise à l'action d'un régulateur ne sont jamais de longue durée, le moteur ne peut jamais se mouvoir que sous un arc peu étendu, mais ce mouvement est amplifié d'une manière convenable par l'intervention des trois mobiles; il en résulte que le système constitue une sorte de balance dont les oscillations représentent le fonctionnement du régulateur.

Le système électro-moteur adopté par M. de Mersanne est d'ailleurs extrêmement simple. Les six électro-aimants sont rangés circulairement de manière à laisser, entre la série supérieure et la série inférieure, un espace un peu large dans lequel se font les oscillations du système portant les armatures, lequel système n'est qu'une sorte d'étoile munie de dix armatures. Sur l'axe de cette étoile est disposée une roue qui engrène avec un pignon faisant partie du troisième mobile du rouage dont nous avons parlé et qui a été combinée de manière que les plus grands mouvements du moteur ne fournissent qu'une avance ou un recul convenable des charbons l'un vers l'autre. Les électro-aimants ont d'ailleurs la disposition de ceux de Faraday, et les armatures passent successivement entre leurs pôles qui se font face.

Avec cette disposition, on comprend aisément qu'il n'est plus de limite pour la longueur des charbons puisqu'ils dépassent des deux côtés l'appareil sans qu'il leur soit assigné aucune limite, et que leur avancement ou leur recul s'effectue comme si ces charbons glissaient entre les doigts des deux mains et sous l'influence des deux pouces qui dirigeraient leur marche.

Il est à remarquer qu'aux deux commutateurs du moteur interposés dans les deux dérivations, les étincelles qui se produisent ordinairement sur ces sortes d'organes sont considérablement diminuées, et pourront peut-être même arriver à être annulées, en disposant convenablement les dérivations de l'appareil.

Régulateur de M. Carré. — Le régulateur de M. Carré ne diffère guère des régulateurs du système Serrin que par l'action électro-magnétique. M. Carré fait en effet usage d'un solenoïde double d'une forme toute particulière, et l'armature est disposée en S; elle oscille en son point milieu autour d'un point fixe et pénètre quand le courant passe dans une bobine courbe par chacune de ses extrémités. L'enroulement du fil sur les bobines du solenoïde est d'ailleurs fait de telle sorte, que les actions des bobines s'ajoutent et entraînent l'armature dans le même sens. Lorsque le courant ne passe pas, l'armature rétrograde par l'effet de deux ressorts antagonistes, et un rochet dégageant le volant du mécanisme, les charbons arrivent en contact; mais dès que le courant traverse l'appareil, l'armature est attirée dans le solenoïde et produit l'écart des charbons. L'attraction augmente assez régulièrement et en proportion directe de son engagement dans les bobines, pourvu toutefois que la course ne dépasse pas certaines limites.

3° Régulateurs à disques circulaires de charbon.

Comme nous l'avons déjà dit p. 477, ces régulateurs sont les premiers en date, mais tels qu'ils étaient combinés dans l'origine, ils ne pouvaient guère fonctionner régulièrement. Suivant M. Fontaine, l'arc voltaïque, dans l'appareil de M. Thomas Wright imaginé dès l'année 1845, jaillissait entre deux disques de carbone ayant leur circonférence taillée en V et recevant le mouvement d'un mécanisme quelconque; plus tard, en 1840, M. Lemolt, reprenant l'idée de Thomas Wright, construisit un appareil mieux défini dans ses fonctions et dans lequel les deux disques de charbon supportés par deux leviers recourbés et articulés se trouvaient mis en mouvement par un double système de poulies qu'animait un même mécanisme d'horlogerie; un ressort à boudin reliant les deux leviers courbes faisait appuyer l'un contre l'autre les deux disques de charbon qui se trouvaient éloignés à des intervalles donnés et très-rapprochés, par l'action d'une excentrique mise en mouvement par le mécanisme d'horlogerie. Ce mécanisme, réagissant en effet sur deux taquets adaptés à chacun des leviers porteurs des charbons, les faisait ouvrir de l'intervalle nécessaire au développement de l'arc voltaïque. Comme ces leviers étaient isolés métalliquement l'un de l'autre, on pouvait transmettre par leur intermédiaire le courant aux charbons. La lumière résultait donc, dans ce système, d'une série d'étincelles successives et assez rapprochées les unes des autres pour fournir une lumière continue, mais qui ne pouvait être intense. Le dessin de cette machine, assez ingénieuse pour l'époque, se trouve dans l'ouvrage de M. Fontaine, p. 19. Après ce système, est venu celui de M. Harisson qui date de 1856, à peu près, et que nous représentons ci-après fig. 131; je le décrivais ainsi dans le tome IV, p. 488, de la deuxième édition de cet ouvrage :

« Pour atténuer les inconvénients de l'usure si prompte des charbons dans la lumière électrique et obtenir la fixité du point lumineux, M. Harisson a proposé de remplacer le charbon positif par un cylindre de charbon tournant sous l'influence d'un mouvement d'horlogerie. De cette manière, le point où s'échange l'étincelle se trouve constamment déplacé sur le charbon positif, et l'usure de celui-ci, ainsi répartie sur toute sa circonférence, est d'autant moins appréciable que l'axe sur lequel il tourne est muni d'un pas de vis. Pour obtenir le rapprochement du charbon négatif au fur et à mesure de son usure et de celle du charbon positif, M. Harisson adapte, au-dessous du cylindre de charbon A, une poulie B montée sur une tige verticale, laquelle est tirée de bas en haut par une chaîne, sous l'influence du poids de la monture du second charbon C qui conserve sa forme de crayon. Toutefois le défilement de cette chaîne qui est enroulée sur la poulie et qui s'effectue sous l'influence même de la rotation du cylindre A avec lequel la poulie est en contact, peut être modifié par l'intermédiaire d'un électro-aimant E qui, en réagissant sur une poulie de renvoi G, peut écarter cette chaîne à gauche ou à droite de sa position normale. Sous l'influence de la poulie B, le charbon négatif descend au fur et à mesure de l'usure du charbon circulaire, et, par suite de la rotation de cette poulie qui déroule la chaîne, la course de ce charbon négatif est suffisante pour satisfaire à la fois à l'usure des deux charbons. Tant que le courant conserve la même intensité (celle qui a été primitivement réglée), le rapprochement des charbons s'effectue de la manière précédente; mais sitôt qu'il vient à faiblir ou à augmenter, l'électro-aimant réagit sur la chaîne en la repoussant à gauche ou à droite, ce qui produit son allongement ou son raccourcissement, et par suite un rapprochement ou un éloignement des charbons.

Fig. 131.

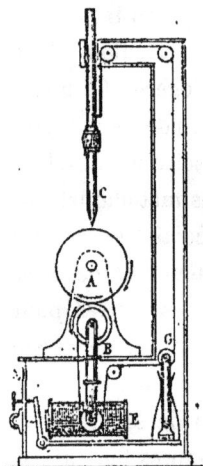

« Un inventeur dont le nom nous échappe en ce moment, a voulu perfectionner le système de M. Harisson en employant pour organe excitateur de la lumière électrique deux disques de charbon taillés angulairement sur leur circonférence et opposés l'un à l'autre dans deux plans rectangulaires. L'inventeur croit, par ce moyen, dégager complétement le point lumineux et le placer dans les mêmes conditions qu'avec des crayons de charbon; les disques de charbon, comme dans le système précédent, tourneraient d'ailleurs lentement au moyen d'un mécanisme d'horlogerie qui les rapprocherait en même temps d'une quantité constante. Pour éviter les contacts qui pourraient résulter de l'inégalité d'usure des différents points de la circonférence des disques, et pour maintenir ceux-ci taillés angulairement, l'inventeur dont nous parlons fait passer ces disques devant un système de couteaux qui les taillent à mesure qu'ils tournent. Comme le mouvement de rapprochement des charbons est un peu plus considérable que la quantité moyenne dont ils s'usent, les couteaux opèrent angulairement cette taille et les maintiennent ainsi à une distance rigoureuse. »

M. Degrand, alors ingénieur des phares, a disposé aussi un régulateur avec des disques de charbon tournants, lesquels se rapprochaient sous l'influence d'un mouvement d'horlogerie; mais ce système n'ayant pu fonctionner régulièrement, il n'en a plus été question. Ce n'est que dans ces derniers temps, que ce système de régulateur a pu être établi dans d'assez bonnes conditions pour devenir susceptible d'être appliqué dans la pratique, et l'auteur de ce système est M. E. Reynier dont nous allons maintenant étudier avec détails l'invention.

Régulateur à rhéophores circulaires de M. E. Reynier. — Dans tous les systèmes précédents, sauf celui de M. Harisson qui n'était pas pratique pour d'autres causes, le défaut capital qui les empêchait de fonctionner d'une manière satisfaisante, était l'application au rapprochement des charbons d'un mouvement régulier complétement indépendant de leur usure. Or, comme tous les charbons sont loin de s'user également, il en résultait des creux et des bosses sur la circonférence des disques qui avaient pour résultat d'éteindre la lumière par suite de leur contact immédiat ou par un trop grand éloignement. Pour éviter cet inconvénient, il fallait appliquer à ce système de régulateur un dispositif capable de faire tourner les charbons indépendamment, et n'opérer leur éloignement ou leur rapprochement que sous l'influence même des variations de l'intensité du courant, en un mot, il fallait appliquer aux régulateurs à électrodes circulaires et tournantes le système électro-magnétique appliqué aux autres régulateurs. Or, c'est ce problème qu'a résolu d'une manière ingénieuse M. E. Reynier, dans la lampe que nous représentons ci-après fig. 132.

Dans cet appareil, les disques de charbon représentés en d, d' sont portés, comme dans le dispositif de Lemolt, par deux systèmes de leviers articulés isolés l'un de l'autre; mais les supports de ces charbons sont deux mouvements d'horlogerie indépendants f, f' qui les font tourner individuellement avec une même vitesse. Ces mécanismes d'horlogerie sont supportés à leur tour par deux piliers $b\,b$, $b'b'$ sur lesquels ils sont articulés, et leur inclinaison plus ou moins grande qui entraîne le rapprochement ou l'éloignement des charbons, est commandée par deux leviers articulés h et rs qui dépendent, l'un h de la vis k qui permet de fixer le charbon d dans une position déterminée, l'autre rs d'une tige t en fer doux qui, comme dans le régulateur d'Archereau, est enfoncée plus ou moins dans un solenoïde m, et en même temps d'un ressort à boudin dont les attaches sont en u,v et qui détermine un effet contraire à celui du solenoïde; la tension de ce ressort antagoniste est d'ailleurs réglée par la vis z et la bascule $x\,x$. Les rhéophores de la pile sont fixés aux colonnes $b\,b'$ au moyen des vis de pression 2 et 3. Enfin l'une des extrémités du fil du solenoïde étant fixée au montant b' qui est isolé de la colonne b', transmet au charbon d', par l'intermédiaire du conducteur flexible f', le courant qui lui vient de l'autre extrémité du solenoïde, laquelle est mise en rapport avec la colonne b', et le circuit est complété par l'arc voltaïque et le massif du support du charbon fixe.

Le fonctionnement de l'appareil est très-simple : quand tout est bien réglé, les deux disques de charbon se touchent par leur bord intérieur qui forme la partie aiguë du biseau de leur circonférence, et cela sous l'influence du ressort antagoniste $u\,v$ qui tire sur le levier r; le courant est alors supposé ne pas passer. Aussitôt qu'il est fermé, le solenoïde réagissant sur la tige t

dont la partie de fer est au bas de l'appareil, repousse le levier r en combattant victorieusement le ressort antagoniste, et le charbon d' se trouve éloigné de l'autre charbon, jusqu'à ce que le courant se trouve assez affaibli pour avoir son action contrebalancée par le ressort antagoniste. Si le cou-

Fig. 132.

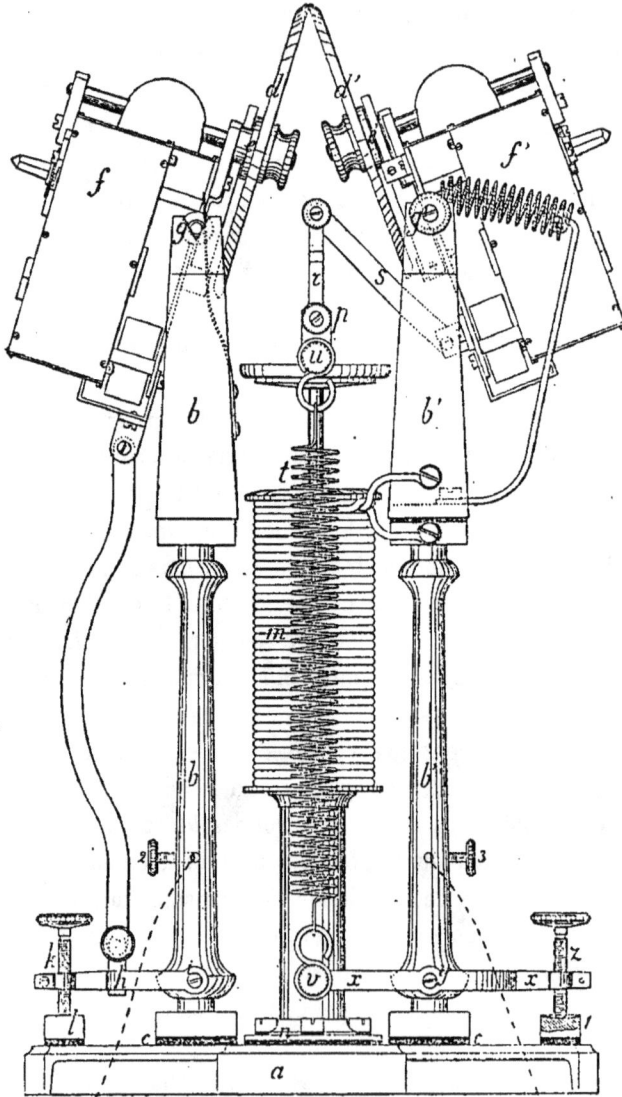

rant faiblit encore par suite de l'usure ou de l'inégalité des parties des disques en présence, le ressort antagoniste prend le dessus et rapproche les disques, absolument comme dans les systèmes de Gaiffe et d'Archereau.

On remarquera que, dans cet appareil, les charbons circulaires s'affrontent angulairement et dégagent complétement le point lumineux; ainsi sont évitées les occultations considérables jusqu'ici réputées comme inhérentes à l'emploi des disques. Cet avantage, joint à celui de l'indépendance des mouvements de rotation et de translation des charbons, a résolu le problème des régulateurs à rhéophores circulaires.

Si l'on considère que les charbons rectilignes s'usent assez promptement et exigent une surveillance permanente pour procéder à leur remplacement, on peut comprendre les avantages du système dont nous parlons en ce moment, système qui permet de fournir une belle lumière pendant vingt-quatre ou trente heures, c'est-à-dire pendant un temps plus que suffisant pour les éclairages de nuit. Des expériences ont été faites au chemin de fer du Nord avec ce système de régulateur et ont fourni de bons résultats, mais il exige un générateur électrique puissant. Je l'ai vu fonctionner pendant près de deux heures dans les ateliers de M. Bréguet, et l'usure circulaire des charbons s'était faite d'une manière assez régulière; toutefois une flamme assez développée surmontait l'arc, mais cela tenait aux charbons qui n'étaient pas purifiés et provenaient de dépôts de cornue taillés.

4° Régulateurs à réactions hydrostatiques.

Cette catégorie de régulateurs comprend les appareils qui ont pour organes régulateurs des liquides et qui réagissent, soit à la manière des vases communiquants, soit en servant de véhicule à la décharge sous certaines conditions, soit en agissant à la manière de l'huile dans les lampes à modérateur. Les principaux modèles de cette catégorie sont ceux de MM. Lacassagne et Thiers, de M. Pascal de Lyon, de MM. Marçais et Dubosq et de M. Way.

Régulateur de MM. Lacassagne et Thiers. — On a fait beaucoup de bruit à une certaine époque (1856) de ce régulateur dans lequel l'ascension des charbons pouvait se faire sans intermittences et n'exigeait aucun rouage pour cette réaction mécanique. Cet appareil a été l'objet d'un examen sérieux de la part de M. Ed. Becquerel qui a fait sur lui un rapport très-étudié à la Société d'encouragement; toutefois, nous devons le dire, il n'était pas le seul régulateur à marcher sans rouages et d'une manière continue, puisque celui d'Archereau était exactement dans le même cas.

Le système de MM. Lacassagne et Thiers se compose de deux appareils : 1° d'un régulateur de courant appelé par eux *régulateur électro-métreur;* 2° *d'un régulateur de lumière électrique.*

Pour comprendre le régulateur électro-métreur, supposons que le tuyau d'écoulement des gaz accumulés sous la cloche d'un régulateur de courant soit un tuyau de caoutchouc T, fig. 8, pl. III, et que ce tuyau passe dans un trou A B pratiqué à travers le fer d'un électro-aimant M pour retourner sur ses pas en passant dans un second trou C D ouvert à côté du premier dans le même fer de l'électro-aimant : on comprendra qu'avec cette disposition l'armature E G pourra servir de bouchon à ce tuyau en l'étranglant en BC au moment de son attraction; au contraire, elle le débouchera quand elle cédera à l'effort de son ressort antagoniste au moment d'une interruption de courant; mais en raison de la force élastique du caoutchouc, le ressort antagoniste pourra être réglé de manière que le tuyau ne soit jamais complètement bouché.

Admettons maintenant que le courant, avant d'atteindre les électrodes de platine du régulateur, passe par cet électro-aimant : il arrivera nécessairement que tant que le courant aura une intensité suffisante, le tuyau sera plus ou moins étranglé, mais aussitôt que la force électrique diminuera, l'armature, en se soulevant, laissera échapper une certaine quantité de gaz, et de cette évacuation résultera l'immersion plus complète des lames de platine dans le liquide sur lequel elles réagissent. Comme alors le courant sera devenu plus intense, l'armature sera de nouveau attirée pour être ensuite repoussée quand les gaz seront revenus en excès, et ainsi de suite indéfiniment.

Pour que l'appareil puisse se prêter à des intensités de courants très-différentes, MM. Lacassagne et Thiers ont ménagé une seconde issue aux gaz de l'appareil régulateur, au moyen d'un robinet muni d'une clef et que l'on ouvre plus ou moins, de manière à laisser échapper précisément la quantité de gaz qui s'échapperait par le jeu régulier de l'armature, sans trouble causé par ses oscillations normales : « *Cette nouvelle disposition*, « dit le *Cosmos*, présente un avantage : on peut recueillir le gaz éliminé « dans une éprouvette graduée installée sur une cuve hydro-pneumatique, « et le mesurer; connaissant la quantité de gaz dégagé dans un temps « donné, on pourra, à l'aide des tables d'équivalents chimiques et élec- « triques dressées d'avance, calculer, soit l'intensité du courant régulier « qui traverse l'appareil, soit, s'il s'agit d'effets galvano-plastiques, déter- « miner *à priori* la quantité d'or, d'argent, de platine, etc., déposée dans « le bain. »

Arrivons maintenant à la description du régulateur de lumière électrique qui est, du reste, fondé sur le même principe que l'appareil précédent.

Imaginons un réservoir A, fig. 9, pl. III, rempli de mercure, et communiquant avec un autre vase G par un tube de caoutchouc BKFCDEH replié à travers un électro-aimant M, comme nous l'avons vu précédemment. Concevons qu'à la surface du mercure remplissant en partie le vase G, surnage un flotteur I convenablement dirigé en ligne droite par un guide et terminé par un porte-charbon J au-dessus duquel sera fixé un autre porte-charbon L : on comprendra que si le courant qui devra illuminer les charbons L, J passe à travers l'électro-aimant M, l'armature de cet électro-aimant se trouvera attirée tant que le courant aura une énergie déterminée, en rapport avec la distance voulue pour l'écartement des charbons. Par conséquent, le tuyau de caoutchouc sera bouché, ou plutôt sera affaissé en DC d'une quantité qui sera en rapport avec cette énergie électrique. Aussitôt que la distance entre les charbons augmentera, l'électro-aimant devenant plus faible, attirera moins fortement l'armature, et la partie DC du tuyau sera moins affaissée. Comme la quantité de mercure qui passe du vase A dans le vase G dépend de la largeur du tuyau de caoutchouc, on comprendra que l'ascension du flotteur I sera subordonnée complétement à la réaction plus ou moins énergique de l'électro-aimant, c'est-à-dire à la distance plus ou moins grande qui sépare les charbons : ainsi pendant que la combustion tend sans cesse à séparer les charbons, la pression hydrostatique du mercure gouvernée par le jeu de l'armature, sous l'influence du courant, tend sans cesse à relever le charbon inférieur et à le rapprocher du charbon supérieur, et si le ressort de l'armature a été bandé autant qu'il doit l'être, ce que l'on obtient par un tâtonnement de quelques instants, les deux effets d'éloignement et de rapprochement se compenseront exactement, et les deux pointes de charbon resteront à la même distance.

MM. Lacassagne et Thiers ont cherché toutefois à rendre plus régulier le jeu de leur appareil, en faisant varier la tension du ressort antagoniste de l'armature de l'électro-aimant M, suivant l'intensité plus ou moins grande du courant. A cet effet, ils ont prolongé cette armature au-delà de son point d'articulation, et ont fait réagir sur ce prolongement d'armature un électro-aimant additionnel interposé dans une dérivation très-résistante du circuit principal; il résulte de cette disposition que la tension du ressort antagoniste s'affaiblit avec la diminution d'intensité de la pile, mais sans pour cela être solidaire des inégalités accidentelles survenues dans l'intensité du courant produisant la lumière, puisque les deux circuits sont indépendants l'un de l'autre. Cet électro-aimant additionnel évite donc de toucher au ressort antagoniste à mesure que la pile s'affaiblit, comme on est obligé de le faire avec les autres régulateurs.

Pour mieux faire comprendre les appareils de MM. Lacassagne et Thiers,
nous avons supposé que le tuyau de caoutchouc qui traversait le fer de
l'électro-aimant régulateur se recourbait au-dessous de l'armature, de
manière à ne former qu'un simple et unique tuyau ; mais les exigences de
la construction ont forcé de le diviser en deux parties précisément au point
de sa brusque courbure. C'est alors une espèce de petit capuchon de caoutchouc disposé de manière à envelopper la partie supérieure du fer de
l'électro-aimant qui continue le tuyau et qui reçoit la pression de l'armature.

Régulateur de M. Pascal de Lyon. — M. Pascal a voulu perfectionner le
régulateur de MM. Lacassagne et Thiers en faisant réagir sur le flotteur
qui soutient le porte-charbon inférieur, dans cet appareil, la force élastique
du gaz résultant de la décomposition de l'eau par le courant ; c'est donc en
quelque sorte une combinaison du régulateur des courants et du régulateur
de lumière de MM. Lacassagne et Thiers.

Régulateur de MM. Marçais et J. Duboscq. — Ce système, imaginé en 1858
et réinventé dernièrement, est fondé sur le principe des lampes à modérateur ; mais, malgré la manière ingénieuse dont il a été combiné, il a été
abandonné par ses auteurs qui n'ont pas trouvé davantage à l'exploiter.

Ce régulateur, comme une lampe ordinaire, consiste dans un socle cylindrique A B fig. 133, rempli d'huile jusqu'à une cloison soudée en C
et au dedans duquel se meut un piston D. Ce piston est pressé fortement
de haut en bas par un fort ressort à boudin R, et porte supérieurement
une crémaillère terminée par une potence à laquelle se trouve adapté le
porte-charbon supérieur H. Sur le bras vertical E G de cette potence qui
est carré, se meut une glissière E I qui soutient le porte-charbon inférieur J.
A cette glissière est adaptée une grenouillette à losanges articulés F L M K
N O P qui se meut autour d'un axe K, et dont le jeu est commandé par
une cheville fixée sur la crémaillère et réagissant sur l'articulation P.
Quant à l'axe K, il est fixé en dehors de la crémaillère sur une tige S Q
vissée sur le socle A B. Il résulte de cette disposition que la crémaillère, en
s'abaissant, réagit à la fois sur les deux porte-charbons, en abaissant l'un H
qui fait corps avec elle et en relevant l'autre J par l'effet du redressement
de la grenouillette ; mais comme les losanges de cette grenouillette sont de
différentes grandeur et calculés de manière que leur cotés soient entre eux
dans le rapport des différences d'usure des charbons, il arrive que quand
le losange K N P O s'est ouvert d'une certaine quantité a, le losange K L F M
s'est ouvert d'une quantité plus grande b qui est par rapport à a, comme
l'usure du charbon positif est à l'usure du charbon négatif. Le point lumi-

neux ne change donc pas de place, et cette partie du problème se trouve résolue sous l'influence d'un seul mouvement mécanique qui dépend du piston D. Nous allons voir maintenant comment ce mouvement est mis en rapport avec l'intensité du courant qui fournit l'arc voltaïque.

Le fond du socle cylindrique A C, au lieu de correspondre à un tuyau ascensionnel montant à la mêche de la lampe, comme dans les lampes ordinaires, communique avec un tube recourbé U T qui s'ouvre également à la partie supérieure du cylindre A C, mais qui présente en T un orifice muni d'une cloison en caoutchouc. Sur cette cloison appuie un tampon ou marteau adapté à un long levier T V, lequel est articulé à un autre levier V Y qui porte l'armature X d'un électro-aimant tubulaire Z. Sous l'influence du ressort R, le piston D tend à s'abaisser, mais il peut être retenu, ou libre d'effectuer sa descente, suivant que l'huile qui est au dessous, peut trouver ou non une issue pour s'échapper. Tant que le tuyau U T est ouvert, cette issue est naturellement trouvée, et l'huile, après l'avoir traversée, retombe au-dessus du piston.

Fig. 133.

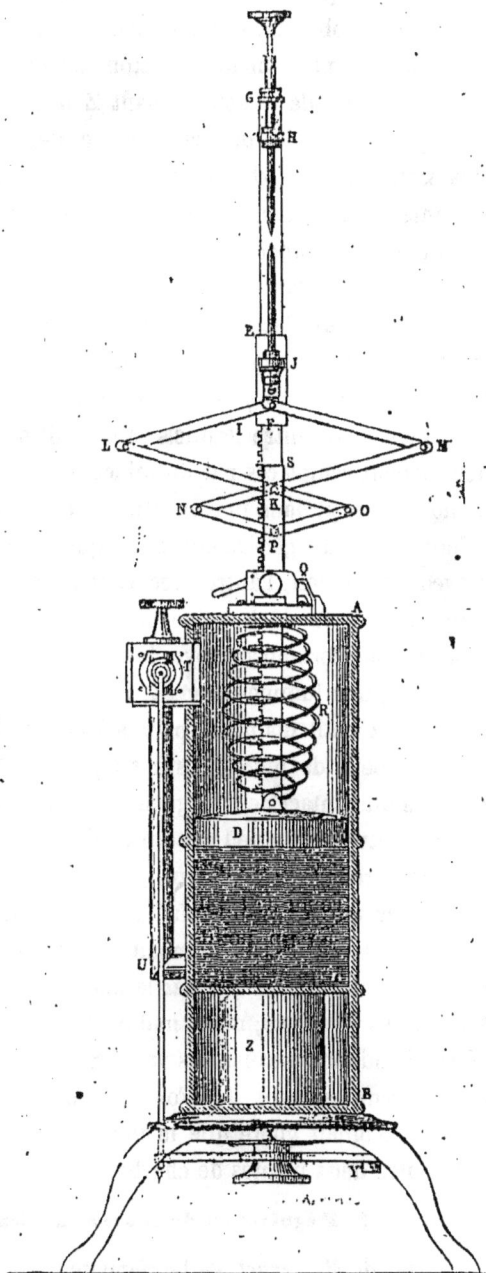

Alors le piston s'abaisse avec une vitesse qui dépend de l'ouverture plus
ou moins large de l'orifice d'écoulement; mais quand le tampon T appuie
sur la cloison de caoutchouc du tube UT, et cela par l'effet de la réaction
électro-magnétique exercée par l'électro-aimant Z, ce conduit UT se trouve
plus ou moins obstrué, suivant l'énergie plus ou moins grande de l'électro-
aimant Z, et le mouvement du piston se trouve considérablement modéré.
Comme l'énergie de l'électro-aimant Z dépend de celle du courant électrique. qui produit la lumière, laquelle dépend de l'écartement plus ou
moins grand des charbons, le mouvement du piston D se trouve en définitive mis en rapport avec l'usure plus ou moins prompte de ceux-ci, et,
par suite, leur rapprochement s'effectue au fur et à mesure de cette usure.

L'armature X étant à vis comme celle des premiers régulateurs de
M. Duboscq, il est facile de régler la pression mécanique qui doit être
exercée en T d'après l'énergie des courants employés pour la lumière.

Régulateur de M. Way. — Dans ce système de régulateur imaginé en
1856, les charbons entre lesquels se produit ordinairement la lumière électrique, étaient remplacés par un mince filet de mercure sortant d'un petit
entonnoir et reçu dans une cuvette en fer renfermant aussi du mercure.
Les deux pôles du générateur électrique étaient mis en communication,
l'un avec l'entonnoir, l'autre avec la cuvette, et il se produisait entre les
globules successifs de la veine discontinue, une série d'arcs voltaïques,
dont la réunion formait un foyer lumineux assez intense et assez régulier.
La veine liquide lumineuse était d'ailleurs placée dans un manchon de
verre, d'assez petit diamètre pour s'échauffer de manière à ne pas con-
denser la vapeur de mercure sur ses parois; et comme la combustion se
faisait hors du contact de l'oxygène, le mercure n'était pas oxydé. M. Way
a modifié, il est vrai, un peu cette première disposition, en employant deux
jets de mercure au lieu d'un seul, et ces jets étaient disposés de manière à
se rencontrer en un point d'où ils s'écoulaient ensuite en gouttes. D'un
autre côté, il fermait et interrompait continuellement le circuit électrique au
moyen d'un petit moteur mu par la pile et qui actionnait la pompe à mercure fournissant les jets; mais, malgré ces perfectionnements, cet appareil
dut être abandonné à cause des vapeurs mercurielles qui s'en échappaient
et qui finirent, suivant M. Fontaine, par tuer l'inventeur. La lumière
fournie n'atteignait guère que le tiers de celle engendrée avec le même
courant entre deux pointes de charbon.

5° **Régulateurs de cours et de démonstration.**

Régulateur de M. Fernet. — Le régulateur de M. Fernet est fondé sur la
répulsion qu'exercent l'un sur l'autre deux éléments de courants contigus

et placés dans le prolongement l'un de l'autre. Les deux charbons entre lesquels jaillit l'arc voltaïque constituant deux conducteurs traversés par un même courant, doivent donc exercer l'un sur l'autre une répulsion qui tend à augmenter leur distance. De là résulte que si les charbons étaient entièrement libres de se mouvoir, la force répulsive qui les sollicite aurait pour effet d'augmenter d'abord la longueur de l'arc et ensuite de le rompre. M. Fernet a cherché à réaliser des conditions telles que cette mobilité des charbons étant obtenue, il se développât, par l'accroissement même de leur distance, une autre force capable de neutraliser la force répulsive et d'amener le système à un état d'équilibre stable qui assurât l'invariabilité de la distance.

Pour obtenir ce résultat, M. Fernet place l'un des charbons à l'extrémité d'une tige métallique suspendue comme le levier mobile de la balance de Coulomb et disposé de manière à recevoir le courant. On installe l'autre charbon en regard, dans une direction tangentielle à l'arc de cercle décrit par l'extrémité de la tige quand elle vient à tourner autour de son point de suspension. Les choses étant ainsi disposées, et les deux charbons étant placés dans le prolongement l'un de l'autre, on tord d'abord la partie supérieure du fil qui supporte la tige à laquelle est fixée l'un d'eux, de manière à ce qu'ils appuient légèrement l'un sur l'autre. Dès que le circuit est fermé, on voit immédiatement le charbon mobile s'écarter de l'autre, et comme la force de torsion qui tend à l'arrêter augmente avec l'angle d'écart, on obtient bientôt une position d'équilibre qui est stable, puisque tout accroissement de distance des charbons diminue la force répulsive et augmente la force de torsion, tandis qu'un rapprochement diminue la force de torsion et augmente la force répulsive. L'usure continuelle des charbons fait passer d'une manière continue le charbon mobile par une série de positions d'équilibre, et les extrémités des charbons conservent entre elles une distance sensiblement constante.

Régulateur de M. de Baillache. — Ce régulateur se compose essentiellement de deux porte-charbons placés horizontalement en face l'un de l'autre, et qui, étant très-mobiles dans les gaînes qui les supportent, sont sollicités à se mouvoir l'un vers l'autre sous l'influence de ressorts à boudin, comme les bougies des lanternes de voiture. Les extrémités des deux charbons, légèrement appointies en pain de sucre, traversent de petits cylindres de magnésie calcinée dans lesquels a été évidée une ouverture conique, de manière à ne laisser dépasser que la pointe des charbons. Des ressorts frotteurs dont la tension peut être réglée, appuient légèrement sur ces charbons afin de leur transmettre le courant et de maintenir l'action des ressorts à boudin dans des limites convenables.

De cette manière, les pointes des charbons, sans cesse pressées, mais ne pouvant céder à cette pression qu'au fur et à mesure de leur usure, restent toujours à la même distance respective, et l'arc voltaïque varie peu, suivant M. de Baillache. Un appareil de ce genre a pu fonctionner chez M. Thénard pendant huit heures consécutives, et sa lumière était supérieure à celle produite avec de simples charbons, à cause des supports de magnésie qui permettaient au magnésium de brûler à l'une des électrodes. Au bout de l'expérience, les cônes de magnésie avaient acquis une extrême dureté et étaient devenus jaunes.

Régulateur de M. J. van Malderem. — M. J. van Malderem a imaginé, pour de petites forces électriques, un régulateur qui fonctionne relativement bien et qui est de la plus grande simplicité. C'est une sorte de compas suspendu dont les branches articulées portent à leur extrémité les porte-charbons, qui se trouvent par conséquent placés l'un vis-à-vis l'autre horizontalement. Ces deux branches du compas, étant isolées l'une de l'autre et très-mobiles, sont mises en rapport avec les deux branches du circuit ; et quand les charbons sont arrivés au contact, sous l'influence de la tendance des porte-charbons à se placer verticalement, le passage du courant qui a alors lieu détermine une répulsion de la nature de celle produite dans le régulateur de M. Fernet et qui, en provoquant l'écart des charbons, engendre l'arc voltaïque. Il s'établit alors entre cette force répulsive et l'action résultant de la pesanteur un état d'équilibre stable suffisant pour entretenir la fixité de l'arc. Cet arc peut fournir un point très-brillant de lumière équivalent à quatre becs de gaz, avec les machines du petit modèle de l'*Alliance* à quatre aimants.

6° Régulateurs à charbons incandescents.

Les essais intéressants entrepris par MM. Lodygine et Kosloff ont engagé plusieurs inventeurs, entre autres MM. Konn, Bouliguine et Fontaine, à imaginer des lampes pour obtenir la lumière électrique par l'incandescence des charbons. Il paraît du reste, d'après M. Fontaine, que ce serait M. King qui dès l'année 1845 aurait conçu la première lampe de ce genre.

Lampe de M. King. — La lampe de M. King, représentée p. 208 de l'ouvrage de M. Fontaine, consiste dans un mince crayon de charbon de cornue fixé par ses extrémités dans deux cubes de charbon et soutenu par une potence à deux branches en porcelaine. Le tout est renfermé dans un tube fermé privé d'air, et les conducteurs rigides traversant ce tube interposent le petit crayon de charbon dans le circuit du générateur électrique, ce qui le fait rougir assez pour fournir une lumière éclatante. C'est, comme on le voit, un système assez analogue à celui de MM. Lodygine et Kosloff dont nous avons parlé p. 475.

Cette idée fut reprise en 1846 par MM. Greener et Staite, et en 1849, par M. Pétrié. « L'éclairage par incandescence, dit M. Fontaine, et le principe de sa production étaient depuis longtemps tombés dans l'oubli, lorsqu'en 1873 un physicien Russe, M. Lodygine, ressuscita l'un et l'autre, et créa une petite lampe qui fut depuis perfectionnée par MM. Konn et Bouliguine. »

Dans sa lampe, M. Lodygine employait des crayons d'une seule pièce en diminuant leur section à l'endroit du foyer lumineux, et il plaçait deux charbons dans un même appareil avec un petit commutateur extérieur pour faire passer le courant dans le deuxième charbon, quand le premier était usé. M. Kosloff qui vint en France dans l'espoir d'exploiter le brevet Lodygine, perfectionna un peu cette lampe sans aboutir cependant à quelque chose de passable. Un des parents de M. Truc lampiste à Paris, chez lequel les expériences de M. Kosloff furent faites, y travailla également avec beaucoup d'ardeur sans y apporter des améliorations bien notables, et ce n'est que quand M. Konn eût imaginé en 1875 sa lampe, qu'on put entreprendre des expériences assez sérieuses pour faire penser un moment que les lampes de cette espèce pouvaient avoir quelques avantages pratiques. C'est M. Duboscq qui construisit pour la première fois en France cette lampe dont M. Fontaine donne le dessin dans son ouvrage p. 213.

Lampe de M. Konn. — Dans cet appareil, chaque foyer au lieu de n'avoir qu'un seul charbon, était muni de quatre à cinq, et tous ces charbons disposés verticalement et circulairement, étaient terminés par de petits cylindres de charbons sur lesquels étaient incrustées, supérieurement, des tiges de cuivre de longueur successivement décroissante. Leur partie inférieure communiquait à l'une des branches du circuit, et leur partie supérieure n'était mise en rapport avec l'autre branche du circuit, que par l'intermédiaire d'une sorte de couvercle métallique articulé qui appuyait sur eux par son propre poids. Toutefois, comme leur hauteur était différente, ce couvercle ne pouvait en toucher qu'un à la fois, et c'était le plus long. Or, il résultait de cette disposition que, si celui-ci venait à se rompre ou à s'user complétement, le couvercle tombait avec lui, et en rencontrant dans sa chute le charbon le plus long après lui, faisait passer le courant à travers ce nouveau charbon qui s'illuminait instantanément. Celui-ci venant de nouveau à se rompre, le couvercle transportait le courant dans un troisième charbon, et ainsi de suite jusqu'au dernier. L'expérience avait montré que cinq charbons ainsi déposés étaient bien suffisants pour une soirée d'éclairage, et pendant les expériences auxquelles j'ai assisté, j'ai pu voir la lampe fonctionner deux fois au moment de la rupture de deux d'entre eux.

Naturellement chacun de ces systèmes quintuples de charbons étaient renfermés dans un récipient hermétiquement fermé ou privé d'air, et leur différence de hauteur était calculée pour que la courbure résultant de l'influence de la chaleur excessive à laquelle ils étaient successivement portés, ne donnât pas lieu à une division du courant.

Quand tous les charbons d'une même lampe étaient usés, le couvercle en rencontrant une tige de cuivre, continuait le circuit; de sorte que s'il y avait plusieurs lampes interposées dans le même circuit, l'extinction de l'une n'entraînait pas celle des autres.

D'après les expériences faites chez M. Florent à Saint-Pétersbourg, où trois de ces lampes sont installées, chacune des lampes fournit une lumière équivalente à 20 becs Carcel, et elles fonctionnent sous l'influence de courants produits par une machine de la compagnie l'Alliance.

Lampe Bouliguine. — Cette lampe atteint à peu près le même but que la lampe précédente, mais en n'employant qu'un seul charbon. Elle se compose, comme la précédente, d'un socle en cuivre, de deux tiges verticales, de deux barres de prises de courant et d'une soupape d'évacuation.

Une des tiges est percée d'un petit trou de haut en bas, et possède sur presque toute sa longueur une fente permettant le passage de deux petites oreilles latérales. Le charbon est introduit dans cette tige comme la mine d'un porte-crayon ordinaire, et il est sollicité à monter par des contre-poids reliés, au moyen de deux câbles microscopiques, aux oreilles du support en croix sur lequel repose le charbon. La partie du charbon qui doit entrer en incandescence est retenue entre les lèvres de deux blocs coniques en charbon de cornue. Une vis placée sous le socle, permet d'augmenter ou de diminuer la longueur de la tige qui porte le bloc conique supérieur et, par suite, de donner à la partie lumineuse une plus ou moins grande longueur. La fermeture du globe est obtenue comme dans l'appareil précédent par la pression latérale de plusieurs rondelles de caoutchouc.

Lorsque la lampe est placée dans un circuit, la baguette de charbon rougit et s'illumine jusqu'à ce qu'elle vienne à se rompre. A ce moment, un petit mécanisme commandé par un électro-aimant ouvre les lèvres des porte-charbons, le contre-poids du haut chasse les fragments qui pourraient rester dans l'entaille, et les contre-poids du bas relèvent la tige en charbon, laquelle pénètre dans le bloc supérieur et établit le courant. Le mécanisme commandé par l'électro-aimant agit de nouveau, mais en sens inverse de sa première manœuvre, les porte-crayons se ressèrent et la lumière renaît.

Cé système ne fournit pas toujours de bons résultats à cause de la multiplicité des organes, mais quand par hasard il fonctionne régulièrement, la lumière fournie est plus intense que celle de la lampe Konn, et cela dans le rapport de 80 à 60 becs.

M. Fontaine entre dans de grands détails sur le travail de ces lampes, mais nous ne nous y arrêterons pas, car cela nous entraînerait trop loin; nous renverrons le lecteur que cette question intéresse au livre de M. Fontaine, p. 218-224.

Quant à la lampe de M. Fontaine construite chez M. Breguet, elle est caractérisée par les deux points suivants : 1° les charbons sont encastrés par chacune de leurs extrémités dans des contacts rigides et maintenus fixes, ce qui permet de faire fonctionner la lampe dans toute les positions; 2° le courant électrique passe automatiquement d'un charbon à l'autre par l'action d'un électro-aimant intercalé dans le circuit.

7° Systèmes particuliers.

Bougies Jabloschkoff. — Si on place parallèlement l'un à côté de l'autre deux charbons en les séparant par une lamelle isolante susceptible de se volatiliser ou de se fondre sous l'influence du passage du courant entre les deux charbons, on peut obtenir une lampe électrique sans aucun mécanisme, et éclairant à la manière d'une bougie, c'est-à-dire en s'usant successivement jusqu'à ce que la bougie ait été entièrement consumée : tel est le principe des bougies de M. Jabloschkoff.

Pour allumer ces bougies à distance, les deux charbons qui sont légèrement taillés en pointe à leur extrémité supérieure, sont réunis par une petite aiguille de charbon de 1 millimètre de diamètre, qui affleure la cloison isolante et qui est retenue par une petite ligature en papier d'amiante. Le courant en passant à travers cette petite aiguille, la volatilise et détermine instantanément la formation de l'arc.

Ordinairement la bougie ainsi disposée est enveloppée à son extrémité inférieure par une ligature noyée dans une pâte solide qui empêche les charbons de se disjoindre et permet de les adapter dans une sorte de chandelier que nous représentons fig. 134. La bougie est pincée dans ce chandelier entre les pièces B et F, et un système de genoux et de ressorts nettement indiqués sur le dessin, opère naturellement le serrage parallèle des bougies quelle que soit leur largeur, laquelle largeur est variable avec le diamètre des charbons et la distance qui les sépare l'un de l'autre.

La continuité de l'éclairage se fait par l'un des deux procédés suivants :

1° L'emploi d'un commutateur à plusieurs fils ;

2° L'emploi d'une sorte de chandelier revolver qui marche automatiquement.

Le premier système exige la présence continue d'un homme qui, à des intervalles de temps plus ou moins rapprochés et variant selon la lon-

Fig. 134.

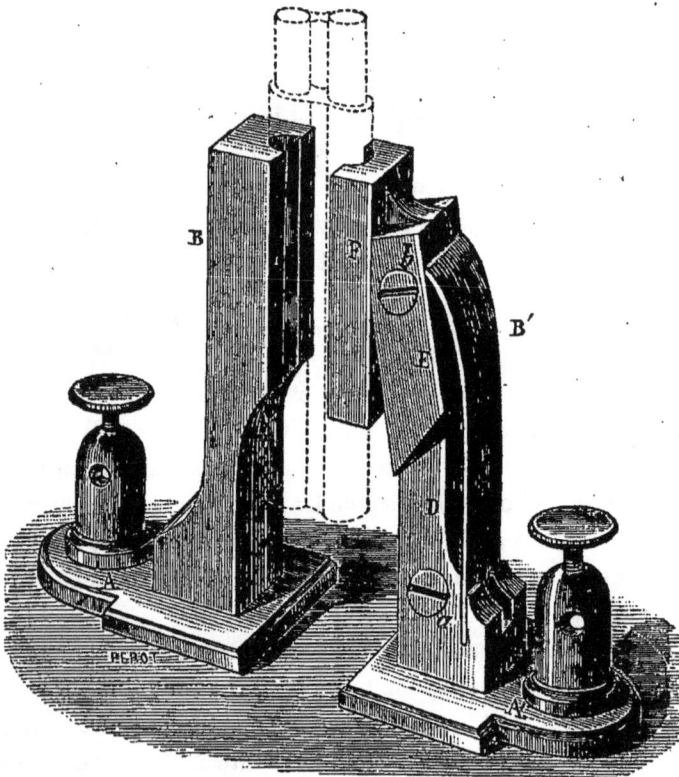

gueur des charbons (à raison de 11 centimètres par heure), fait passer au moyen du commutateur le courant de la bougie usée dans une bougie neuve.

Le second système que nous représentons vu en plan et en élévation fig. 135 et 136, effectue automatiquement la transmutation au moyen d'un interrupteur à enclanchement MM' qui se trouve soulevé quand la bougie n'est pas usée, (parce qu'un fil de platine f adapté à une borne M' vient buter contre la bougie AB tant qu'elle n'est pas consumée), mais qui retombe sur le contact P quand le fil n'est plus soutenu par suite de l'usure de la bougie. Ce contact opéré en P, fait alors passer le courant à travers un système de bougie neuve A'B' qui, étant muni d'un mécanisme sem-blable, peut le renvoyer dans une troisième bougie, et ainsi de suite tout le temps qu'on a besoin de la lumière. Les bornes D, D sont les points d'attache des rhéophores de la pile, et les communications électriques sont effectuées par les pla-ques C, C', C".

La lumière fournie par les bougies Jabloschkoff ne présente aucune variation dans son éclat; elle peut être d'une couleur plus ou moins blanche suivant la nature de l'isolant intermédiaire entre les charbons. Si cet isolant est du Kaolin, la lumière est un peu bleuâtre; si cet isolant est constitué par du plâtre, la teinte est plus rosée et plus agréable. Ordinaire-ment l'épaisseur de cet iso-lant, entre les charbons, est de 3 millimètres, et dans l'autre sens, de 2 millimètres seulement.

Cette fixité du point lumi-neux tient à ce que les char-bons se trouvent toujours maintenus à la même dis-tance sans aucun mouve-ment, et à la petite dériva-tion conductrice de l'isolant fondu qui établit constam-ment la stabilité de l'arc. Par suite de cette dérivation, le courant élec-

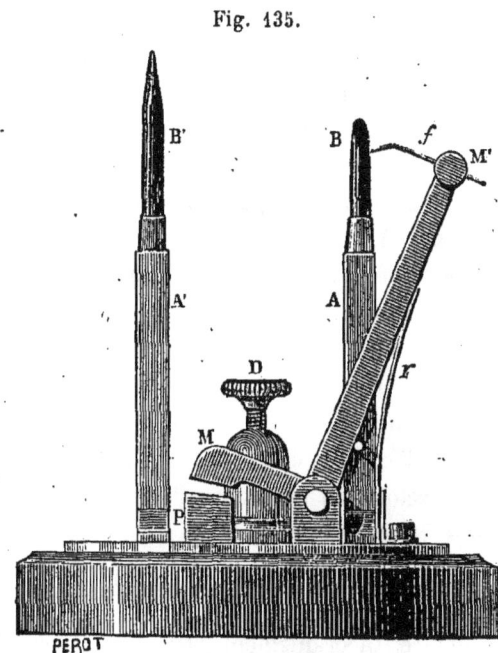

Fig. 135.

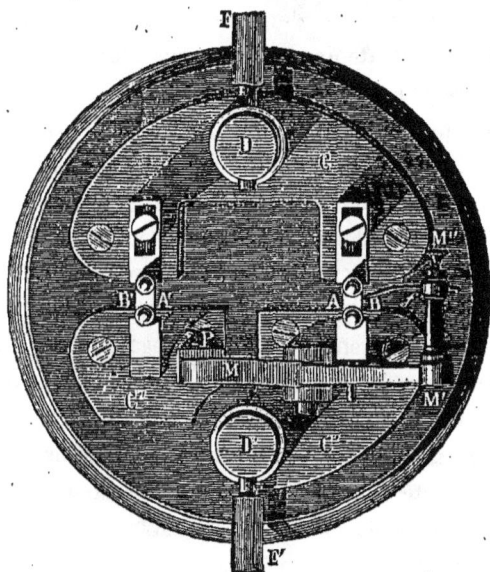

Fig. 136.

trique subit aussi moins de déperditi ns qu'avec les charbons séparés par l'air, et il en résulte qu'avec les machines de l'alliance à quatre rouleaux, on pouvait obtenir sur le même circuit trois foyers lumineux très-intenses. Avec un nouveau système de machine Gramme à courants alternativement renversés, ou avec les machines Loutin qui s'en rapprochent beaucoup, le nombre de ces foyers peut même être grandement augmenté, et il est probable que si l'on pouvait employer avec ces bougies les courants redressés des nouveaux générateurs électriques, on pourrait obtenir des effets bien supérieurs encore; mais comme avec des courants redressés les charbons s'useraient inégalement et finiraient par s'écarter tellement l'un de l'autre qu'une extinction de lumière en serait la conséquence inévitable, on a dû s'en tenir aux courants alternativement renversés. M. Jabloschkoff prétend cependant qu'on pourrait obtenir le même résultat en augmentant suffisamment le diamètre du charbon positif pour qu'il brûlât deux fois plus lentement que l'autre.

Quant à l'éclat de la lumière produite par une bougie Jablosckoff par rapport à celui d'un bec de régulateur ordinaire, les opinions sont contradictoires. M. Jablosckoff prétend qu'il est plus grand, et la plupart de ceux qui se sont occupés de lumière électrique prétendent le contraire; il en est même qui disent qu'il y a une perte de 22 p. 100. Ceci n'aurait rien d'extraordinaire, théoriquement parlant, si on considère que ce qui passe de ourant à travers la dérivation liquide entre les deux charbons et qui contribue à maintenir sa force pour illuminer d'autres foyers, est autant de perte pour l'action calorifique affectée à la production de l'arc lumineux et à l'illumination des particules charbonnés qui constitue le véritable éclat de la lumière électrique produite entre les charbons.

Régulateur amplificateur de la lumière électrique. — Ce système régulateur a pour effet d'étendre dans tous les sens la portée des rayons lumineux émanés d'un centre de lumière électrique, et d'en faire le centre d'une sphère éclairante aux différents points de laquelle on pourrait obtenir une intensité lumineuse égale à celle que l'on perçoit, quand on se trouve dans le cône de lumière projeté par un réflecteur.

Cette idée conçue en 1856 par M. Martin de Brettes, est certainement ingénieuse, et il est malheureux que des expériences en grand n'aient pas été exécutées; toutefois, comme ce système est fondé sur la persistance des impressions visuelles, il est probable que ce que l'on gagne en étendue dans l'espace, on le perd en intensité lumineuse à un point donné. Ceci ne serait pas toutefois un défaut au point de vue de l'éclairage public. Voici du reste ce que j'écrivais à ce sujet en 1856 dans le 3e volume de cet ouvrage (2e édition) p. 252.

« Le système que M. Martin de Brettes a proposé pour éclairer un grand espace, est fondé sur ce principe, que, si un système de lentilles disposé autour d'un foyer de lumière électrique tourne assez vite dans deux directions rectangulaires pour que le passage d'une projection de lumière à l'autre soit moindre qu'un dixième de seconde, l'œil conservera l'impression d'un éclairage permanent correspondant à la réunion dans l'espace de toutes ces projections. Ainsi, en admettant que, par l'intermédiaire d'une lentille, la lumière électrique éclaire à une distance triple de celle à laquelle elle pourrait le faire sans lentille, cette amplification, dans le système de M. Martin de Brette, ne donnerait pas lieu à un simple cône de lumière dirigé sur un point, mais à une immense sphère lumineuse qui éclairerait l'espace à longue distance autour du point lumineux. Ce système comporte deux appareils distincts : un régulateur de lumière électrique et un appareil amplificateur à rotation.

: « Ce dernier consiste dans une carcasse polygonale de fonte E E, fig, 11, pl. III, sur le pourtour de laquelle sont montées six lentilles de phare x, y, z et dont le centre porte deux tourillons creux à travers lesquels passent les porte-charbons du régulateur. Cette carcasse est montée par ses tourillons dans un cadre de fonte D D qui peut pivoter lui-même sur deux de ses côtés, dans un sens perpendiculaire à celui dans lequel tourne l'appareil lenticulaire. De plus, des engrenages g et des poulies de renvoi a, b adaptés aux tourillons de ces deux systèmes tournants, permettent que le mouvement communiqué par la roue motrice M (laquelle est montée sur le support de tout cet ensemble mobile) soit transmis d'abord au cadre de fonte D D, et en second lieu au prisme lenticulaire E E.

« Avec cette disposition, si les rouages sont combinés de manière que la roue lenticulaire E E fasse environ deux tours par seconde, tandis que le cadre qui la porte en accomplira cinq, le problème sera résolu ; car les lentilles passeront plus de dix fois par seconde dans deux directions rectangulaires, et, comme les cônes de lumière qu'elles projetteront engendreront une sphère, tout l'espace, à une grande distance autour du foyer lumineux, sera éclairé.

« Ainsi, sans augmenter l'intensité de la lumière électrique, on peut l'amplifier d'une manière considérable et la projeter au loin dans toutes les directions à la fois, comme si elle passait au travers d'une sphère de verre composée d'un nombre infini de lentilles.

« Le régulateur employé par M. Martin de Brettes est fondé, comme ceux que nous avons décrits, sur les effets mécaniques de l'électro-magnétisme.

« Les porte-charbons passent, comme nous l'avons déjà dit, au travers des tourillons de l'appareil lenticulaire ; ils sont sollicités à marcher l'un vers l'autre par deux ressorts à boudin, mais ils sont arrêtés à une distance convenable par deux frotteurs dentelés mis en rapport (à l'aide de leviers à bascule) avec un électro-aimant interposé dans le courant. Quand le courant passe, les frotteurs empêchent les charbons d'avancer, parce que l'électro-aimant les tient appuyés ; mais aussitôt qu'il s'affaiblit, les ressorts l'emportent et poussent l'un vers l'autre les charbons, jusqu'à ce que le courant soit rétabli dans toute sa force. En raison de la mobilité de l'appareil, tous les contacts métalliques ont dû se faire par l'intermédiaire de frotteurs. »

IV. GÉNÉRATEURS DE LUMIÈRE ÉLECTRIQUE.

Nous avons décrit dans nos tomes I et II les générateurs qui peuvent être appliqués le plus convenablement à la production de la lumière électrique ; mais comme depuis la publication de ces deux volumes, de notables améliorations ont été apportées à la construction de ces générateurs, surtout aux générateurs magnéto-électriques qui aujourd'hui produisent d'énormes effets sous un petit volume, nous croyons devoir y revenir.

De grandes études ont été récemment faites en Angleterre sur la valeur relative de ces différentes machines pour l'éclairage des phares, et nous extrayons des rapports qui ont été faits, le tableau suivant résumant les expériences de M. Douglas, lequel tableau a été contrôlé et vérifié par MM. Tyndall, Sabine et autres électriciens anglais. On pourrait conclure des chiffres qui y sont relatés, que ce seraient les petites machines de M. Siemens qui devraient être préférées, et en effet leur rendement serait réellement très-supérieur à celui des autres, surtout quand on en accouple deux ensemble. Nous décrirons à l'instant ces intéressantes machines, ainsi que celles de MM. Gramme et Lontin qui ont été très-perfectionnées dans ces dernières années ; mais nous devons dire que les chiffres donnés dans le tableau en question pour la machine Gramme, se rapportent à des machines du modèle de 1873 ; or, les nouveaux modèles de 1876 ont donné des résultats infiniment supérieurs, non-seulement par rapport au rendement des machines Gramme essayées en Angleterre, mais encore par rapport au rendement des machines Siemens préconisées par la commission anglaise. D'après les expériences faites chez MM. Sautter et Lemonnier, ce seraient les machines Gramme qui auraient l'avantage à tous les points de vue et devraient porter par conséquent le n° 1 dans la colonne de l'ordre de mérite.

NOMS DES MACHINES ESSAYÉES.	PRIX.	DIMENSIONS Longueur. Pieds	Pouces	Largeur. Pieds	Pouces	Hauteur. Pieds	Pouces	POIDS. Tonnes	Cwt.	Qr.	Livres.	FORCE motrice nécessaire estimée en chevaux.	NOMBRE de révolutions par minute.	LUMIÈRE produite par rapport à une bougie prise comme étalon. Pouvoir rayonnant condensé	Pouvoir rayonnant diffus.	LUMIÈRE produite par force de cheval par rapport à une bougie (1). Pouvoir rayonnant condensé	Pouvoir rayonnant diffus.	GRANDEUR des CHARBONS.	ORDRE de MÉRITE.
Holmes	liv. 550	4	11	4	4	5	2	2	11	1	7	3,2	400	1523	1523	476	476	$\frac{3''}{8} \times \frac{3''}{8}$	6
Alliance	494	4	4	4	6	4	10	1	16	1	21	3,6	400	1953	1953	543	543	$\frac{3''}{8} \times \frac{3''}{8}$	5
Gramme, n° 1 (1873)	320	2	7	2	7	4	1	1	5	2	0	5,3	420	6663	4016	1257	758	$\frac{1''}{4} \times \frac{1''}{4}$	4
Gramme, n° 2 (1873)	320	2	7	2	7	4	1	1	5	2	0	5,74	420	6663	4016	1257	758	$\frac{1''}{4} \times \frac{1''}{4}$	4
Siemens (grand modèle) . . .	265	3	9	2	5	1	2	0	11	2	18	9,8	480	14818	8932	1512	911	$\frac{11''}{16} \times \frac{11''}{16}$	3
Siemens (petit modèle, n° 58)	100	2	2	2	5	0	10	0	3	3	0	3,5	850	5539	3339	1582	954	$\frac{1''}{4} \times \frac{1''}{4}$	2
Siemens (petit modèle n° 68)	100	2	2	2	5	0	10	0	3	3	0	3,3	850	6864	4138	2080	1254	$\frac{1''}{2} \times \frac{1''}{2}$	1
2 Holmes accouplées	1110	9	10	4	4	5	2	5	2	2	14	6,5	400	2811	2811	432	432	$\frac{1''}{2} \times \frac{1''}{2}$	
2 Gramme accouplées	640	5	2	2	7	4	1	2	11	0	0	10,5	420	11396	6869	1085	654	$\frac{11''}{16} \times \frac{11''}{16}$	
2 Siemens accouplées (n°s 58 et 68)	200	4	4	2	5	0	10	0	7	2	0	6,6	850	14436	8520	2141	1291	$\frac{11''}{16} \times \frac{11''}{16}$	

D'après les expériences faites chez M. Sautter avec les machines Gramme du modèle de 1877, les chiffres attribués aux machines Gramme du tableau précédent et qui sont du modèle de 1873, devraient être considérés comme les suivants.

NOMS DES MACHINES ESSAYÉES.	PRIX.	Pieds	Pouces	Pieds	Pouces	Pieds	Pouces	POIDS				FORCE	NOMBRE	cond.	diff.	cond.	diff.	CHARBONS	ORDRE
Gramme (1877)	70	1	11	1	3	1	8	175 kilogs.				2,5	850	6400	4000	2560	1600	. . . .	1

Ce qui mettrait la machine Gramme la première par ordre de mérite.

(1) Ce que les Anglais appellent *candl*, mot que nous avons traduit par le mot bougie, est une bougie de *spermaceti* dont l'intensité lumineuse est très-constante, mais qui ne représente que les huit dixièmes de la lumière fournie par une bougie de l'étoile.

Bien que dans les expériences qui précèdent, la machine dynamo-électrique de M. Lontin n'ait pas figuré, nous croyons devoir donner ici les résultats qu'elle a fournis, pour qu'on puisse comparer. Cette machine dont le prix est de 8000ᶠ, dont le poids est de 1 tonne et les dimensions de 1ᵐ,15 sur 0ᵐᵒ,97 et 0ᵐ,97, a fourni avec une force de 6 chevaux et à raison de 300 à 320 tours par minute, 6 foyers de lumière de 250 becs Carcel chacun, soit 1508 becs Carcel en totalité. Les charbons avaient un centimètre carré de section:

Machine dynamo-électrique de M. Gramme. — Depuis la description que nous avons faite des machines Gramme, dans notre tome II, p. 219 et 538, de nombreux perfectionnements leur ont été apportés,

Fig. 137.

et aujourd'hui, sous un très-petit volume, elles produisent une lumière électrique équivalente à 120 becs de gaz; c'est un résultat vraiment merveilleux, surtout si on réfléchit qu'il ne faut guère que deux chevaux de force pour obtenir un résultat aussi étonnant.

La fig. 137 représente la disposition actuelle de ce petit modèle, et la figure 138 montre la manière dont est disposé l'anneau qui fournit les effets d'induction. Sans revenir sur la théorie et la description de cette machine dont nous nous sommes suffisamment occupé, nous dirons que, dans le nouveau modèle, les 4 électro-aimants inducteurs sont placés horizontalement en haut et en bas de la machine, que l'anneau induit tourne entre les deux semelles de fer recourbées qui forment l'épanouissement des pôles nord et sud des électro-aimants, et que le courant induit est employé tout entier au renforcement d'action des électro-aimants, inducteurs. L'anneau de fer lui-même, au lieu d'être constitué par un anneau de fer plein, est formé par la réunion d'une masse de fils de fer, comme dans les machines d'induction voltaïque, et les commutateurs sont formés de faisceaux de fils de cuivre retenus aux deux extrémités. On a vu dans le tableau qui précède, les dimensions de cet appareil et son rendement.

Fig. 138.

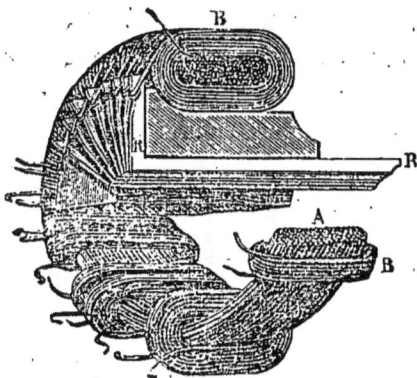

MM. Breguet et Gramme ont construit pour les cabinets de physique un

Fig. 139.

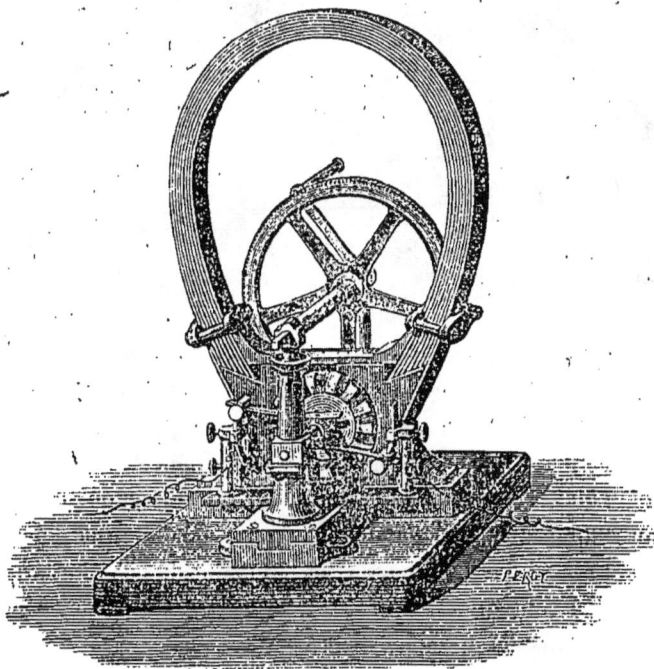

modèle avec aimant Jamin, que nous représentons fig. 139 et qui a une force relativement très-grande. Nous renvoyons, du reste, à l'ouvrage de M. Fontaine, p. 65 et suivantes, pour tout ce qui a rapport aux machines magnéto-électriques propres à la lumière.

Machine de M. Niaudet-Breguet. — M. A. Niaudet-Breguet a combiné récemment une machine Clarke multiple possédant l'avantage de pouvoir se passer de commutateur. La fig. 140 représente cet appareil. C'est, comme on le voit, une série de 12 bobines placées entre deux plateaux et tournant entre les pôles de deux aimants fixes. Les bobines des électro-aimants sont toutes rattachées les unes aux autres, le bout entrant de chacune étant lié au bout sortant de la bobine voisine,

Fig. 140.

exactement comme une série d'éléments voltaïques réunis en tension. Quand le plateau tourne dans le sens de la flèche, en supposant le pôle nord de l'aimant en bas et le pôle sud en haut, voici ce qui se passe dans une bobine quelconque à mesure qu'elle s'éloigne du pôle N : il s'y développe un courant d'un certain sens, et ce courant reste de même sens pendant tout le temps que la bobine va du pôle N au pôle S ; mais pendant la seconde demi-révolution de la bobine, elle s'éloigne du pôle S et s'approche du pôle N, et par conséquent le sens du courant est inverse de ce qu'il était dans la première moitié du mouvement.

Voyons maintenant ce qui se passe dans l'ensemble. A un moment quelconque, considérant toutes les bobines placées à la droite de la ligne des pôles, elles sont toutes parcourues par des courants de même sens qui sont associés en tension. Au même moment les bobines placées à gauche de la ligne des pôles sont parcourues par des courants de sens inverse aux premiers et, comme eux, associés en tension. La somme des courants de droite est d'ailleurs manifestement égale à celle des courants de gauche. L'ensemble peut donc être considéré comme deux piles de 6 éléments opposées l'une à l'autre par leurs pôles de même nom. Or, si un circuit électrique est mis en communication par ses deux extrémités avec les points où ces deux séries d'éléments sont opposées, il est parcouru à la fois par les courants des deux piles qui se trouvent alors associés en quantité comme dans la machine Gramme.

Par analogie, pour recueillir les courants développés dans la machine de M. Niaudet, il faut établir des frotteurs qui touchent les points de liaison des différentes bobines entre elles au moment où ils passent sur la ligne des pôles. A cet effet, l'inventeur, s'inspirant de la machine Gramme, a placé des pièces métalliques qui, dirigées radialement, communiquent avec les points de jonction des bobines et sur lesquelles se fait la prise des courants.

Machine de MM. Siemens et Hafner-Alteneck. — Cette machine, que nous représentons en perspective fig. 141, est celle qui, dans les expériences relatées p. 521, a fourni les meilleurs résultats; elle est un perfectionnement de la machine de M. Siemens, que nous avons décrite dans notre tome II, p. 234, et est remarquable par l'excellente disposition des différentes pièces qui la composent.

Bien que les figures 142 et 143 représentent un autre modèle que celui reproduit dans la fig. 141, elles peuvent donner une idée plus complète de sa disposition, en raison de la coupe et des détails de la machine, qui nous ont été obligeamment fournis par M. Crookes.

En définitive, cette machine se compose de la bobine d'induction magnétique de Siemens tournant entre les pôles épanouis circulairement de 4 électro-aimants opposés par leurs pôles semblables, comme dans la machine de Gramme, et qui, étant munie intérieurement d'un noyau magnétique immobile et de plusieurs hélices distinctes rangées longitudinalement les unes à côté des autres, peuvent fournir des courants successifs qu'un collecteur peut ensuite recueillir à la manière des courants issus des machines Gramme.

La fig. 142 peut donner une idée exacte de la disposition de la machine qui est supposée coupée longitudinalement suivant l'axe de rotation. Les parties NN_1 SS_1 représentent les pôles épanouis circulaires des électro-aimants fixes, et le cylindre portant le fil induit est en $abcd$. Ce cylindre

est disposé de manière à tourner sur des paliers placés à ses deux extrémités, paliers à travers lesquels passent deux manchons cylindriques creux
faisant partie des deux pièces qui terminent les deux bouts du cylindre.
Ce cylindre est constitué par une première enveloppe d'argent Allemand
sur laquelle sont enroulées longitudinalement quatre hélices distinctes,
composées d'une longueur assez grande de fil qui est la même pour toutes.
Les bouts de ces fils aboutissent à un collecteur p, p' placé à l'une des

Fig. 141.

extrémités de l'appareil et dont la fig. 144 donne la disposition. Nous en
parlerons plus tard. L'intérieur de ce cylindre est lui-même disposé de
manière à renforcer l'action inductrice au moyen d'une carcasse de fer
portée par un axe fixe sur lequel roulent les bouts du cylindre. Cette carcasse se compose d'armatures horizontales $n_1 n_1 s_1 s_1$ maintenues par des
tiges boulonnées et qui se trouvent placées le plus près possible de la surface
intérieure du cylindre. Ces armatures correspondent aux pôles épanouis $N N_1$, $S S_1$ de manière à en subir énergiquement l'induction magnétique inverse, et il en résulte que les hélices de fils, en tournant entre cette

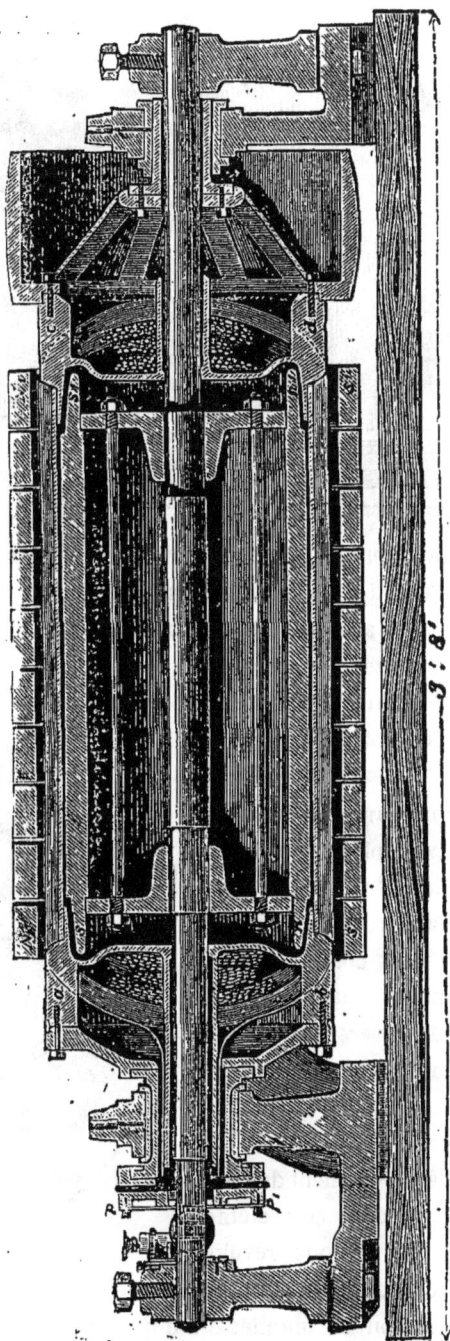

carcasse de fer et les. semelles circulaires des pôles du système électro-
magnétique, reçoivent une
double action inductrice qui
se traduit par des courants
induits que l'on recueille sur
le collecteur pp' et qui se
succèdent sans interruption
comme nous allons le voir
à l'instant. La pièce qui termine le cylindre à droite représente la coupe de la poulie
qui permet de donner le moū-
vement au cylindre.

Fig. 142.

La fig 143 représente la
vue de l'appareil du côté où il
présente le collecteur. Les
deux pôles circulaires épanouis
se distinguent en NN_1, S S_1
et enveloppent, comme on le
voit, le cylindre qui est soutenu par un disque découpé
au devant duquel se trouve
le collecteur que l'on aperçoit
au devant du palier.

Les électro aimants sont
comme on l'a vu, fig. 141,
oblongs, et les deux noyaux
du dessus sont nord, tandis
que les deux noyaux du dessous sont sud; de sorte que
les pièces de fer circulaires
qui les réunissent en dessus
ou en dessous, ont une même
polarité qui concentre l'action
de chaque paire de bobines.
Leur culasse est d'ailleurs
réunie à la base de la machine
qui est en fer pour fournir
une plus grande quantité de
magnétisme.

La fig. 144 donne les détails du collecteur qui occupe la partie centrale de la fig. 143 ; mais pour qu'on puisse les comprendre, il faut savoir comment

Fig. 143.

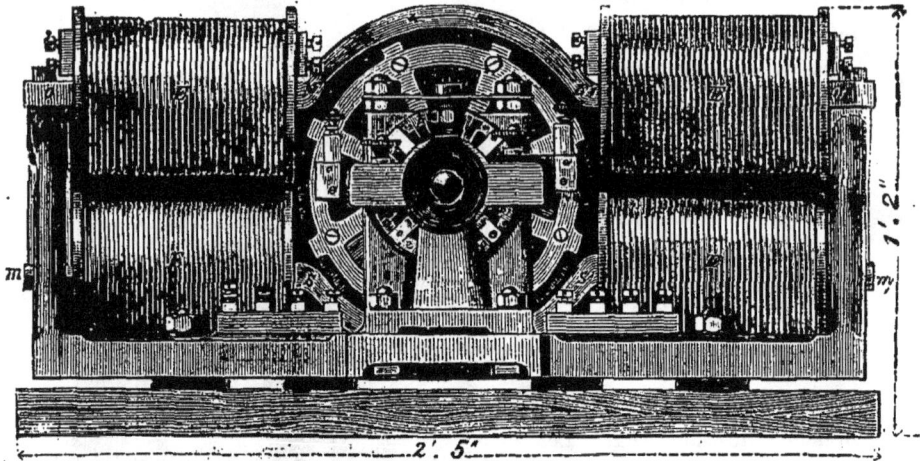

se développent les courants dans cette machine, et nous devrons dire tout d'abord, que, comme dans les premières machines de M. Siemens, le courant induit au sortir de la bobine induite traverse tout entier le fil des électro-aimants inducteurs E E,
ce qui les renforce d'autant plus que ces électro-aimants, en influençant les armatures fixes placées à l'intérieur du cylindre tournant, réagissent sur les hélices comme des aimants magnétisés en sens inverse. Voici maintenant comment le journal anglais *l'Electrical news* rend compte du développement des courants dans ce système.

Fig. 144.

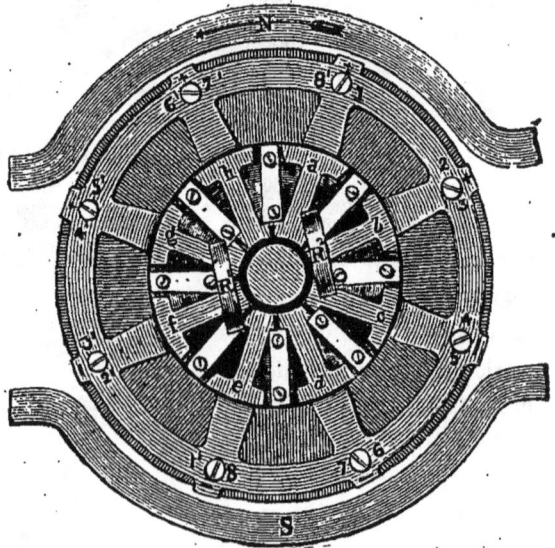

» A chaque révolution du cylindre portant les hélices, l'effet maximum dans chaque circonvolution se manifestera quand elle passera au milieu des deux champs magnétiques, et deviendra nul quand elle reviendra à la position verticale. Cette dernière position correspondra à la ligne neutre, et d'après les lois de Lenz, une circonvolution du fil partant de cette ligne pour aller vers le pôle nord de l'électro-aimant contigu, serait parcourue par un courant direct, alors que la partie opposée de cette circonvolution sera traversée par un courant de sens opposé. Il est vrai que cette direction n'est opposée qu'eu égard à la droite ou à la gauche du point où on la considère, mais par le fait elle est la même par rapport au circuit, car la polarité magnétique qui réagit est différente dans les deux cas. Cette réaction se manifestant pour toutes les circonvolutions de l'hélice, le courant qui circulera aura donc toujours la même direction par rapport au circuit extérieur, mais pourra avoir une direction différente dans les parties opposées de chacune des circonvolutions des hélices.

« Comme les courants sont réunis par les bouts des fils aux galets ou brosses du collecteur, ils présentent les deux moitiés du cylindre tournant comme séparées par la ligne neutre magnétique, ayant des pôles analogues à ceux de deux batteries, mais en supposant que ces deux batteries sont réunies en circuits parallèles propres à donner un courant de quantité.

« La circonférence du cylindre est divisée en huit parties égales dont les parties opposées sont enroulées l'une sur l'autre avec deux fils d'égale longueur; les quatre bouts de ces fils sont amenés devant le bout antérieur $a\,b$ du cylindre (fig. 142) et réunis aux huit secteurs métalliques à ressort du collecteur pp'. Ces ressorts sont isolés électriquement, comme on peut le voir fig. 144. Les différentes couches des hélices forment cependant un circuit continu, mais non pas une hélice continue, étant réunies électriquement aux secteurs des ressorts, comme on peut le voir en traçant les liaisons du circuit suivant : $+ 1. f. + 4'. — 4. g. + 6'. — 6. h. + 8'. — 8, a. + 2. — 2'. b, + 3. — 3'. c. — 5. + 5'. d. — 7. + 7'. e. — i'. + i.$ Les bouts des mêmes longueurs de fil sont numérotés respectivement 1 et 1', 2 et 2', etc., et les signes $+$ et $—$ montrent la polarité de la charge électrique de chaque fil, comme elle se manifeste suivant leur position relative momentanée, en supposant que le cylindre de fil tourne dans la direction de la flèche indiquée sur la figure.

« Les flux électriques sont recueillis par deux galets métalliques ou brosses R R qui sont disposés de manière que les points diamétralement opposés d'un même secteur passent en même temps sous les galets avec une pression élastique, et cèdent à ces derniers leur charge électrique. Or il suffira de suivre la marche du courant à travers les arrangements décrits précédemment, pour reconnaître que tous les flux produits par les différentes hélices seront transmis à un point qui représentera un pôle positif et à un autre point qui jouera le rôle de pôle négatif.

« L'intensité des courants produits dépend beaucoup, comme on le sait, de la vitesse de rotation du cylindre, mais comme l'accroissement de cette intensité augmente la résistance de la rotation qui, pour être vaincue exige de la part des fils une conductibilité plus grande, ou détermine un développement de chaleur assez considérable, il arrive qu'une machine donnée n'est susceptible que d'une certaine vitesse de rotation. Comme l'intensité électrique développée dépend aussi de la résistance extérieure du circuit, cette vitesse doit être calculée d'après le travail qu'elle doit faire pour fournir une belle lumière électrique. La machine dont nous parlons doit accomplir de 370 à 380 révolutions par minute, ce qui exige environ huit chevaux de force (75 kilogrammètres par seconde). Dans ces conditions, l'intensité lumineuse à l'air libre est équivalente à 14000 chandelles de spermaceti ».

Pour compléter sa machine, M. Siemens a adapté aux frotteurs de son collecteur un système qui permet de les faire tourner de droite à gauche ou de gauche à droite à volonté. En même temps il a accompagné ses lampes électriques d'un système de régulateur qui permet à la machine de fonctionner dans les mêmes conditions, quoiqu'il arrive à la lampe électrique ou au circuit dans lequel elle est interposée.

Nous représentons fig. 145 et 146 les dispositifs au moyen desquels on peut

Fig. 145.

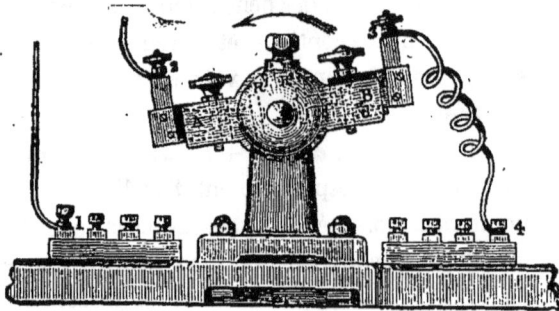

changer le sens des courants de la machine; ils sont adaptés à l'un des paliers sur lesquels l'arbre central du cylindre tournant est fixé; ce palier est par conséquent placé devant le collecteur pp', fig. 142 et 143, et c'est lui qui par l'intermédiaire d'un système basculant que l'on distingue sur les fig. 145 et 146, permet de donner aux galets frotteurs du collecteur ou aux brosses qui les ont remplacés dans les dernières machines, la position qui leur convient pour fournir les courants de sens opposé.

Quand on veut obtenir des courants de droite à gauche, cette espèce de commutateur est disposé comme on le voit fig. 145 ; la vis de pression 4 est réunie au bouton d'attache n° 3, et les boutons d'attache n° 1 et n° 2 sont reliés à la lampe électrique ; les boutons d'attache 2 et 3 sont d'ailleurs montés sur une bascule d'ébonite qui les isole et permet de les relier aux galets R_1 et R_2 (représentés en pointillé sur la figure parce qu'ils sont en arrière en deux points différents du circuit). Pour que l'effet s'accomplisse comme il a été dit plus haut, la partie droite de la bascule est soulevée et vient s'appuyer sur une pièce métallique d qui fixe le système dans la position que nous lui voyons fig. 145. Pour obtenir l'effet inverse

Fig. 146.

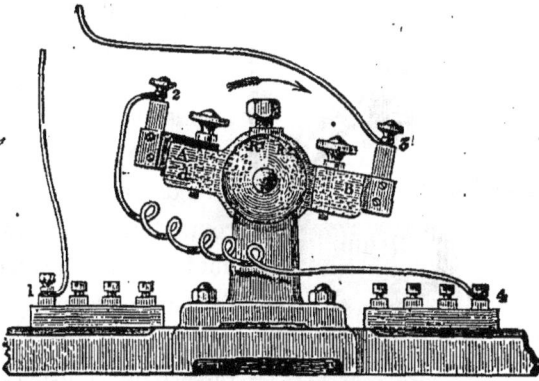

la vis de pression 4 est reliée au bouton d'attache 2 du commutateur, et les boutons d'attache n° 1 et n° 3 correspondent à la lampe. En même temps la bascule est inclinée en sens contraire, et la pièce d qui maintient cette inclinaison, est placée du côté gauche au lieu du côté droit ; ces différentes inclinaisons des galets ont pour but de réduire à leur minimum les étincelles sur le collecteur, étincelles qui finiraient par altérer les lames de celui-ci si on négligeait de prendre cette précaution.

Les fils correspondant à la lampe doivent être les plus conducteurs possible, et pour une distance de 50 mètres, ils doivent être en cuivre et avoir un diamètre de quatre millimètres. Il va sans dire que les galets et les lames du collecteur ne doivent être jamais huilés, mais en revanche souvent décapés. Par contre, les coussinets des paliers doivent être toujours entretenus d'huile, afin d'éviter les effets calorifiques dus au frottement des pièces mobiles. La disposition de la machine permet du reste de changer facilement les ressorts quand ils sont brûlés.

Le régulateur que M. Siemens a introduit dans le circuit extérieur, près de la lampe, pour permettre à la machine de fonctionner toujours dans les mêmes conditions, quelques variations qui se présentent dans le circuit extérieur, est représenté fig. 147; on comprend que ces variations changeant les conditions de vitesse du moteur d'une part, et de l'autre déterminant des étincelles considérables, pourraient altérer la machine et même le collecteur qui pourrait être brûlé; il a donc fallu trouver un moyen de parer à ces variations, et le petit appareil dont nous venons de parler résout très-bien le problème.

Cet appareil consiste dans un électro-aimant EE interposé sur l'un des fils allant de la machine à la lampe, aux points M et L. Cet électro-aimant

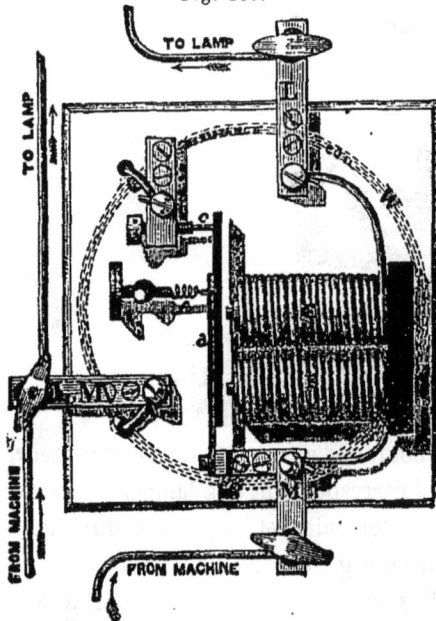

Fig. 147.

a une armature *a* réagissant comme un relais et qui a pour fonction, en produisant en *c* un contact, d'introduire dans le circuit, quand l'électro-aimant est inactif, une dérivation W dont la résistance représente à peu près celle de l'arc voltaïque. Quand ce courant est assez fort pour fournir une lumière électrique convenable, l'armature *a* étant attirée retire du circuit la dérivation W, et le ressort antagoniste *f* est réglé à cet effet; mais aussitôt qu'un affaiblissement un peu important se produit dans le courant, et aussitôt que la lampe s'éteint, l'armature *a* obéissant au ressort *f*, établit la dérivation, et la machine fonctionne comme si rien d'anormal ne s'était passé dans la marche du courant. Aussitôt que le défaut qui a provoqué cette perturbation a été réparé, la lampe se rallume de nouveau et, par suite du renforcement du courant à travers l'électro-aimant, renforcement qui résulte du contact des deux charbons, l'armature est de nouveau attirée, elle retire la dérivation du circuit, et les choses sont rétablies comme dans l'origine. L'hélice constituant la dérivation W est placée au-dessous de l'appareil, dans un réservoir d'étain rempli d'eau, afin d'empêcher le fil de trop s'échauffer pendant les interruptions de courant de longue durée, comme celles qui sont exigées pour le remplacement des charbons.

Machine de M. Lontin. — La nouvelle machine de M. Lontin se fait remarquer par une disposition ingénieuse qui lui permet non-seulement de fractionner la lumière électrique et de la répartir entre plusieurs becs, mais encore de donner à chacun de ces becs l'intensité électrique qui peut convenir.

En principe, cette machine consiste dans une série d'électro-aimants fixés à l'intérieur d'une couronne de fer disposée verticalement et au centre de laquelle tourne un système électro-magnétique composé d'autant de noyaux magnétiques qu'il y a d'électro-aimants sur la couronne. La fig. 148 représente cette machine dans laquelle le système électro-magnétique intérieur mobile représente *l'inducteur*, et le système fixe *l'induit*.

Le système inducteur que M. Lontin appelle *pignon magnétique*, se compose d'un cylindre de fer sur lequel sont rivées une série de lames de fer qui représentent en quelque sorte les dents d'un pignon et sur lesquelles sont enroulées les hélices magnétisantes qui sont toutes disposées en tension les unes par rapport aux autres, c'est-à-dire de telle manière que le bout extérieur de l'une est réuni au bout intérieur de l'autre. Afin que les spires de ces hélices ne bougent pas sous l'influence de la force centrifuge et de leur allongement occasionné par la chaleur assez considérable qui s'y développe, les lames de fer constituant les noyaux sont plus épaisses à leur extrémité libre qu'à leur point de jonction avec le cylindre de fer, et cette plus grande épaisseur joue par rapport à ces spires, le rôle d'une rondelle de retient. Enfin l'enroulement de ces hélices est fait de manière à intervertir, d'une lame à l'autre, la polarité des noyaux, de sorte que le mouvement du tambour amène successivement un aimant de pôle différent devant les noyaux de fer du système induit qui se trouvent ainsi polarisés d'une manière alternativement inverse.

Ce système inducteur se trouve naturellement magnétisé d'une manière constante par un puissant générateur électrique qui peut'être une pile ou une machine dynamo-électrique ; mais comme la dépense d'une pile est considérable, M. Lontin emploie de préférence la machine dynamo-électrique qu'il dispose du reste d'une manière particulière et que nous étudierons à l'instant.

Le système induit se compose, comme on l'a vu, d'un grand anneau de fer *b b b* immobile et garni à son intérieur d'une série de lames de fer fixées transversalement sur champ, comme les dents d'une roue à engrenage nterne, et entourees d'hélices magnétisantes B B B. Ces hélices sont réunies de l'une à l'autre par couples de manière à constituer un système électro-magnétique complet, et leurs extrémités libres aboutissent individuellement au commutateur M qui permet de recueillir séparément ou collectivement les courants qu'elles fournissent. C'est à l'intérieur de cet anneau que

tourne l'inducteur qui est disposé de manière que les noyaux magnétiques des deux systèmes passent les uns devant les autres sans se toucher.
Avec cette disposition, chacun des systèmes magnétiques de l'induit se
trouve successivement magnétisé dans un sens contraire, car si l'un des
noyaux de l'inducteur agissant sur l'un des noyaux de l'induit est polarisé
nord, les noyaux voisins de l'induit seront soumis à l'action d'une polarité sud, et il en résultera toujours dans le système magnétique de l'in-

Fig. 148.

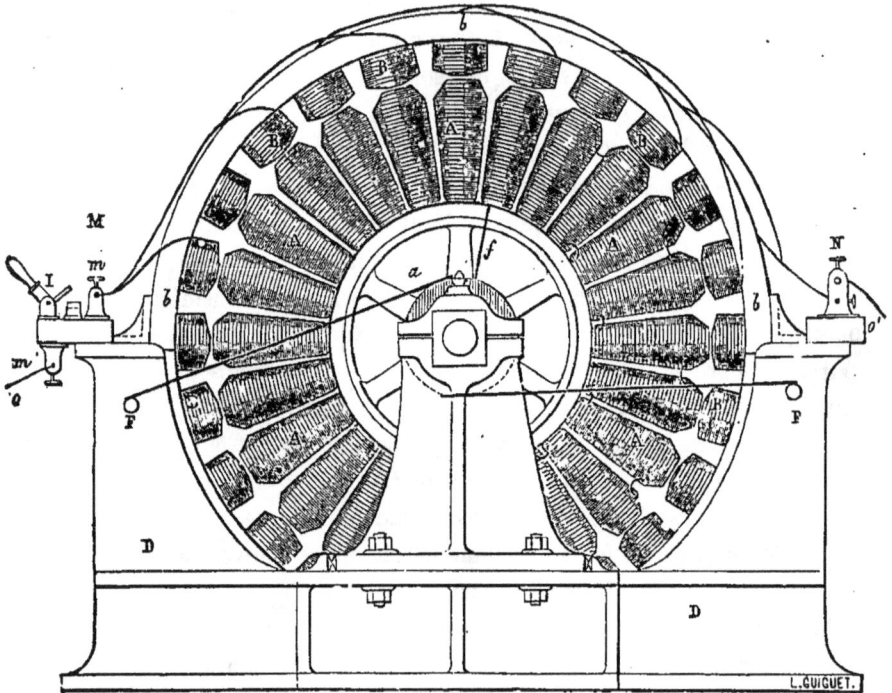

duit relié au commutateur, une induction magnétique qui se traduira par
la production d'un courant. Quand l'inducteur aura avancé, l'induction
magnétique qu'il avait déterminée se trouvera renversée dans le système
induit considéré, puisque les polarités seront de signes différents, et on
obtiendra une nouvelle manifestation électrique en sens inverse. Comme
l'action analysée précédemment se répète simultanément sur tous les systèmes électro-magnétiques de l'induit, chacun d'eux pourra fournir une
action qui lui est propre et qui sera indépendante des autres, ce qui permet
par conséquent la division de l'action électrique déterminée par l'inducteur.
En admettant que chaque système magnétique de l'induit, composé de
deux bobines, soit susceptible de fournir un courant électrique assez fort

pour entretenir un bec de lumière électrique, on pourra obtenir avec la machine représentée fig. 148, l'illumination de 12 becs de lumière électrique, et si l'on veut en obtenir de différentes intensités, il suffira, au moyen du commutateur M, de reporter sur les circuits des becs qui doivent être les plus éclairés, les courants d'autres becs que l'on supprime. Comme le système induit est fixe, rien n'est plus facile que de combiner comme il convient ces dernières lumières, et l'on n'a pas à craindre aucune déperdition d'électricité, puisqu'il n'y a plus de frotteurs ni de contacts tournants.

La machine représentée fig. 148, est composée de 24 électro-aimants inducteurs et d'un même nombre d'induits qui fournissent une lumière totale équivalente à 1500 becs carcel. Ses différents organes s'y distinguent facilement. Ainsi A A A sont les électro-aimants inducteurs ; ils sont implantés sur un anneau de fer fixé lui-même sur l'arbre par l'intermédiaire d'une poulie en fonte ; a a sont les anneaux de frottement en laiton qui leur amènent le courant et qui sont fixés de chaque côté du tambour ; ils sont naturellement isolés et reliés aux deux bouts du fil des électro-aimants ; F F sont les frotteurs mis en rapport avec le générateur électrique et qui sont au nombre de deux par anneau ; B B B sont les électro-aimants induits ; D D le bâtis de la machine.

Le commutateur M est disposé de manière à réagir sur autant de plaques de contact qu'il y a dans la machine de courants utilisables pour produire la lumière. Le nombre de ces courants dépend de la construction de la machine et nous avons vu que celle représentée fig. 148 en fournissait 12. Il y a donc 12 plaques de contact, et à chacune d'elles correspond deux bornes d'attache m, m', l'une m qui est reliée au contact lui-même, l'autre m' qui communique avec un interrupteur à manette 1. La borne m reçoit le fil du système magnétique correspondant, la borne m' reçoit le fil qui aboutit à la lampe électrique. De plus les différents contacts sont pourvus de manettes qui les relient deux à deux et permettent de faire instantanément l'accouplement ou la séparation des courants partiels.

Il nous reste maintenant à parler du générateur destiné à animer l'inducteur. Ce générateur est comme nous l'avons déjà dit une machine dynamo-électrique. Elle est généralement montée sur le même axe que l'inducteur, mais on comprend aisément qu'elle pourrait fonctionner isolément. Nous la représentons fig. 149. En somme, cette machine est à peu près disposée comme l'inducteur que nous avons décrit précédemment ; c'est toujours un noyau ou tambour de fer sur lequel sont implantées une série de lames munies d'hélices magnétisantes D D D, et ces noyaux ou

pignons magnétiques peuvent être en nombre plus ou moins grand suivant
l'importance des effets que l'on veut obtenir; ils sont alors rangés parallèlement les uns à côté des autres sur le même axe. Aux deux extrémités
d'un même diamètre horizontal de ces pignons, sont disposés, comme dans
les machines de Ladd et de Gramme, deux forts noyaux magnétiques A, A'
constituant les deux branches d'un électro-aimant et qui représentent le
système magnétique des machines magnéto-électriques ordinaires. Cet
électro-aimant, comme dans la machine de Siemens, est interposé dans le

Fig. 149.

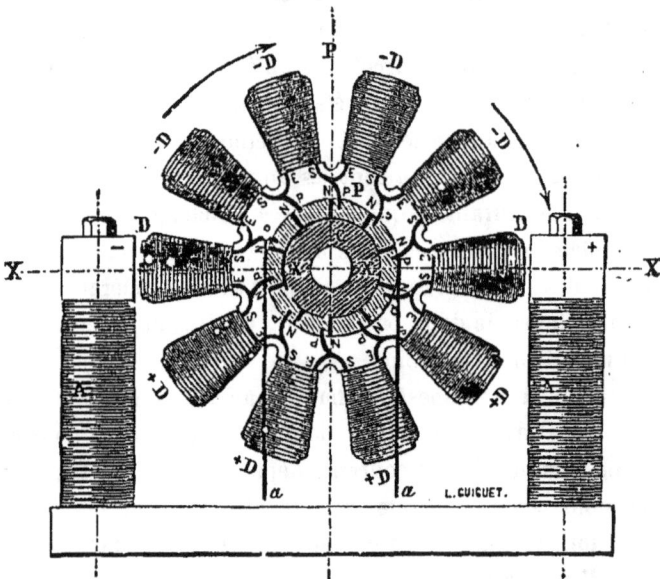

circuit des bobines induites D D D, et se trouve en conséquence animé par
le courant induit tout entier. Cette disposition qui, avec un circuit court ou
avec un circuit de résistance variable, pourrait avoir des inconvénients,
comme on l'a vu tome II, p. 235 et qui pourrait même empêcher la machine
de fonctionner si le circuit était fermé sur lui-même, n'en a plus dans les
conditions où M. Lontin l'a appliquée, puisque ce circuit est complété par
l'inducteur de la machine à lumière et que la résistance est stable; il nous
est impossible, toutefois, d'y trouver aucun caractère de nouveauté, comme
l'a prétendu son auteur.

L'enroulement des hélices du pignon magnétique est effectué de manière
à faire circuler le courant induit d'une bobine à l'autre, comme dans une
pile dont les éléments seraient disposés en tension. Le circuit est en conséquence fermé d'une manière continue à travers toutes les bobines, mais,

comme dans la machine Gramme, les fils de jonction de ces diverses bobines sont réunis à des lames isolées, adaptées circulairement sur un manchon C et contre lesquelles viennent appuyer deux frotteurs aa pour recueillir les courants produits. lesquels sont toujours de même sens, par les raisons que nous avons indiquées tome II, p. 216. Ces courants sont alors transmis à l'électro-aimant A A dont ils renforcent successivement le magnétisme, jusqu'à saturation, et vont ensuite regagner l'inducteur de la machine.

Cette machine a été appliquée pendant quelque temps à l'éclairage de la gare du chemin de fer de Lyon où elle fournissait trente et un foyers lumineux. Ces foyers résultaient d'un seul générateur électrique et de deux systèmes induits de vingt-quatre bobines chacun. En accouplant ensemble ces bobines, et interposant sur chacun de leurs circuits, plusieurs régulateurs de lumière électrique du système Lontin, on a pu, par une combinaison convenable de ces bobines eu égard à la longueur du circuit extérieur, porter à 31, comme je l'ai déjà dit, le nombre des foyers illuminés dont chacun était à peu près équivalent à 40 becs Carcel.

Une remarque faite par M. Mentzer et qui s'explique, je pense, par les lois de maxima qui relient la résistance du circuit extérieur avec celle du circuit du générateur, c'est que deux régulateurs interposés dans un même circuit fournissent une intensité lumineuse totale, supérieure à celle d'un seul foyer, mais que trois régulateurs en fournissent une moindre.

Dernièrement M. Lontin a eu l'idée de construire une machine du genre de celle de M. Gramme dans laquelle les collecteurs sont supprimés. Si les résultats en grand répondent à ceux qui ont été fournis par un petit modèle, le problème serait résolu, et l'on éviterait ainsi un des inconvénients les plus grands de ces sortes de machines.

Machine de M. Apps. — Bien que cette machine ne soit qu'un appareil d'induction du genre de celui de M. Ruhmkorff, et par conséquent un générateur incapable de fournir la lumière électrique au point de vue qui nous occupe dans ce chapitre, nous croyons devoir en dire ici quelques mots, en raison des importants effets qu'elle provoque et qui pourront peut-être un jour être utilisés. Cette machine, en effet, peut produire des étincelles de 42 pouces anglais ($1^m,06$) à l'air libre, et peut être disposée de manière à fournir des décharges de haute tension ou des décharges de quantité. C'est la machine la plus puissante de ce genre qui ait été construite jusqu'ici.

Pour obtenir ces effets, la bobine peut être actionnée par deux hélices primaires, qui enveloppent des faisceaux de fils de fer de diamètre différent. L'une de ces hélices dont le fil a 650 yards de long et un diamètre de 0,096 pouce, forme six couches de spires superposées et fournit 1344 spires Sa résis-

Fig. 150.

tance est de 2,3 ohms, et son poids de 55 livres. Le faisceau de fils de fer qu'elle enveloppe a 44 pouces de longueur, 3,56 pouces de diamètre, et chacun des fils de fer n'a que 0,32 pouces de diamètre. Il est soigneusement huilé, et son poids est de 67 livres.

La seconde hélice est composée du même fil que la précédente, mais ce fil qui a une longueur de 504 yards, est enroulé en trois bouts juxtaposés, de manière à fournir trois hélices distinctes dont les extrémités peuvent être réunies en tension ou en quantité. Leur résistance est : 0,181 ohms, 0,211 ohms et 0,231 ohms. Le faisceau de fils de fer qui lui correspond a la même longueur et la même grosseur de fil que le premier, mais son diamètre est de 3,81 pouces et son poids de 92 livres.

Le fil secondaire a une longueur énorme qui atteint 280 mille; il est enroulé en quatre sections sur la bobine, et la grosseur est différente pour les sections des bouts de la bobine et les sections du centre, afin que les points où le potentiel électrique est le plus énergique correspondent au fil le plus gros. En conséquence, le fil enroulé sur les sections centrales a 0,0095 pouce, et celui enroulé sur les autres sections 0,0115 et 0,0110 pouce. Le nombre des couches de spires de cette hélice est de 200, le nombre des spires 341850, et les différentes couches sont séparées par des feuilles de gutta percha. Un tube d'ébonite sépare d'ailleurs les deux hélices.

Le condensateur qui est relativement de petite dimension, est formé de 126 feuilles d'étain de $18 \times 8,25$ pouces, et chaque feuille est placée entre deux feuilles de papier verni qui, d'après l'auteur, conviennent mieux que tout autre isolant aux machines d'induction. Ces feuilles ont comme surface 19×9 pouces.

La longueur des étincelles fournies par cette énorme bobine avec une pile de Grove dont les éléments avaient en surface $6 \frac{1}{4} \times 3$ pouces, a été :

1o pour 5 éléments. Grove	28 pouces.	
2o — 10 éléments	35 —	
3o — 30 éléments	42 —	

On a pu pousser l'expérience jusqu'à 70 éléments sans compromettre l'isolement de l'appareil.

Machine rhéostatique de M. Planté. — La machine d'induction électrique de Ruhmkorff a prouvé de la manière la plus évidente qu'on pouvait transformer, par l'intermédiaire des actions d'induction, l'électricité voltaïque en électricité de haute tension, et M. Bichat a également démontré que l'on pouvait transformer, par l'intermédiaire de la même machine, les ourants de haute tension en courants de quantité, tout à fait analogues aux courants voltaïques. M. Planté, avec ses batteries de polarisation, a rendu cette démonstration encore plus saisissante, et comme dans ses expériences il pouvait désirer une tension plus forte encore que celle qu'il produisait avec ses batteries, il chercha à combiner un appareil qui lui permît d'obtenir de véritables décharges d'électricité statique, pouvant présenter à volonté des étincelles longues et déliées ou des étincelles courtes et fournies. C'est cet appareil auquel il a donné le nom de *Machine rhéostatique* et que nous représentons fig. 151.

Cet appareil consiste dans une série de condensateurs à lames de mica,

Fig. 151.

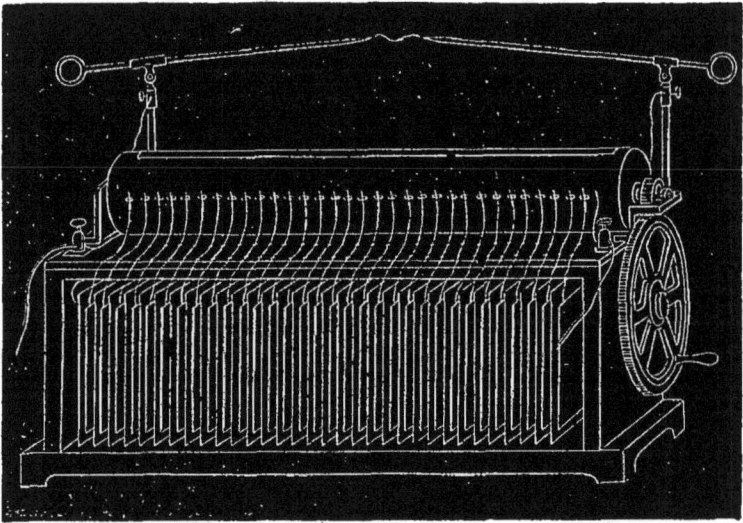

rangés parallèlement les uns à côté des autres et pouvant être chargés et déchargés d'une manière analogue à ses batteries de polarisation, sans avoir d'autre source électrique que ces batteries elles-mêmes.

Toutes les pièces de l'appareil ont dû être naturellement isolées avec soin. Le commutateur est formé d'un long cylindre en caoutchouc durci muni de bandes métalliques longitudinales destinées à réunir les condensateurs en surface, et traversé en même temps par des fils de cuivre, coudés à leurs extrémités, ayant pour objet d'associer les condensateurs en tension. Des lamelles ou des fils métalliques façonnés en ressorts, sont mis en relation avec les deux armatures de chaque condensateur et fixés sur une plaque en ébonite, de chaque côté du cylindre, lequel peut être animé d'un mouvement de rotation.

Si l'on fait communiquer les deux bornes de l'appareil avec une batterie secondaire dè 800 couples, même plusieurs jours après l'avoir chargée avec deux éléments de Bunsen, et si l'on met le commutateur en rotation, on obtient entre les branches de l'excitateur auxquelles aboutissent les armures des condensateurs extrêmes, une série d'étincelles tout à fait semblables à celles que donnent les machines électriques munies de condensateurs.

En employant un appareil formé seulement de trente condensateurs ayant chacun 3 décimètres carrés de surface, on a pu obtenir des étincelles de 4 centimètres de longueur.

Il y a lieu de remarquer que les décharges d'électricité statique fournies par l'appareil, ne sont pas de sens alternativement positif et négatif, mais toujours dans le même sens, et que la perte de force résultant de la transformation doit être alors moindre que dans les appareils d'induction, car le circuit voltaïque n'étant pas un seul instant fermé sur lui-même, il n'y a pas conversion d'une partie du courant en effet calorifique. On peut du reste maintenir longtemps l'appareil en rotation et produire un nombre considérable de décharges sans que la batterie secondaire paraisse sensiblement affaiblie.

V. QUESTION ÉCONOMIQUE ET PRIX DE REVIENT DE LA LUMIÈRE ÉLECTRIQUE.

La question économique se rapportant à l'emploi de la lumière électrique comme moyen d'éclairage, est entièrement subordonnée au prix de consommation des générateurs et au genre d'éclairage que l'on veut obtenir. Aujourd'hui que les machines d'induction magnéto-électriques sont assez perfectionnées pour être livrées à bon marché, et que ces machines peuvent fournir une forte lumière avec des dimensions très-restreintes et n'exigeant qu'une dépense de combustible relativement médiocre, on peut comprendre que son emploi dans une foule de cas où l'on est obligé d'avoir une grande puissance lumineuse, peut être non-seulement d'une grande utilité, mais encore économique, comme nous le démontrerons à l'instant. Au point de vue de l'éclairage public et même privé, la question est beaucoup plus complexe, et jusqu'à présent les compagnies du gaz pouvaient n'avoir pas à craindre une concurrence sérieuse de la part de la lumière électrique. Cette lumière n'était pas, en effet, facilement divisible, son éclat était dangereux pour la vue, et sa stabilité laissait encore beaucoup à désirer malgré les progrès considérables que lui avaient apportés les charbons composés d toutes pièces que nous avons étudiés précédemment. Les lampes électriques étaient d'ailleurs d'un prix élevé, susceptibles de dérangements, d'un mécanisme compliqué, enfin dans des conditions qui ne pouvaient permettre leur emploi d'une manière générale. Aujourd'hui que, grâce aux systèmes de M. Lontin et de M. Jablochkoff, on peut diviser jusqu'à un certain point la lumière, et qu'on peut même l'obtenir avec tel éclat que l'on peut désirer, la question devient plus douteuse, et il n'est pas dit que les compagnies dont nous parlons n'aient pas à compter sérieusement un jour avec ce moyen d'éclairage. Déjà il présente dans beaucoup de cas des avantages sérieux, et comme son prix de revient est maintenant beaucoup moins élevé que celui du gaz, il est probable que, dans certaines conditions, ce genre d'éclairage sera préféré dès maintenant. Nous allons donc nous occuper des expériences qui ont été entreprises sur le prix de revient de la lumière ainsi fournie. Il est vrai que j'ai déjà traité cette question dans le tome II, p. 170 et 199 de cet ouvrage, au sujet des machines magnéto-électriques de la compagnie l'Alliance qui étaient à cette époque les seules ayant fourni sous ce rapport de bons résultats, mais aujourd'hui nous allons surtout nous occuper des expériences faites par plusieurs savants, entre autres par M. Tresca, avec les machines Gramme qui, comme on le sait, sont appliquées aujourd'hui à l'éclairage de la halle aux marchandises de la gare des chemins de fer du Nord et de plusieurs établissements industriels tels que ceux de MM. Heilmann, Ducommun à Mulhouse, de M. Pouyer-Quertier à Rouen, de M. Hermann-Lachapelle, de MM. Sautter et Lemonnier, à Paris, etc., etc.

Les expériences de M. Tresca ont été faites dans les ateliers de MM. Sautter et Lemonnier, d'abord sur le modèle de grande puissance lumineuse que l'inventeur considérait comme le plus perfectionné et qui fournissait une lumière équivalente à 1850 becs Carcel, puis sur une machine ne donnant que 300 becs. Ces machines avaient une vitesse de rotation moyenne de 1274 tours par minute pour la première, et de 872 tours pour la seconde. La figure 137 représente la plus petite de ces machines. Voici maintenant ce qu'en dit M. Tresca dans sa note à l'Institut du 31 janvier 1876 (1).

---

(1) Ces expériences ont été faites, 1° à l'aide d'un dynamomètre de rotation qui a été disposé de manière à fournir des tracés très-nets du travail produit, 2° d'un photomètre à éclairage direct pour mesurer l'intensité lumineuse. Ce photomètre donnait lieu à deux zones contiguës, éclairées exclusivement, l'une par une lampe Carcel, l'autre par une lampe électrique; mais comme l'une des zones paraissait verte par rapport à l'autre qui semblait tintée en rose, on a dû corriger cette différence de nuances par l'interposition de deux verres faiblement colorés en sens inverse. La lampe Carcel type brûlait 40 grammes d'huile à l'heure.

« La machine qui a fourni 1850 becs présentait les dispositions suivantes : L'arbre horizontal portait deux séries de conducteurs disposés symétriquement, l'un à gauche, recevant le produit de quinze bobines partielles distribuées autour d'un anneau de fer doux. Dans les intervalles compris entre ces premières bobines se trouvaient quinze autres intercalées et en communication avec le conducteur placé de l'autre côté de l'arbre. Les deux courants s'additionnaient en quantité, lorsque la bobine totale tournait autour de l'arbre devant les pôles de quatre électro-aimants, mis en fonction par une partie du courant développé, dont le surplus était conduit à la lampe électrique.

Voici d'ailleurs les données numériques les plus importantes :

Electro-aimants :

Diamètre du fer d'un des électro-aimants.	0^m,070
Longueur.	0 ,404
Diamètre de chaque électro-aimant garni de fil.	0 ,132
Diamètre du fil.	0 ,0033
Poids du cuivre enroulé sur chaque électro-aimant . . .	24^k,00

Bobine :

Diamètre extérieur de l'anneau de fer doux.	0^m,195
Diamètre intérieur de l'anneau de fer doux.	0 ,157
Largeur de l'anneau de fer doux.	0 ,119
Diamètre extérieur de la bobine.	0 ,230
Diamètre intérieur de la bobine.	0 ,120
Diamètre du fil.	0 ,0026
Poids total du fil enroulé.	14^k,50
Diamètre des cylindres des conducteurs.	0^m,090

En raison des inégalités de la lumière électrique, les déterminations ont dû être très-multipliées et limitées à un temps très-court. Voici comment on opérait :

La lampe type ayant été placée de manière à équivaloir, dans le champ du photomètre, à l'éclairage moyen de la lampe électrique, on maintenait l'appareil en fonction pendant un certain temps, et à l'instant précis où l'on jugeait qu'il y avait égalité apparente dans les lueurs, un signal prévenait l'observateur du dynamomètre qu'il eût à effectuer un tracé qui durait quelques secondes à peine. Un autre observateur relevait le nombre de tours correspondant du dynamomètre pendant une minute, et l'opération du tracé dynamométrique était discontinuée jusqu'au moment où un nouveau signal partant de l'observateur du photomètre, permettait un nouveau tracé. Le nombre de tours de l'arbre de la machine magnéto-électrique était ensuite constaté au moyen de deux compteurs appliqués, l'un sur cet arbre, l'autre sur celui du dynamomètre qui tournait moins vite afin de pouvoir mesurer plus exactement le travail indiqué par celui-ci.

On a trouvé ainsi pour la première expérience, que le rapport des nombres de tours constatés était 5,18, le rapport calculé d'après le diamètre des poulies et l'épaisseur des courroies étant 5,26. Or, pour obtenir la vitesse, il suffisait de multiplier par 5,22, moyenne des deux chiffres précédents, la vitesse moyenne de l'arbre du dynamomètre, ce qui donnait une vitesse de 1274 tours par minute pour la grande machine.

Fil conducteur à la lampe :

Diamètre. 0ᵐ,0078

Section. , ... ; . . 0 ,000047

Machine :

Longueur totale, poulie comprise. 0ᵐ,800

Hauteur totale. . . . . 0 ,585

Largeur totale. . . . . 0 ,550

« La machine qui a fourni la lumière de 300 becs Carcel est plus simple, en ce qu'elle ne comporte qu'une seule série de conducteurs et de petites bobines et deux électro-aimants seulement.

Electro-aimants :

Diamètre du fer d'un des électro-aimants. 0ᵐ,070

Longueur. . . . . 0 ,355

Diamètre de chaque électro-aimant garni de fil. . . . . . 0 ,120

Diamètre du fil. . . . . 0 ,038

Poids du cuivre enroulé sur chaque électro-aimant. . . . 14ᵏ,320

Bobine :

Diamètre extérieur de l'anneau de fer doux. 0ᵐ,168

Diamètre intérieur de l'anneau de fer doux. . . . . 0 ,123

Largeur de l'anneau de fer doux. . . . . , ... 0 ,101

Diamètre extérieur de la bobine. . . . . 0 ,103

Diamètre intérieur de la bobine. . . . . 0 ,119

Diamètre du fil. . . . . 0 ,002

Poids total du fil enroulé. 4ᵏ,650

Diamètre du cylindre des conducteurs . . . , ... 0 ,089

Fil conducteur à la lampe :

Diamètre. . . . . . , ... 0ᵐ,026

Section. . . . . 0 ,0000055

Machine :

Longueur totale, poulie comprise. 0ᵐ,650

Hauteur totale. . . . . 0 ,506

Largeur totale. . . . . 0 ,410

« La grande machine a été desservie par une lampe construite dans les ateliers de M. Gramme lui-même, avec charbons de 81 millimètres carrés de section ; la petite par une lampe de M. Serrin, avec charbons de mêmes dimensions.

TABLEAU DES EXPÉRIENCES.

Machine grand modèle (16 octobre 1875).

Rapport des distances au photomètre. . . . . $\overline{40 : 0,93}$

Rapport des intensités. . . . . $40^2 : 0,93^2 = 1850$

Numéros des tracés.	Tours du dynamomètre par minute.	Ordonnées moyennes du diagramme.	Travail en kilogrammètres par seconde.
1	238	22ᵐᵐ,50	678,28
2	251	18 ,89	600,56
3	248	21 ,74	682,82
4	244	16 ,60	513,00
5	241	15 ,59	475,86
6	244	16 ,65	516,23
Moyenne	244		576,12 ou 7ᶜʰ,68

Travail pour 100 becs. . . . . 7ᶜʰ,68 : 18,50 = 0ᶜʰ,415

Travail par bec et par seconde. . . . 0ᵏᵍᵐ,51

Machine petit modèle (4 décembre 1875).

Rapport des distances au photomètre. . . . . 20 : 1,15

Rapport des intensités. . . . . $\overline{20}^2 : \overline{1,15}^2 = 302,4$

Numéros des tracés.	Tours du dynamomètre par minute.	Ordonnées moyenne du diagramme.	Travail en kilogrammètres par seconde.
1	234	7mm,11	201,73
2	238	6 ,66	279,79
3	244	7 ,42	229,42
Moyenne	239		210,65 ou 2ch,81

Travail pour 100 becs. . . . . 2ch81 : 3,024 = 0ch,92

Travail par bec et par seconde. . . . 0kgm,69

« Les machines ont marché avec régularité pendant un temps suffisant pour qu'on ait pu constater l'absence de tout échauffement sensible. Aussi le travail dépensé a-t-il très-peu varié pendant le cours des diverses séries d'expériences, quoique l'une des déterminations eût été faite à la suite d'un fonctionnement très-prolongé.

« Au point de vue de la dépense relative qu'entraînent les différents modes d'éclairage, les chiffres suivants présentent un certain intérêt.

« 1850 becs Carcel exigeraient une consommation de $1850 \times 0^{kg},040$ d'huile, soit 71 kilogrammes d'huile par heure, ou de $1850 \times 0^{mc},105$ de gaz, soit 194 mètres cubes de gaz d'éclairage, ou enfin $7,56 \times 4$ kilogrammes de houille, soit $30^{kg},24$ de houille. Dans ces conditions, la dépense en combustible ne représenterait que la centième partie de la dépense en huile et la cinquantième partie de la dépense en gaz d'éclairage, à Paris.

« La comparaison serait moins favorable pour les foyers lumineux plus petits; car, en partant des données de notre expérience, on trouve pour la grande machine, que chaque bec Carcel exige, par seconde, une dépense de $0,^{kgm}31$ de travail, et, pour la petite machine, un travail de $0^{kgm},69$, double du précédent. Cette consommation de travail, d'après les indications de M. Heilmann, citées plus loin, s'élèverait à $1^{kgm},23$ pour chacun des becs Carcel de leurs lampes de 100 becs. Ces chiffres forment une série continue, très-favorable au point de vue de l'intensité, mesurée à la lampe même des plus gros becs; mais ceux-ci, destinés à éclairer de plus grands espaces, sont nécessairement plus éloignés des points sur lesquels ils doivent porter la lumière, et nous trouvons ainsi un correctif très-naturel à l'avantage intrinsèque des lumières les plus énergiques. »

D'après les expériences faites à Mulhouse par MM. Heilmann, Ducommun et Steinlen, qui emploient maintenant ce mode d'éclairage, chacune de leurs lampes qui fournit une lumière de 100 becs, n'exigerait comme travail mécanique dépensé que 1,65 cheval vapeur.

Le rapport de M. Tresca a été suivi de plusieurs autres également très-intéressants et qui sont rapportés dans l'ouvrage de M. Fontaine. Les plus importants sont ceux de MM. Hagenbach, Schneider et Heilmann. Le tableau suivant donné par MM. Schneider et Heilmann résume du reste leurs principales expériences.

Désignation des machines.	Nombre de tours des machines.	Travail absorbé en chevaux vapeur.	Intensité lumineuse au photomètre de Bunsen.	Observation sur les régulateurs.
Machine B. ...	816	1ch,921	95becs,6	{ Régulateur avec globe dépoli.
Machine B. ...	816	1 ,921	122 ,2	{ Régulateur sans globe ou globe dépoli.
Machine B. ...	804	1 ,980	86 ,8	Id. Id.
Machine A. ...	810	1 ,849	85 ,3	Id. Id.
Machine C. ...	763	1 ,833	103 ,2	Id. Id.
Machine D. ...	883	1 ,360	68 ,7	Id. Id.

M. Ed. Becquerel dans un intéressant rapport fait en 1856 à la société d'encouragement et que j'ai rapporté dans le quatrième volume de la seconde édition de cet ouvrage, p. 470, a étudié de son côté le prix de revient de la lumière électrique avec les piles à acides, et voici quelles ont été ses conclusions.

« On voit, dit-il, d'après les déterminations que j'ai données, qu'en n'ayant égard qu'au prix de revient des matières consommées, et sans y comprendre la main-d'œuvre, à égalité de lumière, l'éclairage électrique serait quatre fois plus cher que l'éclairage au gaz, au prix de vente du gaz à la ville de Paris, seulement le double du prix quand on considère le prix de vente aux particuliers. Il serait le même que celui de l'éclairage à l'huile et le quart de celui de l'éclairage aux bougies; mais si l'on estimait la main-d'œuvre nécessaire pour surveiller les appareils, les préparer et renouveler les piles, etc., le prix augmenterait au moins de moitié du nombre indiqué plus haut. »

D'après les expériences faites à Lyon pendant 100 heures par MM. Lacassagne et Thiers pour l'éclairage de la rue Impériale et qui nécessitait une pile de 60 éléments Bunsen, la dépense revenait à 3 francs par heure pour obtenir une lumière équivalente à environ 50 becs Carcel en moyenne (75 au commencement, 30 à la fin), et cette dépense était établie de la manière suivante :

Substances.	Consommation en 101 heures.	Prix partiel.	Prix total.	Prix par heure.	Prix actuel.
Zinc	72kil,00	104f les 100 kil.	74f,95	0f,75	80f les 100 kil.
Acide sulfurique.	154 ,00	24 les 100 »	36 .95	0 ,37	12 les 100 »
Acide nitrique..	247 ,00	70 les 100 »	173 ,25	1 ,73	56 les 100 »
Mercure	9 ,00	550 les 100 »	49 ,75	0 ,50	650 les 100 »
Carbone purifié.	6m,61	3 le mètre	19 ,85	0 ,20	2f,50 le mètre
		Totaux.	354f,75	3f,55	

Ce prix de 3 francs par heure est à peu près celui obtenu par M. Becquerel en tenant compte des prix actuels.

Si on rapproche ce prix de celui des machines magnéto-électriques de l'Alliance, on trouve qu'il peut être évalué, d'après M. Becquerel, à celui que coûterait une force de deux chevaux un quart de force adaptée à cette machine, plus le prix des charbons du régulateur. Il est vrai que le modèle de machine alors essayé était celui de 1856.

Nous avons donné dans notre tome II, p, 199 le prix de revient de la lumière électrique des machines de l'Alliance établi par M. Leroux, et nous n'y reviendrons pas en conséquence en ce moment, nous dirons seulement que, d'après les chiffres qu'il a obtenus, le prix de revient est dans le cas le plus favorable, de $0^f,024$, et dans le cas le plus défavorable, de $0^f,034$ par heure et par bec, ce qui correspond à peu près à la dépense occasionnée par le gaz d'éclairage pour les abonnés d'une part et à celle pour la municipalité de Paris d'autre part.

Avec les machines Gramme, la dépense est de beaucoup réduite, et d'abord, M. Gramme ne conseille l'emploi de ses machines, que dans le cas où il y a un grand espace à éclairer et un moteur suffisamment puissant pour que l'addition d'une ou de plusieurs machines n'entrave en rien la marche régulière de l'usine; sur 100 installations 90 ont été faites sur ces données.

« Dans ces conditions, dit M. Fontaine, une machine de Gramme montée sur socle coûte 1600^f, un régulateur Serrin 450^f, et le prix des câbles suivant leur longueur varie de 1^f à 2^f le mètre. Les crayons du régulateur coûtent environ 2^f le mètre, et leur usure est de $0^m,08$ par heure. Or, avec 500 heures de veillées par an et 4 appareils dans le même établissement, les dépenses annuelles, si l'on emploie une machine à vapeur, sont :

4000 kilog. de charbon à 35^f la tonne.	140^f
166 mètres de crayons de cornue.	320
Entretien des appareils 0,50 par heure. . . . . , . .	250
Amortissement de 10000^f à 10 % par an.	1100
Total.	1810^f

« Si l'on dispose d'une force hydraulique, ces dépenses sont réduites à 1570^f.

« Pour un foyer unique il faut compter $0^f,30$ d'entretien par heure, ce qui augmente un peu le prix proportionnel; par contre, pour 8 foyers, l'entretien ne dépasse pas $0^f,75$, et le prix proportionnel est réduit. En prenant pour base 525^f par appareil et par an pour 500 heures de veillées, on pourra être certain de ne pas éprouver de mécompte.

« Avec les nouvelles machines Gramme (type de 1877) et les charbons Gauduin, le prix de l'unité de lumière par heure est réduit de 40 %.

« Ces chiffres sont le résultat de la pratique, et jamais nous n'avons constaté qu'ils étaient trop forts ; au contraire dans beaucoup d'applications il a été reconnu que la dépense par bec Carcel était plus faible que celle que nous indiquons. »

D'après les tableaux que donne M. Fontaine dans son ouvrage p. 200 et 201, il paraîtrait que, pour une même intensité lumineuse, la machine Gramme, dans le cas le plus défavorable, procurerait une lumière

75 fois moins chère qu'avec la bougie de cire.
55 — — la bougie stéarique.
16 — — l'huile de colza.
11 — — du gaz à 0f,30 le mètre cube.
6 1/2 — — du gaz à 0f,15 le mètre cube.

Dans les conditions les plus favorables, cette lumière serait

300 fois moins chère que celle de la bougie de cire.
220 — — la bougie stéarique.
63 — — l'huile de colza.
40 — — du gaz à 0f,30 le mètre cube.
22 — — du gaz à 0f,15 le mètre cube.

Si l'on cherche à se rendre compte de l'économie que peut réaliser l'installation des machines Gramme dans une filature de 800 métiers, on arrive à conclure que, comparativement à une installation au gaz, on réalise une économie de 33 % dans le prix de l'éclairage, et on a 6 fois plus de lumière.

CHAPITRE II

APPLICATIONS DE LA LUMIÈRE ÉLECTRIQUE.

Les applications de la lumière électrique sont aujourd'hui très-nombreuses, et nous n'en sommes encore qu'au commencement. Sans parler de l'éclairage public qu'on tente toujours, mais en vain jusqu'à présent, il est une foule de cas où cet éclairage peut être employé dans de bonnes conditions, entr'autres pour l'éclairage des grands ateliers, des grands magasins des travaux de nuit, des gares de marchandises aux chemins de fer, des exploitations minières, etc., etc. ; mais en dehors de ces applications comme moyen d'éclairage, il en est qui peuvent être d'une importance bien plus grande et telle que nul autre système d'éclairage ne pourrait le surpasser. De ce nombre sont les applications qu'on en a faites aux phares, aux opérations militaires, à la navigation, aux travaux sous-marins, aux reproductions photographiques, à la lecture des dépêches microscopiques, aux représentations théatrales et aux fêtes publiques, aux signaux maritimes, etc., etc. Nous allons nous occuper de ces différentes applications et nous commencerons par l'application la plus générale, savoir l'éclairage public.

Application à l'éclairage public. — Depuis la découverte par Davy du merveilleux pouvoir éclairant de l'étincelle électrique échangée entre deux charbons, on a fait bien des essais pour l'appliquer à l'éclairage public mais ces essais n'ont pas fourni jusqu'à présent de résultats satisfaisants. En effet, ce n'est pas une lumière intense concentrée qu'on doit rechercher pour cette sorte d'application; outre que cette lumière devient insoutenable à la vue, quand on en est rapproché, elle ne peut éclairer une assez grande étendue autour d'elle pour présenter un réel avantage sur les lumières disséminées en grand nombre sur des points différents. On a pu se convaincre de la vérité de ce fait par les expériences qui ont été tentées il y a déjà longtemps sur la place du Carrousel, non, il est vrai, avec de la lumière électrique, mais avec une lumière également très-intense qui projetait autour d'elle une belle sphère lumineuse. On a reconnu finalement que ce bec unique était loin de fournir les mêmes avantages que les becs ordinaires de gaz qui s'y trouvaient

·placés auparavant. Or, si l'on considère que le caractère propre de la lumière électrique est précisément sa puissance de concentration, on arrivera à conclure que ce n'est pas à l'éclairage public qu'on peut appliquer ce genre de manifestation lumineuse. Quoi qu'il en soit, nous croyons utile de rapporter ici les différents essais qu'on a tentés, et les différents moyens qu'on a proposés pour résoudre ce problème.

Système de M. Wartmann. — « Les efforts des personnes qui se sont occupées d'éclairage électrique, dit M. Wartmann, semblent s'être concentrés sur deux points : obtenir la lumière la plus intense et lui assurer le plus de fixité possible.

« Je pense qu'il faut résoudre autrement le problème de l'éclairage électrique. Un arc d'un éclat excessif détermine des contrastes d'ombre et de lumière très-désavantageux et qui fatiguent l'œil. Si pour protéger celui-ci, on dispose l'appareil à une grande hauteur, on accroît la surface éclairée, mais on perd beaucoup de lumière. N'est-il pas plus rationnel d'assimiler les conditions de l'éclairage électrique à celles de l'éclairage au gaz ? Pourquoi n'établirait-on pas, dans le circuit d'une pile suffisamment intense, autant de *becs électriques* qu'il y a de points à illuminer, chacun de ces becs ayant un éclat égal à celui d'un bec de gaz, par exemple ? Alors la lumière électrique se rencontrera partout où les conducteurs pénètrent, dans les cours, les allées, les ateliers, les magasins, les salons, et là où l'illumination produite par un phare extérieur serait sans efficacité.

« Je me suis assuré, depuis longtemps, qu'on peut faire jaillir l'arc électrique entre plusieurs points d'un même circuit. La somme des lumières émises par deux fixateurs de Duboscq, agissant ensemble, est égale à la lumière produite par un seul d'entre eux. Pour montrer la possibilité de multiplier les points éclairants, on dispose, les unes à la suite des autres, une douzaine de capsules de porcelaine remplies de mercure, et on plonge les conducteurs de la pile dans les deux extrêmes. Ces capsules communiquent deux à deux par des fils de cuivre fixés sur une traverse. Si l'on soulève celle-ci avec soin, on produit vingt-deux arcs qui brillent jusqu'à ce que la vaporisation du mercure et la combustion des fils aient altéré les conditions de passage du courant.

« Trois obstacles se présentent quand il s'agit d'*entretenir* plusieurs becs sur un même parcours galvanique. D'abord, une pile formée d'éléments très-nombreux engendre un courant qui s'affaiblit au bout de quelques heures. J'assure à ce courant la constance nécessaire par le moyen de mon *compensateur voltaïque* (1).

(1) Voir la description de cet appareil, p. 174; il est représenté fig. 19, pl. III.

« En second lieu, l'interruption du courant en un seul point éteindrait tous les becs à la fois. Cette interruption peut résulter de l'action d'un aimant sur l'arc lumineux, d'une trop grande distance entre les charbons, ou d'un courant d'air (on peut souffler la flamme électrique comme celle d'une bougie). Mais j'ai constaté qu'il est possible de suspendre la circulation de l'électricité pendant 1/20 de seconde sans que l'arc s'évanouisse, et je montrerai plus loin comment cette circonstance permet de lever la difficulté.

« En troisième lieu, l'éclat de chaque bec électrique variera avec le nombre des autres becs qu'on allumera dans l'intervalle des pôles. On remédie sans peine à cet inconvénient par l'intercalation dans le circuit d'autant de résistances partielles qu'il y a de becs, chaque résistance équivalant à celle du passage du courant entre les charbons de chaque bec. Des conducteurs convenables obligent le courant à traverser la résistance, ou l'en débarrassent, suivant que le bec fonctionne ou non.

« Ces dispositions s'appliquent à tous les appareils régulateurs. J'ai cherché à les rendre plus efficaces, en les combinant avec un moyen nouveau de fixer l'arc électrique. On sait que le charbon positif éprouve dans le même temps des pertes beaucoup plus considérables que l'autre, par suite du transport de ses molécules sur le charbon négatif. Or, on peut compenser ces pertes en faisant tomber sur lui de la poudre de charbon ou de graphite en quantité égale, ou un peu supérieure, à celle que lui enlèvent la combustion et le transport. De cette manière, l'usage du bec n'est plus limité, comme dans les autres appareils, par la longueur toujours restreinte des baguettes de charbon. J'entoure ce bec d'un tube de verre qui régularise le courant d'air, et empêche les vacillations de la flamme. Enfin j'adapte, s'il en est besoin, un réflecteur pour concentrer la lumière dans une direction déterminée.

« Il ne me reste qu'à décrire l'ensemble des pièces qui président au fonctionnement de mon bec électrique.

« Soit P fig. 10, pl. III, le conducteur positif de la pile, qui aboutit par le fil a au bouton à vis b soutenu par l'arc métallique gg, et où il se bifurque. Une branche c, qu'on arrête par la vis b', se termine par un disque de cuivre d plongeant dans un vase R. Celui-ci contient une solution de sulfate de cuivre de longueur telle que la résistance qu'elle oppose au passage du courant soit égale à celle que le même courant éprouve à franchir l'intervalle entre les charbons. Sur le fond du vase est un disque e soudé au fil f, qui s'arrête au bouton à vis h. Là se réunissent deux fils : l'un, i, allant au bouton à vis h qui maintient le ressort l; l'autre mm, qui se termine à un écrou dans lequel il est fixé par la vis de pression n.

« Du bouton *b* part un second fil *o*, qui s'enroule sur les deux branches de l'électro-aimant E, puis se prolonge en *p* jusqu'à la traverse métallique *q*. Cette traverse et une autre *q'*, servent à maintenir une tige de laiton dentée en crémaillère, qui se manœuvre à l'aide du pignon *r*. La tige porte l'un des charbons C, apointi vers le haut, et dont la base est entourée d'un rebord concave *s*. Cette même tige présente sur la face opposée à la crémaillère, une lame de platine *t*, isolée dans un cadre d'ivoire. Trois ressorts pressent cette face : *l* déjà indiqué, *z* qui est lié au pôle négatif par N, enfin *y* mis en relation, par le fil *u* et la branche métallique *v*, avec le charbon supérieur S. Les extrémités libres des ressorts et la longueur de la lame *t* sont combinées de manière que le ressort *z* communique tantôt avec *y*, tantôt avec *l*, suivant le jeu du pignon *r*. L'un des ressorts extrêmes touche la lame *à l'instant* où l'autre lui échappe, en sorte que le courant n'est jamais interrompu, et qu'il n'y a pas d'étincelles à redouter pour la conservation de ces ressorts.

« La longue branche *v* de cuivre s'appuie d'un côté par le tranchant d'un couteau sur la pièce fixe *w*; de l'autre elle est maintenue par un léger ressort à boudin *x*, terminé par une vis, et dont la position se modifie à l'aide d'un écrou *a'*. De la pièce de métal *w* part un conducteur B lié à la colonne G, qui porte le couteau d'appui de l'armature de fer doux A. Le jeu de cette armature se règle par le moyen de deux ressorts à boudin *e'* et *z'* qui se tendent chacun par des tiges à vis et des écrous convenables *a"* et *a"'*. Cette disposition ressemble à celle que l'habile ingénieur M. Hipp a introduite dans les relais télégraphiques suisses dont nous avons parlé; mais elle en diffère en ce que le jeu des deux écrous opposés permet d'amener l'armature à une distance quelconque du pôle, tout en donnant au système des ressorts une tension plus ou moins grande. Or, on sait que, toutes choses égales, un ressort vibre d'autant plus vite qu'il est plus tendu. Rien, dès lors, de plus aisé que d'obtenir le retrait de l'armature, quand l'électro-aimant cesse de l'attirer, dans un temps beaucoup moins long que 1/20 de seconde.

« L'extrémité *b'* de l'armature P est destinée à s'appuyer contre la pointe platinée de la vis *c* mobile dans l'écrou *isolé* qui porte la vis de pression *n*; l'autre *d'*, à embrayer la roue dentée *e'* quand l'électro-aimant E ne fonctionne pas. Cette roue est portée par l'axe d'une hélice *n'* mue par un mouvement d'horlogerie D, (susceptible d'agir comme compteur si cela est utile) qui fait tomber la poudre de charbon dont est rempli le réservoir conique *m'*. Cette poudre traverse un canal pratiqué à travers le gros charbon S, et arrive sur le charbon C; l'excédant est recueilli par le rebord *s*. —

Sur la pièce d'arrêt d' est encore fixée une chaînette q' qui s'enroule sur la petite gorge de la poulie de renvoi p'. Une autre chaînette h' s'attache sur la grande gorge de cette poulie et se termine à l'extrémité du bras v.

« Il est facile de comprendre l'action de l'appareil : tant que le porte-charbon n'aura pas été soulevé par le pignon r, le ressort y demeurera isolé, le ressort l touchera la lame de platine i, et le courant n'aura d'autre voie que celle des conducteurs P abd R $efhikltz$ N.

« Quand, au contraire, on aura exclu le ressort l et amené le ressort y à presser contre t, le courant se partagera entre deux routes. Une partie passera par P abd R $efhmnc'b$ G B $wuytz$ N, en surmontant la résistance R. L'autre portion, beaucoup plus considérable, se dirigera par P ao E pq C S $vwuytz$ N, parce que les deux charbons se toucheront. Aussitôt, l'électro-aimant attirera l'armature A, et, ouvrant le premier circuit entre b' et c', fera cesser la dérivation. En même temps, l'abaissement de l'arrêt d' rendra libre le mécanisme du distributeur D, et le cordon q' ayant cédé, permettra au ressort x de soulever la branche v, ainsi que le charbon S, à la hauteur nécessaire pour que l'arc soit le plus brillant possible. Cette hauteur se détermine non-seulement par la tension des ressorts x, e' et z', mais encore par le rapport des rayons des deux gorges de la poulie p'.

« Si une cause quelconque rompt l'arc entre C et S, le courant cessera aussitôt de circuler autour de l'électro-aimant E. Alors l'armature A, remontant de suite, rétablira la continuité du circuit par $nc'b'$ G B wu. Les autres becs électriques, distribués sur le parcours du conducteur général de la pile, ne seront pas éteints, et leur éclat ne sera pas modifié, car le courant traverse la résistance R. Mais le relèvement de l'armature A aura simultanément pour effet de descendre le charbon S jusqu'au contact du charbon fixe C, et le bec se rallumera ainsi d'une manière toute automatique.

» Le charbon S ne se raccourcit pas sensiblement, parce que le courant qui le traverse est peu intense (l'illumination à produire équivalant à celle d'un bec de gaz), et que ce courant y dépose les molécules enlevées à C. Je donne au tronc de cône terminal un grand diamètre, ce qui contribue encore à amoindrir la diminution de longueur. Si toutefois on veut compenser la perte minime qu'il éprouve au bout d'un grand nombre d'heures, il suffit de donner à l'écrou a' un mouvement très-lent, emprunté au mécanisme du distributeur D. L'allongement du ressort x, qui en résulte, assure la constance de l'intervalle que le courant doit parcourir entre les deux charbons. Il ne serait pas difficile de disposer ceux-ci dans le vide, ce qui annulerait la perte due à la seule combustion.

« Ainsi, quand la pile est en activité, la seule chose à faire pour allumer le bec électrique ou pour l'éteindre, consiste à mouvoir le pignon *r* dans un sens ou dans l'autre. Les limites de son excursion sont réglées par les traverses *j, j'*, fixées à la tige. On n'a d'autres soins à prendre que de monter à longs intervalles le ressort du distributeur, de renouveler la provision de poudre dans le réservoir *m'*, et de remplacer le charbon S, ainsi que le disque *d*, qu'il convient de faire très-épais.

« On doit donner au vase R de grandes dimensions, afin d'empêcher que l'échauffement du liquide ne puisse y devenir considérable, ce qui diminuerait sa conductibilité. Dans les cas (qu'il faut éviter) où le courant posséderait une forte intensité, les conducteurs D et *e* se détérioreraient en donnant naissance aux fourmillements lumineux que j'ai découverts en 1847 (1). »

Système de M. Quirini. — « On peut, avec une seule pile, dit M. Quirini, faire marcher plusieurs lampes électriques à la fois, condition indispensable pour l'éclairage public.

« Pour cela, il suffit de mettre le pôle zinc de la pile en contact avec le pôle zinc de la première lampe électrique, et le pôle charbon de la pile avec le pôle charbon de la dernière lampe électrique, et unir les autres lampes entre elles avec des conducteurs disposés de façon que le pôle charbon de la première lampe soit en communication avec le zinc de la seconde, et ainsi de suite.

« Toutes ces lampes électriques ne forment alors qu'un seul système. Le fluide électrique suit son chemin d'un pôle à l'autre de la pile, et surmonte les obstacles qu'il trouve dans sa marche aux électrodes, quand on voit jaillir la lumière électrique. Il n'y a point augmentation de la lumière, mais une meilleure distribution.

« Si, par exemple, avec une pile de 50 éléments de Bunsen et une lampe électrique, vous avez une intensité de lumière égale à cent, avec deux lampes vous aurez une intensité de lumière à peu près de la moitié, avec quatre une intensité à peu près d'un quart pour chacune.

« En juin 1855, j'ai fait pour la première fois, à Venise, cette expérience devant une société savante (l'*Ateneo-Veneto*), et je la publie ici, car elle n'est

---

(1) *IVe Mémoire sur l'Induction*, Bibliothèque universelle, tome V, p. 154, et *Annales de chimie et de physique*, 3e série, tome XXII, p. 17. — Des phénomènes semblables ont été décrits à la même époque par M. Maas (Bulletin de l'Académie de Bruxelles, tome XIV, 1re partie, page 432; 1847), et en 1853, par M. Quet (Comptes-rendus, tome XXXVI. p. 1012: séance du 6 juin 1853.)

pas connue. Il y a de l'utilité dans ce fait, surtout quand il s'agit d'éclairer de grands emplacements; des rues, des locaux séparés les uns des autres; la lumière est mieux placée, moins forte, moins incommode.

« Il y a de plus économie, et quand la pile diminue de force, on peut très-facilement supprimer la communication avec les autres lampes, et concentrer la puissance électrique du foyer électrique sur celle qui reste en communication avec la pile.

« L'on fait cette expérience avec toutes sortes de lampes électriques; il est bon pourtant que les lampes en action soient dans le même système, afin que le courant électrique ait le moins possible d'entraves dans sa marche. »

MM. Deleuil dans le numéro du 11 janvier 1856, du *Cosmos*, ont réclamé la priorité de ce système d'éclairage, prétendant que dès le 10 novembre 1849, ils avaient étudié les moyens de diviser la lumière électrique et d'obtenir le fonctionnement simultané de plusieurs appareils placés dans le même circuit en donnant un éclairage égal. La première de ces expériences couronnée de quelques succès, date, disent-ils, de septembre 1850. Ils opéraient avec 80 éléments Bunsen; trois appareils, disposés comme ceux de M. Quirini, donnèrent pendant 5 minutes seulement, une lumière sensiblement la même pour chacun. Le 2 octobre, ils modifièrent leur combinaison. Au lieu d'une pile de 80 éléments, ils employèrent trois piles de 20 éléments chacune et fermèrent le circuit dans l'ordre suivant : pôle positif de la première pile, pôle positif du premier appareil, pôle négatif du premier appareil, pôle négatif de la seconde pile, pôle positif de la seconde pile, pôle positif du deuxième appareil, pôle négatif du deuxième appareil, pôle négatif de la troisième pile, pôle positif de la troisième pile, pôle positif du troisième appareil, pôle négatif du troisième appareil, pôle négatif de la première pile : les appareils donnèrent pendant un peu plus de 5 minutes seulement une lumière égale. Le 19 et le 31 octobre, un nouvel essai semblable, fait avec deux appareils et deux piles de 30 éléments, donna un résultat satisfaisant pendant 15 minutes. Le 10 décembre enfin, avec quatre appareils et quatre piles de 20 éléments, ils éclairèrent aussi pendant un quart d'heure.

Ces expériences, comme on le voit, ne sont guère encourageantes, et si MM. Quirini et Wartmann n'ont pas mieux réussi, c'est à désespérer complétement de l'application de l'électricité à l'éclairage public.

Du reste, M. Ronalds, avant M. Deleuil, avait démontré les avantages qui résulteraient de la substitution d'un appareil multiple, d'une espèce de candélabre électrique, au simple fixateur qui absorbe à lui seul toute une pile puissante. Suivant lui, les charbons brûleraient moins vite et dure-- raient plus longtemps; une des branches du candélabre pourrait s'éteindre sans qu'on s'en aperçût, et les autres pourraient continuer à fonctionner, à la condition toutefois, que par un mécanisme additionnel, la branche qui s'éteindrait fermât le circuit interrompu.

Il fait, en outre, remarquer que le plus grand obstacle à l'emploi de l'éclairage électrique n'est pas sa dépense relativement minime, mais le défaut de continuité et la nécessité absolue de l'œil et de la main d'un sur- veillant, qui n'abandonne jamais à lui-même l'appareil unique dont les charbons peuvent se briser à chaque instant et s'usent si rapidement.

Système de MM. Lacassagne et Thiers. — Pour résoudre le problème de la division du courant dans l'éclairage électrique, MM. Lacassagne et Thiers se sont imaginé d'ajouter à leurs régulateurs un certain appareil auquel ils donnent le nom de *diviseur* du courant, et qui doit opérer la répartition de ce courant en un nombre quelconque de courants constants ou réguliers dont les intensités sont une partie aliquote déterminée de l'intensité du courant primitif. Ils utilisent, à cet effet, leur régulateur électro-métreur que nous avons décrit. « Pour en comprendre la fonction, supposons que le courant de la pile ait une intensité suffisante pour pro- duire tous les effets qu'il s'agit d'obtenir; fixons à l'un des pôles, le pôle positif, par exemple, un rhéophore ou conducteur capable de transmettre sans résistance le courant né de la pile. Ce sera, pour fixer les idées, un faisceau composé d'autant de fils individuels que l'on veut obtenir de déri- vations de courant; nous couperons le faisceau, pour fixer aux deux bouts que détermine la coupure, deux lames de platine, et nous interposerons sur le passage du courant un premier régulateur électro-métreur, de manière à régulariser le courant total. Au delà du régulateur, ou si l'on peut s'exprimer ainsi, à la sortie du régulateur, le faisceau se subdivisera, c'est-à- dire que les fils individuels dont il se compose, et qui ont un diamètre pro- portionnel à l'intensité du courant partiel qu'ils doivent transmettre, se sépa- reront; chacun d'eux ira aboutir à l'appareil que le courant doit mettre en jeu.

« Mais entre le point de séparation des fils et l'appareil correspondant, on interposera sur chaque circuit un nouveau régulateur électro-métreur ou rhéostat-automoteur qui permettra de régler et au besoin de mesurer l'in- tensité de la fraction de courant correspondante. Des fils égaux à ceux qui ont amené le courant à l'appareil le reprendront à sa sortie; ces fils se réuniront plus tard en un faisceau unique qui viendra se rattacher au pôle négatif de la pile, et fermera le circuit total; tout sera alors régularisé, égalisé, mesuré. Lors même que l'un des appareils en question cesserait de fonctionner, le jeu des rhéostats-automoteurs empêchera qu'il ne pénètre une plus grande quantité d'électricité dans les autres circuits, ou que les autres appareils cessent de fonctionner régulièrement; en effet, par les dispositions que nous avons décrites, chaque circuit partiel ne donnera passage qu'à un courant d'intensité déterminée et toujours la même. ».

On comprend d'après cette description que nous avons empruntée au *Cosmos*, quelle effrayante complication entraînerait un pareil système, et tout cela pour produire un effet dont on pourrait se passer.

Si le système de M. Martin de Brettes était applicable dans de bonnes conditions, ce serait encore un moyen de résoudre le problème de l'éclairage par la lumière électrique ; mais nous doutons fort que la perte de lumière qui résulterait des alternatives d'éclairement, puisse suppléer avantageusement au simple éclairage au gaz, et je ne sais jusqu'à quel point la vue ne serait pas troublée par cette continuelle agitation de la source éclairante; l'œil est déjà bien fatigué quand il a contemplé pendant quelque temps un phanakisticope.

Jusqu'ici le meilleur moyen d'éclairage est basé sur le fractionnement de la lumière électrique, et nous avons vu que l'on pouvait y parvenir au moyen des machines Lontin qui peuvent fournir, avec la même machine génératrice, 31 becs de lumière électrique. D'un autre côté les bougies Jablochkoff permettent de fournir plusieurs foyers lumineux là où l'on n'en produisait qu'un seul. L'éclairage de l'une des salles des magasins du Louvre est ainsi produit, et la lumière de chaque foyer, grâce aux globes en verre dépoli, ne fatigue nullement la vue; la lumière est seulement plus blanche et plus éclairante. Les becs s'allument seuls et sans aucune intervention humaine, comme on peut s'en assurer aux deux candélabres qui précèdent le théâtre de l'opéra et qui produisent chacun trois foyers de belle lumière sans qu'on voie la main invisible qui procède à leur illumination. Il serait peut-être possible un jour que la lumière déterminée par des lamelles de kaolin pût devenir applicable à l'intérieur des maisons. Il ne faut plus maintenant dire qu'une chose est impossible : qui aurait cru à la possibilité du téléphone ?... et pourtant il existe, et c'est le plus simple et le plus sensible des télégraphes !

Quand il ne s'agit que d'éclairer une portion de l'espace dans une direction donnée et sous un angle ne dépassant pas 180°, on peut employer avec avantage les projecteurs à diffusion imaginés par M. J. van Malderem; ce sont des espèces de miroirs paraboliques dont le foyer de lumière électrique occupe le centre, et dont la partie antérieure est fermée, à une petite distance de ce foyer, par un verre dépoli qui, en recevant le faisceau de rayonparallèles renvoyés par le miroir, les diffuse et élargit le faisceau dans des proportions telles qu'il éclaire alors tout l'espace en face de lui. Suivant l'abbé Moigno, l'intensité de la lumière est alors tellement augmentée que, mesurée au photomètre avant et après l'installation du double système, elle se trouve avoir acquis un pouvoir éclairant près de dix fois plus grand.

Ce pouvoir pourrait même, suivant certains auteurs, être encore augmenté en employant un certain système de *condensateur. de lumière* imaginé par M. d'Henry. C'est une espèce d'ellipsoïde au sein duquel serait renfermée la lumière et qui devrait être construit en plaqué d'argent ou en verre argenté. On l'empêcherait de trop s'échauffer par la circulation d'un courant d'eau au sein d'une double enveloppe. Cet ellipsoïde ne devrait être ni trop ni trop peu allongé; plus il serait allongé, plus il serait nécessaire de lui donner de grandes dimensions absolues pour contre-balancer autant que possible l'aberration due au volume de sortie. La lumière électrique, suivant l'auteur, serait dans les meilleures conditions à cause de son éclat et de son petit volume qui auraient pour résultat que l'aberration due au volume serait moins grande, et on pourrait d'ailleurs calculer l'ouverture de manière à donner au faisceau la largeur convenable en recourant, pour la faire varier, à des diaphagmes mobiles.

Application à l'éclairage des phares. — Nous ne sommes plus maintenant dans le domaine des hypothèses, l'application de la lumière électrique aux phares est un fait accompli depuis près de 15 ans (1864), et je ne sache pas qu'aucun accident sérieux soit venu interrompre les expériences. La plupart des phares importants des côtes de France, de Russie et d'Angleterre sont ainsi éclairés, et c'est à la courageuse initiative de la compagnie l'Alliance et de son intelligent directeur M. Berlioz, que le monde civilisé doit cette belle application qui a évidemment prévenu bien des sinistres maritimes. Il est vrai que M. Berlioz s'est trouvé puissamment aidé dans ses expériences par l'administration des phares et entr'autres par MM. Reynaud et Degrand qui, après de nombreuses et intelligentes expériences, disposèrent vers 1863 les phares de la Hève dans ce nouveau système. Quelque temps après, l'Angleterre nous imita et employa, comme machines magnéto-électriques, celles de M. Holmes qui n'étaient qu'une copie imparfaite de celles de l'Alliance. M. Le Roux a publié dans le bulletin de la Société d'encouragement sur ce genre d'application une très-intéressante étude que nous aurions eu un grand plaisir à reproduire ici, si l'espace ne nous avait manqué, mais que nous devrons simplement résumer, renvoyant le lecteur au tome XIV du bulletin de la Société, p. 762.

Aujourd'hui ce sont les machines dynamo-électriques qui semblent être préférées, et le *Télégraphic journal*, dans son numéro du 1er décembre 1877, donne beaucoup de détails sur la manière dont le système est installé aux phares du cap Lizard; cette installation aurait été intéressante à décrire, mais, faute d'espace, nous nous contenterons, en ce moment, d'étudier la manière dont la lumière électrique est organisée au sommet des phares.

La partie éclairante des phares se compose, comme on le sait, d'une cage de verre constituée par un certain nombre de lentilles à échelons de Fresnel et au centre de laquelle se trouve le foyer lumineux. Cette cage de verre tourne sous l'influence d'un fort mouvement d'horlogerie, et c'est le passage des zones de séparation des divers parties lenticulaires qui détermine ces éclipses qui distinguent les feux des phares des feux ordinaires. *Plus le point lumineux est petit, plus son effet est amplifié par les lentilles*, et le point capital pour avoir une lumière qui soit aperçue de loin, est que la lampe qui fournit cette lumière ait un foyer lumineux le plus vif et le plus restreint possible. Or la lumière électrique résout ce double problème, et c'est pour cette raison qu'elle semble faite tout exprès pour les phares. Toutefois, comme les régulateurs de lumière électrique sont quelquefois sujets à des extinctions et qu'une extinction prolongée pourrait causer de graves sinistres, les régulateurs de lumière électrique, (qui sont le plus souvent du système Serrin ou du système Siemens), sont disposés en double pour chaque appareil lenticulaire; ils y entrent en glissant sur de petits rails ménagés à la surface d'une table en fonte; un arrêt les fixe au foyer de l'appareil; ils s'y allument d'eux-mêmes instantanément, et c'est là encore un des grands avantages que présente la lumière électrique, surtout avec les régulateurs dont nous avons parlé. La communication électrique s'établit d'une part au moyen de la table de fonte, de l'autre par l'intermédiaire d'un ressort métallique qui vient presser sur le dessus de la lampe en un point convenablement disposé. La substitution d'une lampe à une autre n'exige pas plus deux secondes, celle que l'on retire s'en allant par un des chemins de fer, tandis que celle qui doit la remplacer arrive par le second. On peut encore faire passer plus instantanément la lumière d'un appareil dans l'autre au moyen d'un commutateur qui leur transmet successivement le courant; mais il y a plus de difficultés pour bien centrer les deux foyers.

Les charbons employés pour les phares ont 7 millimètres de côté et 27 centimètres de longueur, et leur consommation peut être évaluée à 5 centimètres par pôle et par heure, du moins avec les machines à courants alternatifs. Malgré cette usure égale, il y a pourtant une petite différence, et le charbon du haut s'use un peu plus vite que le charbon du bas, dans le rapport de 108 à 100; on a bien réglé en conséquence les régulateurs, mais comme il est important que la variation du point lumineux soit au-dessous de 8 millimètres, sans quoi aucun rayon ne serait renvoyé à la limite de l'horizon, il importe que cette lumière soit toujours l'objet d'une surveillance attentive. Pour permettre aux gardiens de suivre sans fatigue la marche des charbons, on projette sur le mur, au moyen d'une petite lentille à court foyer, l'image des charbons; un trait horizontal est tracé sur le mur, et les charbons doivent toujours se trouver à égale distance de ce trait. Comme une déviation de 1 millimètre est représentée par une déviation de 22 millimètres sur le mur, on apperçoit aisément les défauts de réglage.

Cette installation a commencé à fonctionner au phare sud du cap de la Hève le 26 décembre 1863, et c'est après 15 mois d'expériences, qu'on a décidé d'appliquer le même système d'éclairage au second phare; depuis cette époque l'éclairage électrique y a été définitivement établi.

Quant aux machines qui, comme les régulateurs, sont installées en double, elles sont généralement placées au bas de la tour du phare avec les machines à vapeur destinées à les faire marcher, et ce sont des câbles bien isolés et d'un assez fort diamètre, qui conduisent le courant électrique aux régulateurs comme il a été dit plus haut.

D'après le travail de M. Leroux, il paraîtrait que, même avec les machines de l'Alliance à 4 disques, le prix de l'unité de lumière coûte en moyenne sept fois moins avec la lumière électrique qu'avec l'huile.

Dans l'état naturel de l'atmosphère, les machines de l'Alliance à 4 disques donnent une portée de 38 kilomètres, et celles à 6 disques une portée de 50 kilomètres; mais une chose curieuse à constater, c'est que, en temps de brouillard, la lumière électrique n'éclaire pas à une distance plus grande que la lumière des lampes.

Aujourd'hui un certain nombre de phares électriques existent en France, en Angleterre, en Russie, en Autriche, en Suède et même en Egypte. Partout on est satisfait de leur fonctionnement.

Application à l'éclairage des navires. — L'une des plus mportantes applications de la lumière électrique est celle qu'on en a faite aux navires pour éclairer leur marche, éviter les abordages et éclairer assez les passes des ports pour pouvoir y aborder de nuit. Les premier essais ont été faits avec les machines magnéto-électriques de la compagnie l'Alliance, et bien que les résultats n'aient pas entièrement satisfait la marine, ils étaient pourtant déjà assez complets pour faire entrevoir dans un avenir peu éloigné, la solution de ce grand problème (1). Les inconvénients qu'on reprochait à ce système pouvaient se résumer ainsi : la lumière électrique crée autour d'elle un nuage blanchâtre qui fatigue la vue, nuit aux observations; le feu fixe électrique, par sa grande intensité, fait disparaître les feux réglementaires vert et rouge, ce qui constitue un vrai danger; près des côtes les bâtiments peuvent prendre le fanal électrique pour un phare et faire fausse route; enfin les appareils sont encombrants et leur prix d'installation trop considérable eu égard aux services rendus.

Dans ces derniers temps on a fait en grande partie disparaître ces inconvénients en élevant le fanal lumineux à une certaine hauteur, en rendant la lumière intermittente et en employant les machines Gramme qui sont d'un petit volume et d'un prix peu élevé. C'est à bord du paquebot transatlantique l'*Amérique* et d'après les instructions du commandant Pouzolz, que cette nouvelle organisation a été pour la première fois installée, et il paraît qu'elle a parfaitement réussi.

Voici les détails que donne M. Fontaine sur cette installation.

« Le fanal est placé à la partie supérieure d'une tourelle, dans laquelle on monte par des échelons intérieurs sans qu'il soit nécessaire de passer sur le pont, car la tourelle surmonte le capot d'un escalier de service. Cette disposition est très-avantageuse, surtout pendant les gros temps où l'avant des navires est difficilement accessible par le pont. La tourelle avait primitivement 7 mètres de hauteur, mais M. Pouzolz l'a fait diminuer de 2 mètres pour lui donner plus de stabilité et pour abaisser le niveau de la tranche lumineuse; de sorte que cette tourelle est aujourd'hui de 5 mètres au-dessus du pont. Son diamètre est de 1 mètre et elle est fixée à l'avant du paquebot à 15 mètres de l'étrave.

« Le fanal proprement dit est à verres prismatiques; il peut éclairer un arc de 225° en laissant le paquebot presqu'entièrement dans l'ombre. Le

---

(1) Les premiers essais de la compagnie l'Alliance alors dirigée par M. Berlioz, avaient été faits dès l'année 1855 à bord du *Jérôme Napoléon* dont le commandant, M. Georgette Dubuisson, se montrait fort partisan du système. On les répéta ensuite à bord du *Saint-Laurent*, du *Forfait*, du *d'Estrée*, de l'*Héroïne*, du *Coligny* et de la *France*, et l'on peut voir par les rapports qui ont été reproduits dans le journal les *Mondes* tome XVIII, p. 51, 325, 458, 593, 637, tome XVI, p. 488, 594, tome XIII, p. 171, 405, 493, tome VIII, p. 592, que si la marine en général attachait peu d'importance à cette application, plusieurs officiers distingués en appréciaient toute la valeur. A cette époque, il est vrai, on n'avait pas encore organisé sur les navires les phares électriques qui ont donné de si bons résultats à bord de l'*Amérique*, mais le fanal de lumière électrique très-ingénieusement combiné, était installé au mât de misaine, et annihilait par là l'une des principales objections que l'on avait soulevées.

régulateur qui est du système Serrin, est suspendu à la cardan. Un petit
siège ménagé dans le haut de la tourelle, permet au surveillant chargé du
service de régler la lampe sur place. La tranche lumineuse a environ
0^m,80 d'épaisseur.

« La machine Gramme qui alimente le foyer lumineux a une puissance
de 200 becs Carcel et est mise en marche par un moteur à 3 cylindres du
système Brotherhood, ce qui réduit l'espace occupé par les deux machines
à 1^m,20 de longueur sur 0^m,65 et 0^m,60 de largeur et de hauteur. Ces deux
machines sont placées sur un faux plancher dans la chambre de la machine
motrice à 40 mètres environ du fanal.

« Tous les fils passent par la cabine du commandant, lequel a sous la
main des commutateurs lui permettant de faire naître ou d'interrompre, à
volonté, la lumière dans chacune des lampes, alternativement ou simultanément et sans que la machine Gramme l'arrête.

« La nouveauté de l'installation de l'*Amérique* réside dans l'intermittence automatique de la lumière du fanal. Cette intermittence est obtenue
par un commutateur très-simple fixé à l'extrémité de l'arbre de la machine
Gramme et qui a pour effet d'envoyer alternativement le courant dans la
lampe et dans un faisceau métallique fermé, de même résistance que l'arc
voltaïque, lequel faisceau s'échauffe et se refroidit alternativement. Cette
disposition a été prise pour laisser la machine Gramme qui fonctionne
toujours avec une vitesse de 850 tours, dans les mêmes conditions par
rapport au circuit extérieur. D'après les calculs de M. Pouzolz, la meilleure
relation entre les éclipses et les apparitions de la lumière serait celle que
produirait une lumière de 20 secondes et une éclipse de 100 secondes.

« La hauteur du foyer lumineux est de 10 mètres au-dessus de l'eau, et
la portée possible de la lumière, eu égard à la dépression de l'horizon, est
de 10 milles marins (18520^m) pour un observateur ayant l'œil à 6 mètres
au-dessus de l'eau.

« Dans le but d'éclairer les huniers et les perroquets, tout en laissant
les basses voiles dans l'obscurité, M. Pouzolz a fait construire un tronc de
cône en fer-blanc, et l'a placé sur la lampe-mobile, la large ouverture en
l'air. De cette façon l'*Amérique* était vue de fort loin par les bâtiments et les
sémaphores, quand il convenait au commandant de laisser la lumière électrique en fonction continue pendant toute la nuit. »

Comme on le voit par cette description, toutes les objections opposées à
l'emploi de la lumière électrique à bord des navires ont été levées par cette
nouvelle organisation de lumière électrique, et M. Pouzolz répond à celles
qu'on pourrait faire sur l'emploi d'une lumière intermittente, *que la lumière*

faite par courts éclats n'a jamais gêné la vue d'aucun officier de quart, ni des hommes de veille au bossoir, et que l'éclat des feux de côté verts et rouges n'est en rien diminué par l'usage du phare de l'avant.

Du reste depuis les affreux abordages qui ont eu lieu il y a trois ans, on se montre maintenant plus disposé à revenir à l'éclairage électrique des navires, et nous voyons d'après le livre de M. Fontaine que, en 1877, un certain nombre de machines Gramme ont été installées à bord de plusieurs navires de guerre Français, Danois, Russes, Anglais et Espagnols, parmi lesquels nous citerons : le *Livadia et le Pierre-le-Grand* de la marine Russe, le *Richelieu et le Suffren* de la marine Française, le *Rumancia et le Vitoria* de la marine Espagnole.

Il nous reste à parler du projecteur de la lumière électrique qui, en raison du faible espace sur lequel doit être projetée la lumière, doit être différent de l'appareil lenticulaire des phares. Cet appareil représenté sur une grande échelle dans l'ouvrage de M. Fontaine p. 163, ne diffère pas essentiellement de celui qui avait été établi à bord du *Jérôme Napoléon*. Celui-ci en effet se composait surtout d'un réflecteur parabolique au foyer duquel était maintenu l'arc voltaïque produit par un régulateur Serrin. Ce réflecteur un peu prolongé en avant, était fermé par une lentille de Fresnel pour transformer le faisceau divergent en faisceau parallèle. Enfin derrière le régulateur et le réflecteur, se trouvait adapté un petit réflecteur sphérique. Le tout était monté dans une chambre mobile sur un pivot qui permettait, au moyen d'un levier et d'une plate-forme tournante, d'orienter le faisceau lumineux dans toutes les directions. De plus, une lunette marine adaptée à l'appareil, permettait de distinguer les points de l'horizon que le faisceau éclairait. En plaçant devant ce faisceau des verres colorés, on pouvait teinter en vert ou en rouge la lumière envoyée et la rendre ainsi propre aux signaux maritimes.

Dans le projecteur de MM. Sautter et Lemonier, les réflecteurs paraboliques et sphériques n'existent pas, et c'est une lentille de Fresnel composée de 3 éléments dioptriques et de 6 éléments catadioptriques, qui constitue entièrement le projecteur, cette lentille est renfermée dans un large tube cylindrique qui, étant supporté avec tout le système électrique sur un pivot, peut être orienté comme on le désire.

Application aux signaux nautiques de grande portée. — Les signaux de nuit échangés entre les différents navires d'une escadre sont le plus souvent insuffisants à cause de la faiblesse de leur intensité lumineuse, et on pouvait désirer que ces signaux fussent plus nets et visibles de plus loin. Pour résoudre ce problème, M. de Mersanne a combiné un système de régulateur de lumière électrique particulier qui put non-seulement être gouverné à distance, mais encore être réglé sans exiger la présence d'un surveillant auprès de l'instrument.

Ce régulateur a ses porte-charbons montés sur deux tiges verticales munies d'un pas de vis, et susceptibles de tourner sur elles-mêmes sous l'influence d'un mécanisme électro-magnétique gouverné par un commutateur. L'appareil est renfermé dans une grande lanterne munie dans sa partie centrale d'un système cylindrique de lentilles à échelons au foyer desquelles est fixé le point lumineux, et qui est disposé de manière à diriger la lumière suivant la hauteur à laquelle la nappe lumineuse doit atteindre. Or, c'est pour toujours placer exactement ce point lumineux, qu'a été adapté le mécanisme électro-magnétique dont nous avons parlé et qui se compose de deux électro-aimants droits et de deux électro-aimants en fer à cheval disposés entre eux suivant deux lignes perpendiculaires dans un plan vertical. Au centre de ces quatre organes électro-magnétiques, est disposé sur une armature en fourchette, un levier muni d'une dent d'acier qui se trouve interposée entre deux rochets disposés parallèlement et d'une manière inverse, à l'extrémité inférieure des deux tiges des porte-charbons du régulateur. Quand aucun courant ne passe dans les organes magnétiques de l'appareil, cette dent se trouve placée exactement entre les deux rochets; mais si l'on anime d'abord, au moyen du commutateur, l'un des électro-aimants droits, celui de dessus par exemple, le levier dont il a été question se trouve soulevé, et la dent qui le termine se place entre deux dents du rochet supérieur, sans produire toutefois aucun effet, et ce n'est que quand on a fait passer le courant à travers l'électro-aimant de droite, que celui-ci fait pivoter le levier et pousse la dent d'un cran. La tige à vis du régulateur tourne donc d'une quantité en rapport avec l'échappement de cette dent et abaisse le porte-charbon correspondant. Si maintenant on anime l'électro-aimant droit du dessous, la dent du levier engrène avec le rochet inférieur de la tige du régulateur, et quand on vient à lancer le courant dans l'électro-aimant de gauche, la tige en question tourne de l'intervalle d'une dent du rochet, mais en sens contraire du mouvement précédent, ce qui fait relever le charbon d'abord abaissé. Le même effet pouvant être produit de la même manière sur le second charbon, on peut de cette façon placer le point lumineux où l'on veut, à quelque distance que l'on soit du régulateur, et agir au besoin séparément ou en même temps sur les deux charbons.

Quant aux signaux, on peut procéder de deux manières, soit en éteignant au moyen du commutateur, la lumière dans ceux des systèmes qui constituent l'appareil aux signaux, soit en masquant celui ou ceux des foyers lumineux qui doivent être éteints, au moyen d'un obturateur que l'on fait descendre électriquement devant les foyers. Les appareils comportent alors l'adjonction de nouveaux systèmes électro-magnétiques au moyen desquels cette fonction s'exécute facilement. M. de Mersanne en a combiné plusieurs modèles qui peuvent d'ailleurs s'appliquer à tout autre système de régulateur ; le problème ne comporte aucune difficulté.

L'appareil à signaux précédemment décrit a été construit pour marcher à la main, mais l'on conçoit que, pour ce qui est de la régularisation de la lumière, on peut l'obtenir automatiquement d'une façon très-simple, en faisant réagir un mécanisme mis en rapport avec le courant de lumière sur le commutateur dont il a été déjà question.

Il est un petit détail dans la construction du commutateur qui a son importance. C'est un fil de platine qui rougit toutes les fois que la lampe elle-même est allumée et qui s'éteint avec elle. Celui qui envoie les signaux est donc averti, lors même qu'il ne voit pas la lampe, que cette dernière est bien allumée.

Application aux arts militaires. — L'intensité prodigieuse de la lumière électrique et la facilité qu'elle donne de pouvoir la faire apparaître ou disparaître instantanément à distance suivant la volonté, l'ont rendue susceptible d'une application sérieuse dans les opérations militaires, soit pour fournir des signaux, soit comme moyen d'éclairer à longue distance un point qu'on a besoin de reconnaître pendant la nuit, soit pour éclairer les travaux des assaillants dans les siéges. M. Martin de Brettes a publié il y a quelque vingt ans sur cette question un travail intéressant que nous avons reproduit en entier dans notre seconde édition tome III, p. 258, et dont nous ne pourrons citer ici que quelques extraits en raison de l'exiguïté de l'espace qui nous est réservé.

« Les signaux dans la guerre de campagne ou celle de siége, dit M. Martin de Brettes, ont pour objet principal la transmission d'ordres ou de dépêches urgentes. D'après cela, il est clair que le meilleur système de signaux lumineux sera celui dont chaque feu se produira avec le plus de simplicité, sera vu de plus loin et donnera le plus de régularité à l'apparition des feux combinés, pour créer les lignes nécessaires à une correspondance télégraphique.

« D'après la propriété que possède la lumière électrique de pouvoir être aperçue à une distance considérable, on ne peut contester sa supériorité pour créer un bon système de signaux. Toutefois les fusées pourront, en général et dans les circonstances ordinaires, être employées avantageusement à cause de leur simplicité, du peu d'embarras qu'offre leur transport et de la facilité de leur emploi. Mais quand on aura besoin d'un puissant signal lumineux permanent, la lumière électrique sera d'un secours immense et pourra éviter en campagne l'emploi du ballon captif.

« D'un autre côté, il se présente à la guerre des circonstances où l'on a besoin d'un éclairage d'une durée plus ou moins longue; par exemple :

« Pour reconnaître une fortication, l'assiégeant a besoin de produire un éclairage momentané suffisant à ses projets et pas assez long pour éveiller l'attention de l'assiégé.

« Pour diriger le tir d'une batterie sur un but déterminé, il faut que ce but soit éclairé assez longtemps pour permettre un bon pointage.

« Pour n'être pas surpris lors de l'ouverture de la tranchée, l'assiégé doit éclairer d'une manière continue le terrain où cette opération a des chances d'être exécutée.

« L'éclairage d'un champ de bataille, d'une brèche lors de l'assaut, demandent aussi un éclairage d'une durée indéfinie.

« Ainsi, à la guerre on peut avoir besoin de produire ou un éclairage momentané, ou un éclairage de longue durée dont la limite est celle de la nuit. Nous avons vu précédemment que l'on pouvait produire, sans difficulté et à volonté, ces deux éclairages avec la lumière électrique, en fermant ou en interrompant le circuit voltaïque. »

M. Martin développe ensuite les conditions d'application de la lumière électrique pour obtenir les différents effets que nous venons d'énumérer. Toutefois à l'époque où il a fait son travail, les machines magnéto-électriques ne pouvaient fournir de lumière, et c'est avec le matériel encombrant d'une pile qu'il aurait fallu réagir, ce qui rendait la solution du problème beaucoup plus difficile. Aujourd'hui que, grâce aux petites dimensions des machines magnéto-électriques on peut obtenir des intensités lumineuses très-considérables, ce genre d'application de la lumière devient très-facile. On peut en effet disposer à demeure sur une *locomobile* la machine magnéto-électrique, et la meilleure pour cet usage est celle de M. Gramme; or, cette locomobile peut être transportée aussi facilement que des canons sur les points nécessaires. Le système préconisé en France est celui qui est actionné par une machine à trois cylindres du système Brotherhood. Les électro-aimants de la machine Gramme sont alors plats et très-larges; la bobine possède deux collecteurs de courants, et un commutateur monté sur les armatures, permet d'accoupler la machine en tension ou en quantité. Ce système a du reste été adopté par la *France*, la *Russie* et la *Norvége*.

D'après M. Fontaine, il résulte d'expériences faites au Mont-Valérien avec une machine ainsi disposée, qu'un observateur placé à côté des appareils peut voir des objets placés à 6600^m de distance, et distinguer nettement des détails de construction à 5200^m. Pour obtenir ces résultats, il faut que la machine Gramme ait une puissance de 2500 becs, et que le projecteur la concentre par réflexion et réfraction, comme dans les projecteurs dont nous avons parlé pour l'éclairage des navires en mer.

Quand la machine a ses organes électro-magnétiques accouplés en quantité, elle tourne à raison de 600 tours par minute et dépense 4 chevaux de force; la lumière produite varie de 1000 à 1200 becs. Dans le second cas, elle tourne à 1200 tours, dépense 8 chevaux et donne de 2000 à 2500 becs. Quand le temps est clair, on opère avec la machine accouplée en quantité, et la dépense de vapeur est alors faible, la conduite facile et les crayons se consument lentement. Quand le temps est brumeux ou très-obscur, on dispose la machine en tension; la dépense de vapeur augmente, mais la conduite demande un peu plus de soin, et les crayons s'usent plus vite. Avec le moteur Brotherhood le changement de puissance s'effectue instantanément.

Pour les signaux de guerre, M. Gramme a combiné une machine de petites dimensions qu'on peut faire mouvoir à bras d'homme. Cette machine actionnée par 4 hommes produit une lumière équivalente à 50 Carcel. Le gouvernement français l'a mise en essai dernièrement.

Des expériences avec des machines disposées à peu près de la même manière ont été faites à Berlin en 1875. La lumière engendrée par la machine était assez intense pour permettre de lire à un mille de distance de l'écriture ordinaire, et comme un miroir placé en avant du régulateur était incliné sur l'horizon de manière à réfléchir vers le ciel les rayons lumineux, on a pu projeter sur les nuages une traînée lumineuse qui, de loin, ressemblait à la queue d'une comète, et dans laquelle venaient successivement se dessiner les signaux faits en avant du miroir.

On a pensé aussi à envoyer des signaux au moyen de ballons captifs. Dans ce cas le régulateur à signaux de M. de Mersanne pourrait être avantageusement employé.

Eclairage des trains de chemins de fer. — L'éclat intense de la lumière électrique et les moyens faciles qu'on a de la projeter dans toutes les directions, ont donné l'idée de l'employer pour éclairer les trains de chemins de fer circulant pendant la nuit, et d'annoncer de plus loin leur présence, ne serait-ce que par l'illumination du ciel à l'endroit où ils passent. On a fait dernièrement au chemin de fer du Nord des expériences qui ont parfaitement réussi, et qui permettent de croire qu'un jour viendra où ce système d'éclairage sera d'un emploi général. En attendant voici un système imaginé par M. Girouard.

Le générateur électrique employé, qui est une machine Gramme, est installé sur le tender de la locomotive et reçoit son mouvement d'une roue dentée mue par un petit piston indépendant, fixé sur le socle du bâti. Un régulateur de Watt règle l'admission de la vapeur. Un tube de cuivre vient d'une part s'ajuster sur un robinet fixé à la machine à vapeur et de l'autre se termine par un manchon serre-joint qui le relie à la suite du tube, lequel passe sous le fourgon pour s'ajuster d'autre part sur la boîte renfermant la valve d'introduction de la vapeur dans le tiroir du piston moteur. Afin de garantir l'appareil magnéto-électrique de la pluie et de la poussière, on le renferme dans une petite caisse, et seul, le cylindre reste en dehors. Il est facile de voir que cette disposition est très-solide quoique indépendante de la machine ; de plus l'entretien des organes peut se faire par celui qui nettoie d'habitude la machine à vapeur.

Sur le devant de la locomotive, est fixée solidement une lanterne en tôle renfermant une lampe électrique munie d'un fort réflecteur, et en avant de la lanterne est placée, sous une inclinaison de 45°, une glace demi transparente en verre platiné. Cette glace est montée dans un cadre ajusté de façon à pouvoir s'incliner un peu à droite ou à gauche, tout en restant toujours sous le même angle. De plus, un châssis contenant trois verres de couleur, un rouge, un blanc et un vert, est maintenu en avant du réflecteur et préserve en même temps la lanterne de la pluie et du vent.

Deux tiges à articulation partent l'un du cadre de la glace inclinée, l'autre du châssis portant les verres de couleur, et vont aboutir à deux petits leviers à portée de la main du mécanicien. Deux câbles relient la lampe à la machine magnéto-électrique; aussitôt que le courant passe dans la lampe, les rayons lumineux sont projetés en avant par le réflecteur; mais comme la glace est légèrement platinée, une partie seulement est renvoyée dans la direction normale, tandis que l'autre est rejetée vers le ciel sous forme d'un faisceau conique. A l'aide du premier levier, on peut renverser obliquement ce faisceau, soit à droite, soit à gauche, tout en éclairant toujours devant soi, et avec le second, on colore les rayons, soit en vert soit en rouge. Or, en donnant une signification à chaque combinaison, on peut ainsi obtenir un assez grand nombre de signaux. De plus, le faisceau lancé verticalement permet d'apercevoir le train de fort loin quoique sa présence soit masquée par des ponts et autres obstacles ou qu'il soit **engagé dans une tranchée profonde, et cela malgré les courbes et les pentes.**

Application à l'éclairage des cavités obscures du corps humain. — Comme dans ce genre d'application de la lumière électrique on n'a pas besoin d'une grande intensité lumineuse, on peut mettre à profit l'éclairement résultant d'une fil de platine rougi au blanc ou de l'étincelle d'induction multipliée. M. Trouvé a imaginé des instruments

Fig. 152.

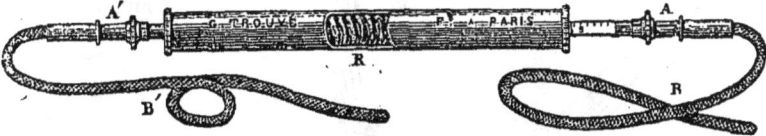

fondés sur le premier de ces principes, et M. Fonssagrives et moi avons eu recours au second pour établir des espèces de laryngoscopes qui ont eu à une certaine époque un certain retentissement.

Nous représentons fig. 154, 155, 156 les appareils de M. Trouvé qui sont mis en action par l'élément de polarisation de M. Planté que nous avons déjà représenté p. 400, mais qui a été disposé d'une manière un peu différente pour son application aux appareils dont nous parlons en ce moment et pour les galvano-cautères dont nous parlerons plus tard. Dans ces nouvelles conditions, il se présente sous la forme de la fig. 153 et a reçu le nom de *polyscope*. Il ne diffère d'ailleurs du premier type que par un régulateur d'intensité de courants qui est figuré en A et par l'adjonction d'un galvanomètre B. Ces deux accessoires permettent au pratiquant, 1° de savoir si l'appareil est convenablement chargé pour être mis en usage, 2° de modérer l'intensité du courant suivant l'instrument que l'on a à employer. On

Fig. 153.

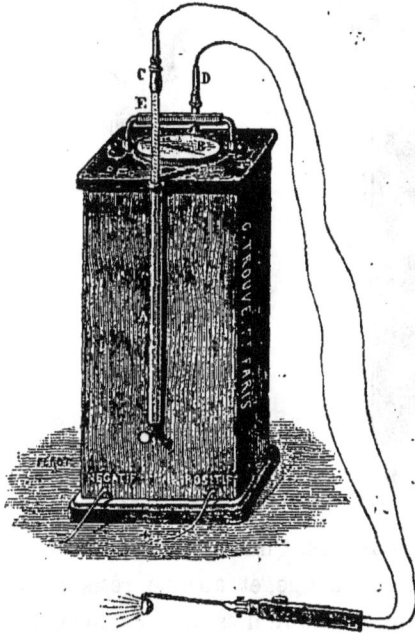

comprend en effet que si toute la charge était employée pour faire rougir un fil très-fin de platine, tel que celui que l'on emploie pour les cautères à pointes, ce fil serait immédiatement fondu, et si on en diminuait l'action par une résistance fixe, on ne pourrait rougir une surface métallique un

peu large ; c'est pour obtenir un courant de force convenable que le graduateur A a été introduit. Ce graduateur représenté en grand fig. 152, n'est
d'ailleurs qu'un Rhéostat composé d'un ressort à boudin R introduit et fixé
solidement dans un tube garni intérieurement d'une feuille de carton, et
à l'intérieur duquel glisse, à frottement dur, une tige métallique graduée A A' qui, étant plus ou moins enfoncée, laisse le courant parcourir un

Fig. 154.   Fig. 155.   Fig. 156.

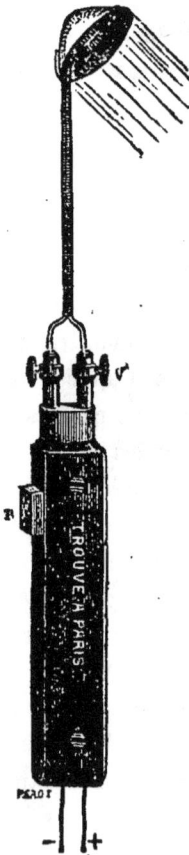  

nombre plus ou moins grand de spires isolées. Quand il est tout à fait
enfoncé, le courant passe directement par la tige, et aucune résistance
n'est introduite dans le circuit. Quand au contraire il est peu enfoncé, le
courant suit d'abord la tige et ne trouve plus pour continuer sa route que
les spires laissées dégagées au-dessous de cette tige. Le polyscope se charge
d'ailleurs comme l'appareil de la fig. 111 avec la pile représentée fig. 112, et
il peut avec les résistances du circuit extérieur appliquées aux appareils à

lumière ou cautérisants conserver sa charge pendant plusieurs heures, ce qui est plus que suffisant dans les différents cas où l'on a à appliquer ces appareils.

Les appareils destinés à éclairer les cavités obscures du corps humain sont constitués, comme on le voit fig. 154 et 156, de deux fils rigides légèrement recourbés à leur extrémité supérieure et réunis par un fil de platine très-fin. Un petit réflecteur parabolique argenté est placé derrière le fil de platine et en renvoie les rayons lumineux concentrés dans une seule direction. Avec l'appareil représenté fig. 154, la lumière peut éclairer le devant de la bouche, et elle est assez intense pour être aperçue à travers les dents. L'appareil de la fig. 155 éclaire au contraire le haut et le fond de la bouche, et enfin l'appareil de la fig. 156 porte un miroir qui permet de voir la partie de la bouche éclairée en avant ou en dessous.

M. Trouvé a appliqué encore ces appareils pour la vérification de l'état des parois intérieures des bombes, des canons et autres engins de l'artillerie. En adaptant dans un vase hermétiquement fermé, la partie supérieure de l'appareil représenté fig. 154, et en ayant soin de ne laisser ressortir que les deux fils s'adaptant aux boutons d'attache V, il est parvenu à en faire une lanterne ou fanal qui peut éclairer sous l'eau ou dans les galeries de mines.

Dans le système combiné par M. Fonssagrives et moi, la lumière est produite dans une espèce de tube analogue à un tube de Gaissler, par l'étincelle d'induction résultant d'une machine de Ruhmkorff. On sait que cette étincelle se développe alors d'une manière toute particulière, et pour la rendre brillante, il suffit de réduire le plus possible le diamètre du tube et d'y faire le vide sur certains mélanges gazeux dont j'indiquerai à l'instant la composition. En contournant ces tubes en spirale comme un solénoïde, on peut concentrer dans un espace relativement petit une certaine quantité de lumière qui ne développe qu'une chaleur à peine appréciable, et qui se produit sans contact avec l'air extérieur.

Quant à la composition du mélange gazeux sur lequel le vide doit être fait, plusieurs physiciens s'en sont occupés ; mais les meilleurs résultats ont été obtenus par M. Morren, en composant ce mélange avec de l'azote pur et sec adjoint à de la vapeur de mercure. En introduisant ce mélange dans un tube étroit, et en le raréfiant au moyen du vide barométrique, M. Morren est parvenu à donner à cette lumière une couleur parfaitement blanche et d'un éclat tout particulier qui pouvait la faire comparer à la lumière du gaz.

Application de la lumière électrique à l'éclairage des

galeries de mines. — Plusieurs savants, et entre autres, MM. de la Rive, Boussingault et Louyet, ont revendiqué l'idée première de l'application de la lumière électrique aux travaux des mines. Ce qui paraît certain c'est que si cette idée appartient à M. Louyet, comme cela me semble prouvé, l'application n'en a été faite qu'en 1845, par M. Boussingault.

Tout le monde sait le danger que courent les mineurs, lorsqu'un jet de gaz hydrogène, venant à se faire jour à travers les couches de terre, rencontre la flamme des différentes lampes qui éclairent les galeries de mines. Une détonation effrayante se fait entendre, et toute la galerie est mise en feu. Ces funestes accidents sont connus sous le nom de *feu grisou*. Or, la lumière électrique pouvant se produire sans renouvellement d'air, puisqu'elle peut se manifester même dans le vide, on comprend qu'il suffira, pour éviter le grisou, de renfermer chaque foyer lumineux avec son régulateur dans des globes hermétiquement fermés, que l'on placera dans les différentes galeries où sont les travailleurs. Toutefois, il faudra que le vide soit fait dans ces globes, car la chaleur, en dilatant l'air qui s'y trouverait renfermé, pourrait les faire éclater. Dès lors, il n'y a plus à craindre le moindre danger, puisque ces foyers lumineux sont alors complétement séparés de l'air extérieur.

Pour éviter les frais considérables qu'entraîne l'installation de la lumière électrique, MM. Dumas et Benoît ont eu l'idée d'y substituer la lumière de l'étincelle d'induction dans le vide ; ils disposent, en conséquence, le tube dans lequel elle se produit de manière à constituer un multiplicateur, comme dans les appareils décrits précédemment, et en introduisant ce multiplicateur dans un tube muni à ses deux extrémités des garnitures de cuivre nécessaires à sa suspension. Le vide est fait dans ce tube sur les gaz de M. Morren, afin d'obtenir une belle lumière blanche. J'ai longuement parlé de ces sortes de tubes éclairants dans ma notice sur l'appareil d'induction de Ruhmkorff (5e édition) à laquelle je renvoie le lecteur.

La lumière électrique produite par les machines de l'Alliance a été appliquée avec succès, en 1863, à l'éclairage des ardoisières d'Angers, par M. Bazin. Une machine à 4 disques a pu éclairer une galerie ayant 60 mètres de longueur sur 50 mètres de largeur et 40 mètres de hauteur. La machine était près de l'ouverture du puits, et le courant électrique était transmis par des fils de 150 mètres de longueur. Malgré l'affaiblissement d'intensité résultant de cette grande longueur de fils, l'éclairage s'est montré si satisfaisant, que les ouvriers de la mine ont exprimé leur joie par de chaleureux applaudissements. Ces résultats avantageux ont été constatés à plusieurs reprises différentes, et on a reconnu, en outre, qu'on augmentait d'un cinquième ou d'un sixième le travail utile des ouvriers, ce qui constituait un bénéfice net de 15 à 20 % à ajouter à un bien être pour les ouvriers qu'on devrait acheter fort cher : Il n'y avait pourtant que deux foyers de lumière. (Voir les *Mondes,* tome I, p. 691 et tome II, p, 221 et 278).

Application à l'éclairage des gares, des ateliers, etc. — Aujourd'hui l'application de l'éclairage électrique aux grands ateliers industriels et aux gares des chemins de fer est un fait accompli. Depuis M. Hermann-Lachapelle qui est un des premiérs à être entré dans cette voie, il est une fou!e d'autres industriels qui l'emploient aujourd'hui et qui s'en trouvent fort bien. Le livre de M. Fontaine nous indique que ce sont des machines Gramme qui éclairent maintenant les établissements de M. Ducommun, à Mulhouse ; de MM. Sautter et Lemonnier, à Paris ; de M. Ménier, à Grenelle, Noisiel et Roye ; les filatures de M^mo veuve Dieu-Obry, à Daours ; de M. Ricard fils, à Manresa (Espagne); de MM. Buxeda frères, à Sabadell (Espagne) ; les chantiers de M. Jeanne Deslandes, au Havre ; les usines de MM. Mignon, Rouart et Delinières, à Montluçon ; le port du canal de la Marne au Rhin, à Sermaize ; la gare des marchandisés, à la Chapelle-Paris (1). Partout on en est très-satisfait. On pourra trouver dans l'ouvrage de M. Fontaine des détails sur l'installation de ces systèmes d'éclairage; nous nous contenterons ici d'indiquer celui de la gare du chemin de fer du Nord à cause du système ingénieux qui a été employé pour obtenir une lumière ne gênant pas la vue et capable d'éclairer par réflexion les différentes parties des salles avec des rayons presque verticaux, ce qui fait disparaître considérablement les ombres portées des colis en les noyant comme dans une atmosphère lumineuse de la zone torride.

Ce système consiste à disposer autour des régulateurs qui sont suspendus en différents points des salles, une sorte de réflecteur constitué d'une part par le support de la lampe, d'autre part par une sorte d'entonnoir ren-

---

(1) En outre de ces établissements, M. Fontaine cite, au commencement de 1877, une foule d'autres établissements éclairés de cctte manière, et entre autres, la fonderie de canons de Bourges, les ateliers de la maison Cail, ceux de la compagnie des forges de la Méditerranée au Havre, ceux de MM. Crespin et Marteau à Paris, Beaudet à Argenteuil, Thomas et Powel à Rouen, Ackermann à Stockolm, Avondo à Milan, Quillacq à Anzin, ceux de Fives-Lille, de Tarbes, de Barcelone, les gares du Midi de Bruxelles, les forges de Fourchambault, les fonderies de Bessèges et de Fumel, les teintureries de MM. Guaydet à Roubaix, de MM. Hannart à Wasquehal, la fabrique de tissage de M. Baudot à Bar-le-Duc, la blanchisserie des hospices de Lyon, etc.

versé en verre dépoli, disposé de manière que le foyer lumineux ne puisse
être vu directement des différents points de la salle. La lumière ainsi en
partie arrêtée, est réfléchie vers le plafond ainsi que celle qui émane de la
partie supérieure du bec, et comme le plafond est peint en blanc, il peut à
son tour former un immense abat-jour qui renvoie les rayons lumineux
presque verticalement, ce qui empêche les colis de porter une ombre trop
forte. Grâce à ce système, on a pu réduire le nombre des hommes
d'équipe pour les services de nuit, et on a diminué de beaucoup les pertes
des menus bagages. M. E. Reynier a perfectionné ce système, en rendant la
lanterne portant le régulateur et le système réflecteur beaucoup plus facile
à manœuvrer. Avec sa disposition, le système se déplace comme les
suspensions de salle à manger. La place nous manque ici pour donner des
détails de cet intéressant arrangement, mais nous en publierons plus tard
une description plus complète.

La compagnie Gramme a aussi combiné pour les magasins du Louvre
un plafond lumineux qui a également bien réussi. Ce plafond est constitué
d'abord par une grande glace sans tain dépolie, qui forme la base d'une
grande pyramide creuse en fer-blanc destinée à agir comme réflecteur; un
régulateur de lumière électrique suspendu et équilibré au moyen d'un
contre-poids, est introduit à l'intérieur de cette pyramide et placé de manière
que les différents rayons lumineux réfléchis viennent se projeter le plus
également possible sur la glace dépolie. Celle-ci se trouve alors illuminée
aussitôt que le courant passe à travers le régulateur. Un second régulateur
de rechange peut d'ailleurs être facilement substitué au premier quand les
charbons doivent être remplacés.

Le système de réflexion de lumière employé pour la gare des marchandises au chemin de fer du Nord a été utilisé à Vienne, en Autriche, pour
éclairer une piste de patineurs ayant une longueur de 133 mètres. Deux
machines Gramme et deux lampes Serrin au-dessus desquelles étaient
hissés deux grands abat-jour, dont les segments étaient recourbés suivant
une surface ellipsoïdale, suffisaient pour éclairer admirablement la piste.
C'est l'installation en plein air la mieux réussie.

Applications de la lumière électrique à la pêche. — On
n'est pas encore fixé si la lumière électrique descendue au sein de l'eau attire
ou éloigne les poissons. Suivant certaines personnes, ce serait un moyen de
faire des pêches miraculeuses, et M. Jobard, de Bruxelles a fait en 1856 un
article fort spirituel sur cette application ; mais hélas il a fallu un peu rabattre
des illusions qu'on se faisait alors. En effet, à la demande d'un Nabab anglo-
français, M. Hoppe, M. J. Duboscq a construit un grand globe foyer de

lumière électrique qui a été expérimenté sur le lac d'Enghien un beau soir d'été; les eaux étaient parfaitement éclairées, mais au lieu de venir vers la lumière, les poissons effrayés s'enfuyaient; pas un n'a montré sa queue, de sorte que l'appareil est resté sans destination. C'est M. l'abbé Moigno qui raconte ainsi cette déconvenue, mais nous voyons que sa conviction n'était pas bien arrêtée, car on lit dans le journal les *Mondes* t. VII, p. 462, t. VI, p. 584 et t. V. p. 374, des articles sur la pêche à la lumière électrique où il en fait plus de cas. Il rapporte en effet un article d'après lequel M. Fanshawe aurait très-bien réussi à prendre de cette manière, à l'appât, beaucoup de merlans et de maquereaux. Suivant cet amateur de pêche « l'aspect de la mer durant cet essai était splendide; la lumière réfléchie portait la teinte vert bleuâtre de l'eau depuis le fond jusqu'au sommet de chaque vague. Les voiles et les cordages du vaisseau étaient aussi éclairés, et l'on aurait dit qu'il flottait sur une mer d'or. Les poissons argentés s'élançaient à l'entour et montaient à chaque instant vers la surface de l'eau illuminée, offrant l'aspect de bijoux polis dans une mer d'or et d'azur. » Il est vrai que dans un autre article l'auteur des *Mondes* rapporte des expériences faites à Dunkerque avec une lampe sous-marine animée par les courants d'une machine de l'Alliance, expériences qui auraient laissé beaucoup d'incertitude sur l'action de la lumière sur les poissons.

On a du reste construit des lampes électriques pour la pêche, et M. P. Gervais, s'il faut en croire le journal les *Mondes* du 30 mars 1865, en aurait construit une assez ingénieuse. Fixée à une bouée elle aurait pu descendre à des profondeurs plus ou moins grandes.

Application aux travaux sous-marins. — Depuis que les cloches à plongeur et différents autres appareils propres à entretenir la respiration sous l'eau, ont permis de travailler au fond de la mer, plusieurs genres de travaux hydrauliques et de nombreux sauvetages de navires naufragés ont pu être exécutés avec facilité. Quand la profondeur d'eau à laquelle on doit s'enfoncer n'est pas considérable, la lumière du jour peut aisément traverser la couche liquide et éclairer suffisamment les travailleurs; mais, à une certaine profondeur, le jour manque, et les explorations sous-marines, qui doivent toujours précéder les travaux, deviennent impossibles. Sans doute, en adaptant à une lanterne des appareils pour renouveler l'air, on pourrait entretenir une lumière comme on entretient la respiration des hommes; mais cela nécessite une pompe supplémentaire et tout un système particulier pour empêcher le courant d'air d'éteindre la lumière. Avec la lumière électrique, le problème peut être résolu de la manière la plus simple, et l'étendue de l'espace éclairé est beaucoup plus considérable. On peut, pour cela, employer le système de globe à régulateur, dont nous avons parlé précédemment, ou un régulateur particulier pour fournir directement la lumière à travers l'eau. Cependant, comme la lumière produite dans ce dernier cas est beaucoup plus difficile à gouverner que dans le vide, le premier moyen est bien préférable.

Les expériences faites à Dunkerque pour la pêche à la lumière électrique, ont permis de voir comment cette lumière se comporte sous l'eau, et on a reconnu que les machines magnéto-électriques ainsi que la lumière qu'elles engendrent, sont définitivement applicables aux travaux sous-marins. En effet à 60 mètres de profondeur, cette lumière est restée parfaitement constante, et elle éclairait une très-grande surface. La machine était pourtant installée à plus de 100 mètres de distance du régulateur de lumière électrique. Les parois en verre de la lanterne sont restées complétement transparentes, et l'usure des charbons était bien moins grande qu'à l'air libre.

Applications aux projections des principales expériences de l'optique, des épreuves photographiques sur verre, des photographies microscopiques expédiées pendant la guerre par les pigeons voyageurs, et aux reproductions photographiques. — Il est, comme je l'ai déjà dit, beaucoup de phénomènes physiques qui, pour être rendus palpables aux yeux de tout un auditoire, ont besoin d'être projetés sur un large écran, à la manière des sujets de la lanterne magique. Il est même quelques-uns de ces phénomènes qui tiennent à la nature propre de la lumière, qui exigent pour être perçus une lumière excessivement intense. Sans doute, avec la lumière solaire et au moyen d'un porte-lumière, le problème peut être résolu immédiatement et à peu de frais, mais, la plupart du temps, le soleil manque quand il en est besoin, et l'on se trouve forcément privé de ces expériences qui, non-seulement donnent à un cours une plus grande animation et un charme tout particulier, mais encore sont beaucoup mieux comprises et surtout beaucoup mieux retenues quand les yeux ont été frappés. La lumière électrique peut être substituée victorieusement au soleil pour ce genre d'application, et le régulateur de M. J. Duboscq a été disposé, comme nous l'avons vu, tout exprès dans ce but.

Les appareils destinés à projeter la lumière électrique se composent : 1° d'un fixateur de lumière électrique dont les deux charbons en s'usant ne déplacent pas le point lumineux; 2° d'une lanterne hermétiquement fermée dans laquelle on place le régulateur; 3° d'une lentille plan-convexe destinée à rendre parallèles les rayons convergents issu du point lumineux ;

4° d'une série d'appareils d'optique dont nous ne parlerons pas ici, car nous nous écarterions complétement du sujet qui fait l'objet de cet ouvrage (1). Nous décrirons seulement la lanterne, parce qu'elle est une conséquence du régulateur électrique.

La lanterne de M. Duboscq se compose d'une espèce de boîte de cuivre bronzé, qui enveloppe la partie supérieure du régulateur. Pour prendre moins d'espace, la colonne de ce dernier appareil est enfermée dans une espèce de cheminée qui termine la boîte, et le pied se trouve au-dessous, entre les quatre colonnes qui supportent la lanterne. Pour que cette boîte ferme hermétiquement, de petits volets mus par des crémaillères viennent fermer le dessus et le dessous de la boîte en même temps qu'on en ferme la porte, de sorte que les coupures faites à l'instrument, pour qu'on puisse y introduire le régulateur, se trouvent bouchées. L'intérieur de cette lanterne est muni d'un miroir réflecteur et de deux tiges plongeantes sur lesquelles peuvent s'adapter deux autres miroirs pour renvoyer la lumière dans les lentilles d'un appareil particulier que l'on adapte à la lanterne pour certaines expériences, et que l'on appelle *polyorama*. Enfin sur le côté de la lanterne se trouve un petit œil-de-bœuf muni d'un verre violet par lequel on examine la marche de la lumière électrique. Afin de régler facilement la position du point lumineux qui, dans certaines expériences délicates, a besoin d'être déterminée d'une manière tout à fait rigoureuse, le régulateur se trouve posé sur un socle qui, au moyen de deux vis de rappel, peut être déplacé dans deux directions rectangulaires (de bas en haut et de côté), comme le miroir des porte-lumières.

Les expériences de projection peuvent être faites à toute distance; seulement, elles perdent de leur éclat et de leur netteté quand les distances ne sont pas en rapport avec l'intensité lumineuse : cinq mètres représentent ordinairement la distance la plus convenable pour la lumière d'une pile de cinquante éléments.

La lanterne magique, au moyen de la lumière électrique et d'épreuves photographiques sur verre de M. Lévy ou de MM. Favre et Lachenal, donne des effets tellement saisissants, que souvent on se croirait transporté sur les lieux; on est même aujourd'hui arrivé à une telle perfection d'épreuves, qu'il semble quelquefois que les reliefs s'aperçoivent comme si on employait le stéréoscope. La reproduction des sculptures est sous ce rapport éton-

---

(1) Voir ma notice sur le mode de projection des principaux phénomènes de l'optique à l'aide des appareils Duboscq.

nante. Aujourd'hui ce système de projections est très-exploité commer-
cialement, et en dehors des appareils de M. Jules Duboscq qui s'appliquent
à toutes les expériences de l'optique, il y a ceux de M. Molténi qui sont
exclusivement réservés à ce genre d'application.

Parmi les expériences de projections que l'on a entreprises au moyen de
ces appareils, nous citerons d'une manière toute spéciale celle qui en a été
faite à la lecture des dépêches microscopiques envoyées, pendant le siége de
Paris, sous les ailes de pigeons voyageurs; ces dépêches dont chacune
occupait moins d'un millimètre carré, se lisait parfaitement devant la foule
de ceux qui avaient intérêt à recevoir des nouvelles de la province.

On a encore employé la lumière électrique pour les reproductions photographiques d'objets ou de lieux non éclairés. C'est ainsi que M. Lévy a
reproduit d'une manière remarquable cette jolie fontaine du dessous de
l'escalier du grand opéra, et que certains artistes Anglais et Américains
sont parvenus à reproduire l'aspect et les détails de grottes ou de caveaux
obscurs dont les images étaient tellement vraies, que rien que par les
ombres portées, on pouvait les distinguer des enceintes éclairées par la
lumière du jour. Plusieurs photographes ont même voulu employer ce
moyen pour des reproductions de clichés, mais les essais entrepris jusqu'ici
n'ont pas fourni de résultats assez avantageux pour qu'on ne préfère pas la
lumière du jour.

Expériences publiques de lumière électrique. — S'il
faut en croire une réclamation de M. Deleuil faite au journal *les Mondes* le
26 novembre 1863, ce serait son père qui aurait fait le premier l'expérience
en grand de la lumière électrique, et cela en 1841 quai Conti, n° 7. Il
employait pour cela une pile de Bunsen de 100 éléments, et produisait la
lumière entre deux charbons au sein d'un ballon dans lequel le vide était
fait. Parmi les savants qui assistèrent à cette expérience, se trouvait
M. Cagnard de la Tour qui put lire, du terre-plein de la statue de Henry IV,
une étiquette dans le fond de son chapeau. Une autre expérience fût faite
en 1842, par M. Deleuil père sur la place de la Concorde. Néanmoins, c'est
M. Archereau qui, dans l'origine, a le plus contribué à vulgariser la
lumière électrique, et je me rappelerai toujours que les expériences qu'il
faisait tous les soirs, soit rue Rougemont, soit boulevard Bonne-Nouvelle,
soit rue Basse du Rempart, ont fixé mon goût pour la science électrique.
C'est donc à ce brave pionnier de la science que je dois de m'être lancé
dans la carrière que j'ai suivie sans discontinuité depuis lors.

Depuis ces premières expériences publiques, les essais se sont multipliés;
on en a fait de très-intéressantes au moment de l'anniversaire de l'indépen-

dance du Brésil, à Rio-Janeiro ; on en a fait souvent à Londres, et on a éclairé pendant deux mois l'avenue de l'Impératrice au moyen de 2 lampes Lacassagne et Thiers montées sur l'arc de triomphe de l'Étoile. On a fait encore de merveilleuses expériences à Boston, en 1863, pour célébrer les victoires des armées fédérales (voir le détail de ces fêtes dans les *mondes* t. II, p. 165); on en a fait également de splendides, et c'était M. Serrin qui les dirigeait, lors du bal donné à Paris à l'Empereur de Russie ; enfin on en a fait pendant longtemps au Carrousel, au bois de Boulogne, au lac des Patineurs et dans une foule de cas où l'on venait admirer cette lumière comme un feu d'artifice. Nous sommes aujourd'hui blasés, et nous sommes tellement familiarisés avec tous ces effets, que nous n'y prêtons plus qu'une médiocre attention. C'est encore au théâtre où cette lumière produit tout son effet, et depuis la pièce des *Pommes de terre malades* où elle apparut pour la première fois sur le théâtre en France, jusqu'aux aux opéras du *Prophète*, de *Faust*, de *Hamlet*, et aux ballets de la *Filleule des fées de la source*, etc., on a pu comprendre quelles admirables ressources cette lumière mettait entre les mains du décorateur.

Application de la lumière électrique aux représentations théâtrales. — Les effets les plus remarquables de lumière électrique qu'on ait produits au théâtre, ont été combinés par M. J. Duboscq. Il a organisé pour cela, au nouvel Opéra, toute une salle où sont disposés les piles et engins nécessaires. Sans nous arrêter à l'effet de soleil levant du *Prophète* que tout le monde a admiré dans l'origine, et qui n'était que le résultat d'un mouvement ascensionnel donné au régulateur où se produisait la lumière, mouvement habilement dissimulé par de nombreuses toiles décoratives plus ou moins transparentes et découpées; sans parler encore de l'application de l'arc voltaïque à la projection d'une vive lumière sur certains points de la scène pour faire ressortir splendidement des sujets de décoration, des groupes, etc., nous pouvons dire que ses rayons intenses ont servi à reproduire sur la scène certains phénomènes physiques sous leur aspect tout à fait naturel, tels que les arcs-en-ciel, les éclairs, les clairs de lune, etc. Cette source lumineuse est également la seule qui ait été assez intense pour produire sur la vaste scène de l'Opéra ces apparitions fantasmagoriques qui impressionnent le public.

Suivant M. Saint-Edme, auquel nous empruntons ces détails, l'arc-en-ciel a été obtenu à l'Opéra pour la première fois, par M. J. Duboscq, en 1860, dans la reprise de *Moïse*. On sait quel est le motif de l'apparition de cet arc dans le premier acte de cet opéra. Dans le principe, on éclairait simplement, au moyen de lampions à huile de gros calibre, des bandes de papier coloré qui étaient fixées sur la toile figurant le ciel de Memphis. Plus tard vint la lumière électrique, mais il n'y eût que le mode d'éclairage de changé ; ce n'est qu'après bien des essais tentés par M. Duboscq, que l'on pût obtenir un véritable arc-en-ciel, et voici comment il y est parvenu.

« L'appareil électrique dont l'arc est alimenté par une pile de 100 éléments de Bunsen, dit M. Saint-Edme, est placé sur un échafaudage de hauteur convenable à 5 mètres du rideau, et perpendiculairement à la toile qui figure le ciel sur lequel l'arc-en-ciel doit apparaître. Tout le système optique est adapté et fixé à l'intérieur d'une caisse noircie qui ne diffuse aucune lumière à l'extérieur. Les premières lentilles donnent un faisceau parallèle qui passe ensuite par un écran découpé en forme d'arc. Ce faisceau est reçu par une lentille bi-convexe à très-court foyer, dont le double rôle est d'augmenter la courbure de l'image et de lui donner une extension plus considérable. C'est au sortir de cette dernière lentille, que les rayons lumineux traversent le prisme qui doit les décomposer et par suite engendrer l'arc-en-ciel. La position du prisme n'est pas indifférente : il faut que son sommet soit en haut par rapport au faisceau incident, sans quoi les couleurs de l'arc ne s'étaleraient pas sur l'écran récepteur dans l'ordre où elles apparaissent dans les arcs-en-ciel. Grâce à ce système, l'arc-en-ciel paraît lumineux même quand la scène reste en pleine lumière.

« Imiter le bruit du tonnerre au théâtre n'est pas chose difficile ; les magasins d'accessoires possèdent tous un *tam tam* et une plaque de tôle élastique destinée à cet effet ; mais ce qui n'est pas aussi aisé, c'est de lancer sur la scène des *éclairs* à peu près vraisemblables. Dans le principe, pour simuler le phénomène, on éclairait par derrière, à l'aide d'une flamme colorée en rouge, la toile du fond dans laquelle était pratiquée une fente étroite et sinueuse ; l'art de la mise en scène progressant, grâce à la science, il a fallu mieux faire, et on a choisi bien entendu comme source lumineuse l'arc voltaïque dont l'origine est identique à celle de la foudre. Mais ce qu'il fallait trouver de plus, c'était une disposition optique qui permît d'émettre et d'éteindre, à des intervalles rapides, le faisceau lumineux tout en lui imprimant le mouvement en zigzags caractéristique de l'éclair, et pour cela, M. J. Duboscq a eu recours à une sorte de miroir magique au devant duquel était placé un excitateur de lumière électrique. Ce miroir était concave et le point lumineux correspondait à son foyer. Le charbon supérieur de l'excitateur était fixe, mais le charbon inférieur pouvait recevoir, à un moment donné, un effet de recul qui allumait l'appareil. Cet effet pouvait même être effectué au moyen d'une attraction électro-magnétique, et comme le miroir était tenu à la main, on pouvait en l'agitant et en faisant réagir un commutateur, obtenir des émissions de courants dans différents sens qui pouvaient simuler les zigzags des éclairs et leur apparition instantanée. »

Les applications de la fontaine de Colladon, éclairée par la lumière électrique, pouvaient donner lieu, par suite de l'éclairement complet de la veine liquide et des différentes couleurs qu'elle peut prendre, à des effets bien curieux. Mais des différentes apparitions fantastiques obtenues par l'application des moyens physiques à la scène, celle des spectres apparaissant instantanément au milieu du théâtre et se mêlant aux acteurs déjà en scène, ont produit le plus de sensation. On doit se rappeler encore des fameuses apparitions dans la pièce du *Secret de Miss Aurore* qui ont fait courir, en 1863, tant de monde au théâtre du Châtelet, et les représentations de MM. Robin et Clevermann ne sont pas si éloignées de nous, que l'on ne se souvienne des profondes impressions que produisaient les spectres qu'ils évoquaient et avec lesquels ils se débattaient.

Tout le secret de cette mise en scène consistait dans une glace sans tain placée sur la scène en arrière des acteurs, et qui étant inclinée à 45° par rapport au plan de la scène, recevait l'image de spectres vivants fortement éclairés par de la lumière électrique, et qui étaient placés dans un trou pratiqué sur le devant de la scène. Cette image étant réfléchie par l'une des faces de la glace, était perçue de tous côtés sans empêcher de distinguer les objets, acteurs ou décors placés de l'autre côté de la glace, et le secret pour bien réussir était de bien combiner la position des spectres de manière que leur image put paraître exactement verticale et en contact avec le plancher du théâtre; il fallait aussi que les mouvements des spectres fussent calculés de manière à se combiner avec ceux des acteurs sur la scène. En ouvrant, puis refermant l'appareil éclairant au moyen d'un obturateur mobile, on pouvait déterminer pour les spectateurs, l'apparition ou l'évanouissement de l'image spectrale.

Bouées lumineuses. — On a proposé à différentes reprises d'appliquer la lumière électrique provenant, soit de l'arc voltaïque, soit des appareils d'induction, à l'éclairage des bouées qui signalent les points dangereux de l'entrée des ports; nous avons parlé dans la 2ᵉ édition de cet ouvrage et dans notre notice sur l'appareil d'induction de Ruhmkorff, des différents systèmes qui ont été proposés dans ce but; mais nous doutons fort que, dans les conditions des bouées qui sont exposées à un mouvement continuel et à des coups de mer, on puisse trouver un système de lumière électrique susceptible de résister. D'ailleurs la lumière électrique s'affaiblit tellement avec la longueur des fils et le défaut d'isolation, qu'il serait peut-être même difficile de la faire parvenir aux bouées dont l'éclairement serait le plus utile.

CHAPITRE III

APPLICATIONS DES EFFETS CALORIFIQUES DE L'ÉLECTRICITÉ.

La propriété que possède un courant électrique de pouvoir déterminer à distance un effet calorifique assez intense, a été appliquée d'une manière heureuse dans diverses circonstances, et notamment pour le tir des mines et des torpilles sous-marines, pour l'allumage des becs de gaz, pour le tir des armes à feu, pour les cautérisations chirurgicales, et même pour certains travaux, exigeant une action calorifique limitée dans un espace restreint. Ces différentes applications devaient naturellement constituer dans notre ouvrage un chapitre à part, et ce chapitre ne sera certainement pas le moins intéressant.

I APPLICATION AU TIR DES MINES.

Les nombreux accidents dont sont malheureusement si souvent accompagnées les explosions des mines quand on les fait partir par les procédés ordinaires, ont fait rechercher depuis longtemps un système d'inflammation à distance moins dangereux et en même temps plus sûr. Ces accidents peuvent provenir de trois causes : 1° du défaut de soin des ouvriers qui, malgré les ordres qu'on leur donne, bourrent souvent les mines avec des leviers en fer; 2° de la trop prompte inflammation de la fusée qui ne leur laisse pas le temps suffisant pour s'éloigner; 3° du retard trop considérable apporté à l'inflammation de cette fusée.

De ces trois causes la dernière est celle qui amène le plus d'accidents; car comme on fait en général partir plusieurs mines à la fois, on ne peut guère savoir à un instant donné si elles ont toutes fait explosion, et il peut arriver qu'une ou plusieurs d'entre elles se trouvent en retard. Dans ce cas les ouvriers qui ont abandonné leur abri pour reprendre leur travail se trouvent considérablement exposés.

La solution du problème de l'inflammation des mines doit donc être telle que le moyen employé pour les faire partir n'entraîne pas avec lui une cause secondaire d'inflammation. Or, l'électricité seule peut réaliser cette condition, car comme l'action calorifique ne se produit que quand on ferme le courant, il est bien certain que si après l'avoir fermé un certain nombre de fois on vient à l'interrompre, les mines qui ne sont pas parties ne feront plus explosion.

D'un autre côté, le tir électrique des mines présente cet avantage immense que, pouvant être effectué instantanément sur un certain nombre de mines à la fois, les ébranlements partiels occasionnés par chacune d'elles s'additionnent, et rendent l'effet désagrégeant de la poudre beaucoup plus intense.

Les procédés d'inflammation électrique des mines sont de deux sortes ; les uns sont fondés sur les effets de l'électricité statique, les autres sur ceux de l'électricité dynamique. Généralement on préfère ces derniers parce qu'ils n'exigent pas d'appareils délicats à faire fonctionner. En Allemagne pourtant, et surtout en Autriche, ce sont les premiers qui sont les plus employés.

Nous sommes entré dans notre seconde édition dans beaucoup de détails sur l'histoire du tir électrique des mines, détails que nous ne pouvons reproduire ici faute d'espace ; mais ceux que cette question pourra intéresser, pourront les retrouver encore plus développés dans notre notice sur l'appareil d'induction de Ruhmkorff.

Quand il ne s'agit que d'appliquer l'électricité dynamique, le problème du tir électrique des mines se réduit à faire rougir le plus sûrement possible un fil de platine de très-petite section. Plus ce fil est fin, plus il rougit facilement, et la pile doit être combinée par rapport au circuit, de manière à satisfaire à la loi de Joule qui exige que la résistance du fil appelé à rougir soit égale à celle du circuit extérieur y compris la résistance de la pile. Il y a toutefois certaines précautions à prendre pour faire de ce fil ainsi interposé une amorce électrique. Nous aurons occasion d'examiner à l'instant la manière dont on doit s'y prendre pour cela. Quand il s'agit d'employer l'électricité statique, le problème est plus compliqué, car la durée de l'étincelle étant moindre que le temps nécessaire pour inflammer la poudre, il devient indispensable d'ajouter à l'organe excitateur de l'étincelle un conducteur secondaire intermédiaire pour obtenir une action calorifique suffisante. Il faut d'un autre côté un isolement beaucoup plus parfait des fils conducteurs aboutissant à l'excitateur ou à l'amorce. On a résolu aujourd'hui d'une manière très-satisfaisante ces différents problèmes, et comme en définitive l'*amorce* est la partie principale de l'organisation des mines électriques, c'est par elle que nous commencerons notre étude du tir électrique des mines

1º **Amorces électriques.**

· MM. Champion, Pellet et Grenier, dans un très-intéressant travail publié dans les *Annales de chimie et de physique* (année 1875), ont traité à fond cette question, et personne ne pouvait donner à cet égard de meilleurs renseignements, puisqu'ils étaient eux-mêmes les auteurs d'un système d'amorce aujourd'hui très-employé. Nous ne pouvons en conséquence mieux faire que de résumer brièvement leur travail, et pour mettre plus d'ordre dans nos descriptions, nous nous occuperons séparément des amorces appropriées aux courants d'électricité statique auxquelles on a donné le nom d'*amorces de tension*, et des amorces appropriées aux courants voltaïques qus l'on a désignées sous le nom d'*amorces de quantité*.

Amorces de tension. — Dès l'apparition de la première machine d'induction de Ruhmkorff, M. Verdu en Espagne et M. Savarre s'occupèrent de l'appliquer au tir des mines, et bien que les expériences qu'ils entreprirent alors aient assez bien réussi, leurs procédés péchaient précisément par l'amorce. Il est vrai qu'à cette époque on ne possédait que des données très-vagues sur cette question, et je crois être le premier à m'en être un peu occupé, en raison des difficultés que je rencontrais à enflammer la poudre avec l'étincelle électrique seule. Ayant remarqué à la suite d'expériences antérieures, qu'un morceau de liége trempé dans une solution un peu concentrée d'acide sulfurique et carbonisé ensuite à sa surface, soit par le passage prolongé de l'étincelle, soit de toute autre manière, fournissait une traînée de feu persistante, j'eus l'idée de l'interposer entre les deux bouts des fils entre lesquels devait se produire l'étincelle, et j'eus la satisfaction de voir que, dans ces conditions, la charge de poudre faisait toujours explosion. J'expliquai l'effet en disant que ma couche charbonnée constituait entre les deux rhéophores un conducteur de conductibilité secondaire qui, en rougissant sous l'influence du passage du courant et de la décharge, prolongeait l'action de celle-ci. Il faut dire qu'à cette époque, c'est-à-dire en 1851, les étincelles de la machine de Ruhmkorff n'avaient pas plus de 2 millimètres de longueur. Peu de temps après mes expériences, j'appris par les journaux, que M. Stateham, en Angleterre, avait imaginé des amorces d'un effet immanquable et dont la découverte avait été le résultat d'un accident survenu pendant des expériences d'essai que l'on avait faites à Londres sur le câble sous-marin de Douvres à Calais.

· Pour ces expériences, le câble avait été mis à l'épreuve à une profondeur considérable dans l'eau. Quand on fit l'essai des fils, le constructeur, M. Stateham, amené à un examen minutieux de tout le câble par suite d'une solution de continuité qu'il avait constatée dans l'un des fils, aperçut, à son grand étonnement, des étincelles passer à travers l'enveloppe de gutta-percha et se succéder avec une grande rapidité. Après avoir examiné avec soin les diverses circonstances dans lesquelles le phénomène s'était produit, il crut reconnaître que c'était à la légère empreinte du fil de cuivre sur la gutta-percha *vulcanisée*, empreinte constituée par une couche de sulfure de cuivre, que le courant électrique devait en grande partie son effet statique, car les étincelles suivaient toujours cette empreinte. Il conçut dès lors la pensée de construire sur ce principe des amorces pour les mines ; mais ce ne fut que quand les courants d'induction de haute tension furent découverts, que cette idée put être réalisée, et ces amorces tombées entre les mains de M. Ruhmkorff, permirent d'appliquer d'une manière très-avantageuse son appareil d'induction au tir des mines.

Amorces Stateham. — Les amorces Stateham étaient très-faciles à confectionner : on prenait deux bouts de fil de cuivre rouge recouverts de gutta-percha ordinaire ; on dégarnissait de gutta-percha leurs extrémités, on les entortillait comme on le voit fig. 13, pl. III, et on recourbait les bouts des fils métalliques de manière à entrer dans une enveloppe AB de gutta-percha vulcanisée, que l'on avait coupée et enlevée de dessus un fil de cuivre qui en avait été depuis longtemps recouvert. On pratiquait sur cette enveloppe une échancrure AB, et après avoir maintenu à 2 ou 3 millimètres l'une de l'autre les extrémités des fils de cuivre, on en recouvrait les pointes de fulminate de mercure afin de rendre l'inflammation de la poudre plus aisée. On remplissait de poudre l'échancrure, et on enveloppait le tout avec un bout de tuyau de caoutchouc ou dans une cartouche remplie de poudre.

Les amorces Stateham ne présentant pas assez de sensibilité pour faire partir simultanément, d'une manière assurée, un grand nombre de fourneaux de mine, on chercha à les perfectionner, et on mit au jour un certain nombre de systèmes parmi lesquels nous citerons ceux de MM. Ebner, Abél, Champion, Gaiffe et Comte, Riss, etc.

Amorce d'Ebner. — L'amorce d'Ebner est formée d'une boucle de cuivre autour de laquelle on coule un cylindre de soufre ; on coupe la boucle avec une scie ayant une épaisseur de 1/10 de millimètre, et l'on entoure ce cylindre de soufre avec une bande de papier. La cartouche ainsi obtenue est remplie d'une poudre composée de

Sulfure d'antimoine.	44 parties
Chlorate de potasse.	44 —
Plombagine.	12 —

le tout intimement mélangé.

Ces amorces, dont nous représentons la coupe fig. 157, sont spécialement employées quand on fait usage, pour générateur électrique, de l'électricité statique des machines à plateau de verre ; on vérifie ces amorces avec le galvanomètre, et, par une série de tassements, on leur donne une même sensibilité.

Fig. 157.

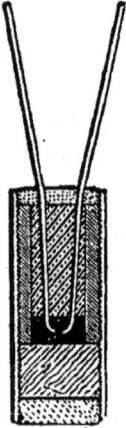

Cette vérification de la sensibilité des amorces est essentielle, surtout quand on veut obtenir des explosions simultanées. Si on la négligeait, il pourrait arriver que les amorces les plus sensibles partiraient seules

Amorces d'Abel. — L'amorce d'Abel, la plus connue et la plus employée en France et en Angleterre, a été disposée de manière à s'enflammer sous l'influence d'un courant faible, mais de haute tension, provenant d'une simple pile. Suivant M. Champion, on s'est mépris beaucoup sur le rôle de ces amorces et des substances qui entrent dans leur composition. L'analyse élémentaire des dernières amorces d'Abel, faite par MM. Champion, Pellet et Grenier, a donné la composition suivante.

Soufre.	3,2	
Phosphore	9,1	100
Cuivre.	31,7	
Chlorate de potasse.	56,0	

Substances combinées de manière à fournir.

Protosulfure de cuivre.	16	
Protophosphorure de cuivre.	28	100
Chlorate de potasse.	56	

On porphyrise séparément le sulfure, le phosphure et le chlorate, et on les broie ensemble en présence de l'alcool.

Dans cette amorce, les conducteurs sont mis à nu en pratiquant une section à l'aide d'un couteau chauffé ; en chauffant légèrement la gaîne de gutta-percha, on peut l'arracher facilement avec les doigts. On dénude ensuite à l'aide d'un canif la partie supérieure des fils sur une hauteur d'environ 3 millimètres. On rapproche les deux extrémités des fils, et on les coupe avec une pince qui en aplatissant le métal détermine la formation de deux pointes entre lesquelles doit passer le courant. On enroule ensuite sur la gutta-percha une feuille d'étain destinée à contenir la poudre, et on serre la cartouche avec une corde pour la rendre adhérente à la gutta-percha. Une fois la poudre convenablement tassée, on rabat l'extrémité supérieure de la cartouche en étain, et l'on recouvre l'amorce d'une couche de vernis. On peut, suivant MM. Champion, Pellet et Grenier, améliorer notablement ce genre d'amorce en ajoutant à la poudre un corps conducteur (de la plombagine, du charbon de cornue, etc.) qui permet d'en vérifier la sensibilité. Cette sensibilité à l'inflammation par un courant induit, devient il est vrai un peu moindre, mais cet inconvénient est largement compensé par la possibilité de s'assurer du bon état de l'amorce au moment de sa fabrication.

Amorce de MM. Gaiffe et Comte. — Cette amorce combinée en 1861 et par conséquent avant celles qui précèdent, n'était qu'un perfectionnement de l'amorce de Stateham jusqu'alors employée exclusivement, et comme elle était très simple dans sa construction, elle pouvait être livrée à très-bon marché. Cet avantage a été obtenu en supprimant le capuchon de gutta-percha échancré des fusées Stateham, et en les composant uniquement d'une capsule de fusil adaptée à l'extrémité dénudée d'un fil recouvert de gutta-percha. Cette capsule étant enveloppée d'une feuille de papier d'étain, laquelle se trouve mise en contact avec un fil métallique enroulé autour du fil de gutta-percha, permet au courant transmis à travers le fulminate de mercure de compléter le circuit.

Dans ces amorces, le conducteur secondaire est le fulminate de mercure qui est encore plus sensible que le sulfure de cuivre.

Pour éviter les causes d'explosion, et en même temps isoler complètement les différentes parties de l'amorce, celle-ci se trouve recouverte d'une enveloppe de gutta-percha fortement liée sur le fil et remplie d'une assez grande quantité de poudre pour développer un premier foyer d'inflammation.

Depuis l'invention des amorces d'Ebner et d'Abel, M. Gaiffe a un peu abandonné la construction de ces amorces et s'est appliqué à les construire dans le système d'Ebner, mais en n'employant seulement que du chlorate de potasse et du sulfure d'antimoine. Quand ces amorces sont construites avec soin, ce sont elles qui, suivant M. Gaiffe, sont les plus sensibles.

Amorce de M. Ris. — Ces amorces ont été imaginées dans le but de pouvoir être enflammées par les courants de tension aussi bien que par les courants de quantité. Pour obtenir ce résultat, M. Ris incorpore dans le mélange détonant à base de chlorate de potasse, une petite quantité d'éponge de platine pulvérisée, ce qui permet en même temps d'essayer l'amorce sans altération des éléments qui la composent.

Si la quantité de platine est petite, la résistance de l'amorce est considérable et peut atteindre 50000 ohms. Alors une bobine d'induction dont le fil a $0^{mm},4$ (le n° 16 du commerce) et qui donne des étincelles de 25 millimètres, peut allumer simultanément 40 amorces disposées en circuit unique avec 1000 mètres de câble conducteur complétement immergé ; avec un câble à la surface d'un sol bien sec, le nombre des inflammations peut dépasser 120. A mesure qu'on augmente la quantité d'éponge de platine, la résistance diminue, et en même temps sa sensibilité par rapport au courant d'induction se rapproche de plus en plus de celles des amorces de quantité. Ainsi une amorce dont la sensibilité est égale à 20 ohms, peut s'enflammer avec 3 ou 4 éléments Leclanché, si le vase poreux est supprimé. Dans ce cas, si l'on veut des explosions simultanées, il faut dériver le circuit de manière que chaque amorce ait son circuit spécial, et proportionner à leur nombre la surface des couples.

L'éponge de platine présente donc un avantage sur les conducteurs secondaires employés le plus souvent, tels que charbon, graphite, sulfure, phosphures, etc.; seulement il faut avouer que la parfaite homogénéité du mélange est fort difficile à obtenir et que la réussite exige de l'habileté de main.

Amorce de MM. Champion, Pellet et Grenier. — Après avoir étudié avec beaucoup de soin les amorces d'Ebner et d'Abel dont nous avons parlé précédemment. MM. Champion, Pellet et Grenier donnent la préférence au système d'Ebner qu'ils disposent un peu différemment. Ainsi le mélange inflammable a la composition suivante :

Chlorate de potasse.	50
Sulfure d'antimoine.	50
Charbon de cornue.	25

, et pour donner à la poudre un tassement sensiblement égal, non susceptible de déplacement, on broie ces poudres longuement avec de l'alcool à 95°. La solubilité du chlorate dans l'alcool permet sa répartition uniforme, et la matière semi-fluide fortement tassée remplit exactement l'amorce. Par suite de la dessication, le chlorate est cristallisé, et donne à la masse une dureté suffisante pour éviter tout déplacement, même sous l'effet de chocs répétés. Avec ce système, il est utile de faire sécher rapidement les amorces, mais à une température qui ne doit pas dépasser 40°, si l'on emploie des conducteurs revêtus de gutta-percha. Une pareille amorce fait explosion quand on la place dans un circuit de 40 couples Leclanché (petit modèle). Voici comment MM. Champion, Pellet et Grenier décrivent la construction de leurs amorces.

« On prend un fragment de fil de cuivre recouvert de gutta-percha, et on le dénude au milieu sur une longueur de 1 centimètre environ. On le plie ensuite en deux et en saisissant avec une pince la boucle ainsi formée, on réunit les deux fils par la torsion; on recouvre ensuite la boucle et les fils d'un mastic qu'on moule en forme de cylindre en laissant dépasser la boucle de 1 à 2 millimètres. Lorsque le mastic a acquis la dureté voulue, on trace au milieu de la boucle un trait avec une lame fine et coupante pour déterminer la place de la section, qu'on pratique ensuite à l'aide d'une scie de 1/10 de millimètre, Il est nécessaire de frotter légèrement la partie sectionnée avec un fragment de papier d'émeri pour enlever les ébarbures, et de passer à plusieurs reprises une lame mince d'acier qui enlève la limaille adhérente. On entoure ensuite l'amorce de papier gommé, et l'on introduit dans la cartouche la pâte semi-fluide obtenue en broyant la poudre avec l'alcool, on tasse à l'aide d'un bourroir en bois, et l'on sèche à l'étuve. Il suffit ensuite de recouvrir l'amorce d'une calotte en baudruche. Dans la préparation de la poudre, on ne devra pas oublier que toutes choses égales d'ailleurs, la sensibilité d'une poudre dépend de son état de division et d'homogénéité.

Amorce de Beardslee. — Dans ce genre d'amorce qui ne peut guère s'appliquer qu'aux courants d'induction, les deux fils conducteurs sont réunis par un trait de plombagine qui constitue le conducteur secondaire, et le tout est enveloppé dans une poudre suffisamment inflammable, telle que celle qui a été indiquée précédemment. C'est un moyen analogue à celui employé par M. Jablochkoff pour allumer les becs en kaolin. Quelquefois on coupe ce trait de plombagine avec la pointe d'une aiguille afin d'y produire une solution de continuité; d'autre fois on ne fait que le frotter en un point afin de l'étaler et d'en faire varier la résistance suivant les conditions de l'expérience. Ce dernier moyen permet de ramener les amorces à un même degré de sensibilité.

Considérations sur la bonne construction des amorces. — Suivant MM. Champion, Pellet et Grenier, il y a dans la construction des amorces à tenir compte des rapports existant entre la section des fils conducteurs et le degré de tassement de la poudre conductrice. Or, voici les diverses conclusions auxquelles ils sont parvenus : 1° Pour une même poudre conductrice, l'intensité du courant augmentera si la section du fil augmente, non-seulement par suite de l'accroissement du diamètre du fil, mais encore par la plus grande surface de contact des bouts de ce fil avec la poudre. 2° Si en diminuant le diamètre des fils on augmente le tassement de la poudre de manière à maintenir le courant constant, l'amorce sera moins sensible à l'inflammation, car une plus grande partie du courant passera par la poudre sans contribuer à l'échauffement déterminé par les fils. 3° Si la section des fils restant la même ainsi que le degré de tassement de la poudre on augmente l'écartement des fils, la résistance devient plus grande en raison de l'allongement du conducteur secondaire, et par conséquent l'amorce devient moins sensible.

D'après ces principes, on se trouve conduit à rapprocher le plus possible les fils l'un de l'autre, et à leur donner un petit diamètre. Suivant les auteurs cités précédemment, ce rapprochement ne peut être réduit au-delà de 1/10 de millimètre, et le diamètre des fils conducteurs ne doit pas être supérieur à 9/10 de millimètre.

La sensibilité à l'action électrique des poudres employées dans les amorces, n'est pas en rapport avec leur sensibilité à l'explosion sous l'influence du choc d'un marteau : bien au contraire, ces sensibilités sont en sens inverse l'une de l'autre. Cela vient de ce que la présence dans ces poudres d'un conducteur secondaire facilite le passage de la charge électrique, tandis qu'elle atténue, en les divisant, la faculté explosive des diverses particules du mélange détonant. On ne devra donc pas se guider pour la fabrication des amorces sur la sensibilité de ces mélanges au point de vue où on la considère ordinairement. « Pour qu'une poudre soit sensible au courant électrique, disent MM. Champion, Pellet et Grenier, il faut que sa composition soit telle qu'elle présente une certaine tendance à la dissociation ; par conséquent, en faisant varier les proportions de tel ou tel corps qui entre dans sa composition, la sensibilité en sera accrue ou diminuée. Etant donné un mélange explosif convenable mais exempt de corps conducteurs, sa facilité d'inflammation sous l'influence électrique croîtra avec la quantité d'un corps conducteur inerte qu'on lui adjoindra (plombagine, charbon, etc.), jusqu'à une certaine limite au-delà de laquelle sa sensibilité diminuera par la trop bonne conductibilité du mélange, et le corps conducteur ainsi introduit aura pour résultat d'affaiblir la sensibilité au choc.

« Parmi les conditions essentielles que doivent remplir les amorces en dehors de la sensibilité, nous citerons : 1° la stabilité de la poudre entre les parties actionnées des fils, même en présence de chocs et de vibrations prolongées, comme il s'en produit pendant les transports ; 2° la résistance de la poudre à la décomposition en présence du courant d'épreuve. »

La résistance des amorces varie considérablement non-seulement d'une amorce à une autre, mais encore suivant le nombre de fois que le courant d'essai a passé à travers. Ainsi deux amorces d'Ebner essayées, donnaient en moyenne des résistances de 4400 et 750 unités Siemens, et cette résistance atteignait avec les amorces de Beardslee, 220000, 57200, 63700 unités.

Amorces de quantité. — L'amorce employée actuellement en France dans les usages de la guerre, pour l'inflammation de la poudre, est formée d'un étui de bois sur deux génératrices duquel on fixe les conducteurs dénudés; ceux-ci sont reliés ensemble par une spirale de platine et enroulés l'un sur l'autre.

Le fil de platine est recouvert de collodion, et les deux moitiés de l'étui remplies de poudre et de pulverin, sont juxtaposées et retenues à l'aide d'une bande de papier collé. L'amorce de la marine est faite avec du fil de platine de 1/18 de millimètre. Le nombre des spires doit être de six, et elles sont espacées de 1/3 de millimètre environ. Cette disposition a pour but d'augmenter par la chaleur rayonnante la température du fil de platine. Quant au collodion, il isole le fil de platine et empêche les grains de poudre de s'électriser au passage du courant et de s'éloigner du fil.

Suivant MM. Champion, Pellet et Grenier, un fil droit de platine de même section que la spirale dont il vient d'être question et d'une longueur de 8 millimètres, produirait le même effet; mais les meilleurs résultats sont toujours obtenus, quand le fil de platine atteint le diamètre de 1/18 de millimètre. Ils croient d'ailleurs que la présence du collodion sur le fil diminue la sensibilité de l'amorce, en raison des températures différentes d'inflammation du coton-poudre et du collodion.

Système de M. Bardonneau. Le système de M. Bardonneau consiste à former une boucle avec un fil conducteur dénudé que l'on coupe sur une longueur déterminée et dont la section est remplie par la spirale de platine qui est soudée aux deux extrémités disjointes du conducteur. Cette spirale est ensuite recouverte de coton-poudre, et le tout est renfermé dans une cartouche de carton pleine de poudre à mousquet ou de pulverin, qui laisse passer les deux conducteurs cordés ensemble.

Système de MM. Champion, Pellet et Grenier. — Pour obtenir cette amorce, on prend un fragment de conducteur isolé (gutta-percha ou caoutchouc) de longueur variable suivant la destination. On enlève au milieu la gaine isolante sur une longueur de 1 centimètre environ, et l'on forme une boucle longue que l'on aplatit sur un calibre au moyen d'une pince. On saisit la boucle au niveau de la couche isolante entre les machoires d'une pince, et l'on corde ensemble les bouts du conducteur sur une longueur de plusieurs centimètres. On recouvre ensuite la boucle et les conducteurs avec un mastic isolant, et on le moule en cylindre avec une pince spéciale; la boucle doit dépasser de 5 millimètres environ le mastic. Quand ce dernier a acquis la dureté nécessaire, on coupe la boucle de manière à laisser aux deux extrémités des conducteurs une hauteur de 3 millimètres. On enroule sur l'un d'eux un fragment de fil de platine, et en tenant l'amorce de la main gauche, on maintient le fil plié en boucle sous le doigt, dont la place règle la lon-

gueur du fil. On fixe ensuite le fil de la même manière sur le second conducteur à une distance de 8 millimètres du premier, et on soude avec du
chlorure de zinc et l'alliage d'Arcet, puis l'on enlève soigneusement les
bouts de fils qui dépassent. On plonge enfin dans l'eau l'extrémité des
amorces pour enlever le chlorure de zinc, et on laisse sécher.

Pour terminer l'amorce, on introduit au-dessous du fil de platine un
fragment de coton-poudre dont on relève les deux extrémités, et on entoure
le tout avec une bande de papier imprégnée d'une forte solution de gomme
arabique. On pourrait encore, comme l'a indiqué M. Fabien, recouvrir de
fibrilles de coton-poudre le fil de platine imprégné de collodion. Dans ces
conditions, même si le fil de platine était dérangé de sa position initiale,
l'inflammation du coton-poudre adhérent au fil communiquerait certainement le feu au reste de la charge. Quel que soit du reste l'usage auquel on
destine ces amorces, il est utile avant de les fermer au moyen de baudruche,
d'introduire dans la partie supérieure une petite quantité de poudre facilement inflammable ou du mélange d'Ebner.

Les amorces à fil de platine à l'usage de la guerre doivent présenter une
solidité que l'on ne peut obtenir qu'à l'aide de conducteurs à plusieurs brins.
Des fils à 7 brins de 3/10 de millimètre recouverts d'une gaîne de caoutchouc,
paraissent être dans de bonnes conditions pour cet usage. Pour les usages
industriels, ces fils peuvent être uniques, et leur diamètre le plus convenable est de 7/10 ou 9/10 de millimètre avec une couverture de gutta-percha
de 2 millimètres d'épaisseur.

Disposition des amorces dans les fourneaux de mine. —
Aucune des amorces que nous avons décrites ne doit être employée telle
quelle, même pour enflammer la poudre; elles doivent être montées sur des
capsules spéciales dont la charge en fulminate varie avec leur destination.

Quand il s'agit de mettre le feu au coton-poudre ou à la dynamite, les
capsules en question disposées par M. Abel, consistent dans une tête ovoïde
en bois percée dans toute sa longueur d'un trou dans la partie supérieure
duquel on loge l'amorce; les deux fils de l'amorce sont réunis à deux tubes
étroits en cuivre rouge placés horizontalement, et qui servent à fixer les
conducteurs. La capsule destinée à contenir le fulminate est en fer blanc
et ouverte à ses deux extrémités, dont l'une pénètre à frottement dur dans
la cavité ménagée dans l'amorce. On charge l'amorce au moment voulu en
ntroduisant dans le tube métallique environ 1gr,50 de fulminate de mercure
pur, qn'on recouvre d'une couche de cire fondue; on l'enfonce jusqu'au
contact du fulminate de la capsule, puis on recouvre le joint avec de la
gutta-percha ramollie. Si les amorces sont destinées à supporter des tem-

pératures élevées, on emploie des conducteurs en caoutchouc, et l'on recouvre le joint de mastic en le protégeant contre l'humidité à l'aide d'une couche de vernis ou de peinture au minium.

Le système indiqué par MM. Champion, Pellet et Grenier est à peu près semblable. « On prend, disent ces messieurs, un tube de laiton d'une épaisseur de 3/10 de millimètre environ, et l'on ferme une extrémité en soudant un fragment de cuivre ; on introduit avec précaution dans l'intérieur 2 grammes de fulminate de mercure pur et sec, on tasse ce fulminate en frappant à petits coups la partie inférieure de l'amorce, et l'on recouvre d'un tampon de coton-poudre qui entraîne les grains adhérents à la surface intérieure. On introduit après l'amorce dans la capsule, et on l'assujettit avec de la gutta-percha ramollie qu'on recouvre d'un mastic résistant. Enfin on plonge le tout dans du vernis. »

Les amorces précédentes ne peuvent être employées à l'inflammation de la poudre que dans le cas où celle-ci est en grande quantité ou renfermée dans un espace clos et résistant. Dans les cas ordinaires, voici la disposition qu'indique MM. Champion, Pellet et Grenier.

« On évide au tour un petit cylindre en bois et l'on pratique dans l'extrémité pleine deux trous de même diamètre que celui des conducteurs. On introduit dans ces trous les extrémités des conducteurs des amorces ordinaires, et l'on amène, par une légère traction, l'amorce au fond du récipient en bois ; on corde ensuite ensemble les deux conducteurs, on remplit le vide intérieur avec un mélange de pulvérin et de poudre qu'on tasse légèrement, et on ferme le cylindre avec un bouchon de liége. L'amorce ainsi préparée est recouverte d'une couche épaisse de vernis ou mieux de peinture au minium, en ayant soin de boucher exactement les trous qui servent de passage aux conducteurs.

Rapport entre le nombre des couples voltaïques et le nombre d'amorces qui peuvent être enflammées simultanément suivant les différentes longueurs du circuit. — Chaque amorce ayant une résistance appréciable qui s'ajoute à celle du circuit, on comprend que le nombre des amorces interposées sur un même circuit ne peut être indéfini pour une force électrique donnée, et il s'agissait dans la pratique de savoir combien d'éléments de pile sont nécessaires pour enflammer simultanément un nombre donné d'amorces sur un circuit de résistance déterminée. MM. Champion, Pellet et Grenier ont à cet effet calculé le tableau suivant qui, avec les amorces actuellement en usage et des éléments de pile à bichromate de potasse, peut répondre à toutes les conditions dans lesquelles on peut se trouver placé. Ainsi, au moyen de ce tableau disposé comme une table de multiplication, on peut non-seulement trouver la réponse à la question posée précédemment, mais encore savoir combien d'amorces on pourra enflammer avec une pile et un circuit donnés.

NOMBRE des éléments.	NOMBRE D'AMORCES.														
	1	2	3	4	5	6	7	8	9	10	11	12	13	14	15
1	21														
2	71	42	13												
3	121	92	63	34	5										
4	171	142	113	84	55	31									
5	221	192	163	134	105	81	47	18							
6	271	242	213	184	155	131	97	68	39	10					
7	321	292	263	234	205	181	147	118	89	60	31	2			
8	371	342	313	284	255	231	197	168	139	110	81	52	23		
9	421	392	363	334	305	281	247	218	189	160	131	102	73	44	15
10	471	442	413	384	355	331	297	268	239	210	181	152	123	94	65
11	521	492	463	434	405	381	347	318	289	260	231	202	173	144	115
12	571	542	513	484	455	431	397	368	339	310	281	252	223	194	165
13	621	592	563	534	505	481	447	418	389	360	331	302	273	244	215
14	671	642	613	584	555	531	497	468	439	410	381	352	323	294	265
15	721	692	663	634	605	581	547	518	489	460	431	402	373	344	315

2° Générateurs électriques employés pour le tir des mines.

Les générateurs électriques employés pour le tir des mines sont : la pile, l'appareil d'induction électrique de Ruhmkorff, les machines électriques à plateau de verre et les machines magnéto-électriques.

Parmi les piles, ce sont les piles à bichromate de potasse et les piles Leclanché qui sont le plus souvent employées, et leur disposition varie suivant les conditions de leur application; mais ce sont les machines magnéto-électriques auxquelles on donne généralement la préférence, et le coup de poing Bréguet que nous avons décrit dans notre tome II, p. 213, résout parfaitement le problème. Les exploseurs de MM. Marcus, Siemens, Wheatstone, Beardslee, ou même les petites machines Gramme, sont également très-recherchés. En Autriche, on a employé avec succès la machine électrique à plateau de verre, disposée à cet effet par M. Ebner, et en Angleterre, même, on emploie quelquefois un appareil du même genre à deux plateaux d'ébonite que nous représentons fig. 158, lequel est muni d'un condensateur à induction électro-statique et d'un petit excitateur destiné à provoquer la décharge.

Naturellement ce sont les amorces de tension qui sont employées avec les appareils d'induction; mais on peut aussi employer des piles, si les amorces sont disposées dans le genre de celles d'Abel. Dans ce cas, la pile doit être composée d'un assez grand nombre d'éléments, mais la surface de chacun d'eux peut être assez restreinte. Ainsi une pile de Volta de 150 couples de 6 à 7 centimètres de diamètre, ou une pile Leclanché de 40 éléments de 13 centimètres de hauteur, peuvent produire de bons résultats.

Pour les amorces de quantité, on doit employer des piles à plus grande surface, et les piles à acides sont celles que l'on préfère généralement. Aussi ce sont les piles de Bunsen ou à bichromate de potasse qui sont les plus employées. Avec les nouvelles piles Leclanché dans lesquelles le mélange de peroxyde de manganèse et de charbon concassé est aggloméré sous forte pression, on peut obtenir aussi de bons effets.

Généralement les piles destinées à l'inflammation des mines sont susceptibles de déplacements fréquents, surtout pour les usages de la guerre, et on s'est, en conséquence, appliqué à les combiner de manière à pouvoir être facilement transportables. Les piles à fermeture hermétique et à renversement, du genre de celles de MM. Gaiffe et Trouvé, résolvent assez bien le problème, et M. Bardonneau a combiné une disposition ingénieuse pour les piles à bichromate de potasse. On comprend aisément que le problème peut être résolu de bien des manières, et nous n'insisterons pas davantage sur cette question, renvoyant le lecteur aux ouvrages spéciaux. Nous devrons toutefois indiquer quelques chiffres concernant les distances auxquelles on a pu obtenir des explosions avec les moyens indiqués précédemment.

Fig. 158.

Avec les courants induits fournis par une machine de Ruhmkorff (moyen modèle), le colonel espagnol Verdu a pu, en 1858, obtenir des explosions, sans amorces spéciales, jusqu'à 26000 mètres de distance, et en 1868, M. Bréguet, avec son exploseur magnéto-électrique, a pu faire sauter des amorces d'Abel, de Paris à Rouen.

3o Organisation des mines électriques.

Quand il ne s'agit que d'explosions isolées de mines, le problème de l'organisation électrique des mines ne présente aucune difficulté; on introduit l'amorce dans le circuit du générateur, et au moyen d'un interrupteur de courant, on provoque l'inflammation en fermant le circuit. Le problème n'est pas plus difficile quand il s'agit d'enflammer plusieurs mines interposées sur le même circuit; seulement il arrive souvent alors que les explosions ne sont pas simultanées, ce qui est fâcheux pour le tir des mines importantes.

Pour obtenir le tir simultané d'un certain nombre de mines, le problème est plus délicat qu'on ne le croit à première vue, et pour y arriver, il faut faire en sorte de concentrer sur chacun des fourneaux de mine l'action électrique la plus énergique possible. Le meilleur moyen serait d'appliquer à chacune d'elles un générateur particulier, mais comme ce moyen est impraticable, on a cherché à obtenir un effet équivalent en interposant chaque circuit de mine sur des dérivations issues des pôles mêmes de la pile, laquelle doit, pour cela, être disposée en quantité; mais comme chaque circuit présente alors une certaine résistance, la force électrique se trouve bien affaiblie. Ce moyen est encore plus mauvais quand on emploie, pour le tir des mines, des appareils d'induction et des amorces de tension; car les courants induits ont si peu de quantité qu'ils se divisent difficilement.

Système de M. Savarre. — Pour résoudre cette difficulté, M. Savarre, en 1853, a cherché à concentrer l'action du courant au lieu de la diviser, et pour cela, il a rendu impossible sa transmission par les amorces une fois celles-ci parties. Pour arriver à ce résultat, M. Savarre établit toutes ses amorces sur des dérivations d'un circuit principal, et les construit de manière que les bouts du fil constituant la solution de continuité soient terminés par des pointes effilées d'alliage fusible (le métal Darcet amalgamé). Pour rendre l'inflammation plus facile, il remplace la poudre par du pyroxyle enveloppé lui-même dans une étoffe rendue inflammable, et il emploie comme conducteur secondaire, du sulfure noir de mercure ou du deutosulfure d'étain. On comprend dès lors ce qui arrive : celle des mines qui est la plus rapprochée de l'appareil ou dont la fusée présente le moins de résistance à la transmission du courant, part de préférence aux autres; mais dans cette inflammation, le métal Darcet se trouve fondu, et si l'amorce est restée dans la mine, les deux extrémités du fil sont alors trop éloignées l'une de l'autre pour que le courant passe au travers; c'est donc une issue de moins au courant, et, par conséquent, un renfoncement d'action électrique pour les autres mines.

Dans la pratique, on peut n'employer qu'un seul conducteur, laissant au sol le soin d'achever le circuit. On fait donc partir d'un des pôles de la machine de Ruhmkorff un fil soigneusement recouvert de gutta-percha qui circonscrit les différentes mines et sur lequel on greffe les bifurcations qui doivent aller à ces mines. Ces bifurcations sont attachées à l'un des bouts des amorces, tandis que l'autre bout de celles-ci communique au sol par l'intermédiaire d'un fil quelconque attaché à une plaque métallique. Un pareil fil, également en rapport avec la terre, part du second pôle de l'appareil de Ruhmkorff et complète le circuit.

Afin d'éviter la transmission à travers le sol une fois que les amorces ont fait explosion, M. Savarre introduit la pointe de métal fusible et une portion du conducteur dérivé dans un tuyau de gutta-percha qu'il soude sur ce conducteur, de manière que la solution de continuité et les extrémités du fil métallique fusible, longues d'environ un centimètre, soient dans le vide. Puis il remplit cet espace vide avec du pulvérin délayé dans de l'eau gommée. Il en résulte qu'au moment de l'explosion, le métal fond jusqu'à un centimètre de profondeur dans la gutta-percha, et que la communication du conducteur dérivé avec le sol devient impossible. Avec des amorces préparées de cette manière, on peut faire sauter autant de fourneaux de mine que l'on veut. Le métal fusible en s'échauffant et en fondant, suffirait presque pour enflammer la poudre. La préparation est d'ailleurs facile : on achète le métal Darcet tout fait, on le fond dans un creuset, on y mêle une certaine quantité de mercure, et pour l'obtenir en fil, on aspire le métal fondu dans de petits tubes en verre. Quand il est refroidi, on le retire des tubes, on le soude aux conducteurs en cuivre, et l'on effile les pointes à la lime. La proportion de mercure ne doit pas être grande, car alors le métal serait trop cassant. Avec ce système, M. Savarre a pu enflammer jusqu'à dix mines à la fois à 700 mètres de distance.

Les amorces de MM. Gaiffe et Comte dont nous avons parlé p. 587, présentent les mêmes avantages que celles dont il vient d'être question, au point de vue du tir simultané d'un certain nombre de mines. En effet quand le circuit étant organisé comme dans le système de M. Savarre, la première mine a fait explosion, le courant se trouve transporté intégralement à la seconde, car l'enveloppe d'étain, en fondant sous l'influence de la décharge et étant d'ailleurs déchirée par l'explosion de la capsule, établit une solution de continuité de plus de 1 centimètre entre les deux fils de l'amorce, et rend par cela même impossible le passage du courant à travers cette amorce.

Système de M. Th. du Moncel. — Si l'inflammation simultanée d'un certain nombre de fourneaux de mine placés dans le voisinage les uns des autres présente de grands avantages au point de vue de l'importance des effets produits, et cela en raison de l'ébranlement général qui se trouve alors déterminé, ces avantages sont bien plus grands encore quand il s'agit de ces mines monstre employées dans certains travaux de déblaiement, et qui mettent à contribution jusqu'à 30000 kilog. de poudre. Comme de pareilles mines coûtent extrêmement cher à construire (15 mille francs environ chacune), il fallait que leur tir fut non-seulement simultané, mais encore *immanquable*, et c'est pour obtenir la solution de ce problème que, lors du creusement de l'arrière-bassin du port militaire de Cherbourg, en 1854, les entrepreneurs MM. Dussaud et Rabattu vinrent me demander des conseils. Je combinai alors le système représenté fig. 16, pl. III, et qui a parfaitement réussi ; mais pour qu'on puisse le comprendre, il est essentiel que je donne quelques détails sur la disposition des mines monstre employées avec tant de succès par MM. Dussaud et Rabattu.

Une *mine monstre,* telle que celles que ces messieurs avaient déjà employées à Alger, se compose ordinairement de deux chambres carrées de la contenance de 3 à 4 mètres cubes, creusées à environ 12 mètres au-dessous de la surface du rocher, et que l'on remplit de poudre. Pour opérer ce creusement, MM. Dussaud et Rabattu ouvrent d'abord un puits A B, fig. 12, pl. III, de 12 mètres de profondeur, puis ils font partir du fond de ce puits deux galeries horizontales B C, B D, d'environ 1m,50 de hauteur sur 5 mètres de longueur, et c'est à l'extrémité de ces galeries qu'ils creusent les chambres dont il a été question. La poudre n'est pas déversée directement dans ces chambres ; car, dans le long travail du bourrage de ces mines, elle pourrait devenir humide et rester sans effet. C'est dans de grands sacs en gutta-percha, hermétiquement fermés, qu'elle est déposée avec l'amorce d'explosion. Quand ce travail est fait, que les amorces sont attachées aux saucissons, on maçonne solidement à pierre et à plâtre les galeries, et on remplit de terre le puits de descente : en sorte que les mines ne sont plus en rapport avec l'extérieur que par les saucissons remplis de poudre, qui ont été eux-mêmes noyés dans la maçonnerie. Ces saucissons communiquent à la surface du sol avec des traînées de poudre qui partent des différentes mines et aboutissent à un centre commun, où se trouve une mèche d'amadou. C'est en allumant cette mèche qu'on met le feu à ces mines.

Ce système, bien que très-ingénieusement combiné, puisque la poussée de la poudre ne pouvait s'opérer qu'en soulevant la masse de rocher au-dessus de chaque mine, n'a pas donné dans l'origine des résultats aussi satisfaisants qu'on était en droit de l'espérer, précisément à cause du mode d'inflammation de la mine. On sait, en effet, d'après les expériences du général Morin, expériences d'ailleurs connues de beaucoup de chasseurs, que, dans un tube rempli de poudre et faiblement bourré, toute la poudre ne brûle pas ; de sorte qu'il peut arriver que la poudre, enflammée à la partie supérieure du tube, ne transmette pas l'inflammation à la partie inférieure. Or, c'est précisément ce qui arrivait souvent dans les saucissons de 12 mètres employés pour mettre le feu aux mines monstre de MM. Dussaud et Rabattu. D'un autre côté, la poudre ne prenant pas feu avec une égale promptitude, les différentes mines qui auraient dû s'enflammer en même temps ne partaient jamais régulièrement, et dès lors, tout l'effet avantageux de ces espèces de volcans, dont les ébranlements individuels se fussent prêtés un mutuel secours, était plus que problématique. Or, ce fut précisément pour obvier ces inconvénients, que MM. Dussaud et Rabattu pensèrent à mettre à contribution les moyens électriques.

D'après la manière dont la question me fut posée, je reconnus de suite que le problème à résoudre était moins de rechercher l'économie dans les organes électriques destinés à agir, que de fournir un système immanquable dans ses effets. Or, les systèmes ordinaires ne me paraissaient pas donner une garantie suffisante, eu égard à l'importance des résultats négatifs ou positifs qui pouvaient être la conséquence de la mauvaise ou bonne réussite de ces mines. Au lieu donc de faire partir les six ou huit fourneaux qui composent ordinairement chaque système de ces mines monstre, en les interposant dans un même circuit, j'ai préféré les diviser par groupes de deux et avoir recours à trois ou quatre circuits. Bien plus même, craignant, en raison du contact si intime des fils avec la terre et le plâtre, dans les galeries et le puits de descente, un isolement insuffisant du courant, j'ai supprimé la communication par le sol, et j'ai préféré employer deux conducteurs au lieu d'un, ce qui d'ailleurs ne m'occasionnait qu'une dépense très-minime, puisque l'un de ces fils pouvait être commun à tous les circuits en rapport avec les trois ou quatre grandes mines qui devaient partir en même temps.

Avec cette disposition, commandée par la prudence, le problème se réduisait pour moi à obtenir la simultanéité d'explosion à travers ces différents circuits. J'ai eu pour cela recours à deux systèmes de commutateurs, d'une construction particulière, que nous avons représentés fig. 14 et 15, pl. III.

Le plus simple de ces commutateurs, fig. 14, s'applique dans les cas où les mines sont peu éloignées du lieu où l'on opère : il se compose d'une planche d'acajou dans laquelle sont incrustés : 1° un cadre $abcd$ de caoutchouc durci, 2° une glace de verre assez épaisse. Sur deux des côtés de ce cadre isolant sont fixées 8 ou 10 lames de cuivre ef, gh, ij, etc., arrondies sur les carres de manière à présenter une surface légèrement convexe; et des boutons d'attache e, g, i, qui leur sont adaptés, permettent de les réunir à des fils faisant partie de circuits spéciaux. Cette planche est supportée sur quatre pieds pointus, afin d'être solidement fixée quand on doit faire fonctionner le manipulateur.

Celui-ci consiste dans une lame flexible de cuivre A B, fig. 14 bis, soudée à l'extrémité d'un gros fil recouvert de gutta-percha et adaptée par l'intermédiaire de ce fil à un manche de bois. Comme celui-ci n'adhère qu'à la gutta-percha dont est recouvert le fil, cette lame A B se trouve complétement isolée, et l'on est à l'abri des commotions quand on met ce manipulateur en rapport avec la machine d'induction.

Pour faire fonctionner cet appareil, rien de plus simple : on met les différents circuits sur lesquels on a à agir en rapport avec les lames de cuivre du commutateur, et on attache l'extrémité libre du fil du manipulateur à celui des pôles de l'appareil de Ruhmkorff qui donne des étincelles à distance; comme les différents circuits mis en rapport avec le commutateur le sont déjà avec le second pôle de l'appareil d'induction par un fil spécial, il suffit de faire passer le manipulateur plusieurs fois de suite à travers les lames de cuivre ef, gh, ij, pour produire les différentes fermetures de courant nécessaires à l'explosion des amorces.

Les précautions d'isolement que nous avons indiquées pour la construction du commutateur sont essentielles, parce qu'avec ces sortes de courants, le bois n'est pas un isolateur suffisant, surtout dans le cas en question, à cause de l'étendue assez considérable qu'occupent les points de contact des lames de cuivre du commutateur, lesquels suffisent comme je l'ai démontré dans ma notice sur l'appareil de Ruhmkorff, pour rendre le bois conducteur. D'un autre côté, l'emploi de la glace de verre empêche la traînée demi-conductrice qui accompagne toujours le frottement d'un métal sur le bois et même sur le caoutchouc durci.

Enfin les points d'attache du circuit avec l'appareil d'induction ne sont pas du tout indifférents; car il arriverait souvent, si on attachait au pôle de l'appareil qui donne des étincelles à distance, le fil se rendant directement aux amorces, que plusieurs des mines partiraient avant qu'on ait fermé les circuits au moyen du manipulateur. Dès lors, on ne pourrait plus compter sur la sûreté de l'opération. En attachant, au contraire, le manipulateur à ce pôle, cet effet ne peut jamais se produire.

Pour plus de sûreté, MM. Dussaud et Rabattu ont demandé à

M. Ruhmkorff de leur faire ce commutateur double, afin de pouvoir diriger à la fois sur les mêmes mines les courants issus de deux appareils différents. Ces commutateurs doubles ne sont autre chose que deux séries de plaques de cuivre disposées comme nous l'avons vu précédemment et séparées par un rebord de caoutchouc durci. Alors le manipulateur a la forme d'une fourche que l'on place à cheval au-dessus de ce rebord quand on opère, en ayant soin d'appuyer également de part et d'autre. Je crois que cette précaution est superflue quand on a pris tout le soin convenable pour bien isoler les circuits et pour mettre l'appareil en bon état.

Le second commutateur, représenté fig. 15, pl. III, peut être employé avec avantage quand la distance entre les mines et le lieu où doivent être placés les appareils électriques est considérable ; il épargne beaucoup de fil recouvert de gutta-percha et rend les circuits que doit parcourir le courant d'induction beaucoup moins longs.

Ce commutateur n'est, à proprement parler, qu'un Relais rhéotomique à mouvement d'horlogerie, et il doit être disposé de manière que le mouvement du frotteur du rhéotome ne soit pas très-prompt et que les conditions de l'isolement soient bien observées. L'appareil que nous avons représenté fig. 15, est renfermé dans une boîte de chêne assez forte pour recevoir, sans se briser, le choc des petites pierres lancées par la mine. Il se compose d'un mécanisme d'horlogerie M à quatre mobiles, susceptible d'être réglé dans sa vitesse au moyen d'un modérateur K. Sur le troisième de ces mobiles, est adapté un levier A armé d'un frotteur à piston F qui tourne autour d'une circonférence composée de plaques de cuivre et de plaques de glaces alternées et placées au même niveau. Les plaques de cuivre, comme dans le commutateur précédent, sont fixées sur une circonférence de caoutchouc durci et correspondent par des boutons d'attache aux fils des différents circuits. Au-dessus du troisième mobile du mécanisme d'horlogerie, se trouve un électro-aimant É dont l'armature porte une dent servant de détente d'encliquetage à ce mobile. Enfin les différentes pièces qui composent le mécanisme, se trouvent renfermées dans une enveloppe épaisse de gutta-percha ou de caoutchouc durci.

On peut se servir de cet appareil de deux manières : 1° en employant une pile auxiliaire pour la manœuvre à distance du commutateur; alors l'appareil d'induction peut être placé sous un abri très-près des mines, et les fils reliant le commutateur au poste où l'on expérimente, peuvent n'être que de simples fils de fer; 2° en n'employant qu'une seule pile pour l'appareil d'induction et le commutateur; alors celui-ci épargne le prolongement des différents fils spéciaux allant aux mines.

L'usage de ce commutateur se comprend aisément, puisqu'il ne fait que reproduire à distance, comme un relais, l'action que l'on effectuerait à la main au moyen du premier commutateur. Il suffit donc, au moment de faire partir les mines, de fermer le circuit correspondant à l'électro-aimant du commutateur, et alors celui-ci opère les fermetures successives des circuits induits qui sont en rapport avec les mines. Quand on emploie deux piles distinctes, rien n'est plus facile que cette manœuvre; mais dans le cas où l'on ne veut agir qu'avec une seule, un commutateur particulier doit être ajouté à l'appareil d'induction. Ce commutateur peut consister simplement dans une lame de ressort qui serait mise en rapport avec l'un des deux fils allant au commutateur mécanique, et qui serait placée de manière à rencontrer une cheville de cuivre fixée sur l'une des plaques du commutateur de l'appareil d'induction, un peu avant que cette plaque fût dans la position voulue pour que l'appareil d'induction marchât. Il faudrait seulement que le fil en rapport avec ce ressort additionnel, fût relié à la fois à l'électro-aimant du commutateur mécanique et au massif métallique de ce commutateur, de telle manière que le mécanisme d'horlogerie, étant une fois dégagé, pût couper les communications établies entre l'électro-aimant et le circuit des mines. Avec cette disposition, une première fermeture du courant de la pile précéderait l'envoi du courant d'induction, et cette première fermeture ferait réagir le commutateur mécanique, qui distribuerait alors le courant induit aux différentes mines. Il serait bon, dans ce cas, de tourner plusieurs fois de suite le commutateur de l'appareil de Ruhmkorff, pour provoquer plusieurs révolutions de la part du frotteur du commutateur mécanique.

Le commutateur mécanique que nous venons de décrire pourrait être substitué avantageusement au commutateur simple que nous avons considéré comme devant s'appliquer aux petits circuits. Il aurait sur lui l'avantage d'un fonctionnement régulier, et l'on n'aurait pas à craindre, en l'employant, d'agir ou trop lentement ou avec trop de précipitation.

La disposition des fils et des appareils dans mon système est indiquée dans la fig. 16. M représente l'appareil de Ruhmkorff placé à 4 ou 500 mètres des mines; O P est le commutateur placé tout près de l'appareil d'induction; enfin les puits de descente des mines sont figurés en Q, R, S, T, U, etc. Le pôle extérieur du courant communique au ressort A B, fig. 14 bis, du commutateur, et le pôle intérieur, celui qui ne fournit pas d'étincelles à distance avec un conducteur isolé du circuit, est en rapport avec un long fil recouvert de gutta-percha vulcanisée qui circonscrit les différentes mines. Sur ce fil on pratique des dérivations qui vont rejoindre l'un des deux fils, + et —, fig. 12, ressortant de chaque mine; l'autre fil de ces mines, le fil + par exemple, est relié séparément à un fil particulier, également recouvert de gutta-percha vulcanisée, qui va s'attacher à l'une des lames de cuivre du commutateur; il va sans dire qu'il y a autant de ces fils particuliers qu'il y a de mines. Telle est l'organisation du système d'explosion quant à sa liaison avec les appareils. La disposition des fils, à l'intérieur des mines, est indiquée fig. 12. Ces fils, en raison de leur peu de longueur, peuvent être choisis, par économie, d'un diamètre beaucoup plus petit, car ils ne peuvent pas resservir; ils disparaissent même entièrement pendant le travail de l'explosion. Deux de ces fils, + et —, après être descendus d'abord verticalement dans le puits de descente, se recourbent brusquement pour passer par les galeries horizontales et viennent s'attacher à l'un des bouts des deux amorces d'explosion C et D; les autres bouts de ces amorces sont ensuite reliés directement par un troisième fil.

Dans l'organisation de ces différents circuits, il faut avoir soin de recouvrir tous les points de jonction d'une épaisse couche de gutta-percha, ou, à défaut de gutta-percha, de plusieurs doubles de taffetas gommé. Il convient même, pour plus de sûreté, de soutenir extérieurement ces points de jonction au-dessus du sol à l'aide de petites fourchettes de bois.

L'effet d'explosion de ces mines *monstre* est tout à fait différent de celui des petites mines. Peu de fragments de pierres sont projetés en l'air, mais on voit le terrain se soulever comme une enveloppe qui se gonfle. Quand ce soulèvement a atteint une hauteur de 1 à 2 mètres, des déchirures se forment de tous côtés, et la fumée, quelques instants comprimée, donne à ces mines, en s'échappant à travers ces fissures, l'apparence d'un cratère de volcan en éruption. La détonation n'est pas extrêmement forte : c'est un bruit sourd, qui semble venir de loin et à la suite duquel se produit un petit tremblement de terre qui, du reste, ne se propage pas assez loin pour endommager les bâtiments dans le voisinage.

L'explosion de ces mines était, du reste, un spectacle curieux qui attirait toujours, dans le port militaire de Cherbourg, un grand nombre de spectateurs. Ordinairement les entrepreneurs chargés de ces travaux en faisaient partir tous les trois mois.

II. APPLICATION AUX TORPILLES SOUS-MARINES.

Nous allons maintenant aborder une des applications militaires les plus intéressantes de l'électricité, les mines sous-marines et les torpilles. Cette sérieuse et puissante ressource du domaine maritime est appelée à prendre une place chaque jour plus importante dans la défense comme dans l'attaque des rades, des ports, des cours d'eau, des escadres et des navires isolés.

Considérée seulement comme appoint de l'armement des vaisseaux, la torpille peut remplir les emplois les plus divers; elle peut avoir pour objectif la défense ou l'attaque d'autres bâtiments, le blocus des ports de commerce ou des arsenaux maritimes, l'attaque de vive force des défenses des points fortifiés des côtes, etc.

Mon intention étant de donner à mes lecteurs des renseignements généraux mais exacts, j'ai naturellement voulu les puiser à des sources techniques; j'avais d'abord songé à m'adresser à un officier de la marine militaire française (1) qui depuis longtemps s'est spécialement adonné à ces questions et passe pour bien connaître et juger avec perspicacité tout ce qui touche aux mines ou engins sous-marins; mais cet officier qui était venu me consulter il y a quelques années au sujet de certaines recherches qu'il avait entreprises en électricité, m'a déclaré qu'à son grand regret, il lui était impossible de me prêter son concours sur des sujets qu'il n'avait le droit de connaître lui-même qu'à titre confidentiel et qu'il est ordonné de garder strictement secrets. Dans ces conditions, je me suis abstenu de frapper à toute autre porte en France, et j'ai dû diriger mes tentatives vers l'étranger. Je dois dire que malgré des barrières en apparence du même ordre, il ne m'a pas été très-difficile d'obtenir, officieusement tous les renseignements dont j'avais besoin et j'ajouterai que certains étrangers m'ont paru suivre de très-près ce qui se passe chez nous en matière de guerre, et être au courant non-seulement des faits, mais même des travaux des personnes qui s'en occupent. Je me suis alors demandé si les traditions respectables de mystère auxquelles j'ai fait allusion avaient bien leur raison d'être, puisqu'elles n'étaient pas efficaces contre la curiosité de ceux qui avaient intérêt à savoir ce que nous faisons, tandis que la concentration de connaissances en un petit cénacle d'initiés, devait à coup sûr écarter du sujet de bons esprits, non techniques sans doute, mais capables d'apporter utilement leur pierre à l'édifice.

Historique de la question. — En 1624, le hollandais Drebbel construisit à Londres un bateau sous-marin à rames pouvant rester immergé un certain temps; il contenait un approvisionnement de *quintescence d'air*; une torpille chargée de poudre était portée au bout d'une longue tige à l'avant du bateau. Jacques I⁰ʳ y fit une excursion d'essai sous la Tamise. C'est le document le plus ancien se rapportant aux torpilles.

---

(1) M. Cabanellas alors secrétaire-adjoint à la commission supérieure des défenses sous-marines.

En 1776, l'américain Bushnel employa comme moteur d'un bâtiment sous-marin, une godille horizontale et une verticale ; des torpilles flottantes devaient être remorquées au contact des navires, et un pistolet actionné par le choc, mettait le feu à la poudre de ces torpilles. Une frégate anglaise du blocus fut manquée par un de ces engins dont l'explosion coula un petit navire voisin.

Au commencement du xixe siècle, Fulton proposa et essaya en Angleterre des torpilles immergées de plusieurs mètres, retenues par un corps flottant remorqué. Un mouvement d'horlogerie les mettait en feu après un temps donné. Au retour de Fulton en Amérique, ses torpilles furent utilisées contre un vaisseau anglais qui eut ses chaînes brisées et une voie d'eau qui le fit abandonner.

Les progrès des torpilles datent surtout du moment où on leur appliqua l'électricité. En 1841 le colonel anglais Pasley débarrassa la rade de Spithead d'un vaisseau coulé, au moyen de torpilles enflammées par l'électricité, et en 1846, le prince de Joinville fit dans son escadre des essais qui prouvèrent l'efficacité des torpilles contre les estacades.

A partir de cette époque, l'étude de l'inflammation des torpilles par l'action électrique fut poursuivie dans les divers pays, notamment en Amérique, en Autriche, en Espagne et en France, et l'on doit se rappeler que, lors de la guerre de Crimée, des torpilles automatiques combinées par M. Jacobi furent immergées dans la Baltique. Dans ces torpilles, des verrous métalliques heurtés par un navire devaient briser une fiole contenant de l'acide sulfurique, et cet acide en se répandant sur du fulminate de mercure, devait mettre le feu à la charge de poudre. Elles ne produisirent, comme on le sait, aucun résultat à cause de la faiblesse de leur charge.

En 1859, à Venise, des torpilles chargées de 200 kilog. de fulmi-coton, furent coulées à l'entrée des passes, et l'inflammation devait être faite électriquement à la volonté d'un observateur qui aurait suivi les mouvements des assaillants sur les repères d'une chambre noire. Dans la lutte de la sécession américaine, des torpilles de toutes sortes ont été employées par les confédérés d'abord, puis par les fédéraux, et plus de trente navires périrent par ces engins. Pendant la guerre du Brésil et du Paraguay, des torpilles de contact furent employées avec succès, et lors de la guerre de 1870-1871, les principales rades françaises étaient barrées par des lignes de torpilles dont l'inflammation pouvait être provoquée, à volonté, par l'observation directe de relèvements pris de deux stations. Les allemands avaient garni aussi plusieurs de leurs passes de torpilles chimiques analogues à celles de M. Jacobi. Enfin la guerre d'Orient de 1877 s'est inaugurée par le succès des torpilles

Russes qui purent couler un monitor turc dans les eaux du Danube.

Organisation générale des torpilles. — Les torpilles sont des espèces de récipients en fer ou en fonte, rendus parfaitement étanches, et à l'intérieur desquels est renfermée une charge plus ou moins considérable de matière détonante, qui peut faire explosion sous l'influence d'une amorce électrique que l'on actionne à distance.

Les dimensions, la nature et la disposition des carcasses de ces torpilles dépendent de leur caractère et de tous les effets qu'elles sont appelées à produire. Si elles sont destinées à séjourner sous l'eau à de grandes profondeurs, elles doivent être constituées par de forts récipients de fer ou d'acier, tant qu'il y aura nécessité de maintenir leur charge étanche. Ces récipients sont cylindriques, à bouts bombés, et on leur adjoint quelquefois des pieds et des supports pesants pour les asseoir et les maintenir stables au fond de la mer. Si elles sont destinées à séjourner entre deux eaux, elles doivent être d'autant moins massives de forme et d'autant moins résistantes, qu'elles sont destinées à agir plus près de la surface liquide; elles exigent un espace vide intérieur capable de leur assurer une flottabilité convenable, ou un dispositif accessoire remplissant la même fonction.

Quant aux torpilles qui ne doivent être que faiblement immergées, et cela seulement au moment d'en faire usage, leur enveloppe peut être variée sans grand inconvénient. Dans certains cas, même, avec du fulmi-coton comprimé, un simple sac de toile non étanche peut parfaitement suffire. Toutefois, que la carcasse doive être étanche ou non, l'amorce destinée à mettre le feu à la charge de matières explosives, doit être en tous cas à l'abri de l'eau.

Les amorces employées pour les torpilles peuvent être des amorces de *tension* ou de *quantité*, mais on semble préférer pour les amorces de quantité, des fils de platine d'une très-grande finesse dont le diamètre peut atteindre de 1/20 à 1/300 de millimètre. Ce fil est entouré de fulmi-coton, et quelquefois il est recouvert de collodion. Mais il importe que ce fulmi-coton soit très-sec et en contact très-intime avec la charge détonante et le fil de platine.

Par cela même que l'on emploie l'électricité pour actionner les torpilles, on est conduit à relier le générateur électrique et l'engin par un ou plusieurs conducteurs, qui doivent être isolés dans leur parcours comme les câbles télégraphiques sous-marins; par conséquent, tout ce que nous avons dit des câbles télégraphiques sous-marins est applicable aux câbles des torpilles, en remarquant, toutefois, que les plus longs circuits de torpilles étant toujours, en réalité, d'un développement très-restreint par rapport aux circuits télégraphiques, les méthodes que nous avons indiquées pour les essais et la recherche des défauts, peuvent être notablement simplifiées dans le cas qui nous occupe actuellement. Les mesures galvanométriques directes suffisent, en effet, parfaitement pour être fixé sur l'état des circuits des torpilles.

Les générateurs électriques employés pour l'explosion des torpilles, sont à peu près les mêmes que ceux que nous avons mentionnés pour les mines terrestres. Les piles sont cependant d'un usage plus fréquent à cause de certains dispositifs électro-magnétiques que ces engins présentent.

Vérification de l'état des torpilles immergées. — Les épreuves pour la vérification de l'état des torpilles immergées doivent se rapporter, comme celles des câbles sous-marins, à la conductibilité du circuit et à son isolement. Quand le circuit qui relie l'amorce au générateur électrique ou à l'électro-moteur est entièrement métallique, la vérification de son isolement et de sa conductibilité est facile : il suffit d'envoyer à travers le circuit métallique un courant assez faible pour ne pas courir risque de mettre le feu à l'amorce, et d'examiner si un galvanomètre sensible interposé dans le circuit, dévie sous l'influence de ce courant, d'abord quand on réunit aux deux pôles du générateur les deux fils du circuit, et en second lieu quand l'un des fils étant détaché du générateur, on fait communiquer celui-ci à la terre par l'intermédiaire d'une plaque de cuivre. Si le fil conducteur est bien isolé dans tout son parcours, le galvanomètre ne doit fournir de déviation continue que quand le circuit est fermé sur la pile. S'il en fournit quand la pile est à la terre, c'est qu'un défaut existe soit dans l'amorce qui peut se trouver humidifiée, soit dans le conducteur qui peut présenter une dénudation dans son enveloppe isolante, et il s'agit alors de reconnaître à laquelle de ces deux causes est dû le défaut. Pour y arriver, on utilise alors un dispositif qui a consisté, lors du chargement de la torpille, à souder sur l'une des deux branches de l'amorce une petite plaque de zinc. Tant que l'amorce n'est pas humide et en relation de conductibilité directe ou indirecte avec la mer, la plaque de zinc ne peut avoir aucune action électrique; mais il n'en est plus de même si cette relation existe, car le zinc alors attaqué constitue avec la plaque cuivre de terre, un électro-moteur qui peut à lui seul fournir une déviation galvanométrique; or cette déviation ne peut exister, ou du moins est très-minime, quand le défaut provient de la dénudation du conducteur, puisque celui-ci est en cuivre. Ces épreuves très-satisfaisantes pour l'amorce à fil fin de platine, s'appliquent également à l'amorce de tension, mais elles doivent alors s'effectuer par l'intermédiaire d'une dérivation métallique très-voisine des deux branches de l'amorce et constituée par une bobine à fil fin. L'on infère du bon état du circuit d'épreuve, le bon état du circuit réel de mise à feu.

Avec ce genre d'épreuves, la constatation de la mauvaise conductibilité du circuit et celle de son bon isolement, permettent naturellement de reconnaître la présence des solutions de continuité dans le conducteur.

Quand les torpilles ne sont reliées avec l'observateur que par un seul fil, comme cela a lieu maintenant, et ce qui constitue pour les longs circuits de défense fixe une importante économie, la vérification de la conductibilité et de l'isolement du circuit est beaucoup plus difficile et plus *incertaine*. L'observateur n'ayant plus à sa disposition les deux extrémités du circuit, il a fallu compléter celui-ci par la mer, et par conséquent relier une des branches de l'amorce à une plaque conductrice immergée. Or, du moment où, dans un circuit, on emploie deux électrodes avec un intermédiaire liquide, *il est impossible de ne pas obtenir des courants de diverse nature plus ou moins énergiques*, les électrodes fussent-elles identiques dans leur nature chimique ou physique. J'ai fait une étude particulière de ces courants dans mes recherches sur le rôle de la terre dans les transmissions télégraphiques, et pour peu qu'on les étudie, on peut se convaincre qu'on ne doit pratiquement accorder aucune confiance aux systèmes d'épreuves qui peuvent être employés dans de pareilles conditions. Pour obtenir dans ce cas des renseignements utiles, il faut en revenir au système d'épreuves à deux fils, et employer pendant le temps des épreuves un second conducteur mobile, qui peut être d'ailleurs appliqué successivement aux diverses torpilles que l'on a à essayer.

Quand l'amorce employée est une amorce de tension, comme sa résistance est tellement considérable que les autres résistances s'effacent devant elle, on peut noter la déviation produite avant son introduction dans la torpille, et toute augmentation dans l'intensité du courant qui la traversera, pourra indiquer qu'il existe un défaut d'étanchéité de la torpille ou une dénudation du conducteur. On peut d'ailleurs s'assurer d'une perte à la terre en polarisant le défaut et en notant le sens de la déviation. Il est bien certain que si après avoir enlevé la pile d'essai et avoir réuni directement le circuit au galvanomètre, on observe une déviation en sens inverse, c'est qu'une perte à la terre s'est produite, et on peut même en présumer la gravité, en variant convenablement l'expérience. Cette perte peut d'ailleurs être directement indiquée en reliant le fil à la plaque de terre. Il est évident que si un courant est alors accusé par le galvanomètre, il ne peut provenir que d'un défaut dans l'isolement du fil, puisque la résistance de l'amorce est dans ce cas assez considérable pour empêcher la propagation du courant qui pourrait se développer entre les deux plaques de terre.

Matières explosibles employées dans le chargement des torpilles. — La poudre à canon avait été employée dans l'origine au chargement des torpilles, mais son usage tend à se restreindre de plus en plus, et cède aujourd'hui la place aux dynamites et surtout aux pyroxyles, qui offrent plusieurs avantages dont le plus précieux est de présenter une puissance destructive trois ou quatre fois supérieure. Parmi ces dernières substances, le fulmi-coton est surtout remarquable par la propriété qu'il possède de conserver son pouvoir explosif quand, après avoir été comprimé, il est associé à une certaine quentité d'eau. Pour le faire alors détonner, il suffit seulement d'adjoindre à l'amorce une petite quantité de fulmi-coton *sec*, variable avec le degré d'humidité de la charge, mais ne dépassant pas en général quelques centaines de grammes; il faut par exemple que ce fulmi-coton sec soit en bon contact avec le fulmi-coton humide et l'amorce (1).

---

(1) Parmi les dispositions que l'on peut employer dans ce but, MM. Champion, Pellet et Grenier indiquent la suivante, qui paraît présenter le plus de garanties. On prend un cylindre de coton-poudre comprimé sec, d'un poids de 200 grammes environ, et on l'introduit dans une boîte de fer blanc de même forme et goudronnée à l'intérieur. Le couvercle du même métal qui recouvre exactement la boîte avec fermeture à baïonnette, porte une ouverture circulaire servant à l'introduction de l'amorce et munie d'une virole taraudée. Le tube en cuivre de l'amorce porte une virole analogue surmontée d'une plaque de cuivre en forme d'écrou, laquelle plaque est destinée à faire serrage sur une rondelle de caoutchouc interposée entre la boîte et la plaque de cuivre. On agrandit d'avance, au moyen d'une lime, le trou central du disque de coton-poudre destiné à recevoir l'amorce, et l'on ferme avec un bouchon de liége l'ouverture de la boîte qu'on recouvre ensuite de peinture au minium. Lorsqu'on veut placer la cartouche porte-amorce dans la torpille, il suffit d'enlever le bouchon et de le remplacer par l'amorce qu'on visse à refus. On a donc ainsi sous la main tous les appareils nécessaires pour le chargement rapide d'une torpille.

Abel avait indiqué un poids de 200 grammes de coton-poudre sec comme suffisant pour déterminer l'explosion du coton humide; mais dans de récentes expériences faites en Angleterre, ce poids a dû être porté à 2 livres anglaises environ. Les causes de cette différence sont difficiles à apprécier, mais il y a lieu de tenir compte de l'état d'humidité du coton et de la nature de l'enveloppe de la cartouche, et on ne doit pas oublier que, dans le cas d'explosion du coton humide sous l'influence d'une cartouche de coton sec, ce dernier agit à la manière d'une amorce.

Une chose assez curieuse, c'est que le coton-poudre comprimé qui détonne, étant humidifié et même mouillé avec de l'eau douce ne peut produire cet effet quand il est mouillé avec de l'eau de mer; de sorte que si on emploie du fulmi-coton, mouillé pour la charge d'une torpille, il faut que celle-ci soit aussi étanche que si le fulmi-coton était sec.

C'est toujours à l'état humide que le fulmi-coton comprimé est employé au chargement des torpilles, et l'on conçoit quel accroissement de sécurité il donne dans le service de la défense des côtes et surtout dans celui des navires de guerre.

Les effets des matières explosives augmentent, toutes choses égales d'ailleurs, avec la profondeur de leur immersion, jusqu'à une certaine limite au-delà de laquelle leur utilisation totale reste à peu près stationnaire. Cette limite recule lorsque s'accroît la charge explosive. Pour les charges restreintes, la poudre à canon exige un bourrage représenté par une hauteur d'eau d'environ 3 mètres, tandis qu'à partir d'une profondeur d'un mètre, le fulmi-coton est dans de bonnes conditions de rendement, Du reste, les effets, le mode d'action et les charges employées sont très-différents, suivant que la torpille est destinée à agir au *contact théorique*, au *contact pratique* et à distance.

Au *contact théorique*, c'est-à dire lorsque l'explosion est produite directement contre l'objet que l'on veut avarier, il suffit d'une très-faible charge pour produire un très-grand effet; une trentaine de kilog. de poudre à canon, une dizaine de fulmi-coton crèvent les plus solides murailles cuirassées actuellement à flot; mais au *contact pratique*, c'est-à-dire à une distance d'un mètre, la charge doit être portée à une cinquantaine de kilog. de fulmi-coton pour provoquer une avarie du même ordre. Enfin, à distance, comme dans le cas des torpilles placées sur le fond, à une trentaine de mètres de profondeur d'eau, par exemple, une charge de 1200 kilog. de fulmi-coton deviendrait nécessaire pour produire des effets qui ne seraient encore que d'une étendue assez restreinte à la surface. Avec ce genre de torpilles, il faut pour ainsi dire que l'ennemi se trouve sur la verticale de la mine sous-marine. Par une compensation fâcheuse, mais logique, puisque le sens vertical est évidemment le sens de moindre résistance, l'explosion de ces engins exerce des réactions de choc de compression de plus en plus puissantes, à mesure qu'on s'éloigne de la surface; de sorte que des objets placés sur le fond ou dans le voisinage, même à des distances considérables du lieu d'explosion, peuvent y être disloqués ou écrasés, presqu'au moment même de l'explosion, par les énormes pressions instantanées transmises par l'eau sur chaque élément de leur surface extérieure.

Des différentes espèces de torpilles employées. — Les torpilles que l'on peut employer dans la marine peuvent être disposées de bien des manières suivant les effets qu'elles sont appelées à fournir. On peut d'abord les répartir en deux grandes divisions : les *torpilles fixes ou défensives* et les *torpilles mobiles ou offensives*. Les premières comprennent

4 catégories : les torpilles de fond, les torpilles mouillées, les torpilles vigilantes et les torpilles en chapelets. Les secondes comprennent autant de
catégories auxquelles appartiennent : les torpilles portées, les torpilles remorquées, les torpilles projetées, et les torpilles automobiles. Chacune de ces
catégories, à son tour, comprend un certain nombre de types dans le
détail desquels il nous est impossible d'entrer, car nous nous trouverions
entraînés beaucoup plus loin que ne le comporte un ouvrage aussi général
que le nôtre.

Torpilles de fond et mouillées. — Les torpilles de fond et les
torpilles mouillées sont destinées à barrer les passes que la défense a intérêt
à conserver libres pour le passage de ses propres vaisseaux ou des navires
alliés. Celles dites mouillées ou entre-deux-eaux sont employées de préférence pour les profondeurs d'eau considérables. Dans ce système, les
torpilles sont placées en travers de la passe, et des moyens de pointage
appropriés aux localités, doivent permettre aux défenseurs d'effectuer le
tir de chaque torpille ou de chaque groupe de torpilles, au moment où les
navires ennemis pénètrent dans leur champ d'action.

Torpilles vigilantes. — Comme il peut arriver, soit à cause de la
fumée du canon, soit par les temps de brume, soit pendant la nuit, qu'on
ne puisse apercevoir les vaisseaux ennemis, on a imaginé d'adapter aux
torpilles précédentes un organe vigilant de contact qui, étant mis en action
par suite du mouvement qui leur est donné quand elles sont rencontrées
par un navire ennemi, met en branle une sonnerie placée au poste d'observation, ou réagit sur un relais disposé de manière à envoyer automatiquement le courant de mise à feu à travers l'amorce électrique de la torpille,
et à en déterminer l'explosion. Le dispositif employé pour obtenir ce
double résultat est différent suivant les conditions de l'amorce et suivant
qu'on emploie un ou deux conducteurs. Quand l'amorce permet impunément l'envoi d'un faible courant voltaïque, on peut rendre la torpille électro-
automatique au moyen d'un seul fil, en faisant réagir le relais à circuit
fermé. Le choc produit sur la torpille, détermine alors la disjonction du
circuit, et, par suite, une action du relais qui lance le courant de mise à feu
aussitôt que le premier courant ne circule plus. Quand l'amorce ne permet
pas le passage habituel d'un courant, il faut alors deux conducteurs
partant de l'observatoire, l'un aboutissant à l'organe vigilant qui correspond au circuit fermé, l'autre au circuit de la mise à feu.

Les torpilles dont il vient d'être question sont maintenues par une ou
plusieurs chaînes ou amarres aboutissant à des ancres placées sur le fond.

Le système précédent n'étant pas exempt d'inconvénients pratiques, et étant à peu près inapplicable aux rades où la marée fait varier le niveau de l'eau, on a voulu s'affranchir de tout dispositif entre deux eaux, et on a cherché à placer l'organe vigilant au sein même de la torpille, ce qui a conduit forcément à utiliser les réactions magnétiques. Mais ce système, qui ne peut fonctionner qu'avec les navires blindés, est loin de fournir des résultats parfaitement certains.

Torpilles de contact vigilantes. — Ces torpilles qui produisent, comme on l'a vu, les résultats les plus importants, doivent être employées de préférence à toutes autres quand cela est possible, et elles peuvent être rendues *électro-automatiques*, lorsque leur conducteur aboutit à un poste à terre, où se trouvent la pile vigilante, le relais et l'électro-moteur de mise à feu. Si elles n'ont pas de conducteurs, elles peuvent être rendues *électro-automatiques*, en faisant en sorte que le choc produit sur elles par la carène du navire ennemi, ait pour fonction de fermer le circuit d'un électro-moteur de mise à feu, placé soit dans la chambre à air de la torpille, soit dans le crapaud qui sert d'ancre à la torpille. Pour obtenir cette fermeture de circuit, on emploie le plus souvent une sphère métallique qui repose en temps ordinaire au fond d'une cuvette isolée adaptée à l'intérieur de la torpille, et qui se trouvant déplacée vers les bords de cette cuvette quand la torpille reçoit un choc prolongé, vient se mettre en contact avec deux bandes métalliques parallèles circonscrivant les bords de la cuvette et correspondant aux deux bouts disjoints du circuit. Il est, toutefois, beaucoup d'autres moyens de résoudre le problème, et chacun a ses partisans et ses détracteurs; ainsi on peut obtenir la fermeture en question au moyen d'une tige métallique disposée comme un pendule et dont les oscillations peuvent entraîner des fermetures de circuit sur des contacts disposés en couronne. On peut encore utiliser à cet effet les mouvements d'un poids conique sollicité à s'élever par un ressort à boudin et qui s'affaisse sur un interrupteur de courant au moment du choc.

Comme le plus souvent, les torpilles sont disposées en dérivation sur le circuit en rapport avec l'électro-moteur, il arriverait souvent qu'une des torpilles ayant fait explosion, une dérivation peu résistante serait introduite dans le système, et diminuerait l'action de l'électro-moteur sur les autres torpilles. Pour éviter cet inconvénient, on emploie ce que l'on appelle des *brise-circuits* dont la disposition a été très-variée. Le dispositif le plus simple consiste à interposer, après le branchement et dans chacun des circuits particuliers, une sorte d'amorce à fil fin sans poudre inflammable, logée dans un joint étanche. Cette amorce étant un peu moins sensible que l'amorce de mise à feu, brûle à la suite de celle-ci, et isole de l'eau de mer la partie du conducteur en rapport avec le circuit des autres torpilles. On a encore proposé, pour obtenir le même résultat, d'introduire dans chaque branchement un relais disjoncteur à détente convenablement isolé pour effectuer électro-magnétiquement l'effet précédent.

Les *brise-circuits* sont encore employés lorsqu'on a sujet de craindre le fonctionnement des *ferme-circuits* des torpilles sous l'action de l'explosion éventuelle de leurs voisines. Alors leur fonction consiste à isoler de l'électro-moteur les circuits de celles des torpilles qui sont les plus rapprochées les unes des autres, et il n'y a alors que les ferme-circuits des torpilles les plus éloignées qui se maintiennent en communication électrique. Ce sont toujours des électro-aimants installés dans des postes d'observation qui, sous l'action du courant de mise à feu ou d'un courant *vigilant*, déterminent cet effet.

Torpilles en chapelet non dissimulées. — Lorsque les ports qu'il s'agit de défendre ont une marée, des torpilles de contact disposées pour être efficaces à mer basse pourraient laisser passer impunément à mer haute des navires du plus grand tirant d'eau. Pour résoudre cette difficulté, on a cherché à donner au câble qui retient l'engin à son crapaud, la longueur nécessaire pour que la torpilles soit à l'immersion convenable à mer haute. La flottabilité n'est plus alors demandée à la torpille, mais à une bouée qui, restant toujours à la surface, soutient la torpille à l'immersion utile et porte l'organe automatique s'il y a lieu. Quelquefois des torpilles semblables sont réunies par le même conducteur de manière à former un tout auquel on donne le nom de *chapelet*. Ce système est loin d'être exempt de reproches, et la meilleure solution serait peut-être la disposition suivante.

Les câbles de tenue de ces torpilles seraient de forts tuyaux flexibles, en communication à leur partie inférieure avec un tuyau commun allant à terre. La partie supérieure aboutirait à un réservoir étanche à parois flexibles, protégé par une carcasse métallique non étanche. Le tuyau commun amènerait d'un réservoir à terre, l'air qui y serait maintenu par des pompes compressives à une pression convenable malgré les dépenses du groupe.

Le réservoir flexible de la torpille porterait une soupape d'introduction et une soupape d'évacuation dont le jeu serait réglé par un organe hydrostatique. La soupape d'introduction serait fermée et celle d'évacuation ouverte lorsque l'organe hydrostatique éprouverait une pression plus petite que celle qui aurait été réglée, c'est-à-dire dès que l'immersion serait devenue trop faible. Au contraire, la soupape d'introduction serait ouverte et celle d'évacuation fermée automatiquement, si l'immersion dépassait celle qui aurait été réglée.

Enfin un dispositif convenable assurerait l'obturation de la communication d'air comprimé au tuyau commun pour toute torpille qui aurait fait explosion.

Cette torpille devrait être *électro-automatique*, et de plus, pendant la période d'essai, elle serait munie de plusieurs dispositifs électriques destinés à constater les écarts d'immersion. Chacun de ces dispositifs de contrôle se composerait d'un circuit indépendant avec son ferme-circuit hydrostatique, dont le ressort serait réglé pour permettre la circulation du courant à partir d'une pression d'immersion donnée. La fermeture de ces circuits de contrôle déterminerait à terre le contact d'autant de pointes traçantes sur un cylindre enregistreur, et cela pendant tout le temps des fermetures correspondantes.

Torpilles portées. — On désigne ainsi les torpilles, qui étant tenues au bout d'une tige saillante à l'extérieur des navires ou des canots, doivent, au moment d'utiliser cette arme, se trouver pour ainsi dire toucher la muraille du bâtiment ennemi. Dans ces conditions, la torpille se trouve éloignée au plus d'une dizaine de mètres de l'assaillant ; mais pour qu'elle puisse produire l'effet qu'on en attend, il faut, en raison de la forme fuyante des carènes des navires, qu'elle se trouve immergée avant le moment du choc ainsi que la tige ou hampe qui la porte, et que son explosion dépende du choc produit sur elle au contact du navire ennemi. Pour résoudre ce double problème, il a fallu employer des tiges d'une grande force et des torpilles très-résistantes, avec un système d'inflammation automatique analogue à celui dont il a été déjà question pour les torpilles vigilantes et qui met à contribution des fermes-circuits ou conjoncteurs dont la disposition devient facile dans ce cas.

On emploie pour mettre le feu à ces torpilles, des amorces de quantité et des piles du genre Leclanché ; le circuit met alors à contribution deux fils. Quelquefois un troisième fil relie directement la seconde branche de l'amorce à l'électro-moteur afin de permettre à l'opérateur de provoquer électriquement l'explosion dans le cas où, par une cause accidentelle, le conjoncteur ne fonctionnerait pas au choc. Cette dernière disposition n'est généralement pas approuvée par les marins, car ils regardent le système automatique comme étant à peu près immanquable, et en confiant à l'opérateur le soin de l'explosion, il arriverait le plus souvent que l'inflammation serait effectuée avant le moment du choc et par conséquent dans de mauvaises conditions.

Les torpilles dont nous parlons sont le plus souvent portées à l'avant et à l'arrière du navire, mais l'on préfère le port à l'avant malgré les chances d'abordage qui peuvent en résulter (1), parce que la manœuvre, pour amener les torpilles au contact du navire ennemi, est plus facile.

Les dispositifs que nous venons de passer en revue ont, en outre des effets plus énergiques que les torpilles peuvent alors produire, l'avantage de tenir la charge immergée et à l'abri jusqu'au dernier moment ; mais ils nécessitent des installations spéciales et très-résistantes, qui ne peuvent s'improviser pour les grandes vitesses. Au contraire, si on renonce au précieux avantage d'avoir la charge à l'abri, et si l'on admet l'emploi de plus fortes charges, on peut ne laisser couler la torpille le long du vaisseau ennemi qu'à l'instant où elle le touche, ce qui n'entraîne qu'un dispositif facile à organiser à tout moment sur un navire quelconque. Il suffit, en effet, de suspendre la torpille à l'extrémité d'un faible espars soutenu au-dessus de l'eau et saillant dans la direction qui paraîtra préférable, direction qu'il sera d'ailleurs toujours facile de modifier. Dans un tel système, on peut, sans inconvénient, mettre le feu électriquement et à volonté, parce que le dispositif est jusqu'à la fin sous les yeux de l'opérateur. La torpille est alors reliée au navire par un conducteur disposé de façon à n'exercer aucune traction pendant le court délai qu'on laissera après la chute, pour donner le temps à l'engin d'atteindre une profondeur convenable. Pour plus de sûreté, on peut même suspendre la torpille à un corps léger tenant lieu de bouée ; le tout étant jeté à la mer, la charge vient à l'aplomb de sa bouée, et en mettant l'électro-moteur en action un moment après la chute, on est sûr de ne pas risquer de dépasser l'immersion prévue.

Torpilles remorquées. — Comme le mot l'indique, ces torpilles sont traînées par le navire en marche à l'aide d'une remorque recouverte d'une armature de fils de fer ou mieux d'acier, supportant de fortes trac-

---

(1) Ces chances d'abordage ne sont pas du reste très à craindre, car il résulte du contre-coup de l'explosion une réaction hydro-dynamique qui ralentit forcément la vitesse du bateau. Les navires destinés à ce genre d'attaque ont été d'ailleurs disposés d'une manière spéciale ; ils n'ont guère qu'une vingtaine de mètres de longueur, et leur avant est défendu par une cloison étanche transversale ; ils sont construits en tôle d'acier à l'épreuve seulement de la balle de fusil, mais pour empêcher que des projectiles plus gros tels que des balles de mitrailleuses déterminent des voies d'eau, on garnit les plaques de tôle de plaques de caoutchouc vulcanisé. Dans ces conditions, le trou ayant été fait par la balle, ne subsiste qu'à travers la plaque métallique, et celui pratiqué dans le caoutchouc se trouve à peu près bouché par suite de l'extrême élasticité de cette substance.

tions. L'armature entoure le conducteur de cuivre (isolé en caoutchouc) qui relie l'électro-moteur du bord à la torpille, laquelle est fixée à un flotteur. L'électro-moteur est alors une pile Leclanché.

La disposition du flotteur varie suivant que la torpille doit protéger l'arrière ou les flancs du navire. Les torpilles défendant l'arrière sont des torpilles de *traine*, et elles deviennent *divergentes* lorsque le flotteur est attaché à leur remorque par deux, trois ou quatre liens (dits pattes d'oie), de façon à supporter obliquement la résistance de l'eau lorsqu'il est traîné par la remorque.

Dans ce cas, le flotteur tend sa remorque en s'écartant du navire remorqueur, et va chercher vivement sa position d'équilibre dynamique, située à environ 45° de la direction de l'arrière, si les proportions des pattes d'oie sont bien choisies.

Dans l'un des types, la torpille proprement dite (contenant une charge explosive d'environ 15 kilog. de fulmi-coton) est placée à poste fixe pour l'immersion utile ; elle est tenue à la partie antérieure d'une tige horizontale reliée au corps du flotteur par des tiges verticales, et un *ferme-circuit* fonctionnant au choc existe soit à l'avant de la torpille, soit à celui du flotteur, soit en ces deux points à la fois.

Comme avec de grandes vitesses la stabilité de la navigation de ces flotteurs se trouve facilement compromise, on a essayé divers systèmes ayant pour effet de maintenir repliées, jusqu'au dernier moment, les torpilles et les tiges qui les supportent, et de les faire entrer dans une cavité au-dessous du flotteur, pour ne les laisser se déployer que sous l'action du choc de la partie antérieure contre la carène attaquée. Deux ferme-circuits ou conjoncteurs commandent alors la mise à feu, l'un fonctionnant par le choc de l'avant de la torpille, l'autre étant mis en action quand les tiges ont atteint un développement correspondant à la bonne immersion de la torpille. Les torpilles de tous ces flotteurs sont *électro-automatiques*.

Le dispositif auquel on a eu recours pour les torpilles divergentes de contact pratique est analogue à celui des torpilles portées de contact pratique ; ainsi cette torpille est logée dans une cavité à l'avant du flotteur, et le choc a pour effet de la rendre libre et de la laisser couler ; elle est alors munie d'un ferme-circuit hydrostatique. Cette torpille, en tombant, reste liée électriquement au conducteur de la remorque par un petit fil qui se déploie librement du côté de l'engin et du côté de la remorque, laquelle, pour échapper aux brusques tractions qui suivent l'attaque, abandonne également le flotteur par le jeu de verrous actionnés par le choc de l'engin. Ce genre de torpilles électro-automatiques entraîne naturellement l'emploi de charges plus considérables que celles de contact théorique; elles sont en général de 40 à 50 kilog. de fulmi-coton.

Au point de vue de la tactique, les torpilles paraissent appelées à rendre certains services. Tenues en *laisse*, c'est-à-dire mises à l'eau d'avance avec toute la longueur de remorque qui sépare l'arrière du navire de son avant, et attachées près de l'arrière du navire par une corde supprimée au moment voulu, elles peuvent, dans une mêlée, être lâchées à propos en passant très-près d'un navire ennemi. Elles ont alors de grandes chances de le choquer, dans les meilleurs conditions, pendant le rapide mouvement de divergence; mais en dehors de cette circonstance, elles sont faciles à éviter.

En général, on doit plutôt considérer les torpilles divergentes comme des armes défensives propres à protéger les flancs ou l'arrière d'un navire, ou à rendre périlleuse l'entrée des créneaux ou passes qui séparent les bâtiments d'une escadre naviguant par le travers les uns des autres, (ce que l'on appelle faire route en ordre de front).

Torpilles en chapelets. — Il existe encore pour l'attaque, une disposition de torpilles en chapelet qui est analogue, d'ailleurs, à celle des torpilles du même genre employées pour la défense. Ces torpilles sont remorquées par des embarcations à vapeur pour être placées en travers d'une passe dont on veut défendre l'entrée, ou pour l'attaque des navires au mouillage; mais les avantages qu'elles peuvent présenter sont très-contestés.

Torpilles projetées. — Depuis quelques années, les recherches commencent à se diriger vers des solutions qui permettraient de lancer les torpilles avec des bouches à feu, à peu près comme les porte-amarres de sauvetage. Il est certain que parmi les défauts des engins dont nous avons parlé jusqu'ici, se place en première ligne celui de ne pouvoir être utilisés qu'à bout portant ou à très-petite distance de l'ennemi. Malheureusement, les essais tentés jusqu'ici n'ont été guère satisfaisants; mais on croit qu'en ne cherchant pas à réaliser une trop grande vitesse initiale, et en se bornant à conserver le tir de plein fouet qui seul peut fournir la justesse et la facilité de pointage indispensables à cette application, on pourra réussir. La torpille resterait alors reliée à l'opérateur par un fil conducteur entraîné par l'engin, lequel serait muni d'un ferme-circuit hydrostatique, ce qui en ferait alors un torpille *électro-automatique*. Des essais sont activement poursuivis dans cette voie par l'une des puissances belligérantes, au moment ou nous écrivons ces lignes.

Torpilles automobiles. — Ces torpilles sont en général des bateaux sans équipage destinés à être manœuvrés de loin. Les charges qu'ils contiennent doivent nécessairement être mises à feu par des dispositifs automatiques agissant au choc, puisqu'il est impossible à l'opérateur d'apprécier de loin le moment du contact contre la carène ennemie. Les torpilles automobiles essayées jusqu'ici sont flottantes à fleur d'eau et *électro-magnéto-automatiques*; elles sont dirigées électriquement de terre ou d'un navire, et un conducteur isolé à âmes multiples se déroule d'un touret établi dans la torpille.

Dans la solution la mieux réussie (le système Lay), un dispositif interne électro-magnétique actionne les robinets d'un moteur à acide carbonique liquéfié, et permet de faire mouvoir ou de stopper le propulseur, qui est une hélice ordinaire, tout en dirigeant la barre du gouvernail. Un compartiment renferme la matière explosive à la partie antérieure de ce bateau, et celui-ci qui est en tôle, et presque cylindrique, est pointu aux deux bouts. La longueur totale est d'une dizaine de mètres. Comme ce bateau est presque complétement immergé, deux tiges verticales servent à en donner la direction, et la nuit, ces tiges portent deux fanaux n'éclairant que vers l'arrière. L'emploi de ce genre de torpilles ne s'est pas généralisé à cause de la difficulté de bien apprécier la direction à leur donner, et parce qu'on n'a jamais pu leur faire atteindre une vitesse suffisante.

D'autres solutions très-ingénieuses aussi comme combinaisons électro-magnétiques actionnant diverses forces motrices, ont donné des résultats militaires encore moins satisfaisants. A moins de surprise complète d'un navire à l'ancre ou d'attaque d'un bâtiment dont la machine ne fonctionne plus, il semble qu'il sera toujours facile d'échapper à un assaillant aussi grand, aussi peu rapide et manœuvrant si mal.

· On a encore combiné d'autres systèmes de torpilles automobiles d'une application plus facile, et parmi eux, nous citerons celui de M. Ericson, et celui de M. Whitehead, constructeur autrichien à Fiume; mais comme ces torpilles n'ont rien d'électrique, nous ne nous y arrêterons pas. Nous dirons seulement que les torpilles du système Whitehead sont très-appréciées, que depuis plusieurs années presque toutes les puissances maritimes ont acquis le droit de les employer, et qu'elles paraissent être les plus efficaces pour agir à distance.

III. APPLICATION A L'INFLAMMATION DES GAZ.

Depuis la découverte de la bouteille de Leyde, on a bien souvent appliqué l'étincelle électrique à l'inflammation des gaz inflammables et autres substances combustibles; mais les applications utiles de ce genre de réactions électriques n'ont été combinées que depuis fort peu de temps. Nous allons passer en revue quelques-unes de ces applications; mais nous ferons observer, tout d'abord, qu'entre l'expérience en elle-même et ses applications, il y a tout un monde.

Procédés d'allumage à distance d'un bec de gaz. — Il y a vingt-quatre ans, M. Liais et moi, cherchant le moyen d'allumer à distance la mire de nuit de l'Observatoire de Paris, avons été conduits à combiner un système fort simple d'allumage électrique pour le gaz, qui a été appliqué depuis en beaucoup d'autres circonstances, comme nous allons le voir à l'instant. Voici comment je décrivais ce procédé, dans le 2ᵉ volume, p. 208, de la première édition de cet ouvrage, publié en 1854 :

« Cette mire (la mire de l'Observatoire établie suivant le nouveau
« système) n'est autre chose *qu'un bec de gaz* établi à l'extrémité d'un mât
« et renfermé dans une espèce de lanterne disposée à cet effet. A travers
« cette lanterne, et précisément au-dessus du bec de gaz se trouvent fixés,
« à une très-petite distance l'un de l'autre, *deux hls de platine* suffisamment
« isolés et en communication avec *deux fils recouverts de gutta-percha*.
« Ces fils aboutissent à *l'appareil de Ruhmkorff* placé dans la salle des
« observations, et cet appareil marche sous l'influence d'une machine de
« Clarke. *Enfin le robinet du tuyau pour le gaz est placé également dans la*
« *salle des observations, de sorte que, sans bouger de cette salle, on peut faire*
« *arriver en temps voulu le gaz à l'extrémité du mât et l'allumer en tour-*
« *nant la machine.* »

Depuis cette première application, on a eu souvent l'idée d'en mettre à contribution le principe pour allumer les becs de gaz des théâtres et des établissements publics et industriels; mais, en France, ce n'a guère été qu'à l'allumage des becs de gaz de la salle des séances de la chambre des députés que ce système a été appliqué définitivement et d'une manière pratique. Les becs de gaz de la rampe de la scène du grand Opéra sont cependant allumés de cette manière, et on voulait appliquer ce système à l'allumage des herses et du grand lustre, mais on a encore ajourné cette dernière partie du projet. Dans d'autres pays ces moyens sont plus employés. Il y a Londres plusieurs salles publiques ainsi allumées, et les journaux annonçaient dernièrement qu'à La Providence, en Amérique, l'éclairage public des rues et des édifices ne mettait pas à contribution d'autre moyen d'allumage.

Système de M. A. Gaiffe. — L'importance de l'application qu'a faite M. Gaiffe de l'allumage électrique aux appareils d'éclairage de la salle des séances de l'Assemblée législative à Versailles, se comprend aisément si l'on réfléchit que le temps nécessaire à l'allumage de tous les becs (au nombre de 356) d'une pareille salle étant très-long, on était obligé de faire cette opération avant l'ouverture des travaux parlementaires, et on les laissait par conséquent brûler à blanc jusqu'au moment où l'ordre était donné d'élever le gaz. Il résultait de cette pratique plusieurs inconvénients, tels que la dépense du gaz brûlé en pure perte, l'altération de l'air de la salle, et l'élévation de sa température qui atteignait quelquefois un degré insupportable.

La solution du problème de l'allumage électrique pouvait être obtenue, soit au moyen de l'incandescence d'un fil de platine, soit au moyen de l'étincelle d'induction; mais comme avec le premier moyen il aurait fallu employer un générateur composé d'un très-grand nombre de couples et que l'allumage devant s'effectuer isolément pour chaque bec eut nécessité un temps relativement long, M. Gaiffe s'arrêta au second système, et pour le rendre tout à fait pratique, il s'appliqua à disposer le générateur destiné à faire fonctionner l'appareil de Ruhmkorff, de manière à fournir de l'électricité de quantité sans avoir besoin d'être chargé au moment de son emploi. Il y est parvenu en donnant à la pile Leclanché de très-grandes dimensions et en la disposant de manière à fournir un dégagement électrique analogue à celui d'une pile à acides. Cette pile se compose en effet de quatre grands éléments de 50 centimètres de hauteur réunis en tension et renfermant chacun trois systèmes d'électrodes négatives très-développées réunies métalliquement entre elles. Cette pile est placée dans l'armoire du gazier avec tous les accessoires nécessaires à l'inflammation, et qui se composent : 1° d'une machine de Ruhmkorff de moyen modèle à fil un peu gros, 2° d'un interrupteur de courant pour mettre l'appareil d'induction en action, 3° d'un commutateur auquel aboutissent les câbles isolés correspondants aux différentes séries de becs. Comme l'étincelle d'induction peut allumer à la fois une certaine quantité de becs de gaz, il n'y a guère qu'un câble pour chaque lustre ou chaque centre de lumière; toutefois, l'ensemble de tous ces câbles fournit une longueur de 1400 mètres. Ces câbles sont naturellement isolés avec les précautions qui conviennent aux conducteurs d'électricité statique.

Les excitateurs de l'étincelle disposés devant chaque bec de gaz et appelés alors *inflammateurs* n'ont rien de particulier; ils sont formés de tiges de fer, et ils sont placés dans le courant d'air qui alimente le bec afin que ce courant les refroidisse constamment. Leur réunion au circuit est effectuée, comme nous l'avons déjà dit, par groupes, et par conséquent tous les inflammateurs d'un même groupe sont interposés sur un même conducteur qui se trouve relié, d'une part avec un conducteur principal qui part de l'appareil d'induction et vient se rattacher à tous les groupes, d'autre part, avec un fil spécial qui aboutit au commutateur. Comme celui-ci peut être mis en rapport direct avec le second pôle de l'appareil d'induction par un fil de contact, il suffit d'approcher successivement ce fil des contacts du commutateur pour effectuer l'allumage des différents groupes de becs. Nous allons maintenant étudier la disposition de ce commutateur et de l'interrupteur, dont nous n'avons fait jusqu'ici qu'indiquer la présence.

Le commutateur est formé d'une plaque de caoutchouc durci portant 18 boutons métalliques auxquels aboutissent les câbles des différents lustres ou groupes de becs de la salle ; un excitateur mobile muni d'un manche isolant est relié par un fil isolé à celui des pôles de l'appareil d'induction qui ne communique pas aux inflammateurs, et c'est cet excitateur qui, étant approché à la main des contacts dont il vient d'être question, ferme successivement le courant à travers les inflammateurs. Les câbles qui aboutissent à cet appareil sont formés d'une cordelette de 4 fils de cuivre recouverts de trois gaînes de gutta-percha, d'un filin goudronné et de deux rubans enduits de caoutchouc. Ils sont supportés dans toute leur étendue par des isolateurs en caoutchouc durci, et dans toutes les parties où ils doivent être dissimulés, ils sont entourés d'une gaîne de caoutchouc de 2 millimètres d'épaisseur qui augmente encore l'isolement.

L'interrupteur placé près de la pile, est constitué par une espèce de levier coudé, muni d'un manche dont l'un des bras vient s'engager entre deux frotteurs en cuivre quand il doit fournir la fermeture du courant ; il est horizontal et il prend la position verticale quand le circuit doit être coupé à travers l'appareil d'induction. Il résulte de cette disposition que, si l'ensemble de tous les appareils en question est renfermé dans une armoire dont la porte se lève de bas en haut, cette porte pourra abaisser le manche de l'interrupteur quand on viendra à la fermer, et l'on coupera ainsi forcément le courant quand l'opération de l'allumage sera terminée. Sans ce moyen, il arriverait souvent que cette coupure du courant serait négligée, et les appareils en fonctionnant inutilement finiraient par se détériorer et s'user.

On comprend maintenant facilement comment on procède pour l'allumage. Après avoir ouvert l'armoire, on ouvre les robinets de distribution du gaz ; on attend quelques moments pour que le gaz chasse l'air des tuyaux, puis, en relevant le manche de l'interrupteur, on met en action l'appareil d'induction. On touche alors avec le manche isolant du commutateur chacun des boutons du distributeur, et la salle entière est allumée, l'opération peut être faite en quatorze secondes.

Cette application de l'allumage électrique aux appareils d'éclairage d'une enceinte plus ou moins grande avait été déjà faite, nous devons le dire, en Amérique et en Angleterre, mais les conditions de l'installation étaient beaucoup plus faciles, puisque les appareils lumineux se trouvaient disposés en conséquence. A Versailles les centres lumineux sont très-éloignés les uns des autres, et le feu ne pouvait se communiquer de l'un à l'autre comme dans les systèmes auxquels nous faisons allusion.

Système de M. Dronier. — Ce système, appliqué à l'allumage des becs de la rampe du grand Opéra, est fondé à peu près sur le même principe que le précédent, seulement comme les becs de cette rampe sont circulaires et d'une disposition toute particulière, le système inflammateur a dû être combiné d'une manière un peu différente.

Pour éviter les dangers d'incendie résultant de la flamme des becs de gaz qui illuminent le devant de la scène dans les théâtres, dangers qui malheureusement ont montré plus d'une fois leurs effets désastreux dans les pièces à ballets, M. le Cocq chargé de l'éclairage du grand Opéra a imaginé un système de bec dont la flamme, au lieu de brûler de bas en haut, brûle de haut en bas, ce qui a permis de boucher supérieurement les verres au sein desquels se développe cette flamme. Dans ces conditions, le gaz arrive au bec par le capuchon qui produit cette fermeture, et il y pénètre par un anneau cylindrique fermé, dont l'une des bases est percée circulairement d'une quantité de petits trous par lesquels le gaz se dégage. Pour alimenter la flamme, l'air arrive dans les tubes de verre par l'ouverture cylindrique qui existe au centre de l'anneau dont nous venons de parler et par un conduit également cylindrique qui enveloppe extérieurement l'anneau, lequel conduit étant percé de trous, se trouve mis en rapport comme le conduit central avec l'air extérieur. Une enveloppe de cuivre à rebord permet d'ailleurs de fixer le système sur le verre, et d'y adapter un petit capuchon en verre qui recouvre le tout tout en laissant pénétrer l'air par une bordure dentelée. Or, c'étaient ces becs qu'il s'agissait d'allumer électriquement, car avec ces capuchons, l'allumage ne pouvait se faire à la manière ordinaire, et quand un ou plusieurs becs seraient venus à s'éteindre, il aurait été difficile de les rallumer, puisque les feux de la rampe étant alors fixes, il aurait fallu aller sur la scène pour procéder à ce rallumage.

Pour obtenir dans ces conditions l'allumage électrique, M. Dronier a établi dans le tube central et près des parois de l'anneau cylindrique par lequel s'échappe le gaz dans chaque bec, un excitateur constitué par deux sortes de baguettes de Wollaston adaptées sur le fond de l'anneau cylin-

drique (du côté opposé aux trous du bec) par l'intermédiaire d'une plate-
forme de cuivre. Les bouts des fils de ces baguettes sont légèrement
recourbés l'un vers l'autre et taillés en biseau, laissant entre eux un intervalle de 1 millimètre à peu près, et les deux autres bouts, après avoir
traversé l'enveloppe de verre du capuchon, vont se brancher sur le circuit
au moyen d'une dérivation particulière à chaque bec.

M. Dronier voulant agir avec une faible force électrique, a employé pour
l'allumage de ce système un moyen analogue à celui que j'avais employé pour
les mines; tous les becs de la rampe sont répartis en sections comprenant
10 becs; un fil unique partant de l'appareil d'induction est relié à l'un des
fils de chacun de ces becs, et le second fil aboutit directement à un commutateur circulaire à manette pourvu de 10 contacts. Si la manette est en
rapport avec le second pôle de l'appareil d'induction, on comprend de
suite qu'il suffira de tourner cette manette autour du commutateur pour
enflammer successivement les différents becs de la série, et en répétant la
même opération pour les commutateurs des autres séries, on allume assez
promptement tous les becs. Ce système fonctionne si bien qu'on avait
pensé un instant à l'appliquer à l'allumage des herses et des feux des coulisses, ainsi qu'aux becs du grand lustre qui, dans le système actuel, exigent
près de trois quarts d'heure pour être allumés; mais on a reculé devant
des frais d'installation qui auraient pourtant été couverts et bien au-delà
en peu de temps. Espérons cependant que ce n'est qu'une entreprise
ajournée.

Système de M. Leclanché. — L'allumoir de M. Leclanché a été
la conséquence d'un perfectionnement apporté à sa pile et qui l'a rendue
propre à fournir de l'électricité en quantité suffisante pour faire rougir un
fil de platine, sans que ses dimensions et les liquides qui la composent
aient été changés. Dans ces conditions, l'allumage des becs de gaz d'une
maison devient tout à fait facile et pratique, puisque cette pile, comme on
le sait, reste des années chargée sans qu'on s'en occupe.

Pour obtenir de l'électricité de quantité avec une pile qui a une force
électro-motrice un peu grande, il suffit de diminuer sa résistance intérieure, et on peut y arriver, soit en augmentant la surface de ses électrodes
polaires, soit en les rapprochant l'une de l'autre, soit en rendant meilleurs
conducteurs ses éléments constituants. C'est à ce dernier moyen que
M. Leclanché a eu recours pour obtenir, avec sa pile, des effets calorifiques.
Le peroxyde de manganèse et le charbon de cornue à l'état solide et cristallisé sont très-bons conducteurs, mais à l'état pulvérulent, ils le sont fort
pnlete eur résistance, avec la disposition primitive des piles Leclanché, était,

encore augmentée de celle du vase poreux. Il pensa alors, pour diminuer cette résistance, à supprimer ce vase poreux et à agglomérer son mélange pulvérulent sous une pression assez forte pour lui donner en quelque sorte une conductibilité métallique. Après bien des tàtonnements, il y est parvenu de la manière la plus satisfaisante, en prenant pour agglomérant du goudron, en purifiant ses matières pulvérulentes des carbonates alcalins qu'elles pouvaient contenir, et en faisant dissoudre les oxychlorures isolants introduits à la longue dans les pores de l'aggloméré, au moyen d'un petit cylindre de bi-sulfate de soude logé dans sa partie centrale et faisant corps avec lui. Dans ces conditions, un petit élément Leclanché, rougit assez un fil de platine de 1/20 de millimètre pour enflammer un bec de gaz, et son action a pu durer plus de deux ans et demi, en ne s'en servant qu'à de rares intervalles.

Le système d'allumage électrique imaginé par M. Leclanché peut être combiné de deux manières, soit pour allumer un bec de gaz disposé à un endroit fixe dans un appartement, pour l'allumage des bougies des cigares et autres objets combustibles, soit pour fournir directement l'allumage des becs éclairants d'un appartement. Dans ce dernier cas, le système est très-simple et consiste uniquement dans une sorte d'*amorce électrique de quantité* enveloppée dans une ampoule de verre où deux ouvertures sont ménagées. Cette amorce pend au bout des fils de communication qu'on choisit alors flexibles, afin de permettre de déplacer facilement l'amorce et de la porter à la main au-dessus du bec de gaz à allumer. Il y a dans ce cas autant d'allumoirs que de becs de gaz, et pour en produire l'allumage, il suffit, au moment où l'on place l'amorce au-dessus du bec, d'appuyer sur un interrupteur de courant (un simple bouton de sonnerie). Le fil de platine de l'amorce rougit alors, et enflamme le gaz comme dans les systèmes précédents. Le fil de platine adopté par M. Leclanché a un vingtième de millimètre environ de diamètre, et est tourné en spirale afin de se prêter à l'effet catalitique de l'hydrogène sur le platine.

Pour l'autre système, M. Leclanché a combiné un dispositif particulier que nous représentons fig. 159. C'est un bec de gaz adapté à un petit appareil qui permet, au moment où l'on ouvre le bec, de fermer momentanément le courant à travers l'allumoir qui n'est d'ailleurs autre que le précédent. Ce bec est relié aux tuyaux de distribution du gaz par un tube de caoutchouc. Pour obtenir l'allumage, la clef du robinet du bec de gaz est munie d'un manche F et d'une tige à frotteur P qui peut en passant sur un long contact circulaire C, déterminer une fermeture de courant qui cesse aussitôt que le manche M a pris la position horizontale ou verticale. Cette clef est en outre munie d'un ressort spiral qui tend à la faire tourner pour lui faire prendre la position verticale, et d'une dent qui, en s'enclanchant sur une pièce articulée D, la maintient dans la position horizontale aussitôt qu'on l'y a conduite. Les deux pôles de la pile communiquent, par les deux boutons que l'on voit au-dessous de l'appareil, aux deux tiges L, L', auxquelles est attachée la spirale de platine G G' de l'allumoir, et le gaz sortant par l'ouverture B se trouve allumé aussitôt que le frotteur P vient à passer sur le contact C. Pour éteindre le bec il suffit d'abaisser le levier D qui, en dégageant la clef, lui permet de reprendre la position verticale, c'est-à-dire la position de fermeture de l'orifice d'écoulement du gaz. Comme une spirale de platine aussi fine que celle qui est employée par l'allumoir pourrait être facilement détériorée par les époussetoirs, M. Leclanché place devant le système une lame de mica assez grande pour le couvrir entièrement.

Dernièrement un ouvrier dont le nom m'échappe en ce moment, a combiné pour l'allumage des lustres à gaz, un système assez ingénieux dont nous croyons devoir dire quelques mots. Dans ce système, chaque robinet de gaz est muni d'une

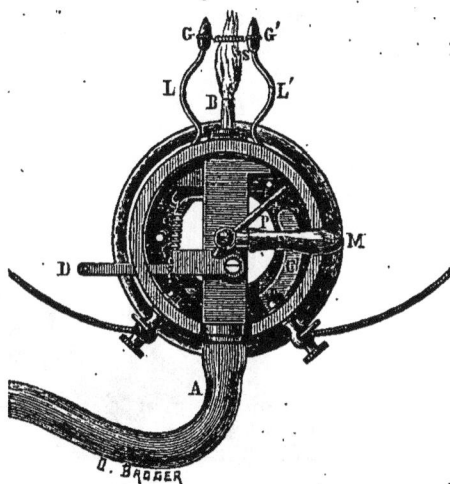

Fig. 159.

petite ouverture latérale qui donne issue à une petite fuite de gaz, au-dessus de laquelle se trouve placé un allumeur à fil de platine, comme dans le système précédent. Au moment où l'on ouvre le robinet, le courant se trouve fermé à travers l'allumoir, et la fuite de gaz en prenant feu, allume à son tour le bec; mais cette fuite de gaz ne se produisant que pour un certain angle d'ouverture du robinet aussi bien que la fermeture du courant, l'appareil rentre dans les conditions normales une fois l'ouverture effectuée entièrement.

Un autre ouvrier dont le nom m'échappe encore, a appliqué d'une manière très-simple l'allumage électrique aux anciens briquets à gaz hydrogène qui, comme on le sait, fonctionnent souvent assez mal à cause de l'épuisement de l'action catalytique de l'hydrogène. Il a recours pour cela à l'électricité statique dégagée par le frottement d'une lame de verre serrée entre quatre coussins. En disposant convenablement cette lame au-dessous d'un piston à ressort, on détermine, rien que par l'abaissement de ce piston, une série de petites étincelles bien suffisantes pour enflammer le jet de gaz hydrogène dégagé dans le briquet.

Allumoirs ou briquets électriques. — La possibilité que donnent les effets électriques de développer en un point donné une action calorifique très-intense, a donné l'idée à plusieurs inventeurs d'appliquer cette propriété à la construction d'allumoirs ou de briquets électriques qui étant toujours prêts à fonctionner, permettraient de se passer d'allumettes. Toutefois, le problème quelque simple qu'il paraisse, est plus difficile à résoudre qu'on pourrait le croire au premier abord, car pour obtenir une action calorifique assez intense pour produire une inflammation, il faut un courant électrique assez énergique, et pour que l'appareil soit pratique, il faut que le générateur électrique employé soit toujours en état de fonc-

Fig. 160.

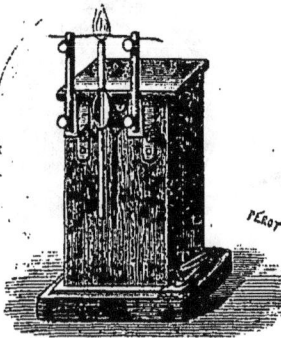

Fig. 161.

tionner, sans pourtant se détériorer par l'usure. Il faut de plus qu'il soit de petites dimensions et que le tout puisse être livré à un prix assez minime pour qu'on ait un véritable intérêt à s'en servir. Plusieurs inventeurs ont résolu plus ou moins heureusement ce double problème et nous allons successivement étudier leurs systèmes.

Allumoir de M. G. Planté, dit briquet de Saturne. — Après la découverte qu'il fit de son intéressante batterie de polarisation, M. Gaston Planté en chercha naturellement les applications, et la première idée qui lui vint à l'esprit fut de profiter de l'énergie électrique si grande qu'elle pouvait avoir à un moment donné, pour déterminer l'action calorifique nécessaire à l'allumage d'un corps combustible. Il disposa en conséquence un petit élément de sa batterie dans une boîte, et en faisant aboutir ses deux pôles à deux tiges métalliques placées sur les côtés de la boîte et réunies par un fil de platine, il put par l'intermédiaire d'un simple interrupteur, obtenir quand il le voulait l'incandescence du fil de platine, et par suite l'allumage d'une petite bougie, si on avait soin de placer à travers le fil de platine la mèche de cette bougie. Comme la pile de M. Planté peut être chargée d'une manière continue au moyen d'une pile de Daniell de 3 éléments, l'appareil est toujours en état de fonctionner, et cela d'autant plus que, par suite du petit diamètre du fil de platine qui ne dépasse pas deux dixièmes de millimètre, la charge peut être conservée long-temps en dehors de la source alimentante. Cet allumoir est le premier qui ait été construit, et il est encore le plus parfait de tous, tant pour sa simplicité de construction que pour la commodité de son emploi et la sûreté de ses effets. Nous en représentons, fig. 160 et 161, l'intérieur et l'extérieur.

Dans la fig. 160, on distingue aisément à la partie supérieure de la boîte, les deux tiges de l'excitateur avec le fil de platine qui les réunit; la bougie

Fig. 162.

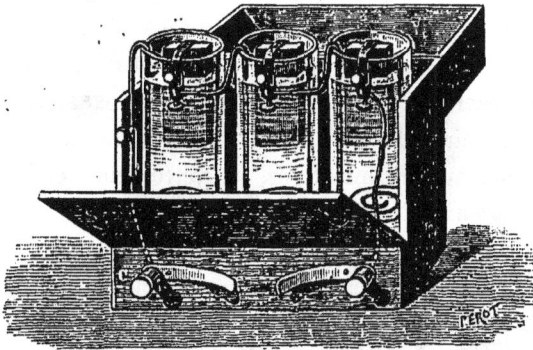

qui doit être allumée et qui n'est d'ailleurs qu'un bout de rat de cave, se trouve, comme on le voit, maintenue à hauteur du fil de platine au moyen de deux lames de ressort qui l'embrassent et la serrent. Enfin, l'interrup-teur destiné à produire l'allumage est en T ; il se compose de deux lames de cuivre communiquant, l'une avec l'une des tiges de l'excitateur, l'autre avec l'un des pôles de l'élément. Dans la fig. 161 qui représente l'appareil ouvert et pris du côté opposé, on aperçoit en arrière l'excitateur et, en avant, l'élément Planté qui occupe l'intérieur de la boîte. Les deux boutons d'atta-che que l'on voit au bas de l'appareil en C, communiquent aux deux pôles de l'élément, et établissent sa liaison avec la pile alimentante qui peut être placée où l'on veut. Cette pile représentée fig. 162, est disposée à la manière des piles Callaud, et les 3 éléments qui la composent sont renfermés dans une boîte qui n'a, comme dimensions, que 18 centimètres en longueur, 17 centimètres en hauteur et 9 centimètres en largeur.

Comme la quantité d'électricité fournie par un simple élément Planté est assez considérable, il est nécessaire, pour que le fil de platine ne fonde pas, de maintenir la bougie assez élevée et de manière que le fil de platine soit enveloppé par la mèche. Celle-ci refroidit alors un peu le fil, et le danger de la fusion est évité. Si cette fusion se produit, rien n'est plus simple que de remplacer le fil, puisque les tiges auxquelles il est attaché sont munies de boutons d'attache.

« Avec la provision d'électricité que renferme le petit couple secondaire chargé au maximum, dit M. Planté, on peut produire jusqu'à une centaine d'incandescences ou d'inflammations consécutives. Il en résulte qu'il n'est pas nécessaire de maintenir le couple secondaire constamment en charge sous l'action de la pile, et un communicateur que porte la pile a pour objet de ménager le courant de la pile lorsqu'on juge que le couple secondaire, n'ayant pas été épuisé pas un grand nombre de décharges successives, peut produire une sorte d'inflammation sans être surchargé.

« Bien que cet appareil semble devoir être installé à poste fixe, on peut cependant, après avoir détaché les fils du circuit de pile, le déplacer une fois chargé, le porter sur un autre point où il peut, par suite de la propriété des couples secondaires de conserver leur charge facilement, produire un assez grand nombre d'inflammations, sans être remis en communication avec la source servant à le charger. Il peut du reste être associé aux sonneries électriques, de manière à fonctionner avec un seul et même fil et sans entraver nullement l'action des sonneries, en le plaçant en communication directe avec les deux pôles de la pile et formant ainsi un circuit dérivé dans le circuit principal. Loin de nuire au jeu des sonneries, il le favorise même quand la pile se trouve épuisée, en joignant à l'action de celle-ci la sienne. Dans ce cas, il agit comme un récepteur de travail, ou une sorte de *volant* électrique. »

Allumoir de MM. Voisin et Dronier. — Cet allumoir qui a eu un certain succès de vente depuis quelques années, est analogue, quant au dispositif, à l'appareil précédent, mais il en diffère en ce que l'incandescence au lieu d'être produite par l'intermédiaire d'un élément de polarisation, est effectuée directement par un élément de pile. Toutefois, pour que, avec un élément de petite dimension on puisse obtenir une action calorifique suffisante et susceptible d'être répétée un grand nombre de fois, il a fallu avoir recours à une action physique auxiliaire, et celle à laquelle les inventeurs ont eu recours est l'*action catalytique* déterminée par un jet d'hydrogène sur le platine incandescent. On doit se rappeler que c'est sur cette action qu'était basé le briquet à éponge de platine et à gaz hydrogène qui a eu tant de succès à une certaine époque, et que le rôle de l'hydrogène dans

l'effet alors produit est d'accroître considérablement l'action calorique dé-
terminéesur le platine. En partant de ce principe, MM. Voisin et Dronier ont
disposé dans une boîte un petit élément à bi-chromate de potasse dont
l'électrode zinc, adaptée à une tige munie d'un ressort à boudin, était en
temps ordinaire soulevée hors du liquide de la pile ; mais il suffisait de
l'abaisser pour fermer le circuit, et faire circuler un courant à travers une
très-petite spirale de platine mise en rapport avec les deux pôles de la pile.

Fig. 163.

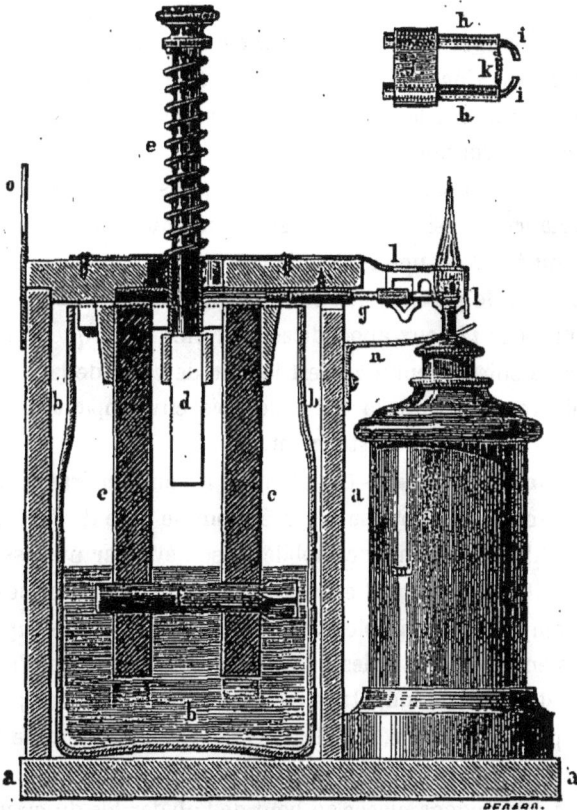

Sous l'influence de ce courant la spirale s'échauffait, et pour la faire rougir
complètement, il suffisait de placer au-dessous une petite lampe remplie
d'essence de pétrole ; alors les vapeurs d'essence s'enflammaient, et la petite
lampe était allumée. Toutefois, comme l'effet catalytique n'est pas très-
durable, que la pile au bi-chromate s'use promptement et que la spirale de
platine se rompait assez souvent, M. Dronier a cherché dernièrement à
perfectionner ce système, et il y est arrivé en prenant d'abord un élément
de pile plus grand, en amalgamant le zinc dans toute sa masse par l'intro-

duction du mercure dans le zinc en fusion, et en plaçant verticalement la spirale de platine. Dans ces conditions, l'appareil fonctionne beaucoup plus régulièrement et dure plus longtemps chargé.

Nous représentons fig. 163 le dessin de cet appareil dont un côté de la boîte a été enlevé afin de laisser voir en coupe la disposition de l'élément de pile. Le zinc de la pile est en d, les charbons en cc et la spirale de platine en I. La lampe se voit en m, au-dessous de la spirale de platine dont nous donnons, en K, dans un annexe de la figure 163, la disposition vue en plan.

Pour faire fonctionner l'appareil, il suffit d'appuyer sur la partie supérieure de la tige e du zinc d qui est sans cesse soulevée par l'action du ressort à boudin, et qui joue le double rôle d'élément constituant de la pile et d'interrupteur de courant.

Dans la figure 163, il est certains détails dont nous n'avons pas parlé et qui ont leur importance. Ainsi le ressort n sert à maintenir la lampe dans une position déterminée, T est une espèce de garniture enveloppant l'excitateur pour protéger le fil de platine; g, h sont les rhéophores auxquels est fixée la spirale de platine; ii deux appendices pour empêcher que la lampe soit poussée sur cette spirale; enfin bbb est le vase de verre de la pile ou est la solution de bichromate, aaa la boîte de bois enveloppant la pile, o des boutonnières pour accrocher l'instrument.

Allumoir de M. Hess. — Cet allumoir a pour générateur électrique une pile à bi-chromate de potasse disposée comme celle de MM. Voisin et Dronier, c'est-à-dire avec un zinc mobile et soulevé par un ressort; mais l'excitateur en diffère en ce qu'il est appelé à fonctionner avec des courants induits. Il se compose d'un simple excitateur, fixé à la partie supérieure de la boîte et mis en rapport avec les bouts de la spirale induite d'une bobine d'induction dont la spirale inductrice est reliée d'une manière permanente avec les deux pôles de la pile. Au-dessous de cet excitateur, se trouve un petit récipient renfermant une solution d'alcool et d'éther sulfurique dans laquelle plonge une éponge placée au bout de l'un des fils du circuit induit. Quand on abaisse le zinc pour charger la pile, on relève cette éponge et on la place à portée de l'excitateur qui se termine par une houppe de fils métalliques. Le mélange prend alors feu sous l'influence de l'étincelle induite. L'auteur prétend que ce système est préférable au précédent, en ce que la pile s'use beaucoup moins vite et que les effets sont plus durables.

Application des allumoirs électriques aux signaux de marine. — Télégraphe nautique de M. Trève. — « Les signaux de nuit dans une flotte, ou en général entre bâtiments de guerre, s'effectuent au moyen de feux placés les uns au-dessus des autres au point le plus élevé et le plus apparent du navire. Le nombre des feux employés ne dépasse jamais six, et c'est sur une combinaison de ces six feux, un à un, deux à deux, etc., hissés sur une ou deux drisses, qu'est basée une table de signaux. Dans le but de s'approprier un nombre d'avis ou d'ordres différents à transmettre plus en rapport avec les besoins du service, on imagina de donner à chacune des vingt premières combinaisons six significations différentes suivant, qu'on les ferait précéder ou suivre d e fusées et de feux de Bengale. De l'application de cette idée, il est résulté six chapitres de vingt ordres, partant 120 signaux de nuit.

« Les feux de signaux sont transmis par des fanaux dits *fanaux de combat,* dont la disposition a été l'objet de nombreuses recherches et de nombreuses expériences. Celle qui a été définitivement adoptée est représentée vue en coupe, fig. 17, pl. III. Un fanal de ce genre n'est autre chose qu'une lanterne ordinaire dont les parties transparentes ont été remplacées par des *lentilles à échelons,* analogues à celles dont on se sert avec tant de succès pour projeter la lumière des phares. Cette disposition a donné aux signaux de nuit, à bord des navires, une puissance lumineuse, sinon suffisante, du moins la plus considérable possible, avec le système d'éclairage adopté jusqu'à présent pour ces fanaux et qui est fait avec de la bougie.

« Dans les conditions actuelles, s'agit-il de faire un signal? dit M. Trève. Il faut allumer un nombre suffisant de fanaux, les porter là où doit monter le signal, les fixer sur une ou deux drisses les uns à la suite des autres et les placer dans l'ordre indiqué sur le tableau. Cette manœuvre, toujours lente, en cas imprévu surtout, même dans les conditions favorables de vent et de mer, exige des précautions souvent inefficaces pour soustraire les fanaux aux effets de mouvement désordonnés et qui rendent incertaine l'exécution complète du signal.

« Un premier signal étant exécuté, convient-il de le faire suivre d'un second? Il faut, 1° amener les fanaux pour pouvoir en augmenter ou en diminuer le nombre; 2° laisser s'écouler un certain laps de temps entre le premier et la second signal, pour ne pas donner lieu à une interprétation erronée quand on a dû employer des fusées.

« Comme la distance qui sépare les fanaux les uns des autres ne peut jamais être relativement considérable, et que par suite de leur faible éclat il devient difficile de loin de les distinguer individuellement, on a cherché à colorer ces feux d'une manière différente pour chaque fanal. Malheureusement les couleurs qui peuvent être transmises à de longues distances sont très-réduites. Ainsi le jaune, le bleu, le violet, ces couleurs que l'on voit si resplendissantes et si bien nuancées dans les belles pharmacies, ne sont pas régulièrement transmissibles dans l'air. Le vert et le rouge seuls peuvent se prêter à une transmission lointaine. En employant ces dernières, on pourra pourtant réduire le nombre des fanaux, et ce sera toujours un avantage, surtout pour rompre la ligne lumineuse que présentent de loin tous ces fanaux superposés. »

Tel est jusqu'à ce jour l'état de la télégraphie de nuit à bord des navires. On voit qu'elle réclame de notables améliorations, et ce sont ces améliorations que M. Trève a réalisées dans son télégraphe électro-nautique.

Ces améliorations consistent : 1° à remplacer l'éclairage à l'huile ou à la bougie des fanaux par un éclairage au gaz ; 2° à établir ces fanaux dans une position fixe et à ne réagir que sur la lumière qu'ils projettent ; 3° à employer l'électricité pour cette réaction sur la lumière ; 4° à simplifier les signaux par l'emploi de cinq fanaux seulement dont deux sont colorés en vert et en rouge.

La figure 18, pl. III, représente l'ensemble du télégraphe électro-nautique. Les fanaux nos 1, 3 et 5 fournissent de la lumière blanche; le fanal n° 2 est coloré en rouge, et le fanal n° 4 en vert. Ils sont tous reliés les uns aux autres par des chaînes à crochet, et sont en communication avec l'appareil d'induction de Ruhmkorff placé dans la chambre du commandant, par deux fils recouverts de gutta-percha qui se bifurquent d'un fanal à l'autre pour aboutir à deux fils de platine placés au-dessus de chaque bec de gaz et destinés à l'allumer, comme nous l'avons expliqué précédemment. Cinq tuyaux de plomb ou de caoutchouc de 1 centimètre de diamètre, partant d'un tonneau rempli de gaz comprimé, aboutissent à ces différents fanaux et sont munis, à leur sortie du réservoir à gaz, de robinets au moyen desquels on peut arrêter ou laisser écouler ce gaz. Ces robinets jouent en quelque sorte le rôle du manipulateur dans les télégraphes électriques; car en les ouvrant et les fermant alternativement pendant que l'appareil d'induction fonctionne, on peut distribuer la lumière sur tels ou tels fanaux et obtenir ainsi les combinaisons lumineuses nécessaires pour l'envoi des signaux. Une chose assez curieuse que l'expérience a démontrée, c'est que, malgré le gaz qui existe encore à l'intérieur des tuyaux après que les robinets ont été fermés, l'extinction des lumières est immédiate. Cela vient sans doute de ce que la pression qui sollicite le gaz à sortir, n'existant plus, l'équilibre entre la force élastique du gaz restant dans les tuyaux et la pression atmosphérique, s'établit d'autant plus vite que ce gaz est par sa nature d'une faible densité.

Les essais qu'on a faits de ce système à Toulon, ont été très-satisfaisants au point de vue de son fonctionnement; malheureusement un accident sur-

venu à l'un des récipients de gaz comprimé qui fit explosion en tuant
quatre matelots, fit abandonner les expériences qui n'ont plus été reprises
depuis. Cette idée était pourtant féconde, et il faut croire qu'on la reprendra
un jour.

IV. — APPLICATIONS DIVERSES.

Il serait bien long d'énumérer la foule d'applications que l'on peut faire
de la propriété inflammable des courants d'induction, car l'explosion
des mines n'est qu'une bien petite face de la question. Son emploi dans
l'artillerie, soit pour la décharge instantanée d'une batterie, composée de
plusieurs pièces, soit pour l'explosion des brûlots, soit pour la démolition
des navires sous l'eau, ou pour les mines sous-marines, serait un progrès
immense réalisé dans l'intérêt de la défense et de la sécurité des hommes
préposés à ces différentes manœuvres. Enfin, pour les feux d'artifice, les
travaux de siége qui demandent la simultanéité dans les explosions,
aucun moyen ne pourrait remplacer l'effet électrique.

Application au tir des canons. — On a cherché à diverses
reprises à appliquer au tir des canons le système de tir électrique des
mines, non-seulement pour permettre le tir à distance et simultané de toute
une batterie, mais surtout pour éviter les accidents qui arrivent quelquefois
au moment de leur charge et qui viennent de ce que la lumière par laquelle
s'opère la transmission du feu, laissant arriver l'air à l'intérieur du canon,
peut entretenir incandescentes les flammèches restées au fond du tube
Avec le procédé électrique, la lumière du canon pourrait être supprimée, et
le courant d'air ne pourrait plus s'établir après le tir de la pièce.

MM. Champion, Pellet et Grenier se sont occupés un peu de cette
question dans leur mémoire, et voici ce qu'ils disent à cet égard.

« On donne aux étoupilles une longueur de 0^m,055 au lieu de 0^m,04, et
l'on étrangle le tube en cuivre à 1^c,5 au-dessous de la partie supérieure.
On introduit par la partie inférieure un fragment de tube en cuivre d'un
diamètre inférieur, de 1 millimètre environ et d'une longueur de 2 à 3 millimètres, entrant à frottement dur; puis on charge l'étoupille comme à
l'ordinaire avec du pulvérin grossier fait avec de la poudre de chassepot,
dont la vivacité est plus grande que celle de la poudre ordinaire.

» Dans la partie supérieure on loge l'amorce, en interposant une pincée
de poudre fulminante qui pénètre dans le trou de l'obturateur et assure
l'inflammation; on fixe ensuite l'amorce avec de la gutta-percha, de la
cire fondue, etc. Dans le cas où l'on n'a pas d'outillage convenable, on peut

se contenter, pour faire l'étranglement, d'écraser légèrement le métal à l'aide d'une pince afin de maintenir l'obturateur au moment de l'inflammation. »

Fusils électriques. — On a encore appliqué l'action calorifique du fluide électrique au tir des fusils pour éviter l'emploi des capsules et fulminates employés ordinairement dans les armes de cette nature. Le système le plus intéressant de ce genre est celui qu'ont présenté à l'Exposition universelle de 1867, MM. Baron et Delmas, et que M. P. Schwaeblé, ancien officier d'artillerie, décrit ainsi dans les *Études sur l'Exposition de 1867*, publiées par M. E. Lacroix.

« Dans ce système, tous les appareils produisant l'électricité et les appareils conducteurs, sont placés dans l'intérieur de la crosse. La culasse se trouve hermétiquement fermée, de manière qu'il n'y a aucune déperdition des gaz. Toute chance d'accident est rendue impossible. Le tir est plus rapide que dans les armes à percussion et il est aussi beaucoup plus précis.

« L'appareil électrique se compose d'une pile A, fig. 10, pl. II, au bichromate de potasse. Cette pile se ferme par un couvercle à vis B, qui s'ouvre dans la plaque de couche C, et reçoit au fond une rondelle en caoutchouc. Au-dessus de la pile, se trouve une bobine d'induction D avec condensateur. Les fils conducteurs sont représentés en E, E. L'électro-aimant est complété par l'aimant F en fer à cheval. Cet aimant repose sur l'interrupteur, et en empêche ses vibrations ; quand il s'en sépare, le mouvement est produit. L'aimant est incrusté dans une pièce d'ivoire G qui l'isole de la tige H et sert à l'y fixer. La tige H est en communication avec la noix J ; le tout est mis en mouvement par une légère pression du doigt sur le bouton K. La tige H glisse dans le guide-arrêt L et sépare l'aimant de l'interrupteur ; alors seulement l'étincelle se produit. Le ressort M, pressant sur le talon de la noix J, remet le bouton K à sa position normale aussitôt que la pression du doigt a cessé.

« Pour éviter les accidents, une pièce N peut à volonté venir, en glissant sur la bande S, recouvrir le bouton de détente. Cette pièce est munie intérieurement d'un ressort empêchant son déplacement involontaire, et d'une branche de fer qui se place sur le talon de la noix et empêche ainsi son action.

« Les deux fils conducteurs O, P vont l'un de la bobine au renfort de la bascule, l'autre également de la bobine à la partie de la plate-forme de bascule correspondant à l'axe du canon, en passant par le milieu d'un isolant R en ivoire ou en caoutchouc durci. A l'extrémité de ce conducteur est placé un disque de platine.

« Afin de donner à la crosse la force nécessaire, deux bandes d'acier S et

T relient la plaque de couche à la bascule ; ces deux pièces sont incrustées dans la crosse. A l'intérieur elles portent des pattes d'acier, dans lesquelles passent les vis servant à réunir les deux parties de la crosse, et rendant l'écartement de ces bandes impossible.

« Les cartouches ont la douille en carton mince et toile. Le culot en papier comprimé a une partie pleine à la base. A la partie supérieure est ménagée une cavité ; au centre viennent aboutir les pointes entre lesquelles se produit l'étincelle. Une de ces pointes est placée au centre même de la cartouche, l'autre traverse une couronne de cuivre qui entoure sa base.

« Le chargement de l'arme se fait très facilement : dès que la cartouche est introduite dans le canon, la pointe occupant le centre la met toujours en contact avec le disque de platine qui termine le conducteur P ; l'autre pointe placée dans la couronne se met en contact avec une partie quelconque de la plate-forme de bascule, en contact elle-même avec l'autre conducteur.

« On peut remplacer le bouton de détente par une détente avec sous-garde ordinaire. Dans ce cas, la détente forme la noix et fait agir la tige qui porte l'aimant.

« La fig. 10, pl. II, fait voir le fusil, la crosse refermée avec la disposition de la détente et sous-garde.

« Cet ensemble nous paraît très-intéressant. Nous croyons pourtant que l'application de l'électricité devrait d'abord se faire aux bouches à feu et ensuite aux armes portatives, si toutefois cela est possible, car il est évident que tous ces accessoires placés dans la crosse manquent de simplicité, et que l'expérience seulement pourrait prononcer sur la valeur d'un tel système. N'est-ce pas là un appareil bien délicat, pour le mettre entre les mains incapables des soldats ? Les réparations ne seront-elles pas nombreuses, difficiles à effectuer, impossibles même dans certains cas. Nous pensons que cet électro-aimant conviendra peut-être mieux aux armes de chasse ; chaque jour le chasseur peut examiner avec soin son arme, et rétablir lui-même au besoin le fonctionnement des différentes pièces. Mais, nous le répétons, toutes ces pièces forment un dispositif trop compliqué pour qu'on puisse songer à l'employer encore dans les armes de guerre. Néanmoins, il y a là une application curieuse de l'électricité que nous sommes heureux de faire connaître. »

Une autre disposition de fusil électrique avait, du reste, été présentée en 1866 à l'Empereur par M. Martin de Brettes, et voici la description qu'en donne le journal les *Mondes* dans son numéro du 10 janvier 1867. « Dans ce fusil qui est du système Flobert, la cartouche est enflammée par l'électricité. A cet effet deux petites piles électriques du système Trouvé sont renfermées dans la crosse; leurs fils conducteurs viennent à la surface de la culasse et peuvent être mis en communication avec les extrémités d'un fil de platine qui traverse la cartouche. Une simple pression du doigt sur la détente ferme le circuit électrique; le courant se trouvant établi, le fil de platine devient instantanément incandescent et allume ainsi la poudre qui l'entoure. Les cartouches préparées pour les fusils à aiguilles portent avec elles leur amorce; un choc peut les enflammer, et les caissons sont ainsi exposés à sauter en privant les troupes de leurs munitions. Avec le nouveau système, ce danger se trouve évité et son application, peu dispendieuse, peut se faire facilement aux fusils d'ancien modèle. »

Il existe encore d'autres dispositions de fusils électriques, et l'on peut en voir une au tome LXX de la description des brevets p. 129, qui a été combinée dès 1859 par M. Dax; mais nous ne nous y arrêterons par davantage, cette application n'ayant pas été en définitive adoptée dans la pratique.

Application au sciage des bois. — M. Robinson, de New-York, a eu l'idée d'appliquer les effets calorifiques du courant électrique au sciage des bois. Ce procédé consiste à substituer à la scie un fil de platine chauffé au rouge blanc par l'action électrique. Ce fil auquel on imprime un mouvement de va et vient, pénètre à ce qu'il paraît à travers les bois les plus durs avec une incroyable facilité. « On peut, dit l'inventeur, débiter par ce moyen un arbre en planches, en madriers, et donner au bois les formes les plus capricieuses, car le fil n'ayant pas de largeur, peut servir à chantourner beaucoup mieux que les scies à rubans employées aujourd'hui. Le fil de platine constamment maintenu au rouge blanc par le courant électrique n'avance dans le bois qu'en carbonisant les surfaces qu'il touche, mais cette carbonisation est toute superficielle et ne peut avoir aucun effet fâcheux. » Ce système n'est du reste qu'une application plus étendue des systèmes cautérisants depuis longtemps employés en chirurgie pour effectuer l'ablation des parties molles du corps humain, telles que les seins des femmes, les tumeurs, les loupes, etc., etc. Toutefois nous doutons fort que cette application soit réalisable, bien qu'elle ait été donnée comme certaine dans plusieurs journaux.

Application à la chirurgie comme moyen de cautérisation. — L'une des plus utiles applications des effets calorifiques des courants électriques est celle qu'on en a faite aux instruments de chirurgie comme moyen de section et de cautérisation. Grâce à eux, on évite presque toujours les hémorragies, mais il faut que le fil conducteur porté à l'incan-

.descence ait une chaleur déterminée, car si cette chaleur est trop forte, les liquides peuvent prendre l'état sphéroïdal, et la cautérisation n'est plus faite dans de bonnes conditions. C'est pourquoi un graduateur de courant est indispensable pour ce genre d'application, et celui que nous avons décrit p. 569; et qui existe d'ailleurs dans le polyscope de M. Trouvé, résout parfaitement le problème.

Les appareils de chirurgie fondés sur les réactions calorifiques des courants sont du reste très-nombreux, et nous représentons fig. 164, 165, 166, quelques-uns de ceux que construit M. Trouvé. Celui de la fig. 164 repré-

Fig. 164.   Fig. 165.   Fig. 166.

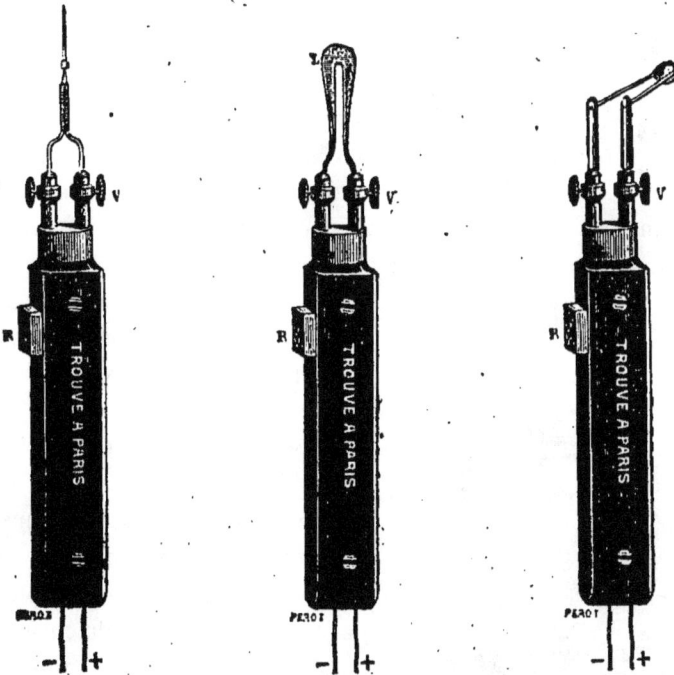

sente un cautère à pointe qui est disposé de manière à ne faire que des points de brûlure; les deux conducteurs qui le constituent se fixent en V, à deux boutons d'attache en rapport avec les pôles du générateur, et qui sont adaptés à un manche commun aux différents systèmes de cautère. Ce manche porte en R un interrupteur qui permet de ne fermer le courant qu'au moment voulu. L'appareil représenté fig. 165 est un cautère à large surface qui exige pour rougir toute la charge du polyscope, tandis que celui de la fig. 164 n'en exige qu'une partie. Il en est de même de l'appareil de la fig. 166 qui est appelé à fournir son effet cautérisant sur une surface limitée et circonscrite.

M. Planté a, du reste, disposé pour ce genre d'appareils, un élément de sa batterie que nous représentons fig. 168 et qui, pouvant être introduit dans un étui, fig. 167, peut être mis facilement en poche. Cet élément qui a 15 centimètres de hauteur, n'est pas plus gros qu'une fiole à potion, pèse de 6 à 700 grammes et donne du feu pendant quatre minutes avec un fil de $^3/_{10}$ de millimètre. Quand il s'agit d'effets plus énergiques à produire, M. Planté dispose son élément comme l'indique la fig. 169, et comme il est du reste combiné dans les appareils du même savant construits par M. Trouvé, et que nous avons représentés fig. 111 et 153.

Fig. 167.   Fig. 168.

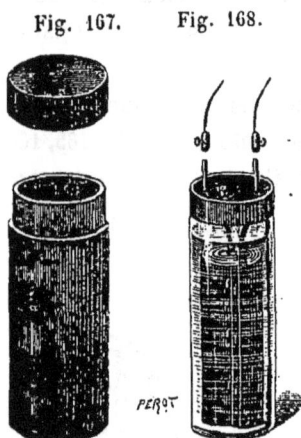

Application aux moteurs électro-chimiques.

— La propriété que possède l'étincelle électrique de déterminer la combinaison des gaz hydrogène et oxygène en produisant une action détonante, a donné l'idée d'appliquer les effets de dilatation du mélange gazeux ainsi enflammé, à la mise en action de moteurs disposés en conséquence. Déjà, en 1852, M. A. Moeff avait combiné un moteur de ce genre qui avait fourni, d'après certains journaux de l'époque, quelques résultats heureux, et nous avons nous-même rapporté dans le tome III de notre seconde édition, un article publié par le journal l'*Electricité* du mois de septembre 1852 qui rendait compte de cette machine. Le docteur Corrosio, l'auteur de cette pile fantastique dont nous avons parlé dans notre premier volume, avait eu également l'idée d'un pareil moteur; mais toutes ces machines sont restées sans application, et ce n'est que vers 1860 que le problème a été résolu d'une manière pratique par M. Lenoir qui fit de ce système une véritable machine à air chaud.

Fig. 169.

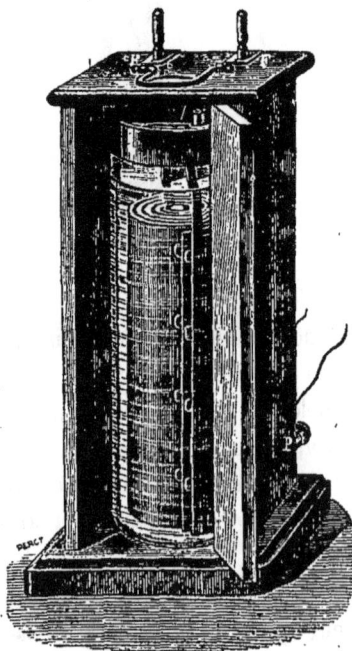

Dans son système, en effet, le gaz hydrogène qui n'est autre que du gaz d'éclairage, arrivait dans le moteur (analogue à une machine à vapeur) mêlé à de l'air atmosphérique dans le rapport de 1 à 10, et le mélange se trouvant enflammé par l'étincelle de la machine de Ruhmkorff, provoquait une dilatation instantanée du mélange gazeux, capable de développer une puissance mécanique considérable. Cette inflammation se faisant alternativement en dessus et en dessous du piston de la machine, provoquait de la part de celui-ci un mouvement de va et vient, comme dans les machines à vapeur à haute pression, lequel se trouvait transformé en mouvement circulaire continu. La disposition de l'excitateur de l'étincelle dans l'appareil Lenoir était du reste extrêmement simple : deux fils de platine adaptés à des isolateurs encastrés dans le cylindre de la machine, portaient l'étincelle à l'intérieur de celui-ci, et la machine elle-même, pour une position donnée du piston, opérait les fermetures et les ouvertures du circuit inducteur nécessaires à la création du courant induit. En conséquence, les machines d'induction employées pour ce genre d'application, n'avaient pas d'interrupteur, et étaient disposées de manière à fournir des étincelles grosses et courtes.

Ces machines après avoir eu beaucoup de succès, et s'être très-répandues dans l'industrie, se sont trouvées au bout de quelque temps abandonnées, à la suite de l'invention d'un nouveau moteur à air chaud qni était beaucoup plus énergique et plus économique. Il n'en est pas moins vrai que cette invention avait un réel mérite, et elle a valu à son auteur la décoration de la Légion d'honneur.

CHAPITRE IV

APPLICATION DES PROPRIÉTÉS PARTICULIÈRES DE L'ÉLECTRICITÉ COMME MOYEN DE PRÉSERVATION CONTRE LES EFFETS DÉSASTREUX DE LA FOUDRE.

Depuis la découverte faite par Franklin du pouvoir préservateur des pointes contre les effets des décharges électriques, les paratonnerres sont devenus l'accessoire indispensable de tous les édifices importants, et comme de l'établissement plus ou moins parfait de ces organes, peut résulter une protection ou un danger pour les bâtiments qui les portent, des commissions de savants nommées par les divers gouvernements ont rédigé, à plusieurs reprises, des instructions pour leurs meilleures conditions d'installation. En France, la première de ces instructions fût rédigée en 1823, par le célèbre Gay-Lussac ; mais elle fut complétée plus tard par M. Pouillet qui dût l'approprier aux nouveaux systèmes de construction des bâtiments (1). Nous avons rapporté ces instructions dans le tome III de la seconde édition de cet ouvrage, et nous les aurions encore rappelées dans l'édition actuelle, si de nouvelles instructions émanées d'une commission nommée par la ville de Paris pour l'installation des paratonnerres des édifices municipaux (2), n'eussent pas fourni des données plus exactes et plus en rapport avec l'état actuel de la science électrique. Ce sont donc ces dernières instructions que nous allons publier, en les faisant précéder de quelques observations sur les considérations qui ont guidé la commission dans ses décisions.

Le rôle des paratonnerres est plus complexe qu'on ne le pense ordinairement. Etant reliés au sol et aux diverses parties conductrices des bâtiments qu'ils surmontent, ils peuvent ouvrir une voie à la charge électrique provoquée par l'influence des nuages orageux, et neutraliser en plus ou

---

(1) M. Gauthier-Villars a réuni en un petit volume in-12, ces différentes instructions qui se trouvent accompagnées de nombreuses figures.

(2) Cette commission était composée de MM. Fizeau, Ed. Becquerel, Desains, Ch. Saint-Claire Deville, du Moncel, Belgrand membres de l'Académie des sciences, de MM. Duc, Ballu, architectes, membres de l'Académie des beaux arts, de MM. Alphand et F. Lucas ingénieurs des Ponts-et-Chaussées et de MM. Magne et Davioud inspecteurs d'architecture. M. Lucas en était le secrétaire, et M. R. Francisque-Michel le secrétaire-adjoint :

moins grande partie, par l'écoulement silencieux de cette charge, la tension électrique du nuage orageux lui-même, et par conséquent, en prévenir la décharge brusque ou foudroyante. Cette action constitue donc une sorte de moyen préventif de protection. Toutefois l'expérience a montré que, pour que ce moyen préventif pût être complétement efficace, il faudrait employer un très-grand nombre de conducteurs et de pointes, et former autour de l'édifice à protéger comme une cage métallique. Ce moyen a été employé dernièrement par M. Melsens pour protéger l'Hôtel de Ville de Bruxelles, et certainement les résultats ne pourront être que très-satisfaisants, car les expériences qu'il a faites pour démontrer l'efficacité de ce système sont concluantes. D'un autre côté, les expériences qu'avait faites M. Perrot pour démontrer l'efficacité des pointes multiples, l'étaient également, toujours au point de vue dont nous venons de parler (1); mais une installation semblable à celle de l'hôtel de ville de Bruxelles est ruineuse, et il est plus que probable que si elle était regardée comme indispensable, on regarderait à deux fois avant que d'installer des paratonnerres. D'un autre côté, l'action favorable des pointes multiples, bien qu'évidente dans les expériences de cabinet, n'a pas paru aux différentes commissions qui s'en sont occupées assez efficace, au point de vue de la neutralisation électrique qu'elles pourraient produire dans les orages, pour qu'on pût s'y fier entièrement, et les conclusions de ces commissions ont toujours été qu'on devait s'en tenir aux pointes uniques, mais en les disposant de manière que, *étant frappées directement par la foudre, elles pussent la conduire en terre sans danger pour les bâtiments auxquels elles se trouvent adaptées.*

L'action préventive des pointes sur les nuages orageux n'étant pas prise en considération, les conditions de bonne installation d'un paratonnerre se réduisaient à combiner un système qui pût offrir à la foudre *la voie la plus facile pour s'écouler, qui pût étendre le plus loin possible sa zone de protection, et qui fut lui-même dans d'assez bonnes conditions de solidité pour ne pas être altéré par la décharge foudroyante.*

Pour reconnaître ces meilleures conditions, l'expérience seule pouvait décider, et bien que certaines expériences aient précédé les premières instructions données par Gay-Lussac, on pouvait croire que les connaissances plus complètes qu'on possède aujourd'hui sur les transmissions électriques, pourraient y apporter quelques modifications. Déjà, en 1866, la

---

(1) Voir un beau travail que M. Melsens a publié sur ce sujet et qui est intitulé : *Des paratonnerres à pointes à conducteurs et à raccordements terrestres multiples.* (Bruxelles 1877).

commission du matériel télégraphique français avait reconnu l'urgence d'un nouvel examen de la question pour l'établissement des parafoudres des lignes télégraphiques, et il était résulté des expériences entreprises alors par cette commission, certaines données intéressantes que nous résumons dans la note ci-dessous (1), et qui conduisirent à modifier les con-

---

(1) Nous croyons devoir résumer ici les différents travaux faits à ce sujet par la commission du matériel télégraphique français lorsqu'il s'est agi d'adopter définitivement un modèle de parafoudre pour les lignes télégraphiques. Cette commission se composait à cette époque de MM. Regnault-d'Epercy, Leblanc, Gaugain, Guillemin, du Moncel, Gavarret, Bertch, A Guyot, Blerzy, Hardy.

Bien que les parafoudres télégraphiques soient disposés dans un tout autre but que les paratonnerres ordinaires, ils ont pourtant un rapport commun qui fait que les expériences entreprises pour les uns peuvent, dans une certaine mesure, s'appliquer aux autres. Ce rapport commun est l'action préservatrice qu'ils sont appelés à exercer. Or, que cette action ait pour effet de préserver d'un foudroiement, des appareils télégraphiques auxquels ils sont reliés, ou des édifices sur lesquels ils sont installés, il est bien certain que les dispositions qui seront efficaces dans un cas, le seront plus ou moins dans l'autre. Ceci étant établi, examinons d'abord comment sont disposés les parafoudres télégraphiques par rapport à la protection qu'ils doivent exercer.

Dans un poste télégraphique bien organisé le fil de ligne avant d'aboutir aux appareils télégraphiques, se trouve relié à un parafoudre, et la communication avec les appareils récepteurs, s'effectue par l'intermédiaire d'un fil de fer très-fin, dit : *fil préservateur*, qui peut fondre sous l'influence d'une charge électrique un peu considérable, et qui, par suite de cette fusion, peut mettre directement la ligne en communication avec la terre, tout en isolant l'appareil télégraphique. La liaison de la ligne avec le parafoudre est effectuée avant ce fil préservateur, par l'intermédiaire d'un fil de dérivation dans lequel est interposé le parafoudre, et qui communique directement à la terre. Le parafoudre lui-même, dont la disposition a du reste été très-variée, est disposé, de manière à présenter une solution de continuité qui peut être aisément franchie par une forte décharge d'électricité statique, mais qui est suffisante pour arrêter les courants voltaïques dont on fait usage dans les transmissions télégraphiques.

Le problème cherché et souvent étudié pour obtenir les meilleures conditions de protection des parafoudres télégraphiques, était donc de trouver une disposition qui, tout en maintenant une solution de continuité dans la dérivation à la terre, par le parafoudre, put permettre un *écoulement facile et prompt* d'une charge d'électricité statique afin, non-seulement de détourner cette charge de la seconde voie d'écoulement qui lui est offerte par les appareils télégraphiques, mais encore de rendre *minima* l'action d'induction exercée latéralement par cette charge à son arrivée dans le poste.

On comprend déjà par ce simple aperçu, qu'avec la disposition électrique décrite précédemment, le fil de fer fin, appelé *fil préservateur*, pouvait en quelque sorte servir de *mesureur* pour constater l'efficacité plus ou moins grande du parafoudre employé et de la disposition du circuit qui le reliait à la terre. Il est bien évident, en effet, que dans ces conditions, plus la protection donnée par le parafoudre était grande, moins la longueur brûlée du fil préservateur devait être grande. Or, voici les résultats des expériences faites à l'administration des lignes télégraphiques sur

ditions d'installation des·conducteurs des parafoudres par rapport à la terre. On put, en effet, reconnaître qu'un conducteur de décharge fulgurante agit d'autant plus efficacement, qu'il *présente plus de surface conductrice.* Ainsi on a reconnu qu'une lame d'étain très-mince de 10 centimètres de largeur écoulait plus facilement une forte charge électrique qu'un

---

cette question, expériences qui ont été exécutées avec la grande bobine de *Ruhmkorff*, chargée au maximun avec une pile de six éléments de Bunsen, et une condensation produite par une batterie de Leyde de six grandes jarres :

1º Quand la décharge passait simplement à travers le fil préservateur (qui avait un quinzième de millimètre de diamètre), celui-ci était fondu sur une longueur de 50 à 60 centimètres;

2º. Quand là décharge se bifurquait en passant d'un côté par le fil préservateur précédent, et·de l'autre·côté par le parafoudre, la longueur brûlée du fil variait suivant les conditions du circuit et la disposition des parafoudres essayés;

3º Avec des circuits courts, et quand aucune cause étrangère n'intervenait pour ralentir la décharge, l'influence due à la disposition particulière des parafoudres était insignifiante, et la puissance de protection de· ceux-ci était égale à celle du fil dérivateur dans lequel ils étaient interposés. Ils agissaient donc comme si ce fil avait conservé sa continuité métallique. Mais il n'en était plus de même quand·le circuit présentait une certaine résistance, ou si on ralentissait la décharge par un procédé quelconque, cas qui se présente toujours dans les foudroiements atmosphériques; puisque la décharge doit traverser alors une couche d'air ou de nuages plus ou moins épaisse et des résistances métalliques plus ou moins grandes;

4º Quand on ralentissait suffisamment la décharge pour fondre le fil préservateur sur une longueur de 15 millimètres, avec une communication directe·du fil de dérivation à la terre, cette longueur de·fil fondu était portée, par suite de l'introduction d'un parafoudre dans la·dérivation, de 2 à 9 centimètres, suivant la disposition du parafoudre;

5º Avec des parafoudres à plaques, c'est-à-dire constitués par deux plaques métalliques séparées par une feuille de Mica ou de Gutta-percha, la longueur fondue du fil préservateur variait de 20 à 30 millimètres, suivant l'étendue de la surface de plaques, et naturellement elle était d'autant moindre que les plaques étaient plus grandes.

6º Avec les parafoudres à 12 pointes, on obtenait une protection presque aussi efficace; mais quand on réduisait à 6 le nombre de ces pointes, le fil préservateur fondait sur une longueur de 4 centimètres, et quand toutes les pointes étaient émoussées par suite de décharges répétées, l'appareil complet à 12 pointes laissait fondre le fil sur une longueur de 4 à 5 centimètres;

7º On a pu reconnaître que l'action des pointes des parafoudres, dans la protection qu'elles peuvent fournir, est variable suivant leur nombre et leur disposition. Dans de bonnes conditions, leur pouvoir protecteur augmente avec leur nombre, bien que le plus souvent on ne distingue entre elles qu'une seule étincelle très-intense à chaque·décharge; mais quand elles sont placées dans de mauvaises conditions, leur multiplicité est plutôt nuisible, et avec des parafoudres de ce genre le fil préservateur fondait sur une longueur de 4 à 9 centimètres suivant leur disposition.

8º On a reconnu également que le nombre des pointes à donner à un parafoudre pour qu'il puisse être très-efficace, doit varier suivant le degré d'acuité et de gros-

conducteur massif de plus petite surface, et de section infiniment plus grande. D'après ces expériences, la loi de Ohm se trouve donc en défaut pour l'électricité de haute tension, quand on considère l'effet au moment de la période variable de sa propagation, et la conclusion que l'on pouvait en tirer, était qu'on devait donner aux conducteurs des paratonnerres le plus de surface possible sans se préoccuper de la section. On décida alors que les communications à la terre des parafoudres devaient être établies au moyen de lames de cuivre de 4 à 5 centimètres de largeur sur un millimètre au moins d'épaisseur, et que ce conducteur devait communiquer au sol humide par l'intermédiaire d'une lame métallique ayant au moins un mètre carré de surface. Un pareil conducteur pouvait, suivant la commission, suffire pour une ligne de 5 à 6 fils. Toutefois, comme les décharges foudroyantes sur les lignes télégraphiques n'arrivent généralement aux parafoudres que très affaiblies, par suite de la longueur du réseau métallique qu'elles peuvent parcourir, les instructions pour l'établissement des conducteurs des paratonnerres de nos édifices devaient conclure un peu différemment. Il est certain, en effet, que les communications à la terre indiquées précédemment ne pourraient suffire dans la majeure partie des cas, et qu'il fallait prendre surtout en considération l'effet de fusion qui pourrait résulter d'une décharge d'électricité de quantité, passant à travers un conducteur de trop faible section. C'est pourquoi les instructions de la commission indiquent que les conducteurs des paratonnerres doivent être

seur de ces pointes. Quand elles sont très-aiguës et très-fines, elles peuvent être rapprochées avantageusement les unes des autres jusqu'à une distance latérale de deux millimètres; mais avec les pointes ordinaires de la grosseur d'une forte épingle, la meilleure distance est de cinq millimètres. Leur écartement d'une plaque à l'autre est soumis à des conditions analogues, mais en sens inverse; ainsi, plus les pointes sont fines et aiguës, moins il est nécessaire de les rapprocher; toutefois, la meilleure distance est un millimètre.

9° Comme l'action des parafoudres est complexe et qu'ils doivent non-seulement parer aux décharges atmosphériques foudroyantes, mais encore diminuer lentement la tension des nuages orageux, on a dû examiner la question à ce dernier point de vue, et on a reconnu, à la suite d'expériences nombreuses, que les parafoudres à pointes avaient, sous ce rapport, un avantage marqué sur les autres systèmes, bien que les parafoudres à plaques fussent, ainsi qu'on a pu le voir, généralement plus efficaces sous le rapport de la protection. Ainsi, si l'on met le conducteur d'une machine électrique en communication avec la terre au moyen d'un parafoudre, on voit la tension électroscopique devenir très-faible quand il s'agit d'un appareil à pointes, et conserver une valeur plus grande lorsque la communication avec le réservoir commun est établie à l'aide d'un parafoudre à lames. Ces faits indiquent donc que les parafoudres télégraphiques doivent être à la fois à plaques et à pointes. Le système à plaque protégera contre les coups foudroyants; le système à pointes affaiblira la tension électrique des nuages orageux.

formés par des barres de fer de 2 centimètres de côté, au moins. Du reste les conducteurs des paratonnerres sous forme de plaques ont été depuis longtemps préconisés en Angleterre par M. Snow Harris, et c'est dans ce système, que sont installés les conducteurs des paratonnerres des vaisseaux de guerre de la marine Anglaise.

Il est encore un autre point sur lequel les expériences entreprises depuis quelques années par différents électriciens, ont pu fournir des indications précieuses à la nouvelle commission. C'est celui qui se rapporte au mode de liaison des conducteurs de paratonnerres avec le sol. Autrefois on croyait que la terre étant un mauvais conducteur, il fallait, pour écouler la charge électrique, employer le même système que celui appliqué pour sa diffusion dans l'air, et de là ces espèces de fourches ou de herses, dites *perd-fluides*, qu'on employait pour établir la communication des conducteurs avec le sol. Quand les expériences faites sur les lignes télégraphiques eurent démontré que le sol pouvait constituer un excellent conducteur, à la condition d'employer comme intermédiaire entre lui et les conducteurs de la décharge, des plaques métalliques de la plus grande surface possible, lesquelles devaient être plongées dans un terrain humide, on se trouva conduit à abandonner les perd-fluides à pointes, qui ne présentaient qu'une très petite surface de contact, et l'on substitua l'eau au charbon de braise qui, d'après les anciennes instructions, devait entourer ces perds-fluides. C'est dans ce sens qu'ont été rédigées les instructions de la nouvelle commission, et sous ce rapport comme sous beaucoup d'autres, les installations actuelles des paratonnerres de la ville de Paris sont bien supérieures aux anciennes.

Voici maintenant les instructions données par la nouvelle commission.

Instructions de la Commission chargée d'étudier l'établissement des paratonnerres des édifices municipaux de Paris.

I. — Pointes des paratonnerres. — Une tige constitue un conducteur s'élevant au-dessus des bâtiments à une certaine hauteur dans l'atmosphère. Quelque puisse être l'effet primitif produit par la pointe, cette dernière doit avoir une masse et une conductibilité suffisantes pour résister à une décharge disruptive ; cette pointe doit donc être faite en métal bon conducteur.

La Commission trouve inutiles les pointes en platine, et adopte, pour placer au sommet de chaque tige, une flèche en cuivre rouge pur, d'environ 50 centimètres de longueur, terminée suivant un cône dont l'angle au sommet sera de 15° avec la verticale, soit 30° pour l'angle total.

Cette flèche sera vissée, goupillée à vis, et soudée au joint fait à l'extrémité de la tige en fer.

II. — Tiges des paratonnerres. — La tige sera en fer forgé, d'une seule longueur, polygonale ou légèrement conique. Elle sera autant que possible, galvanisée en zinc, mais sous aucun prétexte elle ne devra être peinte. La mise en communication de la tige avec le conducteur du paratonnerre sera établie par une pièce ajustée et boulonnée, comme l'indique la fig. 23, pl. III, et finalement tout ce joint sera recouvert d'une forte couche de soudure à l'étain (1).

III. — Délimitation de la zone de protection de chaque tige. — La Commission admet que, dans une construction ordinaire, une tige protége efficacement le volume d'un cône de révolution, ayant la pointe pour sommet et la hauteur de cette tige, mesurée à partir du faîtage, multipliée par 1,75, pour rayon de base. Ainsi une tige de 8 mètres protége efficacement un cône dont la base, mesurée sur le faîtage, aura $1,75 \times 8 = 14$ mètres de rayon. Dans la pratique, on pourra donner un écartement un peu plus considérable aux tiges, à la condition de faire usage d'un *circuit des faîtes*, établi suivant les instructions de l'Académie.

On appelle *circuit des faîtes* un conducteur métallique qui règne sans interruption sur les faîtages de tous les édifices qu'il s'agit de protéger, qui est relié métalliquement à toutes les tiges de paratonnerres et au conducteur, et par suite à la nappe d'eau qui forme seule le réservoir commun.

« Le circuit des faîtes est composé de barres de fer carrées de 2 centimètres « de côté, ayant 4 ou 5 mètres de longueur ; ces barres doivent être jointes « l'une à l'autre, par superposition des extrémités, avec deux boulons et « une bonne soudure à l'étain.

« La nouvelle branche se termine en forme d'un T, dont la traverse se « superpose à la ligne principale, où elle est boulonnée et soudée à la « manière ordinaire, tandis que la tige du T se prolonge pour constituer « l'embranchement.

« Dans certains cas, le circuit des faîtes pourra reposer immédiatement « sur le faîtage ; cependant comme il importe que ses joints et soudures « ne soient en rien compromis, soit par les réparations des couvertures,

---

(1) Dans les premières instructions de Gay-Lussac, les tiges de paratonnerres d'une seule pièce n'étaient pas exigées ; on admettait qu'elles pouvaient être coupées en deux parties D et E, fig. 20, pl. III, au tiers ou aux deux cinquièmes environ de leur longueur, à partir de leur base. « La partie supérieure, dit le rapport, doit s'emboîter alors exactement par un tenon pyramidale de 19 à 20 centimètres, dans la partie inférieure, et une goupille doit l'empêcher de s'en séparer. »

« soit par d'autres causes, il est probable qu'en général il faudra le soutenir
« à une certaine hauteur par des supports convenablement espacés. Ces
« supports pourront varier suivant la forme et la disposition des faîtages
« eux-mêmes ; quelquefois il faudra recourir aux supports fixes ; alors ils
« devront être à fourchette, afin d'empêcher des déplacements latéraux
« d'une trop grande amplitude, en même temps qu'ils permettront le jeu de
« la dilatation. D'autres fois, on pourra se borner à de simples coussinets de
« fonte, du poids de 5 ou 6 kilogrammes, simplement posés sur le faîtage
« et portant à leur face supérieure une gorge destinée à recevoir la barre. »

IV. — Masses métalliques reliées au conducteur. —
Toutes les pièces métalliques de masse un peu considérable entrant dans la
construction des édifices, seront reliées métalliquement aux systèmes de
paratonnerres.

« Pour les édifices qui nous occupent, les plombs des chéneaux sont ajus-
« tés avec tant de soin, qu'il est permis de les admettre comme ne faisant
« qu'un tout continu ; dans ce cas, il suffira d'établir de loin en loin quel-
« ques bonnes communications entre les chéneaux et le circuit des faîtes.

« Ces communications pourront se faire, soit avec des lames de forte
« tôle, soit avec des fers plats ou autres dont la section soit au moins de
« 1 centimètre carré ; mais sous la condition, toujours nécessaire, que les
« deux soudures des extrémités, celle qui se fait sur le plomb du chéneau
« et celle qui se fait sur la barre du circuit, aient chacune 20 à 25 centi-
« mètres carrés d'étendue superficielle.

« Quant aux autres surfaces métalliques de la couverture, il faudra
« autant que possible en rendre les parties solidaires entre elles, en les
« reliant au besoin avec des bandes de tôle soudées d'une pièce à l'autre ;
« ces précautions prises, on les fera communiquer métalliquement aux
« barres de circuit, ou, si on le trouve plus commode, on les fera commu-
« niquer aux chéneaux, puisque ceux-ci sont directement reliés au circuit. »

V. — Conducteur. — Si le conducteur est formé de barres de fer
pleines, ces barres seront galvanisées ; les joints seront ajustés, boulonnés
et recouverts définitivement d'une forte couche de soudure. Ces barres
seront en fer carré de 18 à 20 millimètres de côté. S'il n'est pas possible de
les avoir galvanisées, on les recouvrira d'une forte couche de peinture (1).

_____

(1) Comme les conducteurs ne peuvent être construits facilement d'une seule pièce,
les instructions de Gay-Lussac indiquent qu'on doit les réunir de la manière représentée fig. 21, pl. III. « Ce conducteur, dit le rapport, doit être soutenu à 12 ou 15
centimètres, parallèlement au toit, par des crampons à fourche, auxquels, pour empêcher l'infiltration de l'eau par leur pied dans le bâtiment, on doit donner la forme
suivante : « Au lieu de se terminer en pointe, ils ont une patte (fig. 22 et 24 pl. III),

La Commission prescrit l'emploi, notamment pour le circuit des faîtes, des *compensateurs de dilatation* établis conformément aux instructions de l'Académie, et dont voici la description.

« *Compensateur de dilatation.* — La dilatation du fer est presque
» de 1 millimètre par mètre pour une variation de température de
» 80 degrés centigrades ; or, dans nos climats, les barres du circuit
» pourront sans doute, pendant l'été, s'élever à 60 degrés au-dessus de
» zéro, et pendant l'hiver descendre à 20 degrés au-dessous de zéro, ce qui
» fait une variation de température de 80 degrés ; ainsi chaque 100 mètres
» de longueur du circuit peut s'allonger de 1 décimètre en passant de
» l'extrême froid à l'extrême chaud, et réciproquement.

» Il en résulte que, dans le cas où le circuit des faîtes aurait une très-
» grande longueur en ligne droite, il pourrait être nécessaire d'introduire
» dans les grandes longueurs un compensateur de dilatation, afin d'éviter
» des tractions et des poussées très-fortes qui compromettraient l'ajuste-
» ment de l'appareil lui-même.

» Dans ces circonstances probablement rares, et dont l'architecte est le
» meilleur juge, nous proposons l'emploi du compensateur.

» Il se compose d'une bande de cuivre rouge de 2 centimètres de largeur,
» de 5 millimètres d'épaisseur et de 70 centimètres de longueur, dont les
» extrémités reçoivent à la soudure forte des bouts de fer du calibre ordi-
» naire et de 15 centimètres de longueur ; alors la bande de cuivre est pliée
» et n'oppose qu'une résistance peu considérable à une flexion un peu plus
» grande ou un peu plus petite. On comprend, par exemple, que les bouts
» de fer étant maintenus sur une même ligne horizontale, si une force
» les oblige à se rapprocher ou à s'éloigner davantage, le sommet de la
» courbe formée par la bande de cuivre montera un peu plus haut ou
» descendra un peu plus bas.

» Supposons maintenant, que, pour le jeu des dilatations, on ait conservé
» une lacune d'environ 15 centimètres entre les deux bouts disjoints
» du circuit, la température étant, par exemple, de 20 degrés centigrades
» au moment de la pose ; supposons qu'en même temps, pour combler
» cette lacune et pour rendre au circuit sa continuité métallique, on ait

formée par une plaque mince de 25 centimètres de long sur 4 de largeur, à l'extrémité de laquelle s'élève la tige du crampon, en faisant avec la plaque ou un angle
droit (fig. 22), ou un angle égal à celui que forme le toit avec la verticale (fig. 24). La
patte se glisse entre les ardoises ; mais pour plus de solidité, on doit remplacer par
une lame de plomb l'ardoise sur laquelle elle reposerait, et on cloue ensemble, au-
dessus d'un chevron, cette lame et la patte du crampon. »

» boulonné et soudé les fers du compensateur en les alignant sur les
» extrémités disjointes du circuit : alors c'est en ce point que viendront se
» concentrer tous les efforts de la chaleur et du froid.

» A mesure que la température s'élève et marche de plus en plus vers
» son maximum de 60 degrés au-dessus de zéro, la dilatation rapproche
» les extrémités des barres, de telle sorte qu'au maximum de chaleur la
» lacune est réduite, par exemple, à 10 centimètres, et le compensateur
» atteint son maximum de fermeture.

» Au contraire, le refroidissement au-dessous de + 20 degrés écarte de
» plus en plus les extrémités des barres ; la lacune augmente, de telle sorte
» qu'au maximum de froid, elle arrive, par exemple, à 20 centimètres, et le
» compensateur atteint son maximum d'ouverture.

» S'il arrivait que le compensateur dût être exposé à des chocs acci-
» dentels, on trouverait aisément des moyens de le protéger. »

Si l'on fait usage de câbles en fils de fer galvanisés, ces fils auront
$2^{mm},5$ à 3^{mm} de diamètre, et leur nombre sera tel que la somme des aires
de leurs sections droites soit égale à celle d'une barre de fer carré de
20^{mm} de côté plus $1/5$. Ces câbles seront d'un seul bout, en fils de fer continus,
recuits et galvanisés. Leurs extrémités, aussi bien celle partant de la tige
que celle qui aboutit au sol, seront encastrées et goupillées à vis dans
des pièces de fer ; ces assemblages seront ensuite noyés dans la soudure.

VI. — Supports des conducteurs. — Les supports des conducteurs seront sans isolateurs ; ils seront à fourchette si les conducteurs sont
en fer plein, et à serrage si l'on fait usage de câbles. Leur nombre sera
aussi restreint que possible.

VII. — Arrivée en terre du conducteur. — Le conducteur
pénètre en terre après avoir traversé un fourreau ou manchon en bois ou
métal. A l'extrémité du conducteur sera fixée et soudée une masse métallique,
plaque ou cylindre creux, à surface aussi large que possible. Cette masse
métallique devra toujours plonger d'au moins 1 mètre, même par les plus
grandes sécheresses, dans la nappe d'eau souterraine.

Si on ne peut pas utiliser des puits déjà existants et dont les eaux les
plus basses aient au moins un mètre, on atteindra la nappe d'eau au
moyen d'un trou de sonde avec tubage métallique établi en la forme
ordinaire des puits forés à la sonde. Lorsqu'on aura à proximité une
Conduite maîtresse des eaux de la ville et qu'il ne sera pas possible d'atteindre la nappe d'eau pour une raison quelconque, on pourra faire aboutir
le conducteur à cette maîtresse conduite, mais en ayant soin de faire un
joint avec bride boulonnée à écrasement de plomb, le tout définitivement

recouvert d'une forte couche de soudure après un décapage énergique.

Lorsqu'il ne sera pas possible soit d'atteindre la nappe d'eau par des puits ou un forage, soit de se relier à une grosse conduite d'eau, il faut renoncer à établir un paratonnerre qui serait plus dangereux qu'utile.

VIII. — Dispositions générales. — Toutes les fois qu'il s'agira d'un monument un peu important, on emploiera deux ou plusieurs conducteurs distincts descendant au réservoir commun, c'est-à-dire à la nappe d'eau.

On établira des regards disposés de telle façon que l'on puisse toujours examiner la partie souterraine du conducteur et l'état de la prise de terre; les pièces souterraines pourront être retirées facilement tant pour les examiner que pour les nettoyer et faire disparaître l'oxydation.

IX. — Visite des paratonnerres. — La Commission demande que les paratonnerres soient visités complètement et nettoyés au moins une fois l'an à la fin de l'automne; en outre, on essaiera, en employant les procédés habituels, leur résistance électrique (partie métallique et prise de terre).

Aussitôt un paratonnerre construit ou réparé, on mesurera ses conditions physiques, et on les notera sur un registre spécial, sur lequel seront également portés les résultats comparatifs des expériences annuelles.

Electro-substracteurs. — La faculté que possède les pointes de donner issue à une charge électrique et de déterminer un mouvement électrique, a été le point de départ d'un grand nombre de recherches faites par plusieurs savants et inventeurs, pour obtenir, par leur intermédiaire, un effet favorable à l'acte de la végétation, en un mot pour appliquer l'électricité atmosphérique à l'agriculture. Ce système étant appliqué, aurait encore, suivant eux, l'avantage de prévenir les effets de la grêle en neutralisant la tension électrique atmosphérique donnant lieu à ce phénomène.

Pour obtenir ce résultat, on devrait placer en différents points des champs en culture, de longues perches armées de pointes en communication avec la terre. M. Dupuis Delcourt prétend même qu'on pourrait obtenir de bien meilleurs effets en employant des espèces de ballons captifs munis de pointes et mis métalliquement en rapport avec le sol d'une manière permanente. Des expériences ont été entreprises à ce sujet dès l'année 1746, par MM. Maimbury, Jallabert, Bose et l'abbé Menon, et bien que répétées en Angleterre avec un certain succès, elles ne conduisirent en France qu'à une complète déconvenue, ce qui fit abandonner complétement cette idée. Toutefois, de temps à autre, on la voit de nouveau surgir comme par enchantement, et on croit toujours l'invention nouvelle! Nous nous sommes un peu étendu dans notre seconde édition sur cette application, mais comme elle n'est en définitive jusqu'à présent qu'à l'état de rêve, nous n'en parlerons pas davantage.

Encore quelques mots sur le téléphone !

Au moment de clore le présent volume, nous apprenons que d'importants perfectionnements viennent d'être apportés au téléphone par MM. Pollard et Garnier qui sont arrivés à leur adapter, pour accroître la longueur des circuits sur lesquels ils sont installés, une sorte de relais.

Dans ce système, les transmissions sont effectuées par l'intermédiaire d'une pile et de pointes de plombagine, comme dans le système de M. Edison, mais le courant fourni par la pile n'agit pas directement sur le récepteur qui n'est autre qu'un téléphone de Bell ; il passe seulement à travers le fil inducteur d'une bobine de Rhumkorff placée près du récepteur, et ce sont les courants induits résultant des renforcements et affaiblissements successifs produits par les vibrations de la plaque transmettrice, qui déterminent l'action du téléphone récepteur. Le courant reçu alors dans le récepteur a pour intensité la *dérivée* de l'intensité du courant inducteur, et, par suite, les variations produites ayant beaucoup plus d'amplitude, l'intensité des sons transmis est fortement augmentée. La valeur de cette augmentation dépend du reste du rapport entre les nombres de tours de l'hélice inductrice et de l'hélice induite, et l'on obtient de très-bons résultats avec une bobine de 10 centimètres, dont le fil inducteur en fil n° 16 fournit 5 couches de spires, et dont le fil induit étant du n° 32, fournit 20 couches.

Si, en employant le transmetteur d'Édison, on fait fonctionner un téléphone Bell ordinaire avec un seul élément de Daniell, on n'obtient, comme on le comprend aisément, aucun effet appréciable avec la disposition de circuits ordinairement employée, mais si on intercale dans le circuit comme relais la petite bobine, on perçoit les sons avec une grande netteté et une intensité égale à celle des bons téléphones ordinaires. L'amplification est alors considérable et très-nette, et comme le courant employé est dans ce cas très-faible, les pointes de plombagine ne s'usent pas, ce qui rend le réglage plus persistant. En employant comme pile 6 éléments à bichromate de potasse ou 12 éléments Leclanché, le téléphone peut, avec cet arrangement, être entendu à 50 ou 60 centimètres de l'embouchure, et les sons musicaux peuvent être perçus à plusieurs mètres.

MM. Pollard et Garnier ont, du reste, reconnu que les téléphones de

Bell gagnent toujours, même pour de petites résistances de circuit extérieur, à avoir leur bobine induite construite en fil très-fin ; ils emploient
maintenant du fil n° 42, et la bobine en contient de 15 à 20 grammes, ce
qui lui donne une résistance de 150 à 200 kilomètres. Quant au transmetteur, la disposition qui a fourni les meilleurs résultats est la suivante :

A l'une des extrémités d'une caisse cylindrique en bois est adaptée une
plaque de fer blanc ou de laiton de 15 à 20 centièmes de millimètre
d'épaisseur, et au-dessus, une embouchure. De l'autre côté, on installe
deux porte-crayons disposés de manière à permettre d'élever ou d'abaisser
les pointes de plombagine qu'ils portent, et ces pointes doivent toujours
être en contact avec la lame métallique vibrante sous une pression qui doit
être réglée. Par cette disposition, on obtient deux systèmes transmetteurs
qui peuvent agir isolément ou collectivement et qui, étant associés en tension ou en quantité, peuvent être appropriés aux différentes longueurs de
circuits. Toutefois, MM. Pollard et Garnier ont reconnu que les effets
produits avec ces deux modes d'association ne présentent de différences
sensibles que sur les circuits résistants. Sur les circuits courts, ils restent
à peu près les mêmes.

On comprend aisément que si, dans le système précédent, on substitue
au téléphone récepteur un téléphone à la fois récepteur transmetteur, pourvu
de sa pile, on pourra faire réagir celui-ci sur un nouveau circuit et le
transmetteur intermédiaire jouera par conséquent le rôle de relais.

Depuis deux mois, les téléphones exercent, comme nous l'avions annoncé
p. 245, la sagacité des inventeurs, et nous voyons à chaque instant dans
les journaux surgir de nouveaux perfectionnements. C'est ainsi qu'on a
voulu, pour renforcer les sons, multiplier le nombre des lames vibrantes
et augmenter leur masse tout en amoindrissant l'épaisseur de la partie
vibrante ; c'est ainsi qu'on a voulu employer dans les téléphones à pile le
charbon au lieu de plombagine pour les rendre plus sensibles, et associer
les téléphones à ficelle aux téléphones de Bell pour que plusieurs personnes puissent entendre en même temps. Tous ces perfectionnements
n'ont en somme que peu d'importance, et celui que nous avons décrit plus
haut est le seul qui mérite de fixer l'attention. On pourra du reste trouver
des renseignements sur les autres dans le journal *les Mondes*, les comptes-
rendus de l'*Académie des Sciences*, le *Télegraphic journal*, etc. (1).

---

(1) On pourra s'étonner que nous n'ayons pas parlé dans ce volume des fig. 1 et 2,
pl. III ; mais il suffira de se reporter à notre tome II, p. 396, pour en avoir l'explication. Cette explication n'avait pas sa raison d'être dans le tome V.

Nous voici arrivé à la fin de notre tâche, tâche lourde et ardue et qui nous a coûté d'autant plus de travail que l'aide sur lequel nous avions compté nous a complétement fait défaut. Nous croyons aujourd'hui notre ouvrage tout à fait à la hauteur des progrès de la science actuelle, et si quelques inventions nouvelles en télégraphie ont rendu notre tome III qui traite exclusivement de cette matière, un peu incomplet, nous espérons combler cette lacune dans un autre travail que nous publierons quelque jour. Si on joint aux cinq volumes qui composent cet ouvrage nos différentes publications sur la télégraphie, le magnétisme et les bonnes conditions de constructions des électro-aimants, publications ayant pour titre : *Etude du magnétisme au point de vue de la construction des électro-aimants ;— Recherches sur les meilleures conditions de construction des électro-aimants ; — Détermination des éléments de construction des électro-aimants ; — Recherches expérimentales sur les maxima électro-magnétiques ; — Du rôle de la terre dans les transmissions télégraphiques ; — Recherches sur la conductibilité des corps médiocrement conducteur ; — Rapport sur les effets produits dans les piles à bichromate de potasse,* etc., on pourra avoir des notions complètes sur l'état actuel de la science électrique au point de vue de ses applications. Certains amateurs de controverse ont voulu nous attaquer sur quelques points de nos travaux se rapportant aux électro-aimants, mais nous leur répondrons que quand ils auront, comme nous, vieilli dans l'étude approfondie de cette question, quand ils auront fait les milliers d'expériences que nous avons entreprises ; quand ils auront vérifié comme nous leurs formules par l'expérience, nous pourrons prendre en considération leurs observations ; jusque là, nous maintenons tout ce que nous avons dit, et nous ne nous donnerons même pas la peine de répondre à leurs insinuations malveillantes et inexactes. Nos lecteurs ont pu juger par les nombreux et longs travaux que nous avons entrepris sur l'électricité, que nous nous sommes donné la peine de creuser les questions, et que ce n'est pas sans preuves à l'appui, que nous émettons notre opinion. Si nous avons péché dans le cours de cet ouvrage, c'est peut-être par trop d'indulgence ; mais il vaut mieux pécher ainsi que par l'excès contraire. C'est plus encourageant pour les inventeurs et plus profitable aux progrès de la science.

ERRATA & ÉCLAIRCISSEMENTS

Page 87, 6e ligne à partir du bas de la page, *au lieu de :* Cet appareil ingénieux, imaginé par M. Thibouville, *lisez :* Cet appareil ingénieux, fabriqué par M. Thibouville. -

— 174, 4e ligne en descendant, *au lieu de :* ce régulateur que nous représentons fig. 19, pl. I, *lisez :* ce régulateur que nous représentons fig. 19, pl. III.

— 227, 9e ligne en remontant, *au lieu de :* Ce est plateau muni, etc., *lisez :* Ce plateau est muni, etc.

— 233, avant le premier alinéa commençant par ces mots : *appareil récepteur*, il faut lire ce qui suit :

En outre de la coche *a*, le disque I' porte en O une pièce isolée destinée à mettre en contact les ressorts K et J un peu avant que le cadre E ne remonte dans la coche A. Le contact des ressorts K, J a pour effet l'envoi d'un courant négatif sur la ligne et dans le récepteur, qui est ramené à zéro. Le cadre B montant dans la coche A vient donner contact sur la vis isolée F, et la sonde descend en 180 secondes ; les cliquets de la roue à rochet M n'étant plus en prise avec elle au bout de 180 secondes, le cadre L tombe dans l'entaille *a* et abaisse le cadre B ; à ce moment la mise à la terre de la pile positive est interrompue en BF, et les signaux émis toutes les deux secondes sont arrêtés. Q, Q' sont les deux piles qui actionnent les mécanismes.

Page 247, 14e ligne en remontant, *au lieu de :* Le système magnéto-électrique lui-même n'est autre qu'un électro-aimant Hughes (n° 38 de la jauge anglaise), dont les bobines sont recouvertes de fil assez fin pour fournir, etc., *lisez :* Le système magnéto-électrique lui-même n'est autre qu'un électro-aimant Hughes dont les bobines sont recouvertes d'un fil assez fin (n° 38 de la jauge anglaise), pour fournir des courants, etc.

Page 619, 14e ligne en descendant, *au lieu de :* deux hls de platine, *lisez :* deux fils de platine.

Page 623, dernière ligne, *au lieu de :* pnlete eur résistance, etc., *lisez :* ils le sont fort peu, et leur résistance, etc.

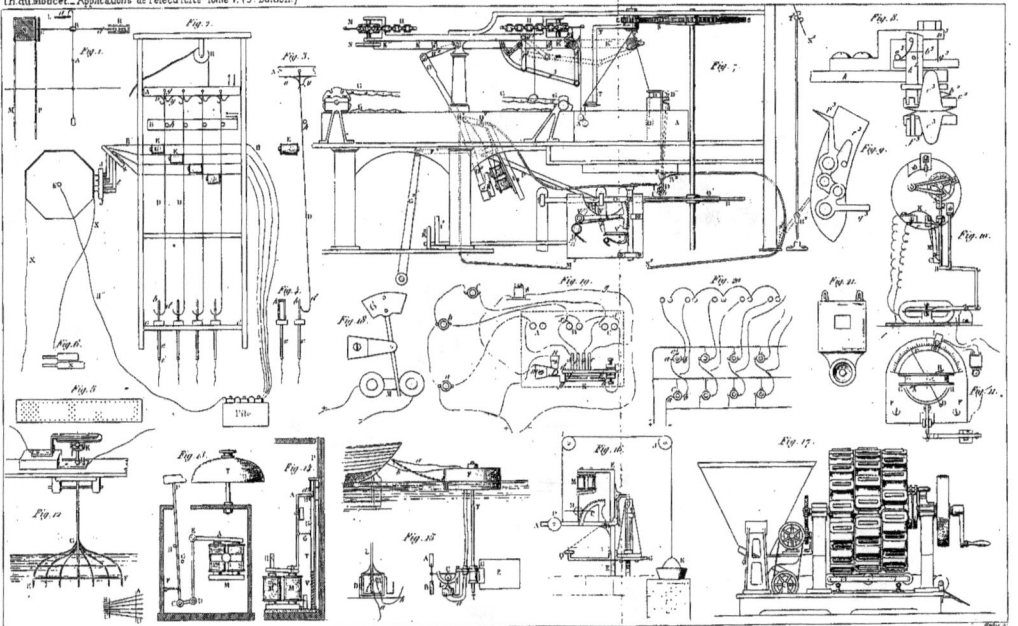

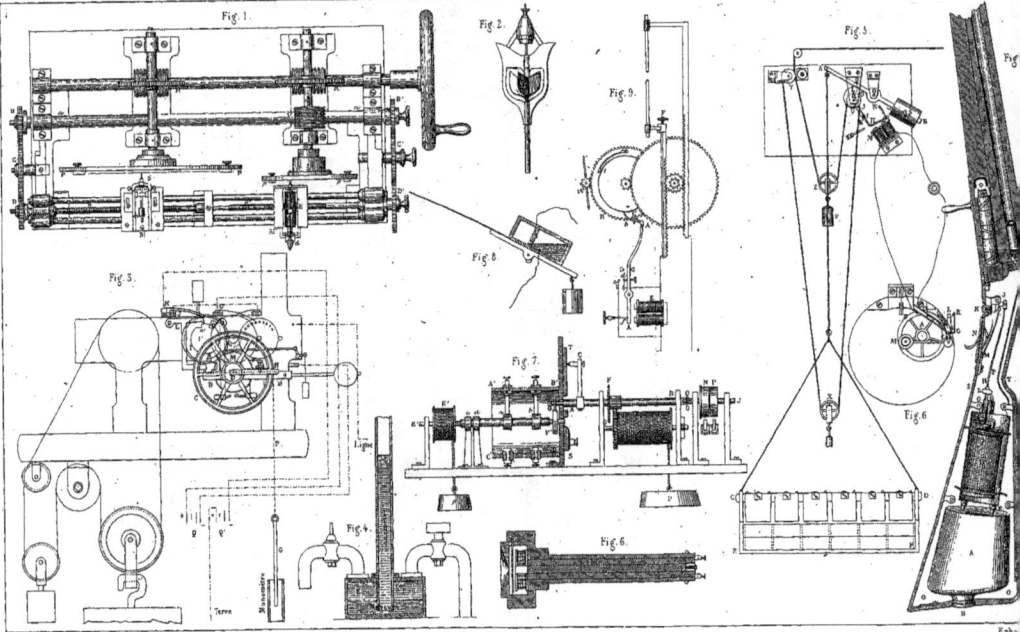

Fig. 1.

Fig. 2.

Fig. 9.

Fig. 5.

Fig. 8.

Fig. 3.

Fig. 7.

Fig. 6.

Fig. 4.

Fig. 6.

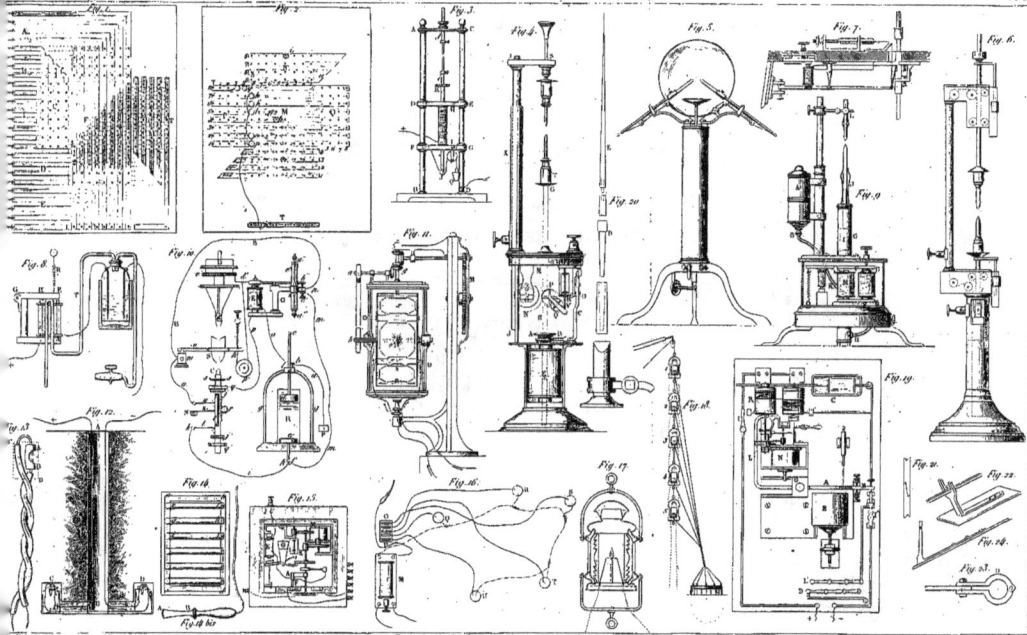

TABLE DES MATIÈRES

CONTENUES DANS CE VOLUME

QUATRIÈME PARTIE

APPLICATIONS MÉCANIQUES DE L'ÉLECTRICITÉ A L'INDUSTRIE AUX SCIENCES ET AUX ARTS

TROISIÈME SECTION

APPLICATIONS DE L'ÉLECTICITÉ A LA SÉCURITÉ ET AUX SERVICES DES CHEMINS DE FER

CHAPITRE II

SYSTÈMES ÉLECTRIQUES NON ENCORE APPLIQUÉS ET BASÉS SUR L'ÉTABLISSEMENT D'UNE LIAISON ÉLECTRIQUE ENTRE LES STATIONS ET LES TRAINS CIRCULANT SUR LA VOIE.

QUATRIÈME SECTION

APPLICATIONS MÉCANIQUES DE L'ÉLECTRICITÉ A L'INDUSTRIE, AUX ARTS,
AUX SCIENCES ET A L'ÉCONOMIE DOMESTIQUE:

CHAPITRE PREMIER

APPLICATIONS AUX ARTS INDUSTRIELS

CHAPITRE II

APPLICATIONS AUX USAGES DOMESTIQUES.

CHAPITRE III

APPLICATION DE L'ÉLECTRICITÉ COMME FORCE MOTRICE.

CHAPITRE IV

APPLICATIONS DE LA TÉLÉGRAPHIE

CINQUIÈME PARTIE

APPLICATIONS CALORIFIQUES DE L'ÉLECTRICITÉ

CHAPITRE PREMIER

LUMIÈRE ÉLECTRIQUE.

CHAPITRE II

APPLICATIONS DE LA LUMIÈRE ÉLECTRIQUE.

CHAPITRE III

APPLICATIONS DES EFFETS CALORIFIQUES DE L'ÉLECTRICITÉ.

CHAPITRE IV

APPLICATION DES PROPRIÉTÉS PARTICULIÈRES DE L'ÉLECTRICITÉ COMME MOYEN DE PRÉSERVATION CONTRE LES EFFETS DÉSASTREUX DE LA FOUDRE.

TABLE DES NOMS D'AUTEURS

Paris. — Imprimerie et librairie de E. Lacroix, rue des Saints-Pères, 56.

www.ingramcontent.com/pod-product-compliance
Lightning Source LLC
Chambersburg PA
CBHW061938220326
41599CB00016BA/2126